Empfehlungen des Arbeitsausschusses „Ufereinfassungen“ Häfen und Wasserstraßen EAU 2012

Empfehlungen des Arbeitsausschusses „Ufereinfassungen“ Häfen und Wasserstraßen

EAU 2012

11. Auflage

Herausgegeben vom
Arbeitsausschuss „Ufereinfassungen“
der Hafentechnischen
Gesellschaft e.V.
und der Deutschen Gesellschaft
für Geotechnik e.V.

Herausgeber: Arbeitsausschuss „Ufereinfassungen" der HTG und der DGGT
Hafentechnische Gesellschaft e.V. – HTG
Neuer Wandrahm 4
20457 Hamburg
Deutsche Gesellschaft für Geotechnik e.V. – DGGT
Gutenbergstraße 43
45128 Essen

Schriftleitung: Univ.-Prof. Dr.-Ing. Jürgen Grabe
Institut für Geotechnik und Baubetrieb
Technische Universität Hamburg-Harburg
Harburger Schloßstraße 20
21079 Hamburg

Titelfoto: Blick über den HHLA Container Terminal Tollerort und die Elbe auf die Hamburger Innenstadt (Foto: HHLA/Hampel)

Bibliografische Information Der Deutschen Nationalbibliothek
Die Deutsche Nationalbibliothek verzeichnet diese Publikation in der Deutschen Nationalbibliografie; detaillierte bibliografische Daten sind im Internet über http://dnb.d-nb.de abrufbar.

Umschlaggestaltung: Design Pur GmbH
Herstellung: pp030 – Produktionsbüro Heike Praetor, Berlin
Satz: BELTZ Bad Langensalza GmbH, Bad Langensalza
Druck und Bindung: Betz-Druck GmbH, Darmstadt

Printed in the Federal Republic of Germany.
Gedruckt auf säurefreiem Papier.

11. vollständig überarbeitete Auflage
Print ISBN: 978-3-433-01848-4
ePDF ISBN: 978-3-433-60240-9
ePub ISBN: 978-3-433-60241-7
mobi ISBN: 978-3-433-60242-5
oBook: ISBN: 978-3-433-60243-3

Vorwort zur 11. überarbeiteten Auflage der Empfehlungen des Arbeitsausschusses „Ufereinfassungen“ – Häfen und Wasserstraßen

Acht Jahre sind seit der 10. Ausgabe der Empfehlungen des Arbeitsausschusses „Ufereinfassungen“ vergangen. In dieser Zeit sind Neuerungen in den jährlichen und teilweise halbjährlichen Technischen Jahresberichten der Jahre 2005 bis 2011 veröffentlicht worden. Nun liegt mit der 11. Auflage eine vollständig fortgeschriebene, in Fachkreisen nur kurz EAU genannte, Fassung des Empfehlungswerks des von der Hafentechnischen Gesellschaft (HTG) und der Deutschen Gesellschaft für Geotechnik (DGGT) gemeinsam getragenen Ausschusses „Ufereinfassungen“ vor. Ich bin sicher, dass auch diese Auflage wieder zum Standardwerk eines jeden im Hafenbau tätigen Ingenieurs wird.

Die wesentlichen inhaltlichen Änderungen betreffen Abschnitt 1 zur Ausführung des Geotechnischen Berichts und der Ermittlung der undränierten Scherfestigkeit, Abschnitt 2 zur Berechnung mit totalen und effektiven Spannungen, Abschnitt 8.1 zum Einbringen von Spundwänden und der Überwachung des Einbringens, Abschnitt 8.2 zum Nachweis der vertikalen Tragfähigkeit und Abschnitt 13 zur Verwendung des *p-y*-Verfahrens zur Dalbenbemessung. Der bisherige Abschnitt 14 wurde in andere Teile der EAU integriert und der folgende Abschnitt 15 entsprechend neu nummeriert, sodass die vorliegende Fassung nur 14 Kapitel umfasst. Des Weiteren wurde die Nomenklatur an den inzwischen geltenden Eurocode 7 in Verbindung mit dem nationalen Anwendungsdokument DIN 1054 angepasst.

Die Zusammensetzung des EAU-Ausschusses orientiert sich an dem vom Deutschen Institut für Normung (DIN) fixierten Grundsatz der angemessenen Vertretung aller interessierten Kreise bzw. des vorhandenen Sachverstandes. Der Ausschuss setzt sich daher aus allen maßgeblichen Fachrichtungen der Technischen Hochschulen, der Bauverwaltungen der großen See- und Binnenhäfen sowie der Bundeswasserstraßen, der Bauindustrie, der Stahlindustrie und der Ingenieurbüros zusammen.

An den Arbeiten zur EAU 2012 waren folgende Mitglieder des Arbeitsausschusses beteiligt:

Univ.-Prof. Dr.-Ing. Jürgen Grabe, Hamburg (Vorsitzender seit 2009)
Ir. Tom van Autgarden, Antwerpen
Dipl.-Ing. Dirk Busjaeger, Hamburg
Ir. Jakob Gerrit de Gijt, Rotterdam
Dr.-Ing. Michael Heibaum, Karlsruhe
Dr.-Ing. Stefan Heimann, Berlin

Prof. ir. Aad van der Horst, Delft
Dipl.-Ing. Hans–Uwe Kalle, Hagen
Prof. Dr.-Ing. Roland Krengel, Duisburg
Dipl.-Ing. Karl–Heinz Lambertz, Duisburg
Dr.-Ing. Christoph Miller, Hamburg
Dr.-Ing. Karl Morgen, Hamburg
Dipl.-Ing. Gabriele Peschken, Bonn
Dipl.-Ing. Torsten Retzlaff, Rostock
Dipl.-Ing. Emile Reuter, Luxemburg
Univ.-Prof. Dr.-Ing. Werner Richwien, Essen (Vorsitzender bis 2009)
Dr.-Ing. Peter Ruland, Hamburg
Dr.-Ing. Wolfgang Schwarz, Schrobenhausen
Dr. Hartmut Tworuschka, Hamburg
Dr.-Ing. Hans-Werner Vollstedt, Bremerhaven

Analog zu den Festlegungen des DIN zum Zustandekommen einer Norm werden die neu erarbeiteten Empfehlungen als vorläufige Empfehlung über die Technischen Jahresberichte zur öffentlichen Erörterung gestellt. Sie werden nach Berücksichtigung eventueller Einsprüche im folgenden Technischen Jahresbericht endgültig veröffentlicht. Die Übersicht der Technischen Jahresberichte zu der vorliegenden Auflage ist in Anhang I enthalten. Die Empfehlungen des Arbeitsausschusses „Ufereinfassungen" – Häfen und Wasserstraßen können daher dem Status einer Norm gleichgesetzt werden. Unter dem Blickwinkel des Praxisbezugs und auch der Weitergabe von Erfahrungen werden über den Inhalt einer Norm hinausgehende Aussagen getroffen, die man mit dem Begriff „code of practice" beschreiben kann.

Die 11. Auflage der EAU erfüllt mit der nunmehr abgeschlossenen Einarbeitung des europäischen Normungskonzepts die Anforderungen an eine Notifizierung durch die EU-Kommission. Sie ist unter der Notifizierungsnummer 2012/426D bei der EU-Kommission eingetragen.

Die grundlegenden Überarbeitungen der EAU 2012 machten auch eine inhaltliche Diskussion mit Fachkollegen außerhalb des Ausschusses bis hin zur Einrichtung vorübergehender Arbeitskreise zu speziellen Themen erforderlich. Der Ausschuss bedankt sich bei allen Fachkollegen, die auf diese Weise wesentlich zur inhaltlichen Entwicklung der EAU 2012 beigetragen haben.

Außerdem sind zahlreiche Beiträge aus der Fachwelt sowie Empfehlungen anderer Ausschüsse und internationaler technisch-wissenschaftlicher Vereinigungen in die Empfehlungen eingeflossen.

Mit diesen Beiträgen und den Überarbeitungsergebnissen entspricht die EAU 2012 dem heutigen internationalen Standard. Damit stehen der Fachwelt in einer an die europäische Normung angepassten und aktualisierten Fassung auch künftig wertvolle Hilfen für Entwurf, Ausschreibung, Vergabe, technische Bearbeitung, wirtschaftliche und umweltverträgliche Bauausführung, Bauüberwachung und Vertragsabwicklung zur Verfügung, sodass Hafen- und Wasserstraßenbauten nach neuestem Stand der Technik und nach einheitlichen Bedingungen erstellt werden können.

Der Arbeitsausschuss dankt allen, die durch Beiträge und Anregungen zur vorliegenden Fassung beigetragen haben und wünscht der EAU 2012 die gleiche Resonanz wie ihren früheren Auflagen.

Mein ganz besonderer Dank gilt meinem Kollegen Univ.-Prof. Dr.-Ing. Werner Richwien, der diesen Arbeitskreis viele Jahre engagiert leitete und ein Arbeitsklima schuf, welches die Leistungsbereitschaft jedes Ausschussmitglieds positiv beeinflusste und für die folgenden Jahre geprägt hat.

Ebenfalls möchte ich mich bei meinen Mitarbeitern Dr.-Ing. Hans Mathäus Hügel und Dipl.-Ing. Torben Pichler bedanken, die die Durchsicht der Kapitel bzw. die Organisation des Erstellungsprozesses übernommen haben. Erst dadurch wurde es möglich, den Termin für die Drucklegung der 11. Auflage 2012 einzuhalten.

Ein weiterer Dank gilt dem Verlag Ernst & Sohn für die gute Zusammenarbeit, die sorgfältige Bearbeitung der zahlreichen Abbildungen, Tabellen und Formeln sowie die wieder hervorragende Qualität in Druck und Aufmachung der EAU 2012.

Hamburg, Oktober 2012 — Univ.-Prof. Dr.-Ing. *Jürgen Grabe*

Inhaltsverzeichnis

Vorwort V

Verzeichnis der Empfehlungen XV

0 Statische Berechnungen 1

0.1 Allgemeines 1
0.2 Sicherheitskonzept 3
0.3 Berechnungen von Ufereinfassungen 9

1 Baugrund 11

1.1 Mittlere charakteristische Werte von Bodenkenngrößen (E 9) 11
1.2 Anordnung und Tiefe von Bohrungen und Sondierungen (E 1) 16
1.3 Geotechnischer Bericht (E 150) 17
1.4 Ermittlung der Scherfestigkeit c_u wassergesättigter, undränierter bindiger Böden (E 88) 19
1.5 Beurteilung des Baugrunds für das Einbringen von Spundbohlen und Pfählen und Auswahl des Einbringverfahrens (E 154) 23

2 Erddruck und Erdwiderstand 27

2.1 Allgemeines 27
2.2 Ansatz der Kohäsion in bindigen Böden (E 2) 27
2.3 Ansatz der scheinbaren Kohäsion (Kapillarkohäsion) im Sand (E 3) 27
2.4 Ermittlung des Erddrucks nach dem Culmann-Verfahren (E 171) ... 28
2.5 Erddruck bei geschichtetem Boden (E 219) 30
2.6 Ermittlung des Erddrucks bei einer gepflasterten steilen Böschung eines teilgeböschten Uferausbaus (E 198) 32
2.7 Ermittlung der Erddruckabschirmung auf eine Wand unter einer Entlastungsplatte bei mittleren Geländeauflasten (E 172) 34
2.8 Erddruckverteilung unter begrenzten Lasten (E 215) 37
2.9 Ermittlung des aktiven Erddrucks bei wassergesättigten nicht- bzw. teilkonsolidierten, weichen bindigen Böden (E 130) 38
2.10 Auswirkung artesischen Wasserdrucks unter Gewässersohlen auf Erddruck und Erdwiderstand (E 52) 40
2.11 Ansatz von Erddruck und Wasserüberdruck und konstruktive Hinweise für Ufereinfassungen mit Bodenaustausch und verunreinigter oder gestörter Baggergrubensohle (E 110) 42
2.12 Einfluss des strömenden Grundwassers auf Wasserüberdruck, Erddruck und Erdwiderstand (E 114) 46

Empfehlungen des Arbeitsausschusses „Ufereinfassungen" – EA „Ufereinfassungen", 11. Auflage.
Herausgegeben vom Arbeitsausschuss „Ufereinfassungen" der Hafentechnischen Gesellschaft e.V. und der Deutschen Gesellschaft für Geotechnik e.V.

2.13 Bestimmung des Verschiebungswegs für die Mobilisierung des Erdwiderstands in nichtbindigen Böden (E 174) 52
2.14 Maßnahmen zur Vergrößerung des Erdwiderstands vor Ufereinfassungen (E 164) 53
2.15 Erdwiderstand vor Geländesprüngen in weichen bindigen Böden bei schneller Belastung auf der Landseite (E 190) 56
2.16 Ufereinfassungen in Erdbebengebieten (E 124).................... 57

3 Hydraulischer Grundbruch, Geländebruch 63

3.1 Sicherheit gegen hydraulischen Grundbruch (E 115)............... 63
3.2 Piping (Erosionsgrundbruch) (E 116) 69

4 Wasserstände, Wasserdruck, Entwässerungen................. 73

4.1 Mittlerer Grundwasserstand (E 58) 73
4.2 Wasserüberdruck in Richtung Wasserseite (E 19).................. 73
4.3 Wasserüberdruck auf Spundwände vor überbauten Böschungen im Tidegebiet (E 65).. 76
4.4 Ausbildung von Durchlaufentwässerungen in Spundwandbauwerken (E 51) 77
4.5 Ausbildung von Entwässerungen bei Uferbauwerken im Tidegebiet (E 32)... 79
4.6 Entspannung artesischen Drucks unter Hafensohlen (E 53) 81
4.7 Berücksichtigung der Grundwasserströmung (E 113).............. 82
4.8 Vorübergehende Sicherung von Ufereinfassungen durch Grundwasserabsenkung (E 166) 91

5 Schiffsabmessungen und Belastungen der Ufereinfassungen ... 95

5.1 Schiffsabmessungen (E 39) 95
5.2 Ansatz des Anlegedrucks von Schiffen an Uferwänden (E 38) 103
5.3 Anlegegeschwindigkeiten von Schiffen quer zum Liegeplatz (E 40) 104
5.4 Bemessungssituationen (E 18) 105
5.5 Lotrechte Nutzlasten (E 5) 107
5.6 Ermittlung des „Bemessungsseegangs“ für See- und Hafenbauwerke (E 136) 111
5.7 Wellendruck auf senkrechte Uferwände im Küstenbereich (E 135) 121
5.8 Lasten aus Schwall- und Sunkwellen infolge Wasserein- bzw. -ableitung (E 185) 127
5.9 Auswirkungen von Wellen aus Schiffsbewegungen (E 186)......... 129
5.10 Wellendruck auf Pfahlbauwerke (E 159)........................... 134
5.11 Windlasten auf vertäute Schiffe und deren Einflüsse auf die Bemessung von Vertäu- und Fendereinrichtungen in Seehäfen (E 153) 149

5.12 Anordnung und Belastung von Pollern für Seeschiffe (E 12) 152
5.13 Anordnung, Ausbildung und Belastungen von Pollern in Binnenhäfen (E 102) 153
5.14 Kaibelastung durch Krane und anderes Umschlaggerät (E 84) 156
5.15 Eisstoß und Eisdruck auf Ufereinfassungen, Fenderungen und Dalben im Küstenbereich (E 177) 160
5.16 Eisstoß und Eisdruck auf Ufereinfassungen, Pfeiler und Dalben im Binnenbereich (E 205) 169
5.17 Belastung der Ufereinfassungen und Dalben durch Reaktionskräfte aus Fendern (E 213) 172

6 Querschnittsgestaltung und Ausrüstung von Ufereinfassungen 175

6.1 Querschnittsgrundmaße von Ufereinfassungen in Seehäfen (E 6) .. 175
6.2 Oberkante der Ufereinfassungen in Seehäfen (E 122) 177
6.3 Querschnittsgrundmaße von Ufereinfassungen in Binnenhäfen (E 74) 179
6.4 Spundwandufer an Binnenkanälen (E 106) 182
6.5 Ausbau teilgeböschter Ufer in Binnenhäfen mit großen Wasserstandsschwankungen (E 119) 185
6.6 Gestaltung von Uferflächen in Binnenhäfen nach betrieblichen Gesichtspunkten (E 158) 188
6.7 Solltiefe und Entwurfstiefe der Hafensohle (E 36) 190
6.8 Verstärkung von Ufereinfassungen zur Vertiefung der Hafensohle in Seehäfen (E 200) 192
6.9 Böschungen unter Ufermauerüberbauten hinter geschlossenen Spundwänden (E 68) 197
6.10 Umgestaltung von Ufereinfassungen in Binnenhäfen (E 201) 198
6.11 Ausrüstung von Großschiffsliegeplätzen mit Sliphaken (E 70) 201
6.12 Anordnung, Ausbildung und Belastung von Steigeleitern (E 14) ... 203
6.13 Anordnung und Ausbildung von Treppen in Seehäfen (E 24) 205
6.14 Ausrüstung von Ufereinfassungen in Seehäfen mit Ver- und Entsorgungsanlagen (E 173) 207
6.15 Fenderungen für Großschiffe (E 60) 211
6.16 Fenderungen in Binnenhäfen (E 47) 229
6.17 Gründung von Kranbahnen bei Ufereinfassungen (E 120) 229
6.18 Befestigung von Kranschienen auf Beton (E 85) 232
6.19 Anschluss der Dichtung der Bewegungsfuge in einer Stahlbetonsohle an eine tragende Umfassungsspundwand aus Stahl (E 191) .. 240
6.20 Anschluss einer Stahlspundwand an ein Betonbauwerk (E 196) 242
6.21 Schwimmende Landeanlagen in Seehäfen (E 206) 244

7 Erdarbeiten und Baggerungen 247

7.1 Baggerarbeiten vor Uferwänden in Seehäfen (E 80) 247
7.2 Bagger- und Aufspültoleranzen (E 139) 249
7.3 Aufspülen von Hafengelände für Ufereinfassungen (E 81) 253
7.4 Hinterfüllen von Ufereinfassungen (E 73) 258
7.5 Lagerungsdichte von aufgespülten nichtbindigen Böden (E 175) 260
7.6 Lagerungsdichte von verklappten nichtbindigen Böden (E 178) 263
7.7 Baggern von Unterwasserböschungen (E 138) 264
7.8 Sackungen nichtbindiger Böden (E 168) 268
7.9 Ausführung von Bodenaustausch in der Rammtrasse von Ufereinfassungen (E 109) 269
7.10 Bodenverdichtung mit schweren Fallgewichten (Dynamische Intensivverdichtung) (E 188) 275
7.11 Vertikaldräns zur Beschleunigung der Konsolidierung weicher bindiger Böden (E 93) 276
7.12 Konsolidierung weicher bindiger Böden durch Vorbelastung (E 179) 280
7.13 Verbesserung der Tragfähigkeit weicher bindiger Böden durch Vertikalelemente (E 210) 287

8 Spundwandbauwerke 295

8.1 Baustoff und Ausführung 295
8.2 Berechnung und Bemessung der Spundwand 378
8.3 Berechnung und Bemessung von Fangedämmen 424
8.4 Gurte, Holme und Ankeranschlüsse 443
8.5 Nachweis der Standsicherheit von Verankerungen in der tiefen Gleitfuge (E 10) 489

9 Zugpfähle und Anker (E 217) 499

9.1 Allgemeines 499
9.2 Verdrängungspfähle 499
9.3 Mikropfähle 503
9.4 Sonderpfähle 505
9.5 Anker 506

10 Uferwände, Ufermauern und Überbauten aus Beton 509

10.1 Entwurfsgrundlagen für Uferwände, Ufermauern und Überbauten (E 17) 509
10.2 Bemessung und Konstruktion von Stahlbetonbauteilen bei Ufereinfassungen (E 72) 510
10.3 Schalungen in Gebieten mit Tideeinfluss und Wellengang (E 169) 514

10.4 Schwimmkästen als Ufereinfassungen von Seehäfen (E 79) 515
10.5 Druckluft-Senkkästen als Ufereinfassungen (E 87) 518
10.6 Ausbildung und Bemessung von Kaimauern in Blockbauweise (E 123) 521
10.7 Ausbildung und Bemessung von Kaimauern in offener Senkkastenbauweise (E 147) 527
10.8 Ausbildung und Bemessung von massiven Ufereinfassungen (z. B. in Blockbauweise, als Schwimmkästen oder als Druckluft-Senkkästen) in Erdbebengebieten (E 126) 531
10.9 Anwendung und Ausbildung von Bohrpfahlwänden (E 86) 531
10.10 Anwendung und Ausbildung von Schlitzwänden (E 144) 535
10.11 Bestandsaufnahme vor dem Instandsetzen von Betonbauteilen im Wasserbau (E 194) 540
10.12 Instandsetzung von Betonbauteilen im Wasserbau (E 195) 543

11 Pfahlrostkonstruktionen 553

11.1 Allgemeines 553
11.2 Berechnung nachträglich verstärkter Pfahlrostkonstruktionen (E 45) 553
11.3 Berechnung ebener Pfahlrostkonstruktionen (E 78) 556
11.4 Ausbildung und Berechnung räumlicher Pfahlroste (E 157) 559
11.5 Ausbildung und Bemessung von Pfahlrostkonstruktionen in Erdbebengebieten (E 127) 564

12 Schutz- und Sicherungsbauwerke 567

12.1 Böschungssicherungen an Binnenwasserstraßen (E 211) 567
12.2 Böschungen in Seehäfen und in Binnenhäfen mit Tide (E 107) 574
12.3 Anwendung von geotextilen Filtern bei Böschungs- und Sohlensicherungen (E 189) 579
12.4 Kolkbildung und Kolksicherung vor Ufereinfassungen (E 83) 582
12.5 Kolksicherung an Pfeilern und Dalben 593
12.6 Einbau mineralischer Sohldichtungen unter Wasser und ihr Anschluss an Ufereinfassungen (E 204) 594
12.7 Hochwasserschutzwände in Seehäfen (E 165) 597
12.8 Geschüttete Molen und Wellenbrecher (E 137) 603

13 Dalben (E 218) 615

13.1 Grundlagen 615
13.2 Bemessung der Dalben 620
13.3 Ausführung und Anordnung von Dalben 629

14 Bauwerksinspektion von Ufereinfassungen (E 193) 633

14.1 Allgemeines 633
14.2 Dokumentation 634
14.3 Durchführung der Bauwerksinspektion 635
14.4 Inspektionsintervalle 637
14.5 Erhaltungsmanagementsysteme 638

Anhang I Schrifttum 641

I.1 Jahresberichte 641
I.2 Bücher, Abhandlungen 642
I.3 Technische Bestimmungen 654

Anhang II Zeichenerklärung 657

II.1a Lateinische Kleinbuchstaben 657
II.1b Lateinische Großbuchstaben 659
II.1c Griechische Buchstaben 660
II.2 Indizes 661
II.3 Nebenzeichen und Abkürzungen 663
II.4 Bezeichnung der Wasserstände und Wellenhöhen 664

Stichwortverzeichnis 667

Verzeichnis der Empfehlungen

		Abschnitt	Seite
E 1	Anordnung und Tiefe von Bohrungen und Sondierungen	1.2	11
E 2	Ansatz der Kohäsion in bindigen Böden	2.2	27
E 3	Ansatz der scheinbaren Kohäsion (Kapillarkohäsion) im Sand	2.3	27
E 4	Fenderungen in Binnenhäfen	6.16	229
E 5	Auswirkung artesischen Wasserdrucks unter Gewässersohlen auf Erddruck und Erdwiderstand	2.10	40
E 6	Querschnittsgrundmaße von Ufereinfassungen in Seehäfen	6.1	175
E 9	Mittlere charakteristische Werte von Bodenkenngrößen	1.1	11
E 10	Anordnung und Tiefe von Bohrungen und Sondierungen	8.5	489
E 12	Anordnung und Belastung von Pollern für Seeschiffe	5.12	152
E 19	Wasserüberdruck in Richtung Wasserseite	4.2	73
E 24	Anordnung und Ausbildung von Treppen in Seehäfen	6.13	205
E 32	Ausbildung von Entwässerungen bei Uferbauwerken im Tidegebiet	4.5	79
E 36	Solltiefe und Entwurfstiefe der Hafensohle	6.7	190
E 39	Schiffsabmessungen	5.1	95
E 47	Fenderungen in Binnenhäfen	6.16	229
E 51	Ausbildung von Durchlaufentwässerungen in Spundwandbauwerken	4.4	77
E 52	Auswirkung artesischen Wasserdrucks unter Gewässersohlen auf Erddruck und Erdwiderstand	2.10	40
E 53	Entspannung artesischen Drucks unter Hafensohlen	4.6	81
E 58	Mittlerer Grundwasserstand	4.1	73
E 60	Fenderungen für Großschiffe	6.15	211
E 65	Wasserüberdruck auf Spundwände vor überbauten Böschungen im Tidegebiet	4.3	76
E 68	Böschungen unter Ufermauerüberbauten hinter geschlossenen Spundwänden	6.9	197
E 70	Ausrüstung von Großschiffsliegeplätzen mit Sliphaken	6.11	201
E 73	Hinterfüllen von Ufereinfassungen	7.4	258
E 74	Querschnittsgrundmaße von Ufereinfassungen in Binnenhäfen	6.3	179
E 78	Anordnung und Tiefe von Bohrungen und Sondierungen	11.3	556
E 79	Schwimmkästen als Ufereinfassungen von Seehäfen	10.4	515
E 80	Baggerarbeiten vor Uferwänden in Seehäfen	7.1	247
E 81	Aufspülen von Hafengelände für Ufereinfassungen	12.3	253
E 83	Kolkbildung und Kolksicherung vor Ufereinfassungen	12.4	582
E 84	Kaibelastung durch Krane und anderes Umschlaggerät	5.14	156
E 85	Befestigung von Kranschienen auf Beton	6.18	232
E 86	Anwendung und Ausbildung von Bohrpfahlwänden	10.9	531
E 87	Druckluft-Senkkästen als Ufereinfassungen	10.5	518

Empfehlungen des Arbeitsausschusses „Ufereinfassungen" – EA „Ufereinfassungen", 11. Auflage.
Herausgegeben vom Arbeitsausschuss „Ufereinfassungen" der Hafentechnischen Gesellschaft e.V. und der Deutschen Gesellschaft für Geotechnik e.V.

		Abschnitt	Seite
E 88	Ermittlung der Scherfestigkeit cu wassergesättigter, undränierter bindiger Böden	1.4	19
E 93	Vertikaldräns zur Beschleunigung der Konsolidierung weicher bindiger Böden	7.11	276
E 106	Spundwandufer an Binnenkanälen	12.4	182
E 107	Böschungen in Seehäfen und in Binnenhäfen mit Tide	12.2	574
E 109	Ausführung von Bodenaustausch in der Rammtrasse von Ufereinfassungen	7.9	269
E 110	Ansatz von Erddruck und Wasserüberdruck und konstruktive Hinweise für Ufereinfassungen mit Bodenaustausch und verunreinigter oder gestörter Baggergrubensohle	2.11	42
E 113	Berücksichtigung der Grundwasserströmung	4.7	82
E 114	Einfluss des strömenden Grundwassers auf Wasserüberdruck, Erddruck und Erdwiderstand	2.12	46
E 115	Sicherheit gegen hydraulischen Grundbruch	3.1	63
E 116	Piping (Erosionsgrundbruch)	3.2	69
E 119	Ausbau teilgeböschter Ufer in Binnenhäfen mit großen Wasserstandsschwankungen	6.5	185
E 120	Gründung von Kranbahnen bei Ufereinfassungen	6.17	229
E 122	Oberkante der Ufereinfassungen in Seehäfen	6.2	177
E 123	Spundwandufer an Binnenkanälen	10.6	521
E 124	Ufereinfassungen in Erdbebengebieten	2.16	57
E 126	Ausbildung und Bemessung von massiven Ufereinfassungen (z. B. in Blockbauweise, als Schwimmkästen oder als Druckluft-Senkkästen) in Erdbebengebieten	10.8	531
E 127	Ausbildung und Bemessung von Pfahlrostkonstruktionen in Erdbebengebieten	11.5	564
E 130	Ermittlung des aktiven Erddrucks bei wassergesättigten nicht- bzw. teilkonsolidierten, weichen bindigen Böden	2.9	38
E 135	Wellendruck auf senkrechte Uferwände im Küstenbereich	5.7	121
E 136	Ermittlung des „Bemessungsseegangs“ für See- und Hafenbauwerke	5.6	111
E 137	Geschüttete Molen und Wellenbrecher	12.8	603
E 138	Baggern von Unterwasserböschungen	7.7	264
E 139	Bagger- und Aufspültoleranzen	7.2	249
E 144	Anwendung und Ausbildung von Schlitzwänden	10.10	535
E 147	Ausbildung und Bemessung von Kaimauern in offener Senkkastenbauweise	10.7	527
E 150	Geotechnischer Bericht	1.3	17
E 153	Windlasten auf vertäute Schiffe und deren Einflüsse auf die Bemessung von Vertäu- und Fendereinrichtungen in Seehäfen	5.11	149
E 154	Beurteilung des Baugrunds für das Einbringen von Spundbohlen und Pfählen und Auswahl des Einbringverfahrens	1.5	23

		Abschnitt	Seite
E 157	Ausbildung und Berechnung räumlicher Pfahlroste	11.4	559
E 158	Gestaltung von Uferflächen in Binnenhäfen nach betrieblichen Gesichtspunkten	6.6	188
E 159	Wellendruck auf Pfahlbauwerke	5.10	134
E 164	Maßnahmen zur Vergrößerung des Erdwiderstands vor Ufereinfassungen	2.14	53
E 165	Hochwasserschutzwände in Seehäfen	12.7	597
E 166	Vorübergehende Sicherung von Ufereinfassungen durch Grundwasserabsenkung	4.8	91
E 168	Sackungen nichtbindiger Böden	7.8	268
E 169	Schalungen in Gebieten mit Tideeinfluss und Wellengang	10.3	514
E 171	Ermittlung des Erddrucks nach dem Culmann-Verfahren	2.4	27
E 172	Ermittlung der Erddruckabschirmung auf eine Wand unter einer Entlastungsplatte bei mittleren Geländeauflasten	2.7	34
E 173	Ausrüstung von Ufereinfassungen in Seehäfen mit Ver- und Entsorgungsanlagen	6.14	207
E 174	Bestimmung des Verschiebungswegs für die Mobilisierung des Erdwiderstands in nichtbindigen Böden	2.13	52
E 175	Lagerungsdichte von aufgespülten nichtbindigen Böden	7.5	260
E 177	Eisstoß und Eisdruck auf Ufereinfassungen, Fenderungen und Dalben im Küstenbereich	5.15	160
E 178	Lagerungsdichte von verklappten nichtbindigen Böden	7.6	263
E 179	Konsolidierung weicher bindiger Böden durch Vorbelastung	7.12	280
E 185	Lasten aus Schwall- und Sunkwellen infolge Wasserein- bzw. -ableitung	5.8	127
E 186	Auswirkungen von Wellen aus Schiffsbewegungen	5.9	129
E 188	Bodenverdichtung mit schweren Fallgewichten (Dynamische Intensivverdichtung)	7.10	275
E 189	Anwendung von geotextilen Filtern bei Böschungs- und Sohlensicherungen	12.3	579
E 190	Erdwiderstand vor Geländesprüngen in weichen bindigen Böden bei schneller Belastung auf der Landseite	2.15	56
E 191	Anschluss der Dichtung der Bewegungsfuge in einer Stahlbetonsohle an eine tragende Umfassungsspundwand aus Stahl	6.19	240
E 193	Bauwerksinspektion von Ufereinfassungen	14	633
E 194	Bestandsaufnahme vor dem Instandsetzen von Betonbauteilen im Wasserbau	10.11	540
E 195	Instandsetzung von Betonbauteilen im Wasserbau	10.12	543
E 196	Anschluss einer Stahlspundwand an ein Betonbauwerk	6.20	242
E 198	Ermittlung des Erddrucks bei einer gepflasterten steilen Böschung eines teilgeböschten Uferausbaus	2.6	32
E 200	Verstärkung von Ufereinfassungen zur Vertiefung der Hafensohle in Seehäfen	6.8	192
E 201	Umgestaltung von Ufereinfassungen in Binnenhäfen	6.10	198

		Abschnitt	Seite
E 204	Einbau mineralischer Sohldichtungen unter Wasser und ihr Anschluss an Ufereinfassungen	12.6	594
E 205	Eisstoß und Eisdruck auf Ufereinfassungen, Pfeiler und Dalben im Binnenbereich	5.16	169
E 206	Schwimmende Landeanlagen in Seehäfen	6.21	244
E 210	Verbesserung der Tragfähigkeit weicher bindiger Böden durch Vertikalelemente	7.13	287
E 211	Böschungssicherungen an Binnenwasserstraßen	12.1	567
E 213	Belastung der Ufereinfassungen und Dalben durch Reaktionskräfte aus Fendern	5.17	172
E 215	Erddruckverteilung unter begrenzten Lasten	2.8	37
E 217	Zugpfähle und Anker	9	499
E 218	Dalben	13	615
E 219	Erddruck bei geschichtetem Boden	2.5	30

0 Statische Berechnungen

0.1 Allgemeines

Die Empfehlungen des Arbeitsausschusses „Ufereinfassungen“ wurden immer wieder den jeweils gültigen Normen angepasst. Dies galt und gilt in besonderem Maße den dort definierten Sicherheiten. So lagen bis einschließlich der 8. Auflage (EAU 1990) für erdstatische Berechnungen abgeminderte Bodenkennwerte, so genannte „Rechenwerte“ mit dem Vorwort „cal“, zugrunde. Die Berechnungsergebnisse mit diesen Rechenwerten mussten dann die jeweils erforderlichen globalen Sicherheiten gemäß E 96, Abschn. 1.13.2a der EAU 1990 erfüllen. Mit der EAU 1996 erfolgte die Umstellung auf das Konzept der Teilsicherheitsbeiwerte. In der Europäischen Union war vereinbart worden, dass dieses Sicherheitskonzept einheitlich in allen Ländern verfolgt werden sollte.

In diesem Sinne wurden im Rahmen der Verwirklichung des Europäischen Binnenmarktes die „Eurocodes (EC)“ als harmonisierte Richtlinien für grundsätzliche Sicherheitsanforderungen an bauliche Anlagen erarbeitet. Dies sind die folgenden Normen:

DIN EN 1990:	Grundlagen der Tragwerksplanung („EC 0“)
DIN EN 1991, EC 1:	Einwirkungen auf Tragwerke
DIN EN 1992, EC 2:	Bemessung und Konstruktion von Stahlbeton und Spannbetontragwerken
DIN EN 1993, EC 3:	Bemessung und Konstruktion von Stahlbauten
DIN EN 1994, EC 4:	Bemessung und Konstruktion von Verbundtragwerken aus Stahl und Beton
DIN EN 1995, EC 5:	Bemessung und Konstruktion von Holzbauten
DIN EN 1996, EC 6:	Bemessung und Konstruktion von Mauerwerksbauten
DIN EN 1997, EC 7:	Entwurf, Berechnung und Bemessung in der Geotechnik
DIN EN 1998, EC 8:	Auslegung von Bauwerken gegen Erdbeben
DIN EN 1999, EC 9:	Bemessung und Konstruktion von Aluminiumtragwerken

Die Basis der europäischen Baunormen bilden die Eurocodes „Grundlagen der Tragwerksplanung“ (DIN EN 1990) und „Einwirkungen auf Bauwerke“ (DIN EN 1991) mit mehreren Teilen und Anhängen. Sie sind Grundlage für die Bemessung im gesamten Bauwesen Europas. Auf diese beiden Grundnormen beziehen sich alle anderen acht Eurocodes mit ihren jeweiligen Teilen.

Sicherheitsnachweise sind grundsätzlich nach den europäischen Normen zu führen. Zum Teil sind jedoch die Nachweise mit diesen Normen allein nicht mög-

Empfehlungen des Arbeitsausschusses „Ufereinfassungen“ – EA „Ufereinfassungen“, 11. Auflage.
Herausgegeben vom Arbeitsausschuss „Ufereinfassungen“ der Hafentechnischen Gesellschaft e.V. und der Deutschen Gesellschaft für Geotechnik e.V.

lich. Es müssen national zu bestimmende Parameter, wie z. B. die Zahlenwerte der Teilsicherheitsbeiwerte, festgelegt werden. Auch decken diese Normen nicht die gesamte Bandbreite der deutschen Normen ab, sodass weiterhin ein umfangreiches nationales Normenpaket bestehen bleibt. Dieses darf mit seinen Festlegungen jedoch den Regelungen in den europäischen Normen nicht widersprechen, was wiederum die Überarbeitung der nationalen Normen erforderte.

Für Standsicherheitsnachweise nach EAU sind DIN EN 1990 bis DIN EN 1999, insbesondere aber DIN EN 1997 – Entwurf, Berechnung und Bemessung in der Geotechnik –, von Bedeutung. Im ersten Teil (DIN EN 1997-1) werden Begriffe definiert und die zu führenden Grenzzustandsnachweise beschrieben und festgelegt. Ferner sind in informativen Anhängen erdstatische Berechnungsmodelle für Standsicherheitsberechnungen angegeben. Als Besonderheit werden europaweit drei Nachweisverfahren mit dem Teilsicherheitskonzept zur Wahl gestellt.

Mit Erscheinen von DIN 1054:2010-12 wurden Doppelfestlegungen gegenüber DIN EN 1997-1 vermieden, es bleiben jedoch die besonderen deutschen Erfahrungen erhalten. Diese Norm wurde mit DIN EN 1997-1:2010-12 und dem nationalen Anhang (DIN EN 1997-1/NA:2010-12) zum Handbuch EC 7-1 (2011) zusammengefasst.

Im zweiten Teil (DIN EN 1997-2) werden Planung, Durchführung und Auswertung von Baugrunderkundungen geregelt. Wie für Teil 1 wurde diese Norm zusammen mit DIN 4020:2010-12 und dem nationalen Anwendungsdokument im Handbuch EC 7-2 (2011) veröffentlicht.

Die bisherigen deutschen Ausführungsnormen wurden durch neue europäische Normen mit der gemeinsamen Bezeichnung „Ausführung von besonderen geotechnischen Arbeiten" ersetzt. Dieser Prozess ist allerdings noch nicht abgeschlossen.

Ebenso wurden die deutschen Berechnungsnormen, in denen zum Teil individuelle Sicherheitsfestlegungen getroffen waren, überarbeitet, sodass nun alle Sicherheiten in DIN 1054 definiert sind.

Soweit in den Empfehlungen Normen zitiert sind, gilt deren aktuelle Fassung. Bei Abweichungen wird das Ausgabejahr angegeben. Die zitierten Normen sind in Anhang I.3 angegeben.

0.2 Sicherheitskonzept

0.2.1 Allgemeines

Das Versagen eines Bauwerks kann sowohl durch Überschreiten des Grenzzustandes der Tragfähigkeit („Ultimate limit state – ULS“, Bruch im Boden oder in der Konstruktion, Verlust der Lagesicherheit) als auch des Grenzzustandes der Gebrauchstauglichkeit („Serviceability limit state – SLS“, zu große Verformungen) eintreten.

Für die Nachweise des Grenzzustandes der Tragfähigkeit wurden bislang drei und werden ab jetzt fünf Fälle unterschieden:

DIN 1054:2005-01		Handbuch EC 7-1	
Verlust der Lagesicherheit	GZ 1A	Verlust der Lagesicherheit/ Kippen	EQU
		Aufschwimmen	UPL
		Hydraulischer Grundbruch	HYD
Versagen von Bauwerken und Bauteilen durch Bruch im Bauwerk oder im stützenden Baugrund	GZ 1B	Versagen oder große Verformungen des Tragwerks oder seiner Teile	STR
		Versagen oder sehr große Verformung des Baugrunds	GEO-2
Grenzzustand des Verlusts der Gesamtstandsicherheit	GZ 1C	Grenzzustand des Verlusts der Gesamtstandsicherheit	GEO-3

DIN EN 1997-1 lässt drei Möglichkeiten der Führung der Sicherheitsnachweise zu. Diese sind mit dem Begriff „Nachweisverfahren 1 bis 3“ bezeichnet. Bei Verfahren 1 werden zwei Gruppen von Beiwerten betrachtet, die auf zwei getrennte Nachweise angewendet werden. Bei den Verfahren 2 und 3 ist ein Nachweis mit einer Gruppe von Beiwerten maßgeblich.

Bei den Verfahren 1 und 2 werden die Beiwerte grundsätzlich entweder auf Einwirkungen oder Beanspruchungen und auf Widerstände angewendet. DIN 1054 legt jedoch fest, dass zunächst die charakteristischen bzw. repräsentativen Beanspruchungen $E_{\mathrm{Gk,i}}$ bzw. $E_{\mathrm{Qrep,i}}$ (z. B. Querkräfte, Auflagerkräfte, Biegemomente, Spannungen in den maßgebenden Schnitten durch das Bauwerk und in Berührungsflächen zwischen Bauwerk und Baugrund) ermittelt werden und darauf die Beiwerte anzuwenden sind. Dieses Verfahren wird auch Verfahren 2* genannt.

Bei Verfahren 3 werden Beiwerte auf nicht baugrundbedingte Einwirkungen oder Beanspruchungen und auf die Bodenkenngrößen angewendet. Durch den

Baugrund bedingte Einwirkungen oder Beanspruchungen werden aus mit Beiwerten beaufschlagten Bodenkenngrößen ermittelt.

Nach DIN 1054 ist für geotechnische Nachweise der Grenzzustände STR und GEO-2 das Nachweisverfahren 2 (2*), für Nachweise des Grenzzustandes GEO-3 das Nachweisverfahren 3 maßgeblich.

An die Stelle der bisher üblichen Unterscheidung in Lastfälle tritt in den Eurocodes die Festlegung von Bemessungssituationen (BS):

– Lastfall 1 wird zur ständigen Bemessungssituation BS-P („permanent"),
– Lastfall 2 wird zur vorübergehenden Bemessungssituation BS-T („transient"),
– Lastfall 3 wird zur außergewöhnlichen Bemessungssituation BS-A („accidental").

Den genannten Bemessungssituationen sind unterschiedlich große Teilsicherheitsbeiwerte und Kombinationsbeiwerte zugeordnet.

Zusätzlich wurde die Bemessungssituation BS-E („earthquake") für Erdbeben eingeführt. In der Bemessungssituation BS-E werden nach DIN EN 1990 keine Teilsicherheitsbeiwerte angesetzt.

Die in DIN 1054 festgelegten Teilsicherheitsbeiwerte sind in den Tabellen E 0-1 bis E 0-3 wiedergegeben.

Anmerkungen:

– Im Grenzzustand des Versagens durch Verlust der Gesamtstandsicherheit GEO-3 sind die Teilsicherheitsbeiwerte für die Scherfestigkeit Tabelle E 0-2 zu entnehmen, Herausziehwiderstände werden mit Teilsicherheitsbeiwerten nach STR und GEO-2 beaufschlagt.
– Der Teilsicherheitsbeiwert für den Materialwiderstand des Stahlzugglieds aus Spannstahl und Betonstahl ist für die Grenzzustände GEO-2 und GEO-3 in DIN EN 1992-1-1 mit $\gamma_M = 1{,}15$ angegeben.
– Der Teilsicherheitsbeiwert für den Materialwiderstand von flexiblen Bewehrungselementen ist für die Grenzzustände GEO-2 und GEO-3 in EBGEO (2010) angegeben.

Sofern größere Verschiebungen und Verformungen des Bauwerks die Standsicherheit und Gebrauchstauglichkeit des Bauwerks nicht beeinträchtigen, wie es bei Ufereinfassungen, Häfen und Wasserstraßen der Fall sein kann, darf in begründeten Fällen der Teilsicherheitsbeiwert γ_G im Fall des Erd- und Wasserdruckes herabgesetzt werden (DIN 1054, A 2.4.7.6.1 A(3)). In den EAU wird davon in Form der Beiwerte $\gamma_{G,red}$ (Tabelle E 0-1) und $\gamma_{R,e,red}$ (Tabelle E 0-3) Gebrauch gemacht. Ferner werden für Beanspruchungen aus ständigen und ungünstigen veränderlichen Einwirkungen in der Bemessungssituation BS-A die Teilsicherheitsbeiwerte $\gamma_G = \gamma_Q = 1{,}00$ gesetzt.

Tabelle E 0-1. Teilsicherheitsbeiwerte für Einwirkungen und Beanspruchungen (nach DIN 1054:2010-12, Tabelle A 2.1 mit Ergänzungen)

Einwirkung bzw. Beanspruchung	Formelzeichen	Bemessungssituation		
		BS-P	BS-T	BS-A
HYD und UPL: Grenzzustand des Versagens durch hydraulischen Grundbruch und Aufschwimmen				
destabilisierende ständige Einwirkungen[f)]	$\gamma_{G,dst}$	1,05	1,05	1,00
stabilisierende ständige Einwirkungen	$\gamma_{G,stb}$	0,95	0,95	0,95
destabilisierende veränderliche Einwirkungen	$\gamma_{Q,dst}$	1,50	1,30	1,00
stabilisierende veränderliche Einwirkungen	$\gamma_{Q,stb}$	0	0	0
Strömungskraft bei günstigem Untergrund	γ_H	1,35	1,30	1,20
Strömungskraft bei ungünstigem Untergrund	γ_H	1,80	1,60	1,35
EQU: Grenzzustand des Verlusts der Lagesicherheit				
ungünstige ständige Einwirkungen	$\gamma_{G,dst}$	1,10	1,05	1,00
günstige ständige Einwirkungen	$\gamma_{G,stb}$	0,90	0,90	0,95
ungünstige veränderliche Einwirkungen	γ_Q	1,50	1,25	1,00
STR und GEO-2: Grenzzustand des Versagens von Bauwerken, Bauteilen und Baugrund				
Beanspruchungen aus ständigen Einwirkungen allgemein[a)]	γ_G	1,35	1,20	1,00
Beanspruchungen aus ständigen Einwirkungen für die Bemessung der Verankerung[b)]	γ_G	1,35	1,20	1,10
Beanspruchungen aus günstigen ständigen Einwirkungen[c)]	$\gamma_{G,inf}$	1,00	1,00	1,00
Beanspruchungen aus ständigen Einwirkungen aus Erdruhedruck	$\gamma_{G,EO}$	1,20	1,10	1,00
Wasserdruck bei bestimmten Randbedingungen[d)]	$\gamma_{G,\ red}$	1,20	1,10	1,00
Beanspruchung aus ungünstigen veränderlichen Einwirkungen[e)]	γ_Q	1,50	1,30	1,00
Beanspruchungen aus ungünstigen veränderlichen Einwirkungen für die Bemessung der Verankerung[b)]	γ_G	1,50	1,30	1,10
Beanspruchung aus günstigen veränderlichen Einwirkungen	γ_Q	0	0	0
GEO-3: Grenzzustand des Versagens durch Verlust der Gesamtstandsicherheit				
ständige Einwirkungen	γ_G	1,00	1,00	1,00
ungünstige veränderliche Einwirkungen	γ_Q	1,30	1,20	1,00
SLS: Grenzzustand der Gebrauchstauglichkeit				
γ_G = 1,00 für ständige Einwirkungen bzw. Beanspruchungen				
γ_Q = 1,00 für veränderliche Einwirkungen bzw. Beanspruchungen				

[a)] Die ständigen Einwirkungen verstehen sich einschließlich ständigen und veränderlichen Wasserdrucks. In BS-A gilt abweichend von DIN 1054:2010-12 γ_G = 1,00, außer für die Nachweise der Verankerung.

[b)] Die Bemessung der Verankerung (Verpressanker, Mikropfähle, Zugpfähle) umfasst bei verankerten Stützbauwerken auch den Nachweis der Standsicherheit in der tiefen Gleitfuge nach E 10 (Abschnitt 8.5)

[c)] Wenn bei der Ermittlung der Bemessungswerte der Zugbeanspruchung eine gleichzeitig wirkende charakteristische Druckbeanspruchung aus günstigen ständigen Einwirkungen angesetzt wird, ist diese mit dem Teilsicherheitsbeiwert $\gamma_{G,inf}$ zu berücksichtigen. DIN 10.54, 7.6.3.1 A(2)).

[d)] Bei Ufereinfassungen, bei denen größere Verschiebungen schadlos aufgenommen werden können, dürfen die Teilsicherheitsbeiwerte $\gamma_{G,red}$ für den Wasserdruck verwendet werden, wenn die Voraussetzungen nach Abschnitt 8.2.1.3 gegeben sind DIN 1054, A 2.4.7.6.1 A(3)).

[e)] In BS-A gilt abweichend von DIN 1054:2010-12 γ_Q = 1,00, außer für die Nachweise der Verankerung.

[f)] Die ständigen Einwirkungen verstehen sich einschließlich ständigen und veränderlichen Wasserdrucks.

Tabelle E 0-2. Teilsicherheitsbeiwerte für geotechnische Kenngrößen (DIN 1054:2010-12, Tabelle A 2.2)

Bodenkenngröße	Formelzeichen	Bemessungssituation		
		BS-P	BS-T	BS-A
HYD und UPL: Grenzzustand des Versagens durch hydraulischen Grundbruch und Aufschwimmen				
Reibungsbeiwert tan φ' des dränierten Bodens und Reibungsbeiwert tan φ_u des undränierten Bodens	$\gamma_{\varphi'}$, $\gamma_{\varphi u}$	1,00	1,00	1,00
Kohäsion c' des dränierten Bodens und Scherfestigkeit c_u des undränierten Bodens	$\gamma_{c'}$, γ_{cu}	1,00	1,00	1,00
GEO-2: Grenzzustand des Versagens von Bauwerken, Bauteilen und Baugrund				
Reibungsbeiwert tan φ' des dränierten Bodens und Reibungsbeiwert tan φ_u des undränierten Bodens	$\gamma_{\varphi'}$, $\gamma_{\varphi u}$	1,00	1,00	1,00
Kohäsion c' des dränierten Bodens und Scherfestigkeit c_u des undränierten Bodens	$\gamma_{c'}$, γ_{cu}	1,00	1,00	1,00
GEO-3: Grenzzustand des Versagens durch Verlust der Gesamtstandsicherheit				
Reibungsbeiwert tan φ' des dränierten Bodens und Reibungsbeiwert tan φ_u des undränierten Bodens	$\gamma_{\varphi'}$, $\gamma_{\varphi u}$	1,25	1,15	1,10
Kohäsion c' des dränierten Bodens und Scherfestigkeit c_u des undränierten Bodens	$\gamma_{c'}$, γ_{cu}	1,25	1,15	1,10

0.2.2 Kombinationsbeiwerte

Bei der Bestimmung eines Bemessungswertes von Einwirkungen (F_d) nach DIN EN 1990 muss dieser entweder direkt festgelegt oder aus repräsentativen Werten abgeleitet werden:

$$F_d = \gamma_F \cdot F_{rep}$$

mit:

$$F_{rep} = \psi \cdot F_k$$

γ_F Teilsicherheitsbeiwert
ψ Kombinationsbeiwert

Für ständige Einwirkungen und für die Leiteinwirkung der veränderlichen Einwirkungen gilt:

$$F_{rep} = F_k.$$

Bei mehreren unabhängigen veränderlichen charakteristischen Einwirkungen $Q_{k,i}$ werden in DIN EN 1990 für Hochbauten und Brücken Untersuchungen von

Tabelle E 0-3. Teilsicherheitsbeiwerte für Widerstände (nach DIN 1054:2010-12, Tabelle A 2.3 mit Ergänzungen)

Widerstand	Formelzeichen	Bemessungssituation		
		BS-P	BS-T	BS-A
STR und GEO-2: Grenzzustand des Versagens von Bauwerken, Bauteilen und Baugrund				
Bodenwiderstände				
Erdwiderstand und Grundbruchwiderstand	$\gamma_{R,e}$, $\gamma_{R,v}$	1,40	1,30	1,20
Erdwiderstand bei der Ermittlung des Biegemomentes[a)]	$\gamma_{R,e,red}$	1,20	1,15	1,10
Gleitwiderstand	$\gamma_{R,h}$	1,10	1,10	1,10
Pfahlwiderstände aus statischen und dynamischen Pfahlprobebelastungen				
Fußwiderstand	γ_b	1,10	1,10	1,10
Mantelwiderstand (Druck)	γ_s	1,10	1,10	1,10
Gesamtwiderstand (Druck)	γ_t	1,10	1,10	1,10
Mantelwiderstand (Zug)	$\gamma_{s,t}$	1,15	1,15	1,15
Pfahlwiderstände auf der Grundlage von Erfahrungswerten				
Druckpfähle	γ_b, γ_s, γ_t	1,40	1,40	1,40
Zugpfähle (nur in Ausnahmefällen)	$\gamma_{s,t}$	1,50	1,50	1,50
Herausziehwiderstände				
Boden- bzw. Felsnägel	γ_a	1,40	1,30	1,20
Verpresskörper von Verpressankern	γ_a	1,10	1,10	1,10
flexible Bewehrungselemente	γ_a	1,40	1,30	1,20

[a)] Abminderung ausschließlich bei der Ermittlung des Biegemomentes. Bei Ufereinfassungen, bei denen größere Verschiebungen schadlos aufgenommen werden können, dürfen die Teilsicherheitsbeiwerte $\gamma_{R,e,red}$ für den Erdwiderstand verwendet werden, wenn die Voraussetzungen nach Abschnitt 8.2.0.2 gegeben sind (DIN 1054, A 2.4.7.6.1 A(3)).

Kombinationen mit entsprechenden Beiwerten ψ erforderlich, wobei fallweise jeweils eine der unabhängigen Einwirkungen als Leiteinwirkung $Q_{k,1}$ anzusetzen ist.

Für Uferbauwerke werden im Regelfall die Kombinationsbeiwerte $\psi = 1{,}00$ gesetzt. Ausnahmen sind in Abschnitt 5.4.4 behandelt.

Beim Nachweis der Sicherheit gegen Aufschwimmen (UPL) und der Sicherheit gegen hydraulischen Grundbruch (HYD) sind die Bemessungswerte F_d grundsätzlich ohne Berücksichtigung von Kombinationsbeiwerten zu ermitteln.

0.2.3 Nachweise für Grenzzustände der Tragfähigkeit

Der rechnerische Nachweis ausreichender Standsicherheit erfolgt für die Grenzzustände STR und GEO-2 mithilfe von Bemessungswerten (Index *d*) für Einwirkungen oder Beanspruchungen und Widerstände, für den Grenzzustand

GEO-3 mithilfe von Bemessungswerten für Einwirkungen oder Beanspruchungen und Bodenkennwerte.

Der Sicherheitsnachweis wird nach folgender Grundgleichung geführt:

$$E_d \leq R_d$$

E_d Bemessungswert der Summe der Einwirkungen oder Beanspruchungen
R_d Bemessungswert der Widerstände, der sich aus der Summe der Widerstände des Bodens oder konstruktiver Elemente ergibt

Für Nachweise des Grenzzustandes des Verlustes der Lagesicherheit (EQU) oder des Versagens durch hydraulischen Grundbruch (HYD) oder Auftrieb (UPL) werden die Bemessungswerte der günstig und ungünstig oder stabilisierend und destabilisierend wirkenden Einwirkungen einander gegenübergestellt und die Einhaltung der jeweiligen Grenzzustandsbedingung nachgewiesen. Widerstände treten bei diesen Nachweisen nicht auf.

0.2.4 Nachweise für Grenzzustände der Gebrauchstauglichkeit

Verformungsnachweise sind für alle Bauteile vorzunehmen, deren Funktion durch Verformungen beeinträchtigt oder aufgehoben werden kann. Die Verformungen werden mit den charakteristischen Werten der Einwirkungen und Bodenreaktionen berechnet und müssen geringer als die für eine einwandfreie Funktion des Bauteils oder Gesamtbauwerks zulässigen Verformungen sein. Gegebenenfalls ist mit oberen und unteren Grenzwerten der charakteristischen Werte zu rechnen.

Insbesondere bei den Verformungsnachweisen muss der zeitliche Verlauf der Einwirkungen berücksichtigt werden, um auch kritische Verformungszustände während verschiedener Betriebs- und Bauzustände zu erfassen.

0.2.5 Geotechnische Kategorien

Die Mindestanforderungen an Umfang und Qualität geotechnischer Untersuchungen, Berechnungen und Überwachungsmaßnahmen werden nach EC 7 in drei geotechnischen Kategorien beschrieben, die eine geringe (Kategorie 1), eine normale (Kategorie 2) und eine hohe (Kategorie 3) geotechnische Schwierigkeit bezeichnen. Sie sind in DIN 1054, A 2.1.2 wiedergegeben. Ufereinfassungen sind grundsätzlich in die Kategorie 2, bei schwierigen Baugrundverhältnissen in die Kategorie 3 einzuordnen. Ein Fachplaner für Geotechnik ist stets einzubeziehen.

0.2.6 Probabilistische Nachweisführung

Das Konzept der Teilsicherheitsbeiwerte nach EC 0 bzw. DIN 1054 ist, wenngleich aus der Idee eines probabilistischen Nachweiskonzeptes entstanden, seinem Wesen nach deterministischer Natur. Die Erfüllung der Grenzzustandsgleichung für einen Versagensmechanismus besagt lediglich, dass der untersuchte Mechanismus mit hinreichender Wahrscheinlichkeit nicht eintreten wird. Soll dagegen in einem Standsicherheitsnachweis eine Aussage über die Wahrscheinlichkeit des Eintretens eines Grenzzustandes enthalten sein, ist eine Nachweisführung auf probabilistischer Basis erforderlich. Standsicherheitsnachweise auf probabilistischer Basis können dann, wenn die Streuungen der Einwirkungen und der unabhängigen Parameter der Widerstände bekannt sind, was im Hafenbau häufig der Fall ist, zu wirtschaftlicheren Bauwerken führen, als es die Anwendung eines deterministischen Nachweiskonzeptes erlaubt.

Die probabilistische Nachweisführung setzt voraus, dass die unabhängigen, die Einwirkungen bzw. Beanspruchungen und Widerstände beschreibenden Größen, für jeden zu betrachtenden Grenzzustand als Variablen ihrer Verteilungsdichten $f(R)$ und $f(E)$ in die Grenzzustandsgleichung eingeführt werden. Die Lösung der Grenzzustandsgleichung $f(Z)$ selbst stellt dann eine Funktion einer streuenden Größe dar:

$$f(Z) = f(R) - f(E).$$

Aus dem Integral der Funktion $f(Z)$ für negative Argumente Z errechnet sich die Versagenswahrscheinlichkeit P_f bzw. die Zuverlässigkeit $1 - P_f$ einer Konstruktion.

Der für das Versagen einer Konstruktion maßgebende Mechanismus wird bei einer größeren Zahl von zu untersuchenden Mechanismen zweckmäßig über eine Fehlerbaumanalyse gefunden (Andrews & Moss, 1993 und Richwien & Lesny, 2003). Hierbei werden die Mechanismen, für die ein Versagen nicht eintritt, systematisch ausgeschaltet, wobei Korrelationen der Mechanismen untereinander berücksichtigt werden (Schuëller, 1981).

0.3 Berechnungen von Ufereinfassungen

Ufereinfassungen sind grundsätzlich statisch möglichst einfach und hinsichtlich der Lastabtragung eindeutig auszubilden. Je ungleichmäßiger der Baugrund ist, umso mehr sind statisch bestimmte Ausführungen anzustreben, damit Zusatzbeanspruchungen aus ungleichen Verformungen, die nicht einwandfrei überblickbar sind, weitgehend vermieden werden. Dementsprechend sollten auch die Standsicherheitsnachweise möglichst einfach und klar gegliedert geführt werden.

Der Standsicherheitsnachweis einer Ufereinfassung muss insbesondere enthalten:

- Angaben zur Nutzung der Anlage,
- zeichnerische Darstellung des Bauwerks mit allen wichtigen geplanten Bauwerksabmessungen,
- kurze Beschreibung des Bauwerks, insbesondere mit allen Angaben, die aus den Zeichnungen nicht klar erkennbar sind,
- Entwurfswert der Sohlentiefe,
- charakteristische Werte aller Einwirkungen,
- Bodenschichtung und zugehörige charakteristische Werte der Bodenkenngrößen,
- maßgebende freie Wasserstände, bezogen auf NHN (Normal Höhe Null, früher NN: Normal Null) oder ein örtliches Pegelnull, sowie zugehörige Grundwasserstände (Hochwasserfreiheit, Überflutungsfreiheit),
- Einwirkungskombinationen bzw. Lastfälle,
- geforderte bzw. eingeführte Teilsicherheitsbeiwerte,
- vorgesehene Baustoffe und deren Festigkeiten bzw. Widerstände,
- alle Daten über Bauzeiten und Art der Baudurchführung mit den maßgebenden Bauzuständen,
- Darstellung und Begründung des vorgesehenen Gangs der Nachweise,
- Angabe des verwendeten Schrifttums und sonstiger Berechnungshilfsmittel.

Bei den eigentlichen Standsicherheits- und Gebrauchstauglichkeitsnachweisen ist zu beachten, dass es im Grund- und Wasserbau viel mehr auf zutreffende Bodenaufschlüsse, Scherparameter, Lastansätze, die Erfassung auch hydrodynamischer Einflüsse und nichtkonsolidierter Zustände und ein günstiges Tragsystem sowie auf ein wirklichkeitsnahes Rechenmodell ankommt, als auf eine übertrieben genaue zahlenmäßige Berechnung.

1 Baugrund

1.1 Mittlere charakteristische Werte von Bodenkenngrößen (E 9)

1.1.1 Allgemeines

Für Vorentwürfe dürfen die in Tabelle E 9-1 angegebenen charakteristischen Werte (Index *k*) als Erfahrungswerte eines größeren Bodenbereichs verwendet werden. Ohne Nachweis dürfen nur die Tabellenwerte für geringen Sondierwiderstand oder weiche Konsistenz angenommen werden.

Die Erfahrungswerte der Scherparameter des undränierten, erstbelasteten Bodens $c_{u,k}$ (Spalte 9) müssen innerhalb der angegebenen Bandbreite so gewählt werden, dass sie der jeweiligen geostatischen Auflast σ'_v entsprechen. Das kann mit der Beziehung

$$\tau_f = c_u \approx c' + \sigma'_v \tan \varphi'$$

überprüft werden, darin sind φ' und c' der jeweiligen Bodenart nach Spalten 7 und 8 einzusetzen. Höhere Werte von c_u müssen durch Laborversuche nachgewiesen werden.

Der Ausführungsplanung sind grundsätzlich die örtlich durch Feld- und Laborversuche ermittelten Werte der Bodenkenngrößen zugrunde zu legen (E 88, Abschnitt 1.4). Die wirksamen Scherparameter φ' und c' von bindigen Böden sind an ungestörten Bodenproben möglichst in Triaxialversuchen zu ermitteln.

Nach Wroth (1984) beträgt der Reibungswinkel φ' für nichtbindige, dicht gelagerte Böden im ebenen Verformungszustand 9/8 des Reibungswinkels, der im Triaxialversuch gemessen wird. Dieser darf daher für die Berechnung von langgestreckten Ufereinfassungen im Einvernehmen mit dem geotechnischen Sachverständigen um bis zu 10 % erhöht werden.

Die charakteristischen Werte der Scherparameter φ'_k und c'_k für bindige Böden gelten für die Berechnung der Endstandsicherheit (konsolidierter Zustand, Endfestigkeit).

Die charakteristischen Werte der Scherparameter des unkonsolidierten Bodens $\varphi_{u,k}$ und $c_{u,k}$ sind die Scherparameter für den nicht konsolidierten Anfangszustand. Bei wassergesättigten Böden wird $\varphi_{u,k} = 0$ gesetzt.

Empfehlungen des Arbeitsausschusses „Ufereinfassungen“ – EA „Ufereinfassungen“, 11. Auflage.
Herausgegeben vom Arbeitsausschuss „Ufereinfassungen“ der Hafentechnischen Gesellschaft e.V. und der Deutschen Gesellschaft für Geotechnik e.V.

Tabelle E 9-1. Charakteristische Werte von Bodenkenngrößen (Erfahrungswerte)

	1	2	3	4	5		6		7	8	9	10	11
Nr.	Bodenart	Bodengruppe nach DIN 18196[1)]	Sondierspitzenwiderstand	Konsistenz im Ausgangszustand	Wichte		Zusammendrückbarkeit[2)] Erstbelastung[3)] $E_S = v_e \sigma_{at} (\sigma/\sigma_{at})^{we}$		Scherparameter des entwässerten Bodens		Scherparameter des nicht entwässerten Bodens	Durchlässigkeitsbeiwert	Bemerkungen
			q_c		γ_k	γ'_k	v_e	w_e	φ'_k	c'_k	$c_{u,k}$	k_k	
			MN/m²		kN/m³	kN/m³			Grad	kN/m²	kN/m²	m/s	
1	Kies, eng gestuft	GE U[4)] < 6	< 7,5 7,5–15 > 15		16,0 17,0 18,0	8,5 9,5 10,5	400 900	0,6 0,4	30,0–32,5 32,5–37,5 35,0–40,0			2×10^{-1} bis 1×10^{-2}	
2	Kies, weit oder intermittierend gestuft	GW, GI 6 ≤ U[4)] ≤ 15	< 7,5 7,5–15 > 15		16,5 18,0 19,5	9,0 10,5 12,0	400 1.100	0,7 0,5	30,0–32,5 32,5–37,5 35,0–40,0			1×10^{-2} bis 1×10^{-6}	
3	Kies, weit oder intermittierend gestuft	GW, GI U[4)] > 15	< 7,5 7,5–15 > 15		17,0 19,0 21,0	9,5 11,5 13,5	400 1.200	0,7 0,5	30,0–32,5 32,5–37,5 35,0–40,0			1×10^{-2} bis 1×10^{-6}	
4	Kies, sandig mit Anteil d < 0,06 mm < 15%	GU, GT	< 7,5 7,5–15 > 15		17,0 19,0 21,0	9,5 11,5 13,5	400 800 1.200	0,7 0,6 0,5	30,0–32,5 32,5–37,5 35,0–40,0			1×10^{-5} bis 1×10^{-6}	
5	Kies-Sand-Feinkorngemisch d < 0,06 mm > 15%	$G\overline{U}$, $G\overline{T}$	< 7,5 7,5–15 > 15		16,5 18,0 19,5	9,0 10,5 12,0	150 275 400	0,9 0,8 0,7	30,0–32,5 32,5–37,5 35,0–40,0			1×10^{-7} bis 1×10^{-11}	
6	Sand, eng gestuft, Grobsand	SE U[4)] < 6	< 7,5 7,5–15 > 15		16,0 17,0 18,0	8,5 9,5 10,5	250 475 700	0,75 0,60 0,55	30,0–32,5 32,5–37,5 35,0–40,0			5×10^{-3} bis 1×10^{-4}	
7	Sand, eng gestuft, Feinsand	SE U[4)] < 6	< 7,5 7,5–15 > 15		16,0 17,0 18,0	8,5 9,5 10,5	150 225 300	0,75 0,65 0,60	30,0–32,5 32,5–37,5 35,0–40,0			1×10^{-4} bis 2×10^{-5}	

Tabelle E 9-1. Fortsetzung

	1	2	3	4	5		6		7	8	9	10	11
Nr.	Bodenart	Bodengruppe nach DIN 18196[1)]	Sondierspitzenwiderstand	Konsistenz im Ausgangszustand	Wichte		Zusammendrückbarkeit[2)] Erstbelastung[3)] $E_S = v_e \sigma_{at} (\sigma/\sigma_{at})^{we}$		Scherparameter des entwässerten Bodens		Scherparameter des nicht entwässerten Bodens	Durchlässigkeitsbeiwert	Bemerkungen
			q_c		γ_k	γ'_k	v_e	w_e	φ'_k	c'_k	$c_{u,k}$	k_k	
			MN/m²		kN/m³	kN/m³			Grad	kN/m²	kN/m²	m/s	
8	Sand, weit oder intermittierend gestuft	SW, SI $6 \leq U^{4)} \leq 15$	< 7,5 7,5–15 > 15		16,5 18,0 19,5	9,0 10,5 12,0	200 400 600	0,70 0,60 0,55	30,0–32,5 32,5–37,5 35,0–40,0			5×10^{-4} bis 2×10^{-5}	
9	Sand, weit oder intermittierend gestuft	SW, SI $U^{4)} > 15$	< 7,5 7,5–15 > 15		17,0 19,0 21,0	9,5 11,5 13,5	200 400 600	0,70 0,60 0,55	30,0–32,5 32,5–37,5 35,0–40,0			1×10^{-4} bis 1×10^{-5}	
10	Sand, d < 0,06 mm < 15%	SU, ST	< 7,5 7,5–15 > 15		16,0 17,0 18,0	8,5 9,5 10,5	150 350 500	0,80 0,70 0,65	30,0–32,5 32,5–37,5 35,0–40,0			2×10^{-5} bis 5×10^{-7}	
11	Sand, d < 0,06 mm > 15%	$S\overline{U}$, $S\overline{T}$	< 7,5 7,5–15 > 15		16,5 18,0 19,5	9,0 10,5 12,0	50 250	0,9 0,75	30,0–32,5 32,5–37,5 35,0–40,0			2×10^{-6} bis 1×10^{-9}	
12	anorganische bindige Böden mit leicht plastischen Eigenschaften (w_L < 35%)	UL		weich steif halbfest	17,5 18,5 19,5	9,0 10,0 11,0	40 110	0,80 0,60	27,5–32,5	0 2–5 5–10	5–60 20–150 50–300	1×10^{-5} bis 1×10^{-7}	
13	anorganische bindige Böden mit mittelplastischen Eigenschaften (50% > w_L > 35%)	UM		weich steif halbfest	16,5 18,0 19,5	8,5 9,5 10,5	30 70	0,90 0,70	25,0–30,0	0 5–10 10–15	5–60 20–150 50–300	2×10^{-6} bis 1×10^{-9}	

Tabelle E 9-1. Fortsetzung

	1	2	3	4	5		6		7	8	9	10	11
Nr.	Bodenart	Bodengruppe nach DIN 18196[1)]	Sondierspitzenwiderstand	Konsistenz im Ausgangszustand	Wichte		Zusammendrückbarkeit[2)] Erstbelastung[3)] $E_S = v_e \boldsymbol{\sigma}_{at} (\boldsymbol{\sigma}/\boldsymbol{\sigma}_{at})^{we}$		Scherparameter des entwässerten Bodens		Scherparameter des nicht entwässerten Bodens	Durchlässigkeitsbeiwert	Bemerkungen
			q_c		γ_k	γ'_k	v_e	w_e	φ'_k	c'_k	$c_{u,k}$	k_k	
			MN/m^2		kN/m^3	kN/m^3			Grad	kN/m^2	kN/m^2	m/s	
14	anorganische bindige Böden mit leicht plastischen Eigenschaften ($w_L < 35\%$)	TL		weich steif halbfest	19,0 20,0 21,0	9,0 10,0 11,0	20 50	1,0 0,90	25,0–30,0	0 5–10 10–15	5–60 20–150 50–300	1×10^{-7} bis 2×10^{-9}	
15	anorganische bindige Böden mit mittelplastischen Eigenschaften ($50\% > w_L > 35\%$)	TM		weich steif halbfest	18,5 19,5 20,5	8,5 9,5 10,5	10 30	1,0 0,95	22,5–27,5	5–10 10–15 15–20	5–60 20–150 50–300	5×10^{-8} bis 1×10^{-10}	
16	anorganische bindige Böden mit stark plastischen Eigenschaften ($w_L > 50\%$)	TA		weich steif halbfest	17,5 18,5 19,5	7,5 8,5 9,5	6 20	1,0 1,0	20,0–25,0	5–15 10–20 15–25	5–60 20–150 50–300	1×10^{-9} bis 1×10^{-11}	
17	organischer Schluff, organischer Ton	OU und OT		breiig weich steif	14,0 15,5 17,0	4,0 5,5 7,0	5 20	1,00 0,85	17,5–22,5	0 2–5 5–10	2–15 5–60 20–150	1×10^{-9} bis 1×10^{-11}	

Tabelle E 9-1. Fortsetzung

	1	2	3	4	5		6		7	8	9	10	11
Nr.	Bodenart	Boden-gruppe nach DIN 18196[1]	Sondier-spitzen-widerstand	Konsistenz im Ausgangs-zustand	Wichte		Zusammen-drückbarkeit[2] Erst-belastung[3] $E_S = v_e \boldsymbol{\sigma}_{at} (\boldsymbol{\sigma}/\boldsymbol{\sigma}_{at})^{we}$		Scherparameter des entwässerten Bodens		Scherparame-ter des nicht entwässerten Bodens	Durch-lässigkeits-beiwert	Bemer-kungen
			q_c		γ_k	γ'_k	v_e	w_e	φ'_k	c'_k	$c_{u,k}$	k_k	
			MN/m²		kN/m³	kN/m³			Grad	kN/m²	kN/m²	m/s	
18	Torf [5]	HN, HZ		breiig weich steif halbfest	10,5 11,0 12,0 13,0	0,5 1,0 2,0 3,0	[5]	[5]	[5]	[5]	[5]	1×10^{-5} bis 1×10^{-8}	
19	Mudde [6] Faulschlamm	F		breiig weich	12,5 16,0	2,5 6,0	4 15	1,0 0,9	[6]	0	< 6 6–60	1×10^{-7} 1×10^{-9}	

Erläuterungen:

[1]

Kennbuchstaben für die Haupt- und Nebenbestandteile:

F Mudde
G Kies
H Torf (Humus)
O organische Beimengungen
S Sand
T Ton
U Schluff

Kennbuchstaben für kennzeichnende bodenphysikalische Eigenschaften:

Korngrößenverteilung:
W weit gestufte Korngrößenverteilung
E eng gestufte Korngrößenverteilung
I intermittierend gestufte Korngrößenverteilung

Plastische Eigenschaften:
L leicht plastisch
M mittel plastisch
A ausgeprägt plastisch

Zersetzungsgrad von Torfen:
N nicht bis kaum zersetzter Torf
Z zersetzter Torf

[2]

v_e: Steifebeiwert, empirischer Parameter
w_e: empirisch gefundener Parameter
σ: Belastung in kN/m²
σ_{at}: Atmosphärendruck (= 100 kN/m²)

[3] v_e-Werte bei Wiederbelastung bis zum 10-Fachen höher, w_e geht gegen 1.

[4] U Ungleichförmigkeit

[5] Die Beiwerte der Zusammendrückbarkeit und die Scherparameter von Torf streuen so stark, dass eine Angabe von Erfahrungswerten nicht möglich ist.

[6] Der wirksame Reibungswinkel von vollständig konsolidierter Mudde kann sehr hohe Werte annehmen, maßgebend ist aber stets der dem tatsächlichen Konsolidierungsgrad entsprechende Wert, der nur durch Laborversuche zuverlässig bestimmt werden kann.

1.2 Anordnung und Tiefe von Bohrungen und Sondierungen (E 1)

1.2.1 Allgemeines

Art und Umfang der Baugrunderkundungen, ihre Anordnung und die Erkundungstiefe sind von einem geotechnischen Sachverständigen nach den Grundsätzen aus DIN EN 1997-2 und DIN 4020 festzulegen.

Bohrungen dienen der Erkundung der Schichtenfolge und der Gewinnung von Bodenproben für bodenmechanische Laborversuche. Zur Erkundung und Beobachtung der Grundwasserverhältnisse können Bohrungen zu Grundwassermessstellen ausgebaut werden.

Mit Sondierungen können die Festigkeitseigenschaften der anstehenden Bodenarten ermittelt werden, mithilfe empirischer Korrelationen können zudem die Bodenarten identifiziert und ihre Bodenkennwerte abgeleitet werden.

Bohrungen und Sondierungen sind grundsätzlich in einem solchen Umfang durchzuführen, dass der Baugrund in allen planungsrelevanten Eigenschaften bekannt ist und für Laborversuche eine hinreichende Anzahl von geeigneten Bodenproben gewonnen wird. Bei der Festlegung von Art und Anzahl von Bohrungen und Sondierungen sind die Ergebnisse von Vorerkundungen in Form geologischer Kartierungen und ggf. vorliegender Ergebnisse von früheren Bohrungen und Sondierungen mit zu berücksichtigen.

Oberflächengeophysikalische Messungen können in Verbindung mit den Bohrungen und Sondierungen flächen- oder linienhafte Informationen zu den geologischen Verhältnissen, zum Grundwasserspiegel und Hinweise auf große Hindernisse im Baugrund liefern.

Bei bedeutenden Bauvorhaben kann es zweckmäßig sein, zunächst mit orientierenden Baugrunderkundungen (Hauptbohrungen, Sondierungen) zu beginnen und diese dann planungsbegleitend durch Zwischenbohrungen und weitere Sondierungen zu ergänzen.

1.2.2 Hauptbohrungen

Hauptbohrungen sollen vorzugsweise in der späteren Bauwerksachse (Uferkante) liegen. Ihre Tiefe muss bei unverankerten Wänden etwa bis zur doppelten Höhe des Geländesprungs bzw. bis in eine bekannte geologische Schicht reichen. Ein Richtwert für den Bohrabstand ist etwa 50 m, Empfehlungen zu Lage und Tiefe geben DIN EN 1997-2 (2.4.1.3) und DIN 4020. Im konkreten Fall müssen die Lage der Ansatzpunkte und die Abstände der Bohrungen untereinander an die geologischen und baulichen Randbedingungen angepasst werden.

Da für die bodenmechanischen Laborversuche Bodenproben mindestens der Güteklasse GK 2 nach DIN EN ISO 22475-1 benötigt werden, müssen Hauptbohrungen als Bohrungen mit Gewinnung von Proben in fester Umhüllung („Liner“) ausgeführt werden.

1.2.3 Zwischenbohrungen

Zwischenbohrungen werden je nach Befund der Hauptbohrungen oder vorgezogenen Sondierungen ebenfalls bis zur Tiefe der Hauptbohrungen oder bis zu einer Tiefe geführt, in der eine bekannte einheitliche Bodenschicht angetroffen wird. Anhaltswert für den Bohrabstand ist wieder ein Maß von etwa 50 m.

1.2.4 Sondierungen

Sondierungen werden im Allgemeinen nach dem Schema von Bild E 1-1 angesetzt. Sie werden möglichst bis zur gleichen Tiefe wie die Hauptbohrungen geführt. Bezüglich der Geräte und der Durchführung der Sondierungen sowie ihrer Anwendung wird auf die geltenden Normen verwiesen.

Zur Interpretation der Sondierergebnisse müssen einzelne Sondierungen unmittelbar neben Bohrungen angesetzt werden. In diesem Fall müssen die Sondierungen vor den Bohrungen ausgeführt werden, um zu vermeiden, dass die Ergebnisse der Sondierung durch die Auflockerung des Bodens beim Bohren verfälscht werden.

1.3 Geotechnischer Bericht (E 150)

Die Ergebnisse einer Baugrunderkundung werden in einem Geotechnischen Bericht nach DIN EN 1997-1 (3.4) bzw. DIN EN 1997-2 (6) zusammengefasst. Darin sind Art und Umfang der Untersuchungen sowie deren Ergebnisse zu dokumentieren.

Der Geotechnische Bericht enthält die charakteristischen Bemessungswerte der Bodenkenngrößen, ggf. auch mit Bezug zu den vorgesehenen Berechnungsverfahren. Zur Bewertung des Baugrunds gehört auch die Untersuchung auf chemische Inhaltsstoffe, die schädigende Einwirkungen auf Beton und/oder Stahl haben könnten, und auf Kontaminierungen.

Die Erkenntnisse aus dem Geotechnischen Bericht werden zu Gründungsempfehlungen für das konkrete Bauwerk zusammengefasst. Dazu gehören bei Ufer-

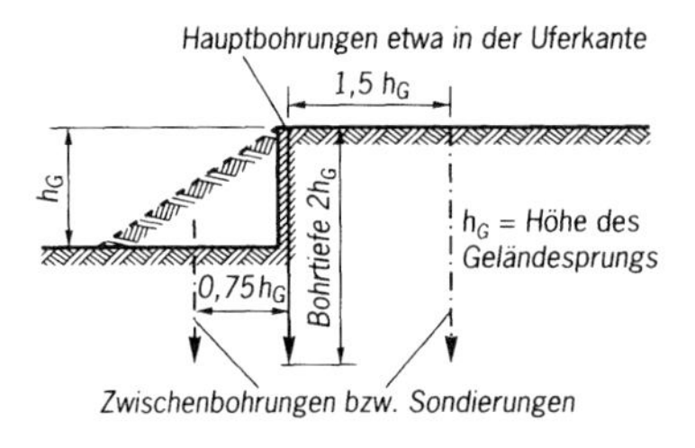

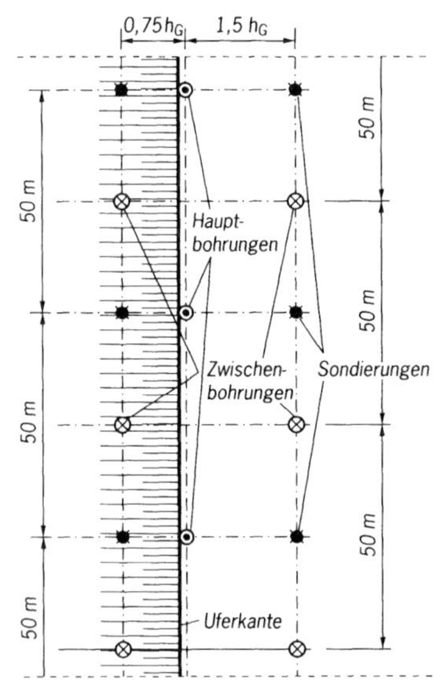

Bild E 1-1. Beispiel für die Anordnung der Bohrungen und der Sondierungen für Ufereinfassungen

einfassungen auch Hinweise zum Einbringen von Pfählen und Wandprofilen sowie auf Rammhindernisse.

Die Baugrunderkundungen können durch Probebelastungen und Probeschüttungen ergänzt werden, um das Tragverhalten von Gründungselementen sowie die Verdichtungsmöglichkeiten von Böden sicher zu beurteilen. Zur Beurteilung des Zusammenwirkens von Bauteilen mit dem Boden müssen ggf. Modellversuche durchgeführt werden. Die Durchführung und die Ergebnisse von Probebelastungen, Probeschüttungen und Modellversuchen sind im Geotechnischen Bericht zu dokumentieren.

Zusammen mit den Nachweisen der Standsicherheit und der Gebrauchstauglichkeit bilden die o. g. Berichtsinhalte den Geotechnischen Entwurfsbericht nach DIN EN 1997-2 (2.8).

1.4 Ermittlung der Scherfestigkeit c_u wassergesättigter, undränierter bindiger Böden (E 88)

Wird ein wassergesättigter bindiger Boden belastet, ohne dass er konsolidieren kann (undränierte Bedingungen), ist seine Volumenänderung wegen der nur geringen Kompressibilität des Porenwassers bei Lasten unterhalb der Festigkeit praktisch vernachlässigbar. Die Belastung erzeugt nur Porenwasserüberdruck und keine zusätzlichen wirksamen Spannungen im Korngerüst. Daher ist der Winkel der inneren Reibung bei wassergesättigten bindigen Böden unter undränierten Bedingungen $\varphi_u = 0$. Die Festigkeit wird nur durch die Kohäsion des undränierten Bodens c_u beschrieben. Bei Teilsättigung kann ein Teil der Belastung im Korngerüst zusätzliche wirksame Spannungen erzeugen, in diesem Fall ist $\varphi' > \varphi_u > 0$.

1.4.1 Kohäsion c_u des undränierten Bodens

Die Kohäsion c_u des undränierten bindigen Bodens hängt im Wesentlichen von folgenden Bedingungen ab:

– Bei einem normalkonsolidierten Boden ist c_u proportional zur wirksamen Vertikalspannung σ'_v, d. h., c_u nimmt mit der Tiefe linear zu:

  $$\frac{c_u}{\sigma'_v} = \lambda_{cu}$$

  Die Kohäsionskonstante λ_{cu} ist nach Jamiolowski et al. (1985) $\lambda_{cu} = 0{,}23 \pm 0{,}04$. Nach Gebreselassie (2003) sind auch kleinere Werte bis $\lambda_{cu} = 0{,}18$ und darunter möglich.
  Für den norddeutschen Klei ist c_u oft sehr klein, und eine Abhängigkeit von der Vertikalspannung σ'_v ist nicht eindeutig messbar.

– Bei einem überkonsolidierten Boden ist c_u ebenfalls proportional zur wirksamen Vertikalspannung σ'_v, wird aber außerdem von der Spannungsgeschichte bestimmt:

  $$\frac{c_u}{\sigma'_v} = \lambda_{cu} OCR^{\alpha}$$

  Der Vorbelastungsgrad OCR ist das Verhältnis aus der Spannung σ'_{vc}, für die der Boden konsolidiert ist, und der aktuellen Spannung σ'_v.

  $$OCR = \frac{\sigma'_{vc}}{\sigma'_v}$$

  Anhaltswerte für den Exponenten α liegen im Bereich 0,8 bis 0,9.

- Verschiedene Autoren zeigen, dass die Kohäsion c_u des undränierten Bodens vom Spannungspfad abhängt. c_u ist bei triaxialer Kompression (tc) größer als bei triaxialer Extension (te) (Bjerrum, 1973; Jamiolowski et al., 1985; Scherzinger, 1991). $c_{u,tc}$ kann ca. 50 % größer als $c_{u,te}$ sein. Werte für die Einfachscherung ($c_{u,dss}$) liegen bei gleichem Porenvolumen dazwischen:

  $$c_{u,tc} > c_{u,dss} > c_{u,te}$$

- Die Kohäsion c_u des undränierten Bodens hängt wegen der Viskosität bindiger Böden von der Belastungsgeschwindigkeit ab. Dies kann z. B. mit den Schergesetzen nach Leinenkugel (1976) oder Randolph (2004) beschrieben werden. Leinenkugels Beziehung lautet:

  $$\frac{c_u}{c_{u\alpha}} = \left[1 + I_{v\alpha} \ln\left(\frac{\dot{\gamma}}{\dot{\gamma}_\alpha}\right)\right]$$

  Der Viskositätsindex $I_{v\alpha}$ für die Referenzdehnungsrate $\dot{\gamma}$ kann z. B. mit CU-Triaxialversuchen mit sprunghaft veränderlicher Dehnungsrate (Sprungversuch) oder mit eindimensionalen Kriechversuchen ermittelt werden. Anhaltswerte für $I_{v\alpha}$ sind z. B. bei Leinenkugel (1976) und Gudehus (1981) zu finden.

1.4.2 Ermittlung der Kohäsion c_u des undränierten Bodens

Die Kohäsion c_u des undränierten Bodens kann im Labor und in Feldversuchen ermittelt werden. Für die Untersuchungen gibt es zwei grundsätzlich unterschiedliche Ansätze: die Methode der Rekompression und die Methode der Nachstellung der Spannungsgeschichte.

1.4.2.1 Rekompressionsmethode

Bei dieser Methode wird c_u in Triaxialversuchen an Bodenproben ermittelt, die vor dem Abscheren mit derjenigen Spannung rekonsolidiert werden, die in situ auf den Boden wirkt (Bjerrum, 1973). Nach Seah und Lai (2003) ist allerdings zu beachten, dass bei dieser Methode die Kohäsion c_u von normalkonsolidierten Böden überschätzt wird. Daher ist die Rekompressionsmethode vorzugsweise für hochgradig strukturierte, spröde Böden, wie sensitive Tone, zementierte Böden und stark vorbelastete Böden geeignet. Die Ergebnisse der Scherversuche sollten immer durch Vergleich mit der Spannungsgeschichte kontrolliert werden.

1.4.2.2 Stress History And Normalized Soil Engineering Properties (SHANSEP-Methode)

Diese Methode ermöglicht die Ermittlung der Kohäsion c_u unter Berücksichtigung der Probenstörung, in geringem Maße der Anisotropie und der Belastungsgeschwindigkeit. Sie basiert auf Untersuchungen am MIT in den 1960er-Jahren und wurde erstmals von Ladd und Foott (1974) publiziert. Eine revidierte Fassung ist bei Ladd und DeGroot (2003) zu finden. Die SHANSEP-Methode beinhaltet zur Festlegung des Bodenmodells folgende Schritte:

- Aufschluss des Baugrunds und Entnahme von Sonderproben (ungestörte Bodenproben). Erstellung eines Bodenprofils auf der Grundlage der Ergebnisse von Drucksondierungen und Feldflügelsondierungen.
- Bestimmung des Vorbelastungsgrades im Labor aus Kompressionsversuchen und Ableitung des Vorbelastungsgrades OCR.
- Ermittlung der wirksamen Scherparameter φ'/c' und von c_u in Laborversuchen, im Regelfall in Triaxialversuchen. Empfohlen werden Triaxialversuche mit anisotroper Konsolidierung (CK_0) und anschließender undränierter triaxialer Kompression (UC mit $\sigma_1 > \sigma_3$) und triaxialer Extension (UE mit $\sigma_1 < \sigma_3$). Festlegung der Rekonsolidationsspannung entsprechend dem ermittelten Vorbelastungsgrad OCR.
- Durchführung von Scherversuchen zur Ermittlung der Beziehung zwischen OCR und der normierten Scherfestigkeit c_u/σ'_v.
- Festlegung eines auf der sicheren Seite liegenden c_u-Bemessungsprofils für die bindigen Schichten.

1.4.3 Ermittlung von c_u in Laborversuchen

Die Ermittlung von c_u in Laborversuchen hat den Vorteil, dass die Versuchsrandbedingungen innerhalb von größeren Versuchsreihen ideal reproduziert werden können. Dem steht der Nachteil gegenüber, dass Probekörper beim Bohren nie ohne Störungen der Struktur und der Festigkeit gewonnen werden können. Außerdem können Probekörper nicht durchgehend gewonnen werden, sodass die Verteilung von c_u über die Schichtdicke nur punktuell erfasst wird.

Die Versuchsrandbedingungen lassen sich in Triaxialversuchen am besten kontrollieren. CU-Triaxialversuche liefern sowohl dränierte als auch undränierte Scherparameter, da der Porenwasserdruck gemessen wird. Bei der Ermittlung von c_u mit der Laborflügelsonde und im eindimensionalen Druckversuch können verfälschende Einflüsse der Kapillarität nicht ausgeschlossen werden. Für weiche Böden kann c_u auch in verschiedenen Druck- und Fallkegelversuchen ermittelt werden.

1.4.4 Feldversuche

Die Ermittlung von c_u mit Drucksondierungen nach DIN 4094-1 und Feldflügelsondierungen nach DIN 4094-4 liefert ein Profil der Kohäsion c_u über die Tiefe. Der Scherwiderstand τ_{fvt} der Feldflügelsonde muss wegen der hohen Schergeschwindigkeit mit einem Faktor μ abgemindert werden, dieser hängt von der Plastizitätszahl I_P ab:

$$c_{u,fvt} = \mu \tau_{fvt}$$

Angaben zum Korrekturfaktor μ finden sich in Anhang I von DIN EN 1997-2.

Die Ableitung von c_u aus dem Sondierspitzenwiderstand von Drucksondierungen erfordert die Kenntnis des Vorbelastungsgrades des Bodens. So gilt z. B. für die CPTU-Sonde:

$$c_{u,cptu} = \frac{q_c - \sigma_v}{N_{kt}}$$

Der Faktor N_{kt} hängt von der Sondengeometrie und vom Vorbelastungsgrad OCR ab und liegt in der Größenordnung 10 bis 20.

Weniger verbreitet ist die Ableitung von c_u aus Bohrlochaufweitungsversuchen nach DIN 4096-5.

Plattendruckversuche nach DIN 18134 liefern lediglich einen c_u-Wert für den oberflächennahen Boden.

1.4.5 Korrelationen

Viele Autoren haben Korrelationen zwischen c_u und dem Wassergehalt w, der Konsistenzzahl I_C, der Plastizitätszahl I_P und der Liquiditätszahl I_L vorgeschlagen. Eine ausführliche Übersicht hierzu liefert Gebreselassie (2003). Hierbei ist zu bedenken, dass diese Korrelationen allenfalls für die untersuchten Böden und Versuchsrandbedingungen gelten und daher nur als Anhaltswerte zu verwenden sind.

1.5 Beurteilung des Baugrunds für das Einbringen von Spundbohlen und Pfählen und Auswahl des Einbringverfahrens (E 154)

1.5.1 Allgemeines

Für das Einbringen von Spundbohlen und Pfählen und für die Auswahl des Einbringverfahrens spielen zunächst Baustoff, Form, Größe, Länge und Einbauneigung der Spundbohlen und Pfähle eine entscheidende Rolle. Wesentliche Hinweise sind zu finden in:

E 21, Abschnitt 8.1.2:	Ausbildung und Einbringen von Stahlbetonspundwänden
E 22, Abschnitt 8.1.1:	Ausbildung und Einbringen von Holzspundwänden
E 34, Abschnitt 8.1.3:	Ausbildung und Einbringen von Stahlspundwänden
E 104, Abschnitt 8.1.12:	Einrammen von kombinierten Stahlspundwänden
E 105, Abschnitt 8.1.13:	Beobachtungen beim Einbringen von Stahlspundbohlen, Toleranzen
E 118, Abschnitt 8.1.11:	Einrammen wellenförmiger Stahlspundbohlen
E 217, Abschnitt 9.2.2.1:	Stahlpfähle

Wegen der großen Bedeutung sei im Zusammenhang mit diesen Empfehlungen besonders darauf hingewiesen, dass bei der Wahl des Rammguts (Baustoff, Profil) neben statischen Erfordernissen und wirtschaftlichen Gesichtspunkten vor allem auch die Beanspruchungen beim Einbringen in den jeweiligen Baugrund zu beachten sind. Der Geotechnische Bericht muss daher stets auch eine Bewertung des anstehenden Baugrunds hinsichtlich des Einbringens von Spundbohlen und Pfählen enthalten (siehe auch E 150, Abschnitt 1.3).

1.5.2 Beurteilung der Bodenarten in Hinblick auf Einbringverfahren

1.5.2.1 Allgemeines

Die Scherparameter haben nur eine bedingte Aussagefähigkeit über das Verhalten des Baugrunds beim Einbringen von Spundbohlen und Pfählen. Beispielsweise kann ein felsartiger Kalkmergel aufgrund seiner Klüftigkeit verhältnismäßig kleine Scherparameter besitzen, aber rammtechnisch ein schwerer Boden sein.

1.5.2.2 Rammen

Leichte Rammung ist zu erwarten bei weichen oder breiigen Böden, wie Moor, Torf, Schlick, Klei usw. Außerdem ist auch in locker gelagerten Mittel-

und Grobsanden sowie Kiesen ohne Steineinschlüsse im Allgemeinen eine leichte Rammung zu erwarten, es sei denn, dass verkittete Schichten eingelagert sind.

Mittelschwere Rammung ist bei mitteldicht gelagerten Mittel- und Grobsanden sowie bei feinkiesigen Böden und bei steifem Ton und Lehm zu erwarten.

Schwere bis schwerste Rammung ist in den meisten Fällen zu erwarten bei dicht gelagerten Mittel- und Grobkiesen, dicht gelagerten feinsandigen und schluffigen Böden, eingelagerten verkitteten Schichten, halbfesten bis festen Tonen, Geröll und Moräneschichten, Geschiebemergel, verwittertem und weichem bis mittelhartem Fels. Erdfeuchte oder trockene Böden haben beim Rammen einen größeren Eindringwiderstand als unter Auftrieb stehende. Das gilt nicht für wassergesättigte bindige Böden, vor allem nicht für Schluffe.

Bei einer Schlagzahl der Schweren Rammsonde (DPH, DIN EN ISO 22476-2) von $N_{10} > 30$ je 10 cm Eindringung oder $N_{30} > 50$ je 30 cm Eindringung mit der Bohrlochrammsonde (BDP, DIN 4094-2) muss mit zunehmend hohem Eindringwiderstand beim Rammen gerechnet werden. Im Allgemeinen kann angenommen werden, dass das Rammen bis zu Schlagzahlen N_{10} von 80 bis 100 Schläge/10 cm Eindringtiefe mit der DPH möglich ist. In Einzelfällen kann auch noch bei höheren Schlagzahlen gerammt werden. Weitere Angaben siehe Rollberg (1976, 1977).

1.5.2.3 Vibrieren (Rütteln)

Beim Vibrieren werden die Mantelreibung und der Spitzenwiderstand des einzubringenden Profils stark herabgesetzt. Daher können die Rammelemente im Vergleich zum Rammen zügig auf Tiefe gebracht werden. Weiteres siehe E 202, Abschnitt 8.1.23.

Besonders erfolgreich ist das Vibrieren in Kiesen und Sanden mit runder Kornform sowie in breiigen weichen Bodenarten mit geringer Plastizität. Für das Vibrieren wesentlich weniger geeignet sind Kiese und Sande mit kantiger Kornform oder stark bindige Böden. Besonders kritisch sind trockene Feinsande und steife Mergel- und Tonböden, da sie die Energie des Rüttlers aufnehmen, ohne dass die Mantelreibung und der Spitzenwiderstand reduziert werden.

Wird der Baugrund beim Vibrieren verdichtet, kann sich sein Eindringwiderstand so stark vergrößern, dass die nachfolgenden Profile nicht mehr auf Tiefe gebracht werden können. Diese Gefahr ist besonders bei engem Abstand der Bohlen bzw. Pfähle und beim Einrütteln in nichtbindigen Böden gegeben. In diesen Fällen muss das Rütteln abgebrochen werden, siehe E 202. Eventuell kommt auch der Einsatz von Hilfsmitteln nach Abschnitt 1.5.2.5 infrage.

Vor allem beim Vibrieren in nichtbindigen Böden kann es zu örtlichen Sackungen kommen, deren Größe und seitliche Reichweite von den Leistungsdaten des Vibrators, vom Rammgut, von der Dauer des Vibrierens und vom Boden abhängen. Bei Annäherung der Baumaßnahme an bestehende Bauwerke muss geprüft werden, ob diese durch derartige Sackungen Schaden nehmen können. Gegebenenfalls muss das Einbringverfahren angepasst werden.

1.5.2.4 Einpressen

Voraussetzung für das Einpressen ist, dass im Boden keine Hindernisse vorhanden sind bzw. diese vor dem Einbau geräumt werden.

In hindernisfreie bindige Böden und lockere nichtbindige Böden können schlanke Profile im Allgemeinen hydraulisch eingepresst werden. In dicht gelagerte nichtbindige Böden lassen sich Profile nur dann einpressen, wenn der Boden zuvor gelockert wird. Erfahrungswerte nach Busse (2009) sind in Tabelle E 154-1 zusammengestellt.

Tabelle E 154-1. Grenzen der Einpressbarkeit von Stahlspundbohlen

Bodenparameter			ohne Einbringhilfe	mit Einbringhilfe
CPT Spitzendruck	q_b	MN/m²	< 20	< 35
CPT Mantelreibung	q_s	MN/m²	< 0,1	< 0,3
DPH	N_{10}	–	< 25	< 40
Konsistenzzahl	I_c	–	< 1,0	> 1,0
Plastizitätszahl	I_P	–	> 10	
Verhältniszahl*)	I_f	–	< 1,0	> 1,0
Reibungswinkel	φ'	°	< 35	< 45

*) I_f = (max e – min e)/min e (höhere Verdichtbarkeit bei abnehmendem I_f)

1.5.2.5 Hilfsmaßnahmen für das Einbringen

Besonders in dicht gelagerten Sanden und Kiesen sowie in harten und steifen Tonen kann das Einbringen durch Spülen erleichtert werden bzw. wird dieses mit Spülhilfe überhaupt erst ermöglicht.

Weitere Hilfsmaßnahmen für das Einbringen können Lockerungsbohrungen oder örtlicher Bodenersatz mittels vorgezogener Großbohrungen und dergleichen sein. Bei felsartigen Böden kann durch gezielte Sprengungen der Boden so gelockert werden, dass bei entsprechender Profilwahl die Solltiefe mit herkömmlichen Rammen erreicht werden kann. Weiteres siehe E 183, Abschnitt 8.1.10.

1.5.2.6 Einbaugeräte, Einbauelemente, Einbauverfahren

Einbaugeräte, Einbauelemente und Einbauverfahren sind auf den zu durchfahrenden Baugrund abzustimmen; siehe E 104, Abschnitt 8.1.12, E 118, Abschnitt 8.1.11, E 202, Abschnitt 8.1.23 und E 210, Abschnitt 7.13.

Langsam schlagende Freifallbäre, Explosionsbäre oder Hydraulikbäre sind für bindige und nichtbindige Böden geeignet. Der Schnellschlaghammer und der Vibrationsbär beanspruchen das Rammelement schonend, können aber im Allgemeinen nur bei nichtbindigen Böden mit runder Kornform besonders wirkungsvoll eingesetzt werden. Beim Einrammen in felsartigen Boden, auch bei vorhergehender Lockerungssprengung, sind Schnellschlaghämmer oder schwere Rammbäre mit kleiner Fallhöhe vorzuziehen.

Unterbrechungen beim Einbringen des Rammguts, beispielsweise zwischen dem Vorrammen und dem Nachrammen, können – je nach Bodenart und Wassersättigung sowie Zeitdauer der Unterbrechung – das Weiterrammen erleichtern oder erschweren. Im Allgemeinen lässt sich durch vorgezogene Versuche die jeweilige Veränderung des Eindringwiderstands erkennen und quantifizieren.

Die Beurteilung des Baugrunds für das Einbringen von Spundbohlen und Pfählen setzt besondere Kenntnisse über die Einbringverfahren und entsprechende Erfahrungen voraus. Erfahrungen von Bauvorhaben mit vergleichbaren Baugrundverhältnissen können sehr nützlich sein.

1.5.2.7 Erprobung des Einbauverfahrens und des Tragverhaltens bei schwierigen Verhältnissen

Bestehen bei Bauvorhaben mit großen Einbindetiefen der Profile Bedenken, dass Spundbohlen nicht ohne Beschädigungen bis in die statisch erforderliche Tiefe eingebracht werden können oder Pfähle die vorgesehene Einbindetiefe zur Aufnahme der Gebrauchslast nicht erreichen, müssen vorab Proberammungen und Probebelastungen durchgeführt werden. Dabei sollten mindestens zwei Proberammungen je Einbauverfahren angesetzt werden, um eine zutreffende Auskunft zu erhalten.

Eine Erprobung des Einbauverfahrens kann auch zur Prognose der Sackung des Bodens und der Ausbreitung und Auswirkung von Schwingungen durch das Einbringverfahren notwendig sein.

2 Erddruck und Erdwiderstand

2.1 Allgemeines

Die charakteristischen Erddrucklasten können nach den in DIN 4085 angegebenen grafischen und/oder analytischen Verfahren ermittelt werden. Andere Verfahren, z. B. numerische, sind zulässig, wenn sichergestellt ist, dass sie die gleichen Erddrucklasten wie die in der Norm angegebenen Verfahren hervorbringen. In den nachfolgenden Bildern und Formeln werden die Bodenkennwerte nicht indiziert, soweit nicht ausdrücklich der charakteristische Wert (Index *k*) oder der Bemessungswert (Index *d*) gemeint ist.

Die Berechnung und Bemessung von Spundwänden wird in Abschnitt 8.2 behandelt. In Abschnitt 8.2.5 finden sich auch Hinweise zum Ansatz des Erddruckneigungswinkels δ_a.

2.2 Ansatz der Kohäsion in bindigen Böden (E 2)

Die Kohäsion in bindigen Böden darf bei der Ermittlung von Erddruck und Erdwiderstand berücksichtigt werden, wenn folgende Voraussetzungen erfüllt sind:

- Der Boden muss in seiner Lage ungestört sein. Bei Hinterfüllungen mit bindigem Material muss der Boden hohlraumfrei eingebaut und verdichtet sein.
- Der Boden muss dauernd gegen Austrocknen und Frost geschützt sein.
- Der Boden darf beim Durchkneten nicht breiig werden.

2.3 Ansatz der scheinbaren Kohäsion (Kapillarkohäsion) im Sand (E 3)

Die scheinbare Kohäsion c_c (Kapillarkohäsion nach DIN 18137, Teil 1) im Sand hat ihre Ursachen in der Oberflächenspannung des Porenzwickelwassers. Bei vollständiger Durchnässung oder Austrocknung des Bodens geht sie verloren. In der Regel ist sie deshalb bei der Ermittlung des Erddrucks und des Erdwiderstands nicht anzusetzen, sie ist dann eine innere Reserve für die Standsicherheit. Die scheinbare Kohäsion darf für Bauzustände berücksichtigt werden, wenn sichergestellt werden kann, dass sie im betreffenden Zeitraum durchgehend wirksam ist. Charakteristische Anhaltswerte für die scheinbare Kohäsion für mindestens mitteldichte Lagerung enthält Tabelle E 3-1.

Empfehlungen des Arbeitsausschusses „Ufereinfassungen" – EA „Ufereinfassungen", 11. Auflage.
Herausgegeben vom Arbeitsausschuss „Ufereinfassungen" der Hafentechnischen Gesellschaft e.V. und der Deutschen Gesellschaft für Geotechnik e.V.

Tabelle E 3-1. Charakteristische Anhaltswerte der scheinbaren Kohäsion für mindestens mitteldichte Lagerung (TGL 35983/02, 1983)

Bodenart	Bezeichnung nach DIN 4022-1	scheinbare Kohäsion $c_{c,k}$ [kN/m²]
Kiessand	G, s	≤ 2
Grobsand	g S	≤ 3
Mittelsand	m S	≤ 5
Feinsand	f S	≤ 9

2.4 Ermittlung des Erddrucks nach dem CULMANN-Verfahren (E 171)

2.4.1 Lösung bei homogenem Boden ohne Kohäsion

Beim CULMANN-Verfahren wird das COULOMB-Krafteck (Bild E 171-1) um den Winkel 90° – φ' gegen die Lotrechte gedreht, sodass die Kraftvektoren G_i auf einer unter φ' gegen die Horizontale geneigten Geraden („Böschungslinie") liegen. Wird nun an den Anfang der Eigenlast G eine Parallele zur „Stellungslinie"

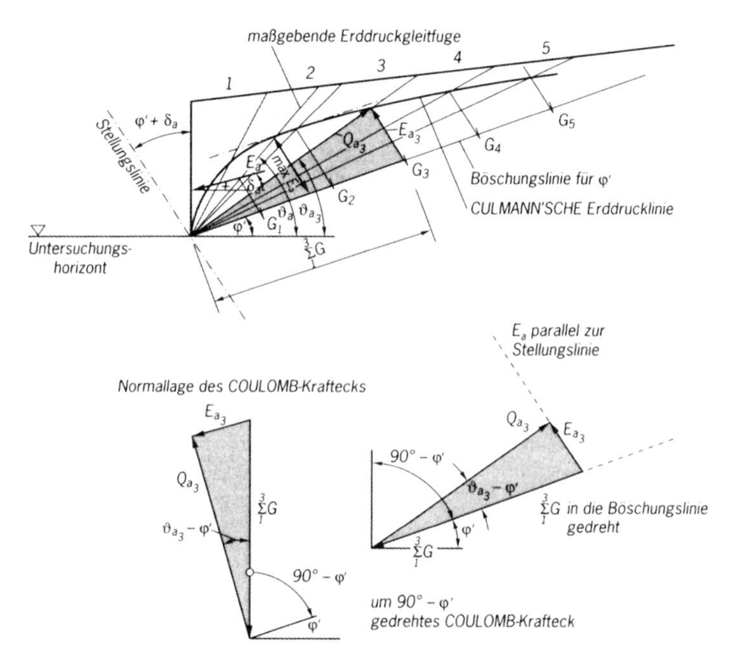

Bild E 171-1. Systemskizze zur Ermittlung des Erddrucks nach CULMANN bei homogenem Boden ohne Kohäsion (durch den Wandfuß verlaufende, im Winkel $\varphi' + \delta_a$ gegen die Wand geneigte Gerade) angetragen, ist deren Schnittpunkt mit der zugehörigen Gleitlinie ein Punkt der CULMANN'schen Erddrucklinie (Bild E 171-1).

Der Abstand dieses Schnittpunkts von der Böschungslinie, in Richtung der Stellungslinie gemessen, ist der jeweilige Erddruck für den untersuchten Gleitkeil. Diese Ermittlung wird nun für verschiedene Gleitfugen wiederholt. Das Maximum der CULMANN'schen Erddrucklinie stellt den gesuchten maßgebenden Erddruck dar.

Das CULMANN-Verfahren kann bei homogenem Boden für jede beliebige Gestalt der Geländeoberfläche und dort vorhandene Auflasten benutzt werden. Auch der jeweilige Grundwasserspiegel wird durch entsprechende Ermittlung der Gleitkeillasten mit γ bzw. γ' berücksichtigt. Gleiches gilt auch für eventuelle sonstige Änderungen der Wichte, solange φ' und δ_a gleich bleiben.

Die Erddrucklasten auf eine Wand werden dann abschnittsweise, von oben beginnend, ermittelt und in Flächenlasten über die Abschnittshöhe aufgetragen. Zur Erddruckverteilung siehe auch Abschnitt 8.2.

2.4.2 Lösung bei homogenem Boden mit Kohäsion

Im Fall des homogenen Bodens mit Kohäsion wirkt in der Gleitfuge mit der Länge l neben der Bodenreaktionskraft Q auch die Kohäsionskraft $C' = c'_k \cdot l$ (Bild E 171-2). Im COULOMB-Krafteck wird C′ vor der Eigenlast G angesetzt. Beim CULMANN-Verfahren wird auch C′, um den Winkel $90° - \varphi'$ gedreht, an der Böschungslinie der Eigenlast G vorgesetzt. Die Parallele zur Stellungslinie wird durch den Anfangspunkt von C′ geführt und mit der zugehörigen Gleitlinie zum Schnitt gebracht, womit der nun zugehörige Punkt der CULMANN'schen Erddrucklinie gefunden wird. Nach Untersuchung mehrerer Gleitfugen ergibt sich der maßgebende Erddruck als maximaler Abstand der CULMANN'schen Erddrucklinie, von der Verbindungslinie der Anfangspunkte von C' in Richtung der Stellungslinie gemessen (Bild E 171-2).

Bei großen Werten der Kohäsion, insbesondere bei geböschtem Gelände, ist zu prüfen, ob gerade Gleitlinien zulässig sind. Oft führen in diesen Fällen gekrümmte bzw. gebrochene Gleitlinien zu höheren Erddrucklasten (E 198, Abschnitt 2.6).

2.4.3 Erweiterte Lösungen

Bei unregelmäßiger Geländeform oder wenn zusätzlich Lasten in die Erddruckberechnung einzubeziehen sind, kann das CULMANN-Verfahren ebenfalls ange-

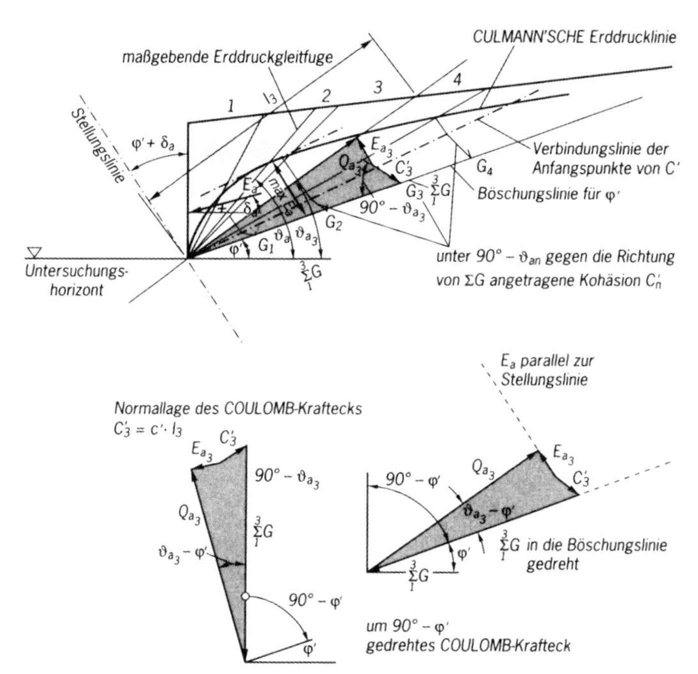

Bild E 171-2. Systemskizze zur Ermittlung des Erddrucks nach CULMANN bei homogenem Boden mit Kohäsion

wandt werden. Dabei sind Gleitfugen zu untersuchen, die in den Knickstellen der Böschung oder am Lastangriffspunkt auf der Oberfläche enden. Einzellasten führen zu einem Sprung in der CULMANN'schen Erddrucklinie.

Das Verfahren nach CULMANN kann bei geschichteten Böden und geraden Gleitfugen nur näherungsweise angewandt werden, indem ein gemittelter Reibungswinkel verwendet wird. Eine bessere Berücksichtigung der Schichtung ist durch das Verfahren nach Bild E 219-1 möglich.

2.5 Erddruck bei geschichtetem Boden (E 219)

Bild E 219-1 zeigt ein Beispiel für die Ermittlung der Resultierenden des aktiven Erddrucks auf eine Wand bei 3 Schichten und einer geraden Gleitlinie. In diesem Beispiel sind die inneren Erddruckkräfte an den Lamellengrenzen horizontal (siehe Bild E 219-1b) angesetzt.

Maßgebend ist diejenige Gleitlinienkombination, für die die Erddrucklast E_a am größten wird (in Bild E 219-1 nicht untersucht). Für die Neigung der Erddruck-

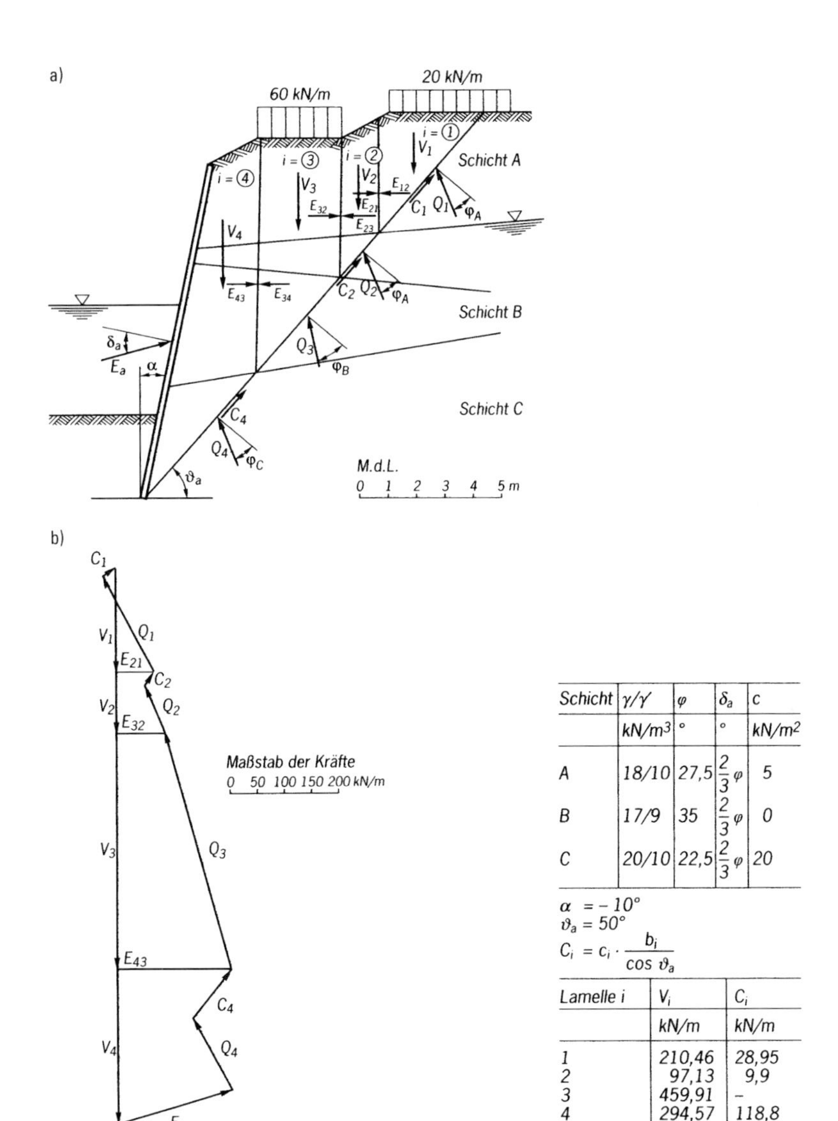

Schicht	γ/γ'	φ	δ_a	c
	kN/m³	°	°	kN/m²
A	18/10	27,5	$\frac{2}{3}\varphi$	5
B	17/9	35	$\frac{2}{3}\varphi$	0
C	20/10	22,5	$\frac{2}{3}\varphi$	20

$\alpha = -10°$

$\vartheta_a = 50°$

$$C_i = c_i \cdot \frac{b_i}{\cos \vartheta_a}$$

Lamelle i	V_i	C_i
	kN/m	kN/m
1	210,46	28,95
2	97,13	9,9
3	459,91	–
4	294,57	118,8

Bild E 219-1. Ermittlung des Erddrucks bei geschichtetem Boden:
a) Beispiel für die Erddruckermittlung bei einem geschichteten Boden nach einem Lamellenverfahren, Geometrie und Ansatz der Kräfte
b) Krafteck zur grafischen Ermittlung der Erddruckkraft E_a bei Lamelleneinteilung

resultierenden an der Stützwand ist ein gewichteter Erddruckneigungswinkel bzw. eine gewichtete Adhäsion zugrunde zu legen. Die Wichtung kann am einfachsten aus einer schichtweisen Ermittlung der Erddruckresultierenden erhalten werden. Zur Erddruckverteilung siehe Abschnitt 8.2.

Die analytische Lösung für gerade Gleitlinien nach (Bild E 219-1b) lautet:

$$E_a = \left(\sum_{i=1}^{n} \left(V_i \frac{\sin(\vartheta_a - \varphi_i)}{\cos \varphi_i} - \frac{c_i \cdot b_i}{\cos \vartheta_a} \right) \right) \cdot \frac{\cos \bar{\varphi}}{\cos(\vartheta_a - \bar{\varphi} - \bar{\delta}_a + \alpha)}$$

mit:

i laufende Nr. der Lamellen,
n Anzahl der Lamellen,
V_i Gewichtskräfte unter Auftrieb einschließlich Auflasten der Lamellen,
ϑ_a Neigung der Gleitlinie gegen die Horizontale,
φ_i Reibungswinkel in der Gleitlinie der Lamelle *i*,
c_i Kohäsion in der Lamelle *i*,
b_i Breite der Lamelle *i*,
α Wandneigung der Uferwand, Definition entsprechend DIN 4085,
$\bar{\varphi}$ Mittelwert des Reibungswinkels entlang der Gleitlinie:

$$\bar{\varphi} = \arctan \frac{\sum_{i=1}^{n} V_i \cos \vartheta_a \tan \varphi_i}{\sum_{i=1}^{n} V_i \cos \vartheta_a}$$

$\bar{\delta}_a$ Mittelwert des Erddruckneigungswinkels über die Wandhöhe. Bei horizontalen Schichten und vergleichsweise geringen Auflasten darf $\bar{\delta}_a$ aus $\bar{\delta}_a = \frac{2}{3}\bar{\varphi}$ angenähert werden. Für genauere Untersuchungen muss die Mittelwertbildung über den schichtweise berechneten Erddruck erfolgen.

2.6 Ermittlung des Erddrucks bei einer gepflasterten steilen Böschung eines teilgeböschten Uferausbaus (E 198)

Ein Fall mit steiler Böschung liegt vor, wenn die Böschungsneigung β größer ist als der wirksame Reibungswinkel φ' des anstehenden Bodens. Die Standsicherheit der Böschung ist nur dann gewährleistet, wenn eine Kohäsion c' dauernd wirksam ist und eine Oberflächenerosion, z. B. durch eine dichte Grasnarbe oder ein Deckwerk, dauerhaft verhindert wird.

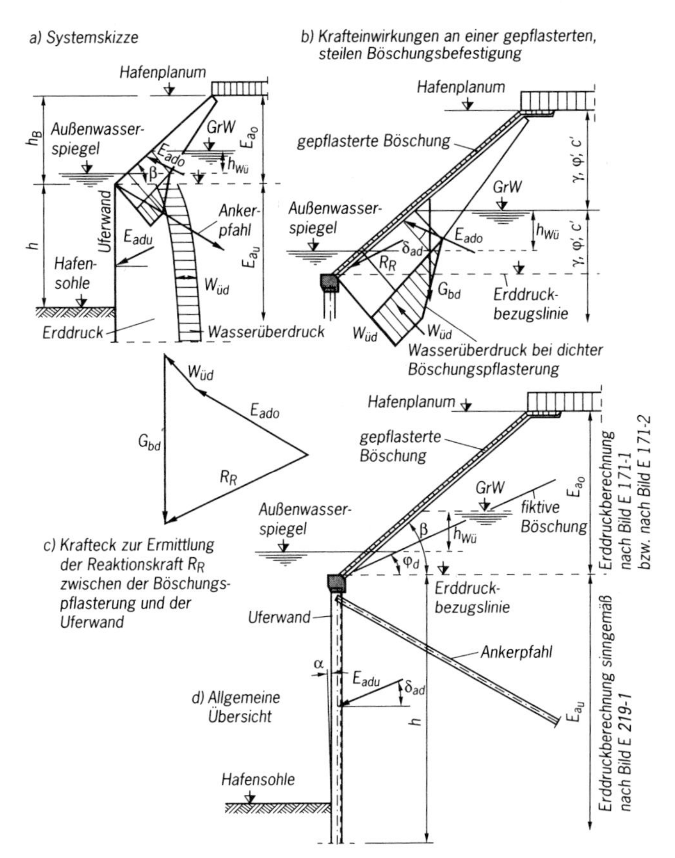

Bild E 198-1. Teilgeböschter Uferausbau mit einer gepflasterten steilen Böschung

Wenn die Kohäsion nicht ausreichend ist, um die Standsicherheit der Böschung nachzuweisen, benötigt die Böschung eine Befestigung, beispielsweise eine Pflasterung, die in sich kraftschlüssig ist und mit der Uferwand ebenfalls kraftschlüssig verbunden sein muss. Die Böschungsbefestigung muss so bemessen sein, dass die Resultierende der angreifenden Einwirkungen überall in der inneren Kernweite des Befestigungsquerschnitts liegt. Der Erddruck für den Böschungsbereich herunter bis zur Oberkante des Stützbalkens für die Böschungsbefestigung (Erddruckbezugslinie in Bild E 198-1) kann bei nicht überwiegender Kohäsion

$$\frac{c'}{\gamma \cdot h} < 0{,}1$$

nach E 171, Abschnitt 2.4 berechnet werden, wobei die Eigenlast der Böschungsbefestigung unberücksichtigt bleibt.

Dabei muss neben dem aktiven Erddruck E_a auch ein eventuell vorhandener Wasserüberdruck mit berücksichtigt werden. Dieser ist in Bild E 198-1a für eine dichte Pflasterung dargestellt. Bei durchlässiger Pflasterung ist er geringer. Die Lastansätze für eine Böschungsbefestigung sind in Bild E 198-1b dargestellt. Die Reaktionskraft R_R zwischen der Böschungsbefestigung und der Uferwand ergibt sich aus dem Krafteck nach Bild E 198-1c.

Die Reaktionskraft R_R muss in der Berechnung der Uferwand und ihrer Verankerungen voll berücksichtigt werden. Von der Erddruckbezugslinie (gedachte Schichtgrenze) nach unten kann im Fall nicht überwiegender Kohäsion (siehe oben) der Erddruck E_{au} sinngemäß nach Bild E 219-1 ermittelt werden. Dabei ist zu beachten, dass die Erddrucklast E_{ado} und die Eigenlast der Böschungsbefestigung bereits in der Reaktionskraft R_R enthalten sind und von der Uferwand einschließlich Verankerung unmittelbar abgetragen werden. Der weitere Berechnungsgang erfolgt in Anlehnung an E 171, Abschnitt 2.4. Näherungsweise kann die Erddrucklast E_{adu} unterhalb der Erddruckbezugslinie von Bild E 198-1 auch mit einer um die fiktive Höhe

$$\Delta h = \frac{1}{2} \cdot h_B \cdot (1 - \frac{\tan \varphi'}{\tan \beta})$$

über die Erddruckbezugslinie hinausragenden Wand mit einer gleichzeitig unter dem fiktiven Winkel φ' geneigten fiktiven Böschung ermittelt werden (Bild E 198-2).

Im Fall überwiegender Kohäsion mit

$$\frac{c'}{\gamma \cdot h} \geq 0,1$$

führt die Berechnung mit geraden Gleitfugen entsprechend der Bilder E 171-2 bzw. E 219-1 zu einer zu geringen Erddrucklast E_a. In einem solchen Fall wird empfohlen, den Erddruck sowohl für den Teil oberhalb als auch unterhalb der Erddruckbezugslinie mit gekrümmten oder gebrochenen Gleitlinien zu ermitteln.

2.7 Ermittlung der Erddruckabschirmung auf eine Wand unter einer Entlastungsplatte bei mittleren Geländeauflasten (E 172)

Durch eine Entlastungsplatte kann, abhängig vor allem von der Lage und der Breite der Platte sowie von der Scherfestigkeit und Zusammendrückbarkeit des

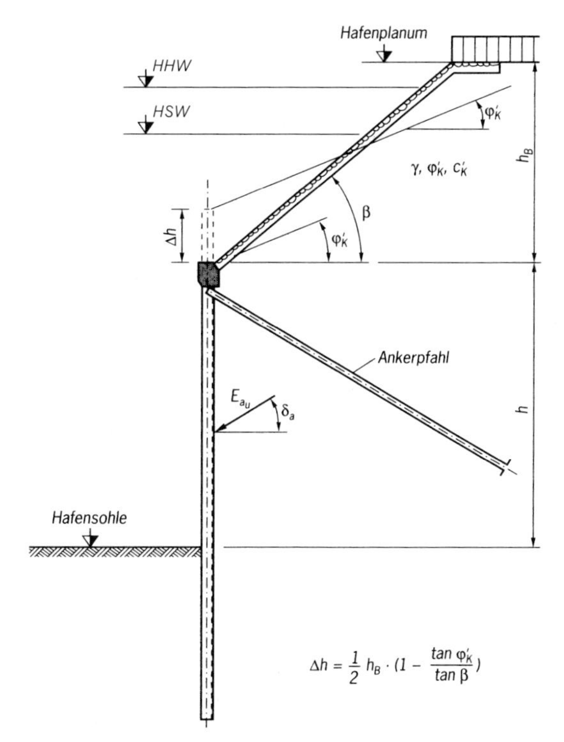

Bild E 198-2. Näherungsansatz zur Ermittlung von E_{au}

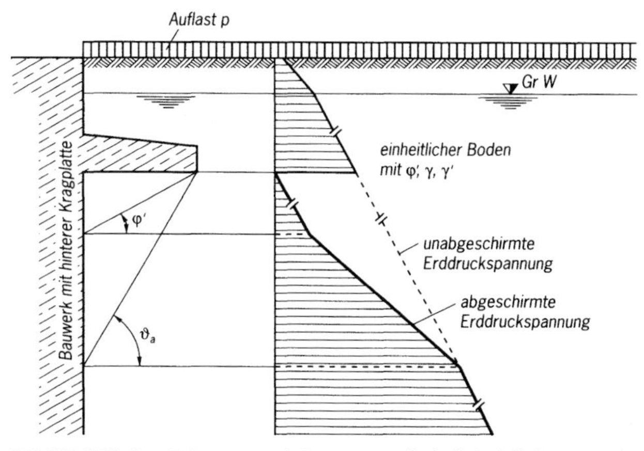

Bild E 172-1. Lösung nach LOHMEYER bei einheitlichem Boden

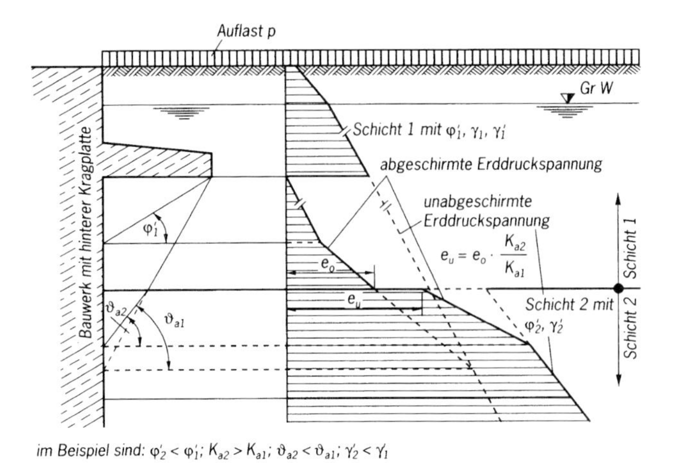

Bild E 172-2. Lösung nach LOHMEYER mit Erweiterung für geschichteten Boden (Lösungsmöglichkeit 1)

Bodens, hinter der Wand und unter der Sohle des Bauwerks der Erddruck auf eine Wand mehr oder weniger abgeschirmt werden. Die für die Schnittkraftermittlung maßgebende Erddruckverteilung wird dadurch günstig beeinflusst. Bei einheitlichem nichtbindigen Boden und mittleren Geländeauflasten (üblicherweise 20 bis 40 kN/m² als gleichmäßig verteilte Last) kann die Erddruckabschirmung nach LOHMEYER (Brennecke und Lohmeyer, 1930), Bild E 172-1, ermittelt werden. Wie durch CULMANN-Untersuchungen nachgewiesen werden kann, trifft unter den obigen Voraussetzungen der LOHMEYER-Ansatz gut zu.

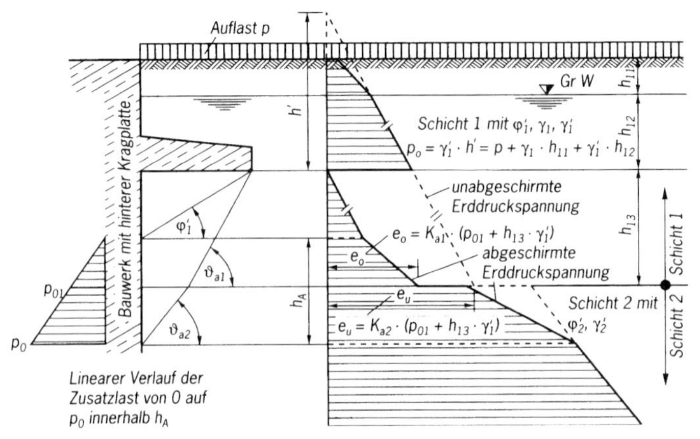

Bild E 172-3. Lösung nach LOHMEYER mit Erweiterung für geschichteten Boden (Lösungsmöglichkeit 2)

Bei geschichtetem nichtbindigen Boden bieten die Ansätze nach den Bildern E 172-2 bzw. E 172-3 Näherungslösungen, wobei die Berechnung nach Bild E 172-3 auch bei mehrfachem Schichtwechsel mit handelsüblicher Software einfach durchgeführt werden kann.

Hat der Boden auch eine Kohäsion c', kann der abgeschirmte Erddruck angenähert in der Weise angesetzt werden, dass zunächst die abgeschirmte Erddruckverteilung ohne Berücksichtigung von c' ermittelt und diesem anschließend der Kohäsionsanteil

$$\Delta e_{ac} = c' \cdot K_{ac}$$

überlagert wird (K_{ac}: Beiwert für den aktiven Erddruck zur Berücksichtigung der Kohäsion, siehe DIN 4085). Diese Vorgehensweise ist nur zulässig, wenn der Kohäsionsanteil im Verhältnis zum Gesamterddruck gering ist. Eine genauere Ermittlung ist auch hier unter Anwendung des erweiterten CULMANN-Verfahrens nach E 171, Abschnitt 2.4 möglich.

Gleiches gilt zur Erfassung des Einflusses von Erdbeben unter Berücksichtigung von E 124, Abschnitt 2.16.

Die Ansätze nach den Bildern E 172-1 bis E 172-3 sind nicht auf Fälle anwendbar, in denen mehrere Entlastungsplatten übereinander angeordnet sind. Außerdem ist, unabhängig von der Abschirmung, die Gesamtstandsicherheit des Bauwerks für die entsprechenden Grenzzustände nach DIN 1054 nachzuweisen, wobei in den maßgebenden Bezugsebenen der volle Erddruck anzusetzen ist.

2.8 Erddruckverteilung unter begrenzten Lasten (E 215)

Der Erddruck aus lotrechten Streifen- oder Linienlasten darf in einer vereinfachten begrenzten Lastfigur auf die Stützwand angesetzt werden. Die Belastung der Wand erstreckt sich auf einen durch den Winkel φ'_k von der Vorderkante der Last und durch den Winkel $\vartheta_{a,k}$ von der Hinterkante der Last begrenzten Bereich (Bild E 219-1). Die Verteilung der Last muss unter der Berücksichtigung der möglichen Verformungen gewählt werden. Sind die Voraussetzungen für eine Erddruckumlagerung gegeben (Abschnitt 8.2.3.2) müssen diese Lastanteile ebenfalls umgelagert werden, insbesondere um die Lastkonzentration über Stützstellen nicht zu unterschätzen. Weitere Empfehlungen enthält EAB, 3.5 (EB 7).

Bei einer in Längsrichtung der Wand begrenzten Streifen- oder Linienlast darf die Lastausbreitung über das Ende hinaus unter einem Winkel von 45° berücksichtigt werden. Die damit einhergehende Entlastung der Wand darf in einem Bereich unter dem Winkel ±45° vom Lastende berücksichtigt werden (Bild

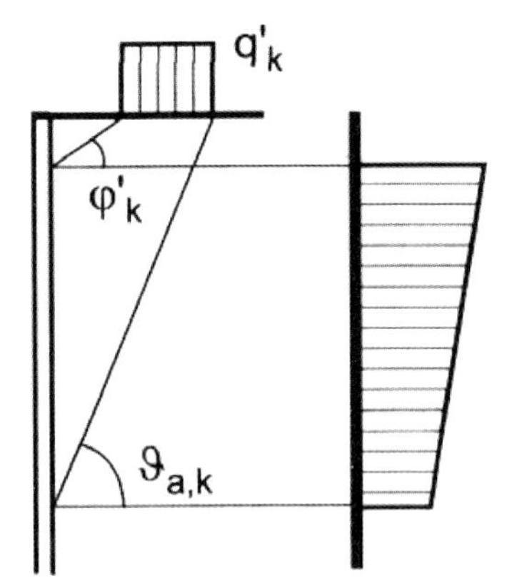

Bild E 219-1. Wirkungsbereich einer Streifenlast

E 219-2). Überschneiden sich bei sehr kurzer Lastfläche die Bereiche, wird die Last auf den durch die jeweils äußeren Ausbreitungslinien begrenzten Abschnitt der Wand verteilt.

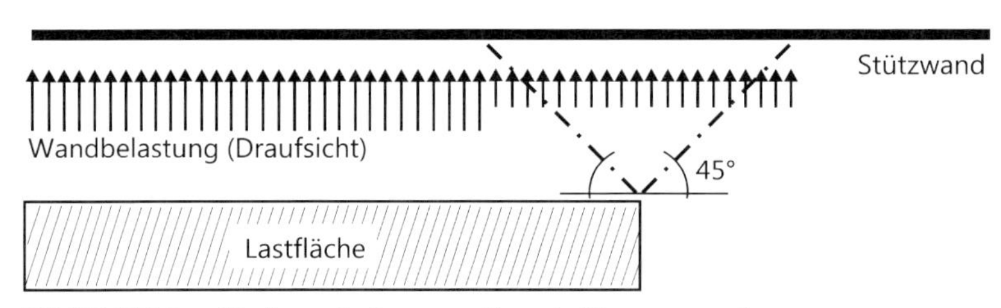

Bild E 219-2. Horizontale Lastverteilung bei begrenzten Lasten

2.9 Ermittlung des aktiven Erddrucks bei wassergesättigten nicht- bzw. teilkonsolidierten, weichen bindigen Böden (E 130)

Für dränierte Zustände ist mit wirksamen Spannungen und mit wirksamen Scherparametern zu rechnen. Für undränierte Zustände sollte mit wirksamen Spannungen und entsprechend mit wirksamen Scherparametern gerechnet werden. Eine Berechnung mit totalen Spannungen und entsprechend mit undränierten Scherparametern wird nicht empfohlen, da c_u abhängig ist von

- den wirksamen Spannungen im Ausgangszustand,
- dem Grad der Vorbelastung (OCR),
- der zeitlichen Abfolge der Belastung (Spannungspfad),
- der Geschwindigkeit der Lastaufbringung

und diese Einflüsse nur durch eine Analyse der Entwicklung der wirksamen Spannungen und eine Berechnung des Erddrucks mit den wirksamen Scherparametern vollständig erfasst werden können.

Wird eine Auflast in einem so kurzen Zeitraum aufgebracht, dass der Boden dabei nicht konsolidieren kann, wird die Auflast zunächst nur vom Porenwasser aufgenommen, die wirksame Spannung σ' bleibt unverändert. Erst mit der danach einsetzenden Konsolidierung wird die Auflast auch auf das Korngerüst des Bodens übertragen. Für die horizontale Belastung der Wand σ_h gilt unmittelbar nach der Lastaufbringung:

$$\sigma_h = e_{ah} + u$$

mit:

$$e_{ah} = \sigma' \cdot K_{agh} - c' \cdot K_{ach} \ (K_{agh} \text{ und } K_{ach} \text{ nach DIN 4085})$$

$$\Delta p = \Delta u$$

$$u = u_0 + \Delta u$$

e_{ah} horizontaler Erddruck aus wirksamen Spannungen
σ' wirksame Spannung
c' wirksame Kohäsion
Δp „schnell" aufgebrachte Auflast
Δu Porenwasserüberdruck aus der Auflast
u_0 hydrostatischer Wasserdruck
u Gesamtwasserdruck
σ_h horizontale Gesamtbelastung der Wand

Wird die Last hingegen langsam aufgebracht, beginnt die Konsolidierung bereits während der Belastung. Als Folge ist der Porenwasserüberdruck Δu aus der Auflast Δp kleiner als diese, die wirksame Spannung σ' nimmt bereits während der Belastung zu. Nach vollständiger Konsolidierung wird die Auflast Δp in voller Größe der wirksamen Spannung σ' zugeschlagen Bild E 130-1b.

Zwischenzustände können berücksichtigt werden, indem über eine Bestimmung des Konsolidierungsgrads derjenige Anteil von Δp ermittelt wird, für den der Boden bereits konsolidiert ist. Dieser wird dann in der obigen Gleichung der wirksamen Spannung zugeschlagen, der noch nicht konsolidierte Anteil (verbleibender Porenwasserüberdruck) wird dem Erddruck unvermindert überlagert.

Eine Erddruckumlagerung (Abschnitt 8.2.3.2) ist nur zulässig für Erddruckspannungen aus konsolidierten Bodenschichten.

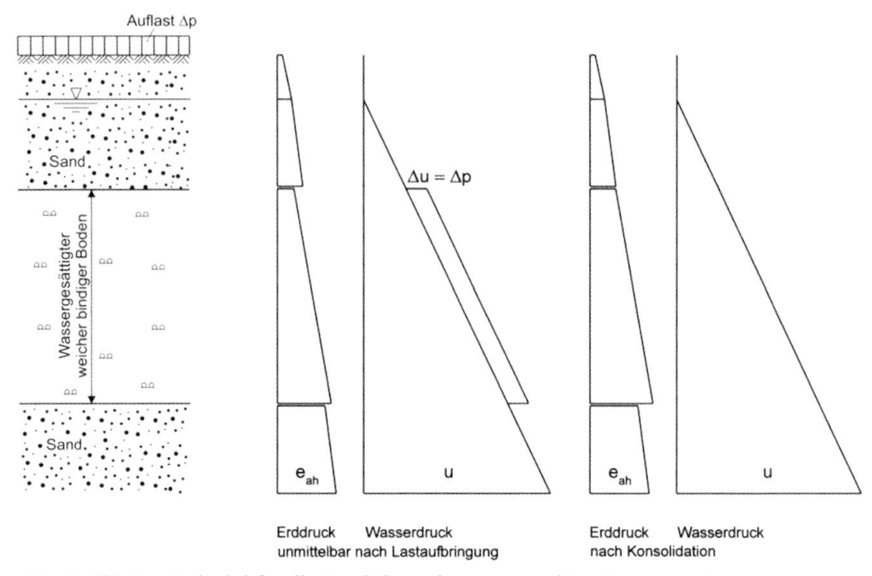

Bild E 130-1. Beispiel für die Ermittlung der waagerechten Komponente der Erddruckverteilung für den Anfangszustand mit Scherparametern des entwässerten Bodens

Am Beispiel nach Bild E 130-1 ist die Erddruckverteilung für den Fall dargestellt, dass die gleichmäßig verteilte Auflast Δp landseitig unbegrenzt ausgedehnt ist, also ein ebener Verformungszustand vorliegt. In der weichen bindigen Schicht ergibt sich die Horizontalbelastung der Wand aus dem Erddruck infolge der jeweiligen wirksamen Spannung σ' und der Kohäsion c′, vermehrt um den Porenwasserüberdruck Δu aus der Auflast Δp und dem hydrostatischen Wasserdruck u_0.

Bei einer schnellen Belastung durch eine Aufspülung ist zu prüfen, wie schnell der Sand das Spülwasser wieder abgibt. Erfolgt dies unverzüglich, ist die Auflast aus der Aufspülung mit der Feuchtwichte des Spülsandes zu ermitteln. Andernfalls muss angenommen werden, dass im Aufspülsand ein erhöhter Wasserspiegel ansteht, sodass ein Teil der Auflast noch unter Auftrieb steht.

2.10 Auswirkung artesischen Wasserdrucks unter Gewässersohlen auf Erddruck und Erdwiderstand (E 52)

Artesischer Wasserdruck tritt auf, wenn die Gewässersohle von einer wenig durchlässigen, bindigen Schicht auf einer grundwasserführenden nichtbindigen

Schicht gebildet wird und zugleich der freie Niedrigwasserspiegel unter dem gleichzeitigen Standrohrspiegel des Grundwassers liegt (Bild E 52-1). Die Auswirkungen des artesischen Wasserdrucks auf Erddruck und Erdwiderstand müssen im Entwurf berücksichtigt werden. Der artesische Wasserdruck belastet die Deckschicht von unten und führt zu deren Durchströmung, was eine Verminderung der wirksamen Wichte γ' und damit des Erddrucks und -widerstands zur Folge hat.

In Tidegebieten kann artesischer Wasserdruck durch die wechselnden Tidewasserstände, konkret bei Niedrigwasser, bewirkt werden. Die Größe des artesischen Wasserdrucks kann dann gleich der Eigenlast der Deckschicht oder größer sein. Bei Niedrigwasser wird dann die Deckschicht unter der Wirkung des von unten wirkenden artesischen Wasserdrucks vom nichtbindigen Untergrund abgehoben und beginnt entsprechend dem Zustrom von Porenwasser langsam aufzuschwimmen.

Beim anschließenden Hochwasser wird sie wieder auf ihre Unterlage gedrückt, dabei muss das Porenwasser wieder verdrängt werden. Dieser Prozess findet mit jeder Tide statt und ist in der Regel unter den natürlichen Bedingungen unkritisch. Wird eine Deckschicht, unter der tideabhängig artesischer Wasserdruck wirkt, aber im Zuge von Baumaßnahmen durch Baggerungen geschwächt, können beulenartige Aufbrüche der Deckschicht eintreten. Diese haben dann örtli-

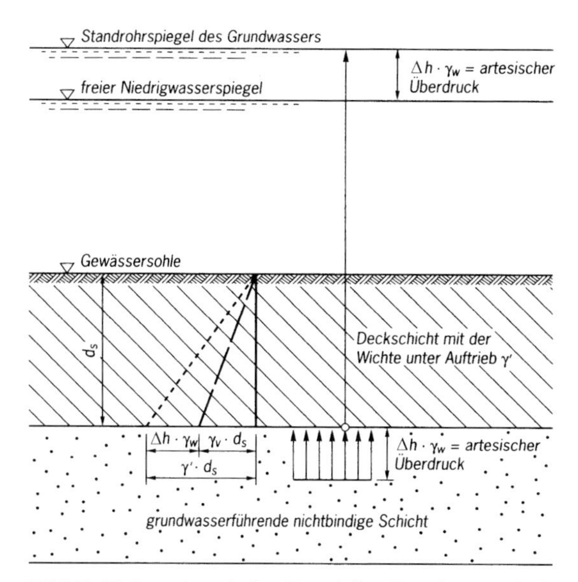

Bild E 52-1. Artesischer Druck im Grundwasser bei überwiegender Eigenlast aus der Deckschicht

che Störungen des Bodens in der Umgebung des Aufbruchs zur Folge. Zugleich wird aber auch der artesische Wasserdruck entspannt, sodass der Prozess auf diese örtlichen Störungen begrenzt bleibt. Ähnliche Abläufe können auch bei umspundeten Baugruben eintreten.

Es gelten dann folgende Berechnungsgrundsätze für den Erddruck und den Erdwiderstand:

1. Der Erdwiderstand darf in der unter artesischem Wasserdruck stehenden bindigen Deckschicht nicht angesetzt werden.
2. Der Erdwiderstand des Bodens unter der Deckschicht ist so zu berechnen, als sei die Schichtgrenze zwischen Deckschicht und dem Boden darunter ohne Auflast.

2.11 Ansatz von Erddruck und Wasserüberdruck und konstruktive Hinweise für Ufereinfassungen mit Bodenaustausch und verunreinigter oder gestörter Baggergrubensohle (E 110)

2.11.1 Allgemeines

Wenn hinter Ufereinfassungen ein Bodenaustausch nach E 109, Abschnitt 7.9 ausgeführt wird, müssen die Auswirkungen analysiert werden, die die Verunreinigungen der Baggergrubensohle und der hinteren Baggergrubenböschungen auf Erdruck und Wasserdruck haben. Das ist insbesondere dann erforderlich, wenn mit Schlickfall zu rechnen ist. Im Interesse der Wirtschaftlichkeit sollte der Bodenaustausch zudem so durchgeführt werden, dass Zwischenzustände, in denen der Austauschboden, aber vor allem eine bindige Ablagerung auf der Baggersohle und der Böschung zu berücksichtigen sind, nicht bemessungswirksam werden.

2.11.2 Berechnungsansätze zur Ermittlung des Erddrucks

Neben der üblichen Bemessung des Bauwerks für die verbesserten Bodenverhältnisse und dem Nachweis des Geländebruchs nach DIN 4084 müssen die Rand- und Störeinflüsse aus der durch das Baggern vorgegebenen Gleitfuge nach Bild E 110-1 berücksichtigt werden.

Für den auf das Bauwerk bis hinunter zur Baggergrubensohle wirkenden Erddruck E_a sind dabei vor allem maßgebend:

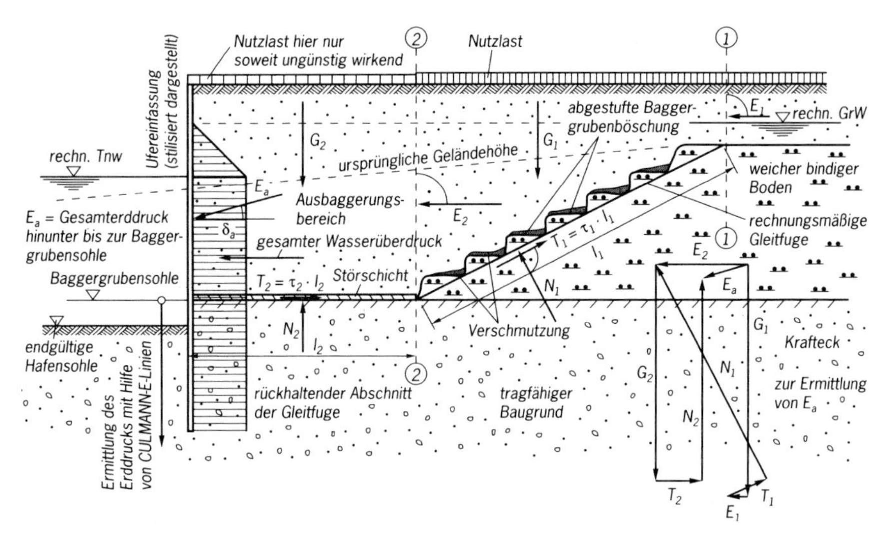

Bild E 110-1. Ermittlung des Erddrucks E_a auf die Ufereinfassung

1. Länge und – sofern vorhanden – Neigung des rückhaltend wirkenden Abschnitts l_2 der durch die Baggergrubensohle vorgegebenen Gleitfuge,
2. Dicke, Scherfestigkeit τ_2 und wirksame Bodenauflast der Störschicht auf l_2,
3. eine eventuelle Verdübelung des Abschnitts l_2 durch Pfähle und dergleichen,
4. Dicke des hinten anschließenden weichen bindigen Bodens, seine Scherfestigkeit sowie Ausführung und Neigung der Baggergrubenböschung,
5. Sandauflast und Nutzlast, vor allem auf der Baggergrubenböschung,
6. Eigenschaften des Einfüllbodens.

Die Verteilung des Erddrucks E_a hinunter bis zur Baggergrubensohle richtet sich nach den Verformungen und der Bauart der Ufereinfassung.

Der Erddruck unterhalb der Baggergrubensohle kann z. B. mithilfe des CULMANN-Verfahrens ermittelt werden. Hierbei sind die Scherkräfte im Abschnitt l_2 einschließlich etwaiger Verdübelungen mit zu berücksichtigen.

Die jeweils wirkende Scherspannung τ_2 in der Störschicht des Abschnitts l_2 kann für alle Bauzustände, für den Zeitpunkt der Ausbaggerung der Hafensohle und auch für etwaige spätere Hafen-Sohlenvertiefungen mit der Beziehung

$$\tau = (\sigma - \Delta u) \cdot \tan \varphi' \approx \sigma' \cdot \tan \varphi'$$

errechnet werden. σ' ist die an der Untersuchungsstelle zum Untersuchungszeitpunkt wirksame lotrechte Auflastspannung, φ' ist der wirksame Reibungswinkel des Störschichtmaterials. Die Endscherfestigkeit nach voller Konsolidierung beträgt

$$\tau = \sigma'_a \cdot \tan \varphi',$$

wobei σ'_a die wirksame Auflastspannung des untersuchten Bereichs des Abschnitts l_2 bei voller Konsolidierung ($\Delta u = 0$) ist.

Für die Erfassung einer Verdübelung des Abschnitts l_2 durch Pfähle sind besondere Berechnungen erforderlich (Brinch Hansen und Lundgren, 1960).

Bei einer ordnungsgemäß ausgeführten Baggerung der Böschung in größeren Stufen verläuft die maßgebende Gleitfuge durch die hinteren Stufenkanten und somit im ungestörten Boden (Bild E 110-1). In diesem Fall muss wegen der langen Konsolidierungsdauer weicher bindiger Böden die Scherfestigkeit in dieser Gleitfuge gleich der Anfangsscherfestigkeit des Bodens vor dem Aushub gesetzt werden. Weist der weiche bindige Boden Schichten verschiedener Anfangsscherfestigkeiten auf, müssen diese entsprechend berücksichtigt werden.

Sollte die Baggergrubenböschung im weichen Boden sehr stark gestört, in kleinen Stufen bebaggert oder ungewöhnlich verschmutzt sein, muss an Stelle der Anfangsscherfestigkeit des gewachsenen Bodens mit der Scherfestigkeit der gestörten Gleitschicht gerechnet werden. Diese ist in der Regel kleiner als die Anfangsscherfestigkeit, sie muss daher labortechnisch ermittelt werden.

Weil die Konsolidierung von weichen bindigen Böden unterhalb des Bodenaustauschs wegen der oft langen Entwässerungswege sehr lange dauern kann, darf die Zunahme der Scherfestigkeit durch Konsolidierung für diese Böden im Allgemeinen nur dann berücksichtigt werden, wenn die Konsolidierung durch eng stehende Dräns beschleunigt wird.

2.11.3 Berechnungsansätze zur Ermittlung des Wasserüberdrucks

Der Wasserüberdruck ist im Falle eines Bodenaustauschs aus der Wasserspiegeldifferenz zwischen dem Grundwasserspiegel im Bereich der Bezugslinie 1-1 (Bild E 110-1) und dem gleichzeitig auftretenden tiefsten Außenwasserspiegel zu ermitteln. Rückstauentwässerungen hinter der Ufereinfassung können zumindest vorübergehend den Grundwasserspiegel absenken, auf Dauer sind solche Entwässerungen aber nach aller Erfahrung nicht wirksam.

Der Wasserüberdruck darf in der üblichen angenäherten Form als linear mit der Tiefe veränderlich angesetzt werden (Bild E 110-1). Ein genauerer Ansatz kann aus einer Untersuchung der Umströmung der Wand abgeleitet werden (E 113, Abschnitt 4.7 und E 114, Abschnitt 2.12).

2.11.4 Hinweise für den Entwurf der Ufereinfassung

Untersuchungen an Baggersohlen haben ergeben, dass Störschichten an der Baggersohle und auf den Böschungen innerhalb der Bauzeit vollständig konsolidiert sind, wenn diese nicht dicker als rd. 20 cm sind. Sind die Störschichten dicker, ist eine vollständige Konsolidierung während der Bauzeit ohne genauere Untersuchungen nicht anzunehmen. In solchen Fällen muss die zu erwartende Scherfestigkeit der Störschicht ermittelt werden, z. B. aus einer Abschätzung des Konsolidierungsverlaufs mit den Scherparametern der Störschicht.

Damit aber die verminderte Scherfestigkeit der noch nicht vollständig konsolidierten Störschicht nicht bemessungswirksam wird, kann es erforderlich sein, Baumaßnahmen wie z. B. die Aus- oder Tieferbaggerung der Hafensohle zeitlich so zu planen, dass die Konsolidierung abgeschlossen ist, bevor die mit diesen Maßnahmen verbundenen Belastungen wirksam werden.

Verankerungskräfte werden über Pfähle oder sonstige Tragglieder durch die Baggersohle hindurch in den tragfähigen Baugrund unterhalb der Baggersohle abgeleitet, weil oberhalb der Baggersohle eingeleitete Verankerungskräfte den Gleitkörper zusätzlich belasten würden.

Über das statisch erforderliche Maß hinaus soll der Abschnitt l_2 in Bild E 110-1 wenn möglich so lang sein, dass alle Bauwerkspfähle in der Baggersohle stehen. Das gewährleistet, dass die Biegebeanspruchung der Pfähle aus der Setzung der Hinterfüllung gering bleibt.

Wenn bei starkem Schlickfall auf der Baggersohle trotz aller Sorgfalt der Ausführung des Bodenaustauschs dickere Störschichten und/oder sehr locker gelagerte Sandzonen nicht zu vermeiden sind, können diese hohe Belastungen der Pfähle und insbesondere hohe Biegebeanspruchungen nach sich ziehen. Zur Vermeidung von Sprödbrüchen infolge dieser Einwirkung sind Pfähle aus beruhigtem Stahl zu verwenden (E 67, Abschnitt 8.1.6.1 und E 99, Abschnitt 8.1.19.2).

Werden beim Nachweis der Standsicherheit des Gesamtsystems nach DIN 4084 Gründungspfähle zum Verdübeln der Gleitfuge im Abschnitt l_2 nach Bild E 110-1 mit herangezogen (Brinch Hansen und Lundgren, 1960), darf beim Spannungsnachweis für diese Pfähle die maximale Hauptspannung aus Axialkraft-, Querkraft- und Biegebeanspruchung 85 % der Streckgrenze nicht überschreiten. Zur Ermittlung der Verdübelungskräfte dürfen die Pfahlverformungen nur in der Größe angesetzt werden, die mit den sonstigen Bewegungen des Bauwerks und seiner Teile in Einklang stehen. Das sind in der Regel nur wenige Zentimeter. Diese Verformungen reichen in weichen bindigen Böden (Bild E 110-1) nicht aus, eine wirkungsvolle Verdübelung sicherzustellen. Pfähle, die aus den Setzungen des Untergrunds oder des Einfüllbodens bereits bis zur Streckgrenze beansprucht werden, dürfen zum Verdübeln nicht herangezogen werden.

Will man vermeiden, dass die Eigenschaften einer Störschicht in der Baggersohle oder in der Baggergrubenböschung für die Bauwerksbemessung maßgebend werden, muss darauf hingewirkt werden, dass die Baggersohle unmittelbar vor dem Wiederverfüllen des Austauschbodens gereinigt wird. Darüber hinaus sollten der Abschnitt l_2 nach Bild E 110-1 möglichst lang und die Böschung möglichst flach sein (vgl. hierzu die Auswirkungen im Krafteck in Bild E 110-1).

Bei nur geringer Dicke der Störschicht kann eine auf den Abschnitt l_2 aufgebrachte Schotterschüttung eine wesentliche Verbesserung des Scherwiderstands in diesem Bereich der Gleitfuge bewirken. Wenn ausreichend Zeit zur Verfügung steht, können auch enggestellte Dräns im weichen bindigen Boden hinter der Baggergrubenböschung die Konsolidierung beschleunigen und damit zu einer Reduzierung des Erddrucks führen. Zur Überwindung ungünstiger Anfangszustände kann auch die Nutzlast auf der Hinterfüllung über der Baggergrubenböschung vorübergehend begrenzt oder der Wasserspiegel bis hinter die Bezugsebene 1-1 vorübergehend abgesenkt werden.

Will man bei anstehendem Klei auf den rückhaltenden Abschnitt l_2 nach Bild E 110-1 verzichten, mit der Baggerböschung also an die Wand heranrücken, muss die Baggergrubenböschung so flach wie möglich, in jedem Fall aber flacher als rd. 1:4 angelegt werden, weil dann aus dem Abgleiten des Austauschbodens auf der Baggerböschung keine zusätzliche Beanspruchung der Ufereinfassung folgt. Das ist aber in jedem Fall rechnerisch nachzuweisen.

2.12 Einfluss des strömenden Grundwassers auf Wasserüberdruck, Erddruck und Erdwiderstand (E 114)

2.12.1 Allgemeines

Wird ein Bauwerk umströmt, übt das strömende Grundwasser einen Strömungsdruck auf die Bodenmassen der Gleitkörper für Erddruck und Erdwiderstand aus und verändert damit die Größe dieser Kräfte.

Mithilfe eines Strömungsnetzes nach E 113, Abschnitt 4.7.7 (Bild E 113-2) können die Gesamtauswirkungen der Grundwasserströmung auf den Erddruck E_a und den Erdwiderstand E_p ermittelt werden. Hierzu werden alle auf die Gleitkörperbegrenzungen wirkenden Wasserdrücke bestimmt und im COULOMB-Krafteck für den Erddruck (Bild E 114-1a) und den Erdwiderstand (Bild E 114-1b) berücksichtigt. Das Bild E 114-1 zeigt für den Fall ebener Gleitfugen die anzusetzenden Kräfte. G_a und G_p sind die Eigenlasten der Gleitkeile für den gesättigten Boden. W_1 ist die Resultierende der Wasserauflast auf den Gleitkörper, W_2 die Resultierende des Wasserdrucks zwischen Gleitkörper und Bauwerk, W_3 die

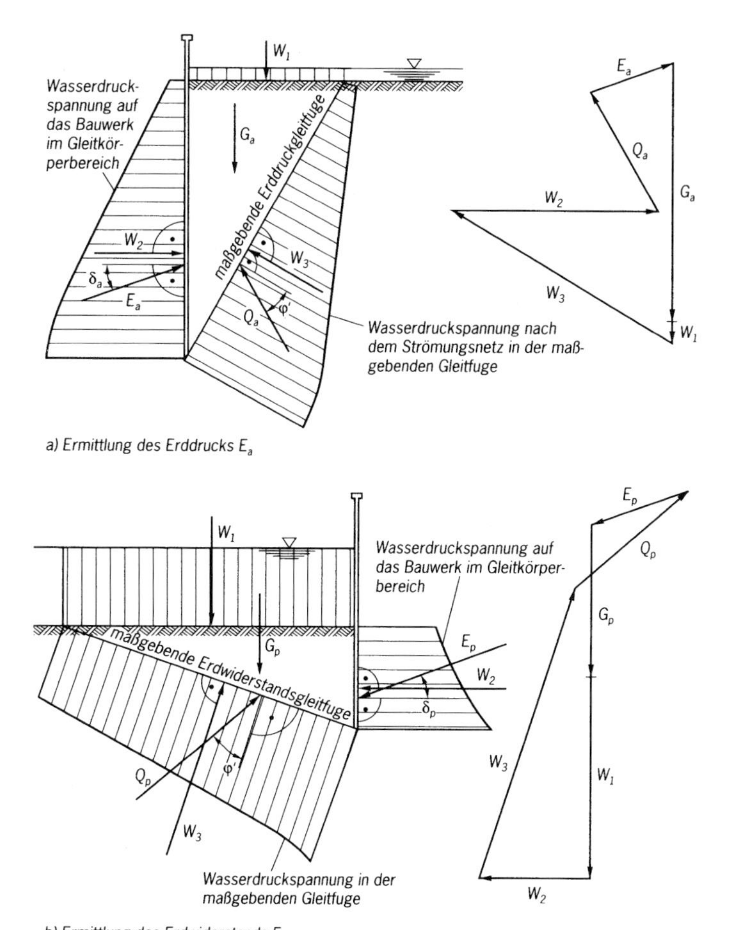

Bild E 114-1. Ermittlung des Erddrucks E_a und des Erdwiderstands E_p unter Berücksichtigung des Einflusses strömenden Grundwassers

Resultierende des in der Gleitfuge wirkenden Wasserdrucks. W_2 und W_3 müssen aus einem Strömungsnetz (E 113, Abschnitt 4.7.7, Bild E 113-2) ermittelt werden. Q_a und Q_p sind die unter φ' zur Gleitflächennormalen wirkenden Bodenreaktionen und E_a bzw. E_p die unter dem Neigungswinkel δ_a bzw. δ_p zur Wandnormalen wirkenden Erddruck- bzw. Erdwiderstandskräfte.

Der Wasserüberdruck ergibt sich als Differenz zwischen dem auf das Bauwerk wirkenden Wasserdruck W_2 und dem Außenwasserdruck.

Die Genauigkeit des so ermittelten Wasserdrucks, Erddrucks und Erdwiderstands hängt davon ab, wie genau die realen Verhältnisse durch das Strömungsnetz abgebildet werden.

Der vorstehende Ansatz hat sich für Ufereinfassungen grundsätzlich bewährt, im Falle schmaler Baugruben und in Baugrubenecken sind jedoch genauere Untersuchungen erforderlich, die die gegenseitigen Beeinflussungen gegenüber liegender bzw. anstoßender Seiten berücksichtigen (Ziegler, 2009).

Die Lösung nach Bild E 114-1 liefert die Resultierenden von E_a und E_p, nicht aber die Verteilung von Erddruck und Erdwiderstand über die Wandhöhe. Für die praktische Anwendung kann daher eine getrennte Berücksichtigung des waagerechten und des lotrechten Strömungsdrucks sinnvoll sein. Die waagerechten Einflüsse werden dem Wasserüberdruck zugeschlagen, der auf die jeweilige Gleitfuge für den Erddruck bzw. den Erdwiderstand bezogen wird (Bild E 114-2). Die lotrechten Strömungsdruckeinflüsse werden den lotrechten Bodenspannungen aus der Eigenlast des Bodens zugeschlagen, also in der bei der Ermittlung des Erddrucks angesetzten Wichte des Bodens berücksichtigt. Dieser Berechnungsansatz wird in Abschnitt 2.12.3 behandelt.

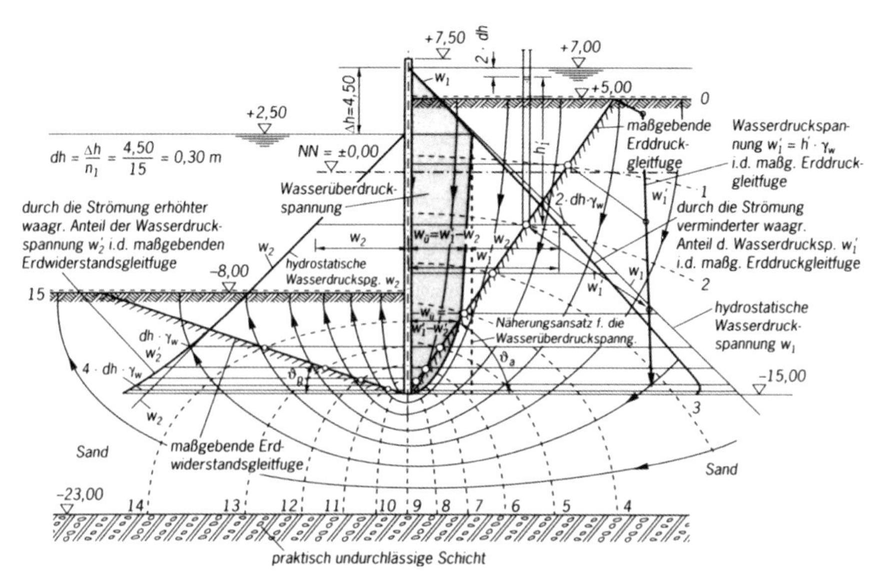

Bild E 114-2. Ermittlung der auf ein Spundwandbauwerk wirkenden Wasserüberdruckspannungen mit dem Strömungsnetz nach E 113, Abschnitt 4.7.7

2.12.2 Ermittlung des Wasserüberdrucks

In der Regel kann der Wasserüberdruck auf Uferwände nach E 19, Abschnitt 4.2 bzw. bei vorwiegend waagerechter Anströmung nach E 65, Abschnitt 4.3 ermittelt werden. Im Falle großer Wasserspiegeldifferenzen beiderseits der Wand kann der Einfluss der Umströmung allerdings so groß sein, dass sich eine genauere Ermittlung aus einem Strömungsnetz lohnt.

Zur Erläuterung dieser Vorgehensweise wird das Strömungsnetz nach E 113, Abschnitt 4.7.7, Bild E 113-2 herangezogen, der Berechnungsgang geht aus Bild E 114-2 hervor.

Zunächst wird der Wasserdruck in den Gleitfugen des Erddrucks und des Erdwiderstands benötigt. Dieser kann jeweils für die Schnittpunkte der Äquipotentiallinien mit der Gleitfuge aus der zugehörigen Standrohrspiegelhöhe errechnet werden. Der Wasserdruck ist das Produkt aus der Wichte des Wassers und der Standrohrspiegelhöhe in diesem Schnittpunkt (Bild E 114-2, rechte Seite). Wird der so ermittelte Wasserdruck von einer lotrechten Bezugslinie aus waagerecht aufgetragen, ergibt sich die waagerechte Projektion des in der Gleitfuge wirkenden Wasserdrucks.

Als Differenz zwischen dem so ermittelten, durch die Strömungskräfte beeinflussten Wasserdruck auf die Gleitfuge und dem Außenwasserdruck ergibt sich dann der waagerechte Wasserüberdruck.

Mit guter Näherung kann der waagerechte Wasserdruck auch mit dem rechnerischen Ansatz in Abschnitt 2.12.3.2 ermittelt werden. Bei diesem Ansatz wird der Potentialabbau infolge der Umströmung der Wand berücksichtigt. Dabei wird das Potential auf der Erddruckseite gegenüber der hydrostatischen Verteilung reduziert und auf der Erdwiderstandsseite vergrößert. Beide Einflüsse können gleichwertig durch eine Verminderung bzw. Erhöhung der Wichte γ_w des Wassers um den Betrag $\Delta\gamma_w$ erfasst werden. Der Wasserüberdruck ergibt sich wieder als Differenz der Wasserdruckverteilungen links und rechts der Wand.

2.12.3 Ermittlung der Einflüsse einer vorwiegend lotrechten Umströmung der Uferwand auf Erddruck und Erdwiderstand

2.12.3.1 Berechnung unter Benutzung eines Strömungsnetzes

Zur Erläuterung der Berechnung wird wieder das Strömungsnetz nach E 113, Abschnitt 4.7.7, Bild E 113-2 herangezogen. Der Berechnungsgang geht aus Bild E 114-3 hervor.

Der Standrohrspiegeldifferenz je Netzfeld ist jeweils eine lotrechte Strömungskraft im Erdkörper äquivalent. Der Strömungsdruck nimmt auf der Erddrucksei-

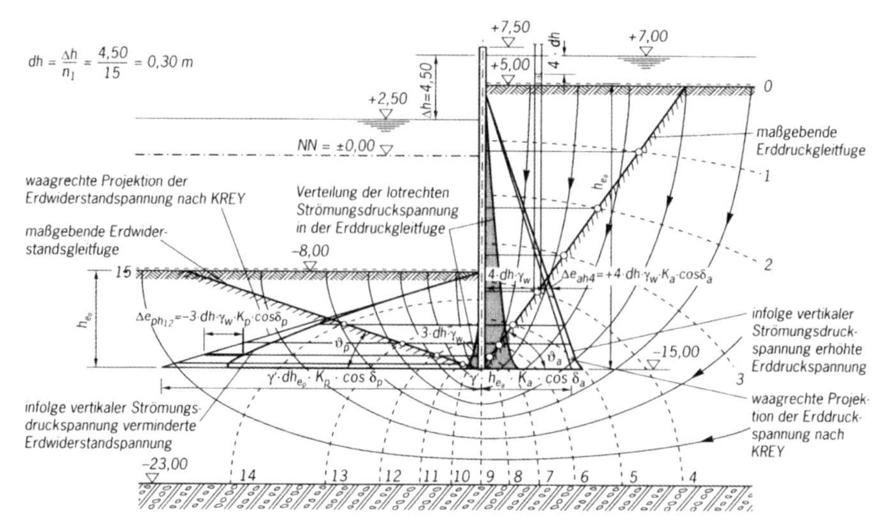

Bild E 114-3. Einfluss der lotrechten Strömungsdruckspannungen auf die Erddruck- und die Erdwiderstandsspannungen bei vorwiegend lotrechter Strömung, ermittelt mit dem Strömungsnetz nach E 113, Abschnitt 4.7.7

te von oben nach unten zu, auf der Erdwiderstandsseite von unten nach oben ab. Ist dh die Standrohrspiegeldifferenz je Netzfeld und n die Anzahl der Felder in Strömungsrichtung, ergibt sich auf der Erddruckseite aus dem Strömungsdruck eine lotrechte Zusatzspannung $n \cdot \gamma_w \cdot \mathrm{d}h$ und daraus eine Vergrößerung der waagerechten Komponente der Erddruckspannung um:

$$\Delta e_{\mathrm{ahn}} = +n \cdot \gamma_{\mathrm{w}} \cdot \mathrm{d}h \cdot K_{\mathrm{ag}} \cdot \cos \delta_{\mathrm{a}}.$$

Auf der Erdwiderstandsseite ist die Strömung von unten nach oben gerichtet, daher wird der Erdwiderstand und somit auch dessen waagerechte Komponente entsprechend vermindert:

$$\Delta e_{\mathrm{phn}} = -n \cdot \gamma_{\mathrm{w}} \cdot \mathrm{d}h \cdot K_{\mathrm{pg}} \cdot \cos \delta_{\mathrm{p}}.$$

Dem verminderten Wasserdruck auf der Erddruckseite steht also in der Regel eine Vergrößerung des Erddrucks gegenüber, die rd. einem Drittel der Wasserdruckverminderung entspricht. Auf der Erdwiderstandsseite ist die Verminderung des Erdwiderstands wegen des wesentlich größeren K_p-Wertes größer als die Zunahme des Wasserdrucks.

Der Einfluss der waagerechten Komponente des Strömungsdrucks auf den Erddruck bzw. Erdwiderstand wird berücksichtigt, indem der Wasserüberdruck nach Abschnitt 2.12.2, Bild E 114-2 unter Ansatz des Wasserdrucks auf die maßgebende Erddruck- bzw. Erdwiderstandsgleitfuge ermittelt wird.

2.12.3.2 Näherungsweise Ermittlung des Einflusses der Umströmung auf Erddruck und Erdwiderstand

Angenähert lässt sich bei vorwiegend vertikaler Umströmung einer Uferwand die Vergrößerung des Erddrucks und die Verringerung des Erdwiderstands infolge der Umströmung durch eine Vergrößerung der Wichte des Bodens auf der Erddruckseite und eine Verringerung auf der Erdwiderstandsseite erfassen.

Die Vergrößerung der Wichte auf der Erddruckseite und die Verringerung auf der Erdwiderstandseite können bei ausschließlich vertikaler Umströmung und homogenem Baugrund nach Brinch Hansen (1953) angenähert wie folgt bestimmt werden:

- auf der Erddruckseite:

$$\Delta\gamma' = \frac{0{,}7 \cdot \Delta h}{h_{\text{so}} + \sqrt{h_{\text{so}} \cdot h_{\text{su}}}} \cdot \gamma_{\text{w}},$$

- auf der Erdwiderstandseite:

$$\Delta\gamma' = -\frac{0{,}7 \cdot \Delta h}{h_{\text{su}} + \sqrt{h_{\text{so}} \cdot h_{\text{su}}}} \cdot \gamma_{\text{w}}.$$

In den obigen Gleichungen und in Bild E 114-4 bedeuten:

Δh Differenz des Wasserspiegels beiderseits der Wand (Potentialdifferenz)
h_{so} durchströmte Bodenhöhe auf der Landseite der Spundwand bis zum Spundwandfußpunkt, in der ein Potentialabbau stattfindet
h_{su} Rammtiefe bzw. Dicke der Bodenschicht auf der Wasserseite der Spundwand, in der ein Potentialabbau stattfindet
γ' Wichte des Bodens unter Auftrieb
γ_{w} Wichte des Wassers

Die angegebenen Gleichungen gelten, wenn auch unterhalb des Spundwandfußes Boden ansteht, der bei Durchströmung in gleichem Maß zum Potentialabbau beiträgt wie der Boden vor und hinter der Spundwand.

Im Übrigen gilt Abschnitt 2.12.3.1 sinngemäß.

Bei horizontaler Zuströmung erhöht sich das Restpotential am Spundwandfuß erheblich, daher darf dieser Näherungsansatz bei horizontaler Anströmung nicht verwendet werden.

Zur Ermittlung des Erddrucks und des Erdwiderstands bei geschichteten Böden wird auf E 219, Abschnitt 2.5 verwiesen.

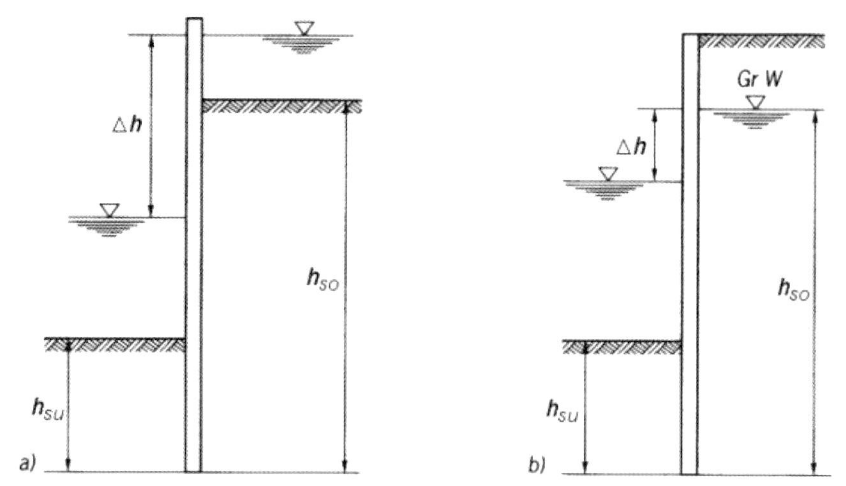

Bild E 114-4. Definitionsskizze für die angenäherte Ermittlung der durch den Strömungsdruck veränderten wirksamen Wichte des Bodens vor und hinter einem Spundwandbauwerk

2.13 Bestimmung des Verschiebungswegs für die Mobilisierung des Erdwiderstands in nichtbindigen Böden (E 174)

Zur Mobilisierung des vollen Erdwiderstands vor Uferbauwerken sind im Allgemeinen erhebliche Verschiebungswege des Bauwerks erforderlich. Diese sind hauptsächlich abhängig von der Einbindetiefe, von der Lagerungsdichte des Bodens und von der Bewegungsart. Für die in Abhängigkeit des Verschiebungsweges s erreichte horizontale Erddruckkraft E'_{pgh} gilt nach DIN 4085 folgende Mobilisierungsfunktion:

$$E'_{\mathrm{pgh}} = E_{0\mathrm{gh}} + (E_{\mathrm{pgh}} - E_{0\mathrm{gh}}) \cdot \left[1 - \left(1 - \frac{s}{s_{\mathrm{p}}}\right)^{\mathrm{b}}\right]^{0,7}$$

mit:

E_{pgh} maximale passive Erddruckkraft (Erdwiderstand)
E_{ogh} Erdruhedruck infolge der Eigenlast des Bodens
s_{p} zum Erreichen von E_{pgh} erforderlicher Verschiebungsweg
b Exponent der Mobilisierungsfunktion

Der erforderliche Verschiebungsweg s_{p} und der Exponent b der Mobilisierungsfunktion sind von der Wandbewegung, der Einbindetiefe d und der Lagerungsdichte D des Bodens abhängig (Tabelle E 174-1):

Tabelle E 174-1. Verschiebungsweg und Exponent der Mobilisierungsfunktion

Wandbewegung	Verschiebungsweg	Exponent
Drehung um Fußpunkt	$s_p = (0{,}12 - 0{,}08 \cdot D) \cdot d$	$b = 1{,}07$
Parallelverschiebung		$b = 1{,}45$
Drehung um den obersten Punkt der Einbindetiefe	$s_p = (0{,}09 - 0{,}05\,D) \cdot d$	$b = 1{,}72$

Nach Untersuchungen von Weißenbach (1961) wird vor schmalen Druckflächen der Bodenwiderstand bereits bei geringeren Verschiebungen stärker mobilisiert. Der für den Maximalwert des räumlichen Erdwiderstandes erforderliche Verschiebungsweg s_p^r ergibt sich aus:

$$s_p^r = 40 \cdot \frac{1}{1 + 0{,}5 I_D} \cdot \frac{d^2}{\sqrt{b_0}}$$

mit:

b_0 Breite der Druckfläche ($b_0 < d/3$)

I_D bezogene Lagerungsdichte

Die Versuchsergebnisse von Weißenbach (1961) werden durch die von Horn (1972) vorgeschlagene Mobilisierungsfunktion im Wertebereich $0{,}1 \leq s/s_p^r \leq 1$ gut approximiert:

$$E_{pgh}^{r\prime} = E_{pgh}^{r} \cdot \frac{s/s_p^r}{0{,}12 + 0{,}88 \cdot s/s_p^r}$$

mit:

$E_{pgh}^{r\prime}$ mobilisierte passive räumliche Erddruckkraft

E_{pgh}^{r} maximale passive räumliche Erddruckkraft (Erdwiderstand vor schmalen Druckflächen)

s_p^r zum Erreichen von E_{pgh}^{r} erforderlicher Verschiebungsweg

2.14 Maßnahmen zur Vergrößerung des Erdwiderstands vor Ufereinfassungen (E 164)

2.14.1 Allgemeines

Zur Vergrößerung des Erdwiderstands vor Ufereinfassungen sind z. B. folgende bauliche Maßnahmen unter Wasser geeignet:

1. Austausch von anstehendem weichen bindigen Boden durch nichtbindiges Material (Bodenaustausch),
2. Verdichten von anstehendem locker gelagerten nichtbindigen Boden, gegebenenfalls unter zusätzlicher Auflast,
3. Konsolidierung von weichen bindigen Böden unter Auflast,
4. Aufbringen einer Schüttung,
5. Verfestigung des anstehenden Bodens,
6. Kombination von Maßnahmen nach 1. bis 5.

Die Maßnahmen unterscheiden sich in ihrem Aufwand, teilweise können sie auch spätere Tieferlegungen der Hafensohle oder die Ertüchtigung von Ufereinfassungen durch Vorrammen einer neuen Wand behindern. Um diese Optionen zu erhalten, sollten die im konkreten Fall vorgenommenen Maßnahmen auch mit Blick auf die weitere Entwicklung der Hafenanlage bewertet werden.

Grundsätzlich sind alle vorgenannten Maßnahmen im Spezialtiefbau üblich, auf Besonderheiten der Anwendung im Hafenbau wird nachfolgend hingewiesen.

2.14.2 Bodenaustausch

Beim Austausch von weichem bindigen Baugrund gegen nichtbindigen Boden ist, soweit die Baumaßnahme selbst betroffen ist, E 109, Abschnitt 7.9 zu beachten. Bei der Ermittlung des Erdwiderstands ist eine eventuelle Ablagerung von Störschichten an der Aushubsohle zu berücksichtigen. Hierzu gelten die entsprechenden Ausführungen in E 110, Abschnitt 2.11 sinngemäß.

Ausdehnung und Tiefe des Bereichs, in dem ein Bodenaustausch vor der Ufereinfassung erforderlich ist, werden in der Regel nach erdstatischen Gesichtspunkten festgelegt. Um den höheren Erdwiderstand des eingebrachten Austauschbodens voll nutzen zu können, muss der Erdwiderstandsgleitkörper vollständig im Bereich des Bodenaustauschs liegen.

2.14.3 Bodenverdichtung

Locker gelagerte nichtbindige Böden können mit Tiefenrüttlern verdichtet werden. Der gegenseitige Abstand der Rüttelpunkte (Rasterweite) richtet sich nach dem anstehenden Baugrund und der angestrebten mittleren Lagerungsdichte. Die Rasterweite muss umso enger gewählt werden, je größer die Lagerungsdichte sein soll und je feinkörniger der zu verdichtende Boden ist. Als Anhaltspunkt für die Rasterweite kann ein Mittelwert von 1,80 m gelten. Die Verdichtung muss im Falle eines Bodenaustauschs den gesamten ausgetauschten Boden erfassen, also bis zur Baggergrubensohle reichen.

Die Tiefenverdichtung muss den gesamten Bereich des Erdwiderstandsgleitkörpers vor dem Bauwerk erfassen und dabei über die vom theoretischen Spundwandfußpunkt ausgehende maßgebende Erdwiderstandsgleitfuge um ein ausreichendes Maß hinausgehen. In Zweifelsfällen ist auch für gekrümmte oder gebrochene Gleitfugen nachzuweisen, dass der Verdichtungsbereich ausreichend bemessen ist.

Bei der Verdichtung mit Tiefenrüttlern wird der Boden im Nahbereich des Rüttlers vorübergehend verflüssigt, unter der Wirkung der Bodenauflast wird er dann verdichtet. Die Verdichtungswirkung ist also die Folge der Bodenauflast. Daher kann der oberflächennahe Bereich (rd. 2 bis 3 m Mächtigkeit) nur verdichtet werden, wenn während der Verdichtung eine vorübergehende Auflast durch Überschüttung aufgebracht wird.

Die Tiefenverdichtung kann auch zur nachträglichen Verstärkung von Ufereinfassungen eingesetzt werden. Dabei ist aber durch eine entsprechende Arbeitsweise sicherzustellen, dass die Standsicherheit der Uferwand durch die vorübergehende lokale Verflüssigung des Bodens nicht beeinträchtigt wird. Erfahrungsgemäß können insbesondere in locker gelagerten feinkörnigen, nichtbindigen Böden und in Feinsand weiträumige und lange andauernde Verflüssigungszustände eintreten.

Eine Bodenverdichtung kann in Erdbebengebieten die Gefahr der Verflüssigung im Erdbebenfall wirkungsvoll verringern.

2.14.4 Bodenauflast

Unter besonderen Verhältnissen, beispielsweise zur Sicherung einer vorhandenen Ufereinfassung, kann es zweckmäßig sein, die Stützung des Bauwerks durch Aufbringen einer Schüttung mit hoher Wichte und hohem Reibungswinkel im Erdwiderstandsbereich zu verbessern. Als Material kommen geeignete Metallhüttenschlacken oder Natursteine infrage. Maßgebend ist deren Wichte unter Auftrieb. Bei Metallhüttenschlacken können Werte von $\gamma' \geq 18$ kN/m^3 erreicht werden. Der charakteristische Wert des Winkels der inneren Reibung darf hierbei mit $\varphi'_k = 42{,}5°$ angenommen werden.

Bei anstehendem weichen Baugrund muss durch begrenzte Schüttdicke, geeignete Kornzusammensetzung des Schüttmaterials oder durch Einschalten einer Filterlage zwischen Schüttung und anstehendem Baugrund sichergestellt werden, dass das Schüttmaterial nicht versinkt.

Das einzubauende Material ist ständig auf bedingungsgemäße Beschaffenheit zu kontrollieren. Dies gilt insbesondere für die Wichte.

Bezüglich des erforderlichen Umfangs der Maßnahme gelten die Ausführungen unter Abschnitt 2.14.2 und 2.14.3 sinngemäß.

Zur Beschleunigung der Konsolidierung von weichen Schichten unter der Aufschüttung können zusätzlich Vertikaldränagen eingesetzt werden.

2.14.5 Bodenverfestigung

Stehen im Erdwiderstandsbereich gut durchlässige, nichtbindige Böden an (beispielsweise Kies, Kiessand oder Grobsand), können diese auch durch Injektion mit Zement verfestigt werden. Bei weniger durchlässigen, nichtbindigen Böden kommen für die Verfestigung vor allem Hochdruckinjektionen infrage. Eine Verfestigung mit Chemikalien ist möglich, sofern das gewählte Verfestigungsmedium unter Beachtung der chemischen Eigenschaften des Porenwassers aushärten kann. In der Regel sind die Kosten einer chemischen Verfestigung allerdings zu hoch, sodass sie vor allem unter speziellen Randbedingungen und Termindruck für lokale Bereiche infrage kommt.

Grundsätzlich ist allerdings zu beachten, dass eine Verfestigung des anstehenden Bodens für spätere Vertiefungen der Hafensohle und/oder Vorrammungen neuer Uferwände ein Hindernis darstellt.

Voraussetzung für alle Arten von Verfestigung durch Injektionen ist eine ausreichende Auflast, die vorweg aufgebracht und gegebenenfalls wieder entfernt werden muss.

Die erforderlichen Abmessungen des Verfestigungsbereichs können sinngemäß nach Abschnitt 2.14.2 und 2.14.3 bestimmt werden. Eine Erfolgskontrolle der Verfestigung durch Kernbohrungen und/oder Sondierungen ist stets erforderlich.

2.15 Erdwiderstand vor Geländesprüngen in weichen bindigen Böden bei schneller Belastung auf der Landseite (E 190)

Für die Ermittlung des Erdwiderstands vor einer Spundwand bei schnell aufgebrachter Belastung gelten die gleichen Grundsätze wie für die Ermittlung des Erddrucks für diesen Lastfall (E 130, Abschnitt 2.9).

Für den Lastfall „Abgraben“ ist der Erdwiderstand grundsätzlich mit effektiven Scherparametern (c', φ') zu ermitteln, da ein Aushub im Regelfall nicht so schnell erfolgt, dass undräniertes Verhalten maßgeblich wird.

Im Lastfall „Hinterfüllen“ kann die Last so schnell aufgebracht werden, dass auf der Seite des Fußauflagers, bedingt durch eine horizontale Wandverschiebung, undränierte Verhältnisse auftreten können. Eine „schnelle“ Auflast liegt vor, wenn die Lastgeschwindigkeit wesentlich größer als die Konsolidierungsgeschwindigkeit der bindigen Schicht ist. Bei normalkonsolidierten Böden kann dann Porenwasserüberdruck im Erdwiderstandsbereich auftreten, der zu einer

Schwächung des Fußauflagers führt. Bei überkonsolidierten Böden tritt wegen deren dilatantem Materialverhalten eher Porenwasserunterdruck auf, dieser ist im Regelfall vernachlässigbar.

Eine genauere Analyse des Einflusses schneller Belastung auf den Erdwiderstand ist nur im Rahmen von numerischen Modellierungen möglich. Diese müssen die Spannungs-Dehnungs-Beziehung des Bodens und den Bauablauf möglichst genau erfassen und eine Prognose der zeitlichen Entwicklung des Porenwasserüberdrucks ermöglichen (Wehnert, 2006; AK Numerik-Empfehlung 1, 1991).

2.16 Ufereinfassungen in Erdbebengebieten (E 124)

2.16.1 Allgemeines

In fast allen Ländern, in denen Einwirkungen aus Erdbeben zu erwarten sind, gibt es vor allem für Hochbauten Vorschriften, Richtlinien bzw. Empfehlungen mit in der Regel detaillierten Angaben zur erdbebensicheren Ausbildung und Berechnung. Für die Bundesrepublik Deutschland wird hierzu auf DIN 4149 verwiesen; mit Bezug zu Hafenanlagen z. B. auf PIANC (2001).

Die Intensität der in den verschiedenen Gebieten zu erwartenden Erdbeben wird in den Vorschriften im Allgemeinen durch die Größe der auftretenden waagerechten Erdbebenbeschleunigung a_h ausgedrückt. Eine eventuell gleichzeitig wirksame lotrecht gerichtete Beschleunigung a_v ist im Allgemeinen im Vergleich zur Erdbeschleunigung g vernachlässigbar klein.

Die Beschleunigung a_h bewirkt nicht nur unmittelbare Bauwerkslasten, sondern hat auch einen Einfluss auf den Erddruck, den Erdwiderstand, den Wasserdruck und auf die Scherfestigkeit des Gründungsbodens. Letztere kann in ungünstigen Fällen vorübergehend ganz verloren gehen (Verflüssigung).

Die aus Erdbeben auftretenden Zusatzeinwirkungen werden beim eigentlichen Bauwerk in der Regel in der Weise erfasst, dass gleichzeitig mit den sonstigen Belastungen zusätzlich waagerechte Kräfte

$$\Delta H = \pm\, k_h \cdot V,$$

jeweils im Schwerpunkt der beschleunigten Massen angesetzt werden.

Hierin sind:

$k_h = a_h/g$	Erschütterungszahl = Verhältnis der waagerechten Erdbebenbeschleunigung zur Erdbeschleunigung
V	Eigenlast des betrachteten Bauteils oder Gleitkörpers einschließlich des Porenwassers

Die Größe von k_h ist abhängig von der Stärke des Bebens, der Entfernung vom Epizentrum und vom anstehenden Baugrund. Die beiden erstgenannten Faktoren sind in den meisten Ländern durch Einteilung der gefährdeten Gebiete in Erdbebenzonen mit entsprechenden Werten für k_h berücksichtigt (DIN 4149). In Zweifelsfällen ist gegebenenfalls unter Einschaltung erfahrener Erdbebenfachleute eine Übereinkunft über die anzusetzende Größe von k_h herbeizuführen.

Bei hohen schlanken Bauwerken mit Resonanzgefahr, wenn also die Eigenschwingungsfrequenz im Bereich des Frequenzspektrums des Erdbebens liegt, müssen in den Berechnungen auch Trägheitskräfte berücksichtigt werden. Dies ist bei Ufereinfassungen im Allgemeinen aber nicht der Fall.

Die Ausbildung und Bemessung von erdbebensicheren Ufereinfassungen muss daher vor allem so vorgenommen werden, dass auch die während eines Bebens auftretenden zusätzlichen waagerechten Kräfte bei verminderten Erdwiderständen sicher aufgenommen werden können.

2.16.2 Erdbebenauswirkungen auf den Baugrund

Bei Ufereinfassungen in Erdbebengebieten müssen auch die Bodenverhältnisse im tieferen Untergrund berücksichtigt werden. So sind z. B. die Erschütterungen eines Bebens dort am heftigsten, wo lockere, relativ dünne Ablagerungen auf festem Gestein ruhen.

Die nachhaltigsten Auswirkungen eines Erdbebens treten ein, wenn der Untergrund, insbesondere der Gründungsboden, durch das Beben verflüssigt wird, das heißt vorübergehend seine Scherfestigkeit verliert. Dieser Fall kann insbesondere bei locker gelagertem, feinkörnigem, nicht- oder schwachbindigem, wassergesättigtem und wenig durchlässigem Boden (z. B. lockerer Feinsand oder Grobschluff) auftreten (Setzungsfließen, Verflüssigung, Liquefaction). Die Verflüssigung tritt umso eher ein, je geringer der Überlagerungsdruck ist und je größer die Intensität und die Dauer der Erschütterungen sind.

Wenn die Gefahr der Verflüssigung nicht eindeutig auszuschließen ist, ist das tatsächliche Verflüssigungspotential zu untersuchen (z. B. Idriss und Boulanger, 2004).

Zur Verflüssigung neigende lockere Bodenschichten können vorab verdichtet werden. Bindige Böden können durch Erdbebeneinwirkungen nicht verflüssigt werden.

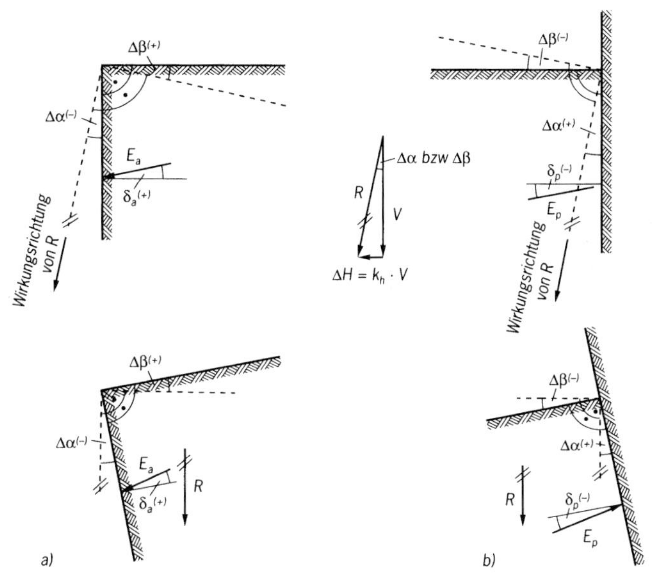

Bild E 124-1. Ermittlung der fiktiven Winkel $\Delta\alpha$ und $\Delta\beta$ und Darstellung der um die Winkel $\Delta\alpha$ bzw. $\Delta\beta$ gedrehten Systeme (mit Vorzeichen nach Krey): a) zur Berechnung des Erddrucks b) zur Berechnung des Erdwiderstands

2.16.3 Erfassung der Erdbebeneinwirkungen auf Erddruck und Erdwiderstand

Der Einfluss von Erdbeben auf Erddruck und Erdwiderstand wird im Allgemeinen nach Coulomb ermittelt, wobei die durch das Beben erzeugten Zusatzkräfte ΔH nach Abschnitt 2.16.1 berücksichtigt werden. Die Resultierende aus den Eigenlasten der Erdkeile und der horizontalen Zusatzkräfte ist nicht mehr lotrecht. Dies wird dadurch berücksichtigt, dass die Neigung der Erddruck- bzw. Erdwiderstandsbezugsfläche und die Neigung der Geländeoberfläche auf die neue Kraftrichtung bezogen werden (Grundbau-Taschenbuch, 2001). Dabei ergeben sich fiktive Neigungswinkel für die Bezugsfläche ($\pm\Delta\alpha$) und für die Geländeoberfläche ($\pm\Delta\beta$).

$k_\mathrm{h} = \tan\Delta\alpha$ bzw. $= \tan\Delta\beta$ (Bild E 124-1).

Der Erddruck bzw. der Erdwiderstand werden dann an dem um den Winkel $\Delta\alpha$ bzw. $\Delta\beta$ gedreht gedachten System (Bezugsfläche und Geländeoberfläche) errechnet.

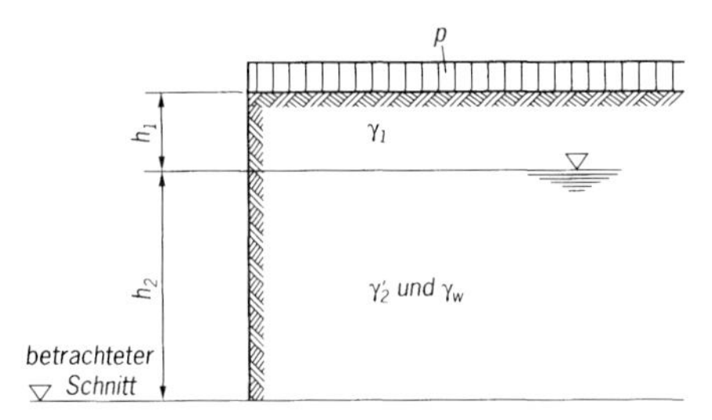

Bild E 124-2. Skizze für den Berechnungsansatz zur Ermittlung von k_h'

Sinngemäß kann die Winkelverdrehung nach Bild E 124-1 durch die Berechnung des Erddrucks und des Erdwiderstands mit einer Wandneigung $\alpha \pm \Delta\alpha$ und der Geländeneigung $\beta \pm \Delta\beta$ berücksichtigt werden.

Bei der Ermittlung des Erddrucks unterhalb des Wasserspiegels muss beachtet werden, dass sowohl die Masse des Bodens als auch die Masse des in den Poren des Bodens eingeschlossenen Porenwassers bei Erdbeben beschleunigt werden. Die Verminderung der Wichte des Bodens unter Wasser durch Auftrieb bleibt aber erhalten. Daher wird zweckmäßig im Bereich unterhalb des Grundwasserspiegels mit einer größeren Erschütterungsziffer, der so genannten scheinbaren Erschütterungsziffer k_h', gerechnet.

Im betrachteten Schnitt nach Bild E 124-2 sind:

$$\sum p_v = p + \gamma_1 \cdot h_1 + \gamma_2' \cdot h_2$$

und

$$\sum p_h = k_h \cdot [p + \gamma_1 \cdot h_1 + (\gamma_2' + \gamma_w) \cdot h_2].$$

Die scheinbare Erschütterungsziffer k_h' für die Ermittlung des Erddrucks unterhalb des Wasserspiegels ergibt sich somit zu:

$$k_h' = \frac{\sum p_h}{\sum p_v} = \frac{p + \gamma_1 \cdot h_1 + (\gamma_2' + \gamma_w) \cdot h_2}{p + \gamma_1 \cdot h_1 + \gamma_2' \cdot h_2} \cdot k_h.$$

Für die Erdwiderstandseite kann sinngemäß verfahren werden.

Für den Sonderfall, dass das Grundwasser an der Geländeoberfläche ansteht und eine Geländeauflast nicht wirkt, ergibt sich mit $\gamma_w = 10$ kN/m^3 für die Erddruckseite:

$$k_h' = \frac{\gamma' + 10}{\gamma'} \cdot k_h = \frac{\gamma_r}{\gamma_r - 10} \cdot k_h \cong 2k_h.$$

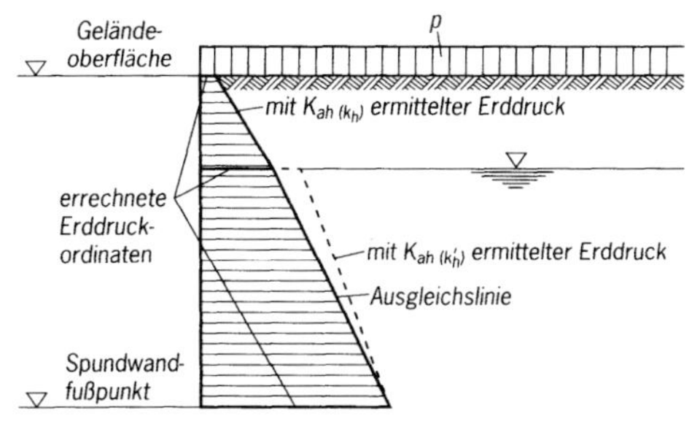

Bild E 124-3. Vereinfachter Erddruckansatz

Hierbei bedeuten:

γ' Wichte des Bodens unter Auftrieb

γ_r Wichte des wassergesättigten Bodens

Der so für die Erddruckseite ermittelte und ungünstig angesetzte Wert für k_h' wird üblicherweise zur Vereinfachung auch in Fällen mit tieferem Grundwasserstand und auch für Verkehrslasten der weiteren Berechnung zugrunde gelegt.

Mit den unter Ansatz von k_h und k_h' ermittelten Erddruckbeiwerten K_{ah} ergibt sich nach Bild E 124-3 in Höhe des Grundwasserspiegels rechnerisch ein Sprung in der Erddruckbelastung. Falls auf eine genauere Ermittlung verzichtet wird, kann der Erddruck vereinfacht gemäß Bild E 124-3 angesetzt werden.

In schwierigen Fällen, in denen Erddruck und Erdwiderstand nicht mit Tafelwerten berechnet werden können, ist es möglich, die Einflüsse sowohl der waagerechten als auch eventueller lotrechter Erdbebenbeschleunigungen auf Erddruck und Erdwiderstand mit einem erweiterten CULMANN-Verfahren zu ermitteln. In den Kraftecken müssen dann auch die auf die Untersuchungskeile jeweils mit der Erschütterungsziffer k_h ermittelten Kräfte aus den Erdbebenbeschleunigungen berücksichtigt werden. Eine solche Berechnung wird auch bei größeren waagerechten Beschleunigungen empfohlen, vor allem dann, wenn der Boden zum Teil unter dem Grundwasserspiegel liegt.

2.16.4 Ansatz des Wasserüberdrucks

Der Wasserüberdruck darf im Erdbebenfall bei Ufereinfassungen näherungsweise wie im Normalfall, d. h. entsprechend E 19, Abschnitt 4.2 und E 65, Abschnitt 4.3 angesetzt werden, denn die Auswirkungen des Erdbebens auf das Porenwasser sind bereits in der Erddruckermittlung mit der scheinbaren Erschütterungsziffer k_h' nach Abschnitt 2.12 berücksichtigt. Es muss aber beachtet werden, dass die maßgebende Erddruckgleitfuge im Erdbebenfall unter einem flacheren Winkel gegen die Horizontale als im Normalfall verläuft. Bezogen auf die Gleitfuge kann dabei ein erhöhter Wasserüberdruck wirksam werden.

2.16.5 Verkehrslasten

Da ein gleichzeitiges Auftreten von Erdbeben, voller Verkehrslast und voller Windlast unwahrscheinlich ist, genügt es, die Lasten aus dem Beben nur mit den Einflüssen aus der halben Verkehrslast und der halben Windlast zu kombinieren (vgl. auch DIN 4149, Erläuterungen). Auch aus Wind herrührende Kranradlasten und der Anteil des Pollerzugs aus Wind dürfen daher entsprechend reduziert werden. Die Lasten aus der Fahr- und Drehbewegung von Kranen brauchen mit den Erdbebeneinflüssen nicht überlagert zu werden.

Nicht abgemindert werden dürfen jedoch Lasten, die mit großer Wahrscheinlichkeit über einen längeren Zeitraum in gleicher Größe einwirken, wie z. B. Lasten aus Tank- oder Silofüllungen und aus Schüttungen von Massengütern.

2.16.6 Bemessungssituation und Teilsicherheitsbeiwerte

Erdbebenkräfte dürfen entsprechend DIN EN 1990 für Bemessungssituationen bei Erdbeben (BS-E) ohne Teilsicherheitsbeiwerte für Einwirkungen und Widerstände berücksichtigt werden.

2.16.7 Hinweise auf die Berücksichtigung der Erdbebeneinflüsse bei Ufereinfassungen

Unter Berücksichtigung obiger Ausführungen und der sonstigen Empfehlungen der EAU ist es auch in Erdbebengebieten möglich, Ufereinfassungen systematisch und ausreichend standsicher zu berechnen und zu gestalten. Ergänzende Hinweise für Spundwandbauwerke sind in E 125, Abschnitt 8.2.16 enthalten, für Ufermauern in Blockbauweise in E 126, Abschnitt 10.8 und für Pfahlrostkonstruktionen in E 127, Abschnitt 11.5.

Erfahrungen aus dem Erdbeben des Jahres 1995 in Japan sind in JSCE (1996) behandelt. Weitere Folgerungen sind in PIANC (2001) enthalten.

3 Hydraulischer Grundbruch, Geländebruch

3.1 Sicherheit gegen hydraulischen Grundbruch (E 115)

Beim hydraulischen Grundbruch wird der Boden vor einem Bauwerksfuß durch die auf ihn von unten nach oben wirkende Strömungskraft des Grundwassers belastet. Dabei wird der Erdwiderstand reduziert. Der Bruchzustand tritt ein, wenn der senkrechte Anteil F'_s dieser Strömungskraft gleich oder größer ist als die Eigenlast G' des unter Auftrieb stehenden Bodenkörpers vor dem Bauwerk. Dann erfolgt ein hydraulischer Bodentransport (Fluidisierung) und der Erdwiderstand geht ganz verloren.

Alle möglichen Bruchfugen des hydraulischen Grundbruchs gehen bei homogenem Baugrund vom Bauwerksfuß aus. Die durch Proberechnungen zu bestimmende Fuge mit der kleinsten Sicherheit ist für die Beurteilung maßgebend. E 113, Abschnitt 4.7.7.2 enthält Hinweise zu den Verhältnissen und zur Vorgehensweise bei geschichtetem Baugrund.

Bei nur gering in den Untergrund einbindenden Wänden kann die Sicherheit gegen hydraulischen Grundbruch durch einen Auflastfilter gewährleistet werden. In diesem Falle muss die Tiefe des Bodenkörpers, für den der Nachweis der Sicherheit zu führen ist, iterativ ermittelt werden. Die Unterkante des maßgeblichen Ersatzkörpers liegt unter dem Wandfuß, weil auch dort der vertikale Gradient der Umströmung $i > 1{,}0$ ist.

Bei sehr geringen Einbindetiefen der Wand nimmt der Ausnutzungsgrad beim Nachweis gegen hydraulischen Grundbruch mit kleiner werdender Einbindetiefe rechnerisch ab. Dieser Bereich muss baupraktisch gemieden werden (Odenwald und Herten, 2008).

Nach DIN 1054 ist für den von unten nach oben durchströmten Bruchkörper vor dem Wandfuß nachzuweisen, dass im Grenzzustand HYD die folgende Bedingung gilt:

$$F'_{s,k}\gamma_H = G'_k\gamma_{G,stb}$$

Dabei sind:

- $F'_{s,k}$ der charakteristische Wert der Strömungskraft im durchströmten Bodenkörper
- γ_H der Teilsicherheitsbeiwert für die Strömungskraft im Grenzzustand HYD nach DIN 1054>, Tabelle A 2.1
- G'_k der charakteristische Wert der Gewichtskraft des durchströmten Bodenkörpers unter Auftrieb
- $\gamma_{G,stb}$ der Teilsicherheitsbeiwert für stabilisierende ständige Einwirkungen im Grenzzustand HYD nach DIN 1054, Tabelle A 2.1

Empfehlungen des Arbeitsausschusses „Ufereinfassungen“ – EA „Ufereinfassungen“, 11. Auflage.
Herausgegeben vom Arbeitsausschuss „Ufereinfassungen“ der Hafentechnischen Gesellschaft e.V. und der Deutschen Gesellschaft für Geotechnik e.V.

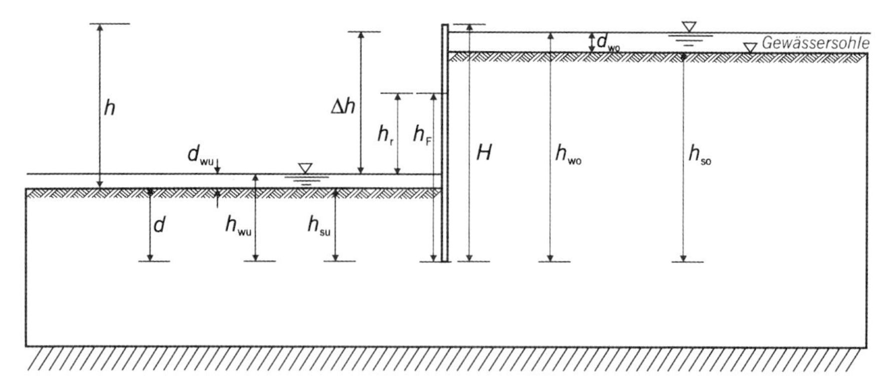

Bild E 115-1. Sicherheit gegen hydraulischen Grundbruch – kennzeichnende Abmessungen

Die Strömungskraft $F'_{s,k}$ kann mithilfe eines Strömungsnetzes nach E 113, Abschnitt 4.7.7, Bild E 113-2 oder nach E 113, Abschnitt 4.7.5 ermittelt werden. $F'_{s,k}$ ergibt sich als Produkt aus dem Volumen des hydraulischen Grundbruchkörpers, der Wichte des Wassers γ_w und dem mittleren Strömungsgefälle in diesem Körper in der Lotrechten.

Wenn der Boden vor dem Fuß der Wand von unten nach oben durchströmt wird, ist die Strömungskraft in einem Bodenkörper zu betrachten, dessen Breite in der Regel gleich der halben Einbindetiefe der Wand angenommen werden darf (DIN 1054, 11.5.(4)). In kritischen Fällen sind auch andere Begrenzungen des Bodenkörpers zu untersuchen.

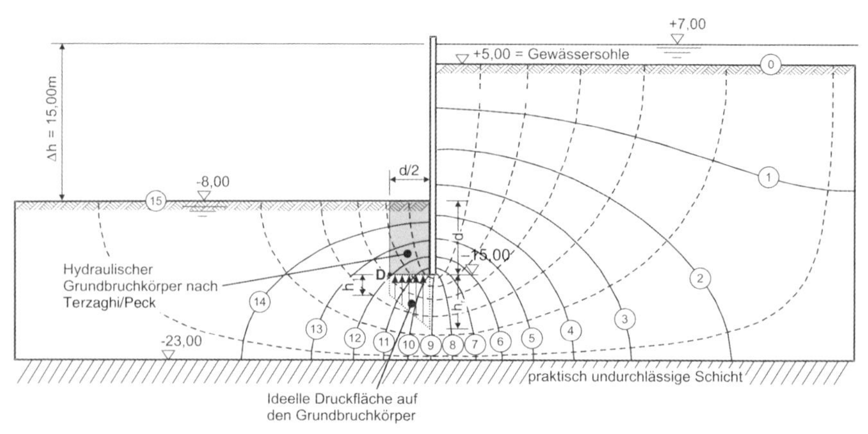

Bild E 115-2. Sicherheit gegen hydraulischen Grundbruch einer Baugrubensohle nach dem Verfahren vonTerzaghi/Peck, ermittelt mit dem Strömungsnetz nach E 113, Abschnitt 4.7.7

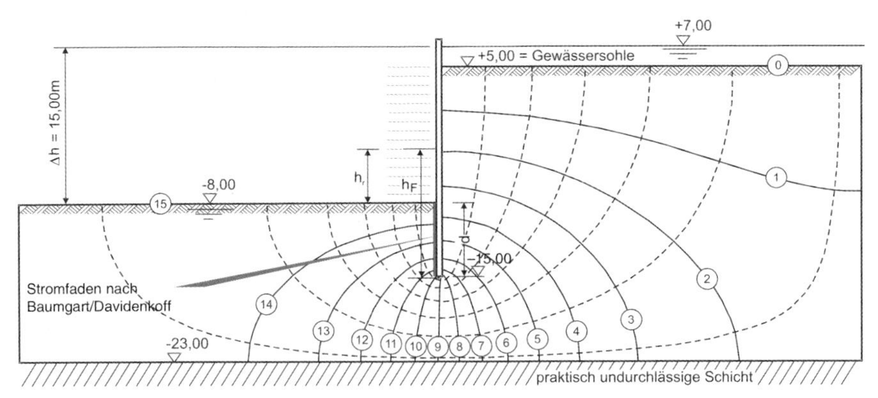

Bild E 115-3. Sicherheit gegen hydraulischen Grundbruch einer Baugrubensohle nach dem Verfahren von Baumgart/Davidenkoff

In Bild E 115-2 ist die Vorgehensweise für den Ansatz nach Terzaghi/Peck (1961), S. 241, in Bild E 115-3 die Vorgehensweise nach Baumgart/Davidenkoff (Davidenkoff, 1970, S.61) dargestellt.

Im rechteckigen Bruchkörper mit einer Breite gleich der halben Einbindetiefe des Bauwerks wird der charakteristische Wert der vertikalen Strömungskraft $F'_{s,k}$ näherungsweise

$$F'_{s,k} = \gamma_w \frac{h_l + h_r}{2} \frac{d}{2}$$

mit:

γ_w Wichte des Wassers
h_r wirksame Potentialdifferenz am Wandfußpunkt (Differenz der Standrohrspiegelhöhe am Spundwandfußpunkt gegenüber der Unterwasserspiegelhöhe)
h_l wirksame Potentialdifferenz an der dem Wandfuß gegenüber liegenden Begrenzung des Grundbruchkörpers
d Einbindetiefe des Bauwerks

Nach Baumgart/Davidenkoff (Davidenkoff, 1970, S. 66) kann der Nachweis gegen hydraulischen Grundbruch auch vereinfacht wie folgt ermittelt werden, wobei nur ein Stromfaden der nach oben gerichteten Strömung unmittelbar vor dem vertikalen Bauteilumriss betrachtet wird:

$$(\gamma_w i) \cdot \gamma_H \leq \gamma' \gamma_{G,stb}$$

Dabei sind:

γ' Bodenwichte unter Auftrieb
i mittleres Potentialgefälle entlang der betrachteten Strecke ($i = h_r/d$)
$\gamma_w i$ spezifische Strömungskraft

Die wirksame Potentialdifferenz h_r am Spundwandfußpunkt kann auch bei diesem Ansatz mit einem Strömungsnetz nach E 113, Abschnitt 4.7.4 oder 4.7.5 ermittelt werden.

Für das lotrecht umströmte Spundwandbauwerk darf die Potentialhöhe über dem Spundwandfuß h_F nach Brinch Hansen (1953) vereinfacht angesetzt werden:

$$h_F = \frac{h_{wu}\sqrt{h_{so}} + h_{wo}\sqrt{d}}{\sqrt{h_{so}} + \sqrt{d}}$$

Damit erhält man:

$$h_r = h_F - h_{wu}$$

Hierin bedeuten (vgl. Bild E 115-1):

h_r Differenz der Standrohrspiegelhöhe am Spundwandfuß gegenüber der Unterwasserspiegelhöhe
h_F Standrohrspiegelhöhe am Spundwandfußpunkt
h_{so} durchströmte Bodenhöhe auf der Oberwasserseite der Spundwand
h_{wo} oberwasserseitige Wasserspiegelhöhe über dem Spundwandfuß
h_{wu} unterwasserseitige Wasserspiegelhöhe über dem Spundwandfuß
d Einbindetiefe der Wand

Bei horizontaler Zuströmung erhöht sich das Potential am Spundwandfuß erheblich, daher darf in diesen Fällen der Näherungsansatz nicht verwendet werden!

Der Potentialabbau erfolgt über die Höhe der Spundwand nicht linear, daher ist eine Berechnung von h_r aus der Abwicklung des Strömungsweges entlang der Spundwand nicht zulässig! Hinweise auf die Ermittlung des Potentials am Spundwandfuß und der Sicherheit gegen hydraulischen Grundbruch bei geschichtetem Baugrund enthält E 113, Abschnitt 4.7.7.2.

In schmalen Baugruben und in Baugrubenecken beeinflussen sich die gegenüber liegenden bzw. anstoßenden Seiten gegenseitig. Dies führt zu einer stärkeren Zuströmung und damit zu einer Verringerung der Sicherheit. Hierzu sind besondere Untersuchungen erforderlich (Ziegler et al., 2009).

Die Gefahr eines bevorstehenden hydraulischen Grundbruchs in einer Baugrube kann sich durch eine Vernässung des Bodens vor der Baugrubenwand andeuten, der Boden wirkt dann weich und federnd. In solchen Fällen sollte vor der Wand sofort eine Bodenauflast aus durchlässigem und möglichst filterrichtigem Erdstoff aufgebracht und die Baugrube mindestens teilweise geflutet werden. Erst anschließend dürfen Sanierungsmaßnahmen, entsprechend E 116, Abschnitt 3.2, fünfter Absatz und folgende, vorgenommen werden.

Im Allgemeinen wird die Sicherheit gegen hydraulischen Grundbruch für den Endzustand, d. h. nach der Ausbildung einer stationären Umströmung der Wand, berechnet. In wenig durchlässigen Böden erfolgt die Reduzierung des Porenwasserdruckes im Boden aber oftmals viel langsamer als die extern auf den Boden einwirkenden Druckänderungen aus Wasserstandsänderungen (z. B. Tidehub, Wellen, Wasserspiegelsenkung) und Baugrubenaushub. Die Verzögerung ist umso größer, je geringer die Durchlässigkeit k und die Wassersättigung S des Bodens sind und je schneller die Druckänderung stattfindet (Köhler und Haarer, 1995). Ein Vorgang ist „schnell", wenn die Einwirkgeschwindigkeit v_{zA} der äußeren Druckminderung (z. B. Wasserspiegelabsenkung in der Baugrube) größer ist als die maßgebende Wasserdurchlässigkeit k des Bodens ($v_{zA} > k$) (Köhler, 1997).

Auch unter dem Grundwasserspiegel ist der Boden noch als nicht vollständig gesättigt anzusehen. Insbesondere unmittelbar unter dem Grundwasserspiegel und bei geringer Wassertiefe ($h_w < 4$ bis 10 m) sind Sättigungsgrade des Bodens zwischen 80 % < S < 99 % häufig anzutreffen. Im natürlichen Porenwasser sind mikroskopisch kleine Gasblasen enthalten, die das physikalische Verhalten bei Druckänderungen erheblich verändern. Es kann nicht als ideale (inkompressible) Flüssigkeit betrachtet werden. Der Druckausgleich im Porenwasser ist deshalb stets mit einem Massentransport verbunden, d. h. einer zum geringeren Druckpotential gerichteten (instationären) Porenwasserströmung.

Bei schnellen Wasserstandsänderungen ist deshalb neben dem Nachweis ausreichender Sicherheit gegen hydraulischen Grundbruch im Endzustand mit stationärer Umströmung auch der Nachweis für den instationär auftretenden Porenwasserüberdruck $\Delta u(z)$ im Anfangszustand zu führen.

Der Nachweis dient der Vermeidung von Grenzzuständen der Standsicherheit und der Gebrauchstauglichkeit. Die Gebrauchstauglichkeit kann durch unzulässige Auflockerungen (Bodenhebungen) der Aushubsohle oder unerwünschte Boden- und Wandverformungen (seitliche Wandbewegungen) beeinträchtigt werden (Köhler, 1997).

Die Verteilung des instationären Porenwasserüberdrucks $\Delta u(z)$ über die Bodentiefe z kann nach Köhler und Haarer (1995) vereinfacht durch folgende Funktion beschrieben werden:

$$\Delta u(z) = \gamma_w \, \Delta h (1 - e^{-b \cdot z})$$

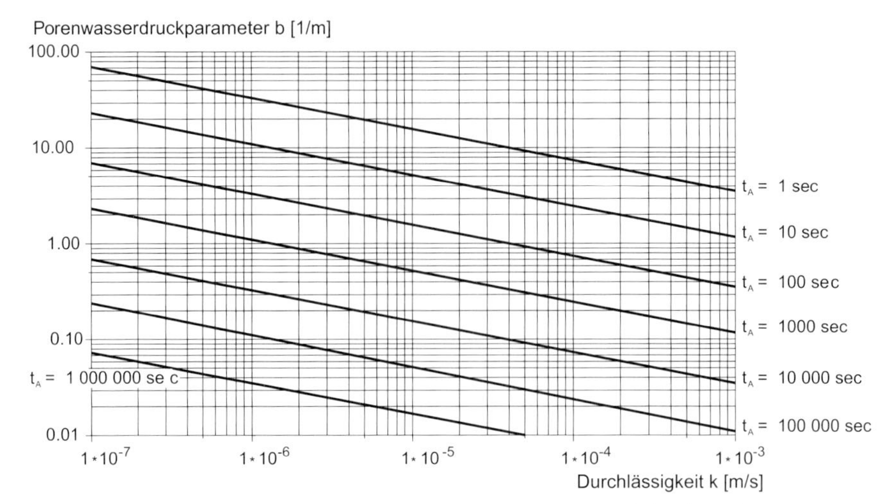

Bild E 115-4. Parameter b zur Bestimmung der Strömungskraft bei instationärer Strömung in Abhängigkeit von der Verlaufszeit t_A und der Durchlässigkeit k

wobei gilt:

Δh	Wasserspiegelabsenkung (bzw. auch Aushubtiefe)
γ_w	Wichte des Wassers
b	Porenwasserdruckparameter nach Bild E 115-4
z	Bodentiefe auf der Unterwasserseite

Der Porenwasserdruckparameter b (Einheit: 1/m) kann in Abhängigkeit von der maßgebenden Verlaufszeit t_A und der Wasserdurchlässigkeit k des Bodens aus Bild E 115-4 entnommen werden.

Für eine beliebige Tiefe z ist das Eigengewicht G_B des Bodenkörpers mit der Einheitsbreite 1, der Einheitslänge 1 und der Wichte γ':

$$G_B = \gamma' z \cdot 1 \cdot 1$$

Durch den Porenwasserüberdruck entwickelt sich im Boden ein vertikal nach oben gerichteter instationärer Wasserdruck auf den Bodenkörper.

$$W_{\text{instat}} = (1 - e^{-\text{bz}})\, \gamma_w\, \Delta h \cdot 1 \cdot 1$$

Das Verhältnis von Gewicht und Wasserdruck ist in dem Schnitt am ungünstigsten, in dem der Porenwasserüberdruck ein Maximum hat. Dies ist der Fall in der Tiefe $z = z_{\text{krit}}$.

$$z_{\text{krit}} = \frac{1}{b} \cdot \ln\left(\frac{\gamma_w\, \Delta h\, b}{\gamma'}\right)$$

Für $z_{\text{krit}} < 0$ ist der Nachweis von vornherein erfüllt. Liegt z_{krit} unterhalb des Spundwandfußes, so ist der Nachweis am Fußpunkt zu führen.

Ist die Bedingung

$$\gamma_{\text{w}} \cdot \Delta h \cdot b < \gamma'$$

erfüllt, so ist von vornherein eine ausreichende Sicherheit gegeben.

Für den Nachweis ausreichender Sicherheit gegenüber hydraulischem Grundbruch bei instationären Strömungsvorgängen ist mindestens Gleichgewicht nachzuweisen:

$$G_{\text{B}} \geq W_{\text{instat}}$$

3.2 Piping (Erosionsgrundbruch) (E 116)

Die Gefahr von Piping ist dann gegeben, wenn durch eine Wasserströmung Boden an einer Gewässer- oder Baugrubensohle ausgespült werden kann. Der Vorgang beginnt, wenn der Austrittsgradient des die Uferwand umströmenden Wassers in der Lage ist, Bodenteilchen nach oben aus dem Boden herauszulösen. Dies setzt sich entgegen der Fließrichtung des Wassers in den Boden hinein fort und heißt daher auch rückschreitende Erosion. Im Boden bildet sich so ein Kanal etwa in Form einer Röhre („pipe"), der sich in Richtung Oberwasser entlang der Stromlinien mit den höchsten Gradienten fortpflanzt. Der höchste Gradient entsteht immer in der Kontaktfuge zwischen Bauwerk und Wand. Erreicht dieser Kanal freies Oberwasser, wird er durch Erosion in kürzester Zeit aufgeweitet und führt zu einem dem hydraulischen Grundbruch ähnlichen Versagenszustand. Dabei strömt ein Wasser-/Bodengemisch mit hoher Geschwindigkeit in die Baugrube, bis zwischen Außenwasser und Baugrube ein Potentialausgleich hergestellt ist. Hinter der Wand ist ein tiefer Krater entstanden.

Voraussetzungen für Piping sind lockere Böden im Fußauflagerbereich der Wand oder dort vorhandene Schwachstellen (z. B. ungenügend wieder verschlossene Bohrlöcher) und lockere Zonen im unmittelbaren Kontaktbereich Wand/Boden hinter der Wand einerseits sowie ein hinreichendes Wasserdargebot (freier Wasserspiegel im Oberwasser) und ein relativ hoher hydraulischer Gradient andererseits.

Das Entstehen des Versagenszustandes in homogenem, nichtbindigem Boden ist in Bild E 116-1 schematisch dargestellt.

Piping kündigt sich durch Quellbildung mit Bodenausspülungen auf der Unterwasserseite bzw. der Baugrubensohle an. In diesem frühen Stadium kann die

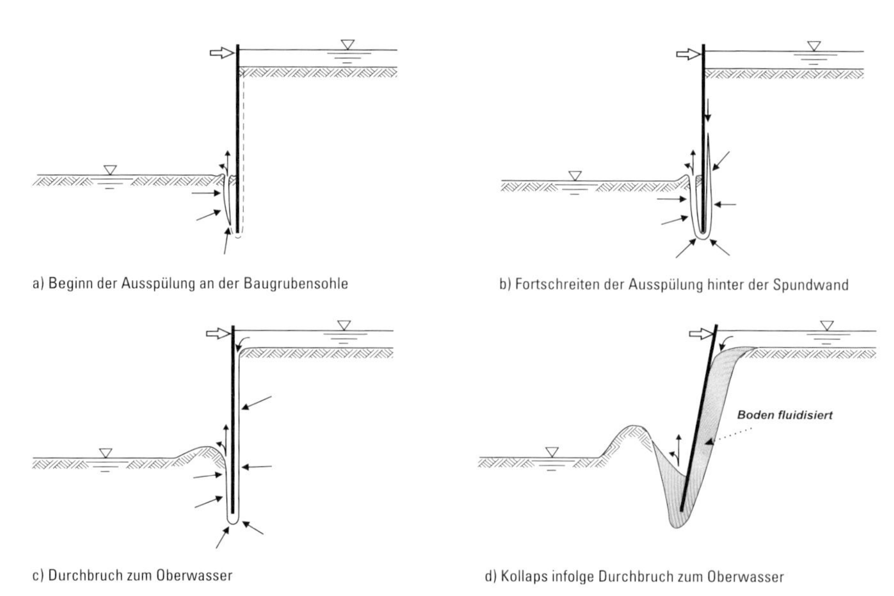

a) Beginn der Ausspülung an der Baugrubensohle

b) Fortschreiten der Ausspülung hinter der Spundwand

c) Durchbruch zum Oberwasser

d) Kollaps infolge Durchbruch zum Oberwasser

Bild E 116-1. Fortschreiten der Ausspülung hinter der Spundwand

Schadensentwicklung noch durch einen ausreichend dick aufgebrachten Stufen- oder Mischkiesfilter, der die weitere Bodenausspülung verhindert, unter Kontrolle gebracht werden.

Wenn aber bereits ein fortgeschrittenes Stadium eingetreten ist (erkennbar an der Intensität der Wasserführung der bereits ausgebildeten Erosionskanäle) ist nicht mehr abzusehen, wann der Durchbruch zur Oberwassersohle eintritt. In diesem Fall muss für einen sofortigen Ausgleich zwischen Ober- und Unterwasserspiegel durch Ziehen von Wehröffnungen, Fluten der Baugrube oder dergleichen gesorgt werden. Erst anschließend können Sanierungsmaßnahmen vorgenommen werden. Infrage kommen verschiedene Maßnahmen, wie z. B. der Einbau eines ausreichend dicken Filters auf der Unterwasserseite.

Die Gefahr von Piping ist im Allgemeinen rechnerisch nicht zu erfassen und muss wegen der Verschiedenheit der Konstruktionen und der Randbedingungen für jeden Einzelfall bewertet werden. Grundsätzlich gilt, dass die Piping-Gefahr umso größer ist, je größer unter sonst gleichen Verhältnissen der Spiegelunterschied zwischen Oberwasser und Unterwasser und je lockerer und feinkörniger der anstehende Boden ist. Besondere Gefahr kann auch von eingelagerten Sandbändern in ansonsten nicht erosionsgefährdeten Böden ausgehen. In bindigen Böden findet Piping im Allgemeinen nicht statt.

Auch wenn kein freies Oberwasser vorhanden ist, können sich Erosionskanäle von der Unterwasserseite her bilden, diese verlaufen sich dann aber im Allgemeinen im Untergrund, weil die aus dem Grundwasser nachfließenden Wassermengen die vollständige Ausbildung von Erosionskanälen nicht leisten können. Schneidet der Erosionskanal zufällig eine außerordentlich stark grundwasserführende Schicht an, kann das aus dieser Schicht nachfließende Wasser den Erosionsprozess erneut in Gang setzen.

Wenn Verhältnisse vorliegen, die Piping möglich erscheinen lassen, sind auf der Baustelle von vornherein Vorkehrungen zu dessen Verhinderung einzuplanen, um im Bedarfsfall sofort entsprechende Gegenmaßnahmen treffen zu können. Insbesondere ist es in diesen Fällen wichtig, dass Baugrubenwände tief genug in den Boden einbinden und somit der hydraulische Gradient möglichst klein ist. Die Mindesteinbindetiefe von Wänden zur Vermeidung von Erosionsgrundbruch kann nach E 113, Abschnitt 4.7.7 ermittelt werden.

Im Falle von Fehlstellen in den Wänden (z. B. Schlosssprengungen bei Spundwänden) wird der Sickerweg der Umströmung allerdings verkürzt und damit der Gradient dramatisch vergrößert. Insofern sind solche Fehlstellen insbesondere auch hinsichtlich eines hydraulischen Grundbruchs oder Erosionsgrundbruchs zu bewerten, sofern diese unter den gegebenen Umständen grundsätzlich auftreten können.

4 Wasserstände, Wasserdruck, Entwässerungen

Für die nach diesem Abschnitt ermittelten Lasten gilt die Zuordnung zu den Bemessungssituationen nach E 18, Abschnitt 5.4. Hinsichtlich der Teilsicherheitsbeiwerte sind die Abschnitte 0 und 5.4.4 zu beachten.

Die Zuordnung der maßgebenden hydrostatischen Belastungssituation infolge wechselnder Außen- und Grundwasserstände verlangt eine Analyse der geologischen und hydrologischen Verhältnisse des betreffenden Gebietes. Soweit vorhanden, sind langjährige Beobachtungsreihen auszuwerten.

4.1 Mittlerer Grundwasserstand (E 58)

Der Grundwasserstand hinter einem Uferbauwerk wird entscheidend von der Bodenschichtung und der konstruktiven Ausbildung der Uferwand geprägt. In Tidegebieten folgt der Grundwasserstand bei durchlässigem Boden mehr oder weniger gedämpft der Tide. Die Abhängigkeit zwischen Grundwasser- und Tidewasserstand kann durch Messungen erfasst werden. Wenn nichts Näheres bekannt ist, darf für Vorentwürfe der Grundwasserspiegel in Tidegebieten näherungsweise mit 0,3 m über mittlerem Tidehalbwasser (MT ½ *W*) und in Nicht-Tidegebieten 0,3 m über Mittelwasser (MW) angenommen werden.

4.2 Wasserüberdruck in Richtung Wasserseite (E 19)

Der Wasserüberdruck $w_{ü}$ in Richtung der Wasserseite ergibt sich bei einer Höhendifferenz Δh zwischen dem maßgebenden Außenwasser- und dem zugehörigen Grundwasserspiegel mit der Wichte γ_w des Wassers zu:

$$w_{ü} = \Delta h \cdot \gamma_w$$

Der Wasserüberdruck kann bei durchlässigem Boden im Nicht-Tidegebiet nach Bild E 19-1 und im Tidegebiet nach Bild E 19-2 angesetzt und den Bemessungssituationen BS-P, BS-T und BS-A zugeordnet werden. Wird der Wasserüberdruck unter der Annahme einer Durchlaufentwässerung angesetzt, muss deren dauerhafte Wirksamkeit gewährleistet sein. Den Ansätzen der Bilder E 19-1 und E 19-2 liegt die Annahme einer ebenen Umströmung zugrunde, zudem ist ein ggf. vorhandener Einfluss von Wellen auf den Wasserüberdruck nicht berücksichtigt.

Die in die Ansätze nach den Bildern E 19-1 und E 19-2 eingehenden Wasserstände sind als charakteristische Werte anzusetzen.

Empfehlungen des Arbeitsausschusses „Ufereinfassungen" – EA „Ufereinfassungen", 11. Auflage.
Herausgegeben vom Arbeitsausschuss „Ufereinfassungen" der Hafentechnischen Gesellschaft e.V. und der Deutschen Gesellschaft für Geotechnik e.V.

Nicht-Tidegebiet				
Situation	Bild	Lastfälle gemäß E 18		
		P	T	A
1 Geringe Wasserstandsschwankungen (< 0,50 m) mit Durchlaufentwässerung oder durchlässigem Boden und Bauwerk	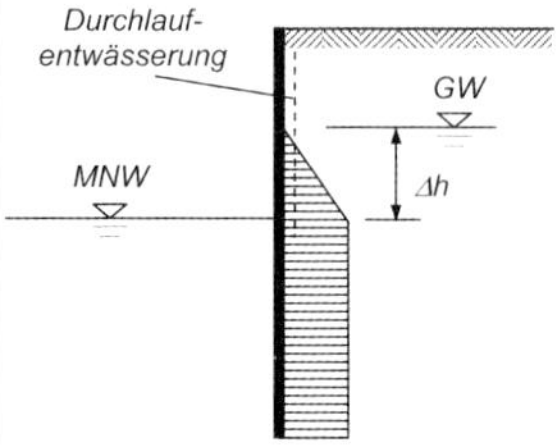 Durchlaufentwässerung, GW, MNW, Δh	Δh = 0,50 m	Δh = 0,50 m	
2a Große Wasserstandsschwankungen (> 0,50 m) mit Durchlaufentwässerung oder gut durchlässigem Boden und Bauwerk	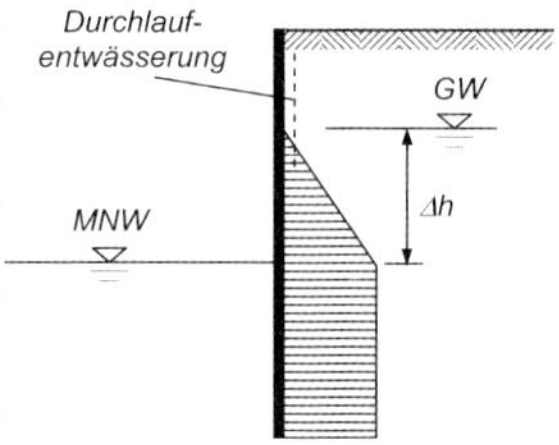 Durchlaufentwässerung, GW, MNW, Δh	Δh = 0,50 m in häufiger Höhenlage	Δh = 1,00 m in ungünstiger Höhenlage	Δh = 1,00 m größter Außenwasserspiegelabfall in 24 h
2b Große Wasserstandsschwankungen ohne Durchlaufentwässerung	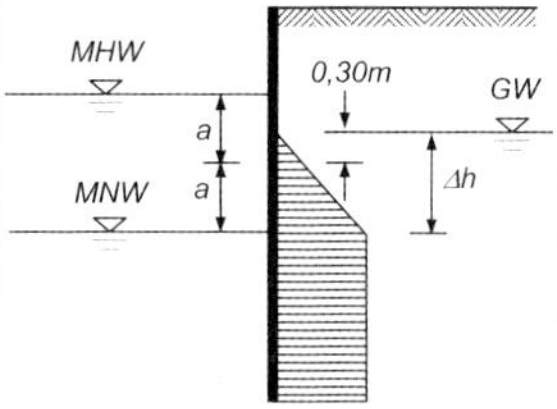 MHW, MNW, a, a, 0,30m, GW, Δh	Δh = a + 0,30 m	Δh = a + 0,30 m	–

Bild E 19-1. Näherungsansätze für den Wasserüberdruck auf Ufereinfassungen bei durchlässigem Boden im Nicht-Tidegebiet für Standardsituationen (ohne nennenswerten Welleneinfluss)

Tidegebiet				
Situation	Bild	Lastfälle gemäß E 18		
		P	T	A
3a Große Wasserstandsschwankungen ohne Entwässerung – Normalfall	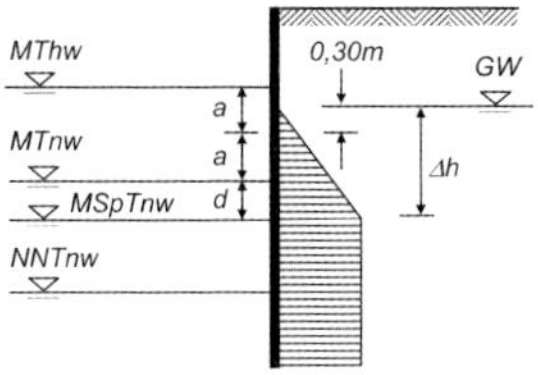 MThw, MTnw, MSpTnw, NNTnw, 0,30m, GW, a, a, d, Δh	$\Delta h =$ $a + 0{,}30\ \text{m} + d$	–	–
3b Große Wasserstandsschwankungen ohne Entwässerung – Grenzfall extremer Niedrigwasserstand	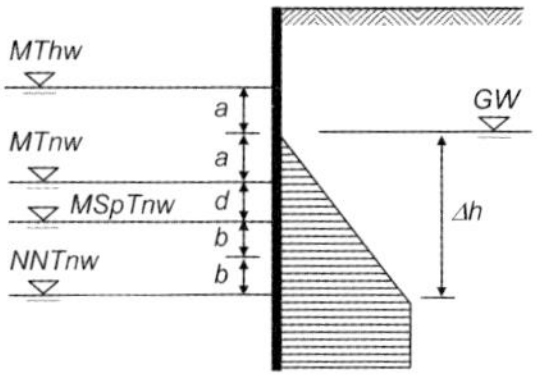 MThw, MTnw, MSpTnw, NNTnw, GW, a, a, d, b, b, Δh	–	–	$\Delta h = a + 2\,b + d$
3c Große Wasserstandsschwankungen ohne Entwässerung – Grenzfall abfließendes Hochwasser	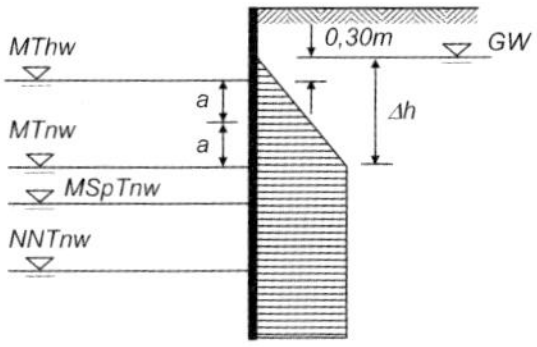 MThw, MTnw, MSpTnw, NNTnw, 0,30m, GW, a, a, Δh	–	–	$\Delta h = 0{,}30\ \text{m} + 2\,a$
3d Große Wasserstandsschwankungen mit Entwässerung	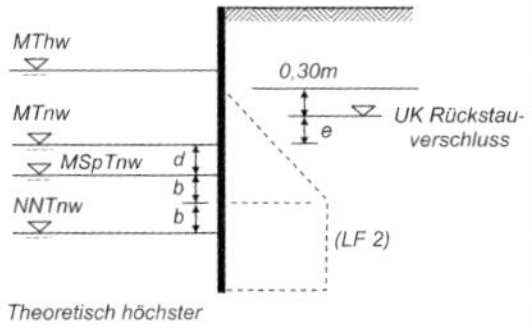 MThw, MTnw, MSpTnw, NNTnw, 0,30m, e, UK Rückstauverschluss, d, b, b, (LF 2), Theoretisch höchster	$\Delta h = 1{,}00\ \text{m} + \text{e}$ bei Außenwasserstand in MSpTnW	$\Delta h =$ $0{,}30\ \text{m}$ $+ b + d$ $+ \text{e}$	–

Bild E 19-2. Näherungsansätze für den Wasserüberdruck auf Ufereinfassungen bei durchlässigem Boden im Tidegebiet für Standardsituationen (ohne nennenswerten Welleneinfluss)

Das Hinterfüllen von Uferwänden im Einspülverfahren hat ggf. vorübergehend deutlich höhere Wasserstände zur Folge, diese sind in den jeweiligen Bauzuständen zu berücksichtigen.

Bei Überflutung des Uferbauwerks, im Falle geschichteter Böden, von sehr durchlässigen Spundwandschlössern und bei artesisch gespanntem Grundwasser sind besondere Untersuchungen zur Ermittlung der für den Wasserüberdruck maßgebenden Wasserstände erforderlich (E 52, Abschnitt 2.7). Wird ein natürlicher Grundwasserstrom durch die Uferwand so stark eingeengt oder abgesperrt, dass es zu einem Aufstau des Grundwassers vor der Uferwand kommt, kann dieser z. B. im Rahmen einer numerischen Berechnung der Grundwasserströmung ermittelt werden (E 113, Abschnitt 4.7.5.2).

Angaben zum Ansatz des Wasserüberdrucks an Spundwandufern von Kanälen finden sich in E 106, Abschnitt 6.4.2, Bild E 106-1.

Die entlastende Wirkung von Entwässerungseinrichtungen nach E 32, Abschnitt 4.5; E 51, Abschnitt 4.4 und E 53, Abschnitt 4.6 darf nur in Ansatz gebracht werden, wenn ihre Wirksamkeit dauernd überwacht wird und die Entwässerungseinrichtung jederzeit wieder herstellbar ist.

4.3 Wasserüberdruck auf Spundwände vor überbauten Böschungen im Tidegebiet (E 65)

4.3.1 Allgemeines

Bei überbauten Böschungen im Tidegebiet mit durchlässiger Böschungsbefestigung entwässert der dahinter liegende Boden bei niedrigem Außenwasserstand durch den Böschungsfuß. Die Lage der Sickerlinie ist von den Bodenverhältnissen, der Größe und Häufigkeit der Wasserstandsschwankungen und dem Zustrom vom Land abhängig.

Die Durchströmung des maßgeblichen Erddruckkeils führt zu einer Erhöhung des Erddrucks. Der Wasserdruck hinter der Kaimauer kann je nach Entwässerungsmöglichkeit und dadurch bedingter Strömung höher sein als der hydrostatische Wasserdruck.

4.3.2 Näherungsansatz für den Wasserüberdruck

Mit Bezug zu E 19, Abschnitt 4.2 und E 58, Abschnitt 4.1 kann nach Erfahrungen im norddeutschen Tidegebiet bei etwa gleichmäßig durchlässigem Boden der Näherungsansatz nach Bild E 65-1 zur Ermittlung des Wasserüberdrucks

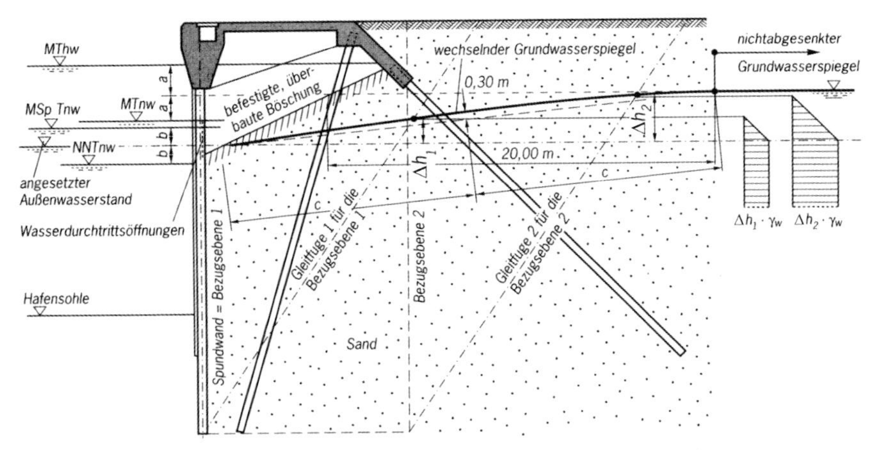

Bild E 65-1. Ansatz des Wasserüberdrucks bei einer überbauten Böschung für Lastfall 2

benutzt werden. Er ist in Bild 65-1 beispielhaft für die Bemessungssituation T gezeigt, kann aber auf die anderen Lastfälle sinngemäß übertragen werden. Die Böschungsbefestigung darf bei Ansatz des Wasserdrucks nach Bild E 65-1 keinen Aufstau des Grundwassers bewirken, muss also ausreichend durchlässig sein.

4.4 Ausbildung von Durchlaufentwässerungen in Spundwandbauwerken (E 51)

Durchlaufentwässerungen in Spundwandbauwerken sind nur in schlickfreiem Wasser und bei ungefährlich niedrigem Eisengehalt des Grundwassers dauerhaft wirksam. Sind diese Bedingungen nicht erfüllt, besteht immer die Möglichkeit, dass Durchlaufentwässerungen verschlicken oder verockern und dann ihre Wirkung verlieren. Der Eisengehalt im Grundwasser beträgt in norddeutschen Marschgebieten bis zu 25 mg/l, in Geestbereichen dagegen nur 5 mg/l. Die Gefahr der Verockerung ist somit besonders groß, wenn im Hinterland nacheiszeitliche bindige Böden anstehen.

Die dauerhafte Wirksamkeit von Durchlaufentwässerungen darf daher bei schlickhaltigem und stark eisenhaltigem Wasser vorausgesetzt werden, wenn ihre Funktion überprüft und ggf. wieder hergestellt werden kann. Durchlaufentwässerungen können auch bei starkem Muschelbewuchs ihre Wirksamkeit verlieren.

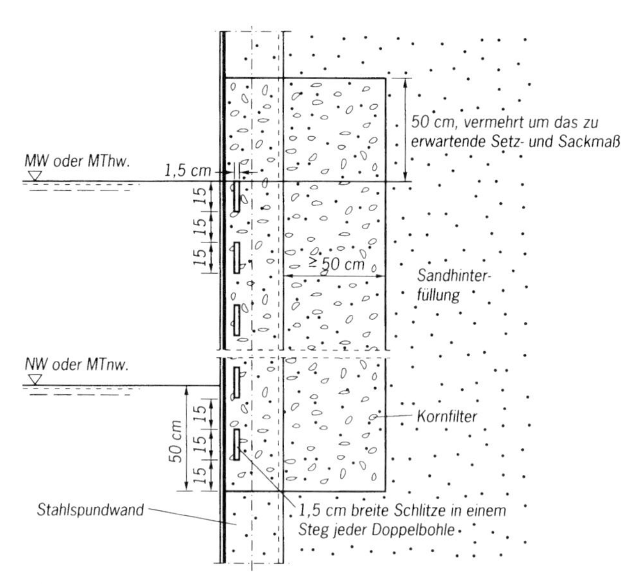

Bild E 51-1. Beispiel einer Durchlaufentwässerung bei Wellenprofil-Spundwänden

Im Falle zeitweise sehr hoher Außenwasserstände kann das von außen eindringende Wasser hinter der Wand einen erhöhten Wasserstand verursachen. Die Auftriebssicherheit aller Bauwerke hinter der Uferwand muss für diesen erhöhten Wasserstand gewährleistet sein. In diesen Fällen ist außerdem zu beachten, dass steigende und fallende Wasserstände in der Hinterfüllung ggf. Sackungen auslösen können.

Durchlaufentwässerungen müssen unter Mittelwasser liegen, damit sie nicht zuwachsen. Sie werden zur Gewährleistung der dauerhaften Wirksamkeit zweckmäßig mit Kornfiltern nach E 32, Abschnitt 4.5 ausgeführt.

Für den Wasserdurchtritt werden in die Spundwandstege 1,5 cm breite und etwa 15 cm hohe, an den Enden ausgerundete Schlitze eingebrannt (Bild E 51-1). Im Gegensatz zu Rundlöchern können die Kieskörner des Filters die Schlitze nicht zusetzen. Im Übrigen wird auf E 19, Abschnitt 4.2, letzter Absatz verwiesen.

Durchlaufentwässerungen sind wesentlich billiger als Entwässerungen mit Rückstauverschluss (E 32). Sie bewirken aber in Tidegebieten wegen ihrer Lage unter Mittelwasser erfahrungsgemäß nur eine geringe Absenkung des Wasserüberdrucks, da der Wasserstand hinter der Spundwand zu Hochwasserzeiten eingestaut wird.

Durchlaufentwässerungen sind bei Uferwänden, die gleichzeitig dem Hochwasserschutz dienen, nicht zulässig.

Durchlaufentwässerungen sind vor allem im Nicht-Tidegebiet, bei schnellem Abfall des freien Wasserspiegels, bei starkem Grundwasser- oder bei Hangwasserzustrom sowie bei Bauwerksüberflutungen zweckmäßig.

Im Rahmen statischer Nachweise muss in der Regel auch der Fall untersucht werden, dass eine Durchlaufentwässerung nicht mehr wirksam ist. Nach E 18, Abschnitt 5.4.3 darf dieser Fall der Bemessungssituation BS-A zugeordnet werden.

4.5 Ausbildung von Entwässerungen bei Uferbauwerken im Tidegebiet (E 32)

4.5.1 Allgemeines

Entwässerungen von Uferbauwerken sind grundsätzlich nur wirksam, wenn hinter den Uferbauwerken nichtbindiger Boden ansteht. Auf die Gefahr der Verockerung wurde bereits in Abschnitt 4.4 hingewiesen.

Soll eine Entwässerung in schwebstoff- bzw. schlickhaltigem Hafenwasser auf die Dauer wirksam sein und auch bei größerem Tidehub den Wasserüberdruck begrenzen, muss sie mit Sammelsträngen und mit dauerhaft betriebssicheren Dränsträngen und Rückstauverschlüssen bzw. -klappen ausgerüstet werden, die den Wasseraustritt aus dem Sammler in das Hafenwasser gestatten, den Rückstrom schlickhaltigen Wassers aber verhindern. Die Entwässerungsanlage ist so herzustellen, dass sie auch dann betriebssicher bleibt, wenn sich die Hinterfüllung der Wand setzt.

Die Erfahrung zeigt, dass zahlreiche Spundwandentwässerungen im Laufe der Zeit wegen Verschlickung als Folge unwirksamer Rückstauklappen oder wegen Verockerung ihre Wirkung verlieren. Damit dies nicht geschieht, sind an Planung, Ausführung und Unterhaltung der Entwässerungen hohe Anforderungen zu stellen.

4.5.2 Planung, Ausbildung und Wartung der Entwässerungsanlage

Die Ausläufe müssen durch Rückstauverschlüsse/-klappen gegen von außen eindringendes Wasser gesichert und so angeordnet werden, dass sie bei MTnw zugänglich sind. Die Rückstauverschlüsse müssen dauerhaft auch gegen Wellenbelastung dicht schließen. Der Abstand untereinander beträgt etwa 30 m.

Der Dränstrang zwischen den Ausläufen besteht aus einem oder mehreren in Kornfilter oder in eine mit Geotextil ummantelte Schotterpackung gebetteten Kunststoffdränrohren, die für die Auflast aus der Überschüttung bemessen sind.

Dränstrang und Auslauf sind so miteinander zu verbinden, dass ein Abscheren durch Setzung der Spundwandhinterfüllung sicher vermieden wird.

Kontrollschächte sind so auszubilden und anzuordnen, dass von dort aus der Dränstrang für Kontrollen und ggf. Reinigung in voller Länge zugänglich ist.

Die Entwässerungsanlage ist regelmäßig zu kontrollieren und zu warten. Kontrolle und Wartung sind zu dokumentieren.

4.5.3 Entwässerungsanlagen für große Uferbauwerke

Bild E 32-1 zeigt eine Grundwasserentlastung einer größeren Kaianlage im Tidegebiet. Über vier Vollsickerrohre DN 350 aus PE-HD (DIN 19666), die über die gesamte Kailänge verlaufen, erfolgt die Entwässerung. Die Rohre sind in einer Kiespackung eingebettet, die gegenüber dem umgebenden Boden mit Filtervlies gesichert ist. Die Tiefe wurde so gewählt, dass die Vollsickerrohre ständig im Grundwasser liegen. Damit wird die Gefahr der Verockerung vermindert. Die Rohre sind gefällefrei verlegt.

Die Grundwasserentlastung nach Bild E 32-1 hat eine Zwangsentwässerung über ein Pumpwerk. Somit wurden anfällige Rückstauklappen und die Gefahr des Abscherens der Verbindung zwischen Entwässerungsleitung und Rückstauklappe vermieden.

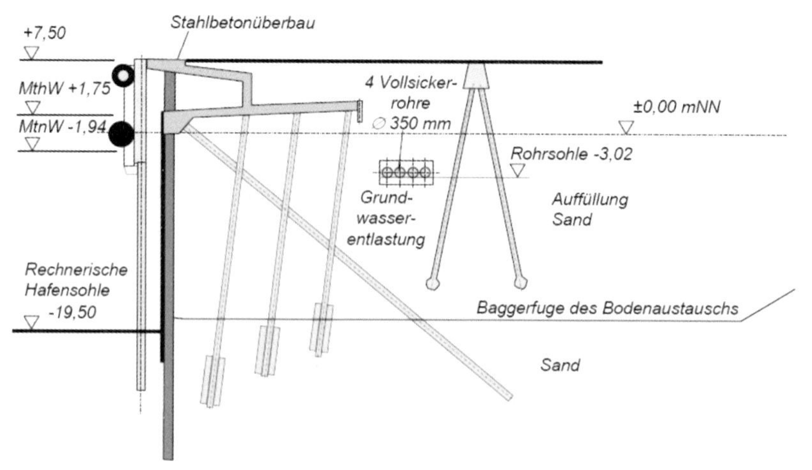

Bild E 32-1. Beispiel einer Grundwasserentlastung für eine Kaianlage im Tidegebiet

4.6 Entspannung artesischen Drucks unter Hafensohlen (E 53)

4.6.1 Allgemeines

Artesischer Druck unter Hafensohlen wird am wirkungsvollsten durch leistungsfähige Überlaufbrunnen entspannt, weil diese von maschinellen Anlagen unabhängig arbeiten. Der Auslauf der Brunnen liegt stets unter NNTnw. Unter der Deckschicht, die mit den Überlaufbrunnen entspannt wird, verbleibt daher ein artesischer Restdruck aus der Standrohrspiegelhöhe zwischen der Tiefenlage der Deckschicht und dem Auslauf des Brunnens. Dieser ist bei der Ermittlung von Erddruck und Erdwiderstand nach E 52, Abschnitt 2.10 in seiner tatsächlichen Größe, mindestens aber mit 10 kN/m^2 zu berücksichtigen.

Mit Kies gefüllte Baggerschlitze in der Deckschicht an der Hafensohle gewährleisten bei schlickhaltigem Wasser keine dauerhafte Entspannung des artesischen Drucks, weil ihre Wirkung im Laufe der Zeit wegen Schlickfall deutlich abnimmt.

4.6.2 Berechnung von Überlaufbrunnen

Überlaufbrunnen werden durch eine Berechnung der Absenkung dimensioniert (z. B. Herdt und Arndts, 1973). Die Reichweite der Entspannung und ihre Auswirkung auf andere Bauteile ist zu berücksichtigen (siehe auch E 166, Abschnitt 4.8.1).

4.6.3 Ausbildung von Überlaufbrunnen

Überlaufbrunnen werden vorteilhaft in Stahlkasten- und Stahlrohrpfählen untergebracht, die in die vordere Begrenzungsspundwand integriert sind. Sie können dann ohne Schwierigkeiten und funktionssicherer hergestellt werden und befinden sich für die Entlastung an günstigster Stelle.

In Tidegebieten liegt der Hafenwasserspiegel bei Hochwasser im Allgemeinen über dem artesischen Druckspiegel des Grundwassers. Dann kann Hafenwasser über die Brunnen und in den Boden hinter der Wand einfließen, was bei schlickhaltigem Wasser rasch zu einer nachlassenden Wirkung der Überlaufbrunnen führt, weil die Spülkraft bei abfließendem Wasser nicht ausreicht, die Schlickablagerung vollständig wieder zu entfernen. Daher müssen Überlaufbrunnen im Tidegebiet mit dauerhaft wirksamen Rückstauverschlüssen ausgerüstet werden. Für diesen Einsatzfall haben sich Kugelverschlüsse bewährt. Sie müssen zwecks Überprüfung des Brunnens leicht abgenommen und wieder dicht schließend aufgesetzt werden können.

Um eine optimale Leistung zu erreichen, müssen die Filter der Entspannungsbrunnen in eine möglichst durchlässige Schicht geführt werden.

Die Filter müssen gegen Korrosion und Verockerung gesichert sein. Die Brunnen müssen von einem erfahrenen Fachunternehmen eingebracht werden.

4.6.4 Überprüfung der Entspannung

Die Wirksamkeit der Entspannung muss durch Beobachtungspegel hinter der Ufermauer, die bis unter die Deckschicht reichen, regelmäßig überprüft werden.

Wird die in den statischen Nachweisen angesetzte Entspannung nicht mehr erreicht, sind die Überlaufbrunnen zu säubern und notfalls zusätzliche Brunnen einzubauen. Vorteilhaft werden daher vorsorglich ausreichend viele von der Kaifläche aus zugängliche Stahlkastenpfähle angeordnet, die nachträglich zu Überlaufbrunnen ausgebaut werden können.

Im Übrigen wird auf E 19, Abschnitt 4.2, letzter Absatz hingewiesen.

4.7 Berücksichtigung der Grundwasserströmung (E 113)

4.7.1 Allgemeines

Bei der Planung und Bemessung von Kaimauern und anderen Wasserbauten und deren Teilen, die im strömenden Grundwasser liegen, müssen die Auswirkungen des strömenden Grundwassers auf Erddruck und Erdwiderstand berücksichtigt werden.

Die Grundwasserströmung kann mit dem Fließgesetz nach Darcy berechnet werden, wenn das Produkt aus dem Fließgefälle (i) und dem Durchlässigkeitsbeiwert (k_f) geringer ist als ca. $6 \cdot 10^{-4}$ m/s (≈ 2 m/h).

4.7.2 Grundlagen der Grundwasserströmung

Die Gesetzmäßigkeiten laminarer Grundwasserströmungen werden durch die Potentialtheorie beschrieben. Die Lösungen der Potential-Differentialgleichung sind orthogonale Kurvenscharen, von denen die einen als Stromlinien und die

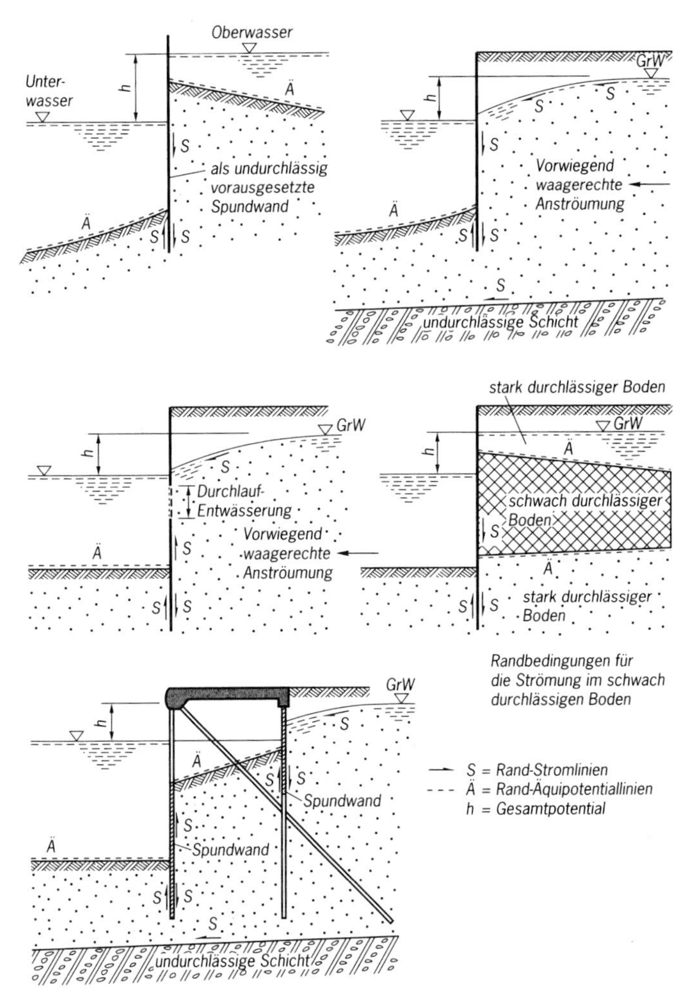

Bild E 113-1. Randbedingungen für Strömungsnetze kennzeichnender Beispiele mit Umströmung des Spundwandfußes

anderen als Äquipotentiallinien gedeutet werden können. Das von Strömungslinien und Äquipotentiallinien gebildete Strömungsnetz besteht aus Feldern mit konstantem Seitenverhältnis (Bild E 113-2).

Die Stromlinien können physikalisch als die Bahnen der Wasserteilchen gedeutet werden, die Potentiallinien sind Linien gleicher Standrohrspiegelhöhe (Bild E 113-2).

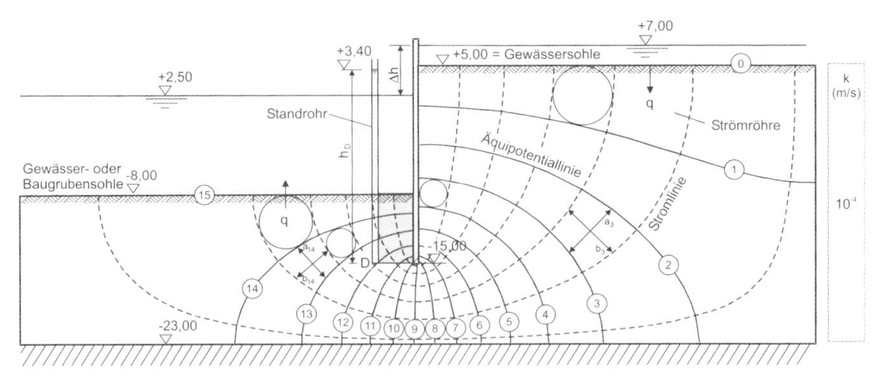

Bild E 113-2. Beispiel für ein Grundwasser-Strömungsnetz in homogenem Boden bei vertikaler Anströmung – Fall 1

4.7.3 Festlegen der Randbedingungen für ein Strömungsnetz

Die Ränder des Strömungsnetzes können Rand-Strom- oder Rand-Potentiallinien sein.

Rand-Stromlinien können sein: Schichtgrenzen zwischen durchlässigen und undurchlässigen Bodenarten, die Oberflächen undurchlässiger Bauwerke, ein freier Grundwasserspiegel, wenn er nicht horizontal ist (Bild E 113-1).

Rand-Potentiallinien können sein: horizontale Grundwasserspiegel, Gewässersohlen, Eintrittsböschungen von durchlässigen Staubauwerken. Zur Verdeutlichung zeigt Bild E 113-1 die Randbedingungen für einige kennzeichnende Beispiele.

4.7.4 Zeichnerische Verfahren zur Ermittlung des Strömungsnetzes

Zeichnerische Verfahren erlauben in einfachen Fällen und für stationäre Strömungsverhältnisse eine schnelle Ermittlung von Strömungsnetzen und damit die Beurteilung, ob und in welchen Bereichen weitergehende Untersuchungen erforderlich sind. Eine Schichtung des Baugrunds mit unterschiedlichen Durchlässigkeiten kann bei diesen Verfahren zur Ermittlung von Strömungsnetzen allerdings in der Regel nicht erfasst werden.

Nach dem Festlegen aller Randbedingungen wird das Strömungsnetz gezeichnet. Dabei gelten folgende Regeln:

- Stromlinien stehen senkrecht auf Potentiallinien.
- Die gesamte Potentialdifferenz Δh zwischen dem höchsten und dem niedrigsten hydraulischen Potential wird in gleiche (äquidistante) Potentialschritte dh aufgeteilt (in Bild E 113-2 in 15 Schritte, d. h. je Schritt eine Potentialdifferenz von 4,50 m/15 = 0,3 m).
- Alle Stromlinien verlaufen durch den jeweils zur Verfügung stehenden Fließquerschnitt, d. h., sie rücken bei Einengungen zusammen und bei Aufweitungen auseinander.
- Die Anzahl der Potentialschritte und Stromlinien wird so gewählt, dass durch benachbarte Potential- und Stromlinien krummlinig begrenzte Quadrate gebildet werden, um die geometrische Ähnlichkeit im gesamten Netz zu gewährleisten. Durch das Einzeichnen von Innenkreisen in den Quadraten kann die Genauigkeit überprüft werden (Bild E 113-2).

Hierbei muss so lange probiert werden, bis im gesamten Netz sowohl die Randbedingungen als auch die Forderung nach krummlinig begrenzten Quadraten ausreichend genau erfüllt sind. An den Rändern können unvollständige Stromröhren oder Potentialschritte in Kauf genommen werden. Sie gehen bei Berechnungen mit ihrem Querschnittsanteil ein (siehe auch Abschnitt 4.7.7.1).

4.7.5 Einsatz von Grundwassermodellen zur Ermittlung von Strömungsnetzen

4.7.5.1 Physikalische und analoge Modelle

Physikalische Modelle nutzen die natürlichen Medien (Wasser, Sande, Kiese, Tone) in einem zu wählenden Modellmaßstab. Sie dienen heute überwiegend Forschungszwecken und werden dort für dreidimensionale Untersuchungen eingesetzt; sie haben für die Baupraxis im Bereich der Ufereinfassungen keine Bedeutung mehr.

Analoge Modelle nutzen solche Medien, deren Bewegung der Grundwasserströmung ähnlich ist. Beispiele dafür sind die Bewegung zähflüssiger Materialien zwischen zwei eng stehenden Platten (Spaltmodelle), der elektrische Stromdurchgang durch leitendes Papier oder durch ein Netzwerk aus elektrischen Widerständen (elektrische Modelle) und die Verformung dünner Häute durch Punktbelastung (Sickerlinie bei Brunnenabsenkung). Zur Umrechnung der in diesen Modellen jeweils benutzten Potentiale (z. B. elektrische Spannung) auf die Grundwasserpotentiale (Standrohrspiegelhöhe) ist neben der geometrischen auch die kinematische Ähnlichkeit zu berücksichtigen. Analoge Verfahren sind in der heutigen Planungspraxis weitgehend durch numerische Grundwassermodelle verdrängt worden.

4.7.5.2 Numerische Modelle

Bei numerischen Grundwassermodellen wird das gesamte Potentialfeld in einzelne Elemente zerlegt (diskretisiert) und durch die Potentialhöhen einer ausreichenden Zahl von Stützstellen repräsentiert. Diese Stützstellen sind die Eckpunkte (Finite-Elemente-Methode) oder die Gitterpunkte (Finite-Differenzen-Methode) einzelner kleiner, aber endlicher Flächen. Ränder und Unstetigkeiten (Brunnen, Quellen, Dräns usw.) im Strömungsfeld müssen durch Knotenpunkte oder Elementlinien repräsentiert werden.

Die Anwendung numerischer Grundwassermodelle setzt die richtige Wahl der Randbedingungen und der geohydraulischen Parameter voraus. Das gilt vor allem für Programme, die instationäre Strömungen berücksichtigen können.

4.7.6 Berechnung einzelner hydraulischer Größen

Während bei Grundwassermodellen das gesamte hydraulische Potentialfeld und daraus die Verteilung von Gefälle, Geschwindigkeiten, Abflüssen usw. errechnet werden, erlauben vereinfachte Verfahren nur die Ermittlung einzelner Größen. Diese Verfahren werden daher im Rahmen der Vorplanung oft mit Erfolg eingesetzt.

Als Beispiele für diese Verfahren seien genannt:

- Widerstandskoeffizientenverfahren nach Chugaev zur Ermittlung von Gefällen und Durchflüssen von Unterströmungen (Davidenkoff, 1970),
- Fragmentenverfahren nach Pavlovsky zur Berechnung der Unterströmung (Davidenkoff, 1964),
- Diagramme zur Berechnung von Standrohrspiegelhöhen bei umspundeten Baugruben (Davidenkoff und Franke, 1965).

4.7.7 Auswertung von Beispielen

4.7.7.1 Unterströmte Spundwand in homogenem Baugrund

Im Strömungsnetz nach Bild E113-2 ist die Potentialdifferenz Δh von 4,50 m zwischen NN + 7,00 m und NN + 2,50 m in 15 Potentialschritte $dh = 0{,}45/15 = 0{,}30$ m aufgeteilt. In der Tiefe von NN – 23 m ist das Strömungsnetz durch eine wasserstauende Schicht begrenzt, deren Oberkante den Modellrand (Randstromlinie) darstellt.

Folgende Kenngrößen der Strömung lassen sich beispielhaft aus dem Strömungsnetz ableiten:

– Standrohrspiegelhöhe in Punkt D (Eckpunkt des Bruchkörpers nach Terzaghi – vgl. E 115, Abschnitt 3.1):
  $h_D = 7,00 - 12/15 \cdot 4,50$ m = 3,40 m (= 2,50 + 3/15 · 4,50 m)
– Standrohrspiegelhöhe h_F am Fußpunkt der Spundwand:
  $h_F = 7,00$ m – 9/15 · 4,50 m = 4,30 m (= 2,50 m + 6/15 · 4,5 m)
– hydraulisches Gefälle für zwei ausgewählte Zellen:
  $i_3 = \mathrm{d}h/a_3 = 0,3/6,0 = 0,05$;
  $i_{14} = \mathrm{d}h/a_{14} = 0,3/4,3 = 0,07$

Die Längen a_3 und a_{14} wurden aus dem Bild abgegriffen

Der Durchfluss q in jeder Stromröhre zwischen zwei Stromlinien ist gleich, da alle Rechtecke des Netzes die gleichen Seitenverhältnisse a/b haben. Der Durchfluss q zwischen zwei Stromlinien ist das Produkt der Strömungsgeschwindigkeit v und der durchströmten Fläche A. Diese ist gleich der Stromröhrenweite b, multipliziert mit der Stromfadendicke (= 1,0 m im Fall eines ebenen Strömungsnetzes).

Für die einzelne Stromröhre gilt:

$$q = v \cdot A = k \cdot i \cdot A$$

Im Fall eines ebenen Strömungsnetzes gilt:

$$q_\mathrm{i} = k \cdot i \cdot b_\mathrm{i}$$

bzw.

$$q_\mathrm{i} = k \cdot \mathrm{d}h/a_{14} \cdot b_{14} = k \cdot \mathrm{d}h/a_3 \cdot b_3 = k \cdot \mathrm{d}h \cdot b/a$$

b/a ist beim quadratischen Netz = 1.

Der Gesamtdurchfluss ergibt sich aus der Anzahl der Stromröhren. Unvollständige Stromröhren werden entsprechend ihrem Querschnitt berücksichtigt. In Bild E 113-2 besitzt die Randstromlinie nur ca. 10 % des Querschnitts einer vollständigen Stromröhre. Daher beträgt der Durchfluss:

$$q = 0,1 \cdot 10^{-4} \cdot 0,3 \cdot 1 = 3,0 \cdot 10^{-6}\ \mathrm{m}^3/(\mathrm{s} \cdot \mathrm{m})$$

Der Nachweis der Sicherheit gegen hydraulischen Grundbruch am Spundwandfuß erfolgt nach E 115, Abschnitt 3.1. Dazu werden folgende Kenngrößen der Strömung benötigt:

$$h_\mathrm{l} = h_\mathrm{D} - h_\mathrm{wu} = 3,4 - 2,5 = 0,9\ \mathrm{m}$$
$$h_\mathrm{r} = h_\mathrm{F} - h_\mathrm{wu} = 4,3 - 2,5 = 1,8\ \mathrm{m}$$

Nach TERZÁGHI erhält man für die vertikale Strömungskraft:

$$F'_{s,k} = \gamma_w \cdot (h_l + h_r)/2 \cdot t/2 = 10 \cdot (0{,}9 + 1{,}8)/2 \cdot 7/2 = 47{,}25 \text{ kN/m}$$

Der Bodenkörper hat ein Gewicht unter Auftrieb von:

$$G'_k = \gamma'_B \cdot t^2/2 = 10 \cdot 24{,}5 = 245 \text{ kN/m}$$

Mit den Teilsicherheitsbeiwerten nach DIN 1054 (Abschnitt 0) ist für die Bemessungssituation BS-P eine ausreichende Sicherheit gegen hydraulischen Grundbruch selbst bei ungünstigem Untergrund vorhanden:

$$F'_{s,k} \cdot \gamma_H \leq G'_k \cdot \gamma_{G,stb}$$
$$47{,}25 \cdot 1{,}8 < 245 \cdot 0{,}9$$
$$85{,}05 < 220{,}5$$

4.7.7.2 Umströmte Spundwand in geschichtetem Baugrund

Die Randbedingungen von Bild E 113-2 werden beibehalten, jedoch liegt eine 2 m dicke horizontale Schicht in unterschiedlicher Tiefenlage, deren Durchlässigkeit wesentlich geringer ist als die des Bodens darüber und darunter. Strom- und Potentiallinien sind mit einem Grundwassermodell errechnet.

In Bild E 113-3 erkennt man die Konzentration der Potentiallinien in den geringer durchlässigen Schichten, was im Fall 2a die Sicherheit gegen hydraulischen Grundbruch wesentlich reduziert, im Fall 2b erhöht. Für die Berechnung des hydraulischen Grundbruchs ist der maßgebende Wasserdruck jeweils an der Unterkante der wasserstauenden Schicht zu berücksichtigen.

Voraussetzung für diese Potentialverteilung ist, dass die geringer durchlässige Schicht ausreichend weit vor und hinter die Wand reicht. Anderenfalls wird die Potentialverteilung am Wandfuß von der Umströmung und nicht von der Durchströmung dieser Schicht bestimmt. Insbesondere bei wasserstauenden Schichten auf der Zuflussseite ist sorgfältig zu prüfen, ob die Schicht eine genügend große Ausdehnung zum Oberwasser hin hat. Andernfalls wird die Schicht umströmt, wodurch der Wasserdruck unter der Schicht auf der Abflussseite erheblich höher ist als im Falle der weit genug in die Zuflussseite reichenden Schicht. In Zweifelsfällen sollte der Einfluss einer positiv wirkenden gering durchlässigen Schicht auf der Zuflussseite vernachlässigt werden.

Für den Nachweis der Sicherheit gegen hydraulischen Grundbruch nach E 115, Abschnitt 3.1 muss bei geschichtetem Boden der Schnitt bzw. Aufbruchkörper mit der geringsten Sicherheit gesucht werden. Liegt eine weniger durchlässige Schicht über einer durchlässigen, so ist im Allgemeinen die Unterkante der we-

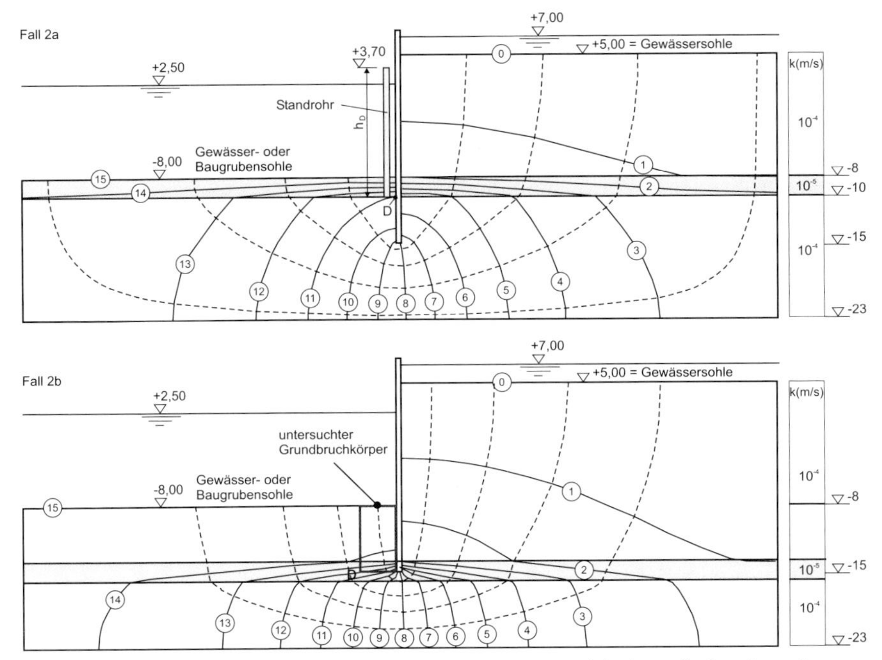

Bild E 113-3. Potentialnetze im geschichteten Baugrund bei vertikaler Anströmung. Gering durchlässige Schicht hoch liegend (Fall 2a) bzw. tief liegend (Fall 2b)

niger durchlässigen Schicht die Unterkante des Bruchkörpers mit der geringsten Sicherheit gegen hydraulischen Grundbruch. Die zugehörigen Standrohrspiegelhöhen bzw. Strömungsgradienten werden aus dem Potentialnetz ermittelt:

Für eine hoch liegende, gering durchlässige Schicht (Fall 2a) gilt in Bild E 113-3:

- Standrohrspiegelhöhe h_D in Punkt D (Unterkante der gering durchlässigen Schicht):
  $h_D = 7{,}00 - 11/15 \cdot 4{,}50 \text{ m} = 3{,}70 \text{ m} \ (= 2{,}50 + 4/15 \cdot 4{,}50 \text{ m})$
- mittleres hydraulisches Gefälle i in der gering durchlässigen Schicht:
  $i = \Delta h / \Delta l = (3{,}70 - 2{,}50)/2{,}00 = 0{,}60$
- Sicherheit:
  $i \cdot \gamma_w \cdot \gamma_H \leq \gamma' \cdot \gamma_{G,\,stb}$
  $0{,}6 \cdot 10 \cdot \gamma_H \leq 10 \cdot 0{,}95$

Bei günstigem Untergrund mit dem Teilsicherheitsbeiwert $\gamma_H = 1{,}35$ ist die Sicherheit gegenüber hydraulischem Grundbruch gegeben, nicht jedoch bei ungünstigem Untergrund mit $\gamma_H = 1{,}8$.

Für eine tief liegende, gering durchlässige Schicht (Fall 2b), in welche die Spundwand 1 m einbindet, gilt in Bild E 113-3:

- Standrohrspiegelhöhe h_D in Punkt D (Eckpunkt des untersuchten Bruchkörpers):
  $h_D = 7{,}00 - 12/15 \cdot 4{,}50$ m $= 3{,}40$ m $(= 2{,}50 + 3/15 \cdot 4{,}50$ m$)$
- Standrohrspiegelhöhe h_F am Wandfußpunkt:
  $h_F = 7{,}00 - 9/15 \cdot 4{,}50$ m $= 4{,}30$ m $(= 2{,}50 + 6/15 \cdot 4{,}50$ m$)$
- Charakteristischer Wert der Strömungskraft im durchströmten Bodenkörper mit der Breite von 3,0 m und einer Dicke von 1 m:
  $F'_{s,k} = [(3{,}4 - 2{,}5) + (4{,}3 - 2{,}5)]/2 \cdot 10 \cdot 3{,}0 = 40{,}50$ kN/m
- Der aus 2 Schichten (mit gleicher Wichte 10 kN/m^3) bestehende Bodenkörper hat ein Gewicht unter Auftrieb von:
  $G'_k = 10 \cdot 3{,}0 \cdot 1{,}0 + 10 \cdot 3{,}0 \cdot 6{,}0 = 210{,}0$ kN/m
- Mit den Teilsicherheitsbeiwerten nach DIN 1054 (Abschnitt 0) ist für die Bemessungssituation BS-P eine ausreichende Sicherheit gegen hydraulischen Grundbruch selbst bei ungünstigem Untergrund vorhanden:
  $F'_{s,k} \cdot \gamma_H \leq G'_k \cdot \gamma_{G,stb}$
  $40{,}50 \cdot 1{,}8 < 210 \cdot 0{,}95$
  $72{,}9 < 199{,}5$

Zur besseren Darstellbarkeit wurde in Bild E 113-3 ein relativ breiter Bruchkörper betrachtet. Üblicherweise ist in Anlehnung an die Vorgehensweise nach Terzaghi-Peck (Bild E 115-2, Abschnitt 3.1) die Breite des Bruchkörpers entsprechend der halben Einbindetiefe in die gering durchlässige Schicht (hier: 0,5 m) als ungünstigster Bruchkörper zu wählen.

4.7.7.3 Umströmung der Spundwand bei horizontaler Zuströmung

Bei horizontaler Zuströmung des Grundwassers (Bild E 113-4, Fall 3), Geländeoberkante und Grundwasser am rechten Modellrand auf Höhe NN + 7 m statt Oberflächenwasser) ist der rechte vertikale Modellrand eine Randpotentiallinie.

Der Verlauf der Strom- und Potentiallinien in Wandnähe wird sehr stark beeinflusst vom Abstand zwischen umströmter Wand und der Randpotentiallinie mit dem maximalen Wasserstand.

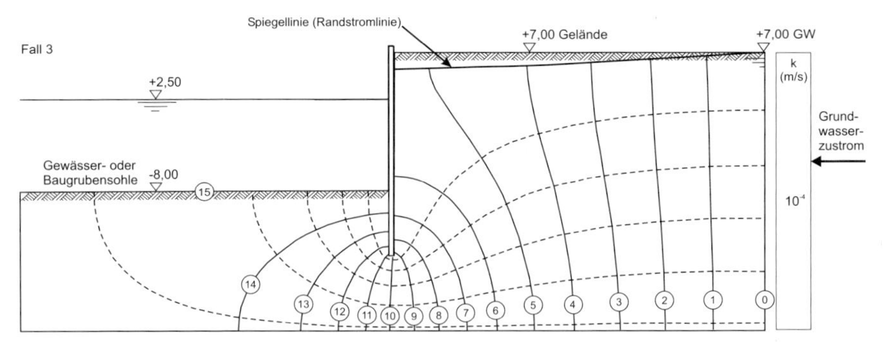

Bild E 113-4. Potentialnetz bei horizontaler Zuströmung (Fall 3)

4.8 Vorübergehende Sicherung von Ufereinfassungen durch Grundwasserabsenkung (E 166)

4.8.1 Allgemeines

Der Wasserüberdruck auf eine Ufereinfassung kann durch eine landseitige Grundwasserabsenkung abgemindert werden. Dadurch erhöht sich ihre Standsicherheit. Das kann zur vorübergehenden Gewährleistung der Standsicherheit von Uferwänden (Bauzustände) genutzt werden. So ist es möglich, ggf. erforderliche Ertüchtigungen einer Ufereinfassung zeitlich so zu planen, dass sie unter Berücksichtigung auch der Bedingungen des Hafenbetriebs möglichst wirtschaftlich ausgeführt werden können.

Vorab ist allerdings in jedem Fall zu untersuchen und sicherzustellen, dass das Bauwerk selbst oder Bauwerke im Einflussbereich der Grundwasserabsenkung durch die geplante Absenkung nicht gefährdet sind. In diesem Zusammenhang ist vor allem die mögliche Erhöhung der negativen Mantelreibung bei Pfahlgründungen zu berücksichtigen.

Durch eine Grundwasserabsenkung wird der Wasserüberdruck abgemindert, es kann sogar ein stützender Wasserdruck von der Wasserseite her erreicht werden. Zugleich werden die Massenkräfte im Erdwiderstandsbereich durch die Strömungskräfte erhöht.

Diesen positiven Einflüssen stehen einerseits eine Erhöhung des Erddrucks als Folge der größeren Massenkräfte durch Strömungsdruck und den Wegfall des Auftriebs im abgesenkten Bereich auf der Erddruckseite gegenüber, diese Auswirkungen der Grundwasserabsenkung haben allerdings einen wesentlich geringeren Einfluss auf die Standsicherheit der Uferwand als die Absenkung des Wasserüberdrucks.

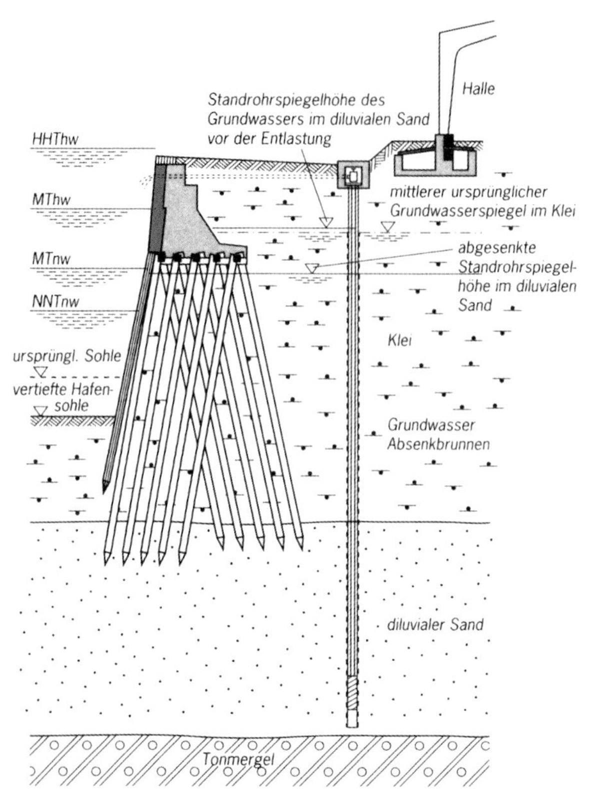

Bild E 166-1. Ausgeführtes Beispiel einer Kaimauersicherung durch Grundwasserabsenkung

4.8.2 Fall mit hoch anstehendem, weichem bindigen Boden

Steht ab Geländeoberkante auf großer Tiefe wenig durchlässiger weicher Boden an, der von gut durchlässigem, nichtbindigem Boden unterlagert wird (Bild E 166-1), ist der Boden für die Zusatzmassekräfte aus dem entfallenden Auftrieb für die Absenktiefe Δh zunächst nicht konsolidiert. Da in diesem Stadium für die Zusatzmassenkräfte der Erddruckbeiwert $K_{ag} = 1$ anzusetzen ist und bei bindigem Boden $\gamma - \gamma' \approx \gamma_w$ ist, wird der Zusatzerddruck zu Beginn der Konsolidierung in Höhe des abgesenkten Grundwasserspiegels ohne nennenswerte Wasserzufuhr von oben

$$\Delta e_{ah} = \Delta h \cdot \gamma_w \cdot 1.$$

Der verminderte Wasserüberdruck wird also zu Beginn durch den vergrößerten Erddruck im weichen bindigen Boden kompensiert. Mit zunehmender und schließlich abgeschlossener Konsolidierung sinkt aber auch hier der Zusatzerddruck auf den Wert

$$\Delta e_a = \Delta h \cdot \gamma_w \cdot K_{ag} \cdot \cos \delta_a$$

Auf der Erdwiderstandsseite wirkt sich eine durch die Grundwasserabsenkung bedingte Vergrößerung der Wasserauflast vor allem im nichtbindigen Boden günstig aus (Bild E 166-1). Im darüber liegenden bindigen Boden muss auch der Konsolidierungszustand entsprechend berücksichtigt werden.

4.8.3 Fall nach Abschnitt 4.8.2, aber mit stark wasserführender Schicht oben

Ist abweichend von Bild E 166-1 über dem weichen bindigen Boden hinter der Ufereinfassung eine stark wasserführende nichtbindige Schicht vorhanden, wird durch die Grundwasserabsenkung im darunter liegenden einheitlichen bindigen Boden eine vorwiegend vertikale Potentialströmung zur unteren durchlässigen Schicht hin ausgelöst. Dabei ist für den Wasserdruck in Oberkante der bindigen Schicht der Standrohrspiegel des Wassers in der oben liegenden, stark durchlässigen Schicht und für den Wasserdruck in Unterkante der bindigen Schicht die der Grundwasserabsenkung entsprechende Standrohrspiegelhöhe des Grundwassers in der unteren nichtbindigen Schicht maßgebend. Die Veränderungen von Erddruck und Erdwiderstand richten sich nach den jeweiligen Strömungsverhältnissen bzw. der Wasserauflast, wobei auch hier die Konsolidierungszustände sinngemäß nach Abschnitt 4.8.2 berücksichtigt werden müssen.

4.8.4 Berücksichtigung von Zwischenzuständen

Die Auswirkung einer Grundwasserabsenkung auf die Standsicherheit von Uferwänden ist für den Endzustand gesichert, im Anfangszustand aber stark abhängig von den Bodenverhältnissen. Bei der vorübergehenden Sicherung von Uferwänden durch eine Grundwasserabsenkung müssen also der Anfangszustand und alle Zwischenzustände sorgfältig überlegt und analysiert werden.

5 Schiffsabmessungen und Belastungen der Ufereinfassungen

5.1 Schiffsabmessungen (E 39)

5.1.1 Seeschiffe

Bei der Berechnung und Bemessung von Ufereinfassungen und von Fenderungen und Dalben kann mit den in den Tabellen E 39-1.2 bis E 39-1.11 beschriebenen beispielhaften mittleren Schiffsabmessungen gerechnet werden. Zu berücksichtigen ist dabei, dass es sich um mittlere Werte handelt, deren Größe um bis zu 10 % über- oder unterschritten werden kann. Die Werte wurden aus dem Lloyds Register of Ships, April 2001 sowie weiteren unveröffentlichten Auswertungen aus Japan und Bremen weitgehend statistisch ermittelt und basieren daher auf einer sehr umfangreichen Datengrundlage.

Definitionen der gebräuchlichen Angaben zu Schiffsgrößen:

- Die Schiffsvermessung erfolgt auf der Grundlage der Brutto-Raumzahl (BRZ), einer dimensionslosen Größe, englisch GRT (Gross Register Tonnage). Diese ist aus dem Gesamtvolumen des Schiffes abgeleitet. Die früher übliche Messeinheit Brutto-Registertonne (BRT; eine Registertonne entsprach 100 cubic feet, d. h. 2,83 m^3) ist entsprechend einer internationalen Vereinbarung seit dem Jahr 1994 nicht mehr zugelassen.
- Die Tragfähigkeit (dwt, dead weight tonnage) wird in metrischen Tonnen angegeben und gibt die maximale Ladekapazität eines vollausgerüsteten, betriebsfertigen Schiffes an. Es besteht kein mathematischer Zusammenhang zwischen der Tragfähigkeit und der Schiffsvermessung.
- Die Wasserverdrängung gibt das tatsächliche Gewicht des Schiffes einschließlich der maximalen Zuladung in metrischen Tonnen an.
- Es besteht kein mathematischer Zusammenhang zwischen der Wasserverdrängung und der Tragfähigkeit und/oder der Schiffsvermessung.
- Containerschiffe werden oftmals nach ihrer Stellplatzkapazität beurteilt, die in Stück TEU (Twenty feet Equivalent Unit) angegeben wird. Ein TEU ist die kleinste vorhandene Containerlänge mit 20 feet Länge, entsprechend 6,10 m.

Empfehlungen des Arbeitsausschusses „Ufereinfassungen" – EA „Ufereinfassungen", 11. Auflage.
Herausgegeben vom Arbeitsausschuss „Ufereinfassungen" der Hafentechnischen Gesellschaft e.V. und der Deutschen Gesellschaft für Geotechnik e.V.

5.1.1.1 Fahrgastschiffe

Tabelle E 39-1.1. Fahrgastschiffe

Schiffs-vermessung	Trag-fähigkeit	Wasser-verdrän-gung *G*	Länge über alles	Länge zwischen den Loten	Breite	max. Tiefgang
BRZ	dwt	t	m	m	m	m
70.000	–	37.600	260	220	33,1	7,6
50.000	–	27.900	231	197	30,5	7,6
30.000	–	17.700	194	166	26,8	7,6
20.000	–	12.300	169	146	24,2	7,6
15.000	–	9.500	153	132	22,5	5,6
10.000	–	6.600	133	116	20,4	4,8
7.000	–	4.830	117	103	18,6	4,1
5.000	–	3.580	104	92	17,1	3,6
3.000	–	2.270	87	78	15,1	3,0
2.000	–	1.580	76	68	13,6	2,5
1.000	–	850	60	54	11,4	1,9

5.1.1.2 Massengutfrachter

Tabelle E 39-1.2. Massengutfrachter

Schiffs-vermessung	Trag-fähigkeit	Wasser-verdrän-gung *G*	Länge über alles	Länge zwischen den Loten	Breite	max. Tiefgang
	dwt	t	m	m	m	m
–	250.000	273.000	322	314	50,4	19,4
–	200.000	221.000	303	294	47,1	18,2
–	150.000	168.000	279	270	43,0	16,7
–	100.000	115.000	248	239	37,9	14,8
–	70.000	81.900	224	215	32,3	13,3
–	50.000	59.600	204	194	32,3	12,0
–	30.000	36.700	176	167	26,1	10,3
–	20.000	25.000	157	148	23,0	9,2
–	15.000	19.100	145	135	21,0	8,4
–	10.000	13.000	129	120	18,5	7,5

Gelegentlich werden Bezeichnungen für Massengutschiffe gewählt, die sich an Fahrtgebieten o. Ä. orientieren. Die entsprechenden Größen sind wie folgt:

bis 20.000 dwt	Small Bulker
20.000 – 40.000 dwt	Handysize Bulker
40.000 – 60.000 dwt	Handymax Bulker
60.000 – 100.000 dwt	Panmax Bulker
über 100.000 dwt	Capesize Bulker

5.1.1.3 Stückgutfrachter (General Cargo)

Bei den Stückgutfrachtern zeichnet sich ein Trend zu größeren Einheiten nicht ab. Im Bedarfsfall können die Maßangaben nach Abschnitt 5.1.1.2 sinngemäß verwendet werden.

In zunehmender Zahl sind Spezialschiffe in Fahrt, die speziell für Schwergutbeförderung ausgelegt sind.

Tabelle E 39-1.3. Stückgutfrachter (General Cargo)

Schiffs-vermessung	Trag fähigkeit	Wasser-verdrän-gung *G*	Länge über alles	Länge zwischen den Loten	Breite	max. Tiefgang
	dwt	t	m	m	m	m
–	40.000	51.100	197	186	28,6	12,0
–	30.000	39.000	181	170	26,4	10,9
–	20.000	26.600	159	149	23,6	9,6
–	15.000	20.300	146	136	21,8	8,7
–	10.000	13.900	128	120	19,5	7,6
–	7.000	9.900	115	107	17,6	6,8
–	5.000	7.210	104	96	16,0	6,1
–	3.000	4.460	88	82	13,9	5,1
–	2.000	3.040	78	72	12,4	4,5
–	1.000	1.580	63	58	10,3	3,6

5.1.1.4 Containerschiffe

Die Breite der Containerschiffe ergibt sich jeweils aus der Anzahl der Reihen an Containern, die an Deck maximal nebeneinander stehen können.

Die Größe der Containerschiffe unterliegt einer sehr dynamischen Entwicklung. Ein Endpunkt der Entwicklung ist kaum abzusehen. Eine Orientierung ist eventuell an den bisher größten Tankern und Massengutschiffen möglich, die Breiten bis 70 m und Tiefgänge bis 24 m erreicht haben. Planungsdaten sind daher sorgfältig zu ermitteln.

Tabelle E 39-1.4. Containerschiffe

Trag-fähigkeit	Wasser-verdrän-gung *G*	Länge über alles	Länge zwischen den Loten	Breite	max. Tiefgang	Anzahl Container	Gene-ration
dwt	t	m	m	m	m	TEU	
160.000	208.000	397	379	56,4	16,0	13.700	
150.000	195.300	386	369	51,0	15,5	12.900	
140.000	182.700	376	359	48,4	15,5	12.000	
130.000	170.000	365	348	45,6	15,0	11.100	

Tabelle E 39-1.4. Fortsetzung

Trag-fähigkeit	Wasser-verdrän-gung *G*	Länge über alles	Länge zwischen den Loten	Breite	max. Tiefgang	Anzahl Container	Gene-ration
dwt	t	m	m	m	m	TEU	
120.000	157.400	353	337	45,6	15,0	10.200	
110.000	144.700	342	324	42,8	14,5	9.400	
100.000	133.000	329	312	42,8	14,5	8.500	6.
90.000	120.000	315	300	42,8	14,5	7.600	6.
80.000	107.000	300	284	40,3	14,5	6.500	5.
70.000	93.600	285	270	40,3	14,0	5.400	5.
60.000	80.400	268	254	32,3	13,4	4.400	4.
50.000	67.200	250	237	32,3	12,6	3.700	3.
40.000	53.900	230	217	32,3	11,8	2.900	3.
30.000	40.700	206	194	30,2	10,8	2.100	2.
25.000	34.100	192	181	28,8	10,2	1.700	2.
20.000	27.500	177	165	25,4	9,5	1.300	2.
15.000	20.900	158	148	23,3	8,7	1.000	1.
10.000	14.200	135	126	20,8	7,6	600	1.
7.000	10.300	118	109	20,1	6,8	400	1.

5.1.1.5 Fährschiffe

Die Abmessungen der Fährschiffe sind stark abhängig vom Einsatzgebiet und vom Einsatzzweck. Die nachfolgend angegebenen Abmessungen sollten daher nur für Voruntersuchungen verwendet werden.

Tabelle E 39-1.5. Fährschiffe

Trag-fähigkeit	Wasser-verdrängung *G*	Länge über alles	Länge zwischen den Loten	Breite	max. Tiefgang
t	dwt	m	m	m	m
30.300	40.000	223	209	31,9	8,0
22.800	30.000	201	188	29,7	7,4
15.300	20.000	174	162	26,8	6,5
11.600	15.000	157	145	25,0	6,0
7.800	10.000	135	125	22,6	5,3
5.500	7.000	119	110	20,6	4,8
3.900	5.000	106	97	19,0	4,3
2.390	3.000	88	80	16,7	3,7
1.600	2.000	76	69	15,1	3,3
810	1.000	59	54	12,7	2,7

5.1.1.6 Ro-Ro-Schiffe

Tabelle E 39-1.6. Ro-Ro-Schiffe

Tragfähigkeit	Wasserverdrängung *G*	Länge über alles	Länge zwischen den Loten	Breite	max. Tiefgang
dwt	t	m	m	m	m
30.000	45.600	229	211	30,3	11,3
20.000	31.300	198	182	27,4	9,7
15.000	24.000	178	163	25,6	8,7
10.000	16.500	153	141	23,1	7,5
7.000	11.900	135	123	21,2	6,6
5.000	8.710	119	109	19,5	5,8
3.000	5.430	99	90	17,2	4,8
2.000	3.730	85	78	15,6	4,1
1.000	1.970	66	60	13,2	3,2

5.1.1.7 Öltanker

Tabelle E 39-1.7. Öltanker

Tragfähigkeit	Wasserverdrängung *G*	Länge über alles	Länge zwischen den Loten	Breite	max. Tiefgang
dwt	t	m	m	m	m
300.000	337.000	354	342	57,0	20,1
200.000	229.000	311	300	50,3	17,9
150.000	174.000	284	273	46,0	16,4
100.000	118.000	250	240	40,6	14,6
50.000	60.800	201	192	32,3	11,9
20.000	25.300	151	143	24,6	9,1
10.000	13.100	121	114	19,9	7,5
5.000	6.740	97	91	16,0	6,1
2.000	2.810	73	68	12,1	4,7

5.1.1.8 LNG- Gastanker

Tabelle E 39-1.8. LNG-Gastanker

Tragfähigkeit	Kapazität	Wasserverdrängung *G*	Länge über alles	Länge zwischen den Loten	Breite	max. Tiefgang
dwt	m^3	t	m	m	m	m
100.000	155.000	125.000	305	294	50,0	12,5
70.000	110.000	100.000	280	269	45,0	11,5
50.000	77.000	75.000	255	245	38,0	10,5
20.000	30.500	34.000	195	185	30,0	8,5
10.000	15.000	19.000	148	135	26,0	7,0

5.1.1.9 LPG-Gastanker

Tabelle E 39-1.9. LPG-Gastanker

Tragfähigkeit	Kapazität	Wasserverdrängung *G*	Länge über alles	Länge zwischen den Loten	Breite	max. Tiefgang
dwt	m^3	t	m	m	m	m
70.000	105.000	90.000	260	250	38,0	14,0
50.000	65.000	65.000	230	220	35,0	13,0
20.000	20.000	27.000	170	160	25,0	10,5
10.000	10.000	15.000	130	120	21,0	9,0
5.000	5.000	8.000	110	100	18,0	6,8
2.000	2.000	3.500	90	75	13,0	5,5

5.1.2 Fluss-See-Schiffe

Tabelle E 39-1.10. Fluss-See-Schiffe

Schiffsvermessung	Tragfähigkeit	Wasserverdrängung *G*	Länge über alles	Breite	max. Tiefgang
BRZ	dwt	t	m	m	m
999	3.200	3.700	94,0	12,8	4,2
499	1.795	2.600	81,0	11,3	3,6
299	1.100	1.500	69,0	9,5	3,0

5.1.3 Binnenschiffe

Tabelle E 39-1.11. Binnenschiffe

Schiffsbenennung	Tragfähigkeit	Wasserverdrängung *G*	Länge	Breite	Tiefgang
	t	t	m	m	m
Motorgüterschiffe:					
Großes Rheinschiff	4.500	5.200	135,0	17,2	4,5
2.600-Tonnen-Klasse	2.600	2.950	110,0	11,4	2,7
Rheinschiff	2.000	2.385	95,0	11,4	2,7
Europaschiff	1.350	1.650	80,0	9,5	2,5
Dortmund-Ems-Kanal-Schiff	1.000	1.235	67,0	8,2	2,5
Groß-Kanal-Maß-Schiff	950	1.150	82,0	9,5	2,0
Groß-Plauer-Maß-Schiff	700	840	67,0	8,2	2,0
BM-500-Schiff	650	780	55,0	8,0	1,8
Kempenaar	600	765	50,0	6,6	2,5
Prahm	415	505	32,5	8,2	2,0
Peniche	300	405	38,5	5,0	2,2
Groß-Saale-Maß-Schiff	300	400	52,0	6,6	2,0

Tabelle E 39-1.11. Fortsetzung

Schiffsbenennung	Trag-fähigkeit	Wasser-verdrängung *G*	Länge	Breite	Tiefgang
	t	t	m	m	m
Groß-Finow-Maß-Schiff	250	300	41,5	5,1	1,8
Schubleichter:					
Europa IIa	2.940	3.275	76,5	11,4	4,0
	1.520	1.885			2,5
Europa II	2.520	2.835	76,5	11,4	3,5
	1.660	1.990			2,5
Europa I	1.880	2.110	70,0	9,5	3,5
	1.240	1.480			2,5
Trägerschiffsleichter:					
Seabee	860	1.020	29,7	10,7	3,2
Lash	376	488	18,8	9,5	2,7
Schubverbände:					
mit 1 Leichter Europa IIa	2.940	3.520 [1)]	110,0	11,4	4,0
	1.520	2.130 [1)]			2,5
mit 2 Leichtern Europa IIa	5.880	6.795 [1)]	185,0	11,4	4,0
			110,0	22,8	4,0
	3.040	4.015 [1)]			2,5
mit 4 Leichtern Europa IIa	11.760	13.640 [2)]	185,0	22,8	4,0
	6.080	8.080 [2)]			2,5

[1)] Schubboot 1.480 kW; ca. 245 t Wasserverdrängung
[2)] Schubboot 2.963–3.333 kW; ca. 540 t Wasserverdrängung

Nach ECE-Resolution Nr. 30 v. 12. 11. 1992 – TRANS/SC 3/R.153 – gilt für europäische Wasserstraßen die Klassifizierung gemäß Tabelle E 39-3.2.

Tabelle E 39-3.2. Klassifizierung für europäische Binnenwasserstraßen

Typ der Binnenwasserstraße		Klasse der Binnenwasserstraße	Motorschiffe und Schleppkähne Typ des Schiffes: allgemeine Merkmale					Schubverbände Art des Schubverbandes: allgemeine Merkmale					Brückendurchfahrtshöhe	graphisches Symbol auf der Karte
			Bezeichnung	max. Länge L [m]	max. Breite B [m]	Tiefgang d [m][7)]	Tonnage T [t]	Formation	Länge L [m]	Breite B [m]	Tiefgang d [m][7)]	Tonnage T [t]	[m][2)]	
1		2	3	4	5	6	7	8	9	10	11	12	13	14
von regionaler Bedeutung	westlich der Elbe	I	Penische	38,5	5,05	1,8–2,2	250–400						4,0	
		II	Kempenaar	50–55	6,6	2,5	400–650						4,0–5,0	
	östlich der Elbe	I	Gross Finow	41	4,7	1,4	180						3,0	
		II	BM-500	57	7,5–9,0	1,6	500–630						3,0	
		III	[6)]	67–70	8,2–9,0	1,6–2,0	470–700		118–132[1)]	8,2–9,0[1)]	1,6–2,0	1.000–1.200	4,0	
von internationaler Bedeutung		IV	Johann Welker	80–85	9,50	2,50	1.000–1.500		85	9,50[5)]	2,50–2,80	1.250–1.450	5,25 od. 7,00[4)]	
		Va	Große Rheinschiffe	95–110	11,40	2,50–2,80	1.500–3.000		96–110[1)]	11,40	2,50–4,50	1.600–3.000	5,25 od. 7,00 od. 9,10[4)]	
		Vb							172–185[1)]	11,40	2,50–4,50	3.200–6.000		
		VIa							95–110[1)]	22,80	2,50–4,50	3.200–6.000	7,00 od. 9,10[4)]	
		VIb	[3)]	140	15,00	3,90			185–195[1)]	22,80	2,50–4,50	6.400–12.000	7,00 od. 9,10[4)]	
		VIc							270–280[1)] 195–200[1)]	22,80 33,00–34,20[1)]	2,50–4,50 2,50–4,50	9.600–18.000 9.600–18.000	9,10[4)]	
		VII[8)]							285	33,00–34,20[1)]	2,50–4,50	14.500–27.000	9,10[4)]	

Fußnoten zur Klassifizierungstabelle:

[1)] Die erste Zahl berücksichtigt die bestehende Situation, während die zweite sowohl zukünftige Entwicklungen als auch – in einigen Fällen – die bestehende Situation darstellt.

[2)] Berücksichtigt einen Sicherheitsabstand von etwa 30 cm zwischen dem höchsten Fixpunkt des Schiffes oder seiner Ladung und einer Brücke.

[3)] Berücksichtigt die Abmessungen von Fahrzeugen mit Eigenantrieb, die im Ro-Ro- und Containerverkehr erwartet werden. Die angegebenen Abmessungen sind annähernde Werte.

[4)] Für die Beförderung von Containern ausgelegt:5,25 m für Schiffe, die zwei Lagen Container befördern,7,00 m für Schiffe, die drei Lagen Container befördern,9,10 m für Schiffe, die vier Lagen Container befördern.50 % der Container können leer sein, sonst Ballastierung erforderlich.

[5)] Einige vorhandene Wasserstraßen können aufgrund der größten zulässigen Länge von Schiffen und Verbänden der Klasse IV zugeordnet werden, obwohl die größte Breite 11,40 m und der größte Tiefgang 4,00 m beträgt.

[6)] Schiffe, die im Gebiet der Oder und auf den Wasserstraßen zwischen Oder und Elbe eingesetzt werden.

[7)] Der Tiefgangswert für eine bestimmte Bundeswasserstraße ist entsprechend den örtlichen Bedingungen festzulegen.

[8)] Auf einigen Abschnitten von Wasserstraßen der Klasse VII können auch Schubverbände eingesetzt werden, die aus einer größeren Anzahl von Leichtern bestehen. In diesem Fall können die horizontalen Abmessungen die in der Tabelle angegebenen Werte übersteigen.

5.1.4 Wasserverdrängung

Die Wasserverdrängung G [t] wird als das Produkt aus Länge zwischen den Loten, Breite, Tiefgang, Völligkeitsgrad c_B und Dichte ρ_w [t/m^3] des Wassers ermittelt. Der Völligkeitsgrad wechselt bei Seeschiffen etwa zwischen 0,50 und 0,90, bei Binnenschiffen etwa zwischen 0,80 und 0,90 und bei Schubleichtern zwischen 0,90 und 0,93.

5.2 Ansatz des Anlegedrucks von Schiffen an Uferwänden (E 38)

In der Entwurfsbearbeitung brauchen keine außergewöhnlichen Havariestöße, sondern nur die üblichen Anlegedrücke berücksichtigt zu werden. Die Größe dieser Anlegedrücke richtet sich nach den Schiffsabmessungen, der Anlegegeschwindigkeit, der Fenderung und der Verformung von Schiffswand und Bauwerk.

Um den Uferwänden eine ausreichende Belastbarkeit gegen normale Anlegedrücke zu geben, andererseits aber unnötig große Abmessungen zu vermeiden, wird empfohlen, die durch Anlegemanöver betroffenen Bauteile so zu bemessen, dass dort an jeder Stelle eine Einzeldruckkraft in der Größe des maßgebenden Trossenzuges, und zwar bei Kaimauern in Seehäfen nach E 12, Abschnitt 5.12.2 mit den Werten der Tabelle E 12-1, in Binnenhäfen nach E 102, Abschnitt 5.13.2 mit 200 kN, angreifen kann, ohne dass die Gesamtbeanspruchungen die zulässigen Grenzen übersteigen.

Die Einzellast kann entsprechend der Fenderung verteilt werden; ohne Fenderung wird eine Verteilung auf eine quadratische Fläche mit 0,50 m Seitenlänge empfohlen. Bei Uferspundwänden ohne massive Aufbauten brauchen nur die Gurte und die Gurtbolzen für diese Druckkraft bemessen zu werden.

Die Anlegedrücke bei Dalben sind in E 128, Abschnitt 13.3 behandelt.

Falls das Versagen des Uferbauwerks infolge einer Havarie (z. B. Schiffsstoß) zu besonderen Risiken, z. B. auch für eine unmittelbar dahinter liegende sonstige bauliche Anlage führt, sind im Einzelfall weitergehende Überlegungen anzustellen und die zu treffenden Maßnahmen zwischen Planer, Bauherr und Genehmigungsbehörden abzustimmen.

5.3 Anlegegeschwindigkeiten von Schiffen quer zum Liegeplatz (E 40)

Beim Anfahren von Schiffen quer zu einem Liegeplatz wird empfohlen, bei der Bemessung entsprechender Fenderkonstruktionen die Anlegegeschwindigkeiten in Bild E 40-1 und E 40-2 zu berücksichtigen, die der spanischen ROM (ROM, 1990) entsprechen.

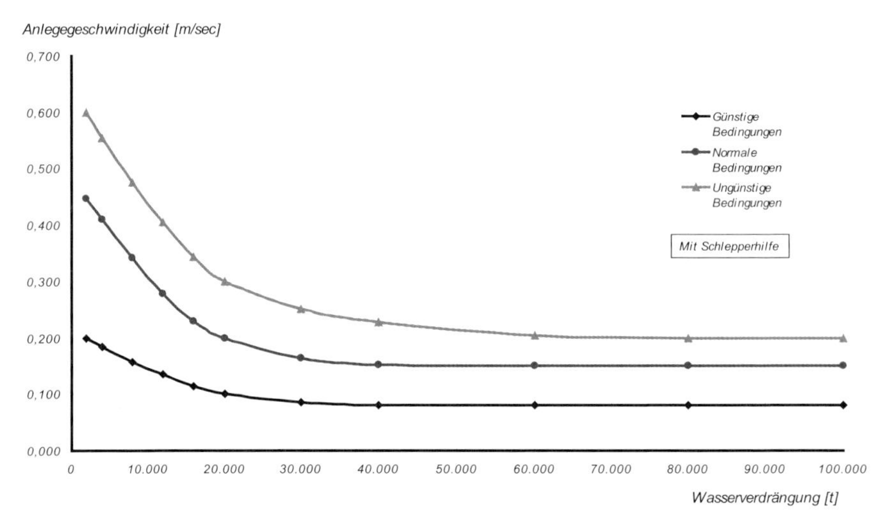

Bild E 40-1. Anlegegeschwindigkeiten mit Schlepperhilfe

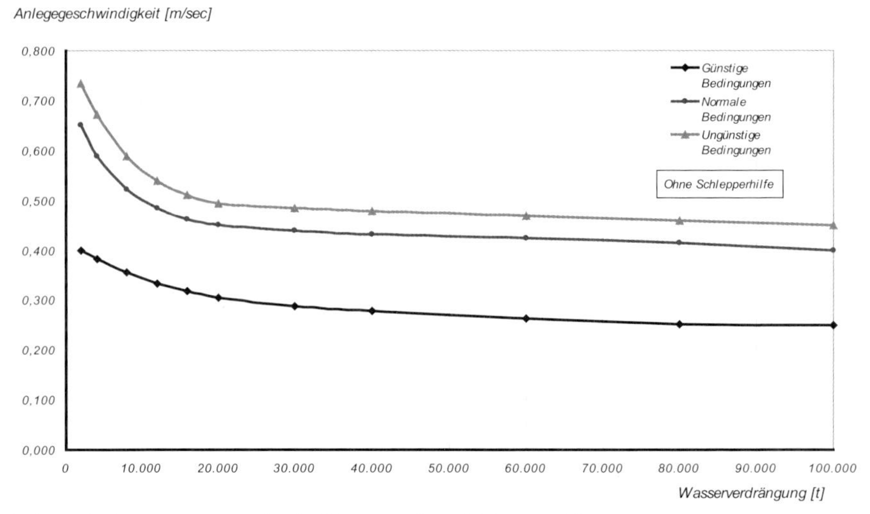

Bild E 40-2. Anlegegeschwindigkeiten ohne Schlepperhilfe

Für Binnenschiffe bis 1.500 t Wasserverdrängung kann etwa von den Anlegegeschwindigkeiten in Tabelle E 40-3 quer zum Liegeplatz ausgegangen werden, die DIN EN 14504 (DIN 14504, 2004) entnommen sind.

Tabelle E 40-3. Anlegegeschwindigkeiten der Binnenschiffe

Masse des Schiffes t	Anlegegeschwindigkeit m/s
100	0,29
200	0,28
500	0,26
1.000	0,23
1.500	0,21
2.000	0,19
3.000	0,16
4.000	0,14
≥ 5.000	0,13

5.4 Bemessungssituationen (E 18)

Für den Nachweis der Standsicherheit und die Zuordnung der Teilsicherheitsbeiwerte werden in DIN 1054, Abs. 6.3.3. Lastfälle definiert. Diese ergeben sich aus den Einwirkungskombinationen in Verbindung mit den Sicherheitsklassen bei den Widerständen. Für Ufereinfassungen gelten dabei folgende Einstufungen.

5.4.1 Bemessungssituation (BS-P)

Belastungen aus Erddruck (bei nichtkonsolidierten, bindigen Böden getrennt für den Anfangs- und Endzustand) und aus Wasserüberdruck bei häufig auftretenden ungünstigen Außen- und Innenwasserständen (vgl. E 19, Abschnitt 4.2), Erddruckeinflüsse aus den normalen Nutzlasten, aus normalen Kranlasten und Pfahllasten, unmittelbar einwirkende Auflasten aus Eigengewicht und normaler Nutzlast.

5.4.2 Bemessungssituation (BS-T)

Wie Bemessungssituation BS-P, jedoch mit begrenzter Kolkbildung durch Strömung oder Schiffsschrauben, soweit gleichzeitig möglich, mit Wasserüberdruck bei selten auftretenden ungünstigen Außen- und Innenwasserständen (vgl. E 19, Abschnitt 4.2), Wasserüberdruck bei regelmäßig zu erwartender Überflutung der Ufereinfassung, mit dem Sogeinfluss vorbeifahrender Schiffe, mit Belastung und Erddruck aus außergewöhnlichen örtlichen Auflasten; Kombination von Erd- und Wasserdrücken mit Wellenlasten aus häufig auftretenden Wellen (vgl. E 136, Abschnitt 5.6.4); Kombinationen von Erd- und Wasserüberdrücken mit kurzfristigen horizontalen Zug-, Druck- und Stoßlasten wie Pollerzug, Fenderdruck bzw. Kranseitenstoß, Lasten aus vorübergehenden Bauzuständen.

5.4.3 Bemessungssituation (BS-A)

Wie Bemessungssituation BS-T, jedoch mit außergewöhnlichen Bemessungssituationen wie außerplanmäßigen Auflasten auf größerer Fläche, eine ungewöhnlich große Abflachung einer Unterwasserböschung vor einem Spundwandfuß, eine ungewöhnliche Kolkbildung durch Strömung oder Schiffsschrauben, Wasserüberdrücke nach extremen Wasserständen (vgl. E 19, Abschnitt 4.2 bzw. E 165, Abschnitt 4.9) Wasserüberdruck nach einer außergewöhnlichen Überflutung der Ufereinfassung, Kombinationen von Erd- und Wasserdrücken mit Wellenlasten aus selten auftretenden Wellen (vgl. E 136, Abschnitt 5.6.4); Kombination von Erd- und Wasserdrücken mit Treibgutstoß gemäß Abschnitt 4.9.5, alle Lastkombinationen in Verbindung mit Eisgang bzw. Eisdruck.

5.4.4 Extremfall

Beim Zusammentreffen äußerst unwahrscheinlicher Einwirkungskombinationen kann von der nach DIN EN 1997-1, Abschnitt 2.4.6 gegebenen Möglichkeit, Kombinationsbeiwerte anzusetzen, Gebrauch gemacht und die veränderlichen Einwirkungen als repräsentativer Wert angesetzt werden.

Es ist die Bemessungssituation BS-A zugrunde zu legen. Die größte veränderliche Leiteinwirkung ist mit dem Kombinationsbeiwert $\psi = 1$ anzusetzen, die weiteren mit dem Kombinationsbeiwert $\psi_2 = 0{,}5$.

Beispiele hierfür sind das Zusammentreffen extremer Wasserstände bei gleichzeitigen extremen Wellenlasten aus Sturzbrechern gemäß E 135 Abschnitt 5.7.3, extreme Wasserstände bei gleichzeitigem restlosen Ausfall einer Entwässerung/Dränage (vgl. E 165, Abschnitt 4.9.2), Kombinationen aus drei gleichzeitig wirkenden kurzfristigen Ereignissen, wie z. B. Hochwasser (HHThw, vgl. E 165, Abschnitt 4.9.2), selten auftretenden Wellen (vgl. E 136, Abschnitt 5.6.4) und Treibgutstoß (vgl. E 165, Abschnitt 4.9.5).

5.5 Lotrechte Nutzlasten (E 5)

In diesem Abschnitt sind alle quantitativen Lastangaben (Einwirkungen) charakteristische Werte.

5.5.1 Allgemeines

Lotrechte Nutzlasten (veränderliche Lasten im Sinne von (DIN EN 1991-1) sind im Wesentlichen Belastungen aus Lagergut und Verkehrsmitteln. Die Lasteinflüsse schienen- oder straßengebundener ortsveränderlicher Krane müssen gesondert berücksichtigt werden, sofern sie sich auf das Uferbauwerk auswirken. Letzteres ist bei Ufereinfassungen in Binnenhäfen im Allgemeinen nur an solchen Uferstrecken der Fall, die ausdrücklich für Schwerlastverladung mit ortsveränderlichen Kranen vorgesehen sind. In Seehäfen werden neben den schienengebundenen Kaikranen zunehmend Mobilkrane für den allgemeinen Umschlag – also nicht nur für Schwerlasten – eingesetzt.

Für die dynamischen Einflüsse der Belastungen sind drei verschiedene Grundfälle (Tabelle E 5-1) zu unterscheiden:

- Im Grundfall 1 werden die Tragglieder der Bauwerke unmittelbar durch die Verkehrsmittel befahren und/oder durch die Stapellasten belastet, z. B. bei Pierbrücken (Tabelle E 5-1a).
- Im Grundfall 2 belasten die Verkehrsmittel und die Stapellasten eine mehr oder weniger hohe Bettungsschicht, die die Lasten entsprechend verteilt an die Tragglieder des Uferbauwerks weitergibt. Diese Ausbildungsform wird beispielsweise bei überbauten Böschungen mit lastverteilender Bettungsschicht auf der Pierplatte angewendet (Tabelle E 5-1b).
- Im Grundfall 3 belasten die Verkehrsmittel und die Stapellasten nur den Erdkörper hinter der Ufereinfassung, die aus den Nutzlasten demnach nur mittelbar über einen erhöhten Erddruck zusätzlich belastet wird. Kennzeichnend hierfür sind reine Uferspundwände oder teilgeböschte Ufer (Tabelle E 5-1c).

Zwischen den drei Grundfällen gibt es auch Übergangsfälle, wie z. B. bei der Pfahlrostkonstruktion mit kurzer Rostplatte.

Wenn vollständige und zuverlässige Berechnungsgrundlagen zur Verfügung stehen, sollten die Nutzlasten in der im Normalfall zu erwartenden Größe angesetzt werden. Eventuell später erforderlich werdende Nutzlasterhöhungen lassen sich im Rahmen der zulässigen Grenzen umso eher aufnehmen, je höher der Eigenlastanteil und je besser die Lastverteilung im Bauwerk sind. Vorteile

Tabelle E 5-1. Lotrechte Nutzlasten (GRF = Grundfall)

Grundfall	Verkehrslasten[1]				Lagerflächen außerhalb des Verkehrsbandes
	Eisenbahn	Straßen			
		Fahrzeug	straßengebundene Krane	leichter Verkehr	
a) GRF 1	Lastannahmen nach RIL 804 bzw. DIN-Fachbericht 101 dynamischer Beiwert: Die 1,0 überschreitenden Anteile können auf die Hälfte verringert werden.	Lastannahmen nach DIN 1055 bzw. DIN-Fachbericht 101	Gabelstaplerlasten nach DIN 1055; Pratzenlasten für Mobilkrane gem. Abschnitt 5.5.5 und 5.14.3	5 kN/m²	Lasten nach der tatsächlich zu erwartenden Nutzung entsprechend Abschnitt 5.5.6.
b) GRF 2	Wie GRF 1, jedoch weitere Abminderung des dynamischen Beiwertes bis 1,0 bei Bettungshöhe h = 1,00 m. Bei Bettungshöhe $h \geq 1{,}50$ m gleichmäßig verteilte Flächenlast von 20 kN/m²				
c) GRF 3	Lasten wie bei GRF 2 mit einer Bettungshöhe von mehr als 1,50 m				

[1] Kranlasten sind nach E 84, Abschnitt 5.14.2 anzusetzen.

in dieser Hinsicht bieten Tragsysteme nach Grundfall 2 und besonders nach Grundfall 3.

Bezüglich der Zuordnung der jeweiligen Lasten zu den Lastfällen 1, 2 und 3 wird auf E 18, Abschnitt 5.4 verwiesen.

5.5.2 Grundfall 1

Die Verkehrslasten der Eisenbahn entsprechen dem Lastbild 71 in DIN Fachbericht 101. Für den Straßenverkehr sind die Lastannahmen nach DIN 1055 bzw. DIN-Fachbericht 101 anzusetzen. Dabei ist im Allgemeinen von Lastmodell 1 auszugehen. In den angegebenen dynamischen Beiwerten für Eisenbahnbrücken, mit denen die Verkehrslasten zu vervielfachen sind, können im Allgemeinen wegen der langsamen Befahrung die 1,0 überschreitenden Anteile auf die Hälfte verringert werden. Für Straßenbrücken ist in Lastmodell 1 bereits eine langsame Befahrung (Stausituation) vorausgesetzt und somit keine Reduktion zulässig. Bei Pierbrücken in Seehäfen sind Lasten aus Gabelstaplern gemäß DIN 1055 und Pratzendrücke für Mobilkrane von 1.950 kN mit einer Pratzengröße von 5,5 m x 1,3 m anzusetzen, sofern im Einzelfall nicht höhere Ansätze erforderlich sind (vgl. Tabellen E 84-1 und E 84-2, Abschnitt 5.14.3 und 5.5.5).

Außerhalb des Verkehrsbands sind die tatsächlich zu erwartenden Auflasten aus Lagergut anzusetzen, wegen späterer möglicher Nutzungsänderungen aber mindestens 20 kN/m² (vgl. Abschnitt 5.5.6). Wenn durch die Art der Anlage nur leichter Verkehr möglich bzw. zu erwarten ist, genügt eine Nutzlast von 5 kN/m².

5.5.3 Grundfall 2

Im Wesentlichen wie Grundfall 1. Die dynamischen Beiwerte für Eisenbahnbrücken können jedoch je nach Bettungshöhe linear weiter abgemindert und schließlich ganz außer Acht gelassen werden, wenn die Bettungshöhe mindestens 1,00 m – bei eingepflasterten Gleisen ab Schienenoberkante gerechnet – beträgt. Es ist aber eine feldweise Belastung zu berücksichtigen.

Ist die Bettungshöhe mindestens 1,50 m, kann die gesamte Verkehrslast aus Eisenbahn durch eine gleichmäßig verteilte Flächenlast von 20 kN/m² ersetzt werden.

5.5.4 Grundfall 3

Lasten wie bei Grundfall 2 mit einer Bettungshöhe von mehr als 1,50 m.

5.5.5 Lastansätze auf Kaiflächen

Bei Betrieb mit schweren straßengebundenen Kranen oder ähnlich schweren Fahrzeugen und schweren Baugeräten, wie Raupenbagger und dergleichen, die knapp hinter der Vorderkante des Uferbauwerks entlangfahren, ist für die Bemessung des Uferbauwerks einschließlich einer etwaigen oberen Verankerung mindestens anzusetzen:

a) Nutzlast = 60 kN/m² von Hinterkante Wandkopf landeinwärts auf 2,0 m Breite oder

b) Nutzlast = 40 kN/m² von Hinterkante Wandkopf landeinwärts auf 3,50 m Breite.

In a) und b) sind Einflüsse aus einer Pratzenlast $P = 500$ kN erfasst, sofern der Abstand zwischen Achse Uferbauwerk und Achse Pratze mindestens 2 m beträgt. Für höhere zu berücksichtigende Pratzenlasten siehe Abschnitte 5.5.2 und 5.14.3.

Außerhalb des Verkehrsbandes werden in Anlehnung an (PIANC, 1987) folgende Nutzlasten zugrunde gelegt, wobei für die Containerlasten 300 kN Bruttolast für 40′-Container und 240 kN für 20′-Container berücksichtigt sind.

- Stückgut — 20 kN/m²
- Container:
  - leer, in 4 Lagen gestapelt — 15 kN/m²
  - gefüllt, in 2 Lagen gestapelt — 35 kN/m²
  - gefüllt, in 4 Lagen gestapelt — 55 kN/m²
- Ro-Ro-Belastung — 30–50 kN/m²
- Mehrzweckanlagen — 50 kN/m²
- Offshore Nachschubbasen — in Abstimmung mit dem Betreiber
- Papier
- Holzprodukte
- Stahl
- Kohle
- Erz

(Papier, Holzprodukte, Stahl, Kohle, Erz: charakteristische Nennwerte der Wichten nach EC 1, abhängig von Stapel- und Schütthöhe.)

Weitere Angaben über Materialkennwerte von Schütt- und Stapelgut können auch den Tabellen der ROM 1990 (ROM 1990) entnommen werden.

Für die Erddruckberechnung auf Stützbauwerke können die unterschiedlichen Lasten im Verkehrs- und Containerbereich in der Regel zu einer durchschnittlichen Flächenlast von 30 bis 50 kN/m² zusammengefasst werden.

Erhebliche Lasten können an Anlagen auftreten, die dem Umschlag oder dem Nachschub von Offshore-Anlagen, z. B. beim Bau von Windenergieanlagen, dienen. Diese Lasten müssen in jedem Einzelfall mit dem Betreiber abgestimmt werden.

5.6 Ermittlung des „Bemessungsseegangs“ für See- und Hafenbauwerke (E 136)

5.6.1 Allgemeines

Die Wellenbelastung von See- und Hafenbauwerken resultiert im Wesentlichen aus dem winderzeugten Seegang, dessen Bedeutung für die Bemessung entsprechend der lokalen Randbedingungen zu überprüfen ist. Im Küstenbereich ist in der Regel nicht allein der örtlich generierte Seegang bemessungsrelevant, da geringe Wassertiefen und Windwirklängen den Wellenenergieeintrag begrenzen. Vielmehr ist der örtlich generierte Seegang (Windsee) in Kombination mit dem auf offener See außerhalb des Projektgebietes erzeugten und auf die Küste zu laufenden Seegang (Dünung) gemeinsam als maßgebend zu betrachten.

Die nachfolgenden Darstellungen beschränken sich auf grundlegende Prozesse und vereinfachte Ansätze zur Ermittlung hydraulischer Randbedingungen und Bauwerksbelastungen. Detaillierte Hinweise hierzu finden sich u. a. in den EAK (EAK, 2002).

Das Einschalten eines im Küsteningenieurwesen tätigen, erfahrenen Instituts oder Ingenieurbüros zur Ermittlung der Wellenverhältnisse im Planungsgebiet und der spezifischen Bauwerksbelastungen wird empfohlen. Vor der Ausführungsplanung ist die Notwendigkeit weitergehender physikalischer oder numerischer Untersuchungen genau zu prüfen.

5.6.2 Beschreibung des Seegangs

Der natürliche Seegang kann grundsätzlich als unregelmäßige zeitliche Abfolge von Wellen unterschiedlicher Höhe (oder Amplitude), Periode (oder Frequenz) und Richtung beschrieben werden und stellt eine zeitliche und räumliche Überlagerung (Superpositionsprinzip) verschiedener kurz- und langperiodischer Seegangskomponenten dar. Unter direktem Windeinfluss entsteht unregelmäßiger kurzperiodischer (kurzkämmiger) Seegang, der auch als Windsee bezeichnet wird. Langperiodischer unregelmäßiger Seegang entsteht durch die Überlagerung von Wellenkomponenten einheitlicher Richtung, bei der eine Sortierung der Wellen durch verschiedene Wechselwirkungen stattfindet und der Seegang nicht mehr dem direkten Windeinfluss ausgesetzt ist.

Der in einem Projektgebiet vorherrschende natürliche unregelmäßige Seegang setzt sich aus dem lokal auftretenden kurzperiodischen Seegang (Windsee) und dem langperiodischen Seegang (Dünung) zusammen, der außerhalb des Projektgebietes originär als Windsee entstanden ist.

In Hinblick auf die Berücksichtigung des tatsächlich vorhandenen und bemessungsrelevanten Seegangs als Belastungsgröße in bestehenden Bemessungsverfahren ist zunächst eine Parametrisierung des unregelmäßigen Seegangs erforderlich, da i. d. R. nur einzelne charakteristische Seegangsparameter (siehe Abschnitt 5.6.3) in den Berechnungen berücksichtigt werden können. Diese Parametrisierung des unregelmäßigen Seegangs kann sowohl

1. im Zeitbereich (direkte kurzzeitstatistische Auswertung der Zeitreihe) durch Ermittlung und Darstellung kennzeichnender Wellenparameter (Wellenhöhen und -perioden) als arithmetische Mittelwerte als auch
2. im Frequenzbereich (Fourier-Analyse) durch Ermittlung und Darstellung als Wellenspektrum, wobei der Energieinhalt des Seegangs als Funktion der Wellenfrequenz erfasst wird,

erfolgen (EAK, 2002). Durch die Parametrisierung des bemessungsrelevanten Seegangs gehen auswertungsbedingt die vollständigen Informationen über die Wellenzeitreihe, deren Statistik und das Wellenspektrum verloren.

Bei der Planung und Bemessung von See- und Hafenbauwerken sind in Abhängigkeit von der Lage des Projektgebietes die Ergebnisse der Seegangsuntersuchungen aus der Zeitbereichs- und Frequenzbereichsanalyse zu berücksichtigen. In den meisten Fällen ist die Parametrisierung des bemessungsrelevanten Seegangs und Charakterisierung durch einzelne Parameter der Wellenhöhe, -periode und -richtung i. d. R. ausreichend. Bei komplexen Wind- und Wellenverhältnissen und insbesondere in Flachwasserbereichen, in denen Wellenbrechen auftritt, kann es erforderlich sein, weitere lokale seegangscharakterisierende Parameter zu ermitteln, um die in die Bemessungsverfahren eingehenden Belastungsgrößen zuverlässig zu definieren (EAK, 2002).

5.6.3 Ermittlung der Seegangsparameter

5.6.3.1 Allgemeines

Seegangsparameter sind Kennwerte, die bestimmte Eigenschaften des zeitlich und örtlich veränderlichen unregelmäßigen Seegangs beschreiben und quantifizieren. Je nach Auswerteverfahren (vgl. Abschnitt 5.6.2) sind dies

1. im Zeitbereich Mittelwerte von einzelnen Parametern, wie Wellenhöhen oder -perioden oder deren Kombinationen, und
2. im Frequenzbereich markante Frequenzen oder integrale Größen aus der spektralen Dichte des Seegangsspektrums.

Die Wellenverhältnisse im Planungsgebiet müssen auf der Grundlage von Messungen oder Beobachtungen über einen ausreichend langen Zeitraum hinsichtlich der theoretischen Eintrittswahrscheinlichkeiten analysiert werden. Dazu sind je nach Aufgabenstellung die aus der kurzzeitstatistischen Analyse resultierenden signifikanten Wellenparameter, wie Wellenhöhen, -perioden und -anlaufrichtungen nach ihren jahreszeitlichen Häufigkeiten oder den langjährigen Maximalwerten zu ermitteln, um hieraus bemessungsrelevante Aussagen ableiten zu können. Liegen derartige Messungen nicht vor, müssen empirisch-theoretische oder numerische Methoden zur Ermittlung der Wellenparameter aus Winddaten Anwendung finden (Hindcasting), die an möglicherweise verfügbaren Wellenmesswerten zu verifizieren sind.

Die Parametrisierung des natürlichen Seegangs erfolgt auf der Grundlage, dass zwischen den Höhen einzelner in einer Messung erfassten Wellen eines natürlichen Seegangs statistische Zusammenhänge bestehen, die nach Longuet-Higgins (1952) unter der Voraussetzung eines engbandigen Wellenspektrums und einer Vielzahl verschiedener Wellen durch die Rayleigh-Verteilung beschrieben werden können, vgl. Abschnitt 3.7.4 in EAK (EAK, 2002) und CEM (CEM 2001).

Im Tiefwasser ($d \geq L/2$) stimmen auf Messdaten basierende Wellenhöhenverteilungen auch bei breitbandigeren Wellenspektren sehr gut mit der Rayleigh-Verteilung überein.

Im Flachwasser ($d \leq L/20$) kommt es aufgrund der auf die Wellen einwirkenden Flachwassereffekte (siehe Abschnitt 5.6.5) zu größeren Abweichungen zwischen der gemessenen Wellenhöhenverteilung und der theoretischen Rayleigh-Verteilung. Das Wellenspektrum im Flachwasserbereich ist nicht mehr schmalbandig, und die zugehörige Wellenhöhenverteilung kann von der Rayleigh-Verteilung aufgrund des auftretenden Wellenbrechens maßgeblich abweichen.

Abweichungen von der Rayleigh-Verteilung nehmen mit größeren Wellenhöhen zu und mit der Verkleinerung der spektralen Bandbreite ab. Die Rayleigh-Verteilung neigt dazu, große Wellenhöhen in allen Wassertiefenbereichen zu überschätzen.

Nachfolgend wird auf die Ermittlung der Seegangsparameter im Zeit- und Frequenzbereich und deren Beziehungen eingegangen.

5.6.3.2 Seegangsparameter im Zeitbereich

Die aufgezeichneten Wellenhöhen und -perioden eines Beobachtungszeitraums werden bei der Zeitbereichsauswertung durch stochastische Größen der Häufigkeitsverteilung beschrieben. Hinsichtlich der Wellenhöhen kann dabei in guter Näherung die Rayleigh-Funktion zur Beschreibung der Wahrscheinlichkeit $P(H)$ für das Auftreten einer Welle mit der Höhe H (Einzelwahrscheinlichkeit) bzw. die Wahrscheinlichkeit $P(H)$ für das Auftreten einer Anzahl von Wellen bis zu einer Höhe von H (Summenwahrscheinlichkeit) verwendet werden, siehe auch Bild E 136-1 nach Oumeraci (2001):

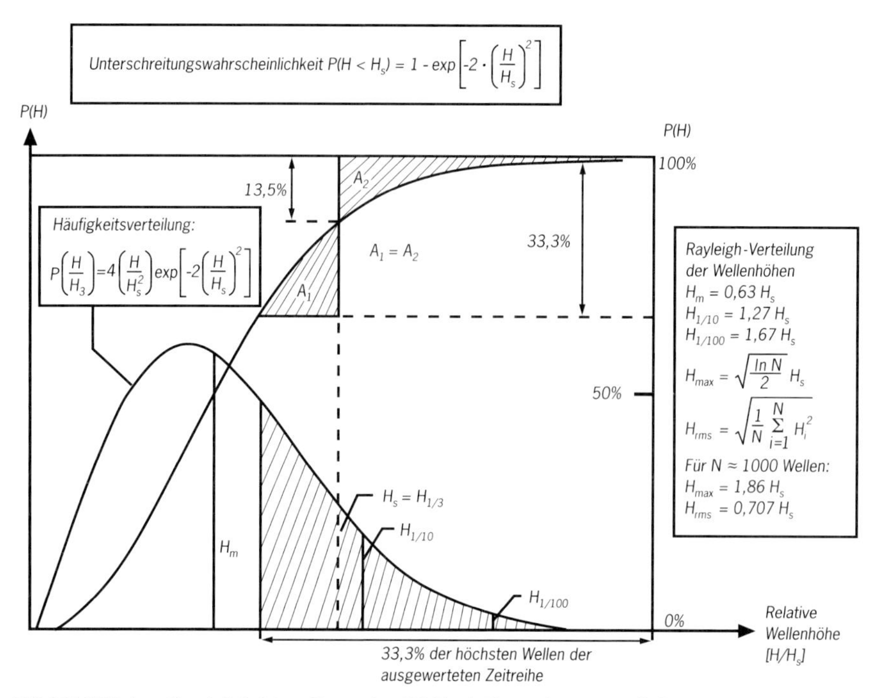

Bild E 136-1. Rayleigh-Verteilung der Wellenhöhen eines natürlichen Seegangs (schematisch)

$$P(H) = 1 - \mathrm{e}^{-\frac{\pi}{4}\left(\frac{H}{H_\mathrm{m}}\right)^2}$$

mit Parametern nach Bild E 136-1.

Bild E 136-1 ist modifiziert von und nach Oumeraci 2001; es bedeuten:

N	prozentuale Häufigkeit der Wellenhöhen H im Beobachtungszeitraum,
H_m	Mittelwert aller Wellenhöhen einer Seegangsaufzeichnung,
H_d	häufigste Wellenhöhe,
$H_{1/3}$	Mittelwert der 33 % höchsten Wellen,
$H_{1/10}$	Mittelwert der 10 % höchsten Wellen,
$H_{1/100}$	Mittelwert der 1 % höchsten Wellen,
H_max	maximale Wellenhöhe,
H_rms	Maß der mittleren Wellenenergie, entspricht etwa $1{,}13 \cdot H_\mathrm{m}$,
H_S	signifikante Wellenhöhe, siehe Abschnitt 5.6.3.4.

Aus der Häufigkeitsverteilung der Wellenhöhen ergeben sich näherungsweise nach Schüttrumpf (1973) und Longuet-Higgins (1952) folgende Relationen unter der Annahme der theoretischen Wellenhöhenverteilung des Seegangs, die der Rayleigh-Verteilung entspricht. Diese theoretischen Verhältniswerte stehen in guter Übereinstimmung mit ermittelten Verhältniswerten aus Seegangsmessungen trotz einer evtl. größeren Bandbreite des Wellenspektrums als von der Rayleigh-Verteilung vorausgesetzt:

$H_m = 0{,}63 \cdot H_{1/3}$
$H_{1/10} = 1{,}27 \cdot H_{1/3}$
$H_{1/100} = 1{,}67 \cdot H_{1/3}$

Die maximale Wellenhöhe H_{max} ist prinzipiell abhängig von der Anzahl der erfassten Wellen innerhalb des zur Verfügung stehenden Messzeitraumes. Nach Longuet-Higgins (1952) ergibt sich unter Verwendung des Ansatzes

$$H_{max} = 0{,}707 \cdot \sqrt{\ln(n)} \cdot H_{1/3}$$

für $n = 1.000$ Wellen eine maximale Wellenhöhe von $H_{max} = 1{,}86\ H_{1/3}$. Für die Ingenieurpraxis kann die maximale Wellenhöhe mit

$$H_{max} = 2 \cdot H_{1/3}.$$

hinreichend genau abgeschätzt werden.

Ein weiterer in der Praxis geläufiger Seegangsparameter ist die Wellenhöhe H_{rms} *(rms = root mean square)*. Bei Rayleigh-verteiltem Seegang gilt die Beziehung $H_{rms} = 0{,}7 \cdot H_{1/3}$. Der Wert H_{rms}, als Maß der mittleren Wellenenergie, gewichtet die höheren Wellen im Wellenspektrum stärker als der einfache Mittelwert H_m.

Ähnlich den Verhältniswerten der Wellenhöhen können die Wellenperioden im Zeitbereich auf der Grundlage von Naturmessungen abgeschätzt werden (EAK, 2002).

Die tatsächlichen Verhältniswerte der Wellenhöhen und -perioden hängen u. a. von der tatsächlichen Wellenhöhenverteilung, der konkreten Form des Seegangsspektrums und der Messdauer ab und können insbesondere im Flachwasser aufgrund der konkreten Verteilung der Wellen und deren Asymmetrie von den o. g. theoretischen Werten abweichen. Geringe Messzeiten von z. B. 5 oder 10 Minuten können zu erheblichen Fehlern bei der Bestimmung von Verhältniswerten führen, sodass die EAK für die Durchführung und Auswertung von Seegangsmessungen eine Messzeit von mindestens 30 Minuten vorschlägt, um die statistischen Gesetzmäßigkeiten zu erfassen.

5.6.3.3 Seegangsparameter im Frequenzbereich

Bei der Parametrisierung des unregelmäßigen Seegangs im Frequenzbereich wird die Zeitreihe der Seegangsaufzeichnung durch Überlagerung der einzelnen Wellenkomponenten in ein Energiedichtespektrum und die zugehörigen Wellenphasen in ein entsprechendes Phasenspektrum umgewandelt (Fourier-Transformation) (Bild E 136-2). Die gemeinsame Darstellung des Seegangsspektrums für alle Wellenrichtungen wird als „eindimensionales Spektrum" bezeichnet und bei getrennter Darstellung für verschiedene Wellenrichtungen als „Richtungsspektrum" ermittelt.

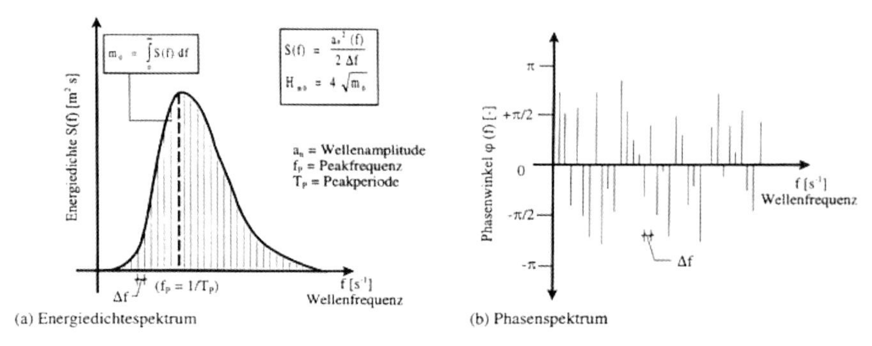

Bild E 136-2. Parameter eines Wellenspektrums – Definitionsskizzen (Oumeraci, 2001)

Aus dem Seegangsspektrum können u. a. folgende charakteristische Seegangsparameter als Funktion der Frequenz f [Hz] unter Berücksichtigung spektraler Momente n-ter Ordnung

$$m_n = \int S(f) \cdot f^n df \quad \text{mit:} \quad n = 0, 1, 2...$$

auch als Funktion der Wellenanlaufrichtung angegeben werden (Bild E 136-2):

H_{m0} charakteristische Wellenhöhe, $H_{m0} = 4m_0^{1/2}$ mit m_0 als Flächeninhalt des Wellenspektrums,

T_{01} mittlere Periode, $T_{01} = m_0/m_1$,

T_{02} mittlere Periode, $T_{02} = m_0/m_2$,

T_p Peakperiode, d. h. Wellenperiode bei maximaler Energiedichte.

Die Wellenperioden T_{01} und T_{02} stehen in Abhängigkeit von der Form des Wellenspektrums in einem festen Verhältnis und beschreiben die Bandbreite des Wellenspektrums.

Mithilfe des Wellenspektrums können insbesondere langperiodische Wellenkomponenten, wie z. B. Dünungswellen, bauwerksbedingt transformierte Wellenkomponenten oder flachwasserbedingte Veränderungen des Spektrums, identifiziert werden, die ggf. für die Definition der hydraulischen Randbedingungen zur Bemessung von See- und Hafenbauwerken von Bedeutung sein können.

5.6.3.4 Zusammenhänge zwischen Seegangsparametern im Zeit- und Frequenzbereich

Für ingenieurpraktische Anwendungen wurde zur Charakterisierung des unregelmäßigen Seegangs die „signifikante Wellenhöhe" H_s eingeführt (PIANC, 1986). Für die Ingenieurpraxis wird unter der Voraussetzung eines Rayleigh-verteilten Seegangs angenommen, dass H_s durch die Wellenhöhe $H_{1/3}$ des Zeitbereiches oder die Wellenhöhe H_{m0} des Frequenzbereiches bestimmt werden kann.

$$H_s = H_{1/3} = H_{m0}$$

Weiterhin können theoretisch die Wellenperioden T_m (Zeitbereich) und T_{02} (Frequenzbereich) gleichgesetzt werden. Für weitere Zusammenhänge zwischen Seegangsparametern im Zeit- und Frequenzbereich, die immer auch in Abhängigkeit vom jeweiligen Wellenspektrum variieren können, wird auf die EAK (EAK, 2002) verwiesen.

5.6.4 Bemessungskonzepte und Festlegung der Bemessungsparameter

Als Bemessungsseegang wird das Seegangsereignis verstanden, welches zu der maßgebenden Belastung eines Bauwerks oder Bauwerkteils führt oder deren Wirkung charakteristisch beschreibt und sich als maßgebende Kombination verschiedener Einflussgrößen ergibt.

Hinsichtlich der Auslegung von Bauwerken wird zwischen

- der konstruktiven Bemessung als Nachweis der Standfestigkeit für ein extremes Ereignis und
- der funktionellen Bemessung, die die Wirkung und den Einfluss des Bauwerks auf die Umgebung behandelt,

unterschieden, siehe Abschnitt 3.7 in EAK 2002.

Die Unregelmäßigkeit des Seegangs und dessen Beschreibung als Eingangsgröße in entsprechenden Bemessungsverfahren ist entscheidend für die Ermittlung der tatsächlich auftretenden Belastungsgrößen. Der Bemessungsseegang kann in Abhängigkeit des zu bemessenden Bauwerks und des anzuwendenden Bemessungsverfahrens

- als charakteristische Einzelwelle eingehen, um daraus eine konkrete Belastung zu ermitteln (deterministisches Verfahren; möglicher Anwendungsfall: Belastung einer Hochwasserschutzwand), oder
- als charakteristische Wellenzeitreihe berücksichtigt werden, wobei als Ergebnis eine Zeitreihe der auftretenden Bauwerksbelastungen erzeugt wird, die statistisch ausgewertet und hinsichtlich der Maximal- und Gesamtbelastung bewertet werden können (stochastisches Verfahren, möglicher Anwendungsfall: räumlich aufgelöste Bauwerksstrukturen – z. B. Offshoregründungen),
- als vollständige statistische Verteilung einfließen, wobei daraus unter Berücksichtigung verschiedener Grenzzustände des Bauwerks eine Versagenswahrscheinlichkeit des Bauwerks ermittelt werden kann (probabilistisches Verfahren).

In der Ingenieurpraxis kommen vorwiegend deterministische Bemessungsverfahren zur Anwendung, auf die im Folgenden weiter eingegangen werden soll. In den EAK werden Hinweise gegeben, wie auf der Grundlage regelmäßiger Wellen die vorhandene Unregelmäßigkeit des Seegangs bei Untersuchungen, Berechnungen und bei der Bemessung berücksichtigt werden kann.

Da sowohl Wellen- als auch Windmessungen selten die geplante Nutzungsdauer bzw. die mit extremen Seegangssituationen verbundenen Wiederkehrintervalle erfassen, sollte eine Extrapolation der verfügbaren Wellendaten auf einen größeren Zeitraum (häufig 50 oder 100 Jahre) durch Ansatz einer geeigneten theoretischen Verteilung (z. B. Weibull) erfolgen. Eine Extrapolation über das Dreifache des Messzeitraumes hinaus sollte dabei nicht erfolgen. Die theoretische Wiederkehrperiode, und damit die Parameter der Bemessungswellenhöhe H_d, sind unter Berücksichtigung des potenziellen Schadens bzw. des zugelassenen Risikos gegen Überflutung oder Zerstörung des Bauwerkstyps (Art des Versagens), aber auch der Datengrundlage und anderer Aspekte festzulegen (konstruktive Planung).

Hinsichtlich der funktionellen Planung müssen teilweise erheblich kürzere Wiederkehrintervalle zugrunde gelegt werden, um durchschnittlich zu erwartende Nutzungseinschränkungen und Gefährdungssituationen abschätzen zu können.

Bei hohen Sicherheitsforderungen sollte das Verhältnis der Bemessungswellenhöhe H_d zur signifikanten Wellenhöhe $H_{1/3}$ mit 2,0 angesetzt werden, vgl. Tabelle E 136-1. Zur Erarbeitung sicherer und wirtschaftlicher Lösungen ist jedoch eine genauere Analyse der tatsächlichen Belastungen und der Stabilitätseigenschaften des Bauwerks durch hydraulische Modellversuche empfehlenswert.

Die Bemessungswellenhöhe ist die für die Bemessung eines Bauteils oder Bauwerks einzusetzende maximale Wellenhöhe. Die aus der Bemessungswellenhöhe resultierenden Beanspruchungen sind mit den Teilsicherheitsbeiwerten der

Tabelle E 136-1. Empfehlung zur Festlegung der Bemessungswellenhöhe

Bauwerk	$H_d/H_{1/3}$
Wellenbrecher	1,0 bis 1,5
geböschte Molen	1,5 bis 1,8
senkrechte Molen	1,8 bis 2,0
Hochwasserschutzwände	1,8 bis 2,0
Kaimauern mit Wellenkammer	1,8 bis 2,0
Baugrubenumschließungen	1,5 bis 2,0

maßgebenden Bemessungssituation zu multiplizieren, daraus ergeben sich die Bemessungsschnittgrößen.

Liegen der verwendeten Häufigkeitsverteilung dabei langfristige Beobachtungszeiträume bzw. entsprechende Extrapolationen (ca. 50 Jahre), oder entsprechende theoretische bzw. numerische Ermittlungen zugrunde, so kann die damit ermittelte Bemessungswelle als seltene Welle gemäß Abschnitt 5.4.3 in der Bemessungssituation BS-A eingestuft werden. Bei kürzeren Beobachtungs- bzw. Ermittlungszeiträumen sollte die ermittelte Bemessungswelle als häufig auftretende Welle definiert werden und eine Einstufung gemäß Abschnitt 5.4.2 in der Bemessungssituation BS-T erfolgen.

5.6.5 Umformung des Seegangs

Nur in Ausnahmen sind die Wellenbedingungen in unmittelbarer Nähe zu den zu bemessenden Strukturen bekannt. In der Regel ist daher der Seegang vom Tiefwasser auf den Planungsabschnitt an der Küste zu transformieren. Beim Einlaufen der Wellen in das Flachwasser bzw. beim Auftreffen auf Hindernisse werden verschiedene Effekte wirksam:

1. Shoalingeffekt
   Durch Grundberührung der Welle werden die Wellengeschwindigkeit und damit die Wellenlänge verringert. Nach einer lokalen, geringfügigen Verringerung steigt daher die Wellenhöhe beim Einlaufen in das Flachwasser aus Gründen des Energiegleichgewichts ständig an (bis zum Brechpunkt). Dieser Effekt wird als Shoaling bezeichnet (Wiegel, 1964).
2. Bodenreibung und Perkolation
   Durch Reibungsverluste und Austauschprozesse an der Sohle wird die Wellenhöhe verringert. Der Einfluss ist normalerweise für Bemessungszwecke vernachlässigbar (Walden und Schäfer, 1969).
3. Refraktion
   Bedingt durch die unterschiedliche Grundberührung bei schräg zur Küste (genauer: zu den Tiefenlinien) erfolgendem Wellenangriff lenken die Wellen

aufgrund des lokal verschiedenen Shoaling-Effektes zur Küste ein, sodass je nach Form der Küstenlinie die einwirkende Wellenenergie verringert oder auch, z. B. durch Fokussierung von Wellenenergie an einer Landzunge, vergrößert werden kann.

4. Wellenbrechen

   Generell können Wellen brechen, wenn entweder die Grenzsteilheit überschritten wird (Parameter H/L) oder aber die Wellenhöhe ein bestimmtes Maß gegenüber der Wassertiefe erreicht hat (Parameter H/d). Die Höhe von in flaches Wasser einlaufenden Tiefwasserwellen wird beim Überschreiten der zugehörigen Grenzwassertiefe durch den Brechvorgang beschränkt. Im Allgemeinen liegt der Verhältniswert der Brecherhöhe H_b zur Grenzwassertiefe d_b zwischen $0{,}8 < H_b/d_b < 1{,}0$ (Brecherkriterium), wobei in Sonderfällen auch höhere Werte beobachtet wurden (Siefert, 1974). Infolge der unterschiedlichen Wellenhöhen in einem Seegangsspektrum erfolgt das Brechen der Wellen meist über eine so genannte Brandungszone, deren Lage und Ausdehnung u. a. durch die Unterwassertopographie und den Tideeinfluss bestimmt wird.

   Das Verhältnis der Brecherhöhe H_b zur Wassertiefe d_b ist genau betrachtet eine Funktion der Strandneigung α und der Steilheit der Tiefwasserwelle H_0/L_0. Diese Parameter sind in der Brecherkennzahl ξ zusammengefasst, die näherungsweise den Brechertyp regelmäßiger Wellen (d. h. Reflexionsbrecher, Sturzbrecher oder Schwallbrecher) angibt. Nähere Einzelheiten können Battjes (1975), Siefert (1974), Balvin (1972) und (EAK, 2002) entnommen werden.

   Die Brecherkennzahl ξ kann sowohl auf die Tiefenwasserwellenhöhe H_0 (ξ_0) als auch auf die Wellenhöhe am Brechpunkt $H_b(\xi_b)$ bezogen werden (Tabelle E 136-2):

$$\xi = \frac{\tan \alpha}{\sqrt{H/L_0}}$$

   mit:

   α Neigungswinkel der Sohle [°],
   H/L_0 Wellensteilheit,
   H lokale Wellenhöhe,
   L_0 Länge der Welle im Tiefwasser.

Tabelle E 136-2. Festlegung der Brechertypen (die Werte beruhen auf Untersuchungen mit Böschungsneigungen von 1:5 bis 1:20)

Brecherform	ξ_0	ξ_b
Reflexionsbrecher	>3,3	>2,0
Sturzbrecher	0,5 bis 3,3	0,4 bis 2,0
Schwallbrecher	<0,5	<0,4

Durch stark reflektierende Strukturen sowie Einflüsse aus der Vorlandgeometrie kann der Brechvorgang erheblich beeinflusst werden. Dann werden entsprechende Brecherkriterien benötigt (siehe z. B. Abschnitt 5.7.3).

5. Diffraktion

   Diffraktion tritt auf, wenn Wellen auf Hindernisse (Bauwerke, aber auch z. B. der Küste vorgelagerte Inseln) treffen. Nach der Umlenkung vor dem Hindernis laufen die Wellen in den Bauwerksschatten hinein, sodass ein Energietransport entlang des Wellenkamms stattfindet, wodurch die Wellenhöhe im Allgemeinen verringert wird. An bestimmten Stellen außerhalb des Wellenschattens können durch Überlagerung von Diffraktionswellen nahe beieinander liegender Hindernisse (u. a.) auch Erhöhungen auftreten (SPM, 1984).

6. Bauwerksbedingte Reflexionen

   Auf das Ufer oder auf Bauwerke zulaufende Wellen werden in einem bestimmten Maß reflektiert, welches wesentlich von den Eigenschaften der reflektierenden Berandungen (u. a. Neigung, Rauheit, Porosität) und der Wassertiefe vor dem Bauwerk abhängt. Nichtbrechende Wellen werden bei senkrechtem Wellenangriff an einem vertikalen Bauwerk nahezu vollständig zurückgeworfen, sodass sich theoretisch eine stehende Welle mit doppelter Höhe der einlaufenden Welle bildet. Der Reflexionskoeffizient bei geböschten Bauwerken ist zusätzlich stark von der Wellensteilheit abhängig und damit für die im Wellenspektrum enthaltenen Wellen veränderlich.

   Da die o. g. Einflüsse von vielen auch bauwerks- bzw. ortsspezifischen Faktoren abhängen, ist eine allgemeingültige Festlegung nicht möglich; Näheres siehe HTG, 1996, EAK, 2002 und Oumeraci (2001).

5.7 Wellendruck auf senkrechte Uferwände im Küstenbereich (E 135)

5.7.1 Allgemeines

Der Wellendruck bzw. die Wellenbewegung auf der Vorderseite einer Ufereinfassung ist in Rechnung zu stellen bei:

- Blockmauern im Sohlen- und im Fugenwasserdruck,
- überbauten Böschungen mit nicht hinterfüllter Vorderwand beim Ansatz des wirksamen Wasserüberdrucks von beiden Seiten der Wand,
- nicht hinterfüllten Spundwänden,
- Hochwasserschutzwänden,
- den Beanspruchungen im Bauzustand,
- hinterfüllten Bauwerken allgemein auch wegen des abgesenkten Außenwasserspiegels im Wellental.

Außerdem werden die Uferwände über Trossenzüge, Schiffsstöße und Fenderdrücke aus der Schiffsbewegung infolge von Wellen belastet.

Beim Ansatz des Wellendrucks auf senkrechte Uferwände sind drei Belastungsarten zu unterscheiden, und zwar:

1. die Wand wird durch nicht brechende Wellen belastet,
2. die Wand wird durch am Bauwerk brechende Wellen belastet,
3. die Wand wird durch Wellen belastet, die bereits vor dem Bauwerk gebrochen sind.

Welche dieser drei Belastungsarten maßgebend ist, hängt von der Wassertiefe, vom Seegang und von den morphologischen und topographischen Verhältnissen im Bereich des Bauwerks ab.

Für die verschiedenen Belastungsarten werden in den nachfolgenden Abschnitten Belastungsansätze erläutert. Ergänzend wird darauf hingewiesen, dass die Belastungen aus stehenden, brechenden oder bereits gebrochenen Wellen eines natürlichen Seegangs nach Goda (1985/2000) und (EAK, 2002) ermittelt werden können. Zur Erfassung von dynamischen Druckbelastungen kann dabei der empirisch ermittelte dynamische Druckerhöhungsbeiwert nach Takahashi (1996) verwendet werden. Nachteilig an diesem Verfahren ist, dass nur landwärts gerichtete Belastungskomponenten erfasst werden.

5.7.2 Belastung durch nicht brechende Wellen

Ein Bauwerk mit senkrechter oder annähernd senkrechter Vorderwand in einer Wassertiefe, die so groß ist, dass die höchsten ankommenden Wellen nicht brechen, wird durch den infolge Reflexion auf der Wasserseite erhöhten Wasserüberdruck beim Wellenberg bzw. von der Landseite her erhöhten Wasserüberdruck beim Wellental beansprucht.

Durch Überlagerung der ankommenden Wellen mit den zurücklaufenden bilden sich stehende Wellen. In Wirklichkeit treten rein stehende Wellen nicht auf; die Unregelmäßigkeit der Wellen führt zu gewissen Wellenstoßbelastungen, die aber meist gegenüber den nachstehenden Lastansätzen vernachlässigbar sind, sodass diese als quasi statisch aufgefasst werden. Die Wellenhöhe verdoppelt sich infolge Reflexion, wenn die Wellen auf eine senkrechte oder annähernd senkrechte Wand treffen und keine Verluste auftreten (Reflexionskoeffizient $\kappa_R = 1,0$). Eine Abminderung der Wellenhöhen aus Teilreflexion ($\kappa_R < 0,9$) sollte an senkrechter Wand nur bei Nachweis durch einen großmaßstäblichen Modellversuch berücksichtigt werden. Im Übrigen sind die in der EAK aufgeführten Reflexionskoeffizienten zu beachten.

Für die Berechnung bei rechtwinkligem Wellenangriff wird das Verfahren von Sainflou (1928) nach Bild E 135-1 empfohlen. Dieses Verfahren liefert bei steilen Wellen geringfügig zu große Belastungen, während die Belastungen aus sehr langperiodischen, flachen Wellen unterschätzt werden. Nähere Angaben und weitere Bemessungsverfahren z. B. nach Miche-Lundgren sind in CEM (CEM, 2001) und EAK (EAK, 2002) zu finden.

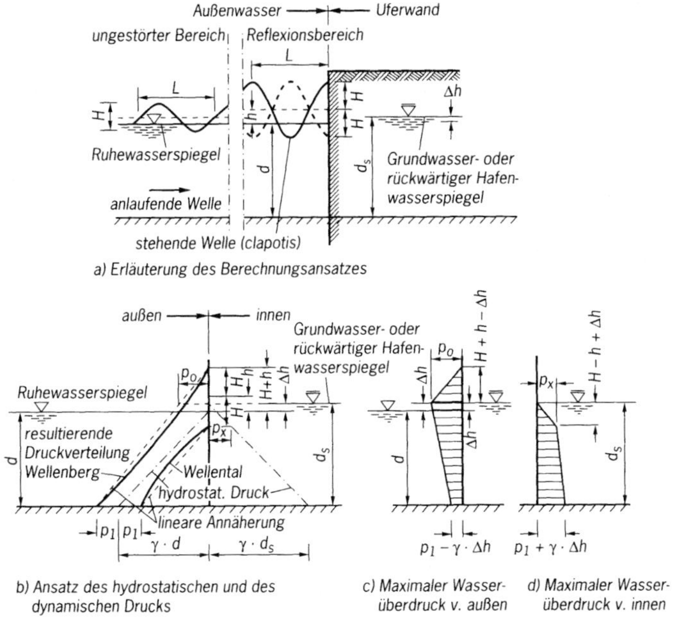

Bild E 135-1. Dynamische Druckverteilung an einer lotrechten Wand bei vollständiger Reflexion der Wellen in Anlehnung an Sainflou (1928) sowie Wasserüberdrücke bei Wellenberg und Wellental

In Bild E 135-1 bedeuten:

H Höhe der anlaufenden Welle,

L Länge der anlaufenden Welle,

h Höhendifferenz zwischen dem Ruhewasserspiegel und der mittleren Spiegelhöhe im Reflexionsbereich vor der Wand:

$$h = \frac{\pi \cdot H^2}{L} \cdot \cot h \frac{2 \cdot \pi \cdot d}{L},$$

Δh Differenzhöhe zwischen dem Ruhewasserspiegel vor der Wand und dem Grundwasser- bzw. rückwärtigen Hafenwasserspiegel,

d_s Wassertiefe beim Grundwasser- bzw. rückwärtigen Hafenwasserspiegel,

γ Wichte des Wassers,

p_1 Druckerhöhung (Wellenberg) bzw. -verringerung (Wellental) am Fußpunkt des Bauwerks infolge Wellenwirkung $p_1 = \gamma \cdot H / \cos h \dfrac{2 \cdot \pi \cdot d}{L}$,

p_0 maximale Wasserüberdruckordinate in Höhe des landseitigen Wasserspiegels entsprechend Bild E 135-1c: $P_0 = (p_1 + \gamma \cdot d) \cdot \dfrac{H + h - h}{H + h + d}$,

p_x Wasserüberdruckordinate in Höhe des Wellentals entsprechend Bild E 135-1d: $p_x = \gamma \cdot (H - h + \Delta h)$.

Die Übertragung des Verfahrens auf den Fall des schrägen Wellenangriffs ist in Hager (1975) behandelt. Danach sollten auch bei spitzem Wellenanlaufwinkel besonders für langgestreckte Bauwerke die Ansätze für rechtwinkligen Wellenangriff verwendet werden.

5.7.3 Belastung durch am Bauwerk brechende Wellen

An einem Bauwerk brechende Wellen können extrem hohe Aufschlagdrücke von 10.000 kN/m^2 und mehr ausüben. Diese Druckspitzen sind allerdings örtlich begrenzt und wirken nur mit sehr kurzer Dauer (1/100 s bis 1/1.000 s).

Das Brechen hoher Wellen unmittelbar am Bauwerk sollte wegen der dabei auftretenden großen Druckstöße und dynamischen Belastungen durch geeignete Anordnung und Ausbildung des Bauwerks möglichst vermieden werden. Falls dies nicht möglich ist, werden für die endgültige Bemessung Modelluntersuchungen in möglichst großem Maßstab empfohlen. Weitere Hinweise bzgl. Bemessung bei Druckschlägen siehe EAK, Abschnitt 4.3.23 (EAK, 2002) und CEM (CEM, 2001).

Bei einfachen Geometrien kann das nachfolgende Berechnungsverfahren angewendet werden.

Aus Versuchen im hydraulischen großmaßstäblichen Modell an einem Caissonbauwerk auf einer Schüttsteinunterlage wurde der nachfolgend beschriebene Näherungsansatz für die Druckschlagbelastung an senkrechten Wänden entwickelt (HTG, 1996), Kortenhaus/Oumeraci (1997).

Die Ermittlung der als maximal statisch anzusetzende Horizontalkraft F_{max} auf die Uferwand ergibt sich nach Bild E 135-2 zu:

$$F_{max} = \varphi \cdot 8{,}0 \cdot \rho \cdot g \cdot H_b^2 \text{ [kN/m]}$$

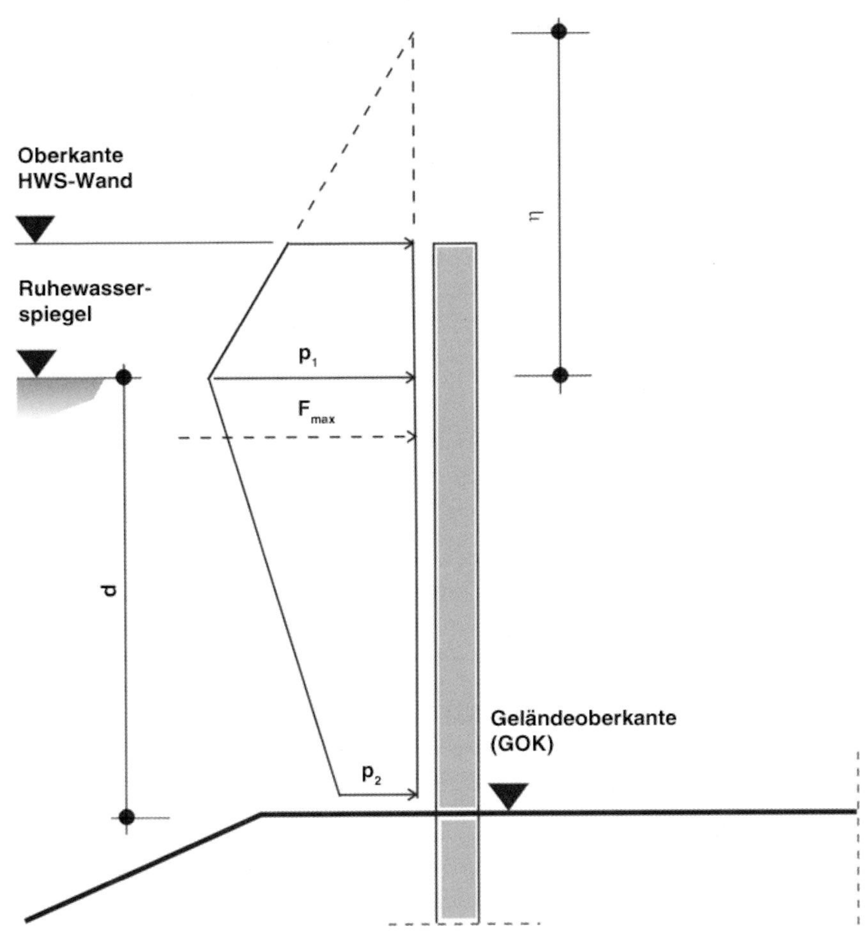

Bild E 135-2. Belastung durch Sturzbrecher (HTG, 1996; Kortenhaus und Oumeraci, 1997)

Der Angriffspunkt dieser Kraft liegt geringfügig unterhalb des Ruhewasserspiegels. Ein Näherungsansatz zur Belastungsminderung infolge Wellenüberschlags wird in (HTG, 1996) erläutert.

– Brecherwellenhöhe H_b:
  Auf der Grundlage eines für relativ steile Böschungen (HTG, 1996; Oumeraci und Kortenhaus, 1997)entwickelten wellensteilheitsbedingten Brecherkriteriums ergibt sich:

$$H_b = L_b \cdot [0.1025 + 0.0217(1 - \chi_R)/(1 - \chi_R)] \tan h\ (2\pi d_b/L_b)]$$

χ_R Reflexionskoeffizient der Uferwand,
d_b Wassertiefe am Brechpunkt,
L_b Wellenlänge der brechenden Welle $L_b = L_0 \tan h(2\pi d_b/L_b)]$.

Bei einem Reflexionskoeffizienten von 0,9 und der Annahme, dass die Wassertiefe d_b und die Wellenlänge L_b näherungsweise gleich den entsprechenden Werten auf dem Vorland (Wassertiefe d an der Wand und Wellenlänge L_d) sind, ergibt sich:

$$H_b \approx 0,1 \cdot L_0 \cdot [\tan h\ (2\pi d/L_d)]^2$$

L_0 Wellenlänge im Tiefwasser, $L_0 = 1{,}56 \cdot T_p^2$,
T_p Peakperiode im Wellenspektrum,
L_d Wellenlänge in der Wassertiefe, $d \approx L_0 \cdot [\tan h\ (2\pi d/L_0)^{3/4}]^{2/3}$.

– Stoßfaktor φ
  Die nachfolgend aufgeführten Stoßfaktoren wurden aus Berechnungen zur dynamischen Wechselwirkung der impulsartigen, zeitlich variierenden Wellendruckschlagbelastung mit den Beanspruchungs- und Verformungsbedingungen des Bauwerkes und des Baugrundes abgeleitet (HTG, 1996).
  Der Stoßfaktor φ ergibt sich in Abhängigkeit von der Höhenlage des Nachweisschnittes zu $\varphi = M_{dyn}/M_{stat}$ (Wandmoment bei stoßartiger Belastung/Wandmoment bei quasistatischer Belastung) (HTG, 1996, Kortenhaus/Oumeraci (1997), Heil/Kruppe/Möller (1997)).
  Wände mit nachgiebiger Stützung im Erdkörperbereich (z. B. frei auskragende Wände [beispielhaft Bild E 135-2] bzw. tiefer als 1,50 m unter GOK abgestützte Wände) (Hambuger Richtlinie, 1998):
  $\varphi = 1{,}2$ für alle Nachweise oberhalb 1,50 m unter GOK,
  $\varphi = 0{,}8$ für alle Nachweise tiefer als 1,50 m unter GOK.
  Wände mit starrer Stützung (z. B. Betonwände auf Kaianlagen) bzw. höher als 1,50 m unter GOK abgestützte Wände:
  $\varphi = 1{,}4$ für alle Nachweise oberhalb 1,50 m unter GOK,
  $\varphi = 1{,}0$ für alle Nachweise tiefer als 1,50 m unter GOK.
– Druckordinate p_1 in Höhe des Ruhewasserspiegels:

$$p_1 = F_{max}/[0{,}625 \cdot d_b + 0{,}65 \cdot H_b]$$

  η Höhe der Druckfigur (Differenzhöhe zwischen Oberkante Wellendruckbelastung und Ruhewasserspiegel), $\eta = 1{,}3 \cdot H_b$
– Druckordinate p_2 in Höhe Geländeoberkante:

$$p_2 = 0{,}25 \cdot p_1$$

5.7.4 Belastung durch bereits gebrochene Wellen

Eine näherungsweise Ermittlung der Lasten aus bereits gebrochenen Wellen ist nach (SPM, 1984) möglich. Dabei wird angenommen, dass die gebrochene Welle mit der gleichen Höhe und Geschwindigkeit nach dem Brechvorgang weiterläuft, wodurch die tatsächlichen Belastungen jedoch überschätzt werden. Zur genaueren Erfassung der tatsächlichen Belastungen wird daher in der EAK eine Korrektur der Rechenwerte, basierend auf dem Verfahren von Camfield 1991, vorgeschlagen, welches hier nicht dargestellt wird.

5.7.5 Zusätzliche Lasten infolge von Wellen

Wenn ein Bauwerk auf durchlässiger Bettung keinen dichten Abschluss auf der Wasserseite, z. B. durch eine Dichtungswand, besitzt, ist außer dem Wasserdruck auf die Wandflächen der Einfluss der Wellen auf den Sohlenwasserdruck zu berücksichtigen. Entsprechendes gilt für den Wasserdruck in Blockfugen.

5.8 Lasten aus Schwall- und Sunkwellen infolge Wasserein- bzw. -ableitung (E 185)

5.8.1 Allgemeines

Schwall- und Sunkwellen entstehen in Gewässern durch vorübergehende oder vorübergehend verstärkte Wasserein- bzw. -ableitung. Schwall- und Sunkwellen treten jedoch nur bei im Verhältnis zur sekundlichen Einleitungs- bzw. Ableitungsmenge kleinen benetzten Gewässerquerschnitten wesentlich in Erscheinung. Der Berücksichtigung von Schwall- und Sunkwellen und ihrer Wirkungen auf Ufereinfassungen kommt daher im Allgemeinen nur in Schifffahrtskanälen größere Bedeutung zu. In diesen Fällen sind die Wirkungen der Wasserstandsänderungen auf Böschungen, Gewässerauskleidungen, Uferdeckwerke und andere Anlagen zu berücksichtigen.

5.8.2 Ermittlung der Wellenwerte

Schwall- und Sunkwellen sind Flachwasserwellen im Bereich

$$\frac{d}{L} < 0,05$$

Die Wellenlänge hängt von der Dauer der Wasserein- bzw. -ableitung ab. Die Wellenfortschrittsgeschwindigkeit kann überschläglich mit

$$c = \sqrt{g \cdot (d \pm 1,5H)}\ [\mathrm{m/s}] \begin{cases} + \text{ für Schwall} \\ - \text{ für Sunk} \end{cases}$$

angesetzt werden. Darin sind:

g Erdbeschleunigung,
d Wassertiefe,
H Anhebung bei Schwall bzw. Absenkung bei Sunk gegenüber dem Ruhewasserspiegel.

Bei kleinem Verhältnis H/d kann

$$c = \sqrt{g \cdot d}$$

gesetzt werden.

Die Wasserspiegelanhebung beziehungsweise -absenkung ergibt sich überschläglich zu

$$H = \pm \frac{Q}{c \cdot B}$$

mit:

Q sekundliche Wassereinleitungs- bzw. -ableitungsmenge und
B mittlere Wasserspiegelbreite.

Die Wellenhöhe kann sich durch Reflexionen oder nachfolgende Schwall- oder Sunkwellen vergrößern oder verkleinern. Besonders bei gleichmäßigen Kanalquerschnitten und glatter Kanalauskleidung ist die Wellendämpfung gering, sodass die Wellen vor allem bei kurzen Haltungen mehrmals hin- und herlaufen können.

In Schifffahrtskanälen ist die häufigste Ursache der Schwall- und Sunkerscheinungen die Ein- bzw. Ableitung von Schleusungswasser. Zur Vermeidung extremer Schwall- und Sunkerscheinungen wird die Schleusungswassermenge in der Regel auf 70 bis höchstens 90 m^3/s begrenzt.

Schleusungen im zeitlichen Abstand der Reflexionszeit oder einem Vielfachen davon können, insbesondere in Kanalstrecken, zu einer Überlagerung der Wellen und damit zu einer Erhöhung der Schwall- und Sunkmaße führen.

5.8.3 Lastansätze

Bei den Lastannahmen für Ufereinfassungen ist die hydrostatische Last aus der Höhe der Schwall- oder Sunkwelle und ihrer möglichen Überlagerung durch reflektierte oder nachfolgende Wellen sowie mit gleichzeitig möglichen Wasserspiegelschwankungen, z. B. aus Windstau, Schiffswellen, in der jeweils ungünstigsten Zusammensetzung zu berücksichtigen. Wegen der langperiodischen Gestalt der Schwall- und Sunkwellen ist bei durchlässigen Deckwerken der daraus herrührende Einfluss auf das Strömungsgefälle des Grundwassers gleichfalls zu überprüfen.

Dynamische Wirkungen der Schwall- und Sunkwellen können wegen der meist geringen Strömungsgeschwindigkeiten, die bei diesen Wellen auftreten, vernachlässigt werden.

Die so ermittelten Lasten sind charakteristische Werte, die mit Teilsicherheitsbeiwerten der Bemessungssituation BS-P (siehe E 18, Abschnitt 5.4.2) nach DIN 1054 zu multiplizieren sind.

5.9 Auswirkungen von Wellen aus Schiffsbewegungen (E 186)

5.9.1 Allgemeines

Vom fahrenden Schiff gehen an Bug und Heck Wellen verschiedener Art aus, die je nach den örtlichen Gegebenheiten zu unterschiedlichen Beanspruchungen der Ufer bzw. deren Sicherungen führen (Bilder E 186-1 u. E 186-2). Das fah-

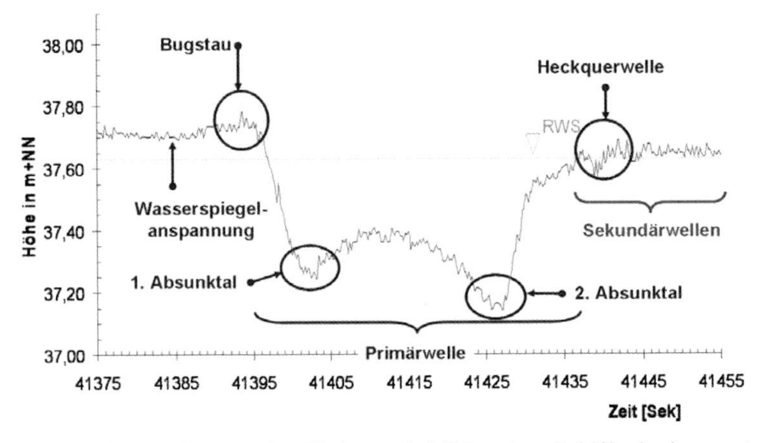

Bild E 186-1. Wasserspiegeländerung bei Fahrt eines Schiffes im begrenzten Fahrwasser (RWS = Ruhewasserspiegel)

Bild E 186-2. Großmotorschiff bei der Fahrt in der Nähe der kritischen Schiffsgeschwindigkeit im Kanal; die Wasserspiegelanspannung am Bug, die Absunkmulde, die brechende Heckwelle und das Sekundärwellensystem der Heckquerwellen sind zu erkennen

rende Schiff bewirkt zunächst eine Wasserspiegelanspannung vor dem Bug, deren Abmessung in Fahrtrichtung gesehen bis zu mehreren Schiffslängen betragen kann. Direkt vor dem Schiffsbug tritt ein weiterer lokaler Aufstau ein (Stau- oder Bugwelle). Neben dem Schiff senkt sich infolge der Rückströmung der Wasserspiegel, dem das Schiff folgt (Squat oder dynamische Schiffsabsenkung). Die so entstehende Absunkmulde hat die Länge des Schiffs und reicht in Kanälen über die gesamte Breite. In seitlich unbegrenztem Fahrwasser klingt sie mit zunehmender Entfernung vom Schiff ab, wobei ihre Breite in erster Näherung dem 1,5 bis 2,0-Fachen der Schiffslänge entspricht (BAW, 2004).

Dieses Primärwellensystem wird von Sekundärwellen überlagert, die sich in einem festen Muster vom Schiff ausbreiten (Bild E 186-3). Von besonderer Be-

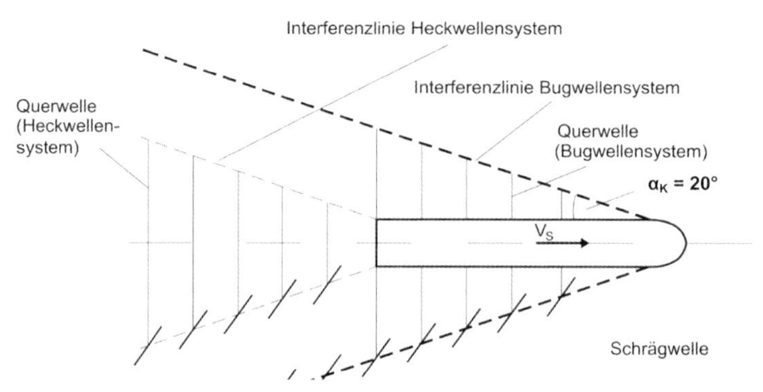

Bild E 186-3. Wellenbild, schematisch

deutung für die Belastung der Ufer sind dabei die Schrägwellen, deren Wellenkamm unter einem Winkel von 55° zur Schiffsachse verläuft.

5.9.2 Wellenhöhen

Die Auswirkungen des Schiffswellensystems auf Böschungen und Uferdeckwerke sind besonders in begrenztem Fahrwasser zu berücksichtigen. Die maßgebenden Bemessungslasten ergeben sich dabei aus der Druckzu- und -abnahme im Bereich der Absunkmulde des Primärwellensystems und der Wellenbrechung der Wellen aus dem Primär- (Heckwelle) und Sekundärwellensystem (Schrägwellen und Heckquerwellen) beim Übergang in den Flachwasserbereich an der Böschung, und zwar abhängig von der Wellenlaufrichtung. Die erforderliche Steingröße der Uferböschung ergibt sich i. d. R. aus der Belastung durch brechende Heckquerwellen oder durch Überlagerung dieser Wellen mit der Bugsekundärwelle. Stauwelle und Wasserspiegelabsenkung beeinflussen durch ihre hydrostatischen Druckänderungen die Porenwasserdrücke im Untergrund und führen über temporären Drucküberschuss im Untergrund zu einer Destabilisierung der Ufersicherung. Sie bestimmen somit i. d. R. die erforderliche Dicke des Deckwerkes (BAW, 2004).

Bei möglichen Reflexionen, beispielsweise in kurzen Abzweigungen mit senkrechtem Abschluss (Schleusenvorhäfen) oder entlang von senkrechten Ufersicherungen, können sich die Stau- oder Absenkungshöhen bis zum doppelten Wert vergrößern. Genauere Werte können in Modellversuchen ermittelt werden.

Der Zeitverlauf des Aufstaus bzw. der Absenkung ist gegebenenfalls bei durchlässigen Ufereinfassungen mit seinem Einfluss auf die Grundwasserbewegung zu berücksichtigen. Auf die möglichen Auswirkungen auf selbsttätig arbeitende Verschlüsse, beispielsweise von Deichsielen (Auf- und Zuschlagen der Tore infolge der plötzlichen Druckänderungen) sowie auf Schleusentore wird hingewiesen.

Der Aufstau vor dem Schiff kann als so genannte „Einzelwelle“ aufgefasst werden. Die Stauhöhe ist im Allgemeinen gering und überschreitet selten 0,2 m über dem Ruhewasserspiegel.

Die Höhe der Wellen auf der Interferenzlinie von Bug- und Heckschrägwellen kann nach (BAW, 2004) wie folgt abgeschätzt werden:

$$H_{\mathrm{Sek}} = A_{\mathrm{W}} \frac{v_{\mathrm{S}}^{8/3}}{g^{4/3} (u')^{1/3}} f_{\mathrm{cr}}$$

mit:

A_{W} Wellenhöhenbeiwert [–], abhängig von Schiffsform, Schiffsabmessungen Abladetiefe und Wassertiefe,

A_W = 0,25 für konventionelle Binnenschiffe und Schlepper,
A_W = 0,35 für leere, einspurige Schubverbände,
A_W = 0,80 für vollbeladene, mehrspurige Schubverbände,
f_{cr} Geschwindigkeitsbeiwert [–] (f_{cr} = 1 gültig für $v_S/v_{krit} < 0,8$),
g Erdbeschleunigung [m/s²],
H_{Sek} Sekundärwellenhöhe [m],
u' Abstand Schiffswand – Uferlinie [m],
v_S Schiffsgeschwindigkeit durchs Wasser [m/s].

Die Wasserspiegelabsenkung korrespondiert mit der Rückströmung unter und neben dem eingetauchten Schiffskörper und ist in Form und Größe von der Schiffsform, dem Schiffsantrieb, der Fahrgeschwindigkeit des Schiffs und den Fahrwasserbedingungen abhängig (Verhältnis n des rückströmungswirksamen Gewässerquerschnitts zum eingetauchten Hauptspantquerschnitt des Schiffs, Ufernähe und -form). Die maximale Absenkung überschreitet auch bei Erreichen der kritischen Schiffsgeschwindigkeit selten ca. 15 % der Wassertiefe. Bild E 186-4 und E 186-5 ermöglichen eine auf der sicheren Seite

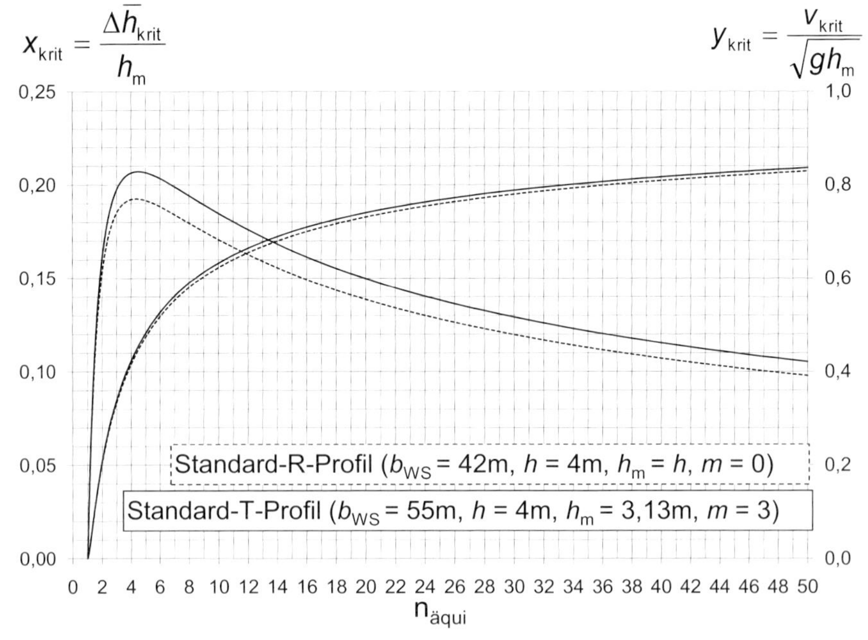

Bild E 186-4. Abhängigkeit der kritischen Schiffsgeschwindigkeit v_{krit} von der mittleren Wassertiefe hm, der Erdbeschleunigung g und des Querschnittsverhältnisses n für Kanäle mit Rechteck- (R) und Trapez(T)-Profil (n = $n_{äqui}$ für übliche Schiffs- und Kanalabmessungen) (BAW, 2010)

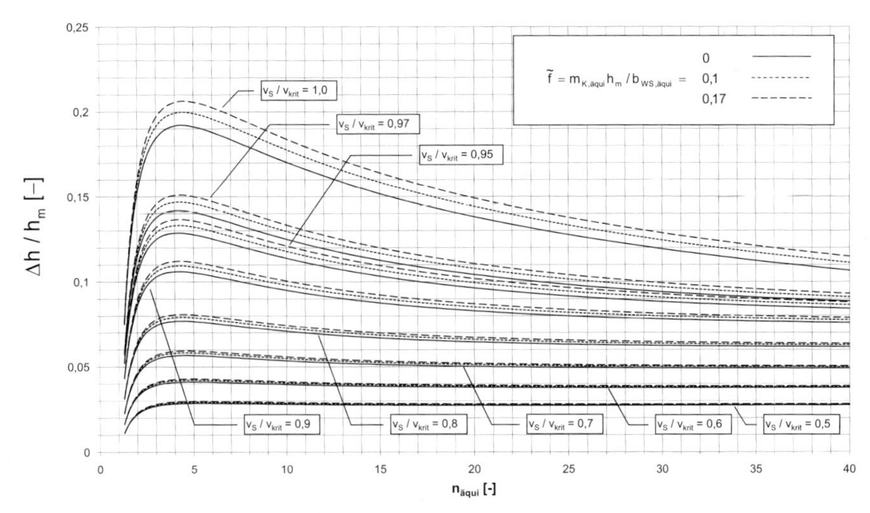

Bild E 186-5. Abhängigkeit der mittleren Wasserspiegelabsenkung Δh von der mittleren Wassertiefe h_m und der relativen, d. h. auf v_{krit} bezogenen Schiffsgeschwindigkeit v_s bei verschiedenen Querschnittsverhältnissen n ($n = n_{äqui}$ für übliche Schiffs- und Kanalabmessungen) (BAW, 2010)

liegende Abschätzung des Absunkmaßes Δh in Abhängigkeit von n und der kritischen Schiffsgeschwindigkeit. Absunk und Wellenhöhe verändern sich mit dem Abstand vom Schiff und vor allem in Ufernähe, siehe u. a. (BAW, 2004). Die ermittelten Größtwerte können als Bemessungswerte angesetzt werden.

Symbole in Bild E 186-4:

b_{WS} Wasserspiegelbreite [m],
h maximale Wassertiefe [m] im Profil,
h_m mittlere Wassertiefe [m],
Δh_{krit} zu v_{krit} gehöriger mittlerer Wasserspiegelabsunk [m],
n Querschnittsverhältnis [–],
v_{krit} kritische Schiffsgeschwindigkeit [m/s]; hydraulisch maximal mögliche Geschwindigkeit für Schiff in Verdrängerfahrt;

v_{krit} ist die kritische Schiffsgeschwindigkeit im Flachwasser bzw. bei der Kanalfahrt, bei der das vom Schiff verdrängte Wasser nicht mehr vollständig im strömenden Zustand entgegen der Fahrtrichtung nach hinten abgeführt werden kann. Es beginnt der Wechsel von strömenden zum schießenden Fließzustand (Froude-Zahl im engsten Querschnitt neben dem Schiff gleich 1). v_{krit} kann von Verdrängern i. d. R. nicht überschritten werden.

x_{krit}, y_{krit} dimensionslose Größen [–].

5.10 Wellendruck auf Pfahlbauwerke (E 159)

5.10.1 Allgemeines

Bei der Berechnung von Pfahlbauwerken sind die aus der Wellenbewegung herrührenden Lasten sowohl hinsichtlich der Belastung des Einzelpfahls als auch des gesamten Pfahlbauwerks zu berücksichtigen, sofern die örtliche Situation dies erfordert. Die Überbauten sollten möglichst oberhalb des Kamms der Bemessungswelle angeordnet werden. Andernfalls können große Horizontal- und Vertikallasten aus dem unmittelbaren Wellenangriff auf die Überbauten einwirken, deren Ermittlung nicht Gegenstand dieser Empfehlung ist, da für solche Fälle zuverlässige Werte nur aus Modelluntersuchungen gefunden werden können. Die Höhe des Kamms der Bemessungswelle ist unter Berücksichtigung des gleichzeitig auftretenden höchsten Ruhewasserspiegels, gegebenenfalls auch des Windstaus, des Gezeiteneinflusses und des Anhebens und des Aufsteilens der Wellen im Flachwasser zu ermitteln.

Für schlanke Bauteile eignet sich das Überlagerungsverfahren nach Morison/O'Brien/Johnson/Schaaf (1950), während für breitere Bauwerke Verfahren auf der Grundlage der Diffraktionstheorie von MacCamy/Fuchs (1954) verwendet werden.

Gegenstand dieser Empfehlung ist das Überlagerungsverfahren nach Morison/O'Brien/Johnson/Schaaf (1950), welches für nicht brechende Wellen gilt. Für brechende Wellen wird unter Abschnitt 5.10.5 in Ermangelung genauer Rechenansätze ein Behelfsverfahren vorgeschlagen.

Das Verfahren nach Morison liefert brauchbare Werte, wenn für den Einzelpfahl

$$\frac{D}{L} \leq 0{,}05$$

ist. Darin sind:

D Pfahldurchmesser oder bei nicht kreisförmigen Pfählen charakteristische Breite des Bauteils (Breite quer zur Anströmrichtung),

L Länge der „Bemessungswelle“ nach E 136, Abschnitt 5.6 in Verbindung mit Tabelle E 159-1, Nr. 3.

Dieses Kriterium ist meistens erfüllt.

In Tabelle E 159-1 bedeuten:

$$\vartheta = \frac{2\pi \cdot x}{L} - \frac{2\pi \cdot t}{T} = kx - \omega t \text{ (Phasenwinkel)},$$

$$k = \frac{2\pi}{L}; \qquad \omega = \frac{2\pi}{T}, \qquad c = \frac{\omega}{k}$$

Tabelle E 159-1. Lineare Wellentheorie. Physikalische Beziehungen (Wiegel 1964)

	Flachwasser $\frac{d}{L} \leq \frac{1}{20}$	Übergangsbereich $\frac{1}{20} < \frac{d}{L} < \frac{1}{2}$	Tiefwasser $\frac{d}{L} \geq \frac{1}{2}$
1. Profil der freien Oberfläche	allgemeine Gleichung $\eta = \frac{H}{2} \cdot \cos \vartheta$		
2. Wellengeschwindigkeit	$c = \frac{L}{T} = \frac{g}{\omega} kd = \sqrt{gd}$	$c = \frac{L}{T} = \frac{g}{\omega} \tanh (kd) = \sqrt{\frac{g}{k} \tanh (kd)}$	$c = \frac{L}{T} = \frac{g}{\omega} = \sqrt{\frac{g}{k}}$
3. Wellenlänge	$L = c \cdot T = \frac{g}{\omega} kdT = \sqrt{gd} \cdot T$	$L = c \cdot T = \frac{g}{\omega} \tanh (kd) \cdot T = \sqrt{\frac{g}{k} \tanh (kd)} \cdot T$	$L = c \cdot T = \frac{g}{\omega} \cdot T = \sqrt{\frac{g}{k}} \cdot T$
4. Geschwindigkeit der Wasserteilchen a) horizontal	$u = \frac{H}{2} \cdot \sqrt{\frac{g}{d}} \cdot \cos \vartheta$	$u = \frac{H}{2} \cdot \omega \cdot \frac{\cosh [k(z+d)]}{\sinh (kd)} \cdot \cos \vartheta$	$u = \frac{H}{2} \cdot \omega \cdot e^{kz} \cdot \cos \vartheta$
b) vertikal	$w = \frac{H}{2} \cdot \omega \cdot \left(1 + \frac{z}{d}\right) \sin \vartheta$	$w = \frac{H}{2} \cdot \omega \cdot \frac{\sinh [k(z+d)]}{\sinh (kd)} \cdot \sin \vartheta$	$w = \frac{H}{2} \cdot \omega \cdot e^{kz} \cdot \sin \vartheta$
5. Beschleunigung der Wasserteilchen a) horizontal	$\frac{\partial u}{\partial t} = \frac{H}{2} \cdot \omega \cdot \sqrt{\frac{g}{d}} \cdot \sin \vartheta$	$\frac{\partial u}{\partial t} = \frac{H}{2} \cdot \omega^2 \cdot \frac{\cosh [k(z+d)]}{\sinh (kd)} \cdot \sin \vartheta$	$\frac{\partial u}{\partial t} = \frac{H}{2} \cdot \omega^2 \cdot e^{kz} \cdot \sin \vartheta$
b) vertikal	$\frac{\partial w}{\partial t} = -\frac{H}{2} \cdot \omega^2 \cdot \left(1 + \frac{z}{d}\right) \cos \vartheta$	$\frac{\partial w}{\partial t} = \frac{H}{2} \cdot \omega^2 \cdot \frac{\sinh [k(z+d)]}{\sinh (kd)} \cdot \cos \vartheta$	$\frac{\partial w}{\partial t} = \frac{H}{2} \cdot \omega^2 \cdot e^{kz} \cdot \cos \vartheta$

t Zeitdauer,
T Wellenperiode,
c Wellengeschwindigkeit,
k Wellenzahl,
ω Wellenkreisfrequenz.

Im Übrigen siehe Bild E 159-1.

Für die Ermittlung der Wellenlasten wird auf Hafner (1977) und (SPM, 1984) verwiesen, in denen Tabellen und Diagramme für die Rechendurchführung enthalten sind. Die Diagramme in (SPM, 1984) bauen auf der Stromfunktion-Theorie auf und sind für Wellen unterschiedlicher Steilheiten bis an die Grenze zum Brechen hin anwendbar, während die Diagramme in Hafner (1977) nur unter den Voraussetzungen der linearen Wellentheorie gültig sind.

Zur Ermittlung der nach oben gerichteten Wellenbelastung wird auf E 217, Abschnitt 5.10.9, verwiesen.

Für Offshorebauwerke gelten andere Bemessungsverfahren, z. B. nach API (American Petroleum Institute).

5.10.2 Berechnungsverfahren nach Morison/O'Brien/Johnson/Schaaf (1950)

Die Wellenlast auf einen Einzelpfahl setzt sich aus den Anteilen Strömungsdruckkraft und Beschleunigungskraft (Trägheitskraft) zusammen, die getrennt bestimmt und phasengerecht überlagert werden müssen.

Die horizontale Gesamtlast je Längeneinheit ergibt sich nach Hafner (1977), Streeter (1961) und SPM, 1984 für einen vertikalen Pfahl zu:

$$p = p_D + p_M = C_D \cdot \frac{1}{2} \cdot \frac{\gamma_W}{g} \cdot D \cdot u \cdot |u| + C_M \cdot \frac{\gamma_W}{g} \cdot F \cdot \frac{\partial u}{\partial t}.$$

Für einen Pfahl mit Kreisquerschnitt ist danach:

$$p = C_D \cdot \frac{1}{2} \cdot \frac{\gamma_W}{g} \cdot D \cdot u \cdot |u| + C_M \cdot \frac{\gamma_W}{g} \cdot \frac{D^2 \cdot \pi}{4} \cdot \frac{\partial u}{\partial t}.$$

In diesen Formeln bedeuten:

p_D Strömungsdruckkraft infolge des Strömungswiderstands je Längeneinheit des Pfahls,
p_M Trägheitskraft infolge der instationären Wellenbewegung je Längeneinheit des Pfahls,
p Gesamtlast je Längeneinheit des Pfahls,

C_D	Widerstandsbeiwert des Strömungsdrucks,
C_M	Widerstandsbeiwert der Strömungsbeschleunigung,
g	Erdbeschleunigung,
γ_W	Wichte des Wassers,
u	horizontale Komponente der Geschwindigkeit der Wasserteilchen am betrachteten Pfahlort
$\frac{\partial u}{\partial t} \approx \frac{du}{dt}$	horizontale Komponente der Beschleunigung der Wasserteilchen am betrachteten Pfahlort,
D	Pfahldurchmesser oder (bei nicht kreisförmigen Pfählen) charakteristische Breite des Bauteils,
F	Querschnittsfläche des umströmten Pfahles im betrachteten Bereich in Strömungsrichtung.

Die Geschwindigkeit und die Beschleunigung der Wasserteilchen werden aus den Wellengleichungen errechnet. Diesen können unterschiedliche Wellentheorien zugrunde liegen. Für die lineare Wellentheorie sind die erforderlichen Beziehungen in Tabelle E 159-1 zusammengestellt. Für die Anwendung von Theorien höherer Ordnung wird auf (SPM, 1984, Kokkinowrachos (1980) und EAK, 2002) verwiesen.

5.10.3 Ermittlung der Wellenlasten an einem senkrechten Einzelpfahl

Da die Geschwindigkeiten und entsprechend die Beschleunigungen der Wasserteilchen unter anderem eine Funktion des Abstands des betrachteten Orts vom Ruhewasserspiegel sind, ergibt sich das Wellenlastbild entsprechend Bild E 159-1 aus der Berechnung der Wellendrucklast für verschiedene Werte von z.

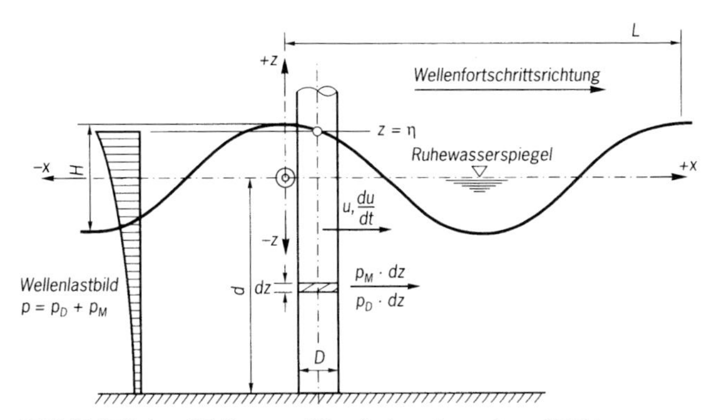

Bild E 159-1. Wellenangriff auf einen lotrechten Pfahl

Der Koordinatennullpunkt liegt in Höhe des Ruhewasserspiegels, kann in der Abszisse aber beliebig gewählt werden. In Bild E 159-1 bedeuten:

z Ordinate des untersuchten Punkts ($z = 0$ = Ruhewasserspiegel),
x Abszisse des untersuchten Punkts,
η zeitlich veränderliche Höhe des Wasserspiegels, bezogen auf den Ruhewasserspiegel (Wasserspiegelauslenkung),
d Wassertiefe unter dem Ruhewasserspiegel,
D Pfahldurchmesser,
H Wellenhöhe,
L Wellenlänge.

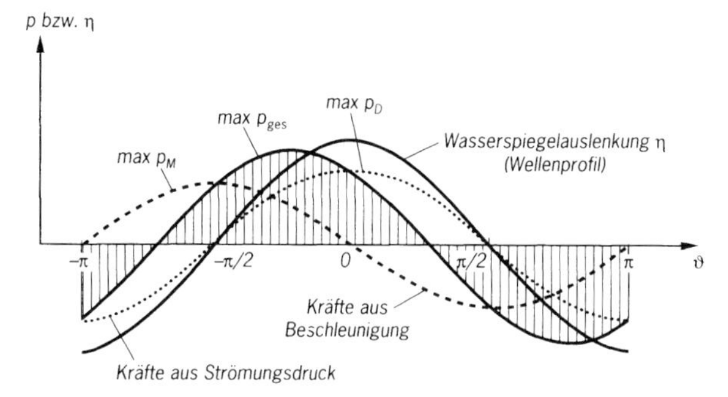

Bild E 159-2. Veränderung der Kräfte aus Strömungsdruck und Beschleunigung über eine Wellenperiode

Es ist zu beachten, dass die Komponenten der Wellenlast max p_D und max p_M phasenverschoben auftreten. Die Berechnung ist also für unterschiedliche Phasenwinkel durchzuführen und die Maximalbelastung durch eine phasengerechte Überlagerung der Komponenten aus Strömungsgeschwindigkeit und Strömungsbeschleunigung zu ermitteln. So ist beispielsweise bei Anwendung der linearen Wellentheorie die Beschleunigungskraft um 90° ($\pi/2$) phasenverschoben gegenüber der Strömungsdruckkraft, die phasengleich zum Wellenprofil liegt (Bild E 159-2).

5.10.4 Beiwerte C_D und C_M

5.10.4.1 Widerstandsbeiwert für den Strömungsdruck C_D

Der Widerstandsbeiwert für den Strömungsdruck C_D wird aus Messungen ermittelt. C_D ist abhängig von der Form des umströmten Körpers, der Reynolds-Zahl Re, der Oberflächenrauigkeit des Pfahls und dem Ausgangsturbulenzgrad

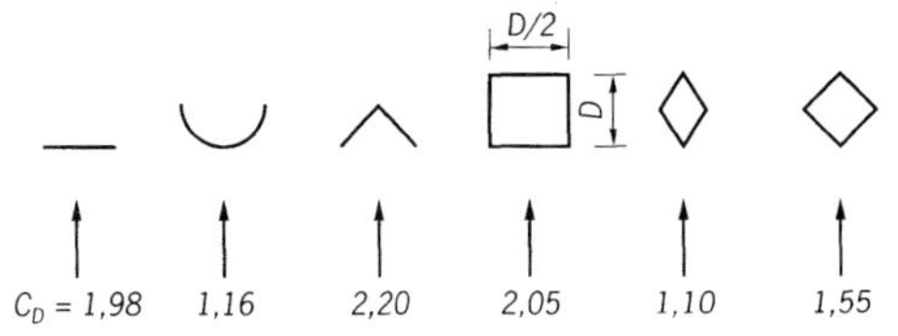

Bild E 159-3. CD-Werte von Pfahlquerschnitten mit stabilen Ablösepunkten (Hafner, 1978)

der Strömung (Hafner, 1978, Streeter, 1977 und Burkhardt 1967). Entscheidend für die Strömungsdruckkraft ist die Lage des Ablösungspunkts der Grenzschicht. Bei Pfählen, an denen der Ablösungspunkt durch Ecken oder Abreißkanten vorgegeben ist, ist der C_D-Wert praktisch konstant (Bild E 159-3).

Bei Pfählen ohne stabilen Ablösungspunkt, beispielsweise bei Kreiszylinderpfählen, ergeben sich dagegen Unterschiede zwischen einem unterkritischen Bereich der Reynolds-Zahl mit einer laminaren Grenzschicht und einem überkritischen Bereich mit turbulenter Grenzschicht.

Da in der Natur im Allgemeinen aber hohe Reynolds-Zahlen vorhanden sind, wird bei glatten Oberflächen empfohlen, einen gleich bleibenden Wert von $C_D = 0{,}7$ anzunehmen (SPM, 1984 und Hafner, 1978). Weitere Angaben finden sich in Sparboom (1986).

Bei rauen Oberflächen ist mit größeren C_D-Werten zu rechnen, vgl. z. B. Det Norske veritas, (1977).

5.10.4.2 Widerstandsbeiwert C_M für die Strömungsbeschleunigung

Mit der Potentialströmungstheorie erhält man für den Kreiszylinderpfahl den Wert $C_M = 2{,}0$, während aufgrund von Versuchen für den Kreisquerschnitt auch C_M-Werte bis 2,5 festgestellt worden sind (Dietze, 1964).

Im Normalfall kann mit dem theoretischen Wert $C_M = 2{,}0$ gearbeitet werden. Im Übrigen wird auf SPM (1984), Det Norske veritas (1977) und Sparboom (1986) hingewiesen.

5.10.5 Kräfte aus brechenden Wellen

Zurzeit existiert noch kein brauchbarer Rechenansatz, nach dem die Kräfte aus brechenden Wellen zutreffend ermittelt werden können. Man behilft sich daher für diesen Wellenbereich ebenfalls mit der MORISON-Formel, jedoch unter der Annahme, dass die Welle als Wasserpaket mit hoher Geschwindigkeit ohne Beschleunigung auf den Pfahl wirkt. Dabei wird der Trägheitsbeiwert $C_M = 0$ gesetzt, während der Strömungsdruckbeiwert auf $C_D = 1{,}75$ erhöht wird (SPM, 1984).

5.10.6 Wellenbelastung bei Pfahlgruppen

Bei der Ermittlung der Wellenbelastung von Pfahlgruppen ist der für den jeweiligen Pfahlstandort maßgebende Phasenwinkel ϑ zu berücksichtigen.

Mit den Bezeichnungen nach Bild E 159-4 ergibt sich die horizontale Gesamtbelastung für ein Pfahlbauwerk aus N Pfählen zu:

$$P_{\text{ges}} = \sum_{n=1}^{N} P_{\text{n}}(\vartheta_{\text{n}}).$$

Darin sind:

N Anzahl der Pfähle,

$P_{\text{n}}(\vartheta_{\text{n}})$ Wellenlast eines Einzelpfahls n unter Berücksichtigung des Phasenwinkels $\vartheta = k \cdot x_{\text{n}} - \omega \cdot t$,

x_{n} Abstand des Pfahls n von der y-z-Ebene.

Es muss beachtet werden, dass bei Pfählen, die dichter als etwa vier Pfahldurchmesser zusammenstehen, eine Erhöhung der Belastung für die in Wellenrichtung nebeneinander stehenden Pfähle und eine Abminderung der Belastung bei hintereinander liegenden Pfählen eintritt.

Für diesen Fall werden die in Tabelle E 159-2 zusammengestellten Korrekturfaktoren für die Belastung vorgeschlagen (Dietze (1964)).

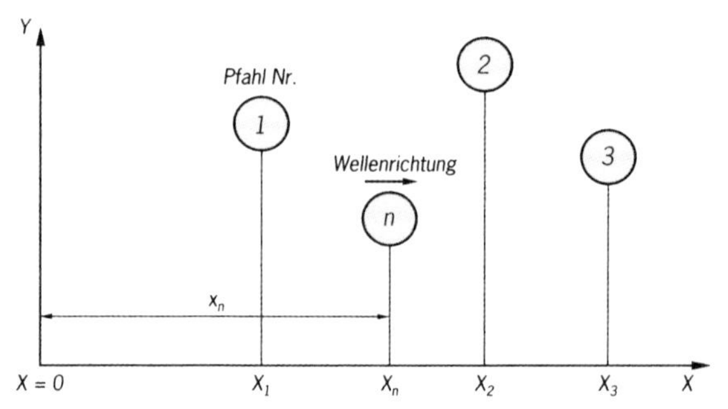

Bild E 159-4. Angaben für eine Pfahlgruppe (im Grundriss) nach (SPM, 1984)

Tabelle E 159-2. Multiplikator bei kleinen Pfahlabständen (Dietze, 1964)

Pfahlmittenabstand *e* / **Pfahldurchmesser *D***	2	3	4
für Pfähle in Reihen parallel zum Wellenkamm	1,5	1,25	1,0
für Pfähle in Reihen senkrecht zum Wellenkamm	0,7*)	0,8*)	1,0

*) Abminderung gilt nicht für den vordersten, dem Wellenangriff direkt ausgesetzten Pfahl.

5.10.7 Geneigte Pfähle

Bei geneigten Pfählen ist zusätzlich zu beachten, dass der Phasenwinkel ϑ für die Ortskoordinaten x_0, y_0, z_0 der einzelnen Pfahlabschnitte d_s verschieden ist.

Damit ist der Druck auf den Pfahl am betrachteten Ort mit den Koordinaten x_0, y_0 und z_0 nach Bild E 159-5 zu ermitteln.

Die örtliche Kraft infolge Strömung und Beschleunigung der Wasserteilchen $p \cdot d_s$ auf das Pfahlelement d_s ($p = f\,[x_0, y_0, z_0]$) kann nach SPM (1984) der Horizontalkraft auf einen senkrechten Ersatzpfahl an der Stelle (x_0, y_0, z_0) gleichgesetzt werden. Bei größerer Pfahlneigung ist aber zu überprüfen, ob die Belastungsermittlung unter Berücksichtigung der senkrecht zur Pfahlachse wirkenden Komponenten der resultierenden Geschwindigkeit

$$v = \sqrt{u^2 + w^2}$$

und der resultierenden Beschleunigung

$$\frac{\partial v}{\partial t} = \sqrt{\left(\frac{\partial u}{\partial t}\right)^2 + \left(\frac{\partial w}{\partial t}\right)^2}$$

ungünstigere Werte liefert.

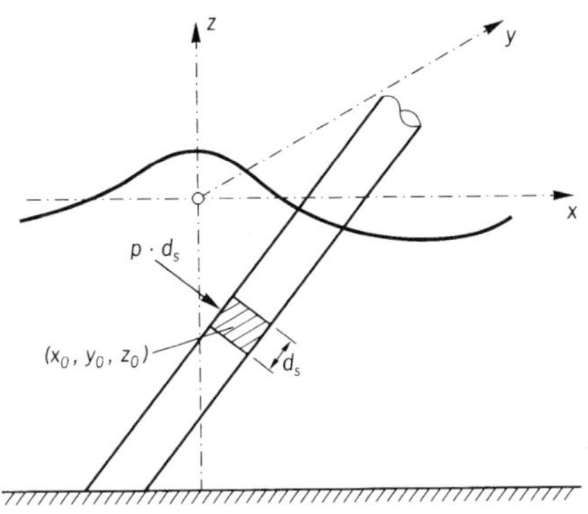

Bild E 159-5. Zur Berechnung der Wellenlasten auf einen geneigten Pfahl (SPM, 1984)

5.10.8 Sicherheitsbeiwerte

Die Bemessung von Pfahlbauwerken gegen Wellenangriff ist stark abhängig von der Wahl der „Bemessungswelle" (E 136, Abschnitt 5.6 in Verbindung mit Tabelle E 159-1, Nr. 3). Von Einfluss sind weiter die verwendete Wellentheorie und die dieser zugeordneten Beiwerte C_D und C_M.

Das gilt insbesondere für Pfahlbauwerke in flachem Wasser. Zur Berücksichtigung derartiger Unsicherheiten wird in Anlehnung an (SPM, 1984) empfohlen, die errechneten Lasten mit erhöhten Teilsicherheitsbeiwerten zu multiplizieren.

Hieraus folgt, dass bei seltenem Auftreten der „Bemessungswelle", also im Normalfall mit Tiefwasserbedingungen, die daraus ermittelte Wellenlast auf Pfähle mit einem Teilsicherheitsbeiwert $\gamma_d = 1{,}5$ zu vergrößern ist. Bei häufigem Auftreten der „Bemessungswelle", was unter Flachwasserbedingungen meist der Fall ist, wird als Teilsicherheitsbeiwert $\gamma_d = 2{,}0$ empfohlen.

Hinsichtlich der Möglichkeit des Ansatzes der Beiwerte C_D und C_M in Abhängigkeit von der REYNOLDS- und der KEULEGAN-CARPENTER-Zahl und einer entsprechenden Abminderung des Teilsicherheitsbeiwerts wird auf Sparboom (1986) und EAK, (2002) verwiesen.

Kritische Schwingungen können bei Pfahlkonstruktionen gelegentlich auftreten, besonders wenn Ablösewirbel quer zur Anströmrichtung wirken oder die Eigenfrequenz des Bauwerks in der Nähe der Wellenperiode liegt und dadurch Resonanzerscheinungen auftreten. Hierbei können regelmäßige Wellen, die niedriger als die „Bemessungswelle" sind, ungünstiger wirken. In solchen Fällen sind besondere Untersuchungen erforderlich.

5.10.9 Vertikale Wellenbelastung („Wave Slamming")

Horizontale Bauteile, die in der Nähe des Wasserspiegels liegen, können erhebliche vertikal nach oben gerichtete Belastungen erfahren, wenn die Wellen das Bauteil erreichen. Dieser Vorgang wird als „Wave Slamming" bezeichnet, er ruft hohe stoßartige Lasten hervor. Wegen ihrer erheblichen Größe wird im Allgemeinen versucht, durch höhere oder geneigte Anordnung der Bauteile Wave Slamming ganz zu vermeiden.

5.10.9.1 Ermittlung der erforderlichen Höhenlage der Bauteile

Um Wave Slamming auf horizontale Platten, wie z. B. Decks von Landungsbrücken oder Offshore-Plattformen, zu vermeiden, wird üblicherweise für die Unterseite der Decksstruktur eine Höhenlage gewählt, die ca. 1,5 m über der Kammlage der Entwurfswelle liegt (so genannter „Air-Gap Approach"). Die

Kammlage wird für die maximale Wellenhöhe H_{max} des dem Entwurf zugrunde liegenden Sturmereignisses (üblicherweise 1,6 bis 2,0 H_s) unter Berücksichtigung des Entwurfswasserstands ermittelt. Die nach Fourier Wellentheorie von Rienecker/Fenton (1981) prognostizierte Kammlage kann nach Muttray (2000) abgeschätzt werden mit:

$$h_{cr} = h_{DWL} + H_{max} \left[\frac{1}{2} + \frac{1}{3} \frac{\Pi}{3\Pi + 1/2} + \frac{1}{6} \frac{\Pi^2}{\Pi^2 + 1/30} \right]$$

$$\text{darin} \quad \Pi = \frac{H_{max}}{L} \coth^3 \left(\frac{2\pi}{L} d \right)$$

mit:

h_{cr}	Kammlage [m],
h_{DWL}	Entwurfswasserstand [m],
H_{max}	maximale Wellenhöhe [m],
Π	Nichtlinearitäts-Parameter [-],
L	Wellenlänge [m] (nach linearer Wellentheorie),
d	Wassertiefe [m].

5.10.9.2 Abschätzung der Belastung von Bauteilen durch Wave Slamming

Aus funktionellen oder wirtschaftlichen Gründen, z. B. bei sehr hohen Entwurfswellenhöhen, kann es schwierig sein, die Bauteile hoch genug über der Kammlage anzuordnen. In diesen Fällen müssen die betroffenen Bauteile gegen vertikale Wellenbelastungen bemessen werden. Die im Folgenden vorgestellten Berechnungsverfahren für die vertikalen Belastungen aus Wave Slamming eignen sich für Vorentwürfe, zu ihrer Überprüfung bzw. für die Ausführungsplanung werden Modellversuche in möglichst großem Maßstab empfohlen. Ähnlich wie bei Untersuchungen mit brechenden Wellen sollte wegen der Nachbildung des Luftanteils im Wasser die Wellenhöhe im Modell mindestens 0,5 m betragen.

Von unten auf horizontale Flächen wirkende vertikale Wellenkräfte sind vergleichbar mit horizontalen Druckschlagbelastungen brechender Wellen auf vertikale Wände oder Pfähle. In der Regel setzt sich die Kraftwirkung aus einem stoßartigen, dynamischen Lastanteil von nur sehr kurzer Dauer und einem periodischen, quasi-statischen Lastanteil zusammen. Beim ersten Kontakt zwischen Welle und Bauteil entstehen hohe Druckspitzen, die jedoch nur kurzzeitig und auf eine relativ kleine Fläche wirken. Der anschließende periodische Wellendruck wirkt auf eine größere Fläche, deren Ausdehnung sich beim Passieren der Welle ändert.

5.10.9.3 Bemessungsansatz für horizontale zylindrische Bauteile

Ein einfacher Ansatz zur Abschätzung der vertikalen Wellenkräfte wurde für horizontale zylindrische Bauteile bei fachwerkförmigen Offshore-Plattformen entwickelt. Die vertikale Kraft F_S wird hier als Linienlast beschrieben:

$$F_S = \frac{1}{2} \rho_w C_S D w |w| \tag{5.2}$$

mit:

F_S vertikale Kraft pro Längeneinheit [kN/m],
ρ_w Dichte des Wassers [t/m³],
C_S Slamming-Koeffizient [-],
D Durchmesser des zylindrischen Bauteils [m],
w vertikale Geschwindigkeit der Wasseroberfläche [m/s].

Dabei wird angenommen, dass die Druckspitze durch die dreidimensionale Bewegung der Wasseroberfläche im natürlichen Seegang sowie durch Lufteinschlüsse und Lufteintrag abgemindert wird.

Für Kreiszylinder wurden Slamming-Koeffizienten C_S im Bereich zwischen dem 0,5- und 1,7-Fachen des theoretischen Wertes von $C_S = \pi$ in Modellversuchen ermittelt. Ein Slamming-Koeffizient von $C_S \geq 3{,}0$ wird für die statische Bemessung empfohlen. Die dynamisch (also kurzzeitig) auftretenden Lastspitzen können mit einem Koeffizienten in der Größenordnung von $C_S = 4{,}5$–6 abgeschätzt werden. Weitergehende Angaben zur Größe des Slamming-Koeffizienten enthalten (British Standard 6349-1, 2000) und (Det Norske Verita, 1991). Die Bewegung der Wasseroberfläche kann mit verschiedenen Wellentheorien (lineare oder nichtlineare Theorien) abgeschätzt werden (siehe dazu auch E 159 bzw. die im Folgenden aufgeführte Gleichung (5.5).

5.10.9.4 Bemessungsansatz für horizontale Platten

Es gibt keinen allgemein anerkannten Bemessungsansatz für die vertikalen Wellenkräfte aus Wave Slamming auf horizontale Platten. Für den Vorentwurf kann folgender einfache analytische Ansatz zur näherungsweisen Ermittlung vertikaler Wellenkräfte auf ein Deck nach Tanimoto/Takahashi (1978) und Ridderbos (1999) herangezogen werden: Der dynamische Wellendruck (Druckschlag) wird danach maßgeblich durch den Kontaktwinkel β zwischen Wasserspiegel und Deck beeinflusst (beim ersten Kontakt zwischen Welle und Deck, s. Bild E 217-1). Der gesamte Wellendruck ergibt sich aus der Summe des quasi-statischen und des dynamischen Druckanteils:

$$p = p_0 + p_S \tag{5.3}$$

$$p_0 = C_0 \rho_w g(\eta - R_c) \tag{5.4}$$

$$p_S = \frac{1}{2}\rho_w C_S w^2$$

$$C_S = \min\left\{1 + \left(\frac{\pi}{2}\cot\beta\right)^2;\ 300\right\} \tag{5.5}$$

$$w = c \sin\beta$$

mit:

- p Wellendruck (gesamt) [kN/m²],
- p_0 quasi-statischer Druckanteil [kN/m²],
- p_S dynamischer Druckanteil [kN/m²],
- η Wasserspiegelauslenkung [m],
- R_c Freibord des Decks (über Entwurfswasserstand) [m],
- ρ_w Dichte des Wassers [kg/m³],
- C_0 quasi-statischer Druckkoeffizient [–] ($C_0 = 1$),
- w vertikal nach oben gerichtete Geschwindigkeitskomponente der Wasserteilchen an der Wellenoberfläche,
- C_S Slamming-Koeffizient [–] ($C_S \leq 300$),
- β Kontaktwinkel zwischen Wellenfront und Deck [°],
- c Wellengeschwindigkeit [m/s]; $c = L/T$ mit Wellenperiode T [s] und Wellenlänge L [m] (nach linearer Wellentheorie).

Die maximale quasi-statische Druckbelastung tritt unter dem Wellenkamm auf (Gleichung (5.4)).

Die resultierende quasi-statische Wellenkraft (pro Einheitsbreite) ergibt sich aus der Integration des Wellendrucks p_0 (Gleichung (5.4)) entlang der Kontaktfläche zwischen Wellenberg und Deck. Die Länge der Kontaktfläche l variiert während der Wellenpassage ($l = ct$) und wird durch die Geometrie des Wellenprofils bzw. des Decks (mit Decklänge b) begrenzt. Die Wasserspiegelauslen-

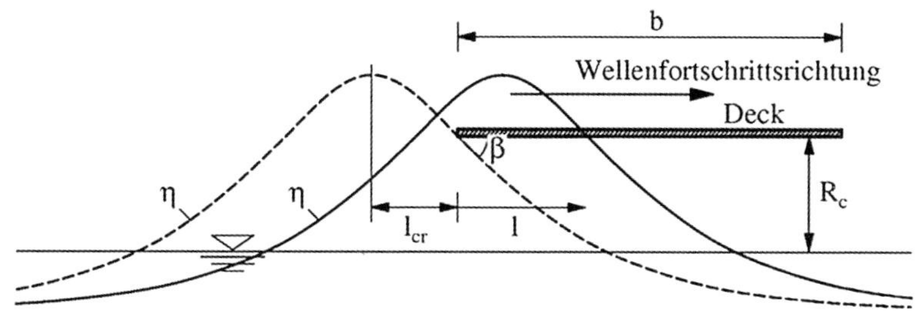

Bild E 217-1. Definitionsskizze für Slamming-Ansatz

kung $\eta(x, t)$ kann Bild E 217-2 oder Tabelle E 217-1 entnommen werden. Für die Bemessung ist ein Koeffizient $C_0 = 1$ empfohlen.

Der Maximalwert des dynamischen Belastungsanteils kann nach Gleichung (5.5) ermittelt werden. Kennzeichnend sind der schnelle Druckanstieg und ein exponentieller Druckabfall. Die maximale Druckbelastung wandert entlang der Deckstruktur; die räumliche Ausdehnung des Spitzendrucks ist dabei jedoch sehr begrenzt. Der dynamische Spitzendruck p_s ist deswegen nur bei der Bemessung von (kleinräumigen) Bauteilen unterhalb des Decks zu berücksichtigen.

Die resultierende dynamische Wellenkraft (pro Einheitsbreite) F_S auf das Deck kann nach Kaplan 1992 und Broughton/Horn 1987 näherungsweise ermittelt werden:

$$F_S = \frac{\pi}{4} \rho_w w c l'; \qquad l' = \min\{l, l_{cr}, b\} \tag{5.6}$$

wobei l die Länge der Kontaktfläche beschreibt ($l = ct$), b die Länge des Decks angibt (in Wellenfortschrittsrichtung) und l_{cr} für den horizontalen Abstand zwischen Wellenkamm und dem ursprünglichen Kontaktpunkt zwischen Welle und Deck steht (Bild E 217-1). Nachdem der Wellenkamm die Front des Decks passiert hat, tritt eine dynamische Druckbelastung nicht mehr auf. Deswegen ist l' immer kleiner/gleich l_{cr}.

Das Wellenprofil und der Kontaktwinkel (nach Fourier Wellentheorie Rienecker/Fenton, 1981) können mithilfe der dimensionslosen Darstellungen in Bild E 217-2 und in Tabelle E 217-1 ermittelt werden. Dabei variiert das normierte Wellenprofil mit dem Nichtlinearitäts-Parameter Π; das tatsächliche Wellenprofil ergibt sich durch Multiplikation der tabellierten Werte mit der tatsächlichen Wellenlänge L. Der Nichtlinearitäts-Parameter kann unter Verwendung der Wellenlänge nach linearer Wellentheorie berechnet werden (Gleichung (5.1)).

Tabelle E 217-1. Wellenprofil (links) und Kontaktwinkel (rechts) nach Fourier Wellentheorie

Abstand x/L [–]	Nichtlinearitäts-Parameter $\boldsymbol{\Pi}$ [–]						Höhe η/H [–]	Nichtlinearitäts-Parameter $\boldsymbol{\Pi}$ [–]					
	0.1	0.2	0.3	0.4	0.5	0.6		0.1	0.2	0.3	0.4	0.5	0.6
	relative Wasserspiegelauslenkung $\boldsymbol{\eta}/H$ [–]							Kontaktwinkel $\boldsymbol{\beta}/H$ [°]					
–0.5	–0.40	–0.31	–0.25	–0.21	–0.18	–0.16	0.8				0.0	8.4	8.7
–0.4	–0.36	–0.29	–0.24	–0.20	–0.18	–0.16	0.7		0.0	11.9	15.6	17.2	17.5
–0.3	–0.21	–0.22	–0.20	–0.18	–0.17	–0.16	0.6	0.0	10.7	16.5	18.8	19.9	19.6
–0.2	0.06	–0.03	–0.08	–0.10	–0.11	–0.12	0.5	6.0	13.1	17.0	18.3	19.0	19.2
–0.1	0.41	0.35	0.27	0.21	0.17	0.14	0.4	7.5	13.4	16.2	16.4	17.1	16.0
0	0.60	0.69	0.75	0.79	0.82	0.84	0.3	8.1	12.9	14.5	14.7	14.3	13.7
0.1	0.41	0.35	0.27	0.21	0.17	0.14	0.2	8.1	11.8	13.0	13.5	12.4	11.2
0.2	0.06	–0.03	–0.08	–0.10	–0.11	–0.12	0.1	7.6	10.4	10.9	10.6	10.5	9.6
0.3	–0.21	–0.22	–0.20	–0.18	–0.17	–0.16	0.0	7.0	8.4	8.3	6.8	6.5	5.9
0.4	–0.36	–0.29	–0.24	–0.20	–0.18	–0.16	–0.1	6.0	6.2	5.3	4.3	3.7	2.9
0.5	–0.40	–0.31	–0.25	–0.21	–0.18	–0.16	–0.2	4.9	3.9	1.9	0.3		
							–0.3	3.4	0.8				
							–0.4	0.5					

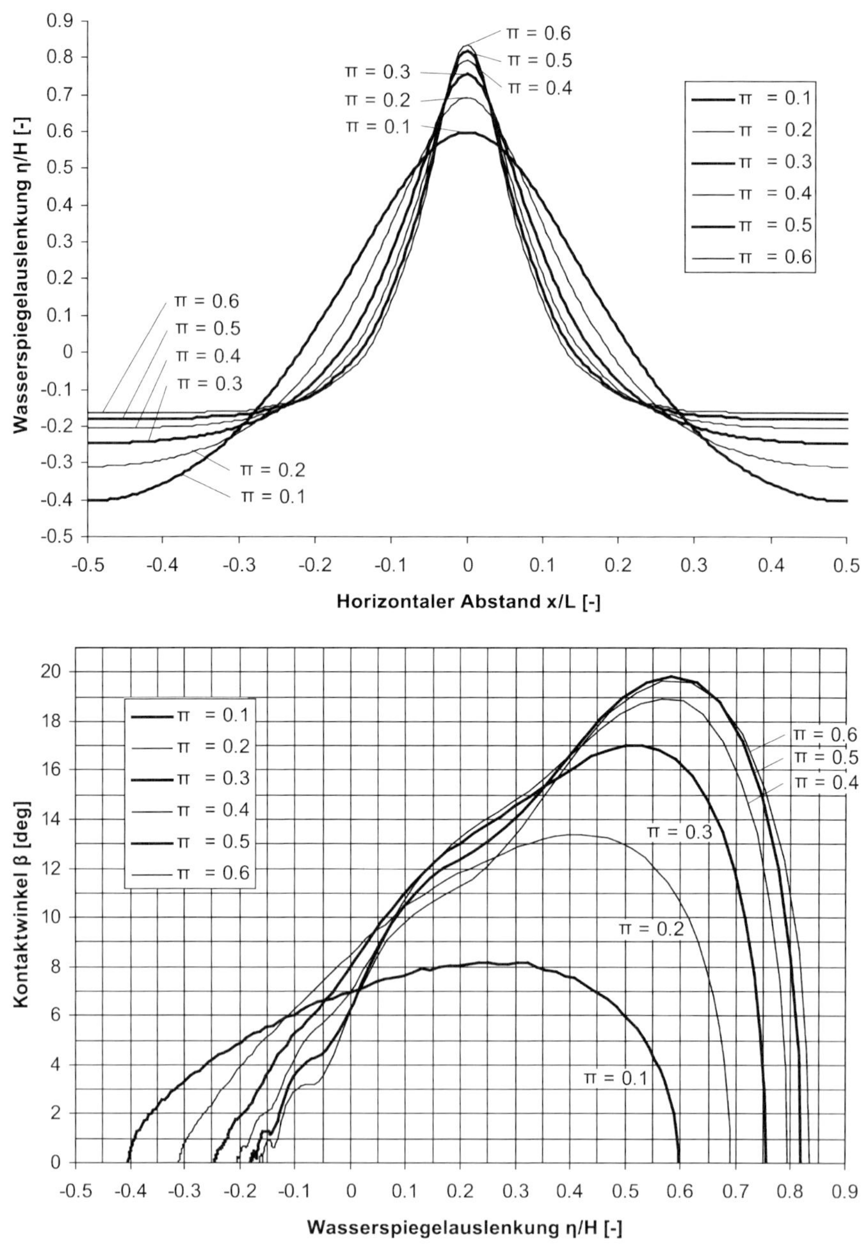

Bild E 217-2. Wellenprofil (oben) und Kontaktwinkel (unten) nach Fourier Wellentheorie

5.10.9.5 Konstruktive Hinweise

Vertikale Wellenkräfte aus Wave Slamming können durch die Wahl einer offenen, durchlässigen Deckstruktur (z. B. Gitterroste) reduziert werden. Schäden durch Wave Slamming können darüber hinaus durch einen Deckaufbau mit losen Deckplatten begrenzt werden, diese werden dann durch große Wellen angehoben und verschoben.

5.11 Windlasten auf vertäute Schiffe und deren Einflüsse auf die Bemessung von Vertäu- und Fendereinrichtungen in Seehäfen (E 153)

5.11.1 Allgemeines

Diese Empfehlung gilt als Ergänzung zu den Vorschlägen und Hinweisen, die sich mit der Planung, dem Entwurf und der Bemessung von Fender- und Vertäueinrichtungen befassen, insbesondere zu E 12, Abschnitt 5.12, E 111, Abschnitt 13.2 und E 128, Abschnitt 13.3.

Die Belastungen für Vertäueinrichtungen – wie Poller oder Sliphaken mit den zugehörigen Verankerungen, Gründungen, Stützbauwerken usw. –, die sich nach dieser Empfehlung ergeben, ersetzen die Lastgrößen nach E 12, Abschnitt 5.12 nur dann, wenn die Einflüsse aus Dünung, Wellen und Strömung am Schiffsliegeplatz vernachlässigt werden können. Sonst müssen letztere besonders nachgewiesen und zusätzlich berücksichtigt werden.

E 38, Abschnitt 5.2 wird von dieser Empfehlung nicht berührt. Bei der Ermittlung der dort behandelten „normalen Anlegedrücke" bleibt daher der Bezug auf E 12, Abschnitt 5.12.2 ohne Einschränkung gültig.

5.11.2 Maßgebende Windgeschwindigkeit

Wegen der Massenträgheit der Schiffe ist nicht die kurzzeitige Spitzenböe (Größenordnung Sekunde) für die Ermittlung von Trossenzugkräften maßgeblich, sondern der mittlere Wind in einem Zeitraum T. Für Schiffe bis 50.000 dwt sollte T zu 0,5 min und für größere Schiffe T zu 1,0 min gewählt werden. Die Windstärke des über den Zeitraum von einer Minute gemittelten maximalen Windes liegt in der Regel bei 75 % des Sekundenwertes.

Für die Ermittlung der maßgebenden Windgeschwindigkeit ist es empfehlenswert, Windmessungen zu verwenden. Liegen solche nicht in unmittelbarer Nähe vor, können unter Berücksichtigung der Orographie die Windmessungen aus weiter entfernten Messstationen mittels Interpolations- oder numerischer Berechnungsverfahren herangezogen werden. Die Zeitreihe der Windmessungen sollte zur Erstellung einer Extremwertstatistik genutzt werden. Für den Bemessungswert wird ein Wiederkehrintervall von 50 Jahren empfohlen.

Sofern für den Bereich des Schiffsliegeplatzes keine anderen spezifischen Angaben über die Windverhältnisse vorliegen, können als maßgebende Windgeschwindigkeiten ν für alle Windrichtungen die Werte nach DIN 1055, Teil 4 angesetzt werden.

Diese Ausgangsgröße kann nach Windrichtungen differenziert werden, sofern hierüber genaue Daten zur Verfügung stehen.

5.11.3 Windlasten auf das vertäute Schiff

Die angegebenen Lasten sind charakteristische Werte.

Windlastkomponenten:

$$W_t = (1 + 3{,}1 \sin \alpha) \cdot k_t \cdot A_W \cdot \nu^2 \cdot \varphi$$

$$W_l = (1 + 3{,}1 \sin \alpha) \cdot k_l \cdot A_W \cdot \nu^2 \cdot \varphi.$$

Ersatzlasten für $W_t = W_{tb} + W_{th}$:

$$W_{tb} = W_t \cdot (0{,}50 + k_e)$$

$$W_{th} = W_t \cdot (0{,}50 - k_e).$$

(Kräfteschema in Bild E 153-1).

Darin bedeuten:

A_W	Windangriffsfläche,
v	maßgebende Windgeschwindigkeit,
W_t und W_l	Windlastkomponenten,
k_t und k_l	Windlastkoeffizienten,
k_e	Exzentrizitätskoeffizient,
φ	1,25; Faktor beinhaltet dynamische und andere nicht erfassbare Einflüsse.

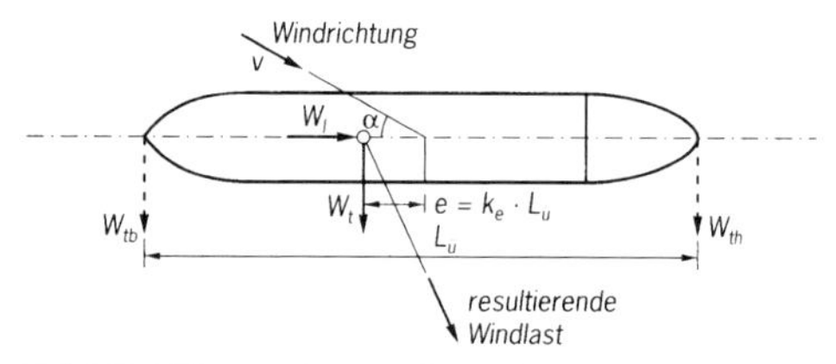

Bild E 153-1. Ansatz der Windlasten auf das vertäute Schiff

Tabelle E 153-1. Last– und Exzentrizitätskoeffizienten für Schiffe bis 50.000 dwt

Schiffe bis zu 50.000 dwt			
α [°]	k_t [kN · s²/m⁴]	k_e [–]	k_l [kN · s²/m⁴]
0	0	0	$9{,}1 \cdot 10^{-5}$
30	$12{,}1 \cdot 10^{-5}$	0,14	$3{,}0 \cdot 10^{-5}$
60	$16{,}1 \cdot 10^{-5}$	0,08	$2{,}0 \cdot 10\ ^{5}$
90	$18{,}1 \cdot 10^{-5}$	0	0
120	$15{,}1 \cdot 10^{-5}$	–0,07	$-2{,}0 \cdot 10^{-5}$
150	$12{,}1 \cdot 10^{-5}$	–0,15	$-4{,}1 \cdot 10^{-5}$
180	0	0	$-8{,}1 \cdot 10^{-5}$

Tabelle E 153-2. Last- und Exzentrizitätskoeffizienten für Schiffe über 50.000 dwt

Schiffe über 50.000 dwt			
α [°]	k_t [kN · s²/m⁴]	k_e [–]	k_l [kN · s²/m⁴]
0	0	0	$9{,}1 \cdot 10^{-5}$
30	$11{,}1 \cdot 10^{-5}$	0,13	$3{,}0 \cdot 10^{-5}$
60	$14{,}1 \cdot 10^{-5}$	0,07	$2{,}0 \cdot 10^{-5}$
90	$16{,}1 \cdot 10^{-5}$	0	0
120	$14{,}1 \cdot 10^{-5}$	–0,08	$-2{,}0 \cdot 10^{-5}$
150	$11{,}1 \cdot 10^{-5}$	–0,16	$-4{,}0 \cdot 10^{-5}$
180	0	0	$-8{,}1 \cdot 10^{-5}$

Die Windangriffsfläche ergibt sich aus dem jeweils ungünstigsten betrachteten Beladungszustand, einschließlich einer eventuell vorhandenen Decksladung.

Die Last- bzw. Exzentrizitätskoeffizienten können nach internationalen Erfahrungen gemäß den Tabellen E 153-1 und E 153-2 angesetzt werden.

Hinzuweisen ist auf Tabellen in (PIANC, 2002) zu genaueren Daten verschiedener Schiffstypen.

5.11.4 Belastung von Vertäu- und Fendereinrichtungen

Für die Ermittlung der Vertäu- und Fenderkräfte ist ein statisches Berechnungssystem einzuführen, das durch das Schiff, die Trossen und die Vertäu- bzw. Fenderbauwerke gebildet wird. Die Elastizität der Trossen, die von Material, Querschnitt und Länge abhängig ist, ist ebenso zu berücksichtigen wie die Neigung der Trossen in horizontaler und vertikaler Richtung bei variablen Belastungs- und Wasserstandsverhältnissen. Bei allen Stütz- und Lagerpunkten des statischen Systems ist die Elastizität der Vertäu- und Fenderbauwerke zu erfassen.

Verankerte Spundwände und Bauwerke mit Schrägpfahlgründung können dabei als starre Elemente betrachtet werden. Zu beachten ist, dass sich das statische System verändern kann, wenn bei bestimmten Lastsituationen einzelne Leinen lose fallen oder Fender unbelastet bleiben.

Die windabschirmende Wirkung von Bauwerken und Anlagen darf in angemessener Weise berücksichtigt werden.

5.12 Anordnung und Belastung von Pollern für Seeschiffe (E 12)

5.12.1 Anordnung

Mit Rücksicht auf möglichst einfache und klare statische Verhältnisse wird bei Ufermauern und Pfahlrostmauern aus Beton oder Stahlbeton der Pollerabstand mit rd. 30 m gewählt. Werden Blockfugen angeordnet, sollten die Poller in den Blöcken symmetrisch angeordnet werden.

Der Abstand der Poller von der Uferlinie ist in E 6, Abschnitt 6.1.2 angegeben.

Die Poller können als Einzel- oder als Doppelpoller ausgebildet werden. Sie können gleichzeitig mehrere Trossen aufnehmen. Sie sollten so konstruiert sein, dass eine Reparatur oder ein Auswechseln leicht möglich ist.

Alle Poller sollten eine deutliche Beschriftung mit der Angabe der maximalen Trossenlast haben.

5.12.2 Belastung

Da die auf einen Poller aufgelegten Trossen im Allgemeinen nicht gleichzeitig voll gespannt sind und sich die Trossenkräfte in ihrer Wirkung zum Teil gegenseitig aufheben, können – unabhängig von der Anzahl der aufgelegten Trossen – sowohl bei Einzel- als auch bei Doppelpollern Pollerzuglasten nach Tabelle E 12-1 angesetzt werden:

Tabelle E 12-1. Festlegung der Pollerzuglasten für Seeschiffe

Wasserverdrängung [t]	Pollerzuglast [kN]
bis 10.000	300
bis 20.000	600
bis 50.000	800
bis 100.000	1.000
bis 200.000	2.000
bis 250.000	2.500
> 250.000	> 2.500

Die angegebenen Lasten sind charakteristische Werte. Für die Bemessung des Pollers und seines Anschlusses an das Bauwerk sind die Teilsicherheiten für Belastung und Materialfestigkeit gemäß Abschnitt 13 anzusetzen. Die Bemessung der Verankerung des Pollers im Bauwerk ist mit der 1,5-fachen Last durchzuführen, um sicherzustellen, dass die Kaikonstruktion nach dem Abreißen eines Pollers nicht beschädigt wird. Bei Großschiffsliegeplätzen mit starker Strömung sollten, beginnend für Schiffe von 50.000 t Wasserverdrängung, die Pollerzuglasten nach Tabelle E 12-1 um 25 % erhöht werden.

5.12.3 Richtung der Pollerzuglast

Die Pollerzuglast kann nach der Wasserseite hin in jedem beliebigen Winkel wirken. Eine Pollerzuglast zur Landseite hin wird nicht angesetzt, es sei denn, dass der Poller auch für eine dahinter liegende Ufereinfassung benötigt wird oder dass er als Eckpoller besondere Aufgaben zu erfüllen hat. Bei der Berechnung des Uferbauwerks wird die Pollerzuglast üblicherweise waagerecht wirkend angesetzt.

Bei der Berechnung des Pollers selbst und seiner Anschlüsse an das Uferbauwerk sind auch nach oben gerichtete Schrägneigungen bis zu 45° mit entsprechender Pollerzuglast zu berücksichtigen.

5.13 Anordnung, Ausbildung und Belastungen von Pollern in Binnenhäfen (E 102)

Diese Empfehlung ist so weit DIN 19703 „Schleusen der Binnenschifffahrtsstraße – Grundsätze für Abmessungen und Ausrüstung“ angepasst, als deren Grundsätze auf Ufereinfassungen übertragen werden können.

Für die Festmacheeinrichtungen wird zusammenfassend der Begriff Poller gebraucht. Darunter fallen Kantenpoller, Nischenpoller, Dalbenpoller, Haltekreuze, Haltebügel, Festmacheringe und dergleichen.

5.13.1 Anordnung und Ausbildung

In Binnenhäfen sollen Schiffe mit drei Trossen, so genannten Drähten, am Ufer festgemacht werden, und zwar mit dem Vorausdraht, dem Laufdraht und dem Achterdraht. Hierfür sind am Ufer ausreichend Poller vorzusehen.

Poller müssen auf und oberhalb der Hafenbetriebsebene angeordnet werden, wobei sie mit der Oberkante über HSW und, soweit möglich, über HHW hinausreichen sollen. Der Durchmesser solcher Poller soll größer als 15 cm sein. Wenn der Poller nicht über HHW hinausreicht, ist durch eine Quersprosse das Abgleiten der Trosse zu verhindern. Außer den Pollern an der Oberkante des Ufers müssen in Flusshäfen – entsprechend den örtlichen Wasserstandsschwankungen – weitere Poller in verschiedenen Höhenlagen angeordnet werden. Nur dann können bei jedem Wasserstand und jeder Freibordhöhe die Schiffe vom Schiffspersonal ohne Schwierigkeiten festgemacht werden.

Die Poller in unterschiedlichen Höhen liegen bei senkrechten Uferwänden jeweils in einer Reihe lotrecht übereinander. Die Lage der Reihen richtet sich nach der Lage der Steigeleitern. Um ein Überspannen der Leitern zu vermeiden, wird neben jeder Steigeleiter links und rechts im Achsabstand von etwa 0,85 bis 1,00 m bei Massivwänden und einem Doppelbohlenabstand bei Spundwänden zur Leiterachse je eine Pollerreihe angeordnet. Der Abstand der Steigeleitern bzw. der Pollerreihen sollte etwa 30 m betragen. Bei Stahlspundwänden wird das genaue Achsmaß durch das Systemmaß der Bohlen, bei Massivwänden ggf. durch die Blocklänge bestimmt, wenn Blockfugen angeordnet werden.

Der unterste Poller wird etwa 1,50 m über NNW, im Tidegebiet über MSpTnw angeordnet (bei Binnenschifffahrtsschleusen maximal 1,0 m über niedrigstem Unterwasserstand). Der lotrechte Abstand zwischen diesem und der Oberkante der Uferwand wird durch weitere Poller im Abstand von 1,30 bis 1,50 m (im Grenzfall bis 2,00 m) unterteilt.

Bei Uferbauten aus Stahlbeton werden die Poller in Nischen angeordnet, deren Gehäuse, mit Anschlussankern versehen, einbetoniert werden. Bei Stahlspundwänden können die Poller angeschraubt oder angeschweißt werden. Die Vorderkante des Pollerzapfens soll 5 cm hinter der Vorderkante der Uferwand liegen. Damit die Schiffstrossen leicht aufgelegt und wieder abgenommen werden können, ist seitlich hinter und über dem Pollerzapfen ein entsprechender Abstand zu halten. Um eine Beschädigung der Trossen und der Uferkonstruktion zu vermeiden, sind die Übergangskanten zur Flucht der Uferwand abzurunden.

Bei teilgeböschten und geböschten Ufern werden die Poller beidseitig neben den Treppen (Bild E 102-1) angeordnet. Die Treppen befinden sich in der Verlängerung der Leitern.

Bei dieser Anordnung wird das Pollerfundament zweckmäßig unter der Treppe hindurch gemeinsam für beide Poller ausgeführt.

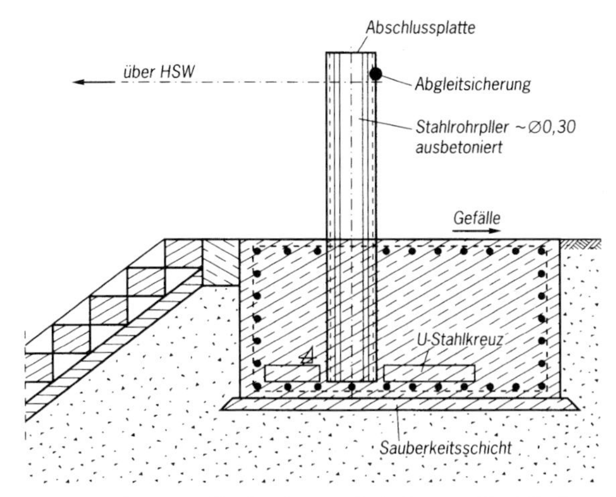

Bild E 102-1. Pollerfundament bei einem teilgeböschten Ufer (beispielhafte Darstellung, Bemessung nach statischen Erfordernissen)

5.13.2 Belastung

Die auftretenden Trossenzuglasten sind in erster Linie von der Schiffsgröße, der Geschwindigkeit und dem Abstand vorbeifahrender Schiffe, der Fließgeschwindigkeit des Wassers am Liegeplatz und vom Quotienten des Wasserquerschnitts zu dem eingetauchten Schiffsquerschnitt abhängig.

Für die Belastung der Wand (d. h. für Spundwände, Gurte, Holme, Anker und Dalben etc.) ist eine charakteristische Last von 200 kN je Poller anzusetzen. Die Bemessung der Verankerung des Pollers im Bauwerk ist für eine charakteristische Last von 300 kN zu bemessen, um sicher zu stellen, dass die Kaikonstruktion nach dem Abreißen eines Pollers nicht beschädigt wird.

Für die Bemessung des Pollers sind die Teilsicherheiten für Belastung und Materialfestigkeit gemäß Abschnitt 13 anzusetzen.

Nach DIN EN 14329 ist die charakteristische Pollerlast auf 300 kN zu erhöhen, wenn die Schiffslänge 110 m überschreitet. Die Verankerungsteile sind in diesem Fall für 400 kN zu bemessen.

Das Abbremsen fahrender Schiffe an Pollern ist untersagt und bleibt daher bei den Lastansätzen (Einwirkungen) unberücksichtigt.

5.13.3 Richtung der Trossenzuglasten

Trossenzuglasten können nur von der Wasserseite her auftreten. Sie laufen meist in einem spitzen Winkel und nur selten rechtwinklig zum Ufer. Rechnerisch muss aber jeder mögliche Winkel zur Längs- und Höhenrichtung des Ufers berücksichtigt werden.

5.13.4 Berechnung

Die Standsicherheitsnachweise sind für die einseitig angreifende Trossenzuglast in ungünstiger Beanspruchungsrichtung zu führen. Die Standsicherheitsnachweise können auch durch Probebelastungen erbracht werden.

5.14 Kaibelastung durch Krane und anderes Umschlaggerät (E 84)

Nachstehende Lastangaben sind charakteristische Werte, die mit den Teilsicherheitsbeiwerten der in Betracht kommenden Lastfälle (siehe E 18, Abschnitt 5.4) nach DIN 1054 zu multiplizieren sind.

5.14.1 Übliche Stückguthafenkrane

5.14.1.1 Allgemeines

Die üblichen Stückguthafenkrane werden in Deutschland überwiegend als Vollportal-Wippdrehkrane über 1, 2 oder 3 Eisenbahngleise, zuweilen aber auch als Halbportalkrane gebaut. Die Tragfähigkeit bewegt sich zwischen 7 und 50 t bei einer Ausladung von 20 bis 45 m.

Die Drehachse des Kranaufbaus soll im Interesse einer guten Ausnutzung der ab Drehmitte zählenden Ausladung möglichst nahe der wasserseitigen Kranschiene liegen. Jedoch ist zu beachten, dass zur Vermeidung von Kollisionen zwischen Kran und krängendem Schiff weder die Kranführerkanzel noch das rückwärtige Gegengewicht über eine Ebene herausragen, die, ausgehend von der Kaikante, nach oben zum Land hin um ca. 5° geneigt ist.

Der Abstand der wasserseitigen Kranschiene von der Ufermauervorderkante richtet sich nach E 6, Abschnitt 6.1. Der Eckstand beträgt bei den kleinen Kranen etwa 6 m. Im Minimum sollten 5,5 m nicht unterschritten werden, da sich sonst zu hohe Ecklasten ergeben und die Krane mit einem zu hohen Zentralballast ausgestattet werden müssen. Die Länge über Puffer beträgt, abhängig von der Krangröße, rd. 7 bis 22 m. Ergibt sich eine zu hohe Radlast, können durch Vergrößerung der Zahl der Räder geringere Radlasten erreicht werden. Es gibt heute jedoch auch Stückgutumschlaganlagen, deren Kranbahnen für besonders hohe Radlasten gebaut werden.

Stückguthafenkrane werden in der Regel in die Hubklasse H 2 und in die Beanspruchungsgruppe B 4 oder B 5 nach DIN 15018, Teil 1 eingestuft. Außerdem wird auf die F. E. M. 1001 (1987) hingewiesen. Bei der Berechnung der Kranbahn sind die lotrechten Radlasten aus Eigenlast, Nutzlast, Massenkräften und aus Windlasten anzusetzen (DIN 15018, Teil 1). Lotrechte Massenkräfte aus der Fahrbewegung oder aus dem Anheben oder Absetzen der Nutzlast sind durch Ansatz eines Schwingbeiwerts zu berücksichtigen, der bei Hubklasse H 2 etwa 1,2 beträgt. Die Gründung der Kranbahn kann ohne Berücksichtigung eines solchen Schwingbeiwerts bemessen werden. Alle Kranausleger sind um 360° schwenkbar. Entsprechend ändert sich die jeweilige Ecklast. Bei erhöhten Windlasten und Kran außer Betrieb kann für die Bemessung der Ufermauern und der Kranbahnen notfalls mit der Bemessungssituation BS-A gerechnet werden.

5.14.1.2 Vollportalkrane

Das Portal leichter Hafenkrane mit kleinen Tragfähigkeiten hat entweder vier oder drei Stützen, von denen jede ein bis vier Laufräder besitzt. Die Anzahl der Laufräder ist jeweils von der zulässigen Radlast abhängig. Stückgut-Schwerlastkrane weisen mindestens sechs Räder je Stütze auf. Bei geraden Uferstrecken beträgt der Mittenabstand der Kranschienen mindestens 5,5 m, im Allgemeinen aber 6, 10 bzw. 14,5 m, je nachdem, ob das Portal 1, 2 oder 3 Gleise überspannt. Die Maße 10 m bzw. 14,5 m ergeben sich aus dem theoretischen Mindestmaß von 5,5 m für ein Gleis, zu dem dann ein- bzw. zweimal der Gleisabstand von 4,5 m hinzuzufügen ist.

5.14.1.3 Halbportalkrane

Das Portal dieser Krane hat nur zwei Stützen, die auf der wasserseitigen Kranschiene laufen. Landseitig stützt es sich über einen Sporn auf eine hochliegende Kranbahn ab, wodurch die freie Zufahrt zu jeder Stelle der Kaifläche möglich wird. Für die Anzahl der Laufräder unter den beiden Stützen und dem Sporn gelten die Ausführungen nach Abschnitt 5.14.1.2.

5.14.2 Containerkrane

Die eigentlichen Containerkrane werden als Vollportalkrane mit Kragarmen und Laufkatze (Verladebrücken) ausgebildet, deren Stützen in der Regel jeweils acht bis dreizehn Laufräder aufweisen. Die Kranschienen bestehender Container-Umschlaganlagen haben im Allgemeinen einen Mittenabstand zwischen

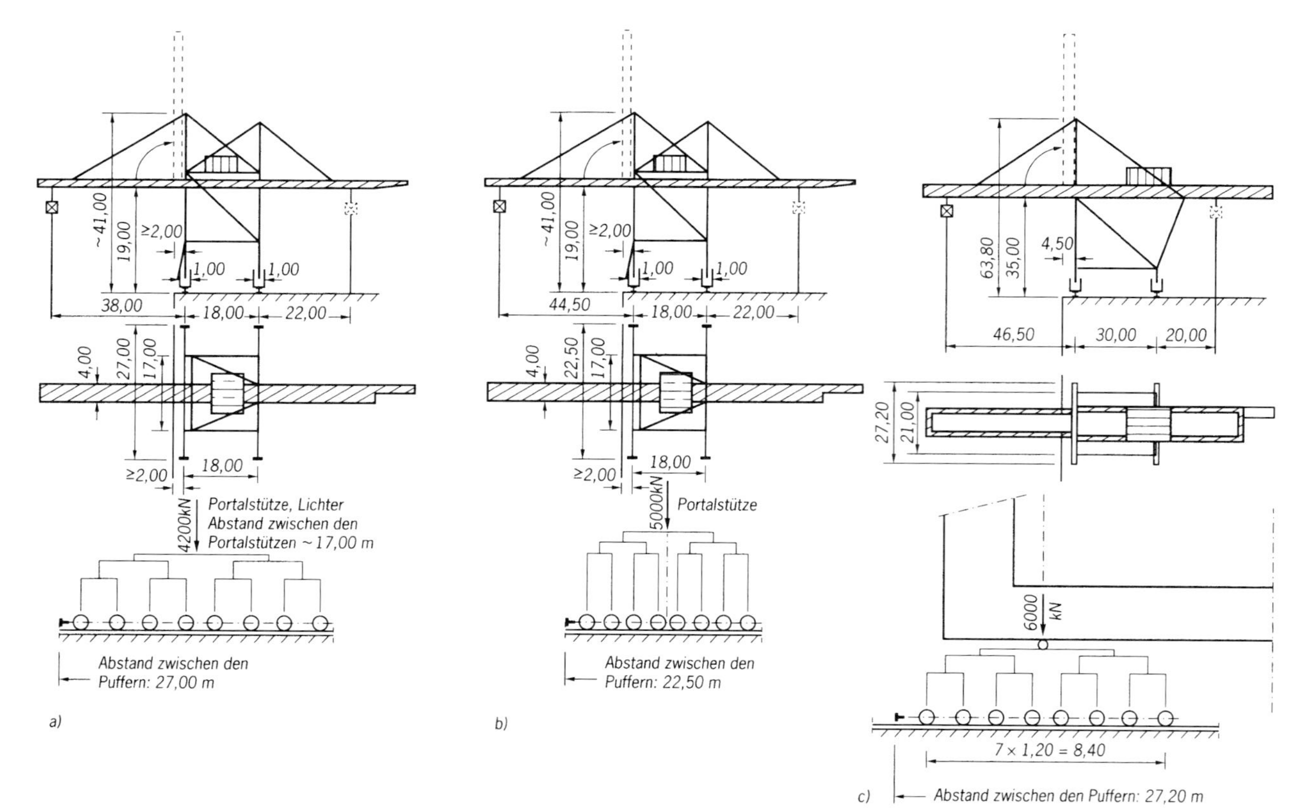

Bild E 84-1. Beispiel eines Containerkrans: a) mit 53 t Tragfähigkeit, 18 m Spur für Panmax-Schiffe, Pufferabstand 27 m, b) mit 53 t Tragfähigkeit, 18 m Spur für Post-Panmax-Schiffe, Pufferabstand 22,5 m, c) mit 53 t Tragfähigkeit, 30 m Spur für Post-Panmax-Schiffe, Pufferabstand 27,2 m

15,24 m (50′) und 30,48 m (100′), teilweise bis 35,00 m. Der lichte Stützenabstand, d. h. Freiraum zwischen den Ecken in Längsrichtung der Kranbahn, beträgt 17 m bis 18,5 m bei einem Maß über den Puffern von etwa 27,5 m (Bild E 84-1). Dabei sollte in der Regel davon ausgegangen werden, dass drei Containerkrane Puffer an Puffer arbeiten. Wird es bedingt durch Umschlag von 20′-Containern erforderlich, ein kleineres Maß über den Puffern anzuwenden, ist ein kleinster Eckabstand bis zu 12 m möglich. Das Maß über den Puffern beträgt dann 22,5 m. Der Eckabstand ist hierbei nicht gleich dem Portalstützenabstand. Für die Tragfähigkeit der Krane werden 60 t bis 90 t, einschließlich Lastaufnahmemittel (Spreader), für Schwerlasteinsätze bis 110 t, gewählt. Die maximale Ecklast wird insbesondere von der Bauart und der Ausladung beeinflusst. Die bisher übliche Ausladung von 38 m bis 41 m entsprechend den Schiffsbreiten der Panmax-Schiffe reicht für die so genannten Post-Panmax-Schiffe, die wegen ihrer Breite den Panamakanal nicht mehr passieren können, nicht aus. Für diesen Schiffstyp sind Ausladungen von mindestens 44,5 m erforderlich. Die maximalen Ecklasten für Containerkrane in Betrieb erreichen für Panmax-Schiffe bis zu 4.500 kN, für Post-Panmax-Schiffe bis zu 15.000 kN.

Die Tendenz in der Containerbrückenentwicklung geht allerdings zu Ausladungen, mit denen 22 bis 24 Containerreihen auf den Schiffen bedient werden können. Damit ergeben sich Ausladungen von bis zu 66 m, gemessen ab wasserseitiger Schiene. Es wird empfohlen, zur Erfassung genauer Planungsdaten Erkundigungen bei den Terminalbetreibern einzuholen, da die große Zahl an möglichen Lösungsansätzen eine genauere Angabe von Daten nicht zulässt. Besonders zu berücksichtigen sind dabei auch Entwicklungen, bei denen mehrere Container gleichzeitig bewegt werden, z. B. im Twinlift-Betrieb, der bereits weitgehend üblich ist. Darüber hinaus werden auch weitergehende Systeme wie Twin-Fourty u. a. in Erwägung gezogen bzw. bereits erprobt, bei dem zwei parallele 40’-Container bewegt werden. Double Hoist entspricht dem Lastsystem des Twin Fourty, hat jedoch ein betriebstechnisch anderes Lastaufnahmemittel.

5.14.3 Lastangaben für Hafenkrane

Die Stützkonstruktion ist stets ein portalartiger Unterbau, entweder mit drehbarem und höhenverstellbarem Ausleger oder mit starrem Kragarm, der u. U. für die Außerbetriebsstellung hochklappbar ist. Das Portal steht meist auf vier Eckpunkten, unter denen je nach Größe der Ecklast mehrere Räder in Schwingen angeordnet sind. Die Ecklast wird auf alle Räder des Eckpunktes möglichst gleichmäßig verteilt. Ergänzend zu den Ausführungen in Abschnitt 5.14.1 und 5.14.2 sind in den Tabellen E 84-1 und E 84-2 generelle Last- und Maßangaben zusammengestellt. Diese dienen einer allgemeinen Vorbemessung von Ufereinfassungen. Abschlie-

Tabelle E 84-1. Maße und charakteristische Lasten von Dreh- und Containerkranen

	Drehkrane	Containerkrane u. a. Umschlagsgeräte
Tragfähigkeit [t]	7–50	10–110
Eigengewicht [t]	180–350	200–2.000*)
Portalspannweite [m]	6–19	9–45
lichte Portalhöhe [m]	5–7	5–13
max. vertikale Ecklast [kN]	800–3.000	1.200–15.000
max. vertikale Radaufstandslast [kN/m]	250–600	250–1.150
horizontale Radlast		
quer zur Schienenrichtung	bis etwa 10 % der Vertikallast	
in Schienenrichtung	bis etwa 15 % der Vertikallast der abgebremsten Räder	

*) Durch neuere Entwicklungen können sich die Eigengewichte noch weiter erhöht haben.

Tabelle E 84-2. Maße und charakteristische Lasten von Mobilkranen

	Mobilkrane				
max. Tragfähigkeit [t]	42	64	84	104	140
Eigengewicht [t]	130	170	250	420	460
zugehörige Ausladung [m]	12	12	15	22	20
statische Pratzenlast [kN]	920	1.250	1.660	2.600	3.250
dynamische Pratzenlast [kN]	1.080	1.450	1.950	3.050	3.650
Pratzengröße [m]	5,5 × 0,8	5,5 × 0,8	5,5 × 1,3	5,5 × 1,8	5,5 × 1,8

ßende geotechnische und statische Bemessungen sind mit konkreten Lastspezifizierungen der zum Umschlag vorgesehenen Hafenkrane durchzuführen.

5.14.4 Hinweise

Weitere Angaben zu Hafenkranen finden sich in den AHU Empfehlungen und Berichten (AHU der HTG) E 1, E 9, B 6 und B 8, in der ETAB (ETAB der HTG) Empfehlung E 25 sowie in der VDI-Richtlinie 3576.

Darüber hinaus sind Containerkrane mit einer Spurweite von 35 m in Betrieb.

5.15 Eisstoß und Eisdruck auf Ufereinfassungen, Fenderungen und Dalben im Küstenbereich (E 177)

5.15.1 Allgemeines

Lasten auf wasserbauliche Anlagen durch Einwirkungen von Eis können auf verschiedene Weise entstehen:

a) als Eisstoß durch auftreffende Eisschollen, die von der Strömung oder durch Wind bewegt werden,

b) als Eisdruck, der durch nachschiebendes Eis auf eine am Bauwerk anliegende Eisdecke oder durch die Schifffahrt wirkt,

c) als Eisdruck, der von einer geschlossenen Eisdecke infolge Temperaturdehnungen auf das Bauwerk wirkt,

d) als Eisauflasten bei Eisbildung am Bauwerk oder als Auf- oder Hublasten bei Wasserspiegelschwankungen.

Die Größe möglicher Lasteinwirkungen hängt unter anderem ab von:

- Form, Größe, Oberflächenbeschaffenheit und Elastizität des Hindernisses, auf das die Eismasse auftrifft,
- Größe, Form und Fortschrittsgeschwindigkeit der Eismassen,
- Art des Eises und der Eisbildung,
- Salzgehalt des Eises und davon abhängiger Eisfestigkeit,
- Auftreffwinkel,
- maßgebende Festigkeit des Eises (Druck-, Biege- und Scherfestigkeit),
- Belastungsgeschwindigkeit,
- Eistemperatur.

Die ermittelten Eislasten sind charakteristische Werte. Somit kann gemäß Abschnitt 5.4.3 in der Regel als Teilsicherheitsbeiwert 1,0 angesetzt werden.

Die im Weiteren dargestellten Berechnungen gelten für Meereis mit einer Salinität (Salzgehalt) $S_B \geq 5$ ‰. Für geringere Salinitäten und Süßwassereis ist die Empfehlung E205, Abschnitt 5.16 anzuwenden. Ferner sind die genannten Empfehlungen für Eislasten auf Bauwerke grobe Annahmen. Sie gelten nicht für extreme Eisverhältnisse, wie beispielsweise in arktischen Gebieten. Soweit möglich empfiehlt es sich, die maßgebenden Lastwerte für Ufereinfassungen einschließlich Pfahlbauwerken mit den Ansätzen für ausgeführte Anlagen, die sich bewährt haben, oder mit Eisdruckmessungen vor Ort oder im Labor zu überprüfen.

Für geschützte Bereiche (Buchten, Hafenbecken usw.) mit geringer Größe des Eisfelds und in Seehäfen mit deutlichem Tideeinfluss und erheblichem Schiffsverkehr sowie bei Einsatz von Maßnahmen zur Verringerung der Eislast, wie:

- Beeinflussen der Strömung,
- Einsatz von Luftsprudelanlagen,
- Beheizung oder andere Wärmeeinleitungen u. Ä.,

können stark abgeminderte Lastansätze gelten. Im Einzelfall, wenn eine genaue Festlegung der Eislasten notwendig ist, sollten Fachexpertisen eingeholt und gegebenenfalls Modellversuche durchgeführt werden.

Bei der Anordnung von Hafeneinfahrten und bei der Ausrichtung von Hafenbecken sind bezüglich der resultierenden Eislasten bzw. Eisbildungsprozesse die Faktoren Windrichtung, Strömung und Scherzonenausbildung des Eises besonders zu berücksichtigen.

Falls die Eislasten bei Dalben die Lasten aus Schiffsstoß oder Pollerzug wesentlich überschreiten, sollte geprüft werden, ob solche Dalben für die höheren Eislasten zu bemessen sind oder ob selten auftretende Überbeanspruchungen aus Wirtschaftlichkeitsgründen hingenommen werden können.

Auf die Erläuterungen in Hager (1996) wird hingewiesen. Hinweise aus weiteren internationalen Regelwerken (USA, Kanada, Russland u. a.) finden sich in Hager (2002).

5.15.2 Bestimmung der Eisdruckfestigkeit

Die mittlere Eisdruckfestigkeit σ_0 hängt im Wesentlichen von der Temperatur des Eises, dem Salzgehalt und der spezifischen Dehnungsgeschwindigkeit, also der Eisdriftgeschwindigkeit, ab. Ferner weist Eis deutlich anisotrope Eigenschaften auf. Die maximale Druckfestigkeit ist also von der Druckrichtung abhängig.

Soweit keine genauen Untersuchungen der Materialeigenschaften des Eises vorliegen, kann für die norddeutsche Küstenregion von folgenden Annahmen ausgegangen werden:

– lineare Temperaturverteilung über die Eisdicke, mit Temperaturen an der Eisunterseite von ca. −2,0 °C für die deutsche Nordseeküste und ca. −1,0 °C für die deutsche Ostseeküste (variiert mit dem Salzgehalt des Wassers) und Lufttemperatur an der Eisoberfläche,
– Salinität des Eises in Nord- und Ostsee entsprechend Tabelle E 177-1,

Tabelle E 177-1. Richtwerte für Salzgehalt (Salinität S_B) des Meerwassers und Meereises an der deutschen Nord- und Ostseeküste nach Kovacs 1996

Nordsee	Salinität Wasser [‰]	Salinität Eis [‰]	Ostsee	Salinität Wasser [‰]	Salinität Eis [‰]
Deutsche Bucht	32 bis 35	14 bis 18	Beltsee	15 bis 20	10 bis 12
Flussmündungen	25 bis 30	12 bis 14	Kieler Bucht	15	8 bis 10
			Mecklenburger Bucht	15	8 bis 10
			Arkonabecken und Bornholmsee	8 bis 10	5 bis 7
			Gotlandsee	5 bis 7	*)
			Finnischer und Botnischer Meerbusen	1 bis 5	*)

*) Die Bestimmung der Eisdruckfestigkeit für Salinitäten kleiner 5 ‰ erfolgt gemäß Empfehlung E 205, Abschnitt 5.16

– spezifische Dehnungsgeschwindigkeit von $\dot{\varepsilon} = 0{,}001\ \mathrm{s}^{-1}$ (Eisdruckfestigkeit ist von der Dehnungsgeschwindigkeit abhängig und erreicht im Bereich zwischen duktilem und spröden Versagen bei $\dot{\varepsilon} \approx 0{,}001\ \mathrm{s}^{-1}$ den Maximalwert).

Aus Salzgehalt und Temperatur des Eises ergibt sich die Porosität φ_B, d. h. die Menge an im Eiskörper eingeschlossenen Salzkristallen sowie Lufteinschlüssen nach Kovacs (1996) zu:

$$\varphi_B = 19{,}37 + 36{,}18 S_B^{0,91} \cdot |\vartheta_m|^{-0,69}.$$

Darin sind:

φ_B Porosität [‰],
S_B Salinität [‰],
$\vartheta_m = (\vartheta_o + \vartheta_u)/2$, mittlere Eistemperatur [°C],
ϑ_u Temperatur an Eisunterseite ($\vartheta_u = -1$ °C deutsche Ostsee und $\vartheta_u = -2$ °C deutsche Nordsee) [°C],
ϑ_o Temperatur an Eisoberseite (entspricht Lufttemperatur) [°C].

Mit den oben gegebenen oder im Idealfall in situ bzw. experimentell ermittelten Materialeigenschaften ergibt sich die horizontale einachsige Eisdruckfestigkeit σ_0 nach (Gl. 2005) und Kovacs (1996) zu:

$$\sigma_0 = 2.700 \dot{\varepsilon}^{1/3} \cdot \varphi_B^{-1}.$$

Darin sind:

σ_0 horizontale einachsige Eisdruckfestigkeit [MN/m²],
$\dot{\varepsilon} = 0{,}001$, spezifische Dehnungsgeschwindigkeit [s^{-1}],
φ_B Porosität [‰].

Soweit keine genaueren Eisfestigkeitsuntersuchungen vorliegen, können die Biegezugfestigkeit σ_B mit etwa $^1/_3\ \sigma_0$ und die Scherfestigkeit τ mit etwa $^1/_6\ \sigma_0$ angenommen werden.

5.15.3 Eislasten auf Ufereinfassungen und andere Bauwerke größerer Ausdehnung

5.15.3.1 Mechanischer Eisdruck

Für die Ermittlung der waagerechten Eislasten auf senkrechte Flächenbauwerke im norddeutschen Küstenraum können für Eisdicken d in der Größenordnung von $0{,}25\ \mathrm{m} \leq d \leq 0{,}75\ \mathrm{m}$ sowie Eisdruckfestigkeiten gemäß Abschnitt 5.15.2 folgende Bemessungsansätze genutzt werden:

a) Eine mittlere waagerecht wirkende Linienlast p_0 in der jeweils ungünstigsten Höhenlage der in Betracht kommenden Wasserstände, wobei vorausgesetzt wird, dass die aus der einaxialen Eisdruckfestigkeit σ_0 errechnete maximale Last im Mittel nur auf $^1/_3$ der Bauwerkslänge wirksam wird (Kontaktbeiwert $k = 0,33$). Diese ergibt sich somit zu:

$$p_0 = k \cdot \sigma_0$$

Darin sind:
p_0 maximal wirkende Linienlast [MN/m],
k = 0,33, Kontaktbeiwert [–],
h Dicke des Eises [m],
σ_0 Eisdruckfestigkeit [MN/m^2].

b) Für lokale Nachweise einzelner Bauteile ist eine über die Eisdicke wirkende örtliche Flächenlast p zu berücksichtigen. Diese ergibt sich zu:

$$p = \sigma_0$$

Darin sind:
p örtliche Flächenlast [MN/m^2],
σ_0 einaxiale Eisdruckfestigkeit [MN/m^2].

c) Eine reduzierte mittlere, waagerecht wirkende Linienlast $p,_0$ in der jeweils ungünstigsten Höhenlage der in Betracht kommenden Wasserstände bei Buhnen und Uferdeckwerken im Tidegebiet, wenn infolge von Wasserspiegelschwankungen eine gebrochene Eisdecke entsteht. Diese ergibt sich nach Hager (1996) zu:

$$p'_0 = 0,40 p_0$$

Tabelle E 177-2. Gemessene maximale Eisdicken als Richtwerte für die Bemessung (BSH, 2001)

Nordsee	max h [cm]	Ostsee	max h [cm]
Helgoland	30 bis 50	Nord-Ostsee-Kanal	60
Wilhelmshaven	40	Flensburg (Außenförde)	32
Leuchtturm „Hohe Weg“	60	Flensburg (Innenförde)	40
Büsum	45	Schleimünde	35
Meldorf (Hafen)	60	Kappeln	50
Tönning	80	Eckernförde	50
Husum	37	Kiel (Hafen)	55
Hafen Wittdün	60	Lübecker Bucht	50
		Wismar Hafen	50
		Wismar–Bucht	60
		Rostock–Warnemünde	40
		Stralsund–Palmer Ort	65
		Saßnitz–Hafen	40
		Koserow–Usedom	50

Darin sind:

p'_0 reduzierte Linienlast [MN/m],

p_0 maximal wirkende Linienlast [MN/m].

Das gleichzeitige Wirken von Eiseinflüssen mit Wellenlasten und/oder Schiffsstoß ist nicht anzunehmen.

Liegen für die maximalen Eisdicken keine standortspezifisch ermittelten Werte vor, kann von den in Tabelle E 177-2 angegebenen, auf langjährigen Eisbeobachtungen basierenden Maximalwerten ausgegangen werden.

5.15.3.2 Thermischer Eisdruck

Thermischer Eisdruck als eine weitere Form statischer Belastung auf Ufereinfassungen und andere im Wasser befindliche Flächenbauwerke wird durch schnelle Temperaturänderungen bei gleichzeitiger Dehnungsbehinderung verursacht. In vereisten engen Hafenbecken oder bei ähnlichen Konfigurationen können dabei erhebliche Lasten aus Wärmedehnungen auftreten. Eine genaue Er-

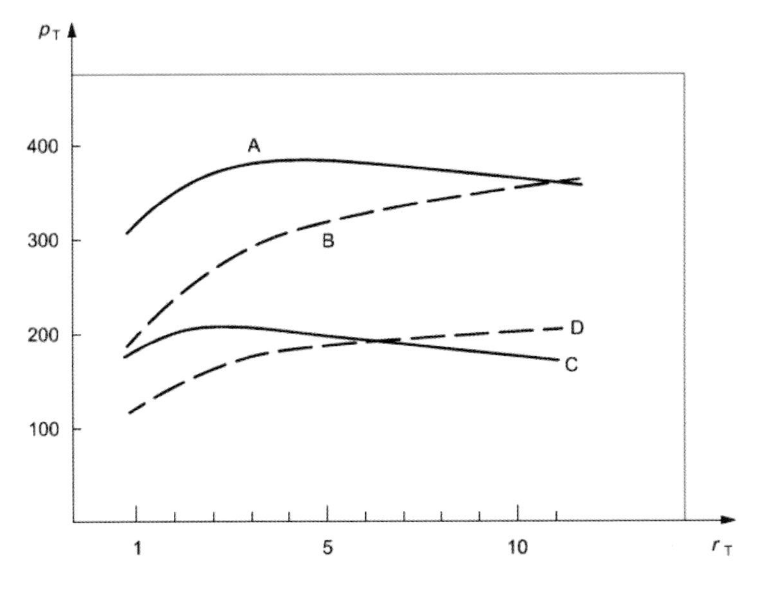

Darin bedeuten:

A	υ_m = -30 °C; h = 1,0 m	p_T	Thermischer Eisdruck [kN/m]
C	υ_m = -20 °C; h = 1,0 m	r_T	Temperaturänderungsrate [°C/h]
B	υ_m = -30 °C; h = 0,5 m	h	Eisdicke
D	υ_m = -20 °C; h = 0,5 m	υ_m	Mittlere Eistemperatur

Bild E 177-1. Thermischer Eisdruck in Abhängigkeit von Eistemperatur und Eisdicke (nach (ISO/FDIS 19906, 2010)

mittlung des thermischen Eisdrucks auf Ufereinfassungen ist schwierig, da die existierenden Berechnungsansätze zahlreiche oftmals nur mit großen Unsicherheiten bestimmbare Eingangsparameter wie Lufttemperatur, Windgeschwindigkeit, Sonnenstrahlung, Schneedeckenausbildung etc. erfordern.

(ISO/FDIS 19906, 2010) gibt für den thermischen Eisdruck von Meereis in Abhängigkeit von der Temperaturänderungsrate (°C/Stunde) die für unterschiedliche Eistemperaturen und Eisdicken in Bild E 177-1 dargestellten Werte an.

DIN 19704-1 empfiehlt, als Bemessungsgröße für die deutschen Küstenbereiche und Eisdicken $h < 0{,}8$ m eine über die Eisdicke gleichmäßig verteilte Flächenlast von 0,25 MN/m² zu berücksichtigen. Für weiterführende Angaben und Berechnungsansätze wird u. a. auf (HTG, 2010) verwiesen.

5.15.4 Eislast auf lotrechte Pfähle

Die auf Pfähle wirkenden Eislasten hängen von der Form, der Neigung und Anordnung der Pfähle sowie von der für den Bruch des Eises maßgebenden Druck-, Biege- oder Scherfestigkeit des Eises ab. Ferner ist die Größe der Belastung von der Belastungsart (ruhend oder Stoßbelastung durch Eisschollen) sowie den dabei auftretenden Dehnungs- und Deformationsgeschwindigkeiten abhängig.

Für bis zu 2 m breite Bauteile mit einem Verhältnis von Bauteilbreite zu Eisdicke von $d/h \leq 12$ und bei Auftreten von ebenem Eis ergibt sich die waagerechte Eislast auf lotrechte Pfähle mit einer Neigung steiler als 6 : 1 ($\beta \geq 80°$) nach Schwarz/Hirayama 1974 zu:

$$P_{\mathrm{p}} = k \cdot \sigma_0 \cdot d^{0,5} \cdot h^{1,1}.$$

Darin sind:

P_{p} Eislast [MN],

σ_0 einaxiale Eisdruckfestigkeit bei einer spezifischen Dehnungsgeschwindigkeit $\dot{\varepsilon} = 0{,}001\ \mathrm{s}^{-1}$ [MN/m²],

d Breite des Einzelpfahls [m],

h Dicke des Eises [m],

k empirischer Kontaktbeiwert gemäß Tabelle E 177-3 [$\mathrm{m}^{0,4}$].

Tabelle E 177-3. Empirische Kontaktbeiwerte k nach Hirayama/Schwarz 1974

Lasteinwirkung	k
Eisbewegung bei am Bauteil *nicht* fest anliegender Eisdecke (Treibeis)	0,564
Eisbewegung bei am Bauteil fest anliegender Eisdecke (eingefrorenes Bauteil)	0,793

Sofern keine standortspezifischen Untersuchungen vorliegen, können die Eisdicken h für die deutsche Nord- und Ostseeküste mit den Richtwerten gemäß Tabelle E 177-2 abgeschätzt werden. Im Falle des Auftretens von Presseisrücken – d. h. wall- oder rückenförmig aufgepresstes Meereis mit übereinander lagernden Eisschollen – sind die ermittelten Eislasten zu verdoppeln.

An der deutschen Nordseeküste wird die Eislast bei frei stehenden Pfählen häufig je nach den örtlichen Verhältnissen in 0,5 m bis 1,5 m Höhe über MThw angesetzt.

Bei Eislasten auf konische und geneigte Bauteile sind die Hinweise und Berechnungsverfahren gemäß (Germanischer Lloyd, 2005) zu berücksichtigen.

5.15.5 Waagerechte Eislast auf Pfahlgruppen

Die Eislast auf Pfahlgruppen ergibt sich aus der Summe der Eislasten auf die Einzelpfähle. Im Allgemeinen genügt der Ansatz der Summe der Eislasten, welche auf die dem Eisgang zugekehrten Pfähle wirken.

5.15.6 Eisauflast

Die Eisauflast ist entsprechend den örtlichen Verhältnissen anzusetzen. Ohne näheren Nachweis kann eine Mindesteisauflast von 0,9 kN/m^2 als ausreichend angesehen werden (Germanischer Lloyd, 1976). Neben der Eisauflast kommt der Ansatz der üblichen Schneelast gemäß DIN 1055-5 in Betracht. Dagegen brauchen Verkehrslasten, die bei stärkerer Eisbildung nicht wirken, in der Regel nicht gleichzeitig angesetzt zu werden.

5.15.7 Vertikallasten bei steigendem oder fallendem Wasserspiegel

Vertikale Eiskräfte, die durch Festfrieren einer Eisdecke am Pfahl und nachfolgender Änderung des Wasserstandes auftreten, sind durch die Biegezugfestigkeit σ_B (σ_f) des Eises begrenzt. Voraussetzung für die Übertragung vertikaler Eiskräfte auf Pfähle ist eine kraftschlüssige Verbindung (Adhäsion) zwischen Pfahloberfläche und Eis.

Für die Ermittlung von auf- und abwärts gerichteten vertikalen Eislasten auf Pfähle wird nach Kohlhase et al. (2006) und Weichbrodt (2008) folgender

Berechnungsansatz entsprechend der russischen Norm (SNiP, 1995) empfohlen:

$$A_V = \left(0{,}6 + \frac{0{,}15D}{h}\right) \cdot 0,4 \cdot \sigma_0 h^2$$

mit:

A_V vertikale Eislast [kN],
h Dicke der Eisdecke [m],
D Pfahldurchmesser [m],
σ_0 Druckfestigkeit der Eisdecke [kN/m^2].

Die mit dem empfohlenen Ansatz ermittelten vertikalen Eislasten gelten für einzeln stehende Pfähle. Wenn der Abstand von Pfählen untereinander bzw. der Abstand von Pfählen zu festen Strukturen geringer ist als die Ausdehnung der Verformung der Eisschicht bei vertikaler Belastung (charakteristische Länge der Eisschicht ℓ_c), verringern sich die je Pfahl wirkenden vertikalen Eislasten.

Die vertikale Eislast auf Gruppenpfähle bzw. auf Pfähle, die nahe fester Strukturen angeordnet sind, kann durch Multiplikation eines „geometrischen Faktors" f_g aus der vertikalen Eislast für Einzelpfähle berechnet werden.

Der geometrische Faktor f_g wird aus dem Verhältnis zwischen der am Pfahlstandort eventuell durch die Nachbarpfähle bzw. durch benachbarte Strukturen begrenzten Verformungsfläche und der möglichen Verformungsfläche bei Annahme einer unbegrenzten Eisschicht ermittelt.

Die mögliche Verformungsfläche der unbegrenzten Eisschicht wird als Kreisfläche um den Pfahl mit dem Radius der charakteristischen Länge der Eisschicht ℓ_c bestimmt, die näherungsweise mit dem 17-Fachen der Eisdicke angenommen werden kann. Die begrenzte Verformungsfläche wird als Mittelwert von vier Kreisflächen bestimmt, deren Radius r jeweils die Hälfte der Entfernung zur nächsten am Boden fixierten Struktur beträgt. Die Entfernungen werden in vier Richtungen, jeweils um 90° versetzt, entsprechend der Ausrichtung des Bauwerks bestimmt. Die Radien r dürfen nicht größer als die charakteristische Länge der Eisschicht ℓ_c sein. Der geometrische Faktors f_g ist nach Edil et al. (2008) wie folgt zu ermitteln:

$$f_g = \frac{r_1^2 + r_2^2 + r_3^2 + r_4^2}{4\ell_c^2}$$

mit:

f_g geometrischer Faktor [–],
r_{1-4} ½ Entfernung des Pfahl zur nächsten festen Struktur [m],
ℓ_c charakteristische Länge der Eisschicht [m].

Bild E 177-2 verdeutlicht die Festlegung der Radien r_1 bis r_4.

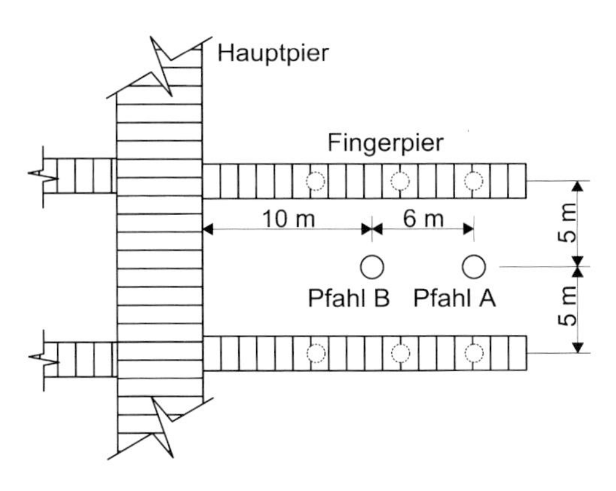

Eisdicke = 0,50 m

Charakteristische Länge

l_c = 0,50 m x 17 =8,5 m

Geometrische Faktoren

Für Pfahl A:

$$f_g = \frac{2{,}5^2 + 2{,}5^2 + 3^2 + 8{,}5^2}{(4)(8{,}5^2)} = 0{,}32$$

Für Pfahl B:

$$f_g = \frac{2{,}5^2 + 2{,}5^2 + 5^2 + 3^2}{(4)(8{,}5^2)} = 0{,}16$$

Für Pfahl A (ohne Pfahl B):

$$f_g = \frac{2{,}5^2 + 2{,}5^2 + 5^2 + 8{,}5^2}{(4)(8{,}5^2)} = 0{,}38$$

Bild E 177-2. Beispielrechnungen zur Ermittlung des geometrischen Faktors f_g

5.16 Eisstoß und Eisdruck auf Ufereinfassungen, Pfeiler und Dalben im Binnenbereich (E 205)

5.16.1 Allgemeines

Die Angaben in der Empfehlung E177, Abschnitt 5.15 sind weitgehend auf den Binnenbereich anwendbar. Dies gilt sowohl für die allgemeinen Aussagen als auch für die Lastansätze, da diese von den jeweiligen Bauwerksabmessungen, der Eisdicke und den Festigkeitseigenschaften des Eises abhängig sind.

Gemäß E177, Abschnitt 5.15.1 sind die ermittelten Eislasten charakteristische Werte, auf die im Allgemeinen Teilsicherheitsbeiwerte von 1,0 anzusetzen sind.

Die ergänzenden Hinweise in E177, Abschnitt 5.15.1 sind zu beachten.

5.16.2 Eisdicken

Die Eisdicken können nach Korzhavin (1962) aus der Summe der in einer Eisperiode täglich auftretenden Kältegrade – der so genannten „Kältesumme" – abgeleitet werden. So ist z. B. nach Bydin (1959)

$$h = \sqrt{\sum |t_L|},$$

worin h die Eisdicke in cm und $\Sigma|t_L|$ die Summe der Absolutbeträge der mittleren täglichen Minustemperaturen der Luft in °C sind.

Sofern keine genaueren Erhebungen oder Messergebnisse vorliegen, kann im Allgemeinen von einer rechnerischen Eisdicke $h \leq 30$ cm ausgegangen werden, wenn die unter Abschnitt 5.16.1 genannten Bedingungen vorliegen.

5.16.3 Eisdruckfestigkeit

Die Eisdruckfestigkeit ist u. a. von der mittleren Eistemperatur ϑ_m abhängig, welche der Hälfte der Eistemperatur an der Oberfläche entspricht, weil an der Unterseite stets 0 °C erreicht werden (vergleiche auch Abschnitt 5.15.2).

Die einaxiale Eisdruckfestigkeit senkrecht zur Eiswachstumsrichtung kann näherungsweise nach Schwarz 1970 wie folgt bestimmt werden:

$$\sigma_0 = 1{,}10 + 0{,}35|\vartheta_\mathrm{m}| \quad \text{für} \quad 0° < \vartheta_\mathrm{m} < -5\ °\mathrm{C}$$

$$\sigma_0 = 2{,}85 + 0{,}45|\vartheta_\mathrm{m} + 5| \quad \text{für} \quad \vartheta_\mathrm{m} < -5\ °\mathrm{C}$$

Darin ist:

ϑ_m mittlere Eistemperatur [°C].

5.16.4 Eislasten auf Ufereinfassungen und andere Bauwerke größerer Ausdehnung

5.16.4.1 Mechanischer Eisdruck

Allgemein gilt für die als Linienlast wirkende Eisdruckkraft auf ein Bauwerk entsprechend E177, Abschnitt 5.15.3:

$$p_0 = k \cdot h \cdot \sigma_0$$

Darin sind:

p_0 maximal wirkende Linienlast [MN/m],
k = 0,33, Kontaktbeiwert [–],
h Dicke des Eises [m],
σ_0 einaxiale Eisdruckfestigkeit [MN/m²].

Für lokale Bauteile ist eine über die Eisdicke wirkende örtliche Flächenlast p mit:

$$p = \sigma_0$$

anzusetzen. Darin sind:

p örtliche Flächenlast [MN/m²],
σ_0 einaxiale Eisdruckfestigkeit [MN/m²].

Auf geböschte Flächen kann nach Korzhavin 1962 eine reduzierte horizontale Eisdruckkraft mit:

$$p_0' = k \cdot h \cdot \sigma_B \cdot \tan \beta$$

angesetzt werden. Darin sind:

p_0' maximal wirkende Linienlast [MN/m],
k = 0,33, Kontaktbeiwert [–],
σ_B = 1/3 σ_0, Biegezugfestigkeit des Eises [MN/m²],
$\tan\beta$ Böschungsneigung [°].

5.16.4.2 Thermischer Eisdruck

Allgemein gelten die Ausführungen gemäß E 177, Abschnitt 5.15.3.2. Als Anhaltswert für den thermischen Eisdruck aus Wärmedehnungen und für Eisdicken von 0,30 m $\leq h \leq$ 0,50 m ist eine über die Eisdicke gleichmäßig verteilte Flächenlast von 0,15 MN/m² anzusetzen (HTG, 2010).

5.16.5 Eislasten auf schmale Bauwerke (Pfähle, Dalben, Brücken- und Wehrpfeiler, Eisabweiser)

Die Ansätze für lotrechte Pfähle nach E 177, Abschnitt 5.15 gelten unter Berücksichtigung der maßgebenden Eisfestigkeiten in gleicher Weise für den Binnenbereich. Sie sind für Pfeilerkonstruktionen und Eisabweiser unter Berücksichtigung der Querschnitts- und Oberflächenform sowie -neigung gleichfalls anwendbar.

5.16.6 Eislast auf Bauwerksgruppen

Es gelten die Hinweise in E 177, Abschnitt 5.15.5.

Für Einbauten, wie Brückenpfeiler in Gewässern, kann zur Vermeidung von Eisaufschiebungen und der resultierenden reduzierten Abflusskapazität das Risiko von Eisaufschiebungen wie in Bild E 205-1 dargestellt abgeschätzt werden:

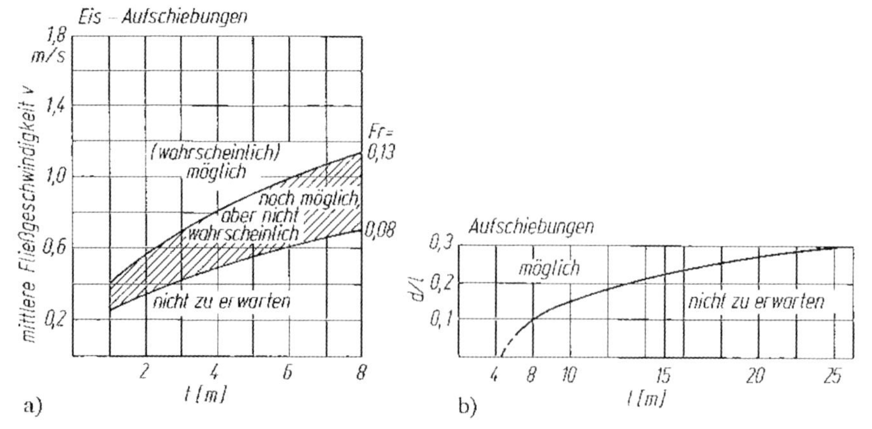

Bild E 205-1. Risiko möglicher Eisaufschiebungen nach Hager (1996) bezüglich
a) Wassertiefe *t* und Fließgeschwindigkeit *v* und
b) Pfeilerabstand *l* und Verhältnis Pfeilerbreite *d* zu Pfeilerabstand *l*

Die Konstruktionen sollten so gewählt werden, dass die Bedingungen nach Bild E 205-1 eingehalten werden. Ist dies nicht möglich, werden weiterführende Untersuchungen, z. B. physikalische Modellversuche, empfohlen. Eisaufschiebungen bewirken jedoch nicht in jedem Fall Erhöhungen der Eislast, wenn beispielsweise die Bruchbedingungen des nachschiebenden Eises maßgebend sind. Zusätzlich sind Änderungen der Lastverteilung und Lastangriffshöhen zu beachten, ebenso Zusatzlasten aus Wasseraufstau sowie Strömungsänderungen durch Querschnittseinengungen.

5.16.7 Vertikallasten bei steigendem oder fallendem Wasserspiegel

Es gelten die Angaben in E177, Abschnitt 5.15.7.

5.17 Belastung der Ufereinfassungen und Dalben durch Reaktionskräfte aus Fendern (E 213)

Die Ermittlung der durch die Fender aufnehmbaren Energie erfolgt durch die deterministische Berechnung entsprechend E 60, Abschnitt 6.15.

Über die entsprechenden Diagramme bzw. Tabellen der Hersteller zum ausgewählten Fendertyp sowie die berechnete aufzunehmende Energie lässt sich die Reaktionskraft eines Fenders ermitteln, die maximal auf die Ufereinfassung oder den Fenderdalben einwirkt. Diese Reaktionskraft ist als charakteristischer Wert zu verstehen.

Im Normalfall führt die Reaktionskraft nicht zu zusätzlicher Belastung der Uferwand, und es ist nur die lokale Lastableitung zu untersuchen, es sei denn, für Fender werden spezielle Konstruktionen, z. B. separat aufgehängte Fendertafeln o. Ä., angeordnet.

6 Querschnittsgestaltung und Ausrüstung von Ufereinfassungen

6.1 Querschnittsgrundmaße von Ufereinfassungen in Seehäfen (E 6)

6.1.1 Querschnittsgrundmaße

Für die Anlage neuer Umschlaganlagen und den Umbau bestehender Anlagen werden unter Berücksichtigung aller in Betracht kommenden Einflüsse die Querschnittsgrundmaße nach Bild E 6-1 empfohlen.

Der Abstand von 1,75 m zwischen Kranschiene und Uferkante ist als Mindestmaß zu verstehen. Es sollte bei Neubau- und Vertiefungsmaßnahmen von Liegeplätzen durch Vorbau besser 2,50 m betragen, weil dann die wasserseitigen Kranlaufwerke entsprechend breit ausgebildet werden können (die Kranlaufwerke heutiger Hafenkrane haben Breiten von rd. 0,60 bis 1,20 m (Bild E 6-1)) und die Unfallverhütungsvorschriften beim Festmachen bzw. für den Zu- und Abgang zu den Schiffen über die Gangway leichter zu erfüllen sind.

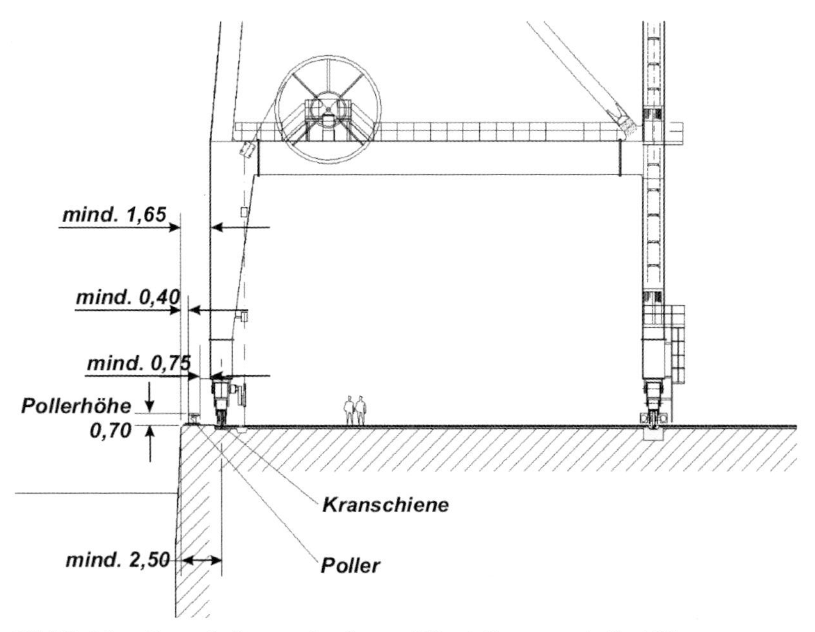

Bild E 6-1. Querschnittsgrundmaße von Ufereinfassungen in Seehäfen (die Versorgungskanäle sind nicht dargestellt)

Empfehlungen des Arbeitsausschusses „Ufereinfassungen" – EA „Ufereinfassungen", 11. Auflage.
Herausgegeben vom Arbeitsausschuss „Ufereinfassungen" der Hafentechnischen Gesellschaft e.V. und der Deutschen Gesellschaft für Geotechnik e.V.

Für den Eisenbahnbetrieb muss ein Sicherheitsabstand zum Kran eingehalten werden, der Abstand der Achse des ersten Gleises von der vorderen Kranschiene muss mindestens 3,00 m sein. Allerdings werden Eisenbahnanlagen an Kaikanten nur noch in Ausnahmefällen eingerichtet.

6.1.2 Gehstreifen (Leinenpfade)

Der Gehstreifen (Leinenpfad) vor der wasserseitigen Kranschiene wird für das Aufstellen der Poller, das Auflagern des Landgangs (Gangway), als Weg und Arbeitsraum für die Festmacher, als Zuweg zu den Schiffsliegeplätzen und zur Aufnahme des wasserseitigen Teils des Kranfußes benötigt. Dem Gehstreifen kommt demnach für den Hafenbetrieb eine besondere Bedeutung zu.

Die Breite des Gehstreifens wird demzufolge zunächst von den einschlägigen Unfallverhütungsvorschriften bestimmt. Weiter muss der Tatsache Rechnung getragen werden, dass Aufbauten oft über den Rumpf der anliegenden Schiffe ragen und dass der Umschlagbetrieb auch an krängenden Schiffen möglich sein muss.

Aus den vorgenannten Gründen muss der Gehstreifen so breit sein, dass die äußeren Begrenzungen der Umschlageinrichtungen mindestens 1,65 m, besser jedoch 1,80 m hinter der Lotrechten durch die Vorderkante der Uferwand bzw. die Vorderkante von Reibeholz, Reibepfahl oder Fenderung liegen (Bild E 6-1).

6.1.3 Geländer, Schrammbord und Gleitschutz

An Kaikanten mit Anlege- und Umschlagbetrieb sind Geländer nicht erforderlich, sie sind jedoch mit einem Schrammbord oder mit Gleitschutz entsprechend E 94, Abschnitt 8.4.6 zu versehen. Kaikanten, die nicht dem Anlege- und Umschlagbetrieb dienen, aber für Personen öffentlich zugänglich sind, sollten mit einem Geländer ausgerüstet werden.

6.1.4 Kantenpoller

Kantenpoller müssen mit ihrer Vorderkante mindestens 0,15 m hinter der Kaimauervorderkante liegen, weil andernfalls das Auflegen und Abheben der Trossen von dicht an der Uferwand liegenden Schiffen erschwert wird. Die Breite der Pollerköpfe ist zweckmäßig mindestens 0,50 m.

6.1.5 Kaikopfausbildung an Containerumschlaganlagen

Aufgrund der Sicherheitsanforderungen sowie hoher Anforderungen an die Leistungsfähigkeit wird für Containerumschlaganlagen ein größerer Abstand zwischen Kaivorderkante und Achse der wasserseitigen Kranschiene als nach Bild E 6-1 empfohlen. Es sollte möglich sein, zwischen Kaivorderkante und Kran, Gangways u. Ä. parallel zum Schiff abzulegen sowie Service- und Lieferfahrzeuge abzustellen und so die Flächen für Umschlag und Schiffsservice voneinander zu trennen. Die Auslage der Containerkrane ist dann entsprechend größer, das wird in Kauf genommen.

Werden die Container zwischen Containerbrücken und Lagerfläche automatisiert transportiert, müssen der Serviceverkehr von und zu den Schiffen und der Umschlagverkehr aus Sicherheitsgründen getrennt werden. In solchen Fällen wird die Kaivorderkante so weit vor die wasserseitige Kranschiene gelegt, dass alle Servicefahrspuren in diesem Bereich verlaufen. Eine andere Lösung ist die Anordnung einer Fahrspur für den Serviceverkehr an der Kaivorderkante und einer zweiten, vom Umschlagbereich durch einen Zaun getrennten, neben der wasserseitigen Schiene im Portalbereich der Containerbrücke.

6.2 Oberkante der Ufereinfassungen in Seehäfen (E 122)

6.2.1 Allgemeines

Bestimmend für die Höhenlage der Oberkante von Ufereinfassungen in Seehäfen ist die Höhenlage der Betriebsebene des Hafens. Für deren Festlegung sind folgende Einflüsse zu beachten:

1. Wasserstände und deren Schwankungen, insbesondere Höhen und Häufigkeiten von möglichen Sturmfluten, Windstau, Gezeitenwellen, Auswirkung evtl. Oberwasserzuflüsse sowie ggf. weitere Einflüsse nach Abschnitt 6.2.2.2,
2. mittlere Höhe des Grundwasserspiegels mit Häufigkeit und Größe der Spiegelschwankungen,
3. Schifffahrtsbetrieb, Hafeneinrichtungen und Umschlagvorgänge, Nutzlasten,
4. Geländebeschaffenheit, Untergrund, Verfügbarkeit von Boden zur Aufhöhung, Bodenmanagement,
5. konstruktive Möglichkeiten für die Ufereinfassungen,
6. Belange des Umweltschutzes.

Je nach den Anforderungen an den Hafen müssen die vorstehend aufgelisteten Einflüsse technisch und wirtschaftlich bewertet werden, um die optimale Höhenlage der Hafenbetriebsfläche zu finden.

6.2.2 Höhe der Hafenbetriebsfläche in Bezug zu Höhen und Häufigkeit der Hafenwasserstände

Hinsichtlich der Höhe der Hafenbetriebsfläche ist grundsätzlich zwischen Dockhäfen und offenen Häfen mit oder ohne Tide zu unterscheiden.

6.2.2.1 Dockhäfen

Bei hochwassersicheren Dockhäfen wird die Hafenbetriebsfläche so hoch über dem mittleren Betriebswasserstand angeordnet, dass sie beim höchsten möglichen Betriebswasserstand im Hafen nicht überflutet wird. Zugleich muss sie über dem höchsten Grundwasserstand liegen und hinsichtlich der Anforderungen des Umschlags zweckmäßig sein.

Die Hafenbetriebsfläche soll im Allgemeinen 2,00 bis 2,50 m, mindestens aber 1,50 m über dem mittleren Betriebswasserstand im Hafen liegen.

6.2.2.2 Offene Häfen

Für die Höhe der Hafenbetriebsfläche in offenen Häfen sind Höhe und Häufigkeit des Hochwassers maßgebend.

Bei der Planung sind so weit wie möglich Häufigkeitslinien für Überschreitungen des Mittleren Hochwasserstands heranzuziehen. Hierbei sind neben den Haupteinflussgrößen nach Abschnitt 6.2.1, Punkt 1 folgende Einflüsse zu beachten:

- Windstau im Hafenbecken,
- Schwingungsbewegungen des Hafenwassers durch atmosphärische Einflüsse (Seiches),
- Wellenauflauf entlang des Ufers (so genannter Macheffekt),
- Resonanz des Wasserspiegels im Hafenbecken,
- säkulare Hebungen des Wasserspiegels und
- langfristige Küstenhebungen bzw. -senkungen.

Liegen für die vorgenannten Einflüsse keine oder nur wenige belastbare Daten vor, müssen im Rahmen der Entwurfsarbeiten möglichst viele Messungen an Ort und Stelle durchgeführt und mit Hochwasserständen sowie Windeinwirkungen in Verbindung gebracht werden.

6.2.3 Auswirkungen von Höhe und Veränderungen des Grundwasserspiegels im Gelände auf die Höhe der Hafenbetriebsfläche

Die mittlere Höhe des Grundwasserspiegels und seine örtlichen Änderungen nach Jahreszeit, Häufigkeit und Größe müssen bei der Festlegung der Höhe der Hafenbetriebsfläche berücksichtigt werden, insbesondere in Hinblick auf zu erstellende Rohrleitungen, Kabel, Straßen, Eisenbahnen, Geländenutzlasten usw. in Verbindung mit den Untergrundverhältnissen. Wegen der nötigen Vorflut zur Ableitung von Niederschlägen muss auch der Verlauf des Grundwasserspiegels zum Hafenwasser hin beachtet werden.

6.2.4 Höhe der Betriebsebene in Abhängigkeit von der Umschlagart

1. Stückgut- und Containerumschlag
   Generell muss für den Umschlag von Stückgut und Containern eine hochwasserfreie Betriebsebene angestrebt werden. Ausnahmen sollten nur in besonderen Fällen zugelassen werden.
2. Massengutumschlag
   Wegen der Vielfalt der Umschlagverfahren und Lagerungsarten sowie der unterschiedlichen Empfindlichkeit der Güter und Anfälligkeit der Umschlaggeräte kann eine allgemeine Empfehlung zur Höhe der Hafenbetriebsfläche für Anlagen zum Umschlag von Massengütern nicht gegeben werden. Eine hochwasserfreie Hafenbetriebsfläche ist allerdings immer anzustreben, nicht zuletzt auch mit Bezug auf die Vermeidung von Umweltbelastungen.
3. Spezialumschlag
   Bei Schiffen mit Seitenpforten für den Truck-to-Truck-Umschlag, Heck- bzw. Bugklappen für den Roll-on/Roll-off-Umschlag oder anderen Spezialausrüstungen muss die Oberkante der Ufereinfassung je nach Schiffstyp und Art der Übergangsrampe (fest oder beweglich) gewählt werden. Die Höhe der Ufereinfassung muss für diese Art des Umschlags aber nicht prinzipiell gleich der Geländehöhe sein. Tideeinflüsse können angepasste Höhenlagen im Nutzungsbereich von Rampen erfordern. Gegebenenfalls müssen schwimmende Anlagen vorgesehen werden. Auf jeden Fall sind die infrage kommenden Schiffstypen bezüglich ihrer Anforderungen an die Höhe der Hafenbetriebsflächen besonders zu betrachten.
4. Umschlag mit Bordgeschirr
   Um auch bei tief liegenden Schiffen noch ausreichende Arbeitshöhe unter dem Kranhaken zu haben, liegen die Umschlaganlagen beim Umschlag mit Bordgeschirr im Allgemeinen tiefer als beim Umschlag mit Kaikranen.

6.3 Querschnittsgrundmaße von Ufereinfassungen in Binnenhäfen (E 74)

6.3.1 Höhe der Betriebsebene

Die Betriebsebene in Binnenhäfen soll über dem höchsten Hochwasserstand liegen. Diese Höhenlage ist allerdings bei Häfen an Fließgewässern mit großen

Wasserstandsschwankungen oftmals nur mit erheblichem Aufwand zu realisieren. Ein gelegentliches Überfluten der Betriebsebene kann in Kauf genommen werden, wenn das dem Umschlag nicht schadet und eine Verunreinigung des Gewässers durch das zeitweise auf der Betriebsebene stehende Wasser ausgeschlossen werden kann.

In Häfen an Binnenkanälen sollte die Betriebsebene mindestens 2,00 m über dem normalen Kanalwasserstand liegen.

6.3.2 Uferfront

Ufer in Binnenhäfen sollen möglichst geradlinig sein und eine möglichst glatte Vorderfläche haben (E158, Abschnitt 6.6). Für Ufer in Binnenhäfen sind wellenförmige Spundwände bis auf Ausnahmefälle (E176, Abschnitt 8.1.17) als Uferbefestigung uneingeschränkt geeignet.

Es muss sichergestellt sein, dass zum Wasser hin äußerste Konstruktionsteile von Kranen nicht in die Flucht oder über die Vorderkante der Uferbefestigung ragen. Dabei ist die Breite der Kranstützen mit 0,60 bis 1,00 m anzunehmen.

6.3.3 Lichtraumprofil

Bei der Anordnung von Kranbahnen und der Konstruktion von Umschlagkränen sind die erforderlichen seitlichen und oberen Sicherheitsabstände einzuhalten, wie sie in den geltenden Vorschriften festgelegt sind (EBO, BOA, UVV Eisenbahnen, ETAB-E 25), Bild E 74-1.

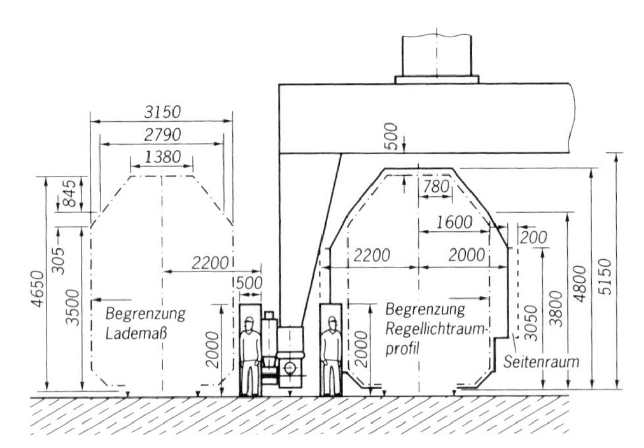

Bild E 74-1. Seitlicher und oberer Sicherheitsabstand bei Eisenbahnen

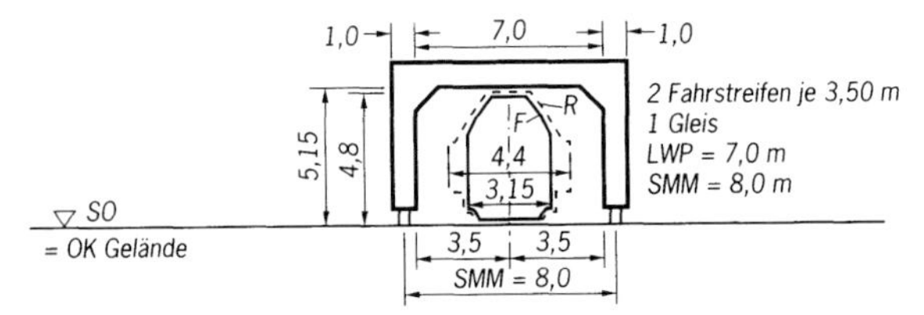

Bild E 74-2. Empfohlene Spurmittenmaße (SMM) und Lichte Weiten (LWP) für Kranportale über Straßenfahrbahnen und eingedeckten Gleisen

Für Straßenfahrbahnen unter Kranportalen gilt die in Bild E 74-2 dargestellte Empfehlung des Bundesverbands öffentlicher Binnenhäfen (EBO, EBA, UVV, E25 in ETAB).

6.3.4 Anordnung der wasserseitigen Kranschiene

Die wasserseitige Kranschiene sollte möglichst nahe an der Uferkante liegen, um die Auslegung des Krans auf ein Mindestmaß zu beschränken und zugleich eine möglichst große Lagerfläche in Ufernähe zu gewinnen. Der Gehstreifen ist dann landseitig der Kranportalstütze anzuordnen (Bild E 74-1). Falls der Gehstreifen zwischen Uferkante und Kranportal angeordnet wird, muss er mindestens 0,80 m breit sein.

Das Uferbauwerk kann je nach den Gegebenheiten als massive Stahlbetonwand oder als Spundwand bzw. in der Kombination dieser beiden Bauweisen als Stahlbetonstützwand auf Bohrpfählen mit vorderer abschließender Spundwand (Bild E 74-5) ausgeführt werden. Die Stahlbetonstützwände haben den Vorteil, dass sie problemlos als glatte Wandflächen ausgebildet werden können.

Bei Spundwänden sollte die Kranschiene in der Spundwandachse aufgelagert werden (Bild E 74-3). Wegen der notwendigen geometrischen Vorgaben nach Abschnitt 6.3.2 kann es allerdings notwendig werden, die Kranschiene außermittig aufzulagern (Bild E 74-4).

Die Kombination einer oberen, auf Bohrpfählen gegründeten Stahlbetonwand mit vorgesetzter Spundwand nach Bild E 74-5 hat den Vorteil, dass die Kranlasten über die Bohrpfähle in den Baugrund abgetragen werden. Außerdem wirken dann trotz der ufernahen Verlegung der Kranschiene auf diese keine Stoßbelastungen aus anlegenden Schiffen ein. Für den Zugang zu den Schiffen können die Treppen optimal hinter den Anlegepfählen angeordnet werden (Bild E 74-5 und Empfehlung E 42 der Empfehlungen des Bundesverbands öffentlicher Binnenhäfen).

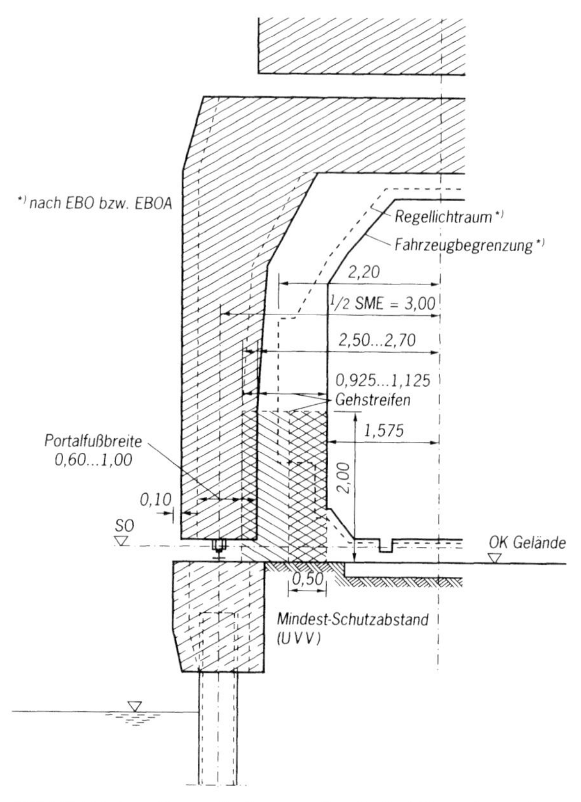

Bild E 74-3. Querschnittsgrundmaße bei Spundwandbauwerken in Binnenhäfen (Kranschiene in Spundwandachse)

6.3.5 Festmacheeinrichtungen

An der Wasserseite der Ufereinfassungen sind ausreichende Festmacheeinrichtungen für die Schiffe anzuordnen (E 102, Abschnitt 5.13).

6.4 Spundwandufer an Binnenkanälen (E 106)

6.4.1 Allgemeines

In Fällen, in denen Kanäle in räumlich beengtem Gelände neu angelegt oder erweitert werden müssen, sind Ufereinfassungen aus verankerten Stahlspundwänden häufig die technisch beste und bei Berücksichtigung der Kosten für den

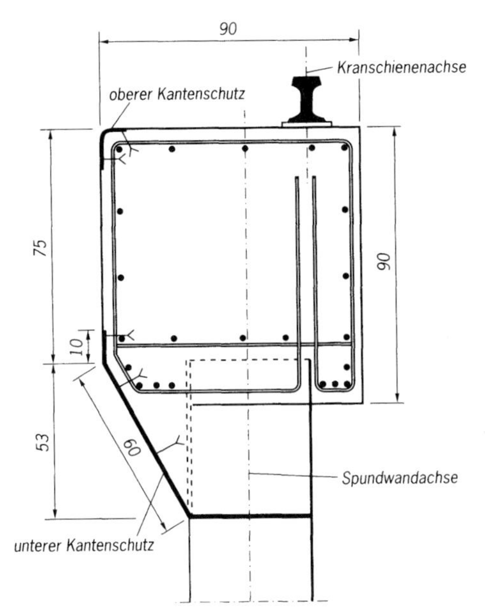

Bild E 74-4. Kranschiene außermittig Spundwandachse (Beispiel)

Grunderwerb und die Unterhaltung, auch die wirtschaftlichste Lösung. Dies gilt vor allem für Kanalstrecken mit gedichteter Sohle. Falls erforderlich, können die Spundwandschlösser nach E 117, Abschnitt 8.1.21 gedichtet werden.

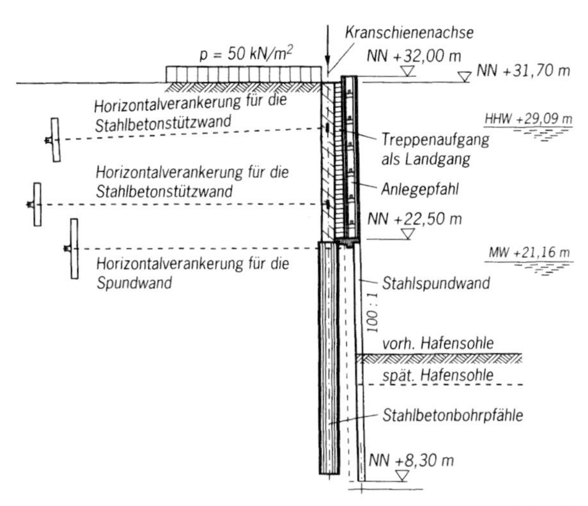

Bild E 74-5. Verankerte Spundwand mit Anlegepfählen/Stahlbetonwand (Beispiel)

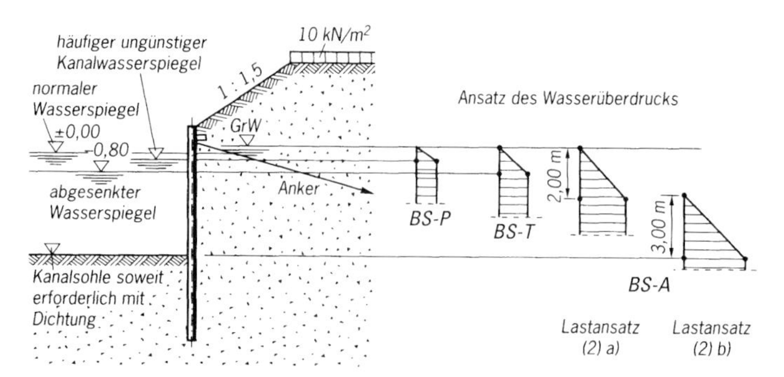

Bild E 106-1. Querschnitt für das Spundwandufer eines Binnenschifffahrtskanals mit den wichtigsten Lastansätzen

Bild E 106-1 zeigt ein kennzeichnendes Ausführungsbeispiel.

Falls es die schifffahrtsbetrieblichen Belange zulassen, wird aus Gründen des Korrosionsschutzes und der Landschaftsgestaltung die Spundwandoberkante unterhalb des Wasserspiegels gelegt. Hinsichtlich der Querschnittsgestaltung wird auf die Regelquerschnitte des Bundesministeriums für Verkehr, Raumordnung und Wohnungsbau verwiesen.

6.4.2 Nachweis der Standsicherheit

Der Nachweis der Standsicherheit und die Bemessung des Bauwerks und seiner Teile wird nach den einschlägigen Empfehlungen durchgeführt. Besonders wird auf den Ansatz der Wasserdrücke in E 19, Abschnitt 4.2 und E 18, Abschnitt 5.4 verwiesen. Als lotrechte Nutzlast wird abweichend von E 5, Abschnitt 5.5 eine gleichmäßig verteilte Geländenutzlast von 10 kN/m² (charakteristischer Wert) angesetzt (Bild E 106-1).

Hingewiesen wird außerdem auf Besonderheiten bei gestaffelter Einbindetiefe (E 41, Abschnitt 8.2.10) und auf Hinweise zur Wahl der Einbindetiefe (E 55, Abschnitt 8.2.8).

6.4.3 Lastansätze

Die den Bemessungssituationen zugeordneten Lasten sind charakteristische Werte. In der Bemessungssituation BS-P ist mit dem Wasserüberdruck zu rechnen, der sich bei häufig auftretenden ungünstigen Kanal- und Grundwasserständen ergibt. Dazu zählt auch eine Absenkung des Kanalwasserspiegels vor der

Spundwand um 0,80 m durch vorbeifahrende Schiffe. Oft wird der Grundwasserspiegel in Höhe der Oberkante Spundwand angesetzt.

In der Bemessungssituation BS-A sind folgende Belastungen anzusetzen:

Für den Fall eines raschen und starken Abfalls des Kanalwasserspiegels müssen die beiden folgenden Belastungsfälle untersucht werden (Bild E 106-1):

a) der Kanalwasserspiegel liegt 2,00 m tiefer als der Grundwasserspiegel,

b) der Kanalwasserspiegel wird in Höhe Kanalsohle und der Grundwasserspiegel 3,00 m höher angesetzt.

Bei Ufereinfassungen, bei deren Versagen der Einsturz von Brücken und Verladeanlagen usw. möglich ist, ist die Spundwand für den Belastungsfall „leergelaufener Kanal" zu bemessen oder durch konstruktive Maßnahmen besonders zu sichern.

In den statischen Untersuchungen kann die planmäßige Kanalsohle bzw. Aushubsohle (z. B. Unterkante Sohlensicherungen) als rechnerische Sohle angesetzt werden. Eine Tieferbaggerung bis zu 0,30 m unter Sollsohle ist bei voller Einspannung der Wand im Boden fallweise ohne besondere Berechnung vertretbar (E 36, Abschnitt 6.7). Das gilt allerdings nicht für unverankerte Wände und verankerte Wände mit freier Fußauflagerung. Sind in Ausnahmefällen größere Abweichungen der Sohlenlage zu erwarten und besteht starke Kolkgefahr durch Propellerstahl, ist die Berechnungssohle mindestens 0,50 m unter der Sollsohle anzusetzen.

6.4.4 Einbindetiefe

Steht bei gedichteten Dammstrecken in erreichbarer Tiefe gering wasserdurchlässiger Boden an, wird die Uferspundwand so tief gerammt, dass sie in diese Schicht einbindet. Dann kann die Sohlendichtung eingespart werden. Durch eine solche Maßnahme dürfen sich jedoch keine negativen Auswirkungen auf die großräumige Grundwasserströmung ergeben.

6.5 Ausbau teilgeböschter Ufer in Binnenhäfen mit großen Wasserstandsschwankungen (E 119)

6.5.1 Gründe für den teilgeböschten Ausbau

Das Anlegen, Festmachen, Liegen und Ablegen von Schiffen in Binnenhäfen und das gefahrlose Betreten der Schiffe durch Hafen- und Betriebspersonal muss bei jedem Wasserstand ohne Benutzung von Ankern möglich sein. Das ist aber nur an senkrechten Ufern möglich.

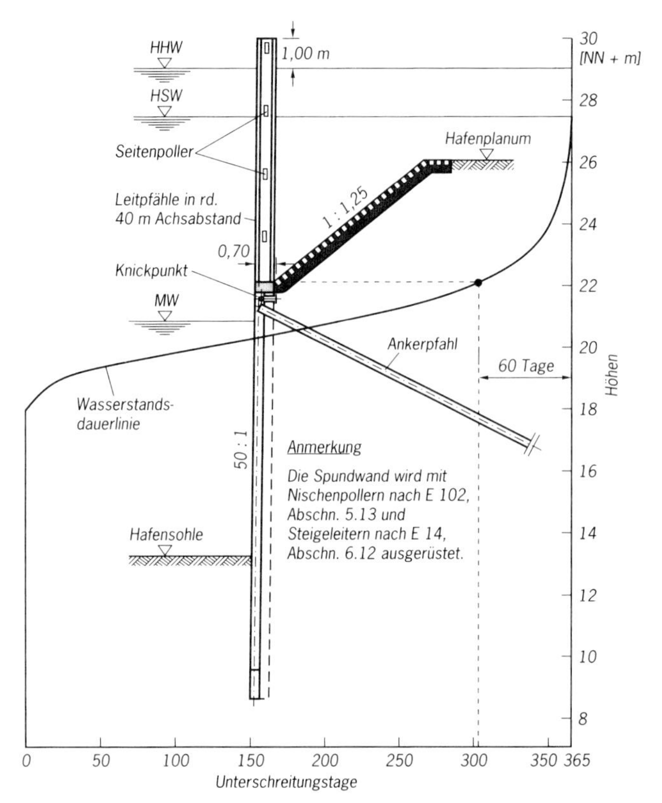

Bild E 119-1. Teilgeböschtes Ufer bei Schiffsliegeplätzen, vor allem für Schubleichter bei nicht hochwasserfreiem Hafenplanum

Wenn zusätzlich gefordert ist, dass die Hafenbetriebsebene hochwasserfrei sein soll, führt das in Binnenhäfen mit wechselnden Wasserständen zu sehr hohen Uferwänden.

In solchen Fällen bietet es sich an, Umschlaganlagen mit einer unteren senkrechten Uferwand und einer daran anschließenden oberen Böschung auszubilden (Bilder E 119-1 und E 119-2).

6.5.2 Entwurfsgrundsätze

Für den Umschlagbetrieb an einem teilgeböschten Ufer sollte der Übergang vom senkrechten in das geböschte Ufer so hoch liegen, dass er nicht länger als 60 Tage (im langjährigen Mittel) überstaut wird.

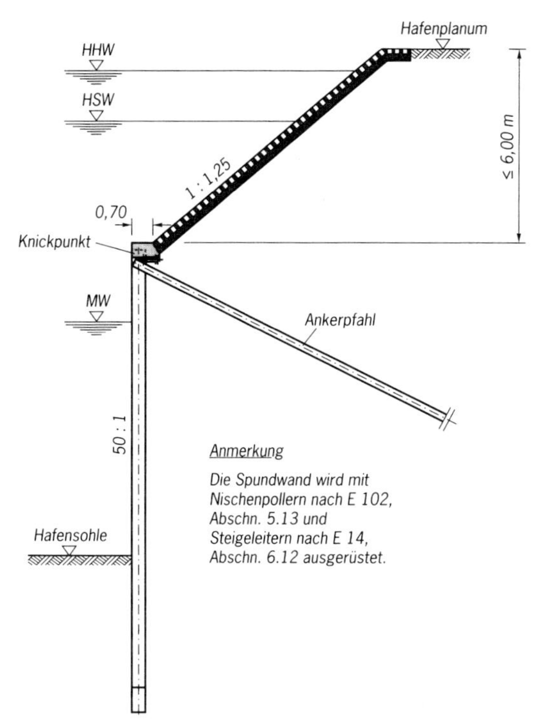

Bild E 119-2. Teilgeböschtes Ufer bei hochwasserfreiem Hafenplanum

Dies entspricht beispielsweise am Niederrhein einer Höhenlage des Übergangs von etwa 1 m über MW (Bild E 119-1). Innerhalb eines Hafenbeckens sollte die Höhe des Übergangs vom senkrechten Ufer in die Böschung einheitlich sein.

Bei Ufern mit sehr hoher Hafenbetriebsfläche ist der Übergang von der Uferwand in die Böschung aus betrieblichen und statischen Gründen so hoch zu legen, dass die Böschung maximal 6 m hoch ist (Bild E 119-2).

An Liege- und an Koppelplätzen für unbemannte Schiffe ohne Umschlagbetrieb sind zur Markierung, zum sicheren Festmachen und zum Schutz der Böschung im senkrechten Uferabschnitt Leitpfähle im Abstand von etwa 40 m zweckmäßig. Sie werden ohne wasserseitigen Überstand 1,00 m über HHW hinausragend ausgebildet (Bild E 119-1).

Der senkrechte Uferabschnitt wird im Allgemeinen als einfach verankerte, im Boden eingespannte Spundwand ausgeführt.

Den oberen Abschluss bildet ein rd. 0,70 m breiter Stahl- oder Stahlbetonholm, der zwischen den Leitpfählen als sicher begehbare Berme genutzt werden kann

(Bilder E 119-1 und E 119-2). Im Bereich der Leitpfähle muss es möglich sein, hinter diesen zu gehen.

Das Aufsetzen der Schiffe bei fallendem Wasserstand muss durch das ordnungsgemäße Festmachen verhindert werden.

Die wasserseitige Kante des Stahlbetonholms ist nach E 94, Abschnitt 8.4.6 durch ein Stahlblech gegen Beschädigungen zu schützen.

Die Böschung oberhalb der Uferwand soll wegen der erforderlichen Begehbarkeit der Treppen nicht steiler als 1 : 1,25 sein. Üblich sind Böschungsneigungen von 1 : 1,25 bis 1 : 1,5.

Poller werden entsprechend E 102, Abschnitt 5.13 ausgeführt.

6.6 Gestaltung von Uferflächen in Binnenhäfen nach betrieblichen Gesichtspunkten (E 158)

6.6.1 Anforderungen

Die Ausbildung des Uferquerschnitts von Binnenhäfen wird vorrangig durch wirtschaftliche und betriebliche Gesichtspunkte bestimmt. Beim Umschlag mit Kranen ist die Übersichtlichkeit der Anlage wichtig.

Ein störungsfreier Schifffahrtsbetrieb ist gewährleistet, wenn die Schiffe sicher und leicht am Ufer fest- und losgemacht werden können und Einflüsse aus vorbeifahrenden Schiffen oder Schiffsverbänden keine störenden Schiffsbewegungen verursachen. Bei wechselnden Wasserständen müssen die Festmachedrähte oder -leinen gut gefiert werden können.

Die Ufereinfassung soll den anlegenden Schiffen auch als Leiteinrichtung dienen.

Schubleichter haben verhältnismäßig große Massen, zudem sind sie kastenförmig mit eckigen Begrenzungen ausgebildet. Deshalb sollten Ufereinfassungen für den Umschlagbetrieb mit Schubleichtern möglichst ebene Vorderflächen haben.

Um Schiffe schnell und sicher be- und entladen zu können, sollten sie während des Umschlags möglichst geringe Bewegungen ausführen. Andererseits müssen sie einfach zu verholen sein.

Für den Personenverkehr zwischen Land und Schiff muss ein direkter Übergang oder ein sicheres Auslegen eines Landstegs möglich sein (E 42, Empfehlungen des technischen Ausschusses Binnenhäfen, ETAB).

6.6.2 Planungsgrundsätze

Grundsätzlich sind lange, gerade Uferstrecken anzustreben. Falls Richtungsänderungen nicht zu vermeiden sind, sollten diese als Knicke und nicht als Kreisbogen ausgebildet werden. Der Abstand zwischen den Knickpunkten muss so groß sein, dass an den Zwischengeraden Schiffe oder Schiffsverbände festmachen können. Die Forderung nach einem störungsfreien Schiffsbetrieb ist mit glatten Uferwänden ohne hervorstehende Einrichtungen und ohne Nischen am ehesten zu erfüllen. Die Vorderflächen der Uferwände können geböscht, teilgeböscht, geneigt oder senkrecht sein.

6.6.3 Uferquerschnitte

1. Böschungen
   Geböschte Ufer sind in sich möglichst eben zu gestalten. Zwischenpodeste sind wenn möglich zu vermeiden. Treppen sollen in Fallrichtung der Böschungen, also rechtwinklig zur Uferlinie, angelegt werden. Poller und Halteringe dürfen nicht über die Böschungsfläche hinausragen. Sind bei hohen Uferböschungen Zwischenbermen unvermeidlich, dürfen sie nicht im Bereich häufigen Wasserstandwechsels liegen. Stattdessen sollten sie in der Hochwasserzone angeordnet werden.
   Zur Lage des Übergangs vom geböschten zum senkrechten Ufer vgl. E 119, Abschnitt 6.5.2.
   Bei geböschten und teilgeböschten Ufern ist die sichere Führung der Schiffe nur in Verbindung mit Festmachedalben in ausreichend engem Abstand gewährleistet.
2. Senkrechte Ufer
   Senkrechte oder wenig geneigte Ufereinfassungen in Massivbauweise müssen mit einer glatten Vorderfläche ausgeführt werden. Diese Bedingung ist beim Bau der Uferwand im Trockenen leicht zu erfüllen. Werden senkrechte Ufer als Schlitz- oder Bohrpfahlwände ausgeführt, müssen die wasserseitigen Wandflächen in der Regel noch nachgearbeitet werden, um den betrieblichen Anforderungen an die Ebenheit der Wand zu genügen.
   Senkrechte Ufer in Spundwandbauweise sind in technischer und wirtschaftlicher Hinsicht vielfach bewährt. Falls es der Schifffahrtsbetrieb erfordert, können sie entsprechend E 176, Abschnitt 8.1.17 gepanzert werden, um eine glatte Oberfläche zu erhalten.

6.7 Solltiefe und Entwurfstiefe der Hafensohle (E 36)

6.7.1 Solltiefe der Hafensohle in Seehäfen

Die Solltiefe der Hafensohle ist die Wassertiefe unter einer bestimmten Bezugshöhe. In der Solltiefe der Hafensohle vor Ufermauern müssen folgende Faktoren berücksichtigt sein:

1. Der Tiefgang des größten anlegenden, voll abgeladenen Schiffs. Der Tiefgang muss unter Berücksichtigung des Salzgehalts des Hafenwassers und der Krängung des Schiffes ermittelt werden.
2. Ein Sicherheitsabstand zwischen Schiffsboden und Hafensohle. Der Sicherheitsabstand richtet sich nach den Bestimmungen der örtlichen Hafenbehörden, er sollte jedoch mindestens 0,50 m sein.

Die Bezugshöhe für die Solltiefe ist in der Regel ein statistisch begründetes Niedrigwasser (NW).

In Gebieten ohne Tide, wie z. B. der Ostsee, wird das Niedrigwasser aus langjährigen Wasserstandszeitreihen abgeleitet.

In tidebeeinflussten Gewässern erfordert die Wahl der Bezugshöhe und damit die Festlegung der Solltiefe vor Ufereinfassungen eine angemessene Berücksichtigung der tidebedingten Änderungen des Wasserstands, damit mit ausreichender statistischer Häufigkeit eine ausreichende Wassertiefe zur Verfügung steht. Hier wird als Bezugshöhe häufig das Seekartennull (SKN) gewählt.

Bis Ende 2004 wurde das SKN in Deutschland vom mittleren Springtideniedrigwasser (MSpTnw) abgeleitet. Seit 2005 ist die Lowest Astronomical Tide (LAT) als SKN definiert. Damit wurde für alle Nordsee-Anrainerstaaten eine einheitliche Bezugsebene geschaffen, die auch international üblich ist.

Die LAT bezeichnet den durch astronomische Verhältnisse niedrigstmöglichen Wasserstand. Im Bereich der deutschen Nordseeküste liegt LAT etwa 0,50 m unter dem MSpTnw.

Die zu wählende Bezugshöhe ergibt sich immer aus den örtlichen Anforderungen und kann auch vom Seekartennull LAT abweichen, wenn eine Unterschreitung des Wasserstands bei außergewöhnlichen meteorologischen oder astronomischen Bedingungen mit einer höheren statistischen Häufigkeit akzeptiert werden kann. Die Bezugshöhe muss daher vor der Festlegung der Solltiefe der Hafensohle zwischen allen Beteiligten einvernehmlich festgelegt werden.

6.7.2 Solltiefe der Hafensohle in Binnenhäfen

Die Solltiefe der Hafensohle in Binnenhäfen und in Hafeneinfahrten ist so zu wählen, dass Schiffe mit der auf der Wasserstraße größten möglichen Abladetiefe den Hafen erreichen können. In Binnenhäfen an Flüssen soll die Wassertiefe in der Regel 0,30 m größer sein als die in der anschließenden Wasserstraße, um die Gefährdung von Schiffen im Hafen bei niedrigen Wasserständen zu vermeiden.

6.7.3 Entwurfstiefe vor Uferwänden

Soll vor Uferwänden wegen Schlick-, Sand-, Kies- oder Geröllablagerungen gebaggert werden, muss die Baggerung bis unter die nach Abschnitt 6.7.1 und 6.7.2 festgelegte Solltiefe der Hafensohle ausgeführt werden (Bild E 36-1).

Die Entwurfstiefe setzt sich zusammen aus der Solltiefe der Hafensohle, der Tiefe der Unterhaltungsbaggerung bis zur planmäßigen Baggertiefe zuzüglich einer Baggertoleranz und anderer Zuschläge, z. B. für eventuelle Auflockerungen des Bodens beim Baggern (Störzone). Die Entwurfstiefe liegt daher um ein frei gewähltes Maß unterhalb der Baggertiefe.

Die Baggertiefe wird durch folgende Faktoren bestimmt:

1. Umfang des Schlickfalls, des Sandeintriebs, der Kies- oder Geröllablagerungen je Baggerperiode,
2. Tiefe unter der Solltiefe der Hafensohle, bis zu welcher der Boden entfernt oder gestört werden darf,
3. Kosten jeder Störung im Umschlagbetrieb, verursacht durch Baggerarbeiten,
4. ständiges oder nur zeitweiliges Vorhalten der erforderlichen Baggergeräte,
5. Kosten der Baggerarbeiten in Bezug auf die Höhe der Unterhaltungsbaggerzone,
6. Mehrkosten einer Uferwand mit tieferer Hafensohle.

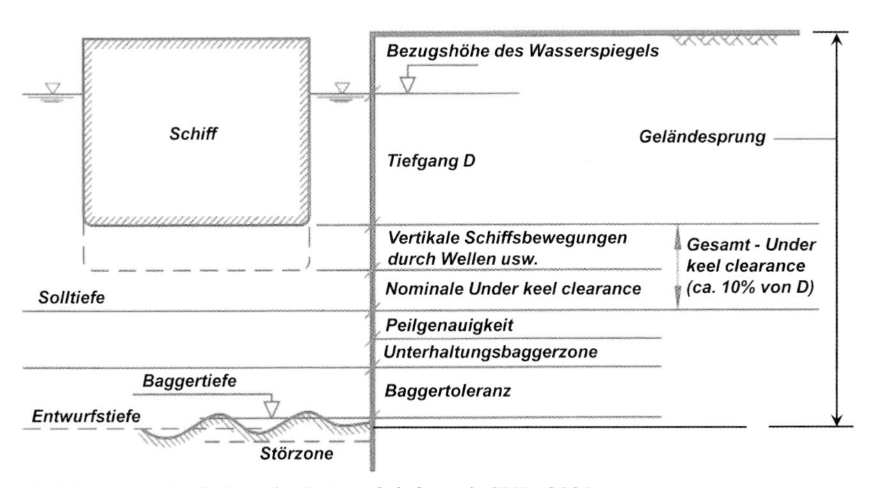

Bild E 36-1. Ermittlung der Entwurfstiefe nach CUR, 2005

Tabelle E 36-1. Anhaltswerte für die Höhe der Unterhaltungsbaggerzone und Mindesttoleranzen

Wassertiefe unter dem niedrigsten Wasserstand [m]	Höhe der Unterhaltungs-baggerzone [m]	Mindesttoleranz*) [m]
5	0,5	0,2
10	0,5	0,3
15	0,5	0,4
20	0,5	0,5
25	0,5	0,7

*) abhängig vom Baggergerät

Ergänzend wird auf E 139, Abschnitt 7.2 verwiesen.

Wegen der Bedeutung der vorgenannten Faktoren muss der Zuschlag zur Solltiefe für die Unterhaltungsbaggerung mit Bedacht festgelegt werden. Ein zu geringer Zuschlag kann hohe Kosten für häufige Unterhaltungsbaggerungen und daraus resultierende Betriebsstörungen zur Folge haben, ein zu großer Zuschlag erfordert höhere Baukosten und fördert gegebenenfalls die Sedimentation.

Es ist zweckmäßig, die Hafensohle durch mindestens zwei mit Zeitabstand ausgeführte Baggerschnitte herzustellen. Dabei darf die jeweilige Schnittdicke nicht größer 3 m sein.

Anhaltswerte für die Höhe der Unterhaltungsbaggerzone und die mindestens anzusetzende Baggertoleranz sind in Tabelle E 36-1 für verschiedene Wassertiefen unter dem Wasserstand aufgelistet. Hinsichtlich der Baggertoleranzen wird auf E 139, Abschnitt 7.2.2 verwiesen.

In den Anhaltswerten von Tabelle E 36-1 sind die nach DIN EN 1997-1 geforderten Zuschläge bereits berücksichtigt (siehe auch Abschnitt 2.0).

Ist vor der Uferwand Sohlenerosion zu erwarten, muss die Entwurfstiefe entsprechend vergrößert werden, oder es sind geeignete Maßnahmen zur Verhinderung der Erosion zu treffen.

6.8 Verstärkung von Ufereinfassungen zur Vertiefung der Hafensohle in Seehäfen (E 200)

6.8.1 Allgemeines

Die Entwicklung der Schiffsabmessungen hat zur Folge, dass zuweilen eine Vertiefung der Hafensohle vor bestehenden Uferbauwerken erforderlich wird.

In solchen Fällen sind dann oft auch größere Kran- und Nutzlasten anzusetzen, sodass insgesamt eine Verstärkung der Uferwände erforderlich wird.

Ob es im Einzelfall möglich und wirtschaftlich ist, die Hafensohle zu vertiefen und die Uferwände zu verstärken, hängt von verschiedenen Bedingungen ab.

Zunächst ist zu prüfen, ob die erforderliche Vertiefung der Hafensohle mit Bezug auf die aktuelle Hafensohle überhaupt möglich ist.

Sodann muss geprüft werden, ob die Konstruktion und der Erhaltungszustand der Uferwand eine Weiternutzung mit vertiefter Hafensohle ermöglicht. In diesem Zusammenhang kann auf die Konstruktionszeichnungen und die statischen Nachweise der Wand und die Ergebnisse von Baugrunderkundungen aus der Bauphase zurückgegriffen werden, sofern diese verfügbar sind. Gegebenenfalls ermöglichen ergänzende Baugrunderkundungen den Ansatz günstigerer Bodenkennwerte, mit denen die Verbesserung der Baugrundeigenschaften seit dem Bau durch Konsolidierung berücksichtigt wird.

Schließlich muss geprüft werden, ob die erforderlichen Verstärkungen mit Bezug auf die noch zu erwartende Lebensdauer der Uferwand gegenüber den Kosten für einen Neubau wirtschaftlich sind.

Für die Einwirkungen aus den neuen Belastungen und für die vergrößerte rechnerische Tiefe der Hafensohle müssen dann die Standsicherheit und die Gebrauchstauglichkeit nachgewiesen werden.

Liegen die Nachweise der Standsicherheit der vorhandenen Wand und/oder deren Konstruktionszeichnungen nicht mehr vor, kann versucht werden, die Beanspruchungen der Wand infolge der Vertiefung der Hafensohle durch eine Verringerung der Nutzlasten zu kompensieren.

6.8.2 Ausbildung von Bauwerksverstärkungen

Für eine Verstärkung von Kaimauern zur Aufnahme zusätzlicher Lasten aus einer Vertiefung der Hafensohle gibt es zahlreiche Möglichkeiten. Grundsätzlich ist darauf zu achten, dass die Einbindetiefe der Wand auch nach der Vertiefung noch ausreicht. Das gilt bei kombinierten Wänden auch für die Füllbohlen. Nachfolgend sind einige beispielhafte Lösungen dargestellt.

6.8.2.1 Maßnahmen zur Erhöhung des Erdwiderstands

Die Tragfähigkeit von Uferwänden kann durch eine Erhöhung des Erdwiderstands im Bodenauflager erhöht werden.

Ist der anstehende Boden ein weicher bindiger Boden mit geringer Festigkeit, kann er in der erforderlichen Tiefe gegen ein nichtbindiges Material mit hoher Wichte und hoher Scherfestigkeit ausgetauscht werden, Bild E 200-1.

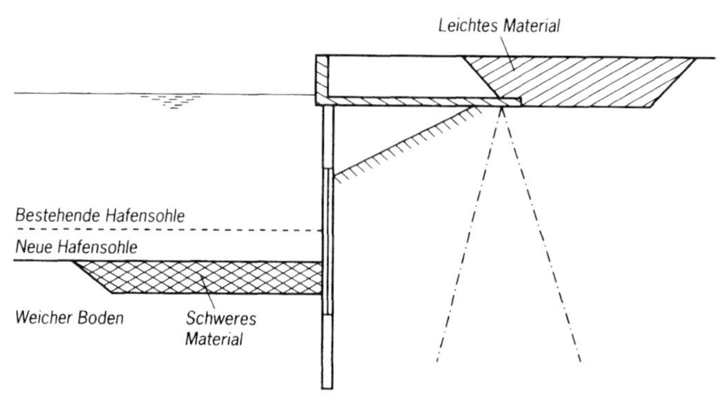

Bild E 200-1. Bodenersatz vor und/oder hinter dem Bauwerk

Der Übergang zum anstehenden Boden muss filterstabil ausgeführt werden. Der Bodenaustausch darf nur in Teilschritten ausgeführt werden, dabei müssen die Wandverformungen beobachtet werden. Während des Bodenaustauschs sollte im betreffenden Bereich kein Umschlag stattfinden, ggf. kann die Wand durch temporäres Abbaggern der Hinterfüllung entlastet werden. Einzelheiten zum Bodenaustausch siehe E 164, Abschnitt 2.14 und E 109, Abschnitt 7.9.

Wenn vor der Uferwand verdichtungsfähige nichtbindige Böden anstehen, kann der Erdwiderstand durch eine Verdichtung, ggf. mit Zugabe von Kies oder Schotter, erhöht werden (Bild E 200-2). Durchlässige nichtbindige Böden können durch Verpressen von Bindemitteln verfestigt werden.

6.8.2.2 Maßnahmen zur Verringerung des aktiven Erddrucks

Der aktive Erddruck auf Uferwände kann z. B. durch eine Abschirmplatte auf Pfählen reduziert werden (Bild E 200-3).

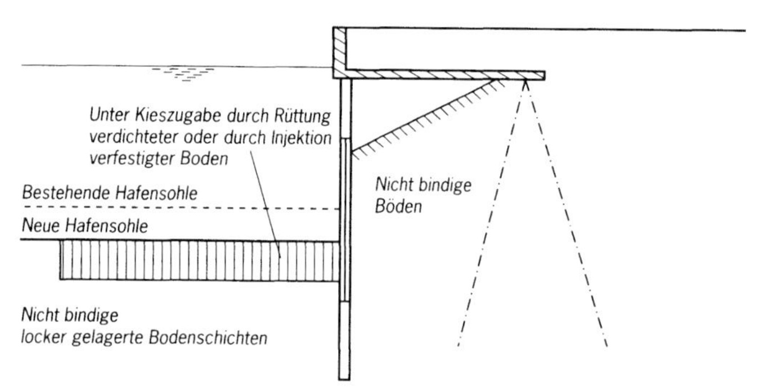

Bild E 200-2. Bodenverfestigung oder Bodenverdichtung vor dem Bauwerk

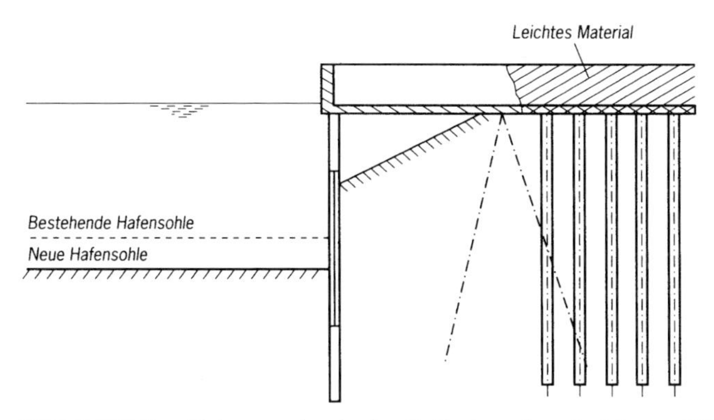

Bild E 200-3. Sicherung durch eine Entlastungskonstruktion auf Pfählen

Weitere Möglichkeiten sind der Teilaustausch der Hinterfüllung gegen ein leichteres Material (Bild E 200-1) oder die Verfestigung der Hinterfüllung mit Bindemitteln.

6.8.2.3 Maßnahmen am Uferbauwerk

Das Uferbauwerk selbst kann durch zusätzliche Anker für die Aufnahme höherer Lasten ertüchtigt werden (Bild E 200-4). Gegebenenfalls ist es auch möglich, die Uferwand tiefer zu rammen und aufzustocken (Bild E 200-5). Dabei sind die vorhandenen Verankerungen vorübergehend zu lösen und wieder anzuschließen oder durch neue Verankerungen zu ersetzen.

In den meisten Fällen wird es allerdings nötig sein, eine neue Wand vor die alte zu stellen und diese entweder durch einen neuen Überbau zu verankern (Bild E 200-6) oder durch Schrägpfahlanker oder Horizontalanker zu verankern (Bild E 200-7).

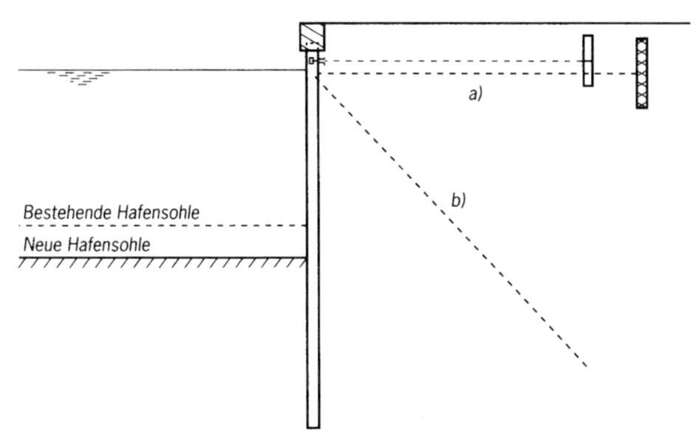

Bild E 200-4. Anwendung von Zusatzankern horizontal (a) oder schräg (b)

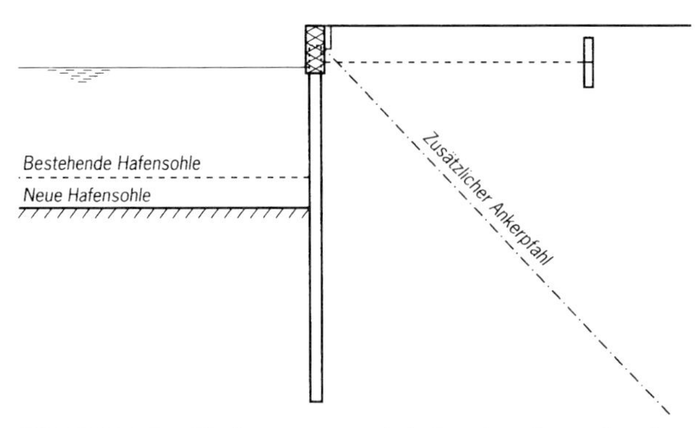

Bild E 200-5. Tieferrammen und Aufstocken der vorhandenen Ufereinfassung und Zusatzverankerung

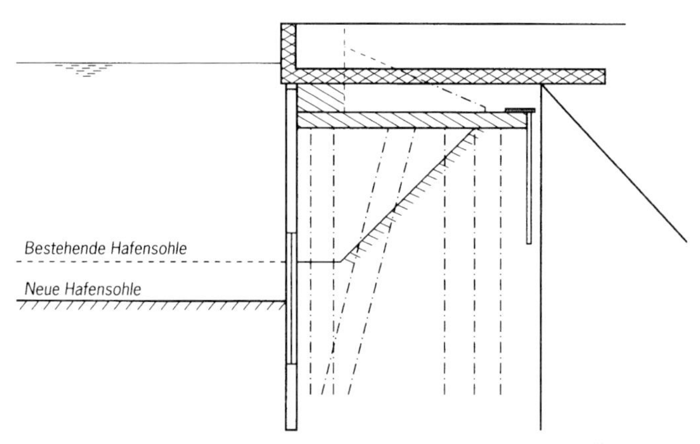

Bild E 200-6. Vorbau einer Spundwand und eines neuen Überbauwerks

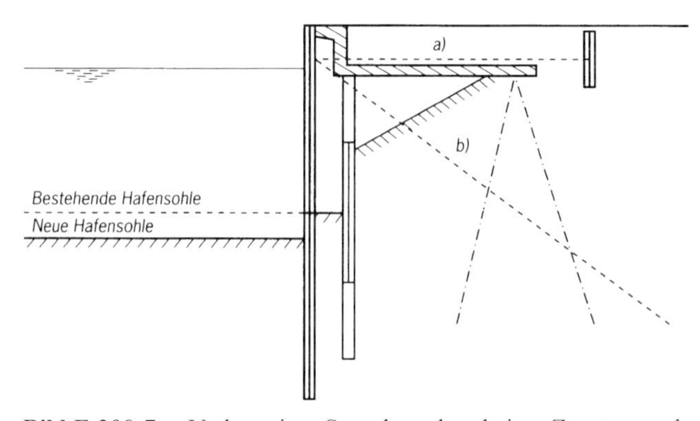

Bild E 200-7. Vorbau einer Spundwand und einer Zusatzverankerung (a) oder (b)

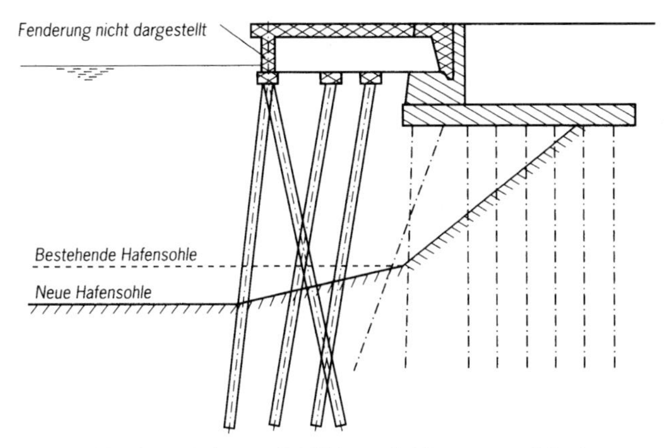

Bild E 200-8. Vorbau auf Pfählen mit Unterwasserböschung

Sofern genügend Platz vorhanden ist, kann vor der vorhandenen Wand eine ganz neue Pfahlrostplatte zur Aufnahme der Umschlaglasten gebaut werden (Bild E 200-8). Bei dieser Lösung entsteht zugleich eine größere Umschlagfläche. Zur Ausbildung und Berechnung der Pfahlrostplatte vgl. E 157, Abschnitt 11.4.

6.9 Böschungen unter Ufermauerüberbauten hinter geschlossenen Spundwänden (E 68)

6.9.1 Belastung der Böschungen

Böschungen unter Ufermauerüberbauten können außer durch Erddruck durch Strömungen in Ufermauerlängsrichtung und durch Strömungskräfte aus Grundwasserströmungen beansprucht werden. Strömungskräfte sind hinsichtlich der Standsicherheit der Böschung nachteilig, wenn der Grundwasserspiegel hinter der Böschung höher ist als der Hafenwasserspiegel, sodass die Strömungskräfte aus der Böschung heraus gerichtet sind (vgl. E 65, Abschnitt 4.3).

Die Neigung der Böschung muss daher so sein, dass die Böschung bei allen Wasserständen dauerhaft standsicher ist. Außerdem muss die Oberfläche der Böschung stabil gegen Erosion aus Strömungen des Hafenwassers sein.

6.9.2 Verschlickungsgefahr hinter der Spundwand

In Tidegebieten besteht die Gefahr, dass sich auf Böschungen unter Überbauten Schlick ablagert. Die dadurch entstehenden Zusatzbelastungen für die Pfähle von Überbauten können erheblich sein.

Die Ablagerung von Schlick kann nur dann dauerhaft unterbunden werden, wenn in den Bereich unter dem Überbau kein schlickhaltiges Wasser eindringen kann. Das erfordert aber in der Regel erhebliche Zusatzkosten für die Uferwand.

Im Allgemeinen wird daher der Eintritt von Außenwasser in den Bereich unter dem Überbau in Kauf genommen, die Ablagerung von Schlick soll dann durch günstig angeordnete Abströmöffnungen in der Spundwand kurz oberhalb des Böschungsfußpunktes verhindert werden.

Die Wirkung solcher Maßnahmen ist im Einzelfall zu überwachen. Falls sie nicht den erwünschten Erfolg haben, muss der abgelagerte Schlick regelmäßig geräumt werden.

6.10 Umgestaltung von Ufereinfassungen in Binnenhäfen (E 201)

6.10.1 Anlass für die Umgestaltung

An Kanälen und staugeregelten Flüssen kann der Ausbau für eine größere Abladetiefe eine Vertiefung der Hafenanlagen erfordern. Im Einzelfall kann auch eine Vergrößerung der Kran- und Nutzlasten eine Umgestaltung des Uferbauwerks erforderlich machen.

Bei Flusshäfen wird die Vergrößerung der Wassertiefe erforderlich, wenn die Häfen in seitlichen Stichbecken liegen und sich die Flusssohle durch Erosion vertieft. Um die Zugänglichkeit der Hafenanlagen sicherzustellen, muss dann die Hafensohle tiefer gebaggert werden.

Bei Hafenanlagen mit geböschten Ufern hat eine Tieferlegung der Sohle eine Verringerung der Hafenbeckenbreite und des Wasserquerschnitts zur Folge. Wenn das nicht hingenommen werden kann, muss das Ufer teilgeböscht oder mit senkrechtem Ufer umgestaltet werden. Das ist dann auch für den Umschlag vorteilhaft, weil die Auslegung von Umschlagkranen bei teilgeböschtem und senkrechtem Ausbau geringer ist als bei geböschten Ufern.

Die Vertiefung der Hafensohle und/oder höhere Verkehrslasten führen zu höheren Belastungen einzelner Bauteile, die dann unter Umständen nicht mehr ausreichend bemessen sind.

6.10.2 Möglichkeiten der Umgestaltung

Grundsätzlich ist es unter den vorgenannten Umständen immer möglich, eine neue Ufereinfassung vor der alten oder anstelle der alten zu errichten. Oftmals genügt es aber, Teile des Uferbauwerks zu erneuern oder zu verstärken bzw. durch konstruktive Maßnahmen entsprechend E 200, Abschnitt 6.8 zu ertüchtigen.

So können z. B. Spundwände tiefer gerammt und durch eine neue Konstruktion aufgeständert werden. Erhöhte Ankerkräfte können durch zusätzliche Anker aufgenommen werden. Nichtbindige Böden an der Hafensohle können verdichtet werden und haben dann einen größeren Erdwiderstand. Die Standsicherheit von Böschungen kann durch Vernagelung mit dem Untergrund verbessert werden.

6.10.3 Ausführungsbeispiele

Die Bilder E 201-1 bis E 201-6 zeigen Beispiele für die Umgestaltung von Ufereinfassungen in Binnenhäfen. Die in den Bildern angegebenen Höhen sind jeweils auf NN bezogen.

Die Vergrößerung der Wassertiefe durch die Umgestaltung eines geböschten Ufers mit einer Spundwand zu einem teilgeböschten Ufer zeigt Bild E 201-1.

Im Beispiel des Bildes E 201-2 wurden hinter einer bereits vorhandenen Uferspundwand Trägerprofile IPB 500 im Abstand von 4,2 m gerammt. Die Spundwand wurde mit einem Stahlbetonbalken aufgestockt und mit RV-Pfählen neu verankert.

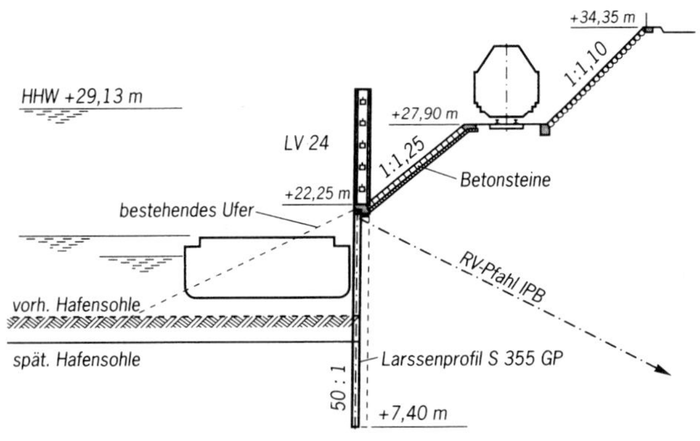

Bild E 201-1. Uferausbau durch Ersatz eines geböschten Ufers durch ein teilgeböschtes Ufer

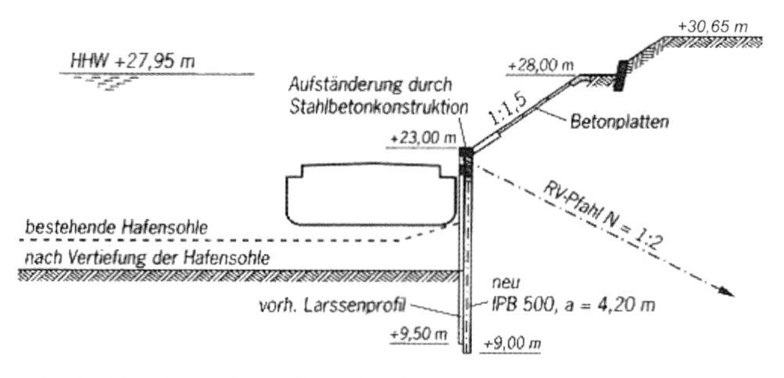

Bild E 201-2. Uferausbau durch Hinterrammen von rückverankerten Trägern IPB 500 und Aufstocken der vorhandenen Uferspundwand

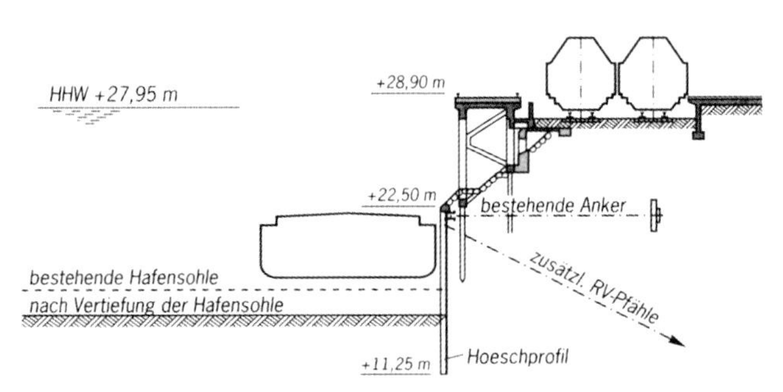

Bild E 201-3. Uferausbau durch zusätzliche Verankerung einer vorhandenen Spundwand

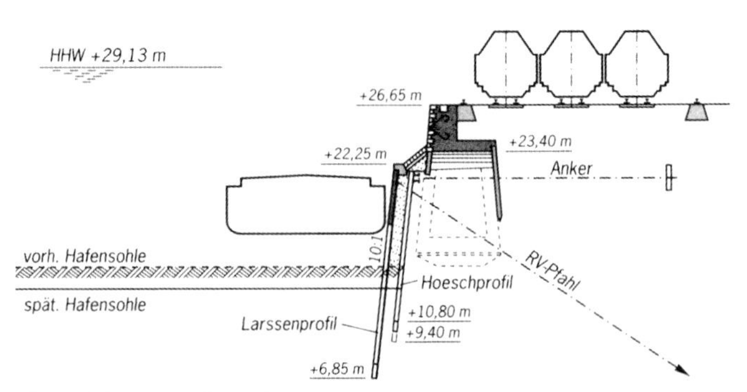

Bild E 201-4. Uferausbau durch Vorrammen einer neuen rückverankerten Spundwand

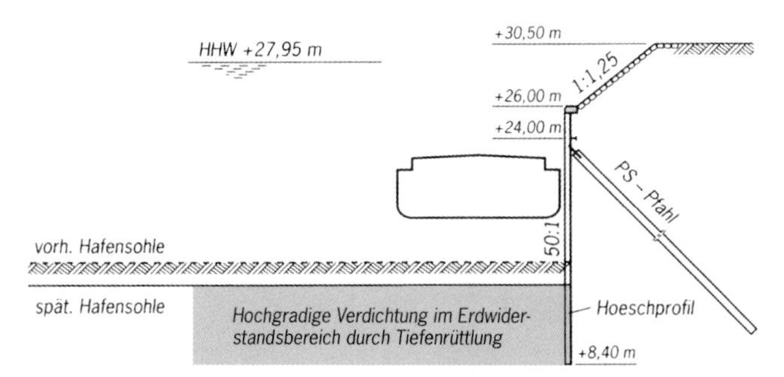

Bild E 201-5. Uferausbau durch Verdichtung nichtbindigen Bodens im Erdwiderstandsbereich vor der Spundwand

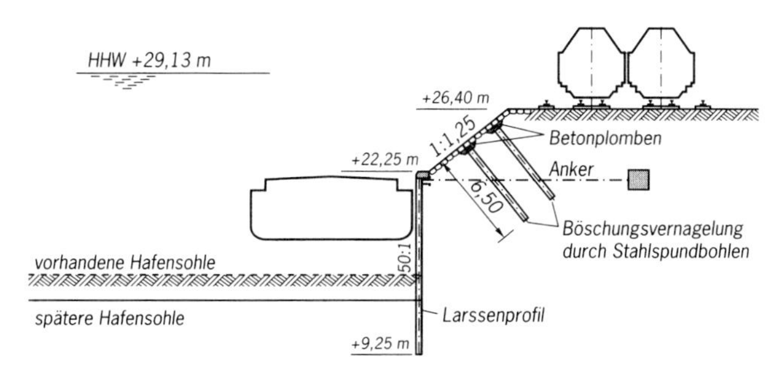

Bild E 201-6. Uferausbau mit Böschungssicherung durch Vernagelung

Beim Beispiel nach Bild E 201-3 hat die vorhandene Spundwand eine zusätzliche Verankerung mit RV-Pfählen erhalten, in Bild E 201-4 wurde vor die vorhandene Uferwand eine neue rückverankerte Spundwand gerammt.

Bild E 201-5 zeigt eine Ertüchtigung einer Uferwand durch die Vergrößerung des Erdwiderstands vor der Wand durch Verdichtung des anstehenden Bodens, im Falle von Bild E 201-6 wurde die Böschung über der Uferwand vernagelt.

6.11 Ausrüstung von Großschiffsliegeplätzen mit Sliphaken (E 70)

Sliphaken anstelle von Pollern werden nur in Ausnahmefällen an besonderen Großschiffsliegeplätzen vorgesehen, bei denen ein Festmachen nach einem definierten Vertäuplan erfolgt. Der Schwenkbereich der Sliphaken ist entsprechend dem Vertäuplan definiert. Manuelle und ölhydraulische Auslösevorrichtungen

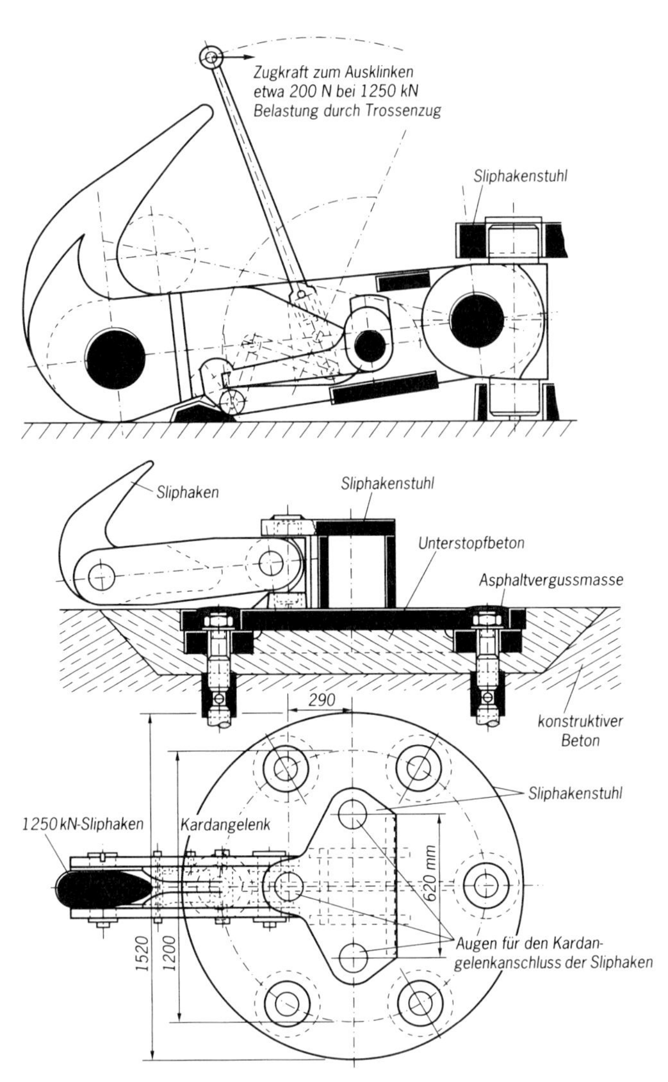

Bild E 70-1. Beispiel eines Sliphakens

mit Fernbedienung gewährleisten auch bei schweren Trossen mit Lasten bis zu 3.000 kN ein einfaches Festmachen und rasches Lösen der Trossen.

Bild E 70-1 zeigt das Beispiel eines Sliphakens von 1.250 kN Größtlast mit manueller Lösevorrichtung. Er kann mit mehreren Trossen belegt werden und gibt sie sowohl bei Volllast als auch bei geringer Belastung durch das Betätigen eines Handgriffs mit kleiner Zugkraft frei.

Die Sliphaken werden mit einem Kardangelenk an einem Sliphakenstuhl befestigt. Die Anzahl der Sliphaken richtet sich nach dem jeweils zu berücksichtigenden Trossenzug gemäß E 12, Abschnitt 5.12 und nach den gleichzeitig zu bedienenden Haupt-Trossenrichtungen. Auf einem Sliphakenstuhl können mehrere Sliphaken installiert werden. Die Schwenkbereiche sind so zu wählen, dass bei allen infrage kommenden Betriebsfällen ein Klemmen der Haken vermieden wird. Der Schwenkbereich reicht bis 180° in der Horizontalen und 45° zur Vertikalen.

Das Auflegen der schweren Schlepptrossen wird erleichtert, wenn der Sliphaken mit einem Spill kombiniert wird.

6.12 Anordnung, Ausbildung und Belastung von Steigeleitern (E 14)

6.12.1 Anordnung

Steigeleitern dienen nur in Ausnahmefällen als Zugang oder zum Verlassen von Schiffen. Sie dienen vor allem als Zugang zu den Festmacheeinrichtungen und sollen ins Wasser gestürzten Personen das Anlandkommen ermöglichen. Fachkundigen und geübten Personen des Schiffs- und Betriebspersonals ist die Benutzung von Steigeleitern im Falle großer Wasserstandsschwankungen auch bei größeren Höhenunterschieden zuzumuten.

Steigeleitern in Uferwänden aus Stahlbeton werden in einem Abstand von rd. 30 m angeordnet. Die Lage der Leiter richtet sich nach der Pollerlage, da die Benutzung der Leitern nicht durch Trossen behindert werden darf. Bei Uferwänden aus Stahlbeton mit Blockfugen empfiehlt sich die Anordnung der Leitern im Bereich der Blockfugen. Bei Uferspundwänden sollten die Steigeleitern in den Bohlentälern liegen.

Beidseitig neben jeder Leiter sollen Festmacheeinrichtungen angeordnet werden (E 102, Abschnitt 5.13.1).

6.12.2 Ausbildung

Um das Ersteigen der Leiter vom Wasser aus auch bei niedrigen Wasserständen zu ermöglichen, muss die Leiter bis 1,00 m unter NNW bzw. NNTnw geführt werden. Damit die Leitern leicht montiert und ausgewechselt werden können, werden die untersten Leiterhalterungen so ausgebildet, dass die Wangen der oberen Leitern in Steckverbindungen eingeschoben werden.

Die Übergänge der Leitern zum Ufergelände müssen so ausgebildet werden, dass ohne Absturzgefahr ein- und ausgestiegen werden kann. Gleichzeitig darf jedoch der Verkehr auf dem Uferbauwerk nicht behindert werden.

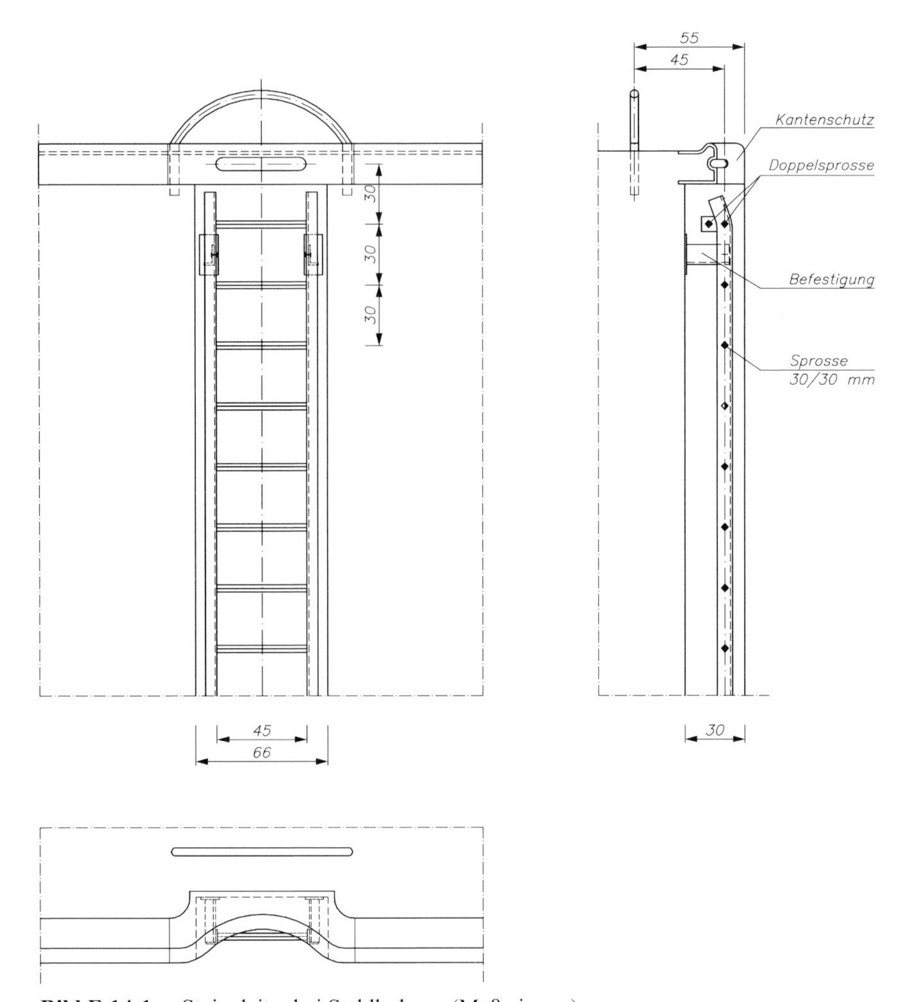

Bild E 14-1. Steigeleiter bei Stahlholmen (Maße in cm)

Eine hinsichtlich dieser Zielvorstellungen bewährte Ausführung zeigt Bild E 14-1. Hier ist der Kantenschutz im Bereich der Leiter landseitig verschwenkt und ein Haltebügel von rd. 40 mm Durchmesser und rd. 30 cm Höhe in rd. 55 cm Achsabstand hinter der Uferflucht angeordnet.

Wenn die Haltebügel den Umschlag behindern, sind andere geeignete Ausstiegshilfen vorzusehen.

Eine in diesen Fällen bewährte Konstruktion zeigt Bild E 14-2. Die oberste Sprosse liegt bei dieser Lösung 15 cm unter der Oberkante der Ufermauer.

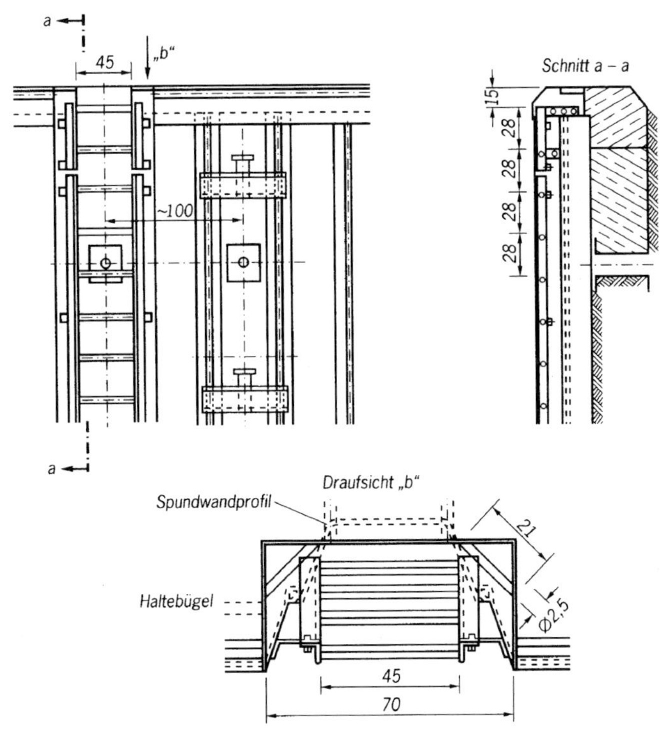

Bild E 14-2. Steigeleiter in Stahlbetonholmen (Maße in cm)

Die Leitersprossen liegen mit ihrer Achse mindestens 10 cm hinter der Vorderkante des Uferbauwerks und bestehen aus Quadratstahl 30/30 mm, der so eingebaut wird, dass eine Kante nach oben zeigt. Dadurch wird die Rutschgefahr bei Vereisung oder Verschmutzung vermindert. Die Sprossen sind mit 30 cm Achsabstand in den Leiterwangen befestigt, deren lichtes Maß mindestens 45 cm beträgt.

Im Übrigen wird auf DIN 19703 verwiesen.

6.13 Anordnung und Ausbildung von Treppen in Seehäfen (E 24)

6.13.1 Anordnung von Treppen

Treppen werden in Seehäfen immer dann angeordnet, wenn Personen, die mit den Verhältnissen in Häfen nicht vertraut sind und denen die Benutzung von Steigeleitern nicht zugemutet werden kann, von Schiffen auf die Uferwände steigen müssen. Die obere Ausmündung der Treppe ist so zu legen, dass sich der Personen- und der Hafenumschlagverkehr möglichst wenig stören. Der Treppenzugang muss übersichtlich sein und die reibungslose Abwicklung des Personenverkehrs gestatten. Das untere Treppenende muss so angeordnet werden, dass die Schiffe leicht und sicher anlegen können und dass der Verkehr zwischen Schiff und Treppe gefahrlos möglich ist.

6.13.2 Ausbildung der Treppen

Treppen sollen maximal rd. 1,50 m breit sein, sodass sie bei Seeschiffsmauern noch vor der wasserseitigen Kranbahn angeordnet werden können, ohne in den Bereich der Befestigung der im Abstand von 1,75 bis 2,50 m hinter der Uferkante liegenden Kranschiene zu ragen. Die Treppensteigung ist nach der bekannten Gleichung $2s + a = 59$ bis 65 cm zu wählen (Steigung s, Auftritt a). Betonstufen erhalten einen rauen Hartbetonüberzug, die Trittkanten einen Kantenschutz aus Stahl.

6.13.3 Podeste

Bei großem Tidehub liegen die Podeste jeweils 0,75 m über MTnw, Tmw und MThw. Je nach der Höhe des Bauwerks können weitere Podeste erforderlich sein. Zwischenpodeste sind nach höchstens 18 Stufen anzuordnen, die Podestlänge soll 1,50 m betragen bzw. gleich der Treppenlaufbreite sein.

6.13.4 Geländer

Die Treppen werden mit einem Handlauf ausgerüstet, dessen Oberkante 1,10 m über der vorderen Stufenkante liegt. Sofern der sonstige Hafenbetrieb es gestattet, erhalten die Treppen ein 1,10 m hohes Geländer, das auch abnehmbar ausgeführt werden kann.

6.13.5 Festmacheeinrichtungen

Die Uferwand neben dem untersten Treppenpodest wird mit Haltekreuzen ausgerüstet (E 102, Abschnitt 5.13). Außerdem wird knapp unter jedem Podest ein Nischenpoller bzw. Haltekreuz angeordnet. Nischenpoller werden bei massiven Kaimauern bzw. Kaimauerteilen, Haltekreuze im Allgemeinen bei Spundwandbauwerken angewendet.

6.13.6 Treppen in Spundbauwerken

Treppen in Spundwandbauwerken werden aus Stahl hergestellt. Die Spundwand wird im Treppenbereich so weit nach hinten versetzt, dass eine ausreichend große Nische entsteht, in die die Treppe eingesetzt wird.

Die Treppe ist in geeigneter Weise (z. B. durch Reibepfähle) gegen Unterfahren zu schützen.

6.14 Ausrüstung von Ufereinfassungen in Seehäfen mit Ver- und Entsorgungsanlagen (E 173)

6.14.1 Allgemeines

Versorgungsanlagen dienen dazu, öffentliche Einrichtungen und Installationen, aber auch im Hafen ansässige Betriebe sowie die festmachenden Schiffe und dergleichen mit den notwendigen Stoffen, Energien usw. zu versorgen. Entsorgungsanlagen dienen der Ableitung von in den Schiffen anfallendem Schmutzwasser und von Betriebsstoffen.

Die Ver- und Entsorgungsanlagen müssen in unmittelbarer Nähe und zum Teil in den Ufereinfassungen selbst angeordnet werden.

Für die Leitungen sind in den Baukörpern der Uferwände, wie z. B. Kranbahnbalken, ausreichende Durchbrüche vorzusehen. Deshalb muss schon bei der Planung eine Abstimmung aller Beteiligten zur Anordnung der Ver- und Entsorgungsanlagen stattfinden. Für eventuelle spätere Erweiterungen sind Reservedurchbrüche vorzusehen.

Zu den Versorgungsanlagen gehören:

- Wasserversorgungsanlagen,
- Anlagen zur Versorgung mit elektrischer Energie,
- Fernmelde- und Fernsteuerungsanlagen,
- sonstige Anlagen.

Zu den Entsorgungsanlagen gehören:

- Regenwasser-Entwässerung,
- Schmutzwasser-Entwässerung,
- Benzin- und Ölabscheider.

Die jeweiligen Entsorgungsordnungen sind zu beachten.

6.14.2 Wasserversorgungsanlagen

Die Wasserversorgungsanlagen dienen der Versorgung mit Trink- und Brauchwasser und stehen im Brandfall in der Regel auch für Löschzwecke zur Verfügung.

6.14.2.1 Trink- und Brauchwasserversorgung

Für das Trink- und das Brauchwasserversorgungsnetz im Hafen werden aus Sicherheitsgründen für einen Hafenabschnitt mindestens zwei voneinander unabhängige Einspeisungen verlangt, wobei die Leitungen zur Sicherstellung der ständigen Durchströmung als Ringnetze angelegt werden.

In Abständen von 100 bis 200 m werden Hydranten angeordnet. Ein üblicher Abstand der Wasserentnahmehydranten zur Schiffsversorgung in Kailängsrichtung ist 60 m. An Kaimauern und in befestigten Kran- und Gleisbereichen werden Unterflurhydranten gesetzt, damit der Betrieb nicht behindert wird. Die Hydranten sind so anzuordnen, dass auch bei aufgesetztem Standrohr keine Quetschgefahr durch schienengebundene Krane und Fahrzeuge besteht.

Bei Verwendung von Unterflurhydranten ist zu beachten, dass die Anschlusskupplungen vor Verschmutzung auch bei Überflutung der Kaianlage geschützt sind. Durch einen zusätzlichen Absperrschieber sollten die Hydranten von der Versorgungsleitung trennbar sein. Die Hydranten müssen stets zugänglich sein. Sie sind in Bereichen anzuordnen, in denen eine Lagerung von Gütern aus betrieblichen Gründen nicht möglich ist.

Die Rohrleitungen werden im Allgemeinen mit einer Erddeckung von 1,5 bis 1,8 m verlegt. Aus Gründen der Frostsicherheit sollen sie von der Kaimauervorderfläche einen Abstand von mindestens 1,5 m haben. In Belastungsbereichen mit Gleisen der Hafenbahn werden die Leitungen in Schutzrohren verlegt.

Bei Kaimauern mit Betonüberbauten können die Leitungen in die Betonkonstruktion eingelegt werden. Bei der Auflagerung der Leitungen sind unterschiedliche Verformungen angrenzender Baublöcke sowie unterschiedliche Setzungen von tief- oder flachgegründeten Bauwerken zu berücksichtigen. Die Trinkwasserversorgung erfolgt in der Regel über landseitige Ringleitungen und Stichleitungen zu den an der Kaivorderkante liegenden Hydranten. Die Stichleitungen müssen entwässert werden können, um das Wasser aus den nicht ständig betriebenen Stichleitungen aus hygienischen Gründen ablassen zu können.

Um den Aufwand im Falle von Rohrbrüchen gering zu halten, sollten die Leitungen zur Wasserversorgung nicht unter betonierten Flächen verlegt werden. Üblich sind gepflasterte Leitungsstreifen.

6.14.2.2 Separate Löschwasserversorgung

Im Falle von hohen Brandlasten in einem Hafenabschnitt empfiehlt es sich, das Trink- und das Brauchwasserversorgungsnetz durch ein unabhängiges Löschwasserversorgungsnetz zu ergänzen. Das Löschwasser wird dabei mittels Pumpen unmittelbar dem Hafenbecken entnommen. Die zugehörigen Pumpenräume können in Kammern der Kaimauern unter Flur angeordnet werden, sodass sie den Umschlag nicht behindern.

An besonderen Anschlussstellen ist es ferner möglich, Löschwasser über die Pumpen feuerwehreigener Feuerlöschboote einzuspeisen.

Bei Spundwandkaimauern können die Pumpensaugrohre in den Spundwandtälern angeordnet werden. Diese Saugrohre sind in den Spundwandtälern ausreichend gegen Schiffsstoß geschützt. Die Saugrohre können bei Betonüberbauten in ausgesparten Schlitzen angeordnet werden.

Für die Führung der Leitungsnetze gelten die gleichen Anforderungen wie für die Trink- und Brauchwasserversorgung.

6.14.3 Anlagen zur Versorgung mit elektrischer Energie

Verwaltungsgebäude im Hafen, Hafenbetriebe, Krananlagen, Beleuchtungsanlagen von Gleisflächen, Straßen, Betriebsflächen, Plätzen, Kais, Anlegern, Dalben usw. müssen mit elektrischer Energie versorgt werden. Im Zuge der Vermeidung von Luft- und Lärmemissionen kann es zukünftig zusätzlich erforderlich sein, auch die im Hafen liegenden Schiffe mit elektrischer Energie aus dem öffentlichen Netz zu versorgen. Das wurde zwar bisher nur in Einzelfällen realisiert, dennoch wird empfohlen, beim Bau neuer oder beim Umbau vorhandener Anlagen die Möglichkeit einer externen Versorgung von Schiffen mit elektrischer Energie vorzusehen.

In Hoch- und Niederspannungsnetzen von Häfen werden, abgesehen von Bauzuständen, nur Erdkabel eingesetzt. Diese werden im Boden mit einer Erddeckung von ca. 0,8 bis 1,0 m, in Kaimauern und Betriebsflächen in einem Kunststoffrohrsystem mit überfahrbaren Betonziehschächten verlegt. Solche Rohrsysteme haben den Vorteil, dass die Kabelanlagen ohne Unterbrechung des Hafenbetriebs verstärkt oder erweitert werden können.

Im Falle häufiger Überflutungen der Kaianlage ist es oft zweckmäßig, die Kraftsteckdosen in hohen, überflutungsfreien Ständern anzuordnen.

In den Kaimauerköpfen werden Kraftsteckdosen im Allgemeinen in Abständen von rd. 100 m bis 200 m angeordnet. Sie müssen überfahrbar und mit einer Entwässerung versehen sein. Die Steckdosen in den Kaimauerköpfen dienen unter anderem dem Stromanschluss für Schweißgeneratoren zur Ausführung kleinerer

Reparaturen an Schiffen und Kranen sowie als Anschluss für eine Notbeleuchtung.

Für die Versorgung der Krananlagen müssen in den Kaibereichen Schleifleitungskanäle, Kabelablagerinnen und Kraneinspeiseschächte angeordnet werden. Die Entwässerung und Belüftung dieser Anlagen ist besonders wichtig. Bei Kaimauern mit Betonüberbauten können diese Anlagen in die Betonkonstruktion mit einbezogen werden.

Es wird besonders darauf hingewiesen, dass die elektrischen Versorgungsnetze mit Potentialausgleichanlagen versehen werden müssen, damit verhindert wird, dass an Kranschienen, Spundwänden oder sonstigen leitfähigen Teilen im Bereich der Kaimauer durch Fehler in elektrischen Anlagen (z. B. eines Krans) unzulässig hohe Berührungsspannungen auftreten. Solche Potentialausgleichanlagen sollten etwa alle 60 m angeordnet werden.

Bei Kranbahnen im Kaimauerüberbau werden die Leitungen für den Potentialausgleich aus Kostengründen üblicherweise ohne Schutzrohr in den Überbau einbetoniert. Wenn allerdings Setzungsunterschiede zwischen benachbarten Bauwerksblöcken erwartet werden müssen, sind die Leitungen in den Übergangsbereichen in Schutzrohren mit ausreichender Bewegungsfreiheit zu verlegen.

6.14.4 Sonstige Anlagen

Zu den sonstigen Anlagen zählen alle nicht unter Abschnitt 6.14.2 und 6.14.3 genannten Versorgungsanlagen, wie sie beispielsweise an Werftkaimauern erforderlich sind. Hierzu zählen die Versorgung mit Gas, Sauerstoff, Pressluft und Azetylen, Dampf und Kondensat. Bei der Anordnung und Verlegung der Leitungen für diese Medien sind die einschlägigen Vorschriften, insbesondere die Sicherheitsbestimmungen, einzuhalten.

Fernmeldeanschlüsse werden üblicherweise in Abständen von 70 bis 80 m auf den Kaivorderkanten zur Verfügung gestellt. Zwar geht aufgrund der zunehmenden Verbreitung des Mobilfunks die Nutzung immer mehr zurück, Hafenbehörden verlangen jedoch in der Regel den Anschluss eines so genannten Gefahrgut-Telefons an das Festnetz.

6.14.5 Entsorgungsanlagen

6.14.5.1 Regenwasser-Entwässerung

Das im Kaimauerbereich und auch landseitig davon anfallende Regenwasser wird unmittelbar durch die Kaimauer in den Hafen geleitet. Hierzu sind die Kai-

und Betriebsflächen mit einem Entwässerungssystem auszurüsten, bestehend aus Einläufen, Quer- und Längskanälen und einem Sammelkanal mit Auslauf in den Hafen. Die Größe der anzuschließenden Einzugsgebiete ergibt sich aus den örtlichen Gegebenheiten. In der Uferwand sollten möglichst wenige Ausläufe angeordnet werden. Sie müssen so gelegt und ausgebildet werden, dass sie beim Anlegen von Schiffen und durch Schiffsanprall nicht beschädigt werden.

Bei Kai- und Betriebsflächen, auf denen die Gefahr eines Auslaufens von gefährlichen oder giftigen Stoffen sowie von Löschwasser in das Entwässerungssystem besteht, sind die Ausläufe mit Schiebern auszurüsten, damit das Auslaufen der Stoffe in den Hafen verhindert werden kann.

6.14.5.2 Schmutzwasser-Entwässerung

Die Übernahme von Schmutzwasser aus Seeschiffen durch die Hafenbetreiber ist derzeit nicht üblich.

Das im Hafengebiet anfallende Schmutzwasser wird in einem besonderen Schmutzwasser-Entwässerungssystem in die städtische Kanalisation geleitet. Eine Einleitung in das Hafenwasser ist nicht statthaft. In der Ufereinfassung liegt daher nur in Ausnahmefällen eine Schmutzwasserleitung.

6.14.5.3 Benzin- und Ölabscheider

Benzin- und Ölabscheider werden überall dort angeordnet, wo sie auch bei Anlagen außerhalb des Hafengebiets gefordert werden.

6.14.5.4 Entsorgungsordnung für Schiffsabfall

Entsprechend der MARPOL-Konvention soll in den Häfen die Möglichkeit vorhanden sein, Schiffsabfall wie öl- und chemikalienhaltige Flüssigkeiten, festen Schiffsabfall (Kombüsen- und Verpackungsabfall) und sanitäre Abwässer zu beseitigen.

6.15 Fenderungen für Großschiffe (E 60)

6.15.1 Allgemeines

Um Schiffen ein gefahrloses Anlegen an Uferbauwerken zu ermöglichen, ist es heute üblich, diese mit Fenderungen auszurüsten. Sie dämpfen den Schiffsstoß beim Anlegen und vermeiden Beschädigungen an Schiff und Bauwerk während der Liegezeit. Vor allem für Großschiffe sind Fender unentbehrlich. Zwar sind nach wie vor Holzfenderungen, Gummireifen u. Ä. als Fender-Ersatz häufig anzutreffen, aber andere, moderne Fenderungen setzen sich mehr und mehr durch. Wesentliche Gründe dafür sind:

- der Fendergebrauch erhöht die Lebensdauer der Uferbauwerke (vgl. E 35, Abschnitt 8.1.8.4),
- die Schiffskosten nehmen immer mehr zu, Schiffe verlangen daher eine gute Fenderung,
- die Schiffsgrößen nehmen zu, damit auch die Windangriffsflächen,
- die Anforderungen der Umschlagmittel an ein liegendes Schiff werden höher,
- die Belastbarkeit der Schiffsaußenhaut wird immer weiter reduziert.

Fender werden nicht nur an Uferbauwerken, sondern häufig auch an Dalben angeordnet und wirken bei der Energieaufnahme mit dem elastischen Dalben zusammen (siehe auch E 218, Abschnitt 13).

6.15.2 Prinzip der Fenderung

Eine Fenderung ist im Prinzip eine stoßabsorbierende Anlage zwischen Schiff und Uferbauwerk, die einen Anteil der kinetischen Energie eines anlegenden Schiffes aufnimmt. Energieverzehrende Fender absorbieren den größten Anteil der aufgenommenen kinetischen Energie. Die vom Fender aufgenommene Energie wird bei Fendern, die sich auf Uferbauwerken abstützen, an das Uferbauwerk weitergegeben. Ein Teil der Anlegeenergie wird von der Schiffshaut durch elastische Verformungen aufgenommen.

Die Energieaufnahme E_f eines Fenders wird durch seine Arbeitskennlinie charakterisiert (Bild E 60-1), sie beschreibt die Beziehung zwischen der Fenderverformung s und der Fender-Reaktionskraft F_R. Die Fläche unter der Arbeitskennlinie ist die Energie-Absorption E_f. Die Energie-Absorption bei maximaler Verformung (s_{max}) wird als Arbeitsvermögen bezeichnet.

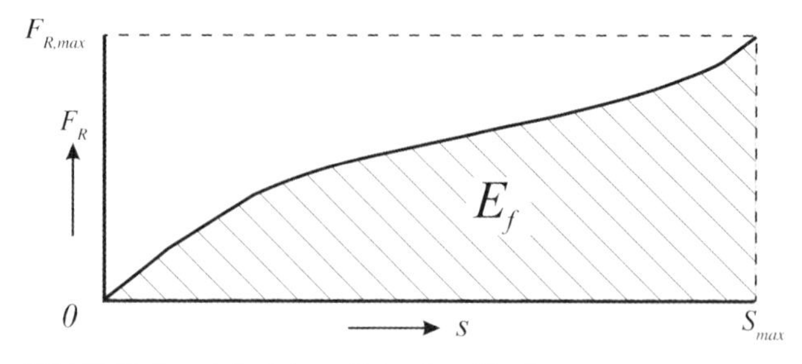

Bild E 60-1. Arbeitskennlinie eines Fenders

Bei allen Fenderkonstruktionen, die sich gegen ein starres Hafenbauwerk abstützen, steigt die Reaktionskraft des Bauwerkes beim Erreichen des Arbeitsvermögens des Fenders in der Regel sprunghaft an. Diese Fenderreaktionskräfte sind bei der Bemessung des Bauwerkes zu berücksichtigen.

Die Abmessungen und Eigenschaften (z. B. Kraft- und Arbeitskennlinien) der verschiedenen Fender können den Druckschriften der Lieferfirmen entnommen werden. Bei der Übernahme der Arbeitskennlinien aus diesen Unterlagen ist allerdings zu beachten, dass sie nur gelten, wenn die Fender nicht seitlich ausknicken können und wenn die Kriechverformungen unter Dauerbelastung nicht zu groß sind.

Werden Fender an flexiblen Bauteilen und anderen Stützkonstruktionen (z. B. Dalben) verwendet, so ist nicht nur die Energieaufnahme des Fenders, sondern auch die der stützenden Bauteile zu berücksichtigen.

6.15.3 Grundsätze zur Bemessung von Fendern

Die Konstruktion und Bemessung von Fendersystemen erfordert die gleiche Sorgfalt wie die Konstruktion und Bemessung der Uferwand. Bereits bei deren Planung muss das Fendersystem berücksichtigt werden. Umfangreiche Hinweise zur Bemessung und Konstruktion von Fendern sind im PIANC Report (2002) enthalten.

Die grundsätzlichen Anforderungen an das Fendersystem sind:

- Schiffe müssen ohne Beschädigung anlegen können,
- Schiffe müssen ohne Beschädigung liegen können,
- die Einsatzzeiten des Fendersystems sollten möglichst lang sein,
- Schäden am Uferbauwerk müssen vermieden werden,
- Schäden an Dalben müssen vermieden werden.

Bei der Konstruktion und Bemessung von Fendersystemen werden folgende Bearbeitungsschritte empfohlen:

- Zusammenstellen der funktionalen Anforderungen,
- Zusammenstellen der operativen Anforderungen,
- Einschätzung der örtlichen Bedingungen,
- Einschätzung der Randbedingungen der Konstruktion,
- Ermittlung der Energie, die durch das Fendersystem aufgenommen werden muss,
- Auswahl eines geeigneten Fendersystems,
- Bestimmung der Reaktionskraft und möglicher Reibungskräfte,

- Überprüfung, ob die auftretenden Kräfte im Uferbauwerk, am Dalben und in der Schiffshaut aufgenommen werden können,
- Sicherstellen, dass alle konstruktiven Details im Uferbauwerk oder am Dalben aufgenommen werden können, insbesondere Befestigungsvorrichtungen, Einbauteile, Ketten u. a., ohne dass Schäden am Schiff oder am Uferbauwerk/Dalben durch vorstehende Befestigungsteile oder andere Konstruktionsteile auftreten.

Zur Auswahl stehen Fender und Fendersysteme diverser Hersteller. Häufig bieten die Hersteller nicht nur Standardprodukte an, sondern liefern auch speziell an die jeweiligen Situationen angepasste Systeme.

Zur Vergleichbarkeit der verschiedenen angebotenen Fender sollten die Qualitäts- und Systemangaben der Hersteller den Testverfahren des PIANC Reports (2002) entsprechen.

Fenderungen erfordern zum Teil erhebliche Unterhaltungsaufwendungen. Es empfiehlt sich daher, vor ihrem Einbau sorgfältig zu prüfen, ob und in welchem Maße Schiff oder Bauwerk tatsächlich gefährdet sind und welche besonderen Anforderungen daraus für die Auswahl des Fendersystems resultieren.

Bei der Bemessung einer Kaimauer, einer Pieranlage oder eines Dalbens usw. sowie der Fender-Halterungen sind nicht nur die Anlegedrücke zu berücksichtigen. Durch waagerechte und lotrechte Bewegungen der Schiffe beim An- oder Ablegen, den Lösch- und Ladevorgängen, bei Dünung oder Wasserstandsschwankungen usw. können zusätzlich zu den Anlegedrücken Reibungskräfte in lotrechter und/oder waagerechter Richtung auftreten, falls diese Bewegungen nicht durch Abrollen geeigneter Rundfender aufgenommen werden. Falls niedrigere Werte des Reibungsbeiwerts nicht nachgewiesen werden, ist bei trockenen Elastomer-Fendern zur Sicherheit mit einem Reibungsbeiwert $\mu = 0{,}9$ zu rechnen. Polyäthylen-Oberflächen haben zur Schiffshaut eine geringere Reibung. Hierfür sollte ein Reibungsbeiwert von $\mu = 0{,}3$ angenommen werden.

Große Schiffe lassen heute Drücke zwischen Fender und Schiffshaut von max. 200 kN/m^2 zu. Diese Flächenpressung wird von allen gängigen Fendertypen eingehalten. Bei der Auswahl der Fenderart ist hierauf zu achten. Spezialschiffe, z. B. der Marine, erfordern weichere Fender.

6.15.4 Erforderliches Arbeitsvermögen

6.15.4.1 Allgemeines

Das Arbeitsvermögen eines Fenders bezeichnet die unter festgelegten Randbedingungen aufnehmbare Energie, sie muss mindestens so groß wie die bei ei-

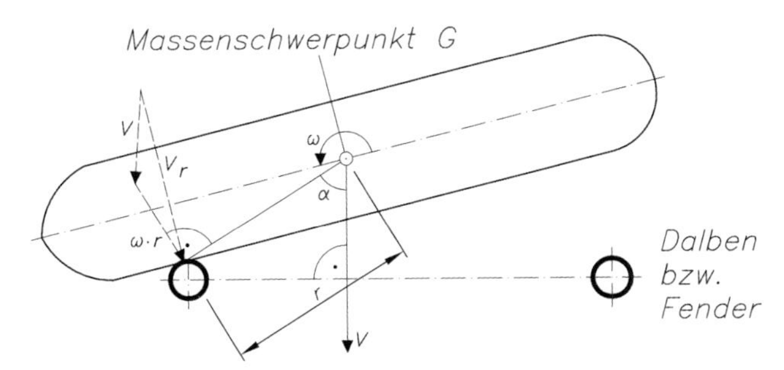

Bild E 60-2. Definitionsskizze zur Berechnung der aufzunehmenden Energie infolge eines Anlegemanövers.

nem Anlegemanöver aufzunehmende kinetische Energie des anlegenden Schiffes sein.

Beim Anlegen bewegt sich ein Schiff im Allgemeinen in Quer- und/oder Längsrichtung und dreht sich gleichzeitig um seinen Massenschwerpunkt. Im Moment des Anlegens wird in der Regel zunächst nur ein Dalben bzw. Fender getroffen (Bild E 60-2). Maßgebend für die dabei in diesen Dalben eingeleitete Energie ist die Anlegegeschwindigkeit v des Schiffs am Fender, deren Größe und Richtung sich aus der vektoriellen Addition der Geschwindigkeitskomponenten υ und $\omega \cdot r$ ergibt. Bei vollem Reibungsschluss zwischen Schiff und Fender wird im Verlauf des Anlegevorgangs die Anlegegeschwindigkeit des Schiffs, die dann identisch mit der Verformungsgeschwindigkeit des Fenders ist, bis auf $\upsilon = 0$ abgebaut. Der Massenschwerpunkt des Schiffs wird dabei aber im Allgemeinen weiter in Bewegung bleiben, wenn auch mit einer anderen Geschwindigkeit und ggf. auch in einer anderen Drehrichtung.

Das Schiff behält also auch zum Zeitpunkt der maximalen Fenderverformung einen Teil seiner ursprünglichen Bewegungsenergie. Das kann unter bestimmten Voraussetzungen dazu führen, dass das Schiff nach der Berührung mit dem ersten Fender auf den zweiten zudreht und dort im Moment der Berührung eine noch größere Anlegekraft hervorruft.

Die üblicherweise angewandte Methode zur Bemessung von Fendern ist das deterministische Nachweisverfahren. Grundlage ist die Energiegleichung

$$E = \frac{1}{2} \cdot G \cdot v^2,$$

mit:

E kinetische Energie des Schiffs [kNm],
G Masse des Schiffs, d. h. Verdrängung [t] des Schiffs gemäß Abschnitt 5.1,
v Anlegegeschwindigkeit des Schiffs [m/s].

Der von einem Bauwerk (Fender und/oder Dalben) im Verlauf des Anlegevorgangs aufzunehmende Anteil der Bewegungsenergie des Schiffs stellt das erforderliche Arbeitsvermögen dar, um Schäden am Schiff und/oder dem Bauwerk zu vermeiden. Dieses Arbeitsvermögen ergibt sich für den in Bild E 60-2 dargestellten allgemeinen Fall zu:

$$E_d = \frac{G \cdot C_m \cdot C_s \cdot C_c}{2 \cdot (k^2 + r^2)} \cdot [v^2 \cdot (k^2 + r^2 \cdot \cos^2 \alpha) + 2 \cdot v \cdot \omega \cdot r \cdot k^2 \cdot \sin \alpha + \omega^2 \cdot k^2 \cdot r^2]$$

Für $\omega = 0$ (keine Drehung des Schiffes) vereinfacht sich die Gleichung zu:

$$E_d = \frac{1}{2} \cdot G \cdot v^2 \cdot \frac{k^2 + r^2 \cos^2 \alpha}{k^2 + r^2} \cdot C_m \cdot C_s \cdot C_c = \frac{1}{2} \cdot G \cdot v^2 \cdot C_e \cdot C_m \cdot C_s \cdot C_c$$

In den beiden Gleichungen bedeuten:

E_d zu absorbierende Anlegeenergie [kNm],
G Masse des Schiffes, d. h. Wasserverdrängung des anlegenden Schiffs nach E 39, Abschnitt 5.1 [t]. Es sollte stets die Masse des voll beladenen Schiffs angesetzt werden, auch wenn an dem betreffenden Dalben betriebsbedingt üblicherweise nur entladene Schiffe anlegen, um den Fall eines außerplanmäßigen Wiederanlegens zu erfassen.
k Massenträgheitsradius des Schiffs [m]. Er kann bei großen Schiffen mit hohem Völligkeitsgrad im Allgemeinen zu 0,25 l angesetzt werden.
l Länge des Schiffs zwischen den Loten [m],
r Abstand des Massenschwerpunktes des Schiffs vom Auftreffpunkt am Fender/Dalben [m],
v Anlegegeschwindigkeit, d. h. translative Bewegungsgeschwindigkeit des Massenschwerpunktes des Schiffs zum Zeitpunkt der ersten Berührung mit dem Fender/Dalben [m/s],
ω Drehgeschwindigkeit des Schiffs zum Zeitpunkt der ersten Berührung mit dem Fender/Dalben [rad/s],
α Winkel zwischen dem Geschwindigkeitsvektor v und der Strecke r [°],
C_m virtueller Massenfaktor [1],
C_s Faktor für die Nachgiebigkeit des Schiffes [1],
C_e Exzentrizitätsfaktor [1],
C_c Dämpfungsfaktor des Uferbauwerkes [1].

6.15.4.2 Hinweise für Dalbenliegeplätze

Wird ein Schiff mit Schlepperhilfe an einen Dalbenliegeplatz bugsiert, kann vorausgesetzt werden, dass es in Richtung seiner Längsachse kaum noch Fahrt macht und dass die Bordwand während des Anlegens nahezu parallel zur Flucht der Dalben liegt. Daher kann in diesem Fall für die Bemessung der inneren Dalben einer Dalbenreihe der Geschwindigkeitsvektor v senkrecht zur Strecke r angenommen werden, das heißt, der Winkel α ist 90°.

Bei der Berechnung der äußeren Dalben einer Dalbenreihe kann dies jedoch nicht vorausgesetzt werden, weil hier der Schiffsschwerpunkt in Richtung der Dalbenflucht auch nahe an den Dalbenpunkt heranrücken kann.

Die einzelnen Faktoren der vorstehenden Gleichungen sind wie folgt definiert:

1. Masse des Schiffes/Wasserverdrängung G
   Für die Berechnung der aufzunehmenden Energie wird die Masse des Schiffes, d. h. die Wasserverdrängung, benötigt.
   Die Empfehlung E 39, Abschnitt 5.1 enthält Ansatzwerte für die Wasserverdrängung verschiedener Schiffstypen. Sofern für eine Hafenplanung keine spezifischen Angaben vorliegen, können die dort angegebenen Werte der Wasserverdrängung angesetzt werden.
2. Anlegegeschwindigkeit v
   Die Anlegegeschwindigkeit v geht in die aufzunehmende Anlegeenergie quadratisch ein und ist damit der wesentliche Einflussparameter für die Dimensionierung von Fendern und Dalben. Die Anlegegeschwindigkeit wird rechtwinklig zum Uferbauwerk oder der Dalbenreihe angegeben. Üblicherweise liegen für die Anlegegeschwindigkeit keine Messwerte vor. In diesen Fällen können die Ansatzwerte nach E 40, Abschnitt 5.3 benutzt werden.
3. Anlegewinkel α
   Messungen in Japan haben für Schiffe mit mehr als 50.000 dwt Anlegewinkel von in der Regel weniger als 5° (entsprechend $\alpha > 85°$) ergeben. Um in Berechnungen auf der sicheren Seite zu liegen, wird empfohlen, für diese Schiffe einen Anlegewinkel von 6° (entsprechend $\alpha = 84°$) anzunehmen.
   Für kleinere Schiffe und vor allem beim Anlegen ohne Schlepperhilfe sollte ein Anlegewinkel von 10 bis 15° (entsprechend $75° \leq \alpha \leq 80°$) angenommen werden.
4. Exzentrizitätsfaktor C_e
   Mit dem Exzentrizitätsfaktor C_e wird berücksichtigt, dass der erste Kontakt eines Schiffes mit dem Fender in der Regel nicht in der Schiffsmitte und damit auch nicht im Massenschwerpunkt des Schiffs erfolgt. Der Exzentrizitätsfaktor ergibt sich nach PIANC (2002) mit den in der Energiegleichung erläuterten Faktoren zu

   $$C_e = (k^2 + r^2 \cos^2 \alpha)/(k^2 + r^2)$$

Der Anlegewinkel kann in der Regel beim Anlegen an Fendern und an den inneren Dalben einer Dalbenreihe mit ausreichender Genauigkeit mit 0°, d. h. $\alpha = 90°$, angenommen werden. Damit ist der Exzentrizitätsfaktor

$C_e = k^2/(k^2 + r^2)$.

Der Massenträgheitsradius (k) kann bei großen Schiffen mit hohem Völligkeitsgrad im Allgemeinen mit $0{,}25 \cdot l$ angesetzt werden, wobei l die Länge zwischen den Loten ist.
Falls keine genaueren Daten vorliegen sowie für einfache Überschlagsrechnungen, kann für die Bemessung von Fendern an Uferwänden der Exzentrizitätsfaktor mit $C_e = 0{,}5$ angesetzt werden, für Dalbenfender $C_e = 0{,}7$.
Bei Ro-Ro-Schiffen, die mit Bug oder Heck anlegen, sollten die kopfseitigen Fender mit einem Exzentrizitätsfaktor $C_e = 1{,}0$ bemessen werden.

5. Virtueller Massenfaktor C_m
   Der virtuelle Massenfaktor berücksichtigt, dass zusammen mit dem Schiff eine erhebliche Wassermenge bewegt wird, die in der Energieberechnung zusätzlich zur Masse des Schiffes zu berücksichtigen ist. Zur Ermittlung des virtuellen Massenfaktors C_m gibt es diverse Ansätze, siehe dazu PIANC (2002).
   Die Auswertung dieser und weiterer Ansätze aus der Literatur liefert Werte zwischen $C_m = 1{,}45$ und $C_m = 2{,}18$.
   Nach PIANC (2002) wird empfohlen, für die Bemessung folgende Massenfaktoren zu verwenden:
   – bei großen Kielfreiheiten $(0{,}5 \cdot t)$: $C_m = 1{,}5$,
   – bei kleinen Kielfreiheiten $(0{,}1 \cdot t)$: $C_m = 1{,}8$.
   Hierbei ist t der Tiefgang des Schiffes [m].
   Bei Kielfreiheiten zwischen $0{,}1 \cdot t$ und $0{,}5 \cdot t$ kann der Massenfaktor linear interpoliert werden.
6. Faktor für die Nachgiebigkeit des Schiffes C_s
   Der Faktor C_s für die Nachgiebigkeit des Schiffes berücksichtigt das Verhältnis der Elastizität des Fendersystems zu der der Schiffshaut, da auch diese einen Teil der Anlegeenergie aufnimmt. Folgende Faktoren C_s werden in der Regel benutzt:
   – für weiche Fender und kleinere Schiffe: $C_s = 1{,}0$,
   – für harte Fender und größere Schiffe: $0{,}9 < C_s < 1{,}0$.
   Auf der sicheren Seite liegend kann allgemein ein Wert von $C_s = 1{,}0$ angenommen werden.
7. Dämpfungsfaktor des Uferbauwerks C_c
   Der Faktor C_c berücksichtigt die Dämpfung des Anlegevorgangs durch das Uferbauwerk. Bei einer geschlossenen Wand (z. B. senkrechte Spundwand) nimmt das Wasser zwischen Schiff und Wand bereits einen erheblichen Anteil der Anlegeenergie auf, wenn es bei der Annäherung des Schiffes beschleunigt und seitlich verdrängt wird. Der Dämpfungsfaktor C_c des Uferbauwerks hängt von verschiedenen Einflüssen ab, wie:

- Struktur des Uferbauwerks,
- Kielfreiheit,
- Anlegegeschwindigkeit,
- Anlegewinkel,
- Bautiefe des Fendersystems,
- Schiffsquerschnitt.

Erfahrungsgemäß können im Rahmen der Bemessung folgende Werte für C_c angesetzt werden:

- offene Uferwandkonstruktionen und Dalben: $C_c = 1{,}0$,
- geschlossene Uferwandkonstruktionen und paralleles Anlegen ($\alpha \approx 90°$): $C_c = 0{,}9$.

Kleinere Werte als $C_c = 0{,}9$ sollten nicht angesetzt werden.

Bereits bei einem Anlegewinkel von $\alpha = 85°$ kann sich die Dämpfung durch das Uferbauwerk erheblich verringern, d. h. bei nicht parallelem Anlegen sollte $C_c = 1{,}0$ angesetzt werden.

8. Computerprogramme für die Berechnung von Fendern
   Von den Herstellern von Fendern werden Computerprogramme für deren Berechnung angeboten. Je nach Hersteller werden in diesen Programmen die Einflussparameter in metrischen oder nichtmetrischen Einheiten eingesetzt. Demzufolge müssen die Ergebnisse der Berechnungen zu Vergleichszwecken ggf. umgerechnet werden.
9. Zusatzfaktoren für außergewöhnliche Anlegemanöver
   Mit den vorstehend im Detail dargestellten Ansätzen kann die erforderliche Energieaufnahme von Fendern oder Dalben ausreichend genau ermittelt werden. Es bleibt der Beurteilung des planenden Ingenieurs überlassen, darüber hinaus mögliche Erschwernisse bei außergewöhnlichen Anlegemanövern, z. B. durch den Ansatz von höheren Anlegegeschwindigkeiten oder pauschaler Zusatzfaktoren zur errechneten Energie, zu berücksichtigen.
   Außergewöhnliche Erschwernisse können z. B. vorliegen, wenn häufig Gefahrgüter umgeschlagen werden. Auf den PIANC Report (2002) wird verwiesen. Allgemein werden Zusatzfaktoren in einer Spanne von etwa 1,1 bis max. 2,0 empfohlen. Tabelle E 60-1 enthält Anhaltswerte für Zusatzfaktoren in Abhängigkeit von Schiffstyp und Schiffsgröße im Falle außergewöhnlicher Anlegemanöver.
10. Auswahl der Fender
    Mit der ermittelten Energie lassen sich aus den einschlägigen Herstellerunterlagen die benötigten Fender auswählen. Es wird jedoch empfohlen, für eine detaillierte Planung die Beratungsleistungen der Hersteller in Anspruch zu nehmen, weil sich zahlreiche Konstruktionsdetails nicht aus den Herstellerunterlagen entnehmen lassen. Dies betrifft in besonderem Maße die konstruktiven Details der Fenderaufhängungen.

Tabelle E 60-1. Zusatzfaktoren für außergewöhnliche Anlegemanöver in Abhängigkeit von Schiffstyp und Schiffsgröße

Schiffstyp	Schiffsgröße	Zusatzfaktor
Tanker, Massengut	groß	1,25
	klein	1,75
Container	groß	1,5
	klein	2,0
Stückgut		1,75
RoRo, Fähren		≥ 2,0
Schlepper, Arbeitsschiffe		2,0

6.15.5 Ausführungsarten von Fendersystemen

Am internationalen Markt sind diverse Fendersysteme erhältlich. Die Typen und Ausführungsarten sind den Katalogen der Hersteller zu entnehmen.

Am gebräuchlichsten sind zylindrische Fender, die in vielen unterschiedlichen Größen am Markt erhältlich sind. An Kaimauern, die erheblichen Wasserstandsschwankungen infolge der Tide ausgesetzt sind, haben sich Schwimmfender gut bewährt. Für Fähranleger werden häufig Sonderlösungen gewählt, bei denen mit PE belegte Gleitplatten auf konischen oder in Längsachse beanspruchten zylindrischen Fendern befestigt sind.

Auf die Zusammenstellung unterschiedlicher Fendertypen im PIANC Report (2002) wird hingewiesen. Weitere Hinweise zu Vor- und Nachteilen der verschiedenen Fendersysteme sind ebenfalls dem Report zu entnehmen.

Zu beachten ist, dass die Bezeichnungen der Hersteller für gleiche Fendertypen unterschiedlich sein können. Testverfahren von Materialien und Fendern sollten den Angaben in PIANC (2002) entsprechen, um die Gleichwertigkeit der Produkte unterschiedlicher Hersteller bewerten zu können.

Als Materialien für Fender werden heute fast ausschließlich Elastomerprodukte oder andere synthetische Produkte verwendet. Mit Ausnahme von Dalben und seltenen Sonderkonstruktionen geben nur diese Produkte die Gewähr, dass die beim Anlegen auftretenden Energien berechnungsgemäß und schadlos in die tragende Konstruktion eingeleitet werden können.

Aus diesem Grunde sind früher übliche Fenderungen, z. B. aus Buschwerk, Autoreifen oder Holz (Streichbalken, Reibehölzer, Reibepfähle), nicht als Fender zu bezeichnen, weil ihre Materialeigenschaften nicht definiert sind und daher eine planmäßige Energieaufnahme nicht belegbar ist. Fender aus Holz oder Autoreifen dürfen daher lediglich konstruktiv eingesetzt werden, z. B. als Kantenschutz oder Leiteinrichtungen.

6.15.5.1 Elastomerfender

6.15.5.1.1 Allgemeines

Elastomerfender werden in vielen Häfen zur Abfenderung der Anlegestöße bzw. zur Aufnahme der Anlegedrücke an Liegeplätzen verwendet. Da sie in der Regel aus seewasser-, öl- und alterungsbeständigem Material bestehen und auch bei gelegentlicher Überlastung nicht zerstört werden, haben sie eine lange Lebensdauer.

Für Fender werden Elastomer-Elemente in verschiedenen Formen, Größen und spezifischen Wirkungscharakteristiken hergestellt. Sie können für alle einschlägigen Aufgaben, von der einfachen Fenderung für die Kleinschifffahrt bis zu Fender-Konstruktionen für Großtanker und Massengutfrachter, eingesetzt werden. Fenderungen in Fährbetten, Schleusen, Trockendocks und dergleichen unterliegen besonderen Einwirkungen.

An Elastomerfendern legen die Schiffe entweder unmittelbar an oder sie dienen als passend gestaltete Puffer zwischen Fenderpfählen, Fenderwänden oder Fenderschürzen und Bauwerk. Gelegentlich werden auch beide Anwendungsarten kombiniert. Dadurch kann mit den im Handel erhältlichen Elastomeren und den aus ihnen hergestellten Elementen jeweils das Energieaufnahmevermögen und die Federsteifigkeit erreicht werden, die für den betreffenden Fall am günstigsten ist.

6.15.5.1.2 Zylinderfender

Häufig werden dickwandige Zylinder aus Elastomeren als Fender (Zylinderfender) verwendet. Die Zylinder können Durchmesser von 0,125 m bis über 2 m haben. Sie besitzen je nach Verwendungsart variable Federcharakteristiken. Zy-

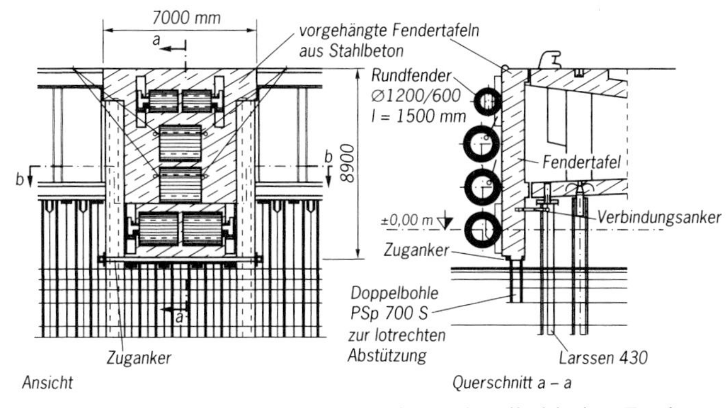

Bild E 60-3. Beispiel einer Fenderanlage mit zylindrischen Fendern

linder mit kleineren Durchmessern werden mit Seilen, Ketten oder Stangen waagerecht oder lotrecht, ggfs. auch schräg vor der Uferwand angeordnet.

Im letztgenannten Fall werden sie vorwiegend als „Girlande" zum Kantenschutz vor eine Kaimauer, einen Molenkopf oder dergleichen gehängt.

Zylinderfender werden in der Regel waagerecht liegend eingebaut. Zur Vermeidung von Durchbiegungen und der Einreißgefahr an den Enden dürfen sie nicht mit Seilen oder Ketten direkt vor die Kaimauer gehängt werden, sondern müssen auf starre Stahlrohre oder Stahlrohr-Fachwerkträger gezogen werden. Diese werden dann mit Ketten oder Stahlseilen an die Kaimauer gehängt oder auf Stahlkonsolen, die neben den Fendern angeordnet sind, gelagert (Bild E 60-3).

6.15.5.1.3 Axial belastete Zylinderfender und konische Fender

Zylindrische Fender können auch so verwendet werden, dass sie beim Anlegen axial belastet werden. Wegen der Knickgefahr kommen für diese Bauweise jedoch nur Zylinder mit geringer Höhe in Betracht. Falls dann die Reaktionswege zur Aufnahme der Anlegeenergie nicht ausreichen, können mehrere zylindrische Fenderelemente nebeneinander angeordnet werden. Um das Ausknicken solcher Zylinderreihen zu verhindern, können beispielsweise zwischen den einzelnen Elementen Stahlbleche mit geeigneter Führung angeordnet werden (Bild E 60-4). Die Reaktionskraft dieser Fender steigt zunächst bis zur Knicklast schnell an und fällt dann mit dem Ausweichen des Fenders wieder ab.

Eine Sonderform stellen die konischen Fender dar, die gegenüber Ausknicken erheblich geringer anfällig sind als zylindrische Fender. Ihre Energie- und Verformungscharakteristiken sind ähnlich wie bei den axial belasteten Zylinderfendern.

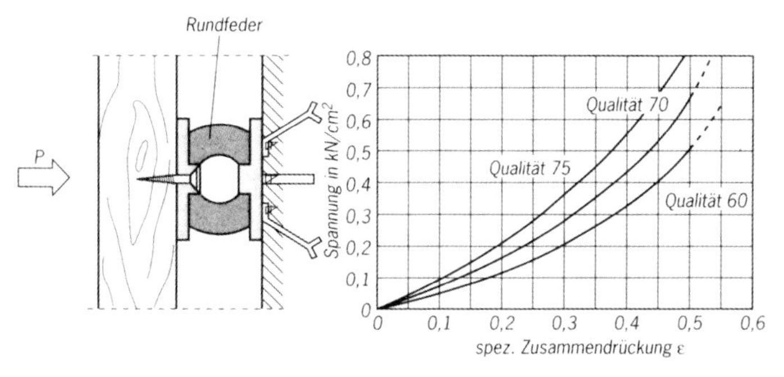

a) Ausführungsbeispiel in belastetem Zustand

b) Charakteristische Spannungs-Zusammendrückungs-Diagramme

Bild E 60-4. Generelle Angaben für in Längsrichtung belastete Rundfender aus Elastomerqualität mit 60, 70 und 75 (ShA) nach DIN 53505

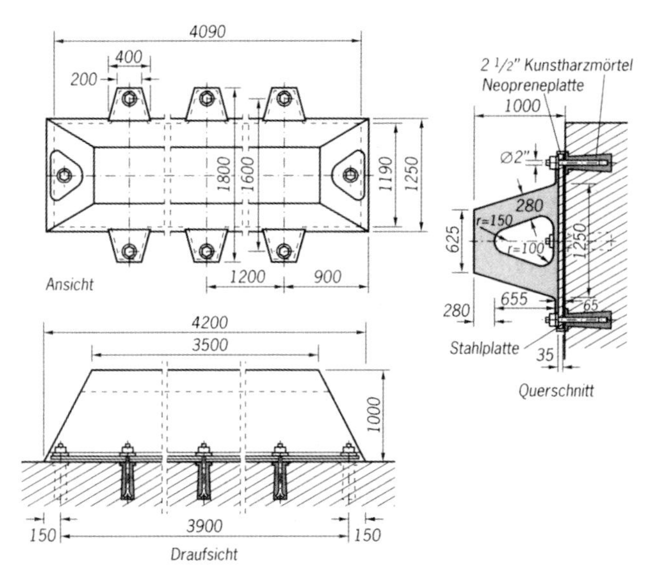

Bild E 60-5. Beispiel eines Trapezfenders

6.15.5.1.4 Trapezfender

Um die Arbeitskennlinie von Fendern günstiger zu gestalten, wurden Spezialformen unter Verwendung von besonderen Einlagen, beispielsweise einvulkanisierten Geweben, Federstählen oder Stahlplatten, entwickelt. Solche Bauteile müssen beim Einvulkanisieren metallisch blank gestrahlt und völlig trocken sein. Diese häufig in Trapezform hergestellten Fender haben Bauhöhen von etwa 0,2 bis 1,3 m. Sie werden mit Dübeln und Schrauben an der Kaimauer befestigt (Bild E 60-5).

6.15.5.1.5 Schwimmfender

Schwimmfender bieten vor allem in Tidegewässern den großen Vorteil, dass Schiffe praktisch genau in der Wasserlinie und damit etwa auch in ihrem Schwerpunkt abgefendert werden. Schwimmfender werden als schaumgefüllte oder als luftgefüllte Fender angeboten.

Luftgefüllte Fender haben Ausblasventile, die im Falle einer Überbeanspruchung das Platzen des Fenders verhindern. Diese Ventile müssen regelmäßig gewartet werden.

Schaumgefüllte Fender können aufgrund des Herstellverfahrens praktisch in beliebigen Größen und Charakteristika hergestellt werden. Sie besitzen einen Kern aus geschlossenporigem Polyethylenschaum und einen Mantel aus Polyurethan, der mit Gewebe bewehrt ist. Der Mantel ist leicht reparierbar. Auf die Materialeigenschaften des Mantels sollte sorgfältig geachtet werden, weil die Beanspruchung bei der Verformung sehr hoch ist.

6.15.5.1.6 Fender aus Autoreifen und Gummiabfällen

In verschiedenen Seehäfen werden gebrauchte Autoreifen, meist mit Gummiabfällen gefüllt, als Fender flach vor Ufermauern gehängt. Sie wirken polsterartig. Ein nennenswertes Arbeitsvermögen besitzen sie nicht.

Häufiger werden mehrere ausgestopfte Lkw-Reifen (meist 5 bis 12 Stück) über einen Stahldorn gezogen, der an den Enden je eine aufgeschweißte Rohrhülse zum Anlegen der Fang- und Halteseile erhält. Mit diesen wird der Fender drehbar vor die Kaimauer gehängt. Die Reifen werden mit kreuzweise angeordneten Elastomerplatten ausgelegt und dadurch gegen den Stahldorn abgestützt. Die dann noch verbleibenden Resträume werden mit Elastomer-Füllmaterial versehen (Bild E 60-6). Solche Fender (gelegentlich auch in einfacherer Ausführung mit Holzdorn) sind preisgünstig und sie haben sich für das Anlegen von Schiffen mit geringer Anlegeenergie bewährt. Wie bereits vorstehend ausgeführt, kann ihr Arbeitsvermögen allerdings nicht zuverlässig abgeschätzt werden.

Nicht zu verwechseln mit diesen Behelfslösungen sind die genau bemessenen, auf einer Achse drehbar gelagerten Fender aus meist sehr großen Spezialreifen, die entweder mit Gummiabfällen ausgestopft oder mit Luft gefüllt sind. Fender dieser Bauart werden an exponierten Stellen wie den Einfahrten in Schleusen oder Trockendocks sowie bei engen Hafeneinfahrten auch im Tidebereich waagerecht und/oder lotrecht zur Führung der Schiffe mit Erfolg eingesetzt.

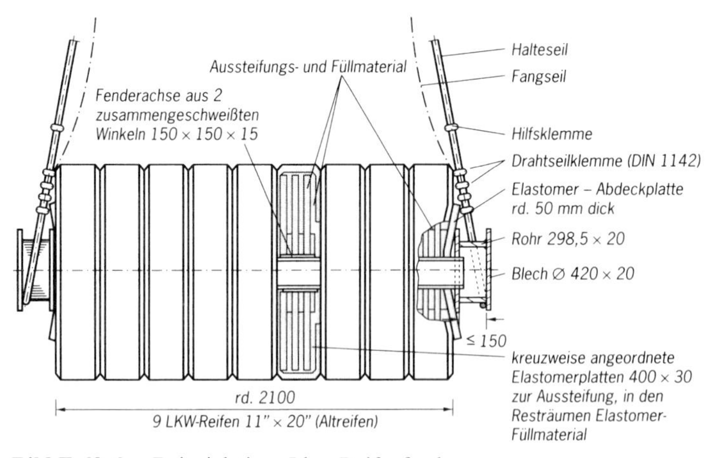

Bild E 60-6. Beispiel eines Lkw-Reifenfenders

An Erzverladeanlagen in der Nähe von Tagebauen werden gelegentlich gebrauchte Reifen von Transportfahrzeugen als Fender verwendet. In diesen Fällen muss das Arbeitsvermögen durch Versuche ermittelt werden.

6.15.5.2 Fender aus Naturstoffen

In Ländern, in denen geeignetes Rohmaterial zur Verfügung steht und/oder Devisen eingespart werden sollen, werden auch noch heute Buschhängefender ausgeführt. Buschhängefender erfordern allerdings höhere Investitions- und Unterhaltungskosten als Elastomerfender und sind daher nur dann zu empfehlen, wenn Elastomerfender nicht verfügbar sind. Durch Witterung sowie Wellengang sind Buschhängefender einem natürlichen Verschleiß unterworfen. Die Fenderabmessungen werden den größten anlegenden Schiffen angepasst. Sofern nicht besondere Umstände größere Abmessungen erfordern, werden die in Tabelle E 60-2 angegebenen Fendermaße empfohlen:

Tabelle E 60-2. Fenderabmessungen von Buschhängefendern

Schiffsgröße [dwt]	Fenderlänge [m]	Fenderdurchmesser [m]
bis 10.000	3,0	1,5
bis 20.000	3,0	2,0
bis 50.000	4,0	2,5

6.15.6 Konstruktive Hinweise

Fender sind in regelmäßigem Abstand entlang der Kaianlage anzuordnen. Der Abstand der Fender untereinander richtet sich nach der Konstruktion des Fendersystems und den erwarteten Schiffen. Ein wesentliches Kriterium ist dabei der Radius des Schiffes zwischen dem Bug und dem Mittelflach. Dieser Radius definiert bei vorgegebenem Fenderabstand, bei welchem Vorbaumaß der Fender und deren voller Eindrückung der Bug die Uferwand zwischen zwei Fendern berührt. Um das zu vermeiden, muss der Fenderabstand angepasst werden.

In der Regel sollten die Fender keine größeren Abstände als 30 m voneinander haben.

Der Vorbau der Fender kann nicht beliebig groß gewählt werden. Häufig beeinflusst das maximale Lastmoment von Kränen das Vorbaumaß der Fender.

Schwierigkeiten bereitet es, ein für große und kleine Schiffe gleichermaßen geeignetes Fendersystem zu entwerfen. Während für ein großes Schiff ein entsprechend ausgelegter Fender ausreichend „weich" ist, kann er für ein kleines Schiff eine zu geringe Nachgiebigkeit haben, also zu hart sein. Das kann zu Schäden am Schiff führen. Außerdem ist die Höhenlage der Fender in Bezug auf den Wasserspiegel bei kleinen Schiffen von größerer Bedeutung als bei großen. In Tidegewässern können hier Schwimmfender erhebliche Vorteile bieten.

Wenn an Großschiffsliegeplätzen auch Container-Feederschiffe oder Binnenschiffe abgefertigt werden, besteht für diese die Gefahr des Unterhakens unter fest angebrachten Fendern. Außerdem können Krängungen kleiner Schiffe aus Ladevorgängen bei Niedrigwasser zu Beschädigungen der Aufbauten und der Ladung durch die oberen Fenderlagen führen.

Bei einer Neuentwicklung für die Containerkaje in Bremerhaven sind vor Fendertafeln Schwimmfender angebracht worden, die sich mithilfe seitlicher Führungsrohre mit der Tide auf- und abwärts bewegen. Diese Lösung ist in Bild E 60-7 gezeigt. Die Fenderkonstruktion besteht hier aus einer oberen fest angeordneten Fenderlage aus Rollenfendern mit einem Durchmesser von 1,75 m und dem beweglichen Schwimmfender mit einem Durchmesser von 2,0 m vor einer festen Fenderschürze. Die Durchmesser sind so gewählt, dass auch bei niedrigen Wasserständen eine ausreichende Krängung kleinerer Schiffe möglich ist.

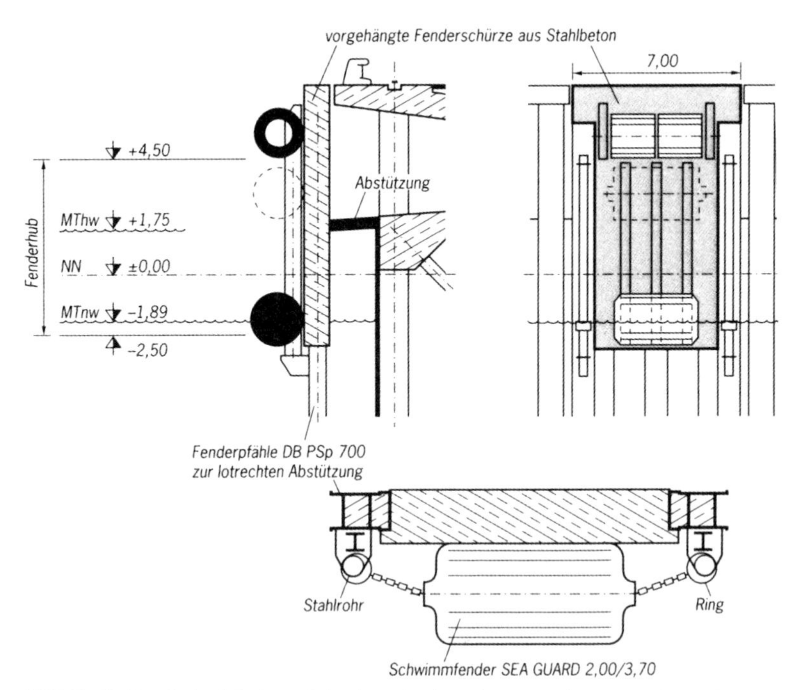

Bild E 60-7. Beispiel einer Schwimmfenderanlage an einem Großschiffsliegeplatz mit Anlegemöglichkeit für Feeder- und Binnenschiffe

6.15.7 Ketten

Ketten in Fendersystemen sollten mindestens für die 3- bis 5-fache rechnerische Kraft ausgelegt werden.

6.15.8 Leiteinrichtungen und Kantenschutz

6.15.8.1 Allgemeines

Neben den eigentlichen Fenderungen, die zur Aufnahme von Energie speziell bemessen sind, gibt es eine Vielzahl von Bauelementen, die lediglich konstruktiv angeordnet werden, z. B. als Leiteinrichtungen in Durchfahrten und Schleusen, als Kantenschutzeinrichtungen oder als nicht besonders bemessene Anlegevorrichtungen für kleinere Fahrzeuge. Hierzu zählen Reibepfähle, Reibehölzer, Gleitleisten und Kantenschutzprofile.

6.15.8.2 Reibeleisten und Reibepfähle aus Holz

Bei der Verwendung von Holz für Reibeleisten und Reibepfähle in Salzwasser und in Brackwasser ist zu bedenken, dass Holz durch die so genannte Bohrmuschel (Teredo navalis) befallen werden kann. Das kann innerhalb von wenigen Jahren zu einer Totalzerstörung der Hölzer führen. Der Bohrmuschelbefall ist von außen praktisch nicht sichtbar, weil sich die Bohrmuschel radial in das Holz einbohrt und ihre Gänge dann axial ausweitet. Gefährdet sind im Wesentlichen weiche Hölzer, wie z. B. Nadelholz, aber auch heimisches Hartholz, z. B. Eiche, und auch tropische Hölzer.

In Salz- und Brackwasser mit mehr als 5 ‰ Salzgehalt ist daher von der Verwendung von Holz in tragenden Konstruktionen immer abzuraten. Wird Holz z. B. für Reibepfähle verwendet, muss damit gerechnet werden, dass diese wegen Bohrmuschelbefalls ausgetauscht werden müssen.

6.15.8.3 Kantenschutzprofile

Zum Schutz von Kanten werden spezielle Profile und von Fenderprofilen abgeleitete Profile verwendet. Aufgrund ihrer geringen Größe oder ihrer Profilform haben sie kein nennenswertes Energieaufnahmevermögen.

6.15.8.4 Gleitleisten und Gleitplatten aus Polyethylen

Um die Reibungsbeanspruchungen zwischen Schiff und Ufereinfassung beim Anlegen und Liegen von Schiffen zu vermindern, werden neben Streichbalken, Reibehölzern und Reibepfählen auch Gleitleisten oder Gleitplatten aus Kunststoff, häufig aus Polyethylen (PE), eingesetzt. Diese Bauteile müssen die aus

Druck- und Reibung angreifenden Lasten ohne Bruch aufnehmen und über ihre Halterungen in das Uferbauwerk übertragen können. Hierzu müssen sie ggf. durch zusätzliche Tragglieder gestützt werden.

Für Gleitleisten im Wasser- und Seehafenbau haben sich Polyethylenmassen mittlerer Dichte (HDPE) nach DIN EN ISO 1872 und hoher Dichte (UHMW-PE) nach DIN 16972 als geeignet erwiesen. Übliche Lieferformen sind Rechteck-Vollprofile mit Querschnitten von 50 mm × 100 mm bis zu 200 mm × 300 mm und Profillängen bis zu 6.000 mm. Auch Sonderprofile und -längen können geliefert werden. HDPE wird in Formen gegossen und ist bei niedrigen Temperaturen (unter –6°C) sprödbruchanfällig. UHMW-PE wird profilgerecht geschnitten und hat daher glatte Kanten.

Um die Reibungskräfte klein zu halten, sollten Gleitleisten aus einem Material bestehen, das einen möglichst kleinen Reibungsbeiwert bei geringen Abrieb- und Verschleißraten aufweist, z. B. ultrahochmolekulares Polyethylen (UHMW-PE).

Die Formstücke müssen frei von Lunkern sein und so hergestellt und verarbeitet werden, dass sie verzugs- und spannungsfrei sind. Die Güte der Verarbeitung lässt sich durch Abnahmeprüfungen zur Kontrolle der erforderlichen Eigenschaftswerte sowie durch zusätzliche Warmlagerversuche von herausgeschnittenen Proben der Profile überprüfen.

Regenerate von PE-Massen mittlerer Dichte dürfen wegen der abgeminderten Werkstoffeigenschaften nicht eingesetzt werden.

Die Bilder E 60-8 und E 60-9 zeigen Befestigungs- und Konstruktionsbeispiele von Gleitleisten. Die Köpfe von Befestigungsbolzen sollen mindestens 40 mm hinter der Anfahrfläche der Gleitleisten enden. Auswechselbare Schrauben soll-

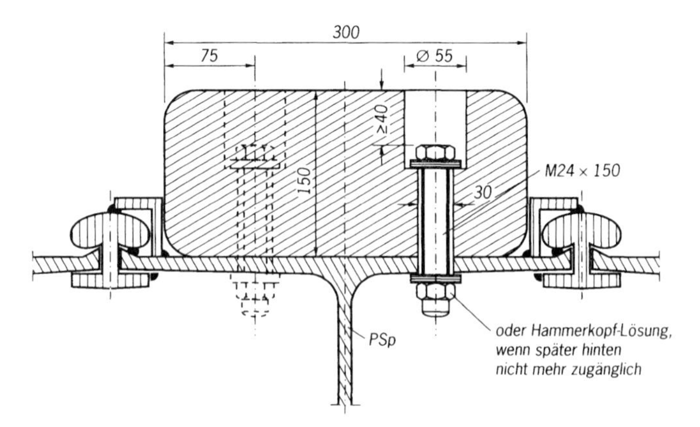

Bild E 60-8. Gleitleiste unmittelbar auf einer Peiner Spundwand befestigt

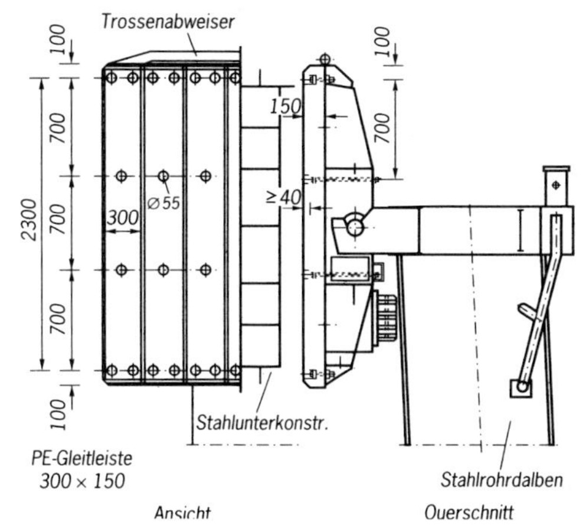

Bild E 60-9. Ausrüstung der Fenderschürze eines Stahlrohrdalbens mit Gleitleisten

ten mindestens 22 mm Durchmesser und einbetonierte mindestens 24 mm Durchmesser haben und feuerverzinkt sein.

6.16 Fenderungen in Binnenhäfen (E 47)

Die Anlegeflächen der Ufereinfassungen in Binnenhäfen bestehen im Allgemeinen aus Beton, Stahlspundbohlen oder vorgeblendetem Naturstein. Sie sind entweder lotrecht oder geringfügig zur Landseite hin geneigt (1 : 20 bis 1 : 50).

Zum Schutz von Ufereinfassung und Schiffskörper werden vom Schiffspersonal in der Regel etwa 1 m lange Reibehölzer zwischen Uferwand und Schiffskörper gehängt.

Es wird empfohlen, von der Ausrüstung der Ufereinfassung von Binnenhäfen mit Reibepfählen oder Reibehölzern abzusehen.

6.17 Gründung von Kranbahnen bei Ufereinfassungen (E 120)

6.17.1 Allgemeines

In vielen Fällen ist es aus konstruktiven Gründen zweckmäßig, die wasserseitige Kranbahn gemeinsam mit der Uferwand tief zu gründen, während die landseitige Kranbahn unabhängig von der Ufereinfassung gegründet wird. In Binnenhäfen wird auch die wasserseitige Kranbahn häufig unabhängig von der Ufereinfassung gegründet. Hierdurch werden spätere Umbaumaßnahmen erleichtert, die beispielsweise bei veränderten Betriebsverhältnissen durch neue Krane oder Umbauten an der Ufereinfassung erforderlich sein können. Auch verschiedene Zuständigkeiten und Eigentumsverhältnisse können eine getrennte Gründung von Uferbauwerk und Kranbahnen erforderlich machen.

Ob die wasser- und/oder landseitige Kranbahn tief gegründet werden muss, hängt von dem jeweils anstehenden Baugrund und davon ab, ob die bei Flachgründungen unvermeidbaren Setzungen zugelassen werden können.

Da es also bei der Entscheidung über die Art der Gründung von Kranbahnen auf die Setzungen des anstehenden Baugrunds ankommt, muss dieser entsprechend erkundet werden (E 1, Abschnitt 1.2).

Für die Ausbildung langer Kranbahnbalken ohne Fugen wird auf E 72, Abschnitt 10.2.4 verwiesen. Kranbahnbalken sind schon mit einer Länge von 2.000 m fugenlos hergestellt worden.

6.17.2 Ausbildung der Gründung/Toleranzen

Je nach den örtlichen Baugrundverhältnissen, der Empfindlichkeit der jeweiligen Krane gegenüber Setzungen und Verschiebungen, den auftretenden Kranlasten usw. können Kranbahnen flach oder müssen tief gegründet werden.

Zu beachten sind hierbei die zulässigen Maßabweichungen der Kranbahnen bei der Herstellung (Montagetoleranzen) und im Betrieb (Betriebstoleranzen).

Die Montagetoleranzen bezeichnen im Wesentlichen die bei der Verlegung und Befestigung der Kranschienen einzuhaltenden Maßabweichungen und sind für die Entscheidung über die Art der Gründung in der Regel nicht relevant. Die Betriebstoleranzen beschreiben die während des Betriebs der Anlage zulässigen Setzungen und Setzungsunterschiede und sind damit für die Wahl der Gründung maßgebend.

Als Betriebstoleranzen können abhängig von der Bauart der Kranportale die folgenden Anhaltswerte angenommen werden:

- Höhenlage einer Schiene (Längsgefälle): 2 ‰ bis 4 ‰,
- Höhenlage der Schienen zueinander (Quergefälle): max. 6 ‰ der Spurweite,
- Neigung der Schienen zueinander (Schränkung):3 ‰ bis 6 ‰.

Für spezielle Umschlageinrichtungen können erheblich geringere Betriebstoleranzen gelten, so soll z. B. für die Höhenlage der Schienen von Containerbrücken das Längsgefälle ≤ 1 ‰ sein. Die Betriebstoleranzen sind in jedem Einzelfall gemeinsam mit dem Kranhersteller festzulegen.

Hinsichtlich der Beziehung zwischen Kranbahn und Kransystem wird auf den Ausschuss für Hafenumschlagtechnik der HTG (HTG, 1985) verwiesen.

6.17.2.1 Flach gegründete Kranbahnen

1. Streifenfundamente aus Stahlbeton
   Bei setzungsunempfindlichen Böden können die Kranbahnbalken als flach gegründete Streifenfundamente aus Stahlbeton hergestellt werden. Der Kranbahnbalken wird dann als elastischer Balken auf elastischer Bettung berechnet. Die Aufnahme der Bodenpressungen unter dem Balken ist rechnerisch nachzuweisen, die Setzungen und Setzungsdifferenzen sind ebenfalls rechnerisch zu ermitteln und mit den vereinbarten Betriebstoleranzen zu vergleichen.
   Für die Bemessung des Balkenquerschnitts gilt DIN 1045. Es sind die Beanspruchungen aus lotrechten und waagerechten Radlasten – in Kranbahnachse auch aus Bremsen – nachzuweisen.
   Bei Kranbahnen mit geringen Spurweiten (z. B. Vollportalkrane, die nur ein Gleis überspannen) sind Zerrbalken oder Verbindungsstangen als Spursicherungsriegel etwa in einem Abstand gleich der Spurweite einzubauen. Bei großen Spurweiten werden beide Kranbahnen unabhängig voneinander ausgebildet und gegründet, die Krane müssen einseitig eine Pendelstütze haben.
   Für die Ausbildung der Schienenbefestigung wird auf E 85, Abschnitt 6.18 verwiesen.
   Setzungen des Kranbahnbalkens bis zu 3 cm können im Allgemeinen durch den Einbau von Schienen-Unterlegplatten oder durch die Justiermöglichkeiten von Schienentragkörpern (Schienenstühle) auch während des Betriebs ohne größere Störungen ausgeglichen werden. Bei größeren und nur langsam abklingenden Setzungen während des Betriebs ist in der Regel eine Tiefgründung des Kranbahnbalkens wirtschaftlicher, weil die Setzungen nicht mehr durch einfaches Unterlegen von Platten oder die Nachjustierung von Schienenstühlen ausgeglichen werden können und somit die Kosten und die Stillstandzeiten länger werden.
2. Schwellengründungen
   Kranschienen auf Schwellen in Schotterbett werden wegen ihrer verhältnismäßig einfachen Nachrichtemöglichkeiten vor allem bei großen Setzungen und in Bergsenkungsgebieten angewendet. Auch große Lageänderungen können durch Regulieren nach Höhe, Seitenlage und Spurweite kurzfristig ausgeglichen werden. Schwellen, Schwellenabstand und Kranschiene werden nach der Theorie des elastischen Balkens auf elastischer Bettung und nach den Vorschriften für den Eisenbahnoberbau berechnet. Es können Holz-, Stahl-, Stahlbeton- oder Spannbetonschwellen verwendet werden. Bei Anlagen für das Verladen von Stückerz, Schrott und dergleichen werden wegen der geringeren Gefahr von Beschädigungen durch herabfallende Stücke Holzschwellen bevorzugt.

6.17.2.2 Tief gegründete Kranbahnen

Auf setzungsempfindlichen Böden oder Hinterfüllungen größerer Mächtigkeit ist eine Tiefgründung der Kranbahnbalken auf Pfählen erforderlich. Werden die Pfähle tief genug geführt, ist mit der Tiefgründung des Kranbahnbalkens zugleich auch eine Entlastung des Uferbauwerks verbunden, weil die Lasten aus dem Kranbahnbalken nicht mehr vom Uferbauwerk aufgenommen werden.

Für die Tiefgründung von Kranbahnen können grundsätzlich alle üblichen Pfahlarten eingesetzt werden. Insbesondere die Pfähle der wasserseitigen Kranbahn werden wegen der Durchbiegung der Uferwand zusätzlich durch Biegung beansprucht. Ebenso können einseitig größere Nutzlasten erhebliche waagerechte Zusatzlasten für die Gründungspfähle hervorrufen.

Die waagerechten Lasten aus dem Kranbetrieb müssen entweder durch den mobilisierten Erdwiderstand vor dem Kranbahnbalken, durch Schrägpfähle oder durch eine Verankerung aufgenommen werden.

Der Kranbahnbalken wird als elastischer Balken auf elastischer Stützung berechnet.

Anstelle einer Tiefgründung auf Pfählen können Kranbahnbalken auch auf einem Bodenaustausch oder einer Baugrundverbesserung flach gegründet werden.

6.18 Befestigung von Kranschienen auf Beton (E 85)

Kranschienen sind auf Beton längsbeweglich aufzulagern und spannungsfrei einzubauen. Hierfür werden je nach Einsatzzweck erprobte Kranschienenlagerungen angeboten.

Nachfolgend werden einige Möglichkeiten der Lagerung von Kranschienen auf Beton vorgestellt.

6.18.1 Lagerung der Kranschiene auf einer durchlaufenden Stahlplatte über einer durchlaufenden Betonbettung

Bei der Lagerung der Kranschiene auf einer durchlaufenden Stahlplatte wird zunächst eine möglichst ebene Stahlplatte auf dem Kranbahnbalken ausgerichtet und in geeigneter Weise untergossen oder auf einem erdfeuchten, verdichtet eingebrachten Splittbeton gelagert. Die Kranschiene wird auf der durchlaufenden Stahlplatte in Längsrichtung nur geführt, in lotrechter Richtung aber so verankert, dass auch abhebende Kräfte aus der Wechselwirkung von Bettung und Schiene aufgenommen werden können. Für die Berechnung von Größtmoment

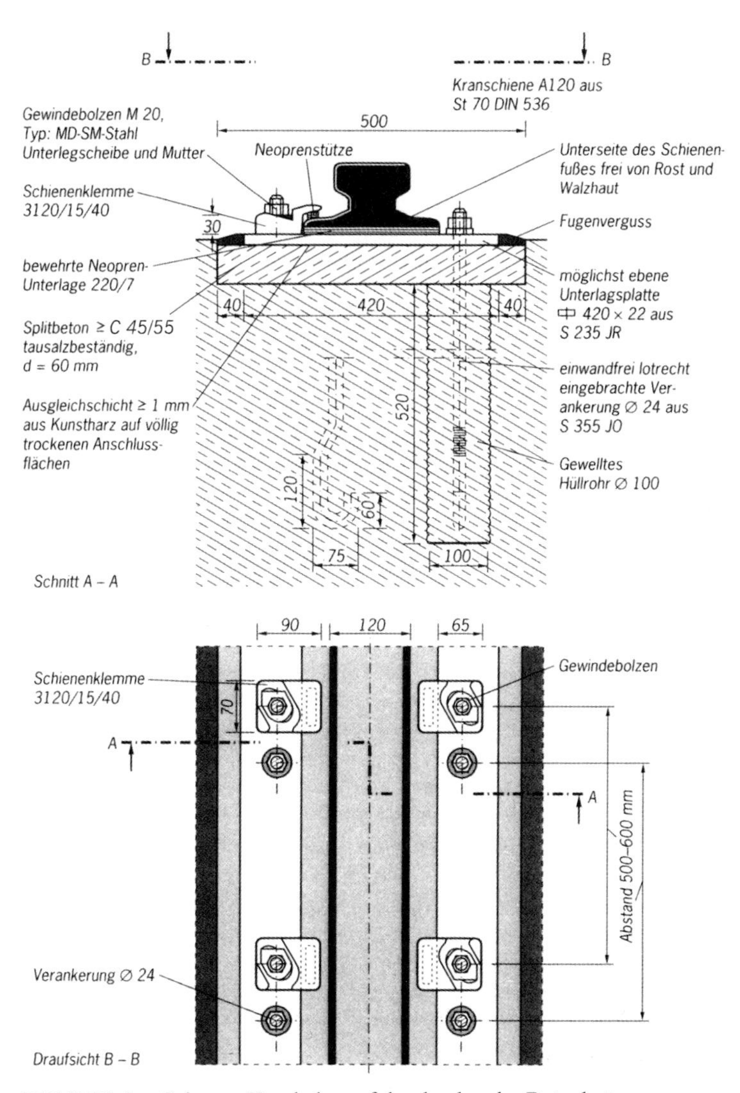

Bild E 85-1. Schwere Kranbahn auf durchgehender Betonbettung (Ausführungsbeispiel)

und Verankerungskraft sowie der größten Betondruckspannung kann das Bettungszahlverfahren angewendet werden.

Bild E 85-1 zeigt ein Ausführungsbeispiel für eine schwere Kranbahn. Hier wurde der Bettungsbeton zwischen Winkelstählen eingestampft, abgezogen und oben mit einer Ausgleichschicht ≥ 1 mm aus Kunstharz oder einem dünnen Bitumenanstrich versehen.

Wird zwischen Beton und durchlaufender Stahlplatte eine elastische Zwischenschicht angeordnet, sind Schiene und Verankerung für diese weichere Bettung zu berechnen. Das kann zu größeren Abmessungen führen. Die Schienen sind zu verschweißen, um Schienenstöße weitgehend zu vermeiden. An Bewegungsfugen von Ufermauerblöcken sind kurze Schienenbrücken anzuordnen.

6.18.2 Brückenartige Auflagerung mit zentrierter Lagerung der Schiene auf Lagerplatten

Hierbei werden Lagerplatten besonderer Ausführung angewendet, die eine mittige Einleitung der lotrechten Kräfte in den Kranbahnbalken gewährleisten und die in Längsrichtung verschieblich gelagerte Schiene führen. Weiter müssen sie das Kippen der bei dieser Lagerung erforderlichen hohen Schienen verhindern. Sie müssen sowohl abhebende Auflagerkräfte wie auch waagerechte Kräfte aufnehmen.

Diese Ausführung der Kranschienenbefestigung wird für übliche Stückgut-Kranbahnen und in Binnenhäfen bevorzugt auch für Massengut-Kranbahnen angewendet. In schwerer Ausführung ist sie vor allem bei den Bahnen für Schwerlastkrane, überschwere Uferentlader, Entnahmebrücken und dergleichen zu empfehlen. Als Laufschienen werden bei leichten Anlagen die Profile S 49 und S 64 eingesetzt. Bei schweren Anlagen werden nach DIN 536 Teil 1 und 2, PRI 85 oder MRS 125 oder überschwere Spezialschienen aus St 70 oder St 90 verwendet.

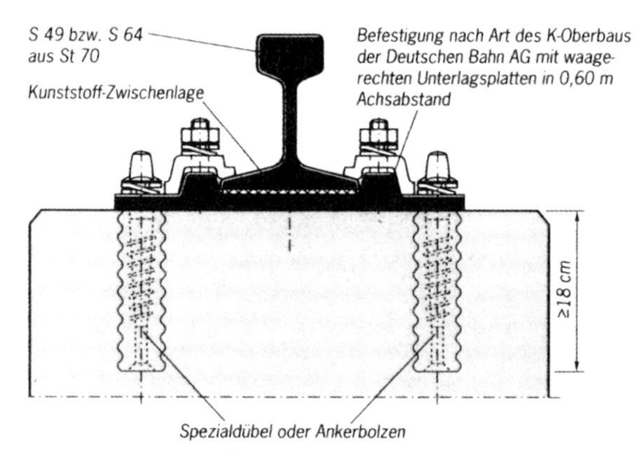

Bild E 85-2. Leichte Kranbahn auf Einzelstützen

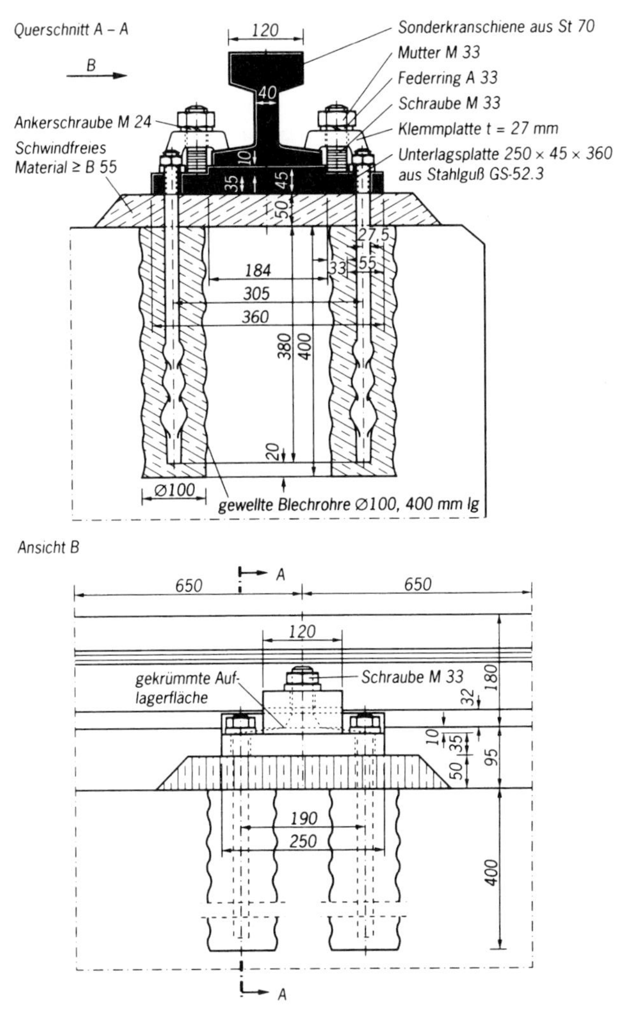

Bild E 85-3. Schwere Kranbahn auf unterstopften Einzelstützen

Ein Ausführungsbeispiel für eine leichte Anlage mit Lagerung der Schiene S 49 bzw. S 64 auf Lagerplatten nach Art des K-Oberbaus der Deutschen Bahn AG zeigt Bild E 85-2. Schiene, Lagerplatten, Anker und Spezialdübel werden fertig zusammengebaut auf die Schalung oder eine besondere Stützkonstruktion aus Stahl mit Justiermöglichkeiten gesetzt und unverschieblich befestigt. Der Beton wird dann mit Rüttelhilfe so eingebracht, dass die Lagerplatten satt aufliegen. Gelegentlich wird zwischen Lagerplatte und Unterkante Schiene eine etwa 4 mm dicke Kunststoff-Zwischenlage angeordnet (Bild E 85-2). Bei gewölbten

Lagerplatten ist durch konstruktive Maßnahmen dafür zu sorgen, dass die Kunststoff-Zwischenlage nicht abrutschen kann.

Bild E 85-3 zeigt eine schwere Kranbahn, bei der die Auflager der Schiene in Längsrichtung nach oben gewölbt sind, sodass die Schiene auf den Wölbungen aufliegt. Die Lagerplatten sind mit einem schwindfreien Material unterstopft bzw. untergossen. Die Lagerplatten werden auch mit Langlöchern in Querrichtung versehen, damit gegebenenfalls Spurveränderungen ausgeglichen werden können. Diese Lagerung ist vor allem für Hochstegschienen vorzusehen.

Eine diskontinuierliche Auflagerung kann auch bei sehr hohen Radlasten vorgesehen werden. Für Kranschienen mit kleinem Widerstandsmoment, z. B. A 75 bis A 120 oder S 49, empfiehlt sich jedoch bei Lasten über ca. 350 kN eine durchgehende Auflagerung, da sonst die Platten- oder Tragkörperabstände zu gering werden.

6.18.3 Brückenartige Auflagerung mit Auflagerung der Schiene auf Schienentragkörpern (Schienenstühlen)

Bei der Lagerung der Schiene auf Schienentragkörpern (auch Schienenstühle genannt) ist die Schiene in statischer Hinsicht ein Durchlaufträger auf unendlich vielen Stützen. Um die Elastizität der Schiene zu nutzen, lagert die Schiene auf bis zu 8 mm dicken elastischen Zwischenlagen, z. B. aus Neopren (bis zu 12 N/mm^2 Pressung) oder Kautschuk-Gewebeplatten, zwischen Schienenfuß und Schienenstuhl. Die elastischen Zwischenlagen reduzieren zusätzlich Stöße und Schläge auf Räder und Fahrgestelle der Krane.

Die Oberseite der Schienentragkörper ist gewölbt, das bewirkt eine mittige Einleitung der Auflagerkraft in den Beton. Diese „Wölblager“ liegen über der Oberkante des Betons, wegen der Nachgiebigkeit der Federringe der Schienenbefestigung kann sich die Schiene in Längsrichtung ausdehnen. Damit können Längenänderungen der Schiene aus Temperaturänderungen sowie Pendelbewegungen aufgenommen werden (Bild E 85-4). Die Schienentragkörper können durch ihre Formgebung allen gewünschten Erfordernissen angepasst werden. So lassen die Schienentragkörper u. a. eine nachträgliche Justierung der Schiene um $\Delta s = \pm 20$ mm in Querrichtung und um $\Delta h = +50$ mm in der Höhe zu.

Außerdem können seitliche Taschen zur Aufnahme von Kantenschutzwinkeln im Bereich von Überfahrten angeordnet werden.

Die Schienentragkörper werden gemeinsam mit der Schiene montiert. Nach dem Ausrichten und Fixieren wird eine zusätzliche Längsbewehrung durch besondere Öffnungen der Tragkörper gezogen und mit der aufgehenden Anschlussbewehrung der Unterkonstruktion verbunden (Bild E 85-4). Die Beton-

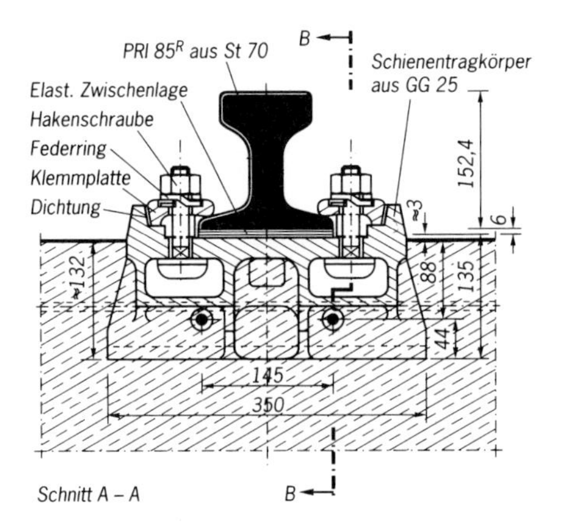

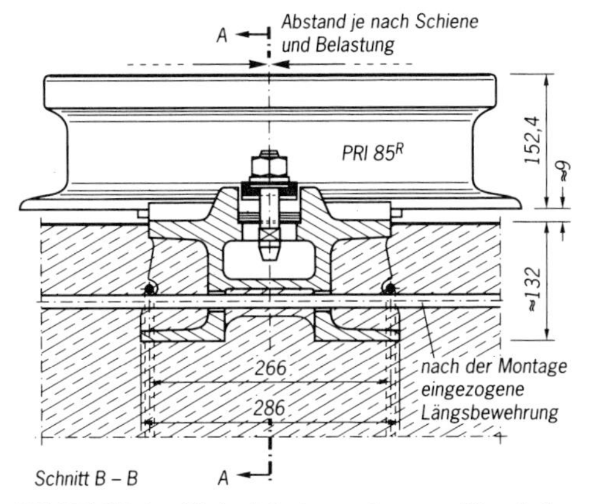

Bild E 85-4. Beispiel einer schweren Kranbahn auf Schienentragkörpern

güte der Auflagerung richtet sich nach statischen Erfordernissen. Es ist jedoch mindestens C 20/25 erforderlich.

Wenn Setzungen und/oder waagerechte Verschiebungen der Kranschiene ein späteres Nachrichten der Schiene erforderlich machen, muss dies bereits bei der Planung durch die Wahl von Schienentragkörpern mit entsprechender Justiermöglichkeit berücksichtigt werden.

6.18.4 Überfahrbare Kranbahnen

Der Hafenbetrieb erfordert häufig, dass die Kranschienen von straßengebundenen Verkehrsmitteln und Hafenumschlaggeräten überfahren werden können. Zu

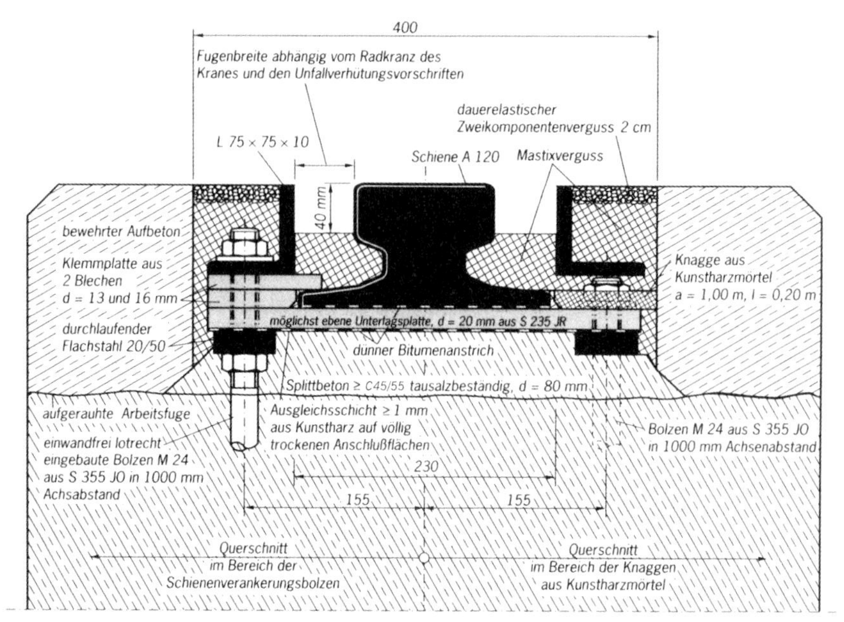

Bild E 85-5. Ausführungsbeispiel einer überfahrbaren schweren Kranbahn (die Bewehrung ist nicht dargestellt)

diesem Zweck müssen die Kranschienen so verlegt werden, dass der Schienenkopf mit der Hafenfläche bündig ist.

1. Überfahrbare schwere Kranbahnschiene
   Bild E 85-5 zeigt eine erprobte Ausführung einer überfahrbaren schweren Kranbahnschiene. Die Kranbahnschiene ist auf dem Kranbahnbalken auf einem Splittbeton > C 45/55 gebettet, der über eine Flachstahlleiste (Leiterlehre) waagerecht abgezogen wird. Zur Lastverteilung liegt die auf der Unterseite mit einem dünnen Bitumenanstrich versehene Schiene auf einer durchgehenden Auflagerplatte, die auf einer Ausgleichschicht > 1 mm aus Kunstharz gebettet ist. Die Auflagerplatte ist mit der Befestigungskonstruktion nicht verbunden, um eine Lastabtragung aus den Längsbewegungen von Schiene und Auflagerplatte auf die Bolzen der Schienenbefestigung zu vermeiden. Die genaue Positionierung der Bolzen wird durch nachträglich eingesetzte Bolzen gewährleistet. Das muss jedoch bereits beim Bewehren des Kranbahnbalkens berücksichtigt werden, damit zwischen den Bewehrungsstäben ausreichend Platz für die zur Aufnahme der Befestigungsbolzen einzubetonierenden Blech- oder Kunststoffrohre vorhanden ist. Gegebenenfalls können die Löcher für die Bolzen aber auch nachträglich eingebohrt werden.

Um auch Horizontalkräfte quer zur Schienenachse abzutragen und die Schiene in genauer Lage zu halten, werden in Abständen von ca. 1 m zwischen dem Fuß der Schienenkonstruktion und den angrenzenden seitlichen Kanten des Aufbetons ca. 20 cm breite Knaggen aus Kunstharzmörtel eingebracht.

Der Mastixverguss im Kopfbereich des mit Bügeln an den Kranbahnbalken angeschlossenen bewehrten Aufbetons erhält in den oberen 2 cm zweckmäßig einen dauerelastischen Zweikomponentenverguss.

Weitere Einzelheiten können Bild E 85-5 entnommen werden.

2. Überfahrbare leichte Kranbahnschiene

   Bild E 85-6 zeigt eine erprobte Ausführung für eine überfahrbare leichte Kranbahnschiene.

   Auf dem eben abgezogenen Kranbahnbalken werden in Abständen von ca. 60 cm waagerechte Rippenplatten mit Dübeln und Schwellenschrauben befestigt. Die Kranschiene, beispielsweise S 49, wird nach Vorschrift der Deutschen Bahn AG durch Klemmplatten und Hakenschrauben mit den Rippenplatten verbunden. Zum Ausgleich geringer Höhendifferenzen in der Betonoberfläche können beispielsweise Stahlbleche, Kunststoffplatten oder dergleichen als Ausgleichsplatten unter dem Schienenfuß eingebaut werden.

   Als Widerlager für seitlich anstoßende Stahlbeton-Großflächenplatten wird ein durchgehender stählerner Abschluss eingebaut. Dieser besteht aus einem parallel zum Schienenkopf verlaufenden Winkel L 80 · 65 · 8 aus S 235 JR, unter dem im Abstand von je drei Rippenplatten 80 mm lange U 80-Profilabschnitte geschweißt sind, die zur Befestigung an den Hakenschrauben unten mit Langlöchern versehen sind. Im Bereich der dazwischen liegenden Rippenplatten wird der Winkel durch 8 mm dicke Bleche ausgesteift. Über

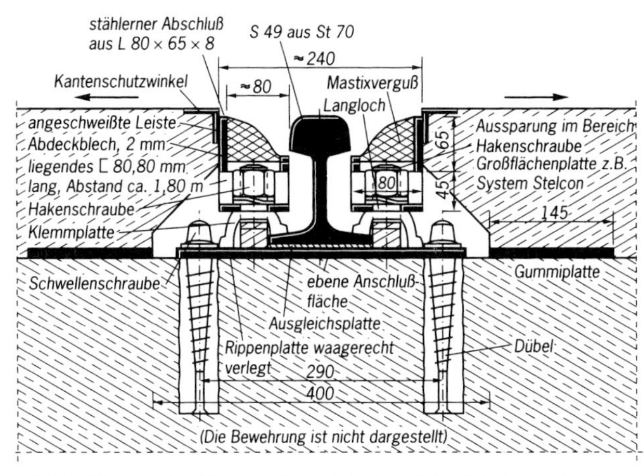

Bild E 85-6. Ausführungsbeispiel einer überfahrbaren leichten Kranbahn

den Befestigungsmuttern erhält er im waagerechten Schenkel Aussparungen, die nach Anziehen der Muttern durch 2 mm dicke Bleche abgedeckt werden. Damit der dann folgende Mastixverguss unten ausreichenden Halt hat, wird am Schenkelende des Winkels entlang des Schienenkopfes eine Leiste angeschweißt.
Stahlbeton-Großflächenplatten zur Befestigung der Hafenfläche, wie z. B. Stelcon-Platten, werden lose gegen den stählernen Abschluss gelegt. Dabei empfiehlt es sich, Gummiplatten unterzulegen, die ein Kippen der Platten verhindern und gleichzeitig eine Entwässerung der Fläche von der Kranschiene weg ermöglichen.

6.18.5 Hinweis zur Berücksichtigung der Schienenabnutzung

Bei allen Kranlaufschienen muss bereits im Entwurf die für das vorgesehene Verkehrsalter zu erwartende Abnutzung berücksichtigt werden. In der Regel genügt hierfür bei guter Schienenauflagerung ein Höhenabzug von 5 mm. Außerdem ist zur Erhöhung der Lebensdauer der Schienen je nach Ausführung der Lagerung eine mehr oder weniger häufige Wartung und Kontrolle der Befestigungen zu empfehlen.

6.18.6 Kantenpressungen

Wenn Kantenpressungen zwischen der Schienenbefestigung und dem darunter befindlichen Mörtel durch wandernde Lasten nicht konstruktiv sicher vermieden werden, sind diese bei der Berechnung des Mörtels zu berücksichtigen. Wenn sich unter der Platte eckige Teile von Schrauben befinden, ist nachzuweisen, dass keine Beschädigung des Mörtels durch Kerbwirkung oder elastische Verformungen auftreten kann.

6.19 Anschluss der Dichtung der Bewegungsfuge in einer Stahlbetonsohle an eine tragende Umfassungsspundwand aus Stahl (E 191)

Stahlbetonsohlen mit Bewegungsfugen, beispielsweise in einem Trockendock oder dergleichen, werden gegen große gegenseitige Verschiebungen in lotrechter Richtung durch eine Verzahnung in Form eines Eselsrückens gesichert. Dabei sind nur geringfügige gegenseitige lotrechte Verschiebungen möglich. Der

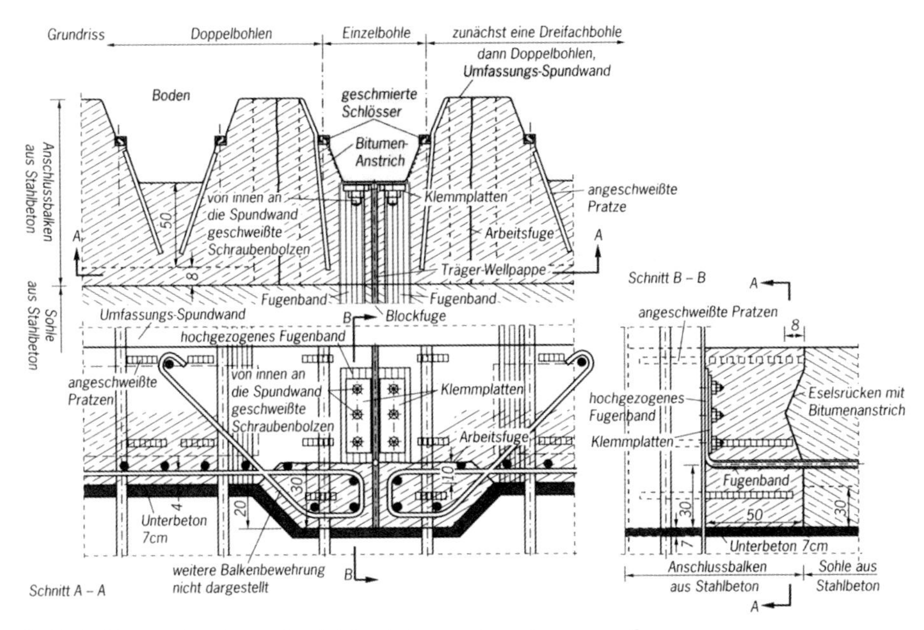

Bild E 191-1. Anschluss der Sohlendichtung einer Bewegungsfuge an eine U-förmige Spundwand (Beispiel)

Übergang der Sohle zu einer lotrecht tragend angeschlossenen Umfassungsspundwand aus Stahl wird als fest an die Spundwand angeschlossener verhältnismäßig schmaler Stahlbetonbalken ausgebildet, an den die durch die Bewegungsfuge getrennten Sohlplatten ebenfalls mit einem Eselsrücken verzahnt gelenkig angeschlossen werden.

Die Verzahnung wird auch im Anschlussbalken ausgeführt.

Die Bewegungsfuge der Sohlplatte wird von unten durch ein Fugenband mit Schlaufe abgedichtet. Dieses Band endet bei den wellenförmigen Stahlspundwänden aus U-Profilen nach Bild E 191-1 an einem Wellenberg einer eigens hierzu einzubauenden Einzelbohle.

Bei Z-förmigen Profilen nach Bild E 191-2 endet das Fugenband auf einem über das gesamte Wellental geschweißten Anschlussblech. Im Anschlussbereich wird das Band hochgezogen und angeklemmt.

Die Schlösser der Anschlussbohlen (Einzelbohle bei U-Profil, Doppelbohle bei Z-Profil) sind vor dem Einbringen mit einem Gleitmittel großzügig einzuschmieren.

Weitere Einzelheiten sind den Bildern E 191-1 und E 191-2 zu entnehmen.

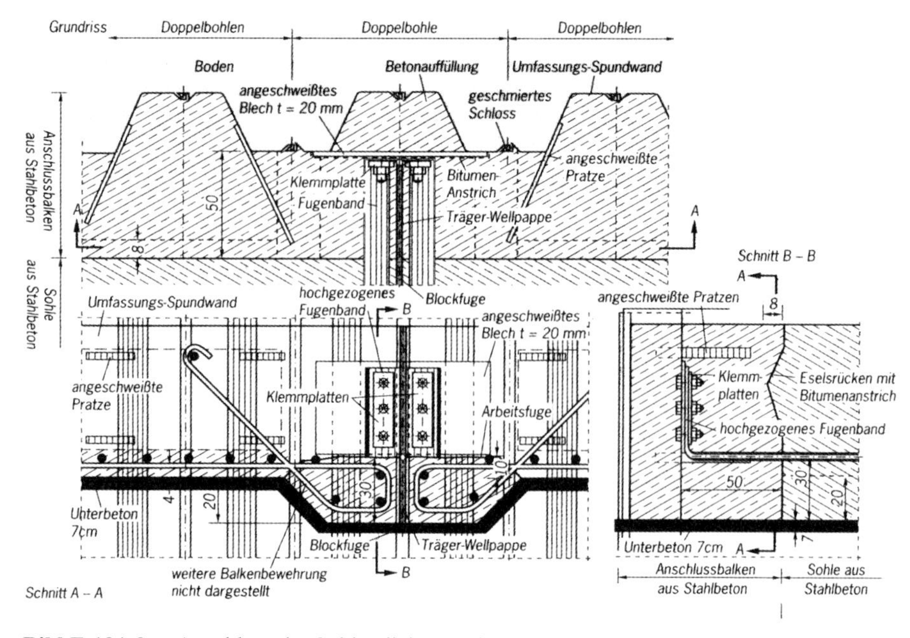

Bild E 191-2. Anschluss der Sohlendichtung einer Bewegungsfuge an eine Z-förmige Spundwand (Beispiel)

6.20 Anschluss einer Stahlspundwand an ein Betonbauwerk (E 196)

Der Anschluss einer Stahlspundwand an ein Betonbauwerk ist immer eine Sonderkonstruktion und muss entsprechend den bestehenden geometrischen Verhältnissen konstruiert werden. Dabei muss im Vordergrund stehen, dass die Konstruktion auf der Baustelle zuverlässig ausgeführt werden kann. Daher sollten möglichst einfache, aber robuste Ausführungen angestrebt werden.

Der Anschluss zwischen Spundwand und Betonbauwerk muss gegenseitige lotrechte Bewegungen der Bauwerke zulassen, andererseits aber z. B. im Wasserbau dauerhaft dicht sein.

Bild E 196-1 zeigt Ausführungsbeispiele für den Anschluss einer Spundwand aus U-Bohlen an ein Betonbauwerk.

Wenn das Betonbauwerk neu erstellt wird, kann bei dessen Herstellung eine coupierte Einzelbohle mit angeschweißten Pratzen durch die Schalung gesteckt und mit einbetoniert werden. Die anschließende Spundwand wird dann in das Schloss der einbetonierten Bohle eingefädelt (Bild E 196-1a). Das Anschlussschloss muss mit einer plastischen Masse gefüllt werden, damit es gängig bleibt (siehe E 117, Abschnitt 8.1.21).

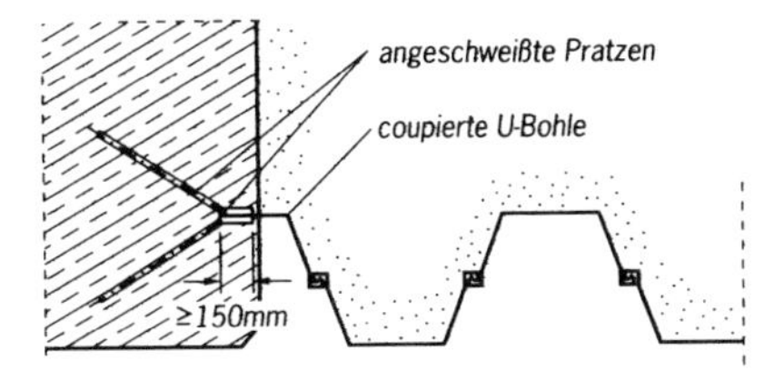

a) Anschluss an ein erst zu erstellendes Betonbauwerk

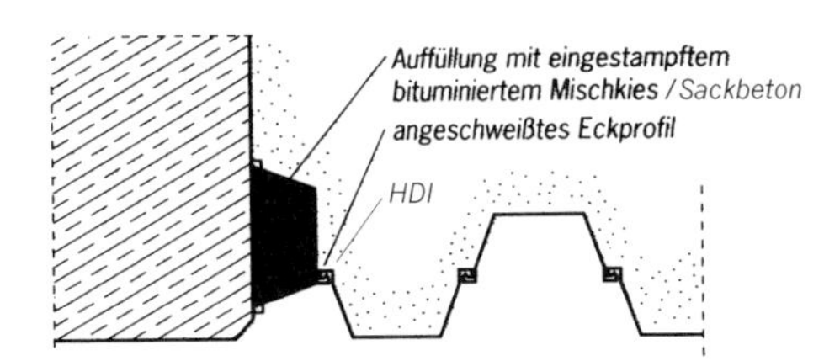

b) Anschluss an ein vorhandenes Betonbauwerk

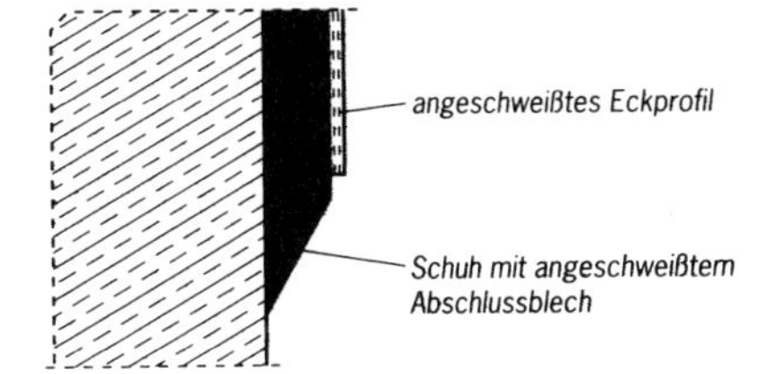

Bild E 196-1. Anschluss einer Spundwand aus U-Bohlen an ein Bauwerk

Wenn eine Stahlspundwand an ein bereits bestehendes Betonbauwerk angeschlossen werden muss, ist beispielsweise eine Lösung nach Bild E 196-1b empfehlenswert. Hier wird eine U-Bohle mit angeschweißtem Schloss an das Betonbauwerk angedübelt, und der Zwischenraum wird verfüllt. Anstelle von bituminiertem Mischkies hat sich auch eine Verfüllung mit kleinen Säcken mit Frischbeton (Sackbeton) bewährt. In das angeschweißte Schloss wird dann die Spundwand eingefädelt. Um die Dichtigkeit dieses Anschlusses dauerhaft zu sichern, kann eine Vermörtelung des Bodens hinter der Wand mit Hochdruck-Injektion sinnvoll sein.

Sinngemäße Ausführungsbeispiele für den Anschluss einer Spundwand mit Z-Bohlen zeigt Bild E 196-2.

Sind hohe Anforderungen an die Wasserdichtheit und/oder Beweglichkeit des Anschlusses zu stellen, sollte der Anschluss mit Fugenbändern erfolgen, die mit Klemmplatten an die Spundwand und an einen Festflansch in der Betonkonstruktion angeschlossen werden (Bild E 196-3). Die Einbindetiefen der Spundwand sind so festzulegen, dass eine Umströmung bei Einbindung in gering

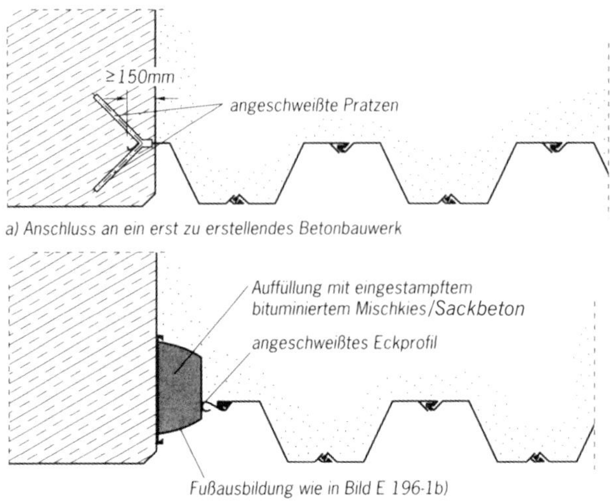

Bild E 196-2. Anschluss einer Spundwand aus Z-Bohlen an ein Betonbauwerk

durchlässige Schichten entweder unterbunden wird oder die Länge der Sickerwege groß genug ist, um die zuströmende Wassermenge auf eine zulässige Größenordnung zu beschränken und hydraulischen Grundbruch auszuschließen. Bei der Bewertung der Dichtwirkung sind auch Bewegungen der Bauteile gegeneinander zu berücksichtigen.

Auf DIN 18195, Teile 1 bis 4 sowie 6, 8, 9 und 10 wird besonders hingewiesen.

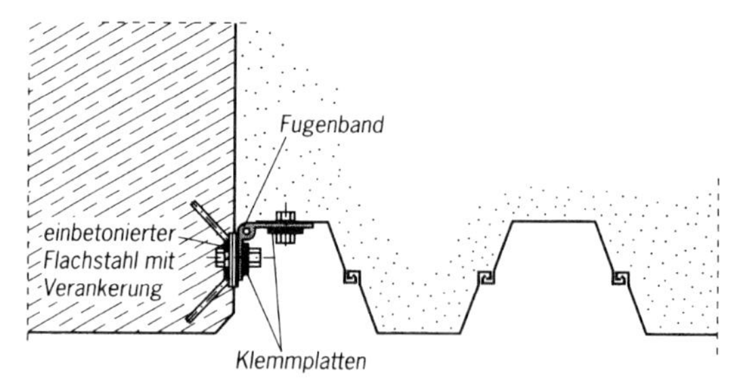

Bild E 196-3. Anschluss einer Spundwand aus U-Bohlen an ein Betonbauwerk bei hohen Anforderungen an die Dichtheit des Anschlusses

6.21 Schwimmende Landeanlagen in Seehäfen (E 206)

Für schwimmende Landeanlagen an Bundeswasserstraßen gilt das Merkblatt „Schwimmende Anlegestellen“ des BMBV (2010). Es kann sinngemäß auch für Seehäfen angewendet werden, dabei sind die folgenden Hinweise zu beachten.

6.21.1 Allgemeines

In Seehäfen werden für den Fährverkehr zur Personenbeförderung, als Liegeplätze für Hafenfahrzeuge sowie für die Sportschifffahrt schwimmende Anlagen vorgehalten, die aus einem oder mehreren Schwimmkörpern (Pontons) bestehen und durch eine Brücke oder eine feste Treppenanlage mit dem Ufer verbunden sind. Die Pontons werden dabei in der Regel durch gerammte Führungspfähle gehalten, während die Zugangsbrücke an Land ein festes und auf dem Ponton ein bewegliches Lager erhält.

Besteht die Anlage aus mehreren Pontons, wird die durchgehende Begehbarkeit durch Übergangsklappen zwischen den Pontons gewährleistet.

6.21.2 Entwurfsgrundsätze

Bei der Festlegung des Standortes einer schwimmenden Anlage sind Strömungsrichtungen und Strömungsgeschwindigkeiten sowie Welleneinwirkungen zu berücksichtigen.

Im Tidebereich sollten HHThw und NNTnw als Bemessungswasserstände angesetzt werden. Dabei sollte die Neigung des Zugangssteges bei mittleren Tideverhältnissen nicht steiler als 1 : 6 und bei extremen Wasserständen nicht steiler als 1 : 4 sein.

An die Betriebsbereitschaft der Anlage – speziell für den öffentlichen Personenverkehr – sind hohe Anforderungen zu stellen, z. B. also auch bei Eisgang. Hierfür müssen sowohl bauliche als auch organisatorische Maßnahmen vorgesehen werden.

Die Schotteinteilung der Pontons sollte so gewählt werden, dass bei Ausfall einer Zelle durch Havarie oder andere Umstände der Ponton nicht sinkt. Die Zellen sollten einzeln belüftet werden, z. B. mit Schwanenhalsrohren. Zur einfachen Kontrolle der Dichtigkeit empfiehlt es sich, die Zellen mit Peilrohren auszustatten, die von Deck aus zugänglich sind. Im Einzelfall kann auch der Einsatz von Alarmanlagen zweckmäßig sein, die auf unerkannte Wassereinbrüche hinweisen. Aus arbeitsschutztechnischen Gründen sollte jede Zelle direkt vom Deck durch maximal ein Schott zugänglich sein.

Auch eine porendichte Ausschäumung der Zellen kann in Betracht kommen.

Für den Wasserablauf ist eine Balkenbucht (Überhöhung im Pontondeck) erforderlich.

Um im Havariefall ein schnelles Ausschwimmen der Pontons zu gewährleisten, empfiehlt es sich, für die Zugangsbrücken eine Abhängemöglichkeit vorzusehen, beispielsweise durch zwei jeweils neben die Brücken gerammte Pfähle mit zwischengehängter Traverse.

Der erforderliche Mindestfreibord der Pontons ist abhängig von der zulässigen Krängung, den zu erwartenden Wellenhöhen und der beabsichtigten Nutzung. Während bei kleineren Anlagen, z. B. für die Sportschifffahrt, ein Mindestfreibord bei halbseitiger Belastung von 0,20 m ausreichend ist, sind für große Pontons erheblich größere Freibordhöhen erforderlich. Als Anhaltswert sollte die Freibordhöhe bei bis zu 30 m langen und 3 bis 6 m breiten Pontons rd. 0,8 bis 1,0 m sein, bei Pontons von 30 bis 60 m Länge und bis zu 12 m Breite sollte die Freibordhöhe rd. 1,2 bis 1,5 m sein.

Die Freibordhöhen sind insbesondere bei einer Nutzung der Anlage für den öffentlichen Personenverkehr den Aus- und Einstiegshöhen der Schiffe anzupassen.

6.21.3 Lastannahmen und Bemessung

Grundsätzlich ist die Lage der Pontons auf ebenem Kiel nachzuweisen, im Bedarfsfall ist ein Ballast-Ausgleich vorzusehen.

Für die Nachweise der Schwimmstabilität und der Krängung unter halbseitiger Belastung ist eine Verkehrslast von 5 kN/m^2 anzusetzen.

Im Rahmen des Nachweises der Schwimmstabilität sind auch hydrodynamische Lasten wie Staudruck, Strömungsdruck und Welleneinwirkungen zu berücksichtigen, die Berechnung ist ggf. durch Versuche zu bestätigen. Die Krängung der Pontons sowie die Neigungen der Übergänge zwischen aneinandergekoppelten Pontons und an den Übergangsklappen sind nachzuweisen.

In Abhängigkeit von den Pontonabmessungen, der Krängungsbeschleunigung und dem gegenseitigen Versatz mehrerer Pontons darf die Krängung maximal 5° betragen; dabei liegt die Obergrenze der Schwingbreiten bei 0,25 bis 0,30 m. Größere Krängungswinkel sind im Rahmen einer Einzelfallbetrachtung zu überprüfen.

Der Schiffsanlegedruck als Belastung durch anlegende Schiffe ist grundsätzlich mit 300 kN und 0,3 m/s, bei großen Anlagen (über 30 m Pontonlänge) mit 300 kN und 0,5 m/s anzusetzen.

Beim Schiffsanlegedruck kann die dämpfende Wirkung durch Fenderung auf der Außenhaut, durch Federkonsolen und Gleitleisten sowie durch die Führungsdalben berücksichtigt werden, wenn sie durch entsprechende Untersuchungen nachgewiesen ist. Die dämpfende Wirkung von Führungsdalben kann erhöht werden, wenn sie in Form gekoppelter Rohrpfähle ausgebildet werden.

7 Erdarbeiten und Baggerungen

7.1 Baggerarbeiten vor Uferwänden in Seehäfen (E 80)

In dieser Empfehlung werden die technischen Möglichkeiten und Bedingungen behandelt, die bei der Planung und Ausführung von Hafenbaggerungen vor Uferwänden berücksichtigt werden müssen.

Stets zu unterscheiden ist zwischen Neubaggerungen und Unterhaltungsbaggerungen, u. a. auch in Hinblick auf erforderliche Genehmigungen.

Die Baggerungen bis zur Entwurfstiefe nach E 36, Abschnitt 6.7 werden im Allgemeinen mit Greiferbaggern, Eimerkettenbaggern, Schneidkopfsaugbaggern, Schneidradbaggern, Grundsaugern oder Laderaumsaugbaggern ausgeführt. Ergänzend dazu werden Eggen und Wasserstrahlgeräte eingesetzt.

Beim Einsatz von Schneidkopfsaugbaggern, Grundsaugern oder Laderaumsaugbaggern im Erdwiderstandsbereich vor Uferwänden müssen diese Bagger über Einrichtungen verfügen, die ein genaues Einhalten der planmäßigen Baggertiefe gewährleisten. Schneidkopfbagger mit großer Schneidkopfleistung und hoher Saugkraft sind wegen der Gefahr des Entstehens von Übertiefen und Störungen der unter dem Schneidkopf liegenden Böden in diesem Bereich weniger geeignet. Das Freibaggern mittels Saugbagger ohne Schneidkopf muss im Erdwiderstandsbereich in jedem Fall abgelehnt werden.

Für das Baggern des letzten Baggerschnitts ist außerdem zu beachten, dass Eimerkettenbagger, Schneidkopfbagger und Laderaumsaugbagger selbst bei günstigen Verhältnissen und sorgfältiger Arbeit die theoretische Solltiefe nicht genau herstellen können. Es verbleibt dann, sofern der Boden nicht nachrutscht, vor der Uferwand ein etwa 3 bis 5 m breiter Bodenkeil. Ob und wie weit dieser beseitigt werden muss, hängt von der Fenderung der Uferwand und vom Völligkeitsgrad der anlegenden Schiffe ab. Ein stehengebliebener Bodenkeil kann nur mit Greifern abgetragen werden. Unter Umständen müssen bei bindigen Böden außerdem die Spundwandtäler freigespült werden.

Bei einer Hafenbaggerung mit schwimmendem Gerät wird in der Regel in Baggerschnitten gearbeitet, die abhängig vom Typ und der Leistungsfähigkeit der Geräte zwischen 2 und 5 m liegen. Anlass für selektives Baggern kann bei wechselnden Bodenarten auch die gewünschte Verwendung des Bodens sein.

Es wird empfohlen, nicht erst nach Abschluss der Baggerung, sondern bereits vor Baggerbeginn und auch in Zwischenzuständen die Uferwand einzumessen, um Verformungen des Bauwerks rechtzeitig feststellen zu können.

Empfehlungen des Arbeitsausschusses „Ufereinfassungen" – EA „Ufereinfassungen", 11. Auflage.
Herausgegeben vom Arbeitsausschuss „Ufereinfassungen" der Hafentechnischen Gesellschaft e.V. und der Deutschen Gesellschaft für Geotechnik e.V.

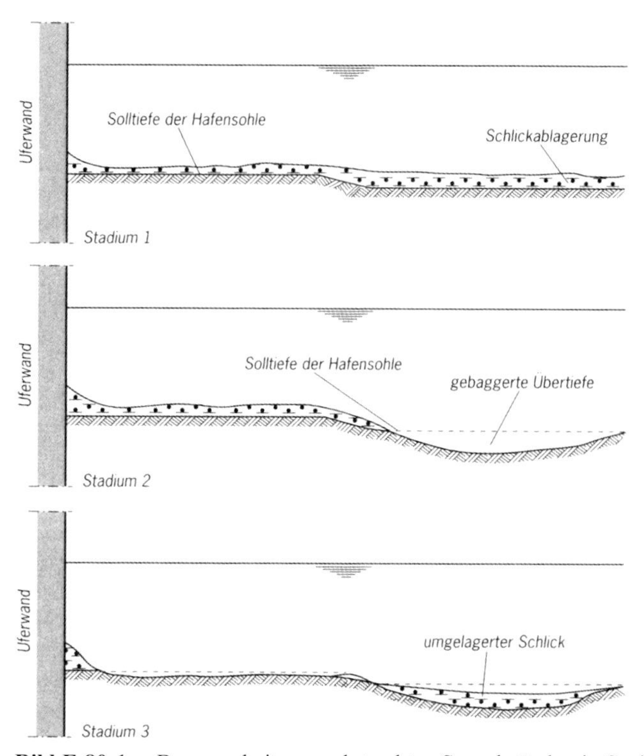

Bild E 80-1. Baggerarbeiten vor lotrechten Spundwänden in Seehäfen. Stadium 1: vorgefundene Situation; Stadium 2: Situation nach Baggerung; Situation nach der Bearbeitung mit einer Egge oder mit einem Greifbagger

Durch das Baggern freigelegte Wandflächen müssen durch Taucher auf Schlossschäden untersucht werden (E 73, Abschnitt 7.4.4).

Wirtschaftlich und wenig störend für den Hafenbetrieb kann ein Arbeitsvorgang nach Bild E 80-1 sein.

Nach dem Herstellen einer Übertiefe (Stadium 2) durch ein Nassbaggergerät wird der vor der Wand liegende Schlick mit Greifbaggern oder einer Egge in die Übertiefe der Hafensohle umgesetzt (Stadium 3). Die Übertiefe sollte möglichst schon bei der Neubaggerung hergestellt werden.

Vor jeder Baggerung, bei der die rechnerische Gesamttiefe unter der Solltiefe der Hafensohle voll ausgenutzt wird, muss die Standsicherheit der Ufermauer überprüft werden. Außerdem ist das Verhalten der Uferwand vor, während und nach dem Baggern zu beobachten.

7.2 Bagger- und Aufspültoleranzen (E 139)

7.2.1 Allgemeines

Die geforderten Baggertiefen und Aufspülhöhen sind innerhalb eindeutig definierter zulässiger Abweichungen (Toleranzen) herzustellen. Liegen die Höhen zwischen einzelnen Stellen einer Baggersohle oder eines aufgespülten Geländes außerhalb der genehmigten Toleranzen, sind ergänzende Maßnahmen erforderlich. Die Vorgabe zu geringer Toleranzen kann zu unverhältnismäßig hohen Mehrkosten für die Baggerarbeiten führen. Die Toleranzen für Bagger- und Aufspülarbeiten sollten daher nach technischen, vor allem aber auch nach wirtschaftlichen Gesichtspunkten festgelegt werden. Der Auftraggeber muss abwägen, wie viel ihm daran gelegen ist, eine bestimmte Genauigkeit der Baggersohle oder einer Aufspülhöhe einzuhalten.

Neben Abweichungen von der planmäßigen Höhe (vertikale Toleranzen) sind bei Baggerungen für Rinnen, beispielsweise für einen Bodenaustausch, für Düker und Tunnel, auch horizontale Toleranzen festzulegen. Auch hier muss fast immer ein Optimum gefunden werden zwischen den Mehrkosten für größere Bagger- und Auffüllmengen bei größeren Toleranzen und den Mehrkosten infolge von Leistungsverlusten der Geräte bei genauerem und damit langsamerem Arbeiten sowie den Kosten für eventuell erforderliche Zusatzmaßnahmen.

Die erzielbare Genauigkeit von Baggerungen ist bei Binnenwasserstraßen im Allgemeinen größer als bei Fahrrinnenbaggerungen für die Seeschifffahrt, bei denen Tide, Welleneinfluss, Versandungen und/oder Schlickfall eine große Rolle spielen. Aus nautischen Gründen werden bei Wasserstraßen normalerweise Mindesttiefen gefordert.

Folgen auf Baggerarbeiten weitergehende Bauleistungen, wie das Profilieren vor Böschungen, der Einbau von Deckwerken oder das Herstellen von Betoniersohlen, müssen die Baggertoleranzen auf die Erfordernisse der nachfolgenden Arbeiten abgestimmt werden.

7.2.2 Baggertoleranzen

Baggertoleranzen sind unter Berücksichtigung folgender Aspekte festzulegen:

a) Qualitätsanforderungen an die Genauigkeit herzustellender Tiefen, die sich aus der Zielsetzung einer Baggerung ergeben, z. B.:
   - regelmäßig wiederkehrende Unterhaltungsbaggerung zur Beseitigung von Sedimentablagerungen zur Erhaltung der Schiffbarkeit,
   - Herstellung oder Vertiefung eines Liegeplatzes vor einer Kaimauer oder einer Fahrrinne zur Verbesserung der Schiffbarkeit,

- Herstellung einer Gewässersohle zur Aufnahme eines Bauwerks (Düker- oder Tunnelbauwerke, Sohlensicherungen etc.),
- Baggerung zur Beseitigung nicht tragfähiger Böden im Rahmen eines Bodenaustausches,
- Baggerung zur Entfernung schadstoffbelasteter Bodenablagerungen.

Jede dieser Zielsetzungen erfordert spezielle und deutlich unterschiedliche Genauigkeiten der Baggerung. Dies hat Einfluss auf die Wahl des Gerätes und wirkt sich damit auf die Kosten der Baggerung aus.

b) Daneben sind konstruktive Randbedingungen, der Umfang einer Baggerung und die Beschaffenheit des zu baggernden Bodens zu berücksichtigen, wie z. B.:
- die Standsicherheit nahe gelegener Unterwasserböschungen, Molen, Kaimauern und dergleichen,
- die Tiefe unter der projektierten Hafensohle, bis zu der Störungen des Baugrunds hingenommen werden dürfen,
- horizontale oder vertikale Abmessungen der Baggerung, Länge und Breite des Baggerfeldes, Mächtigkeit der zu baggernden Schicht und die Gesamt-Baggermenge,
- Bodenbeschaffenheit, Bodenart, Korngröße, Kornverteilung, Scherfestigkeit des zu baggernden Bodens,
- Verwendung des gebaggerten Bodens,
- eine etwaige Kontamination mit spezieller Unterbringung des gebaggerten Bodens.

Vor allem der letzte Punkt gewinnt zunehmende Bedeutung durch die i. d. R. extrem hohen Kosten der Behandlung und Ablagerung kontaminierter Böden und kann daher die Einhaltung sehr enger Toleranzen erfordern.

c) Weiterhin spielen örtliche Gegebenheiten eine maßgebliche Rolle, die sich auf den Einsatz und die Steuerung des Baggergerätes sowie auf die generelle Arbeitsstrategie der Nassbaggerung auswirken. Als Beispiele seien genannt:
- die Wassertiefe,
- die Erreichbarkeit des Baggerortes für das Baggergerät,
- tidebedingte Wasserstandsänderungen mit wechselnden Strömungen,
- eventueller Wechsel von Salz- und Süßwasser,
- Wetterbedingungen (Wind- und Strömungsverhältnisse),
- Wellen, Seegang, Dünung,
- Beeinträchtigung des Baggerprozesses durch Schiffsverkehr,
- räumliche Enge durch ankernde Schiffe bzw. zwischen Liegeplätzen,
- der Umfang regelmäßig wiederkehrender Ablagerungen (Sand oder Schlick), ggf. schon während der Baggerarbeiten.

d) Nicht zuletzt kommt es auch auf das einzusetzende Baggergerät selbst und dessen Ausstattung an:
- die Gerätetechnik und Gerätegröße sowie deren vom Boden und der Baggertiefe abhängige Abgrabungsgenauigkeit,

– die Instrumentierung an Bord des Baggers (Art der Positionsbestimmung, Tiefenmessung, Leistungsmessung, Qualität der Überwachungs- und Dokumentationstechnik des gesamten Baggerprozesses),
– Erfahrung und Qualifikation des Baggerpersonals,
– die Größe des spezifischen Leistungsverlustes eines Baggergerätes wegen einzuhaltender Toleranzen und daraus resultierende Kosten.

Letztlich ist zu berücksichtigen, dass das Ergebnis einer Baggerung und die dabei erreichte Genauigkeit im Allgemeinen durch Peilung kontrolliert und dokumentiert werden. Die durch Peilung ermittelten Werte sind stets auch durch die Genauigkeit der Peilung beeinflusst. Insofern ist bei der Festlegung von Baggertoleranzen auch die Auflösung des für die Kontrolle eingesetzten Peilsystems zu berücksichtigen.

Die Vorgabe einer technisch optimalen und zugleich wirtschaftlichen Baggertoleranz ist somit eine vielschichtige Aufgabe. Bei umfangreichen Baggerarbeiten ist es daher unerlässlich, die verschiedenen Einflüsse auf die Genauigkeit der Baggerung sorgfältig gegeneinander abzuwägen. Da zum Zeitpunkt der Ausschreibung oft noch nicht bekannt ist, welches Baggergerät eingesetzt wird, kann es vorteilhaft sein, von den Bietern nicht nur die Preisangabe für die in der Ausschreibung geforderte Genauigkeit zu verlangen, sondern ihnen einzuräumen, auch Kosten für jeweils von ihnen selbst vorgeschlagene und gewährleistete Toleranzen der Baggerung zu benennen (Sondervorschlag und Sonderangebot für die Baggerarbeiten).

Zur allgemeinen Orientierung sind in Tabelle E 139-1 auf der Grundlage niederländischer Erfahrungswerte (Intern. Association of Dredging Companies, 2001) die von verschiedenen Baggertypen einhaltbaren vertikalen Baggerabweichungen in cm angegeben.

Auf eine Angabe von horizontalen Baggertoleranzen wird bewusst verzichtet, weil diese sich bei Böschungen aus der geforderten Böschungsneigung in Verbindung mit der Vertikaltoleranz ergeben (E 138, Abschnitt 7.7). Weiterhin sollten die Horizontaltoleranzen nach den konkreten Erfordernissen und der eingesetzten Technologie zur Positionsbestimmung der Bagger in jedem Fall objektbezogen festgelegt werden. Kontrolllotungen sind so auszuführen, dass die tatsächliche Baggersohle und nicht etwa eine Schichtgrenze von über der Sohle schwebenden Sedimenten gemessen wird.

Tabelle E 139-1. Richtwerte für vertikale Baggerabweichungen in cm (Int. Association of Dredging Companies, 2001)

Baggergerät	nichtbindige Böden			bindige Böden		Zuschläge für		
	Sand	Kies	Fels	Schlick	Ton	Wassertiefe 10–20 m	Strömung 0,5–1,0 m/s	ungeschützte Gewässer
Greifbagger	40–50	40–50	–	30–45	50–60	10	10	20
Eimerkettenbagger	20–30	20–30	–	20–30	20–30	5	10	10
Schneidkopfsaugbagger	30–40	30–40	40–50	25–40	30–40	5	10	10
Schneidradsaugbagger	30–40	30–40	40–50	25–40	30–40	5	10	10
Umweltsaugbagger	10–20	–	–	10–20	–	5	5	–
Tieflöffelbagger	25–50	25–50	40 -60	20–40	35–50	10	10	10
Laderaumsaugbagger (Hopper)	40–50	40–50	–	30–40	50–60	10	10	10

7.3 Aufspülen von Hafengelände für Ufereinfassungen (E 81)

7.3.1 Allgemeines

Soweit es sich um das unmittelbare Hinterfüllen von Ufereinfassungen handelt, ist E 73, Abschnitt 7.4 maßgebend.

Tragfähige Hafenflächen hinter Ufereinfassungen können durch Aufspülen geschaffen werde. Voraussetzung ist, dass als Aufspülboden gut abgestufter Sand zur Verfügung steht. Beim Aufspülen über Wasser wird bei sonst gleichen Bedingungen eine größere Lagerungsdichte erzielt als unter Wasser (E 175, Abschnitt 7.5).

Bei allen Aufspülarbeiten, insbesondere aber in Tidegebieten, ist für einen zügigen Abfluss des Spülwassers und des ggf. während der Tide zugeflossenen Wassers zu sorgen.

Spülsand soll möglichst wenig Feinkornanteil (Schluff und Ton, < 0,06 mm) enthalten. Wie hoch der zulässige Anteil an Feinkorn im konkreten Fall ist, hängt von der geforderten Tragfähigkeit der geplanten Hafenfläche ab und davon, wie groß die zu erwartenden Restsetzungen sind bzw. wann die Hafenflächen in Betrieb genommen werden sollen.

Die oberen zwei Meter der Aufspülfläche müssen gut verdichtbar und hinreichend tragfähig zur Herrichtung von Verkehrs- und Lagerflächen sein.

Wenn auf dem Hafengelände setzungsempfindliche Anlagen abgesetzt werden sollen, muss der Feinkornanteil des Aufspülbodens im Bereich der Lastabtragung kleiner als 10 % sein, Schluff- und Toneinlagerungen sind nicht zulässig.

Häufig muss der Auffüllboden aus wirtschaftlichen Gründen in unmittelbarer Nähe der Auffüllung gewonnen werden, oder es muss ein Material verwendet werden, das beispielsweise bei Baggerungen im Hafen gewonnen wird. Dabei wird das Baggergut oft mit Schneidkopfbaggern oder Grundsaugbaggern gelöst und über Rohrleitungen direkt auf das geplante Hafengelände gespült.

In solchen Fällen ist eine aussagefähige Voraberkundung der in der Entnahmestelle anstehenden Bodenarten und ihrer Eigenschaften, insbesondere aber des Feinkornanteils, unerlässlich. Zweckmäßig ist die durchgehende Beprobung der Sandgewinnung durch Bohrkerne, weil in diesen auch dünne Einlagerungen bindiger Schichten festgestellt werden können. In Verbindung mit ergänzenden Drucksondierungen ergeben diese Untersuchungen belastbare Erkenntnisse darüber, wie hoch der Feinkornanteil in der Sandentnahme ist und wie er über die Tiefe und in der Fläche der Entnahmestelle verteilt ist.

Wird der Spülsand über Rohrleitungen von der Entnahmestelle direkt in das Hafengelände gespült, findet sich dort der Feinkornanteil in vollem Umfang wieder, möglicherweise sogar konzentriert in Lagen im Bereich der Spülfeldausläufe (Mönche). Wird mit einem Laderaumsaugbagger gebaggert oder der Spülsand mit Schuten in das Spülfeld verbracht, wird ein Teil des Feinkorns mit dem Überlauf ausgewaschen. Insofern ist diese Art der Verfüllung bei Sandvorkommen mit größerem Schluff- und Tonanteil vorteilhafter als das direkte Einspülen. Allerdings muss die mit dem Überlauf von Feinkorn verbundene Trübung des Gewässers zulässig sein.

Wenn sich örtlich an den Oberflächen der Aufspülung, z. B. am Spülfeldauslauf, Schluff oder Ton abgesetzt hat, sind diese Böden in der Regel bis zu einer Tiefe von 1,5 bis 2,0 m unter dem zukünftigen Geländeniveau zu beseitigen und durch Sand zu ersetzen (siehe hierzu auch E 175, Abschnitt 7.5).

In Schichten abgelagerter Schluff oder Ton im Spülfeld behindert das zügige Ablaufen des Spülwassers, sodass der Spülsand eine geringere Lagerungsdichte hat als bei zügigem Ablauf. Durch eine angemessene Spülfeldunterhaltung und durch Steuerung des Spülstromes kann erreicht werden, dass Schluff oder Ton aus dem Spülfeld ausgetragen werden.

Falls bindige Einlagerungen dennoch nicht verhindert werden können, kann die Konsolidierung dieser Schichten z. B. mit Vertikaldräns (E 93, Abschnitt 7.11) unterstützt und beschleunigt werden.

Böschungen von Aufspülungen mit Mittelsand haben über Wasser Neigungen von 1 : 3 bis 1 : 4, in Tiefen ab 2 m unter dem Wasserspiegel können die Böschungsneigungen auch bis 1 : 2 sein. Diese Böschungen sind nicht stabil, insbesondere Strömungswirkungen flachen die Böschungen ab.

7.3.2 Aufspülen von Hafengelände über dem Wasserspiegel

Das Aufspülen von Hafenflächen im Trockenen ist schematisch in Bild E 81-1 gezeigt. Durch sinnvolle Festlegung der Spülfeldbreite und -länge und der Lage der Ausläufe (Mönche) kann das Abführen von Feinkornanteilen mit dem Spülstrom unterstützt werden.

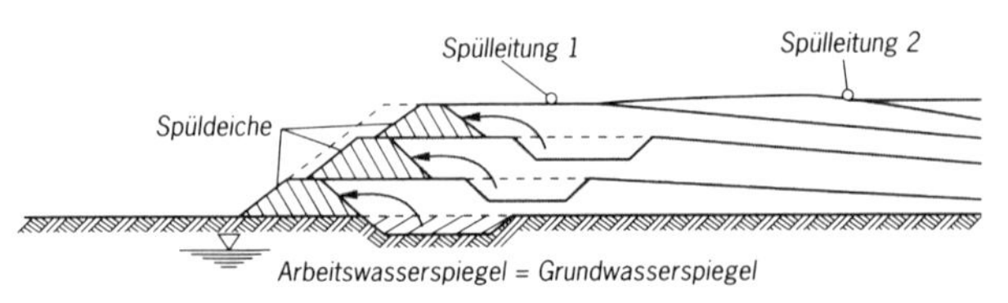

Bild E 81-1. Aufspülen von Hafengelände über dem Wasserspiegel (schematisch)

Breite und Länge des Spülfelds sowie die Ausläufe müssen so festgelegt werden, dass das mit Schwebstoffen und Feinkornanteilen befrachtete Spülwasser so schnell wie möglich abgeführt wird, insbesondere aber keine Totwasserbereiche entstehen. Außerdem sollte möglichst ohne Unterbrechung gespült werden.

Sind Unterbrechungen der Spülarbeiten (beispielsweise an Wochenenden) nicht zu vermeiden, ist nach jeder Unterbrechung zu prüfen, ob sich Feinkornschichten abgelagert haben, diese sind dann vor der Fortsetzung der Spülarbeiten zu beseitigen.

Wird das mit Schwebstoffen und Feinkornanteilen befrachtete Spülwasser in das Gewässer zurückgeleitet, sind ggf. Absetzbecken vorzuschalten, damit die Bedingungen der wasserrechtlichen Genehmigung hinsichtlich der Wassertrübung und der Einleitung von Schwebstoffen eingehalten werden können. Die so abgetrennten Sedimente müssen gesondert abgelagert werden.

Bilden Spüldeiche die spätere Begrenzung der Hafenfläche z. B. als Ufer zu einem Gewässer, empfiehlt sich, sie als Sanddeiche mit Folienabdeckung herzustellen. Damit sich im Bereich der Spüldeiche möglichst grobkörniger Sand ablagert, werden die Spülleitungen auf den Spüldeichen oder in deren spülfeldseitigem Fußbereich angeordnet. Der vor den Spüldeichen abgelagerte grobe Sand kann dann zur weiteren Aufhöhung der Spüldeiche verwendet werden (Bild E 81-1). Die Aufhöhung muss so begrenzt werden, dass die Tragfähigkeit des Untergrunds nicht überschritten wird.

7.3.3 Aufspülen von Hafengelände unter dem Wasserspiegel

7.3.3.1 Einspülen von grobkörnigem Spülsand

Grobkörniger Spülsand kann ohne weitere Maßnahmen gespült werden (Bild E 81-2). Die Neigung der natürlichen Spülböschung ist abhängig von der Grobkörnigkeit des Spülsandes und den Strömungen im Wasser. Außerhalb der planmäßigen Unterwasserböschungen abgelagerter Spülsand wird später weggebaggert (E 138, Abschnitt 7.7).

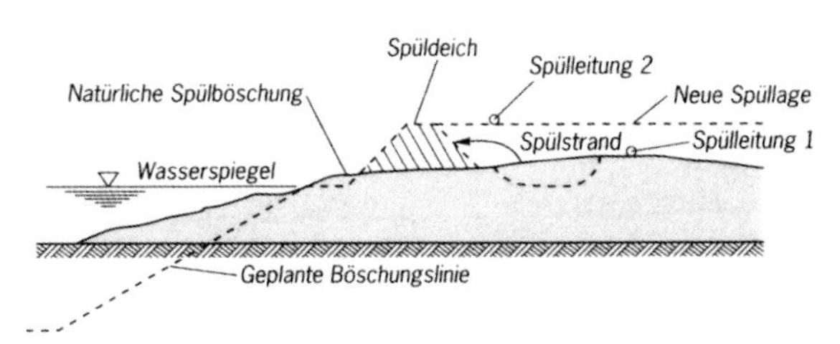

Bild E 81-2. Aufspülen von Hafengelände auf einen Untergrund unter dem Wasserspiegel

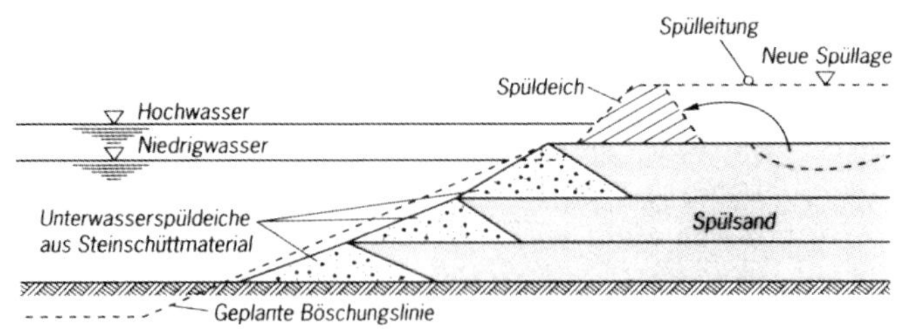

Bild E 81-3. Unterwasserspüldeiche aus Steinschüttmaterial. Der feinkörnige Auffüllsand wird eingespült oder verklappt

Der im ersten Arbeitsgang aufgespülte Sand soll bei Grobsand etwa 0,5 m, bei Grob- bis Mittelsand mindestens 1,0 m über den maßgebenden Arbeitswasserspiegel reichen. Darüber wird zwischen Spüldeichen entsprechend Abschnitt 7.3.2 weitergearbeitet. In Tidegebieten ist der Spülbetrieb ggf. tideabhängig zu betreiben.

7.3.3.2 Einspülen von feinkörnigem Spülsand

Feinkörniger Spülsand wird unter Wasser durch Einspülen oder Verklappen zwischen Spüldeichen aus Steinschüttmaterial eingebracht (Bild E 81-3). Diese Bauweise ist auch dann sinnvoll, wenn beispielsweise wegen der Schifffahrt nicht genügend Raum für eine natürliche Spülböschung zur Verfügung steht.

Das für die Spüldeiche unter Wasser verwendete Schüttmaterial sollte gegenüber dem Spülsand filterstabil sein.

Bilden die Spüldeiche die begrenzende Böschung der Hafenfläche, müssen sie den Einwirkungen aus Strömung und Wellenbelastung Stand halten. Dazu muss ggf. ein Deckwerk auf der Böschung angeordnet werden. Spüldeiche aus Steinschüttmaterial sind problematisch, wenn später Rammarbeiten ausgeführt werden müssen.

In solchen Fällen können Aufspülflächen mit vorauslaufend verklapptem Sand begrenzt werden (Bild E 81-4). Diese Bauweise erfordert die Verwendung möglichst groben Sands, um dessen Verfrachtung bei Strömungsangriff zu vermeiden. Überschüttungen werden abschließend weggebaggert (E 138, Abschnitt 7.7).

Eine Alternative zum Verklappen von Sand ist das so genannte Rainbow-Verfahren. Dabei wird das Spülgut über eine Düse versprüht (Jet). Diese Arbeitsweise ist allerdings nur möglich, wenn das Spülgut nicht durch Strömungen verfrachtet wird.

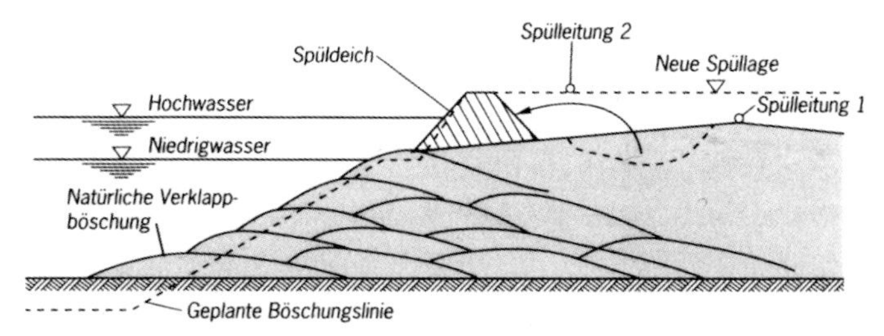

Bild E 81-4. Unterwasseraufbau von Deichen aus Grobsand durch Verklappen

7.3.3.3 Aufspülung von Hafenflächen über Ablagerungen aus Sedimenten – weich

Bei der Verfüllung nicht mehr genutzter Hafenbecken zum Zwecke einer späteren Nutzung werden Sedimentschichten an der Gewässersohle aus wirtschaftlichen Gründen oft überschüttet. Vor und hinter Ufereinfassungen und Böschungen ist allerdings der Austausch der Sedimentschichten in der Regel aus statischen Gründen erforderlich.

Im Hafenbecken verbleiben die Sedimente auf der Sohle und werden durch den eingespülten Sand abgedeckt. Der Spülsand muss in Lagen eingebracht werden, deren Dicke durch die Tragfähigkeit der anstehenden Sedimente begrenzt wird. Bei Sedimenten mit sehr geringer Festigkeit kann die erste Spüllage oft nur wenige Dezimeter dick sein, damit örtliche Verwerfungen und Grundbrüche ausgeschlossen sind. Das Einspülen derart dünner Schichten ist nur im Rainbow-Verfahren möglich. Mit den heute üblichen Geräten können Schichten von 10 cm abgelagert werden (Möbius et al., 2002). Die Einhaltung der zulässigen Dicke der Spüllagen muss durchgängig überwacht werden, um das Einbrechen des abgelagerten Sands in die anstehenden Weichsedimente zuverlässig zu verhindern. Gelingt das nicht, können später in der fertigen Fläche stark unterschiedliche Setzungen eintreten.

Unter der Auflast der neu eingebrachten Spülsandlagen konsolidieren die anstehenden Sedimente, sodass die zweite Spülsandlage entsprechend der mit der Konsolidierung angestiegenen Festigkeit der Sedimente entsprechend dicker sein kann. Die erforderliche Dauer der Konsolidierung kann durch Setzungsanalysen vorab abgeschätzt werden, eine zuverlässige Bestimmung der erforderlichen Konsolidierungsdauer ist allerdings nur durch eine messtechnische Begleitung der Maßnahme möglich (vgl. E 179, 7.12.5.1).

Das Aufspülen von Hafenflächen über Ablagerungen aus weichen Sedimenten erfordert also vorab sorgfältige bodenmechanische Untersuchungen der Festigkeit und der Konsolidierungseigenschaften der anstehenden Weichsedimente und eine umfassende Überwachung der Baumaßnahme durch begleitende Messungen, z. B. der Setzungen und der Entwicklung des Porenwasserüberdrucks sowie der Scherfestigkeit.

Wenn die Aufspülung so weit aufgehöht ist, dass die Fläche befahrbar ist, kann die Konsolidierung durch Vertikaldräns, ggf. auch in Verbindung mit einer Vorbelastung, beschleunigt werden (E 93, Abschnitt 7.11).

Bei der Entwicklung von Hafenflächen durch die Überschüttung von weichen Sedimenten in Gewässern muss die Fläche zunächst mit einem Damm oder einer Spundwandumfassung eingegrenzt werden, innerhalb des so geschaffenen Polders können dann die anstehenden Weichsedimente bis auf die planmäßige Höhe überschüttet werden.

7.3.3.4 Überhöhung zur Berücksichtigung von Setzungen bei Aufspülarbeiten

Das Maß der Überhöhung bei Aufspülarbeiten ist weitgehend von der Genauigkeit abhängig, mit der die Setzungen des Untergrunds und die Setzungen und Sackungen des Aufspülmaterials abgeschätzt werden können. Die zutreffende Abschätzung der Setzungen erfordert bodenmechanische Feld- und Laboruntersuchungen in hinreichendem Umfang und mit der erforderlichen Qualität. In jedem Fall wird es allerdings erforderlich sein, zur Herstellung der Zielhöhe auch Profilierungsarbeiten vorzusehen. Die Aufspültoleranzen sind außerdem in Abhängigkeit von der Aufspülhöhe festzulegen.

Sind größere Setzungen zu erwarten, sollten das Setzungsmaß und die daraus abgeleitete Überhöhung in der Ausschreibung berücksichtigt werden.

Wenn das nicht möglich ist, kann eine gesonderte Vergütung des wegen der Setzungen zusätzlich erforderlichen Einfüllvolumens verabredet werden.

7.4 Hinterfüllen von Ufereinfassungen (E 73)

7.4.1 Allgemeines

Werden Ufereinfassungen im freien Wasser errichtet und anschließend hinterfüllt, kann es vorteilhaft sein, in der Rammtrasse und im Erddruck- und Erdwiderstandsbereich anstehende weiche Sedimente vor dem Rammen von Wänden und Pfählen in der Rammtrasse zu entfernen und durch einen gut verdichtungsfähigen Boden auszutauschen. Damit wird erreicht, dass die spätere Hinterfüllung direkt auf tragfähigem Baugrund lagert. Dadurch werden Bauzustände vermieden, in denen die Bodenauflast der Hinterfüllung über weiche bindige Schichten auf die Uferwand einwirkt, die für diese Lasten nicht konsolidiert sind. Durch diese Maßnahme können also Einwirkungen aus Erddruck im unkonsolidierten Zustand vermieden werden, und vor der Wand kann der Erdwiderstand von Anfang an in voller Größe angesetzt werden. Außerdem werden Setzungsunterschiede zwischen Uferbauwerk und Hinterfüllung minimiert.

7.4.2 Hinterfüllen im Trockenen

Im Trockenen hergestellte Uferbauwerke sollen, soweit möglich, auch im Trockenen hinterfüllt werden. Die Hinterfüllung muss in waagerechten, dem verwendeten Verdichtungsgerät angepassten Schichten eingebracht und gut verdichtet werden. Als Füllboden wird, soweit möglich, Sand oder Kies verwendet. Nichtbindige Hinterfüllungen müssen insbesondere im oberen Bereich eine Lagerungsdichte $D \geq 0{,}5$ aufweisen. Andernfalls sind Unterhaltungsarbeiten an Straßen, Gleisen und dergleichen zu erwarten.

Die Lagerungsdichte der Hinterfüllung kann mit Drucksondierungen überprüft werden. Der Sondierspitzenwiderstand in einer Hinterfüllung mit ungleichförmigem Sand und < 10 % Gewichtsanteil der Körnung < 0,06 mm, soll $q_c >$ 6 MN/m^2 sein. Nach einer Verdichtung kann der Sondierspitzenwiderstand unterhalb von rd. 0,6 m Tiefe $q_c >$ 10 MN/m^2 erreichen.

Für das Hinterfüllen im Trockenen sind auch bindige Bodenarten, wie Geschiebemergel, sandiger Lehm, lehmiger Sand und in Ausnahmefällen auch steifer Ton oder Klei, geeignet. Diese Böden müssen in dünnen Lagen eingebracht und gut verteilt und verdichtet werden, damit sie eine möglichst hohe Dichte haben und in der Hinterfüllung keine Hohlräume verbleiben. Eine bindige Hinterfüllung muss mit einer ausreichend dicken Sandschicht abgedeckt und so vor den direkten Einwirkungen beim Befahren geschützt werden.

7.4.3 Hinterfüllen unter Wasser

Unter Wasser darf als Füllboden nur Sand oder Kies oder sonstiger geeigneter, nichtbindiger Boden verwendet werden. Eine mitteldichte Lagerung ($0{,}3 < D < 0{,}5$) der Hinterfüllung kann in der Regel erreicht werden, wenn ungleichförmiger Sand so eingespült wird, dass er sich ohne Entmischung ablagert. Mit gleichförmigem Sand wird im Allgemeinen nur eine lockere Lagerung ($D < 0{,}3$) erreicht. Höhere Lagerungsdichten können nur durch zusätzliche Verdichtung mit Tiefenrüttlern erzielt werden. Beim Einsatz von Tiefenrüttlern im unmittelbaren Einwirkungsbereich auf die Uferwand ist sicher zu stellen, dass die Erschütterungen beim Rütteln und der Druck aus dem lokal verflüssigten Boden aufgenommen werden können.

Wenn der Spülsand Feinkornanteile enthält oder mit Schlickfall zu rechnen ist, muss so hinterfüllt werden, dass im Bodenkörper hinter der Uferwand keine durchgehenden Ablagerungshorizonte entstehen, die ggf. Gleitflächen mit verminderter Festigkeit ausbilden und in denen ein erhöhter Erddruck und/oder ein verminderter Erdwiderstand anzusetzen sind.

Werden im Zuge der Hinterfüllung die oberen Lagen durch Aufspülen über dem Wasserspiegel aufgebracht, ist der Spülbetrieb so zu steuern, dass das Spülwasser schnell abgeführt wird. Andernfalls müsste ein erhöhter Wasserüberdruckansatz für die Uferwand berücksichtigt werden. Eine ggf. bereits vorhandene Entwässerung der Uferwand darf nicht zum Abziehen des Spülwassers benutzt werden, weil sie dabei irreparabel verschmutzt und wirkungslos werden könnte.

In der Regel klingen die Setzungen des Baugrunds unter der Auflast der Hinterfüllung und die Eigensetzungen der Hinterfüllung nicht ab, bevor die Ufereinfassung wasserseitig abgebaggert und in Betrieb genommen wird. Daher können in den ersten Jahren des Hafenbetriebs Restsetzungen auftreten.

7.4.4 Ergänzende Hinweise

Spundwände erleiden beim Rammen gelegentlich Rammschäden (Schlosssprengungen) an den Schlössern, die bei Wasserüberdruck durchströmt werden. Dabei kann die Hinterfüllung lokal ausgespült werden. Gegebenenfalls kann auch die Hafensohle vor der Spundwand erodiert werden.

In der Hinterfüllung entstehen Hohlräume, die über einige Zeit wegen der Gewölbebildung standsicher sein können, früher oder später aber als Versackungen an der Oberfläche angezeigt werden. Ausspülungen an der Hafensohle werden durch Peilungen und/oder Taucheruntersuchungen identifiziert. Insbesondere im Falle von Schlossschäden mit nur sehr geringer Öffnung treten Versackungen oft erst nach jahrelangem Hafenbetrieb ein und können dann erhebliche Sach- und Personenschäden verursachen.

Um das zu vermeiden, muss die Uferwand unmittelbar nach der Baggerung auf Solltiefe im Bereich zwischen Wasserspiegel und Baggersohle bzw. Hafensohle durch Taucher auf Rammschäden untersucht werden.

7.5 Lagerungsdichte von aufgespülten nichtbindigen Böden (E 175)

7.5.1 Allgemeines

Die Tragfähigkeit von aufgespülten Hafenflächen wird im Wesentlichen von der Lagerungsdichte und der Festigkeit der obersten 1,5 bis 2 m des aufgespülten Bodens bestimmt. Die Lagerungsdichte aufgespülten Bodens ist vor allem von folgenden Faktoren abhängig:

- Kornzusammensetzung, insbesondere Schluffgehalt des Spülmaterials. Zur Erzielung einer möglichst hohen Lagerungsdichte ist es wichtig, den Kornanteil < 0,06 mm auf höchstens 10 % zu begrenzen. Dies kann z. B. durch die Art der Schutenbeladung (E 81, Abschnitt 7.3) gewährleistet werden.
- Art der Gewinnung und weitere Verarbeitung des Spülmaterials,
- Formgebung und Einrichtung des Spülfeldes,
- Ort und Art des Spülwasserabflusses.

Beim Aufspülen über Wasser wird ohne zusätzliche Maßnahmen im Allgemeinen eine größere Lagerungsdichte erzielt als unter Wasser.

Unter Tideeinfluss und dem Einfluss von Wellen wird der aufgespülte Sand oft bereits nach kurzer Zeit verdichtet und kann dann eine sehr hohe Lagerungsdichte einnehmen.

7.5.2 Erfahrungswerte der Lagerungsdichte

Bei Aufspülungen unter Wasser werden erfahrungsgemäß etwa folgende Lagerungsdichten D erzielt:

- Feinsand mit verschiedenen Ungleichförmigkeitsgraden mit einer mittleren Korngröße $d_{50} < 0{,}15$ mm:
  $D = 0{,}35$ bis 0,55.
- Mittelsand mit verschiedenen Ungleichförmigkeitsgraden mit einer mittleren Korngröße $d_{50} = 0{,}25$ bis 0,50 mm:
  $D = 0{,}15$ bis 0,35.

Da die Kornzusammensetzung und der Schluffgehalt des Materials während der Ausführung streuen, sind die vorgenannten Erfahrungswerte nur ein grober Anhalt für die tatsächlich erzielbare Lagerungsdichte.

7.5.3 Erforderliche Lagerungsdichte für Hafenflächen

Die oberen 1,5 bis 2 Meter einer Hafenfläche sollten in Abhängigkeit von der jeweiligen Nutzung und der Körnung der Auffüllung etwa folgende Lagerungsdichten D haben (Tabelle E 175-1):

Grundsätzlich sind also bei gleicher Beanspruchung für Feinsand höhere Lagerungsdichten zu fordern als für Mittelsand.

Tabelle E 175-1. Nutzungsabhängige erforderliche Lagerungsdichten D nichtbindiger Böden für Hafenflächen

Nutzungsart	Lagerungsdichte D	
	Feinsand $d_{50} < 0{,}15$ mm	Mittelsand $d_{50} = 0{,}25$ bis 0,50 mm
Lagerflächen	0,35–0,45	0,20–0,35
Verkehrsflächen	0,45–0,55	0,25–0,45
Bauwerksflächen	0,55–0,75	0,45–0,65

7.5.4 Überprüfung der Lagerungsdichte

Die Lagerungsdichte des oberen Bereichs einer Aufspülung kann mit den gebräuchlichen Versuchen zur Dichtebestimmung nach DIN EN 22475-1 in der Regel durch Ersatzmethoden sowie durch Plattendruckversuche nach DIN 18134 oder mit einer radiometrischen Einstichsonde ermittelt werden. Diese Methoden erlauben allerdings nur eine Bewertung der Lagerungsdichte bzw. der Tragfähigkeit des oberen Bereichs (max. 1 m). In größeren Tiefen kann die Lagerungsdichte durch Druck- oder Rammsondierungen nach DIN 4094-1 und DIN EN 22476-2 oder mit einer radiometrischen Tiefensonde überprüft werden.

Für die Überprüfung der Lagerungsdichte aufgespülter Sande ist die Drucksonde (CPT) besonders geeignet, ersatzweise aber auch die Schwere Rammsonde (DPH), wenn etwa Flächen mit der Drucksonde nicht erreicht werden können. Bei Erkundungstiefen von weniger als rd. 3 Metern kommt auch die Leichte

Tabelle E 175-2. Beziehung zwischen der Lagerungsdichte D, dem Spitzendruck q_c der Drucksonde und den Rammsondenwiderständen bei Schlagzahl N_{10} für aufgespülte Sande (Erfahrungswerte für ungleichförmigen Feinsand und für gleichförmigen Mittelsand)

Nutzungsart		Lagerflächen	Verkehrsflächen	Bauwerksflächen
Lagerungsdichte D	Feinsand	0,35–0,45	0,45–0,55	0,55–0,75
	Mittelsand	0,20–0,35	0,25–0,45	0,45–0,65
Drucksonde CPT 15 q_c in MN/m²	Feinsand	2–5	5–10	10–15
	Mittelsand	3–6	6–10	> 15
Schwere Rammsonde DPH, N_{10}	Feinsand	2–5	5–10	10–15
	Mittelsand	3–6	6–15	> 15
Leichte Rammsonde DPL, N_{10}	Feinsand	6–15	15–30	30–45
	Mittelsand	9–18	18–45	> 45
Leichte Rammsonde DPL-5, N_{10}	Feinsand	4–10	10–20	20–30
	Mittelsand	6–12	12–30	> 30

Rammsonde (DPL) in Betracht. Die Werte nach Tabelle E 175-2 sind Erfahrungswerte für die Beziehung zwischen den jeweiligen Ergebnissen der Sondierungen in Fein- und Mittelsanden und der Lagerungsdichte, sie gelten aber erst ab Sondiertiefen von rd. 1,0 m unter dem Ansatzpunkt der Sondierung.

7.6 Lagerungsdichte von verklappten nichtbindigen Böden (E 178)

7.6.1 Allgemeines

Diese Empfehlung ist im Wesentlichen eine Ergänzung zu den Empfehlungen E 81 und E 73 sowie zu E 175.

Das Verklappen nichtbindiger Böden führt im Allgemeinen zu einer mehr oder weniger großen Entmischung des Materials. Die Folge ist eine stark wechselnde Zusammensetzung der Hinterfüllung, insbesondere wenn die feinkörnigeren Bestandteile des Bodens zusätzlich durch Strömungen verfrachtet werden können. Böschungen stellen sich beim Verklappen nichtbindiger Böden zunächst relativ steil ein, diese Böschungen sind aber nicht stabil und werden durch Böschungsbrüche immer wieder abgeflacht. Dabei wird der Boden aufgelockert. Über längere Dauer stabil sind Böschungen mit einer Neigung von 1 : 5 oder flacher.

Auch verklappte nichtbindige Böden können unter Tide- und Welleneinfluss weiter verdichtet werden.

7.6.2 Einflüsse auf die erzielbare Lagerungsdichte

Die Lagerungsdichte von verklappten, nichtbindigen Böden ist vor allem von folgenden Einflüssen abhängig:

a) Im Allgemeinen ergibt ein ungleichförmiger Kornaufbau eine höhere Lagerungsdichte als ein gleichförmiger. Der Schluffgehalt soll 10 % nicht übersteigen.
b) Mit zunehmender Wassertiefe nimmt die Entmischung insbesondere von nichtbindigen Böden mit einer Ungleichförmigkeitszahl $U > 5$ zu. Damit ändert sich die Kornverteilung, die grobkörnigen Fraktionen erreichen eine höhere Lagerungsdichte als die feinkörnigen Fraktionen. Insgesamt entsteht ein Bodenkörper mit inhomogener Lagerungsdichte.
c) Je größer die Strömung ist, umso größer ist die Entmischung und umso ungleichmäßiger setzt sich der Boden ab.
d) Mit Schuten, deren Laderäume sich nach dem Spaltklappprinzip öffnen, wird im Allgemeinen eine höhere Lagerungsdichte erzielt als mit Schuten mit Bodenklappen.

Weil die vorgenannten Einflussfaktoren teilweise gegenteilige Auswirkungen auf die Lagerungsdichte haben, kann die Lagerungsdichte von nichtbindigen Böden beim Verklappen sehr unterschiedlich sein.

Die Erdauflast hat auf die Lagerungsdichte verklappter nichtbindiger Böden nur einen untergeordneten Einfluss. Selbst unter dem Einfluss großer Überlagerungsspannungen nimmt die Lagerungsdichte des verklappten Sandes im Allgemeinen nur wenig zu. Daher sollte in verklapptem Sand ohne zusätzliche Verdichtung nur eine lockere Lagerung angenommen werden.

7.7 Baggern von Unterwasserböschungen (E 138)

7.7.1 Allgemeines

Unterwasserböschungen werden in vielen Fällen so steil ausgeführt, wie es aus Standsicherheitserwägungen verantwortet werden kann. Hinsichtlich der dauerhaften Standsicherheit von gebaggerten Unterwasserböschungen sind die Einflüsse von Wellenschlag und Strömung sowie die Einwirkungen aus dem Baggern selbst und aus dem Schiffsverkehr zu bewerten. Die Erfahrung zeigt, dass gerade während der Baggerung und kurz danach häufig Abrutschungen an gebaggerten Böschungen auftreten.

Die hohen Kosten für das Wiederherstellen abgerutschter Baggerböschungen rechtfertigen vorausgehende sorgfältige Bodenaufschlüsse und bodenmechanische Untersuchungen als Grundlage für die Festlegung der planmäßigen Neigung der Baggerböschung sowie die Ausschreibung der Baggerarbeiten.

Grundsätzlich kann es zweckmäßig sein, mit Brunnen unmittelbar hinter der Baggerböschung Grundwasser aus dem Böschungsbereich zu fördern und so eine in die Böschung hinein gerichtete Strömungsgradiente zu erzeugen. Damit wird die andernfalls während des Baggerns aus der Böschung heraus gerichtete Strömungsgradiente nicht mehr maßgebend für die Standsicherheit der Böschung. Außerdem können durch diese Maßnahme standsicherheitsrelevante Einwirkungen aus dem Baggerbetrieb kompensiert werden.

7.7.2 Baggern von Unterwasserböschungen in lockerem Sand

Besondere Probleme können beim Baggern von Unterwasserböschungen in lockerem Sand eintreten. Einwirkungen wie beispielsweise Erschütterungen und lokale Spannungsänderungen aus dem Baggerbetrieb können große Mengen von Sand in Bewegung setzen. Der Sand verhält sich dann vorübergehend wie eine schwere Flüssigkeit, deshalb werden diese Formen der Böschungsrutschung auch als „Böschungsfließen" bezeichnet. Ob ein zu baggernder Boden fließen kann, muss vor Beginn der Baggerung untersucht werden. Gegebenenfalls kann die Gefahr des Böschungsfließens durch eine Verdichtung des Bodens vorab ausgeschaltet werden. Andernfalls muss die Baggerböschung von vornherein so flach gehalten werden, dass das Böschungsfließen ausgeschlossen werden kann. Das ist allerdings oft baupraktisch nicht möglich, zumal bereits eine dünne Schicht locker gelagerten Sandes in der zu baggernden Bodenmasse das Böschungsfließen auslösen kann.

7.7.3 Baggergeräte

Grundsätzlich können Unterwasserböschungen mit allen gängigen Nassbaggergeräten hergestellt werden. Das Gerät muss den Einsatzbedingungen entsprechend ausgewählt werden.

Mit großen Schneidkopf-/Schneidradbaggern können Böschungen bis zu einer Tiefe von rd. 30 m hergestellt werden, mit großen Eimerkettenbaggern solche bis zu rd. 35 m, Tieflöffelbagger erreichen derzeit Tiefen bis zu 20 m.

Mit dem Löffelbagger wird vor allem bei schweren Böden gearbeitet. Sind nur kleine Mengen zu baggern oder sind Baggerungen nach E 80, Abschnitt 7.1 auszuführen, können auch Greifer eingesetzt werden.

Grundsaugbagger eignen sich nur für die Herstellung von Böschungen mit geringen Anforderungen an die Herstellungsgenauigkeit. Sie verursachen durch ihre Arbeitsweise leicht Böschungsbrüche. Sie kommen daher für das gezielte Baggern planmäßiger Unterwasserböschungen im Allgemeinen nicht infrage.

Unterschneidungen müssen beim Baggern von Unterwasserböschungen unbedingt vermieden werden.

7.7.4 Ausführung der Baggerarbeiten

7.7.4.1 Grobe Baggerarbeiten

Oberhalb bis dicht unterhalb des Wasserspiegels wird zunächst eine vorgezogene Baggerung durchgeführt, bei der beispielsweise mit einem Greiferbagger dieser Teil der Böschung profilgerecht hergestellt wird. Vor dem Baggern der weiteren Unterwasserböschung wird in einem solchen Abstand von der Böschung gebaggert, dass das Baggergerät mit möglichst hoher Leistung arbeiten kann, ohne dass die Gefahr eines Böschungsbruchs in der zukünftigen Böschung auftritt.

Aus den Beobachtungen des anstehenden Bodens während der Vorbaggerungen können Hinweise zum erforderlichen Abstand des Baggergeräts zur geplanten Böschung abgeleitet werden.

Nach Abschluss der groben Baggerarbeiten muss der noch über der Unterwasserböschung stehende Boden mit einem Gerät entfernt werden, das mit der Zielsetzung auszuwählen ist, die Standsicherheit der Böschung nicht zu gefährden (Bilder E 138-1 und E 138-2).

7.7.4.2 Baggerarbeiten entlang von Böschungen

Entlang der herzustellenden Böschungen muss so gebaggert werden, dass Böschungsbrüche möglichst nicht auftreten. Hierzu eignen sich die nachfolgend aufgeführten Geräte. Ihre Eignung muss im Einzelfall untersucht und bewertet werden.

7.7.4.2.1 Eimerkettenbagger

Früher wurden sowohl für die Vorbaggerungen als auch für das Baggern der Böschungen ausschließlich Eimerketten- und Greiferbagger eingesetzt. Mit kleinen Eimerkettenbaggern kann schon ab einer Tiefe von rd. 3 m unter der Wasseroberfläche gebaggert werden.

Der Eimerkettenbagger arbeitet zweckmäßig parallel zur Böschung, wobei in der Regel schichtweise abgetragen wird. Eine voll- oder halbautomatische Steuerung der Bewegung der Baggerleiter ist möglich und zu empfehlen.

Die Böschung wird stufenweise gebaggert. Die Bodenart ist maßgebend dafür, wieweit die Stufen die theoretische Böschungslinie anschneiden dürfen (Bild E 138-1).

In bindigen Böden werden die Stufen im Allgemeinen in die planmäßige Böschungslinie gebaggert. In nichtbindigen Böden darf die planmäßige Böschungslinie nicht angeschnitten werden. Die eventuelle Beseitigung des überstehenden Bodens ist abhängig von den Toleranzen, die in Abhängigkeit von den Bodenverhältnissen und den unter E 139, Abschnitt 7.2 aufgeführten Randbedingungen festzulegen sind.

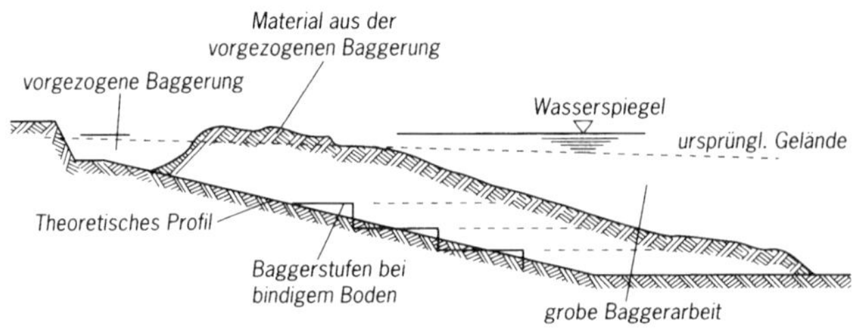

Bild E 138-1. Herstellen einer Unterwasserböschung mit Eimerkettenbagger

Die Höhe der Stufen ist u. a. von der Bodenbeschaffenheit abhängig und liegt im Allgemeinen zwischen rd. 1,0 m und 2,5 m.

Die Genauigkeit, mit der Böschungen auf diese Weise hergestellt werden können, ist unter anderem von der geplanten Böschungsneigung, der Bodenart und außerdem von den Fähigkeiten und Erfahrungen der Mannschaft, die das Baggergerät bedient, abhängig.

Bei Böschungsneigungen von 1 : 3 bis 1 : 4 und in bindigen Böden kann eine senkrecht zur theoretischen Böschungslinie gemessene Genauigkeit von ±50 cm erreicht werden. Bei nichtbindigem Boden soll die Genauigkeit der Baggerung, abhängig von der Baggertiefe, +25 bis +75 cm betragen.

7.7.4.2.2 Schneidkopf- oder Schneidradbaggerung

Heute werden für Baggerarbeiten unter Wasser aus wirtschaftlichen Gründen auch Schneidkopf- und Schneidradbagger eingesetzt.

Beim Baggern bewegt sich der Schneidkopfbagger vorzugsweise an der Böschung entlang. Wie beim Eimerkettenbagger wird auch hier schichtweise gearbeitet. Empfehlenswert ist eine rechnergesteuerte Führung des Baggers und der Baggerleiter.

In Bild E 138-2 ist angedeutet, wie ein Schneidkopf bzw. -rad parallel zur theoretischen Böschungslinie nach oben arbeitet, nachdem ein waagerechter Baggerschnitt ausgeführt wurde. Auf diese Weise können Unterwasserböschungen mit großer Genauigkeit hergestellt werden. Wenn die Baggerleiter durch Rechner gesteuert wird, sind Genauigkeiten T_h quer zur Böschung von +25 cm bei kleinen und von +50 cm bei großen Schneidkopfbaggern zu erreichen. Wird ohne besondere Steuerung gearbeitet, gelten die erreichbaren Genauigkeiten wie bei der Baggerung mit Eimerkettenbaggern, sofern ausgeschlossen ist, dass der Boden ins Fließen gerät.

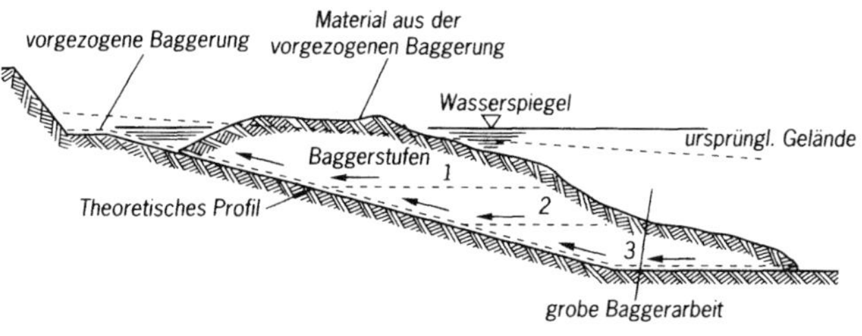

Bild E 138-2. Herstellen einer Unterwasserböschung mit Schneidkopf- oder Schneidradbagger

7.8 Sackungen nichtbindiger Böden (E 168)

Sackungen im engeren geotechnischen Sinn sind lastunabhängige Verformungen nichtbindiger Böden, die zu einer höheren Lagerungsdichte führen. Ursache der Sackungen sind der Wegfall der Kapillarkohäsion (scheinbare Kohäsion) bei Sättigung oder dynamische Einwirkungen. Sackungen treten weiterhin auf, wenn in verkitteten Böden die Bindungen zwischen den Bodenaggregaten zerfallen oder die Kohäsion infolge chemischer Bindungen durch äußere Einwirkungen zerstört wird.

Bild E 168-1 zeigt die Sackung als schlagartig eintretende Setzung während der Wassersättigung eines erdfeucht eingebauten Sandes beim Kompressionsversuch.

Insbesondere in den ersten Jahren nach Erstellung von Erdbauwerken können Sackungen eintreten. Sackungen sind vor allem in Böden mit geringer Lagerungsdichte zu erwarten, in locker gelagertem Sand sind Sackungsmaße bis zu 10 % der Schichtdicke möglich. Bei dicht gelagertem Sand können Sackungen noch eine Größenordnung von bis zu 0,5 % der Schichtdicke haben. Allerdings werden Sackungen in dicht gelagerten Böden nur durch besondere Einwirkungen, wie z. B. Erschütterungen beim Rammen und Rütteln, ausgelöst.

Das Sackungspotential eines grobkörnigen und damit hinreichend durchlässigen Bodens lässt sich durch Wasserzugabe bei der Verdichtung deutlich verringern (Einbau „auf dem nassen Ast„ der Proctorkurve). Im Falle feinkörniger und damit gering durchlässiger Böden kann die Wasserzugabe die Verdichtung behindern.

Bei Felsschüttungen können Sackungen auftreten, wenn sie zum ersten Mal eingestaut werden. Sackungen werden in diesem Fall primär durch Schwächungen des Gefüges des Gesteins durch Wasseraufnahme und daraus resultierenden Materialbruch an sehr hoch beanspruchten Kontaktstellen ausgelöst.

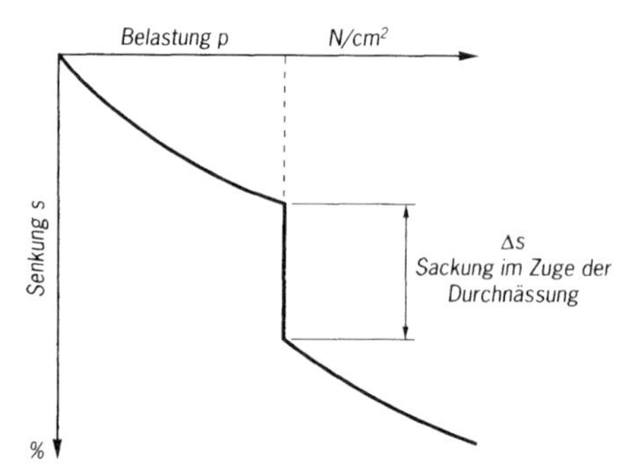

Bild E 168-1. Lastsenkungsdiagramm eines erdfeuchten Sands bei Durchnässung

Das Sackmaß ist im Allgemeinen bei rundkörnigen Böden größer als bei scharfkantigen nichtbindigen Böden. Gleichförmige Sande zeigen ein größeres Sackungsmaß als ungleichförmige, wobei der Unterschied allerdings nur bei sehr lockerer und bei lockerer Lagerung erkennbar ist.

Sackungen im weiteren Sinne können auch infolge von Materialentzug in tieferen Schichten auftreten. Dies kann durch hydraulischen Materialtransport (Suffosion, Kontakterosion u. Ä.), durch Schadstellen in Stützwänden, durch Auslaugungsprozesse (Erdfälle) oder durch organische Zersetzungsprozesse ausgelöst werden.

7.9 Ausführung von Bodenaustausch in der Rammtrasse von Ufereinfassungen (E 109)

7.9.1 Allgemeines

Ein Bodenaustausch kann zweckmäßig sein, wenn in der Rammtrasse von Ufereinfassungen schwer rammbare Bodenarten und/oder Rammhindernisse anstehen. In diesem Fall besteht die Gefahr, dass insbesondere kombinierte Spundwände nicht ohne Rammschäden eingebracht werden können. Die Kosten des Bodenaustauschs werden dann durch die gewonnene Planungs- und Ausführungssicherheit und die zuverlässige Vermeidung von Schäden kompensiert.

Ein Bodenaustausch ist auch dann zweckmäßig, wenn in der Trasse der Uferwand bindige Böden mit nur geringer Festigkeit in großer Schichtdicke anstehen. In einem solchen Fall ist der Bodenaustausch die Voraussetzung dafür, dass die Standsicherheit der Uferwand in allen Bauphasen und im Endzustand gewährleistet ist.

Eine wirtschaftliche Voraussetzung eines Bodenaustauschs ist, dass der erforderliche Austauschboden, in der Regel gut einbaubarer und verdichtbarer Sand, kostengünstig beschafft werden kann.

Planerische Grundlage eines Bodenaustauschs sind aussagefähige Baugrunderkundungen bereits in der Phase der Entwurfsplanung. Ihre Erkenntnisse erlauben die genaue Festlegung des Austauschbereichs und eine optimierte Planung des Geräteeinsatzes.

Zur Optimierung des Geräteeinsatzes kann es bei umfangreichen Baggerarbeiten sinnvoll sein, vorab eine Probebaggerung durchzuführen. Die Beobachtung der Baggergrube erlaubt zudem eine Beurteilung der Standsicherheit der Baggerböschungen unter der Einwirkung von Wellen und Strömungen und des Schlickfalls.

7.9.2 Bodenaushub

7.9.2.1 Wahl des Baggergeräts

Für den Aushub von bindigem Boden können Eimerkettenbagger, Schneidkopfbagger, Schneidradbagger oder Tieflöffelbagger eingesetzt werden. Wenn Böden mit eingelagerten Hindernissen gebaggert werden müssen (beispielsweise Boden mit Geröllagen), besteht beim Baggern mit Saugbaggern die Gefahr, dass Gerölle, die vom Saugbaggern nicht erfasst werden, an der Baggersohle abgelagert werden und dort bei späteren Rammarbeiten eine kaum zu durchdringende Schicht bilden. In einem solchen Fall muss der Bodenaustausch so tief reichen, dass durch das Baggern entstandene Hindernislagen unterhalb der Absetztiefe aller Rammprofile liegen.

Beim Baggern von bindigen Böden unter Wasser ist nicht zu vermeiden, dass sich gelöster Boden aus der Baggerschaufel auf der Baggersohle als Schlickschicht ablagert. Insbesondere beim Aushub mit Eimerkettenbaggern (Bild E 109-1) ist wegen übervoller Eimer, unvollständigem Entleeren der Eimer in der Ausschüttanlage und Überfließen der Baggerschuten mit einem hohen Sedimentaufkommen zu rechnen. Die so entstehende Sedimentationsschicht, ggf. auch in Verbindung mit Schlickfall aus dem Gewässer, hat nur eine sehr geringe Festigkeit und sollte daher vor dem Überschütten entfernt werden. Dazu sollte die Schnitthöhe bei Erreichen der Baggergrubensohle reduziert und mindestens ein Sauberkeitsschnitt geführt werden, mit dem die sedimentierte Schlickschicht so weit wie möglich entfernt wird (Bilder E 109-1 und E 109-2).

Der Eimerkettenbagger muss mit schlaffer Unterbucht sowie mit geringer Eimer- und Schergeschwindigkeit gefahren werden. Beim Beladen der Schuten

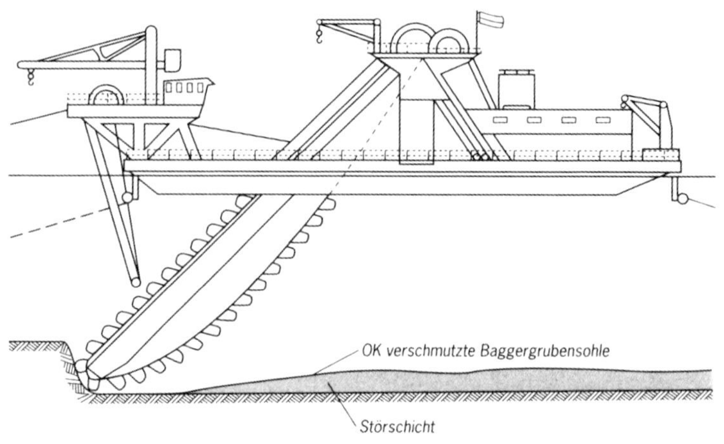

Bild E 109-1. Störschicht beim Aushub mit Eimerkettenbagger

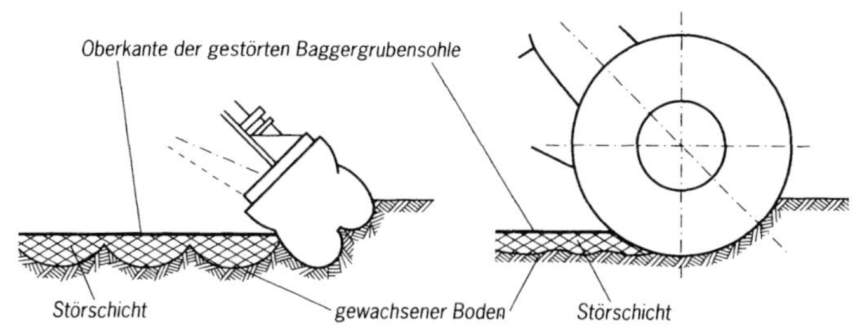

Bild E 109-2. Störschichtbildung beim Aushub mit Schneidkopf- bzw. Schneidradsaugbagger

muss ein Überfließen des Bodens zur Vermeidung von Schlickfall unbedingt vermieden werden.

Beim Einsatz von Schneidkopf- und Schneidradbaggern entsteht eine gewellte Baggergrubensohle nach Bild E 109-2, deren Störschicht dicker ist als die beim Baggern mit Eimerkettenbaggern.

Durch eine besondere Schneidkopfform, eine niedrige Drehzahl, kurze Vorschübe sowie eine langsame Schergeschwindigkeit kann die Dicke der Störschicht klein gehalten werden.

7.9.2.2 Ausführung und Kontrolle der Baggerarbeiten

Der Aushub wird in Stufen durchgeführt, die am Baggergrubenrand der mittleren Profilneigung entsprechen. Die Höhe dieser Stufen ist von Art und Größe der Geräte und von der Bodenart abhängig. Auf ein genaues Einhalten der Schnittbreiten ist zu achten, da zu breit ausgeführte Schnitte örtlich zu übersteilen Böschungen und damit zu Böschungsrutschungen führen können.

Die ordnungsgemäße Ausführung der Baggerung kann durch moderne Vermessungsverfahren (z. B. Echolot in Verbindung mit Differential Global Positioning System – DGPS) überwacht werden. Auch eventuelle Profiländerungen, die unter Umständen auf Rutschungen in der Unterwasserböschung zurückzuführen sind, lassen sich rechtzeitig erkennen. Die Markierung der Baggerschnittbreite an den Seitendrähten des Baggers allein ist zur Kontrolle der Baggerarbeiten nicht ausreichend.

Zur Überwachung von Rutschungen an Unterwasserböschungen haben sich Inklinometermessungen am Rand der Baggergrube bewährt.

Eine letzte Messung ist unmittelbar vor Beginn des Sandeinbaus durchzuführen. Dabei ist auch die Beschaffenheit der Baggergrubensohle durch die Entnahme von Bodenproben zu überprüfen. Hierfür hat sich ein aufklappbares Sondierrohr (Sedimentbohrer) mit einem Mindestdurchmesser von 100 mm und einer Fangvorrichtung (Kernfänger) bewährt. Dieses Rohr wird je nach den Erfordernissen 0,5 bis 1,0 m oder auch tiefer in die Baggergrubensohle getrieben. Nach dem Ziehen und Öffnen des Rohrs kann anhand des im Rohr enthaltenen Kerns der in der Baggergrubensohle anstehende Boden angesprochen und beurteilt werden.

7.9.3 Qualität und Gewinnung des Einfüllsands

Die in Aussicht genommenen Sandgewinnungsgebiete müssen vorab durch Bohrungen und Sondierungen beprobt werden. Der Einfüllsand darf nur geringe Schluff- und Tonanteile sowie keine größeren Steinlagen enthalten.

Ist der anstehende Einfüllsand mit Schluff- und Tonlinsen geringer Dicke durchzogen und/oder sind Steinlagen eingebettet, bezogen auf die Gesamtschichtdicke bleibt der Anteil an Feinkorn aber unter der 10 % -Grenze, sollte dieser Boden nicht eingespült, sondern verklappt werden. So werden lokale Konzentrationen von Feinkorn und Steinen in der Auffüllung vermieden.

Damit der Einbau des Austauschbodens kontinuierlich und wirtschaftlich erfolgen kann, müssen ausreichend leistungsfähige Vorkommen von geeignetem Sand in vertretbarer Entfernung vorgehalten werden. Bei der Ermittlung der erforderlichen Massen ist der Bodenverlust durch Verfrachtung durch Strömungen zu berücksichtigen. Er ist umso größer, je feiner der Sand und je größer die Strömungsgeschwindigkeit ist. Der prozentuale Bodenverlust ist bei kleiner Einbauleistung größer als bei hoher Einbauleistung und bei großer Wassertiefe größer als bei geringer Wassertiefe.

Für die Sandgewinnung sind leistungsfähige Laderaumsaugbagger oder Schutenbelader mit Großraumschuten zu empfehlen. Mit dem Schutenüberlauf wird ein Teil der im Boden vorhandenen Schluff- und Toneinlagerungen ausgewaschen; dieser Reinigungseffekt kann durch gezielte Beschickung der Schuten und längere Überlaufzeiten verstärkt werden. Dieser Arbeitsweise sind allerdings durch die Beschränkungen der Einleitungsgenehmigungen in die Gewässer in der Regel enge Grenzen gesetzt. Zur Überwachung der Eigenschaften des Auffüllsandes, insbesondere des Feinkornanteils, sind aus den Schuten laufend Proben zu entnehmen und bodenmechanisch zu untersuchen.

7.9.4 Säubern der Baggergrubensohle vor dem Sandeinbau

Unmittelbar vor dem Einbau des Sandes muss die Baggergrubensohle von Ablagerungen bindiger Böden gesäubert werden. Wenn die Ablagerungen nicht zu fest sind, können dazu Schlicksauger eingesetzt werden. Liegt zwischen dem Ende der Baggerarbeiten und dem Beginn des Schlicksaugens allerdings ein

Zeitraum von mehreren Tagen und länger, können die abgelagerten Sedimente bereits so verfestigt sein, dass das Absaugen nicht mehr möglich ist und ein nochmaliger Sauberkeitsschnitt ausgeführt werden muss.

Gut bewährt zum Entfernen von Sedimenten von Baggersohlen hat sich das Wasserstrahlverfahren (Wasserinjektionsverfahren). Bei diesem Verfahren werden mit einer unter einem schwimmenden Gerät beweglich aufgehängten Traverse unter geringem Druck (rd. 1 bar) große Wassermengen durch Düsen gegen die Baggersohle gepumpt. Der Abstand zur Sohle wird dabei möglichst gering gehalten und beträgt 0,3 bis 0,5 m. Abgesetzte Sedimente werden dabei vollständig resuspendiert.

Das Wasserstrahlverfahren muss unmittelbar vor dem Verfüllen mit Sand so lange durchgeführt werden, bis die Schlickfreiheit der Sohle nachgewiesen ist.

Die Sauberkeit der Baggergrubensohle ist ständig zu überprüfen. Hierfür kann das unter Abschnitt 7.9.2.2 beschriebene Sondierrohr verwendet werden. In weichen Ablagerungen kann für die Entnahme der Proben auch ein entsprechend ausgebildeter Greifer (Handgreifer) eingesetzt werden. Die Kombination von punktuellen Sedimentsondierungen mit Echolotpeilungen, die allerdings zum zweifelsfreien Erkennen der Baggersohle mit unterschiedlichen Frequenzen durchzuführen sind, erlaubt dann eine zuverlässige Beurteilung der Baggersohle.

Wenn nicht gewährleistet werden kann, dass auf der Baggersohle keine Schlickablagerungen verbleiben, muss sichergestellt werden, dass der Austauschboden sich nach dem Einbau mit dem unter der Baggersohle anstehenden tragfähigen Boden verzahnt, sodass die Schlickschicht keine durchgehende Gleitfläche ausbilden kann. Dazu kann z. B. als erste Schicht der Verfüllung Grobschotter eingebaut werden, der die Sedimente verdrängt und so eine kraftschlüssige Verbindung zum Boden unter der Baggersohle herstellt. Die Schichtdicke des Schotters muss so gewählt sein, dass die Sedimente im Porenvolumen des Schotters aufgenommen werden können, ohne dass der mineralische Kontakt zwischen den einzelnen Steinen verlorengeht. Wenn sichergestellt ist, dass später weder gerammt noch die Hafensohle vertieft werden soll, kann zur Gewährleistung der Verzahnung zwischen anstehendem Boden und Austauschboden anstelle von Schotter auch grobstückiges Bruchsteinmaterial verwendet werden.

Eine sedimentfreie Baggersohle ist vor allem im Verfüllbereich vor Uferwänden wichtig, weil dort eine an der Baggersohle verbleibende Sedimentschicht den Erdwiderstand drastisch reduzieren könnte. In nichtbindigem Boden und bei geringer Tiefe der Baggersohle kann die Verzahnung zwischen dem Einfüllboden und dem Untergrund auch durch Verdübeln mit einer Einheit von 2 bis 4 Rüttlern erreicht werden.

7.9.5 Einbau des Sands

Der Sand kann durch Verklappen oder Einspülen eingebaut werden. Der Einsatz der Geräte ist so zu steuern, dass der Einbau ununterbrochen und rund um die Uhr erfolgt. Das ist vor allem dann wichtig, wenn das Gewässer ein hohes Schlickfallpotential hat. Der Einbau im Winter birgt die Gefahr von Ausfalltagen wegen zu tiefer Temperaturen, Eisgang, Sturm und Nebel und sollte daher vermieden werden.

Der Einbau des Sands soll dem Baggern zeitlich und räumlich so schnell wie möglich folgen, damit Einlagerungen aus Schlickfall auf ein Mindestmaß beschränkt bleiben. Andererseits darf sich der Einfüllsand aber auch nicht mit dem Aushubboden vermischen, sodass ein gewisser Mindestabstand zwischen dem Bagger- und dem Verfüllbetrieb eingehalten werden muss. Die Gefahr der Vermischung ist wegen der wechselnden Strömungsrichtung vor allem im Tidegebiet gegeben und zu beachten.

Die Verunreinigung des einzubauenden Sands durch laufenden Schlickfall kann durch hohe Einbauleistungen auf ein Minimum reduziert werden. Der Einfluss der zu erwartenden Einlagerung von Feinkorn in die Bodenmatrix auf die bodenmechanischen Kennwerte des Einfüllsands ist in den Nachweisen zu berücksichtigen.

Grundsätzlich muss das Verfüllen des Sandes so betrieben werden, dass im Bodenkörper keine durchgehenden Schlickschichten entstehen. Das kann bei starkem Schlickfall durch einen kontinuierlichen, leistungsfähigen Betrieb, der auch an Wochenenden nicht unterbrochen wird, erreicht werden.

Gut bewährt hat sich die Bearbeitung der Oberflächen von bereits eingefüllten Sandlagen während des Sandeinbaus mit dem Wasserstrahlverfahren. Dadurch gehen abgelagerte Sedimente wieder in Suspension, und somit können durchgehende Sedimentlagen gar nicht erst entstehen. Die Sandverluste beim Einsatz des Wasserstahlverfahrens müssen bei der Bedarfsermittlung des Sandes berücksichtigt werden.

Wenn Unterbrechungen des Sandeinbaus nicht zu vermeiden sind, muss die Oberfläche des bereits abgelagerten Sandes vor Wiederinbetriebnahme des Sandeinbaus erneut von den zwischenzeitlich abgelagerten Weichsedimenten gereinigt werden. Werden nach Abschluss des Sandeinbaus eingelagerte Schlickschichten festgestellt, müssen diese hinsichtlich der Gebrauchstauglichkeit des Bodenaustauschs bewertet werden. Gegebenenfallsmüssen diese Bereiche dann durch gezielte Baugrunderkundungen eingegrenzt werden und z. B. durch eine Vorbelastung oder andere Maßnahmen der Baugrundverbesserung behandelt werden. Während etwaiger Unterbrechungen der Einbauarbeiten ist zu prüfen, ob und wo sich die Oberflächenhöhe der Einfüllung verändert hat.

Um zu vermeiden, dass auf die Ufereinfassung ein Erddruck wirkt, der höher ist als der Erddruck, der in den statischen Nachweisen angesetzt wurde, muss die Baggergrube so verfüllt werden, dass Schichtgrenzen innerhalb des Bodenaustauschs entgegengesetzt zu den Erddruckgleitflächen geneigt sind. Das gilt gleichermaßen für einen Bodenaustausch auf der Erdwiderstandsseite.

Ergänzend wird auf den PIANC-Bericht (1980) verwiesen.

7.9.6 Kontrolle des Sandeinbaus

Während des Sandeinbaus sind ständig Peilungen durchzuführen und deren Ergebnisse zu dokumentieren. Damit können der Sandeinbau und Strömungseinwirkungen in einem gewissen Umfang kontrolliert werden. Gleichzeitig lassen diese Aufzeichnungen erkennen, wie lange Einbauflächen stabil sind und ob sich Sedimente abgelagert haben.

Bei zügigem, ununterbrochenen Verspülen und/oder Verklappen kann auf die Entnahme von Proben aus dem jeweiligen unmittelbaren Einbaubereich verzichten werden. Wenn der Sandeinbau allerdings unterbrochen war, muss, wie vorstehend beschrieben, die Einbauoberfläche vor dem weiteren Einbau von Sand auf Schlickablagerungen überprüft werden.

Nach Abschluss des Sandeinbaus muss der Bodenaustausch durch Kernbohrungen in Verbindung mit Drucksondierungen stichprobenartig, aber systematisch erkundet werden. Die Bohrungen und Sondierungen sind bis in den unter der Baggergrubensohle anstehenden Boden zu führen.

Ein Abnahmeprotokoll bildet die verbindliche Grundlage für die endgültige Berechnung und Bemessung der Ufereinfassung und eventuell erforderlich werdende Anpassungsmaßnahmen.

7.10 Bodenverdichtung mit schweren Fallgewichten (Dynamische Intensivverdichtung) (E 188)

Vor allem gut wasserdurchlässige Böden können mit schweren Fallgewichten wirkungsvoll verdichtet werden. Dieses Verfahren ist auch bei schwach bindigen sowie bei nicht wassergesättigten bindigen Böden anwendbar, weil durch die Schlageinwirkung der Druck im kompressiblen Porenfluid (Porenwasser und Luft) so groß wird, dass die Bodenstruktur aufgerissen wird. Der Abbau des Drucks im Porenfluid leitet dann eine relativ schnell ablaufende Konsolidierung ein.

Mit sehr großen Fallmassen und hoher Fallhöhe können mit diesem Verfahren auch wassergesättigte bindige Böden verdichtet werden.

Damit der Erfolg einer Verdichtung mit der dynamischen Intensivverdichtung zuverlässig bewerten werden kann, muss der zu verdichtende Boden vorab bodenmechanisch auf seine Eignung untersucht werden. Dabei sind auch Bereiche festzulegen, in denen die dynamische Intensivverdichtung ggf. nicht erfolgreich eingesetzt werden kann. Hier muss dann z. B. ein Bodenaustausch durchgeführt werden.

Die erforderliche Fallhöhe, die erforderliche Fallmasse sowie die Anzahl der Verdichtungsübergänge sollten vorab in einem Versuchsfeld erkundet werden. In diesem Zusammenhang können auch der von der Verdichtung ausgehende Schlaglärm und die Erschütterungen von Nachbarbebauungen beurteilt werden. Die erreichte Verdichtung wird mit den in E 175 aufgezeigten Methoden überprüft.

7.11 Vertikaldräns zur Beschleunigung der Konsolidierung weicher bindiger Böden (E 93)

7.11.1 Allgemeines

Die beschleunigende Wirkung von Vertikaldräns auf die Konsolidierung basiert darauf, dass sie bei der Konsolidierung eine radiale Entwässerung der Schichten anstelle der Entwässerung nach oben und unten ermöglichen. Der radiale Entwässerungsweg ist der halbe Abstand der Dräns untereinander und kann damit im Gegensatz zum Entwässerungsweg nach oben (= Schichtdicke) oder nach oben und unten (= halbe Schichtdicke) beeinflusst werden. Durch Vertikaldräns werden somit die Konsolidierungssetzungen (primäre Setzungen) wenig wasserdurchlässiger Schichten wesentlich beschleunigt. Zugleich sind die Setzungen aus Konsolidierung insbesondere weicher bindiger Schichten mit Vertikaldräns größer als ohne, weil bei den kürzeren Entwässerungswegen der Stagnationsporenwasserdruck (bei dem die Konsolidierung zum Stillstand kommt) geringer ist als im Falle langer Entwässerungswege.

Nicht beeinflusst durch Vertikaldräns werden hingegen die sekundären Setzungen (Kriechsetzungen), die insbesondere bei weichen bindigen und organischen Böden betragsmäßig groß sein können und lange andauern.

Vertikaldräns bewirken vor allem in horizontal geschichteten weichen bindigen Böden wie Klei eine Beschleunigung der Konsolidierung, weil sie die horizontale Durchlässigkeit dieser Böden erschließen, die oft um eine Zehnerpotenz größer ist als die vertikale Durchlässigkeit. Das gilt gleichermaßen für geschichtete Böden wechselnder Wasserdurchlässigkeit (z. B. lagenweise Klei- und Wattsandschichten); die gering durchlässigen Schichten werden über die angrenzenden Schichten höherer Durchlässigkeit entwässert, diese führen das Wasser den Vertikaldräns zu.

7.11.2 Anwendung

Vertikaldräns werden bei Schüttungen von Massengütern, Deichen, Dämmen oder Geländeaufhöhungen auf weichen bindigen Böden eingesetzt. Die Konsolidierungsdauer wird verkürzt, und der anstehende Boden erhält früher die für die vorgesehene Nutzung erforderliche Tragfähigkeit. Vertikaldräns werden auch zur Stabilisierung von Böschungen oder Geländesprüngen eingesetzt und wenn seitliche Fließbewegungen aus Aufschüttungen begrenzt werden sollen.

Dem Einsatz von Vertikaldräns sind Grenzen gesetzt, wenn Schadstoffe im Boden in unzulässiger Weise mobilisiert werden können.

7.11.3 Entwurf

Beim Entwurf einer Vertikaldränage sind folgende Aspekte zu berücksichtigen:

- Die Konsolidierung eines Bodens erfordert in jedem Fall eine Auflast. Mit Vertikaldräns kann die Konsolidierung beschleunigt werden, sie klingt im Idealfall ab, bevor das Bauwerk in Betrieb genommen wird. Es bleiben aber ggf. die Sekundärsetzungen, deren Verlauf sich durch Vertikaldräns nicht beeinflussen lässt und die somit in jedem Fall erst während der Betriebsphase auftreten.
- Durch Konsolidierung unter einer Auflast, die größer ist als die zukünftige planmäßige Belastung, kann ein Teil der Sekundärsetzung kompensiert werden. Wenn die über der planmäßigen Belastung liegende Auflast wieder entfernt wird, ist der Boden überkonsolidiert.
- Die aus der Konsolidierung zu erwartende Setzung kann auf der Grundlage der Konsolidierungstheorie nach Terzaghi abgeschätzt werden. Bei Koppejan 1948 finden sich Ansätze für die gleichzeitige Abschätzung von Konsolidierungs- und Sekundärsetzungen. Weil diese aber für sehr stark vereinfachte Randbedingungen entwickelt wurden, sind ihre Ergebnisse im Rahmen der Ausführungsplanung nur bedingt umsetzbar. In jedem Fall sollten die Setzungen immer für wahrscheinliche Bandbreiten der bodenmechanischen Parameter ermittelt werden, um damit auch die Inhomogenität der anstehenden Böden zu erfassen.
- Der zeitliche Verlauf der Konsolidierung kann auf Grundlage der verschiedenen Konsolidierungstheorien nicht sicher abgeleitet werden, diese liefern bes-

tenfalls grobe Abschätzungen. In Verbindung mit Setzungsmessungen können allerdings die Eingangsparameter der Berechnungen kalibriert werden.
- In der Regel sind die Setzungen bei Konsolidierung mit Vertikaldräns größer als unter gleichen Verhältnissen ohne Vertikaldräns, weil der Stagnationsgradient der Konsolidierung im Falle von Vertikaldräns kleiner ist als ohne.
- Bei gespanntem Wasserspiegel unter der zu konsolidierenden Schicht sollten die Dräns rd. 1 m oberhalb der unterlagernden Schicht enden, weil sonst Grundwasser durch die Vertikaldräns nach oben gefördert wird.
- Für die Festlegung des optimalen Dränabstands ist der Baugrundaufbau vorab sorgfältig zu erkunden. Vor allem die Wasserdurchlässigkeit der anstehenden Bodenarten kann oft nur aus Probeabsenkungen zuverlässig bestimmt werden.

Beim Einbringen der Vertikaldräns muss vermieden werden, dass die Kontaktfläche zum Boden verschmutzt und dadurch der Wassereintrittswiderstand so groß wird, dass er eine Entwässerung des Bodens verhindert. Außerdem muss sichergestellt sein, dass die Wirkung der Vertikaldräns nicht durch mechanische Überbeanspruchung (z. B. infolge eines lokalen Grundbruchs) eingeschränkt wird oder ganz verloren geht.

Die Vertikaldräns werden mit einer Sand- oder Kiesschicht abgedeckt, in der das aus dem Boden austretende Wasser gefasst wird und die ihrerseits das Wasser an eine Vorflut abgibt.

Die Vertikaldräns erleiden dieselben Setzungen wie die Bodenschichten, in denen sie eingebaut sind. Bei großen Setzungen können Kunststoffdräns abknicken, wodurch ihre Funktion erheblich beeinträchtigt werden kann.

Heute werden vor allem Vertikaldräns aus Kunststoff eingesetzt.

7.11.4 Bemessung von Vertikaldräns aus Kunststoff

Ziel der Bemessung ist die Ermittlung des erforderlichen Abstands der Vertikaldräns untereinander, damit die Konsolidierung innerhalb eines durch den Bauzeitenplan vorgegebenen Zeitraums (meist weniger als 2 Jahre), soweit erforderlich, abgeschlossen wird.

Der benötigte Zeitraum t um einen bestimmten mittleren Konsolidierungsgrad U_h zu erreichen, wird nach Kjellmann (1948) und Barron (1948) auf Grundlage der eindimensionalen Konsolidationstheorie ermittelt. Hansbo (1976) hat den Ansatz von Kjellmann unter Annahme einheitlicher Bodenverformung und ungestörter Bodenverhältnisse vereinfacht:

$$t = \frac{D_\mathrm{e}^2 \alpha}{8 c_\mathrm{h}} \cdot \ln\left(\frac{1}{1 - U_\mathrm{h}}\right)$$

mit

$$\alpha = \frac{n^2}{n^2 - 1} \cdot \left(\ln(n) - \frac{3}{4} + \frac{1}{n^2} \cdot \left(1 - \frac{1}{4 \cdot n^2} \right) \right)$$

$$n = \frac{D_e}{d_w}$$

In den vorstehenden Beziehungen sind:

t	zur Verfügung stehender Zeitraum für die Konsolidierung [s],
D_e	Durchmesser des gedränten Bodenzylinders [m], Einflussbereich eines Dräns,
c_h	horizontaler Konsolidierungskoeffizient [m^2/s],
d_w	äquivalenter Durchmesser der Vertikaldräns (Dränumfang/π) [m],
U_h	mittlerer Konsolidierungsgrad [–].

Bei symmetrischer Anordnung der Ansatzpunkte der Dräns und teilweiser Überschneidung der gedränten Bodenzylinder ist der Abstand s der einzelnen Dräns untereinander:

– für gleichschenklige Dreiecksraster: $s = \dfrac{D_e}{1{,}05}$

– für Quadratraster: $s = \dfrac{D_e}{1{,}13}$

Für die Bemessung wird der Dränabstand s gewählt, daraus wird D_e errechnet. Sodann werden n als Verhältnis des Durchmessers des gedränten Bodenzylinders D_e zum äquivalenten Durchmesser d_w des gewählten Dräns und der Beiwert α berechnet. Schließlich kann mit diesen Werten und der Zielvorgabe des Konsolidierungsgrads U_h die Konsolidierungsdauer t berechnet werden. Ist diese zu lang, muss der Abstand s der Dräns verringert und die Berechnung erneut durchgeführt werden.

Die Bemessung kann auch mit Nomogrammen und Rechenprogrammen durchgeführt werden, die von den Herstellern der Dräns entwickelt wurden. Weitere Bemessungsansätze finden sich bei Hansbo (1981) und bei Kirsch/Sondermann (1997).

Da die erforderliche Nutzungsdauer von Vertikaldräns aus Kunststoff in der Regel unter zwei Jahren liegt, bestehen hinsichtlich der Dauerhaftigkeit keine besonderen Anforderungen. Lediglich der Erhalt der Funktionsfähigkeit im geknickten Zustand muss im Falle großer Setzungen nachgewiesen werden. Hinweise zur Beurteilung des Wasserableitvermögens im geknickten Zustand finden sich in den niederländischen Empfehlungen BRL 1120 (1997).

7.11.5 Ausführung

Sanddräns haben Durchmesser von rd. 25 bis rd. 35 cm, sie werden eingerammt, eingebohrt oder eingespült. Schmierschichten in der Kontaktfläche zwischen Drän und Boden können nur bei eingerammten Vertikaldräns zuverlässig vermieden werden.

Kunststoffdräns werden in Breiten von rd. 10 cm geliefert, sie sind 5 bis 10 mm dick und ihre Wasserableitkapazität liegt bei einem Bodendruck von 350 kN/m^2 zwischen 0,01 bis 0,05 l/s und ist damit im Vergleich zur Dränspende des Bodens relativ groß.

Vertikaldräns aus Kunststoff werden mit speziellen Geräten (Sticker) in den Boden eingepresst oder gerüttelt, für die allerdings in vielen Fällen vorab ein Arbeitsplanum geschaffen werden muss. Dieses sollte mindestens rd. 0,5 m dick sein, ein zu dickes Arbeitsplanum kann allerdings das Einbringen der Dräns erschweren.

Im Falle kontaminierten Untergrunds sind Einbringverfahren zu vermeiden, bei denen Bohr- oder Spülgut anfällt. Außerdem darf eine ggf. vorhandene dichtende Schicht nicht durchstoßen werden. Um Zeit für die Konsolidierung zu gewinnen, ist es sinnvoll, die Dräns frühzeitig einzubringen und die Konsolidierung durch eine Vorbelastung einzuleiten.

7.12 Konsolidierung weicher bindiger Böden durch Vorbelastung (E 179)

7.12.1 Allgemeines

Für Hafenerweiterungen stehen häufig nur Flächen mit weichen bindigen Bodenarten zur Verfügung, die allerdings oft nicht genügend tragfähig sind. Die Tragfähigkeit dieser Flächen lässt sich aber durch eine Vorbelastung verbessern, zugleich werden die Setzungen vorweggenommen, sodass die Restsetzungen aus der Hafennutzung die zulässigen Setzungen nicht überschreiten.

Statt einer Vorbelastung durch Aufbringen einer Schüttung kann die Verbesserung der Tragfähigkeit auch mit einer Vakuumbelastung erreicht werden.

7.12.2 Anwendung

Ziel der Vorbelastung ist es, Setzungen der weichen Bodenschicht aus der späteren Nutzung vorwegzunehmen (Bild E 179-1). Der dafür erforderliche Zeitraum ist abhängig von der Dicke der weichen Schichten, deren Wasserdurchlässigkeit

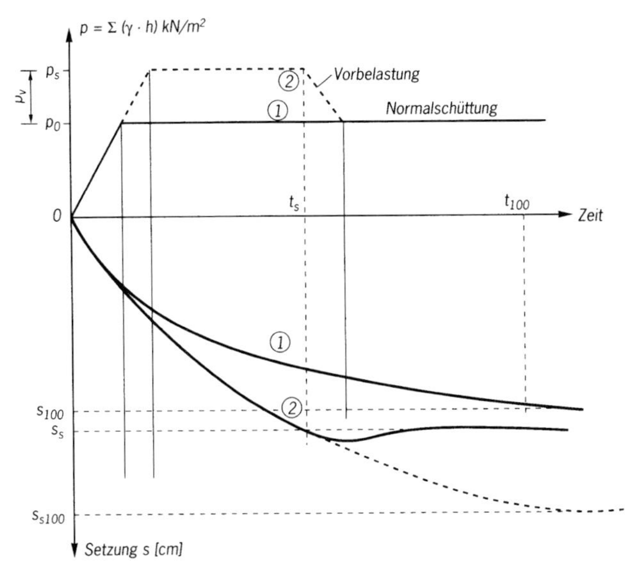

Bild E 179-1. Abhängigkeit der Setzungen von der Zeit und den Auflasten (Prinzip)

und der Höhe der Vorbelastung. Vorbelastungen sind nur wirkungsvoll, wenn genügend Zeit für die Konsolidierung zur Verfügung steht. Sinnvoll ist es, die Vorbelastung so hoch wie möglich und so rechtzeitig vorzunehmen, dass die Setzungen bereits vor Beginn der Bauarbeiten für die eigentliche Ufereinfassung vollständig abgeklungen sind.

Bei Vorbelastungen sind nach Bild E 179-1 zu unterscheiden:

a) der Teil der Vorbelastungsschüttung, der als Erdbauwerk hergestellt werden soll (Dauerschüttung). Er erzeugt die Auflastspannung p_0.
b) die darüber hinausgehende Vorbelastungsschüttung, die vorübergehend als zusätzliche Auflast mit der Vorbelastungsspannung p_v wirkt.
c) die Summe beider Schüttungen (Gesamtschüttung), welche die Gesamtspannung $p_s = p_0 + p_v$ ergibt.

7.12.3 Tragfähigkeit des anstehenden Bodens

Die Höhe der im ersten Schritt möglichen Vorbelastung wird durch die Tragfähigkeit des anstehenden Untergrunds begrenzt. Die maximale Schütthöhe h einer Vorbelastung kann mit der Beziehung

$$h = \frac{4c_u}{\gamma}$$

abgeschätzt werden. Mit der Konsolidierung wächst die Scherfestigkeit c_u und damit die zulässige Schütthöhe h für die weitere Vorbelastung.

Bei Schüttungen unter Wasser muss damit gerechnet werden, dass an der Gewässersohle eine weiche Sedimentschicht ansteht. Bleibt diese im Boden, beeinflusst sie das Setzungsverhalten der späteren Hafenfläche. Wenn das nicht in Kauf genommen werden kann, muss sie entfernt werden (E 109, Abschnitt 7.9.4).

Gelegentlich wird versucht, die Sedimentschicht mit einer Vorbelastungsschüttung vor Kopf zu verdrängen. Das führt allerdings erfahrungsgemäß nur dann zum Erfolg, wenn die Sedimentschicht sehr weich ist. Sehr viel öfter gelingt die Verdrängung nicht oder nicht vollständig und es verbleiben dann im Untergrund lokal Reste der Sedimentschicht, verbunden mit der Gefahr von ungleichmäßigen Setzungen.

7.12.4 Schüttmaterial

Das Material einer Schüttung, die dauerhaft auf die Weichschichten aufgebracht werden soll, muss gegen den vorhandenen weichen Untergrund filterstabil sein. Gegebenenfalls sind vor dem Aufbringen der Schüttung Filterschichten oder Geotextilien aufzubringen. Im Übrigen richtet sich die geforderte Qualität des Materials für die Schüttung nach dem Verwendungszweck.

7.12.5 Bestimmung der Höhe der Vorbelastungsschüttung

7.12.5.1 Bodenmechanische Grundlagen

Die erforderliche Höhe einer Vorbelastungsschüttung ergibt sich im Wesentlichen aus der zur Verfügung stehenden Konsolidierungszeit. Grundlage der Dimensionierung ist der zeitliche Verlauf der Konsolidierung, die durch den Konsolidierungsbeiwert c_v beschrieben wird. Mit c_v-Werten aus der Zeitsetzungslinie von Kompressionsversuchen kann der Verlauf der Konsolidierung allerdings nur grob abgeschätzt werden, sie sind daher nur im Rahmen der Vorplanung zulässig. Das gilt ebenso für Konsolidierungsbeiwerte, die mit der Beziehung

$$c_v = \frac{k \cdot E_s}{\gamma_w}$$

aus dem Steifemodul E_s und der Durchlässigkeit k abgeleitet werden. Hier ist zusätzlich zu bedenken, dass auch der Durchlässigkeitsbeiwert k mit erheblichen Streuungen behaftet sein kann.

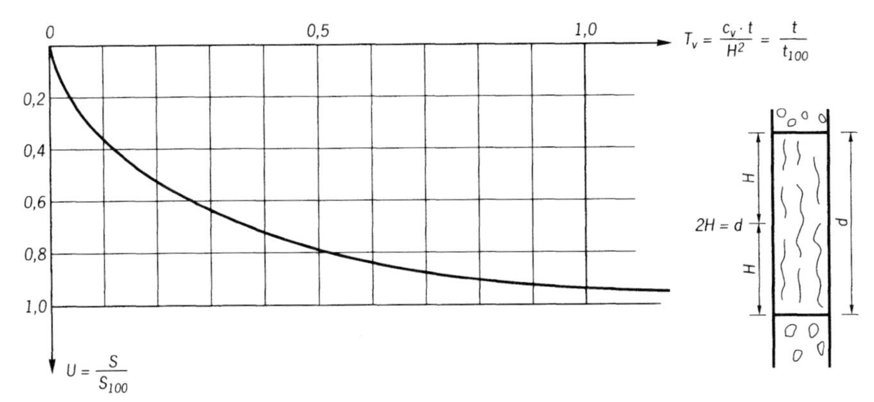

Bild E 179-2. Beziehung zwischen dem Zeitfaktor T_v und dem Konsolidierungsgrad U

Eine zuverlässige Abschätzung des Setzungsverlaufs ist hingegen möglich, wenn der Konsolidierungsbeiwert c_v aus einer vorweg durchgeführten Probeschüttung ermittelt wird. Dabei werden der Setzungsverlauf und möglichst auch der Porenwasserdruckverlauf gemessen. c_v kann dann unter Verwendung von Bild E 179-2 nach folgender Beziehung berechnet werden:

$$c_v = \frac{H^2 \cdot T_v}{t}$$

Darin bedeuten:

T_v bezogene Konsolidierungszeit [–],
t Konsolidierungszeit der Probeschüttung [s],
H Dicke der einseitig entwässerten weichen Bodenschicht [m].

Für einen Konsolidierungsgrad $U = 0{,}95$, also nahezu vollständige Konsolidierung, ist die bezogene Konsolidierungszeit T_v = rd. 1,0. Mit der zu dem Konsolidierungsgrad $U = 0{,}95$ gehörenden Konsolidierungszeit t_{100} kann dann der Konsolidierungsbeiwert berechnet werden:

$$c_v = \frac{H^2}{t_{100}}.$$

7.12.5.2 Dimensionierung der Vorbelastungsschüttung

Für die Dimensionierung der Vorbelastungsschüttung müssen die Dicke der weichen Bodenschicht und der c_v-Wert bekannt sein. Ferner muss die Konsolidierungszeit t_s (Bild E 179-1) vorgegeben sein (Bauzeitenplan). Man ermittelt

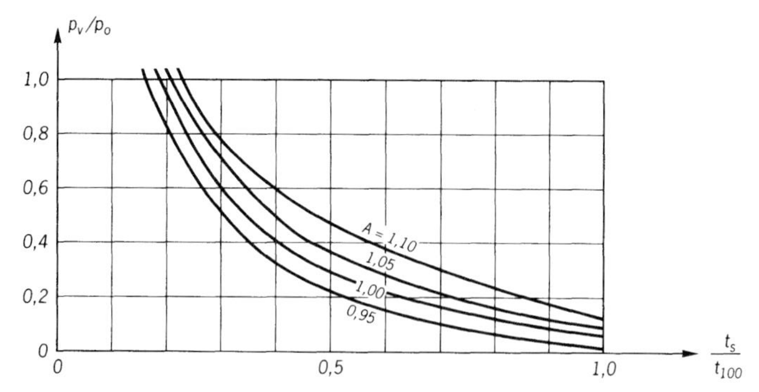

Bild E 179-3. Bestimmung der Vorbelastung p_v abhängig von der Zeit t_s

$t_s/t_{100} = T_v$ mit $t_{100} = H^2/c_v$ und mithilfe von Bild E 179-2 den erforderlichen Konsolidierungsgrad $U = s/s_{100}$ unter Vorbelastung. Die 100 %-Setzung s_{100} der Dauerschüttung p_0 wird mithilfe einer Setzungsberechnung nach DIN 4019 bestimmt.

Die Höhe der Vorbelastung p_v (Bild E 179-1) ergibt sich dann nach Horn (1984) zu

$$p_v = p_0 \cdot \left(\frac{A}{U} - 1 \right).$$

A ist das Verhältnis der Setzung s_s nach Wegnahme der Vorbelastung zur Setzung s_{100} der Dauerschüttung: $A = s_s/s_{100}$.

A muss gleich oder größer 1,0 sein, wenn eine vollständige Vorwegnahme der Setzungen erreicht werden soll (Bild E 179-3).

So errechnet sich beispielsweise bei einer beidseitig entwässerten Schicht mit einer Dicke $d = 2H = 5$ m und $c_v = 3$ m²/Jahr sowie einer vorgegebenen Konsolidierungszeit von $t_s = 1$ Jahr die Dauer für die vollständige Konsolidierung dieser Schicht zu $t_{100} = 2{,}5$ m²/3m²/Jahr = 2,08 Jahre. Damit wird $t_s/t_{100} = 1$ Jahr/ 2,08 Jahre = 0,48. Der Konsolidierungsgrad ist damit gemäß Bild E 179-2 nach einem Jahr U = rd. 0,78, d. h. die Konsolidierungssetzungen sind zu rd. 80 % abgeklungen.

Soll die Setzung s_s aus der Vorbelastung um 5 % größer sein als die Setzung aus der späteren Dauerbelastung s_{100}, wird $A = 1{,}05$, und daraus kann die Höhe der Vorbelastung zu

$$p_v = p_0(A/U - 1) = p_0(1{,}05/0{,}78 - 1) = 0,35 p_0$$

abgeschätzt werden.

Wie bereits ausgeführt, wird p_V durch die Tragfähigkeit des anstehenden Bodens begrenzt, sodass es erforderlich sein kann, die Vorbelastungsschüttung in mehreren Stufen aufzubringen.

7.12.6 Mindestausdehnung der Vorbelastungsschüttung

Um Material zu sparen, wird im Allgemeinen die zu verfestigende Bodenschicht abschnittsweise vorbelastet. Der Ablauf der Vorbelastung richtet sich nach dem Bauzeitenplan. Um eine möglichst gleichmäßige Spannungsausbreitung im Untergrund zu erreichen, darf die Fläche der Schüttung allerdings nicht zu klein sein. Als Anhalt gilt, dass die geringste Seitenabmessung der Vorbelastungsschüttung das Zwei- bis Dreifache der Summe der Dicken von weicher Schicht und Dauerschüttung betragen soll.

7.12.7 Bodenverbesserungen durch Vakuumverfahren mit Vertikaldräns

Die Erhöhung der Scherfestigkeit wird bei einer herkömmlichen Vorbelastung durch eine zusätzliche Auflast (totale Spannungen) bewirkt. Im Gegensatz dazu wird beim Vakuumverfahren die Konsolidierung durch eine Verringerung des Porenwasserdrucks bewirkt, die totalen Spannungen bleiben unverändert.

Auf den zu konsolidierenden Boden muss vorab eine Sandschicht von mindestens rd. 0,8 m Dicke aufgebracht werden, die einerseits als Arbeitsebene für das Einbringen der Vertikaldräns, andererseits als Dränschicht dient. Sehr weiche bindige Böden haben in der Regel eine zu geringe Festigkeit, um die Dränschicht in der erforderlichen Dicke in einem Zuge aufzubringen.

Innerhalb der Dränschicht wird das anfallende Wasser mithilfe einer Horizontaldränage gefasst und abgeführt. Die Dränschicht wird mit einer Kunststoffdichtungsbahn abgedeckt.

Pumpen, die gleichzeitig Wasser und Luft abpumpen bzw. absaugen, werden an die Dränschicht angeschlossen und erreichen i. d. R. ein maximales Vakuum von 75 % des atmosphärischen Druckes (rd. 0,75 bar). Der Pumpleistungsfaktor $n < 1{,}0$ bezeichnet das Verhältnis des aufgebrachten Vakuums zum atmosphärischen Druck.

Die Spannungen im Boden ergeben sich mit dem atmosphärischen Druck P_a, den Wichten γ des feuchten Bodens in der Dränschicht, γ_r des unter der Dränschicht anstehenden Bodens und γ_w von Wasser sowie der Tiefe z und der Dicke h der Dränschicht aus den folgenden Beziehungen:

totale Spannung: $\sigma = z \cdot \gamma_r + h \cdot \gamma + P_a$
Porenwasserdruck: $u = z \cdot \gamma_W + P_a$
wirksame Spannung: $\sigma' = \sigma - u = z \cdot \gamma' + h \cdot \gamma$

Mit der Inbetriebnahme der Vakuumpumpen wird der atmosphärische Druck um P_a abgebaut, dadurch nimmt die wirksame Spannung um diesen Betrag zu:

$$\sigma'_{\text{Vakuum}} = \sigma' + n \cdot P_a$$

Aus der Konsolidierung mit der Zusatzspannung $\Delta\sigma = n \cdot P_a$ folgt mit dem Konsolidierungsgrad U_t eine Zunahme der Scherfestigkeit $\Delta\tau$ um:

$$\Delta\tau = U_t \cdot (\tan \phi' \cdot \Delta\sigma)$$

Die Endsetzungen sowie der Setzungsverlauf können mit der Konsolidationstheorie von TERZAGHI und BARRON berechnet werden. Die Scherfestigkeit nach Konsolidierung entspricht derjenigen unter einer äquivalenten Sandauflast. Die vorübergehende Zunahme der Festigkeit nichtbindiger Böden infolge des Unterdrucks geht nach dem Abschalten der Absauganlage verloren.

7.12.8 Ausführung von Bodenverbesserungen durch Vakuumverfahren mit Vertikaldräns

Von der vorab aufgebrachten Arbeitsebene (Dicke > rd. 0,8 m) aus werden Vertikaldräns (üblich sind 5 cm äquivalenter Kreisdurchmesser, es können auch Band- und Runddräns kombiniert eingesetzt werden) eingebracht. Damit ein hydraulischer Kontakt zu den unterliegenden Schichten sicher ausgeschlossen ist, müssen die Vertikaldräns rd. 0,5 bis 1,0 m oberhalb unterliegender nichtbindiger Schichten enden. Um diese Bedingung sicher zu erfüllen, sind bei inhomogenen Baugrundverhältnissen baubegleitende indirekte Aufschlüsse (z. B. Drucksondierungen) notwendig, mit denen die Absetztiefen vorauseilend festgelegt werden.

Bei stark wechselndem Baugrundaufbau können zusätzlich auch Probeeinbringungen (ohne Dräns) in einem Raster von z. B. 10 m · 10 m durchgeführt werden. Der Geräteführer kann bei den Probeeinbringungen Sandzwischenlagen oder die Oberkante unterlagernder Sande am erhöhten Eindringwiderstand erkennen.

Der Erfolg der Baugrundverbesserung mit dem Vakuumverfahren hängt davon ab, dass die abdeckende Kunststoffdichtungsbahn während der Konsolidierung dicht ist und bleibt. Da Fehlstellen in der abdeckenden Kunststoffdichtungsbahn schwierig zu lokalisieren und zu reparieren sind, sollte sie nicht mit steinigem oder scharfkantigem Material abgedeckt werden. Zum Schutz der Kunststoffdichtungsbahn kann sie auch mit Wasser überstaut werden.

In Sonderfällen kann die anstehende Weichschicht selbst die Funktion der vakuumhaltenden Membran erfüllen. Dazu müssen die Vertikaldräns rd. 1,0 m unterhalb der Oberfläche der Weichschicht enden und mit einer Horizontaldränage verbunden werden.

Das Vakuumverfahren ist wegen der begrenzten Absetztiefe von Vertikaldränagen auf Schichtdicken des zu verbessernden Bodens von derzeit rd. 40 m begrenzt.

7.12.9 Kontrolle der Konsolidierung

Weil generell Setzungen und Konsolidationsgrad bei der Baugrundverbesserung weicher bindiger Böden nur unscharf prognostiziert werden können, muss die Baugrundverbesserung auch beim Vakuumverfahren durch Beobachtung von Setzungen und Porenwasserdruck überwacht werden. Mit den Ergebnissen können die Berechnungsansätze kalibriert werden.

An den Rändern der Schüttung können Inklinometermessungen Überschreitungen der Baugrundtragfähigkeit anzeigen.

Für die Beendigung der Vorbelastung wird meist ein Grenzwert der Setzungsgeschwindigkeit (z. B. in mm pro Tag oder in cm pro Monat) vorgegeben.

7.12.10 Sekundärsetzungen

Die von der Konsolidierung unabhängigen Sekundärsetzungen werden nur in sehr geringem Umfang durch Vorbelastung vorweggenommen (beispielsweise bei hochplastischen Tonen). Sind Sekundärsetzungen größeren Ausmaßes zu erwarten, sind besondere zusätzliche Untersuchungen erforderlich.

7.13 Verbesserung der Tragfähigkeit weicher bindiger Böden durch Vertikalelemente (E 210)

7.13.1 Allgemeines

Häufig werden für die Gründung von Erdbauwerken auf weichen, bindigen Böden vermörtelte oder unvermörtelte Schottersäulen oder Sandsäulen ausgeführt, die auf tief liegende tragfähige Schichten abgesetzt werden.

Die Säulen übernehmen die Vertikallasten und leiten sie in den tragfähigen Untergrund ab, dabei werden sie durch den umgebenden Boden gestützt. Der Boden muss daher mindestens eine Festigkeit von $c_u > 15$ kN/m² haben. Vermörtelte Stopfsäulen bedürfen der Stützung nur im Einbauzustand.

Sehr weiche organische bindige Böden können eine Stützung in der erforderlichen Größenordnung nicht gewährleisten, und daher sind die vorgenannten Gründungssysteme in diesen Böden nur ausführbar, wenn die seitliche Stützung anderweitig erfolgt, z. B. durch Ummantelung mit Geokunststoffen.

Schotter- und Sandsäulen haben Dräneigenschaften wie Vertikaldräns (vgl. E 93) und bewirken somit auch eine Erhöhung der Scherfestigkeit des anstehenden Bodens durch Konsolidation.

7.13.2 Verfahren

Ein seit Langem angewandtes und erprobtes Verfahren zur Baugrundverbesserung mit Vertikalelementen ist das Rütteldruckverfahren. Mit einem Rüttler wird der Boden in dessen Einflussbereich verdichtet, durch Bodenzugabe wird der dabei entstehende Volumenverlust ausgeglichen. Durch Anordnung der Verdichtungspunkte in einem Dreieck- oder Viereckraster entsteht eine flächige Verbesserung der Tragfähigkeit. Allerdings ist die Anwendung auf nichtbindige, verdichtungsfähige Böden beschränkt. Bereits geringe Schluffkornanteile können eine Verdichtung durch den Rüttler verhindern, weil die feinkörnigen Bodenteilchen nicht durch Schwingung voneinander getrennt werden können.

Für diese Böden wurde die Rüttelstopfverdichtung entwickelt. Die Bodenverbesserung wird hier zum einen durch die Verdrängung des anstehenden Bodens erreicht, zum anderen durch die in den anstehenden Boden eingearbeiteten Säulen aus verdichtetem, grobkörnigen Material. Die so entstehenden Säulen benötigen die Stützwirkung des umgebenden Bodens, als Maß für die Anwendbarkeit gilt i. d. R. die undränierte Scherfestigkeit $c_u > 15$ kN/m².

Die rasterartig angeordneten Tragelemente binden in tragfähige tiefere Bodenschichten ein. Über eine Tragschicht aus verdichtetem Sand oberhalb der Tragelemente werden Bauwerks- und Gründungslasten über Gewölbebildung in die Tragelemente eingeleitet. Daraus resultieren eine Spannungskonzentration über den Tragelementen und eine Entlastung des umgebenden bindigen Bodens.

Die Tragwirkung wird erhöht, wenn über den Tragelementen eine Geokunststoffbewehrung eingebaut wird, die sich wie eine Membran über die Weichschichten spannt.

Für den Entwurf eines mit Geokunststoffen bewehrten Erdbauwerkes auf pfahlartigen Gründungselementen sollten folgende Randbedingungen und Abmessungen berücksichtigt werden (siehe Bild E 210-1):

- Der Durchmesser der pfahlartigen Tragelemente ist in der Regel rd. 0,6 m, und der Abstand zwischen den in einem regelmäßigen Raster angeordneten Elementen beträgt rd. 1,0 bis 2,5 m.
- Die Bewehrung wird im Allgemeinen 0,2 bis 0,5 m oberhalb der Elementköpfe angeordnet. Zusätzliche Bewehrungslagen können im Abstand von 0,2 bis 0,3 m oberhalb der Bewehrung über den Elementen angeordnet werden. Der Sand zwischen den Bewehrungslagen verhindert das Gleiten der Geokunststoffe aufeinander.
- Die Nachweise der Standsicherheiten für die Bauphasen und den Endzustand können nach DIN 4084 mit Kreisgleitflächen oder mit Starrkörperbruchmechanismen geführt werden. Dabei ist das räumliche System in ein ebenes Ersatzsystem mit wandartigen Scheiben unter Wahrung der Flächenverhältnisse umzurechnen. Widerstände aus den „geschnittenen" Pfählen und aus der Geokunststoffbewehrung können berücksichtigt werden.
- Die Aufteilung der Belastung auf die Tragelemente und den umgebenden setzungsempfindlichen Weichboden wird durch die Lastumlagerung E beschrieben. E bezeichnet die Kraft F_P, die von einem Tragelement aufgenommen werden muss, in Bezug auf die Einflussfläche F_AE:

$$E = \frac{F_\mathrm{P}}{F_\mathrm{AE}} = 1 - \frac{\sigma_\mathrm{zo} \cdot (A_\mathrm{E} - A_\mathrm{P})}{(\gamma \cdot h) \cdot A_\mathrm{E}}$$

Die Lastumlagerung E und damit die Spannung σ_zo, die auf den Boden zwischen den Säulen wirkt, kann mithilfe eines Gewölbeschalenmodells rechne-

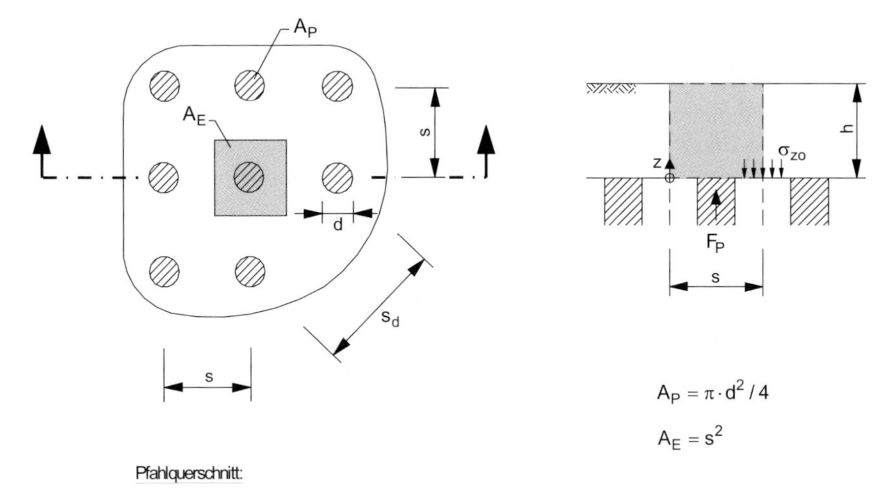

Bild E 210-1. Belastung auf die Pfähle (Zaeske, 2001)

risch ermittelt werden. Dabei wird angenommen, dass eine Spannungsumlagerung nur innerhalb einer begrenzten Zone oberhalb der Weichschicht erfolgt (Zaeske, 2001).

Die Lastumlagerung in der Tragschicht ist direkt von der Scherfestigkeit des Tragschichtmaterials abhängig. Es gilt für:

Rechteckraster mit den Achsmaßen s_x und s_y:

$$F_p = E \cdot (\gamma \cdot h + p) \cdot s_x \cdot s_y$$

Dreieckraster mit den Achsmaßen s_x und s_y:

$$F_p = E \cdot (\gamma \cdot h + p) \cdot \frac{1}{2} s_x \cdot s_y$$

Die Membranwirkung der Geokunststoffbewehrung wird begünstigt, wenn die Bewehrung möglichst dicht über den fast starren Pfählen verlegt wird. Um ein Abscheren des Geokunststoffes zu vermeiden, ist über den Pfahlköpfen allerdings eine Ausgleichsschicht vorzusehen, die ein direktes Aufliegen auf den Pfahlköpfen verhindert.

Durch die Membranwirkung der Geokunststofflage kann eine weitere Entlastung der Weichschichten erzielt werden. Näheres zur Berechnung in Zaeske (2001) sowie Kempfert und Stadel (1997).

7.13.3 Ausführung von pfahlartigen Tragelementen

Zur Herstellung der Tragelemente muss das Arbeitsplanum ausreichend tragfähig für den Einsatz der Baugeräte sein. Hierzu kann eine oberflächennahe Bodenverbesserung bzw. ein Bodenaustausch erforderlich sein.

Rüttelstopfsäulen werden mit Schleusenrüttlern hergestellt. Nach Erreichen der Solltiefe oder des tragfähigen Baugrundes wird der Schleusenrüttler um einige Dezimeter gehoben und aus einer Schleusenkammer grobkörniges Material durch Druckluft oder Wasser ausgetrieben. Anschließend wird der Rüttler wieder abgesenkt, wodurch das Zugabematerial verdichtet wird. Der anstehende Boden wird dabei verdrängt und ebenfalls verdichtet. Dieser Vorgang wiederholt sich in mehreren Tiefenstufen, bis von unten nach oben ein verdichtetes Pfahlelement entsteht.

Um ein Ausfließen des Pfahlmaterials in den umgebenden Boden zu verhindern, dürfen Rüttelstopfsäulen in bindigen Böden nur dann ausgeführt werden, wenn deren undränierte Scherfestigkeit $c_u \geq 15$ kN/m² ist.

Bei vermörtelten oder teilvermörtelten Stopfsäulen wird das gleiche Einbauverfahren angewendet wie bei der Rüttelstopfsäule. Das grobkörnige Material wird jedoch beim Einbau mit einer Zementsuspension vermischt oder komplett aus Beton hergestellt. Es gilt auch hier, dass die undränierte Scherfestigkeit bindiger Schichten $c_u > 15$ kN/m^2 sein muss. In Zwischenschichten von weniger als rd. 1,0 m Dicke darf die Scherfestigkeit geringer, muss aber $c_u > 8$ kN/m^2 sein.

Bei der Verdrängung des Bodens durch den Rüttler entsteht Porenwasserüberdruck. Dieser wird im Falle von Rüttelstopfsäulen wegen derer dränierenden Wirkung relativ schnell wieder abgebaut und wird daher nicht bemessungswirksam. Bei voll- oder teilvermörtelten Stopfsäulen oder Betonrüttelsäulen ist die Entwässerungswirkung stark eingeschränkt bis gar nicht vorhanden. In diesen Fällen muss nachgewiesen werden, dass der Porenwasserüberdruck die Tragfähigkeit und Gebrauchstauglichkeit nicht beeinträchtigt.

7.13.4 Entwurf von mit Geokunststoff ummantelten Säulen

In sehr weichen bindigen Böden mit $c_u < 15$ kN/m^2 kann die seitliche Stützung der Tragelemente durch den Boden durch eine Stützung mit einem geotextilen Schlauch ersetzt werden.

Beim Entwurf geokunststoffummantelter Säulen sind folgende Gesichtspunkte zu berücksichtigen:

- Die geokunststoffummantelte Säule ist ein flexibles Tragelement, welches sich horizontalen Verformungen anpassen kann.
- Praktische Erfahrungen in Feld und in Labor haben gezeigt, dass die Gefahr des Durchstanzens der Säulen in unterlagernde Schichten geringer Festigkeit nicht besteht, da die Setzungen der ummantelten Säule und des umgebenden Bodens gleich sind.
- Durch eine Überlast größer als die Summe aller späteren Belastungen können Restsetzungen vorweggenommen werden (Überschütten).
- Die geotextilummantelten Säulen werden in einem gleichmäßigen Raster angeordnet (i. d. R. Dreiecksraster). Der Abstand zwischen den Säulen beträgt je nach Säulenraster ca. 1,5 m bis ca. 2,0 m.
- Der Durchmesser der Säulen ist i. d. R. rd. 0,8 m.
- Oberhalb der geokunststoffummantelten Säulen empfiehlt sich die Anordnung einer horizontalen Geokunststoff-Bewehrungslage. Diese dient der Erhöhung der Standsicherheit während kritischer Bauphasen sowie zur Reduzierung der Spreizverformungen.
- Die Spannungskonzentration über den Säulen führt zu einer Erhöhung der Gesamtscherfestigkeit in den Säulen und zur Reduzierung der Scherfestig-

keit in den umgebenden Weichschichten. Die Scherfestigkeitswirkung ist durch die Einführung von so genannten Ersatzscherparametern nach und unter Ansatz des Porenwasserüberdruckes aus der Auflast zu berücksichtigen (Raithel, 1999).

- Die Bemessung der Geokunststoffummantelung kann so vorgenommen werden, dass die Kurzzeitfestigkeit F_K des Geokunststoffes durch verschiedene Faktoren A_i und den Sicherheitsbeiwert γ abgemindert und den berechneten Zugkräften im Geokunststoff gegenübergestellt wird.

$$F_d = \frac{F_K}{\prod A_i \cdot \gamma}$$

- Die Berechnung der jeweiligen Zugkraft im Geokunststoff basiert auf der Stauchung bzw. Setzung einer Einzelsäule infolge der effektiven Spannungskonzentration über der Säule und der horizontalen Stützung des anteiligen umgebenden Weichbodens. Dadurch entsteht eine volumenbeständige Ausbauchung der Säule über die Tiefe, die wiederum eine Dehnung des Geokunststoffes bewirkt. Nähere Angaben und Berechnungsverfahren siehe Raithel (1999) und Kempfert (1996).
- Durch die Messung des Porenwasserdrucks und der Spannungen in und über den Weichschichten während und nach der Bauausführung muss der tatsächliche Konsolidationsverlauf kontrolliert werden. Die geotextilummantelten Säulen wirken bezüglich der Konsolidation wie ein Vertikaldrän mit großem Durchmesser.

7.13.5 Ausführung von geokunststoffummantelten Säulen

Der Einbau der geokunststoffummantelten Säulen erfolgt durch Bodenverdrängung oder durch Bodenaushub im Schutz einer Verrohrung.

Beim Einbauverfahren mit Bodenaushub wird eine unten offene Verrohrung bis auf den tragfähigen Baugrund eingerüttelt, danach wird der Boden im Rohr ausgehoben und ein vorkonfektionierter geotextiler Schlauch wird in das Rohr eingehängt und mit Sand oder Schotter gefüllt. Danach wird das Rohr mit einem Rüttler gezogen, der geotextile Schlauch mit dem eingefüllten Sand oder Schotter verbleibt im Boden.

Beim Verdrängungsverfahren ist das Vortriebrohr unten mit Klappen verschlossen, der geotextile Schlauch wird mit dem Rohr bei gleichzeitiger Verfüllung auf Tiefe gebracht. Danach wird das Rohr gezogen.

Der vorkonfektionierte geotextile Schlauch ist entweder rundgewebt oder werkseitig mit einer Naht zu einem Schlauch gefertigt.

Das Verdrängungsverfahren ist wirtschaftlicher als das Einbringen im Bohrverfahren, durch die Bodenverdrängung kann zudem bereits beim Einbringen der geokunststoffummantelten Säulen die Anfangsscherfestigkeit des Weichbodens erhöht werden. Das ist ggf. durch Messungen vor und nach dem Säuleneinbau zu kontrollieren.

Bei der Bodenverdrängung ist nach der Säulenherstellung mit kurzzeitig erhöhtem Porenwasserüberdruck zu rechnen, der jedoch wegen der Dränwirkung der Säule schnell abgebaut wird. Durch die Bodenverdrängung wird die Oberfläche der Weichschicht vorübergehend angehoben.

8 Spundwandbauwerke

8.1 Baustoff und Ausführung

8.1.1 Ausbildung und Einbringen von Holzspundwänden (E 22)

8.1.1.1 Anwendungsbereich

Holzspundwände sind nur zweckmäßig, wenn der Baugrund das Einbringen ohne Beschädigungen erlaubt. Weiterhin ist die Dicke der Bohlen begrenzt, daher darf die Biegebeanspruchung nicht zu groß sein. Für Bauwerke mit großer Verkehrsdauer müssen die Bohlen unterhalb der Fäulnisgrenze enden, und der Befall durch Holzbohrtiere muss ausgeschlossen werden können. Unter diesen Bedingungen und wenn andere Baustoffe wegen der örtlichen Gegebenheiten nicht zur Verfügung stehen, können Holzspundwände für Uferwände infrage kommen.

Für Planung und Entwurf von Holzspundwänden ist DIN EN 1995, Holzbauwerke, sinngemäß anzuwenden. Verbindungsmittel aus Stahl sind mindestens in feuerverzinkter Ausführung oder mit gleichwertigem Korrosionsschutz vorzusehen.

8.1.1.2 Holzarten und Abmessungen

Holzspundbohlen werden vorwiegend aus harzreichem Kiefernholz, Fichten- und Tannenholz hergestellt. Daneben werden Holzspundbohlen auch aus tropischen Harthölzern hergestellt (Tabelle E 22-1).

Übliche Abmessungen von Holzspundbohlen und die Ausbildung der Bohlen sowie der Spundung sind aus Bild E 22-1 zu ersehen. Bei der Keil- oder Rechteckspundung wird die Feder im Allgemeinen einige Millimeter länger ausgeführt als die Nut, damit sie sich beim Rammen gut in die Nut des bereits gerammten Elements einpresst.

Für die Eckausbildung von Holzspundwänden werden dicke Vierkanthölzer, sogenannte „Bundpfähle", verwendet, in denen die Nute für die anschließenden Bohlen dem Eckwinkel entsprechend eingeschnitten sind.

8.1.1.3 Rammen

Gerammt werden Holzspundwände meist als Doppelbohlen, die durch Spitzklammern verbunden sind. Sie werden stets staffelförmig bzw. fachweise (vgl. E 118, Abschnitt 8.1.11) gerammt, um die Bohlen zu schonen und eine dichte Wand zu erreichen. Die Federseite ist in Rammrichtung angeordnet und wird am Fuß der Bohle abgeschrägt, damit sie sich beim Eindringen in den Boden an die bereits stehende Bohle anpresst. Der Fuß der Bohlen wird als Schneide aus-

Empfehlungen des Arbeitsausschusses „Ufereinfassungen" – EA „Ufereinfassungen", 11. Auflage.
Herausgegeben vom Arbeitsausschuss „Ufereinfassungen" der Hafentechnischen Gesellschaft e.V. und der Deutschen Gesellschaft für Geotechnik e.V.

Tabelle E 22-1. Kennwerte tropischer Harthölzer

Name der Holzarten	Wissen-schaftlicher Name	Mittlere Wichte	Feuchtig-keit	Abs. Druck-festigkeit	E-Modul	Abs. Biege-festigkeit	Scher-festigkeit	Dauerhaftigkeit nach TNO*)		Teredo-beständigkeit
								in feuchten Böden, in Wasser oder Wasser-wechselzone	der Witterung ausgesetzt	
		kN/m^3		MN/m^2	MN/m^2	MN/m^2	MN/m^2	Jahre	Jahre	
Demerara Greenheart	Ocotea rodiaei	10,5	trocken nass	92 72	21 500 20 000	185 107	21 12	25	50	Ja, aber etwas weniger als Basralocus
Opepe (Belinga)	Sarcocephalus	7,5	trocken nass	63 50	13 400 12 900	103 92	14 12	25	50	
Azobe (Ekki Bongossi)	Lophira procera	10,5	trocken nass	94 60	19 000 15 000	178 119	21 11	25	50	Ja, aber begrenzt
Manbarklak (Kakoralli)	Eschweilera longipes	11	trocken nass	72 52	20 000 18 900	160 120	13 11	15–25	40–50	Ja
Basralocus Angelique	Dicorynia paraensis	8,0	trocken nass	62 39	15 500 12 900	122 80	11,5 7	25	50	Ja
Jarrah	Eucalyptus marginata	10	trocken nass	57 35	13 400 9 900	103 66	13 9	15–25	40–50	Ja, aber begrenzt
Yang	Diplerocarpus Afzelia	8,5	trocken nass	54 39	14 600 12 300	109 80	11 10	10–15	25–40	Nein
Afzelia (Apa Doussic)	Afzelia africana	7,5	trocken nass	66 30	13 000 9 900	106 66	13 9	15–25	40–50	Nein

*) TNO = Nijverheisorganisatie voor Toegepast Natuurwetenschaappelijk Onderzock

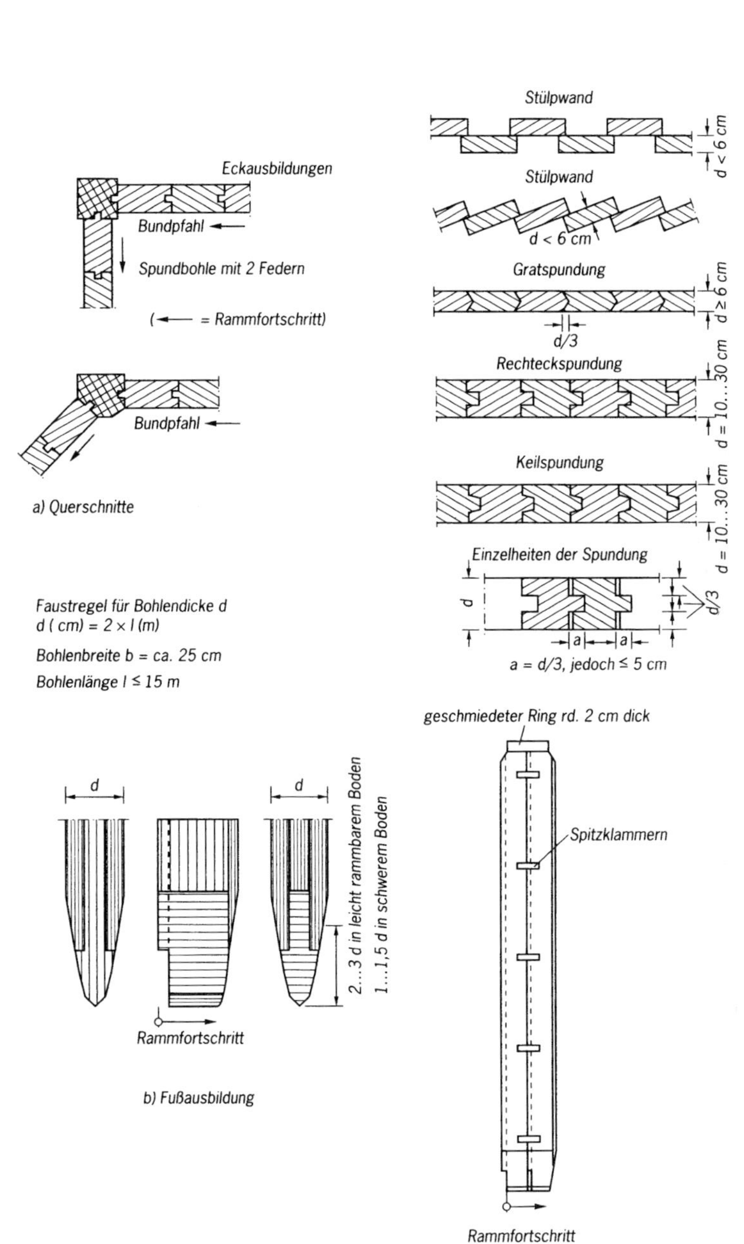

Bild E 22-1. Holzspundbohlen

gebildet, bei schwer rammbarem Untergrund durch eine rd. 3 mm dicke Stahlblechummantelung verstärkt. Der Bohlenkopf wird stets durch einen rd. 20 mm dicken konischen Flachstahlring gegen Aufspalten gesichert.

8.1.1.4 Dichtung

Holzspundwände dichten sich in gewissem Grade selbsttätig durch das Quellen des Holzes ab. Bei Baugrubenumschließungen im freien Wasser kann die Dichtung unterstützt werden, indem während des Auspumpens der Baugrube an der Außenseite feinkörnige und nicht kontaminierte Schwebstoffe (Asche, Sägespäne, fein gemahlene Schlacke) in das Wasser gestreut werden (siehe hierzu auch E 117, Abschnitt 8.1.21). Diese dringen mit Wasser in die Nut- und Federverbindung ein und setzten sich dort fest. Größere Fehlstellen in der Wand, z. B. infolge Schlossschäden, können vorübergehend durch Vorbringen von Segeltuch gedichtet werden, müssen auf Dauer jedoch durch Taucher mit Holzleisten und Kalfatern geschlossen werden.

8.1.1.5 Schutz des Holzes

Einheimische Hölzer sind nur unter Wasser ausreichend gegen Fäulnis geschützt. Holzspundwände aus einheimischen Hölzern, die dauernd eine tragende Aufgabe im Bauwerk erfüllen, müssen daher oberhalb des Wasserspiegels (im freien Wasser oberhalb Niedrigwasser, im Tidegebiet oberhalb Tidehalbwasser) mit einem umweltverträglichen Imprägniermittel geschützt werden. In Gewässern mit einem Salzgehalt über 9 ‰, in denen Bohrmuschelbefall (Teredo navalis) möglich ist, müssen die Spundbohlen auf ganzer Länge durch Imprägnierung geschützt werden. Widerstandsfähiger sind unter solchen Verhältnissen tropische Harthölzer. Die wichtigsten Kennwerte der im Wasserbau üblichen tropischen Harthölzer sind in Tabelle E 22-1 aufgeführt.

8.1.2 Ausbildung und Einbringen von Stahlbetonspundwänden (E 21)

8.1.2.1 Anwendungsbereich

Stahlbetonspundwände kommen nur in Betracht, wenn die Bohlen ohne Beschädigung und dicht schließend in den Boden eingebracht werden können. Ihre Anwendung sollte außerdem auf Bauwerke beschränkt bleiben, bei denen es auf hohe Anforderungen an die Dichtigkeit der Wand nicht ankommt, beispielsweise bei Buhnen und dergleichen.

8.1.2.2 Beton

Bei der Auswahl der Betone für Stahlbetonspundbohlen sind die jeweiligen Expositionsklassen entsprechend den vorliegenden Umgebungsbedingungen zu berücksichtigen (DIN EN 1992-1-1).

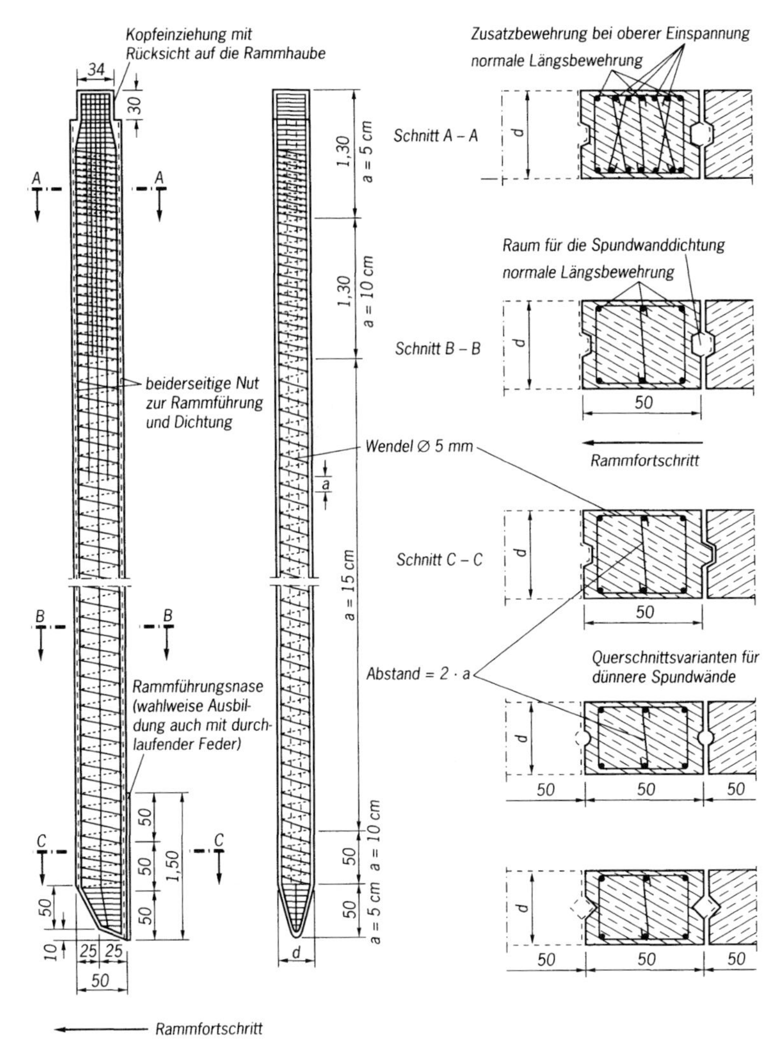

Bild E 21-1. Spundbohlen aus Stahlbeton

8.1.2.3 Bewehrung

Stahlbetonspundbohlen werden im Übrigen nach DIN EN 1992-1-1 bemessen, wobei für die Belastungssituationen „Anheben der Bohle beim Entformen" und „Hochheben vor der Ramme" DIN EN 12699 zu beachten ist. Die Bohlen erhalten im Allgemeinen eine tragende Längsbewehrung aus BSt 500 S. Außerdem erhalten die Bohlen eine als Wendel ausgebildete Querbewehrung aus BSt 500 S oder M oder aus Walzdraht ∅ 5 mm. Die Anordnung im Einzelnen zeigt Bild E 21-1.

Die Überdeckung der tragenden Bewehrung sollte im Süß- und Salzwasser c_{min} = 50 mm (Mindestmaß) und c_{nom} = 60 mm (Nennmaß) und damit größer als nach DIN EN 1992-1-1 sein.

8.1.2.4 Abmessungen

Spundbohlen aus Stahlbeton haben eine Mindestdicke von rd. 14 cm, sollen aber aus Gewichtsgründen im Allgemeinen nicht dicker als rd. 40 cm sein. Die Dicke richtet sich neben den Rammbedingungen nach den statischen und baulichen Erfordernissen. Die normale Bohlenbreite beträgt 50 cm, doch wird die Bohle am Kopf möglichst auf 34 cm Breite eingezogen, um sie den Abmessungen üblicher Rammhauben anzupassen. Spundbohlen aus Stahlbeton werden bis zu rd. 15 m, in Ausnahmefällen auch bis zu rd. 20 m lang ausgeführt.

Gebräuchliche Nutenformen für Spundbohlen aus Stahlbeton sind in Bild E 21-1 dargestellt. Die Breite der Nuten beträgt bis zu 1/3 der Spundbohlendicke, ist jedoch nicht größer als 10 cm. In Richtung des Rammfortschritts wird die Nut durchlaufend bis zum unteren Bohlenende geführt. Auf der gegenüber liegenden Seite erhält der Fuß eine zur Nut passende etwa 1,50 m lange Feder. An diese schließt sich nach oben wieder eine Nut an (Bild E 21-1). Die Feder muss den Bohlenfuß beim Einbringen führen. Sie kann vom Fuß bis zum oberen Bohlenende durchgehend sein und trägt dann zur Dichtung bei. Diese Form der Nut darf für Uferwände, die mit nichtbindigen Böden hinterfüllt werden und auf die von hinten Wasserüberdruck wirkt, aber nur dann angeordnet werden, wenn sich hinter jeder Fuge selbsttätig ein Filter aufbauen kann, sodass Boden nur in der Zeit unmittelbar nach der Fertigstellung der Uferwand durch die Fugen austreten kann.

8.1.2.5 Rammen von Spundbohlen aus Stahlbeton

Der Fuß der Spundbohlen ist in Rammrichtung etwa unter 2 : 1 abgeschrägt, damit sich die Bohle beim Eindringen in den Boden an die bereits gerammte Wand andrückt. Diese Ausbildung wird auch für Bohlen gewählt, die eingespült werden. Das Einbringen wird erleichtert, wenn die Bohlen auch in Querrichtung schneidenartig auslaufen. Die Bohlen werden stets als Einzelbohlen gerammt, und zwar bei Ausbildung mit Nut und Feder mit der Nutseite voraus. Wird mit Fallbären gerammt, ist eine Rammhaube zu verwenden. Es soll mit möglichst schweren, langsam schlagenden Bären mit geringer Fallhöhe gearbeitet werden, um die Spundbohlen zu schonen. Beim Rammen mit Hydraulikbären muss die Schlagenergie so geregelt werden, dass der Kopf der Bohlen nicht beschädigt wird.

Das Rammen von Spundbohlen aus Stahlbeton in feinsandigen und schluffigen Böden kann durch Spülhilfe erleichtert werden.

8.1.2.6 Dichtung gegen Ausfließen von Boden

Haben die Spundbohlen nur kurze Federn, ist eine Fugendichtung im Nutenhohlraum erforderlich. Bevor diese eingebracht wird, sind die Nuten mit einer Spüllanze zu säubern. Der Nutenraum wird dann mit einer Betonmischung nach dem Kontraktorverfahren verfüllt. Bei großen Nuten kann auch ein Jutesack eingelegt werden, der mit plastischem Beton gefüllt ist. Weiter kommt eine Dichtung mit bituminiertem Sand und Steingrus in Frage. In jedem Fall ist die Dichtung so einzubringen, dass sie ohne Fehlstellen den gesamten Nutenraum auffüllt. Diese Art der Dichtung zwischen den Spundbohlen ist vor allem für C-förmige Profile der Nut gemäß Bild E 21-1 geeignet. Dieses Nutprofil ist auch im Falle einer Vorspannung in Wandebene günstig.

Die mit den vorstehend beschriebenen Verfahren erreichbare Dichtwirkung ist allerdings begrenzt. Ein späteres Nachdichten ist nur mit hohem Aufwand möglich.

8.1.3 Ausbildung und Einbringen von Stahlspundwänden (E 34)

8.1.3.1 Allgemeines

Spundwände aus Stahl sind in statischer und rammtechnischer Hinsicht universell einsetzbar. Die Instandsetzung von Havarieschäden ist in den meisten Fällen in einfacher Weise möglich. Die Schlösser von Spundwänden können durch konstruktive Maßnahmen gedichtet werden (E 117, Abschnitt 8.1.21). Spundwände aus Stahl können gemäß E 35, Abschnitt 8.1.8 gegen Korrosion geschützt werden.

8.1.3.2 Wahl des Profils und der Stahlgüte

Maßgebend für die Wahl des Profils und seiner Abmessungen sowie der Stahlgüte von Stahlspundbohlen sind neben den statischen Anforderungen und den Erwartungen an die Gebrauchstauglichkeit sowie wirtschaftliche Erwägungen vor allem die Beanspruchungen, die beim Einbringen der Profile in den anstehenden Baugrund entstehen. Es muss sichergestellt sein, dass die gewählten Profile ohne Beschädigungen vor allem der Schlossverbindungen eingebracht werden können. Die erforderliche Wanddicke der Profile kann zudem durch mechanische Beanspruchungen beim Anlegen von Schiffen und durch den erodierenden Angriff durch Sandschliff (E 23, Abschnitt 8.1.9) bestimmt sein.

Im Falle hoher Geländesprünge und großer Einwirkungen aus Erddruck und Wasserüberdruck können die erforderlichen Querschnittswerte (Widerstandsmomente) mit wellenförmigen Profilen nicht mehr realisiert werden. In diesen Fällen werden trägerförmige Profile (Tragbohlen) mit großen Widerstandsmomenten mit wellenförmigen Profilen kombiniert, deren Aufgabe das Verbinden der

Trägerprofile zu einer geschlossenen Wand ist. Diese kombinierten Stahlspundwände werden in E 7, Abschnitt 8.1.4 besonders behandelt und ermöglichen häufig wirtschaftliche Lösungen. Die Aufnahme hoher Biegebeanspruchungen kann durch Profilverstärkungen mit aufgeschweißten Lamellen oder zusätzlich angeschweißten Schlossstählen noch gesteigert werden.

DIN EN 10248:2006, Entwurf führt als Spundwandstahlsorten 7 Güten bis hin zur Stahlsorte S 460 GP. Der Einsatz höherfester Stähle ist mit dem Herstellerwerk der Profile bei der Bestellung besonders zu vereinbaren. Im Übrigen ist E 67, Abschnitt 8.1.6 zu beachten.

8.1.4 Kombinierte Stahlspundwände (E 7)

8.1.4.1 Allgemeines

Kombinierte Stahlspundwände werden durch wechselweise Anordnung von langen Tragbohlen mit kürzeren und leichteren Zwischenbohlen gebildet. Die Tragbohlen müssen nach dem Einbringen in der planmäßigen Lage lotrecht stehen, damit die Zwischenbohlen eingebracht werden können, ohne die Schlossverbindungen zwischen Tragbohlen und Zwischenbohlen einer zu großen Beanspruchung mit der Folge von Schlossschäden auszusetzen. Hierzu und zu den gebräuchlichsten Wandformen und Wandelementen kombinierter Stahlspundwände siehe E 104, Abschnitt 8.1.12.

8.1.4.2 Statisches System kombinierter Stahlspundwände

Bei kombinierten Spundwänden werden die lotrechten und waagerechten Belastungen ausschließlich von den Tragbohlen in den Baugrund abgetragen. Die Zwischenbohlen schließen die Wand und übertragen den Erddruck (teilweise) und den unmittelbar einwirkenden Wasserüberdruck auf die Tragbohlen. Der Nachweis der Einleitung der Lasten von den Füllbohlen in die Tragbohlen durch lokale Plattenbiegung der Flansche darf in Anlehnung an DIN EN 1993-5, Anhang D, Abschnitt D.1.2 erfolgen.

Die Tragbohlen müssen nach DIN EN 1993-5, Abschnitt 5.5.1 (2), Abschnitt 5.5.4 (1)P für die auf den Systemabstand (= Breite Füllbohle + Breite Tagbohle) wirkenden horizontalen und vertikalen Lasten bemessen werden. Die Tragbohlen werden oben von einer Verankerung und im Boden durch das Erdauflager gehalten.

Bei mindestens mitteldicht gelagerter Hinterfüllung der Wand werden die Füllbohlen überwiegend nur aus Wasserüberdruck belastet, weil der größte Teil des Erddrucks über eine horizontale Gewölbebildung direkt von den Tragbohlen aufgenommen wird. Wenn diese Bedingung erfüllt ist, können unverschweißte Zwischenbohlen mit mindestens 10 mm Wanddicke aus Z-Profilen mit einem

lichten Tragbohlenabstand von bis zu 1,50 m und solche aus U-Profilen mit einem lichten Tragbohlenabstand von bis zu 1,80 m erfahrungsgemäß einen Wasserüberdruck von bis zu 40 kN/m² ohne Nachweis in die Tragbohlen überleiten.

Bei darüber hinausgehenden Abständen der Tragbohlen und/oder höheren Lasten aus Wasserüberdruck oder im Falle, dass eine Gewölbebildung hinter den Tragbohlen nicht angenommen werden kann, muss die Überleitung der Lasten aus den Füllbohlen in die Tragbohlen nachgewiesen werden.

Für Z-Profile mit einem lichten Tragbohlenabstand größer als 1,50 m und kleiner als 1,80 m kann dieser Nachweis durch die Versuche gemäß DIN EN 1990 als erbracht angesehen werden, wenn für den wirkenden Wasserüberdruck die Verhakungen der Schlösser nachgewiesen sind oder wenn örtliche Erfahrungen mit ausgeführten Wandkonstruktionen vorliegen. In allen anderen Fällen können horizontale Zwischengurte als zusätzliche Stützelemente zur Aufnahme des Wasserüberdrucks eingesetzt werden.

Bei einem lichten Abstand der Tragbohlen von bis zu 1,80 m und einer Einbindetiefe von mindestens 5,00 m kann vor den Tragbohlen vereinfachend der volle Erdwiderstand angesetzt werden, auch wenn die Zwischenbohlen nicht bis zur Unterkante der Tragbohlen reichen.

Sind die lichten Abstände der Tragbohlen größer als 1,80 m und/oder die Einbindetiefen der Tragbohlen kleiner als 5,00 m, ist zu prüfen, ob anstelle des vollen Erdwiderstands vor der durchlaufenden Wand der räumliche Erdwiderstand vor den schmalen Druckflächen der Tragpfähle gemäß DIN 4085:2007-10, Abschnitt 6.5.2 maßgebend wird.

Bei kombinierten Spundwänden mit außermittiger Anordnung der Zwischenbohlen ist deren Berücksichtigung als Teil eines Verbundquerschnitts gemäß E 103, Abschnitt 8.1.5 nur dann sinnvoll, wenn die Verschiebung der Schwerachse durch Verstärkung der Tragbohlen auf der gegenüber liegenden Seite ausgeglichen wird.

8.1.4.3 Hinweise zur Ausbildung von kombinierten Spundwänden

Die Eigenschaften der Tragbohlen gemäß Abschnitt 8.1.4.1 sind durch Abnahmeprüfzeugnis 3.1 nach DIN EN 10204 zu belegen. Bei den übrigen Komponenten der kombinierten Stahlspundwand sollten Stahlgüten mit Streckgrenzen unterhalb 355 N/mm² mit einem Werkszeugnis 2.2, die Stahlgüten mit einer Streckgrenze von 355 N/mm² und höher mit einem Abnahmeprüfzeugnis 3.1 nach (DIN EN 10204) belegt werden. Bei besonderen Anforderungen kann zusätzlich die Angabe von Legierungs- und Begleitelementen (C, Si, Mn, P, S, Nb, V, Ti, Cr, Ni, Mo, Cu, N, Al) vereinbart werden.

Im Bedarfsfall sind Form- und Maßabweichungen der Profile gegenüber der Norm besonders zu vereinbaren. Weiterhin müssen bei Rohren aus Feinkornbaustählen nach DIN EN 10219 und aus thermomechanisch behandelten Stählen bauaufsichtliche Zulassungen in Hinblick auf den beabsichtigten Verwendungszweck beachtet werden.

Tragelemente aus Rohren werden zur Verbindung mit den Zwischenbohlen mit entsprechenden Schlossprofilen kraftschlüssig verschweißt. Hierbei muss die Schlossverbindung die Toleranzen nach E 67, Abschnitt 8.1.6 einhalten und die Lasten aus den Zwischenbohlen auf die Rohre sicher übertragen. An den Kreuzungsstellen mit Rund- und Schraubenliniennähten müssen Schlossprofile satt am Rohrmantel aufliegen. Entsprechend sind Rohrnähte bzw. Schlossprofile an den Kreuzungsstellen auszubilden. Für Schweißverbindungen von Schlössern mit Rohren aus Feinkornbaustählen ist eine Verfahrensprüfung nach DIN EN ISO 15614-1 erforderlich.

Rohre mit innen liegenden Schlössern kommen als Tragbohlen von kombinierten Spundwänden besonders dann zum Einsatz, wenn sie geräuscharm und erschütterungsfrei mittels Drehbohrverfahren eingebracht werden sollen. Die Stahlsorte der Rohre soll DIN EN 10219 entsprechen und alle Anforderungen erfüllen, die sonst an Spundwandstähle gestellt werden.

Rohre für Tragbohlen von kombinierten Stahlspundwänden werden im Werk in voller Länge mit Voll- oder Halbautomaten spiralnahtgeschweißt oder aus einzelnen längsnahtgeschweißten und durch Rundnähte miteinander verbundenen Einzelschüssen gefertigt. Unterschiedliche, nach innen abgestufte Wanddicken sind bei längsnahtgeschweißten Rohren möglich.

Längs- und Spiralnähte sind durch Ultraschall zu prüfen. Bei der Prüfung identifizierte Fehler müssen farblich gekennzeichnet von Hand instandgesetzt werden. Die Nachprüfung ausgebesserter Schweißnähte sollte im Rahmen einer erneuten Ultraschall-Prüfung durch ein zugeschaltetes Druckerprotokoll dokumentiert werden.

Rundnähte zwischen den einzelnen Rohrschüssen und Quernähte zwischen den Coilenden von SN-Rohren sind durch Röntgenaufnahmen nachzuweisen.

Die Zwischenbohlen bestehen im Allgemeinen aus Doppelbohlen in Z-Form oder aus Dreifachbohlen in U-Form. Sie werden bei Tragbohlen aus Rohren meist in der Wandachse angeordnet, somit haben diese Wände keine bündige Anlegefläche. Bei kombinierten Wänden mit Tragpfählen aus Kasten- oder Trägerprofilen werden die Füllbohlen in der Regel in der wasserseitigen Schlossverbindung angeordnet.

8.1.4.4 Einbringen der Tragbohlen und Füllbohlen kombinierter Stahlspundwände

Die Tragbohlen kombinierter Stahlspundwände (Kasten-, Träger- oder Rohrpfähle) werden meist eingerammt (E 104, Abschnitt 8.1.12). Füllbohlen können gerammt und eingerüttelt werden (E 202, Abschnitt 8.1.23). Damit die Füllbohlen eingebracht werden können, ohne dass die Schlossverbindungen überbeansprucht werden, müssen die Tragbohlen innerhalb vereinbarter Toleranzen im planmäßigen Abstand und ohne Verdrehung parallel zueinander stehen.

Wenn Tragbohlen aus Rohren beim Einbringen auf Hindernisse stoßen, können diese durch Ausbaggern im Inneren des Rohres beseitigt werden. Voraussetzung ist allerdings, dass der Innendurchmesser der Rohrtragbohlen ausreichend groß ist, um geeignetes Baggergerät einsetzen zu können (>1.200 mm) und im Rohrinneren keine Konstruktionselemente, wie z. B. innen liegende Schlosskammern, vorstehen (Abschnitt 8.1.4.3).

Beim Einbringen mit Rüttelbären können Hindernisse im Boden in den meisten Fällen unmittelbar erkannt werden.

Beim Einrammen von Stahlrohren besteht die Gefahr, dass die Pfahlköpfe ausbeulen, besonders bei Rohren mit verhältnismäßig geringen Wanddicken. Dies kann bedeuten, dass die Rohre nicht auf die geplante Tiefe gebracht werden können. Um in solchen Fällen ein Ausbeulen zu verhindern, muss der Pfahlkopf ausgesteift werden. Es haben sich verschiedene Maßnahmen bewährt:

1. Anschweißen mehrerer ca. 0,80 m langer Stahlwinkel lotrecht an die Außenwand des Rohres (Bild E 7-1). Diese Maßnahme ist verhältnismäßig einfach und preiswert, da nur außen geschweißt wird.
2. Einschweißen von ca. 0,80 m langen Stahlblechen im Rohrkopf in kreuzweiser Anordnung (Bild E 7-2). Diese Maßnahme ist im Vergleich mit der unter 1. beschriebenen arbeitsaufwendiger.

8.1.4.5 Statische Nachweise

Für das Abtragen der Axiallast der Rohrtragbohlen in den Baugrund wird auf Abschnitt 8.2 verwiesen. Bei hohen Axiallasten und großen Rohrdurchmessern

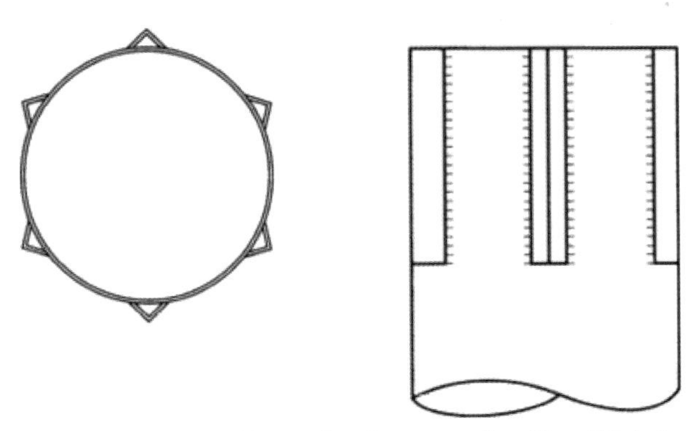

Bild E 7-1. Aussteifung mit außen angeschweißten Winkelprofilen

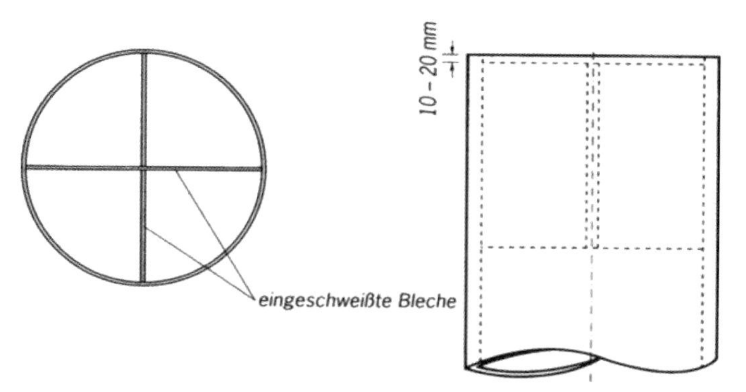

Bild E 7-2. Aussteifung mit eingeschweißten Blechen

kann es erforderlich sein, im Rohrfuß ein Blechkreuz zur Fußaussteifung einzuschweißen, mit dem zudem der Spitzenwiderstand voll aktiviert wird. Voraussetzung für die Aktivierung des Spitzenwiderstands ist die Verspannung des Bodens im Inneren des Rohrs (Pfropfenbildung) und somit die Verdichtungsfähigkeit des Bodens im Pfahlfußbereich. Eventuelle Rammhindernisse sind in solchen Fällen vorher auszuräumen, beispielsweise durch Bodenersatz. Außerdem besteht die Möglichkeit, durch innen liegende, der Rohrwandung angepasste Knaggen, die sich auf einen künstlich eingebauten Pfropfen (Betonplombe) abstützen, den erforderlichen Spitzenwiderstand zu erzeugen. Der aktivierbare Spitzenwiderstand muss gegebenenfalls durch Probebelastung nachgewiesen werden.

Bei Tragbohlen kombinierter Stahlspundbohlen aus Rohren kann der Nachweis der Sicherheit gegen Beulen entfallen, wenn die Tragrohre auf ganzer Länge mit verdichtetem nichtbindigen Boden verfüllt werden.

8.1.5 Schubfeste Schlossverbindung bei Stahlspundwänden (Verbundwände) (E 103)

8.1.5.1 Allgemeines

In statischer Hinsicht wird zwischen Wänden ohne schubfeste Schlossverbindung und solchen mit schubfester Schlossverbindung (Verbundwände) unterschieden. Bei Verbundwänden tragen alle Bohlen voll zum Widerstandsmoment der Wand bei.

Voraussetzung für die Berechnung einer Stahlspundwand als Verbundwand ist der Nachweis, dass die Schubkräfte in den Schlössern aufgenommen werden können.

Bei Stahlspundwänden in Wellenform aus Z-förmigen Einzelbohlen können alle in der Wandachse liegenden Schlösser werksseitig zusammengezogen und zur Aufnahme von Schubkräften verpresst oder verschweißt werden. Die Fädelschlösser liegen dann außen und können bereits durch Reibung die erforderliche Verbundwirkung sicherstellen.

Bei Stahlspundwänden in Wellenform aus U-förmigen Profilen liegen alle Schlösser in der Wandachse, sodass hier eine ausreichende Übertragung der Schubkräfte nur dann angenommen werden kann, wenn die im Werk eingezogenen Schlösser verpresst oder verschweißt sind und die Fädelschlösser nach dem Einbringen der Wand verschweißt werden.

Mit dem Verpressen der Schlösser kann allerdings nur ein begrenzter Verbund erreicht werden, weil sich die Schlösser an den Pressstellen bei Schubbeanspruchung um wenige Millimeter verschieben können. Die Anzahl der Pressstellen je Schloss beeinflusst die Möglichkeit der Verschiebung der verpressten Bohlen gegeneinander und damit die Verbundwirkung.

8.1.5.2 Nachweis der Verbundwirkung durch Verschweißen

Der Schubfluss in den Schlossverschweißungen wird nach der Formel

$$T_\mathrm{d} = V_\mathrm{d} \cdot \frac{S}{I}$$

ermittelt. Darin bedeuten:

V_d Bemessungswert der Querkraft [kN],
S statisches Moment des anzuschließenden Querschnittsteiles, bezogen auf die Schwerachse der Verbundwand [m^3],
I Trägheitsmoment der Verbundwand [m^4].

Bei unterbrochenen Nähten ist der Schubfluss nach DIN EN 1993-1-8, Abschnitt 4.9 entsprechend höher anzusetzen.

Der Nachweis der Schweißnähte ist nach DIN EN 1993-1-8, Abschnitt 4.5 zu führen, wobei der plastische Nachweis (Annahme eines gleichmäßigen Schubflusses) zulässig ist. Für Stahlsorten mit Streckgrenzen, die nicht von Tabelle 4.1 in DIN EN 1993-1-8 abgedeckt werden, darf der Korrelationsbeiwert β_w linear interpoliert werden.

8.1.5.3 Anordnung und Ausführung der Schweißnähte

Die Schlossverschweißungen sollen so angeordnet und ausgeführt werden, dass eine möglichst kontinuierliche Aufnahme der Schubkräfte erreicht wird. Dazu bietet sich eine durchlaufende Naht an. Wird eine unterbrochene Naht gewählt,

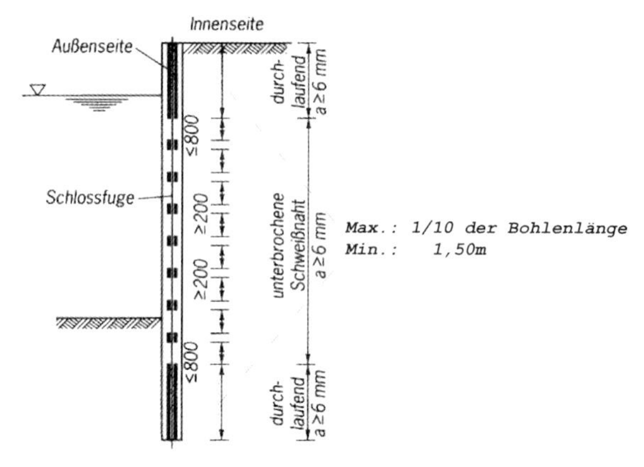

Bild E 103-1. Prinzipskizze für die Schlossverschweißung bei leichter Rammung und nur geringem Korrosionsangriff aus Hafen- und Grundwasser

soll die Länge der Einzelnähte > 200 mm sein, sofern nicht bereits nach Abschnitt 8.1.5.2 statisch längere Nähte erforderlich sind. Um die Nebenspannungen in Grenzen zu halten, sollten Unterbrechungen der Naht ≤ 800 mm sein.

In Bereichen mit stärkerer Auslastung der Spundwand, wie z. B. und vor allem im Bereich von Ankeranschlüssen und der Einleitung der Ersatzkraft C am Fuß der Wand sind die Schweißnähte stets durchlaufend anzuordnen (Bild E 103-1).

Über die statischen Belange hinaus müssen die Einflüsse aus Rammbeanspruchungen und Korrosion beachtet werden. Um den Rammbeanspruchungen gewachsen zu sein, sind folgende Maßnahmen erforderlich:

1. Am Kopf- und Fußende sind die Schlösser beidseitig zu verschweißen.
2. Die Länge der beidseitigen Kopf- und Fußverschweißungen ist abhängig von der Bohlenlänge und von der Schwierigkeit der Rammung. Sie sollten bei leichter bis mittelschwerer Rammung mindestens 1/10 der Bohlenlänge betragen, jedoch 1,50 m nicht unterschreiten.
3. Bei Wänden für Ufereinfassungen sollen diese Nahtlängen bei schwerer Rammung ≥ 3.000 mm sein.
4. Außerdem sind bei leichter Rammung weitere Nähte nach Bild E 103-1 und bei schwerer Rammung solche nach Bild E 103-2 erforderlich.

In Gebieten mit stärkerem Korrosionsangriff aus dem Hafenwasser wird auf der Außenseite bis zum Spundwandfußpunkt eine durchlaufende Schweißnaht mit einer Dicke von $a \geq 6$ mm angeordnet (Bild E 103-2).

Liegt ein starker Korrosionsangriff sowohl aus Hafenwasser als auch aus dem Grundwasser vor, muss auch die Wandinnenseite durchlaufend mit einer Naht $a \geq 6$ mm verschweißt werden.

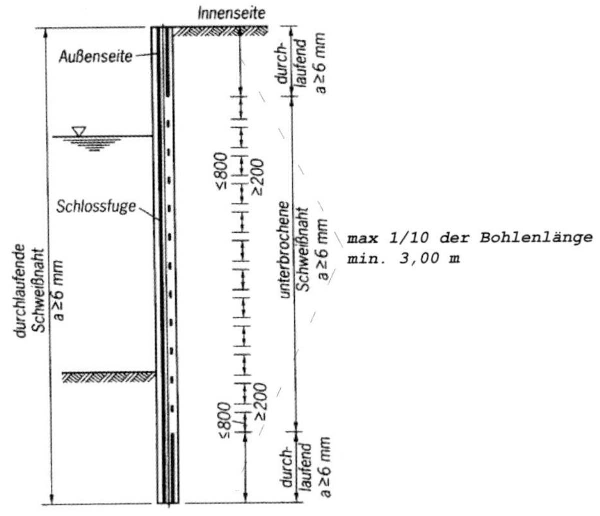

Bild E 103-2. Prinzipskizze für die Schlossverschweißung schwerer Rammung oder stärkerer Korrosion von außen im Hafenwasserbereich

Wird als Vertragsbestandteil die ZTV-W (LB 214) vereinbart, gelten die dort angegebenen Mindestschweißnahtdicken und die dort aufgeführten Korrosionszuschläge.

8.1.5.4 Wahl der Stahlsorte

Da der Umfang der Schweißarbeiten bei den Verbundwänden verhältnismäßig groß ist, sind die Bohlen aus Stahlsorten herzustellen, die eine volle Eignung zum Schmelzschweißen besitzen. In Hinblick auf die Ansatzstellen nicht nur bei den teilweise unterbrochenen Nähten sind beruhigte, sprödbruchunempfindliche Stähle nach E 99, Abschnitt 8.1.19.2 zu verwenden.

8.1.5.5 Nachweis der Verbundwirkung durch Verpressen der Schlösser

Der an den Pressstellen aus dem Haupttragsystem und den darauf wirkenden belastenden und stützenden Einflüssen herrührende Bemessungswert des Schubflusses wird analog zu Abschnitt 8.1.5.2 ermittelt. Der Nachweis der Übertragung von Schubkräften erfolgt nach DIN EN 1993-5, Abschnitt 5.2.2 und 6.4. Die Widerstände der Pressstellen werden nach DIN EN 10248:2006, Entwurf bestimmt.

8.1.5.6 Anordnung und Ausführung der Pressstellen

Verpressungen können als Einfach-, Doppel- oder Dreifachverpresspunkte hergestellt werden. Der Abstand der Pressstellen sollte mindestens DIN EN 1993-5,

Abschnitt 6.4 (5) entsprechen. Es ist zu prüfen, ob die Anzahl der Pressstellen pro Breiteneinheit für die Aufnahme der Gesamtschubkraft in einem zusammenhängenden Höhenbereich (Querkraftbereich mit gleichem Vorzeichen) ausreicht. Um diese sicherzustellen, kann der Abstand der Pressstellen dem Schubfluss entsprechend verringert werden. Dies sollte im Vorfeld der Spundbohlenfertigung mit dem jeweiligen Hersteller abgestimmt werden.

8.1.5.7 Anschweißen von Verstärkungslamellen

Verstärkungslamellen dienen der Erhöhung der Biegesteifigkeit der Tragbohlen und müssen stets auf ihrem vollen Umfang mit der Tragbohle verschweißt werden, um ein Unterrosten zu vermeiden. Die Lamellenenden sollten zur Verringerung einer sprunghaften Änderung des Trägheitsmoments verjüngt werden (siehe E 99, Abschnitt 8.1.19.5, Punkt 3). Die Schweißnahtdicke a soll in Fällen ohne Korrosionsangriff mindestens 5 mm und bei Korrosionsangriff mindestens 6 mm betragen oder den Angaben der ZTV-W (LB 214) entsprechen.

Führt eine Lamelle über ein Schloss im Bohlenrücken hinweg, muss dieses im Bereich der Lamelle mit mindestens 500 mm Vorlage durchlaufend verschweißt werden, und zwar auf der der Lamelle gegenüber liegenden Seite mit $a \geq 6$ mm und unter der Lamelle in sonst gleicher Weise so dick, wie es das ebene Anlegen der Lamelle ohne Nacharbeiten gestattet. Sonst können die Lamellenanschlussnähte beim Rammen ernsthaft gefährdet werden.

Will man auf das Verschweißen des Schlosses verzichten, ist die Verstärkungslamelle zu teilen und jedes Teilstück für sich auf dem Bohlenflansch anzuschweißen.

8.1.6 Gütevorschriften für Stähle und Maßtoleranzen von Stahlspundbohlen (E 67)

Diese Empfehlung gilt für Stahlspundbohlen, Kanaldielen und Stahlrammpfähle, im Folgenden kurz Stahlspundbohlen genannt. Es gelten DIN EN 10248-1 und -2 sowie DIN EN 10249-1 und -2.

Werden Stahlspundbohlen in Dickenrichtung (normal zur Walzrichtung) beansprucht, beispielsweise bei Abzweigbohlen für Kreis- und Flachzellen, sind zur Vermeidung von Terrassenbrüchen Stahlsorten mit entsprechenden Eigenschaften beim Spundbohlenhersteller zu bestellen, vgl. DIN EN 1993-1-10.

8.1.6.1 Bezeichnung der Stahlsorten

Für warmgewalzte Stahlspundbohlen werden in Normalfällen Stahlsorten mit den Bezeichnungen S 240 GP bis S 430 GP gemäß Abschnitt 8.1.6.2 und 8.1.6.3 verwendet.

Die Güte der Stähle mit Streckgrenzen von 240 N/mm², 270 N/mm² und 320 N/mm² nach DIN EN 10248 soll mit einem Werkszeugnis 2.2 nach (DIN EN 10204), die Güte höherwertiger Stähle nach DIN EN 10248 mit einem Abnahmeprüfzeugnis 3.1 nach DIN EN 10204 belegt werden. Bei besonderen Anforderungen kann zusätzlich die Angabe der Legierungs- und Begleitelemente C, Si, Mn, P, S, Nb, V, Ti, Cr, Ni, Mo, Cu, N, Al vereinbart werden.

In Sonderfällen, z. B. zur Aufnahme großer Biegemomente, können unter Beachtung der Empfehlung E 34, Abschnitt 8.1.3, auch Stahlsorten mit höheren Mindeststreckgrenzen bis zu 500 N/mm² eingesetzt werden. Beim Einsatz von Stahlsorten mit Mindeststreckgrenzen oberhalb 430 N/mm² sollte in Deutschland für Spundbohlen dieser Stahlsorten eine allgemeine bauaufsichtliche Zulassung vorliegen.

Für kaltgeformte Stahlspundbohlen kommen die Stahlsorten S 235 JRC, S 275 JRC und S 355 J0C nach DIN EN 10249 in Betracht.

In Sonderfällen, wie beispielsweise in Abschnitt 8.1.6.4 genannt, werden Stähle nach DIN EN 10025 verwendet.

8.1.6.2 Anforderungen an die mechanischen und technologischen Eigenschaften von Spundwandstählen

Die Anforderungen an die mechanischen Eigenschaften für warmgewalzte Spundbohlen können Tabelle E 67-1 entnommen werden. Die mechanischen Eigenschaften für kaltgeformte Spundbohlen aus Stählen S 235 JRC, S 275 JRC und S 355 J0C werden in DIN EN 10025 und DIN EN 10249 beschrieben.

Tabelle E 67-1. Anforderungen an die mechanischen Eigenschaften von Stahlsorten für warmgewalzte Spundbohlen

Stahlsorte	Mindestzugfestigkeit R_m	Mindeststreckgrenze R_{eH}	Mindestbruchdehnung für eine Messlänge von $L_o = 5{,}65\sqrt{S_o}$
	[N/mm²]	[N/mm²]	[%]
S 240 GP	340	240	26
S 270 GP	410	270	24
S 320 GP	440	320	23
S 355 GP	480	355	22
S 390 GP	490	390	20
S 430 GP	510	430	19
S 460 GP)*	*530*	*460*	*17*

*) gemäß Tabelle 2, DIN EN 10248-1:2006, Entwurf

Tabelle E 67-2. Chemische Zusammensetzung der Schmelz-/Stückanalyse für warmgewalzte Stahlspundbohlen

Stahlsorte	chemische Zusammensetzung % max. für Schmelze/Stück				
	C	Mn	Si	P und S	N*)**)
S 240 GP	0,20/0,25	–/–	–/–	0,045/0,055	0,009/0,011
S 270 GP	0,24/0,27	–/–	–/–	0,045/0,055	0,009/0,011
S 320 GP	0,24/0,27	1,60/1,70	0,55/0,60	0,045/0,055	0,009/0,011
S 355 GP	0,24/0,27	1,60/1,70	0,55/0,60	0,045/0,055	0,009/0,011
S 390 GP	0,24/0,27	1,60/1,70	0,55/0,60	0,040/0,050	0,009/0,011
S 430 GP	0,24/0,27	1,60/1,70	0,55/0,60	0,040/0,050	0,009/0,011
*S 460 GP****)*	*0,24/0,27*	*1,70/1,80*	*0,55/0,60*	*0,035/0,045*	*0,012/0,014*

*) Überschreitung der festgelegten Werte ist zulässig, vorausgesetzt, dass für jede Erhöhung um 0,001 % N der P-max.-Gehalt um 0,005 % vermindert wird; der N-Gehalt der Schmelzanalyse darf jedoch nicht höher als 0,012 % sein.
**) Der Höchstwert für Stickstoff gilt nicht, wenn die chemische Zusammensetzung einen Mindestgesamtgehalt von Al von 0,020 % aufweist, oder wenn genügend N-bindende Elemente vorhanden sind. Die N-bindenden Elemente sind in der Prüfbescheinigung anzugeben.
***) Gemäß Tabelle 1, DIN EN 10248-1:2006, Entwurf.

8.1.6.3 Chemische Zusammensetzung

Für den Nachweis der chemischen Zusammensetzung von Spundwandstählen (siehe Tabelle E 67-2) ist die Schmelzanalyse verbindlich. Die Stückanalyse dient zur nachträglichen Kontrolle in Zweifelsfällen. Der Nachweis der chemischen Zusammensetzung durch Stückanalysen im Rahmen der Abnahmeprüfung muss besonders vereinbart werden.

8.1.6.4 Schweißeignung, Sonderfälle

Eine uneingeschränkte Schweißeignung der Spundwandstähle kann nicht vorausgesetzt werden, da die Eigenschaften eines Stahls nach dem Schweißen nicht nur vom Werkstoff, sondern auch von den Abmessungen und der Form sowie den Fertigungs- und Betriebsbedingungen des Bauteils abhängt. Generell sind beruhigte Stähle für Schweißungen vorzuziehen (E 99, Abschnitt 8.1.19.2).

Die Eignung zum Lichtbogenschweißen kann unter Beachtung der allgemeinen Schweißvorschriften bei allen Spundwandstahlsorten vorausgesetzt werden. Bei der Wahl höherfester Stähle S 390 GP und S 430 GP sind für das Schweißen die Angaben der bauaufsichtlichen Zulassung einzuhalten. Das Kohlenstoffäquivalent CEV sollte mit Rücksicht auf die Schweißeignung die Werte der Stahlsorte S 355 gemäß DIN EN 10025-2, Tabelle 6 nicht überschreiten. Der Einsatz unberuhigter Stähle ist grundsätzlich zu vermeiden.

Beim Zusammentreffen ungünstiger Bedingungen für die Schweißung mit Beanspruchungen aus dem Einbringen (z. B. Schweißung bei niedrigen Temperaturen und schwere Rammung), im Fall räumlicher Spannungszustände und/oder vorwiegend wechselnder Beanspruchungen gemäß E 20, Abschnitt 8.2.7.1 (2.) sind in Hinblick auf die dann zu fordernde Sprödbruchunempfindlichkeit und Alterungsunempfindlichkeit vollberuhigte Stähle nach (DIN EN 10025) der Gütegruppen J2 oder K2 zu verwenden.

Die Schweißzusatzwerkstoffe sind in Anlehnung an DIN EN ISO 2560, DIN EN 756 und DIN EN ISO 14341 bzw. nach den Angaben des Lieferwerks auszuwählen (E 99, Abschnitt 8.1.19.2).

8.1.6.5 Schlossformen und -verhakungen

Beispiele bewährter Schlossformen von Stahlspundbohlen sind in Bild E 67-1 dargestellt. Die Nennmaße a und b, die von den Lieferfirmen erfragt werden können, werden rechtwinklig zur ungünstigsten Verschiebungsrichtung gemessen. Die minimale Schlossverhakung, die aus $a - b$ berechnet wird, muss den im Bild E 67-1 angegebenen Werten entsprechen. In kurzen Teilabschnitten dürfen diese Mindestwerte um nicht mehr als 1 mm unterschritten werden. Bei den Formen 1, 3, 5 und 6 muss die geforderte Verhakung auf beiden Schlossseiten vorhanden sein.

8.1.6.6 Zulässige Maßabweichungen der Schlösser

Beim Walzen der Spundbohlen bzw. der Schlossstähle sind Abweichungen von den Nennmaßen unvermeidlich. Die zulässigen Maßabweichungen sind in Tabelle E 67-3 zusammengestellt.

8.1.7 Übernahmebedingungen für Stahlspundbohlen und Stahlpfähle auf der Baustelle (E 98)

Für die Gebrauchstauglichkeit von Bauwerken aus Stahlspundwänden oder von Stahlpfählen kommt es neben einer sorgfältigen und fachgerechten Bauausführung vor allem auch darauf an, dass die auf die Baustelle gelieferten Profile den Lieferanforderungen entsprechen und gewisse Grenzabmaße und Formtoleranzen eingehalten werden. Um dies sicherzustellen, ist eine Übernahme des Materials auf der Baustelle erforderlich, bei der die Einhaltung der Grenzabmaße und Formtoleranzen überprüft und dokumentiert wird. Ergänzend zur internen Werkskontrolle der Lieferfirma kann zusätzlich eine Werksabnahme vereinbart werden. Bei Versand nach Übersee wird die Abnahme häufig vor der Verschiffung durchgeführt.

Bei der Übernahme auf der Baustelle muss jede ungeeignete Bohle zurückgewiesen werden, bis sie in einen verwendbaren Zustand nachgearbeitet worden

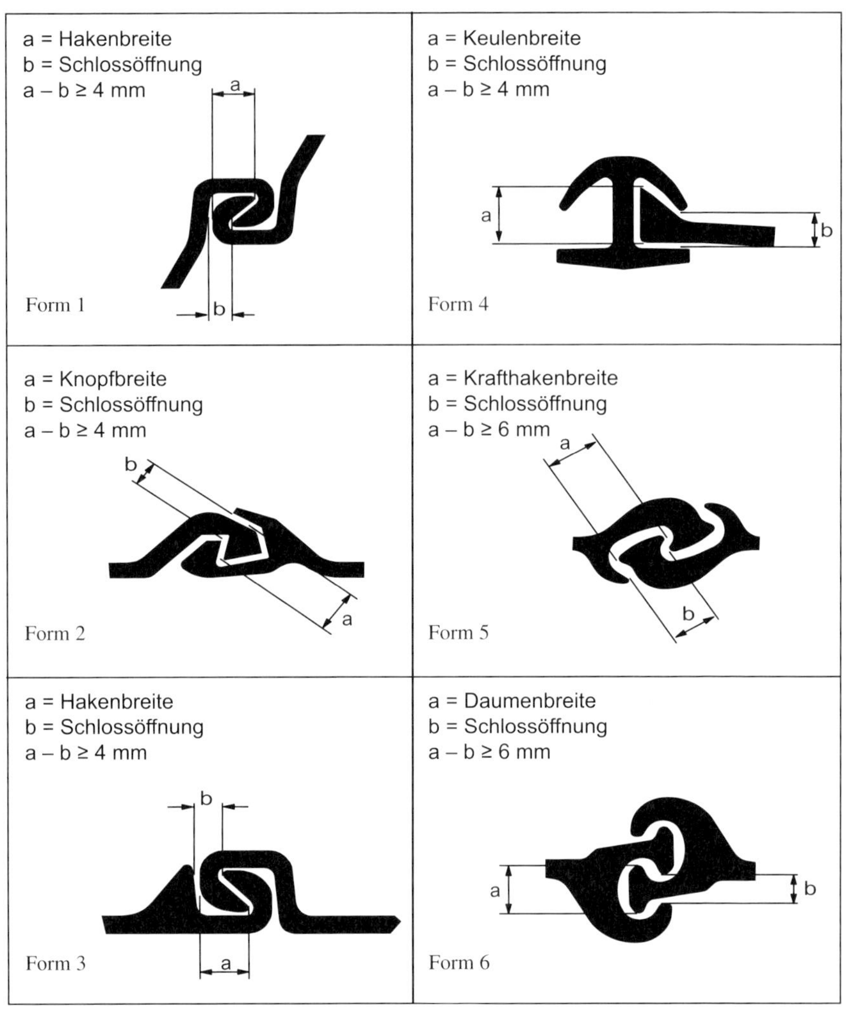

Bild E 67-1. Beispiele bewährter Schlossformen und Verhakungen für Stahlspundbohlen

ist, sofern sie nicht ganz ausgeschieden wird. Grundlagen der Übernahme der Profile auf der Baustelle sind:

DIN EN 10248-1 und -2 für warmgewalzte Spundbohlen bzw.
DIN EN 10249-1 und -2 für kaltgeformte Spundbohlen und
DIN EN 10219-1 und -2 für kaltgefertigte geschweißte Hohlprofile.

Tabelle E 67-3. Zulässige Maßabweichungen der Schlösser nach Bild E 67-1

Form	Nennmaße (nach Profilzeichnungen)	Maßabweichungen von den Nennmaßen		
		Bezeichnung	plus [mm]	minus [mm]
1	Hakenbreite *a* Schlossöffnung *b*	Δa Δb	2,5 2	2,5 2
2	Knopfbreite *a* Schlossöffnung *b*	Δa Δb	1 3	3 1
3	Knopfbreite *a* Schlossöffnung *b*	Δa Δb	(1,5 bis 2,5*) 4	0,5 0,5
4	Keulenhöhe *a* Schlossöffnung *b*	Δa Δb	1 2	3 1
5	Krafthakenbreite *a* Schlossöffnung b	Δa Δb	1,5 3	4,5 1,5
6	Daumenbreite *a* Schlossöffnung *b*	Δa Δb	2 3	3 2

*) vom Profil abhängig

Bezüglich der zulässigen Maßabweichungen der Schlösser gelten zusätzlich die Werte aus Tabelle E 67-3, Abschnitt 8.1.6.6.

Bezüglich der Grenzabweichung der Geradheit von Tragbohlen kombinierter Spundwände gilt zusätzlich E 104, Abschnitt 8.1.12.4, Abs. 1.

Hinsichtlich der Handhabung und Lagerung der Profile auf der Baustelle wird auf DIN EN 12063, Abschnitt 8.3 verwiesen.

8.1.8 Korrosion bei Stahlspundwänden und Gegenmaßnahmen (E 35)

8.1.8.1 Allgemeines

Der natürliche Prozess der Korrosion von Stahl im Kontakt mit Wasser wird von zahlreichen chemischen, physikalischen und gelegentlich auch biologischen Parametern beeinflusst. Der Korrosionsangriff ist über die Höhe einer Spundwand unterschiedlich (Bild E 35-1), die verschiedenen Korrosionszonen unterscheiden sich nach Intensität und Art der Korrosion (Flächen-, Mulden- oder Narbenkorrosion).

Das Maß der Korrosion wird als Wanddickenverlust in [mm] oder als Abrostungsgeschwindigkeit in [mm/a] angegeben.

Typische Mittel- und Maximalwerte von Wanddickenverlusten sind in den Diagrammen der Bilder E 35-3 und E 35-4 dargestellt. In diesen Bildern sind die Ergebnisse zahlreicher Wanddickenmessungen an Spundwänden und Pfählen sowie Dalben in Nord- und Ostsee und im Binnenland zusammengefasst und

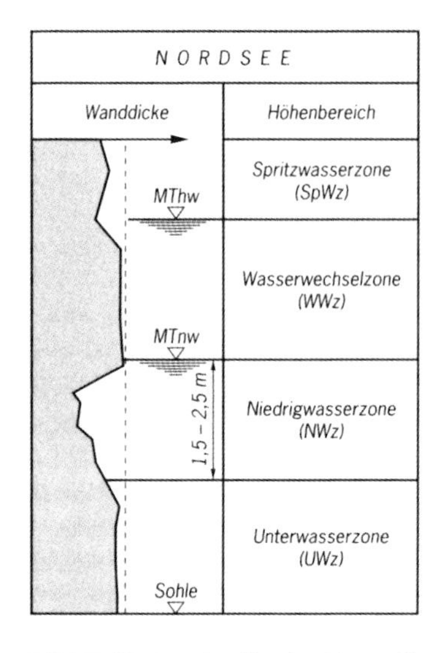

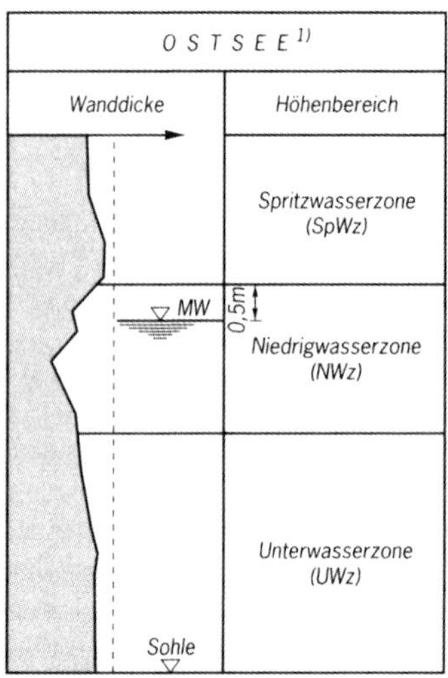

1) Übertragbar auf Binnengewässer

Bild E 35-1. Qualitative Darstellung der Korrosionszonen bei Stahlspundwänden an Beispielen von Nord- und Ostsee

den Korrosionszonen nach Bild E 35-1 zugeordnet. Wegen der Vielzahl der Einflussparameter auf die Korrosion ist die Streubreite der Messwerte sehr groß.

8.1.8.2 Einfluss der Korrosion auf Tragsicherheit, Gebrauchsfähigkeit und Dauerhaftigkeit von Stahlspundwänden

Hinsichtlich der Bewertung der Korrosion für die Standsicherheit, Gebrauchsfähigkeit und Dauerhaftigkeit von ungeschützten Stahlspundwänden sind folgende Aspekte zu beachten:

1. Durch Korrosion vermindert sich der Bemessungswert des Bauteilwiderstandes entsprechend dem Wanddickenverlust in den verschiedenen Korrosionszonen (Bild E 35-1). Je nach der lokalen Biegebeanspruchung kann die Tragfähigkeit und die Gebrauchsfähigkeit des Bauwerkes durch Korrosion herabgesetzt werden (DIN EN 1993-5, Abschnitt 4 bis 6).
2. Für die Nachweise der Tragfähigkeit und der Gebrauchstauglichkeit nach DIN EN 1993-5 sind das Widerstandsmoment und die Querschnittsfläche der Spundbohlen proportional zu den Mittelwerten der Wanddickenverluste für Süßwasser nach Bild E 35-3a und für Meerwasser nach Bild E 35-4a abzumindern.
   Ungeschützte Spundwände sind möglichst so zu gestalten, dass der Bereich größter Biegemomente außerhalb der Zone größter Korrosion liegt.
3. Nach den Erfahrungen der letzten Jahrzehnte kann die Dauerhaftigkeit von

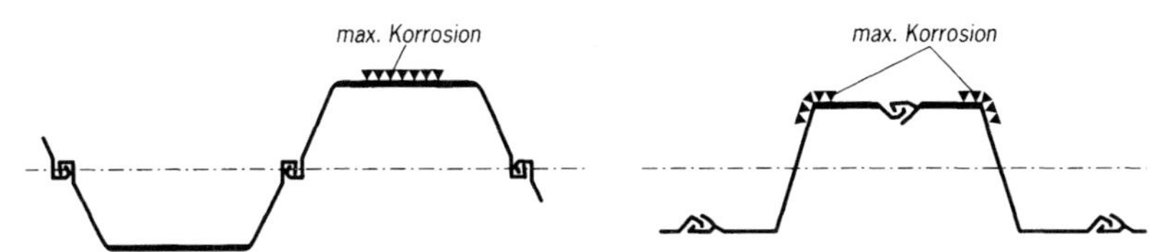

Bild E 35-2. Bereiche möglicher Durchrostungen an U- und Z-Bohlen in der Niedrigwasserzone (Meerwasser)

Spundwänden (DIN EN 1993-5, Abschnitt 4) besonders im Meerwasser der Nord- und Ostsee teilweise schon nach einer Standzeit von 20 bis 30 Jahren als Folge von Durchrostungen eingeschränkt sein (Alberts, 2001). Im Falle von Durchrostungen kann der hinterfüllte Boden ausgespült werden, und es können hinter der Spundwand Hohlräume entstehen, die irgendwann schlagartig zusammenbrechen und Versackungen an der Hafenfläche zur Folge haben. Damit können erhebliche Sicherheitsrisiken und Einschränkungen des Umschlagbetriebs verbunden sein. Durchrostungen treten bei U-Profilen häufig in der Mitte der Bergbohle und bei Z-Profilen am Übergang vom Flansch zum bergseitigen Steg auf (Bild E 35-2).

Grundlage für die Beurteilung der Dauerhaftigkeit von Spundwandbauwerken (Abschätzung der Standzeit bis zum Entstehen erster Durchrostungen) sind die Maximalwerte der Wanddickenverluste für Süßwasser nach Bild E 35-3b und für Meerwasser nach Bild E 35-4b.

Sofern keine Erfahrungswerte für die an einem Standort zu erwartenden Abrostungen vorliegen, sollten ungeschützte Spundwände für die Wanddickenverluste entsprechend den Regressionskurven in den Bildern E 35-3 und E 35-4 geplant und bemessen werden. Dabei ist zu entscheiden, ob der Bemessung die Regressionskurven der Mittelwerte oder die der Maximalwerte zugrunde zu legen sind. Zur Vermeidung von unwirtschaftlichen Konstruktionen wird empfohlen, die Messwerte für die Korrosion oberhalb der Regressionskurven nur zu benutzen, wenn diese durch örtliche Erfahrungen gestützt werden.

Für ältere, ungeschützte Spundwände sollte die Beurteilung der Standsicherheit stets auf der Grundlage von Wanddickenmessungen mit Ultraschall erfolgen, um so die örtlichen Einflüsse auf die Korrosion zu erfassen. Angaben zur Durchführung und Auswertung von Wanddickenmessungen mit Ultraschall und zu den möglichen Fehlern finden sich bei Alberts und Schuppener (1991) und Alberts und Heeling (1996).

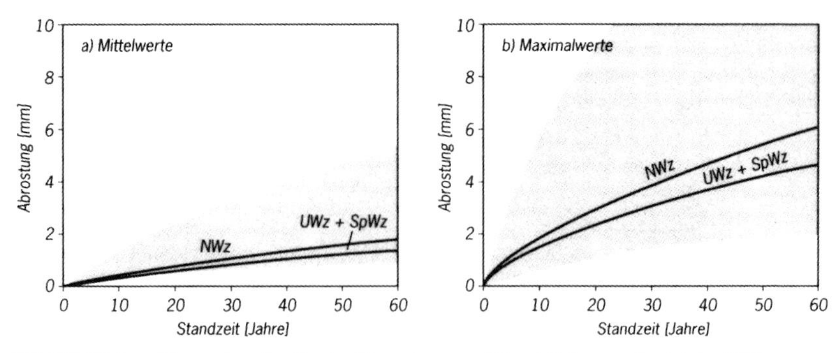

Bild E 35-3. Korrosionsbedingte Abrostungen (Wanddickenverluste) im Süßwasser

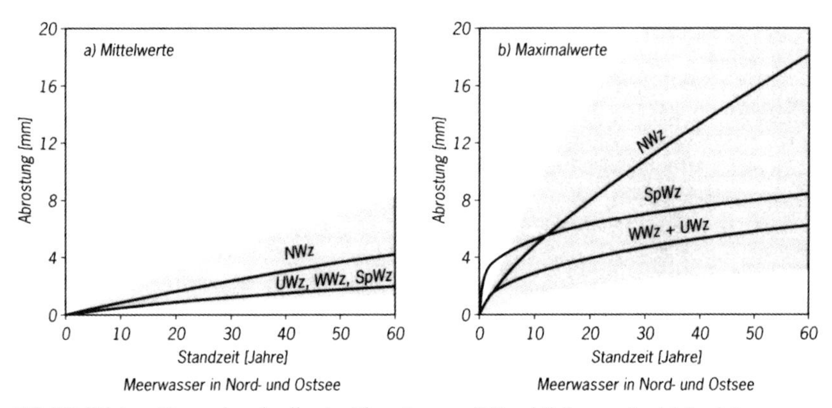

Bild E 35-4. Korrosionsbedingte Abrostungen (Wanddickenverluste) im Meerwasser

8.1.8.3 Bemessungswerte der Wanddickenverluste in verschiedenen Medien

Sofern keine örtlichen Erfahrungen vorliegen, können die folgenden Erfahrungswerte zum Wanddickenverlust durch Korrosionsangriff in verschieden Medien für Entwurf und Ausführungsplanung neuer Spundwandbauwerke sowie für die Überprüfung vorhandener Spundwände im Sinne von Bemessungswerten zugrunde gelegt werden.

1. Süßwasser
   Die Bemessungswerte für die Wanddickenverluste an Spundwänden im Süßwasser können aus den Regressionskurven in Bild E 35-3 in Abhängigkeit vom Alter des Bauwerks abgegriffen werden. Der grau unterlegte Bereich stellt den Streubereich der untersuchten Bauwerke dar.
2. Meerwasser der Nord- und Ostsee
   Die Bemessungswerte für die Wanddickenverluste an Spundwänden im Meerwasser der Nord- und Ostsee können aus den Regressionskurven in

Bild E 35-4 in Abhängigkeit vom Alter des Bauwerks abgelesen werden. Die grau unterlegte Fläche stellt den Streubereich dar. Die in den Diagrammen Bild E 35-3 und Bild E 35-4 enthaltenen Messwerte sind denen aus der internationalen Literatur vergleichbar (Hein, 1990), liegen aber insgesamt etwas höher.

3. Brackwasser
   In Brackwasserzonen vermischt sich das Süßwasser des Binnenlandes mit dem salzigen Meerwasser. Die Bemessungswerte der Wanddickenverluste sind je nach Lage des Bauwerks aus den Werten für Meerwasser (Bild E 35-4) und Süßwasser (Bild E 35-3) abzuschätzen.
4. Korrosion oberhalb der Spritzwasserzone (atmosphärische Korrosion)
   Die Abrostungsgeschwindigkeit oberhalb der Spritzwasserzone (Bild E 35-1) ist bei Wasserbauwerken mit Werten um 0,01 mm/a gering (C1 bis C5 nach DIN EN ISO 12944. Bei Einwirkung von Tausalzen sowie bei Lagerung und Umschlag stahlaggressiver Stoffe sind höhere Werte anzusetzen.
5. Korrosion im Boden
   Die Aggressivität von Böden und Grundwasser kann nach DIN 50929 grob bewertet werden. In Böden kann die Korrosion auch durch die Aktivität stahlaggressiver Bakterien (Mikrobiell Induzierte Korrosion (MIC)) begünstigt werden (Binder und Graff, 1994; Graff et al., 2000). Mit mikrobiell induzierter Korrosion ist zu rechnen, wenn organische Stoffe an die Hinterseite der Spundwand gelangen, sei es durch strömendes Wasser (z. B. im Bereich von Hausmülldeponien oder in Abwasserverrieselungsgebieten) oder durch Böden mit hohen organischen Anteilen. In solchen Fällen ist mit erhöhten Korrosionsraten bei typischerweise ungleichmäßigem Abtrag zu rechnen. Aggressive Böden wie Humus, kohlehaltige Böden, Waschberge und Schlacken sind grundsätzlich in der Hinterfüllung von Spundwandbauwerken möglichst zu vermeiden, das gilt gleichermaßen für aggressives Wasser.
6. Binden Stahlspundwände in nicht aggressive, natürlich gewachsene Böden ein, ist die zu erwartende beidseitige Abtragungsgeschwindigkeit mit 0,01 mm/a sehr gering.
   Die gleiche Größenordnung der Korrosionsrate ist zu erwarten, wenn die Spundwand mit Sand so hinterfüllt wird, dass auch die Wellentäler der Spundwand vollständig eingeerdet sind.

8.1.8.4 Korrosionsschutz

Der im Einzelfall erforderliche Korrosionsschutz für Spundwandbauwerke ergibt sich aus der Abwägung der nachfolgend aufgeführten Randbedingungen und Nutzungsanforderungen:

- geplante Nutzung und Gesamtnutzungsdauer des Bauwerks,
- allgemeine und spezifische Korrosionsbelastung am Standort des Bauwerks,

- Erfahrungen über die Korrosionserscheinungen an Nachbarbauwerken,
- Möglichkeiten der korrosionsschutzgerechten Gestaltung und Bemessung,
- Kosten für eine vorzeitige Sanierung ungeschützter Spundwände, z. B. durch Vorplattungen (Binder, 2001).

Da nachträgliche Schutzmaßnahmen oder Vollerneuerungen nur sehr schwierig durchführbar sind, müssen Planung und Umsetzung bzw. Applikation des Schutzsystems mit besonderer Sorgfalt ausgeführt werden. Je nach Art und Intensität der Korrosion und den Anforderungen an den Korrosionsschutz können spezifisch angepasste und ergänzende Schutzmaßnahmen erforderlich sein.

Grundsätzlich sind folgende Maßnahmen des Korrosionsschutzes zu unterscheiden:

1. Korrosionsschutz durch Beschichtungen
   Beschichtungen verlängern nach den bisherigen Erfahrungen die Nutzungsdauer von Spundwandbauwerken um mehr als 20 Jahre.
   Voraussetzung ist, dass die zu schützenden Flächen vor dem Auftragen der Beschichtungen nach Vorbereitungsgrad Sa 21/2 gestrahlt werden und dass das Beschichtungssystem für den konkreten Anwendungsfall geeignet ist.
   Hinweise zur Auswahl des Beschichtungssystems in Abhängigkeit von den Umgebungsbedingungen sowie zur Vorbereitung der Oberflächen, zu den erforderlichen Laborprüfungen, zur Ausführung und Überwachung der Beschichtungsarbeiten und zur Instandsetzung von Beschichtungssystemen werden von der BAW aktuell in der „Liste der empfohlenen Systeme" [www.baw.de] veröffentlicht. Die ZTV-W 218 enthält Hinweise auf bauvertragliche Regelungen.
   Hinsichtlich der *Gebrauchstauglichkeit* von Spundwandbauwerken ist die Abrostung in der Niedrigwasserzone entscheidend. Aus Bild E 35-4b (Maximalwerte) ist abzuleiten, dass eine 12 mm dicke Spundbohle im Meerwasser ohne Beschichtung nach 35 Jahren durchrostet ist (Bild E 35-5, Kurve 1). Wird eine Beschichtung mit einer angenommenen Schutzdauer von 25 Jahren appliziert, so treten die ersten Durchrostungen erst nach einer Standzeit von 60 Jahren auf (Bild E 35-5, Kurve 2).
   Hinsichtlich der Tragfähigkeit ist die mittlere Abrostungsrate zu wählen. Die maximale Biegebeanspruchung von Spundwandbauwerken des Hafenbaus liegt meist in der Unterwasserzone (UWz). Daher ist zur Beurteilung der Beeinträchtigung der Standsicherheit von Spundwandbauwerken durch Korrosion die (gleichmäßige) mittlere Abrostung gemäß Bild E 35-4a heranzuziehen. Danach tritt in 60 Jahren Standzeit eine statisch wirksame Abrostung von 2,0 mm ein. Eine Beschichtung reduziert die Abrostung bei gleicher Standzeit auf 1,4 mm.
   In der Niedrigwasserzone (NWz) ist gemäß Bild E 35-6b die statisch wirksame Abrostung von Stahlspundwänden ohne Beschichtung 4,0 mm und mit Beschichtung 2,6 mm.

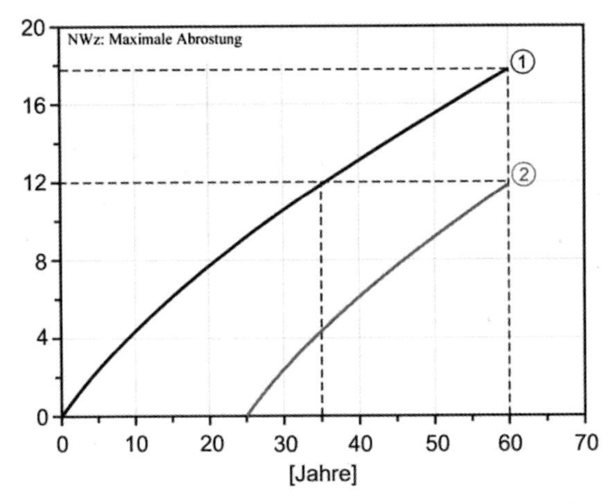

Bild E 35-5. Abrostung im Meerwasser in der Niedrigwasserzone in mm, maximale Abrostungsrate. Kurve 1: unbeschichteter Stahl, Kurve 2: beschichteter Stahl

Beschichtungen von Stahlspundbohlen sollten bereits im Werk vollständig aufgebracht werden, sodass vor Ort lediglich Transport- und Montagebeschädigungen auszubessern sind.

Das Beschichtungssystem sollte so gewählt werden, dass notwendigenfalls ein kathodischer Korrosionsschutz (KKS) nachträglich eingerichtet werden kann. In diesem Zusammenhang ist darauf zu achten, dass die Beschichtungsstoffe mit dem KKS verträglich sind. Hinweise gibt die Liste der von der BAW zugelassenen Systeme unter [www.baw.de]. Diese Liste basiert auf Laborversuchen, örtliche Erfahrungen sind zu berücksichtigen.

Sollen Stahlspundwände durch Beschichtungen gegen Sandschliff geschützt werden, ist der Abriebswert (A_w) des Beschichtungsstoffes maßgebend (RPB 2011, Richtlinie für die Prüfung von Beschichtungssystemen für den

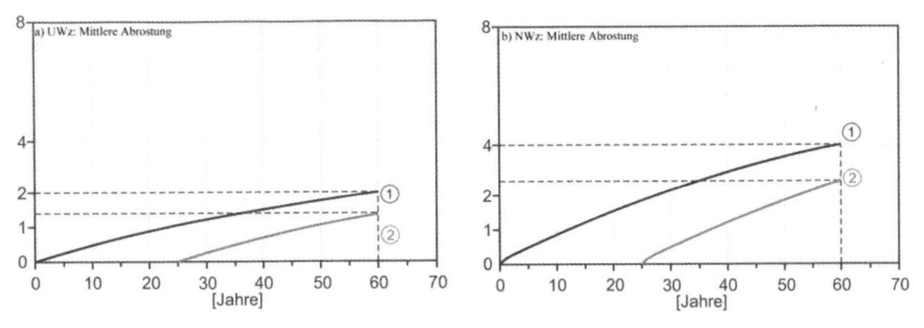

Bild E 35-6. Wanddickenverluste im Meerwasser: a) Unterwasserzone (UWz), b) Niedrigwasserzone (NWz). Kurve 1: unbeschichteter Stahl, Kurve 2: beschichteter Stahl

Korrosionsschutz im Stahlwasserbau). Zum Schutz der Beschichtung gegen Schiffsstoß ist eine Fenderung anzubringen.

2. Kathodischer Korrosionsschutz (KKS)
   Die Korrosion von Stahlspundwänden unter der Wasserlinie kann durch einen kathodischen Korrosionsschutz (KKS) mit Fremdstrom oder Opferanoden weitgehend ausgeschaltet werden. Eine zusätzliche Beschichtung oder Teilbeschichtung ist wegen der besseren Stromverteilung und des geringeren Strombedarfs meist unerlässlich und zudem wirtschaftlich.
   Kathodische Korrosionsschutzanlagen sind besonders geeignet zum Schutz von Spundwandbereichen, in denen eine Erneuerung von Schutzbeschichtungen oder die Sanierung von Korrosionsschäden bei ungeschützten Spundwänden nicht oder nur mit hohem technischen und wirtschaftlichem Aufwand möglich ist (z. B. im Tide-Niedrigwasserbereich).
   Der kathodische Korrosionsschutz erfordert besondere konstruktive Maßnahmen für Spundwandbauwerke (Wirsbitzki, 1981), deshalb ist eine ggf. später vorgesehene Ergänzung eines kathodischen Korrosionsschutzes bereits bei der Planung des Spundwandbauwerks zu berücksichtigen (ZTV-W).
   Die Kombination von Anlagen des kathodischen Korrosionsschutzes mit Beschichtungen gewährleistet auch im Bodenbereich hinter Spundwandbauwerken einen dauerhaften Schutz.
3. Legierungszusätze für die Spundwandstähle
   Bei den Spundwandstählen nach DIN EN 10248 und den Stahlsorten nach DIN EN 10025 (Baustähle) und DIN EN 10028 sowie DIN EN 10113 (höherfeste Feinkornbaustähle) konnte kein unterschiedliches Korrosionsverhalten festgestellt werden. Auch konnte der vielfach propagierte positive Effekt geringfügiger Zulegierung von Kupfer in Verbindung mit Nickel und Chrom bisher nicht bestätigt werden.
4. Korrosionsschutz durch Überdimensionierung
   Die Nutzungsdauer von Spundwandbauwerken kann durch Überdimensionierung der Wanddicken der Profile verlängert werden. In diesen Fällen sind für die Nachweise der Grenzzustände der Tragfähigkeit (ULS) und der Gebrauchstauglichkeit (SLS) die Mittelwerte der Wanddickenverluste gemäß den Bildern E 35-3 und E 35-4 anzunehmen, sofern keine örtlichen Erfahrungswerte zur Abrostungsrate vorliegen.
   Wenn der AG nichts anderes vorgibt, dürfen die Nachweise der Tragfähigkeit (ULS) für die unter Berücksichtigung der Abrostung am Ende der Nutzungsdauer zu erwartenden Wanddicken der Bemessungssituation BS-A zugeordnet werden.
   Für den Nachweis gegen Durchrosten können, sofern keine örtlichen Erfahrungswerte vorliegen, die Maximalwerte der Wanddickenverluste gemäß den Bildern E 35-3 und E 35-4 als Anhaltswerte angenommen werden.

Weitere Hinweise zum Korrosionsschutz:

- Hinsichtlich des Korrosionsangriffs sind Konstruktionen ungünstig, bei denen die Spundwand auf ihrer Rückseite nicht oder nur teilweise hinterfüllt ist.
- Oberflächenwasser sollte so gefasst und abgeleitet werden, dass es nicht unmittelbar hinter die Spundwand gelangen kann. Dies gilt insbesondere für Kais, an denen aggressiver Güter (Dünger, Getreide, Salze usw.) umgeschlagen werden.
- Frei stehende offene Pfähle sind auf der gesamten Umfangsfläche, geschlossene Pfähle, wie z. B. Kastenpfähle, dagegen im Wesentlichen auf der Außenfläche der Korrosion ausgesetzt. Die Innenflächen von geschlossenen Pfählen sind erfahrungsgemäß gegen Korrosion geschützt, wenn der Pfahl mit Sand verfüllt wird.
- Bei frei stehenden Spundwänden, z. B. Hochwasserschutzwänden, ist die Beschichtung der Spundwand ausreichend tief in den Bodenbereich zu führen. Dabei sind spätere Setzungen des Bodens zu berücksichtigen.
- Für Rundstahlanker wird zum Schutz gegen Korrosion eine Verlegung in einer Sandbettung empfohlen, inhomogenes Auffüllmaterial ist hingegen zu vermeiden. Eine Beschichtung oder Konservierung der Anker ist grundsätzlich nicht notwendig, weil die Bemessung der Anker nach E 20, Abschnitt 8.2.7.3 Reserven hinsichtlich der Spannungen im Anker beinhaltet. Wird eine Beschichtung aufgebracht, darf sie nicht beschädigt werden, weil sonst Lochfraßkorrosion im Bereich der Beschädigung begünstigt wird. Die Ankeranschlüsse von Rundstahlankern sind sorgfältig abzudichten.
- Bei der Hinterfüllung von beschichteten Spundwandbauwerken sind Beschädigungen der Beschichtung grundsätzlich nicht ganz auszuschließen. Diese können allerdings durch die Verwendung von steinfreiem Hinterfüllboden in den meisten Fällen als unbedeutend vernachlässigt werden.
- Schiffsliegeplätze sollten stets durch Reibehölzer/-pfähle und fest stehende Fendersysteme vor dauerndem Scheuern durch Pontons oder Schiffe sowie deren Fender so geschützt werden, dass ein direkter Kontakt zwischen Spundwandoberfläche und Schiff bzw. Pontons vermieden wird. Andernfalls können Abrostungsraten eintreten, die deutlich größer sind als die in den Bildern E 35-3 und E 35-4 angegebenen Werte.
- Stahl in Beton ist eine sehr aktive Kathode und kann somit die Korrosion begünstigen. Am Übergang von Stahl zu Stahlbeton (z. B. an Betonholmen) ist daher grundsätzlich verstärkte Korrosion zu erwarten. Einzelheiten dazu siehe Heiss et al. (1992). Zu Stahlholmen auf Stahlspundwänden ist E 95, Abschnitt 8.4.4 zu beachten.

8.1.9 Sandschliffgefahr bei Spundwänden (E 23)

Werden Stahlspundwände eingesetzt, müssen diese Beschichtungen erhalten, die dem am Einsatzort herrschenden Sandschliff auf Dauer standhalten. Die Beurteilung der erforderlichen Abriebfestigkeit der Beschichtung erfolgt nach der RPB 2011, Richtlinie für die Prüfung von Beschichtungssystemen im Stahlwasserbau.

8.1.10 Rammhilfe für Stahlspundwände durch Lockerungssprengungen (E 183)

8.1.10.1 Allgemeines

Sind schwere Rammungen zu erwarten, sollte stets geprüft werden, ob Rammhilfen eingesetzt werden können, um den Baugrund so vorzubereiten, dass ein wirtschaftlicher Rammfortschritt erreicht wird. Damit werden gleichzeitig auch Überbelastungen der Rammgeräte und der Rammprofile vermieden, und es kann sichergestellt werden, dass die erforderlichen Rammtiefen erreicht werden. Rammhilfen reduzieren den Energieaufwand beim Einbringen der Profile, die erwünschte Folge sind geringere Belastungen durch Rammlärm und Rammerschütterungen.

Felsartige Böden werden häufig durch Sprengungen vorab gelockert (Lockerungssprengungen). Dabei wird der Fels entlang der Rammtrasse so zerstückelt, dass ein lotrechter schottergefüllter Graben entsteht, in den die Spundbohlen vorzugsweise eingerüttelt werden können. Die Auflockerung soll bis zum geplanten Spundwandfuß reichen und so breit sein, dass sie das Spundwandprofil aufnehmen kann. Außerhalb des Grabens bleibt der Fels standfest.

Grundsätzlich können Lockerungssprengungen in jedem Gestein ausgeführt werden. Entscheidend für den Erfolg der Lockerungssprengungen ist die Wahl der auf das jeweilige Gestein abgestellten Sprengmethode, Zündfolge, Anordnung der Sprengladung, Art des Sprengstoffes (möglichst wasserfest, hochbrisant) und ganz besonders die exakte Lage, der Abstand und die Richtungsgenauigkeit der Bohrlöcher.

8.1.10.2 Sprengverfahren

Für das Erreichen des Sprengziels bei minimalen Erschütterungen hat sich die Grabensprengung mit Kurzzeitzündung und geneigten Bohrlöchern nach Bild E 183-1 bewährt. Mit diesem Verfahren sind Gräben bis 1 m Breite herstellbar (Dynamit Nobel, 1993).

Die Sprengfolge beginnt mit dem Keileinbruch (siehe Längsschnitt rechter Teil in Bild E 183-1). Er löst die Verspannung des Gebirges, indem er eine zweite freie Fläche zusätzlich zur Grabenoberfläche schafft, gegen die der Fels gewor-

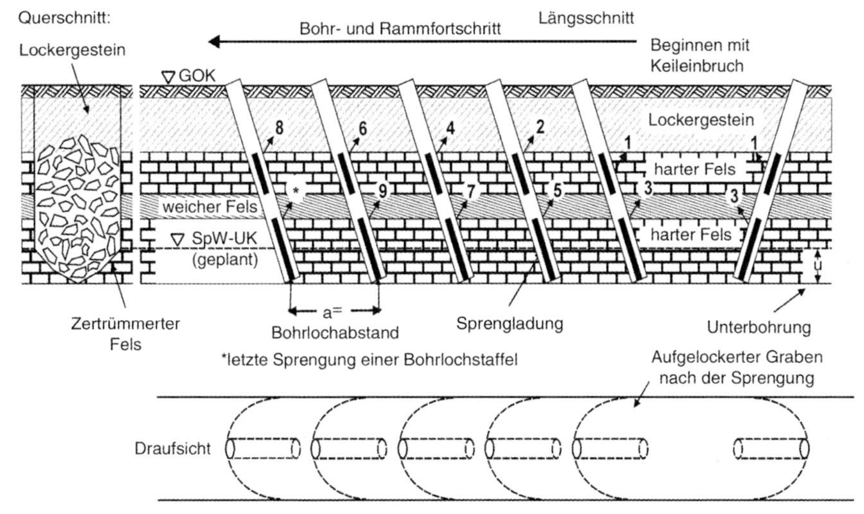

Bild E 183-1. Prinzip der Grabensprengung mit geneigten Bohrlöchern (Skizze nicht maßstäblich)

fen werden kann. Dadurch verbessert sich die Sprengwirkung und die Sprengerschütterungen sind geringer als bei senkrechten Bohrlöchern.

Nach dem Keileinbruch werden die weiteren Sprengladungen in Intervallen von i. d. R. 25 ms gezündet. Die im ersten Intervall gezündeten Sprengladungen schaffen Platz für die Auflockerungen des Gesteins durch die nachfolgenden Zündungen. Zudem wird das Gestein entlang der Sprengtrasse durch die Sprengungen mehrfach gegeneinander geworfen und so zu Schottergröße zerlegt.

Der Sprengstoff wirkt V-förmig (Öffnungswinkel 90°) in Richtung der freien Fläche (siehe Querschnitt Bild E 183-1). Damit die Spundwand trotz der verengten Spitze des Ausbruchtrichters ihre Tiefe erreicht, müssen die Sprenglöcher bis unter den geplanten Spundwandfuß reichen. Oberhalb des Ausbruchtrichters entsteht ein schottergefüllter Graben, in den die Spundbohlen schonend eingerüttelt werden können.

Der Bohrlochabstand *a* in Bild E 183-1 entspricht etwa der mittleren Grabenbreite. Übliche Bohrlochabstände bei geneigtem Bohren sind 0,5 bis 1,0 m.

Der Graben sollte wenige Dezimeter breiter sein als die Höhe des aufzunehmenden Spundwandprofils. Da in den statischen Nachweisen der Spundwandfuß als eingespannt angenommen wird, sollte der Sprenggraben allerdings nicht zu breit werden.

Bei Fels mit wechselnden Festigkeiten sollten die einzelnen Sprengstoffladungen in den harten Felspartien platziert werden, weil damit eine optimale Sprengwirkung erzielt werden kann.

8.1.10.3 Hinweise für die Ausführung von Lockerungssprengungen

Bei der Planung und Ausführung von Lockerungssprengungen sind die nachfolgenden grundlegenden Hinweise zu berücksichtigen:

1. Der anstehende Baugrund muss vor Beginn der Arbeiten durch Probebohrungen und Probesprengungen erkundet werden. Ziel der Erkundungen ist die Festlegung eines optimalen Bohrlochabstands und Besatzes der Sprenglöcher. Der durch die Sprengungen aufgelockerte Bereich kann z. B. mit Ultraschall durch den Vergleich der Laufzeiten vor und nach der Sprengung identifiziert werden.
2. Da das Einbringen durch Rütteln für die Spundwand schonender ist als das Einbringen durch Rammen, sollten die Profile in den gelockerten Graben eingerüttelt werden. Eine Verdichtung des gelockerten Gesteins ist beim Einrütteln in der Regel nicht zu befürchten. Das Einbringen der Profile durch Rammung sollte nur in Ausnahmefällen zugelassen werden.
3. Die Profile müssen unmittelbar nach der Sprengung eingerüttelt werden, weil die durch die Sprengung bewirkte Auflockerung durch die geostatische Auflast und ggf. den Strömungsdruck von Wasser (hydraulische Verdichtung) teilweise wieder rückgängig gemacht werden kann.
4. Die Rammbarkeit des gesprengten Gesteins bzw. die Möglichkeit, Profile mit dem Rüttler einzubringen, kann mit den Ergebnissen einer Schweren Rammsondierung (DPH) überprüft werden. Sehr hohe Schlagzahlen ($N_{10} > 100$) lassen Schwierigkeiten beim Einbringen der Profile erwarten.
5. Treten beim Einbringen der Profile Schwierigkeiten auf, muss nachgesprengt werden. Zuvor ist die Spundwand wieder anzuheben.
6. In durch Spaltsprengung gelockerte Gesteine können Profile nur durch Rammen eingebracht werden.
7. Zur Beweissicherung sollten die Sprengerschütterungen an den nächstgelegenen Bauwerken mit Erschütterungsmessungen nach DIN 45669 erfasst werden, z. B. im Rahmen einer Eigenüberwachung durch den Auftragnehmer.
8. Die Daten der Bohrungen für die Sprengungen werden in Bohrtagebüchern dokumentiert. Für jedes Bohrloch sind die Schichtgrenzen, der Anpressdruck beim Bohren, Spülverluste und Wasserführung aufzuzeichnen. Diese Daten liefern Hinweise auf Klüfte, Hohlräume und Bohrlochverengungen. Schließlich sind die Bohrlochneigung und Bohrlochtiefe zu dokumentieren. Die Bohrtagebücher müssen dem verantwortlichen Sprengberechtigten vor dem Beladen der Bohrlöcher vorgelegt werden, damit dieser die Sprengstoffladungen im Bohrloch optimal anordnen kann.
9. Die Bohrgenauigkeit muss stichprobenartig, jedoch besonders am Anfang der Bohrarbeiten, durch Messungen nachgewiesen werden. Hierfür stehen präzise Bohrlochvermessungssysteme zur Verfügung (z. B. BoreTrack). Eine Bohrgenauigkeit von 2 % ist realisierbar. Die Achsen der Bohrlöcher und der Spundwand müssen auch in großer Tiefe in einer Ebene liegen, sodass

die Profile stets in die durch das Sprengen aufgelockerte Zone eingebracht werden.

10. Die Bohrungen sollten nur mit Wasserspülung ausgeführt werden, weil am Farbumschlag der Wasserspülung und am Bohrklein Schichtwechsel erkennbar sind. Demgegenüber entsteht beim Bohren mit Luftspülung nur eine gleichmäßig schmutzige Staubwolke. Auch kann beim Bohren mit Luftspülung die unter Hochdruck eingeblasene Luft in weichere Schichten und bestehende Klüfte eindringen und so unerwünschte Wegsamkeiten schaffen. Diese wiederum können während der Sprengung zu Ausbläsern fern von der gewünschten Sprengstelle führen und so den Sprengerfolg verhindern.
11. In weichen bindigen Böden und nichtbindigen Böden sollte verrohrt gebohrt werden, um das Nachfallen von Boden in den geneigten Bohrlöchern zu verhindern.
12. Auf der Grundlage der Erkenntnisse aus den ersten Sprengungen sollten die Sprengdaten systematisch optimiert werden. Gesonderte Probesprengungen sind dann nicht erforderlich. Eine strenge Koordination der Bohr- und Rammarbeiten und ein laufender Austausch der Informationen über die erreichten Leistungen sind notwendig und verbessern den Erfolg der Arbeiten.
13. Die maximale Sprengstoffmenge pro Zündstufe ist vor den Sprengarbeiten auf der Grundlage von Erschütterungsberechnungen festzulegen. Sie soll nicht überschritten werden.

8.1.11 Einrammen wellenförmiger Stahlspundbohlen (E 118)

8.1.11.1 Allgemeines

Das Einrammen von Stahlspundbohlen ist ein weitverbreitetes und bewährtes Einbringverfahren für wellenförmige Spundbohlen, setzt aber stets hinreichende Fachkenntnisse und Sorgfalt bei der Ausführung voraus, damit die Profile so in den Boden eingebracht werden, dass eine geschlossene Wand mit der notwendigen Rammgenauigkeit entsteht. An die Bauausführung sind umso höhere Anforderungen zu stellen, je schwieriger die Bodenverhältnisse, je größer die Bohlenlänge und die Einrammtiefe und je tiefer die spätere Abbaggerung vor der Wand sind.

Sehr ungünstig kann es sich auf die Rammgenauigkeit auswirken, wenn lange Rammelemente nacheinander auf ihrer ganzen Länge in den Boden gerammt werden, da dann die Einfädelhöhe und daher die Schlossführung zu Beginn des Rammens gering ist.

Für die rammtechnische Beurteilung des Bodens geben Bohrungen und bodenmechanische Untersuchungen durch Druck- und Rammsondierungen einen gewissen Anhalt (siehe E 154, Abschnitt 1.5). In kritischen Fällen sind Proberammungen empfehlenswert, mit denen an ausgesuchten Stellen sowohl die Rammbarkeit des Baugrunds wie auch die Abweichungen der Profile von der Soll-Lage festgestellt werden können.

Erfolg und Güte des Einbringens der Rammelemente hängen wesentlich davon ab, wie gerammt wird. Dies setzt voraus, dass der beauftragte Unternehmer neben geeignetem, zuverlässig arbeitenden Gerät auch selbst über ausreichende Erfahrung und qualifizierte Fach- und Aufsichtskräfte verfügt und Gerät und Personal richtig einsetzen kann. Die Einrichtungen zum Einbringen der Spundbohlen müssen DIN EN 996 entsprechen.

8.1.11.2 Rammelemente

Die U- oder Z-Profile wellenförmiger Spundwände werden im Allgemeinen als Doppelbohlen gerammt. Auch das Rammen von Dreifach- oder Vierfach-Bohlen kann technisch und wirtschaftlich vorteilhaft sein. Das Rammen von Einzelbohlen sollte möglichst vermieden werden.

Die zu den Rammeinheiten zusammengezogenen Bohlen sollen möglichst durch Pressen oder Verschweißen der mittleren Schlösser kraftschlüssig verbunden werden. Dadurch wird das Aufnehmen und Aufstellen der Rammeinheiten sowie das Rammen erleichtert, und ein Mitziehen bereits gerammter Einheiten wird weitgehend ausgeschaltet.

Aus rammtechnischen Gründen kann es bei schwierigem Untergrund, felsartigen Böden und/oder großer Einrammtiefe notwendig werden, Spundbohlen mit einer größeren Wanddicke oder einer höheren Stahlsorte als statisch erforderlich zu wählen. Auch sind zuweilen der Bohlenfuß und gegebenenfalls auch der Bohlenkopf zu verstärken, z. B. beim Rammen in Böden mit Steineinlagerungen und in felsartigen Böden.

Bezüglich der Übernahme von Stahlspundbohlen auf der Baustelle wird auf E 98, Abschnitt 8.1.7 verwiesen.

8.1.11.3 Rammgeräte

Die Rammgeräte müssen so beschaffen sein, dass die Rammeinheiten mit der nötigen Sicherheit und Schonung gerammt und dabei ausreichend geführt werden. Die Führung ist vor allem bei langen Bohlen und bei großen Einrammtiefen wichtig, um unzulässig große Rammabweichungen zuverlässig zu vermeiden. Im Übrigen sind Größe und Leistungsfähigkeit der Rammgeräte von den Abmessungen und Gewichten der Rammeinheiten, deren Stahlsorte, der Einrammtiefe, den Untergrundverhältnissen und dem gewählten Rammverfahren abhängig.

Die Rammung erfolgt mit schlagenden Rammbären (Freifallbäre, Explosionsbäre, Schnellschlaghämmer und Hydraulikbäre), mit Rüttelbären (E 202, Abschnitt 8.1.23) oder mit Spundwandpressen (E 212, Abschnitt 8.1.25).

Bei Freifallbären sollte das Verhältnis des Fallgewichts zum Gewicht des Rammelementes mit Haube rd. 1 : 1 sein, um einem möglichst günstigen Wirkungsgrad zu erzielen. Universell einsetzbar, insbesondere für das Rammen in bindigen Böden, sind langsam schlagende, schwere Bäre. Schnellschlaghämmer beanspruchen das Rammelement schonend und sind für das Rammen in nichtbindigen Böden besonders gut geeignet. Ebenfalls universell einsetzbar sind Hydraulikbäre, deren Schlagenergie in Anpassung an den jeweiligen Rammwiderstand und Baugrund (auch Fels) kontrolliert regelbar ist.

Folgende Faktoren bestimmen den Wirkungsgrad und die Rammleistung von schlagenden Rammen:

- Gesamtgewicht des Hammers,
- Kolbengewicht, Einzelschlagenergie, Beschleunigungsart,
- Energieübertragung, Krafteinleitung (Haube und Führung),
- Rammgut: Gewicht, Länge, Neigung, Querschnitt und Konstruktion,
- Baugrund (siehe E 154).

Ein hoher Wirkungsgrad schlagender Rammen wird durch optimale Abstimmung dieser Faktoren erreicht.

Beim schlagenden Rammen sind Rammhauben zwischen Rammgut und Ramme unbedingt erforderlich, ihre Form und Größe müssen auf das Rammgerät und das Rammgut abgestimmt sein.

Grundsätzlich wird empfohlen, die im Einzelfall zu erwartenden Rammerschütterungen und den Rammlärm durch Voruntersuchungen, z. B. mit numerischen Prognosemodellen, abzuschätzen. Zur Kalibrierung sind gegebenenfalls Proberammungen sinnvoll. DIN 4150 Teil 2 und Teil 3 geben Anhaltswerte für zulässige Schwinggeschwindigkeiten aus Rammungen.

Hinsichtlich des Lärmschutzes beim Rammen wird auf E 149, Abschnitt 8.1.14 verwiesen.

8.1.11.4 Rammen der Bohlen

Der Rammschlag soll möglichst so in das Rammelement eingeleitet werden, dass in Bezug auf die Widerstände eine symmetrische axiale Krafteinleitung entsteht. Der einseitig wirkenden Schlossreibung kann durch eine Verlegung des Aufschlagpunkts aus der Profilachse begegnet werden.

Die Rammeinheiten müssen entsprechend ihrer Steifigkeit und Rammbeanspruchung so geführt werden, dass sie im Endzustand ihre Sollstellung haben. Um das zu gewährleisten, muss die Ramme selbst ausreichend stabil sein, einen festen Stand haben, und der Mäkler in der Neigung der Rammeinheit ausgerichtet sein. Die Rammeinheiten sollten zur Gewährleistung der erforderlichen Rammgenauigkeit mindestens in zwei Ebenen mit möglichst großem Abstand geführt werden. Eine starke untere Führung sowie das Ausfuttern der Rammeinheiten in dieser Führung sind für die Genauigkeit der Rammung besonders wichtig. Auch das vorauseilende Schloss der Rammeinheiten muss gut geführt werden.

Wenn der Rammbär ohne Mäkler freireitend auf das Rammgut einwirkt, ist eine gut passende Freireiter-Führung erforderlich. Steht die Ramme auf schwimmendem Gerät, müssen die Eigenbewegungen des Rammschiffs so gering sein, dass sie keinen Einfluss auf die Rammgenauigkeit haben.

Das erste Rammelement einer Uferwand muss besonders sorgfältig gestellt werden, damit dieses den folgenden Rammelementen eine gute Schlossführung bietet. Das ist vor allem für die Genauigkeit beim Rammen in tiefem Wasser wichtig.

Bei schwierigen Untergrundverhältnissen und bei großer Einrammtiefe ist zur Gewährleistung der Rammgenauigkeit eine zweiseitige Schlossführung der Rammelemente erforderlich. Wenn beim fortlaufenden Rammen der Rammwiderstand entlang der Rammstrecke wegen der Verdichtung des Bodens zunimmt und die Profile dadurch aus der Solllage abweichen, sollte staffelweise gerammt werden (z. B. Vorrammen mit einem leichteren und Nachrammen mit einem schwereren Gerät) oder fachweise gerammt werden, wobei mehrere Rammelemente aufgestellt und dann in profilüberspringender Reihenfolge (1-3-5-2-4) eingerammt werden.

Auch für das Rammen geschlossener Spundwandkästen wird staffelweises Rammen empfohlen.

Spundbohlen in U-Form neigen zum Voreilen des Bohlenkopfs, Spundbohlen in Z-Form zum Voreilen des Bohlenfußes. Beim fortlaufenden Rammen kann bei U-Bohlen auch der in Rammrichtung vorauseilende Schenkel um wenige Millimeter aufgebogen werden, sodass sich das Systemmaß etwas vergrößert. Bei Z-Bohlen kann der in Rammrichtung vorauseilende Steg zum Wellental hin geringfügig eingedrückt werden.

Das Voreilen kann in vielen Fällen durch staffelweises bzw. fachweises Rammen verhindert werden. Wenn dies nicht gelingt, müssen Keilbohlen eingeschaltet werden. Diese sind so auszubilden, dass der wellenförmige Teil des Rammelements an Kopf und Fuß die gleiche Form hat und der anschließende mit einem eingeschweißten Keil versehene Flansch in Rammrichtung liegt (Bild E 118-1a). Dadurch wird das Pflügen der Stege im Boden vermieden. Sowohl bei U- wie auch bei Z-Bohlen kann das Anschrägen der Bohlenfüße zu Schlossschäden führen und ist deshalb zu unterlassen.

Müssen die Achsmaße bestimmter Wandstrecken möglichst genau eingehalten werden, ist die Breitentoleranz der Bohlen zu beachten. Erforderlichenfalls sind Passbohlen (Bild E 118-1b) einzuschalten.

Eine Erleichterung der Rammung kann durch Lockerungssprengungen nach E 183, Abschnitt 8.1.10, Lockerungsbohrungen, Bodenaustausch oder durch

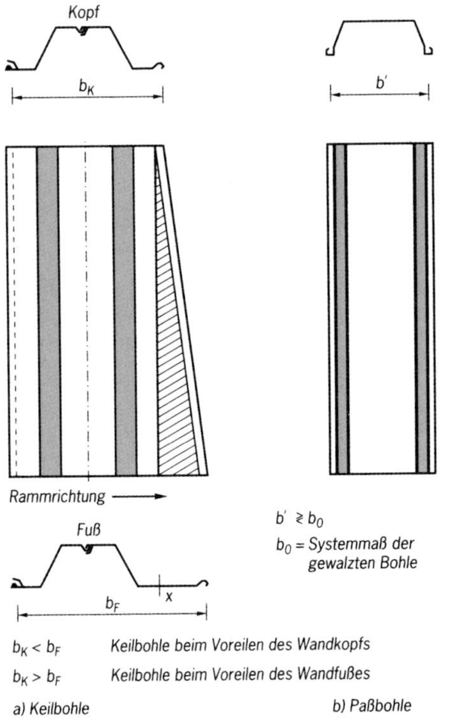

Bild E 118-1. Prinzipskizzen für Keil- und Passbohlen

Spülen nach E 203, Abschnitt 8.1.24 erreicht werden. Felsuntergrund kann durch Bohrungen perforiert und dadurch so entspannt werden, dass die Spundbohlen eingerammt werden können.

Der Energieaufwand für das Rammen ist umso geringer und der Rammfortschritt umso größer, je sorgfältiger die Rammelemente gestellt und geführt werden und je besser Rammbär und Rammverfahren auf die örtlichen Verhältnisse abgestimmt sind. Die Mindesteindringtiefe pro Schlag beim schlagenden Rammen ist gemäß Herstellerangaben einzuhalten.

8.1.12 Einrammen von kombinierten Stahlspundwänden (E 104)

8.1.12.1 Allgemeines

Kombinierte Spundwände kommen in der Regel beim Abfangen hoher Geländesprünge zum Einsatz. Bei Kaimauern für Schiffe mit sehr großem Tiefgang werden schwere kombinierte Spundwände mit Tragpfahlhöhen von mehr als 800 mm Bauhöhe oftmals verwendet.

Häufig befinden sich diese Kaimauern in exponierter Lage, da nur hier natürliche Wasserverhältnisse vorliegen, die ein Anlaufen von Schiffen mit großen Tiefgängen erlauben. Exponierte Lagen zeichnen sich durch schwierige Umweltbedingungen (Schwell, Dünung, Wellen, Wind u. a.) beim Bau aus, die bei der Konstruktion, der Arbeitsvorbereitung und der Herstellung zu berücksichtigen sind.

Wegen der bei solchen Konstruktionen meist erheblichen Längen vor allem der Tragbohlen in kombinierten Stahlspundwänden sind diese mit größtmöglicher Sorgfalt zu rammen. Nur dann kann damit gerechnet werden, dass die Tragbohlen ihre Sollstellung haben und die Zwischenbohlen mit unversehrten Schlossverbindungen eingebracht werden können.

8.1.12.2 Wandformen

Kombinierte Stahlspundwände bestehen aus Tragbohlen, zwischen denen wellenförmige Zwischenbohlen als Doppel- oder Dreifachbohlen eingebracht werden (E 7, Abschnitt 8.1.4).

Als Tragbohlen werden häufig gewalzte oder geschweißte I-förmige Stahlspundpfähle, die als Einzelpfahl oder als doppelter, zu einem Kastenpfahl zusammengeschweißter Pfahl verwendet werden. Zur Erhöhung des Widerstandsmoments können zusätzlich Lamellen auf- bzw. Schlossstähle angeschweißt werden. Daneben können die Tragbohlen z. B. als Kastenpfähle ausgebildet sein, die aus U- oder Z-Profilen mit Stegblechen zusammengeschweißt sind.

Auch werden Tragbohlen aus LN- oder SN-geschweißten Rohren mit aufgeschweißten Eckprofilen oder Einzelbohlen eingesetzt (vgl. E 7, Abschnitt 8.1.4). In Sonderfällen werden Schlosskammern bündig mit der Rohraußenkante in die Rohrwandung als innen liegendes Schloss geschweißt.

Bei Tragbohlenlängen von mehr als 20 m sollten entweder Tragbohlen als Kastenpfähle oder Doppelbohlen aus Breitflansch- oder Kastenspundwandprofilen, die in beiden Richtungen eine ausreichend große Biegesteifigkeit sowie eine große Torsionssteifigkeit haben, oder Rohre verwendet werden. Der erhöhte Rammaufwand für diese Querschnitte muss in Kauf genommen werden.

Als Zwischenbohlen werden im Allgemeinen U- oder Z- Profile als Doppel- oder als Dreifachbohlen verwendet. Konstruktive und statische Gründe können eine Teilaussteifung von Dreifachbohlen erfordern. Auch andere Profile kommen als Zwischenbohlen infrage, wenn sie die auf sie einwirkenden Lasten in die Tragbohlen überleiten können und so eingebracht werden, dass die Schlossverbindungen unversehrt bleiben. Dies setzt eine Flexibilität der Zwischenbohlen beim Einbringen voraus.

8.1.12.3 Formen der Wandelemente

Wenn Zwischenbohlen mit den Schlossformen 1, 2, 3, 5 oder 6 nach E 67, Abschnitt 8.1.6 bzw. DIN EN 10248-2 verwendet werden, sind an die Tragbohlen entsprechende Schlossstähle oder Bohlenabschnitte schubfest anzuschweißen. Die äußeren und die inneren Schweißnähte sollten $a > 6$ mm dick sein. Die Elemente der Zwischenbohlen sind durch Verschweißen oder Pressen ihrer Schlösser gegen Verschieben zu sichern.

Werden Zwischenbohlen mit der Schlossform 4 nach E 67, Abschnitt 8.1.6 verwendet, sind auch dieser Schlossform entsprechende Tragbohlen zu wählen. Schlossstähle der Form 4 werden vor dem Rammen entweder auf die Zwischenbohlen oder auf die Tragbohlen gezogen.

Werden die Verbindungsschlösser auf die Tragbohlen aufgezogen, besteht die Gefahr, dass sich diese beim Einbringen mit Boden füllen. Ein Einrammen der Zwischenbohlen kann dann leichter zu Schlosssprengungen führen. Daher sind die Schlösser in diesem Fall vor dem Rammen am unteren Ende zu verschließen und zum Beispiel mit weichem Bitumen zu verfüllen.

Sind die Schlossstähle auf die Zwischenbohlen aufgezogen, werden sie bei größerer Einrammtiefe nur am oberen Ende verschweißt, damit beim Rammen die Verdrehbarkeit zwischen Tragbohle und Zwischenbohle erhalten bleibt und somit die Schlossreibung während des Rammens verringert wird. Die Länge der Schweißnaht muss auf die Bohlenlänge, die Einrammtiefe, die Bodenverhältnisse und auf etwa zu erwartende Rammschwierigkeiten abgestellt werden. Sie liegt im Allgemeinen zwischen 200 und 500 mm/m. Bei besonders langen Bohlen und/oder schwerer Rammung empfiehlt sich zusätzlich eine Sicherungsschweißung am Fuß. Ist die Einrammtiefe nur gering, genügt im Allgemeinen eine kürzere Transportsicherung am Kopf der Bohlen.

Müssen die Zwischenbohlen tiefer als Oberkante der Tragbohlen gerammt werden, muss die Rammhaube die äußeren Schlossstähle zwar überdecken, aber nur so weit, dass noch ausreichend Abstand zwischen den Tragbohlen verbleibt.

Werden die Schlossstähle auf die Tragbohlen gezogen, sind sie mit diesen schubfest zu verschweißen ($a \geq 6$ mm), wenn unter Verzicht auf die größere Drehbeweglichkeit ein höheres Trägheits- und Widerstandsmoment erreicht werden soll.

Bestehen die Tragbohlen aus U- oder Z-Profilen, die durch Stegbleche miteinander verbunden sind, so sind die Stegbleche außen durchlaufend und an den Enden des Tragpfahls innen auf mindestens 1.000 mm mit den U- oder Z-Profilen zu verschweißen. Die Schweißnahtdicke muss $a > 8$ mm betragen. Außerdem müssen die Tragpfähle an Kopf und Fuß durch Breitflachstähle zwischen den Stegblechen ausgesteift werden, um die Rammenergie ohne Beschädigung der Tragpfähle ableiten zu können.

8.1.12.4 Allgemeine Anforderungen an die Wandelemente

Die Tragbohlen müssen über die sonst üblichen Forderungen nach E 98, Abschnitt 8.1.7 hinaus gerade sein, das Stichmaß der Profile soll gemäß DIN EN 10248-2 kleiner als 2 ‰ der Bohlenlänge sein. Tragbohlen von kombinierten Spundwänden dürfen nicht verdreht sein und müssen bei großer Länge und gleichzeitig großer Rammtiefe ausreichend biege- und torsionssteif sein.

Weder in DIN EN 10248 noch in vergleichbaren Normenwerken sind zulässige Toleranzen für die Verdrillung für Tragbohlen kombinierter Spundwände angegeben. Diese müssen daher bei Bestellung mit dem Lieferanten gesondert vereinbart oder vom Auftraggeber vorgegeben werden

Der Kopf der Tragbohlen muss eben und winkelrecht bearbeitet und so ausgebildet sein, dass der Rammschlag mithilfe einer ausreichend bemessenen und gut angepassten Rammhaube über den gesamten Bohlenquerschnitt eingeleitet wird. Beim Einbringen der Tragbohlen ist darauf zu achten, dass die Resultierende der Rammenergie und die Resultierende des Rammwiderstandes in der Schwerachse des Tragpfahles angreifen, um ein Verlaufen des Tragpfahles infolge exzentrischer Beanspruchung zu vermeiden.

Verstärkungen am Fuß der Bohle zur Erhöhung der Tragfähigkeit in axialer Richtung, z. B. Flügel, müssen so angeordnet werden, dass die Resultierende des Rammwiderstands in der Schwerachse der Tragbohle angreift. Andernfalls könnte die Tragbohle beim Rammen verlaufen. Flügel müssen so hoch über den Bohlenfuß geführt werden, dass sie die Tragbohle beim Rammen führen.

Zwischenbohlen sollen so ausgebildet werden, dass sie Abweichungen der Tragbohlen von der Soll-Lage im erforderlichen Maße folgen können. Zwischenbohlen aus Z-Profilen ermöglichen wegen der außen liegenden Schlösser in begrenzter Größenordnung eine Anpassung an Lageveränderungen der Tragbohlen. Bei Zwischenbohlen aus U-Profilen liegen die Schlösser in der Wandachse, sodass eine Anpassung an Rammabweichungen der Tragbohlen nur durch Längung oder Verkürzung des Profils möglich ist.

Die Schlösser zwischen Tragbohlen und Zwischenbohlen müssen gut gängig und ausreichend tragfähig sein (vgl. E 67, Abschnitt 8.1.6). Zusammengehörende Schlösser müssen richtig zueinander liegen und dürfen gegeneinander nicht verdreht sein.

8.1.12.5 Ausführen der Rammung

Die Tragbohlen müssen so eingebracht werden, dass sie nach dem Rammen folgende Anforderungen erfüllen:

- *Parallelität*: Die Tragbohlen müssen weitestgehend parallel zueinander stehen. Die Bohlen müssen dabei senkrecht stehen bzw. die vorgeschriebene Neigung einhalten.

- *Flucht*: Die Rammflucht muss eingehalten werden.
- *Verdrehungen/Verdrillungen*: Verdrehungen/Verdrillungen erhöhen die Gefahr von Schlosssprengungen und müssen daher weitestgehend vermieden werden.
- *Abstand*: Die Bohlen müssen über ihre gesamte Länge einen gleichmäßigen, dem Systemmaß entsprechenden Abstand zueinander haben.

Diese Anforderungen lassen sich nur durch eine strikte Führung der Tragbohlen, zweckmäßigerweise mit doppelter Führung, erfüllen. Diese Führung muss sowohl beim Stellen der Tragbohlen als auch beim Rammen gewährleistet sein. Zum Stellen und Rammen der Tragbohlen ist ein geeignetes, der Länge und dem Gewicht der Bohlen angepasstes schweres, ausreichend steifes Rammgerät zu verwenden, das einen festen Stand und ausreichende Stabilität besitzt.

Für das Einbringen von kombinierten Spundwänden an exponierten Standorten, wie solchen mit extremen Witterungsbedingungen und hohem Seegang, z. B. an Standorten in Flussästuaren, werden folgende Verfahren empfohlen:

- Hubinseln als Trägergeräte für die Ramme und die Rammführung oder ausreichend steife Rammgerüste auf Hilfspfählen, die anschließend gezogen werden. Schwimmende Geräte, z. B. Arbeitspontons oder so genannte Half Diver sind weniger geeignet. Bei derartigen Geräten muss davon ausgegangen werden, dass sie sich in der Dünung und im Wellengang, wenn auch nur geringfügig, bewegen. Schwimmende Geräte sind für die Rammung von kombinierten Wänden nur in geschützten Standorten geeignet.
- Mäklergeführte Rammung,
- Führen der Tragbohle über die Rammhaube am Mäkler, sodass sie auch oberhalb der Horizontalführung in Soll-Lage gehalten wird. Das Spiel zwischen Tragbohle und Haube sowie zwischen Haube und Mäkler muss beim Rammen so gering wie möglich sein.
- Ständige Überprüfung der Position von Hubinseln während des Rammens, weil auch Hubinseln infolge von Rammerschütterungen ihre Position (z. B. die Neigung) verändern können.
- Vermeidung des Verdrehens der Tragbohlen durch eine steife Führung, die unabhängig von Tide, Dünung, Schwell und Wellenschlag befestigt ist. Durch die Führung wird auch die Parallelität und Richtung der Tragbohlen (lotrecht bzw. geneigt) verbessert.
- Bei großen Wassertiefen das Sichern der Tragbohlen unterhalb der Rammführung durch eine unter Wasser mitlaufende Parallelführung oder Käfige. Käfige sind unverschiebliche Führungsschablonen in möglichst tiefer Lage. Es wird darauf hingewiesen, dass das Ziehen von Käfigen teilweise erhebliche Hebekräfte erfordert, die über die Gewichte der Tragbohlen weit hinausgehen.

Sämtliche Vorrichtungen zum Einbringen der Wandelemente müssen den Sicherheitsanforderungen von DIN EN 996 entsprechen.

Die Tragbohlen werden in der Regel zunächst mit einem Rüttler gestellt und anschließend mit einem schweren Rammgerät auf Endtiefe gebracht.

Bei geringer Wassertiefe kann die Führung dadurch verbessert werden, dass an der Hafensohle vor dem Rammen ein Graben ausgehoben wird, sodass eine Führung möglichst tief angesetzt werden kann und die Rammtiefe verringert wird.

Die Tragbohlen werden nicht fortlaufend, sondern in überspringender Reihenfolge (Pilgerschritt) gerammt. Dadurch wird sichergestellt, dass der Fuß der Bohlen niemals in nur einseitig verdichtetem Boden eingebracht wird. In der Regel wird eine Rammeinheit von 7 Tragbohlen in der Reihenfolge 1-7-5-3-2-4-6 eingebracht (großer Pilgerschritt). Mindestens sollte aber die Reihenfolge 1-3-2-5-4-7-6 (kleiner Pilgerschritt) eingehalten werden.

Im Allgemeinen werden die Tragbohlen in einem Zuge auf planmäßige Tiefe gerammt.

Die Zwischenbohlen werden anschließend der Reihe nach eingesetzt und eingebracht. Werden sie (teilweise) im Vibrationsverfahren eingebracht, ist unbedingt darauf zu achten, dass die Bohlen stetig tiefer eindringen. Deutet der Fortschritt beim Vibrieren darauf hin, dass die Zwischenbohle nur noch geringfügig weiter eindringt, so ist das Vibrieren sofort abzubrechen, um Schäden in den Fädelschlössern und an den Verschweißungen von Schlössern auf jeden Fall zu vermeiden. Deshalb sollten die Eindringgeschwindigkeiten, wie in Abschnitt 8.1.23.5 erläutert, nicht geringer als 0,5 m/min sein.

Je nach Länge der Zwischenbohlen ist deren Wandstärke ausreichend zu wählen. Bei Zwischenbohlenlängen ab 20 m sollte deren Wandstärke nicht dünner als 12 mm sein.

Bei spülfähigem, steinfreiem Boden können die Trag- und gegebenenfalls auch die Zwischenbohlen mit Spülhilfe eingebracht werden. Die Spüleinrichtungen sind symmetrisch anzuordnen und seitlich gut zu führen, um dem seitlichen Abweichen der Tragbohlen aus der Soll-Lage zu begegnen.

Sind Geröll- oder feste Bodenschichten zu durchrammen, empfiehlt sich ein Bodenaustausch. Bei Landbaustellen kann in der Rammtrasse ein Schlitz ausgehoben werden, in den die Spundwand eingestellt und nachgerammt wird.

Speziell bei schwierigen Bodenverhältnissen sind unter Umständen Sondermaßnahmen erforderlich, um Schäden beim Einbringen von kombinierten Spundwänden zu verhindern. So können u. U. Bodenaustausch, Vorbohrungen und anderes sinnvoll sein.

Planung und Bau einer kombinierten Spundwand erfordern vom Planer, vom Konstrukteur, vom Hersteller sowie bei der Arbeitsvorbereitung und insbesondere von der ausführenden Mannschaft umfangreiche Erfahrungen.

8.1.13 Beobachtungen beim Einbringen von Stahlspundbohlen, Toleranzen (E 105)

8.1.13.1 Allgemeines

Beim Einbringen von Stahlspundbohlen sind Lage, Stellung und Zustand der Rammeinheiten laufend zu beobachten und das Erreichen der Soll-Stellung durch geeignete Messungen zu kontrollieren. Neben der richtigen Ausrichtung beim Ansetzen der Rammeinheiten ist die Einhaltung der Toleranzen auch in Zwischenstationen, insbesondere nach den ersten Metern der Rammung, zu prüfen. Dadurch können selbst geringfügige Abweichungen von der Soll-Lage (Neigung, Ausweichen, Verdrehen) oder Verformungen des Kopfes sofort erkannt und schon frühzeitig Korrekturen vorgenommen und, wenn erforderlich, geeignete Gegenmaßnahmen eingeleitet werden.

Die Eindringungen, Flucht und Stellung der Rammelemente sind häufig und besonders sorgfältig zu beobachten, wenn schwerer Baugrund mit Hindernissen ansteht. Zieht ein Rammelement nicht mehr, d. h., die Eindringungen sind ungewöhnlich gering, sollte das Rammen/Vibrieren dieses Rammelementes sofort abgebrochen werden. Es können dann zunächst die nachfolgenden Rammelemente eingebracht werden. Später kann dann versucht werden, das hoch stehende Rammelement tiefer zu rammen.

Die Beobachtungen beim Einbringen von Tragbohlen und Zwischenbohlen sind für jede Rammeinheit zu dokumentieren (siehe Abschnitt 8.1.13.5). Alle Aufzeichnungen sollten unverzüglich vorliegen, dass über Aufstockungen oder andere Maßnahmen zeitnah entschieden werden kann.

Sind einzelne Rammeinheiten kurz vor Erreichen der rechnerischen Tiefe nur noch sehr schwer zu rammen, sollten sie nicht mit Gewalt weitergerammt werden, weil sonst die Gefahr besteht, dass die Profile, die Schlösser und die Schweißnähte beschädigt werden. In Einzelfällen kann eine kürzere Einbindetiefe in Kauf genommen werden, wenn damit die Beschädigung der Profile vermieden wird. Allerdings muss sichergestellt sein, dass wegen der kürzeren Einbindung einzelner Rammeinheiten weder die Standsicherheit (Erdwiderstand, hydraulischer Grundbruch) noch die Gebrauchstauglichkeit (z. B. Umläufigkeit) des Gesamtbauwerks beeinträchtigt werden.

Bei ungewöhnlich großen Eindringmaßen von Tragbohlen kombinierter Wände, wenn also die Tragbohlen nicht „fest werden“, kann es erforderlich sein, die

Tragbohlen wieder zu ziehen und nach einer Verdichtung des Bodens erneut zu rammen, damit diese die ihnen zugewiesenen lotrechten Lasten abtragen können. Gegebenenfalls sind die Bohlen aufzustocken.

Deuten die Beobachtungen beim Einbringen, wie Verdrehungen oder Schiefstellungen, darauf hin, dass die Einbringelemente beschädigt sein könnten, sollte versucht werden, sie freizulegen oder zu ziehen und die Ursachen der Verdrehung oder Schiefstellung z. B. durch eine Untersuchung des Baugrunds auf Rammhindernisse zu erkunden.

8.1.13.2 Schlossschäden, Signalgeber

Schlossschäden an Spundwänden entstehen, wenn das Schloss eines einzubringenden Elements aus dem des bereits gerammten herausläuft. Ursache von Schlossschäden können Rammhindernisse im Boden sein, bei kombinierten Wänden aber vor allem auch Abweichungen der bereits gerammten Bohlen von der Sollstellung im Grundriss und in der Wandebene. Daher ist die Einhaltung der Rammtoleranzen die wichtigste Vorsorgemaßnahme gegen Schlossschäden. Allerdings sind Schlossschäden auch bei sorgfältigem Rammen und Einhaltung der Rammtoleranzen, insbesondere bei kombinierten Wänden, nicht ganz auszuschließen.

Das Herauslaufen aus dem Schloss kann nur in Ausnahmefällen an den Rammdaten (Rammenergie, Rammfortschritt) erkannt werden. Daher ist es erforderlich, die gerammte Wand nach dem Freibaggern ggf. durch Taucher auf Schlossschäden zu untersuchen und diese zu sanieren.

Bei Konstruktionen, bei denen Schlossschäden die Standsicherheit oder die Gebrauchstauglichkeit beeinträchtigen können (z. B. Baugruben im freien Wasser), können Schlosssprungdetektoren (Signalgeber) eingesetzt werden, mit denen das Herauslaufen der Schlösser bereits beim Einbringen erkannt wird (Bild E 105-1).

Mit einem Näherungsschalter nach Bild E 105-1a kann beim Einbringen kontinuierlich festgestellt werden, ob die Schlossverbindung noch intakt ist. Erreicht

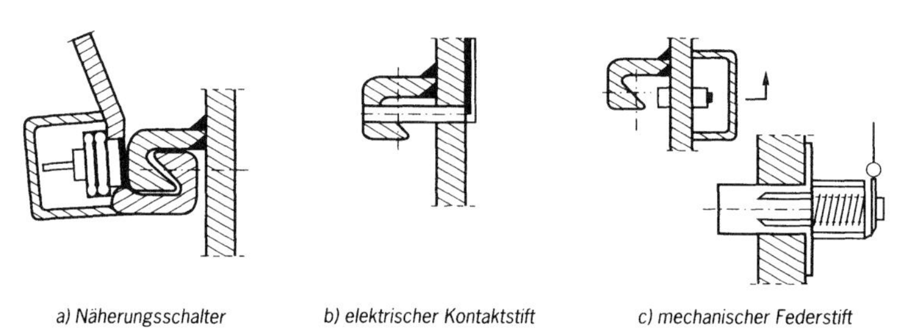

a) Näherungsschalter b) elektrischer Kontaktstift c) mechanischer Federstift

Bild E 105-1. Signalgeber

das Schloss der Fädelbohle den elektrischen Kontaktstift nach Bild E 105-1b, wird dieser abgeschert und damit angezeigt, dass das Fädelschloss noch im Schloss der bereits gerammten Bohle läuft. Ähnlich zeigt der mechanische Federstift nach Bild E 105-1c, dass die Schlossverbindung noch intakt ist.

Daneben gibt es die praktisch erprobte und robuste Möglichkeit, ein kurzes Schlossstück mit einem angeschweißten Draht vorlaufend mit auf Tiefe zu rammen und so anzuzeigen, dass das Fädelschloss noch im bereits gerammten Schloss läuft.

8.1.13.3 Rammabweichungen und Toleranzen

Für die Abweichungen der Bohlen aus der Sollstellung sind in Übereinstimmung mit DIN EN 12063 folgende Größenordnungen als Toleranzen bei Wellenspundwänden bereits bei der Planung anzunehmen:

±1,0 % der Einrammtiefe bei normalen Bodenverhältnissen und Landrammung,
±1,5 % der Einrammtiefe bei Wasserrammung,
±2,0 % der Einrammtiefe bei schwierigem Baugrund.

Die Abweichung ist am oberen Meter der Rammelemente zu messen.

Die Abweichung des Spundbohlenkopfes senkrecht zur Wand darf bei Landrammung 75 mm und bei Wasserrammung 100 mm nicht überschreiten.

Die in DIN 12063 angegebenen Toleranzen für Wellenspundwände sind als Maße für die geforderte Genauigkeit der Tragbohlen in kombinierten Wänden ungeeignet. Die Rammung der Tragbohlen einer kombinierten Spundwand muss erheblich genauer erfolgen, als es die Toleranzen von DIN 12063 für Wellenspundwände erlauben. Daher gelten die vorgenannten Toleranzen der Rammabweichungen ausdrücklich nicht für die Tragbohlen kombinierter Wände. Diese müssen im Einzelfall vereinbart werden. Zur Festlegung der Toleranzen für die Tragbohlen kombinierter Wände wird auf Bild 6 in DIN EN 12063 verwiesen.

Die Tragbohlen kombinierter Wände müssen wegen der Gefahr von Schlosssprengungen gerade, senkrecht bzw. in der vorgeschriebenen Neigung, parallel zueinander, unverdreht und in den planmäßigen Abständen stehen (E 104, Abschnitt 8.1.12.5).

8.1.13.4 Messung der Rammabweichungen

Die richtige Ausgangsstellung und auch Zwischenstellungen von Rammeinheiten können z. B. mit zwei Messeinrichtungen geprüft werden, von denen je eine die Stellung in y-Richtung und eine die Stellung in z-Richtung kontrolliert. Diese Messungen sollten für die Tragbohlen von kombinierten Wänden generell vorgeschrieben werden. Die beim Rammen von kombinierten Spundwänden einzuhaltenden Toleranzen müssen stets zwischen Planer, Bauherrn und Baufirmen im Sinne von DIN EN 12063 unter Berücksichtigung der in DIN EN 10248 angegebenen Walztoleranzen und ggf. der vom Produktlieferanten angegebenen zusätzlichen Profilverformbarkeiten, wie z. B. Breitenlängung/-stauchung, den Grenzwerten für Schlossdrehung etc., festgelegt und vereinbart werden. Bei Kaimauern in exponierten Lagen sollten nach dem Rammen und dem Ausbau der Führungen für jede Tragbohle die vereinbarten Toleranzen nicht nur am Bohlenkopf und direkt über der Wasserlinie, möglichst bei Niedrigwasser, nachgewiesen werden, sondern auch durch Taucher in Höhe der Gewässersohle.

Werden die zulässigen Toleranzen überschritten, sind die Tragbohlen zu ziehen und erneut zu rammen oder es müssen Passbohlen als Zwischenbohlen angeordnet werden. Die Passbohlen werden entweder entsprechend den Aufmaßen oder als besonders flexible Elemente (Federbohlen) angefertigt. Diese Flexibilität kann z. B. durch Entfernen des Mittelschlosses einer Zwischenbohle und Aufschweißen einer Halbschale erreicht werden.

Wird die lotrechte Stellung von Rammeinheiten mit Wasserwaagen überprüft, sind ausreichend lange Waagen (mind. 2,0 m), ggf. mit Richtscheit, einzusetzen. Die Kontrolle ist an verschiedenen Stellen zu wiederholen, um örtliche Unregelmäßigkeiten auszugleichen.

8.1.13.5 Aufzeichnungen

Für das Aufzeichnen der Rammbeobachtungen wird auf DIN EN 12699, Abschnitt 10 verwiesen. Die hier aufgeführten Daten entsprechen denen in den Mustervordrucken für die Aufzeichnungen beim Rammen der nicht mehr gültigen DIN 4026:1975. Bei schwierigen Rammungen sollte außerdem für die ersten 3 Elemente sowie für jedes 20. Element die Rammenergie über die gesamte Einbringlänge aufgezeichnet werden.

Moderne Rammgeräte erfassen die Rammdaten vollständig auf Datenträgern und erlauben innerhalb kürzester Zeit eine Auswertung mit einer speziellen Software. Vor allem bei schweren Rammungen und in Böden wechselnder Schichtenfolge ist die vollständige Aufzeichnung der Rammdaten zu empfehlen.

Auch bei Einbringen von Rammeinheiten im Vibrationsverfahren sollte das Eindringen kontinuierlich aufgezeichnet und dokumentiert werden, um Unregelmäßigkeiten feststellen zu können.

8.1.14 Lärmschutz, schallarmes Rammen (E 149)

8.1.14.1 Allgemeines zum Schallpegel und zur Schallausbreitung

Die von einer Schallquelle ausgehende Schallemission wird über die Schallleistung oder über den Schalldruckpegel in einem definierten Abstand charakterisiert. Die Schallleistung ist die pro Zeiteinheit abgestrahlte Schallenergie. Sie ist unabhängig von den Umgebungsbedingungen und damit eine Kenngröße der Schallquelle und wird nach empfindungsorientierten Kriterien (z. B. dem menschlichen Hörvermögen) bewertet.

Hauptbewertungsgröße ist der A-bewertete Schallleistungspegel als zehnfacher Logarithmus des Verhältnisses der Schallleistung zur Bezugsleistung (P_0 = 1 pW = 1 · 10^{-12} W). Die A-Bewertung reflektiert einen Filter für den Frequenzgang des menschlichen Hörempfindens. Die Kennzeichnung der Bewertungsart erfolgt entweder über den Index L_{WA} oder über einen Zusatz in der Maßeinheit dB(A).

Der Schalldruckpegel ist der zehnfache Logarithmus des Verhältnisses des Schalldruckes der Schallquelle zu einem Bezugsdruck (in Luft: p_0 = 20 μPa) und damit eine vom Messabstand und den akustischen Umgebungsbedingungen abhängige Größe.

Weitere wichtige Kenngrößen zur Einschätzung der Schallemission einer Schallquelle können die Schallverteilung über verschiedene Frequenzbänder (Terz-, Oktav-, Schmalband), eventuelle zeitliche Schwankungen und Richtcharakteristiken sein.

Aufgrund der logarithmischen Gesetzmäßigkeiten der Akustik kann leicht nachvollzogen werden, dass bei einer Verdopplung der Anzahl der Schallquellen der Schalldruckpegel um 3 dB(A) ansteigt. Untersuchungen zeigen für das menschliche Hörempfinden dagegen, dass dieses erst eine Erhöhung des Schalldruck-

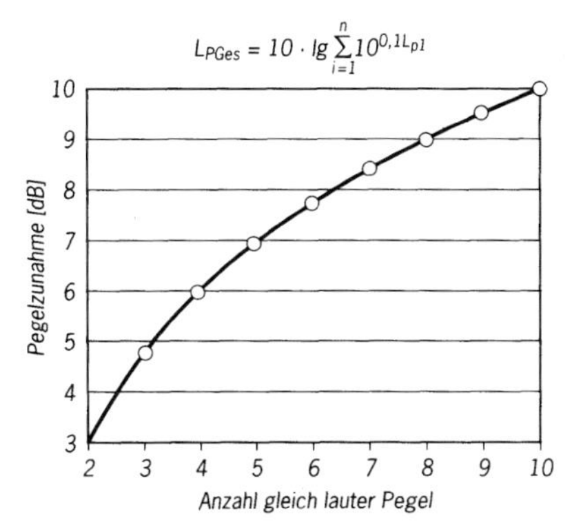

Bild E 149-1. a) Pegelzunahme beim Zusammenwirken mehrerer gleich lauter Pegel

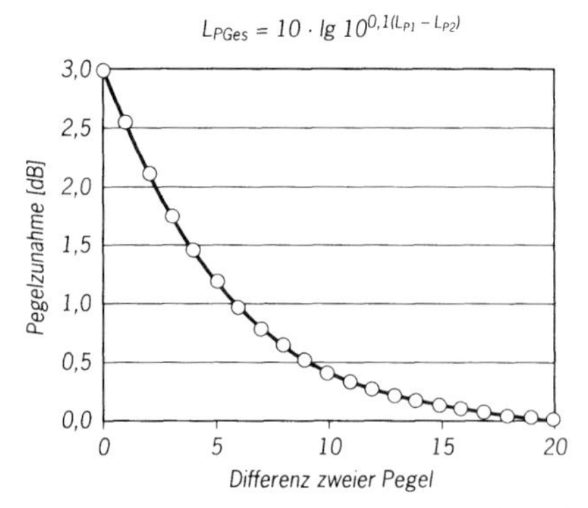

Bild E 149-1. b) Pegelzunahme bei zwei unterschiedlich lauten Pegeln

pegels um 10 dB(A) als Lärmverdopplung empfindet. Die Zunahme des Gesamtschalldruckpegels bei Überlagerung einer Anzahl gleich starker Quellen zeigt Bild E 149-1a.

Unterschiedlich starke Quellen haben einen wesentlich differenzierteren Einfluss auf den Gesamtpegel. Ist der Abstand der Schalldruckpegel zweier Quellen größer als 10 dB(A), so hat die leisere Quelle tatsächlich keinen Einfluss mehr auf den Gesamtpegel (siehe Bild E 149-1b).

Hieraus folgt, dass Maßnahmen gegen den Lärm nur dann wirkungsvoll sein können, wenn zunächst die lautstärksten Einzelschallquellen gemindert werden. Die Beseitigung schwächerer Einzelschallquellen bringt nur einen geringen Effekt für die Lärmminderung.

Bei idealer Freifeldausbreitung in den unendlichen Halbkugelraum verringert sich aufgrund der geometrisch bedingten Ausbreitung der Schallenergie der Schalldruck einer punktuellen Schallquelle mit der Entfernung um

$$\Delta L_P = -20 \cdot \lg \frac{S}{S_0}$$

mit:

ΔL_P Veränderung des Schalldrucks [dB],
S Entfernung 1 zur Schallquelle [m],
S_0 Entfernung 2 zur Schallquelle [m].

Daraus folgt bei Verdoppelung der Entfernung eine Verringerung des Schalldrucks um 6 dB(A). Zusätzlich wird der Schall in größeren Entfernungen über gewachsenem, unebenem Gelände aufgrund von Luft- und Bodenabsorption sowie durch Bewuchs oder Bebauung um bis zu 5 dB(A) gedämpft.

Umgekehrt muss beachtet werden, dass die einfache Schallreflexion an einem Bauwerk in der Nähe der Schallquelle oder an betonierten bzw. asphaltierten Flächen je nach Absorptions- und Streuungsgrad der Oberfläche zu einer Erhöhung des Schallpegels von bis zu 3 dB(A) führen kann. Bei mehreren reflektierenden Flächen kann jede Schallquelle durch eine gedachte Spiegelschallquelle mit gleicher Lautstärke wie die Originalschallquelle ersetzt und die resultierende Pegelerhöhung unter Beachtung der Rechenregeln für das Zusammenwirken mehrerer Schallquellen (siehe Bild E 149-1a) ermittelt werden.

Bei der Schallausbreitung über größere Entfernungen muss außerdem beachtet werden, dass die Schallpegelabnahme durch meteorologische Einflüsse, wie Windströmungen und Temperaturschichtung, sowohl positiv, d. h. im Sinne einer größeren Pegelabnahme, als auch negativ verändert werden kann. So führt z. B. ein positiver Temperaturgradient (Zunahme der Lufttemperatur in der Höhe = Bodeninversion) aufgrund der Beugung der Schallstrahlen zurück auf den Boden an Orten ab etwa 200 m Entfernung von der Schallquelle zu einer Verstärkung des Pegels. Diesen Effekt findet man insbesondere auch über Wasserflächen, die im Allgemeinen kälter sind als die sich schneller erwärmende Umgebungsluft und daher, wie auch die nach Sonnenuntergang rasch auskühlende Erdoberfläche, zu einem positiven Temperaturgradienten führen.

Im Zusammenwirken mit der Bodenreflexion kann die Krümmung der Schallstrahlen ferner bewirken, dass die Ausbreitung des Schalls auf einen Korridor zwischen dem Boden und der Inversionsschicht beschränkt bleibt, wodurch die geometrische Ausbreitungsdämpfung auf die Hälfte vermindert wird.

Der Einfluss des Windes ist vergleichbar mit dem der Temperatur. Auch hier ist die geringere Pegelabnahme in Mitwindrichtung auf eine Änderung der horizontalen Windgeschwindigkeit mit zunehmender Höhe und der damit verbundenen Beugung der Schallstrahlen nach unten zurückzuführen. Besonders ausgeprägt ist dieser Effekt an bewölkten oder nebeligen Tagen, wenn der Wind mit einer Geschwindigkeit von bis zu 5 m/s noch eine überwiegend laminare Luftströmung aufweist. Hingegen können Turbulenzen und vertikale Luftzirkulationen, die vor allem am Tage durch die Sonneneinstrahlung ausgelöst werden, durch Streuung und Brechung der Schallstrahlen eine höhere Pegelminderung bewirken.

8.1.14.2 Vorschriften und Richtlinien zum Lärmschutz

Zum Lärmschutz sind die nachfolgend aufgelisteten Vorschriften und Richtlinien zu beachten:

- Allgemeine Verwaltungsvorschrift zum Schutz gegen Baulärm – Geräuschimmissionen Die Bundes- und Landesvorschriften zum Schutz gegen Baulärm, Carl Heymanns Verlag KG, Köln 1971.
- Allgemeine Verwaltungsvorschrift zum Schutz gegen Baulärm – Emissionsmessverfahren (1971). Carl Heymanns Verlag KG, Köln.

- Richtlinie 79/113/EWG des Rates vom 19.12.1978 zur Angleichung der Rechtsvorschriften der Mitgliedsstaaten betreffend die Ermittlung des Geräuschemissionspegels von Baumaschinen und Baugeräten (Abl. EG1979 Nr. L 33 S. 15).
- 15. Verordnung zur Durchführung des BImSchG vom 10.11.1986 (Baumaschinen-LärmVO).
- Richtlinie 2000/14/EG des Europäischen Parlaments und des Rates vom 8. Mai 2000 zur Angleichung der Rechtsvorschriften der Mitgliedstaaten über umweltbelastende Geräuschemissionen von zur Verwendung im Freien vorgesehenen Geräten und Maschinen (ABl. Nr. L 162 vom 3.7.2000 S. 1; ber. ABl. Nr. L 311 vom 12.12.2000 S. 50).
- DIN ISO 9613-1, Ausgabe: 1993-06, Acoustics – Attenuation of sound during propagation outdoors Part 1: Calculation of the absorption of sound by atmosphere.
- DIN ISO 9613-2, Ausgabe: 1999-10, Akustik – Dämpfung des Schalls bei der Ausbreitung im Freien – Teil 2: Allgemeines Berechnungsverfahren (ISO 9613-2:1996).
- Dritte Verordnung zum Gerätesicherheitsgesetz, 3. GSGV – Maschinenlärminformationsverordnung vom 18. Januar 1991 (BGBl. 15. 146; 1992 S. 1564; 1993 S. 704).
- VDI-Richtlinie 2714 [01/88] Schallausbreitung im Freien – Berechnungsverfahren.

Weiterhin sind die jeweiligen in der Kompetenz der Ländergesetzgebung liegenden übergeordneten Verordnungen zur Regelung der einzuhaltenden Nacht- und Feiertagsruhezeiten sowie die Gesetze und Vorschriften zum personenbezogenen Arbeitsschutz (UVV, GDG i. V. m. 3. GSGV) zu berücksichtigen.

Die zulässigen Geräuschimmissionen im Einwirkungsbereich einer Lärmquelle sind gestaffelt nach der Schutzbedürftigkeit der vom Baulärm beeinträchtigten Gebiete festgelegt. Die Schutzbedürftigkeit ergibt sich dabei entsprechend der im Bebauungsplan festgesetzten oder – wenn kein B-Plan aufgestellt ist oder die vorhandene Nutzung erheblich von der im B-Plan vorgesehenen abweicht – der tatsächlichen baulichen Nutzung der Gebiete.

Nach AVV Baulärm darf der von der Baumaschine am Immissionsort erzeugte Wirkpegel um 5 bzw. 10 dB(A) abgemindert werden, wenn die durchschnittliche tägliche Betriebsdauer weniger als 8 bzw. 2,5 Stunden beträgt. Andererseits ist ein Lästigkeitszuschlag von 5 dB(A) zu addieren, wenn in dem Geräusch deutlich hörbare Töne wie Pfeifen, Singen, Heulen oder Kreischen hervortreten.

Überschreitet der so ermittelte Beurteilungspegel des von der Baumaschine hervorgerufenen Geräusches den zulässigen Immissionsrichtwert um mehr als 5 dB(A), sollen Maßnahmen zur Minderung des Lärms angeordnet werden. Hiervon kann allerdings abgesehen werden, wenn durch den Betrieb der Baumaschinen infolge nicht nur gelegentlich einwirkender Fremdgeräusche keine zusätzlichen Gefahren, Nachteile oder Belästigungen eintreten.

Das Emissionsmessverfahren dient dazu, Geräusche von Baumaschinen zu erfassen und zu vergleichen. Hierzu werden die Baumaschinen während verschiedener Betriebsvorgänge unter definierten Randbedingungen einer detailliert vorgeschriebenen Messprozedur unterzogen. Im Zuge der Harmonisierung der EG-Vorschriften wird die Schallemission einer Baumaschine als Schallleistungspegel L_{WA} bezogen auf eine Halbkugeloberfläche von 1 m^2 angegeben. Vielfach gebräuchlich ist auch noch die Verwendung des Schalldruckpegels L_{PA}, bezogen auf einen Radius von 10 m um das Zentrum der Schallquelle oder im Zusammenhang mit dem Arbeitsschutz auch am Bedienerplatz.

Für die Zulassung bzw. das Inverkehrbringen verschiedener Baumaschinen sind Emissionsrichtwerte bestimmt, deren Überschreitung nach dem Stand der Technik vermeidbar ist. Für Rammgeräte sind bislang noch keine verbindlichen Richtwerte festgelegt.

8.1.14.3 Passive Lärmschutzmaßnahmen

Beim passiven Lärmschutz durch Schallschirme wird die Ausbreitung der Schallwellen in bestimmten Richtungen behindert. Der Schallschirm ist auf der der Schallquelle zugewandten Seite mit einem schallabsorbierenden Material ausgekleidet, um Reflexionen und so genannte stehende Wellen zu vermeiden. Die Wirksamkeit eines Schallschirms richtet sich nach der wirksamen Schallschirmhöhe und -breite und dem Abstand von der abzuschirmenden Schallquelle. Grundsätzlich sollte der Schirm so nah wie möglich an der Schallquelle angeordnet werden. Für die Wirkung ist wichtig, dass der Schirm keine Fehlstellen oder offene Fugen hat.

Bei der sogenannten Kapselung durch Schallmäntel, Schallschürzen oder Schallschutzkamine wird die Lärmquelle vollständig mit schallabsorbierendem Material umgeben.

Durch eine schalldämpfende Ummantelung der Ramme und der Bohle kann der Schallpegel von Rammen verringert werden. Allerdings erschweren die Ummantelungen den Arbeitsablauf erheblich. Da die Beobachtung des Rammvorganges durch die Ummantelung unmöglich wird und dadurch eine erhöhte Unfallgefahr entsteht, ist diese Art des passiven Lärmschutzes nur sehr bedingt einsetzbar. Ummantelungen sind darüber hinaus teuer, sie belasten das Arbeitsgerät durch erhebliches Zusatzgewicht und sie sind reparaturanfällig.

Wenn eine Abschirmung der Ramme nicht zu umgehen ist, ist eine U-förmige aufgehängte Abschirmmatte aus Noppenfolie, die Bär und Rammgut überdeckt, vorzuziehen, da sie dem Rammenführer ermöglicht, den Rammvorgang einzusehen. Für die abgeschirmte Richtung können bis zu 8 dB(A) erreicht werden.

Schallkamine wurden bisher nur bei der Rammung kleinerer Rammeinheiten verwendet.

8.1.14.4 Maßnahmen des aktiven Lärmschutzes

Die wirkungsvollste und in der Regel auch preisgünstigste Maßnahme zur Reduzierung der Lärmbelästigung sowohl am Arbeitsplatz als auch in der Nachbarschaft von Rammbaustellen ist der Einsatz von Baumaschinen mit geringer Geräuschemission. Durch den Einsatz von Rüttelbären kann der Schallpegel im Vergleich zur Schlagrammung beträchtlich verringert werden. Das hydraulische Einpressen von Spundbohlen sowie das Einbringen von Tragbohlen im Bohrdrehverfahren können grundsätzlich als geräuscharm eingestuft werden. Ob sie im konkreten Fall eingesetzt werden können, ist jedoch maßgeblich von der Beschaffenheit des vorhandenen Baugrunds abhängig.

Zu den aktiven Maßnahmen des Lärmschutzes zählen auch Bauverfahren, die das Einbringen von Spundwänden oder Pfählen in den Untergrund erleichtern und somit den Energieaufwand beim Rammen verringern. Hierzu zählen neben Lockerungsbohrungen und -sprengungen sowie Spülhilfen auch der Bodenaustausch im Bereich der zu rammenden Elemente sowie das Einstellen der Spundbohlen in suspensionsgestützte Schlitze. Voraussetzung für die Anwendung dieser Maßnahmen ist allerdings, dass der anstehende Baugrund und die baulichen Verhältnisse den Einsatz der vorstehend aufgeführten Lärmschutzmaßnahmen zulassen.

8.1.14.5 Planung einer Rammbaustelle

Bereits während der Planung einer Rammbaustelle muss angestrebt werden, die im Zuge der späteren Baumaßnahme zu erwartende Umweltbelästigung auf ein Mindestmaß zu beschränken. Dazu gehört die Verlagerung von Bauzeiten mit hoher Lärmbelastung in Tageszeiten, in denen das weniger störend ist und die strikte Einhaltung von Rammpausen z. B. in den frühen Morgenstunden, in der Mittagszeit und abends. Ist dadurch eine Minderung der Tagesleistung in Kauf zu nehmen, muss das in der Ausschreibung berücksichtigt werden.

Besonders kostenintensiv und oftmals in der Kalkulation nicht berücksichtigt sind Abschirmungsmaßnahmen.

8.1.15 Rammen von Stahlspundbohlen und Stahlpfählen bei tiefen Temperaturen (E 90)

Bei Temperaturen über 0 °C können Stahlspundbohlen aller Stahlsorten unbedenklich gerammt werden. Muss bei tieferen Temperaturen gerammt werden, ist besondere Sorgfalt bei der Handhabung der Rammelemente sowie bei der Rammung geboten.

Leichte Rammungen können noch bis etwa –10 °C ausgeführt werden, insbesondere, wenn für die Spundbohlen Stahlgüten S 355 GP und höherfeste Stähle verwendet werden. Vollberuhigte Stähle nach DIN EN 10025 sind dann zu wählen, wenn eine schwere Rammung mit hohem Energieaufwand zu erwarten ist und dickwandige Profile oder geschweißte Rammelemente eingebracht werden müssen.

Bei noch tieferen Temperaturen als –10 °C sind Stahlsorten mit erhöhter Kaltverformbarkeit zu verwenden.

8.1.16 Sanierung von Schlossschäden an eingerammten Stahlspundwänden (E 167)

8.1.16.1 Allgemeines

Beim Rammen von Stahlspundbohlen oder durch andere äußere Einwirkungen können Schlossschäden auftreten. Die Gefahr von Schlossschäden beim Rammen ist jedoch umso geringer, je sorgfältiger und umsichtiger die Empfehlungen beachtet werden, die sich mit dem Entwurf und der Bauausführung von Spundwandbauwerken befassen. Auf die Empfehlungen E 34, Abschnitt 8.1.3, E 73, Abschnitt 7.4, E 67, Abschnitt 8.1.6, E 98, Abschnitt 8.1.7, E 104, Abschnitt 8.1.12 und E 118, Abschnitt 8.1.11 wird in diesem Zusammenhang hingewiesen.

Auch bei strikter Einhaltung dieser Empfehlungen können Schlossschäden insbesondere an kombinierten Wänden auftreten. Besonders kritisch sind Schlossschäden in Uferwänden im Tidebereich, weil auf diese bei Niedrigwasser regelmäßig ein Wasserüberdruck wirkt, der die Hinterfüllung durch die Fehlstellen ausspülen kann. Es bilden sich dann in der Hinterfüllung Hohlstellen, die wegen der Gewölbewirkung über lange Zeit stabil sein können, dann aber unerwartet einstürzen und Versackungen in der Hafenfläche verursachen.

Daher sind Spundwände im Wasser nach dem Freibaggern durch Taucher auf Schlossschäden zu untersuchen. Dabei festgestellte Schäden müssen saniert werden. Der Baustoff Stahl bietet hierzu viele Möglichkeiten entsprechend den jeweiligen Randbedingungen.

8.1.16.2 Sanierung von Schlossschäden

Deuten bereits Beobachtungen beim Rammen auf Schlossschäden in einem größeren Bereich der Wand hin und kann die Spundwand beispielsweise aus zeitlichen Gründen nicht wieder gezogen werden, kommt vor allem eine Sanierung durch großflächiges Verfestigen des Bodens hinter der Wand infrage. Damit wird verhindert, dass Boden aus der Wand austritt und dass hinter der Wand Versackungen auftreten. Für die Bodenverfestigung hat sich das Hochdruck-Injektions-Verfahren (HDI) bewährt (siehe Bild E 167-5). Anschließend können die Schadensbereiche durch vorgesetzte Stahlprofile (Verplatten) dauerhaft gesichert werden.

Einzelne Schlossschäden werden in der Regel erst durch Taucheruntersuchungen nach dem Aushub des Bodens vor der Wand festgestellt. Sie müssen so saniert werden, dass nicht nur der schadhafte Wandbereich abgedichtet wird, sondern dass die Wand ihre planmäßigen Aufgaben ohne Einschränkung erfüllen kann. Diese Forderung gilt insbesondere für Wellenspundwände.

Die Art der Abdichtung von Schlosssprengungen hängt vor allem von der Größe der Schlossöffnung und vom Spundwandprofil ab.

Saniert wird im Allgemeinen von der Wasserseite aus. Kleinere Schlossöffnungen können durch Holzkeile geschlossen werden. Größere Schäden können beispielsweise mit einem schnellbindenden Material wie Blitzzement oder Zweikomponentenmörtel, in Säcken eingebracht, vorübergehend abgedichtet werden.

Für eine dauerhafte Sicherung des Schadensbereichs ist es aber erforderlich, die schadhaften Bereiche bis mindestens 0,5 m, besser bis 1,0 m unter die rechnerische Hafensohle (E 36, Abschnitt 6.7) vollständig mit vorgesetzten Stahlteilen zu schließen (Verplatten). Die vorgesetzten Stahlteile sind an der Spundwand dauerhaft zu befestigen. Zusätzlich ist der Schadensbereich auszubetonieren, um das spätere Austreten von Sand und in dessen Folge Versackungen hinter der Wand sicher zu vermeiden. Der eingebrachte Beton muss ggf. gegen Schiffsstoß geschützt werden. Im Sohlbereich vor der Schadensstelle wird eine zusätzliche Schutzschicht, z. B. von Schotter, empfohlen, wenn der Boden an der Hafensohle kolkgefährdet ist. Andernfalls ist die Verplattung bis unter die rechnerische Kolktiefe zu führen.

Die Arbeiten sind weitgehend unter Wasser und daher immer mit Taucherhilfe auszuführen. An die Fachkunde und die Zuverlässigkeit der Taucher sind daher sehr hohe Anforderungen zu stellen. Bei schwierigen Bedingungen können die Verplattungen auch im Schutz von Einhausungen (Habitate), die vom Wasserdruck an die Wand gepresst werden, im Trockenen ausgeführt werden.

Anzustreben ist eine möglichst glatte Oberfläche der Spundwand auf der Wasserseite. Aus diesem Grunde sind beispielsweise vorstehende Bolzen nach dem Ausbetonieren der Schadensstelle abzubrennen, wenn sie ihre Aufgabe als Schalungselement erfüllt haben. Die Stahlbleche und die Spundwand sind durch Ankerelemente – so genannte Steinklauen – mit dem Beton zu verbinden.

Die in den Bildern E 167-1 bis E 167-5 skizzierten Lösungen für das Sanieren von Schlossschäden in Spundwänden zeigen ausgeführte Beispiele, erheben aber keinen Anspruch auf Vollständigkeit.

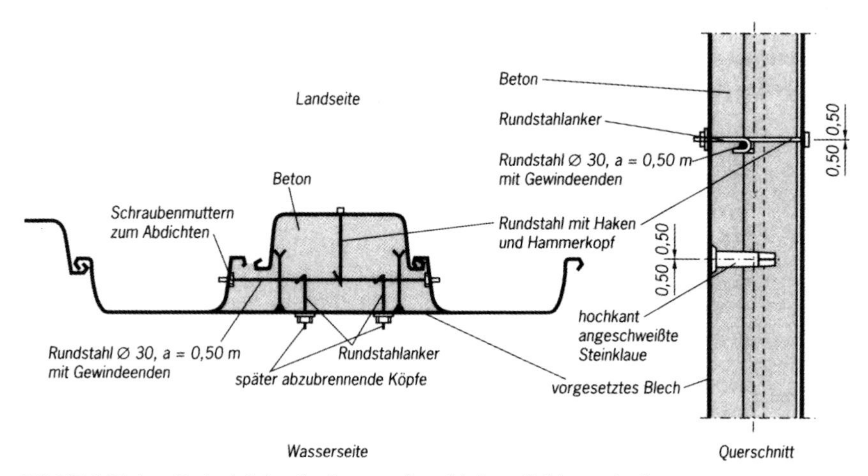

Bild E 167-1. Beispiel der Sanierung eines kleinen Schlossschadens in einer Wellenwand

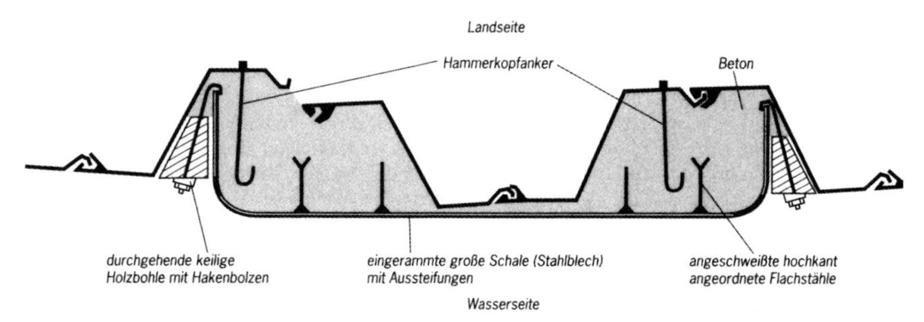

Bild E 167-2. Beispiel der Sanierung eines großen Schlossschadens in einer Wellenwand

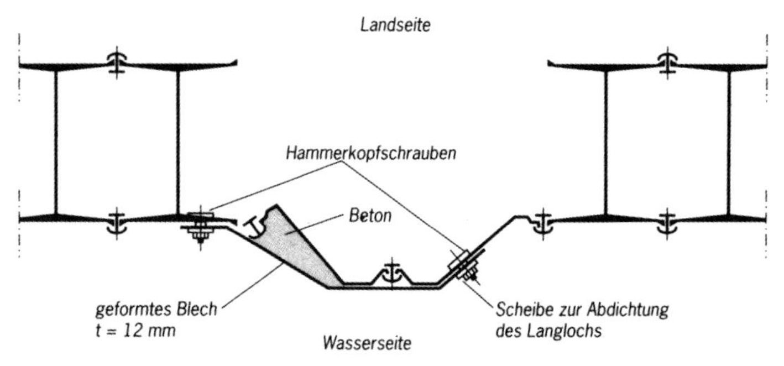

Bild E 167-3. Beispiel der Sanierung eines Schlossschadens in einer kombinierten Spundwand

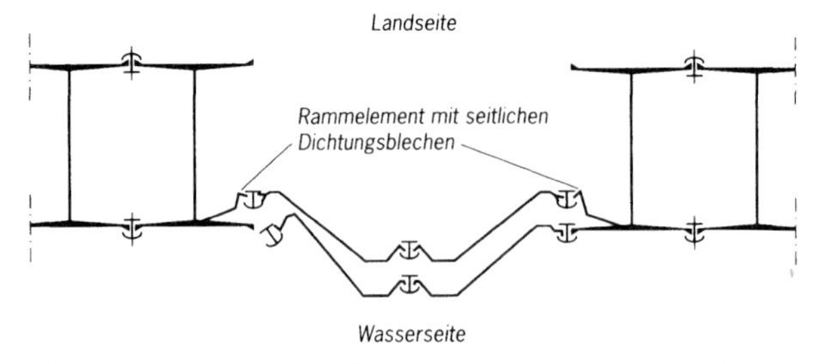

Bild E 167-4. Beispiel der Sanierung eines Schlossschadens in einer kombinierten Wand durch Hinterrammung mit einem Rammelement

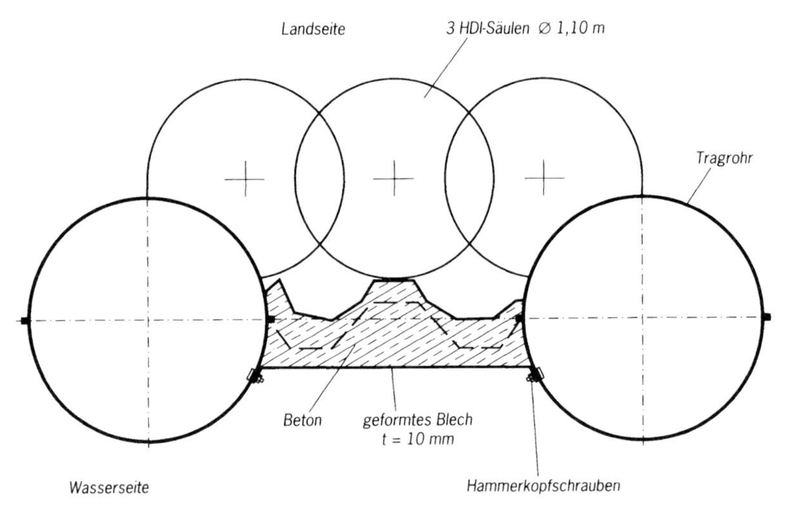

Bild E 167-5. Beispiel der Sanierung eines Schlossschadens in einer kombinierten Rohrspundwand mit HDI und vorgesetzter Verplattung

Schlossschäden an kombinierten Spundwänden werden wenn möglich durch Hinterrammen von Zwischenbohlen, gemäß Bild E 167-4, oder von der Wasserseite her, gemäß Bild E 167-3, saniert. Bei Hinterrammungen, beispielsweise nach Bild E 167-4, wird das Rammelement beim wasserseitigen Ausbaggern durch den Überdruck hinter der Wand gegen die intakten Teile der Spundwand gedrückt.

Die Sanierungen nach den Bildern E 167-1 bis E 167-3 setzen voraus, dass durch den Schadensbereich kein Boden ausgespült wird, z. B. weil hinter der Wand kein Wasserüberdruck wirkt oder weil es zuvor gelungen ist, den Schadensbereich temporär abzudichten.

Das ist allerdings in der Regel nicht der Fall, sodass die Sanierung wie in Bild E 167-5 in zwei Schritten erfolgen muss. Zunächst muss der Boden hinter der Wand durch HDI verfestigt werden, dazu ist der Schadensbereich vor der Wand durch eine großzügig bemessene Vorschüttung zu verdämmen, damit die HDI-Suspension nicht durch die Schadstelle austritt. Danach kann die Verdämmung weggebaggert werden und die Schadstelle bis unter die rechnerische Hafensohle mit angepassten Stahlteilen und Beton dauerhaft gesichert werden.

Bei Vorrammungen ist sicherzustellen, dass der Fuß des Rammelements stets gegen die Tragbohle gedrückt wird, er also so nahe an der Tragbohle wie möglich verläuft. Vor dem Ausbaggern ist der Kopf des Rammelements an der Tragbohle zu befestigen, z. B. mit Hammerkopfschrauben. Dem Tragvermögen des Rammelements zwischen diesem oberen festen Auflager und dem unteren nachgiebigeren Erdauflager ist die Höhe des ersten Baggerschnitts anzupassen. Nach dessen Ausführung ist nun im freigelegten Bereich das Rammelement an der Tragbohle zu befestigen usw.

Während der Baggerarbeiten sind ständig Taucheruntersuchungen der sanierten Bereiche erforderlich. Mögliche örtliche Undichtigkeiten können durch ergänzende Injektionen gedichtet werden.

8.1.17 Gepanzerte Stahlspundwände (E 176)

8.1.17.1 Notwendigkeit der Panzerung

Die zunehmende Größe der Schiffsgefäße, der Verkehr von Schiffsverbänden und die erhöhten Antriebsleistungen haben zu erhöhten betrieblichen Anforderungen an Ufer in Binnenhäfen und an Wasserstraßen geführt. Um Schäden an

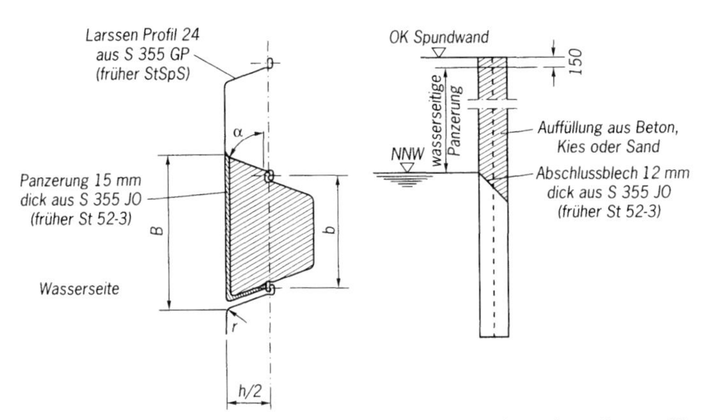

Bild E 176-1. Panzerung eines U-förmigen Spundwand-Wellenprofils

Spundwandbauwerken zu vermeiden, müssen diese eine möglichst glatte Oberfläche haben (E 158, Abschnitt 6.6). Das kann durch eine Panzerung der Spundwand erreicht werden, bei der in oder über die Spundwandtäler Bleche geschweißt werden (Bild E 176-1).

Durch die Panzerung entsteht eine einheitlich ebene Uferkonstruktion, die eine geringere Elastizität hat als eine Wand ohne Panzerung.

8.1.17.2 Anwendungsbereich

Wegen des technischen und wirtschaftlichen Aufwands wird eine Panzerung nur für Uferstrecken empfohlen, die besonderen Verkehrsbelastungen ausgesetzt sind. Dies sind in Binnenhäfen Ufer mit sehr dichtem Verkehr mit Schubleichtern und Großmotorschiffen, Ufer im Bereich von Richtungsänderungen sowie die Leitwerke in Schleuseneinfahrten.

8.1.17.3 Höhenlage der Panzerung

Die Spundwandpanzerung ist in dem Höhenbereich des Ufers erforderlich, in dem vom niedrigsten bis zum höchsten Wasserstand eine Schiffsberührung der Spundwand möglich ist (Bild E 176-1).

8.1.17.4 Konstruktive Ausbildung der Panzerung

Die konstruktive Ausbildung der Panzerung und deren Abmessungen sind vorrangig von der Öffnungsweite B des Spundwandtals abhängig. Diese wird bestimmt vom Systemmaß b der Wand, von der Neigung α der Bohlenschenkel, von der Profilhöhe h der Wand und vom Radius r zwischen Schenkel und Rücken der Spundwand (Bild E 176-1).

8.1.17.5 Bohlenform und Herstellung der Panzerung

Die Panzerung unterscheidet sich grundsätzlich entsprechend der Profilform (Z-Bohlen oder U-Bohlen), außerdem ist zwischen Panzerungen, die werkseitig und damit vor dem Rammen eingeschweißt werden, und solchen, die auf der Baustelle nach dem Rammen eingeschweißt werden, zu unterscheiden.

Im Falle von Wänden aus Z-Bohlen und Herstellung der Panzerung auf der Baustelle werden die Bleche bis an die Schlösser in voller Breite auf den Profilrücken aufgelagert. Die Panzerung schützt auch die Schlösser, weil sie entsprechend ihrer Dicke übersteht (Bild E 176-2). Das werkseitige Einschweißen der Panzerung kann für Z-Bohlen nicht empfohlen werden, weil die Panzerung die Bohlen so versteift, dass sie beim Rammen unvermeidbare Rammabweichungen zwischen benachbarten Doppelbohlen nicht mehr ausgleichen können. Bei Wänden aus U-Bohlen können sich der Bohlenrücken und der freie Schenkel der Bergbohle elastisch verformen.

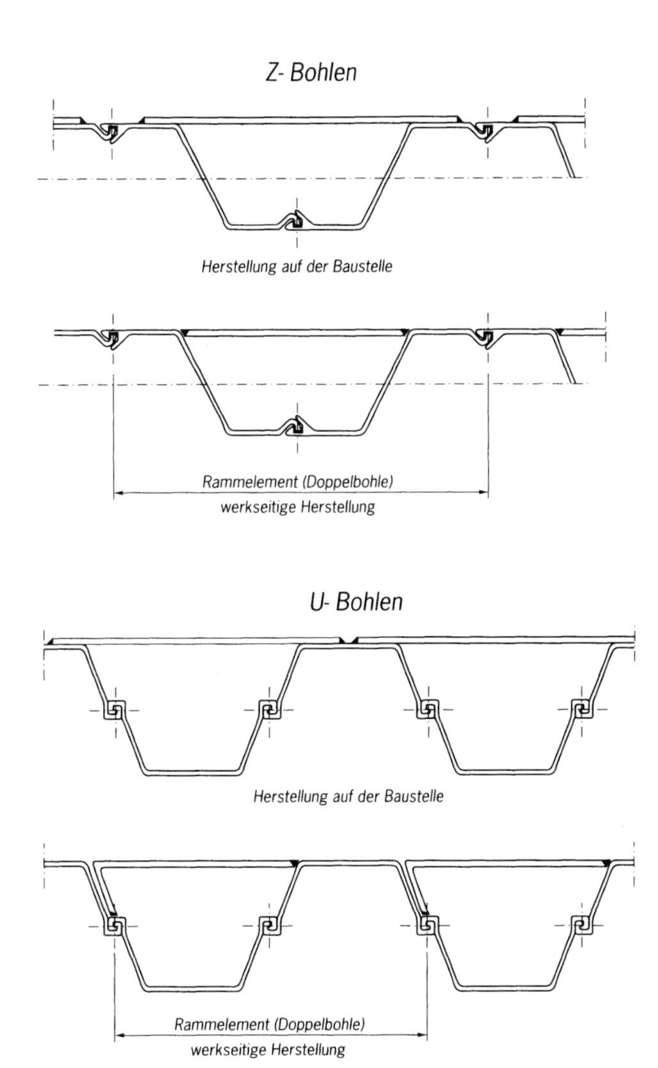

Bild E 176-2. Panzerungen bei Z- und bei U-Bohlen

Beim Einbau der Panzerung auf der Baustelle sind bei beiden Profilarten Anpress- und Anpassarbeiten nicht zu vermeiden. Für das Einbringen der Profile und den Schiffsbetrieb am günstigsten sind Wände aus U-Bohlen mit werkseitiger Herstellung der Panzerung. Die Panzerungen führen bei diesen zu einer völlig glatten Wand (Bild E 176-2).

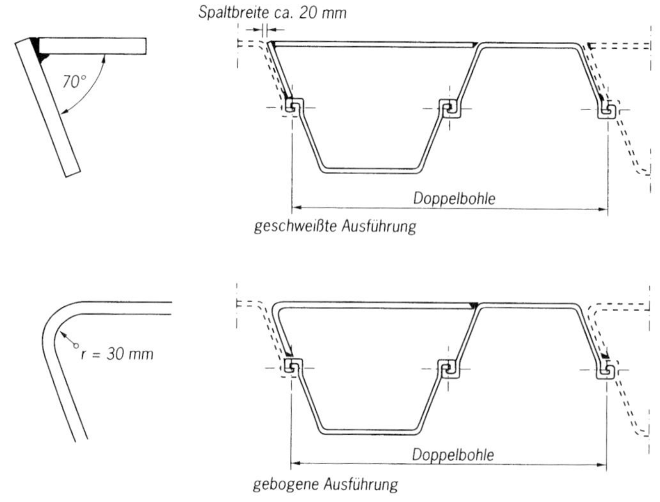

Bild E 176-3. Werkseitig hergestellte Panzerung in geschweißter und in abgekanteter (gebogener) Ausführung

8.1.17.6 Zum werkseitigen Einbau der Panzerung bei U-Bohlen

Beim werkseitigem Einbau der Panzerung von U-Bohlen wird das geschweißte oder abgekantete Panzerblech (Bild E 176-3) am Schloss der Talbohle und am Rücken der Bergbohle befestigt (Bild E 176-2). Außerdem muss das Schloss der Doppelbohle verschweißt werden, sodass eine starre Verbindung entsteht. Nur dann können die Anschlussnähte der Panzerung den Rammvorgang ohne Schaden überstehen.

Die Panzerbleche können geschweißt oder abgekantet (gebogen) ausgeführt werden (Bild E 176-3). Der Spalt zwischen den Bohlen hat bei geschweißter Panzerung eine Breite von rd. 20 mm, sodass, bezogen auf ein Systemmaß von 1,0 m, die Wand zu rd. 98 % geschlossen ist. Bei Wänden mit abgekanteter Panzerung ist der Spalt wegen der bei der Kaltverformung einzuhaltenden Mindestradien breiter.

8.1.17.7 Bemessung der Panzerung

Die erforderliche Blechdicke der Panzerung ergibt sich aus der Öffnungsweite der Spundwandtäler. Da diese immer größer ist als die Rückenbreite des Bohlenbergs, müssen die Panzerbleche dicker sein als die Bohlenrücken. Um Blechdicken $\geq$ 15 mm zu vermeiden, kann der Raum zwischen Panzerung und Bohle verfüllt werden.

Bei der statischen Bemessung der Wand wird die Panzerung nicht berücksichtigt.

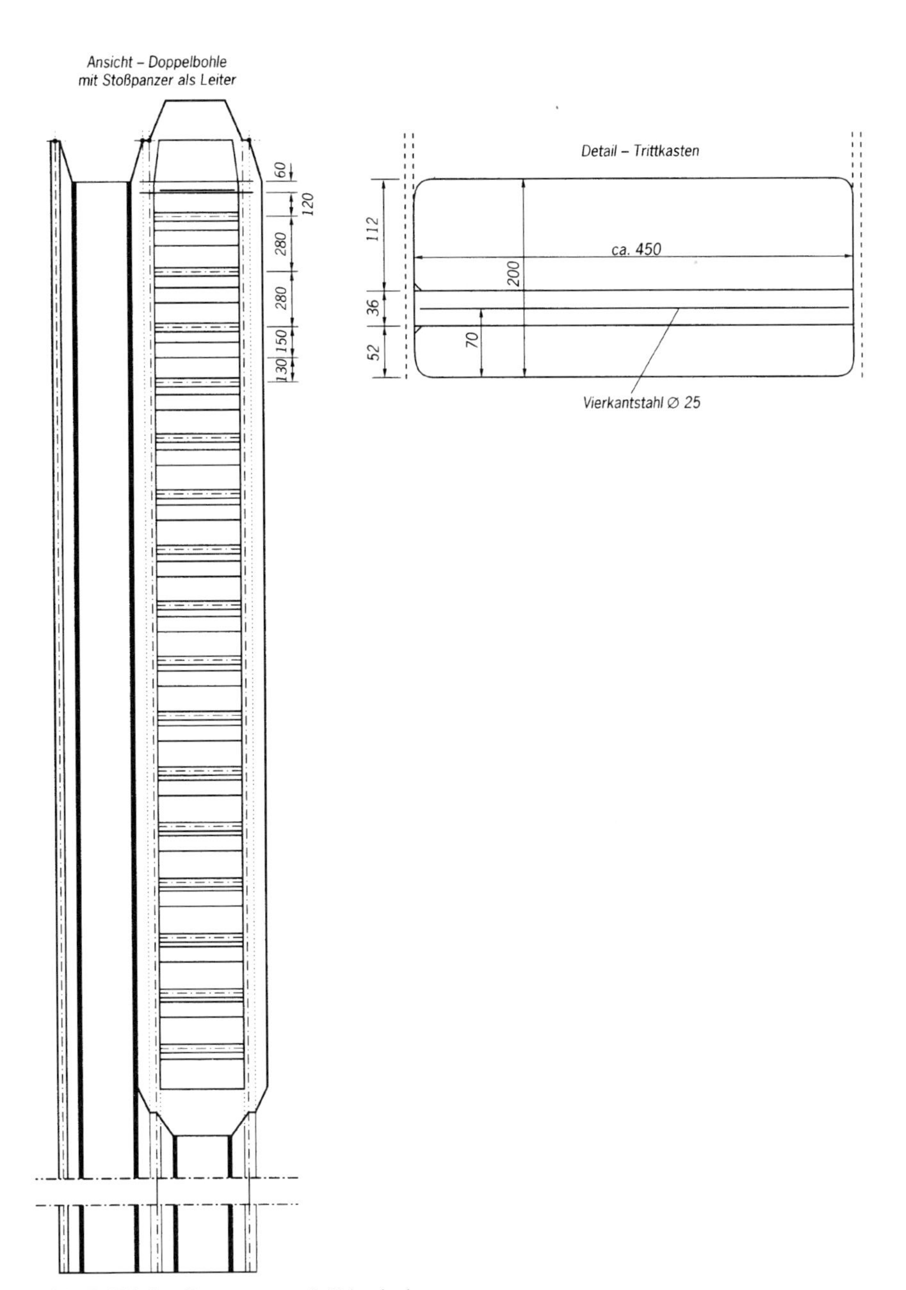

Bild E 176-4. Panzerung mit Trittnischen

8.1.17.8 Verfüllung der Panzerung

Zum Verfüllen des Raumes zwischen Panzerung und Bohle wird im Allgemeinen als unterer Abschluss ein Bodenblech eingeschweißt (Bild E 176-1). Als Verfüllmaterial kommen Sand, Kies oder Beton infrage.

8.1.17.9 Steigeleitern und Festmacheinrichtungen

Im Bereich von Steigeleitern und Nischenpollern muss die Panzerung der Spundwand in der Regel unterbrochen werden. Falls auch hier eine weitgehend glatte Oberfläche erforderlich ist, kann die Leiterbohle mit Trittnischen gemäß Bild E 176-4 gepanzert werden, oder es wird ein durchgehender Trittnischenkasten nach Bild E 176-5 angeordnet.

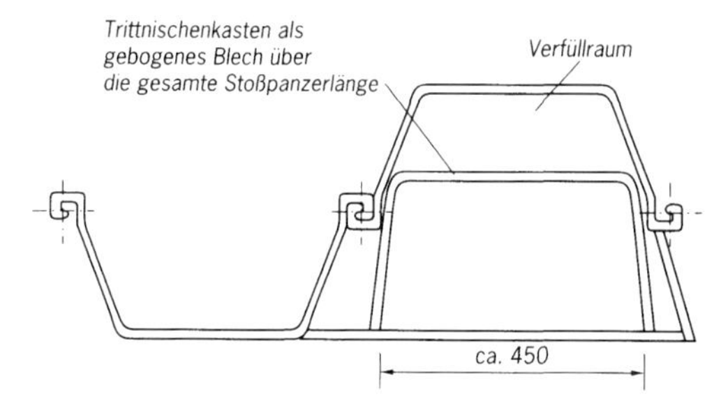

Bild E 176-5. Stoßpanzerung mit eingebautem Trittnischenkasten

Die Anordnung von Nischenpollern in einer gepanzerten Wand zeigt Bild E 176-6. Diese Lösung entspricht den Anforderungen nach E 14, Abschnitt 6.11 und E 102, Abschnitt 5.13.

8.1.17.10 Kosten der Panzerung

Die Mehrkosten für eine gepanzerte Spundwand gegenüber einer ungepanzerten sind vor allem vom Verhältnis der Länge der Panzerung zur Gesamtlänge der Spundbohle und vom Profil abhängig. Die Lieferkosten des Wandmaterials erhöhen sich durch die Panzerung um 25 bis 40 %. Bei U-Bohlen ist es kostengünstiger und technisch besser, eine Panzerung von vornherein einzuplanen und werkseitig einbauen zu lassen.

8.1.18 Ausbildung von Rammgerüsten (E 140)

8.1.18.1 Allgemeines

Rammarbeiten im Wasser können entweder von einer Hubinsel oder einem Ponton aus durchgeführt werden. Diese Einrichtungen sind mobil und können dem

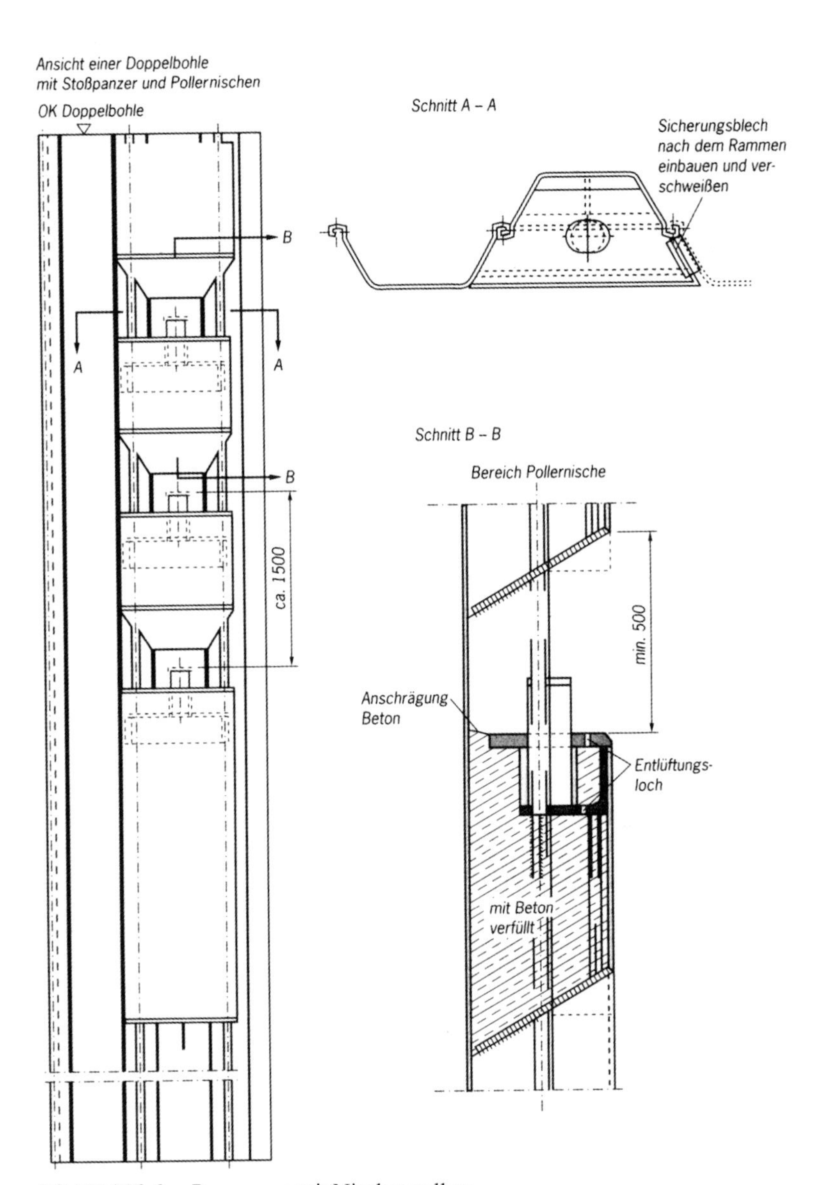

Bild E 176-6. Panzerung mit Nischenpollern

Baufortschritt entsprechend verholt werden. Allerdings setzt ihr Einsatz schiffbare Wassertiefen voraus. Sind diese nicht vorhanden, kann durch Aufschüttungen ein Rammplanum geschaffen werden. Eine Alternative sind Rammgerüste, auf denen die Ramme einen sicheren Stand hat und entsprechend dem Baufortschritt verfahren werden kann.

8.1.18.2 Konstruktive und planerische Randbedingungen

Rammgerüste sind auf Stahl-, Holz- oder Betonpfählen gegründete Arbeitsplattformen (Bild E 140-1). Sie müssen so konstruiert und gebaut werden, dass sie die für den Rammbetrieb notwendige Baustelleneinrichtung aufnehmen können und zugleich wirtschaftlich sind. Für ihre Konstruktion und den Bau sind folgende Randbedingungen zu beachten:

1. Rammgerüste können schwimmend gerammt werden, die dabei möglichen Rammabweichungen sind in der Auslegung der Konstruktion zu berücksichtigen.
2. Die Länge des Rammgerüsts ist so zu wählen, dass das Rammgerüst bei laufendem Rammbetrieb im bereits gerammten Bereich des Uferbauwerks rückgebaut und für die Fortsetzung der Rammarbeiten vorgestreckt werden kann.
3. Die Gründungspfähle des Rammgerüsts werden im Rückbaubereich gezogen und für das Vorstrecken wieder verwendet. Wenn das Ziehen der Gründungspfähle auch mit Unterstützung durch Spüllanzen nicht gelingt, müssen sie unterhalb der planmäßigen Hafensohle gekappt werden. Dabei sind Baggertoleranzen und spätere Vertiefungen des Hafens zu berücksichtigen. Das Rammgerüst muss für die beim Ziehen der Gerüstpfähle auftretenden Lasten bemessen werden.
4. Für das Rammgerüst sollten statisch einfache Systeme und Konstruktionen gewählt werden, sodass die Bauteile mehrfach wiederverwendet werden können.
5. Stehen an der Hafensohle kolkgefährdete Böden (Sand, Schluff) an, muss eine mögliche Kolkbildung bei der Festlegung der Rammtiefe der Gerüstpfähle berücksichtigt werden. Da die Kolktiefe im Bereich von Pfahlgruppen in Tideströmungen vorab nur unscharf abgeschätzt werden kann, muss die Kolkbildung während der Bauarbeiten durch Peilung regelmäßig überwacht werden. Werden dabei Kolke festgestellt, die tiefer sind als in der Rammtiefe der Gerüstpfähle berücksichtigt, müssen die Kolke mit nicht kolkgefährdeten Böden (Kies, Steine, bindiger Boden) aufgefüllt werden.
6. Die Pfähle des Rammgerüsts müssen so weit von den Bauwerkspfählen entfernt sein, dass sie beim Rammen der Bauwerkspfähle keine Mitnahmesetzungen erleiden. Der erforderliche Abstand ist im Einzelfall entsprechend der Schichtenfolge des Baugrunds und der Art der Bauwerkspfähle festzulegen. In bindigen Böden können nach dem Ziehen der Gerüstpfähle Hohl-

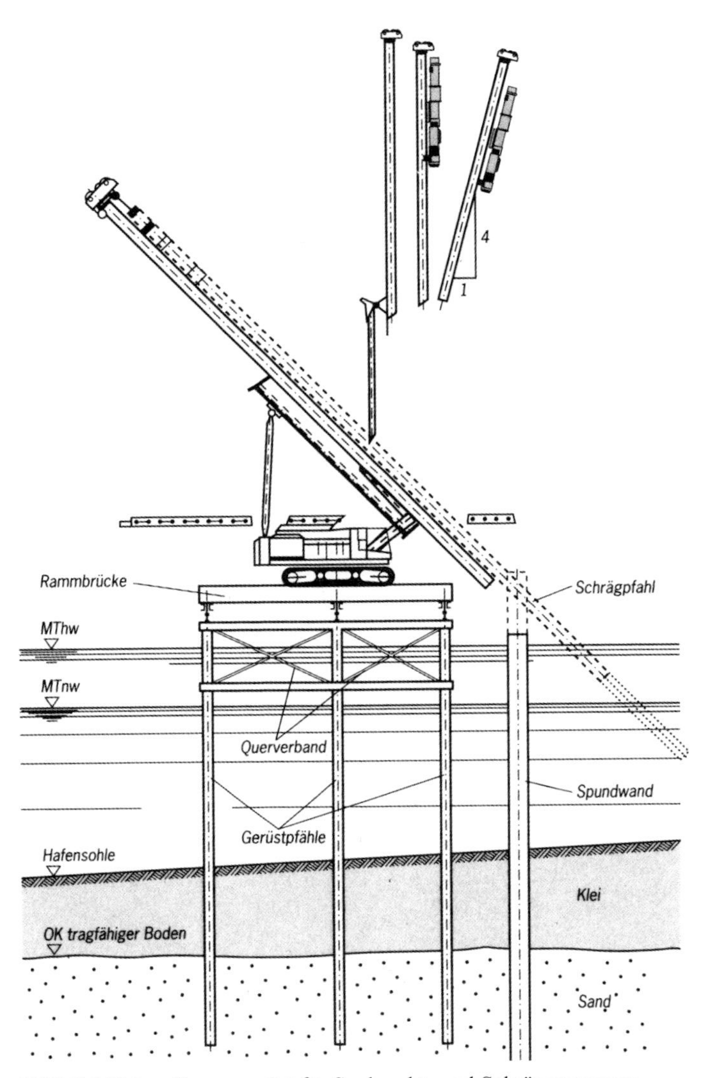

Bild E 140-1. Rammgerüst für Senkrecht- und Schrägrammung

räume verbleiben. Diese sind zu verfüllen, wenn sie eine Beeinträchtigung der Standsicherheit oder der Gebrauchstauglichkeit des Bauwerks verursachen können.

7. Rammgerüste in Ufernähe können aus einer Pfahlreihe im Wasser und einem Auflager für die Plattformträger am Ufer bestehen. Rammgerüste im Wasser werden auf zwei oder mehreren Pfahlreihen gegründet. Dabei können auch Bauwerkspfähle mitbenutzt werden.

8.1.18.3 Lastansätze

Für Rammgerüste sind die Sicherheitsanforderungen und -maßnahmen sowie die Betriebsbedingungen u. a. entsprechend DIN EN 996, Abschnitt 4 maßgebend.

Neben den Lasten aus der Ramme und der Rammbrücke sowie ggf. einem Kran sind für die Nachweise der Gerüstpfähle und Verbände Lasten aus dem Strömungsdruck, aus Wellenschlag und aus Eisdruck anzusetzen. Zusätzlich sind Lasten aus Schiffsstoß und ggf. Pollerzug von jeweils 100 kN in ungünstigst möglichem Angriff anzusetzen, sofern keine Sicherung gegen Schiffberührungen, z. B. von Pontons oder anderen schwimmenden Geräten des Baubetriebs, durch zusätzliche Maßnahmen (Schutzdalben) angeordnet werden.

8.1.19 Ausbildung geschweißter Stöße an Stahlspundbohlen und Stahlrammpfählen (E 99)

Diese Empfehlung gilt für Schweißstöße an Stahlspundbohlen und Stahlrammpfählen jeder Bauart.

8.1.19.1 Allgemeines

Die Bemessung der Stöße erfolgt nach DIN EN 1993-1-8. Konstruktion und Herstellung müssen mindestens den Anforderungen von DIN EN 12063 bzw. DIN EN 12699 entsprechen, bei höheren Anforderungen wird auf DIN EN ISO 3834 verwiesen. Die Arbeitsplätze für Schweißarbeiten auf der Baustelle sind gegen Wind und Wetter zu schützen. Die Schweißstellen sind von jeglicher Art Verunreinigung zu säubern, trocken zu halten und gegebenenfalls vorzuwärmen.

8.1.19.2 Werkstoffe

Zum Schweißen geeignet sind Spundwandstahlsorten nach E 67 und die Stähle nach DIN EN 10025. Zur Schweißeignung siehe E 67, Abschnitt 8.1.6.4. Die Schweißeignung muss grundsätzlich durch ein Abnahmeprüfzeugnis 3.1 B nach DIN EN 10204 belegt sein, aus dem sowohl die mechanischen und technologischen Eigenschaften als auch die chemische Zusammensetzung hervorgehen (E 67, Abschnitt 8.1.6.1).

Die Schweißzusatzwerkstoffe sind unter Berücksichtigung der Empfehlungen des Lieferwerks der Bohlen und Pfähle vom Schweißfachingenieur der ausführenden und für die Arbeiten zugelassenen Firma auszuwählen. Es sind im Allgemeinen basische Elektroden bzw. Zusatzwerkstoffe mit hohem Basizitätsgrad zu verwenden (Fülldraht, Pulver).

Tabelle E 99-1. Stoßdeckung in %

Bauart der Spundbohlen bzw. Pfähle	Stoßdeckung in % Zulage	
	in der Werkstatt	unter der Ramme
a) Rohre, endkalibrierte Stoßenden, durchgeschweißte Wurzel	100	100
b) Pfähle aus I-förmigen Profilen, Kastenspundbohlen, Querschnittschwächung durch das Ausnehmen der Kehlen	80–90	80–90
c) Bohlen		
Einzelbohlen	100	100
Doppelbohlen Schlossbereich nur mit einseitiger Schweißung		
U-Bohlen	90	~80
Z-Bohlen	80	~70
d) Kastenpfähle aus Einzelprofilen		
Einzelprofil stoßen, dann Zusammenbauch	100	50–70
Kastenpfahl stoßen	70–80	

8.1.19.3 Einstufung der Schweißstöße

Ein Stumpfstoß soll den Stahlquerschnitt der Bohlen und Rammpfähle möglichst vollwertig mit 100 % ersetzen. Der Prozentsatz der erreichbaren Stoßdeckung ist aber abhängig von der Bauart der Elemente, dem Kantenversatz an den Stoßenden und den Gegebenheiten auf der Baustelle (Tabelle E 99-1).

Erreicht der Querschnitt von Stumpfstößen nicht den Stahlquerschnitt der Bohlen bzw. Pfähle und ist aus statischen Gründen ein voller Stahlquerschnitt notwendig, muss die volle Stoßdeckung durch Laschen oder Zusatzprofile hergestellt werden.

Die Stoßdeckung wird in Prozent ausgedrückt und ist das Verhältnis vom Stumpfnahtquerschnitt zum Stahlquerschnitt der Bohlen bzw. Pfähle. Die möglichen Stoßdeckungen sind Tabelle E 99-1 zu entnehmen.

8.1.19.4 Ausbildung der Schweißstöße

1. Vorbereitung der Stoßenden
   Der Zuschnitt des zu verschweißenden Profils ist winkelrecht zur Stabachse in eine Ebene zu legen, eine Versetzung im Stoß ist zu vermeiden.
   Auf eine Kongruenz der Querschnitte und bei Spundbohlen auch auf gute Gängigkeit der Schlösser ist besonders zu achten. Breiten- und Höhenunterschiede sollen innerhalb ±2 mm liegen, sodass ein maximaler Schweißkantenversatz von 4 mm nicht überschritten wird.
   Bei Hohlpfählen, die aus mehreren Profilen zusammengeschweißt werden, empfiehlt es sich, die benötigte Pfahllänge zunächst in voller Länge herzustellen und mit entsprechender Kennzeichnung dann in Verarbeitungslängen (z. B. für den Transport, für das Rammen usw.) zu trennen.

Die für den Stumpfstoß vorgesehenen Enden sind auf rd. 500 mm Länge auf Dopplungen zu prüfen.

2. Schweißnahtvorbereitung
   In der Werkstatt werden Stumpfnähte im Allgemeinen als V- oder als Y-Nähte ausgebildet. Die Nähte sind an beiden Teilen des Stumpfstoßes entsprechend vorzubereiten.
   Muss an bereits gerammten Stahlspundbohlen oder Stahlrammpfählen ein Stumpfstoß ausgeführt werden, muss zunächst der obere Bereich der bereits gerammten Profile mit einem Trennschnitt unter dem Kopfende gemäß E 91, Abschnitt 8.1.20 abgetrennt werden. Das Aufsatzstück wird für eine Stumpfnaht mit oder ohne Kapplage vorbereitet.
3. Ausführung der Schweißung
   Alle zugänglichen Seiten des gestoßenen Profils werden voll angeschlossen. Soweit möglich, werden die Wurzeln ausgeräumt und mit Kapplagen gegengeschweißt.
   Wurzellagen, die nicht mehr zugänglich sind, erfordern eine hohe Passgenauigkeit der zu stoßenden Profile und eine sorgfältige Nahtvorbereitung.
   Die Schweißnahtfolge ist so festzulegen, dass Überlagerungen von Beanspruchungen aus dem Schweißvorgang mit denen des Betriebszustands vermieden werden.

8.1.19.5 Weitere Hinweise

1. Stöße sind möglichst in einem niedrig beanspruchten Querschnitt anzuordnen. Stöße benachbarter Profile sind um mindestens 1 m zu versetzen.
2. Beim Stoßen von I-förmigen Profilen sind die Kehlbereiche des Stegs in Form eines zum Flansch offenen Halbkreises mit einem Durchmesser von 35 bis 40 mm auszunehmen, damit der Flansch mit Kapplage voll durchgeschweißt werden kann. Die Ränder der Ausnehmungen müssen nach Fertigstellen der Schweißung kerbfrei bearbeitet werden. An den Flanschnähten sind im Bereich des Stumpfstoßes grundsätzlich Ein- und Auslaufbleche vorzusehen, damit ein sauberer Nahtabschluss am Flansch erreicht wird. Nach dem Abtrennen der Bleche ist der Flanschrand kerbfrei nachzuschleifen.
3. Sind zur Stoßdeckung aus statischen Gründen Flanschlaschen erforderlich, sollen folgende Regeln eingehalten werden:
   - Die Laschen sollen um nicht mehr als 20 % dicker sein als die überlaschten Profilteile, höchstens jedoch 25 mm dick.
   - Die Laschen sollen so breit sein, dass sie auf den Flanschen rundum ohne Endkrater verschweißt werden können.
   - Die Enden der Laschen sollen vogelzungenförmig auslaufen, wobei das Ende unter einer Neigung von 1 : 3 auf 1/3 der Laschenbreite verjüngt wird.

- Vor dem Auflegen der Lasche ist die Stumpfnaht blecheben abzuschleifen.
- Zerstörungsfreie Prüfungen müssen vor dem Auflegen der Laschen abgeschlossen sein.

4. Werden Stumpfstöße im Betrieb nicht vorwiegend ruhend beansprucht (vgl. E 20, Abschnitt 8.2.6), sind Überlaschungen zu vermeiden.
5. Sind Stumpfstöße planmäßig vorgesehen, z. B. aus Gründen des Transports oder der Rammtechnik, sollten nur beruhigte Stähle verwendet werden.
6. Stumpfstöße unter der Ramme sind aus wirtschaftlichen Gründen und wegen etwaiger Witterungseinflüsse, die sich auf die Schweißung nachteilig auswirken können, so weit wie möglich zu vermeiden.
7. Sind bei Spundwandbauwerken schweißtechnisch bedingte Undichtigkeiten vorhanden, durch die der dahinter liegende Boden ausfließen kann, ist für eine werkstoffgerechte Abdichtung solcher Stellen zu sorgen (E 117, Abschnitt 8.1.21).

8.1.20 Abtrennen der Kopfenden gerammter Stahlprofile für tragende Schweißanschlüsse (E 91)

Erhalten gerammte Stahlspundbohlen oder Stahlpfähle an ihrem Kopfende tragende Schweißanschlüsse (z. B. Schweißstöße, tragende Kopfausrüstungen und dergleichen), dürfen diese nicht in Bereichen mit Rammverformungen liegen, um zu vermeiden, dass sich etwaige Versprödungen auf die Tragfähigkeit der Schweißanschlüsse auswirken. Daher sind die Kopfenden unterhalb der Verformungsgrenze abzutrennen oder die Schweißnähte sind außerhalb des Verformungsbereichs anzuordnen.

8.1.21 Wasserdichtheit von Stahlspundwänden (E 117)

8.1.21.1 Allgemeines

Spundwände aus Stahlspundbohlen sind wegen des erforderlichen Spiels in den Schlossverbindungen nicht absolut wasserdicht. Werksseitig eingezogene Schlösser (W-Schlösser) sind in der Regel dichter als Baustellen-Fädelschlösser (B-Schlösser), die sich beim Einbringen zumindest teilweise mit Boden zusetzen.

Im Laufe der Zeit kann im Allgemeinen eine Selbstdichtung (natürliche Dichtung) der Schlösser infolge Korrosion mit Verkrustung sowie bei sinkstoffführendem Wasser durch das Ablagern von Feinteilen in den Schlössern erwartet werden. Sofern das nicht reicht, können die Schlösser gedichtet werden (Abschnitt 8.1.12.3).

Die Durchlässigkeit von Spundwandschlössern kann entsprechend Anhang E von DIN EN 12063 beurteilt werden. Bei den Lieferfirmen von Stahlspundbohlen können für die verschiedenen künstlichen Dichtungen nach Abschnitt 8.1.21.3 die entsprechenden Durchlässigkeiten erfragt werden. Gelten sehr strenge Anforderungen an die Dichtigkeit der Spundwandschlösser, müssen diese durch Versuche nachgewiesen werden. Sofern die dabei ermittelten Werte stark streuen, muss dies bei der Festlegung der Durchlässigkeit berücksichtigt werden.

In gering wasserdurchlässigen Böden wirken nicht gedichtete Schlösser wie senkrechte Dräns.

Stehen hinter einer Spundwand feinkörnige, nichtbindige Böden wie Feinsand oder Grobschluff an, können diese durch nicht gedichtete Schlösser leicht ausgewaschen werden. Dies ist insbesondere dann der Fall, wenn hinter Baugrubenwänden ein hoher Wasserüberdruck wirkt und/oder die Wand unter der Einwirkung von Wellen wechselnd beansprucht wird. In diesen Fällen sind in der Regel gezielte Maßnahmen zur Dichtung der Schlösser erforderlich.

8.1.21.2 Unterstützung der natürlichen Dichtung

Die natürliche Dichtung von Spundwandschlössern kann bei frei im Wasser stehenden Wänden unterstützt werden, wenn, wie z. B. bei Baustellenwänden, zeitweise einseitiger Wasserüberdruck auf die Wand wirkt. Dazu wird außerhalb der Baugrube ein umweltverträglicher Schwebstoff, wie z. B. Kesselschlacke, ins Wasser geschüttet.

Wenn dann die Baugrube mit möglichst großer Pumpleistung gelenzt wird, entsteht ein Wasserspiegelunterschied zwischen außen und innen. Der daraus resultierende Wasserüberdruck presst die Schlösser zusammen. Mit dem durch die Schlösser fließenden Wasser werden die Schwebstoffe in die Schlösser eingetragen und lagern sich dort ab, sodass die Durchlässigkeit der Schlösser abnimmt.

Wenn sich die Spundwand durch Wellenschlag oder Dünung bewegen kann, ist die Dichtwirkung allerdings nicht nachhaltig, weil die eingetragenen Dichtstoffe in den Schlössern zerrieben und ausgewaschen werden. Eine dauerhafte Dichtung durch Schwebstoffe ist im Falle wechselseitigen Wasserüberdrucks auf beiden Wandseiten ebenfalls nicht möglich.

8.1.21.3 Künstliche Dichtungen

Spundwandschlösser lassen sich sowohl vor als auch nach dem Einbau künstlich dichten.

1. Dichtungsverfahren vor dem Einbau der Spundbohlen:
   a) Verfüllen der Schlossfugen mit einer dauerhaften und umweltverträgli-

chen, ausreichend plastischen Masse, und zwar der W-Schlösser im Werk und der B-Schlösser im Werk oder auf der Baustelle. Eine deutliche Verbesserung der Wasserdichtheit wird durch Applizieren der B-Schlösser im Werk mit einer extrudierten Polyurethandichtung erreicht.

b) Mit diesem Verfahren können auch später nicht mehr zugängliche B-Schlösser gedichtet werden, z. B. unterhalb von Baugruben- oder Gewässersohlen. Bezüglich der Lage der gedichteten Schlösser wird auf c) verwiesen.

c) Bei beiden Arten der Dichtung ist die erzielbare Dichtheit der Schlösser abhängig vom Wasserüberdruck und vom Einbringverfahren der Profile. Rammen beansprucht die Dichtung wenig, da die Bewegung der Bohle im Schloss nur in einer Richtung stattfindet. Bei Vibration ist die Beanspruchung der Dichtungsmassen im Schloss größer als beim Rammen, der vollständige Verlust der Dichtwirkung infolge Reibung und Temperatur kann nicht ausgeschlossen werden.

d) Schlossfugen der W-Schlösser werden dicht geschweißt, und zwar im Werk oder auf der Baustelle. Um beim Einbauvorgang Risse in der Dichtnaht zu vermeiden, sind Zusatznähte erforderlich, z. B. beidseitig am Kopf und am Fuß des Einbauelements, sowie Gegennähte im Bereich der Dichtnaht. Die Dichtnaht muss auf der richtigen Seite der Spundwand liegen, z. B. bei Trockendocks und Schleusen auf der Luft-/Wasserseite.

e) Speziell für Abdichtungen an Dammstrecken von Wasserstraßen mit höchsten Anforderungen an die Wasserdichtigkeit kann eine aus der Altlastensanierung bekannte Bauweise angewandt werden. Bei dieser werden verrohrte Bohrungen mit einem Durchmesser von rd. 0,1 bis 0,3 m im Systemabstand der verwendeten Profile hergestellt und mit Dichtwandmassen verfüllt. Nach dem Ziehen der Verrohrung und vor dem Erstarren der Dichtwandmassen werden die an den W-Schlössern verschweißten Profile eingerammt.

2. Dichtungsverfahren nach dem Einbau der Spundwand

a) Verstemmen der Schlossfugen mit Holzkeilen (Quellwirkung), mit Gummi oder Kunststoffschnüren, rund oder profiliert, mit einer quell- und abbindefähigen Stemmmasse, z. B. Fasermaterial mit Zement versetzt.
Die Schnüre werden mit handlichen Lufthämmern und einem stumpfen Meißel eingestemmt. Auch wasserführende Schlösser können verstemmt werden. B-Schlösser lassen sich im Allgemeinen besser verstemmen als gepresste W-Schlösser.
Vor dem Verstemmen sind die Schlossfugen von anhaftenden Bodenteilen zu säubern.

b) Die Schlossfugen werden dicht geschweißt. In der Regel werden die W-Schlösser bereits im Werk geschweißt (siehe Abschnitt 8.1.21.3 (1c), die B-Schlösser auf der Baustelle.

Das direkte Verschweißen der Schlösser ist nur möglich, wenn diese trocken und gesäubert sind. Wasserführende Schlösser müssen daher mit einem Flach- und Profilstahl abgedeckt werden, der mit zwei Kehlnähten an die Spundwand geschweißt wird. So kann eine völlig wasserdichte Spundwand hergestellt werden.

c) Am fertigen Bauwerk können an den zugänglichen Fugen oberhalb des Wasserspiegels jederzeit Kunststoffdichtungen eingebaut oder PU-Schaum über Schlag- oder Schraubnippel in die Schlosskammer injiziert werden. Die Kunststoffdichtungen können nur auf trockener Oberfläche aufgebracht werden. Dazu müssen die Schlösser zuvor provisorisch gedichtet werden.
   Kastenspundwände mit Doppelschlössern können durch Auffüllen der geleerten Zellen mit einem geeigneten abdichtenden Material, z. B. mit Unterwasserbeton, gedichtet werden.

8.1.21.4 Abdichten von Durchdringungsstellen

Abgesehen von der Dichtheit der Schlösser ist auf ein ausreichendes Abdichten der Durchdringungsstellen von Ankern, Gurtbolzen und dergleichen zu achten.

Zum Dichten dieser Bereiche können Blei- oder Gummischeiben jeweils zwischen Spundwand und Unterlegplatte sowie zwischen Unterlegplatte und Mutter angeordnet werden. Damit die Dichtungsscheiben beim Anspannen der Anker und Gurtbolzen nicht beschädigt werden, müssen Anker mittels Spannschloss und Gurtbolzen mit Mutter auf der Gurtseite angespannt werden.

Die Löcher in der Spundwand für die Gurtbolzen und die Anker müssen sauber entgratet werden, damit die Unterlegplatten satt anliegen.

8.1.22 Ufereinfassungen in Bergsenkungsgebieten (E 121)

8.1.22.1 Allgemeines

Ufereinfassungen in Bergsenkungsgebieten müssen so ausgeführt werden, dass die im Laufe der Betriebsdauer zu erwartenden Bodenbewegungen aufgenommen werden können. Hinsichtlich der Bergsenkung sind lotrechte Bodenbewegungen (Senkungen) und Bewegungen in horizontaler Richtung (Zerrungen und Pressungen) zu unterscheiden.

Da die Bewegungen in Bergsenkungsgebieten in der Regel zu unterschiedlichen Zeiten eintreten, können Ufereinfassungen durch Senkungen, Zerrungen und Pressungen in wechselnder Folge beansprucht werden.

Örtliche Senkungen beeinflussen in der Regel den Grundwasserspiegel nicht, der Wasserspiegel in Kanälen wird in der Regel gehalten und wird demzufolge ebenfalls nicht durch örtliche Senkungen beeinflusst.

Vor dem Bau von Ufereinfassungen und anderen Bauwerken im Bergsenkungsgebiet ist die Planung dem zuständigen Bergbauunternehmen frühzeitig bekanntzugeben und vorzulegen. Es ist dann dem Bergbauunternehmen anheimgestellt, entweder Sicherungsmaßnahmen gegen die Einwirkungen aus Bergbau zu fordern und die dafür entstehenden Kosten oder aber die Kosten zur Beseitigung von eventuell eintretenden Schäden aus Bergsenkungen zu übernehmen. Diese und ihr Umfang können allerdings im Allgemeinen vorab nicht tatsächlich eingegrenzt oder abgesehen werden.

Lehnt das zuständige Bergbauunternehmen Maßnahmen gegen etwaige Beschädigungen aus Bergsenkungen ab oder hält es sie für nicht erforderlich und ist auch der Bauherr nicht bereit, solche Maßnahmen vorzusehen, sollte die gewählte Konstruktion so geplant und ausgeführt werden, dass Bergsenkungen ohne große Schäden aufgenommen werden und Schäden leicht wieder beseitigt werden können.

Die Erfahrung hat gezeigt, dass massive Ufereinfassungen durch Zerrungen und Pressungen sowie Verdrehungen aus Bergsenkungen häufig stark beschädigt werden. Dagegen sind nennenswerte Schäden an Bauwerken aus wellenförmigen Stahlspundbohlen infolge Bergsenkungen bisher nicht bekannt.

Für Ufereinfassungen in Bergsenkungsgebieten können daher wellenförmige Stahlspundwände generell als geeignet bezeichnet werden, wenn im Rahmen von Planung, Entwurf und Berechnung sowie Bauausführung einige grundsätzliche Regeln beachtet werden.

8.1.22.2 Hinweise zur Planung von Ufereinfassungen in Bergsenkungsgebieten

Die Größe der zu erwartenden Bodenbewegungen aus Bergsenkung ist beim zuständigen Bergbauunternehmen zu erfragen. Daraus folgen die Festlegungen der Höhenkoten und der Lastannahmen.

Erwartete Senkungen können z. B. an Kanälen durch eine entsprechend höhere Oberkante der Ufereinfassung ausgeglichen werden. Dies ist im Allgemeinen wirtschaftlicher, als die Wand nach Eintritt der Senkung aufzuhöhen. Sind über die Länge einer Uferwand unterschiedliche Senkungsmaße zu erwarten, kann die Oberkante der Wand entsprechend der zu erwartenden Senkung unterschiedlich hoch angelegt werden, sodass nach Eintritt der Senkungen die Wand möglichst eine einheitliche Höhe hat.

In Einzelfällen kann es aus gestalterischen Erwägungen zweckmäßig sein, Uferwände erst nach Eintritt der Senkungen zu erhöhen. In diesen Fällen muss jedoch schon beim Entwurf die entsprechende höhere Last aus Erddruck und Wasserdruck sowie die daraus resultierende höhere Ankerlast berücksichtigt werden, um nachträgliche, meist sehr aufwendige Verstärkungen zu vermeiden.

Zerrungen und Pressungen in der Ebene der Uferwand wirken sich bei wellenförmigen Spundwänden im Allgemeinen nicht schädigend aus, weil die Verformungsmöglichkeiten der Wellenwände (Ziehharmonika-Effekt) eine Anpassung an die Bodenbewegungen ohne Überbeanspruchungen ermöglichen.

Pressungen quer zur Uferwand bewirken eine Verschiebung der Wand zur Wasserseite. Zerrungen quer zur Ufereinfassung können eine Zunahme der Ankerkräfte bewirken, wenn die Verankerung sehr lang ist. In der Regel können diese zusätzlichen Ankerlasten aus Zerrungen aber aufgenommen werden, ohne dass die Anker versagen.

8.1.22.3 Hinweise für Entwurf, Berechnung und Bauausführung

Uferwände müssen mit Bezug zu den Beanspruchungen aus Bergsenkung in der Regel nicht für höhere Belastungen als außerhalb von Bergsenkungsgebieten bemessen werden, sofern dies nicht vom zuständigen Bergbauunternehmen gefordert und bezahlt wird. Die gilt auch für Stahlbetonholme und ihre Bewehrung, sofern diese auch nach Eintritt von Senkungen noch über Wasser liegen und dann im Falle späterer Beschädigungen ausgebessert oder ganz erneuert werden können.

Um Uferwände gegen die Einwirkungen aus Bergsenkungen möglichst unempfindlich zu machen, sollte die Wandhöhe über dem Anker (Überankerteil) klein sein, die Verankerung samt Gurt sollte also möglichst knapp unter der Oberkante der Spundwand angeordnet werden. Aus diesem Grund und wegen der Wandverformungen bei Zerrungen sollten Uferwände in Bergsenkungsgebieten für den vollen Erddruck bemessen werden, also nicht unter Annahme einer Erddruckumlagerung.

Für Uferspundwände in Bergsenkungsgebieten können die Stahlsorten nach E 67, Abschnitt 8.1.6 gewählt werden, für Gurt und Holm und die Verankerung die Stahlsorten S 235 J2 und S 355 J2 nach DIN EN 10025. Werden die Wände mit Rundstahlankern verankert, sind Ankeraufstauchungen im Gewindebereich zulässig, wenn die Forderungen gemäß E 20, Abschnitt 8.2.7.3 erfüllt werden. Aufgestauchte Rundstahlanker verfügen über einen größeren Dehnweg und eine größere Biegeweichheit als Rundstahlanker ohne Aufstauchung im Gewindebereich, sie sind leichter einzubauen und billiger.

Die Verankerung von Uferwänden im Bergsenkungsgebiet sollte über Gurte aus zwei U-Stählen erfolgen, weil bei diesen die Gurtbolzen den Verformungen der Wand leichter folgen können. Die Gurte sind so zu bemessen, dass alle Einwirkungen aus der Bergsenkung ohne spätere Gurtverstärkungen abgetragen werden können.

Für die Beweglichkeit in Längsrichtung der Wand sollen Gurte und Stahlholme über Langlöcher oder Löcher mit ausreichender Bewegungsmöglichkeit gestoßen werden. Muss eine Wand nachträglich aufgeständert werden, ist das bereits beim Entwurf der Holmkonstruktion zu berücksichtigen, z. B. durch Vorsorge für eine einfache Demontage des Holms. Ankeranschlüsse in einem Holmgurt sind zu vermeiden.

Vorteilhaft für Uferwände im Bergsenkungsgebiet sind waagerechte oder flach geneigte Verankerungen, weil in diesen bei unterschiedlicher Setzung von Verankerungen und Wand nur geringe Zusatzspannungen aktiviert werden. Die Ankeranschlüsse müssen aus dem gleichen Grund gelenkig ausgebildet werden. Die Ankeranschlüsse sind möglichst im wasserseitigen Tal des Spundwandprofils anzuordnen, damit sie zugänglich bleiben und leicht beobachtet werden können.

Bei der Abnahme der Spundbohlen nach E 67, Abschnitt 8.1.6 ist besonders darauf zu achten, dass die dort definierten Schlosstoleranzen eingehalten werden.

Die Verformungsfähigkeit der Spundwand in der Wandebene wird durch das Verschweißen der Schlösser, beispielsweise um sie zu dichten, nicht wesentlich beeinträchtigt. Verschweißte Schlösser behindern allerdings die lotrechten Verformungen. Daher sollten bei Spundwänden im Bergsenkungsgebiet nicht alle Baustellenschlösser verschweißt werden.

Wenn also Spundwände im Bergsenkungsgebiet wasserdicht sein sollen, können die im Werk zusammengezogenen Schlösser durch elastische, profilierte Dichtungsmassen, die die lotrechte Verformbarkeit nicht behindern, gedichtet werden, die Baustellenschlösser werden verschweißt.

Zugängliche Schlösser können auch auf der Baustelle durch vor den Schlössern liegende, von einem Blech geschützte elastische Dichtungen abgedichtet werden. Generell sind Schweißungen möglichst zu vermeiden, die die Verformbarkeit der Spundwand beeinträchtigen.

Diese Forderung gilt sinngemäß auch für das Zusammenwirken von Bauteilen aus Stahlbeton mit der Spundwand. Insbesondere darf durch massive Bauteile die Verformbarkeit der Spundwand nicht eingeschränkt werden. Uferwände und Kranbahnen sind getrennt voneinander auszubilden und zu gründen, damit sie sich unabhängig voneinander setzen und Setzungen jeweils unmittelbar ausgeglichen werden können.

Werden Kranbahnen nicht mit Schwellenrosten gemäß E 120, Abschnitt 6.17.2.1, Punkt 2 gegründet, sondern auf Stahlbetonbalken, sind diese zur Gewährleistung der Spurhaltung durch kräftige Zerrbalken miteinander zu verbinden. Die Zuführung der elektrischen Energie sollte vorzugsweise durch Schleppkabel erfolgen.

8.1.22.4 Bauwerksbeobachtungen

Uferbauwerke in Bergsenkungsgebieten bedürfen regelmäßiger Beobachtungen und Kontrollmessungen. Wenn auch der Bergbau für etwaige Schäden aufzukommen hat, bleibt doch der Eigentümer der Anlage für deren Sicherheit verantwortlich.

8.1.23 Einrütteln wellenförmiger Stahlspundbohlen (E 202)

8.1.23.1 Allgemeines

Zum Einrütteln wellenförmiger Stahlspundbohlen werden Vibrationsbäre (Rüttler) eingesetzt, die mit Klemmzangen fest mit dem Rammgut verbunden sind. Im Rüttler werden durch gegenläufig synchron rotierende Unwuchten vertikal gerichtete Schwingungen erzeugt, die sich auf das Rammgut übertragen und den Boden zum Mitschwingen anregen. Dadurch können die Eindringwiderstände des Bodens (Mantelreibung und Spitzenwiderstand) erheblich reduziert werden.

Ob das Einrütteln im konkreten Anwendungsfall mit Erfolg angewendet werden kann, muss durch eine fachkundige Beurteilung des Zusammenwirkens von Vibrationsbär, Rammgut und Boden bewertet werden. E 118, Abschnitt 8.1.11.3 und E 154, Abschnitt 1.5 behandeln die Einflüsse von Boden und Rammgut auf das Einrütteln.

Die Auswirkungen des Einrüttelns auf die Tragfähigkeit und das Setzungsverhalten von Gründungselementen und die Lagerungsdichte des anstehenden Bodens sollten im Anwendungsfall durch einen Sachverständigen für Geotechnik bewertet werden. Insbesondere im Falle von Gründungselementen mit Wechselbeanspruchungen (Zug und Druck) sollte die Tragfähigkeit vorab durch Probebelastungen nachgewiesen werden.

8.1.23.2 Begriffe, Kenndaten für Vibrationsbäre

Wesentliche Begriffe und Kenndaten für den Betrieb von Vibrationsbären sind:

1. Die Antriebsart; Vibrationsbäre können elektrisch, hydraulisch oder elektrohydraulisch angetrieben werden.
2. Die Antriebsleistung P [kW] bestimmt die Leistungsfähigkeit der Bäre. Pro 10 kN Fliehkraft ist eine Antriebsleistung von mindestens 2 kW erforderlich.
3. Das wirksame Moment M [kg m] ist das Produkt aus der Gesamtmasse m der Unwuchten, multipliziert mit dem Abstand r des Schwerpunktes der einzelnen Unwucht von ihrer Drehachse.

   $M = m \cdot r$ [kg · m]

Das wirksame Moment bestimmt die Schwingweite bzw. Amplitude des Vibrationsbären.

4. Die Drehzahl n [U min^{-1}] der Unwuchtwellen. Die Drehzahl beeinflusst die Fliehkraft quadratisch. Elektrische Vibratoren arbeiten mit konstanter, hydraulische mit stufenlos einstellbarer Drehzahl.
5. Die Fliehkraft (Erregerkraft) F [kN] ist das Produkt aus dem wirksamen Moment und dem Quadrat der Winkelgeschwindigkeit:

$$F = M \cdot 10^{-3} \cdot \omega^2 \text{ [kN]} \quad \text{mit} \quad \omega = \frac{2 \cdot \pi \cdot n}{60} \text{ [s}^{-1}\text{]}$$

Für die Praxis ist die Fliehkraft eine Vergleichsgröße unterschiedlicher Rüttelbäre. Dabei ist jedoch auch wichtig, bei welcher Drehzahl und welchem wirksamen Moment die größte Fliehkraft wirkt.
Moderne Rüttelbäre ermöglichen eine stufenlose Regulierung der Drehzahl und des statischen Momentes während des Betriebs. Diese Geräte haben den Vorteil, dass sie mit einer Schwingungsamplitude von Null resonanzfrei angefahren werden können. Erst nach Erreichen der vorgewählten Drehzahl werden die Unwuchten ausgefahren und eingeregelt. Damit werden unerwünschte An- und Auslaufspitzen der Schwingweite bzw. Amplitude vermieden.

6. Die Schwingweite S [m] und die Amplitude [m]. Die Schwingweite S ist die gesamte vertikale Verschiebung der vibrierenden Einheit im Verlauf einer Umdrehung der Unwuchten. Die Amplitude ist die halbe Schwingweite. In den Gerätelisten der Hersteller wird manchmal die Schwingweite, manchmal die Amplitude angegeben.
Die Amplitude ist der Quotient aus wirksamem Moment M [kg m] und der dynamischen Masse m [kg] des Bären:

$$\bar{x} = \frac{M}{m_{\text{Bärdyn}}} \text{ [m]}$$

Die für die Praxis erforderliche „Arbeits-Amplitude" $\bar{x}_{\text{A}}$ ist dagegen eine Amplitude, die sich beim Einrütteln einstellt, sie wird als Quotient aus dem wirksamen Moment M und der gesamten mitschwingenden Masse m_{dyn} errechnet:

$$\bar{x}_{\text{A}} = \frac{M}{m_{\text{dyn}}} \text{ [m]}$$

Die mitschwingende Masse m_{dyn} ist die Summe aus der dynamischen Masse $m_{\text{Bärdyn}}$ des Rüttlers, der Masse m_{Rammgut} des Rammguts und der Masse m_{Boden} des mitschwingenden Bodenvolumens. Letztere ist im Allgemeinen nicht bekannt, bei Rammprognosen wird daher oft $m_{\text{Boden}} \geq 0{,}7$ ($m_{\text{Bärdyn}} + m_{\text{Rammgut}}$) angesetzt. Für einen optimalen Arbeitsablauf des Einrüttelns sollte die rechnerische Arbeitsamplitude $\bar{x}_{\text{A}} \geq 0,003\ m$ sein.

7. Die Beschleunigung a [m/s²]. Die Beschleunigung des Rammguts wirkt auf das Korngerüst des umgebenden Bodens. Dadurch werden die zwischen den Einzelkörnern nichtbindiger Böden wirkenden Spannungen beeinflusst, im Idealfall sogar ganz aufgehoben, sodass der Boden in einen „pseudoflüssigen" Zustand versetzt wird, solange der Vibrationsbär arbeitet. Dadurch werden die Reibung im Boden und der Eindringwiderstand der Profile herabgesetzt.
   Das Produkt aus der „Arbeits-Amplitude" und dem Quadrat der Winkelgeschwindigkeit ergibt die Beschleunigung „a" des Rammguts.

   $$a = \bar{x} \cdot \omega^2 \ [\mathrm{m/s^2}] \quad \text{mit} \quad \omega = \frac{2 \cdot \pi \cdot n}{60} \ [\mathrm{s^{-1}}]$$

   Erfahrungsgemäß sollte für erfolgreiches Einrütteln $a \geq 100$ m/s² sein.

8.1.23.3 Verbindung zwischen Rüttelbär und Rammelement

Der Rüttler muss mit dem Rammelement über hydraulische Klemmbacken so verbunden werden, dass eine möglichst starre Verbindung mit dem Rammgut entsteht. Dadurch wird sichergestellt, dass die Energie des Rüttlers optimal in das Rammgut und über dieses in den Boden eingeleitet wird und somit das Einrütteln erfolgreich ist. Der Rüttler sollte wie bei der schlagenden Rammung in der Schwerlinie des Rammwiderstands angeordnet sein, deshalb wird für das Einbringen von Doppelbohlen eine Doppelklemmzange verwendet.

Anzahl und Positionen der Klemmbacken sind so zu wählen, dass sie dem Profil angepasst sind.

8.1.23.4 Kriterien für die Wahl des Vibrationsbären

Für das Einbringen von Spundwandprofilen in homogene, umlagerungsfähige (nichtbindige) und wassergesättigte Böden sollte der Vibrationsbär eine Fliehkraft von mindestens 15 kN je m Rammtiefe und 30 kN je 100 kg Rammgutmasse erzeugen können. Die Fliehkraft kann damit aus der Beziehung

$$F = 15 \cdot \left(t + \frac{2 \cdot m_{\mathrm{Rammgut}}}{100} \right) \ [\mathrm{kN}]$$

errechnet werden. Darin bedeuten:

F Fliehkraft [kN],
t Rammtiefe [m],
m_{Rammgut} Masse des Rammguts [kg].

Zur Wahl des Vibrationsbären kann auch auf entsprechende Angaben der Gerätehersteller und auf rechnergestützte Prognosemodelle zurückgegriffen werden. Für größere Bauvorhaben sind Eignungsversuche zu empfehlen.

8.1.23.5 Erfahrungen zum Einrütteln von wellenförmigen Stahlspundbohlen

1. Die Einwirkungen aus Erschütterungen auf benachbarte Bauwerke und sonstige Anlagen aus dem Einrütteln von Spundwandprofilen und Pfählen können nicht sicher vorherbestimmt werden.
   Grundsätzlich werden Bauwerke im Einflussbereich der Rüttelbäre durch Schwingungen z. B. der Fundamente wie auch von Geschossdecken beansprucht (direkte Einwirkungen). DIN 4150, Teil 2 und 3 enthält Anhaltswerte für zulässige Schwinggeschwindigkeiten.
   Daneben können die Erschütterungen aus dem Betrieb von Vibrationsbären Setzungen des Bodens verursachen, die sich dann als indirekte Einwirkungen auf Bauwerke übertragen.
   Für Bauwerke im Einflussbereich der vom Einrütteln ausgehenden Schwingungen sollten die zu erwartenden direkten und indirekten Einwirkungen vorab prognostiziert werden. Prognoseverfahren sind z. B. von Achmus et al. 2005 zusammengestellt worden. Anhand dieser Prognose können Gerät und Betriebsdaten so ausgewählt werden, dass die Anhaltswerte von DIN 4150, Teil 2 und Teil 3 nicht überschritten werden und die Setzungen aus den indirekten Einwirkungen abgeschätzt werden.
   Bei Eindringgeschwindigkeiten des Rammguts von ≥ 1 m/min sind schädigende Einwirkungen auf benachbarte Bebauung erfahrungsgemäß nicht zu befürchten. Sind die Eindringgeschwindigkeiten des Rammguts über längere Eindringstrecken ≤ 0,5 m/min, sollten begleitende Messungen an der benachbarten Bebauung durchgeführt und durch einen geotechnischen Sachverständigen in Verbindung mit einem Tragwerksplaner dahingehend bewertet werden, ob die von den Rüttelbären ausgehenden Schwinggeschwindigkeiten zugelassen werden können. Kurzzeitig verringerte Eindringgeschwindigkeiten, z. B. beim Durchteufen verfestigter Bodenschichten, sind in der Regel unproblematisch.
2. In gering umlagerungsfähigen Böden (schwach bindige Böden, Schluff) oder in trockenen Böden ist die Wirkung der Rüttelbäre deutlich geringer. Sie kann durch Spülhilfe (E 203, Abschnitt 8.1.24) verbessert werden. Weiter mögliche Hilfsmittel zur Unterstützung des Einbringens können Lockerungsbohrungen mit einem geringen Vorlauf oder ein Bodenaustausch sein.
3. Die in E 154, Abschnitt 1.5.2.3 erwähnte Verdichtung von Böden durch das Einrütteln ist vor allem beim Rütteln mit hohen Drehzahlen zu erwarten (Abschnitt 8.1.23.2, Punkt 7). Um die Verdichtung zu vermeiden, kann es zweckmäßig sein, die Arbeiten mit einem Rüttelbär auszuführen, der zwar eine gleichwertige Fliehkraft erzeugt, aber mit geringerer Drehzahl und damit geringerer Beschleunigung arbeitet.
4. Bezüglich der Dichtheit künstlich vorgedichteter Schlösser wird auf E 117, Abschnitt 8.1.21.3 (1b) hingewiesen.
5. Für die Dokumentation des Einbringens mit dem Rüttelbär gilt E 118, Ab-

schnitt 8.1.11 sinngemäß. Die Protokolle über das Einbringen sollten neben den Betriebsdaten des Rüttlers mindestens die erforderliche Rütteldauer für je 0,5 m Eindringung ausweisen. Vorzugsweise sollte das Einrütteln durch eine kontinuierliche Aufzeichnung der Betriebsdaten, Rütteldauer und Eindringung dokumentiert werden.

6. Das Einrütteln ist im Allgemeinen eine lärmarme Einbringmethode. Höhere Lärmpegel können bei mangelhafter Vibrationswirkung infolge Mitschwingens der Wand und der Rammzange durch Gegeneinanderschlagen entstehen. Intensiv kann das Mitschwingen bei hoch stehenden Wänden in staffelweiser oder fachweiser Einbringung auftreten. Der Einsatz von Einbringhilfen nach Abschnitt 8.1.23.5, Punkt 2 oder gepolsterter Rammzangen kann Abhilfe schaffen.
7. Auch bei Einsatz moderner Hochfrequenzvibratoren mit variablen Unwuchten ist im Nahbereich von Bauwerken die Gefahr von Setzungen zu beachten.
8. Zu beachten ist weiter, dass bei geringen Eindringgeschwindigkeiten und anhaltendem Rütteln mit leistungsstarken Rüttlern die Schlösser bis zum Verschweißen erhitzt werden können. Im Falle kurzzeitig verringerter Eindringgeschwindigkeit kann das Verschweißen durch Wasserkühlung der Bohle insbesondere im Schlossbereich vermieden werden.
9. Beim Einrütteln von Doppelbohlen (oder Mehrfachbohlen) sollten stets Doppelklemmzangen verwendet werden. Auf eine Lochung zum Anschlagen der Bohlen in unmittelbarer Nähe der lasteinleitenden Klemmzangen sollte zur Vermeidung von Rissen verzichtet werden.

8.1.24 Spülhilfe beim Einbringen von Stahlspundbohlen (E 203)

8.1.24.1 Allgemeines

In den Empfehlungen E 104, Abschnitt 8.1.12.5, E 118, Abschnitt 8.1.11.4, E 149, Abschnitt 8.1.14.4, E 154, Abschnitt 1.5.2.5 und E 202, Abschnitt 8.1.23 wird auf die Einbringhilfe durch Spülen mit Wasser hingewiesen. Spülhilfe mit Wasser kann bei den Einbringverfahren Rammen, Rütteln und Pressen eingesetzt werden, um:

- das Einbringen generell zu ermöglichen,
- eine Überlastung der Geräte und Überbeanspruchungen der Rammelemente zu vermeiden,
- die erforderliche Einbindetiefe zu erreichen,
- Bodenerschütterungen zu reduzieren und
- die Kosten durch Verkürzung der Einbringzeiten und -energien zu senken und/oder den Einsatz leichterer Geräte zu ermöglichen.

Je nach Bodenstruktur und Festigkeit wird mit jeweils angepassten Wasserdrücken gespült.

8.1.24.2 Niederdruckspülverfahren

Beim Niederdruckspülverfahren wird über Spülrohre ein Wasserstrahl an den Fuß des Rammelements geleitet. Dieser lockert und erodiert den Boden im Fußbereich, der gelöste Boden wird mit dem Spülstrom abtransportiert. Im Wesentlichen wird hierbei der Widerstand im Fußbereich der einzubringenden Bohlen reduziert. Je nach Bodenstruktur kann durch aufsteigendes Wasser aber auch die Mantel- und die Schlossreibung vermindert werden.

Dem Niederdruckspülverfahren sind durch die Festigkeit des Untergrunds, die Anzahl der Spüllanzen und der Höhe des erforderlichen Wasserdrucks sowie der erforderlichen Wassermenge Grenzen gesetzt. Zur Festlegung der Betriebsdaten einer Niederdruckspülhilfe sind vorab Proberammungen erforderlich.

Das Niederdruckspülverfahren kann in nichtbindigen, dicht gelagerten Böden und insbesondere in trockenen, gleichförmigen nichtbindigen Böden sowie in Sand und Kies erfolgreich eingesetzt werden.

Die Spüllanzen haben Durchmesser von 45 bis 60 mm, der Spüldruck an der Pumpe liegt zwischen 5 bis 20 bar. Durch eine Einschnürung der Spüllanzenspitzen oder spezielle Spülköpfe kann eine Düsenwirkung mit entsprechend erhöhter Spülwirkung erzielt werden. Das Spülwasser wird in der Regel von Kreiselpumpen geliefert, der Wasserverbrauch kann bis zu rd. 1.000 l/min reichen.

Je nach Schwere der Einbringung werden die Spüllanzen neben dem Rammgut eingespült oder am Rammgut befestigt mit diesen auf Tiefe gebracht. Durch das Einbringen relativ großer Wassermengen in den Untergrund kann dessen Festigkeit abgemindert werden und es können Setzungen ausgelöst werden.

Niederdruckspülverfahren, bei denen gleichzeitig mit dem Einrütteln gespült wird und der Spüldruck auf 15 bis 40 bar begrenzt ist, haben sich für das Einbringen von Spundbohlen in sehr kompakte Böden bewährt, die ohne Spülhilfe nur sehr schwer rammbar sind.

Wegen seiner Umweltverträglichkeit kann das Niederdruckspülverfahren auch in Wohngebieten und Innenstädten eingesetzt werden.

Der Erfolg des Niederdruckspülverfahrens hängt wesentlich von der optimalen Abstimmung der Spülung und des Rüttlers auf den anstehenden Boden ab. Deswegen ist es wichtig, lokale Erfahrungen auszuwerten und Eignungsversuche durchzuführen, wenn diese nicht vorliegen. Optimal sind Rüttler mit verstellbarem wirksamen Moment und Drehzahlregelung, weil deren Arbeitsdaten an den konkreten Eindringwiderstand angepasst werden können.

Üblicherweise werden am Rammgut (Doppelbohle) zwei bis vier Lanzen befestigt, die Lanzenspitzen enden plangleich mit dem Bohlenfuß. Optimal ist der Einsatz je einer Pumpe pro Lanze. Das Spülen beginnt gleichzeitig mit dem Rütteln, um eine Verstopfung der Lanzenöffnung durch eindringenden Boden zu vermeiden.

Bei Eindringgeschwindigkeiten von ≥ 1 m/Minute kann die Spülung bis zum Erreichen der statisch erforderlichen Einbindetiefe beibehalten werden. Im Allgemeinen gelten dann auch die vorher ermittelten Bodenkennwerte für die Spundwandberechnung. Die Neigungswinkel des Erddrucks und des Erdwiderstands sollten allerdings auf $\delta_a = +1/2\varphi$ und $\delta_P = -1/2\varphi$ begrenzt werden.

Sollen hohe vertikale Lasten über mit Einspülhilfe eingebrachte Profile abgetragen werden, muss die lotrechte Tragfähigkeit durch Probebelastungen nachgewiesen werden.

8.1.24.3 Hochdruck-Vorschneid-Technik (HVT)

Mit der Hochdruck-Vorschneid-Technik (HVT) kann das Einbringen der Spundbohlen in wechselhaft feste Böden erleichtert bzw. gar erst ermöglicht werden. Als Spüllanzen werden Präzisionsrohre von z. B. 30 mm Durchmesser verwendet, der Spüldruck an der Pumpe (Kolbenpumpen) liegt zwischen 250 und 500 bar. Die Spüllanzen sind unten mit eingeschraubten Düsen ausgerüstet, deren Querschnitt auf den anstehenden Boden eingestellt werden kann. Der Wasserbedarf liegt zwischen 30 und 150 l/min je Düse.

Die Hochdruck-Vorschneid-Technik ist vor allem für feste, überkonsolidierte bindige Böden wie Schluff- und Tongestein und mürben Sandstein geeignet.

Wirtschaftlich ist die Hochdruck-Vorschneid-Technik allerdings nur, wenn die Spüllanzen wiedergewonnen werden. Zu diesem Zweck dürfen die Spüllanzen nicht fest mit den einzubringenden Profilen verbunden sein, sondern sie müssen in Schellen geführt werden, die ihrerseits mit den Profilen verschweißt sind. Die Spülköpfe müssen rd. 5 bis 10 mm über der Unterkante der Profile liegen und sind so zu wählen, dass sie eine möglichst hohe Standzeit erreichen.

Der Einsatz der Hochdruck-Vorschneid-Technik erfordert in jedem Fall eine Abstimmung von Spüldruck, Anzahl der Lanzen und Art der Düsen auf die konkret anstehenden Böden, im Falle wechselnder Bodenverhältnisse auch während der laufenden Baumaßnahmen.

Die Neigungswinkel des Erddrucks und des Erdwiderstands sollten auf $\delta_a = +1/2\varphi$ und $\delta_P = -1/2\varphi$ begrenzt werden. Sollen hohe vertikale Lasten über mit der Hochdruck-Vorschneid-Technik eingebrachte Profile abgetragen werden, muss die lotrechte Tragfähigkeit durch Probebelastungen nachgewiesen werden.

8.1.25 Einpressen wellenförmiger Stahlspundbohlen (E 212)

8.1.25.1 Allgemeines

Die heute vermehrt aufgestellte Forderung nach geringer Lärmemission und Erschütterungsfreiheit beim Einbringen von Stahlspundbohlen kann durch Einpressen der Bohlen erfüllt werden. Das Einpressen ist im innerstädtischen Bereich und/oder erschütterungsempfindlicher Nachbarbebauung oft die einzige Möglichkeit, die Spundwandbauweise wirtschaftlich anzuwenden.

Die Kosten für das Einpressen sind höher als die für das Rammen oder das Rütteln, sie werden aber in vielen Fällen zumindest teilweise dadurch aufgewogen, dass z. B. Maßnahmen zum Schallschutz gemäß E 149, Abschnitt 8.1.14 entfallen.

8.1.25.2 Pressgeräte

Man unterscheidet zwischen freireitenden, mäklergeführten und selbstschreitenden Pressen.

Freireitende Pressgeräte benötigen zum Einpressen der Spundbohlen ein Führungsgerüst, in dem die Bohle in zwei Ebenen geführt wird. Beim mäklergeführten Pressen werden die Bohlen oben am Mäkler und unten in einem Führungsrahmen geführt.

Beide Bauarten haben in der Wandachse mehrere Pressstempel nebeneinander, mit denen die Bohlen staffelweise eingepresst werden. Die Reaktionskräfte für die Presskräfte werden durch das Trägergerät, das Gewicht der Bohlen und deren Mantelreibung im Boden aufgebracht.

Wegen ihres geringen Platzbedarfs werden häufig selbstschreitende Pressen eingesetzt. Sie sitzen ohne weitere Führung und ohne Trägergerät direkt auf den bereits eingebrachten Bohlen. Die jeweils einzupressende Bohle wird durch Presszylinder im Presskopf gleichzeitig ausgerichtet und eingepresst. Bei den selbstschreitenden Pressen werden die Reaktionskräfte über die abgeteuften Nachbarbohlen aktiviert.

Das Einpressen kann durch Lockerungsbohrungen oder Spülhilfen unterstützt werden, die dafür erforderlichen Einrichtungen sind bei einigen Pressen schon integriert.

8.1.25.3 Presselemente

Die meisten der heute auf dem Markt vorhandenen Spundwandpressen können nur einzelne Spundbohlen in U- oder Z-Form einpressen. Freireitende und mäklergeführte Spundwandpressen nehmen lose eingezogene Doppel-, Drei- oder Vierfachbohlen in U- oder Z-Form auf, die wechselweise als Einzelbohle eingepresst werden.

Spundwandpressen, mit denen Doppelbohlen eingepresst werden, können während des Einbringens in der Regel durch Vorbohrungen im Bohlental unterstützt werden.

Um die Schlossreibung in nichtbindigen feinkörnigen Böden zu minimieren, werden die Schlosskammern der freien Rammschlösser möglichst mit einem Verdrängungsmaterial wie Heißbitumen oder ähnlich verfüllt.

Die Profile für das Einpressen müssen sowohl nach den statischen Erfordernissen im fertigen Bauwerk wie auch nach den Beanspruchungen beim Einpressen gewählt werden. Erfahrungsgemäß sollten zum Einpressen nicht zu weiche Profile verwendet werden.

8.1.25.4 Einpressen von Spundbohlen

Das Einpressen von Spundbohlen gelingt nur dann, wenn die Eindringwiderstände der Bohlen zutreffend eingeschätzt werden und die Presskräfte und die Steifigkeit der Profile darauf abgestimmt sind.

Derzeit marktübliche Spundwandpressen können Presskräfte von maximal rd. 1.500 kN aufbringen. Bei selbstschreitenden Pressen müssen die Reaktionskräfte allein über die Nachbarbohlen aktiviert werden, daher sollten bei diesen Pressen Presskräfte von rd. 800 kN nicht überschritten werden, weil andernfalls die bereits eingebrachten Profile teilweise wieder gezogen werden.

Durch Einbringhilfen wie Niederdruckspülungen (siehe E 203, Abschnitt 8.1.24)) oder Lockerungsbohrungen wird das Einpressen von Spundbohlen auch in Böden mit hohem Eindringwiderstand möglich. Beim Niederdruckspülen sollten die Neigungswinkel des Erddrucks und des Erdwiderstands auf $\delta_a = +1/2\varphi$ und $\delta_P = -1/2\varphi$ begrenzt werden.

Gegebenenfalls im Boden angetroffene Hindernisse müssen geräumt werden.

8.2 Berechnung und Bemessung der Spundwand

8.2.1 Allgemeines

Für die Tragfähigkeitsnachweise bietet Eurocode EC 7-1 drei Nachweisverfahren an. Die Anwendung in Deutschland stützt sich bis auf eine Ausnahme auf das Nachweisverfahren 2 nach EC 7-1. Dies geschieht in der Form, dass die Teilsicherheitsbeiwerte auf die Beanspruchungen (z. B. die Schnittkräfte M_k, V_k, N_k) und auf die Widerstände angewendet werden. Zur Unterscheidung zu der

ebenfalls unter Nachweisverfahren 2 zugelassenen Variante, bei der die Teilsicherheitsbeiwerte auf die Einwirkungen angewendet werden, wird das deutsche Verfahren als Nachweisverfahren 2* bezeichnet.

Zu den Tragfähigkeitsnachweisen bei Stützbauwerken gehören die Grenzzustände

- STR (Structure failure, Grenzzustand des Versagens von Bauwerk oder Bauteil),
- GEO-2 (Geotechnic failure, Grenzzustand des Versagens von Baugrund) und
- GEO-3 (Nachweis der Gesamtstandsicherheit).

Zum Grenzzustand STR zählt der Nachweis des Bauteils Spundwand unter Biege- und Normalkraftbeanspruchung. Die Tragfähigkeitsnachweise für Spundwände aus

- Stahlbeton erfolgen nach DIN EN 1992,
- Holz erfolgen nach DIN EN 1995,
- Stahl erfolgen nach DIN EN 1993-5 unter Beachtung von E 20, Abschnitt 8.2.7.

DIN EN 1993-5 lässt u. a. auch eine plastisch-plastische Bemessung für Stahlspundwandbauwerke zu. Eine solche Bemessung, die sowohl die plastische Querschnittsgestaltung als auch die plastische Systemtragfähigkeit (bei statisch unbestimmten Systemen) im Grenzzustand der Tragfähigkeit ausnutzt, kann in Sonderfällen auch für Ufereinfassungen sinnvoll sein. Im Regelfall werden aber die im Folgenden erläuterten Verfahren der elastisch-elastischen bzw. elastisch-plastischen Bemessung angewendet. Für die plastisch-plastische Bemessung von Ufereinfassungen fehlen derzeit u. a. noch Erfahrungen zur Erddruckverteilung infolge Schnittkraftumlagerung bei Vollausnutzung der Systemreserven. Die klassische Erddruckverteilung und die Erddruckfiguren der EAU dürfen der Berechnung mit plastisch-plastischen Verfahren nicht zugrunde gelegt werden.

Zum Grenzzustand GEO-2 zählen bei Stützwänden die Nachweise:

- Bruch des Bodens im Erdwiderstandsbereich infolge der Horizontalkraftbeanspruchung aus dem Bodenauflager $B_{h,d}$ (Nachweisformat $B_{h,d} \leq E_{ph,d}$, siehe DIN 1054, Abschnitt zu 9.7.4),
- axiales Versinken der Stützwand im Baugrund infolge der Vertikalkraftbeanspruchung $\Sigma V_{i,d}$ (Nachweisformat $\Sigma V_{i,d} \leq \Sigma R_{i,d}$, siehe E 4, Abschnitt 8.2.5.6),
- Grundbruchwiderstand,
- Standsicherheit in der tiefen Gleitfuge bei verankerten Stützwänden, siehe E 10, Abschnitt 8.5.

Zum Grenzzustand GEO-3 zählt der Nachweis der Sicherheit gegen Geländebruch. DIN 1054 beschreibt in Abschnitt „zu 9.7.2" die Zustände, für die der Nachweis des Geländebruchs bei Stützwänden zumindest geführt werden sollte.

Mit den Nachweisen des horizontalen Fußauflagers der Stützwand im Boden und der Aufnahme der Vertikalkomponente des mobilisierten Erdwiderstands wird die erforderliche Einbindelänge der Stützwand in den Baugrund ermittelt. Bei beiden Nachweisen darf auf der Belastungsseite der Stützwand eine Erddruckumlagerung gemäß 8.2.3.1 berücksichtigt werden.

Beim Nachweis einer ausreichenden horizontalen Fußauflagerung der Stützwand ist grundsätzlich nur der unabgeminderte Teilsicherheitsbeiwert $\gamma_{R,e}$ für den Erdwiderstand anzusetzen. Der Ansatz von abgeminderten Teilsicherheitsbeiwerten wird in den Abschnitten 8.2.1.2 und 8.2.1.3 näher erläutert.

Die Gebrauchstauglichkeit (SLS) umfasst Zustände, die das Bauwerk unbrauchbar werden lassen, ohne dass dabei die Tragfähigkeit verloren geht. Bei Uferbauwerken muss dieser Nachweis dahingehend geführt werden, dass die Wandverformung – ggf. unter Berücksichtigung der Ankerdehnung und der daraus resultierenden Setzungen hinter der Wand – für das Bauwerk und die Umgebung unschädlich ist. Weitere Erläuterungen zum Gebrauchstauglichkeitsnachweis siehe DIN 1054:2010-12, Abschnitt „zu 9.8".

8.2.1.1 Teilsicherheitsbeiwerte für Beanspruchungen und Widerstände (E 214)

Bei der Berechnung von Spundwandbauwerken sowie Ankerwänden und -platten von Rundstahlverankerungen sind für Nachweise im Grenzzustand STR folgende Teilsicherheitsbeiwerte maßgebend:

- γ_G und γ_Q für Einwirkungen gemäß Tabelle E 0-1,
- $\gamma_{R,e}$ und $\gamma_{R,h}$ für Widerstände gemäß Tabelle E 0-2,
- $\gamma_{R,e,red}$ für den Erdwiderstand nach E 215, Abschnitt 8.2.1.2,
- $\gamma_{G,red}$ für die Wasserüberdruckeinwirkung nach E 216, Abschnitt 8.2.1.3.

Für die Anwendung der reduzierten Teilsicherheitsbeiwerte $\gamma_{R,e,red}$ und $\gamma_{G,red}$ wird auf E 215, Abschnitt 8.2.1.2 und E 216, Abschnitt 8.2.1.3 verwiesen.

8.2.1.2 Ermittlung der Bemessungswerte für die Biegebeanspruchungen (E 215)

Bei der Ermittlung der Biegemomente darf ein reduzierter Teilsicherheitsbeiwert $\gamma_{R,e,red}$ für die Abminderung des Erdwiderstands gemäß Tabelle E 215-1 angesetzt werden, wenn unterhalb der Berechnungssohle nichtbindige Böden mit mindestens mittlerer Festigkeit:

Festigkeit	Lagerungsdichte D		Spitzenwiderstand
	$U \leq 3$	$U > 3$	q_c [MN/m²]
geringe Festigkeit	$0{,}15 \leq D < 0{,}30$	$0{,}20 \leq D < 0{,}45$	$5{,}0 \leq q_c < 7{,}5$
mittlere Festigkeit	$0{,}30 \leq D < 0{,}50$	$0{,}45 \leq D < 0{,}65$	$7{,}5 \leq q_c < 15$
hohe Festigkeit	$0{,}50 \leq D < 0{,}75$	$0{,}65 \leq D < 0{,}90$	$q_c \geq 15$

oder bindige Böden mit mindestens steifer Konsistenz anstehen:

Zustandsform	Konsistenzzahl I_C
weich	$0{,}50 \leq I_C < 0{,}75$
steif	$0{,}75 \leq I_C < 1{,}00$
halbfest bis fest	$1{,}00 \leq I_C < 1{,}25$

Die Umlagerung des aktiven Erddrucks nach E 77, Abschnitt 8.2.3.1 erfolgt bis zur Berechnungssohle.

Tabelle E 215-1. Reduzierte Teilsicherheitsbeiwerte $\gamma_{R,e,red}$ für den Erdwiderstand bei Ermittlung der Biegemomente

GEO-2	BS-P	BS-T	BS-A
$\gamma_{R,e,red}$	1,20	1,15	1,10

Stehen ab Berechnungssohle (Solltiefe zzgl. Baggertoleranz, Vorratsbaggerung, Kolkzuschlag etc.) zunächst Böden weicher Konsistenz oder geringer Festigkeit an, dürfen diese zur horizontalen Stützung der Wand nicht herangezogen werden. Diese Schichten dürfen nur als Auflast p_0 auf die neue Berechnungssohle, die in Höhe des Beginns der tragfähigen, d. h. der mindestens festen bzw. mindestens steifen, Böden liegt, angesetzt werden.

Der reduzierte Teilsicherheitsbeiwert $\gamma_{R,e,red}$ zur Ermittlung der Biegemomente darf nur in den tragfähigen Schichten angesetzt werden (Bild E 215-1).

Stehen im Erdwiderstandsbereich ausschließlich Böden geringer Festigkeit bzw. weicher Konsistenz an, muss die Berechnung der Beanspruchungen mit nicht herabgesetzten Teilsicherheitsbeiwerten $\gamma_{R,e}$ durchgeführt werden.

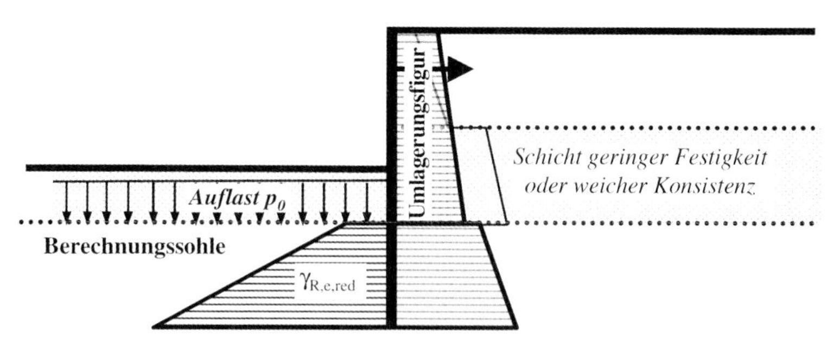

Bild E 215-1. Bild E 215 1 Lastbild für die Ermittlung der Biegemomente mit reduzierten Teilsicherheitsbeiwerten bei Böden mit geringer Festigkeit bzw. weicher Konsistenz

Wenn auf die Anwendung der herabgesetzten Teilsicherheitsbeiwerte $\gamma_{R,e,red}$ verzichtet wird, ist die Erddruckumlagerungsfigur entsprechend Bild E 215-2 nur bis auf die Tiefe der Gewässer-/Ausbaggerungssohle zu führen.

Sind die genannten Randbedingungen für den Ansatz des reduzierten Teilsicherheitsbeiwertes $\gamma_{R,e,red}$ erfüllt, darf zur Ermittlung der Biegebeanspruchungen der Einspanngrad für die volle Ausnutzung der mit unabgemindertem Teilsicherheitsbeiwert ermittelten Einbinde-/Bohlenlänge angesetzt werden. Die mit $\gamma_{R,e,red}$ ermittelten Schnittgrößen (Momente und Querkräfte) sind für den Nachweis der Spundwand maßgebend.

Ankerkräfte und die erforderliche Einbindelänge der Wand dürfen bei Bauwerken, die in den Anwendungsbereich der EAU fallen, nur unter Ansatz des unabgeminderten Teilsicherheitsbeiwertes $\gamma_{R,e}$ bestimmt werden.

Die Umlagerung des aktiven Erddrucks nach E 77, Abschnitt 8.2.3 erfolgt stets bis zur zuvor definierten Berechnungssohle.

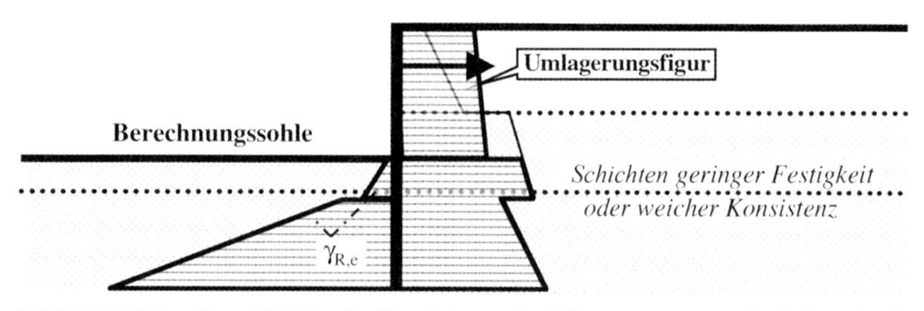

Bild E 215-2. Lastbild für die Ermittlung der Biegemomente mit nicht reduzierten Teilsicherheitsbeiwerten bei Böden mit geringer Festigkeit bzw. weicher Konsistenz unterhalb der Berechnungssohle

8.2.1.3 Teilsicherheitsbeiwert für den Wasserdruck (E 216)

Die Einwirkungen aus Wasserdruck sind nach E 19, Abschnitt 4.2, E 113, Abschnitt 4.7 und E 114, Abschnitt 2.9 zu ermitteln.

Bei Vorliegen der unten genannten Randbedingungen darf eine Reduzierung des Teilsicherheitsbeiwertes γ_G für die Ermittlung des Bemessungswertes der Beanspruchungen aus Wasserdruck vorgenommen werden. Die Teilsicherheitsbeiwerte $\gamma_{G,red}$ sind Tabelle E 216-1 zu entnehmen:

Tabelle E 216-1. Reduzierte Teilsicherheitsbeiwerte $\gamma_{G,red}$ für die Ermittlung des Bemessungswertes aus Wasserdruckeinwirkungen

STR	BS-P	BS-T	BS-A
$\gamma_{G,red}$	1,20	1,10	1,00

Die Reduzierung der Teilsicherheitsbeiwerte für die Beanspruchung aus Wasserdruckeinwirkungen darf nur vorgenommen werden, wenn mindestens eine der drei folgenden Bedingungen erfüllt ist:

- Es liegen fundierte Messwerte über die höhenmäßige und zeitliche Abhängigkeit zwischen Grund- und Außenwasserständen als Absicherung des in die Berechnung eingehenden Wasserdruckes sowie als Basis zur Einstufung in die Bemessungssituationen BS-P bis BS-A vor.
- Bandbreite und Auftretenshäufigkeit der tatsächlichen Wasserstände und damit des Wasserdrucks werden auf der sicheren Seite liegend numerisch modelliert. Diese Prognosen sind beginnend mit der Herstellung der Spundwand mit der Beobachtungsmethode zu überprüfen. Stellen sich dabei größere Messwerte ein als vorhergesagt, müssen die der Bemessung zugrunde gelegten Werte durch geeignete Maßnahmen wie Dränagen, Pumpenanlagen etc. gewährleistet werden. Diese sind dauerhaft zu beobachten.
- Es liegen geometrische Randbedingungen vor, die den auftretenden Wasserstand auf einen Maximalwert begrenzen, wie dies z. B. bei den Spundwandoberkanten von Hochwasserschutzwänden durch Begrenzung der Stauhöhe der Fall ist. Hinter der Spundwand eingebaute Dränagen stellen im Sinne dieser Festlegung keine eindeutige geometrische Begrenzung des Wasserstandes dar.

8.2.2 Unverankerte Spundwandbauwerke (E 161)

8.2.2.1 Allgemeines

Unverankerte, im Boden voll eingespannte Spundwände können – in Abhängigkeit von der Biegesteifigkeit der Wand – wirtschaftlich sein, wenn es sich um einen verhältnismäßig kleinen Geländesprung handelt. Sie können auch bei größeren Geländesprüngen eingesetzt werden, wenn der Einbau einer Verankerung oder einer anderen Kopfabstützung sehr aufwendig ist und wenn in Hinsicht auf die Gebrauchstauglichkeit die relativ großen Kopfverschiebungen als unschädlich eingestuft werden können.

8.2.2.2 Entwurf, Berechnung und Bauausführung

Um die erforderliche Standsicherheit von unverankerten Spundwänden zu erreichen, sind an Entwurf, Berechnung und Bauausführung die folgenden Anforderungen zu stellen.

- Alle Einwirkungen sind möglichst genau zu erfassen, z. B. auch der Verdichtungserddruck bei Hinterfüllungen nach DIN 4085. Dies gilt speziell für diejenigen Einwirkungen, die im oberen Bereich der Spundwand angreifen, da diese den Bemessungswert des Biegemomentes und die erforderliche Einbindetiefe maßgeblich beeinflussen.
- Die eindeutige Einstufung in die Bemessungssituationen BS-P bis BS-A unter Einschluss z. B. ungewöhnlich tief ausgebildeter Kolke und besonderer Wasserüberdrücke muss möglich sein.
- Die Berechnungstiefe der Sohle darf im Erdwiderstandsbereich keinesfalls unterschritten werden. Deshalb ist sie unter Einschluss der erforderlichen Zusatztiefen für die eventuelle Bildung von Kolken und für Baggerarbeiten anzusetzen.
- Die statische Berechnung darf nach dem Ansatz von Blum (1931) durchgeführt werden, wobei der aktive Erddruck in klassischer Verteilung angesetzt werden muss.
- Die rechnerisch erforderliche Einbindetiefe unter Berücksichtigung von E 56, Abschnitt 8.2.9 und E 41, Abschnitt 8.2.10 muss in der Bauausführung unbedingt erreicht werden.
- Im Gebrauchszustand – d. h. bei einem Nachweis mit charakteristischen Einwirkungen – ist zusätzlich zu den Schnittgrößen auch die Verformung der Wand zu berechnen. Die auftretenden Verformungswerte sind auf ihre Verträglichkeit mit dem Bauwerk und dem Untergrund zu untersuchen, z. B. in Hinblick auf Bildung von Spalten in bindigen Böden auf der Erddruckseite, die sich mit Wasser füllen können. Ebenso ist die Verträglichkeit der Verformungen mit dem gesamten sonstigen Bauvorhaben zu überprüfen. Diese Vorgehensweise ist besonders für größere Geländesprünge wichtig.
- Unverankerte hinterfüllte Spundwände sind hinsichtlich der Verformungen unkritisch, weil die Verformungen bereits beim Verfüllen auftreten und daher meistens unschädlich in Hinblick auf die später anschließenden Baumaßnahmen sind.
- Einflüsse aus Wandverformungen können durch geeignete Rammneigungen kompensiert werden, um einen optisch unvorteilhaften Überhang des Wandkopfes zu vermeiden.

- Der Kopf der unverankerten Spundwand soll zumindest bei Dauerbauwerken mit einem die Einwirkungen verteilenden Holm bzw. Gurt aus Stahl oder Stahlbeton versehen werden, um ungleichmäßige Verformungen so weit wie möglich zu verhindern.

8.2.3 Berechnung einfach verankerter, im Boden eingespannter Spundwandbauwerke (E 77)

8.2.3.1 Erddruck

Verankerte Stützbauwerke im Hafenbau dürfen unter Ansatz des aktiven Erddrucks berechnet werden. Unter bestimmten Voraussetzungen ist der Mindesterddruck nach DIN 4085 in bindigen Schichten anzusetzen.

Die mit der klassischen Verteilung über die Höhe H_E ermittelte resultierende Erddruckkraft, welche ggf. unter Berücksichtigung des Mindesterddrucks in kohäsiven Schichten vergrößert wird, darf für den Tragfähigkeits- und Gebrauchstauglichkeitsnachweis der Spundwand über die Höhe H_E umgelagert werden. Zur Bestimmung der Ankerkraft muss sie umgelagert werden.

Das Größenverhältnis der Ankerkopflage a in Bezug auf die Umlagerungshöhe H_E dient als Kriterium zur Fallunterscheidung bei der Auswahl der Umlagerungsfiguren (E 77, Abschnitt 8.2.3.2). Die Strecken H_E und a sowie die klassische Erddruckverteilung $e_{agh,k}$ aus Bodeneigenlast bzw. Mindesterddruck und

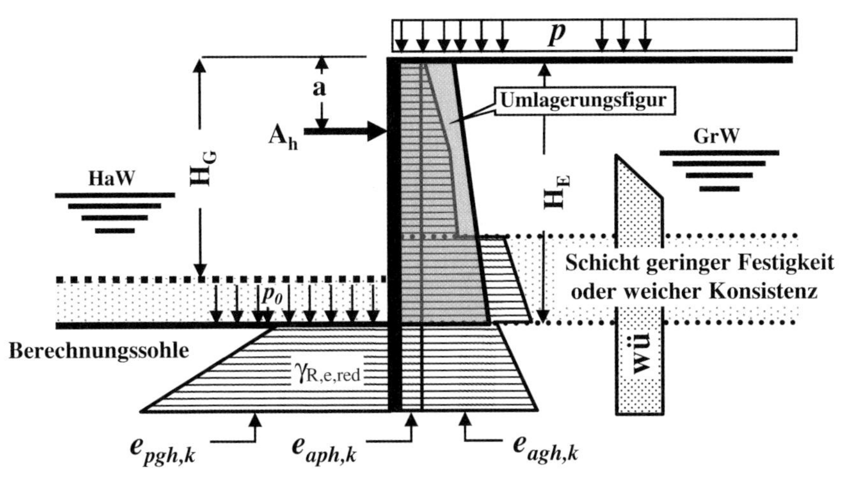

Bild E 77-1. Beispiel 1: Umlagerungshöhe H_E und Ankerkopflage a bei der Ermittlung der Biegemomente mit $\gamma_{R,e,red}$

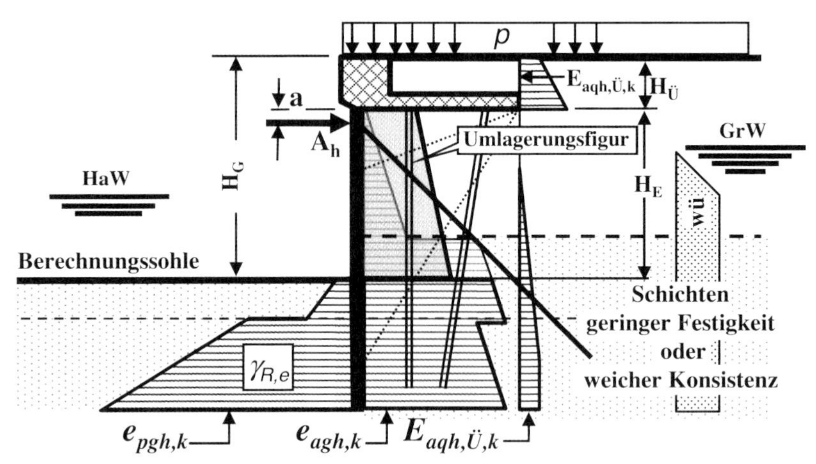

Bild E 77-2. Beispiel 2: Umlagerungshöhe H_E und Ankerkopflage a bei Ermittlung der Biegemomente mit $\gamma_{R,e}$

aus einer großflächigen veränderlichen Geländeauflast bis 10 kN/m² sind in den Bildern E 77-1 und E 77-2 definiert. Einwirkungen aus anderen Lasten (Blocklasten oder weiteren großflächigen Geländeauflasten) sind unter Beachtung des realen Tragverhaltens der Wand umzulagern. Dabei ist insbesondere zu berücksichtigen, dass steifere Bauteile Lasten anziehen.

In Bild E 77-2 ist beispielhaft eine Überbaukonstruktion mit der Bauhöhe $H_Ü$ und einer Stahlbetonplatte zur Erddruckabschirmung dargestellt.

Es gelten folgende Bezeichnungen:

- H_G Höhe des gesamten Geländesprunges,
- $H_Ü$ Höhe einer Überbaukonstruktion von OK Gelände bis UK Abschirmplatte,
- H_E Höhe des Erddruckumlagerungsbereiches oberhalb der Berechnungssohle. Bei einem Überbau mit Abschirmplatte beginnt die Höhe H_E in Höhe UK Abschirmplatte.
- a Abstand des Ankerkopfes A vom oberen Beginn der Umlagerungshöhe H_E.

Unterhalb der Berechnungssohle wird auf der Einwirkungsseite die nicht umgelagerte Verteilung des aktiven Erddrucks angesetzt.

8.2.3.2 Erddruckumlagerung

Die Erddruckumlagerung ist in Abhängigkeit von zwei Herstellverfahren zu wählen:

- Verfahren ‚Abgrabung vor der Wand' (Fall 1 bis 3, Bild E 77-3),
- Verfahren ‚Verfüllung hinter der Wand'(Fall 4 bis 6, Bild E 77-4).

Herstellverfahren ‚Abgegrabene Wand'

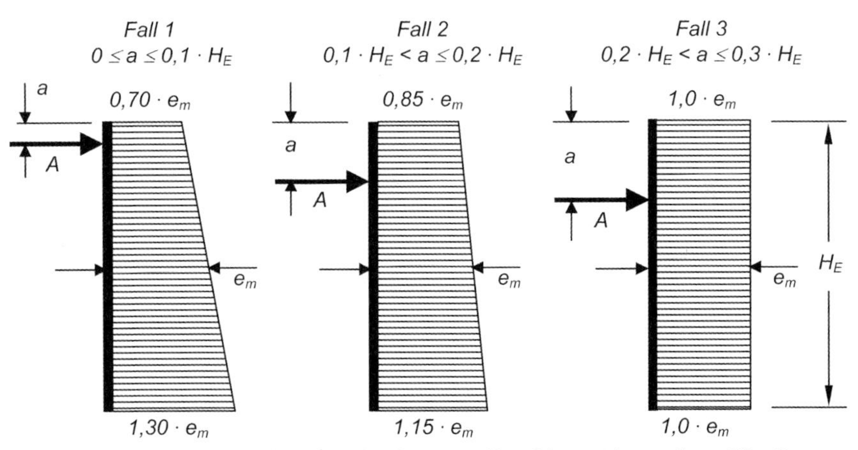

Bild E 77-3. Erddruckumlagerung für das Herstellverfahren‚Abgegrabene Wand'

Herstellverfahren ‚Hinterfüllte Wand'

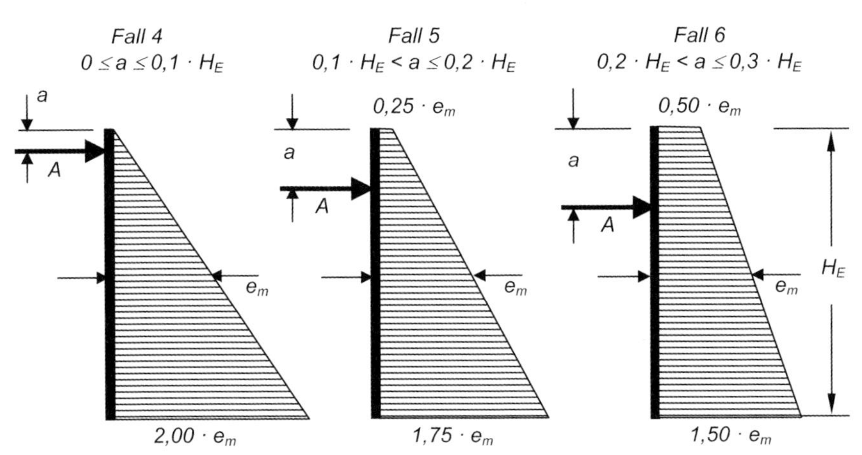

Bild E 77-4. Erddruckumlagerung für das Herstellverfahren ‚Hinterfüllte Wand'

Dabei werden jeweils drei Bereiche des Ankerkopfabstandes a unterschieden:

- $0 \leq a \leq 0{,}1 \cdot H_E$,
- $0{,}1 \cdot H_E < a \leq 0{,}2 \cdot H_E$,
- $0{,}2 \cdot H_E < a \leq 0{,}3 \cdot H_E$.

In den Bildern E 77-3 und E 77-4 gilt – neben den Bezeichnungen der Bilder E 77-1 und E 77-2 – für die Größe des Mittelwerts e_m der Erddruckverteilung über die Umlagerungshöhe H_E der Ausdruck

$$e_m = E_{ah,k}/H_E \,.$$

Die Lastfiguren der Bilder E 77-3 und E 77-4 erfassen alle Ankerkopflagen a im Bereich von $a \leq 0{,}30 \cdot H_E$. Für tiefer angeordnete Verankerungen gelten diese Umlagerungsfiguren nicht, sondern es sind für den jeweiligen Einzelfall zutreffende Erddruckverläufe zu ermitteln.

Liegt die Geländeoberfläche in geringem Abstand unter dem Anker, darf der Erddruck entsprechend dem Wert $a = 0$ umgelagert werden.

Die Umlagerungsfiguren Fall 1 bis Fall 3 gelten nur unter der Voraussetzung, dass sich der Erddruck infolge ausreichender Wandverformung auf die steiferen Auflagerbereiche verlagern kann. Dadurch bildet sich zwischen Ankerpunkt und Bodenauflager ein ‚vertikales Erddruckgewölbe' aus. Fall 1 bis Fall 3 dürfen demzufolge nicht angesetzt werden, wenn

- die Spundwand zwischen Gewässersohle und Verankerung größtenteils hinterfüllt und anschließend vor ihr nicht so tief gebaggert wird, dass dadurch eine ausreichende zusätzliche Durchbiegung entsteht (Anhaltswert für eine

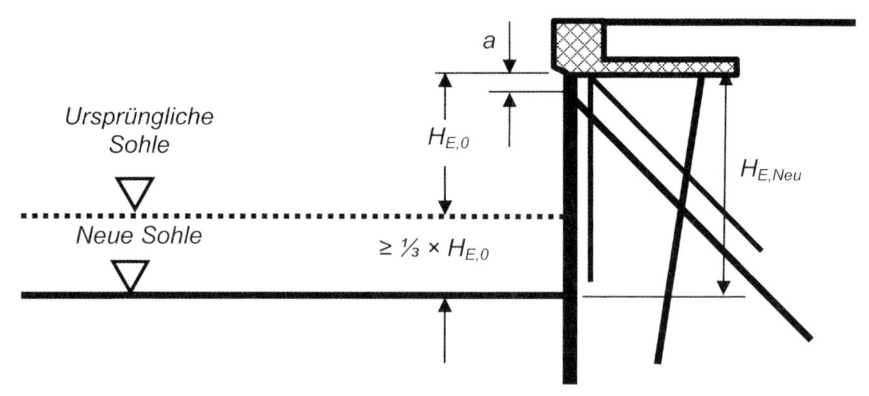

Bild E 77-5. Erforderliche zusätzliche Baggertiefe für eine Erddruckumlagerung nach dem Herstellverfahren ‚Abgegrabene Wand'

ausreichende Durchbiegung ist eine Baggertiefe von ca. einem Drittel der Umlagerungshöhe $H_{E,0}$ des ursprünglich vorhandenen Systems entsprechend Bild E 77-5),

- hinter der Spundwand bindiger Boden ansteht, der noch nicht ausreichend konsolidiert ist,
- die Stützwand mit zunehmender Biegesteifigkeit die für eine Gewölbebildung erforderlichen Wanddurchbiegungen nicht aufweist, wie z. B. bei Stahlbetonschlitzwänden. In diesem Fall ist zu prüfen, ob die Verschiebung des Fußauflagers infolge der Mobilisierung des Erdwiderstands für die Erddruckumlagerung nach dem Verfahren ‚Abgrabung' Fall 1 bis Fall 3 ausreicht.

Ist der Ansatz der Lastfiguren Fall 1 bis Fall 3 aus den vorgenannten Gründen nicht zulässig, darf der zu dem vorliegenden a/H_E-Wert gehörende Fall 4 bis Fall 6 des Herstellverfahrens ‚Hinterfüllte Wand' zugrunde gelegt werden.

8.2.3.3 Erdwiderstand

Die zu erwartende Bodenreaktion wird bei einer Spundwandberechnung mit dem Ansatz von Blum (1931) entgegen dem tatsächlichen Verlauf mit einem linearen Anstieg in die Berechnung eingeführt. Gleichzeitig wird bei eingespannten Stützwänden eine für diesen Ansatz aus Gleichgewichtsgründen erforderliche Ersatzkraft C angesetzt.

Das für die Ermittlung der Einbindelänge erforderliche charakteristische Bodenauflager $B_{h,k}$ wird dabei durch den mobilisierten Erdwiderstand $E_{ph,mob}$ gebildet, der einen zum charakteristischen Erdwiderstand $E_{ph,k}$ affinen Verlauf aufweisen muss und nicht umgelagert werden darf.

Weitere Erläuterungen sind Abschnitt 8.2.5.5 zu entnehmen.

8.2.3.4 Bettung

Das Bodenauflager einer Spundwand kann auch unter Ansatz einer horizontalen Bettung nachgewiesen werden (Laumans, 1977; Os, 1976; Fages, 1971 und 1973; Sherif, 1974). Dabei ist zu beachten, dass die Bodenreaktionsspannung $\sigma_{h,k}$ in der Berechnungssohle infolge charakteristischer Einwirkungen nicht größer sein darf als die charakteristischen – d. h. maximal möglichen – Erdwiderstandsspannungen $e_{ph,k}$ DIN 1054, Gl. (A 9.3) und (A 9.4)). Weitere Hinweise hierzu enthält die 5. Auflage der EAB.

8.2.4 Berechnung doppelt verankerter Spundwände (E 134)

Im Unterschied zu E 133, Abschnitt 8.4.7, in der die mit Hilfsverankerungen zusammenhängenden Problemstellungen erfasst sind, werden in E 134 doppelt verankerte Spundwandbauwerke behandelt, d. h., es liegen zwei Verankerungslagen in verschiedenen Höhen vor.

Die gesamten Einwirkungen auf die Spundwand durch Erd- und Wasserdruck sowie veränderliche Lasten werden den beiden Ankerlagen A_1 und A_2 sowie dem Bodenauflager B zugewiesen. Wegen der Verteilung der Einwirkungen auf das vorliegende statische System wird der überwiegende Teil der Gesamtverankerungskraft vom unteren Anker A_2 aufgenommen.

Besteht die Verankerung aus Rundstahlankern, werden beide Ankerlagen zweckmäßig zu einer gemeinsamen Ankerwand geführt und in gleicher Höhe angeschlossen, wobei als Ankerrichtung beim Nachweis der Standsicherheit für die tiefe Gleitfuge gemäß E10, Abschnitt 8.5 die Richtung der Resultierenden aus den Ankerkräften A_1 und A_2 angesetzt wird.

Bei nicht in einer Ankerwand zusammengeführten Verankerungen (z. B. mit Verpressankern nach DIN EN 1537 sind beide Anker unabhängig voneinander in den Standsicherheitsnachweis mit einzubeziehen.

8.2.4.1 Erddruck und Erdwiderstand

Aktiver Erddruck und Erdwiderstand sind wie bei der einfach verankerten Wand zu berücksichtigen.

8.2.4.2 Lastfiguren

Die in E 77, Abschnitt 8.2.3 für die einfach verankerte Spundwand angegebenen Lastfiguren gelten für die Ermittlung der Schnittgrößen, Auflagerkräfte und Einbindelänge der zweifach verankerten Spundwand sinngemäß. Die zur Festlegung der Lastfigur benötigte Höhe der Ankerkopflage a zur Ermittlung des a/H_E-Wertes ist hierbei die mittlere Kote zwischen den beiden Ankerlagen A_1 und A_2. Der Erddruck wird dann analog zu den einfach verankerten Spundwänden über die Höhe H_E bis zur Berechnungs- bzw. Modellsohle umgelagert.

8.2.4.3 Berücksichtigung von Verformungen vorheriger Aushubphasen

Da bereits eingetretene Durchbiegungen von Spundwänden wegen des Nachrutschens des Bodens auf der Erddruckgleitfläche nur teilweise reversibel sind, müssen die Einflüsse der Bauzustände auf die Beanspruchungen im Endzustand dann berücksichtigt werden, wenn sie für den Nachweis der Gebrauchstauglichkeit maßgebend werden. Dies kann z. B. der Fall sein bei der Berücksichtigung der Wanddurchbiegung in Höhe des Ankerpunktes A_2, die bei einer vorübergehend nur im Punkt A_1 verankerten Spundwand als Stützensenkung für das statische System im Endzustand zu berücksichtigen ist.

8.2.4.4 Bettung

Die zweifach verankerte Spundwand kann wie die einfach verankerte Spundwand auch unter Verwendung horizontaler Bettungskräfte als Bodenauflager berechnet werden (E 77, Abschnitt 8.2.3.4).

8.2.4.5 Vergleichsberechnung

Für die Gestaltung des Wandkopfes und für die Bemessung der oberen Ankerlage A_1 muss vergleichsweise auch eine Berechnung nach E 133, Abschnitt 8.4.7 „Hilfsverankerung am Kopf von Stahlspundwandbauwerken“ durchgeführt werden. Ergeben sich hierbei größere Beanspruchungen, ist dieses Ergebnis für die Bemessung maßgebend.

8.2.5 Ansatz der Erddruckneigungswinkel und die Nachweise in vertikaler Richtung (E 4)

Die Größe der jeweils gewählten bzw. zulässigen Erddruckneigungswinkel hängt von dem physikalisch größtmöglichen Reibungswinkel zwischen Baustoff und Baugrund (Wandreibungswinkel), den Gleichgewichtsbedingungen und den Relativverschiebungen der Wand gegenüber dem Boden ab.

Die Erddruckneigungswinkel haben Einfluss auf die Nachweise der Wand in vertikaler Richtung. Folgende Gleichgewichts- und Grenzzustandsbedingungen müssen erfüllt werden:

- Nachweis der Vertikalkomponente des mobilisierten Erdwiderstandes nach Abschnitt 8.2.5.4,
- Versagen durch Vertikalbewegung nach Abschnitt 8.2.5.5.

Bei unbehandelten Wandoberflächen hängt der anzusetzende Erddruckneigungswinkel von der Wandbeschaffenheit ab. Dabei sind folgende Unterscheidungen zu treffen:

- Als „verzahnt„ wird eine Wandrückseite bezeichnet, wenn sie durch ihre Form eine so große Oberfläche aufweist, dass nicht die unmittelbar zwischen Boden und Wandbaustoff wirkende Wandreibung maßgebend ist, sondern die Reibung in einer ebenen, die Wand nur stellenweise berührenden Bruchfläche im Boden. Dies ist z. B. bei Pfahlwänden der Fall. Auch Dichtwände aus erhärtender Zement-Bentonit-Suspension mit eingehängten Spundwänden oder Bohlträgern dürfen als verzahnt eingestuft werden. Dies gilt auch für eingerammte, eingerüttelte oder eingepresste Spundwände.
- Als „rau“ können im Allgemeinen die unbehandelten Oberflächen von Stahl, Beton und Holz angesehen werden, insbesondere aber die Oberflächen von Bohlträgern und von Ausfachungen.

- Als „weniger rau“ darf die Oberfläche einer Schlitzwand eingestuft werden, sofern die Filterkuchenbildung gering ist, z. B. bei Schlitzwänden in bindigem Boden. Erfahrungsgemäß gilt dies auch bei Schlitzwänden in nichtbindigem Boden, wenn die Standzeit des suspensionsgestützten Schlitzes entsprechend den allgemeinen Herstellungsregeln kurz gehalten wird.
- Als „glatt“ sind alle Wandrückseiten einzustufen, wenn der anstehende Boden infolge seines Tongehaltes und seiner Konsistenz nicht erwarten lässt, dass eine nennenswerte Reibung aktiviert werden kann.

Die Erddruckneigungswinkel können je nach Wandbeschaffenheit entsprechend Abschnitt 8.2.5.1 und Abschnitt 8.2.5.2 angesetzt werden.

Bei vorbehandelten Oberflächen, im Baugrund vorhandenen Weichböden, die sich beim Einbringen als Schmierschichten auf den Profiloberflächen ablagern können, und mit Spülhilfe eingebrachten Profilen kann die Reibung so weit herabgesetzt sein, dass sich die Wandreibungswinkel nach Abschnitt 8.2.5.1 und Abschnitt 8.2.5.2 nicht einstellen können. In diesen Fällen müssen die Wandreibungswinkel auf maximal den halben Reibungswinkel $|\delta_k| \leq 1/2 \cdot |\varphi'_k|$ begrenzt werden, oder der Ansatz eines betragsmäßig höheren Wandreibungswinkels ist durch einen Sachverständigen für Geotechnik nachzuweisen.

Der Einfluss von Ramm-Fußverstärkungen auf den Wandreibungswinkel ist von einem Sachverständigen für Geotechnik zu bewerten.

8.2.5.1 Neigungswinkel $\delta_{a,k}$ des aktiven Erddrucks

In der Regel wird der aktive Erddruck mit ebenen Gleitflächen ermittelt. Dabei darf der Neigungswinkel $\delta_{a,k}$ des Erddrucks je nach Wandbeschaffenheit bis zu folgenden Grenzwerten angesetzt werden:

Wandbeschaffenheit	
verzahnte Wand	$|\delta_{a,k}| \leq (2/3) \cdot \varphi'_k$
raue Wand	$|\delta_{a,k}| \leq (2/3) \cdot \varphi'_k$
weniger raue Wand	$|\delta_{a,k}| \leq (1/2) \cdot \varphi'_k$
glatte Wand	$\delta_{a,k} = 0$

8.2.5.2 Neigungswinkel $\delta_{p,k}$ des Erdwiderstands

Die Ermittlung des Erdwiderstandes erfolgt in der Regel für gekrümmte Gleitflächen. Dabei darf der Neigungswinkel $\delta_{p,k}$ des Erdwiderstands in den Grenzen

$$-\varphi'_k \leq \delta_{p,k} \leq +\varphi'_k$$

angesetzt werden.

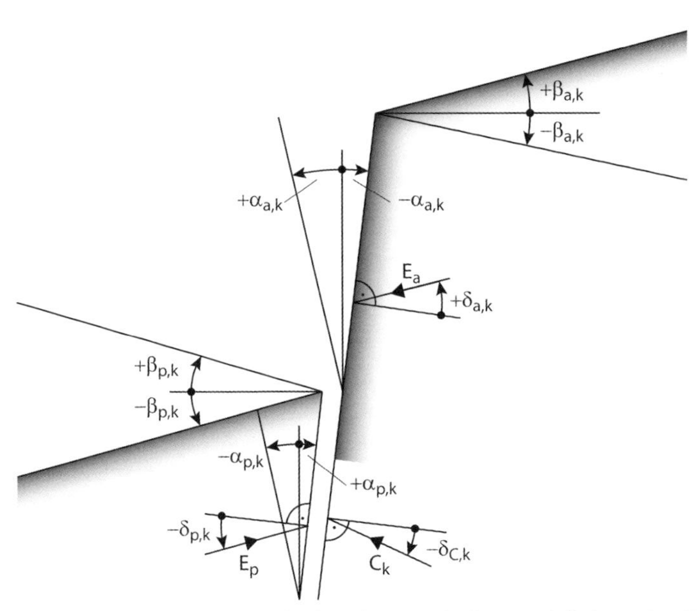

Bild E 4-1. Vorzeichendefinition der Wandneigungswinkel α_k, der Geländeneigungswinkel β_k, des Neigungswinkels des Erddrucks $\delta_{a,k}$, des Erdwiderstands $\delta_{p,k}$ und des Neigungswinkels $\delta_{C,k}$ der Ersatzkraft C

Der Ansatz mit ebenen Gleitflächen ist zur Vereinfachung der Berechnung in den Grenzen

$$-\frac{2}{3} \cdot \varphi'_k \leq \delta_{p,k} \leq +\frac{2}{3} \cdot \varphi'_k$$

zulässig, sofern Reibungswinkel φ_k, Wandneigungswinkel α_k sowie Geländeneigungswinkel β_k und Neigungswinkel $\delta_{p,k}$ innerhalb folgender Grenzen liegen:

$\varphi'_k \leq 35°$
$\alpha_k \leq 0°$ (Vorzeichendefinition nach Bild E 4-1)
$\beta_k \geq 0°$ für $\delta_{p,k} \geq 0°$ bzw. $\beta_k \leq 0°$ für $\delta_{p,k} \leq 0°$

Für diese Bedingungen unterscheiden sich die K_{ph}-Werte für den jeweiligen Grenzwert min $\delta_{p,k}$ aus den Verfahren mit ebenen (min $\delta_{p,k} = (-2/3)\ \varphi'_k$) und mit gekrümmten (min $\delta_{p,k} = -\varphi'_k$) Gleitflächen nicht wesentlich.

In Abhängigkeit von der Wandbeschaffenheit gelten folgende zusätzliche Grenzwerte des Neigungswinkels des Erdwiderstands:

Wandbeschaffenheit	
verzahnte Wand	$\lvert\delta_{p,k}\rvert \leq \varphi'_k$
raue Wand	$\lvert\delta_{p,k}\rvert \leq \varphi'_k - 2{,}5° \leq 30°$
weniger raue Wand	$\lvert\delta_{p,k}\rvert \leq (1/2) \cdot \varphi'_k$
glatte Wand	$\delta_{p,k} = 0°$

8.2.5.3 Neigungswinkel $\delta_{C,k}$ der Ersatzkraft C_k

Bei der Berechnung von im Boden voll oder teilweise eingespannten Wänden nach dem Ansatz von Blum (1931) wird zur Aufnahme der Ersatzkraft C die Bodenreaktion unterhalb des theoretischen Fußpunkts TF auf der Einwirkungsseite herangezogen. Die zur Aufnahme dieser Reaktionskraft zusätzlich erforderliche Tiefe ist nach E 56, Abschnitt 8.2.9 als Zuschlag Δt_1 zur Einbindetiefe t_1 zu berechnen. Bei diesem Ansatz ist die Wirkungsrichtung der Ersatzkraft C unter dem Winkel $\delta_{C,k}$ gegen die Horizontale geneigt.

Der Neigungswinkel $\delta_{C,k}$ darf in den Grenzen

$$-\varphi'_k \leq \delta_{C,k} \leq +\frac{1}{3} \cdot \varphi'_k$$

angesetzt werden, er darf jedoch in Abhängigkeit von der Wandbeschaffenheit nicht größer sein als die in Abschnitt 8.2.5.2 angegebenen Grenzwerte für $\delta_{p,k}$.

8.2.5.4 Größe der Ersatzkraft C

Die Größe der sich beim Blum'schen Ansatz für den Erdwiderstand ergebenden Ersatzkraft C_k für eingespannte Wände wird über die Gleichgewichtsbedingung $\sum H_k = 0$ aller charakteristischen Einwirkungen und Auflagerreaktionen ermittelt. Bei allen Nachweisen in vertikaler Richtung muss beachtet werden, dass sich hierbei eine zu große Ersatzkraft C ergibt, weil der für das Bodenauflager B_k mobilisierte Erdwiderstand bis zum theoretischen Wandfußpunkt TF in voller Größe wirkend angesetzt wird. Bei Berücksichtigung des tatsächlichen Verlaufs der stützenden Bodenreaktion B_k tritt die Ersatzkraft C aber nur in etwa halber rechnerischer Größe auf. Gleichzeitig ist das zugehörige Bodenauflager B_k um eben diesen Wert geringer (vgl. Bild E 4-2 und E 56, Abschnitt 8.2.9, Bild E 56-1a).

Um diesen Fehler auszugleichen, werden die Horizontalkomponenten der Ersatzkraft und des Bodenauflagers nach Blum ($C_{h,k}$ und $B_{h,k}$) für die Berechnung der zugehörigen Vertikalkomponenten um jeweils $1/2 \cdot C_{h,k}$ abgemindert.

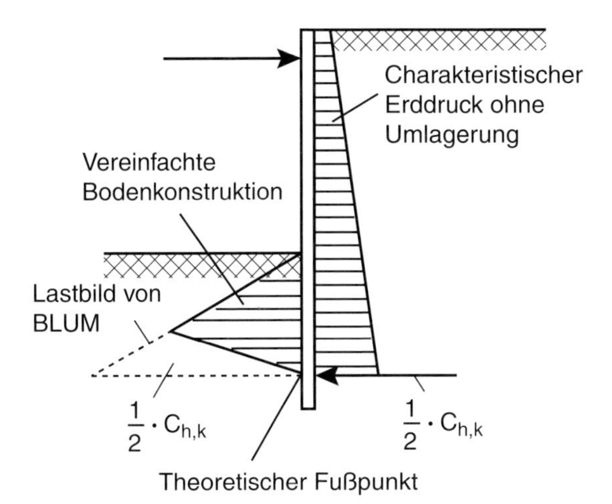

Bild E 4-2. Wirksamer Anteil der Bodenreaktion bei Einspannung im Boden nach Blum

8.2.5.5 Nachweis der Vertikalkomponente des mobilisierten Erdwiderstandes

8.2.5.5.1 Nachweisformat

Mit diesem Nachweis, der für jede charakteristische Einwirkungskombination zu führen ist, wird sichergestellt, dass sich der für die Berechnung des Erdwiderstands gewählte Neigungswinkel $\delta_{p,k}$ auch tatsächlich einstellen kann. Der Neigungswinkel $\delta_{p,k}$ darf nur mit demjenigen negativen Wert angesetzt werden, für den nachgewiesen wird, dass die von oben nach unten gerichteten charakteristischen Einwirkungen $\Sigma V_{i,k}$ größergleich den von unten nach oben gerichteten charakteristischen Einwirkungen $B_{v,k}$ sind DIN 1054, Abschnitt A 9.7.8). Das hierfür notwendige Nachweisformat lautet

bei freier Auflagerung:

$$\sum V_{i,k} \geq |B_{v,k}| \quad \text{mit} \quad B_{v,k} = \sum B_{hi,k} \cdot \tan \delta_{pi,k}$$

und bei eingespannten Wänden:

$$\sum V_{i,k} \geq |B^*_{v,k}| \quad \text{mit} \quad B^*_{v,k} = \sum B_{hi,k} \cdot \tan \delta_{pi,k} - \tfrac{1}{2} C_{h,k} \cdot \tan \delta_{pr,k}$$

Der Nachweis ist mit den gleichen Neigungswinkeln zu führen, mit denen zuvor der Erddruck und der Erdwiderstand berechnet wurden.

Um diesen Nachweis zu erfüllen, muss ggf. der Neigungswinkel $\delta_{p,k}$ bis zum Erreichen des positiven Grenzwertes für $\delta_{p,k}$ nach Abschnitt 8.2.5.2 geändert werden. Daraus ergibt sich eine deutliche Abnahme der Erdwiderstandskraft $E_{ph,k}$ und somit auch eine größere erforderliche Einbindelänge t_1 der Wand.

Auch der Nachweis gegen Bruch des Bodens im Erdwiderstandsbereich infolge der Beanspruchung $B_{h,d}$ aus dem Bodenauflager (nach Abschnitt 8.2.1) muss für den geänderten Neigungswinkels $\delta_{p,k}$ erfüllt werden.

Bei eingespannten Wänden ist für den Nachweis das Bodenauflager B_k mit $i = 1$ bis r Schichten bis zur Tiefe des theoretischen Fußpunkts TF nach Abschnitt 8.2.9, Bild E 56-1a anzusetzen.

8.2.5.5.2 Vertikalkomponenten $V_{Q,k}$ aus veränderlichen Einwirkungen

Vertikalkomponenten $V_{Q,k}$ aus veränderlichen Einwirkungen Q dürfen bei diesem Nachweis nicht angesetzt werden, wenn sie keine nennenswerten Anteile zur Beanspruchung des Bodenauflagers B_k beitragen. Dies ist z. B. bei Einwirkungen der Fall, die unmittelbar am Wandkopf auftreten, wie z. B. die Auflagerkräfte $F_{Qv,k}$ des Überbaus aus Kran und Stapellasten und die nach unten gerichteten Vertikalkomponenten $\Delta A_{Qvi,k}$ der Ankerkraft aus horizontalen veränderlichen Einwirkungen im Wandkopfbereich bzw. oberhalb der Ankerlage, wie z. B.

- Kranseitenstoß und Sturmverriegelung,
- Pollerzug,
- Erddruck aus veränderlichen Einwirkungen auf den Wandbereich oberhalb der obersten Ankerlage.

8.2.5.5.3 Vertikalkraftkomponenten $V_{i,k}$

Die Vertikalkraftkomponenten $V_{i,k}$ sind mit dem Neigungswinkel δ anzusetzen (positiv nach unten, negativ nach oben):

$V_{G,k} = \Sigma F_{G,k}$ aus *ständigen* Axial-Einwirkungen F,
$V_{Av,k} = P_{v,k,MIN}$ bei nach unten geneigten Ankern aus der Ankerkraft,
$P_{v,k,MIN} = P_{v,k} - \Delta P_{Qv,k}$ (gem. 8.2.5.5.2 $= P_{v,k,MAX}$ bei nach oben geneigten Ankern oder auf Druck beanspruchten Schrägpfählen),
$V_{Eav,k} = \Sigma(E_{ah,i,k} \cdot \tan \delta_{ai,k})$ aus Erddruck E_{ah} mit $i = 1$ bis r Schichten bis zur Tiefe des theoretischen Fußpunkts TF,
$V_{Cv,k} = 1/2\ C_{h,k} \cdot \tan \delta_{C,k}$ aus der Ersatzkraft $C_{h,k}$ (siehe auch in Abschnitt 8.2.9).

8.2.5.6 Versagen durch Vertikalbewegung

Neben dem Nachweis der horizontalen Tragfähigkeit des Bodenauflagers und der Vertikalkomponente des mobilisierten Erdwiderstandes gemäß der Modellvorstellung von aktiven und passiven Gleitkörpern muss nach 8.2.1 auch der Nachweis gegen Versagen bodengestützter Wände durch Vertikalbewegung geführt werden.

8.2.5.6.1 Modellvorstellung

Es wird von den in Bild E 4-3 dargestellten Lastbildern ausgegangen. Von diesen zwei unabhängigen Modellvorstellungen kann eine gewählt werden.

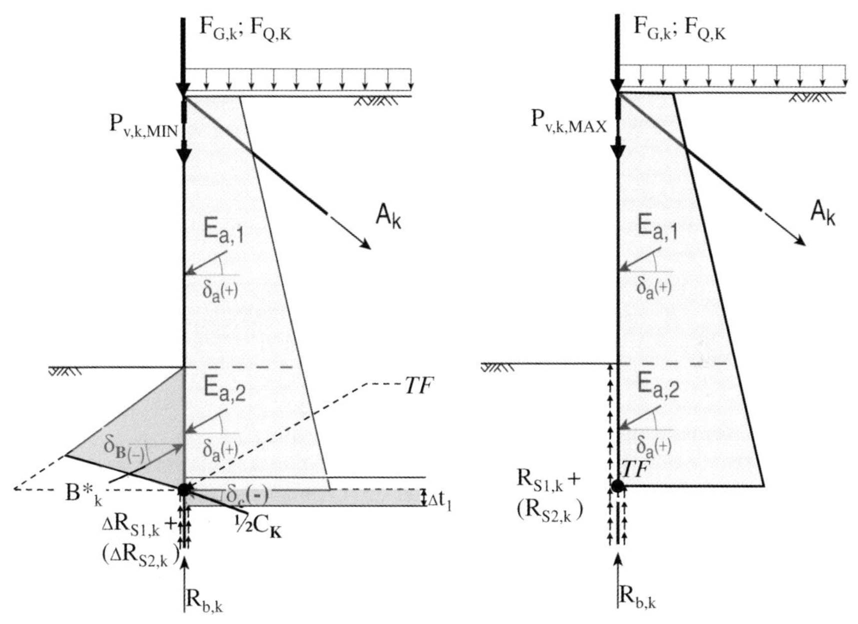

Bild E 4-3. Ansatz der Einwirkungen und Widerstände (Beispiel für eingespannte Wand)

8.2.5.6.2 Nachweisformat

Beim Nachweis der Sicherheit von bodengestützten Wände gegen Versagen durch Vertikalbewegung im Baugrund (DIN EN 1997-1), Abschnitt zu 9.7.5) müssen alle nach unten gerichteten axialen Einwirkungen ΣV_i und die axialen Widerstände ΣR_i mit ihren Bemessungswerten berücksichtigt werden. Die Gesamtbeanspruchung V_d darf höchstens so groß werden wie die axialen Widerstände $\Sigma R_{i,d}$. Der Nachweis der Grenzzustandsbedingung lautet:

$$V_d = \sum V_{i,d} \leq \sum R_{i,d}$$

8.2.5.6.3 Vertikalbeanspruchung V_d

V_d ist der Bemessungswert aller nach unten gerichteten axialen Einwirkungen am Wand- oder Bohlträgerfuß nach DIN 1054-2010-12, Abschnitt 9.7.5.

Zu seiner Ermittlung werden alle von oben nach unten wirkenden charakteristischen axialen Teileinwirkungen mit den für die jeweilige Bemessungssituation geltenden Teilsicherheitsbeiwerten des Grenzzustandes GEO-2 nach Tabelle E 0-1 für ständige (G) und veränderliche (Q) Einwirkungen multipliziert, und zwar innerhalb der Einwirkungskombinationen nach Ursachen getrennt.

$$V_{F,d} = \sum (V_{F,G,k} \cdot \gamma_G + V_{F,Q,k} \cdot \gamma_Q)$$

aus axialen, nach unten gerichteten Einwirkungen F,

$$V_{Pv,d} = \sum (V_{Pv,G,k} \cdot \gamma_G + V_{Pv,Q,k} \cdot \gamma_Q)$$

aus den Ankerkraftkomponente P_v,

$$V_{Eav,d} = \sum (V_{Eav,G,k} \cdot \gamma_G + V_{Eav,Q,k} \cdot \gamma_Q)$$

aus der sich aus der Erddruckverteilung ergebenden Summe der schichtweisen Resultierenden E_{av} aller Schichten bis zur Tiefe des theoretischen Fußpunkts TF.

8.2.5.6.4 Bemessungswerte der axialen Widerstände $R_{i,d}$

Die Ermittlung der Bemessungswerte $R_{i,d}$ der von unten nach oben gerichteten axialen Widerstände erfolgt durch Division des charakteristischen Werts $R_{i,k}$ des einzelnen Widerstands durch die für die jeweilige Bemessungssituation geltenden Teilsicherheitsbeiwerte des Grenzzustandes GEO-2.

Für Mantelreibung und Spitzendruck werden in Anlehnung an die Pfahlbemessung die Teilsicherheitsbeiwerte für Pfähle angesetzt.

Für Reibungswiderstände $R_{Bv,k}$ bzw. $R^*_{Bv,k}$ und $R_{Cv,K}$ aus den charakteristischen horizontalen Komponenten der Bodenauflagerkraft $B_{h,k}$ bzw. $B^*_{h,k}$ und der halben Ersatzkraft $1/2C_{h,k}$ wird der Teilsicherheitsbeiwert für den Erdwiderstand $\gamma_{R,e}$ angesetzt.

Für den Tragfähigkeitsnachweis stehen zwei Möglichkeiten zur Verfügung:

a) Berücksichtigung des Bodenauflagers (siehe Bild E 4-3 links)

Folgende Widerstände sind anzusetzen:

$R_{Bv,d} = (B_{h,k} - 1/2C_{h,k}) \cdot \tan \delta_B{}^{1)}/\gamma_{R,e}$	Wandreibungswiderstand aus dem mobilisierten Bodenauflager $B_{h,k}$,
$R_{Cv,d} = 1/2C_{h,k} \cdot \tan \delta_C/\gamma_{R,e}$	Wandreibungswiderstand aus der Hälfte der Ersatzkraft $C_{h,k}$,
$R_{b,d} = R^{2)}_{b,k}/\gamma_b{}^{3)}$	Fußwiderstand aus dem Spitzenwiderstand $R_{b,k}$ $R_{b,k} = A_{Pf} \cdot q_{b,Boden}$ oder $R_{b,k} = A_W \cdot q_b$,

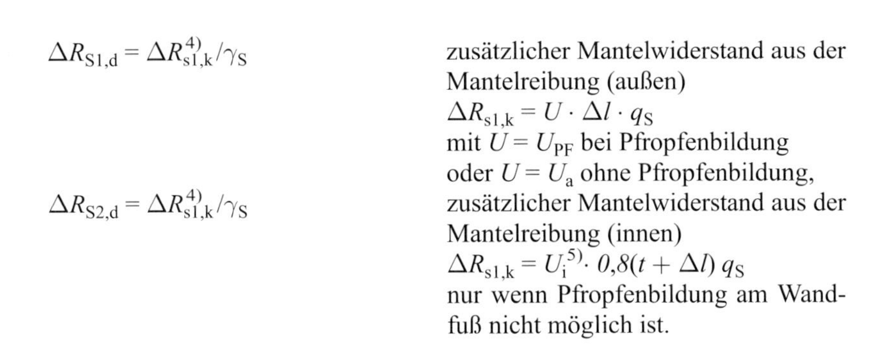

$\Delta R_{S1,d} = \Delta R^{4)}_{s1,k}/\gamma_S$ zusätzlicher Mantelwiderstand aus der Mantelreibung (außen)
$\Delta R_{s1,k} = U \cdot \Delta l \cdot q_S$
mit $U = U_{PF}$ bei Pfropfenbildung
oder $U = U_a$ ohne Pfropfenbildung,

$\Delta R_{S2,d} = \Delta R^{4)}_{s1,k}/\gamma_S$ zusätzlicher Mantelwiderstand aus der Mantelreibung (innen)
$\Delta R_{s1,k} = U_i^{5)} \cdot 0{,}8(t + \Delta l)\, q_S$
nur wenn Pfropfenbildung am Wandfuß nicht möglich ist.

b) Berücksichtigung von Mantelreibung und Spitzenwiderstand (siehe Bild E 4-3 rechts)

Folgende Widerstände sind anzusetzen:

$R_{s1,d} = R^{4)}_{s1,k}/\gamma_S$ Mantelwiderstand aus der Mantelreibung (außen) $R_{s1,k} = U \cdot t \cdot q_{s,k}$
mit $U = U_{Pf}$ bei Pfropfenbildung
oder $U = U_a$ ohne Pfropfenbildung,

$R_{s2,d} = R^{4)}_{s2,k}/\gamma_S$ Mantelwiderstand aus der Mantelreibung (innen) $R_{s2,k} = U_i \cdot 0{,}8 \cdot t \cdot q_s$
nur wenn Pfropfenbildung am Wandfuß nicht möglich ist,

$R_{s,d} = Q_{s,k}/\gamma_S$ Mantelwiderstand infolge Mantelreibung $Q_{s,k}$ bei Ansatz von $Q_{s,k}$ aus Probebelastungen,

$R_{b,d} = R^{2)}_{b,k}/\gamma_b{}^{3)}$ Fußwiderstand
$R_{b,k} = A_{Pf} \cdot q_{b,Boden}$ bei Pfropfenbildung
oder
$R_{b,k} = A_W \cdot q_b$

$R_{b,d} = Q_{b,k}/\gamma_b$ Fußwiderstand aus dem Spitzenwiderstand $Q_{b,k}$ bei Ansatz von $Q_{b,k}$ aus Probebelastungen.

[1] δ_B = Größe des negativen Erddruckneigungswinkels beim Nachweis „Versagen gegen Vertikalbewegung" mit $|\delta_B| \leq \varphi'_k$, unabhängig vom Nachweis nach 8.2.5.5.
[2] Der Spitzenwiderstand $R_{b,k}$ wird durch Multiplikation der Spitzenwiderstandsfläche mit dem Spitzendruck am Wandfuß ermittelt.
Wird der Spitzendruck lediglich auf die Querschnittsfläche des Wandprofils A_W angesetzt, dann darf als Erfahrungswert für diesen der von q_c abhängige Wert aus Tabelle E 4-1 gewählt werden.
Wird der Spitzendruck auf einen Pfropfen am Wandfuß A_{Pf} angesetzt, so ist für die Festlegung von Fläche und Spitzendruck im Rahmen der Bemessung ein Sachverständiger für Geotechnik einzuschalten.
[3] Die Größe des von der Bemessungssituation unabhängigen Teilsicherheitsbeiwerts γ_b hängt von der Ermittlung des Spitzendrucks ab. Wird der Spitzendruck $q_{b,k}$ aus
Erfahrungswerten gewonnen, so ist $\gamma_b = 1{,}40$,
Probebelastungen gewonnen, so ist $\gamma_b = 1{,}10$.
[4] Zur Aktivierung zusätzlich benötigter Mantelreibungswiderstände ΔR_{Si} ist die Wand über TF hinaus um Δl zu verlängern.

Dabei ist zu beachten, dass bei einem über Pfropfenbildung am Wandfuß berücksichtigten Spitzenwiderstand die Mantelreibung lediglich auf die Umrissfläche des Pfropfens U_{Pf} angesetzt werden darf. Bildet sich kein Pfropfen, so dürfen als Abwicklungsflächen des Wandprofils U_a (äußere) und U_i (innere) angesetzt werden.
Hierbei gelten für γ_S die gleichen Werte wie unter 3) für γ_b aufgeführt.
5) Bei I-förmigen Wandprofilen darf die Mantelreibung gemäß Bild E 4-4 auch auf die Steg- und die inneren Flanschflächen angesetzt werden. Dies allerdings nur auf 80 % der Einbindelänge.

8.2.5.6.5 Ansätze für Mantelreibung und Spitzenwiderstand beim Nachweis der vertikalen Tragfähigkeit

Zur Vorbemessung dürfen in nichtbindigen Böden die charakteristischen Erfahrungswerte von gerammten Spundwänden und offenen Tragprofilen im Grenzzustand der Tragfähigkeit für die Mantelreibung $q_{s,k}$ und den Spitzenwiderstand $q_{b,k}$ aus Tabelle E 4-1 verwendet werden.

Tabelle E 4-1. Erfahrungswerte zur Vorbemessung des charakteristischen Spitzenwiderstands $q_{b,k}$ und der Mantelreibung $q_{s,k}$ von offenen Stahlprofilen in nichtbindigen Böden

mittlerer Sondierspitzenwiderstand q_c der Drucksonde [MN/m²]	Spitzenwiderstand $q_{b,k}$ im Bruchzustand [MN/m²]	Mantelreibung $q_{s,k}$ im Bruchzustand [kN/m²]
7,5	7,5	20
15	15	40
≥ 25	20	50

Die Tabellenwerte sind abhängig vom über die Tiefe gemittelten Spitzenwiderstand q_c der Drucksonde in nichtbindigen Böden. Bei der Festlegung des maßgebenden mittleren Spitzenwiderstandes q_c der Drucksonde ist zwischen dem

- für den Pfahlspitzenwiderstand maßgebenden Bereich ($1{*}D_{eq}$ ober- bis $4{*}D_{eq}$ unterhalb des Pfahlfußes) und dem
- für die Pfahlmantelreibung maßgebenden Bereich (Mittelwert der betreffenden Schicht)

des Bodens zu unterscheiden. Hat die Bodenschichtung einen großen Einfluss auf den Spitzenwiderstand der Drucksonde, dann sind für die Pfahlmantelreibung zwei oder mehr mittlere Bereiche getrennt festzulegen.

Alternativ kann die Tragfähigkeit auch aus statischen und dynamischen Probebelastungen ermittelt werden.

Bei der Mobilisierung axialer Widerstände ist zu beachten, dass der Mantelwiderstand bereits nach geringen Relativverschiebungen wirksam ist, der Fußwiderstand dagegen große Verschiebungen erfordert, es sei denn, die Rammelemente werden bereits beim Einbringen aufgrund örtlicher Erfahrungen als ausreichend fest eingestuft.

Die in Tabelle E 4-1 angegebenen Erfahrungswerte des Spitzendrucks und der Mantelreibung sind aus dynamischen Probebelastungen an vom Wasser aus eingerammten Spundwänden und Profilen abgeleitet worden. Bei ausreichender Verschiebung der Wand infolge Hinterfüllung kann sich auf der passiven Seite ein gegenüber dem Zustand der dynamischen Pfahlprüfung erhöhter horizontaler Spannungszustand ergeben. Diese Erhöhung ergibt sich aus dem Verhältnis des mobilisierten horizontalen Erdwiderstandes zum Spannungszustand nach der Einbringung (z. B. Mahutka et al., 2006). Auf dieser Fläche kann die Mantelreibung unter Hinzuziehung eines Sachverständigen für Geotechnik erhöht angesetzt werden. Aufgrund geotechnischer Erfahrungen aus Hamburg kann die Erhöhung der Mantelreibung um einen Faktor von bis zu 2 erfolgen.

Für die Festlegung der Widerstände und der Flächen ist im Rahmen der Bemessung ein Sachverständiger für Geotechnik einzuschalten.

Die vorgenannten Werte der Tabelle E 4-1 gelten für die im Hafenbau üblichen Profile:

- Wellenspundwände,
- I-Profile mit $h \geq 0{,}50$ m,
- II-Profile mit $h \geq 0{,}50$ m,
- Rohrprofile mit $d \geq 0{,}80$ m.

Für kleinere Profilabmessungen sind in EA-Pfähle (2012), Abschnitt 5.4.4 Widerstandswerte angegeben.

8.2.5.6.6 Ansatz der Flächen

Die Mantelreibung $q_{s,k}$ darf bei offenen Profilen auf allen Innenflächen angesetzt werden, siehe Bild E 4-4, sofern eine Pfropfenbildung ausgeschlossen werden kann. Erfahrungsgemäß beträgt die innen liegende Mantelhöhe 80 % der Einbindelänge in den tragfähigen Baugrund.

Die Mantelreibung $q_{s,k}$ darf nicht auf der durch aktiven Erddruck beanspruchten Fläche als Widerstand angesetzt werden (Bild E 4-3 rechts und Bild E 4-4).

Unter Beachtung von Abschnitt 8.2.5.6.4 kann auf der Erdwiderstandseite entweder die Vertikalkomponente des Bodenauflagers $B^*_{v,k}$ (Bild E 4-3 links) oder die Mantelreibung $q_{s,k}$ (Bild E 4-3 rechts) angesetzt werden.

Bei kombinierten Spundwänden ist für die Berechnung des Bodenauflagers der räumliche Erddruck beispielsweise nach Weißenbach (1985) anzusetzen, wenn dieser bei gewählter Einbindelänge kleiner als der durchgehende Erdwiderstand ist. Wie unter Abschnitt 8.1.4.2 erwähnt, kann bei Einhaltung eines lichten Tragbohlenabstandes von max. 1,80 m und einer Mindesteinbindetiefe von 5,00 m im Erdwiderstandsbereich vereinfachend der volle passive Erddruck angesetzt werden, auch wenn die Zwischenbohlen eine geringere Einbindetiefe als die Tragbohlen aufweisen.

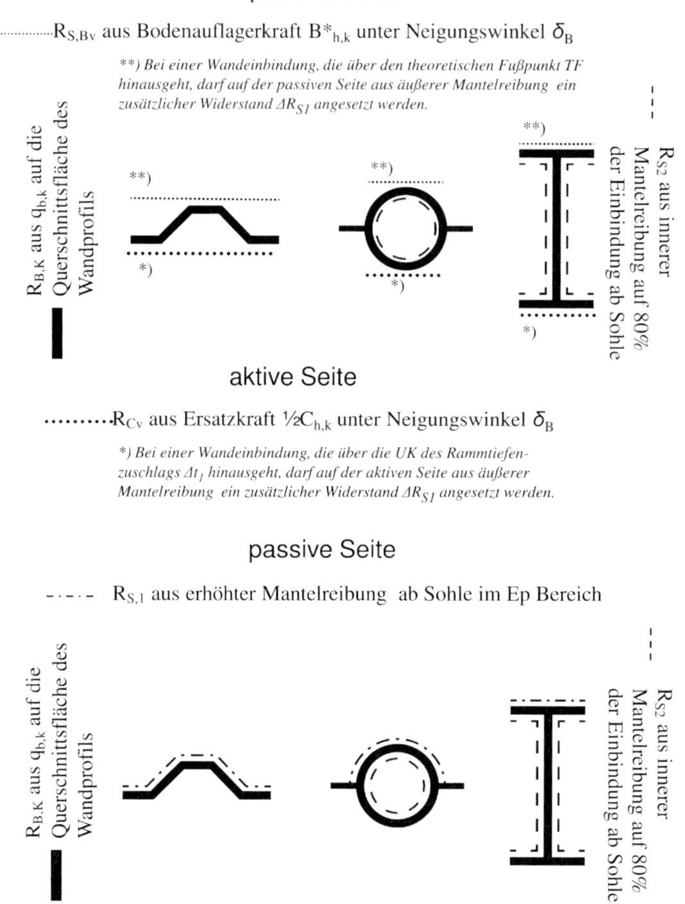

Bild E 4-4. Widerstehende Vertikalkomponenten „*R*" ab Berechnungssohle beim Nachweis des Versinkens oben: Widerstände aus erdstatischen Einwirkungen; unten: Widerständen infolge Mantelreibung und Spitzenwiderstand

Bei Pfropfenbildung darf ein abgeminderter Fußwiderstand $R_{b,Pf,k}$ auf die innere Fußfläche der offenen Stahlprofile in Ergänzung zum Pfahlspitzenwiderstand angesetzt werden, siehe Abschnitt 8.2.5.6.7.

8.2.5.6.7 Pfropfenbildung

Prinzipiell ist bei offenen Profilen (Rohre, Wellenspundwände, I- und Kastenprofile) die Möglichkeit einer Pfropfenbildung im Profilinnern gegeben. Dies ist abhängig vom Profilquerschnitt, der Lagerungsdichte des Bodens, dem Verhältnis aus Profildurchmesser und Einbindetiefe und dem Einbringverfahren.

Die Pfropfenbildung ist gekennzeichnet durch eine Verspannung im Profilinnern, die dazu führt, dass die durch die Verspannung mobilisierte Mantelreibung im Profilinnern höher ist als die am Fuß auf die Bodensäule im Profil wirkende Druckkraft. Somit stellt sich ein fester Bodenpfropfen im Profil ein. Bei einer Schlagrammung kann durch dynamische Effekte ein kontinuierlicher Wechsel zwischen festem Pfropfen und Ablösung des Pfropfens eintreten, siehe z. B. Randolph (2003).

Erkenntnisse in Meek (1995) gehen von einer Pfropfenbildung bei einer Einbindetiefe von mindestens dem fünffachen Pfahldurchmesser für gerammte Rohre aus. Eine Abschätzung zur Pfropfenbildung in Abhängigkeit von Profildurchmesser und Lagerungsdichte ist bei Jardine et al. (2005) zu finden. Diese gilt für gerammte und gedrückte Profile.

Bei Rausche et al. (2011) wird ausgesagt, dass Rohre mit einem Durchmesser größer 1,5 m keine Pfropfenbildung erwarten lassen. Bei Jardine et al. (2005) wird eine Pfropfenbildung bei Rohrprofilen im Bereich zwischen 0,5 m und 1,5 m Durchmesser für möglich angesehen.

Erkenntnisse in Henke und Grabe (2008) zeigen, dass während einer Vibrationsrammung nicht von einer Pfropfenbildung auszugehen ist. Feldmessungen bei Henke (2011) belegen dies für die Vibrationsrammung, bei der messtechnisch betrachteten Schlagrammung ist eine Pfropfenbildung zu erkennen. Eine hohe statische Axialbelastung der Pfähle im Anschluss an die Pfahlrammung erhöht die Wahrscheinlichkeit einer Pfropfenbildung beträchtlich.

Bei Clausen et al. (2005) wird ein Ansatz zur Ermittlung des Spitzenwiderstandes gerammter Rohrprofile vorgestellt. Dieser ist im Wesentlichen abhängig von der Lagerungsdichte des Bodens. Bei lockerer Lagerung kann bei Annahme einer Pfropfenbildung nach Clausen et al. (2005) etwa 60 % des Spitzenwiderstandes eines Vollquerschnittes angesetzt werden. Bei dichter Lagerung ist der Spitzenwiderstand auf 20 % abzumindern. Ein vergleichbarer Ansatz ist bei Lehane et al. (2005) zu finden. Für offene Profile gilt nach Clausen et al. (2005):

$$\sigma_{\text{b,Boden}} = 0{,}7 q_{\text{c}} / (1 + 3 I_{\text{D}}^2)$$

Die Anordnung von Verstärkungsblechen am Profilfuß zur Förderung der Pfropfenbildung sollte vorab mit einem geotechnischen Sachverständigen abgestimmt werden. Die Verstärkungsbleche können zu einer Störung der inneren Mantelreibung und somit zu einer Reduktion der Wahrscheinlichkeit einer Pfropfenbildung führen, sodass verminderte Tragfähigkeiten erzielt werden, siehe z. B. Henke (2012).

8.2.6 Berücksichtigung von ungünstigen Grundwasserströmungen im Erdwiderstandsbereich (E 199)

Der Einfluss einer Umströmung der Spundwand infolge unterschiedlicher Wasserstände vor und hinter der Wand muss bei der Berechnung und Bemessung berücksichtigt werden (E 114, Abschnitt 2.9.3.2).

Unabhängig davon ist der Nachweis der Sicherheit der Sohle gegen einen hydraulischen Grundbruch im Grenzzustand HYD zu führen.

Eine eventuelle Gefährdung der Standsicherheit durch einen Erosionsgrundbruch der Sohle infolge der Durchströmung ist nach E 116, Abschnitt 3.3 zu untersuchen und ggf. durch die dort genannten Maßnahmen auszuschließen.

8.2.7 Tragfähigkeitsnachweis für die Elemente von Spundwandbauwerken (E 20)

8.2.7.1 Uferwand

1. Vorwiegend gleich bleibende Beanspruchung

   Die Tragfähigkeitsnachweise für alle Bauarten von Spundwänden sind nach DIN EN 1993-5 zu führen. Danach lautet das Nachweisformat der Sicherheit gegen Verlust der Tragfähigkeit des Spundwandprofils mit dem Bemessungswert E_d der Schnittgrößen und dem Bemessungswert R_d des Profilwiderstandes:

   $$E_d \leq R_d.$$

   DIN EN 1993-5 verweist hinsichtlich der Berechnungsverfahren und -methoden auf DIN EN 1997-1.

   Der Nachweis des Biegedrillknickens, der nur für die I-förmigen Tragbohlen der kombinierten Spundwände zu führen wäre, darf bei folgenden Randbedingungen entfallen:
   - voll hinterfüllte Kombi-Wand oder
   - kombinierte Spundwand aus Doppel-Tragbohlen mit I-Querschnitt, wenn die Tragbohlen mindestens dreiseitig im tragfähigen Baugrund einbinden und die freie Länge maximal 7,5 m beträgt.

   Der Nachweis der schiefen Biegung darf bei durchgehenden, U-förmigen Wellenspundwänden, die aus schubfest verbundenen Doppelbohlen bestehen, entfallen, wenn diese elastisch-elastisch berechnet werden. Schrägpfähle und alle Konstruktionsteile der Spundwandkopf- und Pfahlkopfausbildungen für den Anschluss an Gurte, Holme oder Stahlbetonüberbauten werden nach DIN EN 1993-1-1 bemessen.

In jedem Fall ist bei der Bemessung des Ankeranschlusses immer die volle charakteristische Tragfähigkeit $A_{\text{Pfahl}} \cdot f_y$ des tatsächlich eingebauten Ankers als Design-Beanspruchung des Anschlusses anzusetzen.

2. Vorwiegend wechselnde Beanspruchung
   Nicht hinterfüllte, frei im Wasser stehende Spundwände werden durch Wellenschlag vorwiegend wechselnd beansprucht. Dabei tritt über die Verkehrsdauer der Wand eine große Zahl von Lastspielen auf, sodass der Nachweis der Betriebsfestigkeit nach DIN 19704-1 zu führen ist. Ergänzend wird auf DIN EN 1993-1-1 hingewiesen.
   Um nachteilige Einflüsse aus der Kerbwirkung, zum Beispiel von konstruktiven Schweißnähten, Heftnähten, unvermeidlichen Unregelmäßigkeiten in der Oberfläche aus dem Walzvorgang, Lochkorrosion und dergleichen, zu vermeiden, sind in solchen Fällen beruhigte Stähle nach DIN EN 10025 zu verwenden.

8.2.7.2 Ankerwand, Gurte, Holme und Ankerkopfgrundplatten

1. Vorwiegend gleich bleibende Beanspruchung
   Für den Tragfähigkeitsnachweis von Ankertafeln und eingespannten Ankerspundwänden gilt Abschnitt 8.2.7.1, Punkt 1. Gurte, Holme, Aussteifungen und Ankerkopfgrundplatten werden nach DIN EN 1993-1-1 berechnet. Hierbei ist ggf. bei Gurten und Holmen eine Erhöhung der Teilsicherheitsbeiwerte der Widerstände nach E 30, Abschnitt 8.4.2.3 zu berücksichtigen. Der Widerstand der Spundbohlen gegen die Einleitung von Anker- und Aussteifungskräften muss nach DIN EN 1993-5, Abschnitt 7.4.3 nachgewiesen werden.
2. Vorwiegend wechselnde Beanspruchung
   Für den Tragfähigkeitsnachweis gilt Abschnitt 8.2.7.1, Punkt 2. Für geschraubte Gurt- und Holmstöße sind Passschrauben mindestens der Festigkeitsklasse 4.6 zu verwenden. Der Nachweis der Betriebsfestigkeit ist nach DIN EN 1993-1-1 zu führen.

8.2.7.3 Rundstahlanker und Gurtbolzen

Die Bemessung für Rundstahlanker und Gurtbolzen ist nach DIN EN 1993-5, Abschnitt 7.2 mit dem Kerbfaktor k_t und der Kernquerschnittsfläche A_{Kern} zu führen (damit liegt der berechnete Bemessungswert des Profilwiderstands auf der sicheren Seite).

8.2.7.3.1 Vorwiegend ruhende Beanspruchung

Werkstoffe für Rundstahlanker und Gurtbolzen sind in Abschnitt 8.1.22.3 aufgeführt.

Das Nachweisformat für die Grenzzustandsbedingung der Tragfähigkeit nach DIN EN 1993-5 lautet:

$Z_d \leq R_d$.

Die Bemessungswerte sind mit den folgenden Größen zu ermitteln:

Z_d	Bemessungswert der Ankerkraft, $Z_d = Z_{G,k} \cdot \gamma_G + Z_{Q,k} \cdot \gamma_Q$,
R_d	Bemessungswiderstand des Ankers, $R_d = \min\,[F_{tt,Rd}; F_{tg,Rd}]$,
$F_{tg,Rd}$	$A_g \cdot f_y / \gamma_{M0}$,
$F_{tt,Rd}$	$k_t \cdot A_{Kern} \cdot f_{ua,k} / \gamma_{M2}$,
A_g	Querschnittsfläche im Schaftbereich,
A_{Kern}	Kernquerschnittsfläche im Gewindebereich,
$f_{y,k}$	Streckgrenze,
$f_{ua,k}$	Zugfestigkeit,
γ_{M0}	Teilsicherheitsbeiwert nach DIN EN 1993-5 im Ankerschaft,
γ_{M2}	Teilsicherheitsbeiwert nach DIN EN 1993-5 im Gewindequerschnitt,
k_t	Kerbfaktor ($k_t = 0{,}55$).

DIN EN 1993-5/NA ist in Abschnitt 3.14 den Anregungen der EAU gefolgt und hat den Kerbfaktor mit $k_t = 0{,}55$ bei der Ermittlung des Widerstandes im Gewindeteil festgelegt. Damit und durch Ansatz des Kernquerschnitts werden evtl. Zusatzbeanspruchungen infolge des Ankereinbaus unter nicht idealen Einbaubedingungen des rauen Baustellenbetriebes und daraus resultierender unvermeidlicher Biegebeanspruchungen des Gewindeteils berücksichtigt. Unbeschadet davon ist es weiterhin erforderlich, konstruktive Maßnahmen zur ausreichend frei drehbaren Lagerung des Ankerkopfes vorzusehen.

Die in DIN EN 1993-5 geforderten Zusatznachweise für die Gebrauchstauglichkeit sind wegen des gewählten Wertes für den Kerbfaktor k_t und den üblichen Aufstauchverhältnissen zwischen Schaft- und Gewindedurchmesser bereits implizit in der Grenzzustandsbedingung $Z_d \leq R_d$ enthalten und brauchen daher nicht geführt zu werden. Rundstahlanker können geschnittene, gerollte oder warmgewalzte Gewinde nach E 184, Abschnitt 8.4.8 aufweisen.

Voraussetzung für die ordnungsgemäße Bemessung ist eine konstruktiv richtige Ausbildung des Ankeranschlusses. Hierfür sind die Anker mit Gelenken auszurüsten und anzuschließen. Die Anker sind überhöht einzubauen, sodass evtl. Setzungen oder Sackungen nicht zu Zusatzbeanspruchungen führen.

Aufstauchungen der Enden von Ankerstangen für die Gewindebereiche und Hammerköpfe sowie Rundstahlanker mit Gelenkaugen sind zulässig,

– wenn die Gütegruppen J2 und K2 ggfs. im normalgeglühten/normalisierend gewalzten Zustand (+N) – jedoch keine thermomechanisch gewalzten Stähle der Gruppen J2 und K2 - eingesetzt werden (E 67, Abschnitt 8.1.6.1 ist zu beachten),

- wenn andere Stahlsorten – wie z. B. S 355 J0 – eingesetzt werden und durch begleitende Prüfungen sichergestellt wird, dass nach dem Normalisierungsvorgang des Schmiedeprozesses die geforderten Festigkeitswerte nach DIN EN 10025 nicht unterschritten werden,
- wenn die Aufstauchungen, Hammerköpfe und Gelenkaugen durch Fachfirmen ausgeführt werden und sichergestellt wird, dass in allen Bereichen des Rundstahlankers die mechanischen und technologischen Werte entsprechend der gewählten Stahlsorte vorhanden sind, dass durch den Bearbeitungsprozess der Faserverlauf nicht beeinträchtigt wird und schädliche Gefügestörungen sicher vermieden werden.

Bei Rundstahlverankerungen und Ankerpfählen braucht der Nachweis „Ausfall eines Ankers“ nicht berücksichtigt zu werden, weil der oben dargestellte Tragfähigkeitsnachweis mit einem Kerbfaktor k_t geführt wird, die Anker für die volle innere Tragfähigkeit angeschlossen werden und die Rundstahlanker somit eine ausreichende Traglastreserve aufweisen, um evtl. Bruchschäden zu vermeiden.

Rundstahlanker sollen, wie in E 35, Abschnitt 8.1.8.4 (4) erwähnt, ohne konservierende Beschichtung eingebaut werden.

In jedem Fall müssen die Rundstahlanker nach dem Einbau auf ganzer Länge in einer ausreichend dicken Sandschicht im Auffüllboden allseitig eingebettet werden.

Falls eine Beschichtung der Rundstahlanker zu Konservierungszwecken erforderlich ist, sind auf der Baustelle Maßnahmen vorzusehen, um diese Beschichtung nicht zu beschädigen. Treten trotzdem Beschädigungen auf, muss die Beschichtung so saniert werden, dass deren Ursprungsqualität wieder hergestellt ist.

Die vorgenannten Maßnahmen verringern die Gefahr von anodischen Bereichen an den Rundstahlankern und die daraus evtl. entstehende Lochkorrosion.

Für die Ausführung und Bemessung von Spundwandverankerungen mit verpressten Rundstahlankern gilt DIN 1054 mit DIN EN 1537.

8.2.7.3.2 Vorwiegend schwellende Beanspruchung

Anker werden im Allgemeinen vorwiegend ruhend beansprucht. Vorwiegende Schwellbeanspruchungen treten bei Ankern nur in seltenen Sonderfällen auf (Abschnitt 8.2.7.1, Punkt 2), bei Gurtbolzen jedoch häufiger.

Bei Schwellbeanspruchungen dürfen nur voll beruhigte Stahlsorten nach DIN EN 10025 verwendet werden.

Für den Nachweis der Betriebsfestigkeit gilt DIN EN 1993-1-9.

Ist die statische Grundlast gleich oder kleiner als die Wechsellastamplitude, wird empfohlen, die Anker bzw. Gurtbolzen bis über den Wert der Spannungsamplitude kontrolliert und bleibend vorzuspannen. Dadurch wird vermieden, dass die Anker oder Gurtbolzen spannungslos werden und beim wiederholten Ansteigen der Schwellbeanspruchung durch die schlagartige Belastung zu Bruch gehen.

Eine nicht genau erfassbare Vorspannung wird Ankern und Gurtbolzen in vielen Fällen schon während des Einbauvorganges aufgebracht. In solchen Fällen ohne kontrollierte Vorspannung darf im Gewinde der Anker bzw. Gurtbolzen, unabhängig von Bemessungssituation und Stahlgüte, unter Außerachtlassung der Vorspannung nur eine Spannung $\sigma_{R,d} = 80$ N/mm² angesetzt werden.

In jedem Fall muss dafür gesorgt werden, dass sich die Muttern der Gurtbolzen bei wiederholten Spannungsänderungen nicht lockern können.

8.2.8 Wahl der Einbindetiefe von Spundwänden (E 55)

Für die Spundwandeinbindetiefe können neben den entsprechenden Tragfähigkeitsnachweisen und dem erforderlichen Zuschlag nach E 56, Abschnitt 8.2.9 auch konstruktive, ausführungstechnische, betriebliche und wirtschaftliche Belange maßgebend sein. Vorhersehbare spätere Vertiefungen der Hafensohle und eine eventuelle Gefahr durch die Bildung von Kolken unterhalb der Berechnungssohle müssen genauso berücksichtigt werden wie die erforderliche Sicherheit gegen Geländebruch, Grundbruch, hydraulischen Grundbruch und Erosionsgrundbruch.

Durch die letztgenannten Anforderungen ist im Allgemeinen eine solche Mindesteinbindetiefe der Spundwand gegeben, dass zumindest eine teilweise Einspannung vorliegt – abgesehen von speziellen Gründungen im Fels. Auch wenn eine freie Auflagerung rein theoretisch bereits ausreichen würde, empfiehlt es sich oft, die Einbindetiefe zu vergrößern, weil dies auch wirtschaftlich vorteilhaft sein kann. Der Profilwiderstand wird über die Spundwandlänge gleichmäßiger ausgenutzt, und daher ist eine zumindest teilweise Einspannung der Spundwand im Boden nach dem Ansatz von Blum (1931) zweckmäßig.

Wenn mit der Spundwand auch Vertikalbeanspruchungen in den Baugrund abzutragen sind, müssen nicht alle Bohlen in den tragfähigen Baugrund geführt werden, sondern es kann ausreichend sein, die Einbindelänge nur eines Teils der Rammeinheiten so groß zu wählen, dass sie als Vertikaltragpfähle wirksam sind, wenn mit dieser Teilmenge der Nachweis der Tragfähigkeit gegen das Versinken im Baugrund geführt werden kann.

8.2.9 Ermittlung der Einbindetiefe für voll bzw. teilweise im Boden eingespannte Spundwände (E 56)

Wird eine Spundwand nach dem Verfahren von Blum (1931) berechnet, setzt sich bei voller Einspannung im Boden (Einspanngrad $\tau_1 = 100$ %) die gesamte Einbindelänge unterhalb der Berechnungssohle aus der Einbindetiefe t_1 bis zum theoretischen Fußpunkt und dem Tiefenzuschlag Δt_1 zusammen (‚Rammtiefenzuschlag'). Die Zusatzlänge Δt_1 ist erforderlich, um den Bemessungswert der im theoretischen Fußpunkt TF tatsächlich wirkenden (mobilisierten) Ersatzkraft R_C (entsprechend der Ersatzkraft C nach (Blum, 1931) als eine über die Tiefe Δt_1 verteilte Bodenreaktionskraft aufzunehmen (Bild E 56-1aa, b).

In den Bildern E 56-1aa und E 56-1bb bedeuten:

t erforderliche Gesamteinbindetiefe $t = t_1 + \Delta t_1$ für die im Boden voll eingespannte Spundwand [m],

TF theoretischer Fußpunkt der Spundwand (Lastangriffspunkt der Ersatzkraft C),

t_1 Abstand zwischen TF und Berechnungssohle [m],

Δt_1 Tiefenzuschlag für die Aufnahme der Ersatzkraft 1/2 $C_{h,d}$ über eine Bodenreaktionskraft unterhalb von TF [m],

$\sigma_{z,C}$ vertikale Bodenspannung in TF auf der Ersatzkraftseite [kN/m²],

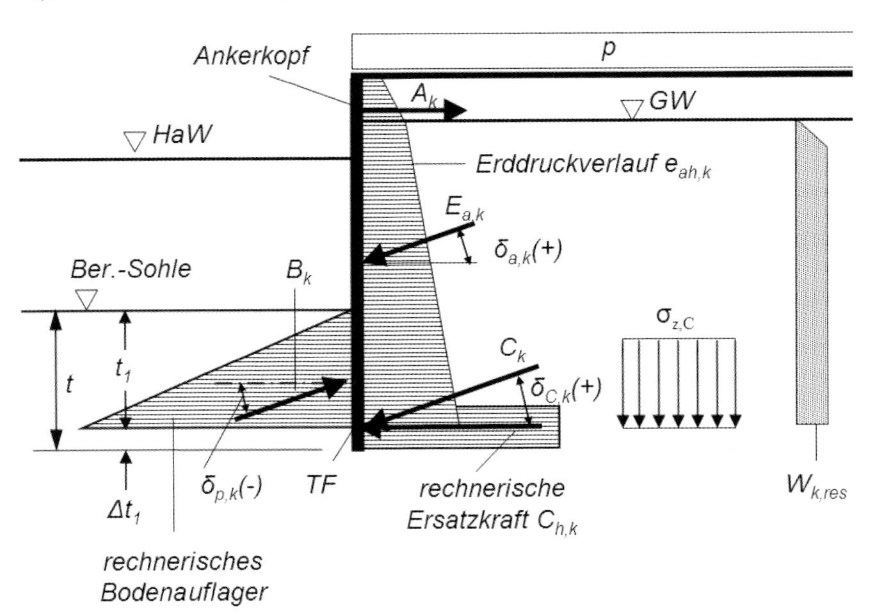

Bild E 56-1a. Einwirkungen, rechnerische Auflager- und Bodenreaktionen einer im Boden voll eingespannten Spundwand

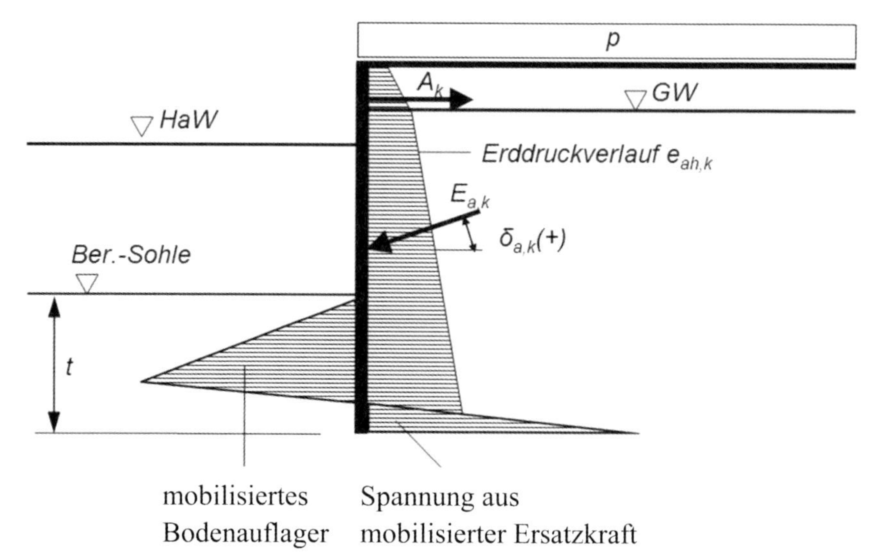

Bild E 56-1b. Mobilisierte Auflager- und Bodenreaktionen einer im Boden eingespannten Spundwand

$\delta_{p,k}$ Neigungswinkel des Erdwiderstands [°],
$K_{pgh,C}$ Erdwiderstandsbeiwert in TF auf der Ersatzkraftseite für den Neigungswinkel $\delta_{C,k}$,
$\delta_{C,k}$ Neigungswinkel der Ersatzkraft C [°],

Sofern der weiter unten aufgeführte, genauere Nachweis zur Ermittlung von Δt_1 nicht geführt wird, darf der Tiefenzuschlag bei voll im Boden eingespannten Spundwänden vereinfachend mit

$$\Delta t_1 = t_1/5$$

angesetzt werden, jedoch nur dann, wenn kein erheblicher Wasserdruckanteil innerhalb der Einwirkungen vorhanden ist.

Der Bemessungswert $C_{h,d}$ ist

$$C_{h,d} = \sum \left(C_{Gh,k} \cdot \gamma_G + C_{Qh,k} \cdot \gamma_Q \right) ,$$

bzw. ist bei reduziertem Teilsicherheitsbeiwert für den Wasserdruckanteil und Trennung nach den Ersatzkraftanteilen

$$C_{h,d} = \sum \left(C_{Gh,k} \cdot \gamma_G + C_{Gh,W,k} \cdot \gamma_{G,red} + C_{Qh,k} \cdot \gamma_Q\right).$$

Die rechnerischen Ersatzkraftanteile sind:

$C_{Gh,k}$ infolge ständiger Einwirkungen G,
$C_{Gh,W,k}$ infolge der ständigen Einwirkung Wasserdruck und
$C_{Qh,k}$ infolge veränderlicher Einwirkungen Q.

Die zugehörenden Teilsicherheitsbeiwerte sind:

γ_G für ständige Einwirkungen,
$\gamma_{G,red}$ für Wasserdruck bei einer zulässigen Reduzierung und
γ_Q für veränderliche Einwirkungen.

Der charakteristische Wert $E_{phC,k}$ des Bodenauflagers für die Aufnahme der tatsächlichen Ersatzkraft 1/2 $C_{h,d}$ ergibt sich im Bruchzustand als Größe der Erdwiderstandskraft auf der Ersatzkraftseite unterhalb des theoretischen Fußpunkts TF zu:

$$E_{phC,k} = t_1 \cdot e_{phC,k}.$$

Der charakteristische Wert der Erdwiderstandsspannung $e_{phC,k}$ auf der Ersatzkraftseite in Höhe von TF ist:

$e_{phC,k} = \sigma_{z,C} \cdot K_{phg,C}$ bei nichtbindigen Böden bzw.
$e_{phC,k} = \sigma_{z,C} \cdot K_{pgh,C} + c'_k \cdot K_{phc,C}$ bei bindigen Böden

(unter Berücksichtigung des jeweiligen Konsolidierungszustandes infolge der Scherparameter $c_{u,k}$ bzw. φ'_k und c'_k).

Die vertikale Bodenspannung $\sigma_{z,C}$ ist in Höhe des Fußpunkts TF auf der Ersatzkraftseite zu ermitteln.

Der Bemessungswert $E_{phC,d}$ des Bodenauflagers zur Aufnahme der Ersatzkraft 1/2 $C_{h,d}$ ergibt sich mit dem Teilsicherheitsbeiwert $\gamma_{R,e}$ für den Erdwiderstand zu:

$$E_{phC,d} = E_{phC,k}/\gamma_{R,e}.$$

Das Nachweisformat für die Einhaltung der Grenzzustandsbedingung bei Aufnahme der Ersatzkraft $C_{h,d}$ als Bodenreaktion lautet:

$$\tfrac{1}{2} C_{h,d} \leq E_{phC,d}.$$

Aus dieser Grenzzustandsbedingung ergibt sich die Größe des erforderlichen Tiefenzuschlages Δt_1 unterhalb des theoretischen Fußpunkts TF von im Boden voll eingespannten Wänden zu:

$$\Delta t_1 \geq \frac{1}{2} C_{h,d} \cdot \gamma_{R,e} / e_{phC,k} \,.$$

Mit der vorstehenden Gleichung für den Tiefenzuschlag bei voller Einspannung im Boden (Einspanngrad $\tau_1 = 100$ %) wird auch der Tiefenzuschlag für die nur teilweise im Boden eingespannten Spundwände ermittelt, d. h. für einen beliebigen Einspanngrad aus der möglichen Bandbreite von $\tau_1 = 100$ % bis $\tau_0 = 0$ % (freie Auflagerung im Boden).

Der hier mit τ_{1-0} bezeichnete Einspanngrad einer teilweise eingespannten Spundwand ergibt sich zu $\tau_{1-0} = 100 \cdot (1 - \varepsilon/\max\,\varepsilon)$ [%] mit dem Endtangentenwinkel ε der Biegelinie für den gewählten theoretischen Fußpunkt TF und dem Endtangentenwinkel max ε bei freier Auflagerung im Boden. Die zu dem Einspanngrad τ_{1-0} gehörende Einbindetiefe wird mit t_{1-0} und der Tiefenzuschlag mit Δt_{1-0} bezeichnet.

Bei teilweiser Einspannung im Boden treten gegenüber voller Einspannung kleinere Werte für die Ersatzkraftkomponente $C_{h,d}$ auf, und damit sind auch Tiefenzuschläge $\Delta t_{1-0} < \Delta t_1$ verbunden. Im Fall der freien Auflagerung der Spundwand im Boden ($\tau_0 = 0$ %) gilt: $C_{h,d} = 0$ und $\Delta t_0 = 0$.

Es ist ein erforderlicher Mindestwert Δt_{MIN} für die zusätzliche Einbindetiefe einzuhalten, der in Abhängigkeit vom vorliegenden Einspanngrad (100 % $\geq \tau_{1-0} \geq$ 0 %) definiert ist:

$$\Delta t_{MIN} = (\tau_{1-0}/100) \cdot t_{1-0}/10$$

8.2.10 Gestaffelte Einbindetiefe bei Stahlspundwänden (E 41)

8.2.10.1 Anwendung

Häufig werden die Rammeinheiten einer Spundwand – im Allgemeinen Doppelbohlen – aus rammtechnischen und bei eingespannten Wänden auch aus wirtschaftlichen Gründen abwechselnd verschieden tief eingerammt. Das zulässige Maß dieser Staffelung – d. h. der Unterschied der Einbindelänge – hängt von der Beanspruchung der längeren Bohlen im Fußbereich und von baulichen Gesichtspunkten ab. Aus rammtechnischen Gründen ist bei wellenförmigen Spundbohlen eine Staffelung innerhalb einer Rammeinheit nicht zu empfehlen.

Im Bereich des Bodenauflagers einer gestaffelten Spundwand bildet sich im Bruchzustand – ähnlich wie vor Ankerplatten mit geringem Abstand – unter Beachtung der geometrischen Randbedingungen nach E 7, Abschnitt 8.1.4.2 ein einheitlich durchlaufender Erdwiderstandsgleitkörper aus. Die Bodenreaktion kann daher bei der Ermittlung der Beanspruchungen ohne Berücksichtigung der Staffelung bis zum Fuß der tieferen Bohlen in voller Größe angesetzt werden. In Unterkante der kürzeren Bohlen muss das an dieser Stelle vorhandene Biegemoment von den längeren Bohlen allein aufgenommen werden können. Bei wellenförmigen Stahlspundwänden wird man deshalb immer nur direkt benachbarte Rammeinheiten – mindestens Doppelbohlen – staffeln (Bilder E 41-1 und E 41-2), um die Beanspruchungen der tiefer hinab reichenden Bohlen zu begrenzen.

Als Staffelmaß ist ein Wert von 1,0 m üblich, für das sich erfahrungsgemäß ein statischer Nachweis der längeren Spundbohlen erübrigt. Bei größerer Staffelung ist die Tragfähigkeit der tiefer einbindenden Spundbohlen bzgl. der Mehrfachbeanspruchung infolge des Biegemoments mit Längs- und Querkraft nachzuweisen.

8.2.10.2 Im Boden eingespannte Spundwände

- Bei nach dem Ansatz von Blum (1931) voll im Boden eingespannten Spundwänden (τ_1 = 100 %) darf das gesamte Staffelmaß *s* zur Stahlersparnis ausgenutzt werden: Die längeren Spundwandbohlen werden bis in die Tiefe der nach E 56, Abschnitt 8.2.9 ermittelten rechnerischen Wandunterkante geführt (Bild E 41-1), die kürzeren enden um das Staffelmaß *s* höher.
- Bei teilweise im Boden eingespannten Wänden (100 % > τ_{1-0} > 0 %) darf die Stahlersparnis nur mit der Größe des jeweils vorliegenden Einspanngrades vorgenommen werden. Eine entsprechende Stahlersparnis wird er-

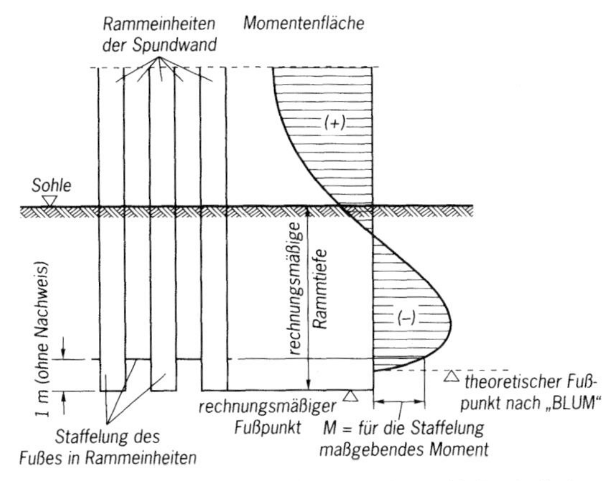

Bild E 41-1. Staffelung des Spundwandfußes bei einer voll im Boden eingespannten Spundwand

zielt, indem die längeren Spundwandbohlen um ein bestimmtes Teilstaffelmaß s_U unter die Tiefenkote der rechnerischen Wandunterkante geführt werden, die kürzeren Bohlen enden um das Staffelmaß s höher.
Das Teilstaffelmaß s_U hängt vom Einspanngrad τ_{1-0} [%] ab und beträgt

$$s_U = (100 - \tau_{1-0}) \cdot s/(2 \cdot 100)\,.$$

8.2.10.3 Im Boden frei aufgelagerte Spundwand

Bei freier Auflagerung der Spundwand im Boden führt das Staffelmaß s – wegen der auch für den Einspanngrad $\tau_0 = 0$ % geltenden Gleichung für das Teilstaffelmaß s_U aus Abschnitt 8.2.10.2 – nicht mehr zu einer Stahlersparnis, sondern nur zu einer Vergrößerung des mobilisierbaren Bodenauflagers B, die jedoch rechnerisch nicht anzusetzen ist.

Die längeren Bohlen müssen hierbei nach Bild E 41-2 um das Teilstaffelmaß s_U = s/2 unter die rechnerische Wandunterkante geführt werden.

Wird das Staffelmaß s größer als 1,0 m ausgeführt, muss der Nachweis der Tragfähigkeit des tiefer einbindenden Spundwandprofils nach Bild E 41-2 erfolgen.

Bei Spundwänden aus Stahlbeton oder aus Holz gilt dasselbe, wenn die Spundung ausreichend tragfähig ist, um das Zusammenwirken der kürzeren und der längeren Bohlen zu gewährleisten.

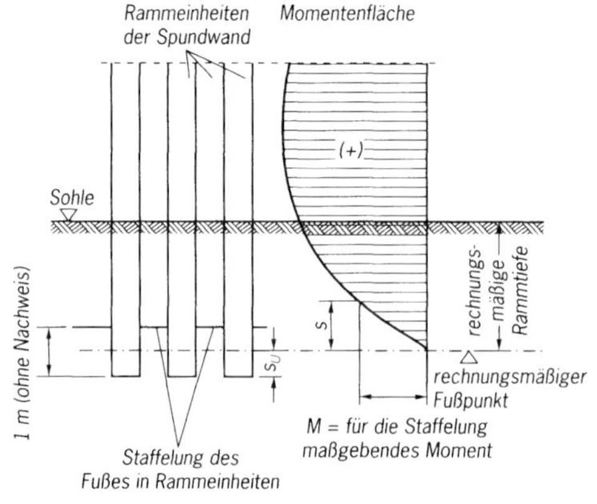

Bild E 41-2. Staffelung des Spundwandfußes bei einer frei im Boden aufgelagerten Spundwand

8.2.10.4 Kombinierte Spundwand

Bei Spundwänden, die aus Trag- und Zwischenbohlen zusammengesetzt sind (E 7, Abschnitt 8.1.4), muss bei einer Umströmung der Wand der vorhandene Wasserüberdruck dahingehend berücksichtigt werden, dass die erforderliche Sicherheit gegen hydraulischen Grundbruch (E 115, Abschnitt 3.2) vor den kürzeren Zwischenbohlen gewährleistet ist. Bei einer evtl. Gefährdung infolge der Bildung von Kolken sind entsprechende Zuschläge zur Bohlenlänge vorzusehen.

Stehen im Sohlenbereich weiche oder breiige Bodenschichten an, ist die Einbindetiefe der kurzen Bohlen bzw. der Zwischenbohlen durch besondere Untersuchungen zu ermitteln.

8.2.11 Horizontale Einwirkungen auf Stahlspundwände in Längsrichtung des Ufers (E 132)

8.2.11.1 Allgemeines

Kombinierte und wellenförmige Stahlspundwände sind gegen horizontale Einwirkungen in Längsrichtung des Ufers verhältnismäßig nachgiebig. Treten solche Einwirkungen auf, ist nachzuweisen, dass die dadurch hervorgerufene Horizontalkraftbeanspruchung parallel zur Uferlinie von der Spundwand aufgenommen werden kann oder ob dafür zusätzliche Maßnahmen erforderlich sind.

In vielen Fällen lassen sich Beanspruchungen von Spundwandbauwerken in ihrer Ebene infolge der Einwirkungen aus Erd- und Wasserdruck dadurch vermeiden, dass die Konstruktion entsprechend gewählt wird. Dies kann bei Kaimauerecken z. B. durch eine kreuzweise Verankerung nach E 31, Abschnitt 8.4.11 erfolgen. Ufermauern oder Molenköpfe mit Wandabschnitten in Form eines Kreisbogens können mit radial angeordneten Rundstahlankern an einer im Kreismittelpunkt angeordneten Herzstückplatte verankert werden. Von dieser zentralen Platte aus verlaufen weitere Rundstahlanker zu einer rückwärtig eingebrachten Ankerwand aus Spundwandprofilen. Die Ankerkraftresultierende der hier angeschlossenen Anker muss dieselbe Wirkungsrichtung aufweisen wie die resultierende Ankerkraft der radial verlaufenden Anker, damit an der Herzstückplatte keine Umlenkkräfte auftreten.

8.2.11.2 Übertragung von Horizontalkräften in die Spundwandebene

Die Übertragung kann mit vorhandenen Konstruktionselementen wie Holm und Gurt stattfinden, wenn diese entsprechend ausgebildet sind. Andernfalls muss sie durch zusätzliche Maßnahmen sichergestellt werden, wie z. B. durch den Einbau von Diagonalverbänden hinter der Wand. Für kleinere Längskräfte genügt ggf. auch ein Verschweißen der Schlösser im oberen Bereich.

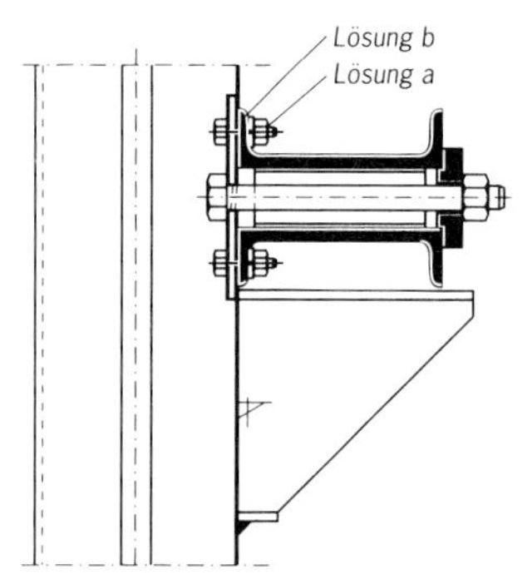

Bild E 132-1. Übertragung von Längskräften mit Passschrauben in den Gurtflanschen (Lösung a) oder mit Schweißnähten (Lösung b)

Die parallel zur Uferlinie gerichteten Einwirkungskomponenten aus Trossenzug treten jeweils an den Festmache-Einrichtungen auf, die größten Einwirkungen aus Wind an den Verriegelungspunkten der Kräne und die infolge der Schiffsreibung an den Fenderungen. Der Lastangriffspunkt dieser Reibungskräfte kann an jeder beliebigen Stelle der Wandflucht auftreten. Dies trifft auch für die Horizontalbeanspruchungen infolge der Kranbremsung zu, die vom Überbau in den Wandkopf übertragen werden müssen. Die Längsbeanspruchungen können über eine größere Verteilungsstrecke in die Spundwandebene geleitet werden, wenn die Ausbildung der verteilenden Konstruktionselemente entsprechend gewählt wird.

Hierzu sind bei Stahlgurten die Flansche der Gurte mit dem landseitigen Spundwandrücken zu verschrauben oder zu verschweißen (Bild E 132-1).

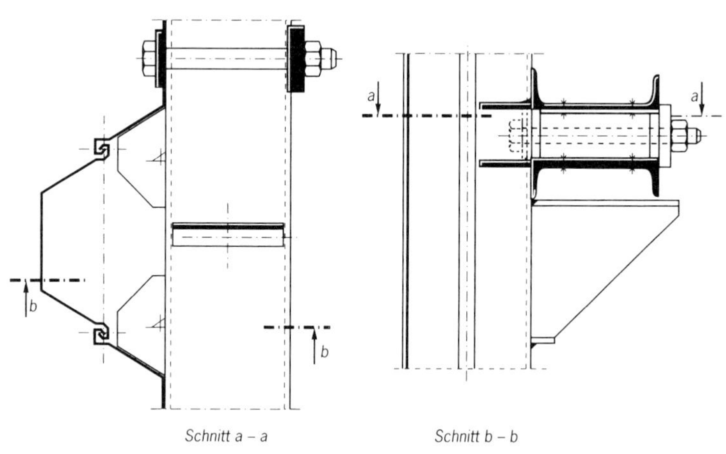

Bild E 132-2. Übertragung von Längskräften mit an den Gurt geschweißten Knaggen

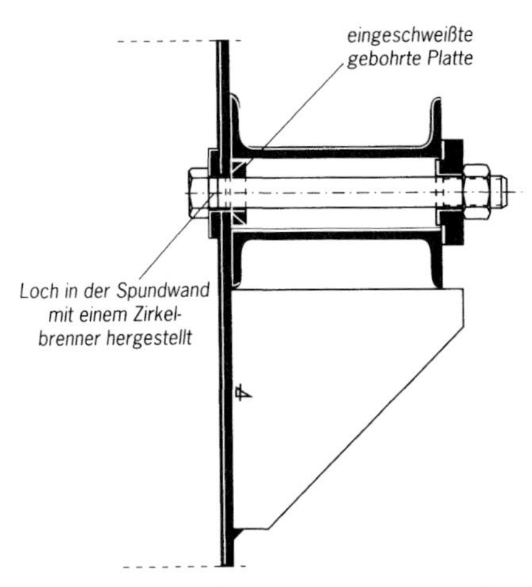

Bild E 132-3. Übertragung von Längskräften mit Gurtbolzen und eingeschweißter, gebohrter Platte

Die Längskraftübertragung kann auch durch Knaggen erreicht werden, die an den Gurt geschweißt werden und sich gegen die Stege der Spundwand abstützen (Bild E 132-2).

Bei einem Gurt aus zwei U-Profilen kann der Gurtbolzen nur dann zur Übertragung von Längskräften herangezogen werden, wenn die beiden Gurte am landseitigen Bohlenrücken durch eine senkrecht eingeschweißte, gebohrte Platte verbunden werden, die die Kraft aus dem Gurtbolzen durch Lochleibungsdruck übernimmt, wobei der Bolzen auf Abscheren beansprucht wird (Bild E 132-3).

Beim Auftreten von parallel zur Spundwandebene gerichteten Beanspruchungen sind Holme und Gurte einschließlich ihrer Stöße auf Biegung mit Längskraft und Querkraft zu bemessen.

Zur Übertragung von Horizontalkraftbeanspruchungen in Richtung der Uferlinie von einem Stahlbetonholm auf den Spundwandkopf muss dieser ausreichend in den Holm einbinden. Die Bemessung des Stahlbetonquerschnitts muss entsprechend aller in diesem Bereich auftretenden globalen und lokalen Beanspruchungen erfolgen.

8.2.11.3 Übertragung der parallel zur Spundwandflucht wirkenden Horizontalkräfte von der Wandebene in den Baugrund

Waagerechte Längskräfte in der Spundwandebene werden durch Reibung an den landseitigen Spundwandflanschen und durch Widerstand vor den Spundwandstegen in den Boden übertragen. Letzterer kann aber nicht größer sein als die Reibung im Boden auf die Länge des Spundwandtals.

Die Kraftaufnahme kann daher bei nichtbindigen Böden insgesamt über Reibung berechnet werden, wobei ein angemessener Mittelwert der Reibungsfaktoren zwischen Boden und Stahl sowie zwischen Boden und Boden angesetzt wird. Diese Kraftüberleitung ist bei den nichtbindigen Böden umso günstiger, je größer der Reibungswinkel und die Festigkeit des Hinterfüllbodens sind, bei bindigen Böden wächst die Größe der Kraftüberleitung mit der vorhandenen Scherfestigkeit und Konsistenz.

Bei der Kraftüberleitung der parallel zur Spundwandebene im Holm oder Gurt wirkenden Horizontalkräfte in den Baugrund treten zusätzliche – quer zur Haupttragrichtung der Spundwand wirkende – Biegemomentbeanspruchungen auf. Die Biegemomente können mit dem Berechnungsmodell einer eingespannten oder frei aufgelagerten Ankerwand berechnet werden. An die Stelle der widerstehenden Bodenreaktion infolge des mobilisierten Erdwiderstands tritt in diesem Fall jedoch die oben angegebene mittlere Wandreibungskraft bzw. ein entsprechender Scherwiderstand.

Als Tragelemente zur Aufnahme dieser Zusatzbeanspruchungen sind in der Regel nur schubfest verschweißte Doppelbohlen einzusetzen. Unverschweißte Bohlen können nur als Einzelbohlen berücksichtigt werden.

Bei der Aufnahme von waagerechten Kräften in Längsrichtung des Ufers werden die Spundbohlen durch Biegung in zwei Ebenen beansprucht. Bei der Überlagerung der hierbei auftretenden Spannungen darf nach DIN EN 1993-1-1 der Bemessungswert der Vergleichsspannung $\sigma_{v,d}$ angesetzt werden, der unter den dort ebenfalls genannten Randbedingungen für die einzelnen Eckspannungen den Wert der Grenznormalspannung $\sigma_{R,d}$ um 10 % überschreiten darf.

Durch die Inanspruchnahme von Reibungswiderständen in waagerechter Richtung darf in der Berechnung für die Spundwand nur noch ein verminderter Erddruckneigungswinkel $\delta_{a,k,red}$ angesetzt werden. Dabei darf die Größe der Resultierenden der Vektoraddition der beiden orthogonal aufeinander stehenden Reibungswiderstände den maximal möglichen Wert des Wandreibungswiderstandes der Spundwand gegenüber dem Boden nicht überschreiten.

8.2.12 Berechnung von im Boden eingespannten Ankerwänden (E 152)

Infolge von Hindernissen im Baugrund, wie Kanäle, Versorgungsleitungen und dergleichen, ist es gelegentlich nicht möglich, die Rundstahlanker mittig zur Ankerwand zu führen und dort anzuschließen. Die Rundstahlanker müssen dann höher gelegt und im Kopfbereich der Ankerwand angeschlossen werden.

Die Berechnung der Ankerwand ist in solchen Fällen wie für eine unverankerte Spundwand im Grenzzustand STR bzw. GEO-2 durchzuführen (Bild E 152-1).

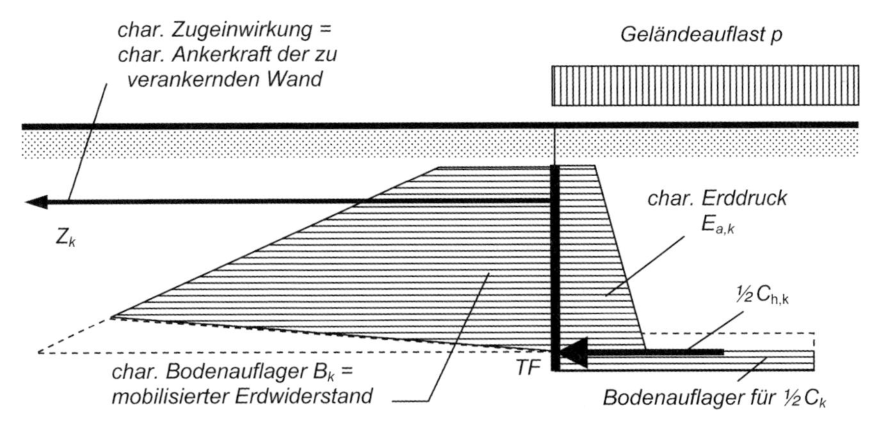

Bild E 152-1. Einwirkungen, Bodenreaktion und Ersatzkraft einer im Boden voll eingespannten Ankerwand für Standsicherheitsnachweise im Grenzzustand GEO-2

Die Ankerkraft A_k der zu verankernden, vorderen Spundwand geht hierbei als charakteristischer Wert F_k der am Ankerwandkopf einwirkenden Zugkraft in die Berechnung ein.

Die Teilsicherheitsbeiwerte für die Einwirkungen Erddruck und evtl. Wasserdruck werden nach E 214, Abschnitt 8.2.1.1 angesetzt, der Beiwert für die Zugkraft F_k ergibt sich als Quotient von Bemessungswert A_d und charakteristischem Wert A_k der Ankerkraft, die beide der Berechnung der vorderen Spundwand zu entnehmen sind.

Der erforderliche Tiefenzuschlag Δt_1 zur Einbindetiefe wird nach E 56, Abschnitt 8.2.9 ermittelt.

Die Spundbohlen der Ankerwand werden bei dieser Bauweise gegenüber einer mittig belasteten Ankertafel wesentlich länger und weisen größere Profilquerschnitte auf.

Eine Staffelung der Ankerwand nach E 42, Abschnitt 8.2.13 ist nur am unteren Ende zulässig und kann bei hohen Ankerwänden ohne besonderen Nachweis bis zu 1,0 m ausgeführt werden.

Bei vorwiegend waagerechter Grundwasseranströmung muss die Ankerwand mit Wasserdurchtrittsöffnungen versehen werden, wenn der auf die Wand einwirkende Wasserdruck verringert werden soll. Der dabei entstehende Wasserdruck ist bei der Spundwandberechnung der Ankerwand zu berücksichtigen.

8.2.13 Gestaffelte Ausbildung von Ankerwänden (E 42)

Zur Materialeinsparung können Ankerwände wie Uferspundwände gestaffelt ausgeführt werden. Die Staffelung darf gleichzeitig am unteren und oberen Ende vorgenommen werden. Das Staffelmaß sollte im Allgemeinen jedoch nicht mehr als jeweils 0,5 m betragen. Bei Staffelung an beiden Enden können alle Doppelbohlen dieselbe Länge aufweisen, indem diese 0,5 m kürzer als die Höhe der Ankerwand gewählt und dann abwechselnd so gerammt werden, dass von zwei benachbarten Doppelbohlen die eine mit dem oberen Ende auf Sollhöhe von OK Ankerwand, die andere mit dem unteren Ende auf Sollhöhe von UK Ankerwand liegt. Eine größere Staffelung als 0,5 m ist nur bei tief liegenden Ankerwänden zulässig, wenn die Tragfähigkeit des Bodenauflagers und die Profiltragfähigkeit bzgl. der Schnittgrößen Biegemoment, Querkraft und Längskraft nachgewiesen wird. Die zuvor genannten Nachweise sind jedoch auch schon bei einer Staffelung von 0,5 m erforderlich, wenn die gesamte Ankerwandhöhe kleiner als 2,5 m ist. In diesem Fall ist auch nachzuweisen, dass die Biegemomente von den tiefer hinabreichenden Enden in die benachbarten Bohlen übergeleitet werden.

Bei Stahlbeton- und bei Holzbohlen kann sinngemäß verfahren werden, wenn die Spundung ausreichend tragfähig ist, um das Zusammenwirken aller Bohlen zu gewährleisten.

8.2.14 Gründung von Stahlspundwänden in Fels (E 57)

Wenn Fels eine dickere verwitterte Übergangszone mit einer nach der Tiefe zunehmenden Festigkeit aufweist, oder wenn weiches Gestein ansteht, lassen sich Stahlspundbohlen erfahrungsgemäß so tief in den Fels einrammen, dass eine Fußstützung erzielt wird, die mindestens für freie Auflagerung ausreichend ist.

Um das Einrammen der Spundbohlen in den Fels zu ermöglichen, müssen diese je nach Profilart und Gestein am Wandfuß und ggf. auch am Kopf entsprechend hergerichtet bzw. verstärkt werden. Mit Rücksicht auf die erforderliche große Rammenergie empfiehlt es sich, für den Spundwandwerkstoff die Stahlgüte S 355 GP (E 67, Abschnitt 8.1.6) zu wählen. Es ist sehr zweckmäßig, mit schweren Rammbären und mit entsprechend kleiner Fallhöhe zu arbeiten. Eine ähnliche Wirkung lässt sich bei Einsatz von Hydraulikbären erzielen, deren Schlagenergie in Anpassung an den jeweiligen Rammenergiebedarf kontrolliert regelbar ist (E 118, Abschnitt 8.1.11.3).

Steht gesunder, harter Fels bis zur Oberfläche an, sind Proberammungen und Felsuntersuchungen unerlässlich. Gegebenenfalls müssen für die Fußsicherung und die Bohlenführung besondere Maßnahmen getroffen werden. Durch Bohrungen von 105 mm bis 300 mm Durchmesser, die in einem Abstand entsprechend der Bohlenbreite der Spundwand abgeteuft werden, kann der Untergrund perforiert und so entspannt werden, dass die Spundbohlen eingerammt werden können.

Der gleiche Effekt kann bei wechselhaft festen Gesteinen und dergleichen mit der Hochdruck-Vorschneide-Technik erreicht werden (E 203, Abschnitt 8.1.24.3).

Sind größere Einrammtiefen im Fels erforderlich, bieten sich gezielte Sprengungen an, die den Fels im Bereich der Spundwand auflockern und rammfähig machen. Bei der Wahl des Profils und der Stahlsorte muss auf mögliche Ungleichmäßigkeiten des Baugrunds und der daraus resultierenden Rammbeanspruchungen Rücksicht genommen werden. Bezüglich Lockerungssprengungen wird auf E 183, Abschnitt 8.1.10 verwiesen.

Das Vorbohren hat den Vorteil, dass die Gesteinseigenschaften des ungestörten Zustandes erhalten bleiben. Dadurch ergeben sich gegenüber dem Sprengen positive Auswirkungen auf die untere Stützkraft der Spundwand. Außerdem ist die erforderliche Vorbohrtiefe kürzer als die zu sprengende Tiefe.

8.2.15 Uferspundwände in nicht konsolidierten, weichen bindigen Böden, insbesondere in Verbindung mit unverschieblichen Bauwerken (E 43)

Aus verschiedenen Gründen müssen Häfen und Industrieanlagen mit den zugehörigen Ufereinfassungen auch in Gebieten mit schlechtem Baugrund errichtet werden. Vorhandene alluviale, bindige Böden – ggf. mit moorigen Zwischenlagen – werden hierbei durch Aufhöhungen des Geländes zusätzlich belastet und dadurch in einen nicht konsolidierten Zustand versetzt. Die dann auftretenden Setzungen und waagerechten Verschiebungen erfordern besondere bauliche Maßnahmen und eine möglichst zutreffende statische Behandlung.

In nicht konsolidierten, weichen bindigen Böden dürfen Spundwandbauwerke nur dann „schwimmend“ ausgeführt werden, wenn sowohl die Nutzung als auch die Standsicherheit des Gesamtbauwerks und seiner Teile die dabei auftretenden Setzungen und waagerechten Verschiebungen bzw. deren Unterschiede gestatten. Um dies beurteilen und die erforderlichen Maßnahmen treffen zu können, müssen die zu erwartenden Setzungen und Verschiebungen errechnet werden.

Wird eine Uferwand in nicht konsolidierten, weichen bindigen Böden im Zusammenhang mit einem praktisch unverschieblich gegründeten Bauwerk, beispielsweise mit einem stehend gegründeten Pfahlrostbauwerk, ausgeführt, sind folgende Lösungen anwendbar:

Die Spundwand wird in lotrechter Richtung frei verschieblich verankert oder abgestützt, sodass der Anschluss an das Bauwerk auch bei den größten rechnerisch auftretenden Verschiebungen noch tragfähig und voll wirksam bleibt.

Diese Lösung bereitet, abgesehen von der Setzungs- und Verschiebungsberechnung, keine Schwierigkeiten. Sie kann jedoch bei Pfahlrostbauten aus betrieblichen Gründen im Allgemeinen nur bei einer hinten liegenden Spundwand angewendet werden. Die an der Abstützung auftretende lotrechte Reibungskraft muss in der Pfahlrostberechnung berücksichtigt werden. Bei den Ankeranschlüssen einer vorderen Spundwand genügen Langlöcher nicht, vielmehr muss dann eine frei verschiebliche Verankerung ausgeführt werden.

Die Spundwand wird durch Tieferführen einer ausreichenden Anzahl von Rammeinheiten in dem tragfähigen, tief liegenden Baugrund gegen lotrechte Bewegungen aufgelagert. Hierbei muss die Tragfähigkeit der Spundwand gegenüber den folgenden Vertikalbeanspruchungen von den tiefer geführten Rammeinheiten allein sichergestellt werden:

- Eigenlast der Wand,
- an Spundwand hängender Boden infolge negativer Mantelreibung und Haftfestigkeit,
- axiale Einwirkungen auf die Spundwand.

Bei vorne liegender Spundwand ist diese Lösung technisch und betrieblich zweckmäßig. Da sich der bindige Boden während des Setzungsvorgangs an der Spundwand aufhängt, wird der Erddruck kleiner. Treten auch im stützenden Boden vor dem Spundwandfuß Setzungen auf, vermindert sich infolge negativer Mantelreibung allerdings auch der charakteristische Erdwiderstand und damit das mögliche Bodenauflager. Dies muss in der Spundwandberechnung berücksichtigt werden.

Bei der Berechnung der aus der Bodensetzung herrührenden lotrechten Beanspruchung der Spundwand wird die negative Mantelreibung und Haftfestigkeit für den Anfangs- und Endzustand berücksichtigt.

Die Spundwand wird, abgesehen von der Verankerung oder Abstützung gegen waagerechte Kräfte, an dem Bauwerk so aufgehängt, dass die zuvor genannten Einwirkungen in das Bauwerk und von dort in den tragfähigen Baugrund übertragen werden.

Bei dieser Lösung werden die Spundwand und ihre obere Aufhängung nach den vorstehenden Angaben berechnet.

Liegt der tragfähige Boden in bautechnisch erreichbarer Tiefe, wird die gesamte Wand bis in den tragfähigen Boden geführt. Der Erdwiderstand in dieser Schicht wird mit den üblichen Erddruckneigungswinkeln sowie den Teilsicherheitsbeiwerten nach Tabelle E 0-2 berechnet. Bei Berechnung der Bodenreaktion des darüber liegenden Bodens geringerer Festigkeit bzw. Konsistenz darf nur ein reduzierter charakteristischer Erdwiderstand angesetzt werden. Der Nachweis der Gebrauchstauglichkeit muss geführt werden.

8.2.16 Ausbildung und Bemessung einfach verankerter Spundwandbauwerke in Erdbebengebieten (E 125)

8.2.16.1 Allgemeines

Anhand der Baugrundaufschlüsse und der bodenmechanischen Untersuchungen muss zunächst sorgfältig geprüft werden, welche Auswirkungen die während des maßgebenden Erdbebens auftretenden Erschütterungen auf die Scherfestigkeit des Baugrundes haben können.

Das Ergebnis dieser Untersuchungen kann für die Gestaltung des Bauwerks maßgebend sein. Beispielsweise dürfen bei Baugrundverhältnissen, bei denen mit Bodenverflüssigung (Liquefaction) nach E 124, Abschnitt 2.13 gerechnet werden muss, keine Verankerungen durch eine hoch liegende Ankerwand bzw. Ankerplatten gewählt werden, es sei denn, der stützende Verankerungs-Erdkörper wird im Zuge der Baumaßnahmen ausreichend verdichtet und damit die Gefahr der Verflüssigung beseitigt. Bezüglich der Größe der anzusetzenden Erschütterungszahl k_h und sonstiger Einwirkungen sowie der Bemessungswerte für Beanspruchungen und Widerstände und der dafür geforderten Sicherheiten wird auf E 124, Abschnitt 2.13 verwiesen.

8.2.16.2 Spundwandberechnung

Unter Berücksichtigung der nach E 124, Abschnitte 2.13.3, 2.13.4 und 2.13.5 ermittelten Spundwandbeanspruchungen und Auflagerreaktionen kann die Berechnung nach E 77, Abschnitt 8.2.3, durchgeführt werden, jedoch ohne Umlagerung des Erddrucks.

Der mit fiktiven Neigungswinkeln für Bezugs- und Geländeoberfläche ermittelte charakteristische aktive Erddruck und der Erdwiderstand werden allen Berechnungen und Nachweisen zugrunde gelegt, obwohl Versuche gezeigt haben, dass der Anstieg der Erddruckvergrößerung aus einem Beben nicht linear mit der Tiefe zunimmt, sondern in Oberflächennähe größer ist. Deshalb ist die Verankerung mit angemessenen Reserven zu bemessen.

8.2.16.3 Spundwandverankerung

Der Nachweis der Standsicherheit der Verankerung in der tiefen Gleitfuge ist nach E 10, Abschnitt 8.4.9 zu führen. Hierbei sind die zusätzlichen waagerechten Kräfte, die durch die Beschleunigung des zu verankernden Erdkörpers und des darin enthaltenen Porenwassers bei verminderter Verkehrslast auftreten, zu berücksichtigen.

8.3 Berechnung und Bemessung von Fangedämmen

8.3.1 Zellenfangedämme als Baugrubenumschließungen und als Ufereinfassungen (E 100)

8.3.1.1 Allgemeines

Zellenfangedämme werden aus Flachprofilen mit hoher Schlosszugfestigkeit hergestellt. Diese beträgt je nach Stahlsorte und Profilart 2 bis 5,5 MN/m. Zellenfangedämme bieten den Vorteil, allein durch eine geeignete Zellenfüllung ohne Gurt und Verankerung standsicher ausgebildet werden zu können, selbst wenn bei felsigem Untergrund ein Einbinden der Wände in den Baugrund nicht möglich ist.

Zellenfangedämme können wirtschaftlich sein, wenn große Wassertiefen, d. h. hohe Geländesprünge, mit größeren Bauwerkslängen zusammentreffen und wenn eine Aussteifung oder Verankerung nicht möglich oder mit wirtschaftlich vertretbarem Aufwand nicht ausführbar ist. Der Mehrbedarf an Spundwandfläche kann in diesen Fällen u. U. durch die Gewichtsersparnis des leichteren und kürzeren Spundwandprofils und durch den Wegfall der Gurte und Anker aufgewogen werden.

8.3.1.2 Zellenkonstruktionen für Fangedämme

Man unterscheidet Zellenfangedämme mit

- Kreiszellen (Bild E 100-1a),
- Flachzellen (Bild E E 100-1b),
- Monozellen.

1. Kreiszellenfangedämme
   Kreiszellenfangedämme, bei denen die geschlossenen Hauptzellen durch schmale, bogenförmige Zwickelwände verbunden werden, haben den Vorteil, dass jede Hauptzelle für sich aufgestellt und verfüllt werden kann und daher für sich allein standsicher ist. Die zum Abdichten erforderlichen Zwickelwände können nachträglich eingebaut werden. Sie werden über Abzweigbohlen an die standsicheren Kreiszellen angeschlossen. Abzweigbohlen bestehen in der Regel aus speziell geformten Walzprofilen oder aus geschweißten bzw. geschraubten Profilen, bei denen sich der Abzweigwinkel in den Knotenpunkten zwischen 30° und 45° variieren lässt. Für geschweiß-

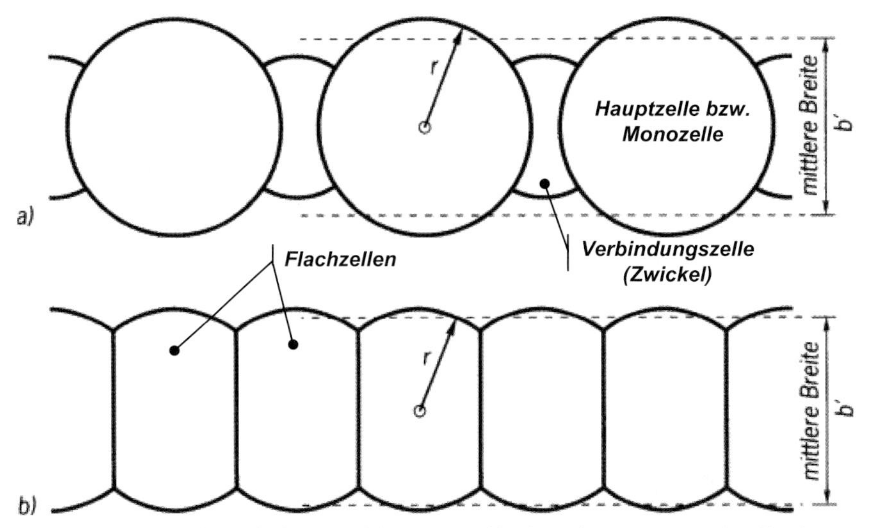

Bild E 100-1. Schematische Grundrisse von Zellenfangedämmen a) Kreiszellenfangedamm, b) Flachzellenfangedamm

te Abzweigbohlen sind zur Vermeidung von Terrassenbrüchen nur Stahlsorten mit entsprechenden Eigenschaften zu verwenden (E 67, Abschnitt 8.1.6). Ausführungsbeispiele für geschweißte Abzweigbohlen können DIN EN 12063 entnommen werden.

Um die unvermeidbaren Zusatzbeanspruchungen an den Abzweigbohlen gering zu halten, sollten der lichte Abstand der Kreiszellen sowie der Radius der Zwickelwände möglichst klein gehalten werden. Gegebenenfalls können in der Zwickelwand geknickte Bohlen angeordnet werden.

Hinweise zur Berechnung finden sich bei Clasmeier (1996).

2. Flachzellenfangedämme

Flachzellenfangedämme mit geraden Querwänden und bogenförmigen Stirnwänden müssen dann angewendet werden, wenn bei großen Kreisdurchmessern der Bemessungswert der Ringzugkraft $F_{t,Ed}$ größer wird als der maßgebende Bemessungswert der Flachprofil-Widerstände $F_{ts,Rd}$.

Wegen fehlender Stabilität der Einzelzelle müssen Flachzellen stufenweise verfüllt werden, wenn nicht andere Stabilisierungsmaßnahmen getroffen werden. Aus diesem Grund sind die Endbereiche des Flachzellenfangedamms als standsichere Kopfbauwerke auszubilden. Bei langen Bauwerken empfehlen sich Zwischenfestpunkte, insbesondere wenn Havariegefahr besteht, weil sonst im Schadensfall weitreichende Zerstörungen auftreten können. Flachzellenfangedämme weisen je lfd. m unter sonst gleichen Voraussetzungen einen größeren Stahlbedarf als Kreiszellenfangedämme auf.

3. Monozellen
   Monozellen sind einzeln angeordnete Kreiszellen, die als Gründungskörper für den Einsatz im offenen Wasser verwendet werden können. Zu nennen sind hier Molenköpfe, Führungs- und Fenderpunkte in Hafeneinfahrten oder auch die Verwendung als Fundament-Basis für Schifffahrtszeichen (Leuchtfeuer u. Ä.).

8.3.1.3 Nachweise im Grenzzustand der Tragfähigkeit STR und GEO-2 sowie GEO-3

8.3.1.3.1 Nachweise gegen Versagen des Zellenfangedamms im Baugrund in den Grenzzuständen der Tragfähigkeit GEO-2 und GEO-3

1. Nachweis des Versagens gegen Kippen und Gleiten (GEO-2)
   Der Nachweis der Sicherheit gegen das Versagen von Fangedämmen im Grenzzustand der Tragfähigkeit GEO-2 ist mit den in den Bildern E 100-2, E 100-3 und E 100-4 dargestellten Einwirkungen ($W_{ü}$, E_a) und etwaiger veränderlicher äußerer Einwirkungen sowie den widerstehenden Größen (G, E_p) und ggf. der Kohäsion in der Gleitfuge zu führen. Dabei ist bei Kreis- und Flachzellenfangedämmen als rechnerische Breite des Zellenfangedamms die mittlere Breite b' nach Bild E 100-1 einzusetzen. Sie ergibt sich durch Umwandlung des tatsächlichen Grundrisses in ein flächengleiches Rechteck.
   Steht ein Fangedamm auf Fels (Bild E 100-2), tritt im Bruchzustand zwischen den Wandfüßen des Fangedamms eine nach oben gekrümmte Bruchfläche auf. Die erzeugende Kurve dieser Gleitfläche kann in erster Näherung durch eine logarithmische Spirale für den charakteristischen Wert des Reibungswinkels φ_k angenähert werden.
   Steht der Fangedamm auf Fels und wird dieser von anderen Bodenschichten überlagert (Bild E 100-3) oder bindet der Fangedamm in tragfähiges Lockergestein ein (Bild E 100-4), werden die Einwirkungen um den zusätzlichen Erddruck dieser Bodenschicht und der Widerstand um den zusätzlichen Erdwiderstand vergrößert. Dieser Erdwiderstand ist mit Rücksicht auf die gerin-

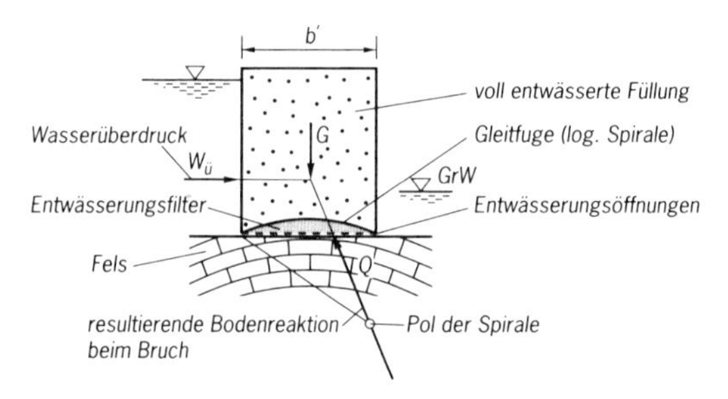

Bild E 100-2. Frei auf Fels stehender Fangedamm mit Entwässerung

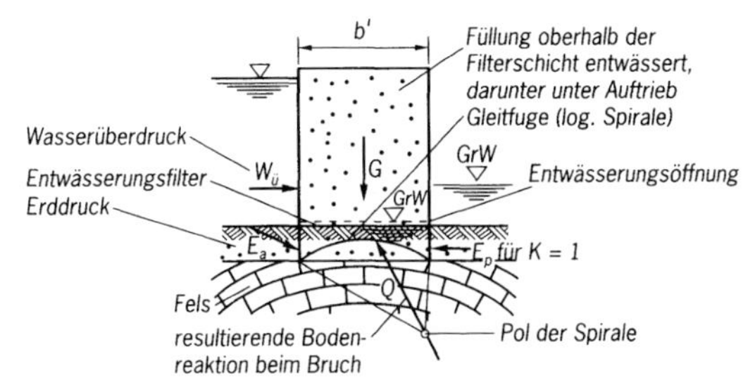

Bild E 100-3. Auf überlagertem Fels stehender Fangedamm mit Entwässerung

gen Formänderungen nur in verminderter Größe anzusetzen – in der Regel mit $K_p = 1{,}0$ – und bei tieferer Einbindung in das Lockergestein mit K_p für $\delta_p = 0$.
Als charakteristische Beanspruchung aus Einwirkungen und als charakteristische Widerstände aus den widerstehenden Größen werden die sich aus diesen ergebenden Momente um den Pol der Spirale bezeichnet. Zur Ermittlung des Bemessungswertes der Momentenbeanspruchung M_{Ed} infolge der horizontalen Einwirkungen $W_ü$, E_a und veränderlicher äußerer Einwirkungen, wie z. B. aus Pollerzug, werden die charakteristischen Werte der Einzelmo-

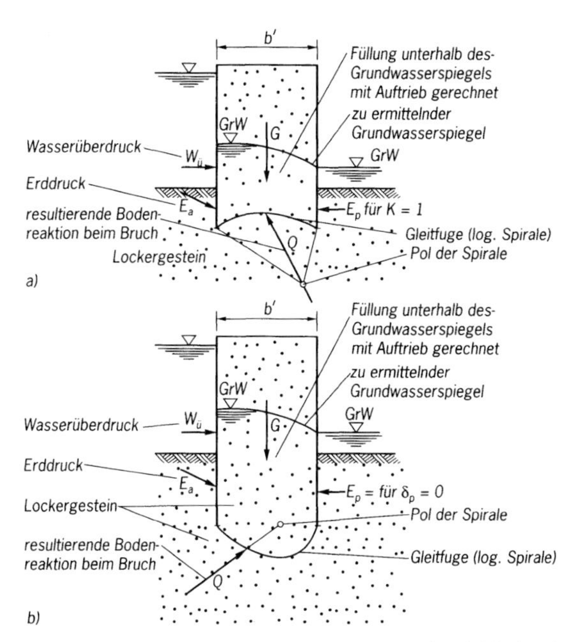

Bild E 100-4. In tragfähiges Lockergestein einbindender Fangedamm mit Entwässerung: a) bei flacher Einbindung b) Zusatzuntersuchung bei tiefer Einbindung

mente mit den Teilsicherheitsbeiwerten γ_G und γ_Q für Einwirkungen multipliziert und aufsummiert.
Zur Ermittlung des Bemessungswertes des widerstehenden Momentes M_{Rd} infolge der vertikalen Einwirkung G (Eigenlast der Fangedammfüllung), des Erdwiderstandes E_p (bei Einbindung in Lockergestein) und der möglichen Kohäsion in der Gleitfuge werden die charakteristischen Werte der Einzelmomente durch die Teilsicherheitsbeiwerte $\gamma_{R,h}$, $\gamma_{R,e}$ und γ_c dividiert und aufsummiert.

$$M_{Ed} = M_{kG} \cdot \gamma_G + M_W \cdot \gamma_G + M_{kQ} \cdot \gamma_Q \leq \frac{M_{kG}^R}{\gamma_{R,h}} + \frac{M_{Ep}^R}{\gamma_{R,e}} + \frac{M_c^R}{\gamma_c} = M_{Rd} \quad \text{mit:}$$

M_{kG} charakteristischer Wert des einwirkenden Einzelmomentes aus Erddruckbelastung E_a,
M_W charakteristischer Wert des einwirkenden Einzelmomentes aus Wasserüberdruckbelastung $W_ü$,
M_{kQ} charakteristischer Wert des einwirkenden Einzelmomentes aus veränderlicher, äußerer Belastung,
M_{kG}^R charakteristischer Wert des widerstehenden Einzelmomentes aus Füllungseigenlast G,
M_{Ep}^R charakteristischer Wert des widerstehenden Einzelmomentes aus Erdwiderstand E_p,
M_C^R charakteristischer Wert des widerstehenden Einzelmomentes aus Kohäsion in der logarithmischen Gleitfuge.

Dabei sind die Teilsicherheitsbeiwerte des Grenzzustandes der Tragfähigkeit GEO-2 nach Abschnitt 0.2.1 für Einwirkungen und Widerstände in Abhängigkeit von der jeweiligen Bemessungssituation anzusetzen.
Der Nachweis gegen das Versagen ist erfüllt, wenn

$$M_{Ed} \leq M_{Rd}$$

ist.
Die ungünstigste Gleitlinie für den Nachweis ist diejenige logarithmische Spirale, für die sich das kleinste Verhältnis von M_{Rd}/M_{Ed} ergibt.
Die hauptsächliche Einwirkung auf Fangedämme ist in der Regel der Wasserüberdruck $W_ü$. Dieser ergibt sich als Differenz der Wasserdrücke auf die äußere und innere Fangedammwand und wird bis zur Unterkante der äußeren, d. h. lastseitigen Wand angesetzt. Der Wasserstand innerhalb der Fangedammumschließung muss dabei nicht immer der Sohlenhöhe entsprechen.
Der Widerstand des Fangedamms gegen das Versagen im Grenzzustand der Tragfähigkeit GEO-2 „Kippen und Gleiten" kann vergrößert werden durch

- das Verbreitern des Fangedamms,
- die Wahl eines Verfüllmaterials mit größerer Wichte und größerem Reibungswinkel,

– eine Zellenentwässerung,
– und bei der Gründung in Lockergestein durch eine tiefere Einbindung der Fangedammbohlen in den Baugrund.

Wird ein Fangedamm mit tiefer Einbindung gewählt, ist der Nachweis gegen das Versagen nicht nur mit einer nach oben (Bild E 100-4a), sondern auch mit einer nach unten gekrümmten Bruchfläche zu führen (Bild E E 100-4b).

Im Falle der nach unten gekrümmten Bruchfläche ist die Lage der Spirale so zu wählen, dass ihr Pol unterhalb der Wirkungslinie von E_p für $\delta_p = 0°$ liegt (Bild E E 100-4), was auch Bedingung für eine tiefe Einbindung ist.

Mit dem vorstehenden Nachweis ist sowohl die Sicherheit gegen das Versagen infolge Kippen als auch infolge Gleiten nachgewiesen.

2. Nachweis des Versagens gegen Grundbruch (GEO-2)
   Für Fangedämme, die nicht auf Fels stehen, ist der Nachweis der Grundbruchsicherheit nach DIN 4017 auf der Grundlage von DIN 1054:2010-12 zu führen, wobei die mittlere Breite b' als Fangedammbreite einzusetzen ist.
3. Nachweis des Versagens gegen Verlust der Gesamtstandsicherheit (GEO-3)
   Bei hinterfüllten Fangedämmen, die Teil eines Uferbauwerks sind, ist gemäß DIN EN 1997-1, Abschnitt 11 der Nachweis des Versagens gegen Verlust der Gesamtstandsicherheit (Geländebruch) nach DIN 4084 zu führen. Für den Nachweis ist die Gleitfläche durch die lastseitige, ideelle Begrenzung der Fangedammbreite zu legen, die mit dem o. g. Wert für die mittlere Breite b' übereinstimmt.
4. Zusätzliche Nachweise bei Auftreten einer Wasserströmung:
   – Bei den in den Punkten 1 bis 3 geforderten Nachweisen ist ein evtl. vorhandener Strömungsdruck zu berücksichtigen.
   – Der Nachweis gegen Versagen des Baugrundes infolge eines hydraulischen Grundbruches ist zu führen.
   – Der Nachweis gegen Versagen des Baugrundes infolge eines Erosionsgrundbruches ist zu führen.
   – Bei Fangedämmen auf geklüftetem Fels oder veränderlich festen Gesteinen sind besondere Abdichtungsmaßnahmen am Spundwandfuß erforderlich, um die zuvor genannten Versagensfälle auszuschließen.

8.3.1.3.2 Nachweis gegen Versagen des Bauteils Flachprofil infolge der Ringzugkraft im Grenzzustand der Tragfähigkeit (STR)

Bei der Zellenfangedammberechnung kann angenommen werden, dass die Beanspruchungen infolge der äußeren Einwirkungen wie Wasser- und gegebenenfalls Erddruck durch die monolithische Blockwirkung der Fangedammfüllung aufgenommen werden. Für den Nachweis gegen das Versagen des Flachprofils genügt in diesem Fall die Ermittlung der Ringzugkraft in Höhe der Baugruben-

oder Gewässersohle, da dort im Allgemeinen die maßgebenden Innendrücke auftreten.

Es kann jedoch u. U. erforderlich sein, den Nachweis zur Aufnahme der Ringzugkraft in mehreren Ebenen zu führen, wenn bindige Schichten vorhanden sind, die der Fangedamm einschließt oder in die er einbindet. In diesem Bereich können durch den sprunghaft größeren Wert des Innendrucks bzw. den kleineren Wert des Erdwiderstandes sowie durch einen evtl. auftretenden Porenwasserdruck größere Ringzugkräfte auftreten als in Höhe der Sohle.

Die Bemessungswerte der Ringzugkräfte werden nach der Kesselformel $F_{t,Ed} = \Sigma p_{i,d} \cdot r$ ermittelt. Sie werden berechnet, indem die charakteristischen Einwirkungen innerhalb der Zelle infolge Wasserüberdruck, Erdruhedruck (mit $K_0 = 1 - \sin\varphi_k$) und veränderlichen Lasten ($\Sigma p_{a,K}$, $\Sigma p_{m;k}$) mit den zugehörigen Teilsicherheitsbeiwerten (nach Abschnitt 0.2.1) multipliziert werden.

Der Bemessungswert der Ringzugkräfte ($F_{tc,Ed}$, $F_{tm,Ed}$, $F_{ta,Ed}$) in den einzelnen Wandelementen darf vereinfachend nach DIN EN 1993-5, Abschnitt 5.2.5 (9) wie folgt ermittelt werden (Bild E 100-5):

in der gemeinsamen Wand:
$F_{tc,Ed} = \sum p_{a,d} \cdot r_a \cdot \sin\,\varphi_a + \sum p_{m,d} \cdot r_m \cdot \sin\,\varphi_m$

in der Hauptzellenwand: $F_{tm,Ed} = \sum p_{m,d} \cdot r_m$

in der Zwickelwand: $F_{tc,Ed} = \sum p_{a,d} \cdot r_a$

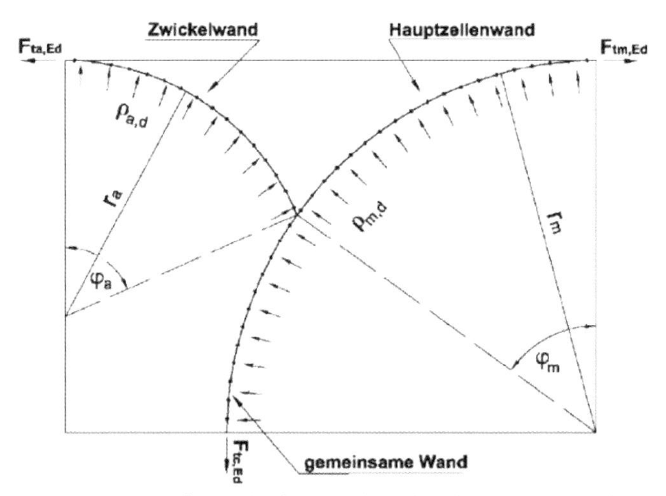

Bild E 100-5. Ringzugkräfte (Ft,Ed) in den einzelnen Wandelementen eines Kreiszellenfangedamms

Der Nachweis der Spundwandprofile sowie der geschweißten Abzweigbohlen erfolgt nach DIN EN 1993-5, Abschnitt 5.2.5.

Für die Wandprofile ist der Nachweis erbracht, wenn die widerstehende Zugfestigkeit ($F_{ts,Rd}$) des Stegs und des Schlosses größer oder gleich den Bemessungswerten der Ringzugkraft ($F_{tc,Ed}$, $F_{tm,Ed}$, $F_{ta,Ed}$) ist.

$$F_{ts,Rd} \geq F_{tc,Ed} \quad \text{bzw.} \quad F_{tm,Ed} \quad \text{bzw.} \quad F_{ta,Ed}$$

wobei

$$F_{ts,Rd} = \beta_R \cdot \frac{R_{k,S}}{\gamma_{MO}} \text{ (Schloss)} \qquad F_{ts,Rd} = t_w \cdot \frac{f_{yk}}{\gamma_{MO}} \text{ (Steg)}$$

mit:

$R_{k,S}$ charakteristischer Wert der Schlosszugfestigkeit,
f_{yk} Mindeststreckgrenze des Stahls nach E 67, Abschnitt 8.1.6.2,
t_w Stegdicke des Flachprofils E 67, Abschnitt 8.1.6.2,
γ_{M0} Teilsicherheitsbeiwert für den Spundwandwerkstoff,
β_R Abminderungsfaktor für Schlosszugfestigkeit (nach DIN EN 1993-5: $\beta_R = 0{,}8$).

Für die Abzweigprofile ist unter Voraussetzung, dass diese in Anlehnung an DIN EN 12063 verschweißt werden, der Nachweis erbracht, wenn die widerstehende Zugfestigkeit des Abzweigprofils ($\beta_T \cdot F_{ts,Rd}$ für Schloss und Steg) größer oder gleich dem Bemessungswert der Ringzugkraft ($F_{tm,Ed}$) ist.

$$\beta_T \cdot F_{ts,Rd} \geq F_{tm,Ed} = \sum P_{m,d} \cdot r_m$$

Hierbei kann der Abminderungsfaktor β_T gemäß DIN EN 1993-5, Abschnitt 5.2.5 (14) zu

$$\beta_T = 0{,}9 \cdot \left(1{,}3 - 0{,}8 \frac{r_a}{r_m}\right) \cdot (1 - 0{,}3 \ \tan \ \varphi_K)$$

errechnet werden.

8.3.1.4 Bauliche Maßnahmen

Zellenfangedämme dürfen nur auf tragfähigem Baugrund errichtet werden. Weiche Bodenschichten, insbesondere wenn sie im unteren Bereich des Fangedamms anstehen, setzen die Standsicherheit durch Ausbildung von Zwangsgleitflächen entscheidend herab. Diese Böden sollten im Inneren des Fangedamms gegen Verfüllsand ausgetauscht oder müssen durch Vertikaldränagen entwässert werden. Werden keine dieser Maßnahmen ergriffen, erhöht sich nach dem Verfüllen die Ringzugkraft infolge des auftretenden Porenwasserüberdruckes, was sich nachteilig auf den Nachweis gegen das Versagen des Spundwandprofils (STR) auswirkt.

Für die Zellenfüllung darf kein feinkörniger Boden nach DIN 18196 bzw. nach DIN EN ISO 14688-2 verwendet werden.

Bei Baugrubenumschließungen sollte der Füllboden besonders gut wasserdurchlässig sein, um das Absenkziel für die Wasserhaltung sicher zu gewährleisten.

Um die Abmessungen des Fangedamms zu minimieren und um eine ausreichende Standsicherheit zu gewährleisten, sollte daher ein Boden mit großer Wichte γ bzw. γ' und großem innerem Reibungswinkel φ_k verwendet werden. Beide Bodenkennwerte können durch Einrütteln des Verfüllbodens vergrößert werden.

1. Zellenfangedämme als Baugrubenumschließung
   Bei Baugrubenumschließungen mit der Gründungssohle auf Fels muss das Wasser im Fangedamm mit einer durch Beobachtungsbrunnen kontrollierbaren Entwässerungsanlage jederzeit so weit abgesenkt werden können, dass die Nachweise zur Standsicherheitsberechnung erfüllt sind. Entwässerungsöffnungen im luftseitigen Sohlenbereich, Filteranordnung in Höhe der Baugrubensohle und eine gute Durchlässigkeit der Gesamtfüllung sind unerlässlich.
   Die Durchlässigkeit der unter Zugspannung stehenden Spundwandschlösser ist erfahrungsgemäß gering, sodass hier keine besonderen Maßnahmen getroffen werden müssen.
   Der mit dem äußeren Wasserdruck belastete Teil der Baugrubenumschließung muss eine ausreichende Wasserdichtigkeit aufweisen. In manchen Fällen kann es sinnvoll sein, auf der dem Wasser zugewandten Fangedammseite zusätzliche Abdichtungsmaßnahmen vorzusehen, z. B. durch Unterwasserbeton.
2. Zellenfangedämme als Uferbauwerk
   Bei Uferbauwerken steht die Zellenfüllung weitgehend unter Wasser. Eine tief liegende Entwässerung ist somit nicht anwendbar. Bei stärkeren und schnell eintretenden Wasserspiegelschwankungen kann zur Vermeidung eines größeren Wasserüberdrucks jedoch die Anordnung einer Entwässerung der Zellenfüllung und der Bauwerkshinterfüllung von Vorteil sein (Bild E 100-7). In solchen Fällen ist die planmäßige Wirksamkeit der Entwässerungsmaßnahmen von ausschlaggebender Bedeutung für die Standsicherheit und die Lebensdauer des Uferbauwerkes.
   Der Überbau ist so auszuführen und zu bemessen, dass
   - die Gefahr einer lokalen Beschädigung der Fangedammzellen infolge Schiffsstoß vermieden wird. Dies kann z. B. durch lastverteilende Bauteile erreicht werden.

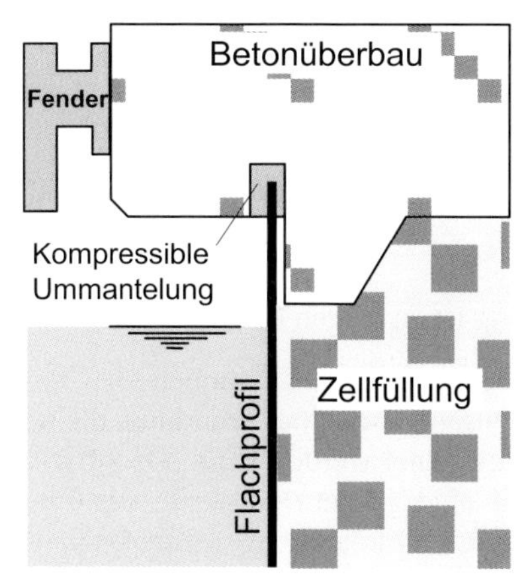

Bild E 100-6. Kopfausbildung bei überbautem Kreiszellenfangedamm

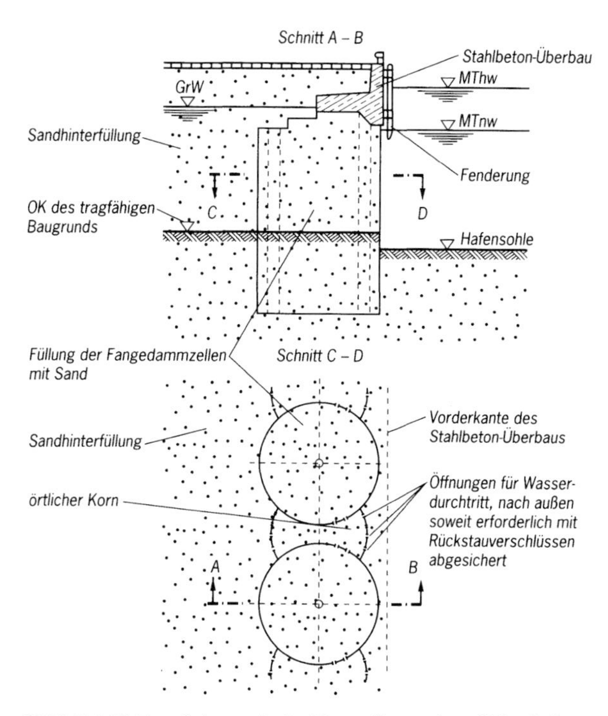

Bild E 100-7. Schematische Darstellung einer Ufereinfassung in Kreiszellen-Fangedammbauweise mit Entwässerung

– die anzusetzende Größe der globalen Einwirkung aus Schiffsstoß durch entsprechende Maßnahmen so weit reduziert wird – z. B. mit Fenderungen hohen Arbeitsvermögens –, dass die Standsicherheit der Fangedammzellen nicht gefährdet ist.
– vertikale Belastungen aus Überbauten oder anderen Kopfbauwerken auf dem Füllmaterial gegründet werden, sodass sie in den Flachprofilen ausschließlich Ringzugkräfte erzeugen.

Auf eine entsprechende Kopfausbildung ist zu achten (Bild E 100-6).

Bauteile mit großen vertikalen Einwirkungen – z. B. aus Kranbetrieb – sollten separat gegründet werden, z. B. mit einer zusätzlichen Pfahlgründung, die neben oder auch innerhalb des Fangedamms angeordnet werden kann. Dadurch kann eine Vergrößerung der Ringzugkraft und eine größere Ausmitte der Einwirkungsresultierenden vermieden werden. Die Pfähle sind zur Lastabtragung bis in die tragfähigen Schichten unterhalb der Sohle des Fangedamms zu führen, sodass ihre Einwirkungen beim Nachweis gegen Versagen des Zellenfangedamms nicht berücksichtigt werden.

8.3.1.5 Bautechnik

1. Verwendung von Fangedämmen

   Fangedämme sind unter den in Abschnitt 8.3.1.1 angegebenen Randbedingungen sinnvoll. Sie lassen sich in Abhängigkeit vom Verwendungszweck sowohl in Land- wie auch in Seebauweise herstellen. Als Hochwasserschutzelement oder als Element der Baugrubenumschließung wird der zu nutzende Fangedamm im Allgemeinen im Trockenen gebaut.

   Der ausschließlich als Ufereinfassung einzusetzende Fangedamm wird hingegen meist schwimmend oder von einer Hubinsel aus in das Wasser hineingebaut.

   – Landbauweise

     Der klassische Einsatzfall für die Landbauweise von Fangedämmen ist auf der Wehr- oder Kraftwerksbaustelle an einem aufzustauenden Fluss zu finden. Im Überflutungsgebiet wird zu Zeiten geringeren Abflusses der Fangedamm auf trockenem Untergrund errichtet, um in seinem Schutze die Baugrube auszuheben und das Bauwerk zu erstellen. Die Fangedammbauweisen (Kasten- oder Zellenfangedamm, Spundwandwellen- oder -flachprofile) werden an Führungen aufgestellt und abhängig vom Untergrund bis zu mehrere Meter tief eingerammt. Der Innenraum des Fangedamms wird mit nichtbindigem Boden gefüllt, anschließend hochgradig verdichtet und wenn möglich entwässert.

     Wird der Fangedamm als Umschließung für die Baugrube genutzt, ist er entsprechend tief zu rammen. Ein Verfüllen der Zellen ist in diesem Falle nicht bzw. nur bedingt erforderlich, der anstehende Boden stellt die Füllung dar. Es kann aber trotzdem die Verbesserung des Bodens im Fangedamm durch Verdichtung mit Tiefenrüttlern oder der Einbau von Vertikaldräns zum Abbau des Porenwasserdruckes und damit zur Erhöhung der Standsicherheit notwendig werden.

– Seebauweise
  Grundsätzlich unterscheidet sich die Seebauweise von der Landbauweise dadurch, dass hier alle Arbeitsvorgänge schwimmend oder von einer Hubplattform aus eingeleitet werden müssen. Für den Bau von Kastenfangedämmen sind vorab Rammgerüste herzustellen, oder es werden Hubplattformen und Arbeitspontons notwendig. Zellenfangedämme erfordern den Aufbau von Arbeitstischen im Wasser. Möglich ist dabei auch die Vormontage einer gesamten Zelle um einen an Land stehenden Montagetisch herum. Mithilfe eines Schwimmkranes wird die Zelle mit dem Montagetisch aufgenommen und in Position gebracht. Die mühsame Montage der einzelnen Bohlenelemente in der oftmals bewegten See entfällt auf diese Weise.

Allgemein werden auf die Fangedämme Kopfbauwerke in Form von Winkelstützmauern oder von Wellenkammern aufgesetzt, in die die gesamten Ausrüstungselemente integriert werden, die zum Anlegen von Seeschiffen notwendig sind.

Der Erfolg oder das Misslingen bei der Erstellung von Uferbauwerken aus Zellenfangedämmen ist wesentlich durch die Vorbereitung der Arbeiten geprägt. Da die einzelne Zelle ohne Füllung ein sehr empfindliches, nicht tragfähiges und leicht zerstörbares Element darstellt, folgen einige Anmerkungen zum Flachprofil, zum Aufbau des Rammtisches und zur Rammtechnik.

Durchmesser von Kreiszellen

Unabhängig von der statischen Berechnung ist der tatsächliche Durchmesser einer Kreiszelle von der Anzahl der Einzelbohlen sowie deren Walztoleranzen und dem Spiel in den einzelnen Schlössern abhängig. Er kann somit zwischen zwei Werten schwanken, die für die Größe des Führungsringes von Wichtigkeit sind. Für dessen Herstellung muss zwangsläufig ein Mindestdurchmesser bestimmt werden.

2. Einbringen von Flachbohlen
   Das ordnungsgemäße Einbringen der Bohlen erfordert mindestens zwei, bei großen Fangedammhöhen auch drei Führungsringe. Diese werden um den Führungstisch gelegt, der allgemein als ein räumliches Fachwerk ausgebildet ist, das an mehreren eingerammten Pfählen oder an auf dem tragfähigen Seeboden abgesetzten Pfahlböcken aufgehängt ist.
   Die Bohlen werden in der Gesamtheit um den Führungstisch aufgestellt und die Ringe entsprechend gespannt. Anschließend erfolgt das gestaffelte Einbringen der Bohlen jeweils um etwa 50 cm pro Umlauf mittels Vibratoren oder Schnellschlagbären. Auch das Absenken der gesamten Zelle durch den Einsatz einer Vielzahl von Vibratoren, die jeweils mehrere Bohlen gleichzeitig überspannen, ist möglich.

Vor Beginn des Einbringens werden alle Schlösser, ggf. mithilfe von Tauchern, in ihren Verbindungen überprüft.
Bei sehr hohen Zellen kann es erforderlich werden, die Bohlen in der Länge zu teilen, um sie besser handhaben zu können. Da grundsätzlich nur Zugkräfte aus dem Innendruck bzw. nach unten gerichtete Wandreibungskräfte aus dem Erddruck aufzunehmen sind, kann eine entsprechende Staffelung vorgesehen werden, ohne dass Tragfähigkeitsverluste eintreten.
Nach dem Aufstellen aller Flachbohlen der Zelle sollte das Einbringen der einzelnen Bohlen schrittweise erfolgen, z. B. durch einen mehrfach um die Zelle herumlaufenden Rammvorgang, bei dem der Rammtiefenzuwachs pro Umlauf einen geringen Wert annimmt. Für φ_k ist der Reibungswinkel des Verfüllmaterials der Kreiszelle zu wählen.
Eine für die Standsicherheit der Kreiszelle kritische Situation kann auftreten, wenn sie aufgestellt und der Führungstisch nach dem Einbringen der Bohlen bereits wieder abgebaut ist. Äußere Einwirkungen – z. B. infolge Wellendrucks – können dann die Kreiszelle zum Einsturz bringen. Es werden daher die Schlösser im Kopfbereich der Zelle verschweißt und schnellstmöglich eine Basisfüllung bis zu etwa 2/3 der Höhe eingebracht. Es wird empfohlen, zeitgleich mit dem Entfernen des Führungstisches den gesamten Kreiszellenfangedamm zu verfüllen.

8.3.2 Kastenfangedämme als Baugrubenumschließungen und als Uferbauwerke (E 101)

8.3.2.1 Allgemeines

Bei Kastenfangedämmen sind die beiden parallel angeordneten Z- oder U-förmigen Stahlspundwände entsprechend den Baugrundverhältnissen sowie nach hydraulischer und statischer Erfordernis in den Untergrund einzubringen bzw. einzustellen und gegenseitig zu verankern. Steht der Kastenfangedamm auf Fels oder hat keine ausreichende Einbindung, sind mindestens zwei Ankerlagen vorzusehen.

Querwände bzw. Festpunktblöcke nach Bild E 101-1 können in Hinblick auf die Bauausführung zweckmäßig sein. Bei langen Dauerbauwerken sind sie auch zur Begrenzung von Havarieschäden erforderlich. Aus dem Abstand der Querwände bzw. Festpunktblöcke ergeben sich die einzelnen Bauabschnitte, in denen der Fangedamm einschließlich der Verankerung und Füllung fertiggestellt wird.

Bezüglich der Füllung gilt E 100, Abschnitt 8.3.1.4. Bei den Nachweisen gegen das Versagen eines Fangedamms mit großen äußeren Einwirkungen aus Wasserdruck, wie z. B. Baugrubenumschließungen im freien Wasser, ist die dauerhaft

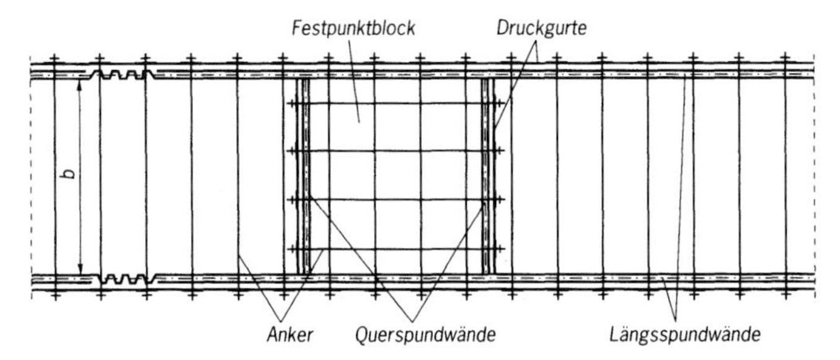

Bild E 101-1. Grundriss eines Kastenfangedamms mit in sich verankerten Festpunktblöcken

wirksame Entwässerung seiner Bodenfüllung zur Minimierung seiner Abmessungen von entscheidender Bedeutung. Die Verfüllung wird nach der Baugrubenseite hin entwässert. Hierfür reichen Durchlaufentwässerungen nach E 51, Abschnitt 4.4 aus.

Auch bei Verwendung von Fangedämmen als Ufereinfassung kann eine Entwässerung zweckmäßig sein. Diese Fangedämme werden zur Hafenseite hin entwässert. Besteht eine Verschmutzungsgefahr, sind stets Entwässerungen mit Rückstauverschlüssen nach E 32, Abschnitt 4.5.2 anzuwenden.

Im Folgenden wird die äußere Spundwand von Fangedämmen, mit den ständigen Einwirkungen aus Wasser- und Erddruck sowie den veränderlichen Einwirkungen, als lastseitige Wand bezeichnet, die lastabgewandte Spundwand je nach Verwendungszweck des Fangedamms als Luft-, Baugruben- oder Hafenseite.

8.3.2.2 Berechnung

8.3.2.2.1 Nachweise des Bauteils Spundwand im Grenzzustand der Tragfähigkeit (STR)

Bei einem verfüllten Fangedamm beruht die Lastabtragung in den Baugrund auf seiner Wirkungsweise als kompakter Bodenblock. Die Momentenbeanspruchung infolge der horizontalen Einwirkungen (Wasserdruck und Erddruck) bzgl. des Drehpols wird über die als Monolith wirkende Fangedammfüllung mittels vertikaler Bodenspannungen in den tragfähigen Untergrund abgeleitet. Diese lotrechten Bodenspannungen sind über die Fangedammbreite linear veränderlich und weisen an der lastabgewandten, d. h. der luft- bzw. hafenseitigen Spundwand ihren Höchstwert auf. Auf diese Spundwand wirkt deshalb ein höherer als der aktive Erddruck. Diese Erddruckerhöhung kann aufgrund von Erfahrungen im Allgemeinen durch das Vergrößern des mit $\delta_a = +2/3\ \varphi'_k$ berechneten aktiven Erddrucks um 25 % ausreichend genau berücksichtigt werden. Als weitere Einwirkung auf die luftseitige Spundwand ist der Wasserüberdruck zu nennen, der sich aus einer eventuellen Wasserspiegeldifferenz zwischen dem

Absenkziel innerhalb der Verfüllung und dem luft- bzw. hafenseitigen Wasserstand ergibt.

Wird die Fangedammfüllung im Spülverfahren eingebaut und verdichtet, kann der Erddruck bis zum hydrostatischen Druck infolge des Verfüllungseffektes anwachsen. Bei Nutzung des gewachsenen Bodens als Fangedammfüllung kann es nach dem Herstellen der Baugrube oder der Hafensohle jedoch auch zur Bildung von Nebengleitfugen innerhalb der Füllung kommen. Eine Umlagerung des Erddrucks nach E 77, Abschnitt 8.2.3 ist dann zulässig.

Die luftseitige Wand wird unter Berücksichtigung aller Einwirkungen als verankerte Spundwand berechnet. Bindet die Spundwand in tragfähiges Lockergestein ein, kann der stützende Erdwiderstand mit Neigungswinkeln nach E 4, Abschnitt 8.2.5 ermittelt werden. Die Ermittlung der Bemessungswerte der Beanspruchungen kann bei einfacher Verankerung der Spundwand nach E 77, Abschnitt 8.2.3 und bei doppelter Verankerung nach E 134, Abschnitt 8.2.4 vorgenommen werden.

Die lastseitige Spundwand kann mit einem anderen Profil und kürzer als die luftseitige bzw. hafenseitige Spundwand ausgeführt werden, wenn dies für die einzelnen Bauzustände nachgewiesen wird bzw. wenn die Anforderungen an die Wasserdichtigkeit und Begrenzung der Wasserumläufigkeit erfüllt sind.

Bei der Berechnung der Bemessungswerte der Beanspruchungen der lastseitigen Wand sind verschiedene Einwirkungen und Widerstände zu berücksichtigen:

- Einleitung der Ankerkraft der luftseitigen Wand (bzw. der Ankerkräfte bei zweifacher Verankerung),
- äußerer Wasserdruck,
- äußerer aktiver und gegebenenfalls auch passiver Erddruck,
- Schiffstoß, Trossenzug und sonstige horizontale Einwirkungen,
- Stützung durch die Bodenverfüllung.

Die Bodenstützung über die Wandhöhe muss in Verteilung und Größe so angesetzt werden, dass die Gleichgewichtsbedingung $\sum H = 0$ erfüllt ist. Falls die lastseitige Wand eine Einspannung erhält, ist die Ersatzkraft C in dieser Gleichgewichtsbetrachtung mit zu berücksichtigen.

8.3.2.2.2 Nachweis gegen Versagen des Kastenfangedamms im Grenzzustand der Tragfähigkeit (GEO-2)

1. Nachweis der Verankerung in der tiefen Gleitfuge (innere Standsicherheit)
   Die Standsicherheit der Verankerung in der tiefen Gleitfuge ist nach E 10, Abschnitt 8.5 nachzuweisen. Hierbei kann der Verlauf der tiefen Gleitfuge bei einfacher Verankerung näherungsweise wie folgt angenommen werden:

- luft- bzw. hafenseitige Wand:
  bei freier Auflagerung der hafenseitigen Wand vom theoretischen Fußpunkt,
  bei Einspannung vom Querkraftnullpunkt im Einspannbereich,
- lastseitige Wand:
  Zum Fußpunkt einer frei aufgelagert angenommenen Ersatzankerwand (Bild E 101-2). Dieser obere Ansatzpunkt für die tiefe Gleitfuge kann tiefer gewählt werden, wenn Folgendes nachgewiesen wird:
  - Der Bemessungswert des durch die Einwirkungen oberhalb des gedachten Trennschnittes hervorgerufenen Bodenauflagers muss kleiner als oder gleich dem Bemessungswert des Teilerdwiderstandes im Fangedamm oberhalb des Trennschnittes sein.
  - Der Bemessungswert der Wandbeanspruchungen in diesem Bereich infolge der o. g. Einwirkungen muss kleiner als oder gleich dem Bemessungswert des Profilwiderstandes sein.

Der obere Ansatzpunkt für die tiefe Gleitfuge kann nur dann näherungsweise als Querkraftnullpunkt einer eingespannten Ankerwand gewählt werden, wenn folgende Voraussetzungen vorliegen:

- Die Bemessungswerte des durch die Einwirkungen hervorgerufenen Bodenauflagers und auch die Ersatzkraft C auf den beiden sich gegenüberliegenden Seiten der Spundwand müssen im Rahmen des vorliegenden Gesamtsystems als Erdwiderstand darstellbar sein. Diese Werte müssen kleiner als oder gleich den Bemessungswerten der Erdwiderstände innerhalb und außerhalb des Fangedamms auf den beiden Seiten der Spundwand sein.
- Der Bemessungswert der Wandbeanspruchungen in diesem Bereich infolge der Wirkung als eingespannte Ankerwand muss kleiner als oder gleich dem Bemessungswert des Profilwiderstandes sein.

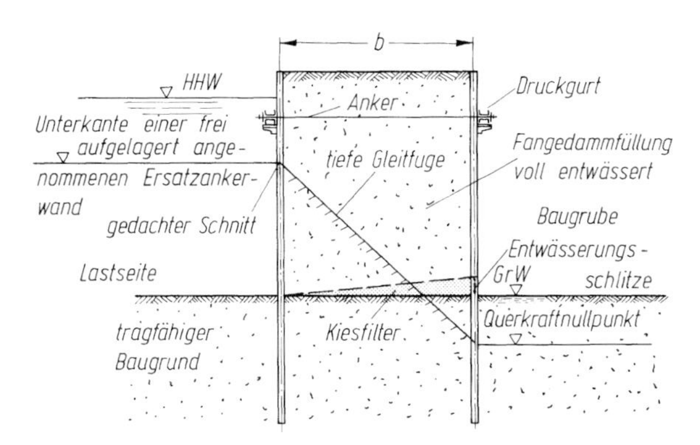

Bild E 101-2. Nachweis der Standsicherheit der Verankerung für die tiefe Gleitfuge nach E 10, Abschnitt 8.4.9

Bei mehrfacher Verankerung kann ebenfalls mit einer Ersatzankerwand gerechnet werden, wobei aber der gedachte Trennschnitt unterhalb des untersten Ankers in solcher Weise angeordnet werden muss, dass kein Versagen des untersten Ankers auftreten kann.

2. Nachweis des Versagens gegen Kippen und Gleiten (äußere Standsicherheit)
   Als rechnerische Breite des Kastenfangedamms wird hier der Achsabstand b zwischen den beiden Spundwandachsen angesetzt. Für die Nachweise von Kastenfangedämmen gelten analoge Grundsätze wie für Zellenfangedämme – vgl. E 100, Abschnitt 8.3.1.3
   Im Gegensatz zu Bild E 100-4a und 4b darf der Erdwiderstand E_p vor der luftseitigen Spundwand wegen ihrer größeren Durchbiegungsmöglichkeit entsprechend einer üblichen verankerten Spundwand nach E 4, Abschnitt 8.2.5 unter einem Neigungswinkel $\delta_p < 0°$ angesetzt werden. Für die Lage der zu untersuchenden Gleitlinien gelten folgende Angaben:
   - luftseitige Wand:
     Bei einer im Boden frei aufgelagerten Spundwand wird die logarithmische Spirale der Gleitfläche zum Fußpunkt dieser Wand geführt.
     Bei einer eingespannten Spundwand wird die logarithmische Spirale der Gleitfläche zum Querkraftnullpunkt geführt.
   - lastseitige Spundwand:
     Der Ansatzpunkt der logarithmischen Spirale liegt hier im Allgemeinen auf derselben Höhe wie bei der luftseitigen Spundwand. Ist die lastseitige Wand kürzer als die luftseitige, muss die Gleitlinie an der lastseitigen Wand zum vorhandenen Fußpunkt geführt werden.

   Wegen der tieferen Einbindung der Spundwände in den Baugrund wird bei einem Kastenfangedamm im Allgemeinen eine nach unten gekrümmte Gleitfläche maßgebend. Der Widerstand gegen Versagen des Kastenfangedamms kann durch eine oder mehrere der folgenden Maßnahmen vergrößert werden:
   - Verbreitern des Fangedamms,
   - Wahl eines Verfüllmaterials mit größeren Bodenkennwerten γ_k, γ_k' und φ_k',
   - Verdichten der Fangedammverfüllung, evtl. einschließlich des Untergrundes,
   - Tieferführen der Fangedammspundwand, wenn dadurch eine nach unten gekrümmte Gleitfläche erzwungen werden kann, mit der die Grenzzustandsbedingung gegen das Versagen des Bodens erfüllt wird,
   - zusätzliche Ankerlagen (es sollte hierbei jedoch untersucht werden, ob der erschwerte Einbau dieser Lage – z. B. unter Wasser mit Taucherhilfe – sinnvoll ist).
3. Grundbruchsicherheit
   siehe E 100, Abschnitt 8.3.1.3.1, Punkt 2.
4. Geländebruch
   siehe E 100, Abschnitt 8.3.1.3, Punkt 3

5. Zusätzliche Nachweise bei Auftreten einer Wasserströmung
   siehe E 100, Abschnitt 8.3.1.3, Punkt 4.

8.3.2.3 Bauliche Maßnahmen

1. Baugrubenumschließung
   Siehe E 100, Abschnitt 8.3.1.4, Punkt 1, jedoch ohne die Angaben bzgl. zugbeanspruchter Schlossverbindungen.
   Die Entwässerungsschlitze im Sohlenbereich der luft- bzw. hafenseitigen Spundwand werden bei Wellenprofilen zweckmäßig in den Stegen der Spundwandprofile angeordnet.
   Die Gurte zum Übertragen der Ankerkräfte werden – soweit schifffahrtsbetriebliche Gründe nicht dagegen sprechen – auf den Außenseiten der Spundwände als Druckgurte angeordnet. Bei dieser Lösung entfallen die Gurtbolzen, und es ergeben sich Vorteile beim Einbau der Anker. Die lastseitige, d. h. wasserseitige Ankerdurchführung muss abgedichtet werden.
2. Uferbauwerke, Wellenbrecher und Molen
   Die Ausführungen in E 100, Abschnitt 8.3.1.4, Punkt 2 gelten hier sinngemäß (Bild E 101-3).
3. Besonderheiten bei der Herstellung von Kastenfangedämmen
   Besondere Sorgfalt ist auf die Herstellung einer evtl. vorhandenen unteren Verankerung zu legen. Da sich diese im Allgemeinen unter Wasser befindet und nur mit Taucherhilfe eingebaut werden kann, sind möglichst einfache, aber gleichzeitig wirksame Anschlüsse an die Spundwand zu wählen.
   Vor dem Verfüllen des Fangedamms sollte die Sohlfläche im Fangedamm gereinigt werden, um dort keinen erhöhten Erddruck und somit auch keine erhöhten Beanspruchungen der unteren Ankerlage hervorzurufen.

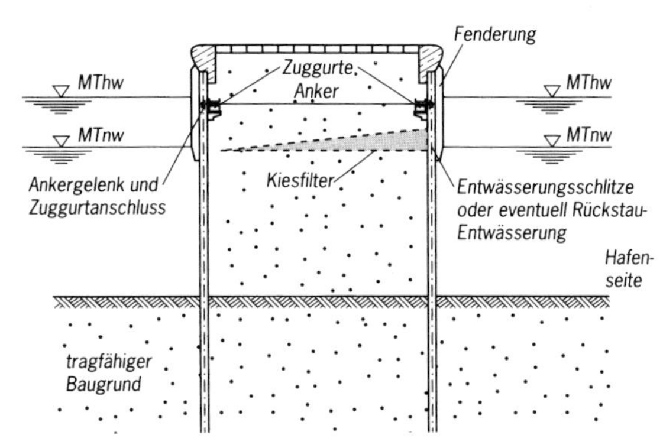

Bild E 101-3. Schematische Darstellung eines Molenbauwerkes in Kastenfangedammbauweise

8.3.3 Schmale Trennmolen in Spundwandbauweise (E 162)

8.3.3.1 Allgemeines

Schmale Trennmolen in Spundwandbauweise sind Kastenfangedämme, bei denen der Abstand der Spundwände nur wenige Meter beträgt und somit erheblich geringer ist als bei einem üblichen Kastenfangedamm (E 101, Abschnitt 8.3.2). Diese Trennmolen werden vorwiegend durch Wasserüberdruck, Schiffsstoß, Eisstoß, Pollerzug und dergleichen belastet.

Die Spundwände werden im Kopfbereich gegenseitig auf Zug verankert und zur gemeinsamen Übertragung der äußeren Einwirkungen zusätzlich auch druckfest ausgesteift.

Der Raum zwischen den Spundwänden wird mit Sand oder Kiessand von mindestens mitteldichter Lagerung verfüllt.

8.3.3.2 Berechnungsansätze für die Trennmole als unverankertes System im Grenzzustand der Tragfähigkeit (GEO-2)

Für die Aufnahme der senkrecht zur Trennmolenachse angreifenden äußeren Einwirkungen und zu deren Abtragung in den Baugrund wird die Trennmole als ein frei stehendes, im Boden voll eingespanntes Bauwerk betrachtet, bestehend aus zwei parallelen, gekoppelten Spundwänden. Der Einfluss der Bodenverfüllung infolge der Silowirkung zwischen den beiden Spundwänden wird bei der Ermittlung der Systemsteifigkeit vernachlässigt. Die beiden Spundwände werden im Kopfbereich überwiegend gelenkig miteinander verbunden. Es kann auch eine biegesteife Verbindung vorgesehen werden, die jedoch zu großen Biegemomenten am Kopf der Spundwände und somit zu aufwendigen Anschlusskonstruktionen führt. Außerdem treten dadurch Spundwand-Längskräfte auf, die u. U. bei der unter Zug stehenden Spundwand den mobilisierbaren Erdwiderstand vermindern.

Der mobilisierbare Erdwiderstand kann nicht in voller Größe angesetzt werden, weil dieser teilweise zur Aufnahme des Erddrucks und eines evtl. Wasserüberdrucks aus der Trennmolenverfüllung herangezogen werden muss. Dieser Anteil muss im Vorwege ermittelt und von dem insgesamt mobilisierbaren Erdwiderstand abgezogen werden.

Da beide Spundwände infolge der äußeren Einwirkungen eine weitgehend parallele Biegelinie aufweisen, kann das am Gesamtsystem auftretende Biegemoment im Verhältnis der Biegesteifigkeiten der beiden Spundwände aufgeteilt werden. Die Grenzzustandsbedingungen nach EC 3-5 sind getrennt für jede der beiden Spundwände mit den auf sie entfallenden Bemessungswerten der Beanspruchungen (M_{Ed}, V_{Ed}, N_{Ed}) und der Profilwiderstände zu führen.

8.3.3.3 Berechnungsansatz für die gegenseitig verankerten Spundwände

Die einzelnen Spundwände werden durch Erddruck aus der Verfüllung und der Auflast auf Füllung sowie durch etwaige äußere Einwirkungen belastet. Außerdem sind Wasserüberdrücke zu berücksichtigen, wenn in der Verfüllung der Wasserspiegel höher stehen kann als vor den Spundwänden. Generell sollte als Wasserüberdruckansatz auch eine Sunkeinwirkung angesetzt werden, wodurch eine Überflutung der Mole mit anschließendem kurzfristigen Absinken des äußeren Wasserstandes berücksichtigt wird. Durch den deutlich langsamer sinkenden Innenwasserstand wird u. U. ein großer Wasserüberdruck hervorgerufen. Die gegenseitige Verankerung der Molenspundwände ist für die Zugbeanspruchung infolge der zuvor genannten Einwirkungen zu bemessen.

8.3.3.4 Konstruktion

Gurtung, Verankerung und Aussteifung müssen nach den einschlägigen Empfehlungen berechnet, ausgebildet und eingebaut werden.

Besondere Bedeutung kommt den Lasteinleitungspunkten zur Aufnahme der äußeren Einwirkungen auf die Trennmole zu. Der Nachweis parallel zur Molenachse auftretender Einwirkungen ist gemäß E 132, Abschnitt 8.2.13 zu führen.

Querwände bzw. Festpunktblöcke sind entsprechend E 101, Abschnitt 8.3.2 vorzusehen.

8.4 Gurte, Holme und Ankeranschlüsse

Der Ankeranschluss an Spundwandbauwerken ist grundsätzlich und in allen Teilen so zu bemessen, dass der Anschluss nicht vor dem Anker versagt.

8.4.1 Ausbildung von Spundwandgurten aus Stahl (E 29)

8.4.1.1 Anordnung

Spundwandgurte müssen die Auflagerkräfte aus der Spundwand in die Anker und bei Ankerwänden die Ankerkräfte in die Ankerwand übertragen. Außerdem sollen sie Spundwand und Ankerwand aussteifen und das Ausrichten der Spundwand ermöglichen.

Im Allgemeinen werden Spundwandgurte als Zuggurte auf der Innenseite der Spundwand angebracht, um eine glatte Außenfläche der Wand zu erreichen. Bei Ankerwänden liegen die Gurte in der Regel als Druckgurte hinter der Wand.

8.4.1.2 Ausbildung

Die Gurte werden zweckmäßig aus zwei U-Profilen hergestellt, deren Stege in einem so großen Abstand zueinander senkrecht zur Spundwand stehen, dass sich zwischen ihnen die Anker frei bewegen können (E 132, Abschnitt 8.2). Die U-Profile werden, soweit möglich, symmetrisch zum Anschluss der Anker angeordnet. Die Spreizung der beiden U-Profile wird durch Aussteifungen aus U-Stählen oder mit Stegblechen gesichert. Bei schweren Verankerungen und bei unmittelbarem Anschluss der Anker an den Gurt sind im Bereich der Anker verstärkende Aussteifungen des Gurts nötig.

Gurtstöße werden an Stellen mit möglichst geringer Beanspruchung angeordnet. Eine volle Flächendeckung des Stoßes ist nicht erforderlich, jedoch müssen die rechnerischen Schnittkräfte gedeckt werden.

8.4.1.3 Befestigung

Die Gurte werden entweder auf angeschweißten Stützkonsolen gelagert (E 132, Abschnitt 8.2, Bilder E 132-1 bis E 132-3), oder – besonders bei beschränktem Arbeitsraum unter den Gurten – an der Spundwand aufgehängt. Die Befestigung muss so ausgebildet werden, dass die lotrechten Gurtbelastungen in die Spundwand abgeleitet werden. Konsolen erleichtern den Einbau der Gurte. Aufhängungen dürfen den Gurt nicht schwächen und werden deshalb an den Gurt geschweißt oder an die Unterlegplatten der Gurtbolzen angeschlossen.

Die Ankerkraft der Spundwand wird durch Gurtbolzen in den Gurt eingeleitet. Sie liegen in der Mitte zwischen den beiden U-Stählen des Gurts und geben ihre Last über Unterlegplatten ab, die durch Auflagerknaggen oder durch Verschweißung mit dem Gurt lagemäßig gesichert werden (E 132, Abschnitt 8.2, Bilder E 132-1 bis E 132-3). Die Gurtbolzen erhalten Überlängen, damit sie zum Ausrichten der Spundwand gegen den Gurt mitbenutzt werden können.

8.4.1.4 Schräganker

Der Anschluss von Schrägankern muss auch in lotrechter Richtung gesichert werden.

8.4.1.5 Zusatzgurt

Eine Spundwand mit besonders großen Rammabweichungen kann mit einem zusätzlichen Gurt ausgerichtet werden, der im Bauwerk bleibt.

8.4.2 Nachweise für Spundwandgurte aus Stahl (E 30)

Gurte, Gurtbolzen und Unterlegplatten werden nach DIN EN 1993-1 bzw. DIN EN 1993-5 bemessen. Als Belastung ist mindestens die Tragfähigkeit des gewählten Zugankers anzusetzen. Schwerere Gurte aus S 235 JRG2 sind leichteren aus S 355 J2G3 vorzuziehen, weil sie robuster sind und damit auch zur Ausrichtung der Wand benutzt werden können. Stöße, Aussteifungen, Bolzen und Anschlüsse müssen entsprechend den Regeln des Stahlbaus konstruiert und schweißtechnisch günstig gestaltet werden. Tragende Schweißnähte müssen wegen der Korrosionsgefahr mindestens 2 mm dicker als statisch erforderlich ausgeführt werden. Darüber hinaus müssen sie so bemessen werden, dass sämtliche sonst angreifenden horizontalen und lotrechten Einwirkungen aufgenommen und in die Anker oder in die Spundwand (Ankerwand) abgeleitet werden können. Zu berücksichtigen sind folgende Einwirkungen:

8.4.2.1 Horizontale Einwirkungen

1. Der Bemessungswert der horizontalen Teilkraft des Ankerzugs aus der Spundwandberechnung, mindestens aber die horizontale Teilkraft aus der Tragfähigkeit des gewählten Zugankers.
2. Die Bemessungswerte von unmittelbar angreifenden Trossenzügen.
3. Der Bemessungswert des Anlegedrucks in Abhängigkeit von der Schiffsgröße, dem Anlegemanöver, den Strömungs- und Windverhältnissen. Eisstoß kann vernachlässigt werden.

8.4.2.2 Lotrechte Einwirkungen

1. Die Eigenlast der Gurtstähle und ihrer Aussteifungen, Gurtbolzen und Unterlegplatten.
2. Die anteilige Bodenauflast, gerechnet ab Rückseite der Spundwand bis zur Lotrechten durch Hinterkante Gurt.
3. Die anteilige Nutzlast der Uferwand zwischen Hinterkante Spundwandholm und der Lotrechten durch Hinterkante Gurt.
4. Die lotrechte Teilkraft des Erddrucks, der von der Unterkante Gurt bis Oberkante Gelände auf die lotrechte Fläche durch Hinterkante Gurt wirkt.
5. Bei Zug- und Druckgurten die lotrechte Teilkraft eines schrägen Ankerzugs nach Abschnitt 8.4.2.1, Punkt 1.

Die unter 1. bis 5. genannten Einwirkungen sind mit ihren Bemessungswerten für den Grenzzustand GEO-2 anzusetzen.

8.4.2.3 Ansatz der Einwirkungen

In der statischen Berechnung der Gurte werden im Allgemeinen von den horizontalen Einwirkungen die Teilkraft des Ankerzugs nach Abschnitt 8.4.2.1, Punkt 1 und der Trossenzüge nach Abschnitt 8.4.2.1, Punkt 2 zahlenmäßig zusammengefasst, die lotrechten Einwirkungen nach Abschnitt 8.4.2.2 werden dagegen vollständig angesetzt. Die Beanspruchungen aus Anlegedruck und dem Ausrichten der Wand werden indirekt berücksichtigt, indem die Gurtung robust konstruiert und außerdem als Belastung mindestens die Tragfähigkeit des gewählten Zugankers angesetzt wird. Bei mehreren übereinander liegenden Gurten werden die lotrechten Einwirkungen anteilig auf die Gurte verteilt. Um den sicheren Anschluss der Gurtkonsolen zu gewährleisten, werden die Einwirkungen dafür in Hinterkante Gurt angesetzt.

8.4.2.4 Berechnungsweise

Die zahlenmäßig erfassten Einwirkungen werden in Teilkräfte senkrecht und parallel zur Spundwandebene (Hauptträgheitsachsen der Gurte) zerlegt. In der Berechnung ist anzunehmen, dass die Gurte für die Aufnahme der senkrecht zur Spundwandebene wirkenden Kräfte an den Ankern und für die parallel dazu wirkenden Einwirkungen an den Stützkonsolen oder den Aufhängungen aufgelagert sind. Wenn die Anker an die Spundwand angeschlossen sind, wirkt im Anschlussbereich der Anker die Pressung der Wand an den Gurt stützend, sodass es hier wie auch allgemein bei Druckgurten ausreicht, die Gurte an der Rückseite aufzuhängen. Das Stütz- und Feldmoment aus dem Bemessungswert der Spundwandauflagerkraft wird mit Rücksicht auf die Endfelder im Allgemeinen nach der Formel $q \cdot l^2/10$ errechnet.

8.4.2.5 Gurtbolzen

Die Gurtbolzen werden nach den gleichen Grundsätzen bemessen wie die Spundwandverankerung, (E 20, Abschnitt 8.2.7.1). Gurtbolzen sind mit Rücksicht auf die Korrosionsgefahr, auf die Beanspruchung beim Ausrichten der Wand und auf den Anlegedruck mindestens 38 mm dick auszuführen. Die Unterlegplatten der Gurtbolzen sind so zu bemessen, dass ihre Tragfähigkeit der der Gurtbolzen entspricht.

8.4.3 Spundwandgurte aus Stahlbeton bei Verankerung durch Stahlrammpfähle (E 59)

8.4.3.1 Allgemeines

Bei Uferwänden sind häufig Verankerungen mit 1 : 1 geneigten Stahlrammpfählen zweckmäßig und besonders wirtschaftlich.

Dies gilt vor allem, wenn im oberen Bereich hinter der Wand Bodenarten anstehen, die eine Verankerung der Wand über Rundstahlanker erschweren oder unmöglich machen, und wenn die Wand nach dem Rammen hinterfüllt werden muss.

Werden die Ankerpfähle früher als die Spundwand gerammt und eilen die Spundbohlen beim Rammen der Wand vor oder nach, liegen die bereits gerammten Ankerpfähle nicht immer in planmäßiger Lage zur Spundwand.

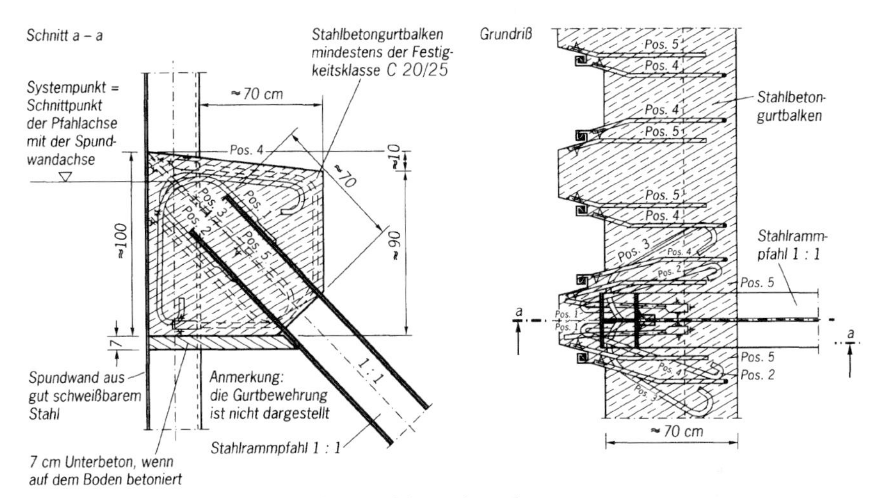

Bild E 59-1. Stahlbetongurt einer Stahlspundwand

Diese Abweichungen können mit Spundwandgurten aus Stahlbeton ausgeglichen werden, bei deren Bewehrung die örtliche Lage der Anker zur Spundwand berücksichtigt wird (Bild E 59-1).

Liegt der Stahlbetongurt in größerem Abstand über dem vorhandenen Gelände, ist es zweckmäßig, die Spundwand mit einem Hilfsgurt aus Stahl auszurichten und diesen rückzubauen, nachdem die Pfähle angeschlossen sind und der Stahlbetongurt tragfähig ist.

8.4.3.2 Ausführung von Stahlbetongurten

Stahlbetongurte werden mithilfe von Rund- oder Vierkantstählen an die Spundwand angeschlossen, die an die Spundwandstege geschweißt werden (Bild E 59-1, Pos. 4 und 5). Die Bewehrung wird im Allgemeinen nur im Bereich eventueller Dehnungsfugen verstärkt. Auch die Ankerkräfte werden über Rund- oder Vierkantstähle angeschlossen (Bild E 59-1, Pos. 1 bis 3).

Die an die Spundwand und die Stahlpfähle geschweißten Anschlussstähle werden im Allgemeinen aus Stahl S 235 J2G3 hergestellt. Außerdem werden Rundstähle BSt 500 verwendet. Vierkantstähle können unmittelbar mit der Wand und dem Anker verschweißt werden, Rundstähle müssen zur Erleichterung des Schweißens flachgeschmiedet werden.

Die Schweißarbeiten dürfen nur von geprüften Schweißern unter der Aufsicht eines Schweißfachingenieurs ausgeführt werden. Es dürfen nur Werkstoffe verwendet werden, deren Schweißeignung bekannt und gleichmäßig gut ist und die miteinander verträglich sind (E 99, Abschnitt 8.1.19).

8.4.3.3 Ausführung der Pfahlanschlüsse

Sind in der Hinterfüllung der Wand keine größeren Setzungen oder Sackungen zu erwarten, können die Ankerpfähle in den Stahlbetongurt eingespannt werden.

Dieser wirtschaftliche Anschluss kann auch verwendet werden, wenn im Falle nur geringer Setzungsmaße (z. B. setzungsempfindliche Böden mit nur geringer Mächtigkeit oder gut verdichtete Hinterfüllung mit nichtbindigem Boden) die aus den Setzungen resultierenden Zwängungsspannungen bei der Bemessung des Gurts mit angesetzt werden.

In diesen Fällen muss das Einspannmoment aus der Zwängung für die Streckgrenze $f_{y,k}$ des verwendeten Ankerstahls und der charakteristischen Normalkraft N_k im Anker ermittelt werden.

Liegen die Pfähle nur auf kürzeren Strecken in setzungsempfindlichen Böden oder sind die Aufschütthöhen der Hinterfüllung klein, kann das zusätzliche Anschlussmoment entsprechend kleiner angesetzt werden.

Die Einleitung der Schnittkräfte des Stahlpfahls an der Anschlussstelle in den Stahlbetongurt ist nachzuweisen. Dabei ist die kombinierte Beanspruchung des Pfahlkopfs durch Normalkraft, Querkraft und Biegemoment zu beachten. Im Bedarfsfall kann der Stahlpfahl zur besseren Einleitung der Schnittkräfte durch seitliche Bleche verstärkt werden, an die dann die als Schlaufen ausgebildeten Verankerungsstähle angeschlossen werden. Die bei dieser Lösung neben dem Steg der Ankerpfähle entstehenden Kammern müssen zur Vermeidung von Korrosion besonders sorgfältig ausbetoniert werden.

Bei allen Uferwänden mit Verankerung durch Ankerpfähle, die größeren Biegebeanspruchungen ausgesetzt sind, dürfen für die Pfähle und ihre Anschlüsse nur sprödbruchunempfindliche, besonders beruhigte Stähle wie S 235 J2G3 oder S 355 J2G3 verwendet werden.

Stehen im Bereich der Verankerung stark setzungsempfindliche Bodenarten in größerer Dicke an oder kann eine Hinterfüllung nicht verdichtet werden, ist der Pfahlanschluss zweckmäßig gelenkig auszubilden.

8.4.3.4 Berechnung des Ankeranschlusses

Der Bemessungswert der horizontalen Einwirkung ist die Tragfähigkeit des gewählten Ankers; die Ankerkraft aus der Spundwandberechnung muss also auf die Tragfähigkeit des gewählten Ankers erhöht werden.

Die Ankerkraft wird im Schnittpunkt der Spundwandachse mit der Pfahlachse angesetzt. Der Gurt einschließlich seiner Anschlüsse an die Spundwand wird als gleichmäßig gestützt berechnet. Eigenlasten, lotrechte Auflasten, Pfahlkräfte, Biegemoment und Querkräfte aus den Ankerpfählen sind Einwirkungen und werden als Bemessungswerte eingeführt.

Die Schnittkräfte am Pfahlanschluss aus Bodenauflasten auf dem Ankerpfahl im Bereich der Hinterfüllung oder aus Setzungen werden für einen im Gurt und im tragfähigen Boden eingespannt angenommenen Ersatzbalken errechnet. Das am Pfahlanschluss wirkende Einspannmoment und die dort auftretende Querkraft müssen beim Nachweis des Anschlusses des Gurts an die Spundwand berücksichtigt werden. Für die Nachweise der Wand selbst sind diese Lasten nur dann weiter zu verfolgen, wenn eine Abschirmung der Spundwandbelastung durch die Ankerpfähle berücksichtigt wird.

Eine Schwächung des Pfahlquerschnitts an der Einspannstelle in den Gurt zur Verminderung des Anschlussmoments und der damit zusammenhängenden Querkraft ist nicht zulässig, weil eine solche Schwächung – vor allem bei unsachgemäßer Ausführung – leicht zu einem Pfahlbruch führen kann.

Werden Ankerpfähle gelenkig angeschlossen, müssen auch die gelenkigen Anschlüsse für die Zusatzbeanspruchungen aus Setzungen und/oder Sackungen nachgewiesen werden. Der Nachweis ist für die Bemessungswerte der Schnittgrößen E_d zu führen, die entsprechend der Bemessungssituationen nach Abschnitt 8.2.1.2 abgemindert werden dürfen.

Bei Berücksichtigung eines Anschlussmoments und der zugehörigen Querkraft unter Ausnutzung der Streckgrenze $f_{y,k}$ im Ankerpfahl darf auch in den Anschlusselementen die Streckgrenze $f_{y,k}$ angesetzt werden.

Stahlbetongurte müssen aus konstruktiven Gründen die Mindestabmessungen nach Bild E 59-1 haben. Um Ungleichmäßigkeiten der angreifenden Ankerkräfte und der Beanspruchungen des Gurts abzudecken, werden die Querschnitte der Bewehrung um mindestens 20 % größer gewählt als errechnet.

8.4.3.5 Bewegungsfugen

Stahlbetongurte können mit oder ohne Bewegungsfugen hergestellt werden. Die Ausbildung richtet sich nach E 72, Abschnitte 10.2.4 und 10.2.5. Bezüglich der Arbeitsfugen wird auf E 72, Abschnitt 10.2.3 verwiesen.

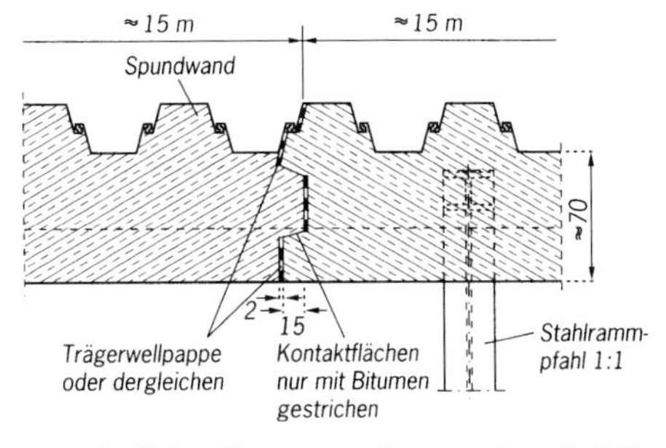

Bild E 59-2. Fugenverzahnung eines Stahlbetongurts

Werden Bewegungsfugen angeordnet, sind sie so auszubilden, dass die Längenänderungen der Blöcke nicht behindert werden.

Zur gegenseitigen Stützung der Baublöcke in horizontaler Richtung werden die Bewegungsfugen nach Bild E 59-2 verzahnt, ggf. verdübelt. Bei Pfahlrostmauern wird die horizontale Verzahnung in der Rostplatte untergebracht. Fugenspalten sind gegen ein Auslaufen der Hinterfüllung zu sichern.

8.4.3.6 Kopfausrüstung von Stahlankerpfählen zur Krafteinleitung in einen Stahlbetonüberbau

Die Kopfausrüstung von Ankerpfählen muss so angeordnet, gestaltet und bemessen sein, dass die Ankerkraft in der Anschlusskonstruktion im Rahmen zulässiger Beanspruchbarkeiten aufgenommen werden kann. Dabei sollen Zusatzbeanspruchungen aus Biegung und Querkraft des Ankerpfahls im Anschlussbe-

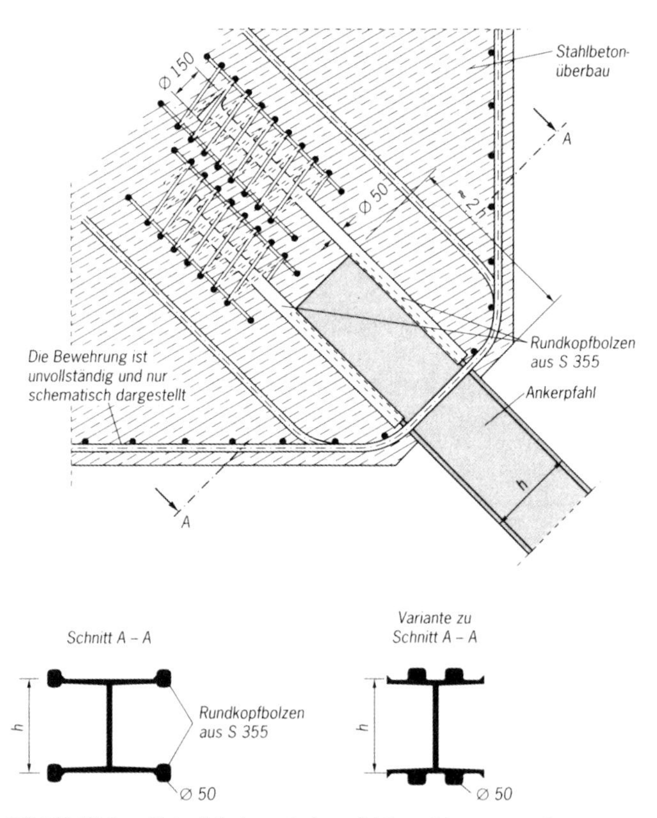

Bild E 59-3. Beispiel eines Ankerpfahlanschlusses an einen Stahlbetonüberbau mittels sogenannter Rundkopfbolzen

reich möglichst klein gehalten werden. Hierzu muss der Pfahl etwa auf den doppelten Betrag seiner Höhe in den bewehrten Beton einbinden (Bild E 59-3). Die Anschlussstähle und ihre Schweißnahtanschlüsse werden so ausgelegt, dass der volle Querschnitt des Ankerpfahls angeschlossen wird.

Die Beanspruchungen im Stahlbeton-Überbau sind bei nachgiebigem Baugrund unter den Ankerpfählen im Rahmen zulässiger Beanspruchbarkeiten nach Bemessungssituation BS-A nachzuweisen, und zwar nicht nur für die volle Ankerpfahlkraft, sondern auch für die Belastungen durch die Querkraft und das Biegemoment am Ankerpfahlanschluss bei Beanspruchung des Pfahls bis zur Streckgrenze.

In Bild E 59-3 ist eine günstige Anschlusslösung mit so genannten „Rundkopfbolzen" dargestellt, wie sie bislang schon bei Pollerverankerungen eingebaut wurde. Hierbei wird ein Ende des Rundstahls so aufgestaucht, dass am Kopf ein Teller von bis zum dreifachen Durchmesser des Rundstahls entsteht. Das an den Zugpfahl anzuschweißende Ende des Rundstahls wird abgeflacht, um eine gute Schweißung zu ermöglichen.

Die Endverankerung im Beton kann aber auch dadurch erreicht werden, dass an Rund- und Quadratankerstangen Querstäbe oder Platten in entsprechender Größe angeschweißt werden.

8.4.4 Stahlholme für Stahlspundwände bei Ufereinfassungen (E 95)

8.4.4.1 Allgemeines

Stahlholme für Stahlspundwände werden nach konstruktiven, statischen, betrieblichen und einbautechnischen Gesichtspunkten ausgebildet. Für Uferbauwerke aus Stahlbeton gilt E 94, Abschnitt 8.4.6.1.

8.4.4.2 Konstruktive und statische Anforderungen

Der Holm dient zur Abdeckung der Spundwand (Bild E 95-1). Bei entsprechender Biegesteifigkeit (Bild E 95-2) kann er auch zur Übernahme von Kräften beim Ausrichten des Spundwandkopfes und von Lasten aus dem Betrieb herangezogen werden. Der Spundwandkopf kann mit dem Holm allerdings nur dann ausgerichtet werden, wenn die Spundwand genügend hoch freisteht und sich entsprechend verformen kann.

Ist der Abstand zwischen Holm und Gurt klein, wird die Spundwand vorwiegend mit dem steiferen Gurt ausgerichtet.

Im Betrieb verteilt der Holm am Spundwandkopf einwirkende ungleichmäßige Belastungen, und er verhindert ungleichmäßige Kopfauslenkungen.

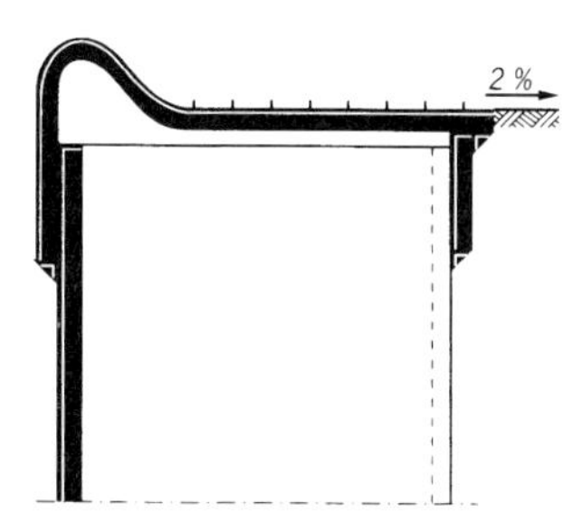

Bild E 95-1. Gewalzte oder gepresste Stahlholme mit Wulst, an die Spundwand geschweißt

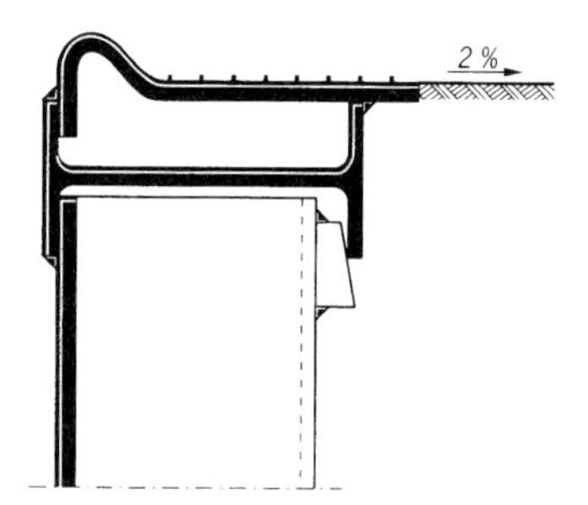

Bild E 95-2. Verschweißter Holmgurt mit hohem Widerstandsmoment, sonst wie Bild E 95-1

Eine Regelausbildung eines Holmes zeigt Bild E 95-1.

Je größer der Abstand zum Gurt ist, umso wichtiger ist, dass der Holm die notwendige Eigensteifigkeit hat, um die Wand auszurichten. Dabei sind auch angreifende Anlegedrücke zu beachten. Einen verstärkten Holm bzw. Holmgurt zeigt Bild E 95-2.

Damit sich der Holm unter Beanspruchung nicht durchbiegt oder ausbeult, wird er gemäß Bild E 95-1 in breiten Wellentälern mit Aussteifungen verstärkt, die an Holm und Spundwand angeschweißt werden.

Dient der Holm auch als Gurt (Holmgurt), muss er gemäß E 29, Abschnitt 8.4.1 und E 30, Abschnitt 8.4.2 ausgebildet und bemessen werden.

8.4.4.3 Betriebliche Anforderungen

Die Oberkante des Holms muss so beschaffen sein, dass darüber geführte Trossen nicht beschädigt werden oder den Kaikopf beschädigen. Es ist ferner darauf zu achten, dass Trossen und Leinen (z. B. auch dünne Wurfleinen) nicht in Zwischenräume, Spalten o. Ä. geraten können. Zum Schutze gegen Abgleiten von Personen sollte der vordere Teil des Holms als Wulst ausgebildet werden. Die

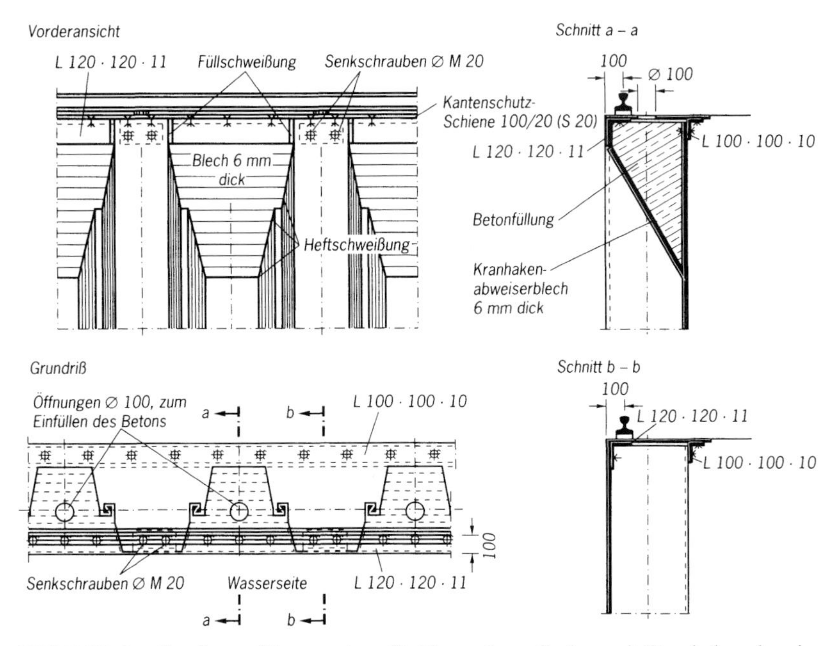

Bild E 95-3. Sonderausführung eines Stahlspundwandholms mit Kranhakenabweiser

horizontalen Bereiche des Holms sind möglichst mit einer Profilierung (Warzen, Riffel) als Gleitschutz zu versehen (Bilder E 95-1 und E 95-2).

Bei starkem Fahrzeugverkehr empfiehlt sich eine aufgeschweißte Schiene als Kantenschutz (Bild E 95-3). Ist gemäß E 74, Abschnitt 6.3.4, Bild E 74-3 eine wasserseitige Kranschiene vorhanden, wird diese in den Kantenschutz einbezogen.

Die Wasserseite des Holms muss glatt sein. Unvermeidbare Kanten sind möglichst abzufasen. Die Konstruktion ist außerdem so zu gestalten, dass Schiffe nicht unterhaken und an Umschlagkaien Holmteile durch Kranhaken nicht abgerissen werden können (Bild E 95-3).

8.4.4.4 Lieferung, Einbau und Korrosionsschutz

Die Stahlholmteile müssen unverzogen und maßgerecht auf die Baustelle geliefert werden. Bei der werkstattmäßigen Bearbeitung sind die Toleranzen für die Profilbreite und -höhe der Spundwandprofile und die Abweichungen beim Rammen zu beachten. Soweit erforderlich, sind die Holme auf der Baustelle anzupassen und auszurichten. Holmstöße werden mit voller Querschnittsdeckung (Vollstöße) ausgebildet.

Nach dem Einbau des Holms ist dieser von der Rückseite her mit verdichtetem Sand zu hinterfüllen, um ihn vor Korrosion zu schützen. Die Hinterfüllung ist zu ergänzen, wenn sie sich so gesetzt hat, dass der Holm freiliegt.

Liegt der Holm so tief, dass überflutet oder überströmt werden kann oder im Bereich von Wellenschlag oder gar planmäßig unter dem Wasserspiegel, besteht die Gefahr, dass eine zum Schutz gegen Korrosion eingebrachte Hinterfüllung ausgespült wird.

Um das zu verhindern, ist ein erosionsstabiler und dichter Abschluss zwischen Stahlholm und Spundwand erforderlich. Dieser kann beispielsweise durch Hinterfüllen des Holms mit Beton hergestellt werden. Die Hinterfüllung aus Beton muss durch an den Holm angeschweißte Pratzen oder Bolzen gesichert werden. Unter dem anschließenden Pflaster der Hafenfläche muss ein Kornfilter oder ein geotextiler Filter angeordnet werden, damit die Bettung des Pflasters nicht ausgewaschen wird.

8.4.5 Stahlbetonholme für Stahlspundwände bei Ufereinfassungen (E 129)

8.4.5.1 Allgemeines

Für die Ausbildung von Stahlbetonholmen für Stahlspundwände sind statische, konstruktive, betriebliche sowie einbautechnische Gesichtspunkte maßgebend.

8.4.5.2 Statische Forderungen

Der Holm dient in vielen Fällen nicht nur zur Abdeckung der Spundwand, sondern er steift gleichzeitig die Spundwand aus und wird damit auch durch horizontale und lotrechte Einwirkungen beansprucht. Überträgt er als Holmgurt auch Ankerkräfte, muss er entsprechend kräftig ausgebildet werden, zumal dann, wenn er zusätzlich noch eine unmittelbar aufgesetzte Kranbahn zu tragen hat.

Bezüglich des Ansatzes der horizontalen und lotrechten Einwirkungen gilt E 30, Abschnitt 8.4.2 sinngemäß. Hinzu kommen in Bereichen mit Pollern oder sonstigen Festmacheeinrichtungen die auf diese wirkenden Lasten (E 153, Abschnitt 5.11, E 12, Abschnitt 5.12 und E 102, Abschnitt 5.13), sofern letztere nicht durch Sonderkonstruktionen aufgenommen werden. Darüber hinaus sind auch noch die lotrechten und die horizontalen Kranradlasten aufzunehmen (E 84, Abschnitt 5.14), wenn ein Stahlbetonholm eine unmittelbar aufgesetzte Kranbahn trägt (Bild E 129-2).

In den statischen Nachweisen wird der Stahlbetonholm sowohl in waagerechter als auch in lotrechter Richtung zweckmäßig als auf der Spundwand elastisch gebetteter biegsamer Balken betrachtet. Die horizontale Bettung kann bei schweren Holmen für Seeschiffskaimauern näherungsweise mit einem Bettungsmodul $k_{s,bh}$ = 25 MN/m³ erfasst werden. Die Bettung in senkrechte Richtung hängt weitgehend vom Profil der Wand, von deren Länge und von der Holmbreite ab. Der Bettungsmodul $k_{s,bv}$ für die senkrechte Bettung muss daher für jedes Bauwerk besonders ermittelt werden.

Im Rahmen der Entwurfsplanung darf der senkrechte Bettungsmodul näherungsweise mit $k_{s,bv}$ = 250 MN/m³ angenommen werden, für die Ausführungsplanung des Holms sind für die Bettungsbedingungen Grenzbetrachtungen anzustellen, die Bemessung muss für den ungünstigsten Fall erfolgen.

An den Holm angeschlossene Verankerungen des Spundwandbauwerks oder von Pollerfundamenten sind im Rahmen der Bemessung zu berücksichtigen.

Besondere Beachtung ist den Beanspruchungen des Holms aus Längenänderungen infolge Schwinden und Temperaturwechseln zu widmen. Die Längenänderungen des Holms können durch die angeschlossene Spundwand und die Hinterfüllung stark behindert werden, sodass entsprechende Beanspruchungen aus Schwinden und Temperaturänderungen möglich sind.

Zur pauschalen Berücksichtigung dieser Einwirkungen und unterschiedlicher Steifigkeiten der Abstützung des Holms durch die Wand und von unterschiedlichen Ankerkräften werden die Querschnitte der Bewehrung entsprechend E 59, Abschnitt 8.4.3 mindestens 20 % größer gewählt als rechnerisch erforderlich.

Bezüglich der für Stahlbetonholme zu verwendenden Betongruppen und der Bewehrungsführung wird auf E 72, Abschnitt 10.2 verwiesen.

Lotrechte Lasten in der Spundwandebene werden im Allgemeinen mittig in den Spundwandkopf eingeleitet. Dazu muss der Stahlbetonholm unmittelbar über der Spundwand eine ausreichende Spaltzugbewehrung haben. Auf wellenförmigen Stahlspundwänden kann der Stahlbetonholm mit bauaufsichtlich zugelassenen Schneidenlagerungen aufgelagert werden. Bei Einleitung großer Einzellasten, z. B. aus einer Kranbahn, über den Holm in die Spundwand sollte sichergestellt werden, dass diese z. B. durch entsprechende Schlossverschweißungen die Lasten wie eine Scheibe abtragen kann.

Geometrische Vorgaben aus dem Hafenbetrieb können eine außermittige Auflagerung der vorderen Kranschiene auf dem Holm notwendig machen (E 74, Abschnitt 6.3).

Die sichere Überleitung aller Schnittkräfte aus dem Holm in die Wand ist nachzuweisen.

8.4.5.3 Konstruktive und betriebliche Anforderungen

Der Spundwandkopf ist vor dem Betonieren des Holms soweit erforderlich auszurichten. Hierzu kann der planmäßig vorgesehene Stahlgurt oder ein Hilfsgurt

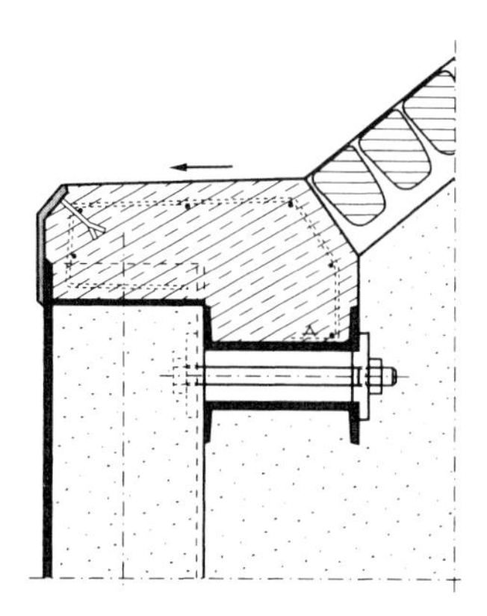

Bild E 129-1. Stahlbetonholm für eine Wellenspundwand ohne wasserseitige Betonüberdeckung bei einem teilgeböschten Ufer

aus Stahl dienen. Der Stahlbetonholm bildet dann die optisch wichtige Flucht der Wand.

Um im Bedarfsfall auch im Bereich des Spundwandkopfs eine ausreichende Betonüberdeckung sicherzustellen, muss der Holm breit genug sein. Im Allgemeinen soll der planmäßige Überstand des Betons über die Spundwand je nach Ausbildung sowohl zur Boden- als auch zur Wasserseite hin mindestens 15 cm und die Höhe des Betonholms mindestens 50 cm betragen (Bilder E 129-1 und E 129-2). Die Spundwand soll rd. 10 bis 15 cm in den Betonholm einbinden.

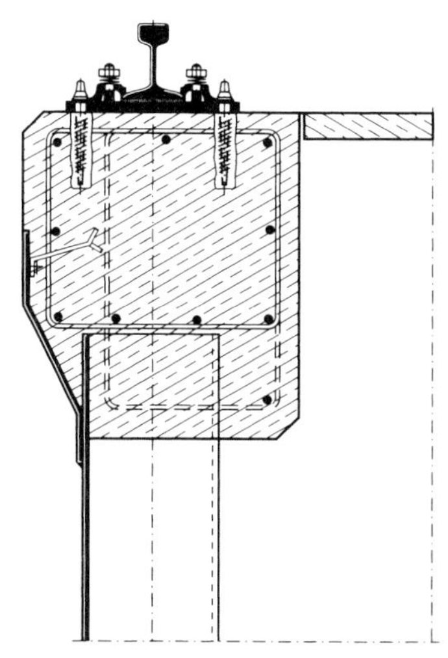

Bild E 129-2. Stahlbetonholm für eine Wellenspundwand mit beidseitiger Betonüberdeckung und unmittelbar aufgesetzter Kranbahn

Ein Stahlbetonholm sollte so hoch über dem Wasserspiegel angeordnet werden, dass die Spundwand unmittelbar unter dem Betonholm zugänglich ist, damit dieser Bereich regelmäßig auf Korrosion kontrolliert und ein eventuell vorhandener Korrosionsschutz erneuert werden kann.

Bei Uferbauwerken, z. B. im Salzwasser oder im Brackwasser, bei denen die Gefahr der Korrosion besonders groß ist, sollte die Spundwand wasserseitig bis zur Oberkante der Uferwand hochgezogen und der Stahlbetonholm hinter der Spundwand angeordnet werden. So wird die schwer zu verhindernde Korrosion am Übergang von Stahl zu Beton auf der Wasserseite wirkungsvoll vermieden.

Um zu vermeiden, dass Schiffskörper unter dem Stahlbeton unterhaken können, wird der Holm ähnlich Bild E 129-2 an der Wasserseite unten mit einem unter 2 : 1 oder steiler abgeknickten Stahlblech versehen. Die untere Kante dieses Stahlblechs wird mit der Spundwand verschweißt bzw. entsprechend Bild E 95-3 in die wasserseitigen Täler der Spundwand eingeschweißt.

Auf der Wasserseite kann der Stahlbetonholm mit einem an die Spundwand geschweißten Stahlprofil geschützt werden (Bild E 129-1). Diese Lösung ist im Allgemeinen wirtschaftlicher als eine geschraubte Verbindung des Stahlprofils mit der Spundwand. Über den Spundwandtälern sind dann Ankerpratzen anzubringen, mit denen das Stahlprofil im Beton des Holms verankert wird. Zum Schutz von über den Holm laufenden Leinen ist das Schutzprofil oben abzukanten (Bild E 129-1). Unregelmäßigkeiten in der Flucht des Spundwandkopfs bis zu etwa 3 cm können durch Unterfüttern ausgeglichen werden.

Der Holm wird mit einem Kanten- und Gleitschutz nach E 94, Abschnitt 8.4.6 bzw. DIN 19703 versehen. Die dort formulierten Hinweise gelten sinngemäß.

Die Bügelbewehrung von Stahlbetonholmen ist so auszubilden, dass sie die durch die Spundwand getrennten Teilquerschnitte schubfest verbindet. Zu diesem Zweck werden die Bügel entweder mit den Spundwandstegen verschweißt, oder sie werden durch in die Spundwand gebrannte Löcher gesteckt bzw. in Schlitze in der Spundwand eingelegt. Wird der Holm über der Spundwand zum Abtragen der lotrechten Lasten auf Spaltzug bewehrt, müssen zusätzliche Bügel, beispielsweise beiderseits der Spundwand in den Wellentälern, eine schubfeste Bewehrung auch auf der Unterseite des Holms sicherstellen.

Eine Auflagerung des Stahlbetonholms auf bauaufsichtlich zugelassenen Schneidenlagern ermöglicht einen geschlossenen Querschnitt des Holms, sodass in diesem Fall eine besondere Bewehrungsführung der Bügel nicht erforderlich ist.

Auch Stahlbetonholme auf Kastenspundwänden können mit vorderen Stahlprofilen geschützt werden (Bild E 129-3). Die Bewehrung wird dabei in den Zellen der Spundwand verlegt. Hierzu werden die Stege und Flansche entsprechend ausgeschnitten und soweit erforderlich mit Brennlöchern versehen. In gleicher

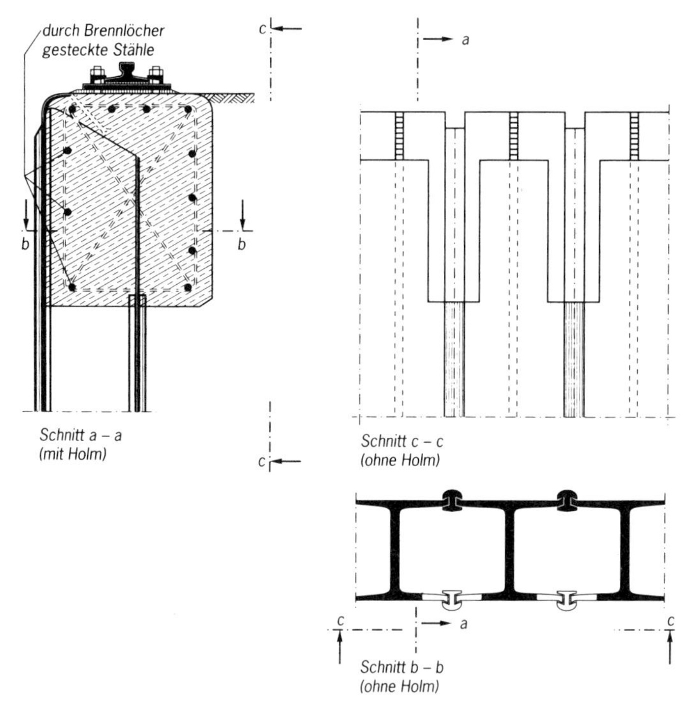

Bild E 129-3. Stahlbetonholm für eine Kastenspundwand ohne wasserseitige Betonüberdeckung mit unmittelbar aufgesetzter Kranbahn

Weise können Stahlbetonholme auf kombinierten Spundwänden ausgeführt werden.

Stahlbetonholme können soweit erforderlich örtlich verstärkt werden, damit Poller direkt auf ihnen abgesetzt werden können (Bild E 129-4). Große Trossenzugkräfte werden in solchen Fällen am besten mit schweren Rundstahlankern aufgenommen, um die Ankerdehnung und damit die Biegemomente im Holm klein zu halten.

8.4.5.4 Dehnungsfugen

Unter Berücksichtigung aller auftretenden Einwirkungen aus Lastbeanspruchungen und Zwang (Schwinden, Kriechen, Setzungen, Temperatur) können Stahlbetonholme fugenlos ausgebildet werden (siehe E 70, Abschnitt 10.2.4), wenn die dann auftretenden Risse akzeptiert werden können. Die rechnerischen Rissbreiten sind unter Beachtung der Umweltbedingungen zu begrenzen (E 70, Abschnitt 10.2.5).

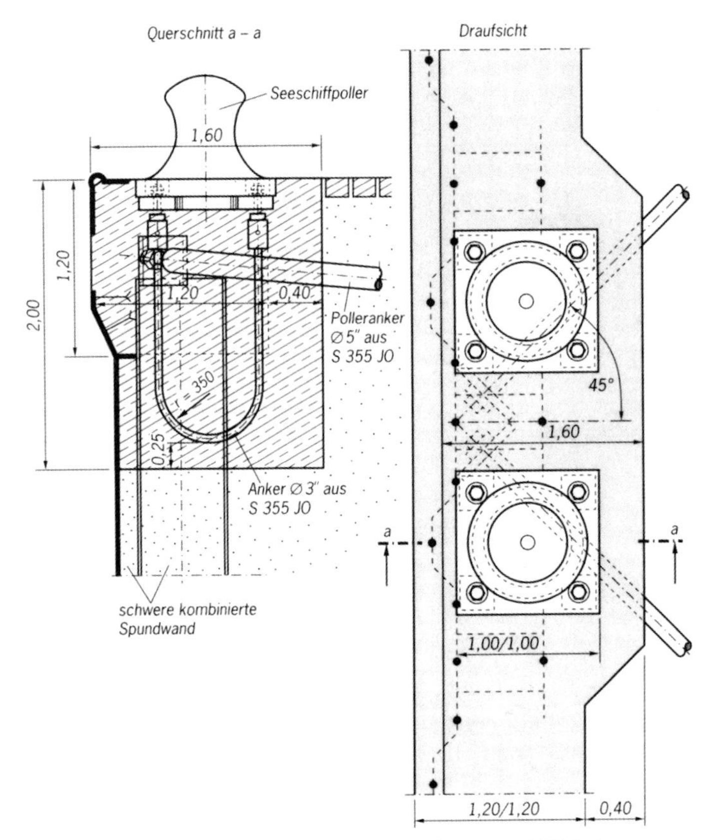

Bild E 129-4. Schwerer Stahlbetonholm einer Seeschiffskaimauer. Ausbildung im Bereich einer Pollergründung mit Verankerung

Sind planmäßig Bewegungsfugen vorgesehen, sollten die Blocklängen so festgelegt werden, dass keine nennenswerten Zwangskräfte in Blocklängsrichtung auftreten. Andernfalls sind die Zwangskräfte unter Beachtung der Unterkonstruktionen bzw. des Untergrundes entsprechend zu berücksichtigen.

Auch die Fugen selbst müssen örtlich so ausgebildet werden, dass die Längenänderungen des Stahlbetonholms im Bereich der Fugen nicht durch die Spundwand beeinträchtigt werden. Hierzu bietet es sich, beispielsweise bei Wellenspundwänden, an, die Dehnungsfuge unmittelbar über einem Steg der Spundwand anzuordnen. Der Steg wird dann mit einer elastischen Auflage versehen, die die Längenänderungen des Holms ohne Zwängungsspannungen aufnehmen kann.

Wird die Dehnungsfuge des Holms über einem Wellental der Spundwand angeordnet, darf die Bohle dieses Wellentals nur wenig in den Stahlbetonholm ein-

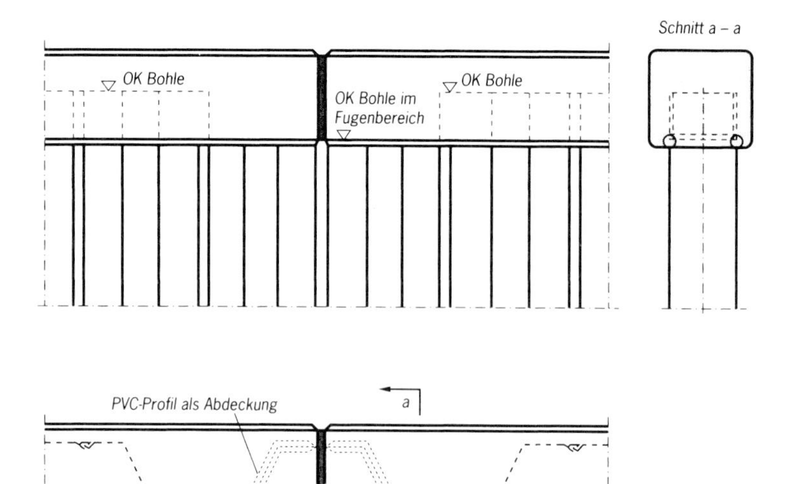

Bild E 129-5. Dehnungsfuge eines Stahlbetonholms

binden und muss zur Sicherung der Bewegungsmöglichkeit mit einer kräftigen elastischen Auflage abgedeckt werden, die den direkten Kraftschluss mit dem Holm verhindert und gleichzeitig einen dichten Anschluss zwischen Holm und Spundwand sicherstellt. Ein Beispiel für eine solche Fuge des Holms über dem Wellental einer Spundwand zeigt Bild E 129-5.

Horizontale Kräfte können an den Dehnungsfugen von Stahlbetonholmen mit hinreichend großem Querschnitt durch Verzahnung über rechteckige Querschnitte übertragen werden. Holme mit geringeren Querschnittsabmessungen können mit einem Stahldorn verdübelt werden.

8.4.6 Oberer Stahlkantenschutz für Stahlbetonwände und -holme bei Ufereinfassungen (E 94)

8.4.6.1 Allgemeines

Die Kanten von Ufereinfassungen aus Stahlbeton erhalten wasserseitig zweckmäßig einen sorgfältig ausgebildeten Schutz aus Stahl. Dieser soll sowohl die Kante als auch darüber geführte Trossen gegen Beschädigungen aus dem Schiffsbetrieb schützen und den Festmachern und sonstigem Personal ein sicheres Arbeiten auf dem Hafengelände ohne Abgleitgefahr ermöglichen. Der Kantenschutz muss so ausgeführt werden, dass Schiffe nicht unterhaken können. Gleiches gilt für Kranhaken (E 17, Abschnitt 10.1.2).

Werden in Binnenhäfen Ufereinfassungen bei Hochwasser überflutet und besteht die Gefahr, dass dann Schiffe auf der Ufereinfassung aufsetzen, darf der Kantenschutz keine Wülste oder Leisten aufweisen.

8.4.6.2 Ausführungsbeispiele

Bild E 94-1 zeigt eine bei Ufereinfassungen in Häfen und bei Binnenschiffsschleusen häufig angewandte Ausführung des oberen Kantenschutzes. Die Entwässerungsrinne kann entfallen, wenn Niederschläge zur Landseite hin abgeführt werden. Das ist im Falle von Ufereinfassungen mit Umschlag von umweltgefährdenden Gütern ohnehin erforderlich.

Der Stahlkantenschutz nach Bild E 94-1 kann auch mit anderen Öffnungswinkeln als 90° hergestellt werden, sodass er schrägen Ober- oder Vorderflächen von Ufereinfassungen angepasst werden kann. Teilstücke des Kantenschutzes werden vor dem Einbau verschweißt.

Die Ausführung nach Bild E 94-2 zeigt ein in den Niederlanden entwickeltes und dort häufig mit Erfolg angewendetes Sonderprofil für den Kantenschutz. Es besteht aus relativ dicken Blechen und wird mit verstärkten Ankerpratzen angeschlossen, sodass der obere Hohlraum zur Gewährleistung der Tragfähigkeit nicht vollständig ausbetoniert werden muss. Allerdings müssen die oberen Entlüftungsöffnungen, die beim Einbetonieren sicherstellen sollen, dass das Profil satt auf dem Beton aufliegt, nach dem Einbetonieren verschlossen werden, um den Korrosionsangriff von der Innenseite zu unterbinden.

Die Ausführungen des Kantenschutzes nach den Bildern E 94-3 und E 94-4 haben sich bei zahlreichen deutschen Ufereinfassungen bewährt.

Der Kantenschutz nach den Bildern E 94-1 bis E 94-4 muss sorgfältig ausgerichtet in der Schalung befestigt werden. Die Ausführungen nach den Bildern E 94-3 und E 94-4 müssen satt einbetoniert werden. Die Innenflächen des Kantenschutzes sind vor dem Einbetonieren von anhaftendem Rost zu säubern.

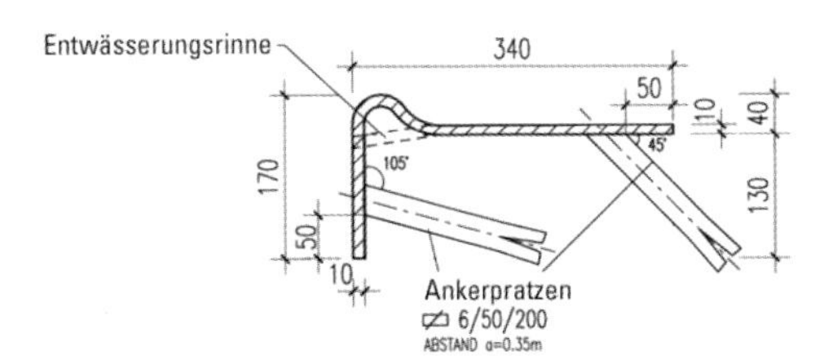

Bild E 94-1. Kantenschutz mit Entwässerungsrinne

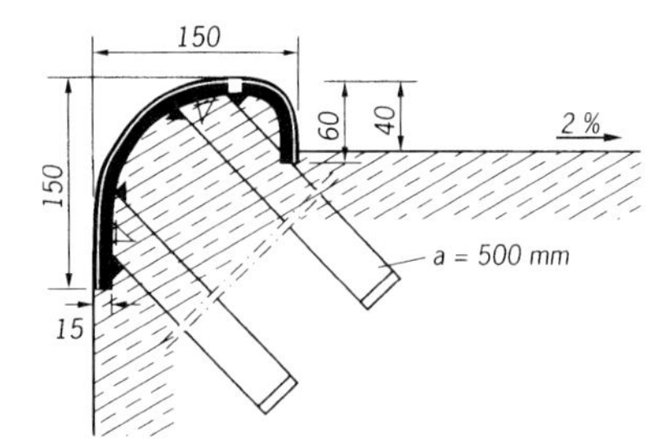

Bild E 94-2. In den Niederlanden gebräuchlicher Kantenschutz mit Sonderprofil

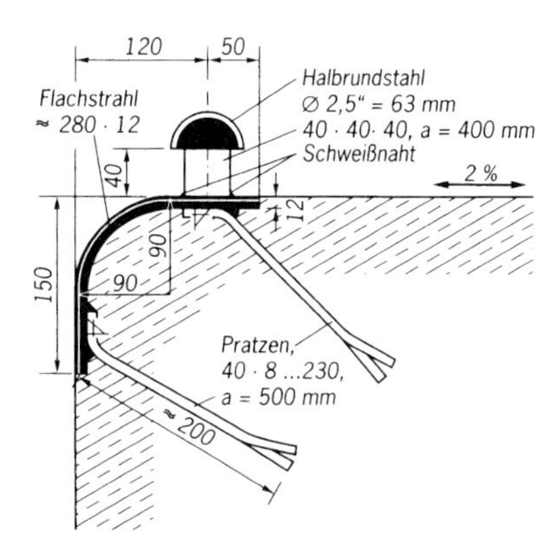

Bild E 94-3. Kantenschutz mit abgerundetem Blech, in Seehäfen mit und in Binnenhäfen ohne Fußleiste

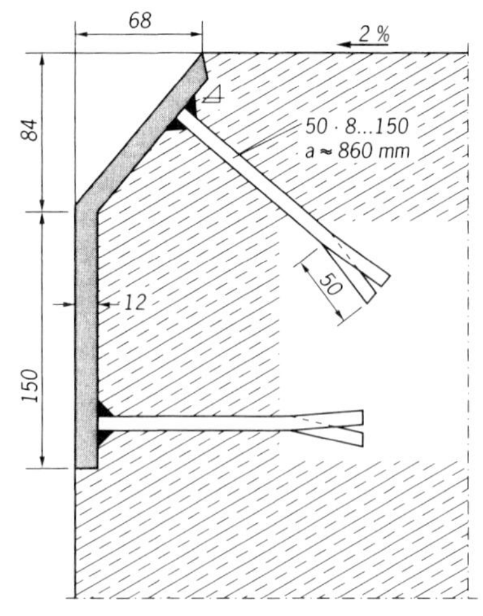

Bild E 94-4. Kantenschutz mit abgewinkeltem Blech ohne Fußleiste für nicht hochwasserfreie Ufer in Binnenhäfen

8.4.7 Hilfsverankerung am Kopf von Stahlspundwandbauwerken (E 133)

8.4.7.1 Allgemeines

Aus statischen und wirtschaftlichen Gründen wird die Verankerung vor allem von Uferspundwänden, die einen hohen Geländesprung sichern, im Allgemeinen nicht am Kopf der Wand, sondern in einem gewissen Abstand unterhalb des Kopfes angeschlossen. Dadurch wird die Spannweite der Wand zwischen Anker und Einspannung verringert und damit auch das Feldmoment und das Einspannmoment im Boden. Außerdem wird die Erddruckumlagerung begünstigt.

Der Teil der Wand über dem Anker (Überankerteil) muss in solchen Fällen häufig am Kopf durch eine zusätzliche Hilfsverankerung gehalten werden, die die Lage des Spundwandkopfs sichert und dessen Durchbiegung begrenzt. Die Hilfsverankerung wird im Rahmen der Spundwandbemessung nicht berücksichtigt (E 77, Abschnitt 8.2.3).

8.4.7.2 Überlegungen zur Lage der Hilfsverankerung

Ab welcher Höhe des Überankerteils eine Hilfsverankerung erforderlich ist, hängt von verschiedenen Faktoren, wie z. B. der Biegesteifigkeit der Spundwand, der Größe der horizontalen und lotrechten Nutzlasten, und von den betrieblichen Anforderungen an die Flucht des Spundwandkopfes ab.

Wird die Ufereinfassung direkt durch Lasten aus Kranen belastet, sollte eine Hilfsverankerung möglichst nahe am Kopf der Wand angeordnet werden, sofern nicht besser der Hauptanker so hoch gelegt wird, dass er die Lasten direkt aufnehmen kann. Auch Belastungen des Überankerteils durch Haltekreuze erfordern in der Regel eine Hilfsverankerung. Poller werden in der Regel getrennt verankert oder an die Verankerung der Wand angeschlossen.

8.4.7.3 Ausbildung, Berechnung und Bemessung der Hilfsverankerung

Die Hilfsverankerung wird an einem Ersatzsystem berechnet, bei dem der Überankerteil in Höhe des Hauptankers als eingespannt angenommen wird. Hierbei sind die Lasten nach E 5, Abschnitt 5.5.5 anzusetzen. Die Hilfsanker werden über einen Gurt angeschlossen.

Mit Bezug auf die Einwirkungen beim Ausrichten des Spundwandkopfes und zur Aufnahme leichterer Havariestöße wird der Gurt der Hilfsanker stärker als rechnerisch erforderlich, im Allgemeinen wie der Hauptankergurt, ausgebildet.

Die Hilfsanker werden an Ankerplatten oder durchgehenden Ankerwänden angeschlossen, deren Standsicherheit sowohl gegen Aufbruch des Verankerungs-

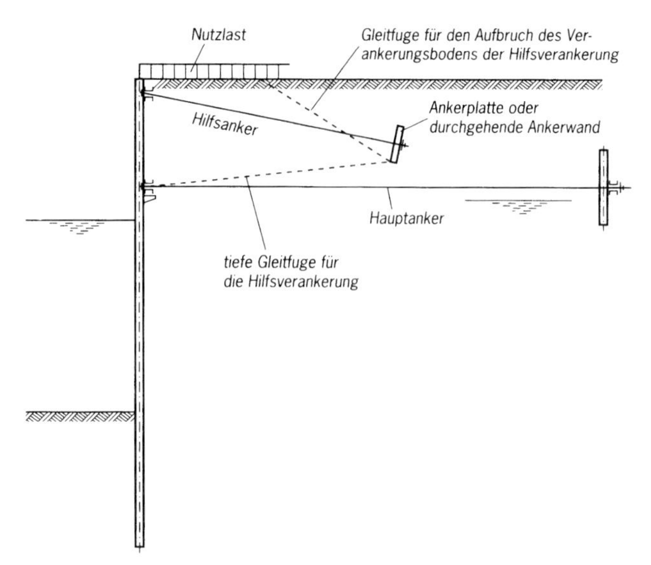

Bild E 133-1. Einfach verankertes Spundwandbauwerk mit Hilfsverankerung

bodens als auch für die tiefe Gleitfuge nachzuweisen ist. Die tiefe Gleitfuge beginnt am Fuß der Ankerplatten bzw. der Ankerwand und führt zum Anschluss der Hauptanker (Bild E 133-1). Der Nachweis wird nach E 10, Abschnitt 8.5 geführt.

8.4.7.4 Bauausführung

Die Hafensohle vor der Uferspundwand wird zweckmäßig erst nach dem Einbau der Hilfsverankerung freigebaggert. Wird zeitlich in umgekehrter Folge verfahren, kann sich der Spundwandkopf unkontrolliert bewegen, sodass ein späteres Ausrichten nur mit der Hilfsverankerung allein nicht immer zum gewünschten Erfolg führt.

8.4.8 Gewinde von Spundwandankern (E 184)

8.4.8.1 Gewindearten

Folgende Gewindearten werden für Spundwandanker verwendet:

1. Geschnittene Gewinde (spanabhebende Gewinde) nach Bild E 184-1
   Der Gewindeaußendurchmesser ist gleich dem Durchmesser des Rundstahls bzw. einer ggf. vorgenommenen Aufstauchung.

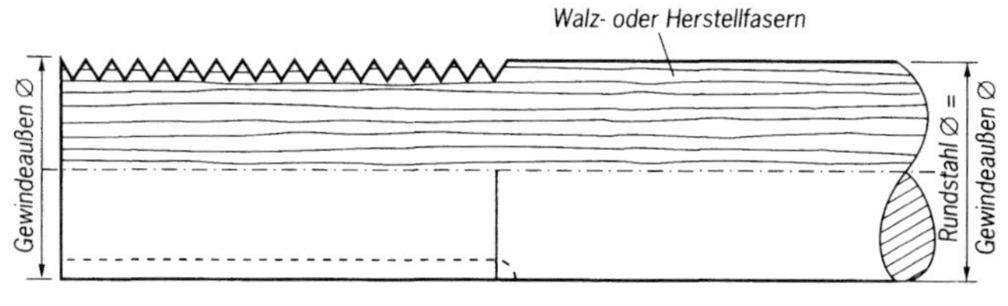

Bild E 184-1. Geschnittenes Gewinde

2. Gerollte Gewinde (spanlos in kaltem Zustand hergestellte Gewinde) nach Bild E 184-2
   Nach dem Gewinderollen ist der Außendurchmesser der Gewinde größer als der Durchmesser des Ankerstahls. Daher darf der Durchmesser oder der Aufstauchdurchmesser von Rundstahlankern mit gerolltem Gewinde bei gleicher Tragfähigkeit kleiner sein als der von Ankern mit geschnittenem Gewinde.
   Bei Ankern aus den Stählen S 235 JRG2 und S 355 J2G3 muss vor dem Gewinderollen der Anker eine eventuelle Aufstauchung auf den Nenndurchmesser des Gewindes abgedreht oder vorgeschält werden, um ein normgerechtes Gewinde zu erhalten.
   Gezogene Stähle (bis ∅ 36 mm) brauchen nicht vorbearbeitet zu werden.
3. Warmgewalzte Gewinde (spanlose warm hergestellte Gewinde) nach Bild E 184-3
   Dem Gewindestab werden beim Warmwalzen zwei gegenüber liegende Reihen von Gewindeflanken aufgewalzt, die sich zu einem durchgehenden Gewinde ergänzen. Für die Tragfähigkeit ist der Nenndurchmesser maßgebend, der tatsächliche Durchmesser weicht von diesem leicht ab. Für Endverankerungen und Stoßausbildungen sind Bauelemente mit gleicher Gewindeform zu verwenden.

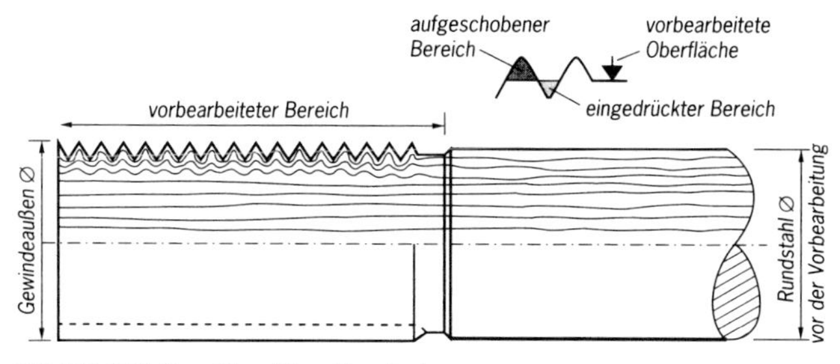

Bild E 184-2. Gerolltes Gewinde

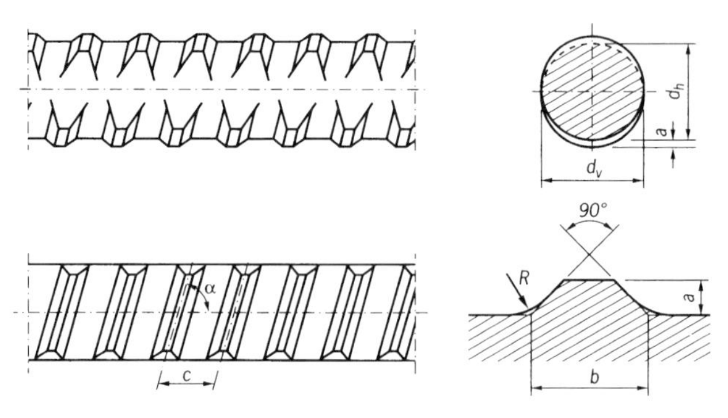

Bild E 184-3. Warmgewalztes Gewinde

8.4.8.2 Geforderte Sicherheiten

Bezüglich des Nachweises der Tragfähigkeit von Rundstahlankern mit Gewinden der verschiedenen Formen und der konstruktiven Gestaltung der Verankerung wird auf E 20, Abschnitt 8.2.7.3 verwiesen.

8.4.8.3 Weitere Hinweise zu gerollten Gewinden

- Gerollte Gewinde besitzen eine hohe Profilgenauigkeit.
- Beim Rollen des Gewindes wird der Stahl kalt verformt. Dadurch werden seine Festigkeit und die Streckgrenze im Gewindegrund und im Bereich der Gewindeflanken erhöht, was günstig für die zentrische Einleitung der Ankerkräfte über das Gewinde ist.
- Der Gewindegrund und die Gewindeflanken gerollter Gewinde sind besonders glatt und haben daher bei dynamischer Belastung eine hohe Dauerfestigkeit.
- Der Faserverlauf des Stahls wird bei gerollten oder warmgewalzten Gewinden im Gegensatz zu geschnittenen Gewinden nicht unterbrochen.
- Gerollte Gewinde mit größeren Durchmessern sind vor allem für zentrisch belastete Anker mit dynamischen Beanspruchungen geeignet.
- Für Rundstahlanker mit gerolltem Gewinden müssen die Muttern, Muffen oder Spannschlösser nicht ebenfalls ein gerolltes Gewinde haben, weil Innengewinde stets geringer beansprucht werden als Außengewinde. Bei der Belastung von Innengewinden werden Ringzugkräfte mobilisiert, die das Gewinde abstützen. Es können daher ohne Bedenken gerollte Außengewinde auf den Ankern mit geschnittenen Innengewinden in Muttern und Spannschlössern kombiniert werden.

8.4.9 Spundwandverankerungen in nicht konsolidierten weichen bindigen Böden (E 50)

8.4.9.1 Allgemeines

Die Berechnung von Uferspundwänden in nicht konsolidierten, weichen bindigen Böden wird in E 43, Abschnitt 8.2 behandelt. Grundsätzlich sind die nach dem Bau eintretenden Setzungen und Wandverformungen bei Spundwänden in nicht konsolidierten weichen bindigen Böden größer als in Böden mit höherer Festigkeit.

Die besonderen Eigenschaften weicher bindiger Böden müssen auch bei der Verankerung solcher Wände berücksichtigt werden, damit Setzungen und Setzungsunterschiede nicht zu unplanmäßigen Belastungen führen.

Wie Beobachtungen an ausgeführten Bauwerken gezeigt haben, wird der Schaft von Rundstahlankern durch Setzungen der Hinterfüllung nach unten mitgenommen (Mitnahmesetzungen). Er schneidet selbst in weichen bindigen Böden kaum in den Boden ein.

Die Ankeranschlüsse an Uferwänden, deren Fuß in tragfähigem Boden steht (stehende Gründung), erfahren somit erhebliche Krümmungen, wenn sich der Boden hinter der Wand setzt. Neigungen des Anschlusses ursprünglich horizontal eingebauter Anker bis zu 1 : 3 sind für Kaimauern mittlerer Höhe überliefert. Das Gleiche gilt für die Ankeranschlüsse an tief gegründeten Bauwerken, Ankerwänden oder Pfahlböcken.

Auch wenn Uferspundwände in Sonderfällen nicht in tragfähige Böden einbinden, muss doch angenommen werden, dass der Fußbereich solcher „schwimmender" Wände in Böden steht, die steifer sind als die darüber anstehenden Böden. Es ist daher auch bei solchen Wänden damit zu rechnen, dass sich der Boden im Bereich der Verankerung relativ zur Uferwand setzt und dass sich dadurch die Neigung des Ankeranschlusses ändert.

Bei schwimmend gegründeten Ankerwänden bleiben die Setzungsunterschiede zwischen schwimmend gegründeter Hauptwand und Ankerwand im Allgemeinen gering.

Die Setzungen nicht konsolidierter bindiger Böden können auch entlang der Verankerung stark unterschiedlich sein. Daher müssen sich die Anker biegen können, ohne dass die Normalspannung aus der planmäßigen Ankerlast und die zusätzlichen Spannungen aus der Biegung die Festigkeit der Anker überschreiten.

Für die Verankerung von Spundwänden in nicht konsolidierten, weichen bindigen Böden haben sich aufgestauchte Rundstahlanker mit gerollten Gewinden bewährt, weil sie bei gleicher Tragfähigkeit einen größeren Dehnweg haben und biegeweicher sind als Rundstahlanker ohne Aufstauchung.

8.4.9.2 Anschluss von Rundstahlankern an Uferwände

Rundstahlanker werden gelenkig an die Uferwand und die Ankerwand angeschlossen. Um dem Ankerende eine ausreichende Bewegungsfreiheit für die im Falle weicher bindiger Böden zu erwartende große Drehbewegung um den Gelenkpunkt zu geben, muss der Abstand der U-Profile des Gurtes groß genug sein. Häufig übersteigt aber die zur Aufnahme der Setzungen erforderliche Spreizung das baulich tragbare Maß. In solchen Fällen müssen die Anker unterhalb des Gurtes angeschlossen werden, wodurch sie im Falle von Setzungen unabhängig von der Spreizung des Gurts frei verdrehbar sind. Der einwandfreie Kraftfluss aus der Wand in den Anker muss dann durch Verstärkungen an der Spundwand oder durch Zusatzkonstruktionen am Gurt gewährleistet werden.

8.4.9.3 Anschluss von Rundstahlankern an schwimmende Ankerwände

Für die freie Verdrehbarkeit des Ankeranschlusses an schwimmenden Ankerwänden genügt im Allgemeinen der übliche Abstand der beiden U-Profile der Gurtung, wenn die Anker zwischen den U-Profilen hindurchgeführt und hinter der Ankerwand mit einem Kippgelenk an den Druckgurt angeschlossen werden (Bild E 50-1).

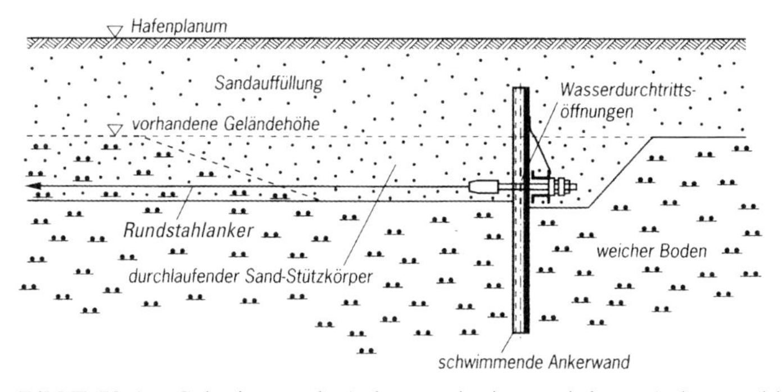

Bild E 50-1. Schwimmende Ankerwand mit ausmittigem Ankeranschluss

Auch an stehend gegründete Bauteile und Bauwerke müssen die Anker gelenkig angeschlossen werden.

8.4.9.4 Ausbildung der Gurte

Die Eigenschaften weicher, nicht konsolidierter bindiger Böden können über sehr kurze Entfernungen stark unterschiedlich sein. Demzufolge können Bereiche mit besonders geringer Tragfähigkeit auch dann nicht ausgeschlossen werden, wenn sie im Rahmen von Bohrungen und Sondierungen mit dem üblichen Abstand (vgl. E 1, Abschnitt 1.2) nicht erkundet wurden.

Um die Zusatzbeanspruchungen aus unterschiedlichen Setzungen des Baugrunds abzudecken, müssen die Gurte von Uferspundwänden in diesen Bodenarten stärker bemessen werden als in anderen Fällen.

Im Allgemeinen sollen die Gurte mindestens aus Profilen U 400 der Stahlsorte S 235 JRG2, bei größeren Bauwerken S 355 J2G3, ausgeführt werden, auch wenn diese Profile statisch nicht erforderlich sein sollten. Stahlbetongurte müssen mindestens das gleiche Tragvermögen haben wie Stahlgurte aus Profilen U 400. Sie werden in Blöcke von 6,00 bis 8,00 m Länge unterteilt. Ihre Fugen werden gegen horizontalen Versatz verzahnt (E 59, Abschnitt 8.4.3).

8.4.9.5 Verankerungen an Pfahlböcken oder schwimmenden Ankerwänden

Ist eine Verschiebung des Kopfs der Uferwand nicht zulässig, müssen die Anker an Pfahlböcken, unverschieblich gegründeten Bauwerken oder Bauteilen verankert werden.

Kann eine Verschiebung der Uferwand hingenommen werden, können die Anker auch an einer schwimmend gegründeten Ankerwand verankert werden. Hierbei müssen die horizontalen Pressungen vor der Ankerwand entsprechend der zugelassenen Verschiebung der Wand begrenzt werden. Liegen zum Zusammenhang von der Verschiebung der Wand und dem aktivierten Erdwiderstand keine örtlichen Erfahrungen vor, sind entsprechende bodenmechanische Untersuchungen und ggf. auch Probebelastungen und deren Bewertung durch einen Sachverständigen für Geotechnik erforderlich.

8.4.9.6 Ausbildung der Verankerung an schwimmenden Ankerwänden

Wird das Gelände bis zum Hafenplanum mit Sand aufgefüllt, wird die in Bild E 50-1 dargestellte Ausbildung einer schwimmenden Verankerung empfohlen. Der gering tragfähige Boden vor der Ankerwand wird dabei bis knapp unter den Ankeranschluss ausgekoffert und durch ein verdichtetes Sandpolster von ausreichender Breite ersetzt. Die Anker können in Gräben verlegt werden, die mit sorgfältig verdichtetem Sand oder mit geeignetem Aushubboden verfüllt werden.

Die Ankerwand wird ausmittig angeschlossen, sodass sowohl in der Sandauffüllung als auch im Bereich des weichen Bodens die zulässige horizontale Beanspruchbarkeit nicht überschritten wird. Sowohl oberhalb wie auch unterhalb des Ankeranschlusses kann eine gleichmäßig verteilte Bettung angenommen werden, deren Größe sich aus den Gleichgewichtsbedingungen bezogen auf den Ankeranschluss ergibt. Mit einer Verankerung nach Bild E 50-1 werden auch Ungleichmäßigkeiten der Bettung ausgeglichen.

Um Wasserüberdruck auf die Ankerwand zu vermeiden, müssen in der Ankerwand Öffnungen zum Ausgleich des Wasserdrucks angeordnet werden.

8.4.9.7 Nachweis der Standsicherheit schwimmender Ankerwände

Die Standsicherheit in der tiefen Gleitfuge muss für schwimmende Ankerwände sowohl für den Anfangszustand des nicht konsolidierten Bodens wie auch für alle Zwischenzustände und den Endzustand des konsolidierten Bodens nach E 10, Abschnitt 8.2.6 nachgewiesen werden. Im Falle von weichen bindigen Böden, deren Scherdehnung im Dreiaxialversuch nach DIN 18137-2 größer als 10 % ist, ist der Ausnutzungsgrad entsprechend DIN 4084 abzumindern.

8.4.10 Ausbildung und Berechnung vorspringender Kaimauerecken mit Rundstahlverankerung (E 31)

8.4.10.1 Hinweise zur Ausbildung der Verankerung

Werden die Uferspundwände an vorspringenden Kaimauerecken durch schräg von Uferwand zu Uferwand gespannte Anker verankert, werden hohe Zugbeanspruchungen in die Gurte eingeleitet. Besonders problematisch sind Gurtstöße (E 132, Abschnitt 8.2.11). Die größten Zugbeanspruchungen ergeben sich für die am weitesten von der Kaimauerecke entfernten Anker.

Die schrägen Zugbeanspruchungen erfordern eine entsprechende Bemessung der Gurte und deren Anschluss an die Wand. Wellenförmige Stahlspundwände können die Komponenten der Ankerlast in der Wandebene aber nur über große Einbindetiefen aufnehmen.

Daher sind Verankerungen von vorspringenden Kaimauerecken mit schräg über Eck geführten Ankern technisch und wirtschaftlich aufwendig, und zudem ist die Aufnahme von unplanmäßigen Belastungen, z. B. aus wechselnden Baugrundeigenschaften, nicht eindeutig nachvollziehbar.

Verankerungen von vorspringenden Kaimauerecken sind also nicht zu empfehlen.

8.4.10.2 Empfohlene kreuzweise Verankerung

Schräg angreifende Zugkräfte in vorspringenden Ecken von Spundwänden können vermieden werden, wenn die Wände kreuzweise an rückliegenden Ankerwänden verankert werden (Bild E 31-1). Die Uferwand und die Ankerwände bilden so einen robusten Eckblock, der für sich standsicher ist. Wegen der sich kreuzenden Anker müssen die Gurte und die Ankerlagen allerdings in der Höhe versetzt angeordnet werden, damit in den Kreuzungspunkten ein genügend großer Abstand der Anker verbleibt.

Kantenpoller im Bereich vorspringenden Kaimauerecken erhalten eigene Verankerungen.

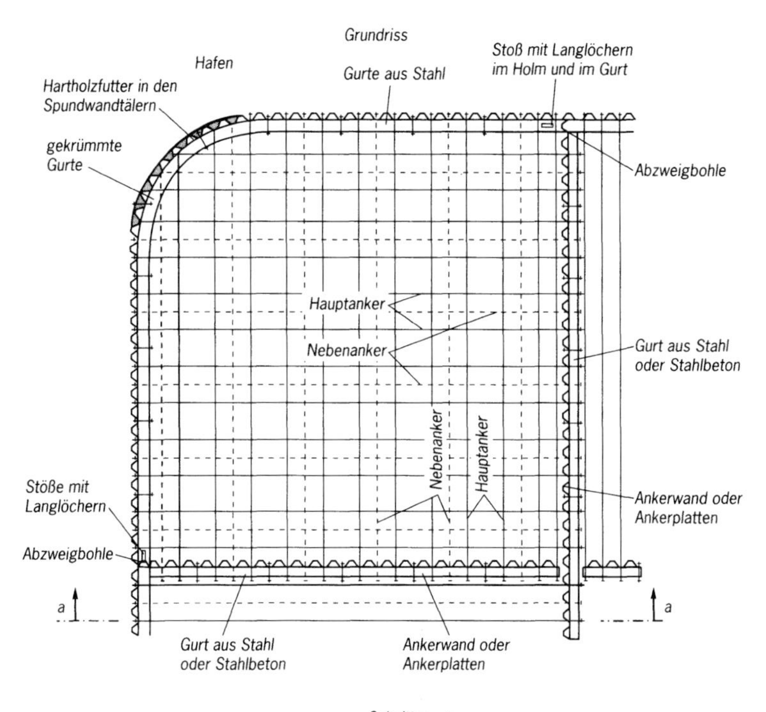

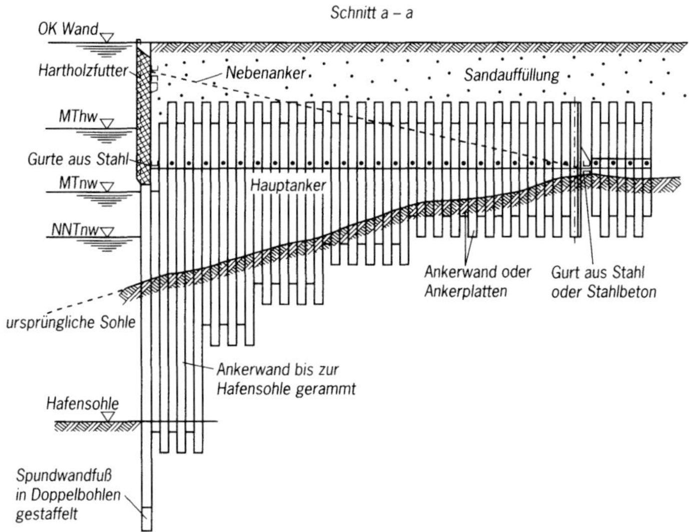

Bild E 31-1. Verankerung vorspringender Kaimauerecken in Spundwandkonstruktion in Seehäfen

8.4.10.3 Gurte

Die Gurte an der Uferspundwand werden als Zuggurte in Stahl ausgebildet und dem Grundriss der Uferwand angepasst. Die Übergänge von den Gurten des Eckblocks zu den Gurten der Uferwände werden so gestaltet, dass sie sich unabhängig voneinander bewegen können. Dazu werden sie über einen Laschenstoß mit Langlöchern verbunden.

Auch die Gurte der Ankerwände müssen sich im Anschlussbereich an die Uferwand und im Kreuzungsbereich der Ankerwände frei bewegen können.

Die Gurte an den Ankerwänden werden aus Stahl oder aus Stahlbeton als Druckgurte hergestellt.

8.4.10.4 Ankerwände

Die Ankerwände werden an der Ecke bis zur Uferwand durchgeführt (Bild E 31-1), ihre Einbindetiefe wird zur Uferwand hin gestaffelt bis zur Hafensohle vergrößert. Damit wird verhindert, dass im Falle einer Havarie an der stets besonders gefährdeten vorspringenden Ecke die Hinterfüllung des Eckbereichs nur bis zu den Ankerwänden ausgespült werden kann.

Die Einbindung bis zur Hafensohle wird auch empfohlen, wenn die Rundstahlanker nicht an durchgehenden Ankerwänden, sondern an Ankerplatten, z. B. aus Stahlbeton, verankert werden.

8.4.10.5 Ausfutterung der Spundwandtäler

Schiff und Kaimauerecke werden geschont, wenn die Spundwandtäler an der vorspringenden Ecke z. B. mit Wasserbauhölzern oder Kunststoffprofilen ausgefuttert werden. Diese Futter sollen etwa 5 cm über die äußere Spundwandkante ragen (Bild E 31-1).

8.4.10.6 Ausrundung und Stahlbetonverstärkung der Mauerecke

Da vorspringende Kaimauerecken durch den Schiffsverkehr besonders gefährdet sind, sollen sie möglichst ausgerundet und gegebenenfalls auch durch eine kräftige Stahlbetonwand verstärkt werden.

8.4.10.7 Sicherung durch vorgesetzte Dalben

Wenn der Schiffsverkehr es erlaubt, können vorspringende Kaimauerecken durch vorgesetzte elastische Dalben oder ein Leitwerk gegen Havarie gesichert werden.

8.4.10.8 Nachweis der Standsicherheit

Der Nachweis der Standsicherheit der Verankerung wird für jede Uferwand getrennt nach E 10, Abschnitt 8.5 geführt. Ein besonderer Nachweis für den Eckblock ist nicht nötig, wenn entsprechend Bild E 31-1 die Verankerungen der Uferwände bis zur anderen Spundwand durchgeführt werden.

8.4.11 Ausbildung und Berechnung vorspringender Kaimauerecken mit Schrägpfählen (E 146)

8.4.11.1 Allgemeines

Vorspringende Ecken von Kaimauern sind durch Havarien besonders gefährdet. Sie sind nach E 12, Abschnitt 5.12.2 als Endpunkte von Großschiffsliegeplätzen in vielen Fällen auch mit hochbelasteten Pollern ausgerüstet. Außerdem werden sie im jeweils erforderlichen Umfang auch mit Fenderungen ausgerüstet, die ein höheres Arbeitsvermögen als in den angrenzenden Kaimauerabschnitten haben. Insgesamt müssen daher vorspringende Kaimauerecken robust und möglichst steif ausgeführt werden.

In Ergänzung zu E 31, Abschnitt 8.4.10 wird nachfolgend die Verankerung von vorspringenden Kaimauerecken mit Schrägpfählen behandelt, weil diese Verankerung der Forderung nach einer besonders steifen und robusten Bauweise weitestgehend entspricht.

8.4.11.2 Ausbildung des Eckbauwerks

Die Ausbildung des Eckbauwerks wird weitgehend von der konstruktiven Gestaltung der anschließenden Kaimauern, dem zu überbrückenden Geländesprung und dem eingeschlossenen Winkel der vorspringenden Ecke bestimmt. Daneben wird die zu wählende Konstruktion durch die vorhandene Wassertiefe und den anstehenden Baugrund entscheidend beeinflusst.

Die Schrägpfähle zur Verankerung des Eckbauwerks sollten stets senkrecht an die Uferwände angeschlossen werden, daher müssen sie sich im Verankerungsbereich überschneiden. Um zu gewährleisten, dass die Ankerpfähle ordnungsgemäß und ohne Kollision eingebracht werden können, müssen sie an den Überschneidungspunkten untereinander einen gewissen Mindestabstand haben. Während der lichte Abstand sich kreuzender Pfähle oberhalb der Sohle mit rd. 25 bis 50 cm noch verhältnismäßig klein gehalten werden kann, reicht ein solcher Abstand bei langen Pfählen und schwer rammbaren Böden nicht mehr aus. Der lichte Abstand an Kreuzungspunkten, die unter der Rammsohle liegen, sollte daher planmäßig mindestens 1,0 m, besser aber 1,5 m betragen. In Böden, bei denen ein stärkeres Verlaufen langer Pfähle zu erwarten ist, sollte der planmäßige Abstand mindestens 2,5 m betragen.

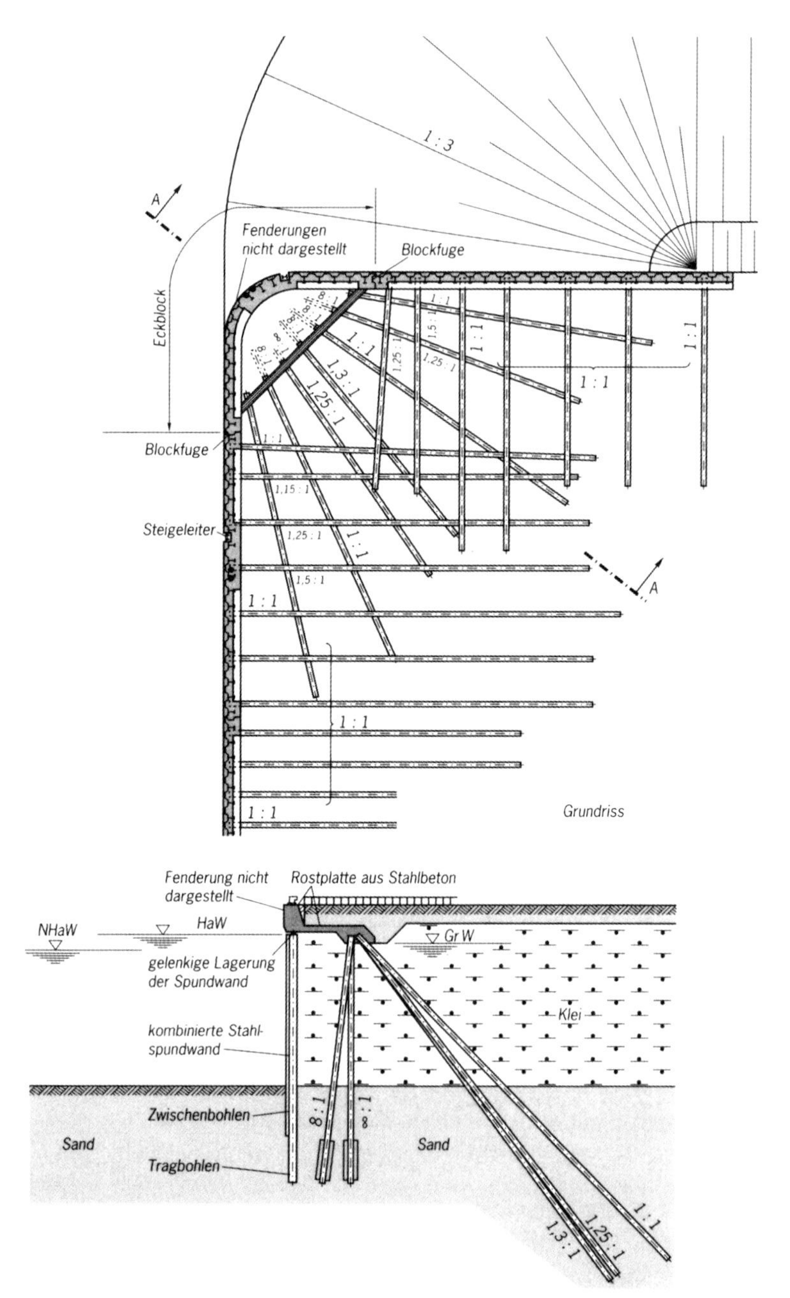

Bild E 146-1. Beispiel für den Ausbau einer vorspringenden Kaimauerecke mit Stahlpfahlverankerung

Bei der Ermittlung der lichten Abstände der Pfähle an den Kreuzungspunkten sind vorhandene Stahlflügel stets mit zu berücksichtigen.

Um die Forderungen nach den planmäßigen Mindestabständen an den Kreuzungspunkten erfüllen zu können, muss die Pfahlstellung (Abstand und Neigung) der Ankerpfähle entsprechend variiert werden. Allerdings sollten die Pfahlstellungen innerhalb zusammengehörender Pfahlgruppen wegen des unterschiedlichen Tragverhaltens verschieden geneigter Pfähle nicht zu sehr voneinander abweichen.

Sind im Bereich der Kaimauerecke auch hoch belastete Poller oder sonstige Ausrüstungsteile, wie Abspannkonstruktionen von Förderbändern und dergleichen, tief zu gründen, empfiehlt sich in den meisten Fällen die Ausbildung eines besonderen Eckblocks aus Stahlbeton mit tief gegründeter Rostplatte. Diese wird auf der Spundwand gelenkig gelagert.

Diese Lösung bietet sich auch für Kaimauerecken an, bei denen die für das Einbringen erforderlichen Mindestabstände der Pfähle in deren Kreuzungsbereich durch Anpassung der Pfahlstellungen nicht erreicht werden können (Bild E 146-1). Bei dieser Eckausbildung werden die im Eckbereich erforderlichen Zugpfähle zweckmäßig im rückwärtigen Teil der Rostplatte angeordnet. Sie liegen dann in einer anderen Ebene als die Zugpfähle der angrenzenden Kaimauerabschnitte, sodass in den Kreuzungsbereichen in der Regel ausreichende Mindestabstände eingehalten werden können. Weil bei dieser Lösung aber am hinteren Rand der Pfahlrostplatte zusätzliche Druckpfähle zur Aufnahme der lotrechten Komponente der Ankerkraft benötigt werden, sind solche Ausführungen zwar kostenaufwendiger, sie bieten aber die Sicherheit einer Bauausführung ohne besondere Ausführungsrisiken.

Die Ausführungen in E 31, Abschnitte 8.4.10.5 und 8.4.10.7 für Rundstahlverankerungen gelten auch für vorspringende Ecken von Kaimauern, die mit Schrägpfählen verankert werden.

8.4.11.3 Verwendung von dreidimensionalen Ansichten zur Visualisierung der Pfahlstellungen

Um Rammschwierigkeiten zu begegnen, sollten von schwierigen Eckausbildungen bereits während der Projektbearbeitung dreidimensionale Ansichten erstellt werden (Bild E 146-2). Durch farbige Hinterlegung einzelner Ankerlagen lassen sich damit sehr anschaulich die kritischen Kreuzungspunkte der Anker konstruieren und optimale Lösungen finden.

Bei der Bauausführung sind in das 3D-Modell alle bereits eingebrachten Anker entsprechend ihrer tatsächlichen Lage zu übernehmen und eventuell notwendige Korrekturen der Pfahlstellung infolge Rammabweichungen festzulegen.

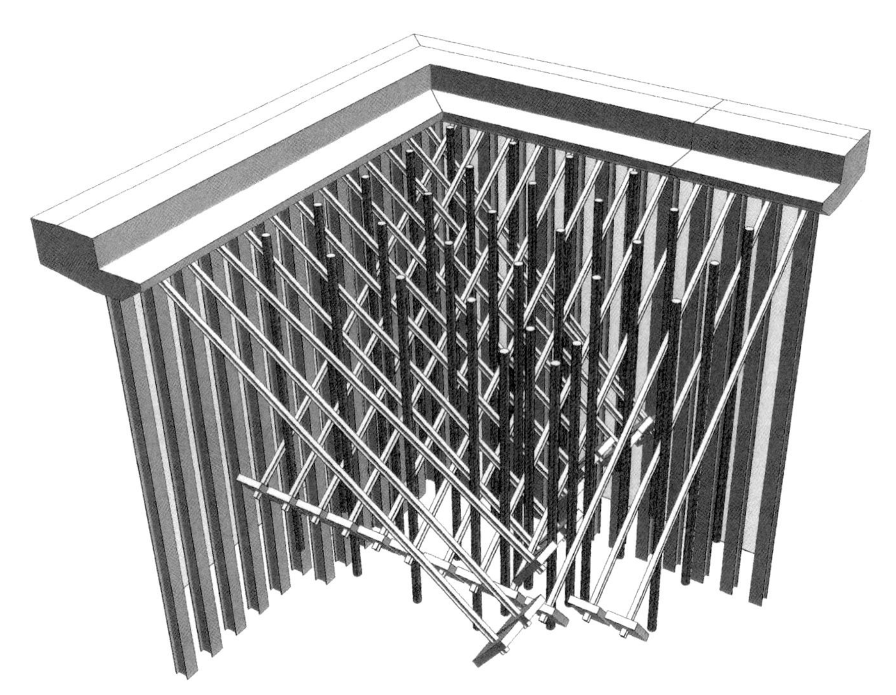

Bild E 146-2. 3D-Ansicht einer vorspringenden Kaimauerecke mit geneigten Klappankern

8.4.11.4 Nachweis der Standsicherheit der Eckblöcke

Die Standsicherheit der Eckblöcke ist für alle Bauteile der Eckverankerung nachzuweisen. Hierbei ist jede Wand der Ecke für sich zu betrachten. Bei Ecken mit zusätzlichen Belastungen, beispielsweise aus Eckstationen, Pollern, Fendern und sonstigen Ausrüstungsteilen, ist nachzuweisen, dass die Pfähle in der Lage sind, zusätzlich auch diese Kräfte einwandfrei aufzunehmen.

Wenn während der Bauausführung größere Änderungen der Pfahlstellung erforderlich werden, sind deren Auswirkungen statisch nachzuweisen.

8.4.12 Hohes Vorspannen von Ankern aus hochfesten Stählen bei Ufereinfassungen (E 151)

8.4.12.1 Allgemeines

Für die Verankerung von Ufereinfassungen in Spundwandbauweise, aber auch zum nachträglichen Sichern von anderen Bauwerken wie Pfahlrostmauern werden üblicherweise nicht vorgespannte Anker aus den Stahlsorten S 235 JRG2, S 235 J2G3 oder aus S 355 J2G3 angewendet.

In besonderen Fällen kann es aber nützlich sein, Anker mit einem hohen Anteil ihrer rechnerischen Ankerkraft vorzuspannen (hohe Vorspannung). Dazu müssen Anker aus hochfesten Stählen eingesetzt werden.

Das hohe Vorspannen von Ankern aus hochfesten Stählen kann unter anderem zur Begrenzung von Verschiebungen, insbesondere bei Bauwerken mit langen Ankern, mit Rücksicht auf vorhandene empfindliche Bauwerke oder beim Anschluss nachträglich vorgerammter Spundwände zweckmäßig sein.

Weiter kann durch die hohe Vorspannung eine Erdruckumlagerung erreicht werden, wenn die Spundwand mit mindestens mitteldicht gelagertem nichtbindigen Boden oder steifem bindigen Boden hinterfüllt ist. Durch die Erddruckumlagerung wird das Feldmoment abgemindert und die Ankerkraft vergrößert.

Werden Daueranker aus hochfesten Stählen hergestellt, müssen sie gegen Korrosion geschützt werden. Gegebenenfalls vorhandene Zulassungen, beispielsweise für Verpressanker nach DIN EN 1537, sind zu beachten.

8.4.12.2 Auswirkungen hoher Ankervorspannung auf den Erddruck

Eine Vorspannung der Anker von Spundwandbauwerken reduziert stets deren Wandverformungen zur Wasserseite vor allem im oberen Bereich der Uferwand. Durch eine hohe Vorspannung wird der aktive Erddruck nach oben umgelagert. Als Folge kann sich die Resultierende des Erddrucks vom unteren Drittelpunkt der Wandhöhe h über der Gewässersohle bis auf etwa 0,55 h nach oben verlagern, die Ankerkraft wächst entsprechend an. Besonders ausgeprägt ist die Erddruckumlagerung bei Uferwänden, bei denen die Verankerung unterhalb der Wandoberkante liegt.

Wenn durch die Vorspannung eine von der klassischen Verteilung nach COULOMB abweichende Erdruckverteilung erzwungen werden soll, müssen die Anker auf etwa 80 % der charakteristischen Ankerlast entsprechend der Bemessungssituation BS-P vorgespannt werden.

8.4.12.3 Zeitpunkt des Vorspannens

Mit dem Vorspannen der Anker darf erst begonnen werden, wenn die jeweiligen Vorspannkräfte vom Bauwerk ohne nennenswerte unerwünschte Bewegungen aufgenommen werden können. Das setzt eine entsprechende Hinterfüllung der Wand voraus, die Vorspannkräfte müssen vom Bauwerk planmäßig in die Hinterfüllung eingeleitet werden.

Da beim Anspannen der Anker die Vorspannung in bereits vorgespannten benachbarten Ankern wegen der Lastumlagerung im Boden zumindest teilweise wieder verloren geht, müssen die Anker über den vorgesehenen Wert hinaus vorgespannt werden, damit sie nach dem Spannen der Nachbaranker die planmäßige Vorspannung haben. Die Vorspannkräfte sind schon während der

Bauausführung stichprobenartig zu kontrollieren, um gegebenenfalls Korrekturen durchführen zu können.

Durch Vorspannung in mehreren Stufen kann die Lastumlagerung und damit die kurzzeitige Überlastung der Anker umgangen werden, allerdings zulasten einer erschwerten Ausführung der Arbeiten.

Für Verpressanker gilt vor allem DIN EN 1537.

8.4.12.4 Ergänzende Hinweise

Bei hoher Vorspannung der Anker in Teilabschnitten der Uferwand ist zu bedenken, dass die Wand insgesamt dadurch örtlich unterschiedliche Bewegungsmöglichkeiten hat. Die vorgespannten Bereiche wirken wie Festpunkte, auf die dementsprechend ein erhöhter räumlicher Erddruck wirkt. Der erhöhte Erddruck muss in den statischen Nachweisen der betreffenden Wandbereiche und ihre Verankerung berücksichtigt werden.

Vorgespannte Anker sollten dauernd zugänglich sein, sodass im Bedarfsfall die Vorspannung kontrolliert und korrigiert werden kann. Im Übrigen ist ein gelenkiger Anschluss der Ankerenden anzustreben.

Da Poller nur zeitweise belastet werden, sollen ihre Verankerungen nicht aus hochfestem Stahl vorgespannt, sondern als praktisch schlaff eingebaute kräftige Rundstahlanker aus S 235 JRG2, S 235 J2G3 oder aus S 355 J2G3 ausgeführt werden. Letztere weisen bei Belastung nur eine geringe Dehnung auf.

8.4.13 Gelenkiger Anschluss gerammter Stahlankerpfähle an Stahlspundwandbauwerke (E 145)

8.4.13.1 Allgemeines

Spundwände werden durch Erddruck auf Biegung beansprucht, im Bereich des Ankeranschlusses ergeben sich daraus Wandverdrehungen. Diese werden auf die Anker übertragen, wenn sie entsprechend E 59, Abschnitt 8.4.3 angeschlossen sind. Daraus resultieren für den Anker zusätzlich zur planmäßigen Beanspruchung aus der Ankerkraft entsprechende Biegebeanspruchungen. Setzungen und/oder Sackungen erzeugen zusätzliche Biegebeanspruchungen der Anker.

Der gelenkige Anschluss gerammter Stahlankerpfähle ermöglicht demgegenüber eine weitgehend zwängungsfreie gegenseitige Verdrehung von Spundwand und Anker, sodass Anker und Ankeranschluss nur durch die planmäßigen Ankerlasten beansprucht werden und entsprechend wirtschaftlich ausgeführt werden können.

Der gelenkige Ankeranschluss muss nach den Konstruktionsregeln des Stahlbaus ausgebildet werden.

8.4.13.2 Hinweise zur Ausbildung eines gelenkigen Ankeranschlusses

Die Verdrehbarkeit des Ankeranschlusses kann durch einfach oder doppelt angeordnete Gelenkbolzen oder durch plastische Verformung eines dafür geeigneten Bauteils (Fließgelenk) erreicht werden. Auch eine Kombination von Bolzen und Fließgelenk ist möglich. Werden Fließgelenke planmäßig vorgesehen, sind folgende Hinweise zu beachten:

1. Fließgelenke sind so anzuordnen, dass sie einen ausreichenden Abstand von Stumpf- und Kehlnähten haben und somit der Stahl nicht im Bereich der Schweißnahtverbindungen bis zur Fließgrenze beansprucht wird. Flankenkehlnähte sollen in der Kraftebene bzw. in der Ebene des Zugelements lie-

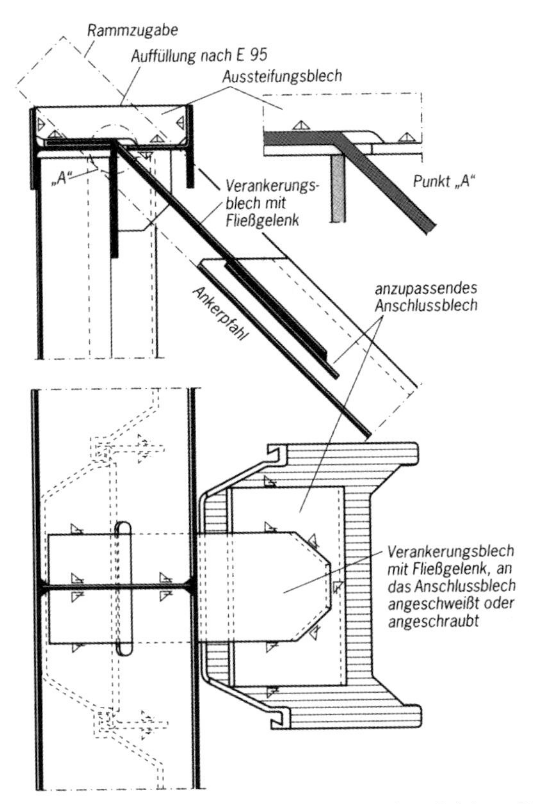

Bild E 145-1. Gelenkiger Anschluss eines leichten Stahlankerpfahls an eine leichte Stahlspundwand durch Lasche und Fließgelenk

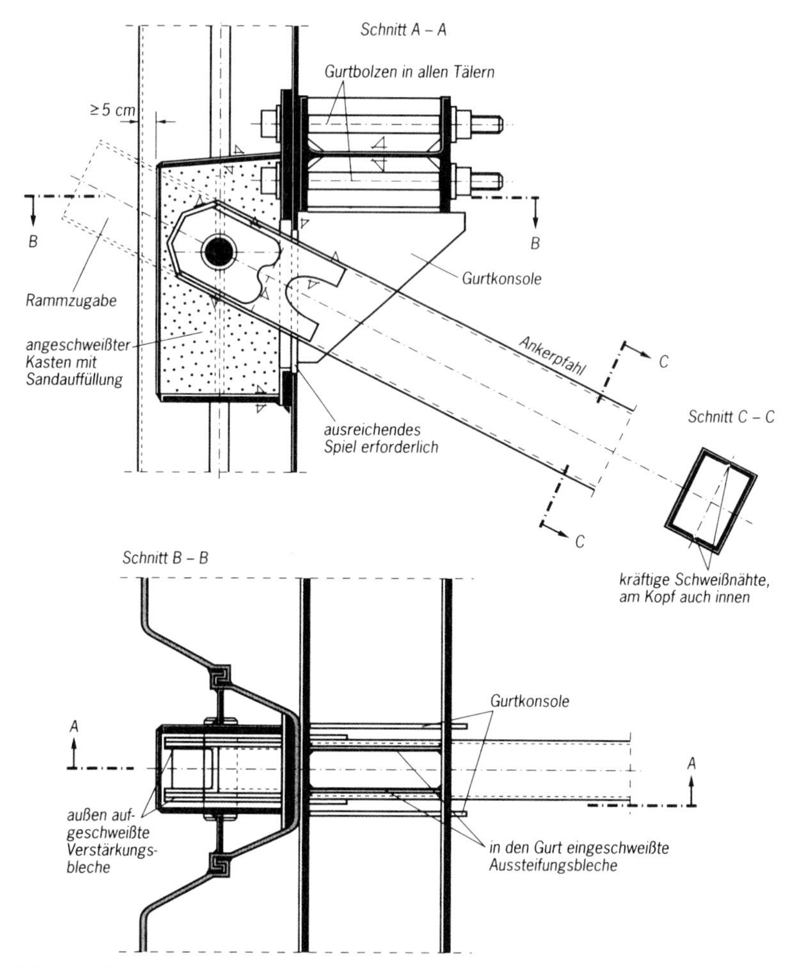

Bild E 145-2. Gelenkiger Anschluss eines Stahlankerpfahls an eine schwere Stahlspundwand durch Gelenkbolzen

gen, damit ihr Abschälen sicher vermieden wird. Andernfalls ist das Abschälen der Nähte durch sonstige Maßnahmen zu verhindern.

2. Quer zur planmäßigen Zugkraft des Ankerpfahls angeordnete Schweißnähte können als metallurgische Kerben wirksam werden und sollten daher vermieden werden.
3. Nicht beanspruchungs- und schweißgerecht angebrachte Montagenähte in schwierigen Zwangslagen erhöhen die Versagenswahrscheinlichkeit.
4. Bei schwierigen Anschlusskonstruktionen auch mit gelenkigem Anschluss empfiehlt es sich, den wahrscheinlichen Fließgelenkquerschnitt bei Einwir-

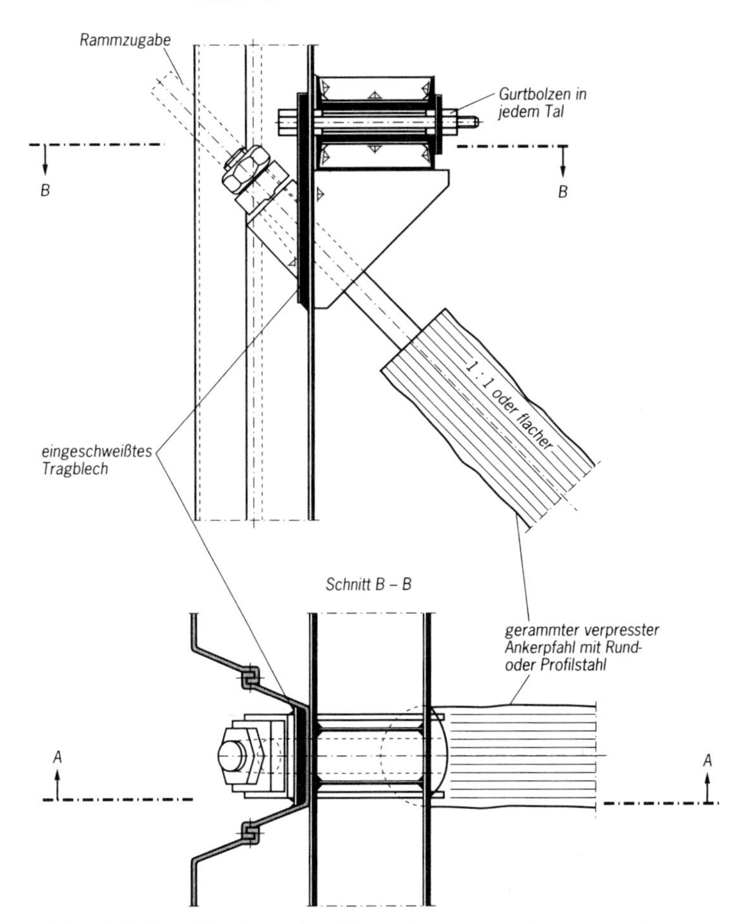

Bild E 145-3. Gelenkiger Anschluss eines gerammten verpressten Ankerpfahls an eine schwere Stahlspundwand

kung der planmäßigen Normalkräfte im Zusammenwirken mit möglichen Zusatzbeanspruchungen und dergleichen zu untersuchen (E 59, Abschnitt 8.4.3). Bei Bemessung mit Fließgelenken ist DIN 18800 zu beachten.

5. Übergangslose Steifigkeitssprünge, beispielsweise Brennkerben im Pfahl und/oder metallurgischen Kerben aus Quernähten, sowie sprunghafte Vergrößerungen von Stahlquerschnitten, beispielsweise durch aufgeschweißte, sehr dicke Laschen, sind vor allem in möglichen Fließbereichen der auf Zug beanspruchten Ankerpfähle zu vermeiden, da sie verformungslose Brüche auslösen können.

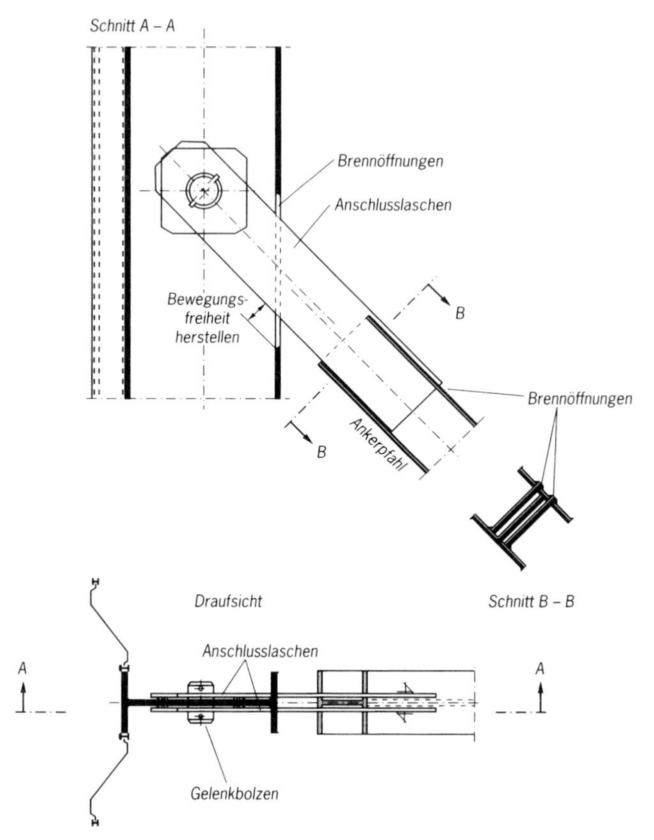

Bild E 145-4. Gelenkiger Anschluss eines Stahlankerpfahls an eine kombinierte Stahlspundwand mit Einzeltragbohlen durch Gelenkbolzen

Beispiele für gelenkige Anschlüsse von Stahlankerpfählen sind in den Bildern E 145-1 bis E 145-8 dargestellt.

8.4.13.3 Bauausführung

Die Stahlankerpfähle können abhängig von den örtlichen Verhältnissen und von der Konstruktion zeitlich sowohl vor als auch nach der Spundwand gerammt werden. Ist die Lage des Anschlusses abhängig von der Geometrie des Spundwandsystems, wie beispielsweise beim Anschluss im Tal einer wellenförmigen oder an der Tragbohle einer kombinierten Stahlspundwand, ist darauf zu achten, dass die Abweichung des oberen Pfahlendes von seiner planmäßigen Lage möglichst gering ist. Dies wird am besten erreicht, wenn die Ankerpfähle nach der Spundwand gerammt werden. Die Anschlusskonstruktion muss aber stets so

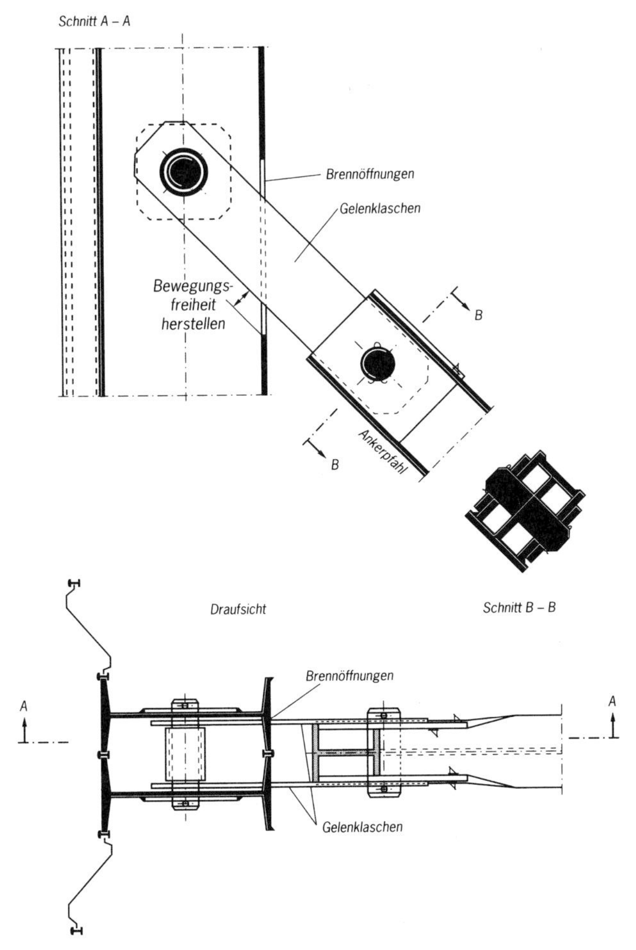

Bild E 145-5. Gelenkiger Anschluss eines Stahlankerpfahls an eine kombinierte Stahlspundwand mit Doppeltragbohlen durch Laschengelenk

gestaltet werden, dass gewisse Abweichungen und Verdrehungen ausgeglichen und aufgenommen werden können.

Wird der Stahlpfahl unmittelbar über dem oberen Ende der Spundwand bzw. durch ein Fenster in der Spundwand gerammt, bildet die Spundwand eine wirksame Führung. Ein Rammfenster kann auch in der Weise hergestellt werden, dass das obere Ende der zu verankernden Doppelbohle zunächst durchgebrannt, dann angehoben und später wieder abgesenkt und verschweißt wird.

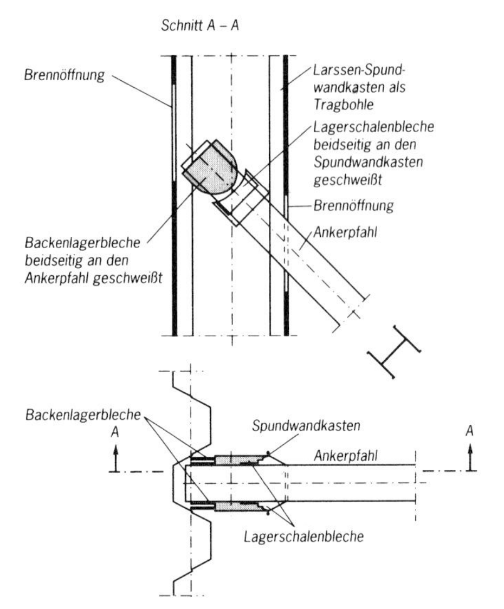

Bild E 145-6. Gelenkiger Anschluss eines Stahlankerpfahls an eine kombinierte Stahlspundwand durch Backenlager/Lagerschalen

Stahlpfähle, die zum Zeitpunkt des Anschlusses an die Spundwand nicht bis zu ihrem oberen Ende in den Boden einbinden, erlauben ein gewisses Ausrichten des Pfahlkopfs.

Je nach der Ausführung des Anschlusses ist bei der Ermittlung der Pfahllänge eine Zugabe für das Abbrennen des obersten eventuell im Gefüge gestörten Pfahlendes nach dem Rammen bzw. für das Rammen selbst vorzusehen.

Schlitze für Anschlusslaschen sollen sowohl bei den Bohlen der Spundwand als auch bei den Ankerpfählen möglichst erst nach dem Rammen angebracht werden.

8.4.13.4 Konstruktive Ausbildung des Anschlusses

Der gelenkige Anschluss wird bei wellenförmigen Spundwänden (vor allem bei solchen mit Schlössern in der Schwerachse) im Allgemeinen im Wellental und bei kombinierten Spundwänden am Steg der Tragbohlen angeordnet.

Bei kleineren Ankerkräften kann der Stahlpfahl auch am Holmgurt am Kopf der Spundwand (Bild E 145-1) oder an einem Gurt hinter der Spundwand mittels Lasche und Fließgelenk angeschlossen werden. Auf die Gefährdung durch Korrosion ist dabei besonders zu achten. Auf E 95, Abschnitt 8.4.4 wird bei Ufereinfassungen mit Güterumschlag und an Liegestellen besonders hingewiesen.

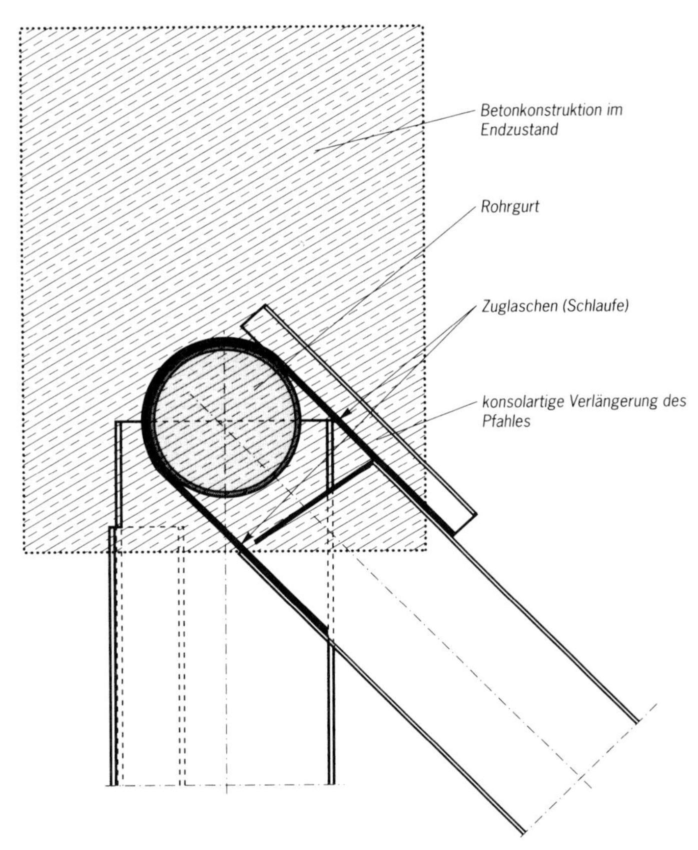

Bild E 145-7. Anschluss eines Stahlankerpfahles an eine kombinierte Spundwand durch Schlaufen

Zwischen dem Anschluss im Wellental bzw. am Steg und dem oberen Pfahlende werden häufig Zugelemente aus Rundstahl (Bild E 145-3) bzw. Flach- oder Breitflachstahl (Zuglaschen) angeordnet (Bilder E 145-4 und E 145-5). Beim Rundstahlanschluss mit Gewinde sowie mit Unterlegplatte, Gelenkscheibe und Mutter kann die Anschlusskonstruktion auch angespannt werden.

Neben dem gelenkigen Anschluss im Wellental der Spundwand, im Holmgurt oder im Steg der Tragbohle kann in besonderen Fällen ein weiteres Gelenk im Anschlussbereich des Ankerpfahlendes angeordnet werden.

Diese Lösung ist in Bild E 145-5 für den Fall mit doppelten Tragbohlen dargestellt. Sie kann abgewandelt auch für Einfachtragbohlen angewendet werden. Die Schlitze (Brennöffnungen) in den Flanschen der Tragbohlen sind ausreichend tief unter die Anschlusslaschen zu führen, damit genügend Bewegungs-

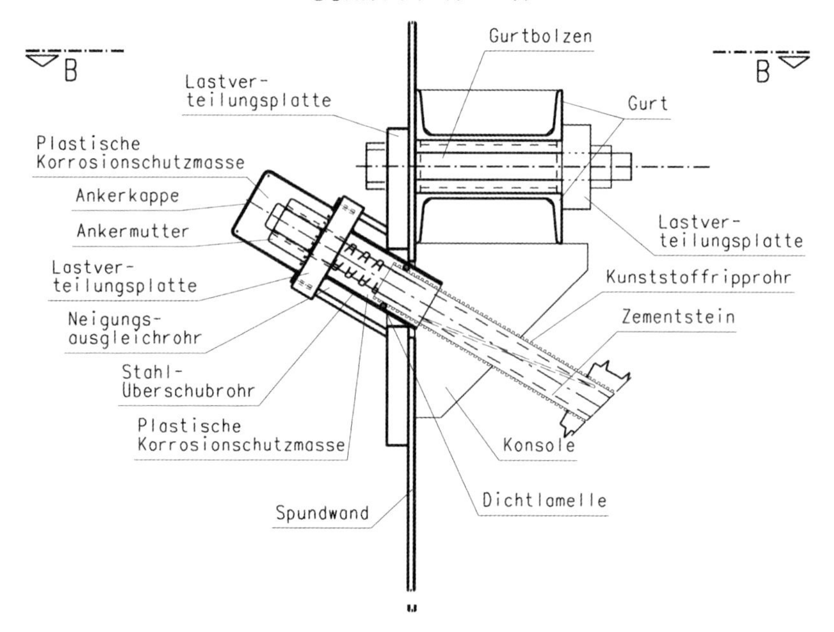

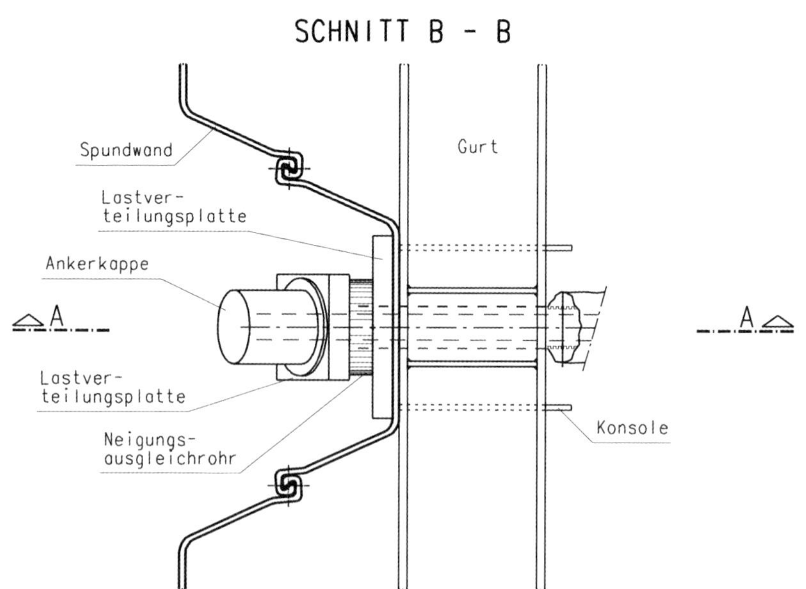

Bild E 145-8. Gelenkiger Anschluss eines Kleinverpresspfahls mit doppeltem Korrosionsschutz an eine Stahlspundwand

freiheit für Pfahlverdrehungen geschaffen wird und Zwangskräfte, die durch ungewollte Einspannungen infolge Aufsetzens der Laschen entstehen können, mit Sicherheit ausgeschlossen werden. Es ist ferner sicherzustellen, dass die beabsichtigte Gelenkwirkung durch Verkrustungen, Versinterungen und Korrosion im Bereich der Anschlusskonstruktion nicht beeinträchtigt wird. Dies ist im Einzelfall zu überprüfen und bei der konstruktiven Ausbildung zu berücksichtigen.

Der Ankerpfahl kann auch durch eine Öffnung im Wellental einer Spundwand gerammt und dort über eine eingeschweißte Stützkonstruktion gelenkig angeschlossen werden (Bild E 145-2).

Liegt der Anschluss im wasserseitigen Wellental einer Spundwand, müssen alle Konstruktionsteile mindestens 5 cm hinter der Spundwandflucht enden. Außerdem ist die Durchdringungsstelle zwischen Pfahl und Spundwand sorgfältig gegen Auslaufen und/oder Ausspülen von Boden zu sichern (z. B. mit einem zusätzlichen äußeren Schutzkasten nach Bild E 145-2).

Je nach der gewählten Konstruktion sollten Anschlusslösungen bevorzugt werden, die weitgehend in der Werkstatt vorbereitet werden können und ausreichende Toleranzen aufweisen (Bild E 145-6). Umfangreiche Einpassarbeiten auf der Baustelle erfordern hohe Kosten und sind daher möglichst zu vermeiden.

Beim Anschluss nach Bild E 145-6 können alle tragenden Nähte an der Tragbohle im Werk in Wannenlage geschweißt werden. Eine solche Lösung ist aber nur sinnvoll, wenn die Backenlagerbleche erst nach dem Rammen der Ankerpfähle eingebaut werden und wenn die Längen der Tragbohlen exakt festgelegt werden können. Müssen die Tragbohlen aufgestockt oder gekappt werden, muss der in der Werkstatt vorbereitete Anschluss aufgegeben werden.

Bei der Lösung nach Bild E 145-7 wird die Verbindung von Ankerpfahl und Spundwand durch Schlaufen hergestellt, die einen in die Spundwand eingeschweißten Rohrgurt umschließen. Hierbei ist zu beachten, dass die freie Verdrehbarkeit des Anschlusses durch Reibung zwischen Schlaufen und Rohr behindert wird. Die Schlaufen sind daher so zu dimensionieren, dass sie für die dadurch bedingte ungleichmäßige Lastverteilung ausreichende Tragreserven haben. Da im Regelfall mit Durchbiegungen der Ankerpfähle und auch mit Verschiebungen der Pfahlköpfe zu rechnen ist, muss der Anschluss so ausgebildet werden, dass neben der Ankerzugkraft auch Querkräfte übertragen werden können. Dieses kann durch eine konsolartige Verlängerung erreicht werden, die auf den Rohrgurt aufgelegt wird (Bild E 145-7).

In Bild E 145-8 ist der gelenkige Anschluss eines Kleinverpresspfahls an eine Stahlspundwand dargestellt. Da solche Anschlüsse nicht allgemein geregelt sind, ist eine bauaufsichtliche Zulassung erforderlich.

Auf der Erdseite erfolgt der Korrosionsschutz des Stahlzuggliedes durch ein Kunststoffripprohr, das mit Zementmörtel injiziert ist. Der wasserseitige Ankeranschluss wird durch eine Einkapselung gegen Korrosion geschützt, die mit einer plastischen Masse gefüllt ist. Der Anschluss an einen Stahlbetongurt ist in den Zulassungen der Kleinverpresspfähle geregelt.

8.4.13.5 Nachweis der Tragfähigkeit für den Anschluss

Alle Ankeranschlussteile sind für die Schnittgrößen zu bemessen, die vom gewählten Ankersystem übertragen werden können. Belastungen von der Wasserseite, wie Anlegedruck, Eisdruck oder durch Bergsenkungen usw., können die im Ankerpfahl vorhandene Zugkraft zeitweise abbauen oder sogar in eine Druckkraft umwandeln. Wenn erforderlich, ist daher auch nachzuweisen, dass diese Lasten im Ankeranschluss und im Anker aufgenommen werden können. Für frei stehende Anker ist ggf. ein Knicknachweis zu führen. Fallweise ist in diesen Nachweisen auch Eisstoß zu berücksichtigen.

Wenn möglich, soll der Ankeranschluss im Schnittpunkt von Spundwand- und Pfahlachse angeordnet werden (Bilder E 145-1 bis E 145-8). Bei größeren Abweichungen des Ankeranschlusses von diesem Schnittpunkt sind Zusatzmomente in der Spundwand anzusetzen.

Die der Pfahlkraft entsprechenden lotrechten und horizontalen Teilkräfte sind auch in den Anschlusskonstruktionen an die Spundwand und – wenn nicht jedes tragende Wandelement verankert wird – im Gurt und seinen Anschlüssen zu berücksichtigen. Muss mit einer lotrechten Belastung der Anker durch Bodenauflast gerechnet werden, ist auch diese in den Auflagerkräften und beim Nachweis der Tragfähigkeit der Anschlüsse zu erfassen. Dies ist immer dann der Fall, wenn Durchbiegungen der Ankerpfähle zu erwarten sind.

Änderungen des Anschlusswinkels zwischen Ankerpfahl und Spundwand infolge der Ankerdurchbiegung und die dadurch bedingte Änderung der Zugkräfte und Querkräfte im Ankeranschluss sind in den Nachweisen ebenfalls zu berücksichtigen.

Bei Ankeranschlüssen im Wellental von Spundwänden muss die horizontale Komponente der Ankerkraft durch eine ausreichend breite Unterlegplatte in die Bohlenstege eingeleitet werden (Bild E 145-3). Dabei ist die Schwächung des Spundwandquerschnitts durch die Ankerdurchführung zu beachten. Fallweise können Spundwandverstärkungen im Anschlussbereich erforderlich werden.

Die Anschlusskonstruktionen der gelenkigen Verankerungen müssen so ausgelegt werden, dass sie die Übertragung der Zugkräfte und der Querkräfte in einem stetigen Kraftfluss ermöglichen. Wenn bei schwierigen, hochbelasteten Anschlusskonstruktionen der Kraftfluss nicht einwandfrei überblickt werden kann, sollten die rechnerisch ermittelten Abmessungen des Ankeranschlusses durch mindestens zwei bis zum Bruch geführte Probebelastungen an Werkstücken im Maßstab 1 : 1 überprüft werden.

8.5 Nachweis der Standsicherheit von Verankerungen in der tiefen Gleitfuge (E 10)

8.5.1 Standsicherheit in der tiefen Gleitfuge bei Verankerungen mit Ankerwänden

Der Nachweis der Standsicherheit in der tiefen Gleitfuge erfolgt auf der Grundlage der von Kranz (1953) vorgeschlagenen Vorgehensweise. Bei dieser wird ein Schnitt hinter der Stützwand, in der tiefen Gleitfuge und hinter der Ankerwand geführt. Die tiefe Gleitfuge ist eine nach oben gekrümmte Gleitfuge zwischen dem Fußpunkt der Ankerwand und dem Drehpunkt der Spundwand im Boden, sie wird im Nachweis durch eine Gerade angenähert. Der Drehpunkt der Wand im Boden ist bei im Boden frei aufgelagerten Uferwänden der Fußpunkt der Wand.

Mit dem Nachweis der Standsicherheit in der tiefen Gleitfuge wird die zur Aufnahme der Ankerlast erforderliche Ankerlänge bestimmt.

Den Ansatz der Kräfte auf den Bodenkörper zwischen Ankerwand, Uferwand, tiefer Gleitfuge und Geländeoberkante (Gleitkörper FDBA) zeigt Bild E 10-1.

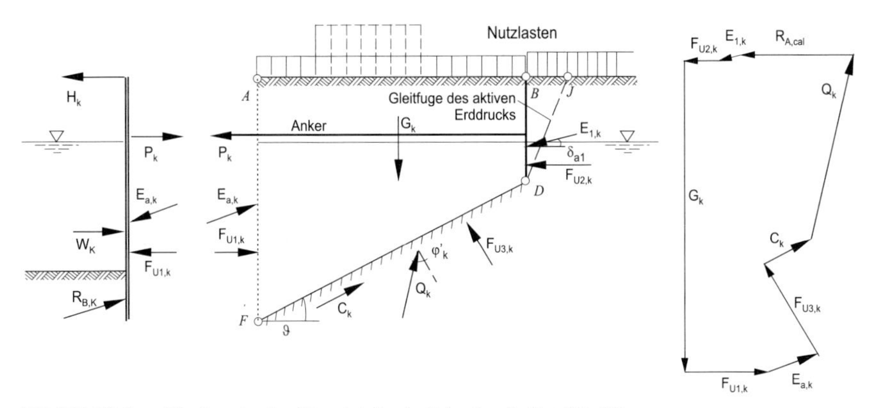

Bild E 10-1. Nachweis der Standsicherheit in der tiefen Gleitfuge

In Bild E 10-1 bedeuten:

ϑ	Neigungswinkel der tiefen Gleitfuge,
G_k	totale charakteristische Gewichtskraft des Gleitkörpers FDBA, ggf. zuzüglich Nutzlast,
$E_{a,k}$	charakteristischer aktiver Erddruck (ggf. erhöhter aktiver Erddruck),
$F_{U1,k}$	charakteristische Wasserdruckkraft im Schnitt AF zwischen Boden und Stützwand,
$F_{U2,k}$	charakteristische Wasserdruckkraft auf die Ankerwand DB,
$F_{U3,k}$	charakteristische Wasserdruckkraft auf die tiefe Gleitfuge FD,
Q_k	charakteristische resultierende Kraft in der tiefen Gleitfuge aus Normalkraft und maximal möglicher Reibungskraft (daher unter Winkel φ_k gegen die Gleitfugennormale geneigt),
C_k	charakteristische Kohäsionskraft in der tiefen Gleitfuge, ihre Größe ergibt sich aus dem charakteristischen Wert der Kohäsion und der Länge der tiefen Gleitfuge,
$E_{1,k}$	charakteristischer aktiver Erddruck mit Nutzlast auf die Ankerwand DB,
P_k	charakteristische Ankerkraft.

Bei der charakteristischen Ankerkraft muss zwischen dem Anteil $P_{G,k}$ aus ständigen Einwirkungen und dem Anteil $P_{Q,k}$ aus veränderlichen Einwirkungen unterschieden werden.

Der Nachweis ist sowohl für ausschließlich ständige Lasten als auch für ständige und veränderliche Lasten zu führen. Im zweiten Fall sind die Anteile aus den veränderlichen Lasten in ungünstigster Laststellung zu berücksichtigen. Die sich aus diesen Anteilen ergebende Kraft $P_{Q,k}$ ist getrennt auszuweisen.

Die Standsicherheit in der tiefen Gleitfuge ist gegeben, wenn gilt:

$$P_{G,k} \cdot \gamma_G \leq R_{A,cal}/\gamma_{Ep}$$

wobei $R_{A,cal}$ aus dem Krafteck entsprechend Bild E 10-1 für ausschließlich ständige Lasten ermittelt wird und

$$P_{G,k} \cdot \gamma_G + P_{Q,k} \cdot \gamma_Q \leq R_{A,cal}/\gamma_{Ep}$$

wobei $R_{A,cal}$ aus dem Krafteck entsprechend Bild E 10-1 für ständige und veränderliche Lasten ermittelt wird.

Für den Nachweis der Standsicherheit in der tiefen Gleitfuge werden folgende Teilsicherheitsbeiwerte nach DIN 1054 angesetzt:

γ_G Teilsicherheitsbeiwert für ständige Einwirkungen,
γ_Q Teilsicherheitsbeiwert für veränderliche Einwirkungen,
γ_{Ep} Teilsicherheitsbeiwert für Erdwiderstand.

Dem Nachweis der Standsicherheit in der tiefen Gleitfuge liegt die Vorstellung zugrunde, dass durch die Einleitung der Ankerkraft in den Boden ein Bruchkörper hinter der Uferwand entsteht, der durch die Uferwand, die Ankerwand und die tiefe Gleitfuge begrenzt ist. Dabei wird der maximal mögliche Scherwiderstand in der tiefen Gleitfuge ausgenutzt, während der Grenzwert für die Fußauflagerkraft nicht erreicht wird. $R_{A,cal}$ ist die charakteristische Ankerkraft, die von dem Gleitkörper FDBA bei voller Ausnutzung der Scherfestigkeit des Bodens höchstens aufgenommen werden kann. Die Definition der Ausnutzung der Ankerkraft steht stellvertretend für die Ausnutzung der Scherfestigkeit des Bodens.

Auch beim Nachweis der Standsicherheit in der tiefen Gleitfuge wird das Gleichgewicht der angreifenden Momente nicht betrachtet, weil nur die Resultierenden der über die Begrenzungen des Gleitkörpers eingeleiteten Einwirkungen in den Nachweis eingehen. Die tiefe Gleitfuge wird durch die Verbindungsgerade DF mit ausreichender Genauigkeit als maßgebende Gleitfuge ersetzt.

Will man im Falle eines durchströmten Gleitkörpers (zur Spundwand abfallender Grundwasserspiegel) die Strömungskraft im Gleitkörper berücksichtigen, müssen die Wasserdrücke auf die Uferwand, auf die Ankerwand und die tiefe Gleitfuge aus einem Strömungsnetz nach E 113, Abschnitt 4.7 ermittelt und zu Resultierenden in der jeweiligen Begrenzungsfläche des Gleitkörpers zusammengefasst werden.

8.5.2 Standsicherheit in der tiefen Gleitfuge bei nicht konsolidierten, wassergesättigten bindigen Böden

Der Nachweis der Standsicherheit in der tiefen Gleitfuge wird für Uferwände und ihre Verankerung in nicht konsolidierten, bindigen Böden wie in Abschnitt 8.5.1 geführt. Der Erddruck ist für den nicht konsolidierten, wassergesättigten Fall nach E 130, Abschnitt 2.5 zu ermitteln. In der tiefen Gleitfuge wirkt die charakteristische Kohäsionskraft $C_{u,k}$. Der Reibungswinkel ist bei nicht konsolidierten, wassergesättigten, erstbelasteten, bindigen Böden mit $\varphi_u = 0$ anzusetzen.

8.5.3 Standsicherheit in der tiefen Gleitfuge bei wechselnden Bodenschichten

Der Nachweis der Standsicherheit in der tiefen Gleitfuge wird bei wechselnden Bodenschichten gemäß Abschnitt 8.5.1 geführt. Der Gleitkörper entsprechend Bild E 10-2 wird durch gedachte lotrechte Trennfugen durch die Schnittpunkte

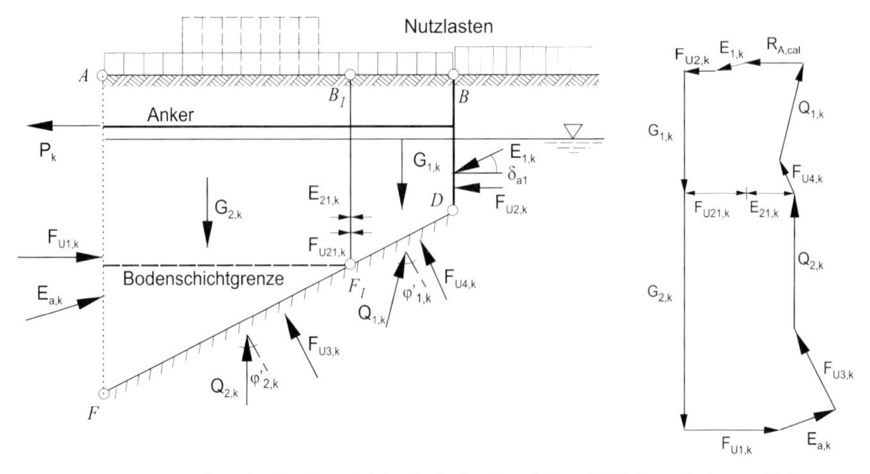

Bild E 10-2. Nachweis der Standsicherheit in der tiefen Gleitfuge bei geschichtetem Boden

der tiefen Gleitfuge mit den Schichtgrenzen zerlegt (Bild E 10-2). Dadurch wird der Gleitkörper FDBA in so viele Teilkörper aufgeteilt, wie Schichten von der tiefen Gleitfuge geschnitten werden. Nun wird das Kräftegleichgewicht nacheinander für alle Teilkörper gebildet (Bild E 10-2). Führen Teilstrecken der tiefen Gleitfuge durch bindige Böden, wird in diesen Teilstrecken eine Kohäsionskraft angesetzt (im Krafteck in Bild E 10-2 ist Kohäsion nicht berücksichtigt).

Die Erddruckkräfte in den vertikalen Schnitten zwischen den Teilkörpern werden parallel zur Oberfläche angesetzt.

An den Gleitkörpern in Bild E 10-2 wirken folgende charakteristische Kräfte:

$G_{1,k}$ totale Gewichtskraft des Gleitkörpers F_1DBB_1, ggf. zuzüglich Nutzlast,
$G_{2,k}$ totale Gewichtskraft des Gleitkörpers FF_1B_1A, ggf. zuzüglich Nutzlast,
$E_{a,k}$ aktiver Erddruck (über alle Bodenschichten),
P_k Ankerkraft,
$F_{U1,k}$ Wasserdruckkraft zwischen Boden und Stützwand AF,
$F_{U2,k}$ Wasserdruckkraft auf die Ankerwand DB,
$F_{U3,k}$ Wasserdruckkraft auf die tiefe Gleitfuge im Abschnitt FF_1,
$F_{U4,k}$ Wasserdruckkraft auf die tiefe Gleitfuge im Abschnitt F_1D,
$F_{U21,k}$ Wasserdruckkraft auf die lotrechte Trennfuge F_1B_1,
$E_{1,k}$ Aktiver Erddruck mit Nutzlast auf die Ankerwand DB,
$E_{21,k}$ Erddruckkraft in der lotrechten Trennfuge F_1B_1.

Die Standsicherheit in der tiefen Gleitfuge ergibt sich aus den Ungleichungen in Abschnitt 8.5.1.

8.5.4 Standsicherheit in der tiefen Gleitfuge bei Einspannung der Uferwand

Der vorstehend erläuterte Nachweis der Standsicherheit in der tiefen Gleitfuge kann mit hinreichender Genauigkeit auch für im Boden eingespannte Uferwände geführt werden. Bei diesen Wänden wird die tiefe Gleitfuge zwischen Fußpunkt der Ankerwand und dem Querkraftnullpunkt im Einspannbereich der Uferwand geführt. Dieser liegt an der Stelle des größten Einspannmoments. Seine Lage kann daher der Spundwandberechnung entnommen werden.

Der Erddruck ist in diesem Fall nur bis zum rechnungsmäßigen Spundwandfußpunkt zu ermitteln, die vorhandene Ankerkraft ist der Spundwandstatik für die eingespannte Wand zu entnehmen.

8.5.5 Standsicherheit in der tiefen Gleitfuge bei eingespannter Ankerwand

Ist die Ankerwand eingespannt, ist sinngemäß nach Abschnitt 8.5.4 die tiefe Gleitfuge zu dem rechnungsmäßigen Fußpunkt in Höhe des Querkraftnullpunkts im Einspannbereich der Ankerwand zu führen.

8.5.6 Standsicherheit in der tiefen Gleitfuge bei Verankerungen mit Ankerplatten

Sind die Anker an einzelnen Ankerplatten mit einem lichten Abstand a verankert, ist der Nachweis der Standsicherheit in der tiefen Gleitfuge für eine gedachte Ersatzankerwand zu führen, die um das Maß $1/2 \cdot a$ vor den Ankerplatten angenommen wird.

8.5.7 Nachweis der Sicherheit gegen Aufbruch des Verankerungsbodens

Mit dem Nachweis der Sicherheit gegen Aufbruch des Verankerungsbodens wird nachgewiesen, dass die Bemessungswerte der widerstehenden horizontalen Kräfte vor Ankerplatten oder Ankerwänden von Unterkante Ankerplatte oder Ankerwand bis Oberkante Gelände mindestens gleich oder größer sind als die Summe aus dem horizontalen Anteil des Bemessungswertes der Ankerkraft, dem horizontalen Anteil des Bemessungswertes des Erddrucks auf die Ankerwand und einem etwaigen Wasserüberdruck.

Erddruck- und Erdwiderstand an der Ankerwand oder an einzelnen Ankerplatten werden nach DIN 4085 ermittelt. Eine nicht ständige Einwirkung (Nutzlast auf dem Gelände) darf nur angesetzt werden, wenn sie ungünstig wirkt. Das ist in der Regel bei Nutzlasten hinter der Ankerwand oder hinter den Ankerplatten der Fall. Der Grundwasserstand ist in seiner ungünstigsten Höhe anzusetzen.

Für den Erdwiderstand vor der Ankerwand darf nur der Neigungswinkel angesetzt werden, für den die Bedingung $\Sigma V = 0$ an der Ankerwand erfüllt wird (Summe aller angreifenden lotrechten Kräfte einschließlich Eigenlast und Erdauflast entspricht lotrechter Komponente des Erdwiderstands).

Bei frei aufgelagerten Ankerplatten und -wänden liegt der Ankeranschluss im Allgemeinen in der Mitte der Höhe der Platte oder der Wand. Weiteres siehe auch E 152, Abschnitt 8.2.14 und E 50, Abschnitt 8.4.9.

8.5.8 Standsicherheit in der tiefen Gleitfuge bei Uferwänden, die mit Ankerpfählen oder Verpressankern in einer Ankerlage verankert sind

Uferwände werden auch mit Ankerpfählen oder Verpressankern verankert, die die Ankerkraft über Mantelreibung in den Boden abtragen. Im Wesentlichen müssen dabei drei Gruppen von Ankerelementen unterschieden werden:

- Ankerpfähle mit und ohne Mantelverpressung nach Abschnitt 9.2,
- Verpresspfähle kleinen Durchmessers nach DIN EN 14199 und DIN EN 1536,
- Verpressanker nach DIN EN 1537.

Die erforderliche Länge dieser Ankerelemente wird im Rahmen des Nachweises der Standsicherheit in der tiefen Gleitfuge nach Bild E 10-3 ermittelt.

Symbole in Bild E 10-3 (die Kräfte am Gleitkörper sind in Bild E 10-1 erläutert):

l_a Länge des Ankerelements,

l_r die aus dem Bemessungswert der Ankerkraft P_d und dem Bemessungswert der Mantelreibung T_d des Pfahls ermittelte erforderliche Mindestverankerungslänge bzw. die Verpresskörperlänge eines Verpressankers ($l_r = P_d/T_d$),

T_d Bemessungswert der Mantelreibung, ermittelt aus dem Bemessungswert des Herausziehwiderstandes $R_{t,d}$ und der Krafteintragungslänge l_0 im Zugversuch ($T_d = R_{t,d}/l_0$),

l_k die obere Ankerpfahllänge, die statisch nicht wirksam ist. Sie beginnt am Ankerpfahlkopf und endet beim Erreichen der Erddruckgleitfuge oder in Oberkante des tragfähigen Bodens, sofern diese tiefer liegt,

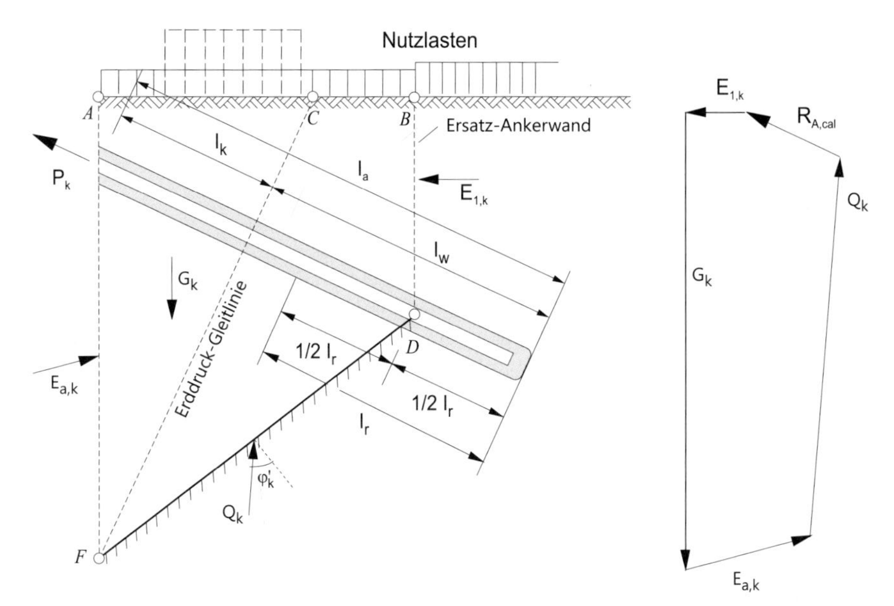

Bild E 10-3. Nachweis der Standsicherheit in der tiefen Gleitfuge bei Pfählen und Verpressankern

l_w die statisch wirksame Verankerungslänge. Sie reicht von der Erddruckgleitfuge bzw. von der Oberkante des tragfähigen Bodens bis zum Ankerende (ohne Pfahlfuß). Dabei muss grundsätzlich gelten: $l_w \geq l_r$ und für VM-Pfähle zusätzlich: $l_w \geq 5{,}00$ m.

Der Gleitkörper wird in diesem Fall durch eine Ersatzankerwand begrenzt, die als Vertikale in der Mitte der Krafteinleitungsstrecke l_r des Ankerelements angenommen wird. Bei Verpressankern ist die Krafteinleitungsstrecke l_r die rechnerische Verpresskörperlänge.

Die Erddruckkraft $E_{1,k}$ auf die Ersatzankerwand wird stets parallel zur Geländeoberfläche angesetzt.

Ist der Abstand a_a der Anker untereinander größer als die halbe rechnerische Krafteinleitungsstrecke ($a_a < 1/2 \cdot l_r$), muss die mögliche Ankerkraft $R_{A,cal}$ mit dem Quotienten aus der halben rechnerischen Krafteinleitungsstrecke und dem Ankerabstand abgemindert werden:

$$R^*_{A,cal} = R_{A,cal} \cdot (\tfrac{1}{2} \cdot l_r)/a_A$$

Die so abgeminderte mögliche Ankerkraft ist in der Regel kleiner als die tatsächlich aufnehmbare Ankerkraft, wenn der hinter dem Fußpunkt der Ersatzankerwand mobilisierte Herausziehwiderstand der Ankerelemente in den Nachweisen nicht angesetzt wird.

Dieser Nachweis ist eine erhebliche Vereinfachung. Eine genauere Betrachtung ist erforderlich, wenn die Anker so kurz sind, dass die rechnerische Krafteinleitungsstrecke l_r gleich der Ankerlänge l_w außerhalb des aktiven Gleitkeils ist ($l_w = l_r$) (Heibaum, 1991).

Ein genauerer, aber auch aufwendigerer Nachweis ist möglich, indem durch Variation der Gleitflächenneigung die ungünstigste Gleitfuge unter Berücksichtigung des hinter dem Fußpunkt der Ersatzankerwand noch mobilisierbaren Herausziehwiderstands gesucht wird (in Anlehnung an DIN 4084, Heibaum, 1987). Dabei ist der charakteristische Wert der Herausziehkraft anzusetzen, der von der hinter der Gleitfuge liegenden Kraftübertragungslänge auf den unbeeinflussten Boden übertragen wird.

8.5.9 Standsicherheit in der tiefen Gleitfuge bei Uferwänden, die in mehreren Lagen verankert sind

Bei mehrlagiger Verankerung durch Ankerpfähle oder Verpresspfähle werden die auf die Standsicherheit in der tiefen Gleitfuge zu untersuchenden Gleitkörper durch jeweils eine Gleitfuge durch jeden der Mittelpunkte der Krafteinleitungsstrecken begrenzt. Schneidet die tiefe Gleitfuge bei mehrlagiger Verankerung einen Anker vor oder in der Krafteinleitungsstrecke, so darf die Kraft, die hinter der Gleitfuge im unbewegten Boden übertragen werden kann, berücksichtigt werden (Kraft $P^*_{2,k}$ in Bild E 10-4). Die freigeschnittene Ankerkraft $P^*_{2,k}$ darf aus einer gleichmäßigen Verteilung der Ankerkraft $P_{2,k}$ über die Krafteinleitungsstrecke l_r ermittelt werden.

Für den Nachweis muss zwischen den ständigen Anteilen ($P_{G,k}$) und den veränderlichen Anteilen ($P_{Q,k}$) der Ankerkraft unterschieden werden.

Die Standsicherheit in der tiefen Gleitfuge ist gegeben, wenn gilt:

$$\sum \left(P_{G,k} - P^*_{G,k}\right) \cdot \gamma_G \leq R_{A,cal}/\gamma_{Ep}$$

wobei $R_{A,cal}$ aus dem Krafteck mit ausschließlich ständigen Lasten ermittelt wird und

$$\sum \left(P_{G,k} - P^*_{G,k}\right) \cdot \gamma_G + \sum \left(P_{Q,k} - P^*_{Q,k}\right) \cdot \gamma_Q \leq R_{A,cal}/\gamma_{Ep}$$

wobei $R_{A,cal}$ aus dem Krafteck mit ständigen und veränderlichen Lasten ermittelt wird, mit:

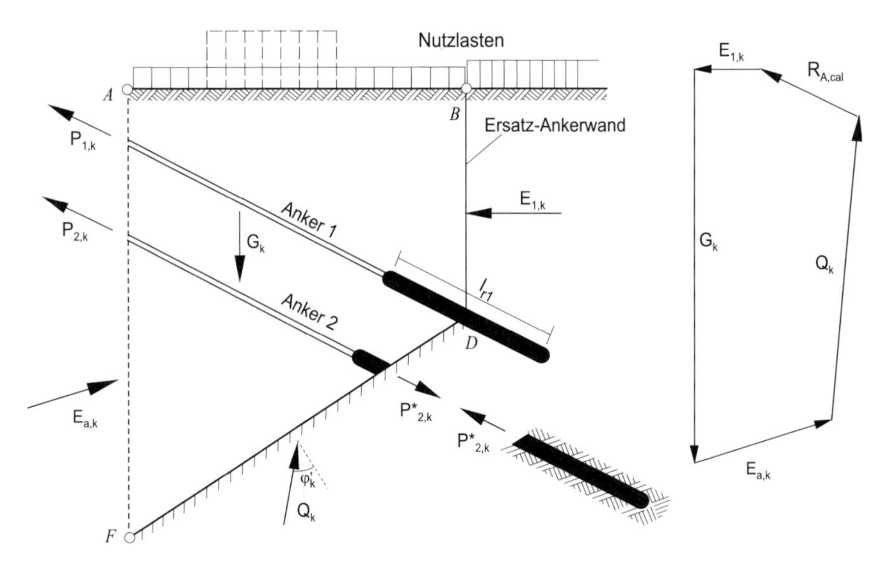

Bild E 10-4. Nachweis der Standsicherheit in der tiefen Gleitfuge bei mehrfacher Verankerung

$\Sigma(P_{G,k} - P^{*}_{G,k})$	Summe aller ständigen Anteile der charakteristischen Ankerkräfte abzüglich der hinter der Gleitfuge in den unbewegten Boden übertragenen Kräfte,
$\Sigma(P_{Q,k} - P^{*}_{Q,k})$	Summe aller veränderlichen Anteile der charakteristischen Ankerkräfte abzüglich der hinter der Gleitfuge in den unbewegten Boden übertragenen Kräfte.

(Sicherheitsbeiwerte γ_i wie in Abschnitt 8.5.1 angegeben.)

8.5.10 Sicherheit gegen Geländebruch

Die Nachweise der Standsicherheit in der tiefen Gleitfuge in Verbindung mit dem bei Ankerwänden und Ankertafeln zu führenden Nachweis gegen Aufbruch des Verankerungsbodens ersetzen die allgemein zu fordernde Untersuchung auf Geländebruch nach DIN 4084.

Unabhängig von der Standsicherheit in der tiefen Gleitfuge ist die Sicherheit gegen Geländebruch nach DIN 4084 dann nachzuweisen, wenn ungünstige Bodenschichten (Weichschichten unterhalb der Verankerungszone) oder hohe Lasten hinter der Ankerwand bzw. Ersatzankerwand anstehen oder wenn besonders lange Anker verwendet werden. Hinweise enthält auch DIN 1054.

9 Zugpfähle und Anker (E 217)

9.1 Allgemeines

Ufereinfassungen müssen in der Regel mit entsprechenden Verankerungselementen zur Gewährleistung der Kipp- und Gleitsicherheit, zur Aufnahme der Horizontalkräfte aus Erd- und Wasserdruck sowie den Kräften aus dem Überbau, wie Pollerzug und Schiffsstoß, ausgestattet werden. Bei kleineren Geländesprüngen können diese Kräfte gegebenenfalls durch entsprechende Ausbildung des Pfahlrostes über Pfahlböcke abgeleitet werden. Größere Geländesprünge, wie sie in den modernen See- und Binnenhäfen vorkommen, verlangen besondere Verankerungselemente.

Zur Verankerung von Ufereinfassungen stehen im Wesentlichen die nachfolgend beschriebenen Bauelemente zur Verfügung:

- Verdrängungspfähle,
- Mikropfähle,
- Sonderpfähle,
- Anker.

9.2 Verdrängungspfähle

9.2.1 Herstellung

Die Herstellung von Verdrängungspfählen ist in DIN EN 12699 „Verdrängungspfähle" mit DIN SPEC 18538 geregelt. Bei der Herstellung von Verdrängungspfählen wird kein Boden gefördert, der Boden bleibt im unmittelbaren Bereich des Pfahles im Untergrund und wird, sofern möglich, durch Verdrängung verdichtet. Verdrängungspfähle werden eingerammt, eingerüttelt oder in den Baugrund eingedreht. Beim Einrammen flach geneigter Pfähle muss eine sichere Führung gewährleistet sein. Grundsätzlich sind wegen der längeren Krafteinwirkung, aber auch aus Umweltaspekten (Lärm, Erschütterung), langsam schlagende Rammbäre schnell schlagenden vorzuziehen. Schnell schlagende Rammbäre können jedoch bei nichtbindigen Böden wegen ihrer „Rüttelwirkung" eine Verdichtung des Bodens und damit eine Erhöhung der Tragfähigkeit bewirken. Bei der Bemessung des Bärgewichts ist der Energieverlust wegen der Schräglage der Pfähle zu berücksichtigen. Das freie, unter die Rammführung reichende Pfahlende darf nur so lang sein, dass die zulässigen Biegespannungen des Pfahls während des Einbaus nicht überschritten werden. Die Folgen von evtl. verwendeten Spülhilfen sind zu berücksichtigen.

Empfehlungen des Arbeitsausschusses „Ufereinfassungen" – EA „Ufereinfassungen", 11. Auflage.
Herausgegeben vom Arbeitsausschuss „Ufereinfassungen" der Hafentechnischen Gesellschaft e.V. und der Deutschen Gesellschaft für Geotechnik e.V.

9.2.2 Bauarten

9.2.2.1 Stahlpfähle (ohne Verpressung)

Stahlpfähle sind Walzerzeugnisse, die als I-förmige Profile in großen Längen geliefert werden können. Sie zeichnen sich durch gute Anpassung an die jeweiligen statischen, geotechnischen und einbringungstechnischen Verhältnisse aus. Sie können als „nackte" Pfähle gerammt oder gerüttelt werden und sind relativ unempfindlich gegen Rammhindernisse und schwere Rammung. Wenn die örtlichen Bodenverhältnisse dies erfordern, können sie am Pfahlkopf aufgestockt werden. Stahlpfähle lassen sich über Schweißkonstruktionen problemlos mit anderen Bauwerksteilen aus Stahl oder Stahlbeton verbinden.

Verwendet werden sollten die Stahlgüten nach DIN EN 1993 1-1 und DIN EN 10025.

In Sonderfällen können Stahlpfähle mit angeschweißten Stahlflügeln ausgerüstet und so in ihrer Tragfähigkeit verbessert werden. Flügelpfähle sollten nur in hindernisfreien und vorzugsweise nichtbindigen Böden angewendet werden und müssen ausreichend tief in den tragfähigen Boden einbinden. Stehen bindige Schichten an, so sollten die Flügel unterhalb dieser Schichten liegen und offene Rammkanäle, z. B. durch Verpressen, verschlossen werden. Die Flügel müssen so gestaltet und angeordnet werden, dass sie das Rammen nicht zu sehr erschweren und ihrerseits den Rammvorgang heil überstehen. Die Gestaltung der Flügel und ihre Anschlusshöhe müssen daher den jeweiligen Bodenverhältnissen sorgfältig angepasst werden. Hierbei ist zu beachten, dass wassergesättigte, bindige Böden beim Rammen wohl verdrängt, nicht aber verdichtet werden. Bei nichtbindigen Böden kann sich durch die Rammerschütterung vor allem im Flügelbereich ein hochverdichteter fester Pfropfen bilden, der das Einrammen erschwert.

Die Flügel werden symmetrisch zur Pfahlachse und im Allgemeinen knapp über dem Pfahlfußende beginnend angeordnet, sodass am Fußende noch eine mindestens 8 mm dicke Schweißnaht zwischen Flügel und Pfahl angebracht werden kann. Auch das obere Flügelende muss eine entsprechend kräftige Quernaht aufweisen. Die Nähte werden anschließend auch auf beiden Seiten des Flügels in Pfahllängsrichtung auf rd. 500 mm Länge ausgeführt. Dazwischen genügen einzelne Schweißraupen (unterbrochene Schweißnaht).

Die Anschlussfläche der Flügel soll mit Rücksicht auf Zwangskräfte ausreichend breit sein (im Allgemeinen mind. 100 mm). Je nach Bodenschichtung können die Flügel auch höher am Pfahlschaft liegend angeordnet werden.

9.2.2.2 Verpressmörtelpfähle (VM-Pfähle)

Unter diesen Begriff fallen auch die Verpressmantelpfähle sowie die unter den Namen MV- und RV-Pfahl bekannten Rammverpresspfähle. VM-Pfähle bestehen aus Stahlprofilen wie unter Abschnitt 9.2.2.1. beschrieben. Die Pfähle weisen jedoch zum Zweck des Einbringens von Verpressgut am Pfahlfuß eine spezielle Fußausbildung auf. Als Pfahlspitze dient dabei ein Schneidschuh aus einer kastenförmigen, geschweißten Blechkonstruktion.

Der Schneidschuh erzeugt im Boden als „Vollverdränger" einen prismatischen Hohlraum um das gesamte Stahlprofil des gerammten Pfahls, der parallel zur Rammung mit Zementmörtel/Feinkornbeton verfüllt wird. Das Verfüllgut wird in einer am Pfahl angebrachten Leitung bis zur Pfahlspitze geführt, tritt dort aus und gelangt in den zu verfüllenden Hohlraum, den der Schneidschuh hinterlassen hat.

Der im Hohlraum erhärtete Zementmörtel/Feinkornbeton stellt den Verbund zwischen Stahlpfahl und Baugrund her, der übertragbare Mantelreibungswiderstand kann je nach Baugrund um den Faktor 3 bis 5 größer sein als bei einem unvermörtelten Stahlpfahl.

Eine zusätzliche Steigerung der Tragfähigkeit des VM-Pfahls folgt aus der Bodenverdrängung beim Rammen, die eine räumliche Verspannung des Baugrunds bewirkt. VM-Pfähle werden in der Regel in Neigungen zwischen 2 : 1 und 1 : 1 hergestellt.

Besonders geeignet für VM-Pfähle sind nichtbindige Böden mit verhältnismäßig großem Porenvolumen.

9.2.2.3 Rüttelinjektionspfähle (RI-Pfähle)

RI-Pfähle weisen einige Gemeinsamkeiten mit den VM-Pfählen auf. Sie bestehen aus Stahlprofilen gemäß Abschnitt 9.2.2.1. Am Fuß werden zur Aufweitung des I-förmigen Pfahlquerschnitts umlaufend ca. 20 mm dicke Flachstähle auf dem Steg und den Flanschen aufgeschweißt. Diese erzeugen entlang des Pfahlschaftes einen der Blechdicke entsprechenden Hohlraum, der während des Einrüttelns ähnlich wie beim VM-Pfahl mit Zementmörtel verpresst wird, um den Mantelwiderstand zu erhöhen.

RI-Pfähle können in Neigungen zwischen lotrecht und 1 : 1 eingebracht werden. Bei gerüttelten Schrägpfählen ist es allerdings schwierig, einen befriedigenden Wirkungsgrad der Eindringung (Pfahleindringung pro Zeiteinheit, bezogen auf die aufgebrachte Rüttelenergie) zu erzielen. Es hat sich bewährt, den schräg liegenden RI-Pfahl gegen den Boden mit ca. 100 kN Längsdruckkraft „vorzuspannen". Auf diese Weise hält der Pfahl ständig kraftschlüssigen Kontakt zum Baugrund und die aufgebrachte Energie kann wirkungsvoller in Eindringfortschritt umgesetzt werden.

9.2.3 Tragfähigkeit von Verdrängungspfählen

9.2.3.1 Innere Tragfähigkeit

Die innere Tragfähigkeit der Pfähle ist in Abhängigkeit von den verwendeten Werkstoffen nachzuweisen. Eine ausführliche Darstellung dieser Nachweise und Nachweisformate gibt EA Pfähle (2012), Abschnitt 5.10.

9.2.3.2 Äußere Tragfähigkeit

Der Widerstand von Verdrängungspfählen bei Zugbelastung wird nach DIN EN 1997-1 ermittelt. Bei Zugpfählen müssen immer zwei Formen des Versagens untersucht werden, und zwar das Herausziehen der Pfähle aus dem Boden und das Aufschwimmen des Bodenblocks, der die Pfähle enthält. Nach DIN EN 1997-1 sollte die äußere Tragfähigkeit von Zugpfählen stets durch Probebelastungen nachgewiesen werden. Eine Abschätzung des Zugpfahlwiderstands aus Erfahrungswerten ist nur in Ausnahmefällen zulässig.

Die Vorgehensweise beim Nachweis der äußeren Tragfähigkeit nach DIN EN 1997-1 wird in EA Pfähle 2012, Abschnitt 6.3 ausführlich behandelt. Außerdem werden in EA Pfähle auch die Pfahlprüfungen eingehend behandelt.

Für Vorentwürfe kann die äußere Tragfähigkeit von Zugpfählen näherungsweise auch aus dem Sondierspitzenwiderstand von Drucksondierungen abgeleitet werden. Zur einwandfreien Identifizierung der anstehenden Böden ist bei den Sondierungen stets auch die lokale Mantelreibung zu messen. Die eindeutige Zuordnung der Messwerte der Sondierung zu den anstehenden Bodenarten erfolgt durch mindestens eine Bohrung zur Kalibrierung der Ergebnisse der Sondierungen. Anhaltswerte für die charakteristischen Pfahlwiderstände in Abhängigkeit von den Bodenarten und ihrer Festigkeit können der EA Pfähle entnommen werden.

9.2.3.3 Verbundspannung von verpressten Verdrängungspfählen

Nach DIN SPEC 18538 sind bei verpressten Verdrängungspfählen die Verbundspannungen in der Fuge Pfahlschaft/Verpressmörtel nachzuweisen. Dabei wird zwischen verspannten und unverspannten Flächen unterschieden. Daraus ergeben sich für VM-Pfähle nach Abschnitt 9.2.2.2 deutlich höhere Verbundspannungen als bei RI-Pfählen nach Abschnitt 9.2.2.3.

9.2.3.4 Zusatzbeanspruchungen

Bei der Rückverankerung von Ufereinfassungen mittels Schrägpfählen können vielfältige Formen von Zusatzbeanspruchungen, beispielsweise aus Konsolidierungssetzungen, Verdichtungssetzungen, Blocktragverhalten, Bodenverformung aus Spundwanddurchbiegung usw., insbesondere quer zur Pfahlachse, auftreten. Bei duktilen Pfählen kann bei der genannten Zusatzbeanspruchung auf den

Nachweis der inneren Sicherheit im Feld und bei ausreichend beweglicher oder duktiler Ausbildung auch im Wandanschlussbereich verzichtet werden. Anleitungen zur Berücksichtigung dieser Zusatzbeanspruchungen sind der EA Pfähle 2012, 4.6.2 zu entnehmen.

9.3 Mikropfähle

9.3.1 Herstellung

Die Herstellung von Mikropfählen ist in DIN EN 14199 in Verbindung mit DIN SPEC 18539 geregelt. Mikropfähle können im Bohrverfahren (max. Schaftdurchmesser 300 mm) oder Verdrängungsverfahren (max. Querschnittsabmessung 150 mm) eingebracht werden. Das Zugglied wird entweder in die vorbereiteten Löcher eingebaut oder dient bei selbstbohrenden Mikropfählen direkt auch als „verlorenes" Bohrwerkzeug. Mikropfähle sind generell nicht vorgespannt. Im Gegensatz zu Verpressankern übertragen Mikropfähle auf ihrer gesamten Länge die Last in den Baugrund, eine Freispielstrecke ist nicht vorgesehen.

9.3.2 Bauarten

9.3.2.1 Verbundpfähle

Mikropfähle in der Bauweise als Verbundpfähle haben ein durchgehendes, vorgefertigtes Tragglied aus Stahl und werden mit Zementmörtel verfüllt und verpresst. Der Verpressvorgang erfolgt über erhöhten Flüssigkeitsdruck (mind. 5 bar) auf das Verpressgut. Bei entsprechender technischer Ausrüstung ist es möglich, die Mikropfähle über Ventil- oder Manschettenrohre nachzuverpressen. Bei selbstbohrenden Pfahlsystemen ist eine Nachverpressung nicht möglich. Verbundpfähle benötigen eine Zulassung. Das Stahltragglied besteht aus Betonstahl mit Gewinderippen, Vollstahl oder aus Stahlrohren mit eingeschnittenen oder aufgewalzten Gewinderillen oder aufgeschweißten Drähten. Hiermit lassen sich auf einfache Weise Anschlüsse an Stahlbeton- oder Stahlwandkonstruktionen herstellen. Für diese Anschlusskonstruktionen sind ebenfalls Zulassungen erforderlich.

9.3.2.2 Ortbetonpfähle

Mikropfähle in der Bauweise als Ortbetonpfähle haben Schaftdurchmesser von 150 bis 300 mm. Sie werden im Bohrverfahren eingebracht, erhalten eine durchgehende Längsbewehrung aus Betonstahl und werden mit Beton oder Zementmörtel verfüllt. Die Verpressung erfolgt über Druckluft auf dem freien Ortbetonspiegel. Mit dem Pfahl eingebrachte Ventilrohre ermöglichen ein späteres Nachverpressen.

9.3.3 Tragfähigkeit von Mikropfählen

9.3.3.1 Innere Tragfähigkeit

Die innere Tragfähigkeit von Mikropfählen in Verbundbauweise nach Abschnitt 9.3.2.1 wird durch die Material- und Querschnittskennwerte des verwendeten Stahls bestimmt und ist in der benötigten Zulassung geregelt.

Die innere Tragfähigkeit von Mikropfählen in der Ortbetonbauweise nach Abschnitt 9.3.2.2 wird nach den Regeln der Stahlbetonbemessung nachgewiesen.

9.3.3.2 Äußere Tragfähigkeit von Mikropfählen

Der Widerstand von Mikropfählen bei Zugbelastung wird nach DIN EN 1997-1 ermittelt. Zum Nachweis der äußeren Tragfähigkeit sind danach grundsätzlich Probebelastungen durchzuführen.

Für Vorentwürfe darf die äußere Tragfähigkeit von Mikropfählen mit den Erfahrungswerten der EA Pfähle ermittelt werden. Aber auch diese Werte müssen durch Probebelastungen abgesichert werden. Für auf Zug belastete Mikropfähle sind nach DIN EN 1997-1 Probebelastungen an mindestens 3 % der Pfähle, jedoch an mindestens 2 Pfählen vorgeschrieben.

9.3.3.3 Verbundspannung von verpressten Mikropfählen

Der Nachweis der Verbundspannungen in der Fuge Pfahlschaft/Verpressmörtel von verpressten Mikropfählen wird grundsätzlich für jede Bauart bei den Untersuchungen zur Erlangung der Zulassung geführt.

9.3.3.4 Zusatzbeanspruchungen

Grundsätzlich gelten auch für Mikropfähle die Ausführungen unter Abschnitt 9.2.3.4. Nach EA Pfähle 2012, 4.6.2 (4) wird der Korrosionsschutz des Tragglieds von Mikropfählen durch Zusatzbeanspruchungen quer zur Pfahlachse nicht beeinträchtigt, wenn die Zuglieder in durchgehenden, mit Zement verfüllten Kunststoffhüllrohren verlegt sind.

9.4 Sonderpfähle

9.4.1 Allgemeines

Für die Verankerung von Uferwänden werden immer wieder Sonderbauarten angeboten. Bei diesen handelt es sich meist um eine Kombination verschiedener bekannter Bauverfahren und Methoden, die für ein konkretes Bauverfahren entwickelt wurden, wie z. B. das Düsenstrahlverfahren, kombiniert mit gerammten oder gebohrten Stahlprofilen. Diese Pfähle haben sich im Einzelfall bewährt, es fehlt allerdings die verallgemeinerbare Erfahrung, um sie im Rahmen dieser Empfehlung gesondert zu erwähnen. Wenn derartige Sonderbauarten angewendet werden sollen, ist jedes Mal im Einzelfall deren Verwendbarkeit nachzuweisen.

Eine Ausnahme bildet der Klappankerpfahl, der sich wegen seiner robusten Bauweise bei vielen Bauverfahren bewährt hat und dessen Herstellung nachfolgend beschrieben wird.

9.4.2 Herstellung von Klappankerpfählen

Klappankerpfähle sind komplett vorgefertigte Stahlzugelemente, die aus einem Stahlpfahlprofil und einer Ankertafel bestehen. Die Einbauneigung liegt zwischen 0° und 45°aus der Horizontalen.

Bei der Vorfertigung wird der Pfahlkopf zur späteren Verbindung von Ankerpfahl und Uferwand mit einer rotationsfähigen Stahlkonstruktion versehen. Die Tragbohlen werden zur Aufnahme dieses Pfahlkopfes mit einem dazu kompatiblen Stahlbauanschluss ausgestattet, in dem der Klappankerpfahl frei drehbar gelagert werden kann. Am Pfahlfuß wird rechtwinklig zur Pfahlachse die Ankertafel angeschweißt.

Zum Einbau des Ankerpfahles wird dieser mit einem Hebegerät aufgenommen. Der Pfahlkopf wird mit der Spundwand gelenkig und kraftschlüssig verbunden. Anschließend wird der noch immer im Kran hängende Pfahlfuß abgesenkt, wobei sich der Pfahlschaft um den Gelenkpunkt dreht und der Pfahlfuß mit der festen Ankertafel in seine Position auf der Gewässersohle abgesetzt wird. Nach diesem „Klappvorgang“ befindet sich der Pfahl in seiner Endposition. Anschließend erfolgt das Aufspülen des Verfüllbodens, wobei es zwingend erforderlich ist, die ersten Verfüllmengen direkt vor und auf der Ankertafel einzubringen. Dadurch kann nämlich bereits in diesem Bauzustand Pfahlwiderstand mobilisiert werden. Die Tragfähigkeit von Klappankern lässt sich verbessern, wenn die Ankertafel mit einem Unterwasserrüttler bis zur halben Höhe in die Gewässersohle eingerüttelt wird.

9.5 Anker

9.5.1 Herstellung

Anker haben im Gegensatz zu Zugpfählen immer eine wohldefinierte Verankerungsstrecke oder Verankerungsstelle, über die die Kraft in den Boden eingeleitet wird, sowie eine ebenso klar definierte Freispielstrecke (freie Stahllänge), über die planmäßig keine Krafteinleitung in den Baugrund erfolgt. Anker werden entweder im Bohrverfahren in verrohrte oder auch unverrohrte Bohrungen eingebracht (Verpressanker) oder oberflächennah verlegt, an Ankertafeln fixiert und anschließend überschüttet (z. B. Anker aus Rundstahl oder Walzprofilen). Die Kopfkonstruktion der Verpressanker ist in Zulassungen geregelt, für die Anschlusskonstruktionen der verlegten Anker siehe Abschnitt 8.4.

9.5.2 Bauarten

9.5.2.1 Verpressanker

Die Herstellung von Verpressankern ist in DIN EN 1537 in Verbindung mit DIN SPEC 18537 geregelt. Verpressanker bestehen aus einem Ankerkopf und einem Zugglied mit definierter freier Ankerlänge und Krafteintragungslänge. Für die Zugglieder werden Baustähle, Betonstabstähle und Spannstähle verwendet, letztere als Stab- oder Litzenstähle. Verpressanker nach DIN EN 1537 können vorgespannt werden. Alle Verpressanker für den dauerhaften Einsatz (>2 Jahre) benötigen eine Zulassung. Hierin sind alle Aspekte von der werksmäßigen Fertigung des Zuggliedes über den Korrosionsschutz, das Einbauen des Zuggliedes bis zur Prüfung und dem Vorspannen der Anker geregelt.

9.5.2.2 Verankerung mit rückliegender Ankertafel (verlegte Anker)

Der verlegte Anker besteht wie der Verpressanker nach Abschnitt 9.5.2.1 aus einem Ankerkopf sowie einer definierten freien Ankerlänge. Die Kraft wird nicht über Verbund zwischen Anker und Boden, sondern über eine großflächige Ankertafel (Ankerwand) in den Baugrund eingeleitet. Aufgestauchte Hammerköpfe und Gewindeenden, Ankerstühle, Muffen und Spannschlösser sowie Ankertafeln aus Wellenspundwänden oder Stahlbetonfertigteilen ermöglichen bautechnisch variable Lösungen für die verschiedensten Problemstellungen. Die Einbauneigung der verlegten Anker ist im Allgemeinen auf max. ca. 8° bis 10° begrenzt, weil sonst der Umfang der erforderlichen Erdarbeiten für Aushub der Ankergräben und deren Wiederverfüllung unwirtschaftlich groß wird.

Für spezielle Bauwerke wie Molenköpfe, Kaimauer- und Landspitzen sind horizontale Verankerungen mit verlegten Ankern ebenfalls geeignet, wenn zwischen den gegenüber liegenden Uferwänden durchgeankert werden kann. In diesen Fällen ist es meist nicht möglich, eine Verankerung mit Schrägpfählen unterzubringen.

9.5.3 Tragfähigkeit von Ankern

9.5.3.1 Innere Tragfähigkeit

Die innere Tragfähigkeit von Ankern wird durch die Material- und Querschnittskennwerte des verwendeten Stahls bestimmt.

9.5.3.2 Äußere Tragfähigkeit von Verpressankern

Zur Ermittlung der äußeren Tragfähigkeit von Verpressankern sind immer Eignungsprüfungen durchzuführen. Aus den Ergebnissen wird der charakteristische Herausziehwiderstand nach DIN EN 1997-1 ermittelt.

Darüber hinaus müssen alle Verpressanker nach Handbuch EC 7 vor Ingebrauchnahme eine Abnahmeprüfung bestehen. Eine Stichprobenprüfung, wie sie bei Pfählen und Mikropfählen vorgesehen ist, genügt nicht.

9.5.3.3 Tragfähigkeit von Verankerungsplatten (Ankerwänden)

Die Nachweise zur Standsicherheit von Verankerungen mit Ankerplatten werden in Abschnitt 8.2 behandelt.

10 Uferwände, Ufermauern und Überbauten aus Beton

10.1 Entwurfsgrundlagen für Uferwände, Ufermauern und Überbauten (E 17)

10.1.1 Allgemeine Grundsätze

Beim Entwurf von Uferbauwerken aus Beton, Stahlbeton oder Spannbeton sind die Gesichtspunkte der Dauerhaftigkeit und der Robustheit besonders wichtig. Die vorgesehene Nutzungsdauer ist dabei zu berücksichtigen. Diese kann bei Hafenbauwerken geringer sein als bei Bauwerken des allgemeinen Ingenieurbaus oder des Verkehrswasserbaus. Ufereinfassungen sind Angriffen durch wechselnde Wasserstände, betonaggressive Wässer und Böden, Eisangriff, Schiffsstoß (Anlegedruck bzw. Havarieschiffsstoß), chemischen Einflüssen aus Umschlag- und Lagergütern usw. ausgesetzt. Es genügt daher nicht, die Stahlbetonteile von Ufereinfassungen allein nach statischen Anforderungen zu bemessen.

Maßgebend sind zusätzlich die Forderungen nach einfacher Bauausführung ohne schwierige Schalungen, nach einem günstigen Einbinden von Spundwänden, Pfählen und dergleichen. Dies führt zu statisch-konstruktiven Maßnahmen, die über die Mindestanforderungen von DIN EN 1992-1-1 hinausgehen können. Sie sind zwischen Bauherrn, Entwurfsbearbeiter, Prüfingenieur für Baustatik und zuständiger Bauaufsichtsbehörde abzustimmen.

Mit nachstehenden Regelungen wird den Beanspruchungen im Wasserbau und den daraus folgenden erhöhten Anforderungen bei Bau und Unterhaltung wasserberührter Bauteile Rechnung getragen.

10.1.2 Kantenschutz

Betonmauern werden in den Maueroberkanten mit 5 auf 5 cm angefast oder entsprechend abgerundet bzw. bei Umschlagbetrieb wasserseitig durch Stahlwinkel gesichert, wobei gegebenenfalls E 94, Abschnitt 8.4.6 zu beachten ist. Ein zum Schutz der Mauer und als Sicherung gegen Abgleiten der Verholmannschaften angebrachter besonderer Kantenschutz muss so gestaltet werden, dass das Wasser leicht abfließen kann. Bei Ufermauern mit vorderer Stahlspundwand und Stahlbetonüberbau wird der Stahlbetonquerschnitt etwa 15 cm vor die Vorderflucht der Spundwand vorgezogen. Die wasserseitige Unterkante des Stahlbetonüberbaus sollte jedoch mindestens 1 m über Tidehochwasser bzw. den mittleren Wasserstand gelegt werden, um die an dieser Stelle andernfalls verstärkt auftretende Korrosion zu vermeiden. Der Übergang wird etwa unter 2 : 1 ausge-

Empfehlungen des Arbeitsausschusses „Ufereinfassungen" – EA „Ufereinfassungen", 11. Auflage.
Herausgegeben vom Arbeitsausschuss „Ufereinfassungen" der Hafentechnischen Gesellschaft e.V. und der Deutschen Gesellschaft für Geotechnik e.V.

führt, damit Schiffe und Lastaufnahmemittel nicht unterhaken können, und erhält zweckmäßig einen abgekanteten Stahlblechschutz, der sowohl an der Spundwand als auch an der aufgehenden Betonwand fluchtgerecht anschließt.

10.1.3 Verblendung

Wenn eine Verblendung als Schutz gegen besondere mechanische oder chemische Beanspruchung bzw. aus gestalterischen Gründen zweckmäßig ist, empfiehlt sich die Verwendung von Basalt, Granit oder Klinker. Quadersteine oder Platten als vorderer oberer Abschluss der Mauer müssen gegen Verschieben und gegen Abheben gesichert werden.

10.2 Bemessung und Konstruktion von Stahlbetonbauteilen bei Ufereinfassungen (E 72)

10.2.1 Vorbemerkung

Den unter diesem Abschnitt aufgeführten Empfehlungen zu statischen Berechnungen liegt das Sicherheitskonzept nach DIN EN 1990-1 und DIN EN 1991-1 zugrunde.

Zur Sicherstellung einer ausreichenden Zuverlässigkeit werden rechnerische Nachweise in den Grenzzuständen der Tragfähigkeit und Gebrauchstauglichkeit geführt und die Tragwerke unter Beachtung von konstruktiven Regeln und von Angaben zur Sicherstellung der Dauerhaftigkeit entworfen.

Im Allgemeinen gilt DIN EN 1992-1-1 in Verbindung mit dem NAD und nationalen Restnormen und den dort aufgeführten mitgeltenden Vorschriften.

10.2.2 Beton

Die Festigkeits- und Formänderungskennwerte sind DIN EN 1992-1-1, Abschnitt 3.1. zu entnehmen. Die Betoneigenschaften sind unter Beachtung von DIN EN 1992-1-1, Abschnitt 4 und nach DIN EN 206-1 in Verbindung mit DIN 1045-2 festzulegen.

Bei der Auswahl der Betone sind die zutreffenden Expositionsklassen unter Beachtung der Umgebungsbedingungen maßgebend. Über die Expositionsklassen regeln sich die Mindestanforderungen für die Betongüte, die Betondeckung und die Nachweise zur Begrenzung der Rissbreiten.

Die Expositionsklasse bei chemischem Angriff durch natürliche Böden und Grundwasser richtet sich nach DIN EN 206-1, Tabelle 2 in Verbindung mit DIN 4030.

Bei großer Ausdehnung der Betonbauteile (vgl. Abschnitt 10.2.4) und bei großen Querschnitten ist auf eine schwindarme Betonrezeptur und eine Rezeptur mit geringer Hydratationswärmeentwicklung zu achten.

Wichtig sind ein möglichst dichter Beton, eine intensive Nachbehandlung und eine ausreichende Betonüberdeckung der Stahleinlagen.

Sie ist größer zu wählen als nach DIN EN 1992-1-1 und sollte mindestens c_{min} = 50 mm, das Nennmaß sollte c_{nom} = 60 mm betragen. Hinsichtlich der Beschränkung der Rissbreite unter Gebrauchslast ist Abschnitt 10.2.5 zu beachten.

Die in Abhängigkeit von den Expositionsklassen zu wählenden Festigkeitsklassen, die Mindestzementgehalte, die maximalen Wasser-Zement-Werte sowie weitere Anforderungen ergeben sich aus DIN EN 1992-1-1, der ZTV-W, LB 215 und bei massigen Bauteilen (kleinste Abmessungen ≥ 80 cm) nach der DAfStb-Richtlinie „Massige Bauteile aus Beton" (2010).

Für typische Bauteile von Uferbauwerken sind in den Bildern E 72-1 und E 72-2 Zuordnungen zu den Expositionsklassen sowohl für Meerwasser als auch für Süßwasser vorgenommen.

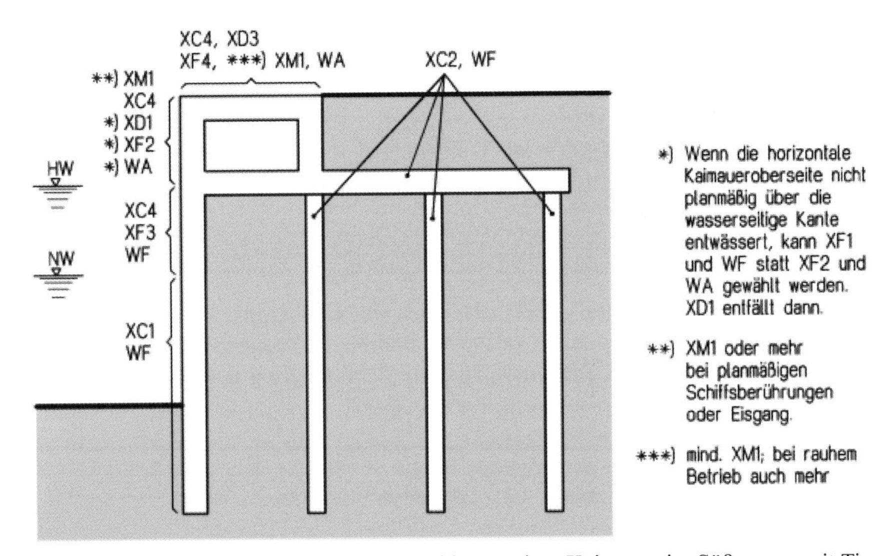

Bild E 72-1. Beispiel für die Expositionsklassen einer Kaimauer im Süßwasser mit Tideeinfluss

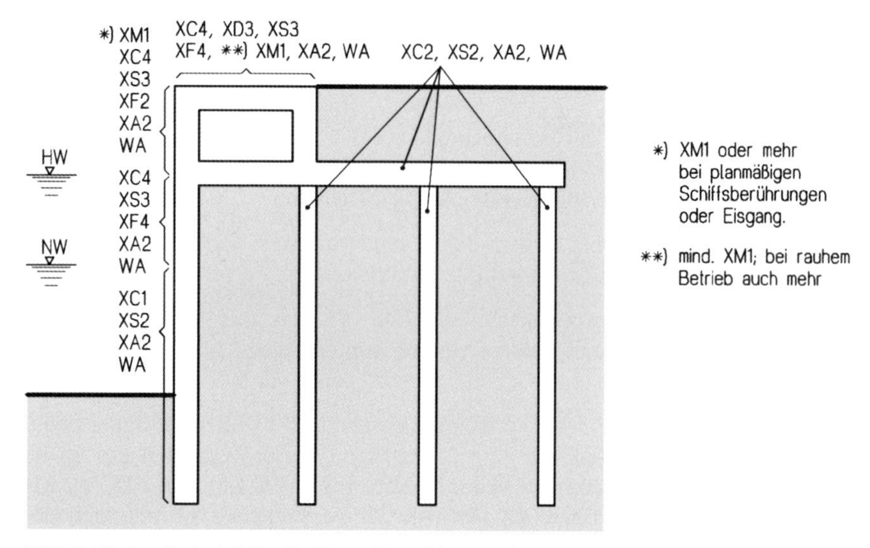

Bild E 72-2. Beispiel für die Expositionsklassen einer Kaimauer im Meerwasser

10.2.3 Arbeitsfugen

Arbeitsfugen sind so weit wie möglich zu vermeiden. Unvermeidbare Arbeitsfugen sind vor Beginn der Betonierarbeiten planerisch festzulegen und so auszubilden, dass alle auftretenden Beanspruchungen aufgenommen werden können DIN EN 1992-1-1, Abschnitt 6.2.5).

Die Dauerhaftigkeit des Bauteils darf durch die Arbeitsfuge nicht beeinträchtigt werden. Hierzu ist eine sorgfältige Planung und Vorbereitung der Arbeitsfugen (siehe auch DIN EN 13670 / DIN 1045-3, Abschnitt 8.2) und gegebenenfalls eine Nachbearbeitung (z. B. Verpressen) erforderlich. Die Örtlichkeit muss für diese Arbeiten geeignet sein. Rippenstreckmetall oder dergleichen sowie Betonschlämme sind vor der Betonage des Anschlussbauteils vollständig zu entfernen.

Es ist bewährte Praxis, bei den Oberflächen des Erstbetons durch Hochdruckwasserstrahlen das Korngerüst freizulegen und beim Zweitbeton eine mörtelreiche Vorlaufmischung als Fallpolster und zur Verbesserung der Haftung zu verwenden.

10.2.4 Bauwerke mit großen Längenabmessungen

Linienbauwerke können mit oder ohne Bewegungsfugen hergestellt werden. Die Entscheidung über Lage und Anzahl der Bewegungsfugen ist auf der

Grundlage einer Optimierung unter den Gesichtspunkten der Wirtschaftlichkeit, der Dauerhaftigkeit und der Robustheit des Bauwerkes zu treffen. Dabei sind die Einflüsse des Baugrundes, der Unterkonstruktion und der konstruktiven Ausbildung zu berücksichtigen.

Werden Uferbauwerke fugenlos ausgebildet, sind neben den Einwirkungen aus der Belastung auch die zusätzlichen Einwirkungen aus Zwang (Schwinden, Kriechen, Setzungen, Temperatur) rechnerisch zu berücksichtigen. Dem Nachweis der Begrenzung der Rissbreiten unter Last- und Zwangsbeanspruchung kommt dann eine besondere Bedeutung zu, um Schäden durch zu große Rissbildung zu vermeiden (siehe auch Abschnitt 10.2.5).

Bezüglich der Arbeitsfugen wird auf Abschnitt 10.2.3 verwiesen.

Bewegungsfugen sind so auszubilden, dass die Längenänderungen der Blöcke nicht behindert werden.

Zur gegenseitigen Stützung der Baublöcke in waagerechter Richtung werden die Bewegungsfugen verzahnt oder verdübelt. Bei Pfahlrostmauern wird die Verzahnung in der Rostplatte untergebracht. Fugenspalten sind gegen ein Auslaufen der Hinterfüllung zu sichern.

10.2.5 Rissbreitenbegrenzung

Wegen der erhöhten Korrosionsgefahr müssen bewehrte Ufereinfassungen so ausgeführt werden, dass Risse, die die Dauerhaftigkeit beeinflussen, nicht auftreten. Sofern betontechnologische Maßnahmen allein nicht ausreichen, ist ein Nachweis der Begrenzung der Rissbreiten unter Beachtung der Umgebungsbedingungen und Einwirkungen erforderlich (DIN EN 1992-1-1, Abschnitt 7.3).

Die Rissbreite ist so zu wählen, dass sich eine Selbstheilung einstellen kann. Hiervon kann in der Regel bei rechnerischen Rissbreiten von $w_k \leq 0{,}25$ mm ausgegangen werden.

Bei erhöhter Korrosionsgefahr, z. B. in den Tropen und bei Verwendung von Spannstahl, sind höhere Anforderungen an die Rissbreitenbeschränkung zu stellen.

Alle Risse >0,25 mm müssen nach ZTV-ING (2003) dauerhaft injiziert werden.

Eine sinnvolle Betonierfolge, bei der die Eigenverformungen nachfolgender Betonierabschnitte infolge abfließender Hydratationswärme und Schwinden nicht durch bereits früher hergestellte und weitgehend abgekühlte Bauglieder zu stark behindert werden, kann die Zwangsbeanspruchung reduzieren. Dies kann bei größeren Bauteilen – z. B. einer Pierkonstruktion – erreicht werden, wenn Balken und Platten in einem Betoniervorgang hergestellt werden.

Die Beschränkung der Rissbreiten bei großen Querschnittsabmessungen kann durch eine Mindestbewehrung nach dem BAW-Merkblatt „Rissbreitenbegrenzung für frühen Zwang in massiven Wasserbauwerken (MFZ)“ (2011) erreicht werden. Weitere Grundlagen finden sich bei Rostasy (1995).

Ergänzend oder auch als Alternative kann auch ein kathodischer Korrosionsschutz der Bewehrung zum Einsatz kommen. Hinweise zur Auslegung finden sich in HTG (1994).

10.3 Schalungen in Gebieten mit Tideeinfluss und Wellengang (E 169)

Im Einflussbereich der Tide und/oder im Wellen-Angriffsbereich sollten Schalungen möglichst vermieden werden, beispielsweise durch Einsatz von Fertigteilen; Höherlegen der Sohle der Betonkonstruktion oder Ähnliches.

Betonierarbeiten im Einflussbereich von Tide und/oder Wellen sollten möglichst in Perioden ruhigen Wetters ausgeführt werden.

Schwer zugängliche Bereiche, wie die Unterseite von Rostplatten, sollten möglichst unter Verwendung verlorener Schalung, z. B. Betonplatten, Wellbleche o. Ä. eingeschalt werden.

Schalungen im Seegebiet sollten den Wellenangriff weitgehend elastisch abfedern können, was beispielsweise bei einer Wellblech-Sohlenschalung bei zweckmäßiger Konstruktion und Höhenlage (Bild E 169-1) gegeben ist.

Die Wellblechtafeln müssen als verlorene Schalung gegen Abheben gesichert und für die spätere Verbindung mit dem Beton, beispielsweise mit verzinkten Drähten oder sonstigen Verankerungen, ausgerüstet werden.

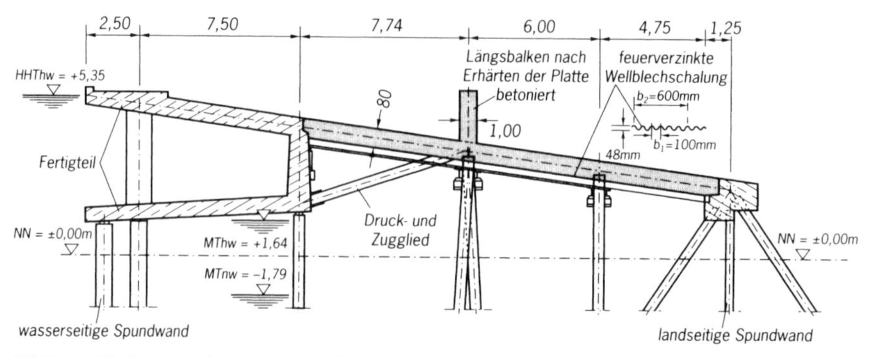

Bild E 169-1. Ausführungsbeispiel einer Kaimauer im Seegebiet mit Stahlbeton-Fertigteil und hinterer Wellblechschalung

Bei Verwendung von Wellblechschalung darf diese wegen der Verlegefugen nicht als Teil des Korrosionsschutzes für die Plattenbewehrung herangezogen werden.

10.4 Schwimmkästen als Ufereinfassungen von Seehäfen (E 79)

10.4.1 Allgemeines

Für das Einfassen schwer belasteter, hoher, senkrechter Ufer in Bereichen mit tragfähigen Böden und dabei vor allem bei Vorbau ins freie Hafenwasser können Schwimmkästen wirtschaftliche Lösungen ergeben.

Schwimmkästen bestehen aus aneinandergereihten, nach oben offenen Stahlbetonkörpern, die i. d. R. durch zusätzliches Ballastieren schwimmstabil gemacht werden. Sie werden nach dem Einschwimmen und Absetzen auf tragfähigem Boden mit Sand, Steinen oder anderem geeigneten Material gefüllt und hinterfüllt. Die seeseitigen Kammern werden oft nicht verfüllt, um die Kantenpressungen zu verringern. Im eingebauten Zustand ragen sie nur wenig über den niedrigsten Arbeitswasserstand hinaus. Darüber werden sie mit einer aufgesetzten Stahlbetonkonstruktion versehen, die das Bauwerk zusätzlich aussteift und den Vorderwandkopf bildet. Durch eine geeignete Formgebung des Stahlbetonaufsatzes können die beim Absetzen und Hinterfüllen entstehenden ungleichmäßigen Setzungen und waagerechten Verschiebungen ausgeglichen werden.

10.4.2 Berechnung

Abgesehen von den Nachweisen der Standsicherheit für den Endzustand sind die Bauzustände wie Schwimmstabilität der Kästen beim Zuwasserbringen, Einschwimmen, Absetzen und Hinterfüllen zu untersuchen. Für den Endzustand ist auch die Sicherheit gegen Sohlenerosion nachzuweisen.

Abweichend von DIN 1054 darf die Bodenfuge unter keiner Einwirkungskombination der charakteristischen Lasten klaffen.

10.4.3 Sicherheit gegen Gleiten

Besonders aufmerksam muss untersucht werden, ob sich im Zeitraum zwischen dem Fertigstellen der Bettung und dem Absetzen der Schwimmkästen Schlamm auf der Gründungsfläche ablagern kann. Ist dies möglich, muss nachgewiesen werden, dass noch eine ausreichende Sicherheit gegen Gleiten der Kästen auf der verunreinigten Gründungssohle vorhanden ist. Gleiches gilt sinngemäß für die Fuge zwischen dem vorhandenen Untergrund und der Verfüllung einer Ausbaggerung.

Die Sicherheit gegen Gleiten kann wirtschaftlich durch eine raue Unterseite der Bodenplatte vergrößert werden. Dabei muss der Grad der Rauigkeit auf die durchschnittliche Korngröße des Materials der Gründungsfuge abgestimmt werden. Bei entsprechend rauer Ausführung ist der Reibungswinkel zwischen dem Beton und der Gründungsfläche gleich dem inneren Reibungswinkel φ' des Gründungsmaterials anzunehmen, bei einer glatten Unterseite aber nur mit $2/3\varphi'$ des Gründungsmaterials. Die Sicherheit gegen Gleiten kann durch eine vergrößerte Gründungstiefe gesteigert werden. Im Nachweis gegen Gleiten ist die ungünstigste Kombination von Wasserdrücken an Sohle und Seiten der Kästen anzusetzen. Diese können vom Einspülen der Hinterfüllung oder aus Tidewechsel, Niederschlägen usw. herrühren. Weiter ist Pollerzug zu berücksichtigen.

10.4.4 Bauliche Ausbildung

Die Fuge zwischen zwei nebeneinander stehenden Schwimmkästen muss so ausgebildet werden, dass die zu erwartenden ungleichen Setzungen der Kästen beim Aufsetzen, Füllen und Hinterfüllen ohne Gefahr einer Beschädigung aufgenommen werden können. Andererseits muss sie im endgültigen Zustand eine zuverlässige Dichtung gegen ein Ausspülen der Hinterfüllung gewährleisten.

Eine über die ganze Höhe durchlaufende Ausführung mit Nut und Feder darf auch bei einwandfreier Lösung der Dichtung nur angewandt werden, wenn die Bewegungen benachbarter Kästen gegeneinander gering bleiben.

Als zweckmäßig hat sich eine Lösung nach Bild E 79-1 erwiesen. Hier sind auf den Seitenwänden der Kästen je vier senkrechte Stahlbetonleisten derart angeordnet, dass sie beiderseits der Fuge einander gegenüberstehen und nach dem Einbau der Kästen drei Kammern bilden. Sobald der Nachbarkasten eingebaut ist, werden die äußeren Kammern zur Abdichtung mit Mischkies von geeignetem Kornaufbau gefüllt. Die mittlere Kammer wird nach Hinterfüllen der Kästen, wenn die Setzungen größtenteils abgeklungen sind, leergespült und sorgfältig mit Unterwasserbeton oder Beton in Schläuchen aus Geotextil aufgefüllt.

Bei hohen Wasserstandsunterschieden zwischen Vorder- und Hinterseite der Kästen besteht die Gefahr des Ausspülens von Boden unter der Gründungssohle. In solchen Fällen müssen die Schichten der Bettung untereinander und gegenüber dem Untergrund filterstabil sein. Zum Abbau hoher Wasserüberdrücke können Rückstauentwässerungen nach E 32, Abschnitt 4.5 mit Erfolg angewendet werden.

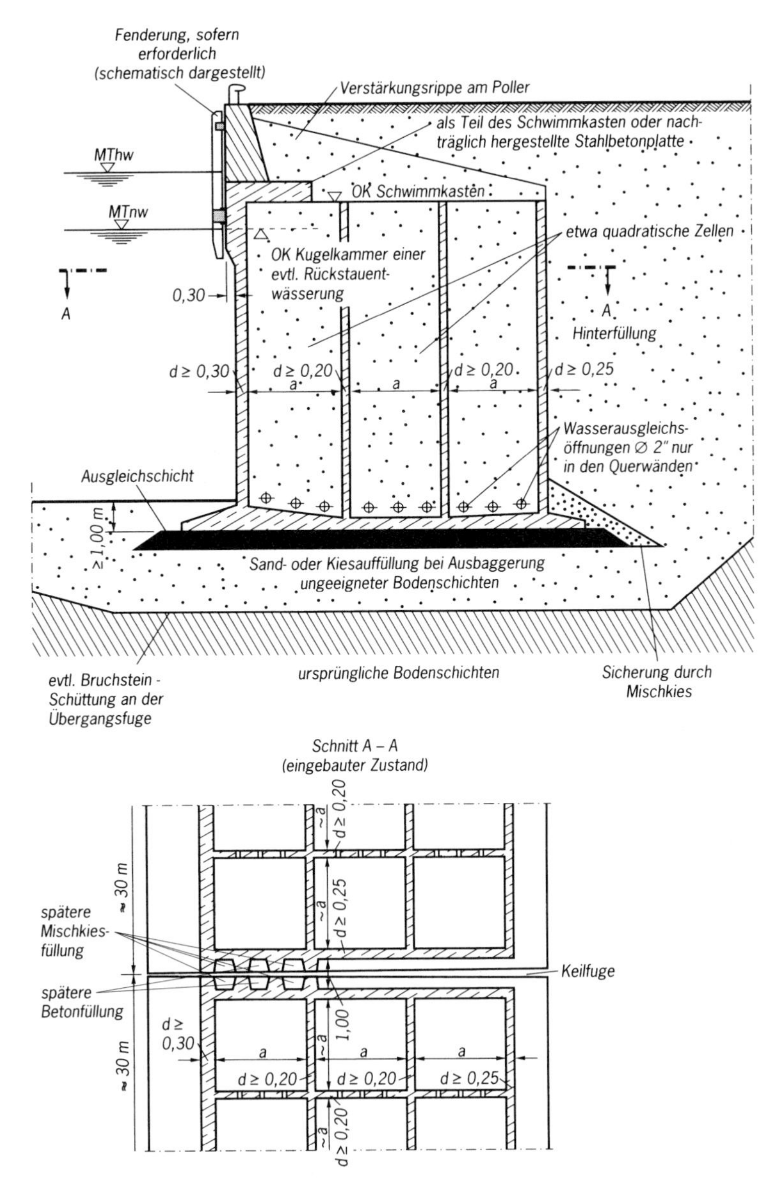

Bild E 79-1. Ausbildung einer Ufermauer aus Schwimmkästen

Der Kolkgefahr infolge von Strömungs- und Wellenkräften kann durch ausreichende Kolksicherungen nach E 83, Abschnitt 7.6 begegnet werden.

10.4.5 Bauausführung

Die Schwimmkästen müssen auf eine gut geebnete tragfähige Bettung aus Steinen, Kies oder Sand abgesetzt werden. Wenn im Gründungsbereich wenig tragfähige Bodenschichten vorhanden sind, müssen diese vorher ausgebaggert und durch Sand oder Kies ersetzt werden (E 109, Abschnitt 7.9).

10.5 Druckluft-Senkkästen als Ufereinfassungen (E 87)

10.5.1 Allgemeines

Für die Einfassung hoher Ufer können Druckluft-Senkkästen vorteilhafte Lösungen ergeben, wenn ihr Einbau von Land vorgenommen werden kann. Dann werden zunächst die Druckluft-Senkkästen der Ufermauern vom vorhandenen Gelände aus eingebracht und anschließend die Baggerarbeiten, im Hafenbecken, ausgeführt.

Druckluft-Senkkästen können auch als Schwimmkästen ausgebildet werden, wenn eine genügend tragfähige Bettung in der Absetzfläche nicht vorhanden und nicht zu schaffen ist, oder wenn die Einebnung der Gründungssohle besondere Schwierigkeiten bereitet, wie bei felsigem Untergrund. Die in E 79, Abschnitt 10.4.1 angegebenen Konstruktionsgrundsätze sind dann in gleicher Weise auch für Druckluft-Senkkästen gültig.

10.5.2 Nachweise

Gültig ist E 79, Abschnitt 10.4.2. Hinzu kommen für die Absenkzustände im Boden noch die üblichen Nachweise auf Biegung und Querkraft in lotrechter Richtung infolge ungleicher Auflagerung der Senkkastenschneiden und auf Biegung und Querkraft in waagerechter Richtung aus ungleichen Erddrücken.

Da Druckluft-Senkkästen hinsichtlich Lage und Ausbildung der Gründungssohle und wegen der guten Verzahnung der Senkkastenschneiden und des Arbeitskammerbetons mit dem Untergrund als normale Flächengründungen gelten, darf hier im Gegensatz zu E 79, Abschnitt 10.4.2, Abs. 2 die Bodenfuge klaffen, jedoch soll der Mindestabstand der Resultierenden von der Kastenvorderkante bei Einwirkungen von charakteristischen Lasten nicht kleiner als 1/4 der Breite der Gründung sein.

Bei hohem Wasserüberdruck ist die Gefahr des Ausspülens von Boden vor und unter der Gründungssohle zu untersuchen. Eventuell sind besondere Sicherungen gegen Unterspülen vorzunehmen, wie Bodenverfestigungen von der Arbeitskammer aus oder Ähnliches. Eine Tieferlegung oder Verbreiterung der Gründungssohle kann jedoch wirtschaftlicher sein.

Im Endzustand braucht beim Druckluft-Senkkasten ein besonderer Spannungsnachweis aus ungleichmäßiger Auflagerung für die Längsrichtung nicht berücksichtigt zu werden. Bei besonders großen Abmessungen empfiehlt es sich aber, auch die Beanspruchungen des Bauwerks für eine Sohldruckverteilung nach BOUSSINESQ nachzuweisen.

10.5.3 Sicherheit gegen Gleiten

Es gilt E 79, Abschnitt 10.4.3.

10.5.4 Bauliche Ausbildung

Gültig ist E 79, Abschnitt 10.4.4, Abs. 1 bis 3. Bei Druckluft-Senkkästen sind auch gute Erfahrungen mit einer Fugenlösung nach Bild E 87-1 gemacht worden. Nach dem Absenken der Kästen werden dabei in der 40 bis 50 cm breiten Fuge federnde Passbohlen zwischen einbetonierte Spundwandschlösser getrieben. Anschließend wird der Zwischenraum innerhalb der Bohlen ausgeräumt und bei festem Baugrund mit Unterwasserbeton bzw. bei nachgiebigem Baugrund mit einem Steingerüst verfüllt, das später ausgepresst werden kann. Der Rücken der vorderen Passbohle kann bündig mit der Vorderkante der Kästen liegen. Er kann aber auch etwas zurückgesetzt werden, um eine flache Nische zur Aufnahme einer Steigeleiter oder dergleichen zu bilden.

Treten hohe Wasserstandsdifferenzen auf, ist die Höhenlage der Bodenfuge so zu wählen, dass eine ausreichende Sicherheit gegen Unterspülen vorhanden ist oder durch geeignetes Hinterfüllungsmaterial und Entwässerungsvorrichtungen die Differenzwasserdrücke ausgeglichen werden.

10.5.5 Bauausführung

Von Land eingebrachte Druckluft-Senkkästen werden von dem Planum aus abgesenkt, auf dem sie vorher hergestellt worden sind. Der Boden in der Arbeitskammer wird in der Regel fast ausschließlich unter Druckluft ausgehoben oder durch Spülen gelöst und hochgepumpt. Erweist sich der Boden in der vorgesehenen Gründungstiefe als noch nicht genügend tragfähig, muss der Kasten entsprechend tiefer abgesenkt werden.

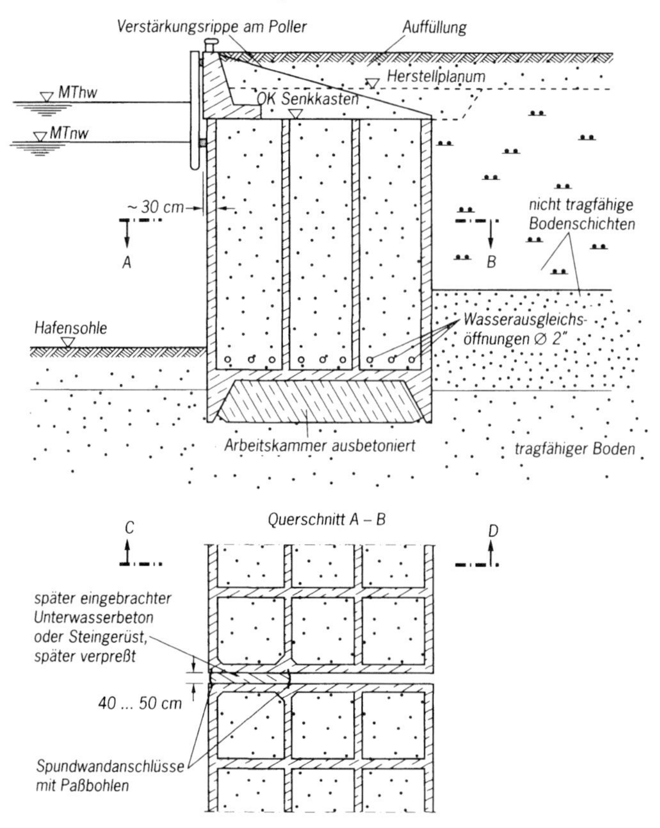

Bild E 87-1. Ausbildung einer Kaimauer aus Druckluft-Senkkästen bei nachträglicher Hafenbaggerung

Ist die erforderliche Gründungstiefe erreicht, wird die Sohle hinreichend eingeebnet und die Arbeitskammer unter Druckluft ausbetoniert.

Eingeschwommene Druckluft-Senkkästen müssen zunächst auf die vorhandene oder vertiefte Sohle abgesetzt werden. Im Allgemeinen genügt ein grobes Planieren dieser Sohle, da die Schneiden wegen ihrer geringen Aufstandsbreite leicht in den Boden eindringen, wobei kleinere Unebenheiten der Aufsetzfläche belanglos sind. Anschließend werden die Kästen in der beschriebenen Weise abgesenkt und ausbetoniert.

10.5.6 Reibungswiderstand beim Absenken

Der Reibungswiderstand ist von den Eigenschaften des Untergrunds von der Lage des Senkkastens zum Grundwasser und von der Konstruktion des Senkkastens abhängig.

Er wird beeinflusst von:

- Bodenart, Dichte und Festigkeit der anstehenden Schichten (nichtbindige und bindige Böden),
- Grundwasserstand,
- Tiefenlage des Senkkastens,
- Grundrissform und Größe des Senkkastens,
- Geometrie der Schneide und der äußeren Wandflächen.

Die Festlegung des notwendigen „Absenk-Übergewichts" für den jeweiligen Absenkzustand ist weniger eine Sache der genauen Berechnung als der Erfahrung. Im Allgemeinen genügt es, wenn das „Übergewicht" (Summe aller Vertikalkräfte ohne Berücksichtigung der Reibung) ausreicht, um eine Mantelreibung von 20 kN/m^2 am einbindenden Senkkastenmantel zu überwinden. Bei kleinerem Übergewicht (moderne Stahlbetonsenkkästen) empfiehlt sich die Berücksichtigung zusätzlicher Maßnahmen zur Reibungsverminderung wie der Einsatz von Schmiermitteln, z. B. Bentonit.

10.6 Ausbildung und Bemessung von Kaimauern in Blockbauweise (E 123)

10.6.1 Grundsätzliches zur Konstruktion und zur Bauausführung

Ufereinfassungen in Blockbauweise können nur mit Erfolg ausgeführt werden, wenn unterhalb der Gründungssohle tragfähiger Baugrund ansteht. Gegebenenfalls ist die Tragfähigkeit des anstehenden Bodens zu verbessern (beispielsweise durch Verdichten) oder nicht tragfähiger Boden auszutauschen.

Die Abmessungen und das Gewicht der einzelnen Blöcke werden bestimmt nach den zur Verfügung stehenden Baustoffen, den Anfertigungs- und Transportmöglichkeiten, der Leistung der Geräte für das Versetzen, den zu erwartenden Verhältnissen bezüglich Baustellenlage, Wind, Wetter und Wellenangriffen im Bau- sowie im Betriebszustand. Vom Standpunkt der Wirtschaftlichkeit aus betrachtet sollte man möglichst wenige, große Blöcke wählen, da beim Ein- und Ausschalen, beim Transport und beim Verlegen die Zeitdauer einzelner Tätigkeiten nicht von der Größe der Bauelemente abhängig ist. Beim Transport zur

Einbaustelle kann der Auftrieb zur Entlastung der Transportmittel herangezogen werden, soweit die Blöcke in eingetauchtem Zustand transportiert werden können.

Häufig wird der Auftrieb beim Einbau der Blöcke dazu benutzt, durch Verminderung der wirksamen Eigenlast eine entsprechend größere Ausladung des Absetzkrans zu ermöglichen. Die Blöcke müssen aber in jedem Fall so groß bzw. schwer sein, dass sie dem Wellenangriff standhalten. Danach ist der erforderliche Geräteeinsatz auszulegen.

Vor allem bei Einbau mit einem Schwimmkran werden häufig Blöcke mit 600 bis 800 kN wirksamer Einbaulast gewählt.

Die Blöcke sind so zu formen und zu verlegen, dass Einbauschäden vermieden werden. Wenn die Blöcke nur lotrecht übereinander gestapelt werden, was bei setzungsempfindlichem Untergrund empfehlenswert ist, lassen sich größere Fugenbreiten nur mit großem Aufwand vermeiden. Sie können bei geeignetem Hinterfüllungsmaterial aber auch in Kauf genommen werden. Ganz allgemein sollte bezüglich der zugelassenen Fugenbreite einerseits und der Wahl der Hinterfüllung andererseits ein wirtschaftliches Optimum angestrebt werden. Die Blöcke können mit Nut und Feder oder I-förmig miteinander verzahnt werden. Sollen in der Lotrechten durchlaufende Fugen vermieden werden, so kann dies z. B. erreicht werden, wenn die Blöcke in einer Neigung von 10° bis 20° gegen die Lotrechte verlegt werden. Das Auflager kann z. B. aus waagerecht verlegten Blöcken, einem abgesenkten Schwimmkasten oder dergleichen geschaffen werden, den Übergang bilden keilförmige Blöcke. Letztere können auch eingesetzt werden, wenn eine Neigungskorrektur erforderlich wird. Durch die geneigte Einbaulage der Blöcke wird eine möglichst geringe Fugenbreite zwischen den einzelnen Blöcken erreicht, jedoch die Anzahl der Blocktypen vergrößert. Alle Blöcke erhalten bei dieser Ausführung in den Seitenflächen nut- und federartige Verzahnungen. Der Federvorsprung liegt an der Außenseite der bereits verlegten Blöcke, sodass die weiteren Blöcke beim Einbau mit ihrer Nut über diese Feder geführt nach unten rutschen.

Zwischen dem tragfähigen Baugrund und der Blockmauer wird eine mindestens 1,0 m dicke Bettung aus Bruchstein und hartem Schotter eingebaut (Bild E 123-1). Die Oberfläche muss – in der Regel mit Spezialgerät und Taucherhilfe – sorgfältig planiert und eingeebnet werden. In sinkstoffführendem Wasser muss sie vor dem Versetzen der Blöcke auch noch besonders gesäubert werden, damit die Gründungsfuge nicht zu einer Gleitfuge wird. Dies ist insbesondere bei senkrecht übereinander gestapelten Blöcken wichtig.

Um vor allem bei feinkörnigem, nichtbindigem Baugrund ein Einsinken der Bettung in den Untergrund zu vermeiden, muss ihr Porenvolumen mit geeignetem gekörnten Mischkies aufgefüllt werden. Außerdem kann zwischen Gründungsbett und Baugrund ein Mischkiesfilter angeordnet werden. Wenn der

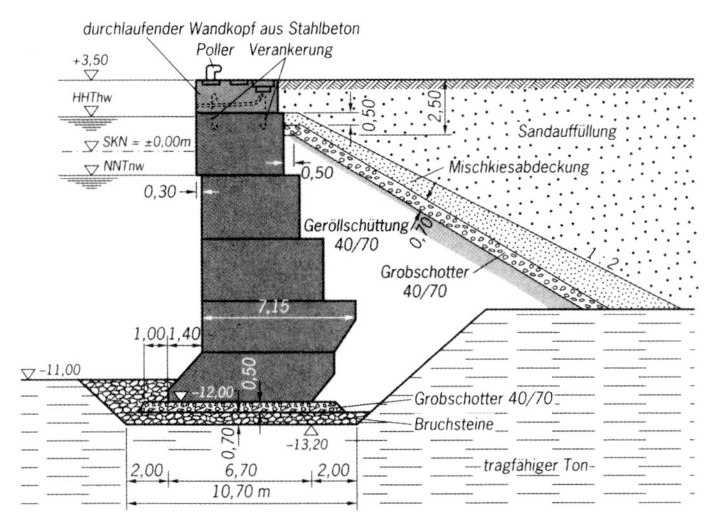

Bild E 123-1. Querschnitt durch eine Ufermauer in Blockbauweise

Gründungsboden sehr feinkörnig, aber nicht bindig ist, sollte unter dem Mischkiesfilter ein Trennvlies zur Lagesicherung von Gründungsboden und Mischkiesfilter eingebracht werden.

Die Blockbauweise bietet sich – abhängig vom verfügbaren Gerät – vor allem in Gebieten mit stärkerem Wellengang und in Ländern mit Facharbeitermangel an. Sie erfordert neben dem Einsatz schwerer Geräte aber vor allem auch einen aufwendigen Tauchereinsatz, um die erforderliche sorgfältige Ausführung sowohl der Bettung als auch der Verlege- und Hinterfüllarbeiten zu gewährleisten und zu überwachen. Weitere Hinweise zur Ausführung können Zdansky (2002) entnommen werden.

10.6.2 Ansatz der angreifenden Kräfte

10.6.2.1 Erddruck und Erdwiderstand

Es darf aktiver Erddruck angesetzt werden, da die Mauerbewegungen zu dessen Aktivierung vorausgesetzt werden können. Bei der in der Regel sehr geringen Gründungstiefe der Blockmauern ist der Erdwiderstand nicht in Rechnung zu stellen.

10.6.2.2 Wasserüberdruck

Wenn die Fugen zwischen den einzelnen Blöcken gut durchlässig sind und wenn durch die Wahl des Hinterfüllungsmaterials (Bild E 123-1) ein schneller

Wasserspiegelausgleich gewährleistet ist, braucht der Wasserüberdruck auf die Ufermauer nur in halber Höhe der im Hafenbecken zu erwartenden größten Wellen – in ungünstigster Höhenlage nach E 19, Abschnitt 4.2 – angesetzt zu werden. Andernfalls ist zur halben Wellenhöhe noch der Wasserüberdruck nach E 19 hinzuzufügen. In Zweifelsfällen können auch bei Wellenschlag verlässlich arbeitende Rückstauentwässerungen angeordnet werden. Umgekehrt ist ein einwandfreies Abdichten der Blockfugen erfahrungsgemäß nicht möglich.

Zwischen der Ufermauer bzw. zwischen einer Hinterfüllung mit Grobmaterial und einer anschließenden Auffüllung aus Sand und dergleichen ist ein dauerhaft wirksamer Filter anzuordnen, der Ausspülungen mit Sicherheit verhindert (Bild E 123-1).

10.6.2.3 Beanspruchung durch Wellen

Wenn Ufereinfassungen in Blockbauweise in Gebieten gebaut werden müssen, in denen mit hohen Wellen zu rechnen ist, sind besondere Untersuchungen hinsichtlich der Standsicherheit erforderlich. Insbesondere ist – im Zweifelsfall durch Modellversuche – festzustellen, ob brechende Wellen auftreten können. Ist dies der Fall, liegen bezüglich der Standsicherheit und der Lebensdauer einer Blockmauer so große Risiken vor, dass diese Bauweise nicht mehr empfohlen werden kann. Zur Beurteilung, ob brechende oder reflektierte Wellen auftreten, kann das Verhältnis zwischen der Wassertiefe d vor der Mauer zur Wellenhöhe H benutzt werden. Ist die Wassertiefe $d \geq 1{,}5 \cdot H$, kann man im Allgemeinen davon ausgehen, dass nur reflektierte Wellen auftreten (siehe auch E 135, Abschnitt 5.7.2 und E 136, Abschnitt 5.6.

Der Wellendruck greift nicht nur an der Vorderseite der Blockmauer an, er pflanzt sich auch in den Fugen zwischen den einzelnen Blöcken fort. Der Fugenwasserdruck kann vorübergehend das wirksame Blockgewicht stärker vermindern als der Auftrieb, sodass die Reibung zwischen den einzelnen Blöcken so weit herabgesetzt werden kann, dass die Standsicherheit der Mauer gefährdet ist. Zum Zeitpunkt des Rücklaufs der Welle findet der Druckabfall in den engen Fugen, der auch vom Grundwasser beeinflusst wird, langsamer statt als entlang der Außenfläche der Ufermauer, sodass in den Fugen ein größerer Wasserdruck als dem Wasserstand vor der Mauer entsprechend auftritt. Gleichzeitig bleiben jedoch Erddruck und Wasserüberdruck von hinten voll wirksam. Auch dieser Zustand kann standsicherheitsrelevant sein.

10.6.2.4 Trossenzug, Schiffsstoß und Kranlasten

Hierfür gelten die einschlägigen Empfehlungen wie E 12, Abschnitt 5.12, E 38, Abschnitt 5.2, E 84, Abschnitt 5.14 und E 128, Abschnitt 13.3.

10.6.3 Nachweise, Bemessung und Gestaltung

10.6.3.1 Wandfuß, Bodenpressungen, Standsicherheit

Der Blockmauerquerschnitt ist so auszubilden, dass bei der Beanspruchung durch die ständigen Lasten in der Gründungssohle möglichst gleichmäßig verteilte Bodenpressungen auftreten. Dies ist durch eine geeignete Fußausbildung mit wasserseitig vor die Wandflucht vorkragendem Sporn und durch die Anordnung eines zur Landseite hin auskragenden Sporn („Tornisters") in der Regel ohne Schwierigkeiten zu erreichen (Bild E 123-1).

Sollen bei Auskragungen an der Rückseite der Wand Hohlräume unter den Kragblöcken vermieden werden, müssen sie hinten unterschnitten werden. Hierbei muss die Schrägneigung steiler sein als der Reibungswinkel der Hinterfüllung (Bild E 123-1).

Die Bodenpressungen sind für alle wichtigen Phasen des Bauzustands nachzuweisen. Soweit erforderlich, muss die Ufermauer etwa gleichzeitig mit dem Verlegen der Blöcke hinterfüllt werden, um zum Land hin gerichteten Kippbewegungen bzw. zu hohen Bodenpressungen am landseitigen Ende der Gründungssohle entgegenzuwirken (Bild E 123-2). Neben den zulässigen Bodenpressungen sind die Gleitsicherheit, die Grundbruchsicherheit und die Geländebruchsicherheit nachzuweisen.

Bezüglich des Gleitens wird vor allem auf E 79, Abschnitt 10.4.3 verwiesen.

Mögliche Veränderungen der Hafensohle aus Kolken, vor allem aber auch aus absehbaren Vertiefungen, sind zu beachten. Im späteren Hafenbetrieb sind Kon-

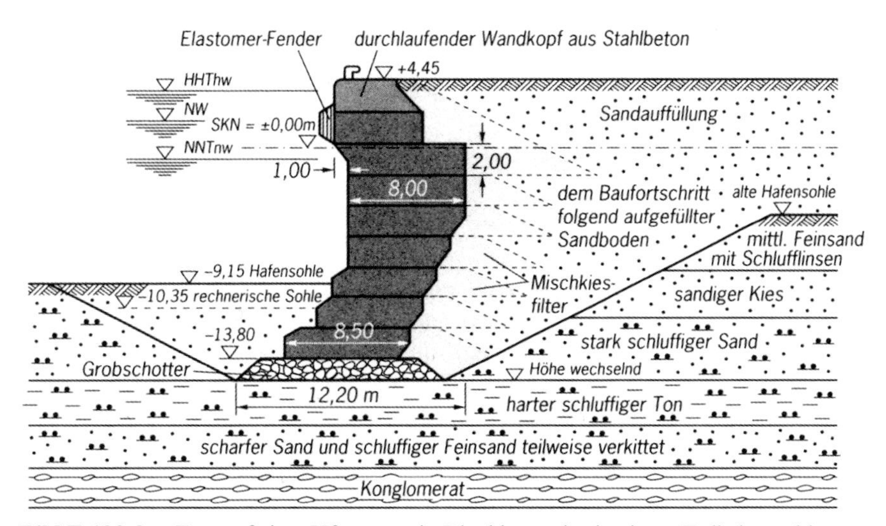

Bild E 123-2. Entwurf einer Ufermauer in Blockbauweise in einem Erdbebengebiet

trollen der Sohlenlage vor der Mauer in regelmäßigen Abständen durchzuführen und im Bedarfsfall sofort geeignete Schutzmaßnahmen zu ergreifen.

Um eine Kippbewegung der Wand unter Betrieb in Richtung Hafenseite zu berücksichtigen, soll die Ufermauer mit einer geringen Neigung zur Landseite ausgebildet werden. Die Kranspurweite kann sich infolge unvermeidlicher Wandbewegungen verändern und muss deshalb nachjustierbar sein.

10.6.3.2 Waagerechte Fugen der Blockmauer

Die Gleitsicherheit und die Lage der Resultierenden der angreifenden Kräfte müssen auch in den waagerechten Fugen der Blockmauer für alle maßgebenden Bauzustände und den Endzustand nachgewiesen werden. Im Gegensatz zur Gründungsfuge darf hier bei gleichzeitigem Ansatz aller ungünstig wirkenden Kräfte ein rechnerisches Klaffen der Fugen bis zur Schwerachse zugelassen werden.

10.6.3.3 Kopfbalken aus Stahlbeton

Der am Kopf jeder Blockmauer anzuordnende, vor Ort hergestellte Balken aus Stahlbeton dient dem Ausgleich von Verlegeungenauigkeiten, der Verteilung konzentriert angreifender waagerechter und lotrechter Lasten, zum Ausgleich örtlich unterschiedlicher Erddrücke und Stützverhältnisse in der Gründung sowie von Bauungenauigkeiten. Er darf wegen der in der Blockmauer auftretenden Setzungsunterschiede erst nach dem Abklingen der Setzungen betoniert werden. Um den Setzungsvorgang zu beschleunigen, ist eine vorübergehende höhere Belastung der Mauer zweckmäßig, z. B. durch zusätzliche Auflasten in Form von Betonblöcken. Das Setzungsverhalten ist dabei ständig zu verfolgen.

Aushubentlastungen in bindigen Boden brauchen in den statischen Nachweisen im Allgemeinen nicht berücksichtigt zu werden, weil sie durch die wachsende Mauerlast kompensiert werden.

Bei der Berechnung der Schnittkräfte des Wandkopfs aus Schiffsstoß, Pollerzug und Kranseitenschub kann in der Regel davon ausgegangen werden, dass der Kopfbalken im Vergleich zu der ihn stützenden Blockmauer starr ist. Diese Annahme liegt im Allgemeinen auf der sicheren Seite.

Bei der Bemessung des Kopfbalkens für die lotrechten Kräfte, vor allem die Kranraddrücke, kann im Allgemeinen das Bettungsmodulverfahren angewendet werden. Falls mit größeren ungleichmäßigen Setzungen oder Sackungen der Blockmauer zu rechnen ist, sind die Schnittkräfte des Wandkopfs durch Vergleichsuntersuchungen mit verschiedenen Lagerungsbedingungen – ‚Reiten' in der Mitte oder in den Endbereichen – einzugrenzen. Hierbei ist auch das Wandkopfeigengewicht zu berücksichtigen. Ein Nachweis zur Beschränkung der Rissbreite nach E 72, Abschnitt 10.2.5 ist zu führen. Gegebenenfalls sind Blockfugen anzuordnen.

Die Kopfbalken werden an den Blockfugen nur zur Übertragung waagerechter Kräfte verzahnt. Eine Verzahnung für lotrechte Kräfte ist wegen des unübersichtlichen Setzungsverhaltens von Blockmauern zu vermeiden.

An den Blockfugen soll die Schienenlagerung konstruktiv durch zwischengeschaltete kurze Brücken gegen Setzungsstufen gesichert werden, wobei die Kranschienen ungestoßen durchlaufen können.

Zur Übertragung waagerechter Kräfte zwischen Wandkopf und Blockmauer sollen beide gegeneinander wirksam verzahnt werden. Statt einer Verzahnung kann auch eine Verankerung ausgeführt werden.

10.7 Ausbildung und Bemessung von Kaimauern in offener Senkkastenbauweise (E 147)

10.7.1 Allgemeines

Offene Senkkästen – oft auch offene Brunnen genannt – werden in Seehäfen für Ufereinfassungen und Anlegeköpfe, aber auch als Gründungskörper sonstiger Bauten verwendet, allerdings sehr selten. Ähnlich wie die Druckluft-Senkkästen nach E 87, Abschnitt 10.5 können sie auf einem im Absenkbereich über dem Wasserspiegel liegenden Gelände bzw. in einem gerammten oder schwimmenden Spindelgerüst hergestellt oder als fertige Kästen mit Hubinseln oder Schwimmkörpern eingeschwommen und anschließend abgesenkt werden. Die offene Absenkung erfordert geringere Lohn- und Baustelleneinrichtungskosten als die unter Druckluft und kann in wesentlich größeren Tiefen ausgeführt werden. Es kann dabei jedoch nicht die gleiche Lagegenauigkeit erreicht werden. Außerdem führt sie nicht zu gleich zuverlässigen Auflagerbedingungen in der Gründungssohle. Beim Absenken angetroffene Hindernisse sind nur unter Schwierigkeiten zu durchfahren oder zu beseitigen. Das Aufsetzen auf schräge Felsoberflächen erfordert stets zusätzliche Maßnahmen.

Die in E 79, Abschnitt 10.4.1 für Schwimmkästen angegebenen Konstruktionsgrundsätze für Ufermauern sind sinngemäß auch für offene Senkkästen gültig.

Im Übrigen wird auf Abschnitt 3.3 „Senkkästen“ im Grundbau-Taschenbuch (2001) besonders hingewiesen.

10.7.2 Nachweise

Es sind E 79, Abschnitt 10.4.2 und Abschnitt 10.4.3, wie auch E 87, Abschnitt 10.5.2 zu beachten.

10.7.3 Bauliche Ausbildung

Der Grundriss offener Senkkästen kann rechteckig oder rund sein. Für die Grundrisswahl sind betriebliche und auch ausführungstechnische Überlegungen maßgebend.

Offene Senkkästen mit rechteckigem Grundriss stehen infolge des trichterförmigen Aushubs nicht so gleichmäßig auf ihren Schneiden wie solche mit rundem Grundriss. Daraus folgt ein erhöhtes Risiko für Abweichungen aus der Soll-Lage. Wo eine rechteckige Form nötig ist, soll sie daher gedrungen ausgeführt werden. Da der Aushub- und damit der Absenkvorgang schlecht kontrolliert werden können und der offene Senkkasten nur in geringem Umfang ballastierbar ist, sollten kräftige Wanddicken gewählt werden, sodass die Eigenlast des Kastens unter Berücksichtigung des Auftriebs die erwartete Wandreibungskraft mit Sicherheit überschreitet.

Die Füße der Außenwände erhalten eine steife stählerne Vorschneide. Alternativ dazu ist eine Schneide aus hochfestem Beton (mindestens C80/95) oder auch Stahlfaserbeton denkbar. Im Schneidenkranz unten nach innen austretende Spüllanzen können das Lösen nichtbindigen Aushubbodens unterstützen (Bild E 147-1, Querschnitt C-D, wasserseitig dargestellt).

Die Unterkante von Zwischenwänden muss mindestens 0,5 m über der Unterkante der Senkkastenschneiden enden, damit daraus keine Lasten in den Baugrund abgeleitet werden können.

Außen- und Zwischenwände erhalten zuverlässige, nach dem Absenken leicht zu reinigende Sitzflächen für das Einleiten der Lasten in die Unterwasserbetonsohle.

Die beim Absenken mit offenen Senkkästen unvermeidliche Auflockerung des Bodens in der Gründungssohle und im Mantelbereich führt zu Setzungen und Schrägstellungen des fertigen Bauwerks. Dies muss bei der Bemessung und konstruktiven Ausbildung, aber auch beim Bauablauf berücksichtigt werden.

Die Ausführungen nach E 79, Abschnitt 10.4.4, zweiter und dritter Absatz, bleiben uneingeschränkt gültig. Für die Fugen ist eine Lösung nach E 87, Abschnitt 10.5, Bild E 87-1 zu empfehlen. Dabei ist aber die Füllung des Raums zwischen den Bohlen mit Filterkies einer starren Füllung vorzuziehen, weil sie den eintretenden Setzungen schadlos folgen kann.

Der Abstand von 40 bis 50 cm zwischen den Kästen, den E 87, Abschnitt 10.5.4 für Druckluft-Senkkästen angibt, genügt mit Rücksicht auf die Aushubmethode bei offenen Senkkästen nur dann, wenn die eigentliche Absenktiefe gering ist und Hindernisse – auch durch eingelagerte feste bindige Bodenschichten – nicht zu erwarten sind. Bei schwierigen Absenkungen sollte ein Abstand von 60 bis 80 cm gewählt werden. Als Abschlüsse können dann entsprechend breite Passbohlen oder schlaufenartig angeordnete, stärker verformbare Bohlenketten verwendet werden.

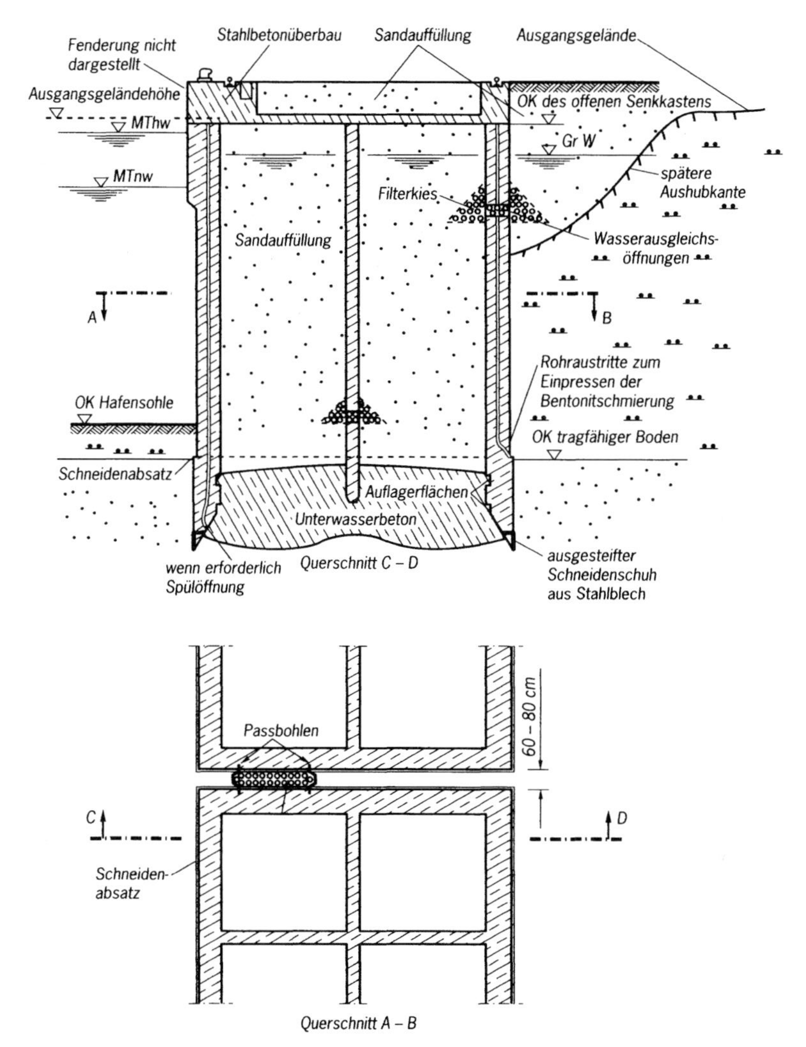

Bild E 147-1. Ausbildung einer Kaimauer aus offenen Senkkästen bei nachträglicher Hafenbaggerung

10.7.4 Hinweise zur Bauausführung

Beim Herstellen an Land muss die Tragfähigkeit des Baugrunds unter der Aufstellebene besonders überprüft und beachtet werden, damit der Boden unter der Schneide nicht zu stark bzw. zu ungleich nachgibt. Letzteres kann auch zu einem Bruch der Schneide führen. Der Boden im Kasten wird mit Greifern oder Pumpen ausgehoben, wobei der Wasserstand im Innern des Senkkastens stets mindestens in Höhe des Außenwasserspiegels zu halten ist, um hydraulischen Grundbruch zu vermeiden.

Für das Absenken einer Reihe von Kästen kann die Reihenfolge 1, 3, 5 … 2, 4, 6 zweckmäßig sein, weil bei ihr an beiden Stirnseiten eines jeden Kastens ausgeglichene Erddrücke wirken.

Das Absenken des Kastens kann durch Schmieren des Mantels oberhalb des Absatzes über dem Fuß mit einer thixotropen Flüssigkeit, beispielsweise mit einer Bentonitsuspension, wesentlich erleichtert werden. Damit das Schmiermittel auch tatsächlich am gesamten Mantel vorhanden ist, sollte es nicht von oben eingegossen, sondern über Rohre, die in den Mantel einbetoniert werden und unmittelbar über dem Fußabsatz – gegebenenfalls im Schutz eines verteilenden Stahlblechs – enden, eingepresst werden (Bild E 147-1, landseitig dargestellt). Es muss aber so vorsichtig eingepresst werden, dass die thixotrope Flüssigkeit nicht nach unten in den Aushubraum durchbrechen und abfließen kann. Entsprechend hoch ist der Fußteil des offenen Senkkastens bis zum Absatz am Mantel zu wählen. Besondere Vorsicht ist geboten, wenn infolge einer Einrüttelung des aufgelockerten Sands unter der Aushubsohle deren Oberfläche in größerem Umfang absinkt.

Nach Erreichen der planmäßigen Gründungstiefe wird die Sohle sorgfältig gereinigt. Erst dann wird die Sohlplatte aus Unterwasser- oder Colcretebeton eingebracht.

10.7.5 Reibungswiderstand beim Absenken

Die in E 87, Abschnitt 10.5.6 für Druckluft-Senkkästen gegebenen Hinweise gelten auch für offene Senkkästen. Da der offene Senkkasten aber nicht im gleichen Maße wie der Druckluft-Senkkasten ballastiert werden kann, kommt bei größeren Absenktiefen einer thixotropen Schmierung des Mantels eine besondere Bedeutung zu. Sie reduziert die mittlere Mantelreibung erfahrungsgemäß auf weniger als 10 kN/m^2.

10.7.6 Baugrundvorbereitung

Verflüssigungsfähiger, nichtbindiger Boden ist über den eigentlichen Gründungsbereich hinaus zu verdichten bzw. auszutauschen. Wegen der im offenen Kasten mit dem Bodenaushub verbundenen Auflockerungen ist bei offener Senkkastenbauweise eine nachträgliche Verdichtung des Bodens unter der Aushubsohle erforderlich.

10.8 Ausbildung und Bemessung von massiven Ufereinfassungen (z. B. in Blockbauweise, als Schwimmkästen oder als Druckluft-Senkkästen) in Erdbebengebieten (E 126)

10.8.1 Allgemeines

Neben den allgemeinen Bedingungen nach E 123, Abschnitt 10.6 muss auch E 124, Abschnitt 2.13 berücksichtigt werden.

Bei der Ermittlung der waagerechten Massenkräfte der Ufereinfassung muss beachtet werden, dass sie aus der Masse der jeweiligen Bauteile und ihrer auflastenden Hinterfüllungen hergeleitet werden müssen. Hierbei ist die Masse des Porenwassers des Bodens mit zu berücksichtigen.

10.8.2 Erddruck, Erdwiderstand, Wasserüberdruck, Verkehrslasten

Die Ausführungen von E 124 in den Abschnitten 2.13.3, 2.13.4 und 2.13.5 gelten sinngemäß.

10.8.3 Sicherheiten

Hierzu wird vor allem auf E 124, Abschnitt 2.13.6 verwiesen.

Bei der Blockbauweise darf auch bei Berücksichtigung der Erdbebeneinflüsse die Ausmittigkeit der Resultierenden in den waagerechten Fugen zwischen den einzelnen Blöcken nur so groß sein, dass unter charakteristischen Lasten kein rechnerisches Klaffen über die Schwerachse hinaus eintritt.

10.8.4 Wandfuß

In der Gründungsfuge, in der auch im Fall ohne Erdbeben kein Klaffen zugelassen wird, darf unter den charakteristischen Lasten kein Klaffen über die Schwerachse hinaus eintreten.

10.9 Anwendung und Ausbildung von Bohrpfahlwänden (E 86)

10.9.1 Allgemeines

Bohrpfahlwände können bei entsprechender Ausbildung, konstruktiver Gestaltung und Bemessung auch bei Ufereinfassungen angewendet werden. Für sie spricht neben wirtschaftlichen und technischen Gründen auch die Forderung nach einer sicheren, weitgehend erschütterungsfreien und/oder lärmarmen Bauausführung.

10.9.2 Ausbildung

Durch Aneinanderreihen von Bohrpfählen können im Grundriss gerade oder gekrümmt verlaufende Wände hergestellt werden, die gut der jeweils gewünschten Form angepasst werden können.

Abhängig vom Pfahlabstand ergeben sich für die Anwendung bei Ufereinfassungen zwei Bohrpfahlwandtypen.

10.9.2.1 Überschnittene Bohrpfahlwand

Der Achsabstand der Bohrpfähle ist kleiner als der Pfahldurchmesser. Zuerst werden die Primärpfähle (1, 3, 5 ...) aus unbewehrtem Beton eingebracht. Diese werden beim Herstellen der zwischenliegenden bewehrten Sekundärpfähle (2, 4, 6 ...) angeschnitten (in Sonderfällen können auch drei unbewehrte Pfähle nebeneinander angeordnet werden). Die Überschneidung beträgt i. d. R. 10 bis 15 % des Durchmessers, mindestens jedoch 10 cm. Die Überschneidung ist so auf die Herstelltoleranzen der Bohrpfähle abzustimmen, dass auch in der erforderlichen Tiefe noch ein sicherer Überschnitt erreicht wird (Bild E 86-1).

Die Wand ist dabei im Allgemeinen so gut wie wasserdicht. Ein statisches Zusammenwirken der Pfähle kann bei Belastung senkrecht zur Pfahlwand und in der Wandebene zumindest teilweise vorausgesetzt werden, wird jedoch bei der Bemessung der tragenden Sekundärpfähle im Allgemeinen nicht berücksichtigt. Lotrechte Belastungen können außer durch lastverteilende Kopfbalken bei ausreichender Rauigkeit und Sauberkeit der Schnittflächen in einem gewissen Umfang auch durch Scherkräfte zwischen den benachbarten Pfählen verteilt werden. Bei im Grundriss kurzen Wänden muss dabei aber durch Einbinden der Pfahlfüße in einem besonders gut tragfähigen Baugrund ein Ausweichen der Pfahlfüße in der Wandebene nach außen hin ausreichend verhindert werden.

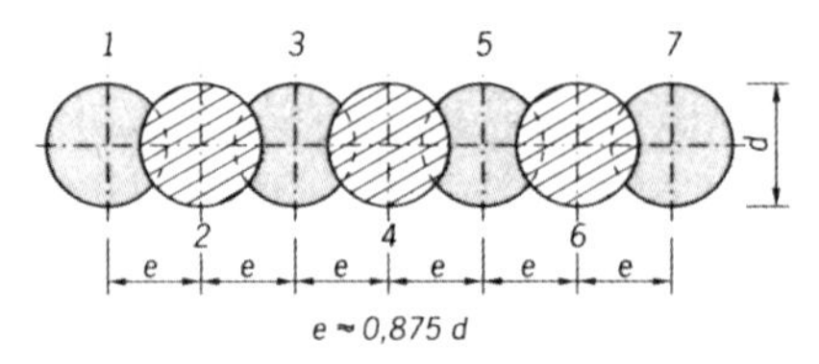

Bild E 86-1. Überschnittene Bohrpfahlwand

10.9.2.2 Tangierende Bohrpfahlwand

Der Achsabstand der Bohrpfähle ist aus arbeitstechnischen Gründen etwa 5 cm größer als der Pfahldurchmesser. In der Regel wird jeder Pfahl bewehrt. Eine Wasserdichtigkeit dieser Wand ist nur durch zusätzliche Maßnahmen – beispielsweise durch sich überschneidende Säulen nach dem Düsenstrahlverfahren (HDI) oder andere Injektionsverfahren – erreichbar. Ein scheibenartiges Zusammenwirken der Pfähle in der Wandebene kann nicht erwartet werden (Bild E 86-2).

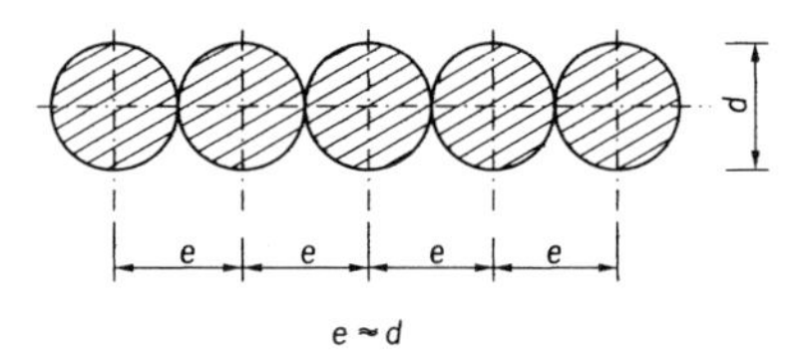

Bild E 86-2. Tangierende Bohrpfahlwand

10.9.3 Herstellen der Bohrpfahlwände

Das Herstellen von Bohrpfahlwänden nach den Bildern E 86-1 und E 86-2 setzt eine hohe Bohrgenauigkeit voraus, die eine gute Führung des Bohrrohrs erfordert. Die Genauigkeit des Bohransatzpunktes wird durch die Verwendung einer Bohrschablone gewährleistet.

Bohrpfahlwände werden möglichst vom gewachsenen Gelände oder aber von einer Inselschüttung aus hergestellt.

Die Bohrung wird im Drehbohr- oder Greiferbohrverfahren hergestellt. Hindernisse werden durch Meißeln oder Durchkernen beseitigt. Es ist auf einen ausreichenden Überdruck aus der Wasserfüllung im Bohrrohr zu achten, der i. d. R. mindestens 1,5 m über dem Grundwasserspiegel gehalten werden muss.

Überschnittene Bohrpfahlwände werden meist mit Geräten hergestellt, bei denen das Bohrrohr mit einem Drehbohrkopf oder mithilfe einer Verrohrungsmaschine drehend und/oder drückend in den Boden vorgetrieben wird. Dabei ist die Unterkante der Verrohrung als Schneide ausgebildet.

Bei entsprechender Führung können verrohrte Bohrungen auch geneigt ausgeführt werden, wobei generell geneigte Bohrpfahlwände auf nicht vermeidbare Ausnahmefälle beschränkt werden sollten.

Für den Beton der unbewehrten Primärpfähle wird zweckmäßigerweise ein langsam erhärtender Zement verwendet. Die Arbeitsfolge sollte so gewählt werden, dass die Betonfestigkeit beim Anschneiden durch die Sekundärpfähle – abhängig von der Leistung des Bohrgeräts – im Normalfall 3 bis 10 MPa möglichst nicht übersteigt. Der Festigkeitsunterschied benachbarter anzuschneidender Primärpfähle ist so gering wie möglich zu halten, um Richtungsabweichungen der Sekundärpfähle zu vermeiden. Für die unbewehrten Primärpfähle von überschnittenen Bohrpfahlwänden ist Beton mit geringerer Festigkeitsklasse als C 30/37 zulässig.

Hinsichtlich Säubern der Sohlfuge, Einbringen des Betons, Betonüberdeckung und Bewehrungsausbildung gilt DIN EN 1536 mit DIN SPEC 18140.

10.9.4 Konstruktive Hinweise

Die Bewehrung sollte radialsymmetrisch im Pfahl angeordnete werden. Nur in Ausnahmefällen darf bei sehr sorgfältiger Arbeitsweise und Kontrolle hiervon abgegangen werden, da bei verrohrten Bohrungen ein unbeabsichtigtes Verdrehen des Bewehrungskorbs beim Ziehen der Verrohrung nicht auszuschließen ist.

Ein unbeabsichtigtes Ziehen des Bewehrungskorbs kann durch Frischbetonauflast auf einer in den Fuß des Korbes eingebauten Platte und/oder durch entsprechende Abstimmung zwischen Größtkorn des Betons und Zwischenraum zwischen Bewehrungskorb und Bohrrohr vermieden werden.

Die Pfahlbewehrung muss in ausreichendem Umfang ausgesteift werden, um eine Verformung des Bewehrungskorbs auszuschließen und die erforderliche Betondeckung einzuhalten.

Bewährt haben sich eingeschweißte Aussteifungsringe nach ZTV-ING (2003), Teil 2. Die dort angegebenen Mindestmaßnahmen sind nur bei Pfählen mit geringem Durchmesser bis etwa 1 m ausreichend. Für Pfähle mit großem Durchmesser (ca. d = 1,30 m) werden beispielsweise bei 1,60 m Abstand Aussteifungsringe 2 ∅ 28 mm Bst 420 S mit 8 Distanzhaltern ∅ 22 mm, l = 400 mm, empfohlen, die miteinander und mit der Längsbewehrung des Pfahls verschweißt werden.

Die Pfähle werden auf der Grundlage von DIN EN 1997-1-1" und DIN 1054 bemessen. Sofern die Pfähle nicht in eine ausreichend steife Überbaukonstruktion mit geringem Abstand zur Verankerungsebene einbinden, sind zur Aufnahme der Ankerkraft in der Regel lastverteilende Gurte erforderlich. Bei rückverankerten überschnittenen und tangierenden Bohrpfahlwänden kann bei mindestens mitteldicht gelagerten nichtbindigen bzw. halbfesten bindigen Böden auf Gurte verzichtet werden, wenn bei überschnittenen Wänden mindestens jeder zweite Pfahl, bei tangierenden Wänden jeder zweite Zwickel zwischen den Pfählen durch einen Anker gehalten wird. Gleichzeitig müssen jedoch die Anfangs- und die Endbereiche der Pfahlwand auf ausreichender Länge mit zugfesten Gurten versehen werden.

Anschlüsse an benachbarte Konstruktionsteile sollten möglichst nur durch die Bewehrung am Pfahlkopf hergestellt werden, im übrigen Wandbereich nur in Sonderfällen und dann über Aussparungen oder besonders eingebaute Anschlussverbindungen.

Da bei Bohrpfahlwänden eine normgerechte Rissbreitenbegrenzung (E 72, Abschnitt 10.2.5) nicht möglich ist, sind in Abstimmung mit dem Bauherrn zusätzliche Maßnahmen zu ergreifen (z. B. Vorsatzschalen, kathodischer Korrosionsschutz, erhöhte Betondeckung).

10.10 Anwendung und Ausbildung von Schlitzwänden (E 144)

10.10.1 Allgemeines

Bezüglich der Anwendung von Schlitzwänden gilt E 86, Abschnitt 10.9.1 sinngemäß.

Als Schlitzwände werden Ortbetonwände bezeichnet, die nach dem Bodenschlitzverfahren abschnittsweise hergestellt werden. Dabei werden mit einem Spezialgreifer oder einer Fräse zwischen Leitwänden Schlitze ausgehoben, in die fortlaufend eine Stützflüssigkeit eingefüllt wird. Nach Säuberung und Homogenisieren der Stützflüssigkeit wird die Bewehrung eingehängt und Beton im Kontraktorverfahren eingebracht, wobei die Stützflüssigkeit von unten nach oben verdrängt und abgepumpt wird.

Die Bemessung von Schlitzwänden wird in DIN EN 1997-1-1 mit DIN 1054 geregelt. Die Herstellung wird in DIN EN 1538 eingehend beschrieben. Darin werden vor allem detaillierte Angaben gemacht über:

- das Herstellen des Schlitzes,
- das Herstellen, Mischen, Quellen, Lagern, Einbringen, Homogenisieren und Wiederaufbereiten der Stützflüssigkeit,
- die Bewehrung, das Betonieren.

Die Standsicherheit des flüssigkeitsgestützten Schlitzes wird in DIN 4126 geregelt.

In DIN 4127 sind die Prüfverfahren für stützende Flüssigkeiten und deren Ausgangsstoffe geregelt.

Im Übrigen wird zusätzlich auf folgendes Schrifttum hingewiesen: Weiss 1967, Müller-Kirchenbauer et al. 1979, Feile 1975, Loers und Pause 1976, Veder (1975, 1976, 1981).

Schlitzwände werden durchgehend und so gut wie wasserdicht in Dicken von 60, 80 und 100 cm, bei Uferwänden mit großen Geländesprüngen auch in Dicken von 120 und 150 cm hergestellt. Bei hohen Beanspruchungen kann anstelle einer einfachen auch eine aus aneinandergereihten T-förmigen Elementen bestehende Wand ausgebildet werden. Bei sehr locker gelagerten oder weichen Böden ist die Ausführung solcher T-förmigen Elemente nur mit Zusatzmaßnahmen, wie z. B. vorheriger Bodenverbesserung, zu empfehlen.

Ein im Grundriss gekrümmter Wandverlauf wird durch den Sehnenzug ersetzt. Die mögliche Länge einer in einem Zuge geöffneten Lamelle wird durch die Standsicherheit des flüssigkeitsgestützten Schlitzes begrenzt. Bautechnisch ergibt sich das minimale Öffnungsmaß aus der Greifer- oder Fräsenweite bei der Herstellung eines Stiches. Das Größtmaß von etwa 10 m muss bei hohem Grundwasserstand, fehlender Kohäsion im Boden, benachbarten schwerbelasteten Gründungen, empfindlichen Versorgungsleitungen und dergleichen ggf. bis zum o. g. minimalen Öffnungsmaß verringert werden. Schlitzwände können hohe waagerechte und lotrechte Belastungen in den Untergrund abtragen. Anschlüsse an andere lotrecht oder waagerecht angeordnete Konstruktionsteile sind mit einbetonierten oder nachträglich eingedübelten Anschlusselementen – gegebenenfalls verbunden mit Aussparungen – möglich. Gute Betonsichtflächen können mit eingehängten Fertigteilen erzielt werden, deren Einsatz aber wegen des hohen Eigengewichts auf Tiefen von 12 bis 15 m begrenzt ist.

10.10.2 Nachweis der Standsicherheit des offenen Schlitzes

Der Nachweis der Standsicherheit des offenen Schlitzes ist in DIN 4126 geregelt. Dabei müssen generell drei Nachweise erbracht werden:

a) Sicherheit gegen den Zutritt von Grundwasser in den Schlitz und gegen Verdrängen der Stützflüssigkeit,
b) Sicherheit gegen Abgleiten von Einzelkörnern oder Korngruppen und
c) Sicherheit gegen den Schlitz gefährdende Gleitflächen im Boden.

Zum Nachweis a) wird der hydrostatische Druck der Stützflüssigkeit mit dem hydrostatischen Druck des Grundwassers verglichen. Hieraus ergibt sich die notwendige Dichte der Stützflüssigkeit.

Mit dem Nachweis b) wird die minimale erforderliche Fließgrenze der Stützflüssigkeit ermittelt.

Zum Nachweis der Sicherheit gegen den Schlitz gefährdende Gleitflächen im Boden nach c) wird das Gleichgewicht an einem Gleitkeil untersucht. Belastend wirken das Bodeneigengewicht und etwaige Auflasten aus benachbarter Bebauung, Baufahrzeugen oder sonstigen Verkehrslasten und der Wasserdruck von außen. Widerstehend wirken der Druck der Stützflüssigkeit, die volle Reibung in der Gleitfläche, die zum aktiven Erddruck führt, und Reibung in den Seitenflächen des Gleitkeils sowie die Kohäsion. Zusätzlich kann die ausgesteifte Leitwand berücksichtigt werden. Diese ist insbesondere für hoch liegende Gleitfugen bedeutsam, weil hier die Scherverspannung bei nichtbindigem Boden noch wenig wirksam ist. Bei tief reichenden Gleitfugen ist der Einfluss der Leitwand vernachlässigbar klein.

In Tidegebieten muss, ausgehend von dem vorgesehenen Stützflüssigkeitsspiegel, der kritische Außenwasserstand ermittelt und festgelegt werden. Bei zu erwartender Überschreitung des zulässigen Außenwasserspiegels, z. B. infolge von Sturmfluten, muss ein offener Schlitz rechtzeitig verfüllt werden.

10.10.3 Zusammensetzung der Stützflüssigkeit

Als Stützflüssigkeit wird eine Ton- oder Bentonitsuspension verwendet. Besonders zu beachten ist, dass bei Bauten im Meerwasser bzw. in stärker salzhaltigem Grundwasser das Ionengleichgewicht der Tonsuspension durch Zutritt von Salzen ungünstig verändert wird. Es entstehen Ausflockungen, die zur Verminderung der Stützfähigkeit der Suspension führen können. Deshalb müssen beim Herstellen von Schlitzwänden in solchen Bereichen salzwasserresistente Bentonitsuspensionen eingesetzt werden. Die Variationsbreite der Rezepturen ist groß. In jedem Fall sind vor der Bauausführung Eignungsprüfungen vorzunehmen. Diese müssen die Salzgehalte des Wassers, die Bodenverhältnisse und andere etwaige Besonderheiten (z. B. Durchfahren von Korallen) berücksichtigen. Die Verschmutzung einer Suspension unter Salzwasserbedingungen zeigt sich am besten durch das Ansteigen der Filtratwasserabgabe.

Besondere Vorsicht ist bei Bodenverunreinigungen (Altlasten), bei Bodenbestandteilen aus Torf bzw. Braunkohle und dergleichen geboten. Durch entsprechende Zusatzmittel können ungünstige Einflüsse teilweise ausgeglichen werden. Eignungsversuche hinsichtlich der Stützflüssigkeiten werden in solchen Fällen dringend empfohlen.

10.10.4 Einzelheiten zur Herstellung einer Schlitzwand

Im Allgemeinen wird eine Schlitzwandlamelle vom Gelände aus zwischen Leitwänden ausgehoben. Diese sind in der Regel 1,0 bis 1,5 m hoch und bestehen aus Stahlbeton. Sie werden je nach Bodenverhältnissen und Belastung durch die Aushub- und Ziehgeräte der Abschalrohre sowie durch die aufgehängte Bewehrung als durchlaufende, außerhalb der Aushubbereiche gegenseitig abgestützte Wandstreifen oder als Winkelstützwände ausgebildet.

Die Stützflüssigkeit reichert sich während der Aushubarbeiten mit Feinstteilen an und ist daher regelmäßig zu überprüfen und, wenn die geforderten Eigenschaften nicht mehr vorliegen, auszutauschen. In der Regel ist ein mehrfaches Verwenden der Stützflüssigkeit möglich. Zur Kontrolle sind auf den Baustellen Dichte, Filtratwasserabgabe, Sandgehalt und Fließgrenze der Stützflüssigkeit zu überprüfen.

Vor Einbringen der Bewehrung sind der Schlitz und ggf. die angrenzenden Fugen zu reinigen. Vor dem Betonieren sind die Eigenschaften der Stützsuspension zu kontrollieren. Bei Überschreitung der Grenzen bzgl. Fließgrenze und Sandgehalt ist die Suspension zu regenerieren oder ggf. auszutauschen. Die Pause zwischen dem Ende des Aushubs und dem Beginn des Betonierens ist so kurz wie möglich zu halten.

Einzelheiten der Schlitzwandherstellung können Bild E 144-1 entnommen werden.

In manchen Fällen ist eine schrittweise Herstellung der Lamellen in der Reihenfolge 1, 2, 3 usw. vorzuziehen. Die Abschalelemente sollten so schmal wie möglich ausgebildet sein, um die bewehrungsfreie Zone gering zu halten.

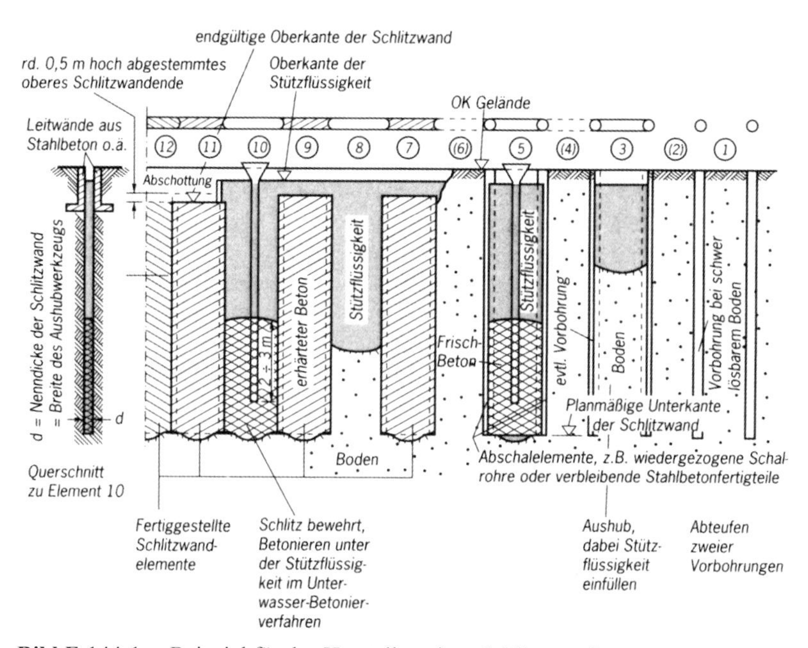

Bild E 144-1. Beispiel für das Herstellen einer Schlitzwand

10.10.5 Beton und Bewehrung

Hierzu wird vor allem auf die detaillierten Ausführungen in DIN EN 1538 verwiesen.

Beim Entwurf der Bewehrung müssen strömungstechnisch ungünstige Bewehrungskonzentrationen und Aussparungen vermieden werden. Profilierte Bewehrungsstähle sind wegen der besseren Verbundeigenschaft zu bevorzugen. Um die Betonüberdeckung sicherzustellen, sind großflächige Abstandhalter in reichlicher Anzahl anzuordnen.

Auf eine ausreichende Aussteifung der Körbe ist zu achten, insbesondere im Falle von Mindestbewehrung.

10.10.6 Hinweise zur Berechnung und Bemessung von Schlitzwänden

Wegen ihrer hohen Biegesteifigkeit und geringen Verformungen müssen Schlitzwände in der Regel für einen erhöhten aktiven Erddruck bemessen werden. Der Ansatz des aktiven Erddrucks ist nur dann zu vertreten, wenn durch eine ausreichende Nachgiebigkeit des Wandfußes, der Stützungen bei genügend nachgiebiger Verankerung sowie der horizontalen Durchbiegung der erforderliche Verschiebungsweg für eine volle Aktivierung der Scherspannungen in den Gleitfugen vorhanden ist.

Bei hohen Geländesprüngen mit Kopfverschiebungen im cm-Bereich, z. B. bei Kaimauern für Seeschiffe mit einem Geländesprung ≥20 m, ist eine Erddruckumlagerung nach E 77, Abschnitt 8.2.2 möglich. Das mögliche Verformungsverhalten ist in jedem Einzelfall zu berücksichtigen.

Eine volle Einspannung des Wandfußes im Boden ist bei oberer Verankerung oder Abstützung wegen der hohen Biegesteifigkeit der Wand im Allgemeinen nicht erreichbar. Es ist deshalb zweckmäßig, bei einer Wandberechnung mit dem Ansatz nach Blum eine teilweise Einspannung zu berücksichtigen oder aber mit elastischer Fußeinspannung nach dem Bettungs- oder Steifemodulverfahren zu rechnen. Wird mit der Finite-Elemente-Methode gearbeitet, sind vor allem zutreffende Stoffmodelle für den Boden anzusetzen. Die Neigungswinkel im aktiven und passiven Bereich hängen im Wesentlichen von der Bodenart, dem Arbeitsfortschritt und der Standzeit des freien Schlitzes ab. Grobkörnige Böden ergeben eine hohe Rauigkeit der Aushubwand, während feinkörnige Böden zu verhältnismäßig glatten Aushubflächen führen. Langsamer Arbeitsfortschritt und längere Standzeiten begünstigen Ablagerungen aus der Stützflüssigkeit (Bildung von Filterkuchen). Die Neigungswinkel können wegen der Abhängigkeit von den zuvor genannten Faktoren im Regelfall in den folgenden Grenzen angesetzt werden:

$$0 \leq \delta_{a,k} \leq 1/2 \cdot \varphi'_k \qquad \text{bzw.} \qquad -1/2 \cdot \varphi'_k \leq \delta_{p,k} \leq 0$$

Gurte für Abstützungen bzw. Verankerungen können durch zusätzliche Querbewehrung innerhalb der Elemente ausgebildet werden. Bei geringer Breite der Elemente genügt eine mittig liegende Abstützung bzw. Verankerung, bei breiteren Elementen werden zwei oder mehrere benötigt, die symmetrisch zum Element angeordnet werden. Gegebenenfalls ist ein Durchstanznachweis zu führen.

Bemessen wird nach DIN EN 1992-1-1 und DIN 19702. Der Nachweis zur Beschränkung der Rissbreite richtet sich nach E 72, Abschnitt 10.2.5. Ergänzende Maßnahmen, wie z. B. erhöhte Betondeckungen oder Ergänzungen z. B. durch kathodischen Korrosionsschutz HTG (1994), können dabei erforderlich werden. Die Maßnahmen zum Korrosionsschutz der Bewehrung sind in jedem Einzelfall mit dem Bauherrn abzustimmen.

In Hinblick auf den ungünstigen Einfluss eines möglicherweise verbleibenden Restfilms der Stützflüssigkeit am Stahl oder von Feinsandablagerungen sollen die Verbundspannungen bei waagerechten Bewehrungsstählen nach DIN EN 1992-1-1, Abschnitt 8.4.2 mäßigen Verbundbedingungen entsprechen. Bei senkrechten Stählen können in der Regel gute Verbundbedingungen angesetzt werden, jedoch wird empfohlen, im Fuß- und im Kopfbereich der Schlitzwand die Verankerungslängen zu vergrößern.

10.11 Bestandsaufnahme vor dem Instandsetzen von Betonbauteilen im Wasserbau (E 194)

10.11.1 Allgemeines

Bauliche Maßnahmen zur Instandsetzung von Betonbauteilen sind nur erfolgversprechend, wenn sie die Ursachen der Mängel bzw. Schäden zutreffend berücksichtigen. Da meist mehrere Ursachen beteiligt sind, ist vorweg eine systematische Untersuchung des Istzustands durch einen qualifizierten Ingenieur vorzunehmen.

Da die richtige Beurteilung der Mängel- und Schadenursachen für eine dauerhafte Instandsetzung eine wesentliche Voraussetzung ist, werden nachfolgend außerdem einige Empfehlungen zur Feststellung des Ist-Zustands und zur Ursachenfindung gegeben.

Die nachfolgenden Regeln gelten im Wesentlichen auch für die Prüfung von Betonteilen im Rahmen der Erhebungen nach E 193, Abschnitt 14.1. Die aufgeführten Einzeluntersuchungen gehen fallweise aber über den Umfang einer normalen Prüfung hinaus und werden hier deshalb besonders aufgeführt.

Folgende Daten sind vorab zu erheben:

1. Objektbeschreibung
   - Baujahr,
   - Beanspruchung aus Nutzung, Betrieb und Umwelt,
   - vorhandene Standsicherheitsnachweise,
   - Baugrundaufschlüsse,
   - Ausführungszeichnungen,
   - Besonderheiten bei der Erstellung des Bauwerks.
2. Bestandsaufnahme der vom Schaden betroffenen Bauteile
   - Art, Lage und Abmessungen der Bauteile,
   - verwendete Baustoffe (Art und Güteklasse),
   - Schadensbild (Art und Umfang des Schadens mit Abmessungen der Schadstellen),
   - Dokumentation (Fotos und Skizzen).
3. Erforderliche Untersuchungen
   Aufgrund der Feststellungen nach Abschnitt 10.11.1, Punkt 1 und 2 werden Art und Menge der zur Ursachenfindung erforderlichen Untersuchungen festgelegt.

10.11.2 Untersuchungen am Bauwerk

Nähere Erkenntnisse über den Istzustand des Bauwerks lassen sich durch folgende Untersuchungen am Bauwerk gewinnen:

1. Beton
   - Verfärbungen, Durchfeuchtungen, organischer Bewuchs, Ausblühungen/Aussinterungen, Betonabplatzungen, Fehlstellen,
   - Oberflächenrauheit,
   - Haftzugfestigkeit,
   - Dichtheit, Zuschlagnester,
   - Carbonatisierungstiefe,
   - Chloridgehalt (quantitativ),
   - Rissverläufe, -breiten, -tiefen, -längen,
   - Rissbewegungen,
   - Zustand der Fugen.
2. Bewehrung
   - Betondeckung,
   - Korrosion, Abrostungsgrad,
   - Querschnittsminderung.

3. Spannglieder
   - Betondeckung,
   - Zustand der Verpressung (erforderlichenfalls Ultraschall-, Durchstrahlungsprüfungen, Endoskopie),
   - Zustand des Spannstahls,
   - vorhandener Vorspanngrad,
   - Verpressmörtel (SO_3-Gehalt).
4. Bauteile
   - Verformungen,
   - Kräfte,
   - Schwingungsverhalten.
5. Probenentnahme am Bauwerk
   - Ausblühungs-/Aussinterungsmaterial,
   - Betonteile,
   - Bohrkerne,
   - Bohrstaub,
   - Bewehrungsteile.

10.11.3 Untersuchungen im Labor

1. Beton
   - Rohdichte,
   - Porosität/Kapillarität,
   - Wasseraufnahme,
   - Wassereindringtiefe (WU),
   - Verschleißwiderstand (nach DIN 52108),
   - Mikroluftporengehalt,
   - Chloridgehalt (quantitativ in verschiedenen Tiefenzonen),
   - Sulfatgehalt,
   - Druckfestigkeit (nach DIN EN 12504),
   - E-Modul (nach DIN 1048),
   - Mischungszusammensetzung (nach DIN 52170),
   - Kornzusammensetzung,
   - Spaltzugfestigkeit (nach DIN EN 12390),
   - Carbonatisierungstiefe,
   - Oberflächenzugfestigkeit (nach DIN EN 1542) in verschiedenen Tiefenhorizonten.
2. Stahl
   - Zugversuch,
   - Dauerschwingversuch.

10.11.4 Theoretische Untersuchungen

- statische Berechnung der Tragsicherheit und des Verformungsverhaltens des Bauwerks oder einzelner Teile vor und nach der Instandsetzung,
- Abschätzung des Carbonatisierungsfortschrittes und/oder der vorläufigen Chloridanreicherung ohne bzw. mit Instandsetzung.

10.12 Instandsetzung von Betonbauteilen im Wasserbau (E 195)

10.12.1 Allgemeines

Wasserbauten unterliegen besonderen Umweltbeanspruchungen, die sich aus physikalischen, chemischen und biologischen Einwirkungen ergeben können. Außerdem ist beispielsweise bei Hafenanlagen und anderen betriebsbedingt zugänglich zu haltenden Flächen mit der Einwirkung von Tausalzen und anderen schädlichen Fremdstoffen zu rechnen, bisweilen auch mit betonangreifenden Umschlaggütern.

Die physikalischen Einwirkungen resultieren, abgesehen von Nutzlasten, Stoß- und Reibekräften der Schiffe, vorwiegend aus dem wiederholten Austrocknen und Feuchtwerden des Betons, den ständigen Temperaturwechseln mit schroffer Frosteinwirkung auf wassergesättigten Beton und den Wirkungsformen des Eises. Chemische Beanspruchungen werden, neben fallweise nutzungsbedingten Einwirkungen aus Tausalz und Umschlaggütern, vor allem durch die Salze des Meerwassers verursacht. In den Beton eingedrungene Chloride können die Passivschicht der Bewehrung zerstören. Hierdurch kann in Bereichen, in denen gleichzeitig ein ausreichendes Sauerstoff- und Feuchtigkeitsangebot im Beton vorliegt, wie beispielsweise oberhalb der Niedrigwasserzone, Korrosion der Bewehrung hervorgerufen werden. Biologische Beanspruchungen entstehen in erster Linie durch Bewuchs und dessen Stoffwechselprodukte.

Die genannten Einflüsse können zu Rissen und Oberflächenschäden am Beton und zu Korrosionsschäden an der Bewehrung führen. Besonders gefährdet sind Bauteile im Spritz- und Wasserwechselbereich, und hier vor allem Bauteile mit Meerwasserbeaufschlagung bzw. Bauteile in unmittelbarer Küstennähe in stark salzhaltiger Luft. In Bild E 195-1 ist der Angriff von Meerwasser auf Stahlbeton schematisch dargestellt.

Werden aufgrund festgestellter Schäden Instandsetzungsarbeiten an Betonbauteilen erforderlich, muss für die Erfassung des Istzustands, für die Beurteilung des Schadens und für die Planung der Instandsetzungsmaßnahmen stets ein sachkundiger Ingenieur entsprechend der Richtlinie für Schutz und Instandset-

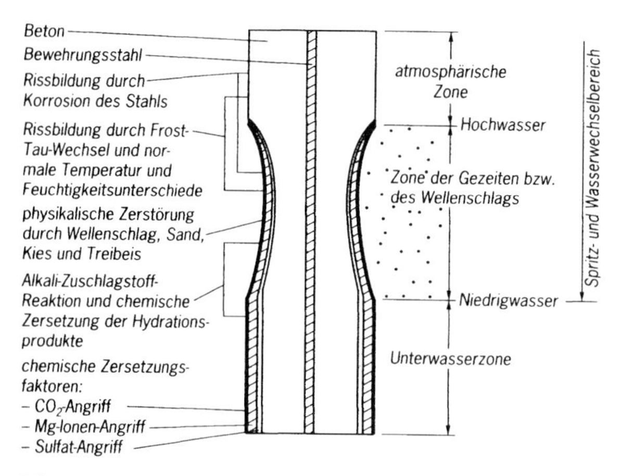

Bild E 195-1. Schema des Angriffs von Meerwasser auf Stahlbeton nach Concrete International (1982)

zung von Betonbauteilen (DAfStb, 1991, 1992, 1993) hinzugezogen werden. Der dauerhafte Erfolg der Arbeiten hängt wesentlich von der Sachkenntnis des ausführenden Fachpersonals, der Qualität und der Eignung der eingesetzten Baustoffe und der aufgewendeten Sorgfalt in der Ausführung und Überwachung ab.

Schutz- und Instandsetzungsmaßnahmen an Bauteilen, die zumindest während der Durchführung der Maßnahmen vor dem Zutritt von Wasser geschützt werden können (Arbeiten über Wasser), sollten auf Basis der ZTV-W LB 219 (2012) erfolgen. Beim Füllen von Rissen und Hohlräumen in derartigen Bauteilen sollte die ZTV-ING (2003) als Grundlage herangezogen werden.

Bei Schutz- und Instandsetzungsmaßnahmen, die unter Wasser durchgeführt werden müssen (Arbeiten unter Wasser), sollte durch Probeinstandsetzungen nachgewiesen werden, dass die vorgesehenen Maßnahmen unter den gegebenen Randbedingungen des jeweiligen Einzelfalles zielführend sind. Der Nachweis der Güte der Baustoffe sollte durch Eignungs- und Güteprüfungen erbracht werden, die auf die jeweiligen Bauteilverhältnisse abgestimmt sind.

Maßnahmen in Verbindung mit kathodischem Korrosionsschutz sollten auf der Basis der Empfehlungen „Kathodischer Korrosionsschutz für Stahlbeton" (HTG, 1994) geplant werden.

Für die Durchführung von Instandsetzungsarbeiten sollten nur Unternehmen herangezogen werden, die über ausreichende Sachkenntnisse und Erfahrungen auf diesem Gebiet verfügen und die Anforderungen an Ausstattung und Personal gemäß DAfStb (1990, 1991, 1992), ZTV-W LB 219 (2012) bzw. ZTV-ING (2003) erfüllen.

10.12.2 Beurteilung des Istzustandes

Auf Basis einer sorgfältigen Bestandsaufnahme nach E 194, Abschnitt 10.11, ist der Einfluss der Mängel und Schäden auf die Standsicherheit, die Gebrauchsfähigkeit und die Dauerhaftigkeit des Bauwerkes zu beurteilen.

Die Einwirkungen und Beanspruchungen, denen das instandzusetzende Bauteil unterliegt, sollten möglichst genau erfasst werden, weil hieraus die Anforderungen an die einzusetzenden Baustoffe bzw. Bauverfahren resultieren.

10.12.3 Planung der Instandsetzungsarbeiten

10.12.3.1 Allgemeines

Aus der Gegenüberstellung des Istzustandes gemäß Abschnitt 10.12.2 und des vorgesehenen Sollzustandes nach Abschluss der Instandsetzungsmaßnahmen ergibt sich der Instandsetzungsbedarf. Die mit den Instandsetzungsmaßnahmen angestrebten Instandsetzungsziele sollten möglichst exakt definiert werden. Dabei sollte gemäß DAfStb (1990, 1991, 1992) und ZTV-W LB 219 (2012) grundsätzlich unterschieden werden zwischen Maßnahmen, die dem Schutz und der Instandsetzung des Betons an sich dienen, und Maßnahmen zur Wiederherstellung bzw. Aufrechterhaltung des Korrosionsschutzes der Bewehrung. Beim Füllen von Rissen sollte deutlich gemacht werden, ob ein Schließen oder Abdichten des Risses erreicht werden soll bzw. ob die Rissufer kraftschlüssig oder dehnfähig miteinander verbunden werden sollen.

Die möglichen Auswirkungen von Schutz- und Instandsetzungsmaßnahmen auf die Dauerhaftigkeit und das Tragverhalten des Bauteiles bzw. des gesamten Bauwerkes sind zu untersuchen. Hierbei sollten insbesondere eventuelle bauphysikalisch ungünstige Veränderungen sowie Änderungen im Tragverhalten (Erhöhung des Eigengewichtes, Lastumlagerungen etc.) berücksichtigt werden.

Bei der Erarbeitung des Instandsetzungskonzeptes sind die grundsätzlich unterschiedlichen Randbedingungen für Bewehrungskorrosion in Bauteilen über bzw. unter Wasser, in erster Linie die unterschiedliche Zufuhr des korrosionsnotwendigen Sauerstoffes, zu berücksichtigen.

Bei Rissen ist zu prüfen, welche Ursachen die Rissbildung hat und welche Beanspruchungen bzw. Verformungen diesbezüglich in Zukunft noch zu erwarten sind.

10.12.3.2 Instandsetzungsplan

Für jede Instandsetzungsmaßnahme sollte durch einen sachkundigen Ingenieur ein Instandsetzungsplan aufgestellt werden, in dem alle bei der Durchführung der Instandsetzungsmaßnahmen relevanten Details von der Untergrundvorbehandlung über die Art und Qualität der einzusetzenden Stoffe, die zu wählenden Bauverfahren, die Nachbehandlung bis hin zur Qualitätssicherung beschrieben werden.

Der Instandsetzungsplan sollte möglichst auf Basis von DAfStb (1990, 1991, 1992) bzw. ZTV-W LB 219 (2012) erstellt werden.

Der Instandsetzungsplan sollte u. a. Angaben zu folgenden Punkten enthalten:

1. Instandsetzungsgrundsätze/Grundsatzlösungen gemäß DAfStb (1990, 1991, 1992) und ZTV-W LB 219 (2012),
2. Anforderungen an Unternehmen/Personal, beispielsweise:
   - Eignungsnachweis des Düsenführers bei Spritzbetonarbeiten,
   - Eignungsnachweis für den Umgang mit Kunststoffen im Betonbau.
3. Untergrundvorbehandlung
   - Ziel der Untergrundvorbehandlung und Art des Vorbehandlungsverfahrens,
   - Ausmaß des Betonabtrages bzw. der Bewehrungsfreilegung,
   - erforderlicher Entrostungsgrad der Bewehrung.
4. Betonersatz
   - Art und Qualität der zu verwendenden Stoffe bzw. Verfahren, beispielsweise:
     Beton,
     Spritzbeton,
     Spritzmörtel/Spritzbeton mit Kunststoffzusatz (SPCC),
     Zementmörtel/Beton mit Kunststoffzusatz (PCC),
   - Schalung,
   - Schichtdicken,
   - zusätzliche Bewehrung,
   - Arbeitsfugen.
5. Risse
   - Füllgüter,
   - Füllarten.
6. Fugen
   - Vorarbeiten,
   - Art des Fugendichtungsmaterials,
   - Ausführung.
7. Oberflächenschutzsysteme
   - Systemart,
   - Schichtdicken.
8. Nachbehandlung
   - Art,
   - Dauer.

9. Qualitätssicherung
   - Grundprüfungen,
   - Eignungsprüfungen,
   - Güteüberwachung.

10.12.4 Durchführung der Instandsetzungsarbeiten

10.12.4.1 Allgemeines

Die Durchführung von Instandsetzungsarbeiten über Wasser wird detailliert in der ZTV-ING (2003) beschrieben.

Vor Aufbringen von zementgebundenem Betonersatz (Beton, Spritzbeton, SPCC, PCC) sollte der Betonuntergrund ausreichend (erstmals 24 Stunden vorher) vorgenässt werden. Die Auftragsflächen müssen vor dem Einbau des Betonersatzes jedoch so weit abgetrocknet sein, dass sie mattfeucht erscheinen.

Eine ausreichende Nachbehandlung ist von ausschlaggebender Bedeutung für den Erfolg von Instandsetzungsarbeiten. Zementgebundener Betonersatz sollte in den ersten Tagen nach dem Einbau durch wasserzuführende Maßnahmen nachbehandelt werden. Dies gilt in ganz besonderem Maße für geringere Schichtdicken bei Betonersatz mit PCC.

Aufgrund der unterschiedlichen Ausgangsstoffe ist bei lokaler Instandsetzung mit zementgebundenem Betonersatz stets mit farblichen Unterschieden zwischen Altbeton und Betonersatz zu rechnen.

Die folgenden Hinweise gelten i. d. R. nicht für Maßnahmen mit kathodischem Korrosionsschutz.

10.12.4.2 Untergrundvorbehandlung

1. Allgemeines
   Nicht die Art der Untergrundvorbehandlung, sondern das mit der Untergrundvorbehandlung angestrebte Ziel sollte vorgegeben werden.
   Nach Abschluss der Untergrundvorbehandlung ist zu prüfen, ob der Betonuntergrund die für die vorgesehenen Instandsetzungsarbeiten erforderlichen Abreißfestigkeiten aufweist.
2. Arbeiten über Wasser
   Für einen guten Verbund muss der Betonuntergrund gleichmäßig fest und frei von trennenden, arteigenen oder artfremden Substanzen sein. Lockerer und mürber Beton sowie alle Fremdstoffe wie Bewuchs, Muscheln, Öl oder Farbreste sind zu entfernen. Der darüber hinaus zum Erreichen des Instandsetzungszieles erforderliche Betonabtrag sowie das Freilegen der Bewehrung sind abhängig vom gewählten Verfahren gemäß DAfStb (1990, 1991,

1992) bzw. ZTV-W LB 219 (2012) und sollten dem Instandsetzungsplan zu entnehmen sein.
Vor Aufbringen eines zementgebundenen Betonersatzes sollten nach Abschluss der Untergrundvorbehandlung i. d. R. oberflächennahe, fest eingebettete Zuschlagkörner mit einem Durchmesser ≥4 mm kuppenartig freiliegen.
Nach Abschluss der Untergrundvorbehandlung müssen lose Korrosionsprodukte an freiliegender Bewehrung und ggf. an freiliegenden Einbauteilen entfernt sein. Der Entrostungsgrad muss bei Korrosionsschutz durch Wiederherstellung des alkalischen Milieus gemäß DAfStb (1990, 1991, 1992) bzw. ZTV-W LB 219 2012 mindestens dem Normreinheitsgrad Sa 2, bei Korrosionsschutz durch Beschichten der Bewehrung mindestens dem Normreinheitsgrad Sa 2 1/2 entsprechen. Zur Entrostung der Bewehrung bei chloridinduzierter Bewehrungskorrosion ist nur Hochdruckwasserstrahlen (≥600 bar) zulässig.
Für die Untergrundvorbehandlung eignen sich je nach Verwendungszweck beispielsweise
- Stemmen,
- Fräsen,
- Schleifen,
- Strahlen mit festen Strahlmitteln oder Wasser/Sandgemisch oder
- Hochdruckwasser.

Bei der Untergrundvorbehandlung anfallender Abtrag und verfahrensbedingte Vermischungen sind nach den geltenden abfallrechtlichen Bestimmungen zu entsorgen.

3. Arbeiten unter Wasser
Die Hinweise gemäß Abschnitt 10.12.4.2, Punkt 2 gelten sinngemäß. Für die Untergrundvorbehandlung eignen sich je nach Verwendungszweck beispielsweise
- hydraulisch angetriebene Reinigungsgeräte,
- Unterwasserstrahlen mit festem Strahlmittel oder Hochdruckwasser.

10.12.4.3 Instandsetzen mit Beton

1. Allgemeines
Die Instandsetzung mit Beton ist insbesondere bei großflächiger Instandsetzung mit größeren Schichtdicken sowohl unter technischen wie auch wirtschaftlichen Gesichtspunkten zu bevorzugen.
2. Arbeiten über Wasser
Das Instandsetzen mit Beton sollte auf Basis der ZTV-W LB 219 (2012) erfolgen. Dort werden in Abhängigkeit von den auf das Bauteil einwirkenden Beanspruchungen bestimmte Anforderungen an die Zusammensetzung und die Eigenschaften des Betons gestellt.

3. Arbeiten unter Wasser
   Diese Arbeiten sind in Anlehnung an Abschnitt 10.12.4.3, Punkt 2 auszuführen. Das fachgerechte Einbringen und Verdichten des Betons ohne Entmischung ist durch Zugabe eines geeigneten Stabilisierers mit Zulassung des DIBt (Deutsches Institut für Bautechnik, Berlin) oder nach den Regeln für Unterwasserbeton gemäß DIN EN 206 und DIN 1045-2 sicherzustellen.

10.12.4.4 Instandsetzen mit Spritzbeton

1. Allgemeines
   Das Spritzbetonverfahren hat sich für das Instandsetzen von Betonbauteilen im Wasserbau bei Arbeiten über Wasser gut bewährt und dürfte wohl das am häufigsten eingesetzte Instandsetzungsverfahren sein.
2. Arbeiten über Wasser
   Siehe Abschnitt 10.12.4.3, Punkt 2. In ZTV-W LB 219 (2012) werden in Abhängigkeit von den auf das Bauteil einwirkenden Beanspruchungen bestimmte Anforderungen an die Zusammensetzung des Bereitstellungsgemisches und die Eigenschaften des fertigen Spritzbetons gestellt.
   Grundsätzlich wird in der ZTV-W LB 219 (2012) unterschieden in Spritzbeton bis zu etwa 5 cm Schichtdicke, der unbewehrt ausgeführt werden kann, und Spritzbeton mit mehr als 5 cm Schichtdicke, der zusätzlich zu bewehren und über Verankerungsmittel mit dem Bauteil zu verbinden ist.
   Die Oberfläche des Spritzbetons ist spritzrau zu belassen. Wird eine glatte oder besonders strukturierte Oberfläche gewünscht, ist nach Erhärten des Spritzbetons in einem getrennten Arbeitsgang ein Mörtel bzw. Spritzmörtel aufzubringen und entsprechend zu bearbeiten.
3. Arbeiten unter Wasser
   Anwendung nicht möglich.

10.12.4.5 Instandsetzen mit Spritzbeton mit Kunststoffmodifizierung (SPCC)

1. Allgemeines
   Der Einsatz von SPCC kann insbesondere bei dünneren Schichten vorteilhaft sein, da durch die Kunststoffzusätze bestimmte Betoneigenschaften wie Wasserrückhaltevermögen, Haftfestigkeit oder Dichtigkeit verbessert werden. Außerdem lässt sich durch Kunststoffzusätze ein dem Altbeton vergleichbares Verformungsverhalten erzielen. Es dürfen nur feuchtigkeitsunempfindliche Kunststoffzusätze verarbeitet werden.
2. Arbeiten über Wasser
   Siehe Abschnitt 10.12.4.3, Punkt 2. Die Schichtdicke des SPCC sollte bei flächigem Auftrag zwischen 2 und 5 cm betragen. Bei derartigen Auftragsstärken kann auf zusätzliche Bewehrung verzichtet werden.

Die Oberfläche des SPCC sollte spritzrau belassen werden. Wird eine glatte oder besonders strukturierte Oberfläche gewünscht, ist

bei einlagigem Auftrag nach Erhärten des SPCC in einem getrennten Arbeitsgang ein mit dem SPCC verträglicher Mörtel aufzubringen und entsprechend zu bearbeiten,

bei mehrlagigem Auftrag die letzte Spritzlage entsprechend zu bearbeiten.

3. Arbeiten unter Wasser

   Anwendung nicht möglich

10.12.4.6 Instandsetzen mit Zementmörtel/Beton mit Kunststoffzusatz (PCC)

1. Allgemeines

   PCC ist insbesondere zum Instandsetzen kleiner Ausbruchflächen geeignet. PCC wird von Hand aufgetragen oder maschinell zur Auftragsfläche gefördert. Die Verdichtung erfolgt jedoch, anders als bei Spritzbeton oder SPCC, in beiden Fällen händisch. Es dürfen nur feuchtigkeitsunempfindliche Kunststoffzusätze verarbeitet werden.

2. Arbeiten über Wasser

   Siehe Abschnitt 10.12.4.3, Punkt 2. Die Schichtdicke des PCC kann bei lokaler Instandsetzung bis zu etwa 10 cm betragen.

3. Arbeiten unter Wasser

   Für diesen Anwendungsbereich stehen Spezialprodukte zur Verfügung.

10.12.4.7 Instandsetzung mit Reaktionsharzmörtel/Reaktionsharzbeton (PC)

1. Allgemeines

   PC sind nahezu wasserdampfdicht. Nicht zuletzt aus diesem Grund ist die Verwendung von PC auf lokale Instandsetzungen bzw. auf Arbeiten unter Wasser beschränkt.

2. Arbeiten über Wasser

   PC sollten nur im Ausnahmefall und nur für lokale Instandsetzungen eingesetzt werden (ZTV-ING, 2003).

3. Arbeiten unter Wasser

   Für diesen Anwendungsbereich stehen Spezialprodukte zur Verfügung.

10.12.4.8 Ummanteln des Bauteils

1. Allgemeines

   Das geschädigte Bauteil wird mit einer dichten, gegenüber den zu erwartenden mechanischen, chemischen und biologischen Angriffen ausreichend widerstandsfähigen Hülle ummantelt. Die Schutzhülle kann ohne oder mit Haftverbund um das zu schützende Bauteil gelegt werden. Das Ziel des Verfahrens ist es, Zutritt von Wasser, Sauerstoff oder sonstigen Stoffen zwischen Hülle und Bauteil zu verhindern. Das Verfahren ist sowohl über als auch unter Wasser anwendbar.

2. Säubern und Vorbehandeln des Untergrunds
   Die Arbeiten werden entsprechend Abschnitt 10.12.4.2, Punkt 2 bzw. Abschnitt 10.12.4.2, Punkt 3 ausgeführt.
3. Ummanteln des Betons mit einer vorgefertigten Betonvorsatzschale
   Anforderungen an das Fertigteil:
   - dichter, kapillarporenfreier Beton,
   - hoher Korrosionsschutz der Bewehrung, z. B. durch Beschichtung.

   Ausfüllen des Zwischenraums zwischen Vorsatzschale und vorbehandeltem Beton durch Einpressen eines schwindarmen Zementmörtels mit hohem Frostwiderstand.
4. Ummanteln des Betons mit einer vorgefertigten faserverstärkten Betonvorsatzschale
   geeignete Fasern:
   - Stahlfasern,
   - alkalibeständige Glasfasern.

   Anforderungen und Ausführung entsprechend Abschnitt 10.12.4.8, Punkt 3.
5. Ummantelung des Betons vor Ort mit faserverstärktem Beton, wie Abschnitt 10.12.4.8, Punkt 4.
6. Ummanteln des Betons mit einer Kunststoffschale, anwendbar bei Stützen.
   Anforderungen an die Kunststoffschale:
   - beständig gegenüber UV-Strahlung (nur über Wasser),
   - beständig gegenüber dem anstehenden Wasser,
   - wasser- und ausreichend diffusionsdicht,
   - wenn nötig, ausreichende mechanische Widerstandsfähigkeit gegen die zu erwartenden Einwirkungen, beispielsweise gegen Eislast, Geschiebe und Schiffsberührung.

   Ausfüllen des Zwischenraums zwischen Schale und vorbehandeltem Beton wie bei Abschnitt 10.12.4.8, Punkt 3.
7. Umwickeln des Bauteils mit flexibler Folie, anwendbar bei Stützen
   Säubern und Vorbehandeln des Untergrunds entsprechend Abschnitt 10.12.4.2, Punkt 2 bzw. Punkt 3.
   Herstellen des Korrosionsschutzes der Bewehrung und Auffüllen der Schadstellen gem. Abschnitt 10.12.4.3 bis 10.12.4.7, Umwickeln der Stützen mit flexibler Folie.
   Anforderungen an das System:
   - beständig gegenüber UV-Strahlung,
   - beständig gegenüber dem anstehenden Wasser,
   - wasser- und gasdicht,
   - ausreichende mechanische Widerstandsfähigkeit gegen die zu erwartenden äußeren Einwirkungen, beispielsweise gegen Eislast,

- dichte Verschlüsse der Folienränder untereinander und dichte obere und untere Anschlüsse an die Stütze, sodass weder flüssige noch gasförmige Stoffe zwischen Folie und Untergrund gelangen können.

10.12.4.9 Beschichten des Bauteils

1. Allgemeines
   Als zusätzliche Maßnahme gegen das Eindringen schädlicher Stoffe in den Beton, insbesondere von Chloriden und Kohlendioxid bei Stahl- und Spannbetonbauteilen (wenn keine Ummantelung entsprechend Abschnitt 10.12.4.8 vorgesehen ist), kann eine Beschichtung auf dem gesäuberten, vorbehandelten und ggf. mit Betonersatz instandgesetzten Bauteil sinnvoll sein.
2. Arbeiten über Wasser
   Siehe Abschnitt 10.12.4.3, Punkt 2.
   Beschichtungen dürfen nur verwendet werden, wenn die Gefahr einer rückseitigen Durchfeuchtung ausgeschlossen werden kann.
3. Arbeiten unter Wasser
   Für diesen Anwendungsbereich stehen Spezialprodukte zur Verfügung.

10.12.4.10 Füllen von Rissen

Die Arbeiten sollten möglichst auf Basis der ZTV-ING (2003) durchgeführt werden. Für das Füllen von Rissen in Bauteilen des Wasserbaues mit ihren oftmals hohen Sättigungsgraden haben sich für kraftschlüssige Verbindungen Zementleime/Zementsuspensionen, für dehnfähige Verbindungen Polyurethane bewährt.

10.12.4.11 Herrichten von Fugen und Fugenabdichtungen

- Reinigen der Fugen und gegebenenfalls Erweitern der vorhandenen Fugenspalte,
- Ausbessern beschädigter Kanten, z. B. mit Epoxidharzmörtel,
- Einbringen der Fugendichtung nach den maßgebenden Vorschriften und Richtlinien.
- Das Schließen und Füllen der Fugen kann sinngemäß nach DIN 18540 vorgenommen werden. Für Fugen in Verkehrsflächen ist FGSV-820 (1982) zu beachten.

11 Pfahlrostkonstruktionen

11.1 Allgemeines

Bei den in den nachfolgenden Abschnitten behandelten Pfahlrostkonstruktionen sind stets auch die horizontalen Kopfverformungen zu ermitteln und auf ihre Verträglichkeit mit der Gebrauchstauglichkeit zu überprüfen. Bei großen Geländesprüngen können zusätzlich zu Pfahlböcken auch Schrägverankerungen eingesetzt werden. Dabei ist darauf zu achten, dass die Ankerkräfte entsprechend den Verformungsmöglichkeiten der Konstruktion angesetzt werden.

Bedingt durch u. a. Pollerzug, Kranseitenstoß und Tideeinfluss können Pfähle wechselnder Belastung (Zug/Druck) ausgesetzt werden. Die Eignung des gewählten Pfahlsystems für Wechsellasten ist daher zu überprüfen.

11.2 Berechnung nachträglich verstärkter Pfahlrostkonstruktionen (E 45)

11.2.1 Allgemeines

Häufig müssen Pfahlrostkonstruktionen mit vorhandenen wasser- und/oder landseitigen Spundwänden durch eine zusätzlich vorgerammte und tiefer einbindende Spundwand für größere Wassertiefen gemäß Bild E 45-1 verstärkt werden. Die neue vorgerammte Spundwand wird dann von dem Erdauflagerdruck der vorhandenen wasserseitigen Spundwand und oft auch schon knapp unter der vertieften Hafensohle durch Bodenspannungen aus den vorhandenen Pfahlkräften belastet.

Auch bei Pfahlrostneubauten kann es vorkommen, dass eine wasserseitige Spundwand im Einflussbereich von Pfahlkräften liegt (vgl. E 78, Abschnitt 11.3).

Die auf die Gleitkörper und auf die neue Spundwand wirkenden Lasten können nur angenähert ermittelt werden. Die folgenden Ausführungen gelten zunächst für nichtbindigen Boden zur Ermittlung der Schnittkräfte. Hierfür wird vorausgesetzt, dass der Nachweis der Gesamtstandsicherheit nach DIN 4084 geführt worden ist und die Einbindetiefe der neuen wasserseitigen Spundwand damit festliegt. Unter Bezugnahme auf DIN 4084 sind zum Nachweis der Gesamtstandsicherheit in diesen Fällen zusammengesetzte Bruchmechanismen mit geraden Gleitlinien geeignet.

Empfehlungen des Arbeitsausschusses „Ufereinfassungen" – EA „Ufereinfassungen", 11. Auflage.
Herausgegeben vom Arbeitsausschuss „Ufereinfassungen" der Hafentechnischen Gesellschaft e.V. und der Deutschen Gesellschaft für Geotechnik e.V.

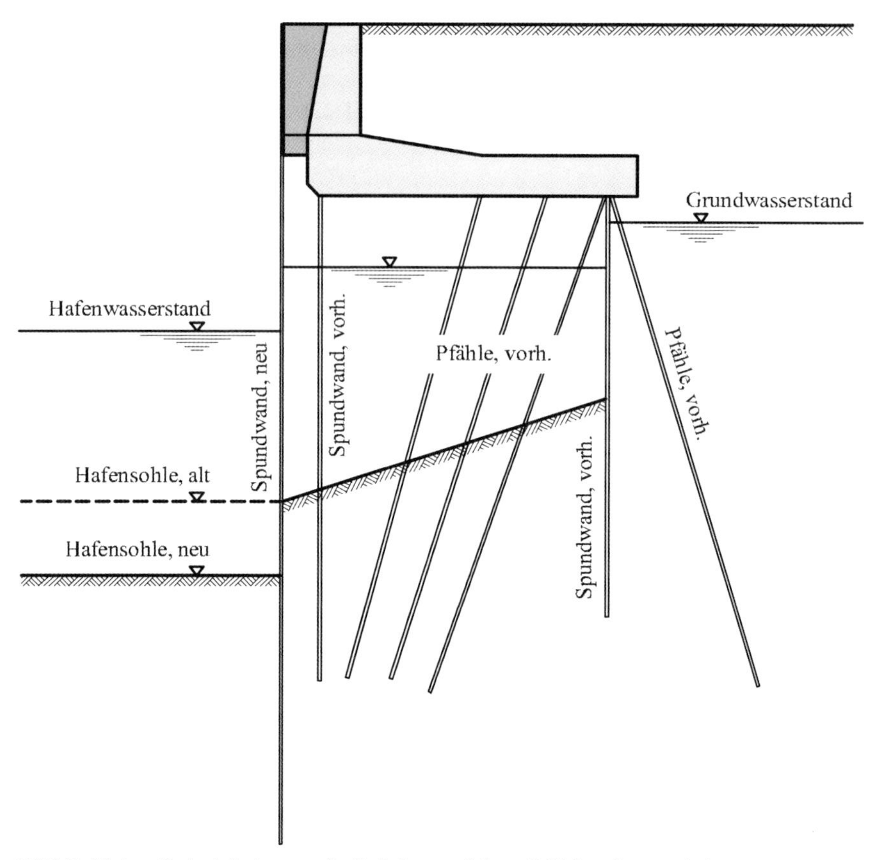

Bild E 45-1. Beispiel einer nachträglich verstärkten Pfahlrostkonstruktion

11.2.2 Lasteinflüsse

Der auf die neue wasserseitige Spundwand wirkende Erddruck wird beeinflusst von:

1. dem Erddruck aus dem Boden hinter dem Bauwerk. Er wird im Allgemeinen auf die Ebene einer ggf. vorhandenen landseitigen Spundwand oder auf die lotrechte Ebene durch die Hinterkante des Überbaus bezogen (landseitige Bezugsebene). Er wird mit ebenen Gleitflächen für die vorhandene Höhe des Geländes und der Auflast berechnet. Der Erddruckreibungswinkel ist gemäß DIN 4085 anzusetzen.
2. der Fußauflagerkraft einer ggf. vorhandenen landseitigen Spundwand.

3. dem Strömungsdruck im Erdkörper hinter der vorhandenen wasserseitigen Spundwand, hervorgerufen durch den Unterschied zwischen Grundwasser- und Hafenwasserspiegel.
4. der Eigenlast der zwischen vorhandener wasserseitiger Spundwand und landseitiger Bezugsebene liegenden Bodenmassen, im Zusammenwirken mit dem Erddruck nach Absatz 1. Im Falle einer landseitigen Spundwand ist dies die für das Gleichgewicht der landseitigen Spundwand erforderliche Fußauflagerkraft, die in das Erdreich zwischen den beiden Spundwänden eingeleitet wird.
5. den Pfahlkräften, die sich aus den lotrechten und waagerechten Belastungen aus dem Überbau ergeben. Zur Berechnung der Pfahlkräfte müssen die oberen Auflagerreaktionen der vorhandenen wasserseitigen Spundwand einbezogen werden, sofern nicht eine vom Pfahlrost unabhängige Zusatzverankerung angewendet wird.
6. dem Widerstand des Bodens zwischen wasserseitiger Spundwand und landseitiger Bezugsebene nach Absatz 1 bei einer Bewegung des Bauwerks in Richtung Hafenwasser.

11.2.3 Berechnung bei bindigen Böden

Hier kann sinngemäß verfahren werden. Bei Böden, die eine Kohäsion c' haben, wird zusätzlich die Kohäsionskraft $C' = c' \cdot l$ entlang der jeweils untersuchten Gleitfläche berücksichtigt. Bei erstbelasteten wassergesättigten Böden tritt anstelle von c' der Wert c_u, wobei $\varphi' = 0$ anzusetzen ist.

11.2.4 Belastung durch Wasserüberdruck

Der auf die wasserseitige Spundwand wirkende Wasserüberdruck richtet sich unter anderem nach den Bodenverhältnissen, der Bodenhöhe hinter der Wand und einer etwaigen Entwässerung. Er wird bei Neubauten mit nur wasserseitiger Spundwand und bis unter die Rostplatte reichendem Boden nach E 19, Abschnitt 4.2 unmittelbar auf die Spundwand wirkend angesetzt. Liegt in Fällen mit landseitiger Spundwand die Bodenoberfläche unter dem freien Wasserspiegel und besitzt die neue Wand dauerhaft wirksame Öffnungen zum Ausgleich des Wasserspiegels, gilt der Ansatz des Wasserüberdrucks nach E 19, Abschnitt 4.2. Der Strömungsdruck ist entsprechend Abschnitt 11.2.2, Punkt 3 aus der Differenz zwischen dem Wasserstand im Erdkörper hinter der Wand und dem Hafenwasserstand anzusetzen. Unmittelbar auf die wasserseitige Spundwand wird vorsorglich ein Wasserüberdruck aus dem Hafenwasserstand zuzüglich der halben Höhe der im Hafen zu erwartenden Wellen angesetzt. In der Regel genügt ein Wasserspiegelunterschied von 0,5 m als charakteristischer Wert.

11.3 Berechnung ebener Pfahlrostkonstruktionen (E 78)

Für ebene Pfahlrostkonstruktionen zur Abfangung von Geländesprüngen kommen hauptsächlich zwei Varianten zur Ausführung:

1. Frei über einer Unterwasserböschung stehender Pfahlrost mit land- und wasserseitigen Spundwänden, die einen Geländesprung abfangen (Bild E 78-1). Zur Ermittlung der jeweils größten Biegemomente und Ankerkräfte sind Böschungsneigungen unter der Pfahlrostplatte von 1 : 4 wie auch von 1 : 10 zu untersuchen.
   Der Lasteinfluss der landseitigen Spundwand (Ebene II) auf die wasserseitige Spundwand (Ebene I) ergibt sich aus der Beziehung:

$$B_k = E_{ah_{II},k} + W\ddot{u}_{II,k} - A_k$$

$$\Delta P_k = \frac{2 \cdot B_k}{L_1}$$

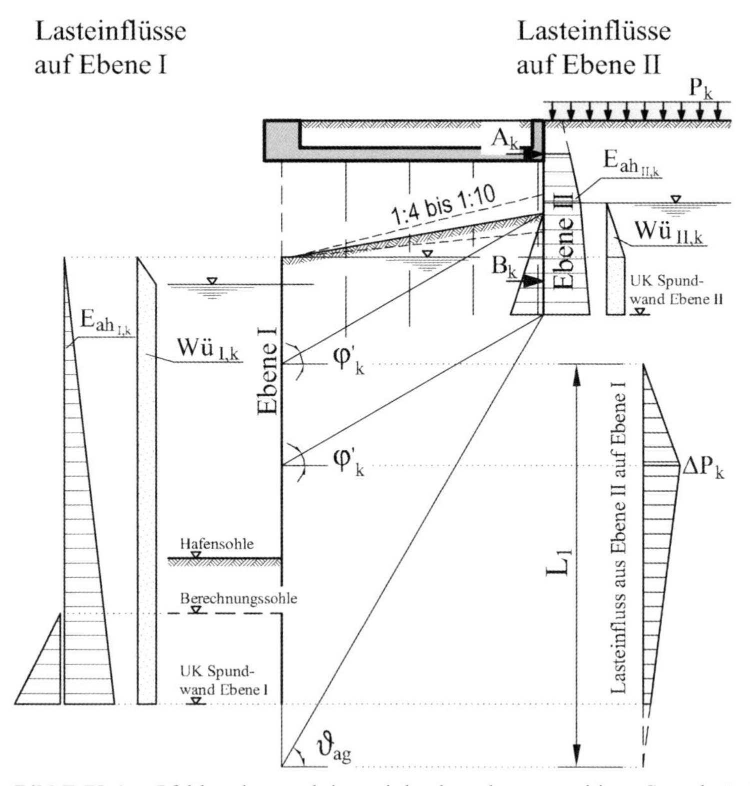

Bild E 78-1. Pfahlrostkonstruktion mit land- und wasserseitigen Spundwänden

Für ständige Lasten, Verkehrslasten und Wasserdruck sind die entsprechenden Teilsicherheitsbeiwerte anzusetzen.

2. Pfahlrost mit wasserseitiger Spundwand
   - entweder als Verstärkungskonstruktion vor und über bestehendem Pfahlrost zur Vergrößerung der Entwurfstiefe, wobei eine vorhandene Böschung in der Regel erhalten bleibt. Die Spundwand sollte bis zu einer gewissen Tiefe, mindestens aber bis zum Böschungsfuß, in nicht geschlossener Bauweise ausgeführt werden, damit sich hinter der Spundwand kein Wasserüberdruck aufbauen kann,
   - oder als Konstruktion eines neuen Pfahlrostes mit voll hinterfüllter Spundwand. Die auf den Pfählen gelagerte Überbauplatte schirmt den Erddruck auf die Spundwand gegen Auflasten ab (Bild E 78-2).

Die verhältnismäßig hohen Druckpfahllasten unter einer Überbauplatte werden aus wirtschaftlichen Gründen häufig durch Ortbetonrammpfähle abgetragen. Falls diese ihre Lasten überwiegend über Spitzendruck abtragen, können die Einwirkungen aus den Pfahllasten auf die Uferwand vernachlässigt werden,

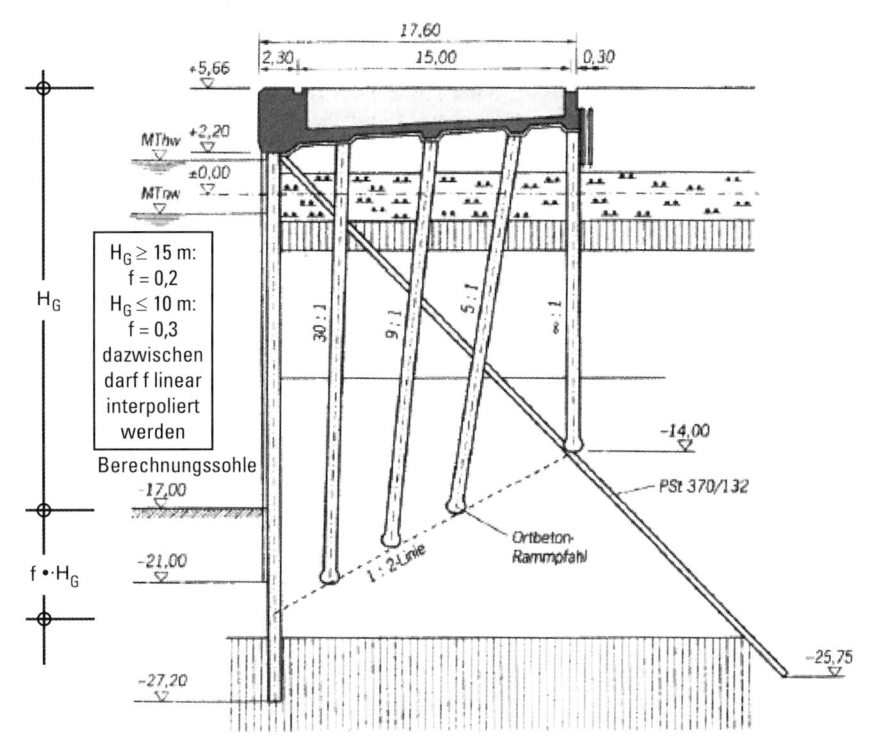

Bild E 78-2. Ausgeführtes Beispiel einer Pfahlrostkonstruktion mit wasserseitiger Spundwand

wenn die Pfähle mindestens bis zu einer unter 1 : 2 ansteigenden Geraden gemäß Bild E 78-2 einbinden. Das gilt sowohl für einfache Pfahlböcke als auch bei mehreren Reihen von Druckpfählen.

Werden die Pfahllasten über Mantelreibung und Spitzendruck abgetragen, erzeugen sie Einwirkungen auf die Uferwand, die mit Teilsicherheitsbeiwerten zu multiplizieren sind. Auch diese können vernachlässigt werden, soweit der Schwerpunkt der Lasteinleitung der Pfahlkräfte unterhalb einer mit 1 : 2 ansteigenden Geraden gemäß Bild E 78-2) liegt.

Die Größe der Einwirkungen aus den Pfahlkräften auf die Uferwand hängt insbesondere von der Lage der Pfähle in Bezug auf die Wand, von den Pfahlneigungen und den Eigenschaften des anstehenden Baugrundes ab. Sie wird unter Beachtung von DIN 4085 ermittelt.

Bei der Bemessung der Druckpfähle ist zu beachten, dass diese infolge Durchbiegung der Uferwand mit Seitendruck belastet und somit auf Biegung beansprucht werden. Die Größe der Belastung durch Seitendruck verringert sich mit dem Abstand von der Uferwand und kann vermieden werden, wenn die Pfähle nach Hinterfüllung der Uferwand hergestellt werden.

In diesem Fall kann der Hinterfüllboden bei genügender Verdichtungsfähigkeit durch die Pfahlherstellung ggf. zusätzlich verdichtet werden. Damit erhöht sich die Festigkeit des Hinterfüllbodens, und der Erddruck wird entsprechend kleiner. Allerdings wirkt während der Herstellung der Pfähle in unmittelbarer Wandnähe ein zusätzlicher lokaler Verdichtungserddruck, unter dessen Wirkung die Wand zusätzliche Durchbiegungen erfahren kann.

Pfahlroste sind in Längsrichtung eindimensionale Linienbauwerke und können daher als ebene Konstruktionen berechnet werden. Einwirkungen und Widerstände können demzufolge pro laufenden Meter oder pro Systemrastermaß definiert werden.

Punktuelle Einwirkungen aus Pollern und Fendern können wegen der Scheibenwirkung der Pfahlrostplatte innerhalb eines Bauwerksabschnitts anteilig auf den Berechnungsquerschnitt verteilt werden. Werden konzentriert angreifende hohe Lasten aus konstruktiven Gründen über eine Gruppe von Pfählen abgetragen, so ist auch die Tragfähigkeit der Pfahlgruppe nachzuweisen.

Die Ermittlung der Schnittgrößen für Pfähle und Überbau ist für den ebenen Fall auf elementare Weise möglich:

Das statische System des Plattenstreifens mit den in seiner Ebene angeordneten Pfählen kann durch einen elastisch gestützten Durchlaufträger korrekt dargestellt werden. Die Pfähle werden hierbei durch Federn in Richtung der Pfahlachse abgebildet, die zugehörigen Federsteifigkeiten ergeben sich aus den Pfahldaten. Dabei muss sichergestellt sein, dass der Abstand der Pfähle groß genug ist, um eine gegenseitige Beeinflussung bei der Lastabtragung zu vermeiden und dass die Wechselwirkung zwischen der Rostplatte und den Pfählen vernachlässigbar ist.

Handelt es sich um sehr dehnsteife Pfähle, wie z. B. Ortbetonrammpfähle, kann auch eine starre Stützung der Pfahlrostplatte angenommen werden.

Dem elastisch gestützten Durchlaufträger äquivalent kann das System als ebenes Rahmentragwerk, bestehend aus mehreren Pfahlstielen und einem den Überbau darstellenden Riegel, modelliert werden.

Eingespannte oder gelenkige Lagerung der Pfähle im Boden und an der Überbauplatte, seitliche Bettung (und damit Pfahlbiegung) sowie axiale Bettung lassen sich mit 2D-Standardsoftware erfassen.

Die Berechnung von Uferbauwerken mit „starrem" Überbau wird demnach nur in Sonderfällen angebracht sein, z. B. wenn vorhandene, alte Kaianlagen mit massiven Pfahlkopfblöcken nachzurechnen sind

Im Allgemeinen sollten Ankerkräfte auf dem kürzesten Weg in die Ankerelemente eingeleitet werden. Unter der Voraussetzung geeigneter Baugrundverhältnisse kann dieses Konstruktionsprinzip am ehesten mit Horizontalverankerungen an Ankertafeln, bei tiefer liegenden tragenden Bodenschichten an Pfahlböcken oder mit einer Verankerung über Schrägpfähle realisiert werden.

Spezielle Bauweisen können erforderlich werden, wenn der Baugrund schwer rammbar ist oder Hindernisse im Baugrund eine planmäßige Rammung von Uferwand und Pfahlböcken als fragwürdig erscheinen lassen.

Beim Nachweis der Verankerung einer nachträglich vorgerammten Spundwand an einem vorhandenen Bauwerk ist zu berücksichtigen, dass die Verankerung des vorhandenen Bauwerks auch durch zusätzliche Erd-, Wasserdruck- und Pollerzuglasten beansprucht wird. Es muss dann analysiert werden, wie sich die Lasten auf die alte und die neue Verankerung verteilen. Um die Verformungswege klein zu halten und eine Überlastung der alten Verankerung zu vermeiden, kann die Verankerung einer nachträglich vorgerammten Spundwand vorgespannt werden. Der Verschiebungsweg des Ankeranschlusses ist gemäß den örtlichen Verhältnissen festzulegen.

11.4 Ausbildung und Berechnung räumlicher Pfahlroste (E 157)

Ein räumlicher Pfahlrost kann als dreidimensionales Stabwerk modelliert werden, auf dem eine Rostplatte als Überbau aufgelagert ist. Die auf die Rostplatte einwirkenden Lasten werden über die Tragwirkung des Überbaus als Platte und Scheibe auf alle Pfähle des Pfahlrostes verteilt, sodass eine wirksame Lastabtragung erzielt wird.

11.4.1 Sonderbauwerke in räumlichen Pfahlrostkonstruktionen

Knick- und Eckbauwerke sowie Molen- und Pierköpfe in Pfahlrostkonstruktionen sind Sonderbauwerke, in denen die Gründungspfähle entsprechend den zur Verfügung stehenden Platzverhältnissen angeordnet werden müssen. Das ist auch der Fall, wenn z. B. die Anordnung von RoRo-Rampen Versprünge oder unterschiedliche Höhen der Kaivorderkante erforderlich macht.

Eine Anordnung der Pfähle in Pfahljochebenen wird in solchen Fällen in der Regel nicht mehr möglich sein. Stattdessen müssen die Pfähle mit einer Vielzahl von Kreuzungspunkten und sich räumlich durchdringenden Neigungen hergestellt werden. Zudem können die Anschlüsse am Überbau auf unterschiedlichen Höhenkoten liegen.

11.4.2 Frei stehende Pfahlroste

Frei stehende, hohe Pfahlroste mit Überbauplatte werden hauptsächlich dann ausgebildet, wenn dafür besondere Randbedingungen vorliegen. Das kann z. B. der Fall sein, wenn tragfähiger Baugrund erst in großer Tiefe ansteht. Ein weiterer Grund für einen frei stehenden Pfahlrost kann sein, dass der freie Durchgang von Wellen nicht behindert werden soll oder dass verhindert werden soll, dass Wellen an senkrecht begrenzten Ufermauern reflektiert werden. Nicht zuletzt können frei stehende Pfahlroste im Vergleich zu anderen Bauweisen sehr wirtschaftlich sein.

Die Rostplatten von frei stehenden Pfahlrosten werden in der Regel aus Stahlbeton hergestellt, während als Gründungspfähle in den meisten Fällen gerammte Stahlprofile gewählt werden. Gründungspfähle aus Stahl sind auch in der Lage, die spezifischen Anforderungen aus Eisgang aufzunehmen (Bild E 157-1).

Die Anordnung eines Teils der Gründungspfähle sollte in Form von Pfahlböcken so erfolgen, dass die Einwirkungen auf die Pfahlrostplatte in waagerechter Richtung aufgenommen werden können. Dadurch wird gleichzeitig in allen Pfählen die Biegemomentenbeanspruchung reduziert, falls ansonsten keine weiteren äußeren Horizontaleinwirkungen mit großem Einfluss auftreten, wie z. B. Seitendruck auf Pfähle aus fließenden Bodenmassen, starke Strömungen, Eisdruck, Eisstoß und dergleichen.

Sind die vorgenannten Annahmen zutreffend, können die Pfähle in der Berechnung mit ausreichender Genauigkeit an der Rostplatte und am Pfahlfußpunkt gelenkig angenommen werden, auch wenn sie konstruktiv nicht so ausgebildet werden. Zur Abdeckung ungewollter Einspannungen sind konstruktive Maßnahmen am Pfahlkopf anzuordnen. Dies kann evtl. bei großen Längenänderungen der Überbauplatte durch Temperaturunterschiede erforderlich sein.

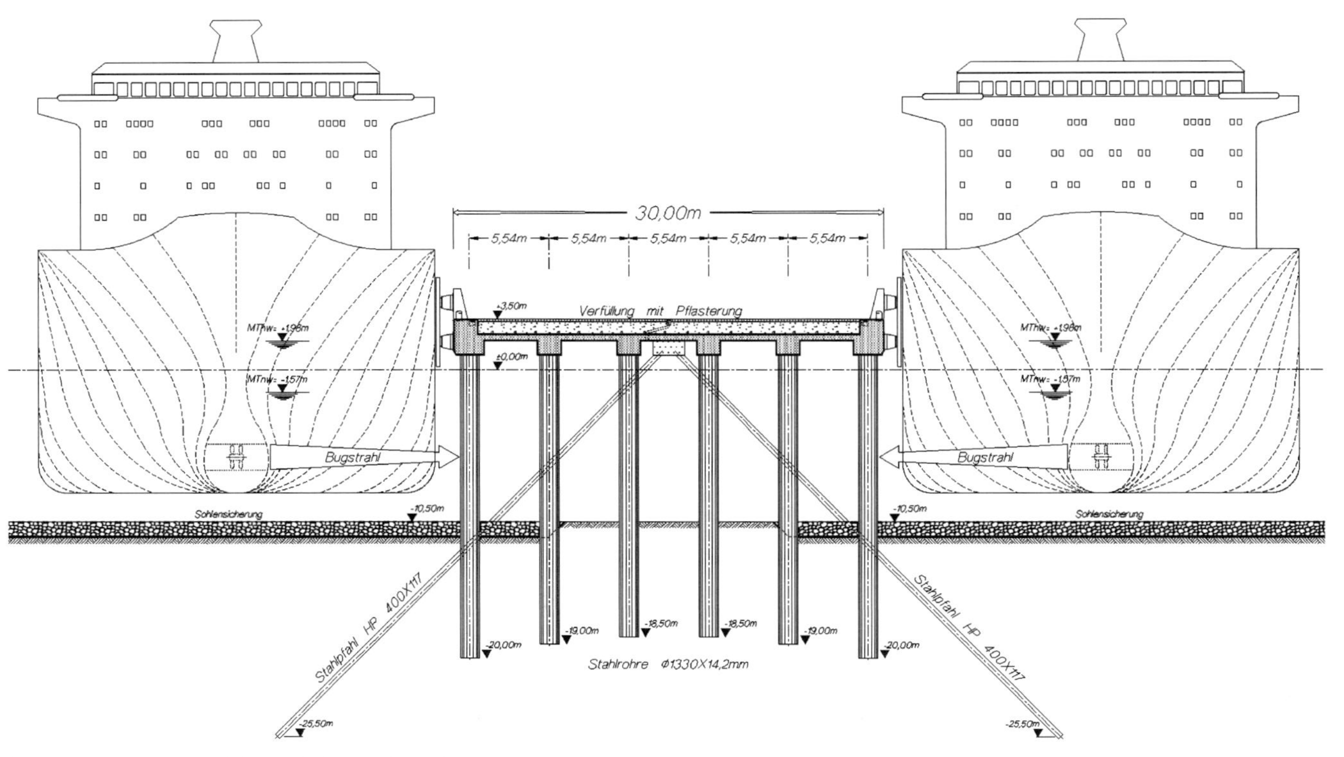

Bild E 157-1. Ausgeführtes Beispiel eines Hafenpiers

Pfahlkopfverschiebungen aus Schwinden während der Bauzeit können dadurch beherrscht werden, dass jeweils Teilabschnitte der Überbauplatte mit dazwischen angeordneten breiten Betonierfugen hergestellt werden. Diese Fugen werden nach dem Abklingen des Schwindens mit Konstruktionsbeton geschlossen. Durch diese so genannten Schwindplomben werden die Zwängungsspannungen aus dem Schwinden im Allgemeinen in unschädlichen Grenzen gehalten.

Die Dicke der Pfahlrostplatten wird durch eine Bemessung für die wirkenden Biegemomente und Querkräfte an den Auflagerungen der Gründungspfähle bemessen. Die Rostplatten sind üblicherweise nur 50 bis 75 cm dick und damit, bezogen auf die Federsteifigkeiten der Pfähle, als biegeweich anzusehen.

Das Weiterleiten von größeren Biegemomenten aus Lasten auf der Pfahlrostplatte kann durch Pfahlstellungen vermieden werden, die der Lasteinleitung angepasst sind. Die am jeweiligen Lastort angreifenden Einwirkungen sollten weitgehend von den direkt benachbarten Pfählen abgetragen werden.

Rostplatten sollten nicht direkt befahren werden. Eine Abdeckung der Platte mit einer Sandauffüllung und einer Flächenbefestigung entsprechend der Verkehrsbelastung hat betriebliche und konstruktive Vorteile, weil Versorgungsleitungen, Kanäle usw. innerhalb der Sandschicht untergebracht werden können und die Beanspruchungen der Platte und der Pfähle aus lokal begrenzt angreifenden Einwirkungen wegen der Lastausbreitung in der Sandbettung geringer werden als bei direkt befahrenen Platten. Zugleich müssen auf den Unterbau keine dynamischen Einwirkungen aus Fahrzeugbetrieb angesetzt werden.

Sandauffüllungen ab rd. 1,0 m Dicke ermöglichen in den meisten Fällen die Unterbringung aller Leitungen innerhalb der Auffüllung.

Sollen die Einwirkungen aus Straßen- und Schienenverkehr als gleichmäßig verteilt angesetzt werden (Grundfall 2 oder 3 nach E 5, Abschnitt 5.5), muss die Schichtdicke der Sandauffüllung mindestens 1,0 m bzw. mindestens 1,5 m sein.

11.4.3 Statisches System und Berechnung

Eine Pfahlrostplatte auf einem räumlichen Pfahlrost wird als elastische Platte auf elastischen Stützen zutreffend abgebildet. Statisch und hinsichtlich der Lastausbreitung ist die Pfahlrostplatte ein elastisches Flächentragwerk, das sich ohne oder mit Stützenkopfausbildungen auf den ebenfalls elastischen Pfählen abstützt. Gemäß E 78, Abschnitt 11.3 können die Pfähle als elastische Federn mit Wirkungsrichtung in ihrer Achse idealisiert und die Pfahllängen zwischen den Gelenkpunkten als elastische Längen angesetzt werden. Derartige statische Systeme werden mit handelsüblicher Software berechnet.

Der Nachweis gegen Geländebruch wird nach E 170, Abschnitt 3.4 geführt.

Der Wellendruck auf die Pfähle kann nach E 159, Abschnitt 5.10 ermittelt werden. Gegebenenfalls ist auch eine Belastung der Pfahlrostplatte von unten durch „Slamming" nach E 217, Abschnitt 5.10.9 anzusetzen.

Die Anordnung der Pfähle unter der Pfahlrostplatte ist dann am günstigsten, wenn alle Stützmomente einer Pfahlachse und zugleich auch die Pfahllasten annähernd gleich groß sind. Das ist wegen der Einwirkungen aus Kranbetrieb, Pollerzug und Schiffsstoß allerdings nicht in allen Fällen zu erreichen.

11.4.4 Konstruktive Hinweise

Für möglichst wirtschaftliche Pfahlrostkonstruktionen sind u. a. folgende konstruktive Regeln zu beachten:

- Anlegekräfte großer Schiffe sollten, soweit möglich, vollständig über eine vor dem Rost stehende Fenderung mit schwerer Fenderschürze aufgenommen werden. Gegebenenfalls kann sich die Fenderung auch auf die Pfahlrostplatte abstützen.
- Im Fenderbereich kann ein schwerer Festmachepoller am Wandkopf mit der Fenderkonstruktion kombiniert werden.
- Lokal begrenzt angreifende Horizontallasten wie Pollerzug und Schiffsstoß werden durch die in ihrer Ebene sehr steife Überbauplatte auf alle Pfähle eines Blocks verteilt.
- Bei Kleinschifffahrt sind zum Schutz der Bauwerkspfähle und der Schiffskörper Reibepfähle anzuordnen.
- Kranbahnbalken können als konstruktiver Bestandteil mit in die Stahlbeton-Rostplatte eingebunden werden.
- Vertikallasten aus Kranbetrieb werden, falls erforderlich, durch zusätzliche Pfähle in der Kranbahnachse aufgenommen.
- Um den Verlauf der Biegemomente möglichst wenig zu beeinflussen, sollen Knickstellen der Rostplatte nur über Pfahlreihen angeordnet werden.
- In Tidegebieten ist es zweckmäßig, die Rostplatte ausreichend hoch oberhalb von MThw zu legen, um bei der Herstellung des Pfahlrostes von der normalen Tide unabhängig zu sein.
- Bei der Bemessung der Schalung für die Rostplatte sind auch Welleneinwirkungen zu berücksichtigen.
- Reihen mit lotrechten und schrägen Pfählen werden gegeneinander versetzt angeordnet.
- Wenn die Pfahlrostplatte in Blöcke unterteilt ist, werden diese in der Regel durch Horizontalverzahnungen miteinander verbunden.

- Horizontaleinwirkungen in Längsrichtung werden durch Pfahlböcke in Blockmitte mit möglichst flach geneigten Pfählen aufgenommen.
- Horizontaleinwirkungen in Querrichtung werden durch Pfahlböcke in der Bauwerkslängsachse mit möglichst flach geneigten Pfählen aufgenommen.
- Durch die Aufnahme aller horizontalen Einwirkungen auf die zuvor beschriebene Art werden die Beanspruchungen in der Rostplatte und den Pfählen minimiert.
- Die Rostplatten großer Umschlagbrücken können auf einer verschiebbaren oder verfahrbaren Schalung betoniert werden, die sich dabei vorwiegend auf Lotpfählen abstützt.
- Die Einspannbereiche von Gründungspfählen aus Stahl in die Pfahlrostplatten sind vor allem in korrosionsgefährdeten Zonen (Salzwasser, Brackwasser) gegen Korrosion zu schützen.

Vom Standardquerschnitt abweichende und damit den Baufortschritt störende Bauteile, wie z. B. die Knotenpunkte der zuvor erwähnten Schrägpfahlböcke, erfordern Zusatzmaßnahmen:

Soweit möglich, werden die Schrägpfähle erst nach dem Betonieren durch im Überbau freigehaltene Rammnischen von der Rostplatte aus gerammt und der Pfahlbock mittels örtlicher Stahlbetonplomben im Zweitbeton angeschlossen.

Als Rammnischen können auch die unter Abschnitt 11.4.2 genannten Schwindplomben dienen, die zu diesem Zweck evtl. örtlich noch verbreitert werden müssen.

Die Standsicherheit der durch Fugen getrennten Blöcke ist nachzuweisen. Gegebenenfalls sind zur Gewährleistung der Standsicherheit temporäre Aussteifungen über die Nischen und Schwindplomben hinweg erforderlich.

11.5 Ausbildung und Bemessung von Pfahlrostkonstruktionen in Erdbebengebieten (E 127)

11.5.1 Allgemeines

Bei der Ausbildung von Pfahlrostkonstruktionen in Erdbebengebieten muss beachtet werden, dass der Überbau einschließlich seiner Auffüllung, Nutzlasten und Aufbauten durch Erdbebenwirkungen so beschleunigt wird, dass zusätzliche waagerecht wirkende Massenkräfte entstehen, die das Bauwerk und seine Gründung belasten. Grundsätzlich sind daher die Massen von Pfahlrostkonstruktionen in Erdbebengebieten möglichst klein zu halten. Im Falle von Pfahlrostkonstruktionen mit abschirmender Erdruckplatte ist zu prüfen, ob der Vorteil der Erddruckabschirmung ggf. durch die mit dieser Bauweise verbundene große Betonmasse mit relativ hoher Lage und den daraus resultierenden horizontalen Massenkräften im Erdbebenfall wieder verloren geht.

Zu den Auswirkungen von Erdbeben auf Pfahlrostkonstruktionen, den zulässigen Spannungen und den geforderten Sicherheiten wird auf E 124, Abschnitt 2.15 verwiesen. Besonders hohe und schlanke Bauwerke müssen auch hinsichtlich der Verstärkung der Erdbebenamplituden durch Resonanz überprüft werden.

11.5.2 Erddruck, Erdwiderstand, Wasserüberdruck, Verkehrslasten

Die Ausführungen in E 124 (Abschnitte 2.15.3, 2.15.4 und 2.15.5) gelten sinngemäß. Es muss jedoch beachtet werden, dass im Erdbebenfall hinter der Rostplatte anzusetzende Verkehrslasten und Bodeneigenlasten wegen der waagerechten Erdbebenbeschleunigung unter einem flacheren Winkel anzusetzen sind und die Abschirmung daher weniger wirksam wird.

11.5.3 Aufnahme der waagerecht gerichteten Massenkräfte des Überbaus

Die durch Erdbeben entstehenden waagerechten Massenkräfte können in beliebiger Richtung wirken. Rechtwinklig zum Uferbauwerk ist ihre Aufnahme im Allgemeinen ohne Schwierigkeit durch Schrägpfähle möglich. In Bauwerkslängsrichtung ist die Anordnung von zusätzlichen Pfahlböcken u. U. problematisch.

Wenn die Hinterfüllung einer wasserseitigen Spundwand mit Boden bis unmittelbar unter die Rostplatte reicht, können die in Längsrichtung wirkenden waagerechten Lasten auch vorteilhaft durch Bettung der Pfähle im Boden abgetragen werden. Diese muss allerdings durch eine Verschiebung der Pfähle gegen den Boden aktiviert werden. Zur Gewährleistung der Gebrauchstauglichkeit und aus konstruktiven Gründen sollten die Verschiebungen nicht größer als rd. 3 cm sein; die Bettung ist entsprechend zu begrenzen.

Im Fall von überbauten Böschungen ist die Erdbebenbelastung aus Erddruck wesentlich geringer als bei hinterfüllten Bauwerken. Pfahlrostplatten überbauter Böschungen sollten so leicht wie möglich ausgebildet werden, um die waagerechten Massenkräfte aus Erdbeben zu minimieren.

12 Schutz- und Sicherungsbauwerke

12.1 Böschungssicherungen an Binnenwasserstraßen (E 211)

12.1.1 Allgemeines

Uferböschungen im Lockergestein sind gegen instationäre hydraulische Belastungen nur in sehr flacher Neigung (1 : 8 bis 1 : 15) dauerhaft stabil. Bei steileren Ufern sind Böschungssicherungen erforderlich, die die Stabilität gegenüber den hydraulischen Lasten und die ausreichende Gesamtstandsicherheit der Böschung gewährleisten.

Bei der Wahl der Böschungsneigung ist den technischen Vorteilen eines flacheren Ufers der Nachteil der größeren Sicherungsfläche und des größeren Geländebedarfs gegenüberzustellen. Daher müssen die Bau- und Unterhaltungskosten im richtigen Verhältnis zum wirtschaftlichen und ökologischen Nutzen stehen.

Bei starker hydraulischer Belastung der Sohle von Wasserstraßen (Schleusenein- und -ausfahrten, Liegestellen) können diese ebenfalls mit Deckwerken gesichert werden. Ist auf der Sohle einer Wasserstraße eine Dichtung eingebaut, ist zu deren Schutz ebenfalls ein geeignetes Deckwerk erforderlich.

Für den Entwurf gelten folgende Bedingungen:

- die Neigung der Böschungssicherung sollte so steil sein, wie es die Standsicherheit erlaubt,
- die Konstruktion soll - soweit möglich - maschinell ausgeführt werden können.

Die folgenden Ausführungen beziehen sich primär auf Binnenwasserstraßen, gelten aber dem Sinne nach grundsätzlich. Ergänzende Hinweise zu Konstruktion und Dimensionierung von Deckwerken können dem Merkblatt „Anwendung von Regelbauweisen für Böschungs- und Sohlensicherungen an Binnenwasserstraßen“ (MAR, 2008) entnommen werden.

12.1.2 Belastungen an Binnenwasserstraßen

Ufer an künstlichen Binnenwasserstraßen (Kanäle) werden im Wesentlichen durch schifffahrtsinduzierte hydraulische Einwirkungen, an staugeregelten oder frei fließenden Flüssen zusätzlich durch natürliche Strömungen belastet.

Die durch die Schifffahrt erzeugten hydraulischen Lasten können aufgeteilt werden in Propellerstrahl, Rückströmung und daraus resultierend Wasserspiegelabsenkung neben dem Schiff, Heckquerwelle mit Wiederauffüllungsströmung auf

Empfehlungen des Arbeitsausschusses „Ufereinfassungen“ – EA „Ufereinfassungen“, 11. Auflage.
Herausgegeben vom Arbeitsausschuss „Ufereinfassungen“ der Hafentechnischen Gesellschaft e.V. und der Deutschen Gesellschaft für Geotechnik e.V.

Höhe des Schiffshecks und sekundäre Wellensysteme. Jede Einwirkung bildet für sich eine Belastung der Ufer. Die Rückströmung greift vor allem entlang der Böschung unter dem Ruhewasserspiegel an, die Heckquerwelle und die sekundären Wellensysteme wirken im Wesentlichen in der Nähe des Ruhewasserspiegels. Für die Dimensionierung von Deckwerken an Binnenwasserstraßen sind i. d. R. die Heckquerwelle mit der Wiederauffüllungsströmung und der Wasserspiegelabsunk die maßgeblichen hydraulischen Einwirkungen. Angaben über Wellenlasten aus Wasserein- und -ableitung und aus Schifffahrt enthalten E 185, Abschnitt 5.8 und E 186, Abschnitt 5.9.

Die Uferdeckwerke müssen so entworfen werden, dass sie den hydraulischen Schub- und Strömungskräften widerstehen können. Welche der Belastungskomponenten für den Entwurf ausschlaggebend ist, hängt von der erwarteten Schiffsflotte (Antriebsleistung und Querschnitt der Schiffe) und vom Querschnitt der Wasserstraße ab.

Auch die Wasserspiegeldifferenzen, die durch die Schifffahrt und Gezeiten entstehen oder natürlich vorhanden sind, führen zu einer Belastung der Ufer. Hierbei muss zwischen dem aufwärts gerichteten Wasserdruck unter der Abdeckung des Ufers, der umso größer ist, je weniger durchlässig die Abdeckung ist, und dem hydraulischen Gefälle in den Filterschichten und im Untergrund unterschieden werden.

Bei durchlässigen Deckwerken tritt das freie Wasser mit dem Grundwasser in Wechselwirkung. Bei begrenztem Fahrwasserquerschnitt erfolgt der Wasserspiegelabsunk bei Vorbeifahrt eines Schiffes je nach Durchlässigkeit des Untergrundes schneller als der entsprechende Druckabfall im Porenwasser. Die Folge ist ein Porenwasserüberdruck im Boden, dessen Abnahme zur Oberfläche hin in guter Näherung mit einer Exponentialfunktion dargestellt werden kann (Köhler und Schulz, 1986). Porenwasserüberdruck im Boden setzt dessen Scherfestigkeit herab und führt damit zu einem Stabilitätsverlust, der bei der Bemessung der Uferböschung und der Deckwerke berücksichtigt werden muss. Besonders gefährdet sind Böden mit geringer Durchlässigkeit, die aber keine oder nur sehr geringe Kohäsion haben, wie z. B. schluffige Feinsande.

12.1.3 Aufbau von Böschungssicherungen

Am häufigsten werden für Ufersicherungen Deckwerke eingesetzt. Die verschiedenen, je nach Erfordernis zu verwendenden Komponenten sind von oben (außen) nach unten (innen) (Bild E 211-1):

- Deckschicht,
- Filter/Trennlage,
- Dichtung.

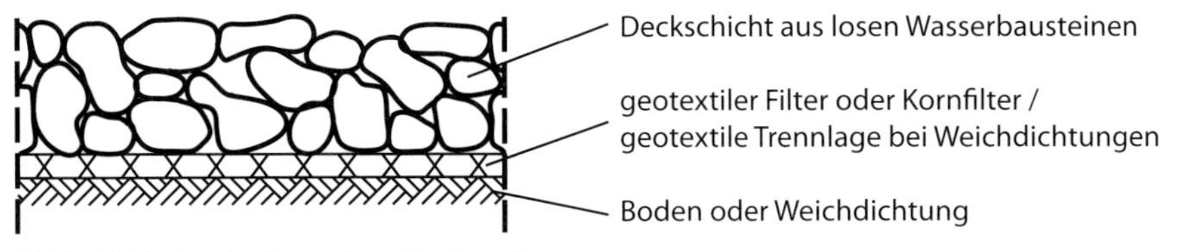

Bild E 211-1. Aufbau eines Deckwerks

Zur Herstellung eines ebenen Planums kann zusätzlich eine Ausgleichsschicht unter dem Deckwerk erforderlich werden. Ebenso kann eine Polsterschicht verwendet werden, um einzelne Komponenten des Deckwerks, z. B. eine Dichtung oder einen geotextilen Filter, vor Beanspruchungen zu schützen.

Weitere Elemente eines Deckwerks sind eine Fußsicherung und gegebenenfalls Anschlüsse an andere Bauteile.

12.1.3.1 Deckschicht

Die Deckschicht ist die oberste, erosionsfeste Schicht einer Ufersicherung, die durchlässig oder dicht ausgeführt werden kann. Sie wird nach hydraulischen und geotechnischen Gesichtspunkten bemessen: Strömung, Wellenangriff und Wasserspiegelabsunk dürfen nicht zu einer Verlagerung von Bauelementen oder von Boden führen, Druckschläge müssen schadlos aufgenommen werden können. Gleichzeitig soll Wellenenergie dissipiert werden. Die Hinweise zu Kolkschutzschichten in E 83, Abschnitt 12.4 gelten grundsätzlich auch für Deckschichten auf Böschungen.

Häufig wird die Deckschicht als Schüttung loser Wasserbausteine ausgeführt (lose Deckschicht). Die Wasserbausteine müssen fest, licht-, frost- und wetterbeständig sein (DIN EN 13383-1). Außerdem sollten sie für ihre Lagestabilität eine möglichst hohe Rohdichte besitzen. Diese Bauweise ist sehr flexibel und passt sich Untergrundverformungen problemlos an. Sie ist relativ einfach herzustellen und im Schadensfall auch leicht zu reparieren. Die Wasserbausteine werden größtenteils aus Naturstein, aber auch industriell bei der Metallproduktion hergestellt. In losen Deckschichten ist mit Steinverlagerungen durch hydraulische Einwirkungen zu rechnen, diese können jedoch durch eine ausreichende Bemessung auf ein Minimum beschränkt werden. Gestützt auf experimentell belegte Grundlagenforschung sind in den letzten Jahren für die Bemessung solcher Deckwerke Ansätze entwickelt worden (PIANC, 1987, 1992; GBB, 2010).

Um den Widerstand gegen hydraulische Belastungen zu erhöhen, können Schüttmaterialien teilweise oder voll mit hydraulisch gebundenem Mörtel vergossen werden. Diese Bauweise empfiehlt sich für stark beanspruchte Bereiche, z. B. besonders in Manövrierbereichen, wie z. B. Liegestellen oder Vorhäfen. Ein Teilverguss muss so ausgeführt werden, dass eine ausreichende Flexibilität und Durchlässigkeit der Deckschicht erhalten bleibt. Idealerweise entstehen durch Teilverguss Konglomerate, die gegeneinander gut verzahnt sind und die Anpassungsfähigkeit und den Erosionswiderstand großer Einzelelemente besitzen. Aufgrund der hohen hydraulischen Widerstandsfähigkeit teilvergossener Deckschichten kann die Größe der Wasserbausteine z. T. deutlich geringer gewählt werden als bei losen Wasserbausteinen.

Eine ähnliche Wirkung wird mit pflasterartig verlegten Formsteinen erzielt, wenn die Deckschicht ausreichend durchlässig ist und die Steine miteinander verbunden sind. Das mit Formsteinen erreichbare Flächengewicht ist jedoch begrenzt.

Undurchlässige (voll vergossene) Deckschichten wirken gleichzeitig als Dichtung und als Schutzschicht mit erhöhtem Widerstand gegen Erosion und andere mechanische Beschädigungen. Sie benötigen im Allgemeinen eine geringere Bauhöhe als durchlässige Deckwerke, sind jedoch starr und in ökologischer Hinsicht umstritten.

12.1.3.2 Filter

Grundsätzlich muss eine Böschungssicherung so aufgebaut sein, dass ein Materialtransport aus dem Untergrund vermieden wird. Hierfür sind bedarfsweise zwischen dem Untergrund und der Deckschicht Filterschichten mit entsprechend aufeinander abgestimmten Eigenschaften anzuordnen. Alle Schichten müssen untereinander filterstabil sein.

Ist in das Deckwerk eine gesonderte Tondichtung integriert, ist zwischen Deckschicht und Dichtung ein Geotextil oder ein Mineralfilter als Trennlage ohne Filterfunktion vorzusehen (Bild E 211-1).

Der Filter ist nach geohydraulischen (d. h. durch Porenwasserströmungen und ihren Wechselwirkungen mit dem Korngerüst bestimmten) Gesichtspunkten zu dimensionieren. Neben Kornfiltern eignen sich geotextile Filter (E 189, Abschnitt 12.3). Für beide Bauweisen sind Wasserdurchlässigkeit und Filtersicherheit (Filterfunktion und Trennungsfunktion) charakteristische Entwurfsanforderungen.

Infolge der turbulenten Anströmung und der wechselseitigen Durchströmung unterliegen Kornfilter und geotextile Filter in Böschungs- und Sohlensicherungen im Gegensatz zum Einsatz bei Dränanwendungen mit nur einsinniger Durchströmung hohen instationären hydraulischen Belastungen. Die Eigenschaften der Filter sind daher besonders sorgfältig auf den Boden, die Decklage und die Belastung abzustimmen.

12.1.3.3 Dichtung

Dichtungen werden aus wasserwirtschaftlichen Gründen oder bei Dämmen zur Erhöhung der Standsicherheit erforderlich. Grundsätzlich sind dichte Deckwerke (Beläge oder Vollverguss aus Asphalt oder hydraulisch gebundenem Mörtel), die Dichtungs- und Schutzwirkung kombinieren und Deckwerke mit separaten Dichtungsschichten wie Naturton, Erdstoffgemische, Geosynthetische Tondichtungsbahn (GTD, Bentonitmatte) zu unterscheiden. Hinweise zu mineralischen Dichtungen enthält E 204, Abschnitt 12.6.

Auf ein dichtes Deckwerk kann im Gegensatz zum durchlässigen Deckwerk ein rückwärtiger Wasserüberdruck wirken. Dieser ist bei der Bemessung des Deckwerks zu berücksichtigen. Die Größe des Wasserüberdrucks hängt von der Größe der Wasserspiegeländerungen an der Böschung und den gleichzeitig auftretenden Grundwasserständen hinter dem Deckwerk ab. Der Wasserüberdruck vermindert die mögliche Reibungskraft zwischen dem Deckwerk und der darunter liegenden Bettung.

Asphalt ist ein viskoses Material. Daher können Wurzeln und Rhizome Deckwerke mit Asphaltverguss durchdringen und das Deckwerk kann kriechen. Deckwerke aus Asphalt oder mit Aspaltvollverguss sind als starre Lösungen einzustufen, wenn nicht unwesentliche Bodenverformungen unter dem Deckwerk aus Erosion, Suffosion oder Sackung rascher entstehen als der stets sehr langsam ablaufende Kriechvorgang im Asphalt. Detailliertere Hinweise zu Asphaltdichtungen befinden sich in den „Empfehlungen für die Ausführung von Asphaltarbeiten im Wasserbau“ (EAAW, 2008).

Für alle Belastungsfälle wird gefordert, dass die Komponente der Eigenlast des Deckwerks normal zur Böschung stets größer ist als der unmittelbare darunter auftretende größte Wasserdruck, sodass die Deckschicht nie abgehoben werden kann (Abhebekriterium).

12.1.3.4 Ausgleichsschicht

Ausgleichsschichten werden verwendet, um für das Deckwerk ein ebenes Planum zu schaffen, wenn dies nicht durch Abgraben erreicht werden kann.

Eine Ausgleichsschicht kann als Filterschicht aufgebaut werden, wenn darunter sehr inhomogener Boden ansteht. Die Kornverteilung der Ausgleichsschicht wird in diesem Fall dem anstehenden gröberen Erdstoff angepasst und wirkt gegenüber dem feineren als Filter. Diese Lösung vermeidet die Notwendigkeit, den Filter bereichsweise unterschiedlich aufbauen zu müssen. Eine Ausgleichsschicht kann auch anstelle eines Bodenaustauschs ausgeführt werden, z. B. wenn eine Böschung nicht sauber profiliert werden kann, weil der anstehende Boden ausfließt.

12.1.3.5 Polsterschicht

Polsterschichten werden in besonderen Fällen zum Schutz gegen sehr große Beanspruchungen auf unterliegende Schichten (z. B. besonders große Wasserbausteine auf geotextilem Filter) angeordnet. Sie müssen die Filterkriterien gegenüber den angrenzenden Schichten erfüllen.

12.1.4 Fußsicherung

Die hangabtreibenden Kräfte aus der Böschungsbefestigung können bei steilen Böschungen durch Reibung zwischen Deckwerk und Untergrund nicht vollständig aufgenommen werden. Der die Reibung überschreitende Teil der Hangabtriebskräfte muss über eine Fußstützung aufgenommen werden. Die Forderung, die Hangabtriebskräfte vollständig über Reibung abzutragen, würde zu unwirtschaftlich dicken Deckwerken oder zu unwirtschaftlich flachen Böschungen führen.

Bei Böschungen, die bis zur Gewässersohle reichen, wird das Böschungsdeckwerk daher im Allgemeinen mit gleicher Neigung in den Untergrund weitergeführt (Fußeinbindung, Bild E 211-2 oben). Die Einbindetiefe soll bei erosionsgefährdeten Böden in der Gewässersohle (Sande und nichtbindige Sand-

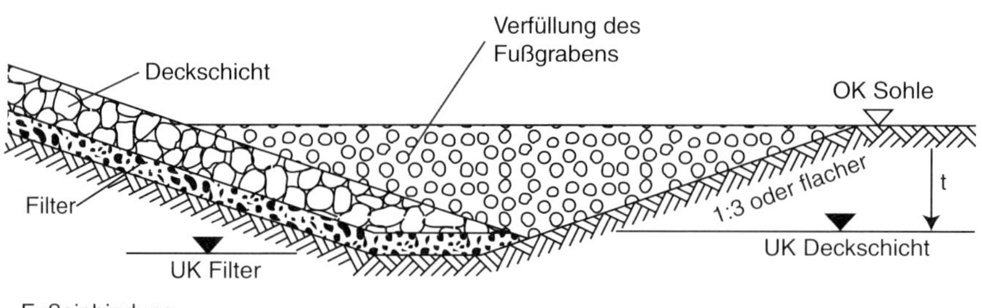

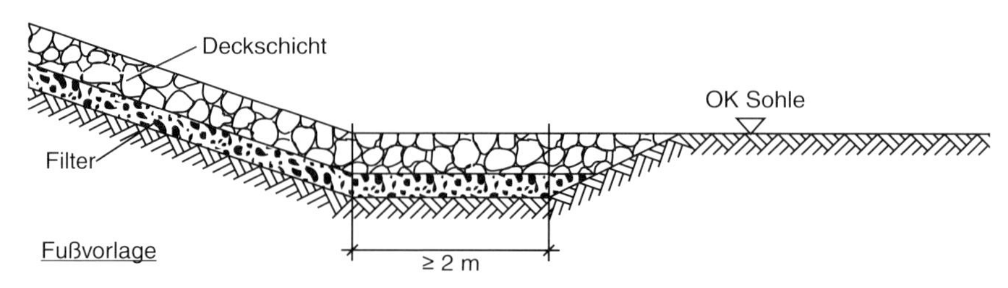

Bild E 211-2. Fußsicherung mit Einbindung und Vorlage (nach BAW 2008)

Schluff-Gemische) nicht weniger als 1,5 m betragen (z. B. MAR, 2008; GBB, 2010). Alternativ kann das Deckwerk auch horizontal in der Sohle weitergeführt werden (Fußvorlage, Bild E 211-2 unten). Diese Fußvorlage sollte allerdings nicht angewendet werden, wenn in der Sohle erosionsgefährdete Böden (Sande und feiner) anstehen. Im Falle eines Sohldeckwerks stützt sich das Böschungsdeckwerk darauf ab.

Weiterhin kann die Fußstützung des Deckwerks durch eine Fußspundwand hergestellt werden, sofern der Boden rammbar ist. Diese Lösung entspricht konstruktiv und in der Bemessung der Abstützung von Deckwerken auf Teilböschungen hinter Spundwandufern E 106, Abschnitt 6.4 und E 119, Abschnitt 6.5.

12.1.5 Anschlüsse

Besondere Beachtung erfordern die Übergangskonstruktionen zu Bauwerken sowie die Übergänge zum Abdeckmaterial oder zum Untergrund. In der Praxis sind viele Schadensfälle auf Entwurf- und/oder Ausführungsfehler bei diesen Übergangskonstruktionen zurückzuführen. Beim Anschluss eines Deckwerks an eine Spundwand oder ein anderes Bauteil ist für einen guten Kraftschluss, für Filterstabilität und für Erosionssicherheit an der Stoßstelle Sorge zu tragen.

Häufig bietet es sich an, am Übergang zu starren Bauwerken die losen Wasserbausteine in einem Streifen von 0,5 bis 1 m voll zu vergießen und anschließend einen Teilverguss mit abnehmender Vergussstoffmenge vorzusehen.

Auch die Anschlüsse von Filterschichten und Dichtungen an Bauwerke sind besonders sorgfältig zu planen und auszuführen.

12.1.6 Bemessung von Deckwerken

Bei der Bemessung von Deckwerken müssen folgende Aspekte berücksichtigt werden:

- Stabilität des Einzelsteins gegenüber dem hydraulischen Angriff.
  Die erforderliche Steingröße wird im Wesentlichen durch die Höhe der Heckquerwelle und Geschwindigkeiten der Rück- bzw. Wiederauffüllungsströmung sowie überproportional durch die Steinrohdichte beeinflusst.
- Ausreichendes Deckwerksgewicht zur Vermeidung von Bruchzuständen in der Böschung bei schnellem Wasserspiegelabsunk.
  Das erforderliche Deckwerksgewicht wird durch die Dicke der Deckschicht sichergestellt. Die wesentlichen Einflussparameter sind die Steinrohdichte, das Maß und die Geschwindigkeit des Wasserspiegelabsunks, die Filterart und die Wasserdurchlässigkeit des Bodens.

Die Bemessung kann für Binnenwasserstraßen nach GBB (2010) erfolgen. Unter bestimmten Randbedingungen können ohne rechnerischen Nachweis Regelbauweisen für Deckwerke nach MAR (2008) verwendet werden. Für eine Wasserstraße der Klasse V mit moderner Schiffsflotte werden Steine der Klasse $LMB_{5/40}$ mit einer Mindestrohdichte von 2.650 kg/m^3 empfohlen. Die üblichen Dicken der Deckschicht liegen dann abhängig vom Boden und der Filterart zwischen 60 und 80 cm.

12.2 Böschungen in Seehäfen und in Binnenhäfen mit Tide (E 107)

12.2.1 Allgemeines

In Hafenbereichen mit Massengutumschlag, an Uferliegeplätzen sowie im Bereich der Hafeneinfahrten und Wendebecken können die Ufer auch bei großem Tidehub und großen Wasserstandsschwankungen dauernd standsicher geböscht ausgeführt werden. Hierbei müssen bestimmte konstruktive Grundsätze beachtet werden, damit größere Unterhaltungsarbeiten vermieden werden.

Große Seeschiffe fahren in den Häfen in der Regel mit dem eigenen Maschinenantrieb und werden dabei durch Schlepper unterstützt. Beim An- und Ablegen kann der Schraubenstrahl erhebliche Schäden an Böschungen erzeugen. Zusätzlich können große Schlepper, Binnenschiffe und kleine Seeschiffe und Küstenmotorschiffe mit ihrem Schraubenstrahl und ihren Bug- und Heckwellen das Ufer über eine Tiefe von etwa 6 bis 7 m unter dem jeweiligen Wasserstand angreifen (E 83, Abschnitt 12.4). Besondere Einwirkungen entstehen durch Bug- und Heckstrahlruder oder Azipodantriebe (Propellergondelantriebe), die im Einzelfall (z. B. Fährhäfen) speziell angepasste Lösungen erfordern.

12.2.2 Ausführungsbeispiele mit durchlässigem Deckwerk

Bild E 107-1 zeigt eine in Bremen ausgeführte Lösung.

Der Übergang vom ungesicherten zum gesicherten Bereich der Böschung wird durch eine 3,00 m breite, waagerechte, mit Wasserbausteinen abgedeckte Berme gebildet. Oberhalb dieser Berme hat das Steindeckwerk eine Neigung von 1 : 3. Die obere Begrenzung des Deckwerks bildet ein im Hafenplanum liegender 0,50 m breiter und 0,60 m hoher Betonbalken. Das Deckwerk besteht aus schweren Wasserbausteinen, die bis knapp über MTnw in rd. 0,70 m Schichtdicke in Schüttbauweise eingebracht wurden. Im darüber liegenden Böschungsbereich besteht die Deckschicht aus einem rd. 0,5 m dicken gepackten rauen

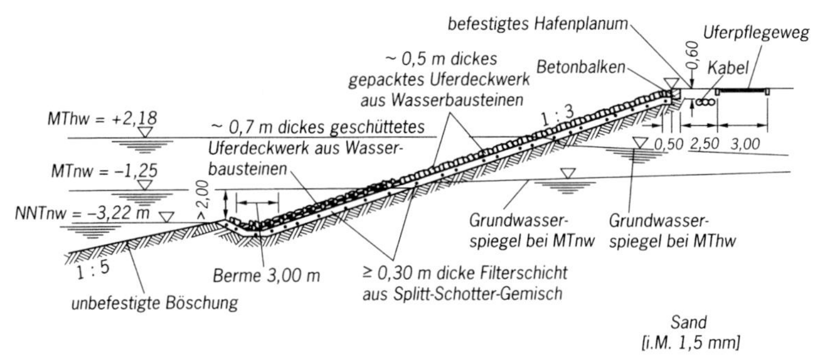

Bild E 107-1. Ausführung einer Hafenböschung mit durchlässigem Deckwerk in Bremen (Beispiel)

Steindeckwerk. Beim Packen der Wasserbausteine ist für einen guten Verbund und eine ausreichende gegenseitige Stützung der Steine zu sorgen, damit diese durch Welleneinwirkungen nicht aus dem Verbund gerissen werden können.

Zur Unterhaltung des Steindeckwerks und als Zuwegung zu den Schiffsliegeplätzen ist 2,50 m hinter dem oberen Betonbalken ein 3,00 m breiter, für schwere Fahrzeuge ausgebauter Uferpflegeweg angeordnet (Bild E 107-1). Im Streifen zwischen dem Betonbalken und dem Uferpflegeweg sind Kabel für die Stromversorgung der Hafenanlage und der Uferfeuer sowie die Telefonleitungen usw. verlegt.

Bild E 107-2 zeigt einen Böschungsquerschnitt aus dem Hamburger Hafen. Bei dieser Lösung ist am Deckwerksfuß ein Widerlager aus Ziegelschutt, ca. 3,5 m^3/m, auf Kunststoffgittergewebe angeordnet. Darüber liegt die auf dem größten Teil der Böschungshöhe einheitlich ausgeführte zweistufige Abdeckung.

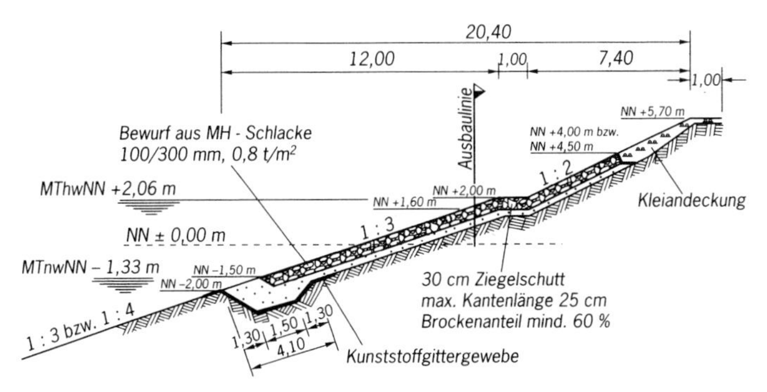

Bild E 107-2. Ausführung einer Hafenböschung mit durchlässigem Deckwerk in Hamburg (Beispiel)

Unter Berücksichtigung der vorhandenen Bodenverhältnisse wird die Böschungssicherung im Allgemeinen nur bis 0,7 m unter MTnw geführt. Wenn darunter Ausspülungen entstehen, können diese durch einfaches Nachwerfen von Ziegelschutt wieder beseitigt werden. Bei Eisgang können bei dieser Konstruktion die Schüttsteine fortgerissen werden, der Aufwand für das Ergänzen des Bewurfs wird in Hamburg aber als verhältnismäßig gering bewertet.

Um die Forderung nach naturnahem Ausbau von Uferböschungen zu erfüllen, wurden in Hamburg Schüttsteinböschungen mit Begrünungstaschen entwickelt (Bild E 107-3). Dabei wird im Normalquerschnitt nach Bild E 107-2 im Bereich von NN + 0,40 m je nach Platz ein ca. 8,00 bis 12,00 m breiter horizontaler Streifen angeordnet, der ca. 0,4 bis 0,5 m dick mit Klei aufgefüllt wird und so eine Begrünungstasche bildet. Der Unterbau aus Ziegelschutt ist auf 0,5 m Dicke verstärkt, zwischen Klei und Ziegelschutt liegt eine 0,15 m dicke Schicht aus Elbsand als Belüftungszone.

Die Begrünungstasche wird, gestaffelt nach Standorthorizonten, mit Simsen bzw. Binsen (*Schoenoplectus tabernaemontani*), Seggen (*Carex gracilis*) und Röhricht (*Phragmites australis*) bepflanzt. Oberhalb der Berme bei NN + 2,0 m, also auch im normalen Schüttsteindeckwerk, werden Weidensteckhölzer eingesetzt. Wegen der besseren Wachstumsbedingungen sollte die Bepflanzung im April/Mai erfolgen.

Die Sonderform mit Begrünungstasche lässt sich jedoch nur in Uferbereichen mit ausreichendem Platz und geringem Schwell durch Schiffsverkehr und Wellenschlag realisieren.

Bild E 107-4 zeigt eine im Hafen Rotterdam realisierte Lösung mit durchlässigem Deckwerk. Sie ähnelt, abgesehen vom Deckwerk selbst, in ihrem Aufbau weitgehend der Rotterdamer Lösung mit undurchlässigem Deckwerk, sodass

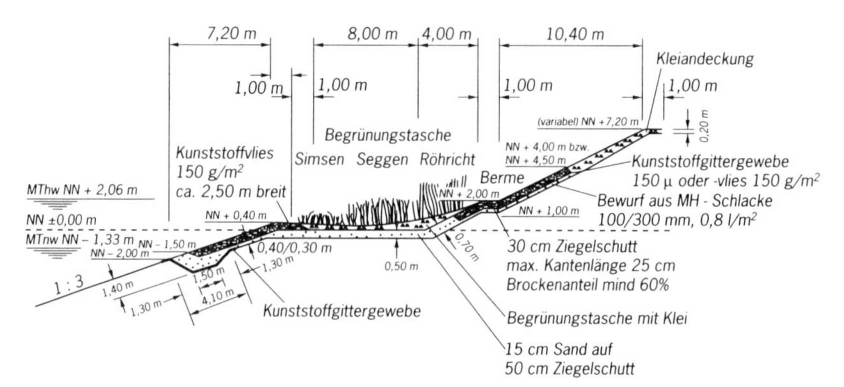

Bild E 107-3. Ausführung einer Hafenböschung mit durchlässigem Deckwerk und Begrünungstasche in Hamburg (Beispiel)

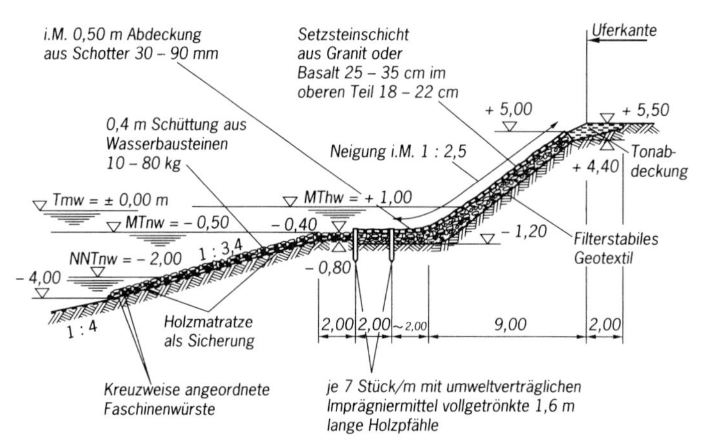

Bild E 107-4. Ausführung einer Hafenböschung mit durchlässigem Deckwerk in Rotterdam (Beispiel)

bezüglich weiterer Einzelheiten auf die Ausführungen unter Abschnitt 12.2.3 verwiesen werden kann. Bild E 107-5 zeigt eine weitere Lösung für eine durchlässige Hafenböschung.

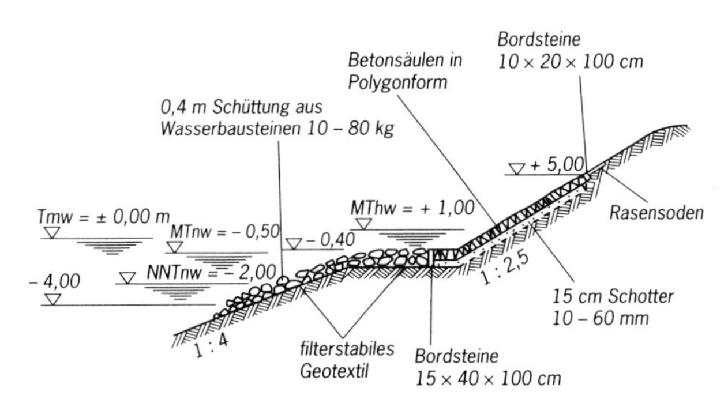

Bild E 107-5. Ausführung einer Hafenböschung mit durchlässigem Deckwerk bei Rotterdam (Beispiel)

12.2.3 Ausführungsbeispiele mit undurchlässigem Deckwerk

Die Ausführung nach Bild E 107-6 zeigt ein in Rotterdam entwickeltes und erprobtes Beispiel mit einem so genannten „offenen Fuß" zur Abminderung des Wasserüberdrucks. Dieser Fuß besteht aus einer Grobkiesschüttung $d_{50} \geq 30$ mm, gesichert durch zwei Reihen dicht an dicht stehender Holzpfähle, die mit umweltverträglichem Imprägniermittel voll getränkt, 2,00 m lang und

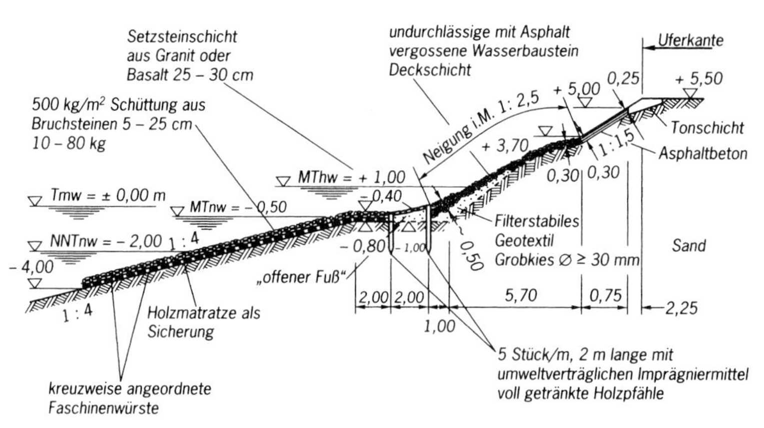

Bild E 107-6. Ausführung einer Hafenböschung mit undurchlässigem Deckwerk in Rotterdam (Beispiel)

rd. 0,2 m dick sind. An das untere Ende der asphaltvergossenen Bruchsteinabdeckung anschließend wird die Grobkiesschicht mit 25 bis 35 cm großen Setzsteinen aus Granit oder Basalt wasserdurchlässig abgedeckt.

Unter der Grobkiesschicht, die auch unter einen wesentlichen Teil der dichten Deckschicht reicht, befindet sich ein geotextiler Filter.

An den „offenen Fuß" schließt sich eine 2,0 m breite Berme an, darunter folgt dann die bei Sand unter 1 : 4 geneigte Unterwassersicherung mit einer Holzmatratze bis rd. 3,5 m unter MTnw. Darauf sind waagerecht und in Böschungsrichtung Faschinenwürste angeordnet. Darüber liegt eine 0,30 bis 0,50 m dicke Schüttung aus Bruchsteinen, da die Auflast aus der Deckschicht etwa 3 bis 5 kN/m² betragen soll.

Das asphaltvergossene Bruchsteindeckwerk reicht von der landseitigen Holzpfahlreihe bis etwa 3,7 m über MTnw und hat eine mittlere Neigung von 1 : 2,5. Sein Flächengewicht (Dicke) muss im Einzelfall nach der Größe der maßgebenden Wasserdrücke an seiner Unterseite bemessen werden. Im Regelfall nimmt die Dicke von unten nach oben von rd. 0,5 auf rd. 0,3 m ab.

Die Bruchsteine haben ein Stückgewicht von 10 bis 80 kg.

An das Deckwerk schließt sich auf 1,3 m Höhe eine 0,25 bis 0,3 m dicke Aspaltbetonschicht mit einer Neigung von 1 : 1,5 an und darüber in gleicher Neigung bei 0,50 m Höhe eine Tonabdeckung. Dadurch soll die spätere Verlegung von Rohren und Leitungen ermöglicht werden, ohne die Böschungsbefestigung aufzubrechen.

12.3 Anwendung von geotextilen Filtern bei Böschungs- und Sohlensicherungen (E 189)

12.3.1 Allgemeines

Geotextilien werden in Form von Geweben, Vliesstoffen und Verbundstoffen bei Böschungs- und Sohlensicherungen verwendet.

Als verrottungsbeständige Materialien für geotextile Filter haben sich bisher Kunststoffe wie Polyacryl, Polyamid, Polyester, Polyvinylalkohol, Polyethylen und Polypropylen bewährt. Hinweise auf deren Eigenschaften können PIANC (1987) entnommen werden.

Für Geokunststoffe, die bei Böschungs- und Sohlensicherungen zum Einsatz kommen sollen, müssen die in DIN EN 13253 geforderten Eigenschaften erfüllt werden. Grenzwerte für diese Eigenschaften ergeben sich aus der individuellen Anwendung. Beispiele für Grenzwerte finden sich in PIANC (1992) und TLG (2003).

Der Vorteil von geotextilen Filtern gegenüber mineralischen Filtern liegt in der maschinellen Vorfertigung, bei der sehr gleichmäßige Eigenschaften erreicht werden können. Bei Beachtung bestimmter Einbauregeln und Produktanforderungen können geotextile Filter auch unter Wasser eingebaut werden. Geotextile Filter besitzen nur ein sehr geringes Eigengewicht. Daher kann u. U. gegenüber mineralischen Filtern eine dickere Deckschicht erforderlich werden. Bei nichtbindigen feinkörnigen Böden besteht unter der Einwirkung von Wellen in der Wasserwechselzone und darunter die Gefahr der Verflüssigung und der Verlagerung des Bodens unter dem Deckwerk. Um dies zu verhindern, müssen der Filter mechanisch filterfest und das Gewicht des Deckwerks ausreichend groß sein (MAG 1993).

12.3.2 Bemessungsgrundlagen

Geotextile Filter in Böschungs- und Sohlensicherungen können in Hinblick auf mechanische und hydraulische Filterwirksamkeit, Einbaubeanspruchungen wie Zug- und Durchschlagkräfte und Dauerhaftigkeit gegenüber Abriebbeanspruchungen bei ungebundenen Deckschichten nach den in PIANC (1987), MAG (1993) und DVWK (1992) angegebenen Regeln bemessen werden. PIANC (1987) und DVWK (1992) enthalten für instationäre Belastungen Bemessungsregeln, die auf Erfahrungen mit stationären hydraulischen Belastungen beruhen. MAG (1993) enthält Bemessungsregeln auf der Grundlage von Durchströmungsversuchen („Bodentypverfahren“), die auf instationäre hydraulische Belastungen ausgelegt sind. Beide Verfahren bauen im Wesentlichen auf nationalen Erfahrungen auf. Internationale Erfahrungen und Bemessungsgrundlagen finden sich z. B. in Veldhuyzen (1994), Koerner (2005) und CFEM (2006).

Geotextile Filter müssen neben der mechanischen und hydraulischen Filterwirksamkeit vor allem auch den Einbaubeanspruchungen widerstehen. In dieser Beziehung haben sich für den Einbau unter Wasser bei laufendem Schiffsverkehr relativ dicke ($d \geq 4{,}5$ mm) bzw. schwere ($g \geq 500$ g/m^2) Geotextilien bewährt.

12.3.3 Anforderungen

Die Zugfestigkeit der geotextilen Filter an der Bruchgrenze muss bei Verlegen im Nassen mindestens 1.200 N/10 cm in Längs- und in Querrichtung betragen.

Bei Deckschichten aus geschütteten Steinmaterialien ist die Durchschlagfestigkeit nachzuweisen (RPG, 1994).

Können unter Wellen- bzw. Strömungsbelastungen Scheuerbewegungen der Deckschichtsteine auftreten, ist die Abriebfestigkeit des Geotextils nachzuweisen (RPG, 1994).

12.3.4 Zusatzausrüstungen

Im Bedarfsfall können die Eigenschaften des Geotextils durch Zusatzausrüstungen verbessert werden. Im Folgenden werden hierzu einige Beispiele benannt:

Durch die Anordnung von gröberen Zusatzschichten an der Unterseite des Geotextils kann bei richtiger Abstimmung auf die Körnung eine Verzahnung mit dem Untergrund und damit eine Stabilisierung der Grenzschicht zwischen Untergrund und Filter erreicht werden. Allerdings ist es meist günstiger, die Auflast auf dem geotextilen Filter zu erhöhen, zumal mit solchen Zusatzschichten auch negative Auswirkungen verbunden sein können (z. B. Aufständerung, ungewollte Dränwirkung). Faschinenroste auf der Oberseite von Geotextilien ermöglichen einen faltenfreien Einbau des Geotextils und erhöhen die Lagestabilität des Schüttmaterials auf dem Geotextil, sie sind beim Bau von Sinkstücken seit Langem bewährt. Zur Erhöhung der Reibung zwischen einem gewebten Geotextil und dem Untergrund und zur Verbesserung der Filterwirkung kann eine Kombination aus Gewebe und vernadeltem Vliesstoff verwendet werden.

Eine werkseitige mineralische Einlagerung aus Sand oder anderen Granulaten („Sandmatte") erhöht das Flächengewicht des Geotextils, wodurch eine bessere Lagestabilität beim Einbau erreicht wird. Außerdem wird durch die Füllung die Gefahr der Faltenbildung beim Verlegen verringert.

12.3.5 Allgemeine Ausführungshinweise

Vor dem Einbau von geotextilen Filtern ist in jedem Fall die vertragsgemäße Lieferung der Geotextilien nach entsprechenden Lieferbedingungen, beispielsweise nach RPG (1994) und TLG (2003), zu prüfen. Die angelieferten Geotextilien sind sorgfältig zu lagern und gegen UV-Strahlung, Witterung und sonstige schädigende Einflüsse zu schützen.

Um Funktionsmängel auszuschließen, muss beim Verlegen von mehrschichtigen geotextilen Filtern (Verbundstoffen) mit porenmäßig abgestuften Filterlagen auf die richtige Lage von Ober- und Unterseite geachtet werden.

Die Geotextilien sollen faltenfrei verlegt werden, damit bevorzugte Wasserwege und Möglichkeiten für einen Bodentransport vermieden werden.

Das Vernageln mit dem Untergrund an der Böschungsoberkante ist nur zulässig, wenn dadurch beim weiteren Baufortschritt das Geotextil keine Zwängungen erleidet. Besser als die starre Fixierung durch das Vernageln ist die Einbindung in einen Graben an der Böschungsoberkante. Dies erlaubt ein kontrolliertes Nachgeben des Geotextils bei hoher Beanspruchung während der folgenden Bauschritte. Da Geotextilien beim Nasseinbau schwimmen oder schweben, müssen sie durch Aufbringen der Deckschicht oder einer Polsterschicht unmittelbar nach dem Verlegen in Position gehalten werden. Bei Temperaturen unter +5 °C sollten Geotextilien nicht eingebaut werden.

Besonders wichtig für das Bodenrückhaltevermögen von geotextilen Filtern ist die sorgfältige Verbindung der einzelnen Bahnen durch Vernähen oder Überlappen. Beim Vernähen muss die Festigkeit der Naht der geforderten Mindestfestigkeit der Geotextilien entsprechen. Beim Einbau im Trockenen mit einer Böschungsneigung von 1 : 3 oder flacher müssen die planmäßigen Überlappungen mindestens 0,5 m, beim Einbau im Nassen und bei allen steileren Böschungen mindestens 1,0 m breit sein. Bei weichem Untergrund ist zu überprüfen, ob größere Überlappungen erforderlich sind, damit Querverkürzungen der Geotextilbahnen beim Bewurf mit Schüttsteinen nicht zu offenen Stellen führen.

Baustellennähte und Überlappungen sollen grundsätzlich nur in Böschungsfallrichtung verlaufen. Sind ausnahmsweise Überlappungen in Böschungslängsrichtung unvermeidlich, muss die in Böschungsfallrichtung tiefer liegende Bahn über die obere Bahn greifen, um eine böschungsabwärts gerichtete Erosion durch die Überlappung zu vermeiden.

Beim Verlegen über Wasser ist zu verhindern, dass das relativ leichte Geotextil durch Wind verlagert werden kann.

Um beim Unterwassereinbau von geotextilen Filtern unter laufendem Verkehr eine faltenfreie, vollflächig und verzerrungsfrei auf dem Einbauplanum aufliegende geotextile Filterlage mit ausreichender Überlappung zu erreichen, sind die nachfolgenden Gesichtspunkte zu beachten:

- Die Baustelle ist so zu kennzeichnen, dass sie von allen Schiffen nur in Langsamfahrt passiert werden darf.
- Das Einbauplanum muss sorgfältig vorbereitet und von Steinen frei sein.
- Das Verlegegerät muss so positioniert sein, dass Strömungen und Absunk aus der durchgehenden Schifffahrt den Verlegevorgang nicht beeinträchtigen können und keine unzulässigen Kräfte auf das Geotextil einwirken (vorteilhaft sind Geräte, die beim Verlegen auf Stelzen stehen).
- Der Gefahr des Aufschwimmens der Geotextilbahnen muss durch eine entsprechende Verlegungstechnik begegnet werden. Von Vorteil ist es, das Geotextil beim Verlegen auf den Untergrund zu pressen. Der Abstand zwischen Verlegen des Geotextils und Beschütten mit Wasserbausteinen soll räumlich und zeitlich klein sein.
- Arretierungen der Geotextilbahnen auf dem Verlegegerät müssen beim Einbringen der Schüttsteine gelöst werden.
- Das Einbauen von Schüttsteinen auf Böschungen mit Geotextilien muss von unten nach oben erfolgen.
- Der Unterwassereinbau soll nur zugelassen werden, wenn der Auftragnehmer nachgewiesen hat, dass er die gestellten Bedingungen erfüllen kann.
- Taucherkontrollen sind unerlässlich.

12.4 Kolkbildung und Kolksicherung vor Ufereinfassungen (E 83)

12.4.1 Allgemeines

Ufereinfassungen – insbesondere senkrechte – bewirken eine Umlenkung und Konzentration der Strömung, die zu einem Abtrag von Material an der Hafensohle führen kann, was als „Kolkbildung" bezeichnet wird. Sie beruht im Wesentlichen auf zwei Ursachen:

1. Die natürliche Strömung trägt Material an der Sohle der Ufereinfassung ab. Dies tritt beispielsweise an den Molenköpfen von Hafeneinfahrten zu See- und Binnenhäfen, die durch starke Querströmung belastet werden, oder an der Außenseite von Flusskrümmungen auf, an der wegen der größeren Wassertiefen Hafenanlagen bevorzugt angelegt werden.
2. Die Strahlen des Schiffsantriebs und ihrer Manövrierhilfen wie Bugstrahlruder oder Schlepper tragen örtlich begrenzt Material an der Hafensohle vor der (meistens) senkrechten Ufereinfassung ab.

Kolkbildung ist ein Prozess, d. h., Kolke entstehen nicht augenblicklich, sondern die Strömung benötigt Zeit, um eine bestimmte Menge an Boden von der

Hafensohle abzutragen. Dies ist insbesondere bei Kolkbildung aus Schiffsmanövern entscheidend, da die damit verbundenen Strömungsbelastungen zwar hoch sind, aber nur kurzzeitig einwirken, während die natürliche Strömung oft vergleichsweise gering, aber von langer Dauer ist.

Die beiden vorgenannten Kolkursachen können sich überlagern. Recht häufig tritt allerdings auch der Fall auf, dass natürliche Sedimentationsprozesse die Liegewannen vor Kaianlagen beispielweise in nicht durchströmten Hafenbecken verlanden lassen. Die durch das An- und Ablegen sowie das Liegen der Schiffe am Liegeplatz hervorgerufene örtliche Kolkbildung trägt die Anlandungen wieder ab und reduziert somit den Unterhaltungsaufwand.

Beim Entwurf von Ufereinfassungen ist zunächst die Frage zu beantworten, ob im konkreten Fall überhaupt mit Kolkbildung zu rechnen ist. Erfahrungen von andern Ufereinfassungen in vergleichbarer Lage können diesbezüglich eine wichtige Beurteilungsgrundlage sein. Ansonsten sind die im Folgenden genannten Randbedingungen zu bewerten:

- Situation des Gewässers, z. B. die Stärke der natürlichen Strömung entlang der Ufereinfassung und die Sedimentkonzentration des Wassers,
- Art und Beschaffenheit des an der Gewässersohle anstehenden Bodens. Nichtbindige feinkörnige Bodenarten sind besonders kolkgefährdet, demgegenüber sind bindige Bodenarten mit halbfester bis fester Konsistenz weitgehend erosionsstabil und damit wenig kolkgefährdet.
- Art des An- und Ablegens der Schiffe. Wie werden Manövrierhilfen, wie Schlepper oder Bugstrahlruder, aber auch die Hauptmaschine der anlegenden Schiffe eingesetzt? Erschweren starke Strömungen oder Wind das An- und Ablegen?
- Art des Verkehres: RoRo-Schiffe und Fähren legen im Allgemeinen immer an der gleichen Stelle an und verursachen damit an der gleichen Stelle Kolke. Andere Verhältnisse liegen an Containerkajen vor, wo Schiffe sehr unterschiedlicher Größe an immer wieder anderen Positionen anlegen, sodass sich die Einwirkungen aus verschiedenen An- und Ablegevorgängen überlagern. Dabei kann der Bodenabtrag aus einem neuen Kolk einen bereits bestehenden Kolk ganz oder teilweise wieder verfüllen.

Der Gefahr der Kolkbildung kann entweder durch eine größere Hafentiefe oder durch die Befestigung der Hafensohle entgegen gewirkt werden.

12.4.2 Wahl einer größeren Entwurfstiefe (Kolkzuschlag)

Durch die Wahl einer größeren Entwurfstiefe (Kolkzuschlag) wird sichergestellt, dass Kolke bis zur Tiefe des Kolkzuschlags die Standsicherheit der Ufereinfassungen nicht gefährden. In Verbindung mit regelmäßigen Peilungen erlaubt der Kolkzuschlag eine Beobachtung der mit den An- und Ablegevorgängen verbundenen Einwirkungen auf die Hafensohle, ohne dass die Standsicherheit der Anlage gefährdet wird. Auf der Grundlage der so gewonnenen Erfahrungen kann dann entschieden werden, ob die Einwirkungen aus dem Hafenbetrieb auf lange Sicht eine Befestigung der Hafensohle erforderlich machen.

Die Größe des Kolkzuschlags hängt von den örtlichen Verhältnissen ab. Diesbezüglich bieten Erfahrungen mit Anlagen unter gleichen Umgebungsbedingungen die besten Anhaltspunkte.

Weitere Hinweise zur Größenordnung des Kolkzuschlags können auch aus einer rechnerischen Abschätzung der für bestimmte Schiffstypen oder bestimmte Strömungen maximal zu erwartenden Kolktiefe gewonnen werden. Allerdings sind die hierfür verfügbaren empirischen Ansätze mit Vorsicht anzuwenden und die ermittelten Kolktiefen können deutlich streuen. In Drewes et al. (1995) werden Modellversuche beschrieben, die eine Abschätzung der Kolktiefe, wie sie allein aus Schiffsmanövern entstehen könnte, ermöglicht.

Übersteigt der Kolkzuschlag 10 bis 20 % der Höhe der Ufereinfassung, so ist es empfehlenswert zu prüfen, ob die Abdeckung der Hafensohle vor der Ufereinfassung mit einem Kolkschutz wirtschaftlicher ist.

12.4.3 Abdecken der Hafensohle (Kolkschutz)

Für die Sicherung der Hafensohle gegen Kolkung kommen folgende Maßnahmen infrage:

1. Abdecken der Hafensohle mit loser Steinschüttung,
2. Abdecken der Hafensohle mit einer vergossenen (festen) Steinschüttung,
3. Abdecken der Hafensohle mit flexiblen Verbundsystemen,
4. Unterwasserbetonsohle (z. B. in Fährbetten),
5. strahllenkende Gestaltung der Uferwand, ggf. zusammen mit einer Sohlbefestigung.

Zu 1. Abdecken der Hafensohle mit loser Steinschüttung

Die Steinschüttung in loser Form (Natursteine und Reststoffe wie z. B. Schlacken) stellt eines der am häufigsten verwendeten Schutzsysteme dar. Zu stellende Forderungen sind:

- ausreichende Stabilität gegenüber dem Propellerstrahlangriff,
- Einbau so, dass die Sohle sicher abgedeckt ist. Das bedeutet einen 2- bis 3-lagigen Einbau der Schüttsteine,
- filtergemäßer Einbau, d. h., Einbau auf einem Korn- oder Textilfilter, welcher auf den anstehenden Untergrund abgestimmt ist, vgl. MAG (1993) und MAK (1989),

– unterströmungs- und somit erosionssicherer Anschluss an das feste Bauwerk, besonders bei Spundwandausführung der Kaiwand.

Weitere Ausführungshinweise enthält E 211 (Abschnitt 12.1).

Die Dicke der Deckwerkssteine bzw. das Gewicht des Einzelsteins ergibt sich aus der Strömungsbelastung bzw. der Strömungsgeschwindigkeit an der Sohle. Für propellerstrahlinduzierte Strömung wird in Abschnitt 12.4.4 ein Berechnungsverfahren zur Ermittlung der sohlnahen Strömungsgeschwindigkeit angeboten, die in die nachfolgende Formel eingesetzt werden kann.

Der erforderliche mittlere Steindurchmesser bei losen Steinschüttungen ergibt sich nach Römisch (1994) wie folgt:

$$d_{erf} \geq \frac{v_{Sohle}^2}{B^2 \cdot g \cdot \Delta'} ,$$

d_{erf}	erforderlicher mittlerer Durchmesser der Befestigungssteine [m] (obere Lage),
v_{Sohle}	Sohlgeschwindigkeit nach Abschnitt 12.4.4 [m/s],
B	Stabilitätsbeiwert [1], nach Römisch (1994),
	= 0,90 für Heckpropeller ohne Zentralruder,
	= 1,25 für Heckpropeller mit Zentralruder,
	= 1,20 für Bugstrahlruder,
g	= 9,81 (Erdbeschleunigung) [m/s²],
Δ'	relative Dichte des Sohlmaterials unter Wasser [1],
	$= (\rho_s - \rho_0)/\rho_0$,
ρ_s, ρ_0	Dichte des Schüttmaterials bzw. des Wassers [t/m³].

Für d_{erf} wird in der Regel der Korndurchmesser d_{50}, manchmal auch der Korndurchmesser d_{75} einer Steingrößenklasse eingesetzt. Der experimentell ermittelte Stabilitätsbeiwert B berücksichtigt die unterschiedliche Turbulenzintensität (erosive Wirkung der Strömung), die sich aus den verschiedenen Anordnungen von Propellern und Rudern ergeben kann.

Bei Sohlgeschwindigkeiten über 3 m/s werden lose Steinschüttungen zunehmend unwirtschaftlich, da die zugeordneten mittleren Durchmesser größer als etwa 0,5 m werden, sodass die Deckschicht unverhältnismäßig dick wird. Für höhere Sohlgeschwindigkeiten sind vergossene Steinschüttungen, Sonderbauweisen mit flexiblen Abdeckungen oder Unterwasserbetonsohlen erforderlich.

Zu 2. Abdecken der Hafensohle mit einer vergossenen (festen) Steinschüttung

Bei den vergossenen Steinschüttungen bzw. Deckwerken wird zwischen Teilverguss und Vollverguss unterschieden. Bei Vollverguss wird das gesamte Hohlraumvolumen der Steinschüttung mit Vergussstoff gefüllt und es entsteht eine

Deckschicht vergleichbar einer unbewehrten Betonsohle. Üblicherweise wird der Verguss so eingebracht, dass die Steinspitzen noch herausragen und zur Energiedissipation der Strömung beitragen. Bei Teilverguss wird nur so viel Vergussmasse in das Steingerüst eingebracht, dass die einzelnen Steine in ihrer Lage fixiert werden, die Steinschüttung jedoch noch eine ausreichende Durchlässigkeit besitzt, um Wasserüberdruck unter der Deckschicht zu verhindern. Weitere Ausführungshinweise enthält E 211 (Abschnitt 12.1).

Durch die Verklammerungswirkung sind teilvergossene Steinschüttungen bis zu einer Sohlgeschwindigkeit von 6 bis 8 m/s stabil, vgl. Römisch (2000). Höhere Strömungsgeschwindigkeiten an der Sohle treten im Allgemeinen infolge Propellerstrahl nicht auf.

Zu 3. Abdecken der Hafensohle mit flexiblen Verbundsystemen

Verbundsysteme sind Systeme, bei denen durch Verkopplung einzelner Grundelemente ein flächiges Schutzsystem entsteht. Wichtiges Grundprinzip ist, dass die Verkopplung flexibel gestaltet wird, um eine gute Anpassung an Randkolke und somit deren Stabilisierung zu erreichen. Nachstehende technische Ausführungen der Verkopplung sind bekannt:

- seil- oder kettenverkoppelte Betonelemente,
- ineinander greifende Betonformsteine,
- bruchsteingefüllte Maschendrahtbehälter (Stein- oder Schottermatratzen oder Gabionen),
- mörtelgefüllte Geotextilmatten,
- Geotextilmatten mit fest verbundenen Betonsteinen,
- Matten aus gewebeverstärkten schweren Kautschukmaterialien,
- sandgefüllte Beutel bzw. Säcke aus geotextilen Vliesen.

Diese Systeme haben bei ausreichender Dimensionierung sehr gute Stabilitätseigenschaften, wobei ein verallgemeinerungsfähiger strömungsmechanischer Bemessungsansatz wegen der individuellen Vielfalt der angebotenen Systeme nur für Sonderfälle vorliegt, vgl. Römisch (1993). Die Dimensionierung erfolgt somit oft nach Erfahrungswerten der Hersteller.

Bei ausreichender Flexibilität der Verkopplung gewährleisten diese Systeme eine selbständige Stabilisierung von Randkolken und verhindern damit rückschreitende Erosion.

Das Maschendrahtgewebe von Drahtschottermatratzen ist allerdings bei guten Stabilitäts- und Schutzeigenschaften für Randkolke anfällig gegenüber Korrosion, Sandschliff und mechanischer Beschädigung. Bei Zerstörung des Maschendrahtgewebes verlieren die Gabionen ihre strömungsmechanische Stabilität. Die Matratzenelemente oder Gabionen müssen miteinander zugfest verbunden sein.

Zu 4. Unterwasserbetonsohle (z. B. in Fährbetten)

Eine Unterwasserbetonsohle, die in ihrer Höhe viel genauer hergestellt werden kann als eine Steinschüttung, bildet für begrenzte Areale (z. B. Fährbetten) einen sehr wirksamen Erosionsschutz. Durch die homogene Struktur des Betons wird die auf die Sohle vom Propeller lokal übertragene Schubkraft auf eine große Fläche verteilt, sodass eine Sohle aus sorgfältig hergestelltem Beton selbst bei sehr hohen Strahlbelastungen stabil bleibt.

Nachteilig ist, dass die starre Betonsohle bei ungleichmäßigen Setzungen reißen und brechen kann. Auch kann die Sohle Randkolke nicht selbstständig stabilisieren, sodass dafür spezielle Lösungen erforderlich sind. In Fährbetten haben sich als Abschluss der Unterwasserbetonsohle Herdwände bewährt. Die Unterwasserbetonsohlen werden – je nach Strömungsbelastung und Einbautechnologie – in Stärken von 0,3 bis 1,0 m eingebaut.

Der Einbau von Unterwasserbeton sollte nur durch eine Fachfirma erfolgen, die entsprechende Erfahrung bei diesen Arbeiten nachweisen kann. Da in der Regel relativ geringe Schichtdicken eingebaut werden, die eine Anwendung des Kontraktorverfahrens nicht erlauben, muss so genannter erosionsfester Unterwasserbeton eingesetzt werden, der sich beim freien Fall durch Wasser nicht entmischt.

Zu 5. Strahllenkende Gestaltung der Uferwand, ggf. zusammen mit einer Sohlbefestigung

Die Rückverlegung der Spundwand gemäß Bild E 83-1 zur Schaffung eines Wasserpolsters zwischen Kaivorderkante und Schiffswand, ggf. in Kombination mit der Anordnung von Strahllenkern, bietet effiziente Möglichkeiten zur Vermeidung bzw. Minimierung der Sohlbelastung. Diese Maßnahmen sind besonders zur Kolkreduzierung bei Strahlerosion infolge des Bug- oder Heckstrahlruders geeignet.

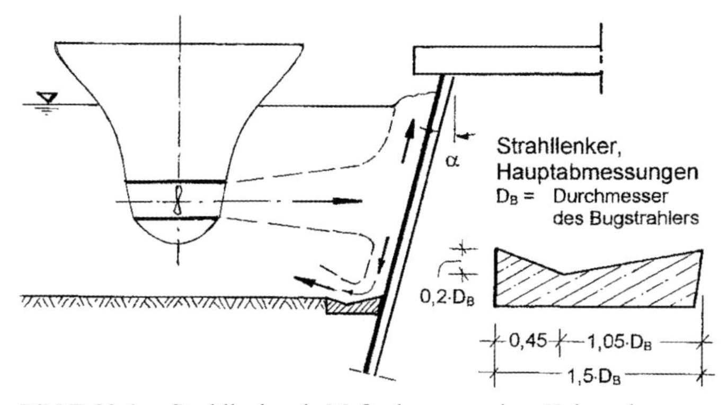

Bild E 83-1. Strahllenkende Maßnahmen an einer Kaiwand zur Kolkreduktion (Römisch 2001), Mindestabmessungen

Bei ausreichenden Maßnahmen zur Strahllenkung, d. h. beispielsweise Neigung der Wand um $\alpha = 10°$ und Anordnung eines Strahllenkers an der Sohle entsprechend Bild E 83-1, wird die Kolkwirkung des Propellerstrahls so gemindert, dass weitere Sicherungsmaßnahmen entbehrlich werden,vgl. Römisch (2001).

12.4.4 Strömungsgeschwindigkeit auf Deckwerke infolge Propellerstrahl

Für die Bemessung loser Steinschüttungen als Deckwerke zum Schutz vor Kolkung durch Propellerstrahl sowie für manche Sonderkonstruktionen ist es erforderlich, die durch den Strahl erzeugte sohlnahe Strömungsgeschwindigkeit anzusetzen. Im Folgenden wird ein Verfahren zur Abschätzung dieser Geschwindigkeit angeboten.

12.4.4.1 Strahlerzeugung durch die Heckschraube

Die vom rotierenden Propeller erzeugte Strahlgeschwindigkeit, die so genannte induzierte Strahlgeschwindigkeit (tritt direkt hinter dem Propeller auf), kann nach Römisch (1994) berechnet werden siehe Bild 83-2:

$$v_0 = 1{,}6 \cdot n \cdot D \cdot \sqrt{k_T}$$

mit:

n Drehzahl des Propellers [l/s],
D Durchmesser des Propellers [m],
k_T Schubbeiwert des Propellers [1], $k_T = 0{,}25 \ldots 0{,}50$.

Durch den Schubbeiwert werden die durch die Schiffskonstruktion vorgegebenen unterschiedlichen Propellerarten, die Anzahl der Propellerblätter und deren Steigung berücksichtigt. Für einen mittleren Wert des Schubbeiwertes erhält man vereinfacht:

$$v_0 = 0,95 \cdot n \cdot D$$

Die Strahlgeschwindigkeit ergibt sich also im Wesentlichen aus dem Produkt der Propellerdrehzahl n mit dem Propellerdurchmesser D. Für die Bemessung von Kolkschutzeinrichtungen an Ufereinfassungen sind die Drehzahlen des Propellers beim An- und Ablegen entscheidend. Nach praktischen Erfahrungen liegt die Propellerdrehzahl bei Hafenmanövern zwischen 30 und 50 % der Nenndrehzahl (Fahrtstufen „ganz langsam voraus“ und „langsam voraus“ nach Bruderreck et al. (2011). Da sich der erforderliche Steindurchmesser loser Steinschüttungen aus dem Quadrat der Drehzahl errechnet siehe Abschnitt 12.4.3, kommt ihrer Abschätzung eine erhebliche Bedeutung zu. Die Angaben in der Literatur hierzu streuen stark.

Die Nenndrehzahl des Propellers und sein Durchmesser sind wesentliche schiffbauliche Konstruktionsmerkmale des Antriebs. Je größer ein Propeller, desto geringer muss seine Drehzahl sein, um Kavitation an den Propellerspitzen zu vermeiden. Tabelle E 83-1 vermittelt einen Eindruck von den gebräuchlichen Dimensionen. Es zeigt sich, dass das Produkt aus Nenndrehzahl und Propellerdurchmesser für einen weiten Variationsbereich der Schiffsgröße und des Schiffstyps relativ konstant ist.

Tabelle E 83-1. Gebräuchliche Dimensionen der Kenngrößen Propellerdurchmesser und Propellernenndrehzahl

Schifftyp	Propeller-durchmesser D [m]	Nenndrehzahl n [min^{-1}]	Umfangs-geschwindigkeit $n \cdot D$ [m/s]
Containerschiff			
800 TEU	5,2	135	11,5
2.500 TEU	7,2	105	12,5
5.000 TEU	8,4	100	14
8.000 TEU	9,2	100	15
Vielzweckfrachter			
5.000 tdw	3,4	200	11
12.000 tdw	5,2	150	13
25.000 tdw	6,1	120	12
Bulkcarrier			
20.000 tdw	4,8	140	11,5
50.000 tdw	6,3	115	12
75.000 tdw	6,8	105	12
180.000 tdw	8,1	82	11
Tanker			
10.000 tdw	4,4	180	13
20.000 tdw	5,2	140	12
44.000 tdw	6,4	115	12
120.000 tdw	7,8	90	11,5
300.000 tdw	9,6	75	12

Im weiteren Verlauf weitet sich der erzeugte Strahl durch turbulente Austausch- und Vermischungsprozesse kegelförmig auf (Bild E 83-2) und verliert mit zunehmender Lauflänge an Geschwindigkeit.

Die in Sohlnähe auftretende maximale Strahlgeschwindigkeit, die in erster Linie für die Kolkbildung verantwortlich ist, kann nach Römisch (1994) folgendermaßen berechnet werden:

$$\frac{\max\ v_{\text{Sohle}}}{v_0} = E \cdot \left(\frac{h_P}{D}\right)^{a}$$

E	= 0,71 für Einschrauber mit Zentralruder, 0,42 für Einschrauber ohne Zentralruder, 0,42 für Zweischrauber mit Mittelruder gültig für $0{,}9 < h_P/D < 3{,}0$, 0,52 für Zweischrauber mit Zweifach-Rudern, den Propellern jeweils nachgeordnet, gültig für $0{,}9 < h_P/D < 3{,}0$,
a	= –1,00 für Einschrauber, –0,28 für Zweischrauber,
h_P	Höhe der Propellerachse über der Sohle [m] (Bild E 83-2),
D	Durchmesser des Propellers [m].

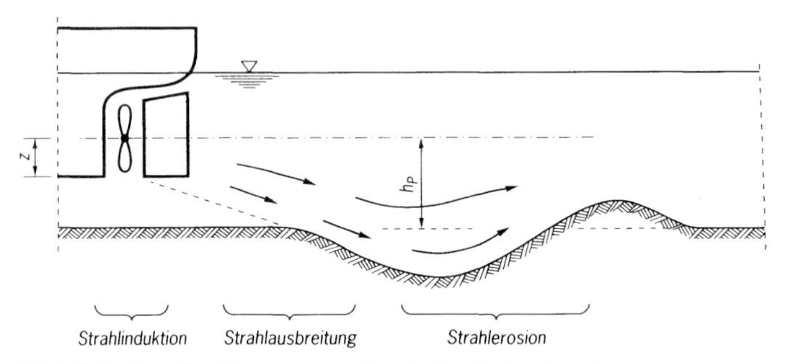

Bild E 83-2. Strahlerzeugung durch die Heckschraube

12.4.4.2 Strahlerzeugung durch das Bugstrahlruder

Das Bugstrahlruder besteht aus einem quer zur Schiffslängsachse angeordneten Propeller, der in einem Rohr arbeitet. Es dient zum Ausführen von Manövern aus dem Stand und ist deshalb im Bereich des Bugs – seltener am Heck – installiert. Beim Einsatz des Bugstrahlruders in Kainähe trifft der erzeugte Strahl direkt auf die Kaiwand und wird dort allseitig umgelenkt. Kritisch für die Uferwand ist der zur Sohle gerichtete Strahlanteil, der beim Auftreffen auf die Sohle unmittelbar im Wandbereich Kolke hervorrufen kann (Bild E 83-3).

Die Strahlgeschwindigkeit $v_{0,B}$ am Bugstrahlruderaustritt kann nach Römisch (1994) berechnet werden:

$$v_{0,B} = 1{,}04 \cdot \left[\frac{P_B}{\rho_0 \cdot D_B^2}\right]^{1/3}$$

mit:

P_B	Leistung des Bugstrahlruders [kW],
D_B	Innendurchmesser der Bugstrahlruderöffnung [m],
ρ_0	Dichte des Wassers [t/m³].

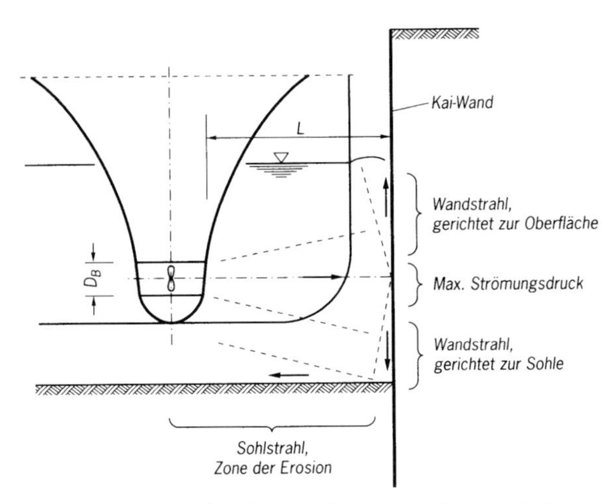

Bild E 83-3. Strahlbelastung der Hafensohle durch das Bugstrahlruder

Bei Bugstrahlrudern großer Containerschiffe (P_B = 2.500 kW und D_B = 3,00 m) ist mit Strahlgeschwindigkeiten von 6,5 bis 7,0 m/s zu rechnen.

Der für die Erosion der Sohle verantwortliche Anteil der Strahlgeschwindigkeit max v_{Sohle} berechnet sich zu:

$$\frac{\max\ v_{\text{Sohle}}}{v_{0,\text{B}}} = 2{,}0 \cdot \left(\frac{L}{D_\text{B}}\right)^{-1{,}0}$$

L Abstand zwischen Bugstrahlruderöffnung und Kaiwand [m], (Bild E 83-3).

Das Bug- bzw. Heckstrahlruder wird normalerweise mit voller Leistung betrieben.

12.4.5 Abmessungen von Sohlbefestigungen

Die Abmessungen der Sohlbefestigung sollten unter strömungsmechanischen Aspekten so gewählt werden, dass in ihrem Randbereich die Strahlgeschwindigkeiten soweit abgebaut sind, dass keine Gefahr einer Unterspülung der Befestigung durch Randkolke besteht. Diese Forderung kann allerdings zu sehr großen Abmessungen der Befestigung führen und ist daher mit erheblichen Kosten verbunden.

Aus wirtschaftlichen Überlegungen und unter Beachtung des Grundsatzes, dass nicht die Sohle, sondern das Bauwerk (Kaiwand o. Ä.) zu schützen ist, werden die Abmessungen der Sohlbefestigung so gewählt, dass zumindest die intensiven Strömungsbelastungen abgefangen werden. Außerdem sind die Mindestabmessungen der Befestigung so zu wählen, dass der Bereich des statisch wirksamen Erdwiderstandskeils am Fußpunkt der Kaiwand gegen Randkolke geschützt ist.

Als erste Näherung für die Mindestabmessungen werden die Werte gemäß Bild E 83-4 empfohlen. Dabei ist zu beachten, dass bei Einhaltung dieser Abmessungen des Kolkschutzes an dessen Rändern noch rd. 70 bis 80 % der maximalen Sohlgeschwindigkeit vorhanden sind. Bei erosionsanfälligen Böden an der Hafensohle ist die Befestigung mit einer geeigneten Randsicherung abzuschließen, die sich flexibel einem Randkolk anpassen kann und diesen so stabilisiert.

Die empfohlenen Mindestabmessungen der Sohlbefestigung sind für Einschrauber:

– normal zum Kai:

$L_{N} \quad = (3 \text{ bis } 4 \cdot D) + \Delta RS,$

– längs zum Kai:

$L_{L,H,1} = (6 \text{ bis } 8 \cdot D) + \Delta RS,$
$L_{L,H,2} = 3 \cdot D + \Delta RS,$
$L_{L,B} = (3 \text{ bis } 4 \cdot D_{B}) + \Delta RS,$

mit:

D Propellerdurchmesser,
ΔRS Zuschlag für die Randsicherung, ca. 3 bis 5 m.

Für Zweischrauber sind die vorgenannten Abmessungen zu verdoppeln.

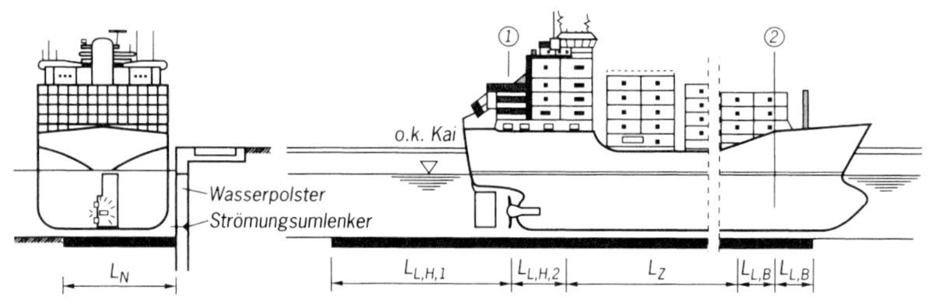

Bild E 83-4. Abmessungen der Befestigungsflächen vor einem Kai

Die Gesamtausdehnung der Befestigung längs zum Kai hängt von der erwarteten Variation der Liegeplatzpositionen ab. Für Liegeplätze mit genau definierten Schiffspositionen kann die Zwischenlänge L_Z unbefestigt belassen bleiben.

Für stark frequentierte Liegeplätze, z. B. Fähranleger, und bei besonders setzungsempfindlichen Kaikonstruktionen, sollte über die o. g. Empfehlung (Mindestabmessungen) hinausgehend die Ausdehnung der Befestigung durch Analyse der Reichweite des Propellerstrahls genauer untersucht werden.

12.5 Kolksicherung an Pfeilern und Dalben

Kolksicherungen an Pfeilern und Dalben sind vom Grundsatz her aufgebaut wie Uferdeckwerke (Abschnitt 12.1). Die Deckschicht muss den maximal auftretenden Beanspruchungen standhalten, eine Filterschicht gewährleistet die langfristige Stabilität des Kolkschutzes (Verhinderung von Erosion des anstehenden Bodens durch die Hohlräume des Deckwerks). Der Einbau von Kolksicherungen wird erschwert durch Strömungen und Wellenschlag. Daher werden Elemente benötigt, die die erforderliche Filterfähigkeit mit einem ausreichenden Gewicht verbinden, um der hydraulischen Belastung standzuhalten. Dazu eignen sich geosynthetische Container.

Geosynthetische Container können auch in solchen Fällen zu einer Filterschicht verlegt werden, in denen mineralische oder geotextile Filter nicht mehr sicher eingebaut werden können, weil die Strömungsgeschwindigkeiten zu hoch sind. Bei passender Wahl von Größe und Füllung können Geokunststoff-Container sogar bei hohen Fließgeschwindigkeiten verlegt werden. Untersuchungen in einer hydraulischen Versuchsrinne ergaben bei einer Schwelle aus gestapelten Geocontainern (3 Lagen bis zu einer Höhe von 1,8 m) eine Standfestigkeit bis zu Fließgeschwindigkeiten senkrecht zur Schwelle von maximal ca. 4 m/s und im Durchschnitt von 1,5 bis 2 m/s (Pilarczyk und Zeidler 1996). Bei in der Fläche verlegten Containern ist auch bei wesentlich höheren Geschwindigkeiten eine ausreichende Lagesicherheit zu erwarten.

Um eine einwandfreie Filterlage zu gewährleisten, dürfen zwischen den Elementen keine Lücken entstehen, sodass in der Regel zwei Lagen Container eingebaut werden. Außerdem sollte die Füllung 80 % des theoretischen Volumens nicht übersteigen, da sich prall gefüllte Geocontainer nicht an den Boden, an Bauwerke oder an die umliegenden Geocontainer anpassen. Bei geringeren Füllgraden kann das Geotextil von der Strömung in schwingende Bewegungen gesetzt werden (Flapping), wodurch der Hüllstoff Ermüdungsversagen erleiden kann.

Aufgrund ihrer hohen Dehnfähigkeit ist bei geotextilen Containern mit einer Umhüllung aus Vliesstoff die Gefahr einer mechanischen Beschädigung während des Einbaus sehr gering. Durch das große Verformungsvermögen des Vliesstoffs kann der Container hohe Stoßlasten beim Auftreffen auf dem Boden oder beim Beschütten mit Wasserbausteinen aufnehmen. Für eine ausreichende Robustheit während der Installation und des Betriebs werden ein Flächengewicht des Vliesstoffs von mindestens 500 g/m^2 und eine Mindestzugfestigkeit von 25 kN/m empfohlen. Weil der Reibungswinkel des Vliesstoffs größer ist als der von Geweben, können mit geotextilen Containern aus Vliesstoff auch relativ steile Böschungen bedeckt werden.

Üblicherweise wird eine Deckschicht aus Wasserbausteinen (lose oder teilvergossen) über der Filterschicht aus geotextilen Containern eingebaut. Die Container können aber auch als dauerhafte Deckschicht zum Einsatz kommen. Die Lebensdauer der geotextilen Container ist über Wasser aufgrund der UV-Strahlung ohne Zusatzausrüstungen begrenzt. Unter Wasser spielt die UV Strahlung eine untergeordnete Rolle, sodass die Container z. B. zum dauerhaften Kolkschutz an Brückenpfeilern und Dalben eingesetzt werden können. Dabei ist ein ausreichender Widerstand gegen Abrieb erforderlich, der z. B. durch entsprechende Prüfungen nach RPG (1994) nachgewiesen werden kann.

12.6 Einbau mineralischer Sohldichtungen unter Wasser und ihr Anschluss an Ufereinfassungen (E 204)

12.6.1 Begriff

Eine mineralische Unterwasserdichtung besteht aus natürlichem, feinkörnigem Boden, der so zusammengesetzt bzw. aufbereitet ist, dass er entweder ohne zusätzliche Stoffe zur Erzielung der Dichtungswirkung eine sehr geringe Durchlässigkeit besitzt oder durch geeignete Additive die gewünschten Eigenschaften erhält (Dichtungen aus vollvergossenen Schüttsteindeckwerken werden in Abschnitt 12.1.3 behandelt).

12.6.2 Einbau im Trockenen

Mineralische Dichtungen, die im Trockenen eingebaut werden, werden in DVWK (1990) ausführlich behandelt. Geosynthetische Tondichtungsbahnen werden in EAG-GTD (2002) und EAO (2002) behandelt.

12.6.3 Einbau im Nassen

12.6.3.1 Allgemeines

Bei Vertiefungen oder Erweiterungen von gedichteten Hafenbecken oder Wasserstraßen ist es häufig erforderlich, Sohldichtungen unter Wasser, gegebenenfalls auch unter laufendem Schiffsverkehr, einzubauen. Dabei ist es nicht zu vermeiden, dass die Sohle bereichsweise vorübergehend nicht gedichtet ist. Die daraus folgenden Auswirkungen hinsichtlich der anzusetzenden Wasserstände und für die Qualität des Grundwassers sind in der Ausführungsplanung zu berücksichtigen. An das Dichtungsmaterial sind, abhängig vom Einbauverfahren, besondere Anforderungen zu stellen.

12.6.3.2 Anforderungen

Unter Wasser eingebaute mineralische Dichtungsstoffe können nicht oder nur begrenzt mechanisch verdichtet werden. Sie müssen daher homogen aufbereitet und in einer solchen Konsistenz eingebaut werden, dass eine gleichmäßige Dichtungswirkung von vornherein gewährleistet ist, das eingebrachte Material sich Unebenheiten des Planums anpasst ohne zu reißen, den Erosionskräften aus der Schifffahrt auch während des Einbaus standhält und in der Lage ist, die Dichtheit der Anschlüsse an den Ufereinfassungen zu gewährleisten, auch wenn Verformungen dieser Bauwerke auftreten.

Wenn die Dichtungen auf Böschungen hergestellt werden sollen, muss die Einbaufestigkeit groß genug sein, um die Standsicherheit auf der Böschung zu gewährleisten.

Für den Einbau von mineralischen Dichtungen muss ein ausreichender Widerstand nachgewiesen werden:

- gegen die Gefahr des Zerfalls des frisch eingebrachten Dichtungsmaterials unter Wasser,
- gegen Erosion aus der Rückströmung des den Baustellenbedingungen angepassten Schiffsverkehrs,
- gegen das Durchbrechen der Dichtung in Form von dünnen Röhren bei grobkörnigem Untergrund (Piping),
- gegen Abgleiten auf bis 1 : 3 geneigten Böschungen und
- gegen die Beanspruchungen beim Beschütten der Dichtung mit Filtern und Wasserbausteinen.

Dichtungen aus natürlichen Erdstoffen ohne Zusatzmittel erfüllen im Allgemeinen diese Anforderungen, wenn das Dichtungsmaterial folgende Bedingungen erfüllt (geotextile Tondichtungsbahnen sind gesondert zu betrachten):

- Sandanteil ($d \geq 0{,}063$ mm) <20 %,
- Tonanteil ($d \leq 0{,}002$ mm) >30 %,

- Durchlässigkeit $k \leq 10^{-9}$ m/s,
- undränierte Scherfestigkeit 15 kN/m$^2 \leq c_u \leq$ 25 kN/m^2,
- Dicke (bei 4 m Wassertiefe) $d \geq 0{,}20$ m.

Bei mit bestimmten Additiven und einem Zementanteil aufbereiteten Mischungen, die nach dem Einbau eine Verfestigung erfahren, darf die Flexibilität der Dichtung im Endzustand nicht beeinträchtigt werden, was durch Versuche nachzuweisen ist, z. B. nach Henne (1989).

Beim Einbau von mineralischen Dichtungen in größeren Wassertiefen, auf kiesigem Boden, bei großen Porenweiten des Untergrundes oder bei steileren als 1 : 3 geneigten Böschungen sowie bei der Bemessung des Dichtungsmaterials hinsichtlich Selbstheilung bei Spaltenbildung und Dichtungswirkung von Stumpfstößen, sind besondere Untersuchungen erforderlich (Schulz, 1987a, 1987b).

Hinsichtlich der Eignungs- und Überwachungsprüfungen siehe ZTV-W 210 (2006).

Für die heute nur einlagigen weichen mineralischen Dichtungen stehen mehrere, z. T. patentrechtlich geschützte Verfahren zur Verfügung (EAO, 2002). Bei allen Verfahren empfiehlt es sich, das Verlegegerät auf Stelzen zu positionieren.

12.6.4 Anschlüsse

Der Anschluss von mineralischen Sohldichtungen an Bauwerke erfolgt im Allgemeinen durch einen Stumpfstoß, wobei der Dichtungsstoff in der Regel mit geeigneten, der Form der Fuge (z. B. dem Spundwandprofil) angepassten Geräten angepresst wird. Zuvor wird eine dem Fugenverlauf entsprechende Menge Dichtungsstoff mittels geeigneter Geräte eingebracht. Da die Dichtungswirkung über die Kontaktnormalspannung zwischen Dichtungsstoff und Fuge (Schulz, 1987a, 1987b) zustande kommt, ist der Anpressvorgang sehr sorgfältig vorzunehmen.

Die Kontaktlänge zwischen einer mineralischen Dichtung und einer Spundwand oder einem Bauteil soll bei einer undränierten Scherfestigkeit des Dichtungsmaterials unter c_u = 25 kN/m^2 mindestens 0,5 m, bei höherer Festigkeit mindestens 0,8 m betragen. Die Scherfestigkeit einer mineralischen Dichtung soll im Anschlussbereich an Wände c_u = 50 kN/m^2 nicht übersteigen. Der Anschluss einer geosynthetischen Dichtungsbahn erfolgt mittels eines Dichtungskeils aus geeignetem Dichtungsmaterial mit einer Kontaktlänge zur Dichtungsbahn von mindestens 0,8 m.

12.7 Hochwasserschutzwände in Seehäfen (E 165)

12.7.1 Allgemeines

Hochwasserschutzwände haben die Aufgabe, das dahinter liegende Gelände vor Überflutung zu schützen. Sie benötigen gegenüber Deichen wesentlich weniger Platz und werden daher oft im Bereich von Häfen angewendet. Die besonderen Anforderungen an derartige Wände werden in den folgenden Abschnitten erläutert.

12.7.2 Maßgebende Wasserstände

12.7.2.1 Maßgebende Wasserstände für Hochwasser

12.7.2.1.1 Außenwasserstand und Sollhöhe

Die Sollhöhe einer Hochwasserschutzwand ergibt sich aus dem maßgebenden Ruhewasserspiegel (Bemessungswasserstand entsprechend dem höchsten erwarteten Sturmflutwasserstand, HHThw) zuzüglich Freibordzuschlägen für örtliche Seegangseinflüsse (Wellen, Abschnitt 5.7) und ggf. Windstau.

Wegen des größeren Wellenauflaufs an Wänden wird die Krone von Hochwasserschutzwänden höher als bei Deichen gelegt, es sei denn, dass ein kurzzeitiges Überlaufen der Wände in Kauf genommen werden kann. Dafür muss sichergestellt sein, dass überlaufendes Wasser hinter der Wand keinen Kolk hervorruft und schadlos abgeführt werden kann (Abschnitt 12.7.7.1).

Für die zulässige Wellenüberschlagsrate werden in der EAK (2002), Tabelle A 4.2.3 folgende Werte empfohlen:

$q_T < 0{,}5$ l/sm bei ebenem Gelände mit ruhendem Verkehr,
$q_T < 5$ bis 10 l/sm bei befestigten, aber leeren Flächen.

Im Bereich von Hafenanlagen ist hier abhängig vom Schadenspotenzial ggf. ein abweichender Wert anzusetzen.

Durch Überlaufabweiser an der Wandoberkante kann der Wellenüberlauf wirksam reduziert werden (Hamburg, 2007).

12.7.2.1.2 Binnenwasserstand

Der Binnenwasserstand (Grundwasser) ist allgemein auf Höhe der Geländeoberkante unmittelbar hinter der Wand anzusetzen (Bild E 165-1).

Der Standsicherheitsnachweis für den Hochwasserfall kann entsprechend (E 18) in der Bemessungssituation BS-T geführt werden, wobei eine mittlere Wellenhöhe zu berücksichtigen ist. Wird der maximale Wellendruck oder eine Sonderbeanspruchung gemäß Abschnitt 12.7.5 berücksichtigt, kann der Nachweis in BS-A erfolgen. Für extrem seltene Lastkombinationen darf der Extremfall angewandt werden.

12.7.2.2 Maßgebender Wasserstand für Niedrigwasser

12.7.2.2.1 Außenwasserstand

Als Regelniedrigwasser ist in BS-P das mittlere Tideniedrigwasser (MTnw) zu berücksichtigen.

Außergewöhnlich niedrige Außenwasserstände, die nur einmal im Jahr auftreten, sind der BS-T zuzuordnen.

Das niedrigste jemals gemessene Niedrigwasser (NNTnw) bzw. ein in Zukunft noch zu erwartender niedrigster Außenwasserstand ist in BS-A einzustufen.

12.7.2.2.2 Binnenwasserstände

Im Allgemeinen ist der Binnenwasserstand auf GOK Gelände anzusetzen, sofern nicht ein niedrigerer Wasserstand durch genauere strömungstechnische Untersuchungen nachgewiesen oder durch bauliche Maßnahmen, beispielsweise Dränagen, dauerhaft sichergestellt wird. Bei Ausfall der Dränage muss jedoch noch eine Sicherheit ≥1,0 (Extremfall) vorhanden sein. Im Einzelfall kann der maßgebende Binnenwasserstand – bei genauer Kenntnis der örtlichen Gegebenheiten – auch anhand der Beobachtung von Grundwasserpegeln bestimmt werden.

12.7.2.2.3 Ablaufendes Hochwasser

Bei ablaufendem Hochwasser können Wasserspiegeldifferenzen auftreten, die der Situation bei Niedrigwasser entsprechen (Überdruck von der Landseite), jedoch zu einer höheren Belastung der Wand führen, wie z. B. bei einem Wasserstand über Gelände auf der Binnenseite.

12.7.3 Wasserüberdruck und Bodenwichte

Der Verlauf der Wasserüberdruckkoordinaten kann mithilfe eines Potentialströmungsnetzes nach E 113, Abschnitt 4.7 oder in Anlehnung an E 114, Abschnitt 2.12 ermittelt werden. Die Veränderung der wirksamen Wichte durch das fließende Grundwasser kann nach E 114, Abschnitt 2.12 berücksichtigt werden.

Tritt infolge der Wanddurchbiegung zwischen der Wand und einer wenig durchlässigen Schicht ein Spalt auf, wird diese Schicht als voll durchlässig betrachtet.

Weitere Angaben zur Berechnung umströmter Wände finden sich in E 113 (Abschnitt 4.7).

12.7.4 Mindesteinbindetiefe der HWS-Wand

Die Mindesteinbindetiefe der HWS-Wand ergibt sich aus der statischen Berechnung und dem erforderlichen Nachweis der Geländebruchsicherheit. Dabei ist die Wichteverminderung infolge der lotrechten Durchströmung des Bodens im Erdwiderstandsbereich von unten nach oben zu berücksichtigen (siehe auch E 114, Abschnitt 2.12). Außerdem ist das Baugrund- sowie das Ausführungsrisiko in Bezug auf mögliche Undichtigkeiten (Schlossschäden) zu berücksichtigen, wobei

- schon eine Fehlstelle in der HWS-Wand zum Versagen des ganzen Bauwerks führen kann,
- eine Eignungsprüfung für den Bemessungslastfall Hochwasser nicht möglich ist und
- der Rammtiefenzuschlag unter Berücksichtigung einer eventuell ungünstig wirkenden Böschung gemäß E 56, Abschnitt 8.2.9 zu ermitteln ist.

Daher sollte im Hochwasserlastfall der Strömungsweg im Boden folgende Werte nicht unterschreiten:

- bei homogenen Böden mit relativ durchlässigem Bodenaufbau und bei Spaltbildung infolge Wanddurchbiegung das 4-Fache der Differenz zwischen dem Bemessungswasserstand und der landseitigen Geländeoberkante (unabhängig vom tatsächlichen Binnenwasserstand),
- bei geschichtetem Boden mit Durchlässigkeitsunterschieden von mehr als 2 Zehnerpotenzen das 3-Fache der Differenz zwischen dem Bemessungswasserstand und der landseitigen Geländeoberkante (unabhängig vom tatsächlichen Binnenwasserstand). Dabei dürfen horizontale Sickerwege, die z. B. durch Setzungen unterhalb einer Überbauplatte entstehen können, nicht angerechnet werden.

12.7.5 Sonderbeanspruchung einer HWS-Wand

Abgesehen von den üblichen Nutzlasten sind Lasten aus Stoß von treibenden Gegenständen (auch Boote) bei Hochwasser und aus dem Anprall von Landfahrzeugen mit mindestens 30 kN zu berücksichtigen (Bild E 165-1). Die Wirkungslinie der Last ist sinnvoll festzulegen.

Bei gefährdeter Lage mit ungünstigen Strömungs- und Windverhältnissen beziehungsweise guter Zugänglichkeit ist die Anpralllast jedoch wesentlich größer

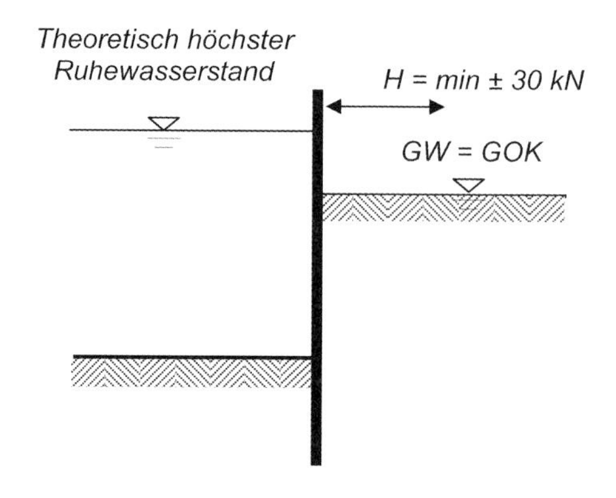

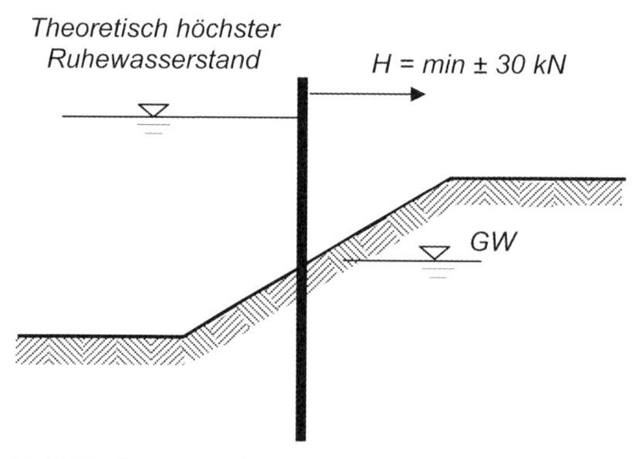

Bild E 165-1. Maßgebende Wasserstände bei Hochwasser

anzusetzen. Eine Verteilung der Lasten durch geeignete konstruktive Maßnahmen ist zulässig, wenn dadurch die Funktionsfähigkeit der HWS-Wand nicht beeinträchtigt wird.

Zu den Sonderbeanspruchungen gehört außerdem der Eisdruck. Für Sonderbeanspruchungen darf der Standsicherheitsnachweis nach Bemessungssituation BS-A geführt werden.

12.7.6 Hinweise zur Berechnung von HWS-Wänden in Böschungen

Für die Bemessung von HWS-Wänden in oder in der Nähe von Böschungen sind im Allgemeinen die Niedrigwasserstände im Außenwasser maßgebend.

Mit der Erhöhung der Lasten aus binnenseitigem Wasserüberdruck und erhöhten Wichten auch aus Strömungsdruck geht außen eine Verminderung des Erdwiderstands einher. Die veränderten Wasserstände führen häufig auch zu einer Verminderung der Sicherheit gegen Geländebruch. Deshalb wird empfohlen, bei der Berechnung der Sickerströmung den horizontalen Sickerweg nur zur Hälfte anzusetzen.

Bei geschichteten Böden (bindige Zwischenschichten), die nicht durch ausreichend lange Spundbohlen vernadelt sind, ist neben dem üblichen Nachweis des Böschungsbruchs auch die Standsicherheit des Bodenkeils vor der HWS-Wand (Muschelbruch, Gleitsicherheit) nachzuweisen.

Die Außenböschung ist durch Packlagen oder gleichwertige Maßnahmen gegen Auskolkung zu schützen. Die Sicherheit gegen Gelände- bzw. Böschungsbruch ist nach DIN 4084 mindestens für die Bemessungssituation BS-T nachzuweisen. Regelmäßige Kontrollen dieser Böschungen sind zu veranlassen.

12.7.7 Konstruktive Maßnahmen

12.7.7.1 Flächensicherung auf der Landseite der HWS-Wand

Zur Vermeidung von landseitigen Auskolkungen, die im Hochwasserfall durch überschlagendes Wasser hervorgerufen werden können, ist eine Flächensicherung vorzusehen. Ihre Breite sollte mindestens der freien landseitigen Wandhöhe entsprechen.

12.7.7.2 Verteidigungsstraße

Die Anordnung einer HWS-Verteidigungsstraße mit Asphalt-Fahrbahn nahe an der HWS-Wand wird empfohlen. Sie sollte mindestens 2,50 m breit sein und kann gleichzeitig der Flächensicherung nach Abschnitt 12.7.7.1 dienen.

12.7.7.3 Entspannungsfilter

Unmittelbar an der HWS-Wand sollte landseitig ein etwa 0,3 bis 0,5 m breiter Entspannungsfilter angeordnet werden, damit sich unter der Verteidigungsstraße kein größerer Sohlenwasserdruck aufbauen kann.

Bei Spundwandbauwerken genügt es, die landseitigen Täler mit entsprechendem Filtermaterial (z. B. Metallhüttenschlacke 35/55) aufzufüllen.

12.7.7.4 Dichtheit der Spundwand

Der über Gelände stehende Bereich der Spundwand erhält im Allgemeinen eine künstliche Schlossdichtung nach E 117, Abschnitt 8.1.21.

12.7.8 Leitungen im Bereich von HWS-Wänden

12.7.8.1 Allgemeines

Leitungen im Bereich von HWS-Wänden können aus mehreren Gründen Schwachstellen darstellen. Hierzu seien vor allem erwähnt:

- undichte Flüssigkeitsleitungen vermindern durch Ausspülungen den sonst vorhandenen Sickerweg im Boden,
- Aufgrabungen zum Auswechseln schadhafter Leitungen vermindern die stützende Wirkung des Erdwiderstands und verkürzen ebenfalls den Sickerweg,
- außer Betrieb genommene Leitungen können unkontrollierte Hohlräume hinterlassen. Sie sind daher möglichst rückzubauen, mindestens aber zu verfüllen.

Leitungsarbeiten in der sturmflutgefährdeten Jahreszeit sind nach Möglichkeit zu vermeiden. Wo dies nicht möglich ist, muss der Bauablauf mögliche Hochwassersituationen berücksichtigen.

12.7.8.2 Leitungen parallel zu einer HWS-Wand

Leitungen parallel zu einer HWS-Wand sollen in einem hinreichend breiten Schutzstreifen beiderseits der HWS-Wand (>15 m) nicht angeordnet werden. Vorhandene Leitungen sollten verlegt oder außer Betrieb genommen werden. Dabei entstehende oder verbleibende Hohlräume müssen sicher verfüllt werden.

Im Schutzstreifen verbleibenden Leitungen ist besondere Aufmerksamkeit zu widmen. Leitungen, die Flüssigkeiten führen, müssen beim Eintritt in den und beim Austritt aus dem Schutzstreifen durch geeignete Absperrvorrichtungen verschließbar gemacht werden.

12.7.8.3 Leitungskreuzungen mit einer HWS-Wand

Leitungsführungen durch eine HWS-Wand sind potentielle Schwachstellen und daher möglichst zu vermeiden. Daher sollen

- die Leitungen möglichst über die HWS-Wand geführt werden, insbesondere Hochdruck- oder Hochspannungsleitungen,
- Einzelleitungen im Erdreich außerhalb des Schutzstreifens zusammengefasst und als Gesamtleitung oder Leitungsbündel durch den Schutzstreifen und die HWS-Wand geführt werden und
- Leitungskreuzungen möglichst rechtwinklig zur Wand angelegt werden.

Dem unterschiedlichen Setzungsverhalten von Leitungen und HWS-Wand ist durch konstruktive Maßnahmen Rechnung zu tragen (flexible Durchführungen, Rohrgelenke). Starre Durchführungen sind nicht zulässig.

Die Ausbildung von Leitungskreuzungen hängt von der Art der Leitung ab und ist entsprechenden Regelwerken zu entnehmen.

12.8 Geschüttete Molen und Wellenbrecher (E 137)

12.8.1 Allgemeines

Molen unterscheiden sich von Wellenbrechern vor allem durch eine andere Art der Nutzung. Erstere sind befahr- oder mindestens begehbar. Ihre Krone liegt daher im Allgemeinen höher als die eines Wellenbrechers, welcher auch unter dem Ruhewasserspiegel enden kann. Auch haben Wellenbrecher nicht immer einen Landanschluss.

Bei einer Ausführung von Molen und Wellenbrechern in geschütteter Bauweise sind neben einer sorgfältigen Ermittlung der Wind- und Wellenverhältnisse, der Strömungen und eines eventuellen Sandtriebs zutreffende Aufschlüsse des Baugrunds unerlässlich. Der Einfachheit halber wird in den weiteren Ausführungen nur noch von geschütteten Wellenbrechern gesprochen werden.

Lage und Querschnitt von großen geschütteten Wellenbrechern werden nicht nur von ihrem Zweck, sondern auch durch die bauliche Ausführbarkeit bestimmt.

12.8.2 Standsicherheitsnachweise, Setzungen und Sackungen sowie bauliche Hinweise

Locker gelagerte nichtbindige Böden in der Aufstandsfläche müssen vorab verdichtet werden, gering tragfähige Böden sind auszutauschen.

Infrage kommt auch die Verdrängung weicher bindiger Schichten durch bewusste Überschreitung der Tragfähigkeit, sodass die Schüttung in den Untergrund eindringt oder die Sprengung unter der Schüttung, wobei der Boden verdrängt wird. Bei beiden Verfahren ist aber mit größeren Setzungsunterschieden des fertigen Bauwerks zu rechnen, weil die so erreichte Verdrängung nie gleichmäßig ist.

Schlickschichten werden durch eine Schüttung vor Kopf verdrängt, die entstehende Schlickwalze ist abzubaggern, weil sie sonst in die Schüttung eingetragen werden könnte und deren Eigenschaften nachhaltig negativ beeinflusst.

Für geschüttete Wellenbrecher sind die Grund- und Geländebruchsicherheit nachzuweisen. Dabei wird die Wellenwirkung mit dem charakteristischen Wert der Bemessungswelle erfasst. In Erdbebenzonen ist zusätzlich die Gefahr der Bodenverflüssigung zu bewerten.

Die Summe von Setzungen aus Schüttungsauflast, Sackungen unter Welleneinwirkung und Eindringung der Schüttung in den Untergrund bzw. von Boden in die Schüttung kann mehrere Meter betragen und muss bei der Festlegung der Höhe durch ein überhöhtes Profil kompensiert werden.

Geschüttete Wellenbrecher sind durchlässig und werden daher durchströmt. Bei nicht homogenem Aufbau ist die Filtersicherheit der angrenzenden Schichten zu gewährleisten.

12.8.3 Festlegung der Bauwerksgeometrie

Die wesentlichen Eingangsparameter für die Festlegung des Wellenbrecherquerschnitts sind:

- Bemessungswasserstände,
- signifikante Wellenhöhen, Wellenperioden und die Angriffsrichtung der Wellen,
- Baugrundverhältnisse,
- verfügbare Baumaterialien.

Die Kronenhöhe wird so festgelegt, dass auch nach Abklingen der Setzungen ein Überschlagen der Wellen auf ein Minimum reduziert wird.

Es wird vorgeschlagen, die Kronenhöhe bei Wellenbrechern auf etwa folgende Höhe festzulegen:

$$R_c = 1{,}2 H_S + s$$

Es bedeuten:

R_c Freibordhöhe (Kronenhöhe über Ruhewasserspiegel) [m],
H_S signifikante Wellenhöhe $H_{1/3}$ des Bemessungsseeganges [m],
s Summe aus erwarteter Endsetzung, Sackung und Eindringung [m].

Bei $R_c < H_S$ ist ein beträchtlicher Wellenüberlauf hinzunehmen.

Bei $R_c = 1{,}5 \cdot H_S$ ist der Wellenüberlauf fast ausgeschlossen.

Der Überlauf q kann nach Van der Meer und Janssen (1994) oder Owen (1980) berechnet werden.

Die Steingröße der Deckschicht wird aus erprobten Erfahrungsgleichungen, z. B. nach Hudson, errechnet. Das Verfahren von Hudson ist im nächsten Abschnitt beschrieben.

Häufig reicht die Blockgröße, die wirtschaftlich aus Steinbrüchen gewonnen werden kann, für die Deckschicht nicht aus. Dann kann auf Betonformsteine, z. B. auf die in Tabelle E 137-1 erwähnten und auf Bild E 137-1 dargestellten gebräuchlichen Formsteine, zurückgegriffen werden.

Anhaltswerte für die seeseitige Böschung enthält Tabelle E 137-1.

Bild E 137-1. Beispiele für gebräuchliche Formsteine

Die Mindestkronenbreite ergibt sich aus

$$B_{\mathrm{min}} = (3 \text{ bis } 4)\, D_{\mathrm{m}}$$

$$D_{\mathrm{m}} = \sqrt[3]{\frac{W}{\rho_{\mathrm{s}}}} \qquad D_{\mathrm{m}} = \sqrt[3]{\frac{W_{50}}{\rho_{\mathrm{s}}}}$$

mit:

B_{min} Mindestbreite der Krone des Wellenbrechers [m],
D_{m} mittlerer Durchmesser des Einzelsteins oder Blocks der Deckschicht [m],
W, W_{50}, ρ_{s} nach Abschnitt 12.8.4.

Tabelle E 137-1. Empfohlene K_D-Werte für die Bemessung der Deckschicht bei einer zugelassenen Zerstörung bis zu 5 % und nur geringfügigem Wellenüberlauf (Auszug teilweise aus SPM (1984)

Art der Deckschicht-elemente (Beispiele)	Anzahl der Lagen	Art der Anordnung	Wellenbrecherflanke K_D[1]		Wellenbrecherkopf K_D		
			brechende Wellen[5]	nicht brechende Wellen[5]	brechende Wellen	nicht brechende Wellen	Neigung
glatte, abgerundete Natursteine	2 3	zufällig zufällig	1,2 1,6	2,4 3,2	1,1 1,4	1,9 2,3	1 : 1,5 bis 1 : 3 1 : 1,5 bis 1 : 3
scharfkantige Bruchsteine	2	zufällig	2,0	4,0	1,9 1,6 1,3	3,2 2,8 2,3	1 : 1,5 1 : 2 1 : 3
	3	zufällig	2,2	4,5	2,1	4,2	1 : 1,5 bis 1 : 3
	2	speziell gesetzt[2]	5,8	7,0	5,3	6,4	1 : 1,5 bis 1 : 3
Tetrapode	2	zufällig	7,0	8,0	5,0 4,5 3,5	6,0 5,5 4,0	1 : 1,5 1 : 2 1 : 3
Antifer Block	2	zufällig	8,0	–	–	–	1 : 2
Accropode	1		12,0	15,0	9,5	11,5	bis 1 : 1,33
Coreloc	1		16,0	16,0	13,0	13,0	bis 1 : 1,33
Tribar	2	zufällig	9,0	10,0	8,3 7,8 6,0	9,0 8,5 6,5	1 : 1,5 1 : 2 1 : 3
Tribar	1	gleichmäßig gesetzt	12,0	15,0	7,5	9,5	1 : 1,5 bis 1 : 3
Dolos	2	zufällig	15,8[3]	31,8[3]	8,0 7,0	16,0 14,0	1 : 2[4] 1 : 3
Xbloc	1	zufällig	16	16	13	13	bis 1 : 1.33

[1] Für Neigungen von 1 : 1,5 bis 1 : 5.
[2] Längsachse der Steine senkrecht zur Oberfläche.
[3] K_D-Werte nur für Neigung 1 : 2 experimentell bestätigt. Bei höheren Anforderungen (Zerstörung <2 %) sind die K_D-Werte zu halbieren.
[4] Steilere Neigungen als 1 : 2 werden nicht empfohlen.
[5] Brechende Wellen treten zunehmend auf, wenn die Ruhewassertiefe vor dem Wellenbrecher die Wellenhöhe unterschreitet.

Da feinkörniges Material in den überwiegenden Fällen erheblich billiger ist als das grobe Deckschichtmaterial, zeigen die meisten Wellenbrecher den klassischen Aufbau gemäß Bild E 137-2 aus

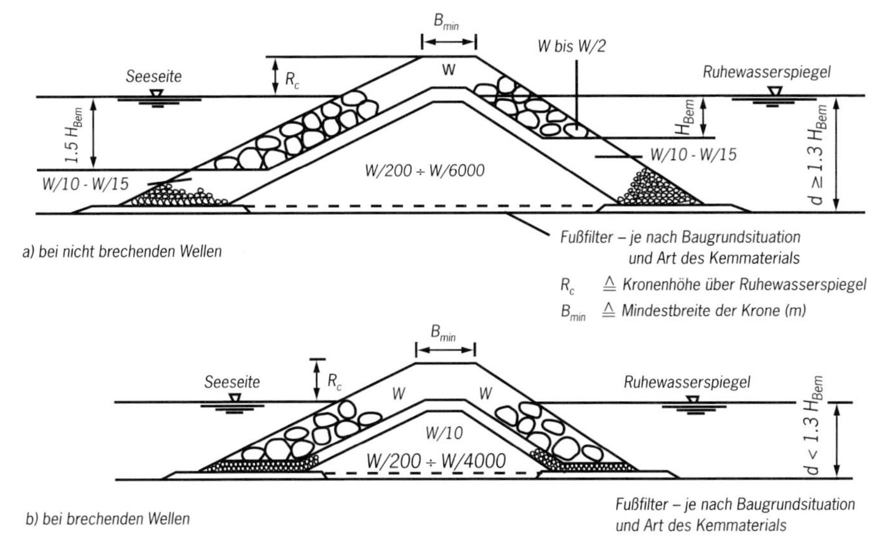

Bild E 137-2. Filterförmiger Wellenbrecheraufbau in drei Abstufungen

- Kern,
- Filterschicht und
- Deckschicht.

Es ist aber auch z. B. bei weiten Transportwegen möglich, dass der Preisunterschied zwischen Kern- und Deckschichtmaterial verschwindet. Dann kann man, besonders bei einem Einbau mit Seegerät, den Wellenbrecher aus einheitlichen Blockgrößen aufbauen.

Besonders bei grobkörnigen Kernen ist auf einen Fußfilter Wert zu legen.

Um auf der Krone von Molen fahren zu können, werden die Kronensteine häufig durch ein Kronenbauwerk aus Beton überdeckt.

Kronenmauern auf geschütteten Wellenbrechern werden für die Abweisung von Überschlags- und Spritzwasser und für die Zugänglichkeit von Molen sehr häufig angewendet. Sie bilden einen Fremdkörper, an dem die erheblichen Setzungen und Setzungsunterschiede sichtbar werden. Verkantungen und Risse in den Kronenmauern treten daher regelmäßig auf.

12.8.4 Bemessung der Deckschicht

Die Standsicherheit der Deckschicht hängt bei gegebenen Wellenverhältnissen von der Größe, der Masse und der Form der Konstruktionselemente sowie von der Neigung der Deckschicht ab.

In langjährigen Versuchsreihen hat Hudson die nachfolgende Gleichung für die erforderliche Blockmasse entwickelt (SPM, 1984; PIANC, 1992; Brunn, 1980). Sie hat sich in der Praxis bewährt und lautet:

$$W = \frac{\rho_s \cdot H_{Bem,d}^3}{K_D \cdot \left(\frac{\rho_s}{\rho_w} - 1\right)^3 \cdot \cot \alpha}$$

Darin bedeuten:

W Blockmasse [t],
ρ_s Dichte des Blockmaterials [t/m^3],
ρ_w Dichte des Wassers [t/m^3],
$H_{Bem,d}$ Höhe des mit dem Teilsicherheitsbeiwert multiplizierten charakteristischen Werts der „Bemessungswelle" [m],
α Böschungswinkel der Deckschicht [°],
K_D Form- und Standsicherheitsbeiwert [l].

Die vorgenannte Gleichung gilt für eine aus Steinen mit etwa einheitlicher Masse aufgebaute Deckschicht. Die gebräuchlichsten Form- und Standsicherheitsbeiwerte K_D von Bruch- und Formsteinen für geneigte Wellenbrecher-Deckschichten nach SPM (1984) sind in der Tabelle E 137-1 zusammengefasst. Bild E 137-1 zeigt Beispiele für gebräuchliche Formsteine.

Bei der Wahl der Art der Deckschichtelemente ist bei möglichen Setzungs- oder Sackungsbewegungen nach Abschnitt 12.8.2 zu beachten, dass abhängig von der Elementform zusätzliche Zug-, Biege-, Schub- und Torsionsbeanspruchungen auftreten können. Wegen der hohen schlagartigen Beanspruchung sollten bei größeren Dolossen die K_D-Werte halbiert werden.

Für die Bemessung einer aus abgestuften Natursteingrößen bestehenden Deckschicht wird nach SPM (1984) für Bemessungswellenhöhen bis zu rd. 1,5 m folgende abgeänderte Gleichung empfohlen:

$$W_{50} = \frac{\rho_s \cdot H_{Bem,d}^3}{K_{RR} \cdot \left(\frac{\rho_s}{\rho_w} - 1\right)^3 \cdot \cot \alpha}$$

Darin bedeuten:

W_{50} Masse eines Steins mittlerer Größe [t],
K_{RR} Form- und Standsicherheitsbeiwert [1],
= 2,2 für brechende Wellen,
= 2,5 für nichtbrechende Wellen.

Die Masse der größten Steine soll dabei 3,5 · W_{50} und die der kleinsten mindestens 0,22 · W_{50} betragen. Wegen der komplexen Vorgänge sollten nach SPM (1984) im Fall eines schrägen Wellenangriffs auf das Bauwerk die Blockmassen im Allgemeinen nicht abgemindert werden.

Im Übrigen wird nach PIANC (1992) für alle Wellenhöhen empfohlen, in der Hudson-Gleichung den charakteristischen Wert der „Bemessungswelle" mindestens mit $H_{\mathrm{Bem}} = H_{\mathrm{s}}$ anzusetzen, wobei dieser Wert in der Regel mithilfe der Extremwertstatistik auf einen längeren Zeitraum (z. B. 100-jährliche Wiederkehr) extrapoliert ist. Für die Extrapolation müssen ausreichende Wellenmessdaten zur Verfügung stehen, siehe dazu auch E 136, Abschnitt 5.6.

Die Bedeutung der Bemessungswelle für das Bauwerk ist daran zu erkennen, dass die erforderliche Masse der Einzelblöcke W proportional mit der dritten Potenz der Wellenhöhe ansteigt.

Wirtschaftliche Überlegungen können dazu führen, bei der Planung eines geschütteten Wellenbrechers von den Kriterien für eine weitestgehende Zerstörungsfreiheit der Deckschicht abzuweichen, wenn eine extreme Belastung durch Seegang sehr selten auftritt oder im Landanschlussbereich, wenn seeseitig alsbald Verlandungen in einem solchen Umfang eintreten, dass die Deckschicht nicht mehr nötig ist. Der sparsamere Weg sollte dann gegangen werden, wenn die kapitalisierten Instandsetzungskosten und die zu erwartenden Kosten für das Beseitigen eintretender sonstiger Schäden im Hafenbereich niedriger sind als der erhöhte Kapitalaufwand bei einer Auslegung der Blockgewichte für eine selten eintretende, besonders hoch festgelegte Bemessungswelle. Dabei sind aber auch die generellen Instandsetzungsmöglichkeiten am Ort mit der zu erwartenden Ausführungsdauer jeweils besonders zu berücksichtigen.

Weitere Berechnungsansätze finden sich in PIANC (1973, 1976) und PIANC (1992). Über den Einfluss der Größe, Einbaudicke und Trockenrohdichte der verwendeten Wasserbausteine auf die Stabilität einer gebundenen Deckschicht gegenüber Strömungs- und Wellenbelastungen enthält Abromeit (1997) grundlegende Ausführungen und Vorschläge zur Ermittlung technisch gleichwertiger Deckschichten.

Im Bericht der PIANC-Arbeitsgruppe 12 des ständigen Technischen Komitees II für den Küsten- und Seebereich und PIANC (1992) wird zur Ermittlung der Deckschichten von geschütteten Wellenbrechern neben der Hudson-Formel insbesondere die Van-der-Meer-Formel behandelt.

Diese Gleichungen berücksichtigen die Brecherform der Wellen (Sturzbrecher und Reflexionsbrecher), die nach der Irribarren-Zahl aus der Höhe und der Periode der Welle errechnet wird. Sie berücksichtigen aber auch die Sturmdauer, den Zerstörungsgrad und die Porosität des Wellenbrechers. Die Formeln wurden aus Modellversuchen mit Wellen abgeleitet, die in der Verteilung von Wellenhöhe und Wellenlänge einem natürlichen Wellenspektrum entsprechen. Hudson (1958, 1959) dagegen verwandte bei seinen Versuchen nur regelmäßige (reguläre) Wellen. Die Berechnungsmethode nach van der Meer setzt die Kenntnis vieler Detailbeziehungen voraus, wie PIANC (1992) entnommen werden kann. Die Ergebnisse von Berechnungen der Deckschichtgrößen nach Hudson und van der Meer unterscheiden sich in Grenzfällen erheblich.

Es wird daher empfohlen, bei großen Molen- oder Wellenbrecherbauten in hydraulischen Modellversuchen in einem anerkannten Hydraulischen Institut den gewählten Querschnitt als Ganzes zu untersuchen. Damit kann auch die Wirkung der Kronenmauer auf die Gesamtstabilität des Wellenbrechers beurteilt werden.

12.8.5 Aufbau der Wellenbrecher

In der Praxis haben sich nach den Empfehlungen von SPM (1984) Wellenbrecher in 3-Schichten-Abstufungen nach Bild E 137-2 bewährt.

Darin sind:

W Masse der Einzelblöcke [t],
H_{Bem} Höhe der „Bemessungswelle" [m].

Eine einlagige Schicht aus Bruchsteinen sollte nicht angewendet werden.

Ganz allgemein wird empfohlen, die Böschung an der Seeseite nicht steiler als 1 : 1,5 auszubilden.

Besondere Sorgfalt ist der Stützung der Deckschicht zu widmen, vor allem, wenn diese auf der Seeseite nicht bis zum Böschungsfuß hinabgeführt wird. Nach den Erfordernissen der Standsicherheit der Böschung ist eine ausreichende Berme vorzusehen (Bild E 137-3).

Auch gegenüber dem Untergrund sind die Filtergesetze einzuhalten. Das kann vor allem unter den großstückigen Außenschichten an den Fußpunkten häufig

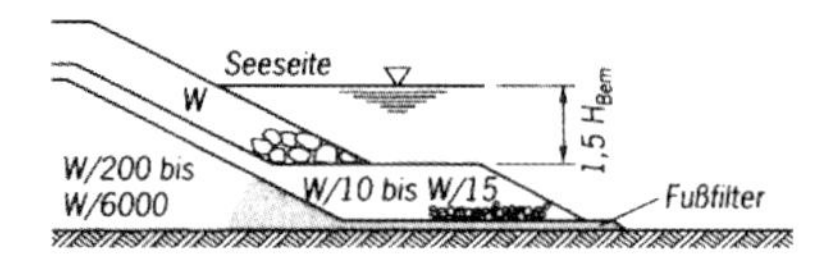

Bild E 137-3. Seeseitige Fußsicherung eines Wellenbrechers

zweckmäßig durch eine besondere Filterschicht (Kornfilter, Geotextil, Sandmatte, geotextile filterfähige Container) erreicht werden, weil diese eine höhere Verlegesicherheit haben.

12.8.6 Bauausführung und Geräteeinsatz

12.8.6.1 Allgemeines

Der Bau von geschütteten Molen und Wellenbrechern erfordert oft den Einbau großer Materialmengen in verhältnismäßig kurzer Zeit unter schwierigen örtlichen Bedingungen aus Witterung, Tide, Seegang und Strömung. Die gegenseitige Abhängigkeit der einzelnen Arbeitsgänge unter solchen Baubedingungen erfordert eine besonders sorgfältige Planung von Bauablauf und Geräteeinsatz.

Der entwerfende Ingenieur und der ausführende Unternehmer sollten sich über die während der Bauzeit zu erwartenden Wellenhöhen genau unterrichten. Dazu benötigen sie Angaben über den vorherrschenden Seegang während des Bauvorganges, nicht nur über sehr seltene Wellenereignisse. Die Dauer der z. B. in einem Jahr auftretenden Wellenhöhe H_s und H_{max} kann nach Bild E 137-4 abgeschätzt werden. Eine zuverlässige Beschreibung des Wellenklimas durch eine Wellenhöhendauerlinie setzt lange Beobachtungszeiträume voraus.

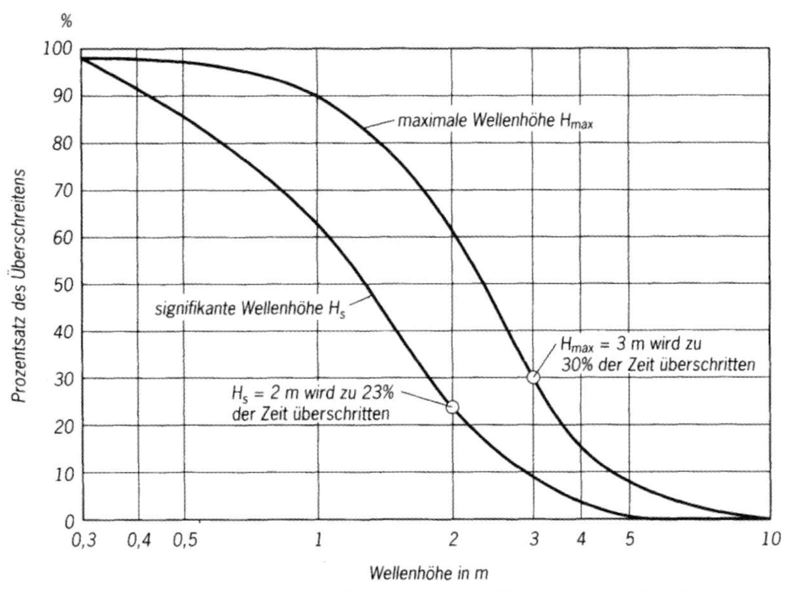

Bild E 137-4. Wellenhöhendauerlinie. Dauer des Überschreitens bestimmter, in einem Jahr auftretender Wellenhöhen, z. B. $H_s = 2$ m; $H_{max} = 3$ m

Der Entwurf eines Wellenbrechers muss eine Ausführung ermöglichen, die auch bei plötzlichem Auftreten von Stürmen größere Schäden vermeidet, z. B. durch Schichtaufbau mit wenigen Abstufungen.

Bei der Festlegung der Leistungsfähigkeit der Baustelle bzw. bei der Wahl der Gerätegrößen müssen realistische Ansätze für den möglichen Arbeitsausfall durch Schlechtwetter berücksichtigt werden.

Die Schüttarbeiten werden je nach örtlicher Bauaufgabe

1. mit schwimmenden Geräten,
2. mit Landgeräten im Vorbauverfahren,
3. mit festen Gerüsten, Hubinseln und dergleichen,
4. mit Seilbahnen,
5. in Kombination aus 1. bis 4. durchgeführt.

An besonders exponierten Stellen mit gravierendem Einfluss von Wind, Tide, Seegang und Strömung werden bevorzugt Bauverfahren mit festen Gerüsten, Hubinseln und dergleichen eingesetzt. Dieses gilt in verstärktem Maße, wenn auf oder in der Nähe der Baustelle kein Schutzhafen vorhanden ist.

12.8.6.2 Bereitstellung von Schütt- und sonstigem Einbaumaterial

Die Bereitstellung von Schütt- und Einbaumaterial erfordert eine umsichtige Planung je nach den Gewinnungs- und Transportmöglichkeiten. Die Beschaffung des Grobmaterials ist häufig das dominierende Problem.

12.8.6.3 Einbau des Materials mit schwimmenden Geräten

Für den Einbau mit schwimmenden Geräten muss der Querschnitt des Wellenbrechers auf die Geräte abgestimmt werden. Klappschuten benötigen stets genügend Wassertiefe. Deckschuten erlauben ein seitliches Abschieben auch bei geringeren Wassertiefen. Bei den heutigen computergesteuerten Ortungsverfahren können auch mit schwimmendem Gerät Genauigkeiten erzielt werden, die in früheren Zeiten nur Landgeräte erreichten.

12.8.6.4 Einbau des Schüttmaterials mit Landgeräten

Die Arbeitsebene der Landgeräte sollte in der Regel oberhalb der Einwirkung von normalem Seegang und Brandung liegen. Die Mindestbreite dieser Arbeitsebene ist auf die Bedürfnisse der zum Einsatz kommenden Baugeräte abzustimmen.

Beim Einbau mit Landgeräten erfolgt beim Vor-Kopf-Schütten der Antransport mit Hinterkippern. Diese Bauweise erfordert deshalb im Allgemeinen einen aus dem Wasser ragenden Kern mit einer überbreiten Krone. Der als Fahrbahn dienende Kern muss vor Aufbringen der Deckschichten häufig in einer bestimmten

Schichtdicke wieder abgetragen werden, damit eine ausreichende Verzahnung und die hydraulische Homogenität wiederhergestellt werden.

Bei geringer Breite der Arbeitsebene ist ein Portalkran als Einbaugerät häufig von Vorteil, da Material für vorlaufende Arbeiten unter ihm hindurch transportiert werden kann.

Schüttsteine, die zum Einbau durch den Kran bestimmt sind, werden meist in Stein-Skips auf Plattformanhängern, LKW mit besonderer Ladefläche oder auf Tiefladern herangefahren.

Bei geringer Fahrbahnbreite werden Anhänger eingesetzt, die ohne zu wenden zurückgefahren werden können. Große Steine und Betonfertigteile werden mit Mehrschalengreifern oder Spezialzangen versetzt.

Elektronische Anzeigegeräte im Führerhaus des Einbaukrans erleichtern den profilgerechten Einbau auch unter Wasser.

Besonders wenn „vor Kopf" gearbeitet wird, sollten Kernschüttung und -abdeckung mit nur geringer Längenentwicklung rasch aufeinander folgen, um ein Fortspülen ungeschützten Kernmaterials zu vermeiden, mindestens aber gering zu halten. Weiteres kann CIRIA/CUR (1991) entnommen werden.

12.8.6.5 Einbau des Materials mit festen Gerüsten, Hubinseln und dergleichen

Der Einbau von einem festen Gerüst, einer Hubinsel und dergleichen aus, aber auch mit einer Seilbahn kommt vor allem für die Überbrückung einer Zone mit ständig starker Brandung in Betracht.

Beim Einsatz einer Hubinsel hängt der Einbaufortschritt im Allgemeinen von der Leistungsfähigkeit des Einbaukrans ab. Hierfür sollte daher ein Gerät eingesetzt werden, das bei der erforderlichen Reichweite auch große Tragfähigkeit aufweist.

Der Entwurf sollte klarstellen, welche Querschnittsteile des Wellenbrechers bei sehr ruhiger See einzubauen sind und welche noch bei einem bestimmten Wellengang eingebracht werden dürfen. Dies gilt sowohl für das Kernmaterial als auch für die Betonfertigteile der Deckschicht. Betonfertigteile können beim Absetzen bereits bei geringer Dünung durch ihre großen Massen unter Wasser Stoßbewegungen erleiden, die zu Rissen und zum Bruch führen können.

12.8.7 Setzungen und Sackungen

Gleichmäßige und geringe Setzungen von geschütteten Wellenbrechern werden durch Überhöhen berücksichtigt. Erst nach dem Abklingen der Setzungen, das immer durch Setzungspegel zu kontrollieren ist, sollte der Kronenbeton in nicht zu langen Baublöcken eingebaut werden.

Werden große Setzungsunterschiede erwartet, sollte auf Kronenmauern verzichtet werden, weil deren Setzungen später zu einer optisch unbefriedigenden Gesamterscheinung des Wellenbrechers führen, ohne dass die Funktion oder die Standsicherheit gefährdet wären.

12.8.8 Abrechnung der eingebauten Mengen

Da das Setzungs- und Sackungsverhalten solcher Bauwerke nur schwer vorausgesagt werden kann, empfiehlt es sich, für die Abrechnung nach Zeichnung hinsichtlich der Formgebung der Mole und der Einbauschichten von vornherein gut einhaltbare Toleranzen (±) zur Kompensation des Setzungs- und ggf. Eindringvolumens und in Abhängigkeit vom gewählten technischen Verfahren festzulegen.

Ferner sollte die Ausschreibung definitiv festlegen, ob nach eingebauten Mengen oder Aufmaß abgerechnet wird. Bei Abrechnung nach eingebauten Mengen sind Setzungspegel mit auszuschreiben.

Wenn der Untergrund aufgrund der Baugrunduntersuchungen besondere Schwierigkeiten bei der Abrechnung der eingebauten Mengen erwarten lässt, empfiehlt sich, sofern keine andere speziell auf diese Untergrundverhältnisse abgestimmte Lösung möglich ist, die Abrechnung auf Gewichtsgrundlage (CIRIA/CUR, 1991). Das Aufmaßverfahren (höchste Punkte einer Steinschicht oder Verwendung einer Kugel/Halbkugel am Fuß einer Messlatte) ist anzugeben.

13 Dalben (E 218)

13.1 Grundlagen

13.1.1 Zweck und Ausführungsformen von Dalben

Dalben dienen dem sicheren Anlegen und Vertäuen von Schiffen. Auch als Schutz- oder Führungsdalben werden sie eingesetzt.

Anlegedalben müssen die Einwirkungen aus dem Anlegevorgang aufnehmen, Vertäudalben sind für die Einwirkungen Trossenzug, Wind- und Strömungsdruck zu bemessen. Anlegedalben dienen in der Regel gleichzeitig als Vertäudalben. Schutzdalben sind Opferbauwerke und werden konstruktiv nach Erfordernis ausgebildet. Sie sind nicht Bestandteil dieser Empfehlung.

Dalben werden als Einzelpfahl, Pfahlreihe oder Pfahlgruppe (Bündeldalben) ausgeführt (Bild E 218-1). Zur Verringerung der Kontaktkräfte zwischen Schiff und Dalben können sie mit Fendern ausgestattet werden.

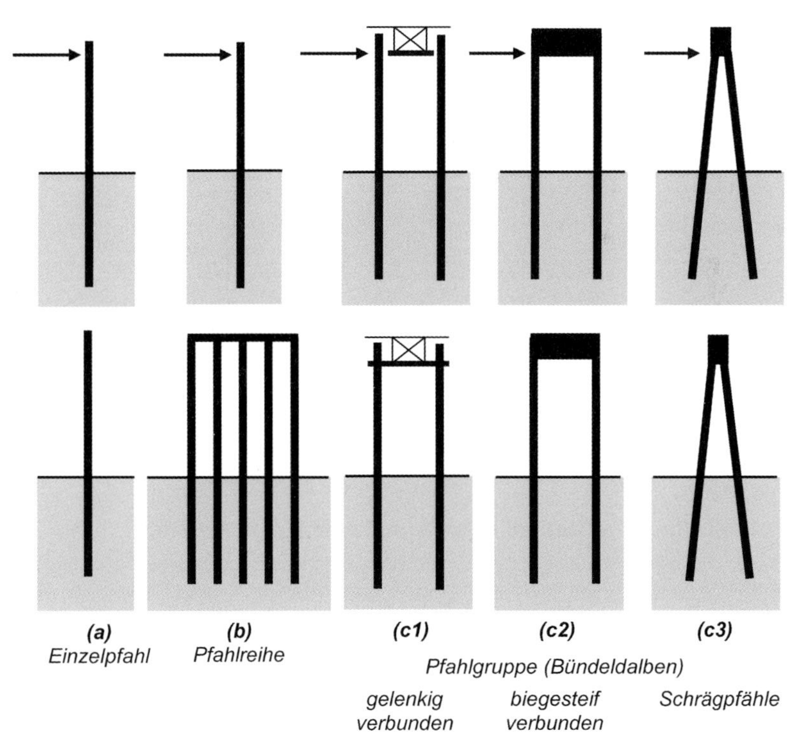

Bild E 218-1. Dalbenbauarten, jeweils Seitenansicht (oben) und Vorderansicht (unten)

Empfehlungen des Arbeitsausschusses „Ufereinfassungen" – EA „Ufereinfassungen", 11. Auflage.
Herausgegeben vom Arbeitsausschuss „Ufereinfassungen" der Hafentechnischen Gesellschaft e.V. und der Deutschen Gesellschaft für Geotechnik e.V.

13.1.2 Systemsteifigkeit

Hinsichtlich der Bemessung ist zwischen starren und flexiblen Dalben zu unterscheiden. Starre Dalben nehmen die abzutragenden Einwirkungen ohne nennenswerte Verformungen auf, während flexible Dalben unter Lasteinwirkung größere Verformungen aufweisen.

Eine wesentliche Größe für die Bemessung von Dalben ist somit deren Steifigkeit. Diese ergibt sich aus dem Zusammenwirken des Pfahls (bzw. der Pfahlgruppe), des Fenders (falls vorhanden) sowie des Bodens. Die resultierende Gesamtsteifigkeit kann daher stark nichtlinear sein. Bild E 218-2 zeigt das Berechnungsmodell für einen Dalben sowie typische Kraft-Weg-Kurven der einzelnen Komponenten und des Gesamtsystems.

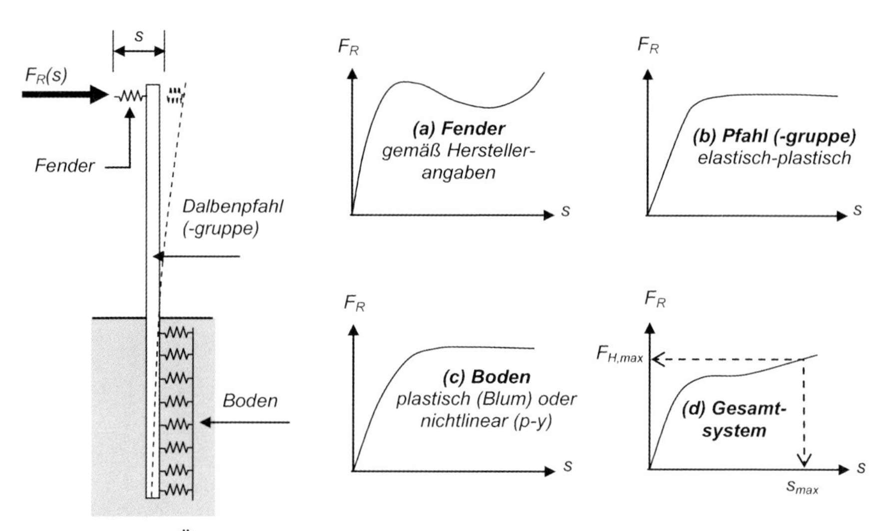

Bild E 218-2. Überblick über das statische System eines Dalbens mit Fender und typische Kraft-Weg-Beziehungen der einzelnen Komponenten (a bis c) sowie des Gesamtsystems (d)

13.1.3 Belastung von Dalben und Grundlagen der Bemessung

Vertäudalben werden durch Trossenzug und Anlehnkräfte belastet, diese werden wiederum maßgeblich durch Wind- und Wellenlasten beeinflusst. Diese Lasten können für die Bemessung als statisch wirkend angesetzt werden.

Anlegedalben werden hingegen durch die Kräfte belastet, die sich aus dem Anlegevorgang von Schiffen ergeben. Die Bemessung erfolgt allerdings nicht durch die Vorgabe einer Lasteinwirkung, sondern einer aufzunehmenden Anlegeenergie des Schiffes. Diese entspricht dem Intergral über das Kraft-Weg-Diagramm der Dalbenverformung (Bild E 218-2). Die Größe der resultierenden horizontalen Reaktionskraft (F_R) wird maßgeblich durch die Systemsteifigkeit bestimmt. Eine größere Steifigkeit führt zu kleineren Verformungen und größeren Kräften, bei einer geringeren Steifigkeit ist es umgekehrt. Eine eindeutige Lösung dieser Bemessungsaufgabe gibt es nicht. Es ist die Aufgabe des Ingenieurs, einen für die jeweilige Situation optimalen Kompromiss zu erreichen, wobei die Anlegekraft durch die zulässige Pressung für die anlegenden Schiffe begrenzt wird (Abschnitt 13.2.3.1) und die Dalbenverformung rd. 1,5 m nicht überschreiten sollte (Abschnitt 13.2.3.2).

Insbesondere Anlegedalben werden als flexible Dalben ausgeführt, da es beim Anlegen darauf ankommt, die Reaktionskraft aus dem Anlegevorgang zu begrenzen, um das anlegende Schiff nicht zu beschädigen. Unabhängig davon müssen Anlegedalben die kinetische Energie des anlegenden Schiffes ganz oder teilweise aufnehmen. Die vom verformten Dalben aufgenommene Energie wird als Arbeitsvermögen bezeichnet und beträgt nach Bild E 218-2 (d):

$$A = \int_0^{s_{max}} F_R(s) \cdot ds$$

mit:

A Arbeitsvermögen bzw. innere Arbeit des Dalbens [kNm],
$F_R(s)$ horizontale Reaktionskraft (Anlegekraft) zwischen Schiff und Dalben als Funktion der Auslenkung s in Höhe des Kraftangriffs [kN],
s_{max} maximale Auslenkung des Dalbens in Höhe des Kraftangriffs [m].

Für ein lineares Kraft-Verformungs-Verhalten vereinfacht sich diese Gleichung zu:

$$A = \frac{1}{2} \cdot F_{R,max} \cdot s_{max}$$

mit:

$F_{R,max}$ horizontale Reaktionskraft (charakteristische Anlegekraft) bei der Auslenkung s_{max} [kN].

Die horizontale Reaktionskraft wird auf den Dalbenpfahl übertragen und von diesem über die Bettung in den Boden weitergeleitet. Bei Schrägpfählen oder Pfahlgruppen mit biegesteifer Verbindung (Bild E 218-1 c2 und c3) entstehen zudem Normalkräfte, die sehr groß werden können, wenn der Pfahlabstand im Vergleich zur Höhe des Kraftangriffs klein ist.

Die Größe der horizontalen Bodenpressungen aus den zu übertragenden Kräften ist verformungsabhängig und kann bis zum Versagen des Bodens gesteigert werden. Die horizontalen Bodenpressungen können mit verschiedenen Modellvorstellungen berechnet werden (Abschnitt 13.2.1).

13.1.4 Einwirkungen

13.1.4.1 Lasten aus Anlegemanövern

Die vom Dalben aufzunehmende Energie aus dem Anlegemanöver kann unter Beachtung der Empfehlung E 60, Abschnitt 6.15 ermittelt werden. Der Dämpfungsbeiwert des Uferbauwerks ist dabei zu $C_C = 1{,}0$ zu setzen (offene Bauweise).

Die Höhe der Krafteinleitung aus dem Schiffsstoß in den Dalben ergibt sich aus der Konstruktion, den Schiffsabmessungen und den Wasserständen. Je nach Bemessungsaufgabe (Kraft, Durchbiegung, Spannungen) kann eine andere Höhe maßgebend werden.

Die beim Anlegemanöver entstehende Anlagekraft wird maßgeblich durch die Steifigkeit des Dalbens bestimmt (Abschnitt 13.2.1). Zur genauen Ermittlung muss auch die Nachgiebigkeit des Schiffskörpers berücksichtigt werden. Diese kann näherungsweise durch Reduzierung der kinetischen Energie des Schiffes berücksichtigt werden (Beiwert C_S, Abschnitt 6.15.4.2).

Da die Steifigkeit des Systems nur für charakteristische Einwirkungen und Widerstände zutreffend erfasst werden kann, werden Anlegedalben mit charakteristischen Werten bemessen. Die dabei anzusetzenden Teilsicherheitsbeiwerte sind in Tabelle E 218-1 aufgelistet.

Tabelle E 218-1. Teilsicherheitsbeiwerte für den Nachweis der Grenztragfähigkeit von Dalben

	Einwirkungen	Widerstände	
		Boden	Stahl
	γ_Q	$\gamma_{R,e}$	γ_M
Lasten aus Anlegemanövern	1,00	1,00	1,00
Vertäukräfte (Trossenzug) und Anlehnkräfte	1,20	1,15	1,10
Kräfte aus Wellen, Wind und Strömung	1,20	1,15	1,10
Eislasten (siehe auch Abschnitt 5.16.1)	1,00	1,10	1,10

13.1.4.2 Vertäu- und Anlehnkräfte

Auf an Dalben festgemachte Schiffe wirken Wind-, Strömungs- und Wellenkräfte, diese sind vom Dalben aufzunehmen. Je nach Standort des Dalbens in Bezug zum Schiff ergeben sich dabei Zugkräfte (Vertäukräfte) oder Druckkräfte (Anlehnkräfte). Die Zugkräfte können bis zu 45° nach oben gerichtet sein.

Windkräfte auf Schiffe können nach E 153, Abschnitt 5.11 bestimmt werden. Empfehlungen zum Ansatz von Strömungskräften enthält die Richtlinie für Festmacheeinrichtungen (DNV, 2010).

Vertäu- und Anlehnkräfte auf Dalben in geschützten Hafenbereichen, d. h. ohne wesentliche Einwirkungen aus Wellen (Seegang und Dünung), können mithilfe der Angaben in E 12, Abschnitt 5.12 und E 102, Abschnitt 5.13 ermittelt werden.

An ungeschützten Liegeplätzen können die Wellenlasten auf Schiffe maßgebend werden. In solchen Fällen können die Bemessungslasten für den Dalben mithilfe einer zeitabhängigen Simulationsberechnung der seegangsinduzierten Schiffsbewegungen ermittelt werden. Die Auswirkungen auf die Dauerfestigkeit sind zu berücksichtigen (Abschnitt 13.2.3.3).

Für Anleger, welche ungeschützt neben Schifffahrtsstraßen liegen, sind auch mögliche Zusatzlasten aus der vorbeifahrenden Schifffahrt zu berücksichtigen. Seelig und Flory haben für die Ermittlung dieser Lasten Bemessungsansätze aufgestellt (Naval Facilities Engineering Service Center, 2005).

Die resultierenden Vertäu- und Anlehnkräfte auf die einzelnen Dalben ergeben sich aus den maßgeblichen Kräfte- und Momentengleichgewichten. Die Vertäukräfte sind dabei durch die Tragfähigkeit der bordeigenen Vertäueinrichtungen (Seile und Winden) begrenzt. Bei 60 % der Seiltragfähigkeit geben die Winden in der Regel nach. Diese Last muss von den Vertäudalben aufgenommen werden können.

$$F_Z = 0{,}6 \cdot n \cdot F_{\text{Leine}}$$

mit:

F_Z maßgebliche Zugkraft auf den Poller [kN],
n Anzahl der gleichzeitig am Dalben in gleicher Richtung ziehenden Leinen [-],
F_{Leine} Zugfestigkeit der Leinen des maßgeblichen Schiffs [kN].

13.1.4.3 Sonstige Einwirkungen

Liegt kein Schiff am Dalben, wirken Strömungs- und Wellenkräfte direkt auf den Dalbenpfahl oder den Dalbenkopf. Diese können nach E 159, Abschnitt 5.10 ermittelt werden. Auch wenn diese Einwirkungen in der Regel kleiner sind als die Einwirkungen aus Anlegemanövern bzw. den Vertäu- und Anlehnkräften festgemachter Schiffe, können sie sich in Ausnahmefällen wegen ihrer periodischen Wiederholung auf die Dauerfestigkeit des Dalbens auswirken.

Eislasten auf Dalben können nach E 205, Abschnitt 5.16 abgeschätzt werden, wobei auch vertikale Lasten aus anhaftendem Eis in der Bemessung zu berücksichtigen sind. Besondere Aufmerksamkeit ist den Eislasten zu widmen, wenn an den Dalben Pontons dauerhaft festgemacht sind. In diesem Fall wirkt die Eislast über den Ponton auf den Dalben und kann damit deutlich größer sein als eine nur auf den Dalben wirkende Eislast.

Vertäudalben nehmen auch vertikale Lasten auf, die z. B. durch Wellen, Tide, Be- und Entladung über Reibung zwischen Schiff und Dalben übertragen werden. Diese Kräfte können sowohl für die Bemessung der Dalben wie auch für die Beanspruchung des Schiffsrumpfs maßgeblich sein.

13.1.5 Sicherheitskonzept

Dalben werden grundsätzlich elastisch bemessen, siehe hierzu auch Abschnitt 13.2.3. Für den Nachweis der Grenztragfähigkeit von Dalben werden die Teilsicherheitsbeiwerte gemäß Tabelle E 218-1 empfohlen. Die Nachweise der Gebrauchstauglichkeit werden mit den charakteristischen Einwirkungen und Widerständen geführt.

13.2 Bemessung der Dalben

13.2.1 Boden-Bauwerk-Interaktion und daraus resultierende Bemessungsgrößen

13.2.1.1 Überblick

Die Bemessungsgrößen für Dalben ergeben sich aus der verformungsabhängigen Interaktion zwischen Boden und Dalben. Unbelastet wirkt auf den Dalben Erdruhedruck, die Belastung ist rotationssymmetrisch, hebt sich also für den Dalben auf. Mit der Belastung durch festgemachte oder anlegende Schiffe wird der Dalben gegen den Boden verschoben, dabei wird die Bettungsspannung in Lastrichtung über den Erdruhedruck hinaus bis zum Erreichen einer Grenzspannung gesteigert, auf der gegenüber liegenden Seite des Dalbens wird die Bettungsspannung geringer. Dadurch wird der Dalben auf Biegung beansprucht.

Für die Modellierung der verformungsabhängigen Interaktion zwischen Dalben und Baugrund haben sich zwei grundsätzlich verschiedene Ansätze bewährt.

Beim klassischen Verfahren nach BLUM (Blum, 1932) wird der räumliche Erdwiderstand E_{ph} vor dem Dalben als Bettungsspannung angesetzt (Bild E 218-3a). Dieser kann für homogenen nichtbindigen Boden im Einbindebereich mit der klassischen Erddrucktheorie ermittelt werden, im Falle bindiger und/oder

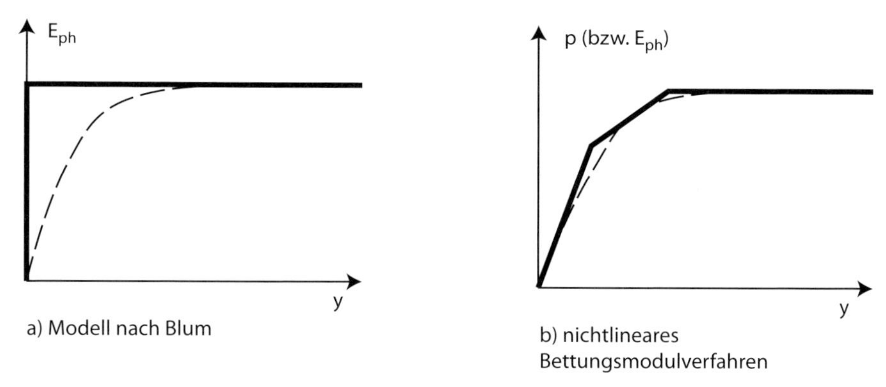

Bild E 218-3. Idealisierte Kraft-Weg-Diagramme für die Dalbengründung (Boden-Bauwerks-Interaktion)

geschichteter nichtbindiger Böden sind ergänzende Überlegungen zur Ermittlung des räumlichen Erdwiderstandes erforderlich. Beim Verfahren nach BLUM wird somit die Grenztragfähigkeit des Bodens als Bettung angesetzt, das Verfahren liefert damit in der Regel einen oberen Grenzwert für die Biege- und Querkraftbeanspruchung des Dalbens. Für den Nachweis der Gebrauchstauglichkeit (Verformungen) eignet sich das Verfahren nur eingeschränkt. Einzelheiten zum Berechnungsverfahren nach BLUM gehen aus Abschnitt 13.2.1.2 hervor.

Das *p-y*-Verfahren ist ein Bettungsmodulverfahren mit nichtlinearen Federkennlinien (Bild E 218-3b). Dabei wird die Bettung entsprechend der über die Einbindetiefe und mit der Belastung veränderlichen Verformungen des Dalbens angesetzt. Das *p-y*-Verfahren liefert somit für die Belastung des Bodens und des Dalbens realistischere Größen. Das *p-y*-Verfahren erlaubt daher auch die Ermittlung der Biegelinie des Dalbens. Hinweise zum *p-y*-Verfahren finden sich in Abschnitt 13.2.1.3.

Vergleichsberechnungen (Rudolph et al., 2011) haben gezeigt, dass beide Verfahren für Vertäu- und Anlehndalben in nichtbindigen Böden und bindigen Böden mit einer Festigkeit bis $c_u < 96$ kN/m² grundsätzlich vergleichbare Ergebnisse liefern. Generell werden wegen der weicheren Modellierung der Bodensteifigkeit beim *p-y*-Verfahren größere Verformungen als mit dem Verfahren nach Blum berechnet. Im Falle von Anlegedalben und Führungsdalben ergeben sich daraus geringere Kräfte und damit in der Regel wirtschaftlichere Konstruktionen.

Im Falle steifer bindiger Böden mit $c_u > 96$ kN/m² können sich die Ergebnisse beider Verfahren jedoch stark unterscheiden. Mit dem Verfahren nach BLUM werden in diesem Fall geringere Bauteilabmessungen ermittelt als mit dem *p-y*-Verfahren. Deshalb wird für Dalben in steifen bindigen Böden eine Bemessung nach dem *p-y*-Verfahren empfohlen.

Bei Dalben, die aus Pfahlgruppen bestehen, ist die ermittelte Einbindetiefe größer als bei einer vergleichbaren Anzahl von Einzelpfählen. Hinweise hierzu enthält Abschnitt 13.2.1.4.

13.2.1.2 Ansatz nach BLUM

Nach Blum wird die Einspannung des Dalbens im Boden als unverschiebliche Einspannung mit parabelförmiger Verteilung des Erdwiderstands und einer Ersatzkraft C am theoretischen Fußpunkt modelliert (Bild E 218-4). Abweichend vom Originalansatz nach Blum empfiehlt sich der Ansatz des charakteristischen Erdwiderstands als räumlicher passiver Erddruck E^{r}_{ph} nach DIN 4085:

$$E^{r}_{ph,k} = E^{r}_{pgh,k} + E^{r}_{pch,k} + E^{r}_{pph,k}$$

Hierbei ist $E^{r}_{ph,k}$ die Summe des von der Sohle bis zur rechnerischen Einbindetiefe t wirkenden charakteristischen Erdwiderstands aus Eigenlast, Kohäsion und Sohlauflasten. Der gegenüber dem ebenen Ansatz erhöhte räumliche Erdwiderstand wird über Dalbenersatzbreiten bzw. Formbeiwerte erfasst. Die Dalbenersatzbreite wird in Abhängigkeit vom Reibungswinkel des Bodens und der Einbindetiefe des Dalbens nach Gln. 74 bis 77 in DIN 4085 berechnet.

Der gekrümmte Verlauf des räumlichen Erdwiderstands ergibt sich aus der Differentiation der räumlichen Erddruckkraft gemäß Gl. 78 (DIN 4085) nach der Tiefe z, wobei Gln. 74 bis 77 (DIN 4085) einzusetzen und abzuleiten sind. Im Gegensatz zur Berechnung der resultierenden Erddruckkraft ist zwischen oberflächennaher Lage ($d/z < 0{,}3$) und tiefer Lage ($d/z \geq 0{,}3$) zu unterscheiden, mit:

d Durchmesser des Dalbens bzw. Breite des Dalbens rechtwinklig zur Einwirkungsrichtung. Bei Bündeldalben ist dies der Abstand zwischen den Außenkanten der Randpfähle,

z Tiefe im Boden.

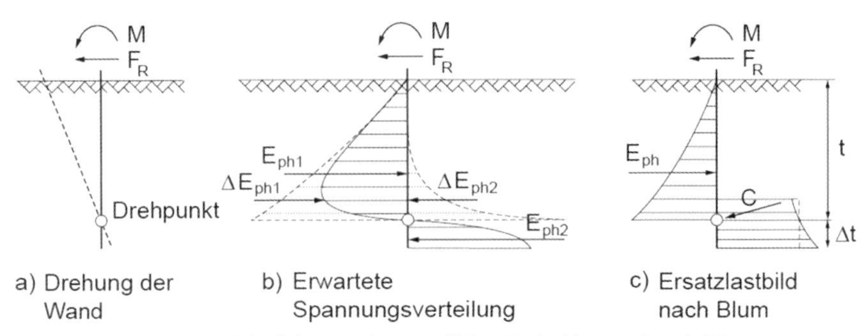

Bild E 218-4. Systemidealisierung für räumlichen Erdwiderstand nach Blum

Die Vorgehensweise sowie das Ergebnis dieser Ableitung können z. B. Rudolph et al. (2011) entnommen werden.

Bei bindigen Böden ist der Erdwiderstand mit den undränierten Scherparametern φ_u und c_u zu ermitteln, wenn die Belastung im Vergleich zur Konsolidierung des Bodens schnell erfolgt. Als Wichte der beteiligten Bodenschichten wird $\gamma'_{k,i}$ unter Auftrieb angesetzt.

Für geschichteten Boden wird das Verfahren aufwendiger, da die unterschiedlichen Scherparameter und Wichten der oberen Schichten berücksichtigt werden müssen. Weitere Hinweise zur Ermittlung der räumlichen Erddruckordinaten bei homogenen und geschichteten Böden können zum Beispiel Rudolph et al. (2011) entnommen werden.

Im Rahmen der Bemessung wird zunächst die erforderliche Einbindetiefe t aus dem Momentengleichgewicht für den Fußpunkt ($\Sigma M_{\text{Fußpunkt}} = 0$) ermittelt. Die Ersatzkraft C ergibt sich aus dem Gleichgewicht der Horizontalkräfte als Differenz zwischen dem mobilisierten räumlichen Erdwiderstand und den angreifenden Kräften unter Vernachlässigung des aktiven Erddrucks:

$$C_{\text{h,k,BLUM}} = E^{\text{r}}_{\text{ph,mob}} - \Sigma F_{\text{h,k,i}}$$

mit:

$C_{h,k,\text{BLUM}}$ horizontale Komponente der Blum'schen Ersatzkraft,
$\Sigma\, F_{h,k,i}$ Summe der charakteristischen horizontalen Einwirkungen,
$E^{\text{r}}_{\text{ph,mob}}$ $= E^{\text{r}}_{\text{ph,k}}/(\gamma_{\text{Q}} \cdot \gamma_{\text{Ep}})$; horizontale Komponente des mobilisierten räumlichen Erdwiderstands,
γ_{Q} Teilsicherheitsbeiwert für die Einwirkungen,
$\gamma_{\text{R,e}}$ Teilsicherheitsbeiwert für den Erdwiderstand.

Die Ersatzkraft darf bis zu $\delta_{\text{c,k}} = +1/3\varphi$ gegen die Dalbennormale geneigt sein, solange das Gleichgewicht der Vertikalkräfte gewahrt bleibt (Rudolph et al., 2011). Der Nachweis der Aufnahme der Vertikalkräfte ist mit dem abgeminderten Wert der C-Kraft durch Berücksichtigung eines Zuschlags zur Einbindetiefe gemäß E 4 (Abschnitt 8.2.4.3) zu führen:

$$\Delta t = \frac{1}{2} \cdot C_{\text{h,k,BLUM}} \cdot \gamma_Q \cdot \frac{\gamma_{\text{R,e}}}{e^{\text{r}}_{\text{ph,k}}}$$

mit:

$e^{\text{r}}_{\text{ph,k}}$ Ordinate des charakteristischen räumlichen Erddrucks in Höhe der Ersatzkraft C.

Der Erdwiderstand darf analog zu Spundwänden mit dem maximal möglichen Erdwiderstandsneigungswinkel angesetzt werden. Bei der Berechnung mit gekrümmten Gleitflächen bedeutet dies, dass ein Erdwiderstandsneigungswinkel bis zu $\delta_p = -\varphi'_k$ möglich ist. Bei der Berechnung mit ebenen Gleitflächen (dies ist zulässig bis zu einem Winkel der inneren Reibung $\varphi'_k \leq 35°$) kann der Erdwiderstandsneigungswinkel bis zu $\delta_p = -2/3\varphi'_k$ sein, wenn die Summe der charakteristischen Vertikalkräfte gleich Null ist (Bild E 218-5). Andernfalls ist der Erdwiderstandsneigungswinkel flacher anzusetzen. Bei Vertäudalben ist eine ungünstig nach oben wirkende lotrechte Komponente des Trossenzuges zu berücksichtigen. Als vertikal nach unten wirkende charakteristische Einwirkungen können angesetzt werden:

- das Gewicht des Dalbens,
- das Gewicht des vom Dalben umschlossenen Bodenkörpers unter Auftrieb,
- die lotrechte Mantelreibung in den Seitenflächen $a \cdot t$ eines rechteckigen Dalbens parallel zur Bewegungsrichtung des Dalbens und
- für $\delta_{c,k} > 0$ die lotrechte Komponente $C_{v,k}$ der Blum'schen Ersatzkraft.

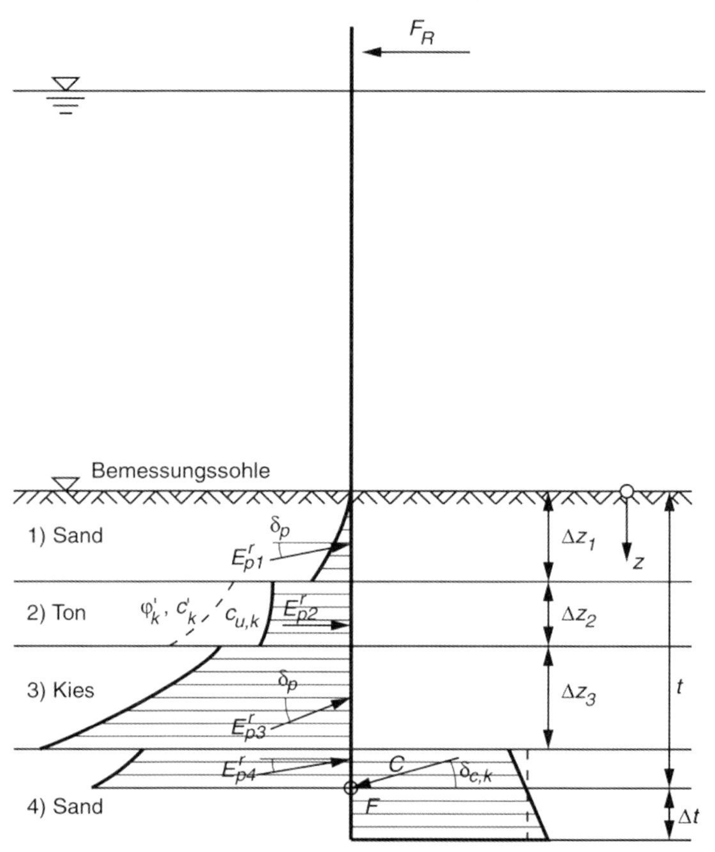

Bild E 218-5. Ansatz des räumlichen Erdwiderstandes und der Ersatzkraft C in geschichtetem Boden (Beispiel)

13.2.1.3 Das *p-y*-Verfahren

Das *p-y*-Verfahren ist ein Bettungsmodulverfahren mit nichtlinearen Federkennlinien. Es basiert auf Untersuchungen aus den 1970er- und 1980er-Jahren an horizontal belasteten Pfählen mit Durchmessern von maximal 60 cm (Matlock, 1970; Reese et al., 1975; O'Neill et al., 1983). Im Offshore-Bereich wird die *p-y*-Methode inzwischen aber zur Bemessung von horizontal belasteten Pfählen mit deutlich größeren Durchmessern angewandt. Im Gegensatz zum Grenzzustandsverfahren nach Blum werden die zur Mobilisierung des räumlichen Erdwiderstandes erforderlichen Bodenverformungen berücksichtigt, sodass eine Erfassung der charakteristischen Bauwerk-Boden-Interaktion möglich ist.

Die *p-y*-Kurven beschreiben den Zusammenhang zwischen dem Erdwiderstand *p* und dem zu dessen Mobilisierung benötigten Weg. Sie sind für statische und zyklische Beanspruchungen unterschiedlich formuliert und unterscheiden sich je nach Bodenart und Spannungszustand (Tiefenlage).

Angaben zur Ermittlung der *p-y*-Kurven für sandige Böden und weiche bindige Böden sind in API (2000), DNV (2010) und DIN EN ISO 19902 (2008) enthalten. Angaben für steife bindige Böden findet man in Reese et al. (1975). In Bild E 218-6 sind typische Verläufe von *p-y*-Kurven dargestellt.

Der Erdwiderstand *p* aus den *p-y*-Kurven ist ein charakteristischer Wert. Für Nachweise des Grenzzustands der Tragfähigkeit sind die Teilsicherheitsbeiwerte in Tabelle E 218-1, Abschnitt 13.1.5 anzusetzen. Die Nachweise können auf Grundlage des EC 7 und der ergänzenden nationalen Regelungen (NAD; DIN 1045, Abschnitt 8.5.2) für quer zur Pfahlachse belastete Pfähle geführt werden. Der lokale Nachweis des Erdwiderlagers ($\sigma_{\mathrm{h,k}} \leq e_{\mathrm{ph,k}}$) braucht dabei nicht geführt zu werden, weil er durch die Vorgabe der *p-y*-Kurven automatisch erfüllt ist. Beim globalen Nachweis des Erdwiderlagers darf der Bemessungswert der bis zum Verschiebungsnullpunkt aktivierten Bettungskraft $F_{\mathrm{h,d}}$ nicht größer als sein als der Bemessungswert des mobilisierbaren Erdwiderstandes $E_{\mathrm{ph,d}}$.

$$F_{\mathrm{h,d}} = \int p \cdot dz \cdot \gamma_Q \leq E_{\mathrm{ph,d}} = \int p_{\mathrm{u}}^{*} \cdot dz / \gamma_{\mathrm{R,e}}$$

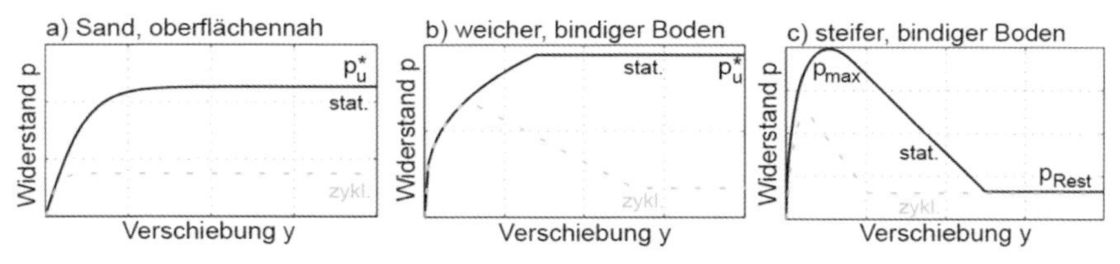

Bild E 218-6. Qualitative *p-y*-Kurven für Sand, weichen bindigen Boden und steifen bindigen Boden für statische (durchgezogene Linie) und zyklische (gestrichelte Linie) Belastung

Hierbei ist p_u^* der Maximalwert der *p-y*-Kurve. Im Falle eines Verlaufs der *p-y*-Kurve nach Bild E 218-6b muss $p_u^* = p_{max}$ gesetzt werden, wenn die Verschiebung *y* kleiner ist als die zum Erreichen von p_{max} erforderliche, andernfalls ist $p_u^* = p_{Rest}$ zu setzen.

Die *p-y*-Methode liefert, anders als das Verfahren nach Blum, nicht direkt die Einbindetiefe des Dalbens. Diese muss in der Regel iterativ bestimmt werden. Dazu muss eine Nebenbedingung eingeführt werden. Das kann z. B. die Einbindetiefe sein, bei der der Nachweis der Tragfähigkeit nach EC 7 (ULS) gelingt. Die prinzipielle Vorgehensweise dazu ist im Handbuch Eurocode 7, Abschnitt 7.7 angegeben.

Alternativ kann die Einbindetiefe auch durch die Begrenzung der horizontalen Verformung des Dalbens ermittelt werden. Eine in der Praxis übliche und bewährte Vorgehensweise ist die Ermittlung der Verformungen des Dalbens für verschiedene Einbindetiefe. Dabei nimmt die Durchbiegung mit der Einbindung degressiv ab. Die Einbindetiefe wird dann als diejenige Tiefe festgelegt, von der ab die Durchbiegung nicht mehr nennenswert abnimmt. Gelegentlich wird die Einbindetiefe auch als diejenige Tiefe festgelegt, in der die Biegelinie in einen lotrechten Verlauf übergeht. Das führt zu sehr großen Einbindetiefen, die hinsichtlich der Standsicherheit aber nicht erforderlich sind.

Dalben können in der Regel mit den *p-y*-Kurven für statische Einwirkungen berechnet werden, allerdings ist ggf. zu prüfen, ob die Bettung bei wiederholter zyklischer Beanspruchung abgemindert werden muss (vgl. Abschnitt 13.2.3.3).

Weitere Hinweise zur Bemessung von Dalben mit der *p-y*-Methode und Anwendungsbeispiele können z. B. Rudolph et al. (2011) entnommen werden.

13.2.1.4 Boden-Bauwerk-Interaktion bei Bündeldalben

Bündeldalben sind Pfahlgruppen mit Pfahlabständen, die geringer sind als der 6-fache Pfahldurchmesser. Bei diesen darf wegen der Überschneidung der Bereiche, aus denen der räumliche Erdwiderstand generiert wird, nicht der Erdwiderstand des Einzelpfahls angesetzt werden.

Die Reduzierung des Erddrucks gegenüber dem des Einzelpfahls hängt vom Pfahlabstand, dem Pfahldurchmesser und der Pfahlanordnung ab, sie kann z. B. nach EA Pfähle 2012 oder DIN 4085 abgeschätzt werden. In der Literatur gibt es weitere Ansätze, z. B. Mokwa 1999.

13.2.2 Erforderliches Arbeitsvermögen von Anlegedalben

13.2.2.1 Allgemeines zum Arbeitsvermögen von Dalben

Das Arbeitsvermögen von Dalben bzw. die vom Dalben und ggf. dem Fender aufnehmbare Verformungsenergie muss mindestens so groß sein wie die kinetische Energie des anlegenden Schiffes (E 60, Abschnitt 6.15). Zugleich sind die zulässigen Spannungen in den Dalbenbauteilen und die Verformungsgrenzwerte einzuhalten. Hierzu wird auf Abschnitt 13.2.3 verwiesen.

Schiffe können nicht immer mittig an den Liegeplatz gebracht werden. Bei der Bemessung von Anlegedalben sollte daher das Arbeitsvermögen stets für einen Abstand zwischen dem Schiffsschwerpunkt und der Mitte des Schiffsliegeplatzes von $0{,}1 \cdot l \leq 15$ m (parallel zur Fenderflucht) mit l = Schiffslänge ermittelt werden. Bei Tankschiffen ist ggf. zusätzlich eine Ausmittigkeit der Übergabeanschlüsse zum Schiffsschwerpunkt zu berücksichtigen.

13.2.2.2 Besondere Hinweise für Seehäfen

Wird ein Schiff mit Schlepperhilfe an einen Dalbenliegeplatz bugsiert, kann vorausgesetzt werden, dass es in Richtung seiner Längsachse kaum noch Fahrt macht. Daher kann die Längskomponente der Anlegegeschwindigkeit bei der Berechnung der Anlegeenergie im Allgemeinen vernachlässigt werden. Näherungsweise kann für große Schiffe der Geschwindigkeitsvektor v senkrecht zur Strecke r ($\alpha = 90°$) (Bild E 60-2, Abschnitt 6.15.4.1) angenommen werden.

In der Praxis werden alle Dalben einer Dalbenreihe in der Regel gleich ausgebildet. Grundsätzlich können die inneren Dalben aber auch für geringere Beanspruchungen als die äußeren bemessen werden. In diesem Fall ist zu berücksichtigen, dass der Anlegewinkel bei großen Schiffen, die mit Schlepperhilfe anlegen, im Allgemeinen geringer ist als der kleinerer Schiffe, die ohne Schlepperhilfe anlegen.

13.2.2.3 Besondere Hinweise für Binnenhäfen

Für Dalben in Binnenhäfen wird mit den Ansätzen nach E 60, Abschnitt 6.15 oft eine zu große kinetische Energie des anlegenden Schiffes ermittelt. Damit ergeben sich dann im Rahmen der Bemessung oft unwirtschaftliche Dalbenabmessungen.

Daher sollte das erforderliche Arbeitsvermögen für Dalben in Binnenhäfen nach wirtschaftlichen Überlegungen festgelegt werden. Ein geringes Arbeitsvermögen führt zu leichten Dalben mit geringeren Investitionskosten, dafür aber möglicherweise höheren Unterhaltungskosten durch Dalbenschäden. Dies kann insgesamt wirtschaftlicher sein als eine schwere Konstruktion mit großem Arbeitsvermögen. Die Abwägung muss unter Berücksichtigung der örtlichen Bedingungen (Wahrscheinlichkeit von Dalbenschäden) erfolgen.

Für die auf deutschen Kanälen üblichen Schiffsgrößen haben sich nach TAB (1996) Arbeitsvermögen von 70 bis 100 kNm, selten auch 120 kNm als zweckmäßig erwiesen.

13.2.3 Weitere Berechnungsgrundlagen

13.2.3.1 Anlegepressung

Die maximal zulässige Anlegekraft $F_{R,max}$ zwischen Schiff und Anlegedalben wird von der zulässigen Anlegepressung des anlegenden Schiffs bestimmt. Wenn hierzu keine genaueren Angaben vorliegen, können für Dalben mit Fendertafeln die maximalen Anlegepressungen (unter ungünstigen Anlegebedingungen) in Abhängigkeit von der Tragfähigkeit des Schiffs aus Tabelle E 218-2 angenommen werden.

Tabelle E 218-2. Empfohlene maximale Anlegepressungen unter Verwendung von Fendertafeln

Tragfähigkeit (dwt)	≤20.000	40.000	60.000	80.000	100.000	≥120.000
Pressung (kN/m^2)	400	350	300	250	200	150

Höhere Anlegepressungen können zugelassen werden, wenn nachgewiesen wird, dass diese von der Außenhaut und den Aussteifungen der anlegenden Schiffe aufgenommen werden können.

Bei Gastankern kann die zulässige Anlegepressung kleiner sein als die in Tabelle E 218-2 benannten Werte. Schiffe mit umlaufendem Schrammbord, z. B. Fährschiffe, erfordern spezielle konstruktive Maßnahmen für die Fenderung.

13.2.3.2 Verformungen

Sofern nicht besondere Umstände, zum Beispiel ein erwünschtes größeres Arbeitsvermögen bei Großschiffsliegeplätzen, dagegen sprechen, sollte die maximale Dalbendurchbiegung s_{max} rd. 1,5 m nicht überschreiten, weil sonst der Berührungsstoß zwischen Schiff und Dalben so weich wird, dass der Schiffsführer das Anstoßen des Schiffs an den Dalben nicht mehr deutlich genug erkennen kann.

Im Übrigen sind die Hinweise in Abschnitt 13.3.2 zu beachten.

13.2.3.3 Dalbenbemessung

Anlegedalben werden in der Regel elastisch unter Ausnutzung der Streckgrenze bemessen. Die nicht genutzte plastische Reserve dient als Sicherheit gegenüber unplanmäßigen Anlegevorgängen.

Vertäudalben sind gegebenenfalls für die häufig auftretenden Lasten aus Wind und Wellen, die auf das Schiff wirken, auch auf Dauerfestigkeit zu bemessen (siehe Abschnitt 13.1.4.2). Dabei sollte mindestens die doppelte Anzahl von Lastzyklen aus der erwarteten Lebensdauer angesetzt werden (EN-ISO 19902).

Lokale Kolke (z. B. infolge Umströmung des Dalbens oder aus Propellerstrahl) sind bei der Bemessung zu berücksichtigen. Zur Kolktiefe wird auf Hoffmans und Verheij (1997) verwiesen. Die Kolksohle ist ganzflächig als Bemessungssohle anzusetzen.

13.3 Ausführung und Anordnung von Dalben

13.3.1 Ausführungsformen

Dalben können als Einzelpfahl, Pfahlreihe oder Pfahlgruppe ausgeführt werden (Bild E 218-1). Welche Form zur Ausführung kommt, hängt u. a. von den aufzunehmenden Lasten, den verfügbaren Profilen, dem Boden und der Funktion des Dalbens ab.

13.3.2 Anordnung der Dalben

Für das Festmachen eines Schiffes sind mindestens zwei Anlegedalben erforderlich. Die Abstände zwischen den Dalben sind so zu wählen, dass das kleinste anlegende Schiff mit dem geraden Teil des Schiffsrumpfs an wenigstens zwei Dalben anliegt. Gleichzeitig ist der Dalbenabstand so festzulegen, dass die entstehenden Hebelarme für die Festmacheleinen nicht zu klein werden. In der Praxis hat sich ein Dalbenabstand von 25 bis 40 % der Schiffslängen als geeignet erwiesen.

Um alle infrage kommenden Schiffslängen abzudecken, sind in einem Liegeplatz in der Regel mehr als zwei Dalben erforderlich. Da insbesondere die größten Schiffe stets an den äußeren Dalben anlegen, werden diese in der Regel stärker belastet als die inneren Dalben. Die inneren Dalben können daher für geringere Kräfte bemessen werden. In diesem Fall sind sie jedoch konstruktiv vor Überlastung zu schützen. Dies kann z. B. dadurch geschehen, dass die inneren Dalben gegenüber den äußeren Dalben zurückspringend angeordnet werden.

Dalben, welche dem Schutz von Uferbauwerken dienen, sollten in so dichten Abständen zueinander stehen, dass der Kontakt des Schiffes mit dem Bauwerk ausgeschlossen ist. Dies wird in der Regel erreicht, wenn der Dalbenabstand nicht größer als 15 % der geringsten Schiffslänge ist. Der Abstand der Dalben von einer Uferwand sollte bei voller Durchbiegung wenigstens 0,5 m betragen. Der gleiche Abstand sollte, mit Ausnahme des Kontaktpunktes, zu jedem Punkt des Schiffsrumpfs eingehalten werden, wobei ein ungünstiger Krängungswinkel von wenigstens 3° angenommen werden sollte. Eine geringe nach außen gerichtete Neigung des Dalbenpfahls kann zur Erfüllung beider Anforderungen beitragen.

Sofern der Dalben mit einem Fender ausgerüstet wird, ist dieser so hoch anzuordnen, dass das sichere Anlegen aller Schiffe für alle relevanten Kombinationen der Wasserstände und Beladungszustände möglich ist. In Hinblick auf eine einfache Ausführung und Unterhaltung wesentlicher Konstruktionselemente sollten diese möglichst ständig über dem Wasserspiegel liegen.

13.3.3 Ausrüstung der Dalben

Anlegedalben werden mit Pollern, Haltekreuzen und/oder Sliphaken ausgerüstet. Poller sind bewährte und zuverlässige Festmacheeinrichtungen, die praktisch keine Unterhaltung erfordern. Im Gegensatz zu Pollern können die Festmacheleinen von Sliphaken im Notfall auch unter Zug gelöst werden. Dies kann insbesondere an Gefahrgutanlegern erforderlich sein, weshalb hierfür oftmals Sliphaken eingesetzt werden. Da der Mechanismus jedoch auch ungewollt auslösen kann und es in der Folge zu Schäden, z. B. dem Verfangen des Seils im Schiffspropeller, kommen kann, sollten Sliphaken wirklich nur dann eingesetzt werden, wenn das aus Gründen der Sicherheit des Umschlagbetriebs nötig ist.

Wenn auf Dalben Abreißpoller angeordnet werden, treten im Falle des Abreißens hohe dynamische Belastungen auf. Diese müssen ggf. in der Dalbenbemessung berücksichtigt werden.

Die Dalbenköpfe sollten mit einem Kantenschutz versehen werden, welcher das Scheuern der Leinen unterbindet. Ein solcher Kantenschutz kann z. B. aus einem Stahlrohr bestehen, das überall dort angeordnet wird, wo Leinenkontakt möglich ist.

Für den schnellen und sicheren Betrieb werden die Dalben häufig mit Laufstegen untereinander verbunden. Die Konstruktion der Laufstege muss die möglichen Verformungen der Dalben während der Anlegemanöver sicher aufnehmen können. Um ins Wasser gefallenen Personen den Aufstieg zu ermöglichen, sind Leitern vorzusehen, die bis unter den niedrigsten Wasserstand reichen. Die Leitern können gleichzeitig als Zugang dienen, z. B. von einem Lotsenboot aus. Ein sicherer Zugang zu den Dalben wird über einen Landsteg gewährleistet, der gleichzeitig als Fluchtsteg dient.

Anlegedalben werden häufig mit Fendern ausgerüstet. Diese sind mit Bolzen auf einer Stahlplatte montiert, welche am Dalbenkopf befestigt ist. Die Verbindung sollte so ausgeführt werden, dass Regen- und Spritzwasser leicht ablaufen kann und dass das Verhaken der Festmacheleinen nicht möglich ist.

Sofern keine ausreichende Beleuchtung durch benachbarte Kajen vorliegt, ist ggf. eine eigene Beleuchtung auf dem Dalbenkopf vorzusehen, um den sicheren Betrieb auch bei Dunkelheit zu ermöglichen. Die Beleuchtung darf sich jedoch nicht nachteilig auf die nautische Beleuchtung auswirken.

In der Vergangenheit haben sich Hilfssysteme zur Steuerung und Überwachung des Anlegevorgangs und der Dalben etabliert. Hierzu gehören Systeme zur Messung der Anlegegeschwindigkeit, welche bei Überschreiten der kritischen Geschwindigkeit Alarm schlagen, oder Sliphaken, welche die Zugkräfte laufend messen und die Vorspannung der Leinen regeln, und eventuell Dalbenlagenschreiber, die beweiskräftige Auskünfte im Fall von Dalbenbeschädigungen geben. Insbesondere an Anlegern für den Gefahrgutumschlag und in ungeschützten Bereichen haben sich solche Systeme bewährt. Die relevanten Messwerte werden auf großen Leuchttafeln angezeigt. Die aktuelle Entwicklung geht hin zu GPS-gesteuerten tragbaren Systemen, welche keine teuren Installationen auf den Anlegern erfordern und unabhängig vom Standort abgelesen werden können.

13.3.4 Hinweise zur Materialwahl

Das Arbeitsvermögen von Rohrdalben kann bei gleichzeitiger Materialeinsparung erhöht werden, wenn der Dalben aus Rohrschüssen mit unterschiedlicher Wandstärke und Materialqualitäten hergestellt wird. Die Verwendung feinkörnigen Baustahls erhöht das Arbeitsvermögen zusätzlich. Die hohen zulässigen Kontaktkräfte sowie die dabei auftretenden großen Verformungen tragen zur erhöhten Energieaufnahme bei. Werkstoffangaben sind in E 67, Abschnitt 8.1.6 zusammengestellt.

Das oberste Teilstück eines Dalbens wird zweckmäßig aus schweißgeeignetem Feinkornbaustahl geringerer Festigkeit oder Baustahl $\leq$ 355 N/mm^2 hergestellt, um das Anschweißen von Verbänden und sonstigen Konstruktionsteilen zu vereinfachen.

Für alle Schweißarbeiten gilt E 99, Abschnitt 8.1.18 sinngemäß. Bezüglich des Korrosionsschutzes von Stahlpfählen gelten die Angaben in E 35, Abschnitt 8.1.8 sinngemäß.

14 Bauwerksinspektion von Ufereinfassungen (E 193)

14.1 Allgemeines

An Ufereinfassungen sind, wie an anderen Wasserbauwerken auch, unter Berücksichtigung unterschiedlicher Gefährdungspotentiale und der Robustheit des Bauwerks regelmäßige Bauwerksinspektionen erforderlich, um rechtzeitig Schäden zu erkennen, die Einfluss auf die Tragfähigkeit und Gebrauchstauglichkeit der Bauwerke haben können. Dies ist die wesentliche Grundlage, auf deren Basis der Unterhaltungspflichtige die Verantwortung für die Sicherheit und Ordnung der Bauwerke und deren Verkehrssicherheit gewährleisten kann.

Zudem ermöglicht eine sorgfältige, regelmäßige und einheitliche Inspektion der Bauwerke die Planung und Steuerung von Instandsetzungsmaßnahmen. Höhere Sanierungskosten oder ein vorzeitiger Ersatzneubau können damit auch vermieden werden.

Die Bauwerke können in Abhängigkeit von der statisch-konstruktiven Durchbildung bzw. von den Tragwerkseigenschaften (Robustheit) und den Schadensfolgen eingestuft werden. Dies wird in den Hinweisen der VDI-Richtlinie 6200 (2010) und der Argebau (2006) genauer erläutert. Mit dieser Einstufung können die Art und der Rhythmus einer Überwachung und Prüfung von Ufereinfassungen bzw. Hafenbauten, die nicht DIN 1076 oder anderen Bestimmungen unterliegen, geplant und festgelegt werden (vgl. hierzu auch Tabelle E 193-1).

Die *Bauwerksinspektion für Verkehrswasserbauwerke* besteht abhängig vom Gefährdungspotential und der Robustheit bzw. der statisch konstruktiven Durchbildung des Bauwerks unter Berücksichtigung des Einzelfalls in Analogie zu DIN 1076 für Ingenieurbauwerke aus der

- *Bauwerksprüfung* als handnahe Untersuchung aller, auch der schwer zugänglichen Bauwerksteile durch sachkundiges Ingenieurpersonal, welches die statischen, konstruktiven und hydromechanischen Verhältnisse vor dem Hintergrund der nutzungsbedingten Anforderungen beurteilen und einen gegebenenfalls erforderlichen Tauchereinsatz anleiten kann,
- *Bauwerksüberwachung* als intensive, erweiterte Sichtprüfung der Bauwerke durch sachkundiges Ingenieurpersonal,
- *Bauwerksbesichtigung* als Kontrolle der Bauwerke auf offensichtliche Schäden durch sachkundiges Personal, welches in das Tragverhalten und die Funktionsweise der Bauwerke eingewiesen ist.

Bei der Planung und Durchführung der Bauwerksinspektion sind die folgenden, in den jeweiligen Bereichen geltenden Bestimmungen bzw. Vorschriften zu berücksichtigen (Aufzählung in alphabetischer Reihenfolge):

Empfehlungen des Arbeitsausschusses „Ufereinfassungen“ – EA „Ufereinfassungen“, 11. Auflage.
Herausgegeben vom Arbeitsausschuss „Ufereinfassungen“ der Hafentechnischen Gesellschaft e.V. und der Deutschen Gesellschaft für Geotechnik e.V.

- BAW-Merkblatt (2010) „Bauwerksinspektion (MBI)", Bundesanstalt für Wasserbau,
- BAW-Merkblatt (2011) „Schadensklassifizierung an Verkehrswasserbauwerken (MSV)", Bundesanstalt für Wasserbau,
- Argebau (2006), Bauministerkonferenz „Hinweise für die Überprüfung der Standsicherheit von baulichen Anlagen durch den Eigentümer/Verfügungsberechtigten",
- DIN 1076:1999-11 „Ingenieurbauwerke im Zuge von Straßen und Wegen – Überwachung und Prüfung",
- DIN 19702:2010-06 „Massivbauwerke im Wasserbau – Tragfähigkeit, Gebrauchstauglichkeit und Dauerhaftigkeit",
- ETAB: Technische Empfehlungen und Berichte, Bundesverband öffentlicher Binnenhäfen,
- PIANC Report (2004): „Inspection, maintenance and repair of maritime structures exposed to material degradation caused by a salt water environment", MarCom Report of WG 17,
- PIANC Report (1998): „Life cycle management of port structures – General principles", Report of WG 31,
- PIANC-Report (2006): „Maintenance and renovation of navigation infrastructure", InCom Report of WG 25,
- RÜV-Richtlinie für die Überwachung der Verkehrssicherheit von baulichen Anlagen des Bundes (2006),
- VDI-Richtlinie 6200 „Standsicherheit von Bauwerken – Regelmäßige Überprüfung" (2010),
- VV-WSV 2101 Bauwerksinspektion (2009/2010),
- VV-WSV 2301 Damminspektion (1981).

14.2 Dokumentation

Grundlage der Bauwerksinspektion sind Bauwerksinspektionsakten oder Bauwerksbücher, die alle für die Inspektion erforderlichen Angaben zum Bauwerk enthalten; dies sind u. a. die wichtigsten Konstruktionsdaten des Bauwerks mit Skizzen, Bestandsplänen, Bestandsstatik, Messprogramm, Messergebnissen (z. B. Peilergebnisse, baubegleitende Messungen, Nullmessungen nach Fertigstellung), Angaben zum Korrosionsschutz, Gutachten, Angaben zu durchgeführten Instandsetzungen sowie frühere Inspektionsergebnisse (Prüf-, Überwachungs- und Besichtigungsberichte).

Zur systematischen Erfassung des Bauwerkszustandes eignen sich z. B. Checklisten oder Aufgabenblätter, insbesondere wenn der Bauwerksbestand sehr heterogen in Konstruktion, Bauart und verwendeten Baustoffen ist. Aufgabenblätter sollten allgemeine Hinweise zur Vorbereitung und Durchführung der Bauwerksinspektion geben und bauteilbezogen materialorientierte typische Schadensmerkmale beschreiben. Die statischen, konstruktiven und hydromechanischen Verhältnisse sind dabei zu berücksichtigen. Für die Vorbereitung der Inspektion können mit den Aufgabenblättern außerdem wichtige Informationen über Inspektionsintervalle, anlagenspezifische Tätigkeiten wie Tauchereinsatz, Hebezeuge, Fahrzeugeinsatz etc. festgehalten werden.

Für eine möglichst einheitliche Bewertung der Schäden wird empfohlen, einheitliche Kriterien und Bewertungsgrundsätze festzulegen. Für die Beurteilung des Bauwerkszustandes von Verkehrswasserbauwerken sind diese Grundsätze beispielsweise im BAW-Merkblatt „Schadensklassifizierung an Verkehrswasserbauwerken (MSV)" (2011) zusammengestellt. Die VDI Richtlinie 6200 „Standsicherheit von Bauwerken – Regelmäßige Überprüfung" (2010) gibt auch Hinweise zu Veränderungen und Erfassung der Baustoffeigenschaften.

Die Dokumentation der Bauwerksinspektion mit speziellen Softwareentwicklungen ermöglicht darüber hinaus eine einheitliche Darstellung der Berichte und gibt dem Unterhaltungspflichtigen die Möglichkeit, die erkannten Schäden weiter zu verfolgen. Beispiele sind die von der Wasser- und Schifffahrtsverwaltung des Bundes geschaffene Software WSVPruf oder die von der Bundesanwalt für Straßenwesen entwickelte Software SIB-Bauwerke, die jedoch stark auf straßenbezogene Bauwerke (Brücken u. Ä.) ausgerichtet ist.

14.3 Durchführung der Bauwerksinspektion

14.3.1 Bauwerksprüfung

Bei der Bauwerksprüfung sind in der Regel alle, auch die schwer zugänglichen Bauwerksteile unter Benutzung aller erforderlichen Hilfsgeräte handnah zu untersuchen. Die einzelnen Bauwerksteile sind, soweit nötig, vor der Bauwerksprüfung sorgfältig zu reinigen, um auch versteckte Schäden auffinden zu können. Art und Umfang der Bauwerksprüfung sind für jedes Bauwerk in Abhängigkeit von den örtlichen Randbedingungen z. B. über Aufgabenblätter festzulegen.

Je nach Bedeutung und Randbedingungen sollte bei Ufereinfassungen mit besonderem Gefährdungspotential in Abhängigkeit von der Robustheit bzw. der statisch-konstruktiven Durchbildung des Bauwerks (Tragstrukturen, Schadensprozesse, Vorankündigungsverhalten im Versagensfall) Folgendes geprüft bzw. gemessen werden:

- Lage und Größe von Schädigungen an der Uferwand, auch mittels Taucher,
- Zustand und Funktionsfähigkeit von Dränanlagen,
- Zustand früherer Reparaturen,

- Zustand der Korrosionsschutzbeschichtung,
- Zustand der Kathodenschutzanlage,
- Sackungen und Setzungen hinter der Uferwand,
- Peilung der Gewässersohle vor der Uferwand,
- Dichtungen in den Fugen und Bauwerksanschlüssen,
- Fugen- und Lagerbewegungen,
- Betonschädigungen (auch Bewehrungsstahl),
- Messungen der Horizontalbewegung (auch Kopfverformungen) sowie der Vertikalbewegung (Setzungen, Hebungen),
- Messung der Restwanddicken bzw. mittlere und maximale Abrostungen.

Weitere Messungen können im Einzelfall notwendig werden, z. B. Messungen der Ankerkräfte, Inklinometermessungen, Potentialfeldmessungen etc.

Die festgestellten Schäden sind im Prüfbericht zu dokumentieren und hinsichtlich vermuteter oder festgestellter Ursachen zu beurteilen und in Hinblick auf die Tragfähigkeit und Gebrauchstauglichkeit des Bauwerks zu bewerten. Es können auch im Zuge der Bauwerksprüfung auf der Grundlage von festgestellten Restwanddicken von Spundwänden statische Nachweise erforderlich sein. Die darauf aufbauende weitere Veranlassung ist ebenfalls im Prüfbericht darzustellen.

14.3.2 Bauwerksüberwachung

Bei der Bauwerksüberwachung sind alle zugänglichen Bauwerksteile, soweit vertretbar, ohne Trockenlegung bzw. ohne Verwendung von Besichtigungsgeräten, aber unter Benutzung von am Bauwerk vorhandenen Besichtigungs- und Begehungseinrichtungen einer intensiven, erweiterten Sichtprüfung zu unterziehen. Art und Umfang der Bauwerksüberwachung sind für jedes Bauwerk in Abhängigkeit von den örtlichen Randbedingungen z. B. über Aufgabenblätter festzulegen. Die Wasserseite des Bauwerkes ist in jedem Fall mindestens mit dem Boot/Schiff bei niedrigem Wasserstand einer intensiven Sichtprüfung zu unterziehen. Für Ufereinfassungen mit besonderem Gefährdungspotential sind in Abhängigkeit von der statisch-konstruktiven Durchbildung des Bauwerks (Tabelle E 193-1) i. d. R. folgende Auffälligkeiten für die Bauwerksüberwachung relevant:

- Oberflächenschäden bzw. -veränderungen,
- Setzungen, Sackungen, Verschiebungen,
- Veränderungen an Fugen und Bauwerksanschlüssen,
- Fehlen oder Beschädigung von Ausrüstungsteilen,
- unsachgemäße Benutzung,
- Funktionsfähigkeit der Entwässerungen,

- Spundwandbeschädigungen,
- Kolke bzw. Auflandungen vor der Spundwand.

Die festgestellten Schäden sind hinsichtlich vermuteter oder festgestellter Ursachen zu beurteilen, in Hinblick auf die Tragfähigkeit und Gebrauchstauglichkeit des Bauwerks zu bewerten und im Überwachungsbericht zu dokumentieren. Die daraus resultierende weitere Veranlassung ist ebenfalls im Überwachungsbericht zu dokumentieren.

14.3.3 Bauwerksbesichtigung

Bei der Bauwerksbesichtigung ist das Bauwerk ohne größere Hilfsmittel, wie Besichtigungsfahrzeuge, Rüstung usw., aber unter Benutzung von am Bauwerk vorhandenen Besichtigungseinrichtungen, von begehbaren Hohlräumen des Bauwerks, soweit zugänglich, in Augenschein zu nehmen und in Hinblick auf die Verkehrssicherheit, den allgemeinen Bauwerkszustand und sonstige Auffälligkeiten zu untersuchen.

Die Wasserseite des Bauwerks ist in jedem Fall mindestens mit dem Boot/Schiff bei niedrigem Wasserstand einer Sichtprüfung zu unterziehen.

Bei der Bauwerksbesichtigung sollten insbesondere die folgenden Feststellungen aufgenommen werden:

- außergewöhnliche Veränderungen am Bauwerk, erheblich veränderte Schäden,
- erhebliche Schäden an oder Fehlen von Ausrüstungsteilen,
- erhebliche Betonabplatzungen, auffallende Risse,
- augenscheinliche Verformungen oder Verschiebungen des Bauwerks,
- außergewöhnliche Wasseraustritte,
- Schäden an Böschungen oder dergleichen, Auskolkungen, Anlandung.

Die festgestellten erheblichen Schäden bzw. außergewöhnlichen Veränderungen und die daraus resultierende weitere Veranlassung sind im Besichtigungsbericht zu dokumentieren.

14.4 Inspektionsintervalle

Für Verkehrswasserbauwerke (vgl. VV-WSV 2101) und Ingenieurbauwerke im Zuge von Straßen und Wegen (DIN 1076) hat sich ein Prüfungsintervall von maximal 6 Jahren bewährt. Bei Ufereinfassungen mit besonderem Gefährdungspotential empfiehlt sich in Abhängigkeit von der statisch-konstruktiven Durchbildung des Bauwerks daher auch, die Bauwerksprüfung mindestens jedes sechste Jahr durchzuführen (Tabelle E 193-1). Eine erste Bauwerksprüfung sollte im Rahmen der Abnahme des Bauwerks und eine weitere vor Ablauf der Verjährungsfrist für Mängelansprüche nach VOB/B durchgeführt werden. Darin sollten Nivellements und Alignements mit enthalten sein, auch eine Nullmessung nach Lage und Höhe. Weitere Folgemessungen sind als Bestandteil der Bauwerksprüfungen festzulegen.

Spätestens drei Jahre nach einer Bauwerksprüfung sollten alle Ufereinfassungen, für die Bauwerksprüfungen erforderlich sind (Tabelle E 193-1), einer Bauwerksüberwachung unterzogen werden.

Die unter Abschnitt 14.3.3 dargestellte Bauwerksbesichtigung sollte in der Regel jährlich an allen Ufereinfassungen durchgeführt werden. Auch ist für einen Großteil der Ufereinfassungen aufgrund der Robustheit der Bauwerke und der Schadensfolgen (vgl. VDI 6200) die Bauwerksbesichtigung ausreichend. Dies entspricht ebenfalls den langjährigen Erfahrungen aus den Häfen bei Kaianlagen. Anhaltswerte zu den Inspektionsintervallen können Tabelle E 193-1 entnommen werden.

Tabelle E 193-1. Inspektionsintervalle für Ufereinfassungen

Robustheit nach VDI 6200	Gefährdungspotential nach VDI 6200	Bauwerksbesichtigung[1]	Bauwerksüberwachung[2]	Bauwerksprüfung[3]
RC 1–RC 4	gering (CC1)	jährlich	–	–
RC 3 und RC 4	mittel (CC2)	jährlich	–	–
RC1 und RC 2		jährlich	3 Jahre nach der Bauwerksprüfung	alle 6 Jahre

[1] entspricht der Bauwerksüberwachung nach DIN 1076 und der „Begehung durch den Eigentümer" nach VDI 6200
[2] entspricht der einfachen Prüfung nach DIN 1076 und der „Inspektion durch eine fachkundige Person" nach VDI 6200
[3] entspricht der Hauptprüfung nach DIN 1076 und der „Eingehenden Überprüfung durch eine besonders fachkundige Person" nach VDI 6200

14.5 Erhaltungsmanagementsysteme

Eine regelmäßige und einheitlich dokumentierte Bauwerksinspektion liefert einen aussagekräftigen Überblick über die baulichen Zustände der in der Unterhaltungslast befindlichen Bauwerke.

Die Bauwerksinspektion bildet damit die maßgebliche Grundlage für Erhaltungsmanagementsysteme, mit denen die Entscheidungsfindung für Erhaltungsmaßnahmen und Erhaltungsstrategien systematisiert und optimiert werden kann. Finanzmittel können rechtzeitig eingeplant und effizient genutzt werden.

Über ein derartiges Erhaltungsmanagement können aus technischer Sicht geeignete Eingriffszeitpunkte, z. B. auf Basis von Zustandsnoten und spezifischen Schadensentwicklungsmodellen, ermittelt werden. Im Weiteren sollen Kosten für Instandsetzungsmaßnahmen hinterlegt werden, die dann zusammen mit weiteren bei der Priorisierung von Instandsetzungsmaßnahmen zu berücksichtigenden Faktoren eine objektive Reihung von Instandsetzungsmaßnahmen ermöglichen.

Seit mehreren Jahren sind in verschiedenen Bereichen der Verkehrsinfrastruktur national und international unterschiedliche Managementsysteme in der Entwicklung und im Aufbau. Für den Bereich der Infrastruktur von Verkehrswasserbauwerken der Wasser- und Schifffahrtsverwaltung des Bundes gibt es bereits erste Anwendungen.

Anhang I Schrifttum

I.1 Jahresberichte

Grundlage der Sammelveröffentlichung sind die in den Zeitschriften „Die Bautechnik“ (ab 1984 „Bautechnik“) und „HANSA“ veröffentlichten Technischen Jahresberichte des Arbeitsausschusses Ufereinfassungen, und zwar in:

HANSA	87 (1950), Nr. 46/47, S. 1524
Die Bautechnik	28 (1951), Heft 11, Seite 279
	29 (1952), Heft 12, Seite 345
	30 (1953), Heft 12, Seite 369
	31 (1954), Heft 12, Seite 406
	32 (1955), Heft 12, Seite 416
	33 (1956), Heft 12, Seite 429
	34 (1957), Heft 12, Seite 471
	35 (1958), Heft 12, Seite 482
	36 (1959), Heft 12, Seite 468
	37 (1960), Heft 12, Seite 472
	38 (1961), Heft 12, Seite 416
	39 (1962), Heft 12, Seite 426
	40 (1963), Heft 12, Seite 431
	41 (1964), Heft 12, Seite 426
	42 (1965), Heft 12, Seite 431
	43 (1966), Heft 12, Seite 425
	44 (1967), Heft 12, Seite 429
	45 (1968), Heft 12, Seite 416
	46 (1969), Heft 12, Seite 418
	47 (1970), Heft 12, Seite 403
	48 (1971), Heft 12, Seite 409
	49 (1972), Heft 12, Seite 405
	50 (1973), Heft 12, Seite 397
	51 (1974), Heft 12, Seite 420
	52 (1975), Heft 12, Seite 410
	53 (1976), Heft 12, Seite 397
	54 (1977), Heft 12, Seite 397
	55 (1978), Heft 12, Seite 406
	56 (1979), Heft 12, Seite 397
	57 (1980), Heft 12, Seite 397
	58 (1981), Heft 12, Seite 397
	59 (1982), Heft 12, Seite 397
	60 (1983), Heft 12, Seite 405

Empfehlungen des Arbeitsausschusses „Ufereinfassungen“ – EA „Ufereinfassungen“, 11. Auflage.
Herausgegeben vom Arbeitsausschuss „Ufereinfassungen“ der Hafentechnischen Gesellschaft e.V. und der Deutschen Gesellschaft für Geotechnik e.V.

Bautechnik	61 (1984), Heft 12, Seite 402
	62 (1985), Heft 12, Seite 397
	63 (1986), Heft 12, Seite397
	64 (1987), Heft 12, Seite397
	65 (1988), Heft 12, Seite397
	66 (1989), Heft 12, Seite 401
	67 (1990), Heft 12, Seite397
	68 (1991), Heft 12, Seite 398
	69 (1992), Heft 12, Seite710
	70 (1993), Heft 12, Seite 755
	71 (1994), Heft 12, Seite 763
	72 (1995), Heft 12, Seite 817
	73 (1996), Heft 12, Seite 844
	75 (1998), Heft 12, Seite 992
	76 (1999), Heft 12, Seite 1062
	77 (2000), Heft 12, Seite 909
	78 (2001), Heft 12, Seite 872
	79 (2002), Heft 12, Seite 850
	80 (2003), Heft 12, Seite 903
	81 (2004), Heft 12, Seite 980
	82 (2005), Heft 12, Seite 857
	83 (2006), Heft 12, Seite 842
	84 (2007), Heft 7, Seite 496
	84 (2007), Heft 12, Seite 849
	85 (2008), Heft 8, Seite 512
	85 (2008), Heft 12, Seite 812
	86 (2009), Heft 8, Seite 465
	86 (2009), Heft 12, Seite 780
	87 (2010), Heft 2, Seite 124
	87 (2010), Heft 12, Seite 761
	88 (2011), Heft 12, Seite 848

I.2 Bücher, Abhandlungen

Abromeit, H.-U. (1997): Ermittlung technisch gleichwertiger Deckwerke an Wasserstraßen und im Küstenbereich in Abhängigkeit von der Trockenrohdichte der verwendeten Wasserbausteine. Mitteilungsblatt der Bundesanstalt für Wasserbau, Heft 75, Karlsruhe.

Achmus, M.; Kaiser, J. und Wörden, F. T. (2005): Bauwerkserschütterungen durch Tiefbauarbeiten, Grundlagen, Messergebnisse, Prognosen. Mitteilungen Institut für Grundbau, Bodenmechanik und Energiewasserbau (IGBE), Universität Hannover, Heft 61.

AHU der HTG: Empfehlungen und Berichte des Ausschusses für Hafenumschlagtechnik (AHU) der Hafenbautechnischen Gesellschaft e. V, Hamburg.

AK Numerik (1991): Empfehlungen des AK Numerik in der Geotechnik. Deutsche Gesellschaft für Geotechnik. Geotechnik 14, S. 1–10.

Alberts, D. (2001): Korrosionsschäden und Nutzungsdauerabschätzung an Stahlspundwänden und –pfählen im Wasserbau. 1. Tagung „Korrosionsschutz in der maritimen Technik“, Germanischer Lloyd, Hamburg.

Alberts, D. und Heeling, A. (1996): Wanddickenmessungen an korrodierten Stahlspundwänden; statistische Datenauswertung. Mitteilungsblatt der BAW Nr. 75, Karlsruhe.

Alberts, D. und Schuppener, B. (1991): Comparison of ultrasonic probes for the measurement of the thickness of sheet-pile walls. Field Measurements in Geotechnics, Sørum (ed.), Balkema, Rotterdam.

Andrews, J. D. und Moss, T. R. (1993): Reliability and Risk Assessment, Verlag Longman Scientific & Technical, Burnt Mill (UK).

Argebau: Hinweise für die Überprüfung der Standsicherheit von baulichen Anlagen durch den Eigentümer/Verfügungsberechtigten. Bauministerkonferenz (2006).

Barron, R. A. (1948): Consolidation of fine-grained soils by drain wells. Trans. ASCE, Vol. 113, Paper No 2346.

Battjes, J. A. (1975): Surf Similarity. Proc. of the 14th International Conference on Coastal Engineering. Copenhagen 1974, Vol. I.

Baumaschinen-LärmVO: 15. Verordnung zur Durchführung des BImSchG vom 10.11.1986 (Baumaschinen-LärmVO).

BAW-Merkblatt: Bauwerksinspektion (MBI). Bundesanstalt für Wasserbau (2010).

BAW-Merkblatt: Schadensklassifizierung an Verkehrswasserbauwerken (MSV). Bundesanstalt für Wasserbau (2011).

BAW-Merkblatt: Standsicherheit von Dämmen der Bundeswasserstraßen (MSD). Bundesanstalt für Wasserbau (2011).

BAW-Merkblatt: Rissbreitenbegrenzung für frühen Zwang in massiven Wasserbauwerken (MFZ). Bundesanstalt für Wasserbau (2011).

BAW (2004): Grundlagen zur Bemessung von Böschungs- und Sohlensicherungen an Binnenwasserstraßen. Bundesanstalt für Wasserbau, Mitteilungsheft 87, Karlsruhe.

Binder, G. (2001): Probleme der Bauwerkserhaltung – eine Wirtschaftlichkeitsberechnung. BAW-Brief Nr. 1, Karlsruhe.

Binder, G. und Graff, M. (1995): Mikrobiell verursachte Korrosion an Stahlbauten. Materials and Corrosion 46, S. 639–648.

Bjerrum, L. (1973): Problems of soil mechanics and constructions on soft clays and structurally unstable soils (collapsible, expansive and others). Proc. of 8th ICSMFE, Moscow, Vol. 3, pp. 111–155.

Blum (1932): Wirtschaftliche Dalbenformen und deren Bemessung. Bautechnik, 10 (5), 1932, Seiten 50–55.

Blum, H. (1931): Einspannverhältnisse bei Bohlwerken. Verlag Ernst & Sohn, Berlin 1931.

Brennecke, L. und Lohmeyer, E. (1930): Der Grundbau. 4. Auflage, II. Bd.,Verlag Ernst & Sohn, Berlin 1930.

Brinch Hansen, J. (1953): Earth pressure calculations. The Danish Technical Press, Kopenhagen.

Brinch Hansen, J. und Lundgren, H. (1960): Hauptprobleme der Bodenmechanik. Springer Verlag, Berlin 1960.

BRL 1120 (1997): Nationale Beoordelingsrichtlijn, Geokunststoffe: Geprefabriceerde verticale drains. Rijswijk, Kiwa.

Broughton, P. und Horn, E. (1987): Ekofisk platform 2/4C: Re-analysis due to subsidence. Proc. Inst. Civ. Engrs.

Bruderreck, L.; Rökisch, K.; Schmidt, E. (2011): Kritische Propellerdrehzahl bei Hafenmanövern als Basis zur Bemessung von Sohlsicherungen. Hansa, 148 Jhg. Nr. 5.

Brunn, P. (1980): Port Engineering. London.

BSH (2001): Eiskarten der deutschen Nord- und Ostseeküste (seit 1879). Bundesamt für Seeschifffahrt und Hydrographie.

Bundesverband öffentlicher Binnenhäfen: Empfehlungen des Technischen Ausschusses Binnenhäfen. Neuss.

Burkhardt, O. (1967): Über den Wellendruck auf senkrechte Kreiszylinder. Mitteilungen des Franzius-Instituts Hannover, Heft 29.

Busse, M. (2009): Einpressen von Spundwänden – Stand der Verfahrens- und Maschinentechnik, bodenmechanische Voraussetzungen. Tagungsband zum Workshop Spundwände – Profile, Tragverhalten, Bemessung, Einbringung und Wiederverwendung, Veröffentlichungen des Instituts für Geotechnik und Baubetrieb TU Hamburg Harburg, Heft 19, S. 27–45.

Bydin, F. I. (1959): Development of certain questions in area of river‘s winter regime. III. Hydrologic Congress, Leningrad.

Camfield, F. E. (1991): Wave Forces on a Wall. J. Waterway, Port, Coastal and Ocean Engineering 117 (1), 76–79, ASCE, New York.

CEM (2001): Costal Engineering Manual Part VI. Design of Coastal Projects Elements. US Army Corps of Engineers, Washington D. C.

CFEM (2006): Canadian Foundation Engineering Manual. 4th Edition, Canadian Geotechnical Society.

CIRIA/CUR (1991): Manual on the use of rock in coastal and shoreline engineering. Ciria Special Publication 83, Cur Report 154, Rotterdam, A. A. Balkema 1991.

Clasmeier, H.-D. (1996): Ein Beitrag zur erdstatischen Berechnung von Kreiszellenfangedämmen. Mitteilung des Instituts für Grundbau und Bodenmechanik, Universität Hannover, Heft 44.

Clausen, C. J. F.; Aas, P. M. and Karlsrud, K. (2005): Bearing capacity of driven piles in sand, the NGI approach. International Symposium on Frontiers in Offshore Geotechnics (ISFOG2005), Perth, pp. 677–681.

Construction and Survey Accuracies for the execution of dredging and stone dumping works. Rotterdam Public Works Engineering Department, Port of Rotterdam, The Netherlands Association of Dredging, Shore and Bank Protection Contractors (VBKO). International Association of Dredging Companies (IADC).

CUR (2005): Handbook of Quay Walls. Centre for Civil Engineering Research and Codes, Taylor & Travess, Leiden.

DAfStb (1990, 1991, 1992): Richtlinie für Schutz und Instandsetzung von Betonbauteilen. Teile 1 bis 4, Deutscher Ausschuss für Stahlbeton (DAfStb).

DAfStb (2012): Richtlinie „Massige Bauteile aus Beton“. Deutscher Ausschuss für Stahlbeton (DAfStb).

Davidenkoff, R. (1964): Deiche und Erddämme, Sickerwasser-Standsicherheit. Werner Verlag Düsseldorf.

Davidenkoff, R. (1970): Unterläufigkeit von Bauwerken. Werner Verlag Düsseldorf.

Davidenkoff, R. und Franke, O. L. (1965): Untersuchungen der räumlichen Sickerströmung in einer umspundeten Baugrube im Grundwasser. Bautechnik 42, Heft 9, 1965.

Det Norske Veritas (1991): Environmental conditions and environmental loads. Classification Notes No. 30.5.

Dietze, W. (1964): Seegangskräfte nichtbrechender Wellen auf senkrechte Pfähle. Bauingenieur 39 (9): 354.

DNV (1977): Rules for Design, Construction and Inspection of Fixed Offshore Structures. Det Norske Veritas.

Drewes, U.; Römisch, K.; Schmidt E. (1995): Propellerstrahlbedingte Erosionen im Hafenbau und Möglichkeiten zum Schutz für den Ausbau des Burchardkais im Hafen Hamburg. Mitteilungen des Leichtweiß-Instituts für Wasserbau der Technischen Universität Braunschweig, H. 134.

DVWK (Deutscher Verband für Wasserwirtschaft und Kulturbau e. V.) (1990): Dichtungselemente im Wasserbau. DK 626/627 Wasserbau; DK 69.034.93 Abdichtung, Verlag Paul Parey, Hamburg, Berlin.

DVWK (Deutscher Verband für Wasserwirtschaft und Kulturbau e. V.) (1992): Anwendung von Geotextilien im Wasserbau. Merkblatt 221.

Dynamit, N. (1993): Sprengtechnisches Handbuch. Dynamit Nobel Aktiengesellschaft (Hrsg.), Troisdorf.

EA Pfähle (2012): Empfehlungen des Arbeitskreises „Pfähle". Deutsche Gesellschaft für Geotechnik e. V (Hrsg.), Verlag Ernst & Sohn, Berlin 2012.

EAAW (2008): Empfehlungen für die Ausführung von Asphaltarbeiten im Wasserbau. Deutsche Gesellschaft für Geotechnik, 5. Ausgabe, nur digital verfügbar auf http://www.dggt.de/images/PDF-Dokumente/eaaw2008.pdf.

EAB (2006): Empfehlungen des Arbeitskreises „Baugruben". Deutsche Gesellschaft für Geotechnik e. V (Hrsg.), Verlag Ernst & Sohn, Berlin 2006.

EAG-GTD (2002): Empfehlungen zur Anwendung geosynthetischer Tondichtungsbahnen. Deutsche Gesellschaft für Geotechnik (Hrsg.), Verlag Ernst & Sohn, Berlin 2002.

EAK (2002): Empfehlungen für Küstenschutzbauwerke. Ausschuss für Küstenschutzwerke der DGGT und der HTG, „Die Küste" Heft 65-2002, Westholsteinische Verlagsanstalt Boyens & Co., Heide i. Holst.

EAK (2002): Empfehlungen für Küstenschutzbauwerke. Ausschuss für Küstenschutzwerke der DGGT und der HTG, „Die Küste" Heft 65-2002, Westholsteinische Verlagsanstalt Boyens & Co., Heide i. Holst.

EAO (2004): Empfehlungen zur Anwendung von Oberflächendichtungen an Sohle und Böschung von Wasserstraßen. Mitteilung Nr. 85, Bundesanstalt für Wasserbau, Karlsruhe 2004, digital verfügbar auf www.baw.de.

EBGEO (2010): Empfehlungen für den Entwurf und die Berechnung von Erdkörpern mit Bewehrungen aus Geokunststoffen (EBGEO). Deutsche Gesellschaft für Geotechnik e. V. (Hrsg.), 2. Auflage, April 2010, 327 Seiten.

Edil, T. B.; Roblee, C. J. und Wortley, C. A. (1988): Design approach for piles subject to ice jacking. Journal of Cold Regions Engineering Vol. 2, Nr. 2, Paper 22508, American Society of Civil Engineers.

ETAB: Technische Empfehlungen und Berichte. Bundesverband öffentlicher Binnenhäfen, Neuss, siehe: http://www.binnenhafen.de/die-themen/infothek/technische-empfehlungen-und-berichte.

F. E. M. (1987): Federation Européenne de la Manutention, Section I, Rules for the design of hoisting appliances, Booklet 2: Classification and loading on structures and mechanisms F. E. M. 1.001. 3rd Edition, Deutsches National-Komitee Frankfurt/Main.

Fages, R. und Gallet, M. (1973): Calculations for Sheet Piled or Cast in Situ Diaphragm Walls. Civil Engineering and Public Works Review, Dec.

Fages, R. und Bouyat, C. (1971): Calcul de rideaux de paroismouileeset de palplanches. Travaux Nr. 439, S. 49–51 und Nr. 441, S. 38–46.

Feile, W. (1975): Konstruktion und Bau der Schleuse Regensburg mit Hilfe von Schlitzwänden. Bauingenieur 50, Heft 5, S. 168.

FGSV-820 (1982): Merkblatt für die Fugenfüllung in Verkehrsflächen aus Beton. Forschungsgesellschaft für Straßen- und Verkehrswesen e. V.

Galvin, C. H. Ir. (1972): Wave Breaking in Shallow Water, in Waves on Beaches. New York, Ed. R. E. Meyer, Academic Press.

GBB (2010): Grundlagen zur Bemessung von Böschungs- und Sohlensicherungen an Binnenwasserstraßen. Merkblatt der Bundesanstalt für Wasserbau, Karlsruhe, digital verfügbar auf www.baw.de.

Gebreselassie, B. (2003): Experimental, analytical and numerical investigations in normally consolidated soft soils. Schriftenreihe Geotechnik der Universität Kassel, Heft 14.

Germanischer Lloyd (1976): Vorschriften für Konstruktion und Prüfung von Meerestechnischen Einrichtungen, Band I – Meerestechnische Einheiten – (Seebauwerke). Hamburg, Eigenverlag des Germanischen Lloyd.

Germanischer Lloyd (2005): Guideline for the construction of fixed offshore installations in ice infested waters, Rules and Guidelines IV-Industrial Services (Part 6, Chapter 7).

Goda, Y. (2000): Random Seas and Design of Maritime Structures. University of Tokyo Press. 1985; auch 2. geänderte Auflage, Advanced Series of Ocean Engineering – Volume 15, World Scientific Singapore.

Graff, M.; Klages, D. und Binder, G. (2000): Mikrobiell induzierte Korrosion (MIC) in marinem Milieu. Materials and Corrosion 51, S. 247–254.

Grundbau–Taschenbuch (2001). 6. Auflage, Teil 1, 2 und 3, Verlag Ernst & Sohn, Berlin 2001.

Gudehus, G. (1981): Bodenmechanik. Ferdinand Enke Verlag, Stuttgart 1981.

Hafner, E. (1977): Kraftwirkung der Wellen auf Pfähle. Wasserwirtschaft 67, H. 12, S. 385.

Hafner, E. (1978): Bemessungsdiagramme zur Bestimmung von Wellenkräften auf vertikale Kreiszylinder. Wasserwirtschaft 68 (7/8): 227.

Hager, M. (1975): Untersuchungen über Mach-Reflexion an senkrechter Wand. Mitteilungen des Franzius-Instituts für Wasserbau und Küsteningenieurwesen der Technischen Universität Hannover, H. 42.

Hager, M. (1996): Eisdruck. Kap. 1.14 im Grundbau-Taschenbuch, 5. Auflage, Teil 1, Verlag Ernst & Sohn, Berlin 1996.

Hager, M. (2002): Ice loading actions. Geotechnical Engineering Handbook, Vol 1: Fundamentals. Chap. 1.14, Verlag Ernst & Sohn, Berlin 2002.

Hamburg (2007): Freie und Hansestadt Hamburg – Berechnungsgrundsätze für Hochwasserschutzwände, Flutschutzanlagen und Uferbauwerke im Bereich der Freien und Hansestadt Hamburg.

Handbuch Eurocode 7-1 (2011): Handbuch Eurocode 7 – Geotechnische Bemessung, Band 1: Allgemeine Regeln. 1. Auflage, Herausgeber: DIN Deutsches Institut für Normung e. V., Beuth Verlag, Berlin.

Handbuch Eurocode 7-2 (2011): Handbuch Eurocode 7 – Geotechnische Bemessung, Band 2: Erkundung und Untersuchung. 1. Auflage, Herausgeber: DIN Deutsches Institut für Normung e. V., Beuth Verlag, Berlin.

Hansbo, S. (1976): Consolidation of clay by band-shaped prefabricated drains, Ground Engineering, Foundation Publications Ltd., July 1976.

Hansbo, S. (1981): Consolidation of fine-grained soils by prefabricated Drains, 10th International Conference on Soil Mechanics and Foundation Engineering, Stockholm.

Heibaum, M. (1987): Zur Frage der Standsicherheit verankerter Stützwände auf der tiefen Gleitfuge. Technische Hochschule Darmstadt, Fachbereich Konstruktiver Ingenieurbau, Diss., 1987. Erschienen in: Franke, E. (Hrsg.): Mitteilungen des Instituts für Grundbau, Boden- und Felsmechanik der Technischen Hochschule Darmstadt, Heft 27.

Heibaum, M. (1991): Kleinbohrpfähle als Zugverankerung – Überlegungen zur Systemstandsicherheit und zur Ermittlung der erforderlichen Länge. In: Institut für Bodenmechanik, Felsmechanik und Grundbau der Technischen Universität Graz (Veranst.): Bohrpfähle und Kleinpfähle – Neue Entwicklungen (6. Christian Veder Kolloquium). Graz, Institut für Bodenmechanik der Technischen Universität.

Heil, H.; Kruppe, J. und Möller, B. (1997): Berechnungsansätze für HWS-Wände und Uferbauwerke. Hansa, 134 (5): 77 ff.

Hein, W. (1990): Zur Korrosion von Stahlspundwänden in Wasser. Mitteilungsblatt der BAW Nr. 67, Karlsruhe.

Heiß, P.; Möhlmann, F. und Röder, H. (1992): Korrosionsprobleme im Hafenbau am Übergang Spundwandkopf zum Betonüberbau. HTG-Jahrbuch, 47.Bd.

Henke, S. (2011): Numerical and experimental investigations of soil plugging in open-ended piles. Tagungsband zum Workshop Ports for Container Ships of Future Generations, Veröffentlichungen des Instituts für Geotechnik und Baubetrieb der TU Hamburg-Harburg, Heft 22, S. 97–122.

Henke, S. (2012): Large deformation numerical simulations regarding the soil plugging behaviour inside open-ended piles. 31st International Conference on Ocean, Offshore and Arctic Engineering, Rio de Janeiro, Brasilien, digitally published under OMAE2012-83039.

Henke, S. und Grabe J. (2008): Numerische Untersuchungen zur Pfropfenbildung in offenen Profilen in Abhängigkeit des Einbringverfahrens. Bautechnik 85 (8): 521–529.

Henne, J. (1989): Versuchsgerät zur Ermittlung der Biegezugfestigkeit von bindigen Böden. Geotechnik, H. 2, S. 96ff.

Herdt, W.; Arndts, E. (1973): Theorie und Praxis der Grundwasserabsenkung. Verlag Ernst & Sohn, Berlin 1973.

Hirayama, K. I.; Schwarz, J. und Wu, H. C. (1974): An investigation of ice forces on vertical structures. Iowa Institute of Hydraulic Research, IIHR Report No. 158.

Hoffmans, G. J. C. M. and Verheij, H. J. (1997): Scour Manual 1997. Published by Balkema, Rotterdam/Brookfield.

Horn, A. (1984): Vorbelastung als Mittel zur schnellen Konsolidierung weicher Böden. Geotechnik, Heft 3, S. 189.

HTG (1985): Beziehung zwischen Kranbahn und Kransystem. Ausschuss für Hafenumschlagtechnik der Hafenbautechnischen Gesellschaft e. V., Hansa 122, H. 21, S. 2215 und H. 22, S. 2319.

HTG (1994): Kathodischer Korrosionsschutz für Stahlbeton. Hafenbautechnische Gesellschaft e. V. (HTG), Hamburg.

HTG (1996): Hochwasserschutz in Häfen – Neue Bemessungsansätze. Tagungsband zum HTG-Sprechtag Oktober 1996, Hafenbautechnische Gesellschaft (HTG) e. V., Hamburg.

HTG (2010): Empfehlungen des Arbeitsausschusses Sportboothäfen und wassertouristische Anlagen. Handlungsempfehlungen für Planung, Bau und Betrieb von Sportboothäfen und wassertouristischen Anlagen. Entwurf Mai 2010, in Bearbeitung.

Hudson, R. Y. (1958): Design of quarry stone cover layers for rubble mound breakwaters. Waterway Experiment Station, Research Report No. 2-2, Vicksburg, USA.

Hudson, R. Y. (1959): Laboratory investigations of rubble mound breakwaters. Waterway Experiment Station Report, Vicksburg, USA.

Idriss, I. M. und Boulanger, R. W. (2004): Semi-Empirical Procedures For Evaluating Liquefaction Potential During Earthquakes. Joint 11th Int. Conference on Soil Dynamics & Earthquake Engineering (ICSDEE) and The 3rd International Conference on Earthquake Geotechnical Engineering (ICEGE) January 7–9, 2004, Berkeley CA, USA.

ISO/FDIS 19906 (2010) (E): Petroleum and natural gas industries. Arctic offshore structures.

Jamiolowski, M.; Ladd, C. C.; Germaine, J. T. und Lancellotta, R. (1985): New developments in field and laboratory testing of soils. Proc. of 11th Int. Conf. on Soil Mechanics and Foundation Engineering in San Francisco (USA), Vol. 1, pp. 57–153.

Jardine, R.; Chow, F.; Overy, R. and Standing, J. (2005): ICP design methods for driven piles in sand and clays. London, Thomas Telford.

JSCE (1996) – Japan Society of Civil Engineering: The 1995 Hyogoken-Nanbu Earthquake – Investigation into Damage to Civil Engineering Structures – Committee of Earthquake Engineering, Tokyo 1996.

Kaplan, P. (1992): Wave impact forces on offshore structures: re-examination and new Interpretations. Offshore Technology Conf., OTC 6814, Houston, USA.

Kempfert, H.-G. (1996): Embankment foundation on geotextile-coated sand columns in soft ground. Proceedings of the 1st European geosynthetics conference EurGeo 1, Maastricht, Netherlands.

Kirsch, K.; Sondermann, W. (2001): Baugrundverbesserung. In: Grundbautaschenbuch, Teil 2, 6. Auflage 2001. Verlag Ernst & Sohn, Berlin 2001.

Kjellmann, W. (1948): Accelerating consolidation of fine grained soils by means of cardboard wicks. 2nd International Conference on Soil Mechanics and Foundation Engineering.

Koerner, R. M. (2005): Designing with Geosynthetics. Prentice-Hall, Englewood Cliffs, N. Y.

Köhler, H.-J. (1997): Porenwasserdruckausbreitung im Boden, Messverfahren und Berechnungsansätze. Mitteilungen des Instituts für Grundbau und Bodenmechanik der Universität Braunschweig, Braunschweig, Heft 50, S. 247–258.

Köhler, H.-J. und Haarer, R. (1995): Development of excess pore water pressure in overconsolidated clay, induced by hydraulic head changes and its effect on sheet pile wall stability of a navigable lock. Of the 4th Int. Symp. on Field Measurements in Geomechanics (FMGM 95), Bergamo, SG Editorial Padua, pp. 519–526.

Köhler, H.-J. und Schulz, H. (1986): Bemessung von Deckwerken unter Berücksichtigung von Geotextilien. 3. Internationale Konferenz über Geotextilien in Wien 1986, Rotterdam, A. A. Balkema.

Kohlhase, S.; Dede, Ch.; Weichbrodt, F. und Radomski, J. (2006): Empfehlungen zur Bemessung der Einbindelänge von Holzpfählen im Buhnenbau, Ergebnisse des BMBF-Forschungsvorhabens Buhnenbau. Universität Rostock.

Kokkinowrachos, K. (1980) in: „Handbuch der Werften“, Bd. 15, Hamburg.

Koppejan, A. W. (1948): A Formular combining the Therzaghi Load-compression relationship and the Buisman secular time effect. Proceedings 2nd Int. Conf. On Soil Mech. And Found. Eng.

Kortenhaus, A. und Oumeraci, H. (1997): Lastansätze für Wellendruck. Hansa, 134 (5), S. 77 ff.

Korzhavin, K. N. (1962): Action of ice on engineering structures. English translation, U. S. Cold Region Research and Engineering Laboratory, Trans. T. L. 260.

Kovacs, A. (1996): Sea-Ice Part II. Estimating the Full-Scale Tensile, Flexural, and Compressive Strength of First-Year Ice, US Army Corps of Engineers, CRREL Report 96–11.

Kranz, E. (1953): Über die Verankerung von Spundwänden. 2. Auflage,Verlag Ernst & Sohn, Berlin 1953.
Ladd, C. C. und DeGroot, D. J. (2003): Recommended practise for soft ground site characterisation. Proc. of 12th Panam. CSMGE, Arthur Casagrande Lecture, Cambridge (USA).
Ladd, C. C. und Foott, R. (1974): New design procedure for stability of soft clays. Journal of the Geotech. Eng. Div., ASCE, GT7, 100 (1): 763–786.
Laumans, Q. (1977): Verhalten einer ebenen, in Sand eingespannten Wand bei nichtlinearen Stoffeigenschaften des Bodens. Baugrundinstitut Stuttgart, Mitteilung 7.
Lehane, B. M.; Schneider, J. A. and Xu, X. (2005): The UWA-05 method for prediction of axial capacity of driven piles in sand. International Symposium on Frontiers in Offshore Geotechnics (ISFOG2005), Perth, 683–689.
Leinenkugel, H. J. (1976): Deformations- und Festigkeitsverhalten bindiger Erdstoffe. Veröffentlichungen des Instituts für Bodenmechanik und Felsmechanik der Universität Karlsruhe, Heft 66.
Loers, G. und Pause, H. (1976): Die Schlitzwandbauweise – große und tiefe Baugruben in Städten. Bauingenieur 51, Heft 2, S. 41.
Longuet-Higgins, M. S. (1952): On the Statistical Distribution of the Heights of Sea Waves. Journal of Marine Research, Vol. XI, No. 3.
MacCamy, R. C. und Fuchs, R. A. (1954): Wave Forces on Piles: A Diffraction Theory. Techn. Memorandum 69, US Army, Corps of Engineers, Beach Erosion Board, Washington D.C., Dec. 1954.
MAG (1993): Merkblatt „Anwendung von geotextilen Filtern an Wasserstraßen". Ausgabe 1993, Bundesanstalt für Wasserbau, Karlsruhe.
Mahutka, K.-P.; König, F. und Grabe, J. (2006): Numerical modelling of pile jacking, driving and vibro driving. Proceedings of International Conference on Numerical Simulation of Construction Processes in Geotechnical Engineering for Urban Environment (NSC06), Bochum, ed. by T. Triantafyllidis, Balkema, Rotterdam, pp. 235–246.
MAK (1989): Merkblatt „Anwendung von Kornfiltern an Wasserstraßen". Ausgabe 1989, Bundesanstalt für Wasserbau, Karlsruhe.
MAR (2008): Merkblatt „Anwendung von Regelbauweisen für Böschungs- und Sohlensicherungen an Binnenwasserstraßen". Bundesanstalt für Wasserbau, Karlsruhe, digital verfügbar auf www.baw.de.
Matlock, H. (1970): Correlations for Design of Laterally Loaded Piles in Soft Clay. OTC 1204.
Meek, J. W. (1995): Der Spitzenwiderstand von Stahlrohrpfählen. Bautechnik 72 (5): 305–309.
Möbius, W.; Wallis, P.; Raithel, M.; Kempfert, H.-G. und Geduhn, M. (2002): Deichgründung auf geokunststoffummantelten Sandsäulen. Hansa, 139. Jhg., Heft 12, S. 49–53.
Mokwa, Robert L. (1999): Investigation of the resistance of pile caps to lateral loading; PhD Thesis. Faculty of the Virginia Polytechnical Institute and State University.
Morison, J. R.; O'Brien, M. P.; Johnson, J. W. und Schaaf, S. A. (1950): The force exerted by surface waves on piles. Petroleum Transactions, AIME, Vol. 189.
Müller-Kirchenbauer, H., Walz, B. und Kilchert, M. (1979): Vergleichende Untersuchung der Berechnungsverfahren zum Nachweis der Sicherheit gegen Gleitflächenbildung bei suspensionsgestützten Erdwänden. Veröffentlichungen des Grundbauinstituts der TU Berlin, Heft 5.
Muttray, M. (2000): Wellenbewegung an und in einem geschütteten Wellenbrecher. Dissertation, TU Braunschweig.

O'Neill and Murchinson (1983): Fan Evaluation of p-y Relationships in Sands. By M. W.: A report to the American Petroleum Institute.
Odenwald, B. und Herten, M. (2008): Hydraulischer Grundbruch: neue Erkenntnisse. Bautechnik, 85 (9): 585–595.
Os, P. J. van (1976): Damwandberekening: Computermodel of Blum. Polytechnisch Tijdschrift, Editie B, Nr. 6, S. 367–378.
Oumeraci, H. (2001): Küsteningenieurwesen. In: Lecher, K. et al.: Taschenbuch der Wasserwirtschaft. 8. völlig neu bearbeitete Auflage, Berlin, Paul Parey Verlag, Kap. 12, S. 657–743.
Oumeraci, H. und Kortenhaus, A. (1997): Anforderungen an ein Bemessungskonzept. Hansa, 134. Jhg., Seite 71 ff.
Owen, M. W. (1980): Design of seawalls allowing for wave overtopping. Hydraulic Research, Wallingford, Report No. 783, Delft.
PIANC (1973): Report of the International Waves Commission, PIANC-Bulletin No 15, Brüssel.
PIANC (1976): Report of the International Waves Commission, PIANC-Bulletin No 25 (1976), Brüssel.
PIANC (1980): Report of the 3rd International Wave Commission. Supplement of the Bulletin No 36, Brüssel.
PIANC (1986): IAHR/PIANC: Intern. Ass. For Hydr. Research/Permanent Intern. Ass. Of Navigation Congresses. List of Sea State Parameters. Supplement to Bulletin No. 52, Brüssel.
PIANC (1987): Report of the Pianc Working Group II-9 „Development of modern Marine Terminals“. Supplement to Pianc-Bulletin No 56, Brüssel.
PIANC (1987): Report of Working Group I-4 „Guidelines for the design and construction of flexible revements incorporating geotextiles for inland waterways“. Supplement to Pianc-Bulletin No 57, Brüssel 1987.
PIANC (1992): Report of Working Group II-21 „Guidelines for the design and construction of flexible revetments incorporating geotextiles in marine environment“. Supplement to Pianc-Bulletin No 78/79, Brüssel 1992.
PIANC Report (1998): Life cycle management of port structures – General principles. Pianc-Bulletin No 99, Brüssel (1998).
PIANC (2001): PIANC-Report „Effect of Earthquakes on Port Structures“. Report of MarCom, WG 34.
PIANC (2002): PIANC-Report „Guidelines for the Design of Fender Systems: 2002“. Report of MarCom, WG 33.
PIANC Report (2004): Inspection, maintenance and repair of maritime structures exposed to material degradation caused by a salt water environment. MarCom Report of WG 17 (2004).
PIANC Report (2006): Maintenance and renovation of navigation infrastructure. InCom Report of WG 25 (2006).
Pilarczyk, K. und Zeidler, R. (1996): Offshore Breakwaters and Shore Evolution Control. Balkema, Rotterdam, The Netherlands.
Raithel, M. (1999): Zum Trag- und Verformungsverhalten von geokunststoffummantelten Sandsäulen. Schriftenreihe Geotechnik, Universität Kassel, Heft 6.
Randolph, M. F. (2003): Science and empiricism pile foundation design. Géotechnique 53 (10), 847–875.
Randolph, M. F. (2004): Characterisation of soft sediments for offshore applications. 2nd International Site Characterisation Conference, Port, Portugal, Vol. 1, pp. 209–232.

Rausche, F.; Likins, G. und Klingmüller, O. (2011): Zur Auswertung dynamischer Messungen an großen offenen Stahlrohrpfählen. Pfahl-Symposium 2011, Braunschweig, Mitteilungen des Instituts für Grundbau und Bodenmechanik, TU Braunschweig, Heft 94, S. 491–507.

Reese, L. C. and Cox, W. R. (1975): Field Testing and Analysis of Laterally Loaded Piles in Stiff Clay, OTC 2312.

Richtlinie 79/113/EWG vom 19.12.1978 zur Angleichung der Rechtsvorschriften der Mitgliedsstaaten betreffend die Ermittlung des Geräuschemissionspegels von Baumaschinen und Baugeräten (Amtsbl. EG 1979 Nr. L 33 S. 15).

Richtlinie „Berechnungsgrundsätze für private Hochwasserschutzwände und Uferbauwerke im Bereich der Freien und Hansestadt Hamburg" (Mai 1997). Amtlicher Anzeiger, Teil II des Hamburgischen Gesetz- und Verordnungsblattes, Nr. 33, 1998.

Richwien, W. und Lesny, K. (2003): Risikobewertung als Schlüssel des Sicherheitskonzepts – Ein probabilistisches Nachweiskonzept für die Gründung von Offshore-Windenergieanlagen. In: Erneuerbare Energien 13, Heft 2, S. 30–35.

Ridderbos, N. L. (1999): Risicoanalyse met behulp van foutenboom en golfbelasting ten gevolge van ‚slamming' op horizontale constructie. Master thesis, TU Delft, Faculty of Civil Engineering and Geoscience, Delft.

Rienecker, M. M. und Fenton, J. D. (1981): A Fourier approximation method for steady water waves. Journal of Fluid Mechanics, Vol. 104.

Rollberg, D. (1976): Bestimmung des Verhaltens von Pfählen aus Sondier- und Rammergebnissen. Forschungsberichte aus Bodenmechanik und Grundbau FBG 4, Techn. Hochschule Aachen.

Rollberg, D. (1977): Bestimmung der Tragfähigkeit und des Rammwiderstands von Pfählen und Sondierungen. Veröffentlichungen des Instituts für Grundbau, Bodenmechanik, Felsmechanik und Verkehrswasserbau der Techn. Hochschule Aachen, Heft 3, S. 43–224.

ROM (1990): Recomendaciones para Obras Maritimas. (Englische Fassung), Maritime Works Recommendations (MWR): Actions in the design of maritime and Harbor Works (ROM 0.2-90), Ministerio de Obras Publicas y Transportes, Madrid.

Römisch, K. (1993): Propellerstrahlinduzierte Erosionserscheinungen in Häfen. Hansa, 130. Jhg., Nr. 8.

Römisch, K. (1994): Propellerstrahlinduzierte Erosionserscheinungen – Spezielle Probleme. Hansa, 131. Jhg., Nr. 9.

Römisch, K.: Scouring in Front of Quay Walls Caused by Bow Thruster and New Measures for its Reduction. V. International Seminar on Renovation and Improvements to Existing Quay Structures, TU Gdansk (Poland), May 28–30, 2001.

Römisch, K.: Strömungsstabilität vergossener Steinschüttungen. Wasserwirtschaft 90, 2000, Heft 7–8, S. 356–361.

Rostasy, F. S., Onken, P. (1995): Wirksame Betonzugfestigkeit bei früh einsetzendem Temperaturzwang. Deutscher Ausschuss für Stahlbeton – Heft 449, Beuth Verlag, Berlin.

RPB (2001): Richtlinie für die Prüfung von Beschichtungssystemen für den Korrosionsschutz im Stahlwasserbau (RPB). Ausgabe 2001, Bundesanstalt für Wasserbau, Karlsruhe.

RPG (1994): Richtlinien für die Prüfung von geotextilen Filtern im Verkehrswasserbau. Bundesanstalt für Wasserbau, Karlsruhe.

Rudolph, C.; Mardfeldt, B. und Dührkop, J. (2011): Vergleichsberechnungen zur Dalbenbemessung nach Blum und mit der p-y-Methode. Geotechnik, Heft 4.

RÜV: Richtlinie für die Überwachung der Verkehrssicherheit von baulichen Anlagen des Bundes. Bundesministerium für Verkehr, Bau und Stadtentwicklung, Abteilung Bauwesen, Bauwirtschaft und Bundesbauten (2006).

Sainflou, M. (1928): Essai sur les digues maritimes verticales. Annales des Ponts et Chaussées, tome 98 II (1928), übersetzt: Treatise on vertical breakwaters. US Army, Corps of Engineers.

Schenk, W. (1968): Verfahren beim Rammen besonders langer, flachgeneigter Schrägpfähle. Bauingenieur 43, Heft 5.

Scherzinger, T. (1991): Materialverhalten von Seetonen – Ergebnisse von Laboruntersuchungen und ihre Bedeutung für das Bauen in weichem Baugrund. Veröffentlichungen des Institutes für Bodenmechanik und Felsmechanik der Universität Karlsruhe, Heft 122.

Schuller, G. I. (1981): Einführung in die Sicherheit und Zuverlässigkeit von Tragwerken, Verlag Ernst und Sohn, Berlin 1981.

Schulz, H. (1987a): Mineralische Dichtungen für Wasserstraßen. Fachseminar „Dichtungswände und Dichtsohlen", Juni 1987 in Braunschweig, Mitteilungen des Instituts für Grundbau und Bodenmechanik, Techn. Universität Braunschweig, H. 23.

Schulz, H. (1987b): Conditions for day sealings at joints. Proc. of the IX. Europ. Conf. on Soil MecH. and Found. Eng., Dublin.

Schüttrumpf, R. (1973): Über die Bestimmung von Bemessungswellen für den Seebau am Beispiel der südlichen Nordsee. Mitteilungen des Franzius-Instituts für Wasserbau und Küsteningenieurwesen der Technischen Universität Hannover, Heft 39.

Schwarz, J. (1970): Treibeisdruck auf Pfähle. Mitteilung des Franzius-Instituts für Grund- und Wasserbau der Technischen Universität Hannover, Heft 34.

Schwarz, J.; Hirayama, K.; und Wu, H. C. (1974): Effect of Ice Thickness on Ice Forces. Proceedings Sixth Annual Offshore Technology Conference, Houston, Texas, USA.

Seah, T. H. und Lai, K. C. (2003): Strength and deformation behavior of soft Bangkok clay. Geotechnical Testing Journal, 26 (4).

Sherif, G. (1974): Elastisch eingespannte Bauwerke. Tafeln zur Berechnung nach dem Bettungsmodulverfahren mit variablen Bettungsmoduli. Verlag Ernst & Sohn, Berlin/München/Düsseldorf 1974.

Siefert, W. (1974): Über den Seegang in Flachwassergebieten. Mitteilungen des Leichtweiß-Instituts für Wasserbau der Technischen Universität Braunschweig, Heft 40.

SNiP (1995): SNiP 2.06.04-82: Ministry of Russia. Bautechnische Normen und Regeln – Belastung und Einflüsse aus Wellen, Eis und von Schiffen auf hydrotechnische Anlagen. Moskau.

Sparboom, U. (1986): Über die Seegangsbelastung lotrechter zylindrischer Pfähle im Flachwasserbereich. Mitteilungen des Leichtweiß-Instituts der TU Braunschweig, Heft 93, Braunschweig.

SPM (1984): Shore Protection Manual. US Army Corps of Engineers, Coastal Engineering Research Center, Vicksburg, USA.

SPM (1984): Shore Protection Manual. US Army Corps of Engineers, Coastal Engineering Research Center, Vicksburg, USA.

Streeter, V. L. (1961): Handbook of Fluid Dynamics. New York.

Takahashi, S. (1996): Design of Breakwaters. Port and Harbour Research Institute, Yokosuka, Japan.

Tanimoto, K. und Takahashi, S. (1978): Wave forces on horizontal platforms. Proc. of 5th Int. Ocean Development Conf.

Terzaghi, K. und Peck, R. B. (1961): Die Bodenmechanik in der Baupraxis. Springer Verlag, Berlin 1961.

TGL 35983/02 (1983): Sicherungen von Baugruben und Leitungsgräben. Böschung im Lockergestein. Fachbereichsstandard der Deutschen Demokratischen Republik.

TLG (2003): Technische Lieferbedingungen für Geotextilien und geotextilverwandte Produkte an Wasserstraßen – Ausgabe 2003 – des Bundesministeriums für Verkehr, Bau- und Wohnungswesen. Verkehrsblatt 2003, Heft 18.

Van der Meer, J. W.; Janssen, J. P. F. M. (1994): Wave run-up and waver overtopping at dikes and revetments. Delft Hydraulics Publication No. 485, Delft.

VDI-Richtlinie 3576: Schienen für Krananlagen, Schienenverbindungen, Schienenbefestigungen, Toleranzen. Verein Deutscher Ingenieure, 2011.

VDI-Richtlinie 6200: Standsicherheit von Bauwerken – Regelmäßige Überprüfung. VDI-Richtlinienausschuss 6200, 2010.

Veder, Ch. (1975): Die Schlitzwandbauweise – Entwicklung, Gegenwart und Zukunft. Österreichischer Ing. Z. 18, Heft 8, S. 247.

Veder, Ch. (1976): Beispiele neuzeitlicher Tiefgründungen. Bauingenieur 51, Heft 3, S. 89.

Veder, Ch. (1981): Einige Ursachen von Misserfolgen bei der Herstellung von Schlitzwänden und Vorschläge zu ihrer Vermeidung. Bauingenieur 56, Heft 8, S. 299.

Veldhuyzen van Zanten, R. (1994): Geotextiles and Geomembranes in Civil Engineering. Balkema, Rotterdam/Boston.

VOB/B: Allgemeine Vertragsbedingungen für die Ausführung von Bauleistungen. Hrsg.: DIN Deutsches Institut für Normung e. V., Beuth Verlag, Berlin 2010.

VV-WSV 2101: Bauwerksinspektion. Herausgegeben vom Bundesminister für Verkehr, Bonn, erhältlich bei der Drucksachenstelle der Wasser- und Schifffahrtsdirektion Mitte, Hannover 2009.

VV-WSV 2301: Damminspektion. Herausgegeben vom Bundesminister für Verkehr, Bonn, erhältlich bei der Drucksachenstelle der Wasser- und Schifffahrtsdirektion Mitte, Hannover 1981.

Walden, H. und Schäfer, P. J. (1969): Die winderzeugten Meereswellen, Teil II, Flachwasserwellen. Heft 1 und 2, Einzelveröffentlichungen des Deutschen Wetterdienstes, Seewetteramt Hamburg.

Wehnert, M. (2006): Ein Beitrag zur drainierten und undrainierten Analyse in der Geotechnik. Mitteilung 53. Institut für Geotechnik, Universität Stuttgart.

Weichbrodt, F. (2008): Entwicklung eines Bemessungsverfahrens für Holzpfahlbuhnen im Küstenwasserbau. Veröffentl. Dissertation, Rostock.

Weiss, F. (1967): Die Standfestigkeit flüssigkeitsgestützter Erdwände. Bauingenieur-Praxis, Heft 70, Verlag Ernst & Sohn, Berlin/München/Düsseldorf 1967.

Weißenbach, A. (1961): Der Erdwiderstand vor schmalen Druckflächen. Mitteilung des Franzius-Instituts TH Hannover 1961, Heft 19, S. 220.

Weißenbach, A. (1985): Baugruben, Teil II, Berechnungsgrundlagen. 1. Nachdruck, Verlag Ernst & Sohn, Berlin 1985.

Wiegel, R. L. (1964): Oceanographical Engineering. Prentice Hall Series in Fluid Mechanics.

Wirsbitzki, B. (1981): Kathodischer Korrosionsschutz im Wasserbau. Hafenbautechnische Gesellschaft e. V., Hamburg.

Wroth, C. P. (1984): The interpretation of in situ soil tests. Géotechnique 34 (4): 449–489.

Zaeske, D. (2001): Zur Wirkungsweise von unbewehrten und bewehrten mineralischen Tragschichten über pfahlartigen Gründungselementen. Schriftenreihe Geotechnik, Universität Kassel, Heft 10.

Ziegler, M.; Aulbach, B.; Heller, H. und Kuhlmann, D. (2009): Der Hydraulische Grundbruch – Bemessungsdiagramme zur Ermittlung der erforderlichen Einbindetiefe. Bautechnik 86, Heft 9, S. 529–541.

ZTV-ING (2003): Zusätzliche Technische Vertragsbedingungen und Richtlinien für Ingenieurbauten (ZTV-ING). Bundesanstalt für Straßenwesen (Hrsg.), Verkehrsblatt-Sammlung Nr. S 1056, Verkehrsblatt-Verlag, Dortmund.

ZTV-W LB 220 (1999): Zusätzliche Technische Vertragsbedingungen – Wasserbau (ZTV-W) für kathodischen Korrosionsschutz im Stahlwasserbau (Leistungsbereich 220). Bundesministerium für Verkehr, Bau und Stadtentwicklung.

ZTV-W LB 219 (2012): Zusätzliche Technische Vertragsbedingungen – Wasserbau (ZTV-W) für Schutz und Instandsetzung der Betonbauteile von Wasserbauwerken (Leistungsbereich 219). Bundesministerium für Verkehr, Bau und Stadtentwicklung.

ZTV-W LB 215 (2012): Zusätzliche Technische Vertragsbedingungen – Wasserbau (ZTV-W) für Wasserbauwerke aus Beton und Stahlbeton (Leistungsbereich 215). Bundesministerium für Verkehr, Bau und Stadtentwicklung.

ZTV-W LB 210 (2006): Zusätzliche Technische Vertragsbedingungen – Wasserbau (ZTV-W) für Böschungs- und Sohlensicherungen (Leistungsbereich 210). Bundesministerium für Verkehr, Bau und Stadtentwicklung.

I.3 Technische Bestimmungen

BS 6349 British Standard 6349-1:2000: Maritime Structures, Part 1: Code of practice for general criteria, Section 5.

DIN EN 206 Beton - Festlegung, Eigenschaften, Herstellung und Konformität.

DIN 536-1 Kranschienen – Maße, statische Werte, Stahlsorten für Kranschienen mit Fußflansch Form A.

DIN EN 756 Schweißzusätze - Massivdrähte, Fülldrähte und Drahtpulver-Kombinationen zum Unterpulverschweißen von unlegierten Stählen und Feinkornbaustählen – Einteilung.

DIN EN 996 Rammausrüstung – Sicherheitsanforderungen.

DIN 1045 Tragwerke aus Beton, Stahlbeton und Spannbeton.

DIN 1048 Prüfverfahren für Beton.

DIN 1052 Herstellung und Ausführung von Holzbauwerken.

DIN 1054 Baugrund – Sicherheitsnachweise im Erd- und Grundbau – Ergänzende Regelungen zu DIN EN 1997-1.

DIN 1076 Ingenieurbauwerke im Zuge von Straßen und Wegen – Überwachung und Prüfung.

DIN EN 1536 Ausführung von Arbeiten im Spezialtiefbau – Bohrpfähle.

DIN EN 1537 Ausführung von besonderen geotechnischen Arbeiten (Spezialtiefbau) – Verpressanker.

DIN EN 1538 Ausführung von Arbeiten im Spezialtiefbau – Schlitzwände.

DIN EN 1542 Produkte und Systeme für den Schutz und die Instandsetzung von Betontragwerken - Prüfverfahren - Messung der Haftfestigkeit im Abreißversuch.

DIN EN ISO 1872 Kunststoffe – Polyethylen (PE)- Formmassen.

DIN EN 1990 Eurocode: Grundlagen der Tragwerksplanung.

DIN EN 1991 Eurocode 1: Einwirkungen auf Tragwerke.

DIN EN 1992 Eurocode 2: Bemessung und Konstruktion von Stahlbeton- und Spannbetontragwerken.

DIN EN 1993 Eurocode 3: Bemessung und Konstruktion von Stahlbauten.
DIN EN 1994 Eurocode 4: Bemessung und Konstruktion von Verbundtragwerken aus Stahl und Beton.
DIN EN 1995 Eurocode 5: Bemessung und Konstruktion von Holzbauten.
DIN EN 1996 Eurocode 6: Bemessung und Konstruktion von Mauerwerksbauten.
DIN EN 1997 Eurocode 7: Entwurf, Berechnung und Bemessung in der Geotechnik.
DIN EN 1998 Eurocode 8: Auslegung von Bauwerken gegen Erdbeben.
DIN EN 1999 Eurocode 9: Bemessung und Konstruktion von Aluminiumtragwerken.
DIN EN ISO 2560 Schweißzusätze – Umhüllte Stabelektroden zum Lichtbogenhandschweißen von unlegierten Stählen und Feinkornstählen – Einteilung.
DIN 4017 Baugrund – Berechnung des Grundbruchwiderstands von Flachgründungen.
DIN 4019 Baugrund – Setzungsberechnungen.
DIN 4020 Geotechnische Untersuchungen für bautechnische Zwecke – Ergänzende Regelungen zu DIN EN 1997-2.
DIN 4030 Beurteilung betonangreifender Wässer, Böden und Gase.
DIN 4084 Baugrund – Geländebruchberechnungen.
DIN 4085 Baugrund – Berechnung des Erddrucks.
DIN 4094-2 Baugrund – Felduntersuchungen – Teil 2: Bohrlochrammsondierung.
DIN 4094-1 Baugrund – Felduntersuchungen – Teil 1: Drucksondierungen.
DIN 4096 Baugrund – Flügelsondierung – Maße des Gerätes, Arbeitsweise, Auswertung (ersetzt durch DIN 4094-4).
DIN 4126 Nachweis der Standsicherheit von Schlitzwänden.
DIN 4127 Erd- und Grundbau; Schlitzwandtone für stützende Flüssigkeiten; Anforderungen, Prüfverfahren, Lieferung, Güteüberwachung.
DIN 4149 Bauten in deutschen Erdbebengebieten – Lastannahmen, Bemessung und Ausführung üblicher Hochbauten.
DIN 4150 Erschütterungen im Bauwesen.
DIN ISO 9613 Akustik – Dämpfung des Schalls bei der Ausbreitung im Freien.
DIN EN 10025 Warmgewalzte Erzeugnisse aus Baustählen
DIN EN 10219 Kaltgefertigte geschweißte Hohlprofile für den Stahlbau aus unlegierten Baustählen und aus Feinkornbaustählen
DIN EN 10248 Warmgewalzte Spundbohlen aus unlegierten Stählen.
DIN EN 10249 Kaltgeformte Spundbohlen aus unlegierten Stählen.
DIN EN 12063 Ausführung von besonderen geotechnischen Arbeiten (Spezialtiefbau) – Spundwandkonstruktionen.
DIN EN 12390 Prüfung von Festbeton.
DIN EN 12504 Prüfung von Beton in Bauwerken.
DIN EN 12699 Ausführung spezieller geotechnischer Arbeiten (Spezialtiefbau) – Verdrängungspfähle.
DIN EN ISO 12944 Beschichtungsstoffe – Korrosionsschutz von Stahlbauten durch Beschichtungssysteme.
DIN EN 13253 Geotextilien und geotextilverwandte Produkte – Geforderte Eigenschaften für die Anwendung in Erosionsschutzanlagen (Küstenschutz und Deckwerksbau).
DIN EN 13383-1 Wasserbausteine – Teil 1: Anforderungen.
DIN EN 13670 Ausführung von Tragwerken aus Beton.
DIN EN 14199 Ausführung von besonderen geotechnischen Arbeiten (Spezialtiefbau) – Pfähle mit kleinen Durchmessern (Mikropfähle).
DIN EN ISO 14341 Schweißzusätze – Drahtelektroden und Schweißgut zum Metall-Schutzgasschweißen von unlegierten Stählen und Feinkornstählen – Einteilung.

DIN 14504 Fahrzeuge der Binnenschifffahrt – Schwimmende Anlegestellen – Anforderungen, 2009.
DIN EN ISO 14688 Geotechnische Erkundung und Untersuchung – Benennung, Beschreibung und Klassifizierung von Boden.
DIN EN ISO 15614 Anforderung und Qualifizierung von Schweißverfahren für metallische Werkstoffe – Schweißverfahrensprüfung.
DIN 16972 Gepresste Tafeln aus Polyethylen hoher Dichte (PE-UHMW), (PE-HMW), (PE-HD).
DIN 18134 Baugrund – Versuche und Versuchsgeräte – Plattendruckversuch.
DIN 18137 Baugrund – Untersuchung von Bodenproben – Bestimmung der Scherfestigkeit.
DIN SPEC 18140 Ergänzende Festlegungen zu DIN EN 1536:2010-12, Ausführung von Arbeiten im Spezialtiefbau – Bohrpfähle.
DIN 18196 Erd- und Grundbau – Bodenklassifikation für bautechnische Zwecke.
DIN SPEC 18537 Ergänzende Festlegungen zu DIN EN 1537:2001-01, Ausführung von besonderen geotechnischen Arbeiten (Spezialtiefbau) – Verpressanker.
DIN SPEC 18538 Ergänzende Festlegungen zu DIN EN 12699:2001-05, Ausführung spezieller geotechnischer Arbeiten (Spezialtiefbau) – Verdrängungspfähle.
DIN SPEC 18539 Ergänzende Festlegungen zu DIN EN 14199:2012-01, Ausführung von besonderen geotechnischen Arbeiten (Spezialtiefbau) – Pfähle mit kleinen Durchmessern (Mikropfähle).
DIN 18540 Abdichten von Außenwandfugen im Hochbau mit Fugendichtstoffen.
DIN 18800 Stahlbauten.
DIN 19666 Sickerrohr- und Versickerrohrleitungen – Allgemeine Anforderungen.
DIN 19702 Massivbauwerke im Wasserbau – Tragfähigkeit, Gebrauchstauglichkeit und Dauerhaftigkeit.
DIN 19703 Schleusen der Binnenschifffahrtsstraßen – Grundsätze für Abmessungen und Ausrüstung.
DIN 19704-1 Stahlwasserbauten – Teil 1: Berechnungsgrundlagen.
DIN EN ISO 22476-2 Geotechnische Erkundung und Untersuchung – Felduntersuchungen – Teil 2: Rammsondierungen (ISO 22476-2:2005 + Amd 1:2011).
DIN EN ISO 22475-1 Geotechnische Erkundung und Untersuchung – Probenentnahmeverfahren und Grundwassermessungen – Teil 1: Technische Grundlagen der Ausführung (ISO 22475:2006).
DIN 45669 Messung von Schwingungsimmissionen.
DIN 52108 Prüfung anorganischer nichtmetallischer Werkstoffe – Verschleißprüfung mit der Schleifscheibe nach Böhme – Schleifscheiben-Verfahren.
DIN 52170 Bestimmung der Zusammensetzung von erhärtetem Beton.

Anhang II Zeichenerklärung

II.1 Kurzzeichen für Rechengrößen, sortiert nach
II.1a Lateinische Kleinbuchstaben
II.1b Lateinische Großbuchstaben
II.1c Griechische Buchstaben
II.2 Feststehende Indizes und Ergänzungen
II.3 Abkürzungen
II.4 Bezeichnungen für Wasserstände und Wellenhöhen

Im Folgenden sind die wichtigsten der im Text sowie in den Formeln und Bildern verwendeten Formelzeichen und Abkürzungen aufgeführt. Sie entsprechen soweit wie möglich dem Eurocode.

Alle Formelzeichen werden auch in den jeweiligen Textpassagen erläutert.

II.1a Lateinische Kleinbuchstaben

Symbol		Begriffsbestimmung	Einheit
a		geometrische Angabe, Länge, Tidehub etc.	m
		Beschleunigung	m/s^2
b		geometrische Angabe, Breite	m
		Porenwasserdruckparameter	1/m
c		Wellenausbreitungsgeschwindigkeit	m/s
		Federkonstante	kN/m, MN/m
		Betonüberdeckung	mm
		Kohäsion, z. B.:	kN/m^2, MN/m^2
	c_c	scheinbare Kohäsion, Kapillarkohäsion	kN/m^2, MN/m^2
	c_u	undränierte Kohäsion	kN/m^2, MN/m^2
		geometrischer Beiwert, z. B.:	1
	c_B	Formbeiwert	1
d		geometrische Angabe, Dicke	m
		Durchmesser	m
		Korngröße	mm
		Einbindetiefe	m
e		Porenzahl	1
		Erddruckspannung	kN/m^2, MN/m^2
		Ausmittigkeit, z. B.:	m
	e_r	zulässige Ausmittigkeit	m
f		Durchbiegung	m

Empfehlungen des Arbeitsausschusses „Ufereinfassungen" – EA „Ufereinfassungen", 11. Auflage.
Herausgegeben vom Arbeitsausschuss „Ufereinfassungen" der Hafentechnischen Gesellschaft e.V. und der Deutschen Gesellschaft für Geotechnik e.V.

Symbol		Begriffsbestimmung	Einheit
		Frequenz	1/s
		Materialfestigkeit, z. B.:	kN/m², MN/m²
	f_u	Zugfestigkeit	kN/m², MN/m²
	f_y	Streckgrenze	kN/m², MN/m²
g		Erdbeschleunigung	m/s²
h		geometrische Angabe, Höhe	m
i		Hydraulisches Gefälle	1
k		Durchlässigkeitsbeiwert	m/s
		Wellenzahl	1/m
		Massenträgheitsradius eines Schiffs	m
	k_s	Bettungsmodul	kN/m², MN/m²
		Kriechmaß	mm
l		geometrische Angabe, Länge	m
m		Masse	t
n		Porenanteil	1
		Anzahl	1
p		ständige Auflast (Flächen- und Linienlasten)	kN/m², kN/m
q		spezifischer Durchfluss	m³/(s · m)
		veränderliche Auflast (Flächen- und Linienlasten)	kN/m², kN/m
		Druckfestigkeit, z. B.:	kN/m², MN/m²
	q_b	Spitzendruck, Pfahlspitzendruck	kN/m², MN/m²
	q_s	Mantelreibung, Pfahlmantelreibung	kN/m², MN/m²
	q_u	einaxiale Druckfestigkeit	kN/m², MN/m²
r		Radius	m
s		geometrische Angabe, z. B.: Verschiebung, Setzung	cm
t		Tiefe	m
		Zeit	s, h, d, a
u		horizontale Komponente der Geschwindigkeit von Wasserteilchen	m/s
		Porenwasserdruck	kN/m², MN/m²
v		Geschwindigkeit	m/s
w		Wasserdruck	kN/m², MN/m²
x		Ordinate/geometrische Angabe	m
y		Ordinate/geometrische Angabe	m
z		Ordinate/geometrische Angabe	m

II.1b Lateinische Großbuchstaben

Symbol		Begriffsbestimmung	Einheit
A		Arbeitsvermögen	kNm, MNm
		Fläche	m^2
		Außerordentliche Einwirkung	kN
B		Auflagerkraft im Boden	kN, MN, kN/m, MN/m
C		Ersatzkraft der Bodenreaktion (nach Blum)	kN/m
		Beiwert, Faktor, z. B.:	1
	C_D	Widerstandbeiwert des Strömungsdrucks	1
	C_e	Exzentrizitätsfaktor	1
	C_m	Massenfaktor	1
	C_M	Widerstandsbeiwert der Strömungs-beschleunigung	1
	C_S	Steifigkeitsfaktor	1
D		Lagerungsdichte, z. B.:	1
	D_{pr}	Verdichtungsgrad nach Proctor	1
E		Elastizitätsmodul	kN/m^2, MN/m^2
		Energie	kJ
		Erddruckkraft	kN, MN, kN/m, MN/m
		Beanspruchung („effect")	kN, MN, kN/m, MN/m
	E_s	Steifemodul	kN/m^2, MN/m^2
F		Kraft	kN, MN, kN/m, MN/m
		Einwirkung („force"), z. B.:	kN, MN, kN/m, MN/m
	F_c	Kohäsionskraft	kN, MN, kN/m, MN/m
	F_s	Strömungskraft	kN, MN, kN/m, MN/m
	F_u	Porenwasserdruckkraft	kN, MN, kN/m, MN/m
	F_w	Windlast	kN, MN, kN/m, MN/m
	F_z	Zugkraft	kN, MN, kN/m, MN/m
G		Eigenlast, ständige vertikale Einwirkung	kN, MN, kN/m, MN/m
H		Horizontallast	kN, MN, kN/m, MN/m
		Wellenhöhe	m
I		Flächenmoment 2. Grades	m^4
		Zustandszahl, z. B.:	1
	I_c	Konsistenzzahl	1
	I_D	bezogene Lagerungsdichte	1
	I_P	Plastizitätszahl	1
K		Erddruckbeiwert	1
M		Moment	kNm, MNm, kNm/m, MNm/m
N		Normalkraft	kN, MN, kN/m, MN/m
	N_{10}	Schlagzahl der Sondierung pro 10 cm Eindringung	1

Symbol		Begriffsbestimmung	Einheit
P		Ankerkraft, Last	kN, MN, kN/m, MN/m
		Wahrscheinlichkeit	1
Q		veränderliche Einwirkung	kN, MN, kN/m, MN/m
		Durchfluss	m^3/s
R		Reaktionskraft, Widerstandskraft	kN, MN, kN/m, MN/m
		Widerstand	kN, MN, kN/m, MN/m
	R_B	Auflagerkraft im Boden	kN, MN, kN/m, MN/m
	R_C	Ersatzkraft der Bodenreaktion (nach Blum)	kN/m
	Re	Reynolds-Zahl	1
S		Kennzahl, z. B.: Normreinheitsgrad	1
		Flächenmoment 1. Grades	m^3
T		Wellenperiode	s
		Scherkraft	kN/m^2, MN/m^2
		Temperatur	°C, K
	T_c	Kohäsionskraft	kN/m^2, MN/m^2
U		Ungleichförmigkeitszahl	1
V		Vertikallast	kN, MN, kN/m, MN/m
		Volumen	m^3
W		Wasserdruckkraft	kN, MN, kN/m, MN/m
		Widerstandsmoment	m^3

II.1c Griechische Buchstaben

Symbol		Begriffsbestimmung	Einheit
α		Neigungswinkel der Sohle	Grad
		Wandneigungswinkel	Grad
		Reduktionsbeiwert für das Moment	1
	α_T	Wärmedehnzahl	1/°C
β		Böschungswinkel	Grad
		Geländeneigungswinkel	Grad
γ		Teilsicherheitsbeiwert	1
		Wichte, z. B.:	kN/m^3
	γ,	Wichte unter Auftrieb	kN/m^3
Δ		Vergrößerung/Verminderung/Änderung	1
δ		Wand- oder Sohlreibungswinkel, z. B.	Grad
	δ_a	Neigungswinkel des aktiven Erddrucks	Grad
	δ_p	Neigungswinkel des passiven Erddrucks	Grad
ε		Dehnung	1
η		Anpassungsbeiwert	1

Symbol		Begriffsbestimmung	Einheit
ϑ, ϑ		Gleitflächenwinkel	Grad
κ		Reflexionskoeffizient	1
λ		Ringspannungsfaktor, Beiwert	1
μ		Reibungsbeiwert	1
		Korrekturfaktor	1
ν		Steifebeiwert	1
ξ		Streuungsfaktor, Brecherkennzahl	1
		Abminderungsfaktor	1
ρ		Dichte	t/m^3
Σ		Summe	
σ		(Normal-)Spannung, z. B.:	kN/m^2, MN/m^2
	σ'	effektive (Normal-)Spannung	kN/m^2, MN/m^2
	σ_v	Vergleichsspannung	kN/m^2, MN/m^2
τ		(Schub-)Spannung, Scherspannung	kN/m^2, MN/m^2
Φ		Stoßfaktor, Schwingbeiwert	1
φ		Reibungswinkel	Grad
ψ		Kombinationsbeiwert	1
ω		Kreisfrequenz, Winkelgeschwindigkeit	1/s

II.2 Indizes

Symbol	Begriffsbestimmung
a	aktiv
abs	absolut
at	atmosphärisch
b	Fußpunkt
c	Kohäsion
	gedrückt (compressed)
cal	rechnerisch (calculation)
crit	kritisch
d	Bemessungswert (design)
	trocken (dry)
dyn	dynamisch
dst	destabilisierend
e	exzentrisch
eff	wirksam (effektiv)

Symbol	Begriffsbestimmung
erf	erforderlich
E	Einspannung
f	im Bruchzustand (fracture)
g	aus ständigen Einwirkungen
h	horizontal
instat	instationär
k	charakteristischer Wert
kin	kinetisch
m	mittel/Mittelwert
max	maximal
min	minimal
mob	mobilisiert
o	oben
p	passiv
	ständig (persistent)
pl	plastisch
pr	Proctor
q	aus veränderlicher Einwirkung
r	resultierend
	zulässig („resistance“)
red	reduziert
rep	repräsentativ
s	Schicht
	Mantel (shaft)
	Strömung
stat	statisch
stb	stabilisierend
stoß	Stoß
t	Zug (tension)
	vorrübergehend (transient)
tr	Querbelastung (transversal)
tot	gesamt, total
u	undräniert
	unten
	uniaxial
ü	Überdruck
upl	Auftrieb (uplift)
v	vertikal
	Vergleich
w	Wasser, Wasserstand
y	Fließgrenze, Streckgrenze (yield)

II.3 Nebenzeichen und Abkürzungen

Symbol		Begriffsbestimmung
dwt		Dead Weight Tonnage
erf		erforderlich
gew		gewählt
max		Maximum, maximal
min		Minimum, minimal
mögl		möglich
BRT		Bruttoregistertonne
BRZ		Bruttoraumzahl
BS		Bemessungssituation, z. B.:
	BS-P	ständige Bemessungssituation (persistent)
	BS-T	vorrübergehende Bemessungssituation (transient)
	BS-A	außergewöhnliche Bemessungssituation (accidental)
	BS-E	Bemessungssituation bei Erdbeben (earthquake)
EK		Einwirkungskombination
EQU		Grenzzustand bei einem Gleichgewichtsverlust des als starrer Körper angesehenen Tragwerks oder des Baugrunds, wobei die Festigkeit der Baustoffe und des Baugrunds für den Widerstand nicht entscheidend sind (equilibrium)
GK		Geotechnische Kategorie
GRT		Gross Register Tonnage
GEO		Grenzzustände des Bodens:
	GEO-2	Grenzzustände des Bodens, bei denen das Nachweisverfahren 2 angewendet wird
	GEO-3	Grenzzustände des Bodens, bei denen das Nachweisverfahren 3 angewendet wird
HDI		Düsenstrahlverfahren (Hochdruckinjektionsverfahren)
HYD		Grenzzustand des Versagens, verursacht durch Strömungsgradienten im Boden, z. B. hydraulischer Grundbruch, innere Erosion und Piping (hydraulic)
NN		Normalnull
NWz		Niedrigwasserzone
OK		Oberkante
SLS		Grenzzustand der Gebrauchstauglichkeit (Serviceability Limit State)
SPz		Spritzwasserzone

Symbol		Begriffsbestimmung
STR		Grenzzustand des Versagens oder sehr großer Verformungen des Tragwerks oder seiner Einzelteile, einschließlich der Fundamente, Pfähle, Kellerwände usw., wobei die Festigkeit der Baustoffe für den Widerstand entscheidend ist (structural)
TEU		Twenty Feet Equivalent Unit
UK		Unterkante
ULS		Grenzzustand der Tragfähigkeit (Ultimate Limit State)
UPL		Grenzzustand bei einem Gleichgewichtsverlust des Bauwerks oder des Baugrunds infolge von Aufschwimmen durch Wasserdruck oder anderen vertikalen Einwirkungen (uplift)
UWz		Unterwasserzone
WWz		Wasserwechselzone

II.4 Bezeichnung der Wasserstände und Wellenhöhen

Wasserstände ohne Tide

GW	Grundwasserstand
HaW	Normaler Hafenwasserstand
NHaW	Niedrigster Hafenwasserstand
HHW	Höchster Hochwasserstand
HW	Hochwasserstand
MHW	Mittlerer Hochwasserstand
MW	Mittelwasserstand
MNW	Mittlerer Niedrigwasserstand
NW	Niedrigwasserstand
NNW	Niedrigster Niedrigwasserstand
HSW	Höchster Schifffahrtswasserstand

Wasserstände mit Tide

HHThw	Höchster Tidehochwasserstand
MSpThw	Mittlerer Springtidehochwasserstand
MThw	Mittlerer Tidehochwasserstand
Tmw	Tidemittelwasserstand
$T^1/_2w$	Tidehalbwasser
MTnw	Mittlerer Tideniedrigwasserstand
MSpTnw	Mittlerer Springtideniedrigwasserstand

NNTnw Niedrigster Tideniedrigwasserstand
SKN Seekartennull (entspricht etwa MSpTnw)

Wellenhöhen

H_b Höhe der brechenden Welle
H_d Bemessungswellenhöhe
H_m Mittelwert der Wellenhöhe
H_{max} maximale Wellenhöhe
H_{rms} root mean square- Wellenhöhe
$H_{1/3}$ Mittelwert der 33 % höchsten Wellenhöhen
$H_{1/10}$ Mittclwcrt dcr 10 % höchsten Wellenhöhen
$H_{1/100}$ Mittelwert der 1 % höchsten Wellenhöhen

Stichwortverzeichnis

A Abschnitt

Abreißpoller 13.3.3
Anker 9, 9.5
– Rundstahlanker *siehe dort*
– Spundwandanker *siehe dort*
– Tragfähigkeit 9.5.3
– – innere 9.5.3.1
– Verpressanker *siehe dort*
– Vorspannen 8.4.12
Ankertafel, rückliegende 9.5.2.2
Ankerwand 8.2.7.2
– Berechnung 8.2.12
– Staffelung 8.2.13
Anlegedalben 13.1.1, 13.1.3, 13.3.3
– Bemessung 13.2.2.1
Anlegedruck 5.2
Anlegeenergie 13.1.4, 13.2.2.2
– maximal zulässige 13.2.3.1
Anlegegeschwindigkeit 5.3
Anlegemanöver 13.1.4
Anlegepressung, zulässige 13.2.3.1
Anlegevorgang, Hilfssysteme zur Steuerung und Überwachung 13.3.3
Anlehnkraft 13.1.4.2
Äquipotentiallinien 2.12.2
Arbeitsfuge 10.2.3
artesischer Druck, Entspannung 4.6
Aufspülen 7.3
Aufspültoleranzen 7.2
Ausgleichsschicht 12.1.3.4
Außenwasserstand 4.3.1

B

Baggergrubensohle, gestörte 2.11
Baggertoleranzen 7.2
Baggerungen 7
– Hafenbaggerungen 7.1

Empfehlungen des Arbeitsausschusses „Ufereinfassungen" – EA „Ufereinfassungen", 11. Auflage.
Herausgegeben vom Arbeitsausschuss „Ufereinfassungen" der Hafentechnischen Gesellschaft e.V. und der Deutschen Gesellschaft für Geotechnik e.V.

Abschnitt

Baugrund
– Beurteilung für das Einbringen von Spundbohlen und Pfählen 1.5
– Erdbebenauswirkungen 2.16.2
Baustahl 9.5.2.1
Bauwerksinspektion 14
Bemessungsseegang 5.6
Bemessungssituationen 0.2.1
Bemessungssohle 13.2.3.3
Berechnungssohle 8.2.1.2, 11.3
Bergsenkungsgebiet 8.1.22
Bestandsaufnahme vor Instandsetzung 10.11
Beton 10.2.2
– Expositionsklasse 10.2.2
Betonformsteine 12.8.3
Betonstabstahl 9.5.2.1
Betonüberdeckung 10.2.2
Bewegungsfuge 10.2.4
– Dichtungsanschluss an tragende Umfassungsspundwand 6.19
Binnenhäfen
– Dalben 13.2.2.3
– Fenderungen 6.16
– Poller 5.13
– teilgeböschter Uferausbau 6.5
– Ufereinfassungen
– – Querschnittsgrundmaße 6.3
– – Umgestaltung 6.10
– Uferflächenausbau nach betrieblichen Gesichtspunkten 6.6
Binnenkanäle
– Spundwandufer 6.4
– Wasserspiegelabsenkung 6.4.3
Binnenschiffe, Abmessungen 5.1.3
Binnenwasserstraßen
– Belastungen 12.1.2
– Böschungssicherungen 12.1
– – Aufbau 12.1.3
– Klassifizierung 5.1.3
Blum-Verfahren 13.2.1.1
Boden
– Anfangszustand 1.1.1

Abschnitt

– aufgespülter nichtbindiger, Lagerungsdichte 7.5
– bindiger, Kohäsion 2.2
– geschichteter, Erddruck................................. 2.5
– nichtbindiger, Sackungen 7.8
– verklappter nichtbindiger, Lagerungsdichte 7.6
– wassergesättigter nicht- bzw. teilkonsolidierter
  weicher bindiger, Erddruckermittlung 2.9
– wassergesättigter undrainierter bindiger
– – Kohäsion 1.4.1, 1.4.2, 1.4.3
– – Scherfestigkeit 1.4
– weicher bindiger
– – Konsolidierung 7.11, 7.12
– – Tragfähigkeitsverbesserung 7.13
Bodenauflast 2.14.4
Bodenaustausch 2.11, 2.14.2
– (in der) Rammtrasse...................................... 7.9
Bodenkenngrößen, charakteristische
Werte 1.1
Bodenverbesserung durch Vakuumverfahren 7.12.7, 7.12.8
Bodenverdichtung 2.14.3
– (mit) Fallgewichten 7.10
Bodenverfestigung 2.14.5
Bohrpfahlwand 10.9
Bohrung
– Anordnung 1.2
– Hauptbohrung 1.2.2
– Lockerungsbohrung.. 8.1.25.4
– Tiefe.. 1.2
– Zwischenbohrung.. 1.2.3
Bohrverfahren 9.3.1
Böschung
– gepflasterte steile eines teilgeböschten Uferausbaus,
  Erddruckermittlung 2.6
– (im) Lockergestein 12.1.1
– Sicherung an Binnenwasserstraßen 12.1
– – Aufbau 12.1.3
– Unterwasserböschung 7.7
Bugstrahlruder.. 12.4.4.2
Bündeldalben.. 13.2.1.4

Abschnitt

C

Containerkran 5.14.2
Culmann-Verfahren zur Erddruckermittlung 2.4

D

Dalben 13
– Abstand.. 13.3.2
– Anlegedalben *siehe dort*
– Arbeitsvermögen 13.1.3, 13.2.2.1, 13.2.2.3
– (in) Binnenhäfen 13.2.2.3
– Bündeldalben 13.2.1.4
– Durchbiegung, maximale.................................. 13.2.3.2
– Einbindelänge 13.2.1.3
– Einbindetiefe 13.2.1.2, 13.2.1.3
– Eislast 13.1.4.3
– Erdwiderstand 13.2.1.2
– Erdwiderstandsneigungswinkel............................ 13.2.1.2
– Ersatzbreiten 13.2.1.2
– Gebrauchstauglichkeitsgrenzzustand, Nachweis 13.1.5
– Grenztragfähigkeitsnachweis 13.1.5
– innere Arbeit... 13.1.2
– Kolksicherung 12.5
– Laufstegverbindungen 13.3.3
– (aus) Rohrschüssen 13.3.4
– Schutzdalben 13.1.1
– (zum) Schutz von Uferbauwerken 13.3.2
– Verformung, Kraft-Weg-Diagramm 13.1.3
– Vertäudalben *siehe dort*
– zyklische Beanspruchung 13.2.1.3
Dalbenkopf
– Beleuchtung 13.3.3
– (mit) Kantenschutz 13.3.3
Dämpfungsbeiwert eines Uferbauwerks 13.1.4
Darcy-Fließgesetz 4.7.1
Deckschicht 12.1.3.1
– Bemessung.. 12.8.4
Deckwerk 12.1.3
Dichtung 12.1.3.3
Difraktion 5.6.5
Doppelbohlen 8.1.23.3

Abschnitt

Druckgurt 8.4.1.1
Druckluft-Senkkasten 10.5
Druckpfahllast unter einer Überbauplatte 11.3
Durchfluss 4.7.7.1
Durchlaufentwässerung 4.4

E

Einbauelemente für Spundbohlen und Pfähle 1.5.2.6
Einbaugeräte für Spundbohlen und Pfähle 1.5.2.6
Einbauverfahren für Spundbohlen und Pfähle................ 1.5.2.6
Einbringverfahren für Spundbohlen und Pfähle 1.5.2
– Einbauelemente 1.5.2.6
– Einbaugeräte 1.5.2.6
– Einbauverfahren... 1.5.2.6
– Hilfsmaßnahmen 1.5.2.5
Einpressen 1.5.2.4
Einspülen 7.3.3.2
Einzelpfahl, Wellenlast 5.10.3
Eisauflast 5.15.6
Eisdicke 5.16.2
Eisdruck
– mechanischer 5.15.3.1
– thermischer 5.15.3.2
– (auf) Ufereinfassungen
– – (im) Binnenbereich 5.16
– – (im) Küstenbereich 5.15
Eisdruckfestigkeit 5.15.2, 5.16.3
Eislast
– (auf) Bauwerksgruppen 5.16.6
– (auf) Dalben 13.1.4.3
– (auf) lotrechte Pfähle 5.15.4
– (auf) Pfahlgruppen 5.15.5
– (auf) schmale Bauwerke.................................. 5.16.5
– (auf) Ufereinfassungen 5.16.4
Eisstoß auf Ufereinfassungen
– (im) Binnenbereich 5.16
– (im) Küstenbereich 5.15
Elastomerfender 6.15.5.1
Entsorgungsanlagen 6.14
Entspannungsbrunnen 4.6.3
Entwässerung 4.5
– Durchlaufentwässerung 4.4

Abschnitt
– Spundwandentwässerung 4.5.1
Entwässerungsanlage 4.5.2, 4.5.3
Erdbeben
– Auswirkungen auf den Baugrund 2.16.2
– Bemessungssituationen 2.16.6
– Einfluss auf Erddruck 2.16.3
– Einfluss auf Erdwiderstand 2.16.3
Erdbebengebiete
– Pfahlrostkonstruktionen 11.5
– Ufereinfassungen 2.16
Erddruck
– Erdbebeneinfluss 2.16.3
– Ermittlung
– – (der) Abschirmung auf eine Wand unter einer Entlastungsplatte 2.7
– – (nach) Culmann-Verfahren 2.4
– – (bei einer) gepflasterten steilen Böschung eines teilgeböschten Uferausbaus 2.6
– – (bei) geschichtetem Boden 2.5
– – (bei) wassergesättigten nicht- bzw. teilkonsolidierten weichen bindigen Böden 2.9
– (aus) lotrechten Lasten 2.8
– Neigungswinkel 8.2.5
– Umlagerung 8.2.3.2
Erdwiderstand 8.2.3.3
– (von) Dalben 13.2.1.2
– Erdbebeneinfluss 2.16.3
– Ermittlung vor einer Spundwand bei schnell aufgebrachter Belastung 2.15
– Vergrößerung 2.14
Erdwiderstandsneigungswinkel von Dalben 13.2.1.2
Erosionsgrundbruch 3.2
Ersatzankerwand 8.3.2.2.2
Ersatzkraft 8.2.5.4
Eurocode 0.1
Expositionsklassen 10.2.2

F

Fädelschloss 8.1.5.1
Fallgewichte zur Bodenverdichtung 7.10
Fäulnis 8.1.1.5

Abschnitt

Fender 13.1.1, 13.3.2, 13.3.3
– Arbeitsvermögen 6.15.4
– Ausführungsarten 6.15.5
– Bemessung 6.15.3
– (in) Binnenhäfen 6.16
– Elastomerfender 6.15.5.1
– (aus) Naturstoffen 6.15.5.2
– (in) Seehäfen 6.15
Fendersysteme *siehe auch* Fender
– Ketten 6.15.7
Festmacheeinrichtungen 6.3.5
Festpunktblock 8.3.2.1
Filter 12.1.3.2
Flachzellenfangedamm 8.3.1.2
Flügelpfahl 9.2.2.1
Flügelsonde 1.4.3
Fluidisierung 3.1
Formsteine 12.1.3.1, 12.8.3
Freispielstrecke 9.5.1
Fußsicherung 12.1.4

G

Gebrauchstauglichkeitsgrenzzustand 0.2.1, 8.2.1
– Nachweise 0.2.4
– – (für) Dalben 13.1.5
Gehstreifen 6.1.2
Geländebruch 3
geotechnische Kategorien 0.2.5
geotechnischer Bericht 1.3
Geotextilien 12.3
Gleitleisten aus Polyethylen 6.15.8.4
Gleitplatten aus Polyethylen 6.15.8.4
Grenzzustand
– Gebrauchstauglichkeitsgrenzzustand 0.2.1, 8.2.1
– – Nachweise 0.2.4, 13.1.5
– Tragfähigkeitsgrenzzustand 0.2.1, 8.2.1
– – Nachweise 0.2.3
Großschiffsliegeplätze, Ausrüstung mit Sliphaken 6.11
Grundbruch
– Erosionsgrundbruch 3.2
– hydraulischer 3, 4.7.7.1

Abschnitt
– – Sicherheit gegen 3.1
Grundwasser
– artesisch gespanntes 4.2
– strömendes 2.12
Grundwasserabsenkung 4.8
Grundwassermodell 4.7.5.1
Grundwasserstand 4.1
Grundwasserströmung 4.7.1
Gurt 8.2.7.2
– Druckgurt 8.4.1.1
– Hilfsgurt aus Stahl 8.4.3.1
– Spundwandgurt
– – (aus) Stahl 8.4.1, 8.4.2
– – (aus) Stahlbeton *siehe unter* Spundwandgurt
– Zuggurt 8.4.1.1
– Zusatzgurt 8.4.1.5
Gurtbolzen 8.2.7.3, 8.4.1.3, 8.4.2.5
Gurtstoß 8.4.1.2

H

Hafenbaggerungen 7.1
Hafenbetriebsfläche, Höhe 6.2.2
Hafenkran, Lastangaben 5.14.3
Hafensohle
– Entwurfstiefe 6.7
– – (vor) Uferwänden 6.7.3
– Solltiefe 6.7
– Vertiefung 6.8
Halbportalkran 5.14.1.3
Haltekreuz 13.3.3
Hartholz, tropisches 8.1.1.2, 8.1.1.5
Hauptbohrung 1.2.2
Hilfsgurt aus Stahl 8.4.3.1
Hinterfüllen 7.4
Hochwasserschutzwand in Seehäfen 12.7
– Leitungen 12.7.8
– Mindesteinbindetiefe 12.7.4
– Sollhöhe 12.7.2.1.1
– Verteidigungsstraße 12.7.7.2
Holm 8.2.7.2

Abschnitt

Holzspundwand
– Dichtung 8.1.1.4
– Einbringen 8.1.1
– Korrosionsschutz 8.1.1.1
Hubinsel 8.3.1.5

I

Instandsetzung 10.11, 10.12
Intensivverdichtung, dynamische 7.10

K

Kaibelastung durch Krane 5.14
Kaiflächen, Lastansatz 5.5.5
Kaikopfausbildung an Containerumschlaganlagen 6.1.5
Kaimauer
– (in) Blockbauweise 10.6
– (in) offener Senkkastenbauweise 10.7
– vorspringende mit Rundstahlverankerung 8.4.10
– – Ausfutterung der Spundwandtäler 8.4.10.5
– – kreuzweise Verankerung 8.4.10.2
– vorspringende mit Schrägpfählen 8.4.11
– – Standsicherheit der Eckverankerung 8.4.11.4
Kantenpoller 6.1.4
Kantenschutz 6.15.8, 10.1.2
Kapillarkohäsion im Sand 2.3
Kastenfangedamm 8.3.1.5
– (als) Baugrubenumschließung 8.3.2
– Füllung 8.3.2.2.1
Keilbohlen 8.1.11.4
Ketten in Fendersystemen 6.15.7
Klappankerpfahl 9.4.2
Kohäsion
– bindiger Boden 2.2
– Kapillarkohäsion im Sand 2.3
– scheinbare 2.3
– wassergesättigter undrainierter
bindiger Boden 1.4.1, 1.4.2, 1.4.3
Kolk, lokaler 13.2.3.3
Kolkbildung 12.4
Kolkschutz 12.4.3
Kolksicherung 12.4, 12.5

Abschnitt
Kolktiefe 13.2.2.3
Kolkzuschlag 12.4.2
Kombinationsbeiwerte 0.2.2
Konsolidierung
– Kontrolle 7.12.9
– (von) weichen bindigen Böden 7.11, 7.12
Konsolidierungssetzung 7.11.1
Kontaktkräfte 13.1.1
Korrosion, mikrobiell induzierte (MIC) 8.1.8.3
Korrosionsschutz
– Holzspundwand 8.1.1.1
– kathodischer 10.2.5
– Stahlspundwand 8.1.3
Korrosionszonen 8.1.8.1
Krafteinleitung 9.5.1
Kraft-Verformungs-Verhalten, lineares 13.1.3
Kraft-Weg-Kurve 13.1.2
Kran
– Containerkran 5.14.2
– Hafenkran, Lastangaben 5.14.3
– Halbportalkran 5.14.1.3
– Kaibelastung 5.14
– Vollportalkran 5.14.1.2
Kranbahn, Gründung 6.17
Kranschiene
– Lagerung 6.18
– wasserseitige 6.1, 6.3.4
Kreiszellenfangedamm 8.3.1.2
– Kopfausbildung 8.3.1.4
Kriechsetzung 7.11.1
Kronenbauwerk 12.8.3
Kronenmauer 12.8.3, 12.8.7

L

Lagerungsdichte
– (von) aufgespülten nichtbindigen Böden 7.5
– (von) verklappten nichtbindigen Böden 7.6
Landeanlagen, schwimmende in Seehäfen 6.21
Lärmminderung beim Rammen 8.1.14.1
Lärmschutz beim Rammen 8.1.11.3, 8.1.14
– aktiver 8.1.14.4
– passiver 8.1.14.3

Abschnitt

– Richtlinien 8.1.14.2
– Vorschriften 8.1.14.2
Leinen, Zugfestigkeit 13.1.4.2
Leinenpfad 6.1.2
Leiteinrichtungen 6.15.8
Leitpfahl 6.5.2
Lockerungsbohrung 8.1.25.4
Lockerungssprengung 8.1.10
logarithmische Spirale 8.3.1.3.1

M

Mantelreibung 8.2.5.6.5
MIC *siehe* Mikrobiell induzierte Korrosion
Mikrobiell induzierte Korrosion (MIC) 8.1.8.3
Mikropfahl 9.3
– Tragfähigkeit 9.3.3
– – äußere 9.3.3.2
– – innere 9.3.3.1
– verpresster, Verbundspannung 9.3.3.3
– Zusatzbeanspruchungen 9.3.3.4
Mole, geschüttete 12.8
MV-Pfahl *siehe* Rammverpresspfahl

N

Nachweisverfahren1 bis 3 .... 0.2.1
Niederdruckspülverfahren 8.1.24.2
Nutzlast, lotrechte 5.5

O

Ortbetonpfahl 9.3.2.2

P

Passbohlen 8.1.11.4, 8.1.13.4
Perkolation 5.6.5
Pfahl
– Einbringen 1.5.2
– – Baugrundbeurteilung 1.5
– – Einbauelemente 1.5.2.6
– – Einbaugeräte 1.5.2.6
– – Einbauverfahren 1.5.2.6
– – Hilfsmaßnahmen 1.5.2.5
– Einzelpfahl, Wellenlast 5.10.3

Abschnitt

– Flügelpfahl 9.2.2.1
– Klappankerpfahl 9.4.2
– Leitpfahl 6.5.2
– lotrechter, Eislast 5.15.4
– Mikropfahl *siehe dort*
– MV-Pfahl *siehe* Rammverpresspfahl
– Ortbetonpfahl 9.3.2.2
– Rammverpresspfahl (MV- und RV-Pfahl) 9.2.2.2
– Reibepfahl aus Holz 6.15.8.2
– RI-Pfahl *siehe* Rüttelinjektionspfahl
– Rüttelinjektionspfahl (RI-Pfahl) 9.2.2.3
– RV-Pfahl *siehe* Rammverpresspfahl
– Sonderpfahl 9.4
– Stahlankerpfahl *siehe dort*
– Stahlpfahl *siehe dort*
– Verbundpfahl 9.3.2.1
– Verdrängungspfahl *siehe dort*
– Verpressmörtelpfahl (VM-Pfahl) 9.2.2.2
– VM-Pfahl *siehe* Verpressmörtelpfahl
– Zugpfahl 9

Pfahlanschluss 8.4.3.3
Pfahlbauwerke, Wellendruck 5.10
Pfahlgruppen
– Eislast, waagerechte 5.15.5
– Wellenlast 5.10.6

Pfahlrost
– frei stehender 11.4.2
– räumlicher 11.4

Pfahlrostkonstruktionen 11
– ebene 11.3
– (in) Erdbebengebieten 11.5
– nachträglich verstärkte 11.2
– wirtschaftliche 11.4.4

Pfahlsysteme, selbstbohrende 9.3.2.1
Piping 3.2
Poller 13.3.3
– Abreißpoller 13.3.3
– Anordnung
– – (in) Binnenhäfen 5.13
– – (für) Seeschiffe 5.12
– Belastung
– – (in) Binnenhäfen 5.13

Abschnitt
– – (für) Seeschiffe 5.12
– Kantenpoller 6.1.4
– Zuglastrichtung 5.12.3
Pollerkopf 6.1.4
Polsterschicht 12.1.3.5
Potentialtheorie 4.7.2
Primärsetzung 7.11.1
probabilistische Nachweisführung 0.2.6
Propellerstrahl 12.4.4
Propfenbildung 8.2.5.6.7
p-y-Verfahren 13.2.1.1, 13.2.1.3

R
Rammbär 9.2.1
Rammen 1.5.2.2
– Lärmminderung 8.1.14.1
– Lärmschutz *siehe dort*
– schallarmes 8.1.14
– (bei) tiefen Temperaturen 8.1.15
Rammgerüst 8.1.12.5, 8.1.18
Rammhilfe für Stahlspundwände 8.1.10
Rammlärm 8.1.10.1, 8.1.11.3
Rammschäden 7.4.4
Rammtisch 8.3.1.5
Rammtoleranzen 8.1.13.2
Rammtrasse, Bodenaustausch 7.9
Rammverpresspfahl (MV- und RV-Pfahl) 9.2.2.2
Reflexion, bauwerksbedingte 5.6.5
Refraktion 5.6.5
Reibeleisten aus Holz 6.15.8.2
Reibepfahl aus Holz 6.15.8.2
Ringzugkraft 8.3.1.3.2, 8.3.1.4
RI-Pfahl *siehe* Rüttelinjektionspfahl
Rissbreitenbegrenzung 10.2.5
Rohrspundwand 8.1.16.2
Rundstahlanker 8.2.7.3
– Anschluss
– – (an) schwimmende Ankerwände 8.4.9.3
– – (an) Uferwände 8.4.9.2
Rüttelbär 8.1.23.5

Abschnitt
Rüttelinjektionspfahl (RI-Pfahl) 9.2.2.3
Rütteln 1.5.2.3
RV-Pfahl *siehe* Rammverpresspfahl

S
Sackungen von nichtbindigen Böden 7.8
Sand, Kapillarkohäsion 2.3
Sandsäule.. 7.13.1
Schalung 10.3
Schiffsabmessungen 5
– Binnenschiffe 5.1.3
– Seeschiffe 5.1.1
Schiffsstoß 13.1.4
Schlitzwand 10.10
Schlösser, Maßabweichungen 8.1.6.6, 8.1.7
Schlossformen 8.1.6.5, 8.1.12.3
Schlossführung 8.1.11.4
Schlossreibung 8.1.11.4
Schlossschäden 7.1, 8.1.4.1, 8.1.11.4, 8.1.13.2
– Sanierung 8.1.16
Schlosssprengung 7.4.4, 8.1.12.3
Schlossverbindung 8.1.4.1
Schlossverhakung 8.1.4.2, 8.1.6.5
Schlossverschweißung 8.1.5.2, 8.1.5.3
Schottersäule 7.13.1
Schutzdalben 13.1.1
Schwallwellen 5.8
Schweißeignung 8.1.6.4, 8.1.19.2
Schweißstoß
– Ausbildung 8.1.19.4
– Einstufung 8.1.19.3
Schwimmkasten 10.4
Sediment, weiches 7.3.3.3
Seegang
– Bemessungsseegang 5.6
– Beschreibung 5.6.2
– Parameter 5.6.3
– Umformung 5.6.5
Seehäfen
– Fenderungen 6.15

Abschnitt

– Landeanlagen, schwimmende 6.21
– Treppen 6.13
– – Geländer 6.13.4
– – Podeste 6.13.3
– Ufereinfassungen
– – Oberkante 6.2
– – Querschnittsgrundmaße 6.1
– – Verstärkung zur Vertiefung der Hafensohle 6.8
– (mit) Ver- und Entsorgungsanlagen, Ufereinfassungen 6.14
Seeschiffe
– Abmessungen 5.1.1
– Poller 5.12
Seiltragfähigkeit 13.1.4.2
Sekundärsetzung 7.11.1, 7.12.10
Senkkasten
– Druckluft-Senkkasten 10.5
– offener 10.7
Setzung 7.3.3.4
– Konsolidierungssetzung 7.11.1
– Kriechsetzung 7.11.1
– primäre 7.11.1
– sekundäre 7.11.1, 7.12.10
Shoalingeffekt 5.6.5
Sicherheitskonzept 0.2
Sicherheitsnachweis 0.2.1
Sickerlinie bei Brunnenabsenkung 4.7.5.1
Sliphaken 6.11, 13.3.3
Sohldichtung 12.6
Sohlenvertiefung, spätere 6.8
Sonderpfahl 9.4
Sondierung
– Anordnung 1.2.4
– Tiefe 1.2.4
Spannstahl 9.5.2.1
Spitzenwiderstand 8.2.5.6.5
Spüldeich 7.3.3.2
Spülhilfe 8.1.24
Spülsand 7.3.1
– feinkörniger 7.3.3.2
Spundbohlen
– Einbringen 1.5.2

Abschnitt

– – Baugrundbeurteilung 1.5
– – Einbauelemente. 1.5.2.6
– – Einbaugeräte 1.5.2.6
– – Einbauverfahren 1.5.2.6
– – Hilfsmaßnahmen 1.5.2.5
– Stahlspundbohlen *siehe dort*
Spundwand
– Bettung 8.2.3.4
– Einbindetiefe 8.2.8, 8.2.9
– Entwässerung 4.5.1
– Geländesprung abfangende 11.3
– hafenseitige 8.3.2.2.1
– Holzspundwand *siehe dort*
– lastseitige 8.3.2.2.1
– luftseitige 8.3.2.2.1
– Rohrspundwand. 8.1.16.2
– schnell aufgebrachte Belastung,
Erdwiderstandsermittlung 2.15
– Stahlbetonspundwand, Einbringen 8.1.2
– Stahlspundwand *siehe dort*
– Tragfähigkeitsnachweis 8.2.1
– Verankerung in nicht konsolidierten weichen bindigen
Böden 8.4.9
– Wasserüberdruck 4.3
Spundwandanker, Gewinde 8.4.8
– gerolltes. 8.4.8.1
– geschnittenes 8.4.8.1
– warmgewalztes 8.4.8.1
Spundwandbauwerke 8
– Tragfähigkeitsnachweis für die Elemente 8.2.7
– unverankerte 8.2.2
Spundwandgurt
– (aus) Stahl 8.4.1, 8.4.2
– (aus) Stahlbeton 8.4.3
– – Bewegungsfugen 8.4.3.5
– – Kopfausrüstung von Stahlankerpfählen 8.4.3.6
– – Mindestabmessungen 8.4.3.4
Spundwandufer an Binnenkanälen 6.4
Stahl
– beruhigter 8.1.5.4, 8.1.19.5
– Gütevorschriften 8.1.6

Abschnitt

Stahlankerpfahl
– gerammter, gelenkiger Anschluss 8.4.13
– Kopfausrüstung 8.4.3.6
Stahlbetonholm 8.4.5
– Stahlkantenschutz 8.4.6
Stahlbetonspundwand, Einbringen 8.1.2
Stahlbetonteile von Ufereinfassungen 10.1.1
Stahlbetonwand, Stahlkantenschutz 8.4.6
Stahlpfahl (ohne Verpressung) 9.2.2.1
– (mit) angeschweißten Flügeln 9.2.2.1
Stahlspundbohlen
– Einbringen 8.1.13
– – (mit) Spülhilfe 8.1.24
– Maßtoleranzen 8.1.6
– Niederdruckspülverfahren 8.1.24.2
– wellenförmige
– – Einpressen 8.1.25
– – Einrütteln 8.1.23
Stahlspundwand
– Anschluss an Betonbauwerk 6.20
– Einbindetiefe, gestaffelte 8.2.10
– Einbringen 8.1.3
– Einbringen der Profile 8.1.3.2, 8.1.10.1, 8.1.10.3
– Einbringen der Tragbohlen 8.1.12.4
– Einbringen der Wandelemente 8.1.12.5
– Einwirkungen, horizontale 8.2.11.1
– gepanzerte 8.1.17
– – Einbringen der Profile 8.1.17.5
– – Kosten 8.1.17.10
– Hilfsverankerung 8.4.7
– kombinierte 8.1.4
– – Einbringen 8.1.4.1
– – Einbringen an exponierten Standorten 8.1.12.5
– – Einbringen der Tragbohlen 8.1.4.4
– – Einbringen mit Rüttelbären 8.1.4.4
– – Einrammen der Stahlrohre 8.1.4.4
– – Zwischenbohlen 8.1.4.1, 8.1.4.3, 8.1.12.1
– Korrosionsschutz 8.1.3.1

Abschnitt
– Rammgeräte 8.1.11.3
– Rammhilfe 8.1.10
– Rammverfahren 8.1.11.3
– Schlossverbindung, schubfeste 8.1.5
– Schweißnahtausführung 8.1.5.3
– Stahlbetonholme 8.4.5
– – Dehnungsfugen 8.4.5.4
– – statische Nachweise 8.4.5.2
– Stahlholme 8.4.4
– – Stöße 8.4.4.4
– Wasserdichtheit 8.1.21
Steigeleitern 6.12
– Anordnung 6.12.1
– Ausbildung 6.12.2
Stromröhre 4.7.7.1
Strömungsdruck 2.12.1, 2.12.3.1
Strömungskraft 13.1.4.2
– direkt auf Dalbenpfahl oder Dalbenkopf 13.1.4.3
Strömungskraft im Erdkörper, lotrechte 2.12.3.1
Strömungsnetz 2.12.3.1, 4.7.4
Stützbauwerke, verankerte 8.2.3.1
Sunkwellen 5.8

T

Teilsicherheitsbeiwerte 0.2.1, 8.2.1.1
– (für) Einwirkungen und Beanspruchungen 0.2.1
– (für) geotechnische Kenngrößen 0.2.1
– (für) Widerstände 0.2.1
Teilverguss 12.1.3.1
Tragbohlen 8.1.13.4
Tragelemente aus Rohren 8.1.4.3
Tragfähigkeit
– Anker 9.5.3
– Grenzzustand 0.2.1, 8.2.1
– – Nachweise 0.2.3
– Mikropfahl 9.3.3
– Spundwand 8.2.1
– Verankerungsplatte 9.5.3.3
– Verdrängungspfahl 9.2.3
Tragglied aus Stahl 9.3.2.1
Trennmole in Spundwandbauweise 8.3.3

Abschnitt

U

Überlaufbrunnen 4.6.1
Uferausbau, teilgeböschter in Binnenhäfen 6.5
Uferbauwerk, Dämpfungsbeiwert 13.1.4
Uferböschung im Lockergestein 12.1.1
Ufereinfassungen
– Ausrüstung 6
– Bauwerksinspektion 14
– Berechnungen 0.3
– (in) Binnenhäfen
– – Querschnittsgrundmaße 6.3
– – Umgestaltung 6.10
– Eisdruck 5.15, 5.16
– Eislast 5.16.4
– Eisstoß 5.15, 5.16
– (in) Erdbebengebieten 2.16
– (in) Seehäfen
– – Oberkante 6.2
– – Querschnittsgrundmaße 6.1
– – Verstärkung zur Vertiefung der Hafensohle 6.8
– – (mit) Ver- und Entsorgungsanlagen 6.14
– Stahlbetonteile 10.1.1
Undichtigkeit, schweißtechnisch bedingte 8.1.19.5
Unterwasserböschung 7.7

V

Verankerung in der tiefen Gleitfuge,
Standsicherheitsnachweis 8.5
– (gegen) Aufbruch des Verankerungsbodens 8.5.7
– (bei) eingespannter Ankerwand 8.5.5
– (bei) Einspannung der Uferwand 8.5.4
– (gegen) Geländebruch 8.5.10
– (bei) nicht konsolidierten wassergesättigten bindigen Böden 8.5.2
– (bei) Verankerung mit Ankerplatten 8.5.6
– (bei) wechselnden Bodenschichten 8.5.3
Verankerungsplatte, Tragfähigkeit 9.5.3.3
Verankerungsstelle 9.5.1
Verankerungsstrecke 9.5.1
Verbindungsschloss 8.1.12.3
Verblendung 10.1.3
Verbundpfahl 9.3.2.1

Abschnitt

Verdrängungspfahl 9.2
– Tragfähigkeit 9.2.3
– – äußere 9.2.3.2
– – innere 9.2.3.1
– verpresster, Verbundspannung 9.2.3.3
– Zusatzbeanspruchungen 9.2.3.4
Verdrängungsverfahren 9.3.1
Verpressanker 9.5.2.1
– Tragfähigkeit, äußere 9.5.3.2
Verpressmörtelpfahl (VM-Pfahl) 9.2.2.2
Versagen durch Vertikalbewegung 8.2.5
Versorgungsanlagen 6.14
Vertäudalben 13.1.1, 13.1.3
– Dauerfestigkeit 13.2.3.3
– Lastzyklen 13.2.3.3
Vertäukraft 13.1.4.2
Vertikalbewegung als Versagensursache 8.2.5
Vertikaldrän 7.11, 7.12.7, 7.12.8
Vertikalkomponente, Nachweis 8.2.5
Vibrationsverfahren 8.1.13.5
Vibrieren 1.5.2.3
VM-Pfahl *siehe* Verpressmörtelpfahl
Vollportalkran 5.14.1.2
Vorbelastung 7.12
Vorbelastungsschüttung 7.12.5

W

Walztoleranzen 8.1.13.4
Wanddickenmessung 8.1.8.1
– (mit) Ultraschall 8.1.8.2
Wanddickenverlust 8.1.8.1, 8.1.8.2
Wasserbausteine 12.1.3.1
Wasserdruck
– artesischer 2.10
– Einwirkungen aus 8.2.1.3
Wasserüberdruck 4.2, 4.8.1
– Ermittlung 2.11.3, 2.12.2
– (auf) Spundwände 4.3
– (auf) Uferwände 2.12.2
Wasserverdrängung 5.1.4
„Wave Slamming“ *siehe* Wellenlast, vertikale 5.10.9

Abschnitt

Wellen
– brechende 5.7.3
– nicht brechende 5.7.2
– (aus) Schiffsbewegungen 5.9
– Schwallwellen 5.8
– Sunkwellen 5.8
Wellenbrechen 5.6.5
Wellenbrecher, geschütteter 12.8
Wellendruck
– (auf) Pfahlbauwerke 5.10
– (auf) senkrechte Uferwände im Küstenbereich 5.7
Wellenhöhen 5.9.2
Wellenkraft direkt auf Dalbenpfahl oder Dalbenkopf 13.1.4.3
Wellenlast
– (an einem) Einzelpfahl 5.10.3
– (bei) Pfahlgruppen 5.10.6
– (auf) Schiffe 13.1.4.2
– vertikale („Wave Slamming") 5.10.9
Windkraft auf Schiffe 13.1.4.2
Windlast auf vertäute Schiffe 5.11

Z

Zellenfangedamm 8.3.1
– (als) Baugrubenumschließung 8.3.1.4
– Bodenverbesserung 8.3.1.5
– Breite 8.3.1.3.1
– (aus) Flachprofilen 8.3.1.1
– (mit) Flachzellen 8.3.1.2
– Führungsring 8.3.1.5
– Füllboden 8.3.1.4
– gekrümmte Bruchfläche 8.3.1.3.1
– (mit) Kreiszellen 8.3.1.2
– Landbauweise 8.3.1.5
– mittlere Breite 8.3.1.3.1
– (mit) Monozellen 8.3.1.2
– Schlosszugfestigkeit 8.3.1.1, 8.3.1.3.2
– (als) Uferbauwerk 8.3.1.4
– Versagensnachweis gegen Kippen und Gleiten 8.3.1.3.1
– Zellenfüllung 8.3.1.4
– Zwickelwandradius 8.3.1.2
Zugfestigkeit von Leinen 13.1.4.2
Zuggurt 8.4.1.1

	Abschnitt
Zugkraft auf Poller	13.1.4.2
Zugpfahl	9
Zusatzgurt	8.4.1.5
Zusatzlast durch vorbeifahrende Schiffe	13.1.4.2
Zwickelwand	8.3.1.2
Zwischenbohlen	8.1.4.1, 8.1.4.3, 8.1.12.1, 8.1.13.4
Zwischenbohrung	1.2.3

Inserentenverzeichnis

	Seite
ANKER-SCHROEDER.DE ASDO GmbH, 44143 Dortmund	404a
ArcelorMittal Commercial RPS S.a.r.l., 4221 Esch Sur Alzette, Luxemburg	Einhefter
ASF-Anker Anton Schmoll GmbH, 58802 Balve	464a
Aug. Prien Bauunternehmung GmbH & Co. KG, 21079 Hamburg	U3
b&o Ingenieure, 22765 Hamburg	4a
Böger + Jäckle, Ges. Beratender Ingenieure mbH & Co. KG, 24558 Henstedt-Ulzburg	326a
Brewaba Wasserbaugesellschaft Bremen mbH, 28359 Bremen	VIIIe
CDM Consult GmbH, 44793 Bochum	316a
Colcrete-von Essen GmbH & Co. KG, 26180 Rastede	570a
DC-Software Doster & Christmann GmbH, 80997 München	VIIIf
DOMKE Nachf. GbR, Ingenieurbüro, 47259 Duisburg	302a
Echterhoff Bauunternehmen GmbH & Co. KG, 49492 Westerkappeln	A3
Friedr. Ischebeck GmbH, 58242 Ennepetal	VIIIa
GKT Spezialtiefbau GmbH, 22525 Hamburg	554a
Grassl, Ingenieurbüro GmbH, 20459 Hamburg	296a
grbv Ingenieure im Bauwesen GmbH & Co. KG, 30539 Hannover	A3
Grontmij GmbH, 28211 Bremen	376b
Heinrich Hirdes GmbH, 21079 Hamburg	248a
HSP Hoesch Spundwand und Profil GmbH, 44147 Dortmund	310a
Hülskens Wasserbau GmbH & Co. KG, 46483 Wesel	VIIIc
HUESKER Synthetic GmbH, 48712 Gescher	568a
IMS Ingenieurgesellschaft mbH, 20097 Hamburg	A1
INROS LACKNER AG, 18055 Rostock	XIVa
iwb Ingenieurgesellschaft mbH, 20459 Hamburg	Lesezeichen

Empfehlungen des Arbeitsausschusses „Ufereinfassungen" – EA „Ufereinfassungen", 11. Auflage.
Herausgegeben vom Arbeitsausschuss „Ufereinfassungen" der Hafentechnischen Gesellschaft e.V. und der Deutschen Gesellschaft für Geotechnik e.V.

	Seite
JOHANN BUNTE Bauunternehmung GmbH & Co. KG, 26871 Papenburg	294
Josef Möbius Bau-GmbH, 22549 Hamburg	378a
Knabe Enders Dührkop Ingenieure GmbH, 22761 Hamburg	VIIIc
Kurt Fredrich Spezialtiefbau GmbH, 27612 Loxstedt	V3
Sellhorn Ingenieurgesellschaft mbH, 20459 Hamburg	XIVa
Stump Spezialtiefbau GmbH, 10719 Berlin	500a
TAGU Tiefbau GmbH „Unterweser“, 26129 Oldenburg	298a
ThyssenKrupp Business Services GmbH, 45143 Essen	Lesezeichen
WK Consult Hamburg Ingenieure für Bauwesen VBI, 21079 Hamburg	294
WTM Engineers GmbH, 20095 Hamburg	U2